国防科技图书出版基金

# 超宽频带被动雷达
# 寻的技术

Ultra-wideband Passive Radar Seeker Technology

司锡才　司伟建　张春杰　陈涛　著

国防工业出版社

·北京·

**图书在版编目(CIP)数据**

超宽频带被动雷达寻的技术/司锡才等著．—北京：
国防工业出版社,2016.8
ISBN 978－7－118－10646－6

Ⅰ.①超⋯　Ⅱ.①司⋯　Ⅲ.①超宽带雷达—被动制
导—研究　Ⅳ.①TN953

中国版本图书馆 CIP 数据核字(2016)第 158433 号

※

国防工业出版社出版发行
(北京市海淀区紫竹院南路 23 号　邮政编码 100048)
北京嘉恒彩色印刷有限责任公司
新华书店经售
*
开本 710×1000　1/16　印张 45¾　字数 885 千字
2016 年 8 月第 1 版第 1 次印刷　印数 1—2000 册　定价 198.00 元

国防书店:(010)88540777　　发行邮购:(010)88540776
发行传真:(010)88540755　　发行业务:(010)88540717

# 致 读 者

**本书由国防科技图书出版基金资助出版。**

国防科技图书出版工作是国防科技事业的一个重要方面。优秀的国防科技图书既是国防科技成果的一部分,又是国防科技水平的重要标志。为了促进国防科技和武器装备建设事业的发展,加强社会主义物质文明和精神文明建设,培养优秀科技人才,确保国防科技优秀图书的出版,原国防科工委于1988 年初决定每年拨出专款,设立国防科技图书出版基金,成立评审委员会,扶持、审定出版国防科技优秀图书。

**国防科技图书出版基金资助的对象是:**

1. 在国防科学技术领域中,学术水平高,内容有创见,在学科上居领先地位的基础科学理论图书;在工程技术理论方面有突破的应用科学专著。

2. 学术思想新颖,内容具体、实用,对国防科技和武器装备发展具有较大推动作用的专著;密切结合国防现代化和武器装备现代化需要的高新技术内容的专著。

3. 有重要发展前景和有重大开拓使用价值,密切结合国防现代化和武器装备现代化需要的新工艺、新材料内容的专著。

4. 填补目前我国科技领域空白并具有军事应用前景的薄弱学科和边缘学科的科技图书。

国防科技图书出版基金评审委员会在总装备部的领导下开展工作,负责掌握出版基金的使用方向,评审受理的图书选题,决定资助的图书选题和资助金额,以及决定中断或取消资助等。经评审给予资助的图书,由总装备部国防工业出版社列选出版。

国防科技事业已经取得了举世瞩目的成就。国防科技图书承担着记载和弘扬这些成就,积累和传播科技知识的使命。在改革开放的新形势下,原国防科工委率先设立出版基金,扶持出版科技图书,这是一项具有深远意义的创举。此举势必促使国防科技图书的出版随着国防科技事业的发展更加兴旺。

设立出版基金是一件新生事物，是对出版工作的一项改革。因而，评审工作需要不断地摸索、认真地总结和及时地改进，这样，才能使有限的基金发挥出巨大的效能。评审工作更需要国防科技和武器装备建设战线广大科技工作者、专家、教授、以及社会各界朋友的热情支持。

让我们携起手来，为祖国昌盛、科技腾飞、出版繁荣而共同奋斗！

**国防科技图书出版基金**
评审委员会

# 前　言

本书论述了传统的反辐射武器寻的器的比幅、比相、比相比幅测向方法，信号分选与识别方法的理论；推导了系统灵敏度、动态范围、测角精度的计算方法与计算公式，并给出了相关的数据表与曲线。针对现代低截获概率（LPI）雷达和雷达诱饵对反辐射导弹所提出的严峻挑战，阐述了提高反辐射导弹导引头的超宽频带被动雷达寻的器灵敏度的新技术；实现超宽频带的新技术；分选脉间波形变换雷达信号分选新技术。论述了这些新技术的机理，分析了性能，推导了计算公式，建立了数学模型，并进行计算机仿真试验。为研制新型的反辐射导弹导引头奠定了理论与技术基础，给出了实现的技术措施与方法。

本书共分为9章。第1章绪论，叙述 LPI 雷达技术与诱饵诱偏（骗）技术的理论与技术，对反辐射的威胁，指出反辐射导弹及其导引头，必须具备高灵敏度、高测角精度、抗诱饵的性能。第2章超宽频带被动雷达寻的器（导引头）测向系统，论述了各种体制的被动雷达寻的器系统，给出了系统方框图，叙述了工作环境。第3章超宽频带被动雷达寻的器主要技术指标，从系统所需求的技术指标到系统所具有的技术指标，分析了各技术指标的机理，推导出了计算公式，给出了图表。这一章是本书的重点内容之一，也是设计超宽频带被动雷达寻的器必备的重要理论基础知识。第4章超宽频带被动雷达寻的器的超宽频带技术，论述了超宽频带天线，快速调谐的低相噪的超宽带频踪器与混频器，分析了它们的机理，推导出了计算公式。第5章宽频带寻的器对辐射源测向的传统方法，论述了比幅测向、相位干涉仪测向，解超宽频带测向模糊的立体基线技术与旋转相位干涉仪测向技术，分析了测向误差的机理，推导了计算公式。第6章阵列测向技术，分析了立体基线、空间谱估计测向的机理，给出了测向的数学模型，推导出了计算公式，进行了计算机仿真试验。通过阵列测向技术对多个目标的测向分析了造成测角误差的原因，给出了校正误差的技术措施与方法。这一章是提高寻的器测角精度的新技术，是本书的又一个重点。第7章超宽频带被动雷达寻的器对辐射源的频率测量，叙述传统的瞬时测频、信道化测频，论述了它们的机理，实现的步骤与方法。本章重点论述了宽频带数字信道化测频的机理、方法与实现的机理、技术、方法与算法。宽频带数字信道化是提高寻的器灵敏度的重要而且可行的方法。第8章雷达信号细微特征（"指纹"）分析、识别与提取，分别论述了有意与无意调制信号机理，分析识别、提取的算法数学模型、算法步骤，计算机仿真及其试验仿真结果与分析。本章是信号分选、识别的基础理论与技术。第9章复杂电磁环境下的信号分选与跟踪，论述了传统的信号分选方法的机理、方法与算法,论述了基于信号"指纹"的多参数相关联匹配的信号分选、识别与跟踪的机理、方法与算法以及计算机仿真及其试验结果分析,给出了分选、跟踪器的设计和分选脉间波形分选与跟踪的方法。

本书是介绍国内反辐射导引技术比较全面且比较新颖的一本专著,是总结作者一生研究、研制反辐射导弹导引头的技术经历,在实际中所遇到的技术问题与解决的途径与技术措施。

著　者

2016 年 1 月

# 目　录

XI

# 第1章 绪 论

被动雷达寻的器单独使用就是被动雷达导引头（Passive Rader Seeker，PRS），用于多模复合制导时称为被动雷达寻的器。它是以辐射源（雷达、通信台）辐射的信息或反射体散射的辐射源的电磁信号为制导信息，将攻击武器导引至精确末制导作用距离内，或直接导引导弹命中辐射源。

20 世纪 90 年代以前，被动雷达导引头用于反辐射导弹（Anti Radiation Missile，ARM）也称反雷达导弹。20 世纪 90 年代末精确打击武器成为战争的主战武器，导弹普遍采用多模复合末制导，反辐射导弹也采用多模复合精确末制导，但特别明显的是：反辐射导弹必须采用宽频带或超宽频带被动雷达寻的器；其他导弹可采用，也可不采用宽频带被动雷达寻的器；远程导弹，一般中、远程制导模式采用宽频带或超宽频带被动雷达寻的器。

超宽频带是指被动雷达寻的器覆盖的频域在 3 倍频（$2^3$）以上，被动雷达寻的器的覆盖频带依靠天线实现；被动雷达寻的器的瞬时带宽是指，当 $\Delta t \to 0$ 时，系统允许信号通过带宽一般为辐射源的频率捷变带宽，当前为不大于 600MHz，将来会发展到 1000MHz。

20 世纪 90 年代初以前的反辐射导弹称为传统的反辐射导弹，现在与将来的多模复合精确末制导的反辐射导弹称为新型反辐射导弹。反辐射导弹的性能主要取决于导引头的性能，反辐射导弹的发展史主要是反辐射导弹导引头的发展史。

## 1.1 反辐射导弹的产生、发展与现状

反辐射导弹是以辐射源（雷达、通信台、数据链）辐射的电磁波为制导信息，将导弹导引到精确末制导作用距离内，末制导精确命中目标或直接导引导弹命中目标的导弹。它是高技术战争或信息化战争的重要武器之一。

### 1.1.1 反辐射导弹的产生

自 20 世纪 40 年代初发展地空导弹武器系统至今已有 70 多年历史，第二次世界大战后，美国和苏联部队从战败国德国手中获得了地空导弹设计资料、实物和人员，并以此为基础开始了各自的研制工作。英国、法国、联邦德国、意大利、瑞士、瑞典等国家相继开始这方面的研制工作。目前正在使用的地空导弹有 60 多种、舰空导弹也有 50 多种。美国、苏联、英国三国已完成了空域上的点、面防御，防空体系

可谓水泄不通,给空袭造成巨大威胁,战斗难以向纵深发展,因此必须采取有效的措施压制、破坏防空武器系统。

从近代的实战中可以看出,防空体系的作战效果取决于武器系统中雷达的性能。现代防空火力网中,无论是导弹还是高炮都离不开雷达,雷达是防空火力网的"眼睛"。雷达担负着对空警戒、搜索发现目标;测试并提供目标参数数据;制导导弹和指挥火炮攻击目标。任何防空火力系统,若一旦雷达失去作用,系统则得不到任何目标数据,防空火力就失去威力。因此压制破坏防空火力武器系统,只要压制或摧毁雷达即可。

破坏雷达在系统中的作用有两种手段:一种是使用电子干扰,称为"软"手段压制,这种手段只能暂时使雷达失效,一旦停止干扰,雷达就恢复正常工作,而且有些干扰方法难以奏效;另一种就是反辐射导弹直接摧毁雷达,称为"硬"杀伤手段,它可以在一次战争中永久性地摧毁雷达。ARM是压制摧毁雷达最有效的武器。

早在20世纪50年代,美国就开始研制"乌鸦座"反辐射导弹,但性能很差,很快就停止了研制。60年代初,"古巴危机"中,美国为对付苏联设置在古巴的地空导弹,急需一种专门攻击地空导弹引导雷达的武器,1961年7月开始研制"百舌鸟"反雷达导弹。

在越南战争中,美国空中优势受到苏联防空导弹SA-2的严重威胁,这就加速了"百舌鸟"反雷达导弹的研制与生产。1963年初试制成功,1964年年底装备部队,1965年用于越南战争。它与电子干扰并用,改变了战争中的形势,继续保持住了美国的空中优势,这样就奠定了反辐射导弹的生命力与迅速发展的基础。

## 1.1.2　ARM 的发展过程

自1961年美国开始研制反辐射导弹至今已有50多年历史,世界上研制出了几十种型号的反辐射导弹,且大部分都装备部队。从1965年美国将反辐射导弹首次用于越南战场以来,至今的历次局部战争中都使用了反辐射导弹,据统计,其占导弹使用量的60%以上,是当代高技术战争乃至不久将来信息化战争的主战武器之一。

至今ARM已发展到第四代:

第一代 ARM 于 20 世纪 60 年代装备部队,以美国研制的"百舌鸟"、苏联研制的 AS-5、英法联合研制的"玛特尔"为代表。由于导引头覆盖频域比较窄、灵敏度低、测角精度低、命中率低、可靠性差,只能对付特定的目标,因此,早已淘汰。

第二代 ARM 于 20 世纪 70 年代装备部队,以美国研制的"标准"、苏联研制的 AS-6("鲑鱼")(还包括改进的"百舌鸟")为代表。第二代 ARM 克服了第一代 ARM 的主要缺点,具有较宽覆盖频域、较高的灵敏度,射程也比较远且有一定的记忆功能,即有一定的抗目标雷达关机能力,可以攻击多种地(舰)防空雷达,但结构十分复杂、体积大、比较重(除改进的"百舌鸟"外),因此只能装备大型机种,而且单个飞机装备数也受到限制,已于 70 年代末停止生产。

第三代 ARM 于 20 世纪 80 年代装备部队,基本上可分为三大类:

(1) 中近程的 ARM,以美国的"哈姆"、美国的"阿拉姆"为代表,其主要特点如下[3-5]:

① 装有新型超宽频带导引头。可攻击雷达频率覆盖范围达 0.8~20 GHz,包含了绝大多数的防空雷达的工作频率。

② 高灵敏度的导引头。导引头的灵敏度比较高(-70dBmW),而且具有大动态范围、快速自动增益控制。它不但能从雷达天线辐射主波瓣方向截获跟踪信号,而且能从雷达天线辐射副波瓣和背波瓣方向截获跟踪信号;不但能截获跟踪脉冲波雷达信号,而且能截获跟踪连续波雷达信号,它既能截获跟踪波束相对稳定的导弹与高炮制导雷达信号,又能截获波束环扫或扇扫的警戒雷达,引导雷达、空中交通管制雷达和气象雷达信号。

③ 导引头内设置信号分选与选择装置。采用门阵列(FPGA)高速数字处理器和相应的软件,实现了在复杂电磁环境中信号预分选与单一目标的选择。

④ 采用微处理机控制。在导弹上装有含已知雷达信号特性的预编程序数据库,具有自主截获跟踪目标的能力,一旦在战斗中发现有新的雷达目标出现,只需修改软件就可以适应,还有弹道控制软件与相应的接口控制电路,这样导弹载机不必对准目标就可发射导弹去攻击各方向的目标。导弹靠导引头能转动 180° 而自动地截获跟踪目标,从而实现了自卫、随机、预编程三种工作方式和导弹"发射后不管"的功能,大幅度提高了 ARM 的攻击能力和发射载机本身的生存能力。

⑤ 采用无烟火箭发动机。减少了导弹的红外特征,不易遭受红外制导的地空导弹和空空导弹的拦截。

⑥ 高弹速。导弹速度达到马赫数 3,增强了突防能力。

(2) 远程 ARM,以苏联的 AS-12 为代表。中近程是指作用距离在 30km 以上而最大不超过 70km,远程是指 100km 以上。AS-12 作用距离为 150km 以上,其突出特点如下:

① 导弹作用距离远、高速。采用冲压式发动机,导弹高速(马赫数 3 以上)且作用距离远(150km 以上)。

② 高灵敏度和高测角精度的宽频带导引头。导引头灵敏度为 -90~-100dBmW,测角精度在 $0.5°/\sigma$ 以上。该类导弹攻击目标的针对性很强,命中率高。

(3) 反辐射武器——反辐射无人机与反辐射炸弹。

20 世纪 80 年代,随着反辐射导弹的发展,世界上出现了反辐射无人机[5]与反辐射炸弹,与反辐射导弹一起构成了反辐射武器。

无人驾驶反辐射飞行器以美国的"默虹"[6]、"勇敢"200,以色列的"哈皮"为代表,它是中近程 ARM 的补充。从发展趋势上看,它可以与中近程 ARM 并驾齐驱,互为补充。其特点除速度不及中近程 ARM 外,其他性能与中近程 ARM 相同。

第四代 ARM 以美国的 AGM-88E("哈姆"改进型)、AARGM[7],德国的"阿米戈"（Armiger）[7]为代表,第四代反辐射导弹采用多模复合精确末制导,称为精确打击武器。最先进的反辐射导弹采用弹体共形天线,而且有弹载无源定位。

### 1.1.3 国内外现状

**1. 国外现状**

国外比较先进国家的反辐射导弹多数采用多模复合精确末制导,一般采用GPS/INS 宽带被动雷达寻的+毫米波主动雷达或红外成像寻的。被动雷达寻的+红外成像寻的的有:美国的"标准"（AGM-7）、"哈姆"（AGM-88C 或 DE）;德法共同研制的"阿拉米斯"（Aramis）,德国的"阿米戈"反辐射导弹。

"哈姆"导弹加装 GPS/INS 后,非攻击区也可以精确装定。该"哈姆"导弹克服了以前"哈姆"导弹的缺点,即在"哈姆"导弹向敌方雷达进攻期间,如果敌方雷达关机,"哈姆"导弹就不再能够确定敌方雷达的目标。在科索沃战争中,就有这样的例子:一枚"哈姆"导弹将指导附近的保加利亚的雷达也摧毁了。若知道目标地理位置坐标,就可以在发射前将其装定进雷达的 GPS/INS,目标位置可由发射飞机的电子支援措施装置获得,或从外部平台获得。对现在生产的"哈姆"导弹更新成Block Ⅶ时,将在导弹顶部加装 GPS 天线,在制导舱内加装 GPS/INS。

"哈姆"导弹的另一个升级改进计划称为先进反辐射导引导弹（AARGM）计划,美国科学与应用公司负责研制这种新型号的双模导引头,它由宽频带被动反辐射寻的导引头和主动 W 波段毫米波雷达导引头组成。宽频带被动反辐射寻的导引头装有宽频带被动共形天线,能自动探测、识别、跟踪目标并对目标定位测距,其视场、灵敏度、频率、测向精度和处理能力均好于现在的"哈姆"导弹,而且无需独立的瞄准系统。主动毫米波雷达导引头用于末段目标搜索、跟踪、制导和起爆,可攻击的目标集超过"哈姆"导弹。该公司还研究一种供试验用的 25.4cm 的试验导引头,然后研制一个全尺寸导引头,组装到"哈姆"导弹上进行了发射试验。

AARGM 是在"响尾蛇"导弹基础上设计的,其直径与"响尾蛇"导弹相同。导弹采用双模导引头,由 GPS/INS 进行中制导。它的高速曲线航迹能迅速获得雷达的无线电方位,以便迅速确定雷达的相对位置。此外,AARGM 还能利用毫米波雷达导引头测量自身高度,用于确定敌雷达的垂直角,从而确定敌雷达的附加坐标位置。在飞行末段,AARGM 的毫米波雷达导引头将利用自动目标识别算法,攻击防空导弹的指挥车,而不是攻击天线（天线距指挥车通常有一段距离）。如果雷达关机,则 AARGM 在接近目标位置时启动毫米波雷达导引头进行搜索,可搜索到敌雷达天线和防空导弹发射架发出的强回波。

AARGM 可进行完全隐蔽的航迹飞行,先按坐标飞行,然后转为辐射源寻的制导,最后以主动方式飞向目标。大西洋研究公司的固体火箭/冲压发动机将使导弹的速度达到马赫数 4。该导弹还可作为自卫武器,当载机被敌雷达锁定时迅速反击。计划要求 AARGM 能与现代雷达较短的辐射时间抗衡,可迅速反应发射或先发制人发射。导弹可在飞行中自主瞄准,因而发射飞机能立即发射导弹,无须先收集目标数据。

德国 BGT 公司研制的"阿米戈"增程空地导弹改进中与法国合作使用了双模导引头,采用一个宽带雷达接收器和一个红外成像传感器。采用红外成像传感器的优点是,对方雷达关机后,"阿米戈"导弹仍可以精确打击。

国外最先进的反辐射导弹是美国的"哈姆"与 AARGM 导弹,它采用宽频带波动、毫米波主动或红外成像复合制导,宽频带被动覆盖频率为 0.47 ~ 18GHz。AARGM 的导引头与交战时间如图 1.1 所示。

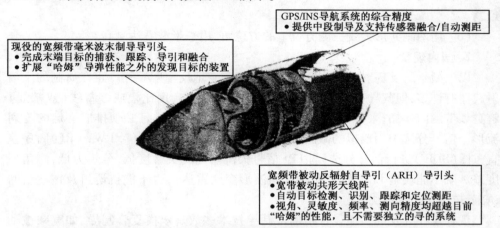

（a）AARGM 与导引头

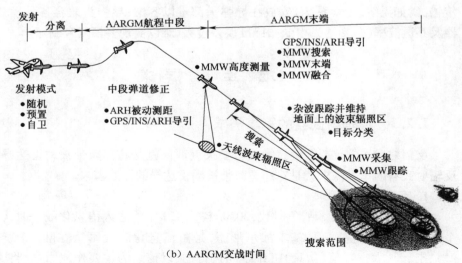

（b）AARGM 交战时间

图 1.1　AARGM 导引头与交战时间示意图

AARGM—先进反辐射导引导弹;ARH—反辐射自导引;GPS—全球定位系统;INS—惯性导航系统;MMW—毫米波(雷达)。

5

AARGM 的特点如下：

（1）GPS/INS 宽带被动雷达寻的+毫米波主动雷达寻的（或红外成像寻的）复合制导。

（2）定位+末端精确寻的器寻的攻击。GPS/INS+被动无源定位实现定位，毫米波主动雷达或红外成像实现精确寻的。

（3）被动雷达寻的器高灵敏度，估计采用了低截获概率（LPI）匹配技术。

（4）有无源定位功能。

（5）采用导弹共形天线，解决了头罩宽频带透波率与宽带瞄准误差大的两个难题。

（6）用两副共形天线只测方位上的方位角，用毫米波雷达测高。

**2. 国内现状**

以上型号的反辐射武器有反辐射无人机和空地反辐射导弹。正在研制的反辐射武器有许多，但其导引头都是用比相体制实现测向，用比幅或多基线（双基线）解宽频带测向模糊；采用宽频带、宽波束的平面螺旋天线，且必须排成一定的阵列流形。信号分选中用模拟的微波鉴相器测频，用三参数 PDW(f, PW, PRF)时序差直方图（SDIF）进行信号分选；与 LPI 信号失配。因此灵敏度低，分辨力低，测角精度差。既不能攻击 LPI 雷达（包括脉间波形变换雷达），也不能抗诱饵及雷达组网诱骗，抗电子干扰能力差。

现在正在开发的多模复合精确末制导技术多数是双模复合制导，如宽频被动雷达寻的+主动雷达寻的复合制导、宽频带被动雷达寻的+毫米波主动雷达寻的或与红外成像寻的的复合制导，也有研发三模复合精确末制导的，如宽频被动雷达寻的+毫米波主动雷达寻的、红外成像寻的复合制导。但都遇到了困难：多种模式的传感器（如天线、光学系统）安放在导弹头部难以容纳；导弹头兼容各种模式传感器及其透波率（包括透光很低），瞄准误差过大，难以实现多模复合制导。

# 1.2　军　事　需　求

## 1.2.1　反辐射武器的军事需求

反辐射武器的首要关键技术或首要关键部件就是超宽频带被动雷达寻的器，反辐射武器的军事需求就是对超宽频带被动雷达寻的器的需求。

**1. 军事革命的需求**

现在正处于高技术战争时代，2030 年—2050 年将进入信息化战争时代，在这个时代里，信息化战争是基本战争形态，是由信息化时代军队在陆、海（包括深海）、空、天（太空）、信（信息）五维空间进行的，以信息为主要作战力量，将附带杀伤、破坏降低到最低限度的战争。作战双方或多方只要一方具备了打信息化战争的条件,如果发生战争就必然打信息化战争。现在各国都在进行军事革命,主要内容是军队信息化、武器信息化、建设信息基础设施。

现代的高技术战争和不久将来的信息化战争主要理论与形式是"网络中心战",即有传感网络、交战网络、基础信息网络组成"中心网络",基础设备是雷达、通信台(包括数据链)和计算机网络。用反辐射武器摧毁"网络中心战"中的雷达、通信台(包括数据链),以发挥后续的攻击武器的威力赢得战争的胜利。先进的反辐射武器是军队信息化、武器信息化的重要内容,当然开发先进的反辐射武器是军事革命的重要内容。

**2. 国家安全的急需**

1) 世界上军事强国对我国的军事威胁

世界上军事强国正在为打信息化战争迅速发展军队信息化、武器信息化,以及世界国家级的信息基础设施;正在为军事转型、信息战、电子战理论与武器设备转型迅速的发展;正在为取得信息战、电子战的制高点——太空,积极发展太空信息战与电子战。

世界上军事强国在世界各地建立军事基地和导弹拦截系统,这些系统由远程预警雷达、监视雷达、导弹制导雷达、通信台与数据链、远程通信攻击导弹组成。

2) 周边国家对我国安全威胁

周边国家和地区都在积极发展军队信息化和武器信息化。周边国家和地区装备有 E-2C、E-767、"鹰眼"2000、E-37、E-8、E-2T 等预警机,预警机装有先进的 AN/APS-145 雷达,工作频率为 400~450MHz,作用距离不小于 400km;海洋中有从美国进口的"宙斯盾"舰装 AN/APL-1D 防空雷达,工作频率为 3.3GHz 左右,作用距离为 300~500km;空中除预警机机载雷达外,还有机载 AN/APY-2 雷达,可发现 400km 的目标(雷达截面积 $5dBm^2$);陆基的有远程预警雷达 AN/FPS-115("铺路爪"),工作频率为 420~450MHz,可探测 1500km 巡航导弹,作用距离达 4500km,还有探测距离 500km 以上的 PRS-2215 防空雷达,从以色列购置的"绿松"相控阵雷达和先进的 AN/MPQ-53"爱国者"导弹制导雷达;周边国家与地区还建成了各种"网",其中以雷达、通信台、数据链为主要设备,如"强网"、"天网"和海上的大成系统。这些都对我国安全造成了威胁。

## 1.2.2 "网络中心战"、导航战、太空战急需先进的反辐射武器

### 1.2.2.1 "网络中心战"

"网络中心战"[8]是美国 2003 年确立的新的作战概念与理论,"网络中心战"由一体化的指挥、控制、通信、计算机、情报、监视与侦察($C^4ISR$[8])系统支持。"网络中心战"由探测传感器网络、交战(截获器)网络和信息基础设施网络构成。传感器网络把所有战略、战役和战术级传感器得到的信息通过数据融合技术,迅速合

成并产生清晰的战场空间态势和图像;交战网络由分布在海上、空中、陆地上各种作战平台的武器系统和指挥控制系统组成,交战网络能够对分散在战区内各平台上的武器进行控制,作战人员可根据战场态势和目标性质进行通盘考虑,迅速选择并发射打击效果最佳的武器;信息基础设施网络对传感器网络和交战网络起支撑作用,它由分布在战场上的各种信息基础设施构成,包括各卫星通信系统、机载通信系统、地面通信系统和海上通信系统等通信网络,采用多速率、多模式传输语言,图像和数据等,将各种不同平台的传感器和武器系统联成网络,实现近实时的侦察—打击一体化。

现代的高技术战争,特别是不久将来的信息化战争,就是采用"网络中心战"实施的,"网络中心战"既是信息化战争的作战理论,又是信息化战争的作战方式。

"网络中心战"三个子网中的主要设备是雷达、通信台、数据链,用反射武器压制及摧毁"网络中心战"中的雷达、通信台、数据链,"网络中心战"便处于瘫痪状态,战争宣告失败。

因此,先进的反辐射武器既是己方"网络中心战"中的先进武器,又是攻击敌方"网络中心战"的有效武器。

### 1.2.2.2　导航战

导航战[8]是针对全球定位系统遭敌方干扰时在复杂电磁环境中使己方部队有效地利用导航系统,同时阻止敌军使用导航系统。

导航战中的导航主要指空间导航,空间导航主要是卫星导航,导航战属于太空战的内容。导航战就是利用卫星定位(GPS 定位)保护卫星定位。GPS 包括发射信号的空间卫星星座、地面操作控制站网和用户的无源接收。

攻击 GPS 导航可以利用 GPS 的脆弱性,干扰 GPS 可以用卫星或先进的反辐射武器,攻击卫星也称反辐射卫星或反卫星卫星,攻击 GPS 的卫星星座,彻底地毁灭GPS(卫星导航)。

### 1.2.2.3　太空战

太空是军事大国争夺的制高点,可以预言,在未来战争中,谁控制了太空,谁就控制了地球,谁在太空中处于优势,谁就掌握了战争的主动权。因此,太平洋上空的太空是必争的领域。

纵观 20 世纪以来的几场高技术局部战争(1991 年的海湾战争、1999 年的科索沃战争、2001 年的阿富汗战争及 2003 年的伊拉克战争),信息作战粉墨登场,空间作战已初露端倪。美军和其盟友总是以其绝对的信息优势与对手打一场"单向透明"的非对称战争。空间信息战作战力量在其与敌实施信息战、夺取信息优势的过程中发挥得淋漓尽致,可谓立下了汗马功劳。于是各国的军事家纷纷将目光聚焦太空,制信息权成为敌对双方争夺的焦点,太空成为战争中争夺信息权的制高点。

进入 21 世纪以来,以美国、俄罗斯为代表的诸多国家,在全面加强空间信息系统的"实战"运用能力、增强高技术信息化联合作战整体效能的同时,大力发展空间进攻性武器,组建"天军",将空间信息支援转变为空间信息作战,并力求在 2020 年前后实现空间力量的"攻防一体化",建立 21 世纪新的战略力量体系。

**1. 太空战可能带来的威胁**

未来战争包括陆、海、空、天和信息五个战场,如果不能在空间战战场掌握主动权,则将会丧失对整个战争的控制能力,不仅使国家军事安全遭受巨大损失,而且将直接危及国家经济安全、资源和能源安全。

1)对空间信息战的威胁

在未来空间战中,信息战将是影响力最广的作战方式。空间信息战有两种具体形式:一是保护己方的空间信息系统和确保己方利用空间信息;二是阻止对方利用空间信息。空间信息战的成败对各战场的胜负都起到关键作用。

2)对制天权的威胁

在未来的空间战中,从空间武器平台向陆、海、空、天目标发动攻击具有极大优势,即制天权。制天权将主导制空权、制海权和制信息权,直接影响战争全局的进程与结局。

3)对综合安全的威胁

有空间能力的国家,无论是在政治、军事方面,还是在经济、科技、生活等方面都越来越离不开空间系统,而在战时,对空间系统的攻击是难免的。

**2. 太空战可能带来的影响**

1)对美国的影响

俄罗斯的太空武器对美国未来的太空战略起到了重要的制约作用,因为美国的侦察、气象、海洋监视等卫星都在 1000km 以下,美国航天飞机投放的宇宙航天器的高度一般也在 500km 左右。因此,它们都受到了俄罗斯反卫星武器的威胁。

2)对俄罗斯的影响

针对美国咄咄逼人的太空军事计划,俄罗斯不甘受制于人,被迫采取相应的举措进行抗衡,通过了《俄联邦军事学说草案》和 2001 年—2010 年的《国家航天计划》,认为未来军事行动将以天基为中心,并提出了一整套完善的空间作战理论,组建"天军",担负保障空中、地面、海上作战和战略弹道导弹预警与防御以及空间开发等使命。一旦俄罗斯航天兵由保障兵种转变为作战兵种,其太空作战能力将会空前提高。因此太空战使俄罗斯"天军"总体作战实力大大提升。

3)对核威慑战略思想的影响

随着世界航天技术的发展,军事航天能力渗透到军事活动的各个角落,并不断影响着核威慑思想的发展。具体影响主要体现在以下两个方面:

(1)军事航天力量成为核威慑战略的重要支援。核威慑战略武器的部署和效能的发挥与侦察、指挥、通信技术密不可分,这使得核战略对抗对太空侦察与预警以及空间通信的依赖达到了前所未有的程度。

（2）军事航天战略的不断发展也成为核威慑战略思想的重要制约因素。冷战后期，美国、苏联核武器数量均达到"饱和"状态，任何一方在遭到对方首次打击后，被攻击方都会给对方以毁灭性打击。随着军事航天战略思想的发展，1983年里根政府提出"战略防御计划"，即著名的"星球大战"计划，主张在太空建立一个多层防御系统，在空间设防以削弱苏联对其构成的威胁，并开展空间武器研制和部署工作。空间武器肩负防御和打击的双重作战能力，既可拦截对方的核武器攻击，又可攻击对方核武器系统，削弱甚至彻底摧毁对方的核威慑能力。

### 3. 太空武器与太空战的发展

人类发展航天技术，探索太空的进程大致经历了进入太空、认识太空、利用太空和控制太空四个阶段。在前两个阶段，人类对太空的探索基本上处于非对称性的竞争状态；到了第三阶段，人类不仅看到了航天装备在通信、导航、对地观测等民用方面的巨大价值，而且也看到了在军事方面的潜在优势。因而，少数航天技术比较先进且拥有较强经济实力的航天大国，开始把利用太空作为一种国家战略，作为一种威胁其他国家和直接控制战争的重要手段。由此，人类探索太空的进程进入到空间战阶段。

太空武器是未来太空战的主要进攻武器，是争夺制天权的关键。太空武器，目前还没有统一的定义，不同文献所指的太空武器差别较大，但对太空武器的范畴已经达成共识。太空武器的范畴一般包括直接部署在太空，可以打击太空、空中、海上或陆地目标的武器。太空武器虽然部署在陆地、海上或空中，但拦截目标是在太空的武器。

一般地说，太空武器包括导弹防御系统、反卫星武器、部署在卫星上的武器和在太空进行核爆炸的装备等。

太空武器装备是太空军事化装备的一个组成部分，太空军事化装备不仅指在太空部署各种武器，而且包括在太空部署和支持陆基武器系统的各种航天装备，具体分类如图1.2所示。

1）太空战的发展规律与作战模式

太空作为军事斗争的新领域，其表现规律也在不断发展变化之中。类似于空中力量的发展，曾经历过三个阶段，即从通信和侦察等支援战斗发展到空中格斗，最后发展为战场上的战略性力量。这一演变规律同样适用于太空，所以，可以预见太空战的发展规律也大致会沿着如下三个阶段向前发展：

第一阶段主要是通过卫星侦察、监视、预警、通信、导航、定位和气象等，对陆、海、空作战提供支援。

第二阶段围绕争夺制天权开展太空战。美军已把航天飞机、空天飞机、大型空间站作为天基作战平台发展的重点；把陆基激光和动能反卫星武器、空基激光反卫星武器以及天基激光、动能和微波武器作为太空进攻武器发展的重点。

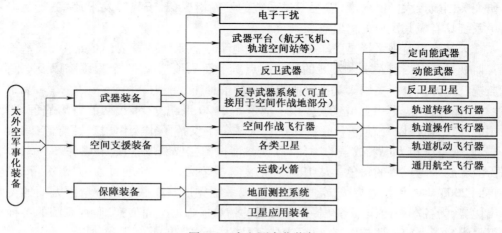

图 1.2　太空军事化装备

第三阶段在第二阶段的基础上,产生太空威慑思想。

目前,美国正在完善第一阶段,放手发展第二阶段,积极探索第三阶段。

另外,太空战离不开太空武器的发展,所以太空武器的性能与能力是决定太空战的重要基础。就目前国际发展太空武器的趋势来看,太空对抗的作战模式如图1.3 所示。

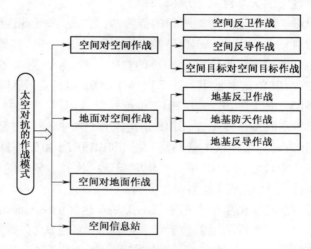

图 1.3　太空对抗的作战模式

2)美国太空监视系统的发展

世界军事航天大国认为,太空正成为综合国力增长源。因此大力发展军事航天,夺取和保持太空优势地位,已成为21世纪强国追求的重要目标。自20世纪60年代以来,作为战略防御系统的重要组成部分,空间侦察、监视卫星系统受到美国、苏联/俄罗斯等国家的高度重视,并逐步建立了比较完善的侦察、监视卫星系统。

研究美国航天大国的侦察、监视卫星系统的发展情况,对于我国发展侦察、监视卫星系统具有极其重要的借鉴意义。

天基预警监视系统是美军一体化综合电子信息系统的重要组成部分,天基预警监视是美军当前及未来发展的战略重点。下面从预警探测、全程跟踪以及空间监视三个方面分析美国天基预警监视系统的信息作战能力。

(1)概述。军用卫星直接应用于战争始于20世纪90年代初的海湾战争,美国的侦察、监视以及预警卫星系统在这次战争中发挥了很大作用。目前,空间侦察、监视系统作为现代战争的"耳目"、侦察情报的主要获取手段,在各军事行动中扮演着越来越重要的角色。从1991年的海湾战争到1999年的科索沃"盟军行动"再到2003年的伊拉克战争,空间侦察、监视系统凭借其在获取敌方情报方面的突出优势,为各军种的作战行动提供了可靠的信息保障。空间侦察、监视系统的各种卫星组成了严密的监控网络,已成为各军种的"天眼"和"耳目"。

美国总统布什于2006年签发了新的《美国国家太空政策》,新版政策的"国家安全实施准则"中重点强调"美国国家安全极为依赖太空能力,而且这种依赖将会增加"。将来美国国会进一步加强天基预警探测及空间监视力量,为美国国家安全和太空利益服务。美国的天基探测研究计划有两个:一个是安装在"中程空间试验"(MSX)卫星上的天基可见光(SBV)传感器,另一个是安装在"空间和导弹跟踪系统"(SMTS)卫星上的天基红外系统(SBIRS)。

SBV是美国最早用于空间探测跟踪的传感器,第一颗搭载SBV的MSX卫星于1996年由弹道导弹防御办公室(BMDO)发射运送至轨道。SBV传感器能够跟踪从低地球轨道(LEO)到地球同步轨道(GEO)的空间目标,数据能以215Mb/s的速率下传输或存储在54GB的记录器上。随后美国于2002财年发展天基空间监视系统(SBSS)来取代SBV,按计划SBSS于2010年正式投入使用,最终接替SBV和地基空间监视系统履行空间监视使命。SBIRS是美国弹道导弹分层防御体系的重要组成部分,该系统分为天基红外系统低轨道部分(SBIRS-L)和天基红外系统高轨道部分(SBIRS-H)。原计划到2010年美国将完成新一代弹道导弹的预警、跟踪及空间监视系统的部署,空间信息战能力更加完善。

(2)天基雷达系统。由美国空军主管的天基雷达(Space Based Radar,SBR)系统是美国国防部为满足监视与威胁报警任务的需要,实现其"全球警戒"战略思想而计划研制的,它将使用高分辨力、三维的雷达图像,提供昼夜、持续的监视能力,以补充甚至最终取代机载预警与控制系统(AWACS)所进行的航空监视以及空间联合监视目标攻击雷达系统(Joint-STARS)所进行的地面监视,以把这些任务移到太空去完成。它增加了移动目标指示器(MTI)功能,直接面向战术应用,还可用于弹道导弹防御。SBR是未来美军作战转型的关键,将为全球提供连续的收集情报、侦察和监视设备。SBR将成为未来美国综合情报、监视和侦察(ISR)网络的组成部分。SBR将具有地面移动目标指示、合成孔径雷达成像和提供高清晰度地形数据信息的能力。

SBR 的任务是为战区空间提供及时、连续的侦察和监视信息。不论运动、位置或环境状况如何，都能为战区和全球用户提供灵活的多战区能力，以探测、确认和跟踪地面目标。

SBR 系统由低地球轨道（LEO）或中地球轨道（MEO）卫星星座组成，LEO 星座处于地球上空 1000km 轨道，由 18~24 颗卫星组成；而 MEO 星座处于地球上空 10000km 轨道，由 8~12 颗卫星组成。轨道高度和星座规模最终将根据用户需求以及对项目的经济可承受性和技术风险进行权衡确定。美国国防部从 2012 年开始向 LEO 发射天基雷达卫星。2015 年以后开始发射一批改进的天基雷达卫星，增加 LEO 卫星的数目或在 MEO 布置一些卫星以扩大观察范围，从而缩小覆盖空白点。天基雷达网最终将由 24 颗或更多颗卫星组成。SBR 系统将在 2020 年前形成作战能力。

尽管目前天基雷达功能强大，但仍不具备探测移动目标的能力。遥感界的研究人员正致力于研制具备探测移动目标能力的天基雷达，面临的挑战主要是天线系统必须足够大。解决的方法之一是使用虚拟的天线阵列，即由多颗卫星共享信息。美国空军研究的"21 世纪技术星"，研制了 3 颗微卫星，2006 年发射，这些高性能卫星能够演示编队飞行的能力，实现一颗"虚拟卫星"的功能，相当于一个大型雷达天线孔径。这些微卫星编队将不仅能识别地面移动目标，还能完成各种成像、遥感和通信任务。有些任务仅依靠单颗大卫星是无法实现的，如地形定位、单程数字地形标高数据采集、电子防护、单程合成孔径雷达成像、高数据率安全通信等。微卫星编队还具有孔径尺寸不受限制、发射方式灵活、系统可靠性高、系统易于升级、大规模生产及成本低等优点。

（3）"空间中段监视"试验卫星。1996 年 4 月，美国空军发射了一颗"空间中段监视"试验卫星（MSX）。MSX 为弹道导弹防御技术（ABMDT）发展计划项目，是美国用于探测和跟踪来袭导弹的试验卫星。

该监视卫星星座由 4~6 颗卫星组成，美国空军正在考虑几项供选择的方案，其中一个方案是采用由微小卫星组成的卫星群，每颗微小卫星上都独立装载一个或多个监视设备，包括可见光传感器和红外传感器，以及无线电频率发射机等。

① 发射 MSX 试验卫星的目的与内容。美国国防部导弹防御局的弹道导弹从点火到着陆分三个阶段进行防御，即点火发射阶段、途中阶段和末端阶段。导弹点火发射阶段和末端阶段历时很短，途中阶段历时相对要长得多，对于远程导弹时间为 1~10min，对于洲际导弹时间将达 30min，所以反导的重点时段是途中阶段。

美国发射 MSX 的目的是对星载探测器进行试验，为途中阶段导弹侦察和跟踪探索途径，以改进侦察和跟踪模式。试验内容除对导弹途中阶段进行监测和跟踪以外，还涉及太空目标监测、天空背景光探测和地球背景环境的探测试验研究。

② MSX 本体和轨道参数。MSX 采用太阳同步圆形轨道，高度 908km、倾角

99.6°,卫星质量 2700kg,功耗 1500W。

MSX 上装载了紫外可见光成像仪与光谱成像仪（UVISI）、天基可见光传感器（SBV）及空间红外成像望远镜（SPIRIT-Ⅲ）3 台光学遥感器。其中，光谱成像仪是世界上第一台星载高光谱成像仪，既可获取目标的图像，又可获取目标的波谱特性。

（4）快速攻击识别、探测和报告系统（RAIDRS）。美国空军航天司令部（AF-SPC）建立了一个由多颗卫星组成的系统，即快速攻击识别、探测和报告系统。该系统由地基和星载传感器、信息处理网络以及一个报告体系组成，能够探视到对军用空间平台发起的攻击并进行报告，如向美国指挥官报告"系统遭到攻击，被激光器照射、遭到物理攻击"等情况。2004 年 4 月，美国空军航天与导弹系统中心的指挥官透露，两种进攻性的空间对抗系统——反侦察监视系统（CSRS）和反通信系统（CCS）投入使用。这两种系统是地基系统，只能产生临时性的效果。CSRS 由美国陆军和空军控制，可以阻止敌军获得特定地区的商业卫星成像能力。2004 年 8 月，美军进行了 CSRS 项目的定义审查。CCS 设计用于临时性阻止敌军使用通信系统，但这种破坏不是永久性的，战争结束后可以恢复正常。CSRS 于 2007 年投入使用。

美军为自己的卫星加装一些额外的传感器后，在防御性空间战领域，这种地基系统的能力可以增强，这些传感器可以为美军提供高精度的实时攻击识别。美军希望快速攻击识别、探测和报告系统（RAIDRS）能够发现、识别、标识并定位这些（传感器）报告的攻击，并于 2005 年开始了 RAIDRS 的研究工作。2003 年 12 月，RAIDRS 的关键参数性能（KPP）会议，使该系统的发展达到新的里程碑。根据美军的计划，RAIDRS 于 2007 财年具备初始作战能力。RAIDRS 采用以前用来保护飞机的多种技术，如改进告警接收器使之应用于航天系统等。RAIDRS 使执行监视任务的 MSX 卫星天基可视传感器发挥更大效能。天基 MSX 被逐步更新，起初用一颗卫星，最终形成许多颗卫星组成的大型星座。

这一举措也显示出美国更积极的军事太空姿态。美国在"空间控制"方面的首要任务是空间态势感知，空间控制由空间态势感知、防御性空间战和进攻性空间战三个主要部分组成。美国不但要知道太空里有什么，而且要知道太空中正在发生着什么，发生的事情意味着什么以及谁有可能这么做，需要不断确保所需的感知能力以及保护空间资产的能力。

（5）天基空间监视系统（Space-based Space Surveillance Systems，SBSS）。天基空间监视系统是美国为提高对空间目标的监视、跟踪和识别能力，增强对空间战场态势的实时感知能力而研制的支持空间作战的武器装备。美国空军按原计划在2006 年发射了天基空间监视系统的第一颗卫星。该卫星星座的作用是帮助美国空军监视那些可能会对美国空间飞行器安全造成威胁的空间碎片或卫星。美国空军希望以此填补在中段空间试验卫星预期退役后留下的观测空白。

SBSS 是一个使用光电敏感器的卫星星座，它已成为太空侦察网的基石，极大

14

地增强了长期地基太空监视系统网络。SBSS 由 4~8 颗卫星组成,高度 1100km,设计寿命 5 年,能够实现每天对空间目标监视一次并更新大多数卫星的位置数据。据称,SBSS 将使美国对地球静止轨道卫星的跟踪能力提高 50%。

SBSS 的概念研究于 2002 财年启动,并提出了 530 万美元的预算要求。美国空军计划使用现有的"中段空间试验"卫星来确定 SBSS 的设计方案。MSX 卫星于 1996 年发射,用于跟踪导弹,目前已完成原定使命,正在被用来加强"地基空间侦察系统"。SBSS 于 2007 年发射,2010 年投入使用,最终完全取代了地基监视空间系统。但是 MSX 卫星上用于太空侦察的传感器使用年限已超过设计寿命,有可能导致卫星覆盖出现空白。为了避免发生这种情况,美国空军于 2006 年发射第一个 SBSS。在研制 SBSS 的同时,美国将继续改进地基监视空间遥感系统和进一步提高监视空间的指挥控制能力与数据融合能力,为此在 2002 财年提出了 1570 万美元的预算。所以,美国的空间信息支持由天基和地基一体化的监视空间系统构成。

天基空间监视系统将是第一个专门用于执行监视任务的太空作战系统,该系统将通过一种全新的方式来监视太空中的目标。SBSS 的初期目标是能够在任何气候条件下全天候探测、跟踪、编目和观察空间的人造物体,最后的目标是可以不受限制(地基系统受天气、时间、地点等影响)地进行太空和近地的空间目标探测。

随着世界范围内航天器的不断建造以及发射数量的日益增多,美国认为,敌方有可能利用航天器来破坏或瘫痪美国重要卫星,这种敌对行动对美国造成的威胁正不断加大。一直以来,美国的空间监视主要依赖地基太空监视网,它是由分布在美国 25 个地点以及世界其他地区的机械雷达、相控阵雷达、光电传感器组成的。其中光电传感器是一个由 3 台望远镜组成的网络(它连接着可以用于观察特定星域活动的摄像机)。此外,美国空间监视网还包括以前称为"海军栅栏"的海军空间监视系统,该系统已服役超过 40 年,主要用于监视苏联间谍卫星的位置。

### 1.2.2.4 美国、俄罗斯及欧洲空间态势感知能力现状

美国、俄罗斯和一些欧洲国家的空间军事实力较强,空间态势感知能力达到了相当高的水平,但是,仍然存在许多缺点和不足,距离空间攻防对抗实战的需求还有一定差距。

**1. 美国**

美国空间态势感知系统主要有空间目标监视系统和空间态势分析中心组成,其主要设施包括雷达探测系统、光电监视系统和电子监视系统等,这些探测系统组成了一个以美国本土为主遍布世界各地的空间目标监视网。其中,美国航天司令部的"空间监视网"、空军的"空间跟踪"系统和海军的"海军空间监视"系统是专用于空间监视任务的主要设施。弹道导弹预警系统和"铺路爪"雷达等设施(图 1.4),其主要任务不是空间监视,但也担负空间监视任务。一些重要靶场的雷达和毛伊岛的科学研究用光电系统等设施,在不执行其主要任务时也可用于空间

监视。这些系统互相配合、相互协作，形成了美军整体的空间态势感知能力。其探测距离达到了40000km，可对直径大于10cm的8000个空间目标进行识别和分类，还可定期对直径大于30cm的空间目标进行探测和跟踪，检测并报告外国卫星的过顶飞行，分析空间碎片环境等。

图1.4　美国"铺路爪"远程预警雷达系统

虽然美国空间态势感知能力居世界第一，但也存在许多不足和弱点，还不能满足实际空间攻防作战的需求。

（1）探测高难度目标的能力有待提高。地基空间监视网对小型的空间碎片进行稳定探测的能力很弱，对高轨道的空间目标进行探测、跟踪和特征化的能力十分有限。

（2）对空间的覆盖上存在空白，不能满足实时需求。由于天气和地理因素的影响，现有空间监视网的能力尚不能实现全面覆盖空间以及实时追踪空间目标。正如凯文·希尔顿将军所说："美军在空间领域的态势感知能力比不上其在海上的态势感知能力，无法对空间中的机动目标进行近实时的监视和追踪，所以也就不能了解它们的意图。美军善于对目标进行登记和分类，并可以追踪它们，但有时需要花费几天的时间来测定一个轨道。"

（3）还不具备识别人为攻击与环境干扰的能力，威胁与攻击效果评估能力弱，尤其是缺乏进行空间对抗指挥、控制所需的完整的空间态势感知能力。美国认为，随着各种空间"软"杀武器系统的逐步成熟，敌对国家和恐怖组织都有可能轻易获取这种武器，对己方航天器和空间链路实施电子干扰之类的"软"攻击；而美国现有的空间态势感知能力不足以对这些攻击进行正确判别，致使空间系统的潜在威胁大大增加。正如格雷·佩顿所说："动能和定向能武器通过撞击或烧毁的方式来达到损坏卫星的目的，然而并不是所有威胁都是以动能和定向能武器的形式出现。星载计算机以及空间数据链也有可能遭受电子攻击。美国星载计算机不时会出故障，空军空间监视的检测结果通常无法判断是机械故障还是被称为空间天气的电磁干扰。由于在许多情况下卫星本身看不见攻击物，所以无法确定卫星是否遭到了攻击。"

**2. 俄罗斯**

俄罗斯建有强大的空间态势感知系统，主要由弹道导弹预警系统和空间目标监视系统组成，二者相互配合形成综合探测网。综合探测网每天能产生约5万的观测数据，维持近5000个目标的编目，其中大部分为低轨目标。虽然俄罗斯的探测和感知技术有了很大发展,但是其体制基本上没有太大的改变。现有的空间态势感知系统存在着很大的缺陷,不能满足空间攻防对抗对实效性和精确性的要求。

俄罗斯空间态势感知能力的发展主要受制于两个因素:

(1)陆基站的覆盖范围有限,无法达到对空域、时域的无缝覆盖,建立更多的探测站又会受到政治和地理方面因素的制约,因而很难实现。苏联时期,俄罗斯的伯朝拉、摩尔曼斯克、伊尔库茨克建有弹道导弹和空间目标远程雷达探测网;乌克兰的穆卡切沃、塞瓦斯托波尔部署了"第聂伯河"远程雷达(图1.5);在阿塞拜疆、拉脱维亚和哈萨克斯坦也分别部署有远程雷达。随着苏联的解体,昔日部署在其境内的地基导弹预警雷达分散到几个国家。

图1.5 新型"第聂伯河"导弹袭击预警系统

俄罗斯只有探测雷达网中的3部雷达,每年只好耗费巨资租用部署在乌克兰、白俄罗斯、阿塞拜疆和哈萨克斯坦等国的导弹预警雷达。位于俄罗斯西方的拉脱维亚已经拆除了苏联时将只建在俄罗斯境内期部署的导弹预警雷达,致使该方向出现了监视空白区。据俄罗斯军方人士透露,2001年雷达网仅能覆盖俄罗斯境内1/3的领土。

(2)在现有探测手段中,雷达虽然具备主动探测性能,但作用距离受到限制;而光电手段作用距离虽然很远,但不能达到全天时、全天候的要求。"窗口"系统是俄罗斯航天部队典型的有源地面光电空间监视跟踪系统,位于塔吉克斯坦境内的山区中,是俄罗斯战略预警系统不可缺少的辅助支援手段。"窗口"系统装备了10台光学望远镜,短距望远镜能跟踪位于200~1000km的军事目标,普通光学望远镜可以观察到地球上空20000km处的卫星,远距望远镜能观察位于36000~40000km高度的地球静止轨道上的目标。但是,"窗口"系统受天气和气候条件的影响,一般只能在夜间工作。

**3. 欧洲太空监视系统力量**

欧洲用于空间监视的雷达系统主要由两部分组成:①隶属于美国空间监视和导弹防御系统的雷达,包括英国的"菲林戴尔斯"雷达和挪威的"格罗布斯"Ⅱ雷达;②欧洲各国国防部门独立投资和负责的雷达系统,包括法国的"格拉维斯"雷达和"阿莫尔"雷达,德国的TIRA跟踪与成像雷达,英国"奇尔伯顿"雷达和欧洲航天局的非相干散射雷达。

1)隶属于美国空间监视和导弹防御系统的雷达

"菲林戴尔斯"雷达系统是欧洲最强大的空间监视设备之一,由英国陆军负责运行,主要任务是配合美国空间监视网进行早期预警和空间监视,由3部传统的跟踪雷达(25m天线)和1部高性能相控阵雷达组成。其性能与美国的"铺路爪"雷达类似。

"格罗布斯"Ⅱ雷达是欧洲第二套与美国空间监视系统相连的设备,位于挪威最北部的瓦尔德,由挪威情报部门负责运行。该雷达是一部 X 波段的单脉冲雷达,使用 27m 抛物面天线,能够工作在搜索或跟踪模式,利用不同的带宽可相应产生米级以下的距离分辨力。

2)欧洲各国国防部门独立投资和负责的雷达系统

"格拉维斯"是目前欧洲唯一一个独立完成空间目标跟踪、监视和编目的连续波雷达系统。它由法国自行研制,并在 2006 年正式投入使用,由法国空军负责运作管理。该雷达由发射中心和信号接收中心两部分组成。发射中心位于上索恩省的布鲁阿列潘地区,发射机上有 15m×6m 的平行相控阵天线,可在高度 1000km 处形成一个圆锥形的探测扇面。信号接收天线位于法国东南部的阿尔比昂高原地带,排列成一个直径 60m 的圆形。"格拉维斯"雷达可以测定大量目标的方位角、仰角及多普勒图像和多普勒速度。雷达的处理软件利用这些数据可以确定空间目标的轨道参数,这些初步结果可以精确引导其他传感器做进一步的跟踪监视。"格拉维斯"雷达对高度 1000km 空间目标的极限探测尺寸为 1m,覆盖目标的轨道倾角达 28°。

"阿莫尔"雷达位于法国的蒙曰测量船上,共有 2 套,是欧洲监视能力最强的雷达,由法国国防部负责运行。该雷达在其主波束内能够于高度 4000km 同时观测 3 个目标,并能够产生高分辨力的方位角、仰角和距离等数据。

TIRA 跟踪与成像雷达(图 1.6)位于德国的沃施堡,由德国射频理研究所负责运行。其抛物面天线直径 34m,放置在直径 49m 的天线屏蔽罩内。该雷达使用 L 波段进行跟踪,使用 Ku 波段进行合成孔径雷达成像(SAR)。在跟踪模式下,跟踪和成像系统能够确定单个目标的方位角、仰角、距离和多普勒图像,能确定目标的轨道,其精确度足以使其在几天后重新捕获目标。跟踪和成像系统在 1000km 范图内的探测极限为 2cm,与设在艾弗尔斯贝格的 100m 射电望远镜联网工作时,其探测精确度将明显提高。

图 1.6　德国 TIRA 跟踪与成像雷达

"奇尔伯顿"雷达位于英国的温彻斯特,其极限探测能力为跟踪 600km 轨道上最小直径为 10cm 的目标。通过改造升级,该雷达能够作为欧洲空间监视系统跟踪雷达的一部分。

非相干散射雷达具有多部雷达接收设备,分别位于挪威的特罗姆瑟、瑞典的基律纳、苏兰的索丹城和斯瓦尔巴特群岛的龙宜尔比恩。该雷达隶属于欧洲航天局,主要用于高纬度的大气和电离层研究,其数据也包含了近地轨道目标的信息。位于挪威特罗姆瑟的发射机有32m天线,可探测490~1480km轨道高度上直径1.9~50cm的56个目标。

3)空间监视望远镜

光学传感器主要用于观测地球同步轨道附近的目标。欧洲已经拥有几套光学系统,构成了空间监视和跟踪网的一部分,包括欧洲航天局空间碎片望远镜、法国的"斯波茨"和"罗萨斯"望远镜、英国的无源成像测量传感器和瑞士的"茨莫沃德"望远镜。

空间碎片望远镜位于西班牙,由欧洲航天局负责运行,采用的是一部孔径1m的蔡司镜头。该望远镜覆盖了地球同步轨道120°的扇区,可以通过对目标轨道最初观测到的数据,在以后再次捕获到该目标。

"斯波茨"望远镜是法国武器装备总署跟踪设备网的一部分,有两个观测站,分别位于法国的土伦和奥德罗。每个观测站都有4部相机面向西部、北部、东部(仰角大于20°)和垂直方向。这些相机装备了576×384像素的CCD,在晴朗的夜晚,能够探测100~400个目标的初始轨道及其运动轨迹。其中80%~90%的目标可与编目的目标对应。

"罗萨斯"望远镜主要用于观测地球同步轨道附近缓慢运动的目标,由法国空间局负责运行,孔径为50cm,与位于卡拉姆的"塔罗特"望远镜联合进行工作。"塔罗特"望远镜主要用于探测射线的爆炸。作为探测设备,它将地球同步轨道及其附近的空间目标指示信息传递给"罗萨斯"望远镜,实现对目标的跟踪测量和事后对目标轨道的确定。

无源成像测量传感器分别位于英国的赫斯特蒙苏和直布罗陀以及塞浦路斯。它是一套用于地球同步轨道和深空区域监视的光学系统,由英国国防部负责运行。这3套望远镜覆盖地球同步轨道西经65°至东经100°,能够探测到地球同步轨道上直径1m的目标。

"茨莫沃德"望远镜由瑞士伯尼大学天文院负责。该望远镜装有方位-仰角架,安装在半折叠的圆层顶内,可覆盖地球同步轨道100°的区域。该望远镜可观测到地球同步轨道上75个非相关的目标。该站点的主要任务是天体测定和激光测距。

以上比较详细地阐述了太空战、太空战的武器、太空战发展规律与作战模式、太空的监视系统、太空的感知能力,这些重要内容都包涵了雷达、卫星、光学系统主要设备,即雷达、通信台、数据链。因此,研发先进的反辐射武器,压制或摧毁这些系统中的雷达、通信台、数据链,就使太空战无法进行;还可以将先进的反辐射导引头装到卫星,特别是小卫星上,攻击太空中的卫星及太空战武器系统。这就是反辐射武器在太空战的重要性。

## 1.3 宽频带被动雷达寻的器的主要用途

### 1.3.1 用于反辐射武器

用于反辐射武器的宽频带被动雷达寻的器,根据不同的反辐射武器,其用法有所不同:

(1)用作近程无人机和炮弹的导引头。由于这两种武器作用距离较近,宽频带被动雷达导引头是实时跟踪器;其失控距离决定测角精度,而这两种武器的速度比较慢,失控距离可以比较小,因此对测角精度要求比较低,用单一模式的宽频带被动雷达导引头即可。

(2)用作远程的无人机的制导。比较远程的无人机作为反辐射武器,其飞行速度比较快,应采用多模复合精确末制导导引头,宽频带被动雷达寻的器作为较远程的中制导。

(3)用作反辐射导弹的多模复合精确末制导。从反辐射导弹的发展趋势看,反辐射导弹增大作用距离、超大射程、提高速度,而且必须具有抗雷达组网或雷达诱饵的诱骗。因此,反辐射导弹必须采用多模复合精确末制导。

### 1.3.2 用于远程导弹多模复合精确末制导的中、远程制导模式

#### 1. 宽频带或超宽频带被动雷达寻的器作为中制导

现代的高技术战争及将来的信息化战争的主战武器是精确打击武器,即多模复合精确末制导的导弹,尤其是远程导弹。但精确末制导,如微波主动雷达、毫米波雷达、红外成像、激光、可见光等精确末制导的作用距离近、搜索角或跟踪角小。远程导弹靠自主飞行或惯性导航系统(INS),将导弹导引到精确末制导作用距离内时,由于测角精度低,不能满足精确末制导搜索角或跟踪角的要求。因此,必须由作用距离远、测角精度比较高的中制导,将导弹导引到精确末制导作用距离内,使其迅速地捕捉目标。

现代的高技术战争与将来的信息化的战争,其作战理论与作战方式是"网络中心战",由感知网络、交战网络、信息基础设施网络组成的"网络中心战"中雷达、通信台、数据链的信号数据所用的频率从 $0.1 \sim 40 \text{GHz}$,在 $0.4 \sim 20 \text{GHz}$ 的频带尤为多,即在这个频带内辐射源数量非常多,有丰富的信息。

因此,利用作用距离远、信息分选与识别能力比较强、测角精度比较高,而且具有丰富的信息源、隐蔽性能极佳,从而有比较强的抗干扰能力的超宽频带被动雷达寻的器作中制导,将导弹导引到精确末制导作用距离内,使之迅速地捕捉、精确跟

踪与命中目标,这是一种良好的中制导模式。

**2. 宽频带或超宽频带被动雷达寻的器可实现定位加精确末寻的的新攻击方法**

通过宽频带或超宽频带被动雷达寻的器对辐射源的探测,可实现拦截单站无源定位,再加上精确末寻的,从而实现对固定辐射源的定位攻击。

## 1.4 雷达与通信技术进步对反辐射武器的严峻挑战

20 世纪 90 年代初,世界上的雷达与通信普遍采用低截获概率(LPI)技术,并在雷达附近配置雷达诱饵系统,使 90 年代初以前传统的反辐射武器及其导引头受到极大的挑战。其传统的反辐射武器不能攻击采用 LPI 技术的雷达、通信台,不能攻击设置诱饵系统的雷达,也不能攻击组网中的雷达,不能识别脉间波形变换的雷达信号。因此,必须对传统的反辐射导引头进行革命,以应对雷达与通信信号的挑战。

### 1.4.1 低截获概率雷达

低截获概率理论的探索始于 20 世纪 70 年代末,1983 年英国伦敦大学的 J. R. Forest 发表了《低截获概率雷达技术》一文[9],首次引入了低截获概率雷达方程。从此出现了很多讨论低截获概率雷达的文章,其中 1990 年 G. Schrick 和 R. G. Wiley 发表的有关雷达灵敏度和电子截获接收机灵敏度间关系的文章[10]引起了人们的关注。通过对低截获概率雷达技术的广泛探索和研究,该技术取得了很大进展,具有抗电子干扰与抗反辐射导弹能力的新型研制品或试验系统不断见诸报道。

LPI 雷达的主要技术措施包括:①采用高占空系数、特殊的信号波形发射信号,把辐射能量以近似噪声的形式扩散在宽的频率范围上;②降低雷达发射天线的旁瓣、背瓣的电平,使任何可能出现的截获仅仅约束在主瓣范围,可有效对抗反辐射导弹从旁瓣攻击的能力;③采用发射功率时间控制技术,减小雷达发射时间,在发现反辐射导弹后,能应急关机,发射信号可以闪耀工作,进行时间控制,可以控制发射空域,形成某些"寂静"的扇面区,并可突然间歇发射;④令雷达信号的参数最大限度地随机化,使截获接收机无法进行预测与识别;⑤采用 LPI 雷达构成的双多基地雷达工作体制,使雷达接收机置于远离发射机的非危险区。

LPI 雷达[11-13]是一种利用特殊信号形式、特殊天线、功率控制等技术,在探测到敌方目标的同时降低被敌人侦察系统发现概率的雷达系统。LPI 雷达是现代雷达技术发展的重要方向,优良的电子反对抗能力是提高雷达战场生存能力的重要手段,受到广泛重视并得到飞速发展。雷达的研制和使用人员为了更好地确保雷达发挥作用和有效生存,不断地在研究相应的反雷达对抗措施,采用了诸如脉内调频、调相、重频抖动、参差等信号形式,破坏了雷达信号分选和识别所利用的信号规律性。其中，LPI 技术的应用尤其增加了信号分类和去交错处理的难度，LPI 雷达信号的细微特征可以渗透于时域、频域、空域、调制域中，包含了广泛而丰富的内容，既表现在信号本身的细微差异，又体现在信号总体的特征和变化，使雷达侦察系统的截获概率受到极大影响。

### 1.4.2　脉冲压缩雷达

脉冲压缩雷达（简称脉压雷达）信号是低截获概率雷达信号主要形式之一。脉冲压缩技术被认为是在雷达技术理论确立之后，与合成孔径雷达技术、数字信号处理技术并列的最重要的三项创新发展之一。

脉冲压缩技术主要是通过对雷达脉冲内部相位、频率等信息的调制，实现常规雷达所不具备的时宽带宽积远远大于 1 的特性。脉冲压缩技术利用该性能让雷达系统发射宽度相对较宽而峰值功率低的脉冲，以此获得高峰值功率系统探测性能，然后再把接收回波压缩成窄脉冲，以获得窄脉冲系统的距离分辨力[13]。因此，脉冲压缩雷达不仅可以通过大的雷达信号带宽来提高雷达距离分辨力、速度分辨力，同时还可以通过大的雷达信号时宽来提高雷达信号作用距离，解决了常规雷达在时宽带宽积小于 1 时的离分辨力、速度分辨力与作用距离之间存在的矛盾。为了说明 LPI 雷达的低截获特征，以及脉冲压缩雷达实现低截获特性的工作原理，下面首先给出雷达探测距离 $R_R$ 和反辐射导弹信号接收机截获距离 $R_I$ 的定义[14,15]：

$$R_R = \left[ \frac{G_T \dfrac{E_T}{\tau} \sigma G_R \dfrac{\lambda^2}{L_R}}{(4\pi)^2 k T_R B_R S_R(n)} \right]^{\frac{1}{4}} \tag{1.1}$$

式中：$G_T$ 和 $G_R$ 分别为雷达发射天线增益和接收天线增益；$E_T$ 为雷达发射能量；$\tau$ 为雷达脉冲宽度；$P_{\min}$ 为雷达的最小可检测信号，$P_{\min} = k T_R B_R S_R(n)$；$k$ 为玻耳兹曼常数，$k = 1.38 \times 10^{-23} \mathrm{J/K}$；$T_R$ 为雷达噪声温度；$B_R$ 为雷达信号带宽；$S_R(n)$ 为积累 $n$ 个脉冲时雷达接收机的输入信噪比；$L_R$ 为雷达损耗；$\sigma$ 为目标的雷达截面积。

$$R_I = \left[ \frac{G_{TI} \dfrac{E_T}{\tau} G_I \dfrac{\lambda^2}{L_I}}{(4\pi)^2 k T_I B_I S_I(n)} \right]^{\frac{1}{2}} \tag{1.2}$$

式中：$G_{TI}$ 为雷达发射天线朝向接收机的增益；$G_I$ 为接收机增益；$L_I$ 为接收机损耗；$P_I$ 为接收机的最小可检测信号，$P_I = k T_I B_I S_I(n)$；$T_I$ 为接收机噪声温度；$B_I$ 为接收机带宽；$S_I(n)$ 为接收到 $n$ 个脉冲时接收机的输入信噪比；$\eta_I$ 为接收机的频谱密度，$\eta = k T_I$。

式（1.1）和式（1.2）均未考虑接收机内部的噪声影响。对于截获接收机而言，实现截获雷达信号必须满足四个相互独立的条件：①截获接收机天线波束在空间上对准雷达天线波束；②截获接收机在频率上对准雷达信号频率；③截获接收机天线的极化状态不能与雷达信号的极化状态完全失配;④截获接收机所获取的雷达信号电平要超过其检测门限。

比较式(1.1)和式(1.2)可知,雷达探测距离 $R_R$ 与 $E_T^{1/4}$ 成正比,反辐射导弹信号接收机截获距离 $R_I$ 与 $E_T^{1/2}$ 成正比。这是由于雷达接收的信号是目标受到发射电磁波的照射产生的散射回波,反射信号经过 2 倍的距离路程,能量衰减很大。而反辐射导弹接收的信号是由雷达直接发射的电磁波,信号只经过 1 倍的距离路程,能量衰减比 2 倍的距离路程时要小得多。所以在其他参数大致相同的情况下,反辐射导弹接收机的截获距离 $R_I$ 要比雷达探测距离 $R_R$ 远。

在雷达探测距离 $R_R$ 和反辐射导弹信号接收机截获距离 $R_I$ 基础上,为了对低截获概率雷达进行定量表示,Schider 利用式(1.1)和式(1.2)提出了衡量雷达低截获性能的截获因子 $\alpha$ ,其定义为

$$\alpha = \frac{R_I}{R_R} \left[ \frac{1}{4\pi} \frac{G_{TI}^2}{G_T} \frac{G_I^2}{G_R} \frac{\lambda^2}{\sigma} \frac{L_R}{L_I^2} \frac{T_R}{T_I} \frac{E_T}{\eta_I} \left( \frac{1}{B_I \tau} \right)^2 \frac{S_R(n)}{S_I^2(n)} \right]^{1/4} \tag{1.3}$$

若 $\alpha > 1$ ,雷达就有可能被反辐射导弹发现;若 $\alpha \leqslant 1$ ,雷达就可能探测到反辐射导弹而反辐射导弹却不能发现雷达。这种雷达通常称为低截获概率雷达。式(1.3)可简化为

$$\alpha \propto \left( \frac{1}{B_I \tau} \right) \tag{1.4}$$

式(1.4)表明,雷达的信号脉冲宽度 $\tau$ 越大,距离因子 $\alpha$ 就越小,雷达的低截获概率特性就越好。下面讨论雷达信号带宽的作用。

通常,反辐射导弹截获接收机都包含视频信号放大器,假设视频信号放大器的带宽为 $B_V$ ,则信号截获接收机的有效带宽为

$$B_I \approx \sqrt{2B_R B_V} \tag{1.5}$$

视频带宽 $B_V$ 是根据预先估计的最窄的脉冲宽度 $\tau_{\min}$ 设计的。通常调制 $B_V = 1/(2\tau_{\min})$ ,并定义脉冲宽度的失配系数 $M = \tau/\tau_{\min}$ ,可得

$$B_I = \sqrt{\frac{B_R}{\tau_{\min}}} = \sqrt{\frac{MB_R}{\tau}} \tag{1.6}$$

将式(1.6)代入式(1.4)可得

$$\alpha \propto \left( \frac{\tau_{\min}}{B_R \tau^2} \right)^{\frac{1}{4}} = \left( \frac{1}{M^2 B_R \tau_{\min}} \right)^{1/4} \tag{1.7}$$

上式表明,普通的脉冲雷达使用宽的发射脉冲也能提高其低截获概率特性。

现在考虑脉冲压缩雷达的情况。由于通常的反辐射导弹信号接收机只能提取截获所得信号的包络,忽视了频率调制信息,因此把脉冲压缩信号当作普通的宽脉冲信号来处理。将式(1.7)改写成脉冲压缩信号的形式,即

$$\alpha \propto \left(\frac{\tau_{\min}}{\beta^2 B_R \tau_{\text{eft}}^2}\right)^{\frac{1}{4}} = \left(\frac{1}{\beta^2 M_p^2 B_R \tau_{\min}}\right)^{1/4} \tag{1.8}$$

式中：$\beta = \tau / \tau_{\text{eft}}$ 为脉冲压缩比；$M_p$ 为脉冲压缩后的脉宽失配系数，$M_p = \tau_{\text{eft}} / \tau_{\min}$，其中，$\tau$ 为雷达实际发射脉冲的宽度；$\tau_{\text{eft}}$ 为经过脉压后的脉冲宽度；$\tau_{\min}$ 为信号接收机的最小设计脉宽。

从式(1.8)可以看到，雷达信号带宽 $B_R$ 越大，该雷达的 LPI 特性越好。脉冲压缩比 $\beta$ 越大，其 LPI 特性越好。这些都是雷达设计者努力实现的目标。

从以上分析可以得出，脉冲压缩雷达具有比较好的低截获概率特性。脉冲压缩雷达采用典型的大时宽带宽积信号，其信号脉冲宽度大、带宽高，可十分有效地减小距离因子 $\alpha$。另外，脉压比 $\beta$ 越大，LPI 雷达特性越好。

为改善脉冲雷达的分辨能力，并同时维持探测远距离小目标所期望的高辐射功率电平，越来越多地采用了脉冲压缩技术。脉冲压缩技术能让雷达系统发射宽度相对较大而峰值功率低的脉冲，以获得高峰值功率系统探测性能，然后再把接收回波压缩成窄脉冲，以获得窄脉冲系统的距离分辨力。

对于改进的雷达系统，可达到的距离分辨力为

$$\delta_R = \frac{c}{2B_R} \tag{1.9}$$

式中：$c$ 为光速；$B_R$ 为雷达信号带宽。

对于常规雷达系统，$B_R = 1/\tau$，则

$$\delta_R = \frac{c\tau}{2} \tag{1.10}$$

在脉冲压缩雷达系统中，发射波形往往在相位或频率上被调制，使得 $B_R \gg 1/\tau$。令 $\tau_{\text{eft}} = 1/B_R$，则

$$\delta_R = \frac{c\tau_{\text{eft}}}{2} \tag{1.11}$$

因此，脉冲压缩雷达可用宽度为 $\tau$ 的发射脉冲来获得相当于发射脉冲宽度 $\tau_{\text{eft}}$ 的简单脉冲系统的分辨力。同时 $\beta \gg 1$，这样在具有与常规脉冲雷达系统相同的探测性能条件下，脉冲压缩雷达可以通过发射大宽度脉冲来降低其峰值发射功率，以降低其截获概率。如果雷达的峰值功率降到反辐射导弹信号接收机的阈值以下，则该导弹将不能截获这部雷达信号，相反雷达可能提前发现该导弹。

传统的被动雷达寻的器与脉冲压缩失配，只能以低功率的宽脉冲截获与跟踪信号，其灵敏度损失了 $10\lg(B-1)$。

### 1.4.3　脉间波形变换雷达

脉间波形变换有两种方式：①脉间截频变换，即每个脉冲内的截频是不同的，但频率在一定带宽内随机变化，该捷变带宽称为频率捷变带宽；②脉冲宽度与重复

周期变化，例如，美国的"爱国者"雷达[16]以一组数据说明脉间波形变换雷达信号形式的变化。

根据已知的一组数据，"爱国者"雷达工作的载波频段 $f_0 = 3.9 \sim 6.2\text{GHz}$，$\Delta f_1 = 2.3\text{GHz}$，在此频带内分布 160 个间隔 $\Delta f_2 = 15\text{MHz}$ 的高频相参谐波振荡频率。这时每个火力单元分别工作在 32～34 个固定点频的子频段内，其总带宽 $\Delta f_3 = 500\text{MHz}(33 \times 15 \approx 500\text{MHz})$。

发射机可按规定规律或随机规律在 32～34 点频范围改变载频〈包括脉间变频〉。在脉冲辐射方式下的发射机功率 $P_{ti}$ 在 30～540kW 范围内变化（最大值用在"烧穿"方式和小尺寸的目标）。这时将采用不同形式的探测信号：

（1）对目标搜索探测时采用脉冲组间单个脉冲调谐的线性调频信号，又由于各载频点间隔为 15MHz，就给瞄准式噪声干扰的施放造成困难。

最强功率线性调频信号的典用参数如下：

脉冲功率　　$P_u = 540\text{kW}$

平均功率　　$P_{tav} = 10.8\text{kW}$（今后达 20kW）

未压缩的脉冲宽度　$\tau_{未压} = 1 \sim 100\mu\text{s}$（典型值为 $20\mu\text{s}$、$60\mu\text{s}$、$100\mu\text{s}$）

压缩后的脉宽　$\tau_{压后} = 0.1 \sim 0.2\mu\text{s}(K_{压缩} = 1000)$

线性调频信号中的频率偏差　$\Delta f_D = 6\text{MHz}$

脉冲组的宽度　$T_{脉组} = 20 \sim 100\text{ms}$

重复频率（触发频率）　$F_n = 0.2 \sim 2.5\text{kHz}$

在目标跟踪方式采用：线性调频信（$P_{ti} = 540\text{kW}$，$\tau_{未压} = 60\mu\text{s}$，$K_{压缩} = 100$，$F_n = 0.2 \sim 2.5\text{kHz}$，$T_{脉组} < 30\text{ms}$）和相参脉冲组（$P_{ti} = 30 \sim 540\text{kW}$，$\tau_{未压} \leqslant 20\mu\text{s}$，$K_{压缩} = 1000$，$T_{脉组} < 30\text{ms}$）。

（2）对近距离目标跟踪时，采用简单的非相参脉冲信息、脉间跳频（$P_{ti} = 30\text{kW}$，$\tau_{未压} = 0.5 \sim 1\mu\text{s}$，$F_n = 0.2 \sim 2.5\text{kHz}$，$T_{积累} \leqslant 100\text{ms}$）。

因此，当出现由飞机施放干扰时，探测脉冲及其参数大范围的自适应变化，可保证多功能雷达乃至整个"爱国者"雷达有较强的抗干扰能力。这样，脉间 $f_0$ 的跳频进行的前沿跟踪（距离自动跟踪）使组合噪声干扰失效。此外，多功能雷达的能量潜力可保证雷达在出现组合噪声干扰时也能探测到目标（在烧穿方式下）。

根据另外一些数据，如"爱国者"系统工作的全频段 $f_0 = 5.259 \sim 5.736\text{GHz}$，在全频带内设有间隔 3MHz 的 160 个固定频率点。以两组为例，每一部制导雷达占据其中一组的 32 个频率点，频率分布如图 1.7 所示。

从图 1.7 中可以看出，每一组有间隔为 $\Delta f_3 = 15\text{MHz}$ 的 32 点频率，每组带宽为 $\Delta f_2 = 465\text{MHz}$，相邻组的频差 $\Delta f_4 = 3\text{MHz}$。按照这些规定可以确定探测信号脉冲串的形式（线性调频、相参或非相参），它们对应如图 1.8 所示的 6 种脉冲序列的信号，可以单独使用，也可按交替变换的组合来使用。

（1）序列 1、2：分别以脉宽 $100\mu\text{s}$、$60\mu\text{s}$ 的脉冲重复，其重复周期为 5ms、3ms。

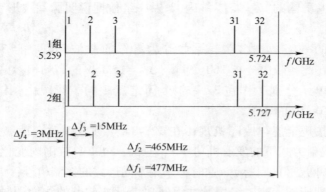

图 1.7 两组的载频间隔

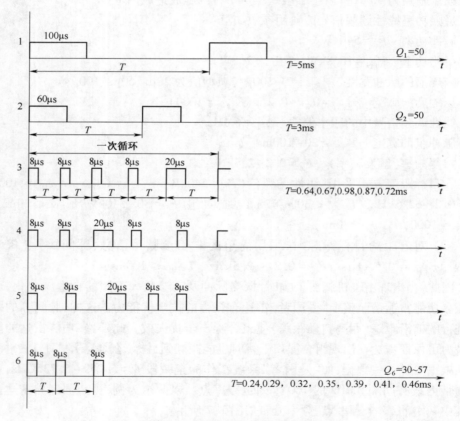

图 1.8  6 组不同组合的脉冲信号

它们对应于占空比 $Q = T/\tau = 50$ 的脉冲序列。

（2）序列 3～5：是编码的，其中以 0.64ms、0.67ms、0.98ms、0.87ms、0.72ms 的不同重复周期形成窄脉冲（8μs）和宽脉冲（20μs）。

（3）序列 6：由相同宽度脉冲（$\tau = 8$μs）组成的周期序列，重复周期从 0.24ms、

0.29ms、0.32ms、0.35ms、0.39、0.41ms、0.46ms中任选其一,对应的占空比为30~57,在这些脉冲列中(全部无例外)可能采用下列各方案的载频:

① 在所有脉冲中$f_0$为常数;

② $f_0$是变化的(从32个频率中随机选1个进行跳变),或是从一组到一组间,或是从一组中的循环周期间;

③ $f_0$是变化的(按每组内自己的规律脉间跳变);

④ 同时用两种频率$f_{01}$、$f_{02}$进行的脉冲辐射,它也可以从循环周期到循环周期、脉冲组间或脉冲间变化。

在每一脉冲内有可能采用以频偏$\Delta f_D = 6MHz$的线性调频信号、相位编码调制信号(为与导弹通信)和$f_0$为常量的普通信号。

对于远距离的目标优选是图1.8中的第1组,当然也可采用第2组。对中距离和近距离目标采用第3~5组。

因此,在发射机中所实现的自适应性是:在载频$f_0$上;脉内调制的形式上;脉冲编码的结构上;脉冲宽度上;重复周期的大小上;循环周期的长度上;脉冲功率上;由序列1~6中之一同时被调制频率的数量上。

当能自适应使用时,类似的探测信号实际上不受组合式脉冲噪声干扰影响,不管是阻塞式还是瞄准式,是自激振荡式的还是回答式的,这是因为对目标反射脉冲前沿仍有跟踪目标的能力。只是在带宽$\Delta f_干 = 50MHz$的阻塞噪声干扰可能覆盖多功能雷达的探测信号,但由于现代有源干扰能量有限,它不能有效压制"爱国者"系统的高功率多功能雷达。只有位于目标前面(最好位于雷达与目标连线上)的飞机施放回答式噪声干扰(当可能有足够的能量时),才会有效地压制"爱国者"系统的雷达。

### 1.4.4 捷变频雷达

传统的宽频带被动雷达寻的器与像"爱国者"雷达这种的脉间变换波形失配,无法识别与分选这种信号,也就无法跟踪这种信号。捷变频是一种技术而不是一种雷达体制,这种技术可以用于各种不同用途的雷达,如监视雷达、跟踪雷达、导弹制导雷达等,然而从被动自导引雷达的角度看,不管用途何在,给接收机带来的困难却是相同的,因此将其列为一个题目,包括所有应用捷变频技术的雷达。

固定载频的脉冲雷达系统,首先,当所接收到的回波信号和噪声幅度处于同一数量级时,突出的噪声峰值就可能被视为信号;其次,当散射体的姿态或位置发生变化时,回波信号有可能变小或消失,这种现象称为幅度衰落,它使探测距离减小;再次,由于散射体散射横截面积中心变化,能够引起跟踪雷达角度上的小量变化,这种现象称为角闪烁,它将影响跟踪雷达的精度。捷变频雷达在上述三个方面都有改善,这是从提高雷达自身的性能(暂且不谈抗干扰性)上考虑使用捷变频技术的原因。

严格说来,捷变频雷达的定义是发射机发射的每个脉冲的载频都与它以前的脉冲的载频不相关地进行改变,并且它的脉冲重复频率与同类雷达一样,比上述三种现象的起伏频率都高,这就产生了一种负向效应,好像这种雷达同时工作于不同频率。

捷变频雷达的主要优点如下:

(1)由于发射频率不同,增加了探测距离。利用马克姆(Marcum)和斯瓦林(Sweling)给出的理论,可以比较具有不同特性目标的检测概率。下面考虑三种目标特性模式:

① 非起伏目标(作为比较基准)。目标每一时刻之间不相关,常用来作为比较基准。

② 扫描间起伏目标,即假定目标散射面积在一次扫描中不发生变化,但各次扫描之间不相关。这一模式适用于空中目标和固定载频雷达。

③ 脉间起伏的目标。这种情况是每个回波与前一个回波不相关,如同捷变频工作情况。

假定飞机的后向散射面积为指数分布、回波为瑞利分布,就可以计算出上述三种目标的检测概率,如图1.9所示。图中为检测概率与信噪比 $S/N$ 的关系,参变量为每次扫描(经过天线3dB带宽)的脉冲数 $n = 20$,虚警概率 $p_f = 2 \times 10^{-5}$。

图1.9说明,对于90%的检测概率来说,固定载频

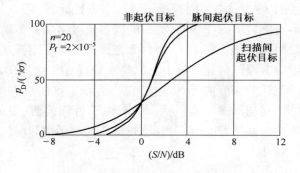

图1.9　检测概率 $p_f$ 与信噪比 $S/N$ 关系

的雷达检测起伏目标(如飞机)比检测非起伏目标有约8dB的起伏损失,而对捷变频雷达,起伏损失仅0.5dB。这意味着,如果固定载频雷达和捷变频雷达有相同的脉冲宽度、噪声系数,要获得相同的距离性能,其发射功率要比捷变频雷达大7.5dB。换句话说,如果这两种雷达的输出功率相同,捷变频雷达的探测距离将比固定载频雷达大50%。对其他的 $n$ 和 $p_f$ 值,得到的改善大体相同。

(2)减小了跟踪误差。有许多因素可以引起跟踪雷达的跟踪误差,如目标的闪烁、天线罩的折射和传播介质的扰动等。这些因素通常在跟踪电路的带宽里产生慢起伏,从而引起噪声输出信号。如果不用固定载频而使用快速改变频率的捷变频工作方式,则上述因素引起的误差就变成随机和快速的变化。这种变化在很大程度上可以被跟踪电路的滤波器滤除,闪烁情况的试验已经证明了这一点,闪烁现象大大地减少了。从而改善了给定时常数系统的跟踪精度,并且提供了采用小

时常数的可能性。

（3）增加了抗干扰能力。脉间改变雷达发射机的频率,能降低干扰效果几个数量级。如果把固定频率雷达或慢调谐改变频率雷达遭受窄带噪声干扰与捷变频雷达遭受宽带噪声干扰相比较,就会发现,对于相同的干扰功率,干扰效果降低的比例是所用的接收机带宽与发射机带宽的比,对于典型雷达,该比例可达 20dB 左右。如果固定频率雷达和捷变频雷达同时受宽带噪声干扰,且干扰功率也相同,就会发现捷变频雷达获得的改善与无干扰条件下的性能改善差不多。对捷变频雷达的窄带噪声干扰几乎无效,不管用多大的干扰功率都是如此,因为偶然落在干扰带宽的脉冲确实很强烈地干扰了,并且造成接收机在这些频率上饱和;然而落在干扰带宽的脉冲数比例(或说落入概率)是非常小的,实际上不可能降低捷变频雷达的性能。脉间随机选择发射频率还会使欺骗干扰(假目标回波)变得很困难,可能采用的唯一一种转发器类型是宽带型的,在这种情况下产生接收脉冲的再辐射时延给雷达提供了抗干扰的条件。

一般而言,频率捷变技术有脉内频率捷变、脉间频率捷变和脉组间频率捷变三种主要形式。目前主要采用脉间频率捷变。

捷变频使雷达提高了探测距离、减小了跟踪误差、增加了抗干扰能力,而对于宽频带被动雷达寻的器是一种低截获概率的技术措施,使得传统的宽频带被动寻的器以捷变频带宽接收信号,如捷变频带宽 480MHz,被动带宽寻的器以不小于 480MHz 的带宽接收信号,使接收系统的灵敏度降低了 27dB。

# 1.5　通信信号低检测/截获/探测概率

低检测概率就是试图将出现的信号"藏"起来。有一种技术就是将信号调谐到低于噪声的水平,这样,如果马马虎虎地看一眼频谱,就不容易从噪声中将信号识别出来,这种技术叫做直接序列扩谱(DSSS)通信。还有一种方法就是将信号的频率跳来跳去,这样,固定调谐的接收机就很少能看到信号,这种技术称为跳频扩谱(FHSS)通信。

如果通信系统的性质就是难以达到低检测概率,那么或许更希望信号是可以被探测出来的,但是,即使信号一旦被探测出,也难以从中提炼出信息。低截获概率(LPI)和低探测概率(LPE)就是在这种情景下使用的术语。跳频扩谱(HISS)就是一例。

电视台、调频电台和调幅电台的电磁(EM)信号,这种信号大多数在频率上都是固定不变的。大部分实用的低概率方法都是将这样的窄带信号的频谱加以大大扩展,这样,它们就能够占据比用其他方法更宽的电磁谱。有一种方法并不将信号的频谱加以扩展,而是在时间上将其延长,这种技术叫做跳时。这种技术不像用于对抗探测的其他低截获概率的技术用得那么多,然而,在军事战术通信中,当预先不知道某部队何时进行通信时,跳时技术自然就派上用场了。这种通信形式通常称为按键通话(PTT)。

跳频改变"载频"通常达到 100 次/s 以上。这种情况与轿车收音机对着某电台每秒调谐 100 次差不多。即使知道下一个频率在哪里(跳频的特点之一是非预定的接收机并不知道频率),也很难将收音机调谐得足够快,以跟上跳频的速度。当然,如果使用现代数字接收机,调谐速度就不是问题,但不知道下一个频率是什么。

上面提及的生成低概率信号(在这里,关键是低探测概率)的直接序列扩谱技术理解起来有些困难。用这种技术在广播之前,将一种叫做"chip 序列"的特殊信号(模二和,0+0=0,0+1=1,1+1=0)加到了信息信号(已经被转换成数字信号)之上"chip 序列"是一种数字信号,其改变状态的速度比信息信号要快得多。其效果是使收到的信号比信息信号(如果位于同样的载频)占用更宽的频带,而且在任一特定的频率上其幅度更低,在任何单个的频率上振幅会低得多,这是因为存在一个同样信号能量,但是信号扩展的频率范围更宽。如果不知道这种低振幅信号在哪儿,则是很难探测出来的。

有一种方法虽然与技术问题无关,但也是一种有效的低检测/截获/探测概率技术[17],这就是上面提到的发射控制(EMCON)技巧,也是在操作过程中用无线电台静默的技巧,来避免发现无线电信号。因为在有些情况下,无线电信号的出现明确表明这里有军事行动。情况往往是这样的,战斗一旦开始,原先准备的大多数计划就不再适用。因为大量的战术命令和控制是用射频(RF)通信完成的;当计划不得不改变时,使用发射控制可能就很困难了。一边使用发射控制另一边被检测,只是需要一个信号情报(SIGNRT)传感器而已。

收集这样的宽带信号同样也需要宽带接收设备,不幸的是,物理法则就是如此:接收设备的带宽越宽,接收机在接收所需要的信号时,接收到的背景噪声也就越大。然而,现在已发展了一些方法,包括使用压缩接收机和数字接收机,它们有助于减少上述影响。

### 1.5.1 扩展频谱

当通过一个信道传送信息时,有一个可以考虑的选择,它是由香农发现的,并由下面的定理所描述:

$$C = B\log_2(1 + \delta) \tag{1.12}$$

式(1.12)表明,能够通过增大带宽 $B$(Hz)或增大信噪比 $\delta$ 来增大信道容量 $C$(符号/s)。注意,这是一个理论上的极限,并且与调制类型和其他信道参数无关。

增大信号带宽的一种方法是采用 FM,另一种方法是实现扩展频谱调制。有两种重要的基本技术属于扩展频谱的通常定义,即频率跳变和直接序列。在前者中,信号的载波频率被周期性改变,即跳变;在后者中,在一个相对窄带的信息信号的能量扩展在一个很大的带宽上。除增加信道容量外,扩展频谱的实现是出于多种原因的。因为在跳频中接收机需要知道信号已经跳到什么频率上,因此它提供了转换的难度。这一信息对窄带系统来说是事先不知道的。在直接序列系统中,由于能量被扩展在一个宽的带宽上,在信号所占据的频谱的任何一个窄带部分仅有十分少的能量——常常低于热噪声电平。因此,信号很难被发现。

使用扩展频谱的另一个原因是它适合于测距。这对于直接序列系统尤为正确,它是 GPS 所采用的一种方法,例如,确定从卫星到靠近地球任意一特定点的距离。精确的测距是可能的,因为原子钟为 GPS 提供了精密的定时。序列间的相关性能被十分精确地测量,同时时间偏移能用来确定距离差。

**1. 直接序列扩展频谱**

考虑图 1.10 所示的 BPSK/DSSS 通信系统。$j(t)$ 表示干扰信号,例如干扰机。一个数据序列 $d(t) = \{d_i\}, d_i \in \{-1, +1\}$ 与 chip 序列 $c(t) = \{c_i\}, c_i \in \{-1, +1\}$ 相乘,其过程如图 1.11 所示。

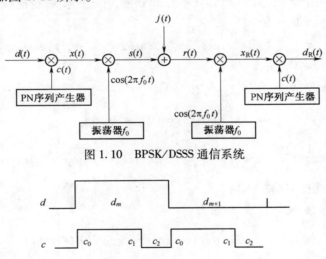

图 1.10　BPSK/DSSS 通信系统

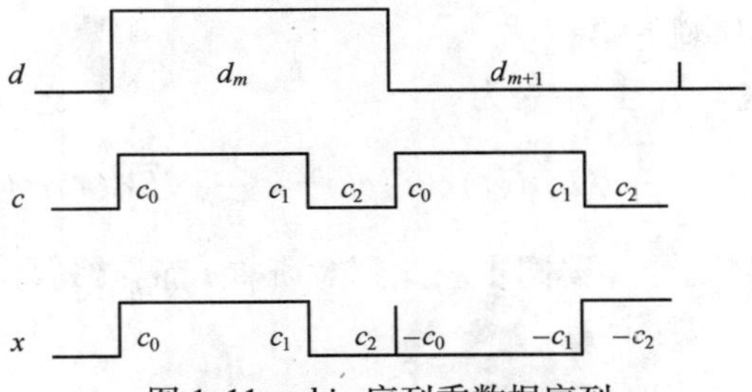

图 1.11　chip 序列乘数据序列

chip 速率 $1/T_c$ 远高于数据速率 $1/T_b$,而且,每一数据比特所对应的 chip 数是整数,即 $N = T_b/T_c$。乘积 $d(t)c(t)$ 乘上载波信号 $\cos(2\pi f_0 t)$,从而形成发送信号

$$s(t) = \sqrt{2S}\, d(t)c(t)\cos(2\pi f_0 t) \tag{1.13}$$

式中:$S$ 为信号功率;这样每比特的能量 $E = ST_b$。这是 BPSK 信号的一种形式。另一种等效的形式为[19]

$$s(t) = \sqrt{2S}\cos\left(2\pi f_0 t + d_n c_n N + \frac{\pi}{2}\right) \tag{1.14}$$

式中：$k = 0,1,2,\cdots,N-1$，$n$ 为一整数，并且 $nT_b + kT_c \leqslant t < nT_b + (k+1)T_c$。扩展频谱系统的处理增益由扩展信号的带宽与未扩展的带宽之比给定，它体现了扩展频谱系统的优点。因此，如果未扩展信号的带宽为 $B_S$，而且此信号通过某种方法扩展而占据了 $B_{SS}$ 的带宽，则

$$PG = \frac{B_{SS}}{B_S} \tag{1.15}$$

接收信号为

$$r(t) = s(t) + j(t) = \sqrt{2S}\,d(t)c(t)\cos(2\pi f_0 t) + j(t) \tag{1.16}$$

通过用发射机振荡器信号的复制信号乘以 $r(t)$，这一信号被下变频（为简单而未画出滤波器、放大器和其他部件）。最终的信号包含有 $2f_0$ 和 $f = 0$ 附近的分量。假设 $2f_0$ 项被滤除，只剩下 $f = 0$ 附近的分量，并进一步假定这些振荡器频率相同且同步。因此，信号为

$$x_R(t) = \sqrt{2S}\,d(t)c(t)\cos(2\pi f_0 t)\cos(2\pi f_0 t) + j(t)\cos(2\pi f_0 t) \tag{1.17}$$

这时设 $j(t) = 0$，则

$$\begin{aligned}
x_R(t) &= \sqrt{2S}\,d(t)c(t)\cos^2(2\pi f_0 t) \\
&= \sqrt{2S}\,d(t)c(t)\left[\frac{1}{2} + \frac{1}{2}\cos(2\pi \times 2f_0 t)\right] \\
&= \frac{1}{2}\sqrt{2S}\,d(t)c(t) + \frac{1}{2}\sqrt{2S}\,d(t)c(t)\cos(2\pi \times 2f_0 t)
\end{aligned} \tag{1.18}$$

第二项被滤掉，只剩下第一项。

这时，$c(t)$ 乘这一信号，结果为

$$d_R(t) = \frac{1}{2}\sqrt{2S}\,d(t)c(t)c(t) = \frac{1}{2}\sqrt{2S}\,d(t)c^2(t) \tag{1.19}$$

式中：假定两个 PN 序列产生器同步。此刻对所有 $t$ 而言，$c^2(t) = 1$，从而有

$$d_R(t) = \frac{1}{2}\sqrt{2S}\,d(t) \tag{1.20}$$

这就是一个具有常数幅度的原始数据序列。

剩下的问题是如何完全利用这一调制格式，因为较简单的技术可将一个数据序列从一点搬移到另一点。当 $j(t) \neq 0$ 时，这一优点就变得清晰了。

假定 $j(t)$ 像信号一样，其中心频率在 $f_0$（图 1.12）。在这一情况下，在与本振信号相乘并滤除二倍频项之后，余下的信号

$$x_R(t) = \frac{1}{2}\sqrt{2S}\,d(t)c(t) + \frac{1}{2}j(t) \tag{1.21}$$

$c(t)$ 乘这一信号，得

$$d_R(t) = \frac{1}{2}\sqrt{2S}\,d(t) + \frac{1}{2}j(t)c(t) \tag{1.22}$$

像 $d(t)$ 的频谱在发射端通过乘 $c(t)$ 而被扩展一样,干扰信号在接收端通过这种与 $c(t)$ 相乘而被扩展。因而,当这一相乘将信号折叠成 $d(t)$ 的倍数时,干扰信号在接收端得到扩展。从而在每单位带宽上的能量相当低,如图 1.12 所示。这样,扩展频谱表现出了一种抗干扰特性。事实上,正是这种特性在很大程度上促使军方对这一技术进行了发展。

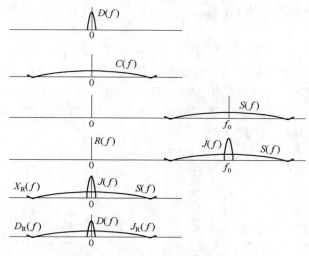

图 1.12　DSSS 系统的信号频道

## 2. 扩频码[17]

用来产生扩展信号的码 $c(t)$ 根据一些特定的特性来选择。特别是 chip 信号的均值近似为零,即

$$\bar{c} = \sum_{i=0}^{N-1} c_i \approx 0 \tag{1.23}$$

为使其成立,$-1$ 的个数必须近似等于 $+1$ 的个数。

第二个重要特性是它们的自相关近似为一个冲激函数,即

$$R_c(k) = \sum_{i=0}^{N-1} c_i c_{i+k} \approx \begin{cases} N, & k = 0 \\ 0, & k \neq 0 \end{cases} \tag{1.24}$$

注意:最后一个特性是它们的互相关函数应尽可能接近于零。在扩展频谱通信系统中,信号与本地产生的序列进行相关处理。如果两个信号相关(它们的互相关为非零值),不正确的信号就能够在接收端被完整地解调;如果它们的互相关为零,不正确的信号就不会在接收端被解调。

为了达到一个近似为零的均值,PN 序列必须在任意长度的序列中 $-1$ 的个数几乎与 $+1$ 的个数相同,这一差应是 0 或 1,称为平衡性。PN 序列的游程特性叙述

如下：

(1) $1/2(1/2^1)$ 的游程是长度为 1 的；

(2) $1/4(1/2^2)$ 的游程是长度为 2 的；

(3) $1/8(1/2^3)$ 的游程是长度为 3 的。

有三种码时常用于扩展频谱信号，即 $m$ 序列、Gold 码和 Kasami 序列，它们都在不同程度上显示出上面的特性。用于扩展频谱的码由线性反馈移位寄存器（Linner Feedback Shift Regidter，LFPR）产生。与 LFSR 联系在一起的是生成多项式，它决定 LFSR 所产生的 PN 码序列。例如，图 1.13 所示的 5 级 LFSR 具有生成多项式

$$g(c,a) = 1 + c_1a_1 + c_2a_2 + c_3a_3 + c_4a_4 + c_5a_5 \tag{1.25}$$

式中：所有的加法是实行模二加的，也称异或，且 $a_ic_i \in \{0,1\}$。系数 $c$ 确定移位寄存器的哪一级用在反馈路径中，因此用于确定哪一个码的产生。设定 $c_i = 0$，则移位寄存器的第 $i$ 级不能反馈；若设定 $c_i = 1$，则移动寄存器的第 $i$ 级能反馈。由于 $0+0=0, 0+1=1$，异或简单地让正确的码元值通过。

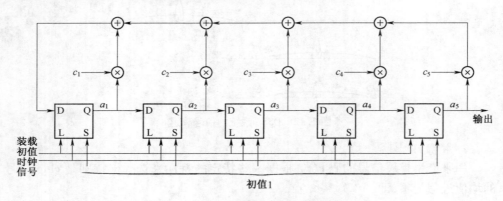

图 1.13　产生码的 5 级移位寄存器

生成多项式的指数对应于 LFSR 的级，它是非零的。左边的起点是第 0 级，然后是第 1 级，等等。第 1 级和最后一级总被使用，中间的若干级决定产生哪一种特定的码序列。

用于扩展频谱通信的码产生的 LFSR 的特征是它们所给出的输出序列。一个寄存器被装载初值，然后时钟信号驱动寄存器通过它的序列。寄存器能够被设定以产生它们所能具有的尽可能长的输出序列。这样的序列称为最长序列或 $m$ 序列。对于一个具有 $r$ 级的寄存器 $m$ 序列具有周期 $2^r - 1$。即序列 $2^r - 1$ 个码元已被产生之后重复。$m$ 序列的自相关函数是周期性的，即有

$$R(k) = 2^r - 1 = \begin{cases} 1, & k = nN \\ -\dfrac{1}{N}, & k \neq nN \end{cases} \tag{1.26}$$

式中:$n$ 为任意整数;$N$ 为序列的周期。

图 1.14 给出 $r=5$ 时的 $m$ 序列的自相关函数。虽然 $m$ 序列的自相关特性是优良的,但它们的互相关性不如其他正交码好。

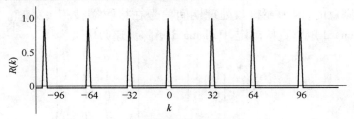

图 1.14 $r=5$ 的 $m$ 序列的自相关函数

用两个相同长度的 $m$ 序列,并将其输出组合在一起产生 Gold 码。图 1.15 示出 Gold 码产生的例子。注意,不是所有的 $m$ 序列对都能用来产生 Gold 码。能够产生 Gold 码的 $m$ 序列称为优选对。Gold 码的自相关和互相关函数取三种值 $\{-1,-t(m),t(m)-2\}$,其中

$$t(m) = \begin{cases} 2^{(m+1)/2} + 1, & m \text{ 为奇数} \\ 2^{(m+2)/2} + 1, & m \text{ 为偶数} \end{cases}$$

Gold 码的优点是它们的互相关函数均匀、有界,而且一个给定的 LFSR 的结构能够产生一个庞大的序列族。

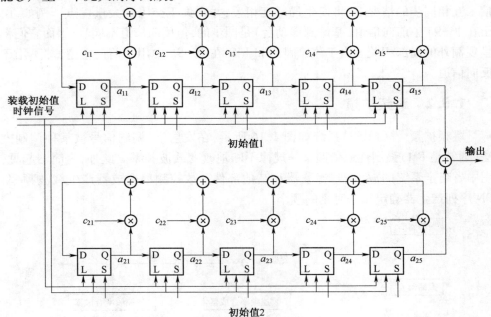

图 1.15 两个 5 级 LFSR 并联

Kasami 序列具有极低的互相关值,因而可用于异步扩展频谱系统中。产生

Kasami 序列的过程与产生 Gold 码的过程相似,只是对几个不同的 $m$ 序列进行抽取,再与原始序列进行组合。

　　Walsh-Hadamard 码是正交的,因而具有零互相关特性,这使它们对扩展频谱通信是令人满意的,因为在接收处理期间信号在接收端被相关处理。Walsh 函数由一组 Hadamard 矩阵直接确定,Hadamard 矩阵被递归定义为

$$H_0 = 0, H_2 = \begin{bmatrix} 0 & 0 \\ 0 & 1 \end{bmatrix}, H_4 = \begin{bmatrix} 0 & 0 & 0 & 0 \\ 0 & 1 & 0 & 1 \\ 0 & 0 & 1 & 1 \\ 0 & 1 & 1 & 0 \end{bmatrix} \tag{1.27}$$

$$H_{2N} = \begin{bmatrix} H_N & H_N \\ H_N & \overline{H_N} \end{bmatrix} \tag{1.28}$$

式中: $\overline{H_N}$ 为通过对 $H_N$ 所有元素的逐一取反得到的。

　　Hadamard 矩阵除全 0 行之外的所有行形成一个正交码字,能够像 LFSR 的生成多项式一样被采用。通信系统中的每一用户被赋予这些码序列中不同的一个,那么干扰是最小的。实际上,全 0 行与其他行也正交,但它不产生有意义的输出。

　　沃尔什(Walsh)函数用在扩展频谱系统中的主要不足:虽然整个码字正交,但局部码字不正交。实际上,局部码字能出现相当大的互相关值。在 CDMA 无线通信未互相同步的情况下,将发生局部互相关,并丧失正交码的大量优点。例如,由于在 IS-95 中前向信道(基站到移动台)是同步的,但反向信道不同步,因而它们将呈现额外的局部相关。由于该原因,Walsh 码在 IS-95 中用于前向信道,却不用于反向信道。

### 1.5.2　跳频扩频

　　跳频扩频[17](FHSS)系统如图 1.16 所示,在发射端,调制信号被某种调制方法(通常是 FM)强制性地依照某一规律不断地改变载波频率。此外,为简洁起见,图中省略了系统的放大器、滤波器和其他部件。数控频率合成器产生载波频率,PN 序列产生器确定每一时刻的频率。

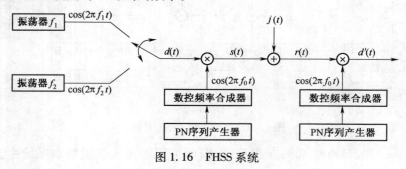

图 1.16　FHSS 系统

信息信号 $d(t)$ 既可以是数字的,也可以是模拟的,而这里显示为二进制 FSK（BFSK）,BFSK 是一种常见的用于跳频的调制形式。虽然对 FSK 来说,两个互补的频率 $f_1$ 和 $f_2$ 不必靠在一起,但通常在 VHF 频率范围内它们是处于同一个 25kHz 信道内的两个频率。在许多实际的 FHSS 系统中,出于简单和经济考虑而采用非相干检测。因此,为确保系统正常工作,PN 序列必须同步,但非本振不必相位同步。与其他非相干通信系统一样,将会引起 3dB 的性能损失。

在接收端,有一个由相同 PN 序列产生器控制的相同的频率产生器。在同步时,两个 PN 序列产生器同时改变频率控制字,并相互同步。通常利用可用频率信道的一个子集来实现 PN 序列产生器同步,当需要同步时(如当一个新成员加入该通信网),所有的通信设备调谐到这些可用频率上,在这些信道上总是有可用的同步信息。

函数 $j(t)$ 和 $J(f)$ 表示一个干扰信号,例如一个人为干扰,FHSS 系统在出现人为干扰和其他干扰时的优点由图 1.17 示出。这里 BFSK 信号被发送,并且发送频率以跳变速率进行变化。虽然以跳频信号为目标的人为干扰信号通常会覆盖远多于图中所显示的仅仅一个信道,但为了图示的目的给出了一个窄带人为干扰信号,跳频信号在跳变期间会跳入干扰信号,在这种的情况下,此跳期间的信息通常会被接收端丢失。通常,编码、交错和其他的冗余方式作为发信方案的组成部分,从而一旦跳频信号跳入干扰信号时,数据不会丢失。当然,如果信号是数字化话音信号,则对数据比特的丢失总会有一定程度的容忍。在任何情况下,由于干扰信号频率固定,任何信息的丢失仅仅是一跳期间的信息丢失,在先前的和后续的跳频间隔被传递的信息没有受损。

如果每一个跳频的跳变有一个以上的数据比特被发送,则称为慢跳频系统。如果一个数据比特通过相继的几跳来发送,则称为快跳频系统。

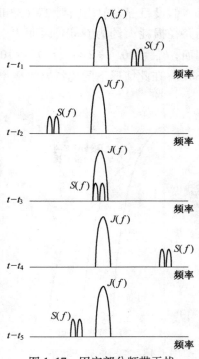

图 1.17　固定部分频带干扰信号时的跳频频谱

频系统。跳频速率用 $R_h$ 表示,数据速率用 $R_d$ 表示,因此,在一个慢跳频系统中 $T_b = 1/R_d \leqslant T_h = 1/R_h$。对于慢跳频系统,在数据速率 $R_d$ 为 20Kb/s 时的 100 跳/s 是一个典型值。因而在这一情况下,$T_h = 10\text{ms}$ 并且 $T_b = 50\mu\text{s}$。这一数据速率对应于一个数字语音信号速率的近似值。另一方面,对于一个数据速率相同的快跳频系统,跳频速率或许是 40Kb/s 或更快。

设 FHSS 系统的总带宽 $W_{SS}$ 的一部分被由 $\alpha$ 表示的部分频带人为干扰所占据，而且，设 $\gamma_b$ 表示每一比特的能量 $E_b$ 与人为信号频谱密度 $J_0$ 的比值，因而

$$\gamma_b = \frac{E_b}{J_0} = \frac{W_{SS}/R_b}{J_{av}/P_{av}} \tag{1.29}$$

式中，$E_b = P_{av}/R_b$，$J_0 = J_{av}/W_{SS}$。

对于慢跳频、非相干的 EFSK/FHSS 系统，在有一个人为干扰条件下的性能由图 1.18[20] 给出。作为一个特别的例子，具有 1kW（60dBm）有效辐射功率（ERP）的机载部分频带干扰机距 VHF 目标接收机 10km，其想定如图 1.19 所示。因此，到达接收机的干扰信号波形被减了 80dB，形成了在接收机处 $J_{av} = -20\text{dBm} \rightarrow J_{av} = 10^{-5}\text{W}$，假定 $W_{SS} = 10\text{MHz}$，因而，$J_0 = 10^{-12}\text{W/Hz}$。假设通信链路是空对地的，接收机在地面且有 1km 的距离。

假设目标发射机辐射 2W（33dBm）的功率。在这一 VHF 频率范围上，自由空间路径损耗大约为 60dB，因而 $P_{av} = -27\text{dBm} \rightarrow P_u = 10^{-5.7}\text{W}$。假设 $R_b = 20\text{Kb/s}$。因而，$E_b = 10^{-57} \div 2 \times 10^4 = 0.5 \times 10^{-9.7}\text{W}$，且 $\gamma_b = 0.5 \times 10^{-9.7}/10^{-12} = 0.5 \times 10^{2.3} \rightarrow 18\text{dB}$。在此情形下的比特差错概率约为 $2 \times 10^{-3}$。

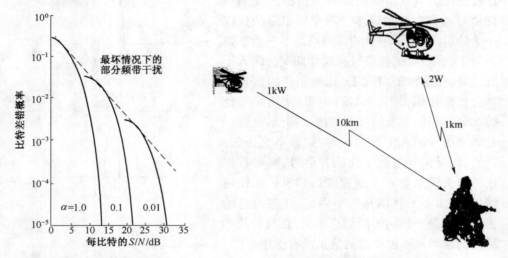

图 1.18　部分频带干扰下
BFSK/FHSS 系统的性能

图 1.19　干扰效能的想定举例

跳频通信系统的选码与前面所叙述的直接序列的选码情形相似，码应该具有最小的互相关和性能良好的自相关。然而在跳频通信系统中接收过程是不同的，因此高的互相关值的影响是不同的。在 DS 系统中，当两个码具有高的互相关时，不合适的信号能在接收端与正常解相关，实际上引入了不希望的干扰。

在 FH 系统中，具有高互相关的两个码将导致在两个序列之间出现相同频率的机会多于所期望的，因此两个发射机将有更多跳到同一个频率上的可能性。这

也导致不希望的干扰,虽然干扰的机理不同,但都称为共信道干扰。

# 1.6 雷达诱饵系统的诱偏

在雷达附近设置诱饵系统,引偏反辐射武器,使反辐射武器失效。雷达诱饵系统诱偏反辐射武器是利用传统的反辐射武器,被动雷达寻的器(导引头)采用宽波束的圆极化天线,分辨角比较大,$\Delta\theta_R = (0.8 \sim 0.9)\Delta\theta_{0.5}$,一般的被动雷达导引头的天线波束宽度 $\Delta\theta_{0.5} = 60° \sim 110°$,则

$$\Delta\theta_R = (0.8 \sim 0.9)\Delta\theta_{0.5} = (0.8 \sim 0.9) \times (60° \sim 110°)$$
$$= 48° \sim 88°(或54° \sim 99°)$$

无法分辨雷达与诱饵,反辐射武器命中雷达与诱饵的功率重心或雷达与诱饵之外的某一点而失效,以下对诱饵的诱偏作分析。

## 1.6.1 非相干两点源诱偏

非相干两点源诱偏是非相干两点源干扰。非相干两点源干扰是在被保护雷达 $O_1$ 附近设置一个与雷达发射信号基本相同的辐射源 $O_2$。这两个辐射源辐射的信号在相位上不相关。这两个辐射源干扰的结果,使 ARM 跟踪 $O_1$ 与 $O_2$ 中间的某一点而失效。

### 1. 非相干两点干扰原理

ARM 跟踪两点源 $O_1$ 与 $O_2$ 的示意图见图 1.20。两点源 $O_1$、$O_2$ 与 ARM 构成夹角为 $\Delta\theta$,与 PRS 天线等信号方向构成的夹角分别为 $\theta_1$ 和 $\theta_2$。以和差(振幅-相位)单脉冲 PRS 为例进行分析。PRS 天线方向图如图 1.20 所示。

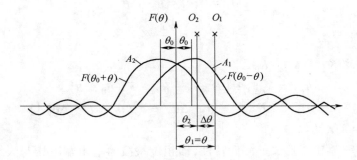

图 1.20 PRS 天线的方向图

天线 $A_1$ 和 $A_2$ 的输出信号可分别写为

$$u_1 = U_1 F(\theta_0 - \theta_1)\cos\omega_1 t + U_2 F(\theta_0 - \theta_2)\cos\omega_2 t \qquad (1.30)$$
$$u_2 = U_1 F(\theta_0 + \theta_1)\cos\omega_1 t + U_2 F(\theta_0 + \theta_2)\cos\omega_2 t \qquad (1.31)$$

式中:$U_1$、$\omega_1$ 分别为第一个干扰源 $O_1$(被保护雷达)的信号振幅和角频率;$U_2$、$\omega_2$ 分别为第二个干扰源 $O_2$ 的信号振幅和角频率。

在和支路输入端得到的电压为

$$u_{\Sigma} = U_1[F(\theta_0 - \theta_1) + F(\theta_0 + \theta_1)]\cos\omega_1 t + \\ U_2[F(\theta_0 - \theta_2) + F(\theta_0 + \theta_2)]\cos\omega_2 t \tag{1.32}$$

在差支路得到的电压为

$$u_{\Delta} = U_1[F(\theta_0 - \theta_1) - F(\theta_0 + \theta_1)]\cos\omega_1 t + \\ U_2[F(\theta_0 - \theta_2) - F(\theta_0 + \theta_2)]\cos\omega_2 t \tag{1.33}$$

信号经过变频和中频放大器以后,在和支路与差支路输出电压分别为

$$u_{\Sigma\text{out}} = K_{\Sigma}\{U_1[F(\theta_0 - \theta_1) + F(\theta_0 + \theta_1)]\cos\omega_{i/1} t + \\ U_2[F(\theta_0 - \theta_2) + F(\theta_0 + \theta_2)]\cos\omega_{i/2} t\} \tag{1.34}$$

$$u_{\Delta\text{out}} = K_{\Delta}\{U_1[F(\theta_0 - \theta_1) - F(\theta_0 + \theta_1)]\cos\omega_{i/1} t + \\ U_2[F(\theta_0 - \theta_2) - F(\theta_0 + \theta_2)]\cos\omega_{i/2} t\} \tag{1.35}$$

式中:$K_{\Sigma}$、$K_{\Delta}$ 分别为和支路与差支路的放大系数;$\omega_{i/1}$、$\omega_{i/2}$ 分别为 $O_1$ 和 $O_2$ 辐射源的中频角频率。

相位检波器完成了对信号 $u_{\Sigma\text{out}}$ 和 $u_{\Delta\text{out}}$ 的相乘和平均作用后,在其输出端的电压为

$$u_{P\Delta} = K' \overline{u_{\Sigma\text{out}} u_{\Delta\text{out}}} \tag{1.36}$$

式中:$K'$ 为常数。

将式(1.34)、式(1.35)代入式(1.36)得

$$u_{P\Delta} = K'K_{\Sigma}K_{\Delta}\{U_1^2[F^2(\theta_0 - \theta_1) - F^2(\theta_0 + \theta_1)] + \\ U_2^2[F^2(\theta_0 - \theta_2) - F^2(\theta_0 + \theta_2)]\} \tag{1.37}$$

设 $O_1$ 的方向作为角度的起始读数,则

$$\theta_1 = 0, \theta_2 = \theta - \Delta\theta$$

令

$$\beta = \frac{U_1}{U_2}$$

一般要求 $K_{\Sigma} = K_{\Delta} = K_0$,即

$$u_{P\Delta} = K_{P\Delta}\{\beta^2[F^2(\theta_0 - \theta) - F^2(\theta_0 + \theta)] + \\ [F^2(\theta_0 - \theta + \Delta\theta) - F^2(\theta_0 + \theta - \Delta\theta)]\} \tag{1.38}$$

式中:$K_{P\Delta} = K'K^2 U_2^2$。

式(1.38)确定了广义的测向特性,即相位检波器输出端电压与天线等信号方向相对于第一个干扰源 $O_1$ 方向的失配角 $\theta$ 之间的关系。

当两个干扰源之间的角距离 $\Delta\theta$ 等于不同常数时,画出的广义静态测向特性曲线簇 $u_{P\Delta} = u_{P\Delta}(\theta)$,最完全地描述了 PRS 在两个非相干信号同时作用下的性能。利用该曲线簇,确定两个干扰源之间的角距离 $\Delta\theta$ 和功率比 $\beta$ 为不同值时,PRS 稳定跟踪的稳态平衡点的位置是很方便的。

图1.21 给出的广义静态测向特性曲线簇,它是在假定 $K_{P\Delta} = 1$ 和 $\beta = 1$(干扰源

40

$O_1$ 和 $O_2$ 的功率相等)的情况下,根据式(1.38)画出的。在画曲线时,指定描述天线方向图的函数为

$$F(\theta) = \mathrm{e}^{-1.4\left(\frac{\theta}{0.05}\right)^2} \tag{1.39}$$

由图 1.21 可以看出,随着干扰源 $O_1$ 和 $O_2$ 之间角距离 $\Delta\theta$ 的增加,测向特性曲线产生变形。

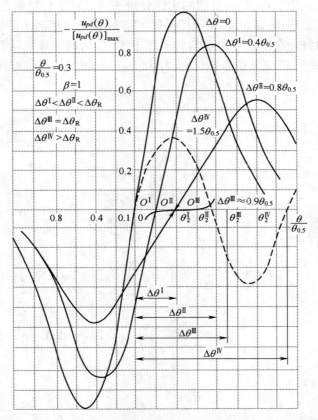

图 1.21　PRS 在两个非相干干扰源同时作用下的广义静态测向特性

当两个干扰源的信号振幅 $U_1$ 和 $U_2$ 相等时,PRS 跟踪两个干扰源的几何中心。在角距离增加的过程中,稳定平衡点( $O^{\mathrm{I}}$ , $O^{\mathrm{II}}$ )的位置不变证实了这一点。此点恰好处在干扰源 $O_1$ 和 $O_2$ ( $O_1 O_2^{\mathrm{I}}$ , $O_1 O_2^{\mathrm{II}}$ )的中间。

由图 1.21 明显看出,当 PRS 随 ARM 接近目标时, $\Delta\theta$ 增加,测向特性曲线在稳定平衡点的斜率减小(系统的传输系数也相应减小)。当角距离 $\Delta\theta$ 达到某一临界值时,系统进入随遇平衡状态(系统的传输系数等于零),则 PRS 在各种随机因素的作用下,开始偏离两干扰源 $O_1$ 和 $O_2$ 的几何中心,向其中一个干扰源 $O_1$ 或 $O_2$ 靠近。通常,该临界角称为分辨角 $\Delta\theta_{\mathrm{R}}$ ( $\Delta\theta_{\mathrm{R}} = \Delta\theta^{\mathrm{III}}$ ),即 PRS 的分辨角,$\Delta\theta_{\mathrm{R}} = (0.8 \sim 0.9)\theta_{0.5}$ 。

随着 ARM 进一步接近目标,PRS 与两点源的角距离 $\Delta\theta$ 进一步增加( $\Delta\theta^{\text{IV}} \geqslant \Delta\theta_R$ ),两个干扰源的中心变为不稳定平衡点。同时系统出现两个稳定平衡点 $O_1$ 和 $O_2^{\text{IV}}$,而且稳定平衡点的位置向干扰源的真实位置靠近。当 $\Delta\theta > \Delta\theta_R$ 时,PRS 转到跟踪其中一个干扰源 $O_1$ 或 $O_2$。于是,完全可以分辨目标,而且稳定跟踪其中一个目标 $O_1$ 或 $O_2$。

PRS 在两点干扰作用下,性能的定性分析不能计算出分辨角 $\Delta\theta_R$ 的具体数值。为了定量计算分辨角 $\Delta\theta_R$ ,必须利用描述 PRS 跟踪稳定平衡条件。

如果测向特性在稳定平衡点的斜率等于零,那么两干扰源的几何中心不再是稳定平衡点,并且 PRS 开始分辨目标 $O_1$ 和 $O_2$。在数学上,分辨条件可以写成

$$\frac{\partial u_{P\Delta}}{\partial\theta}\bigg|_{\theta=\frac{\Delta\theta}{2}} = 0 \tag{1.40}$$

对于近似方向图,有

$$F(\theta) = \frac{\sin\dfrac{\pi D'}{\lambda}\theta}{\dfrac{\pi D'}{\lambda}\theta} = \frac{\sin x}{x} \tag{1.41}$$

式中:在振幅型测向时, $D' = D$ ;在相位型测向时, $D' = 2d$ 。

联立式(1.38)和式(1.40),得

$$
\frac{\partial u_{P\Delta}}{\partial\theta} = K_1\left\{\frac{1}{x_0-\dfrac{\Delta x}{2}}\left[F^2\left(x_0-\frac{\Delta x}{2}\right) - F(2x_0+\Delta x)\right] + \right.
$$
$$
\left. \frac{1}{x_0+\dfrac{\Delta x}{2}}\left[F^2\left(x_0+\frac{\Delta x}{2}\right) - F(2x_0+\Delta x)\right]\right\} \tag{1.42}
$$

式中: $K_1$ 为常数;而

$$F(x) = \frac{\sin x}{x}$$

$$x = \frac{\pi D}{\lambda}\sin\theta \approx \frac{\pi D}{\lambda}\theta$$

$$x_0 = \frac{\pi D}{\lambda}\sin\theta_0 \approx \frac{\pi D}{\lambda}\theta_0$$

$$\Delta x = \frac{\pi D}{\lambda}\sin\Delta\theta \approx \frac{\pi D}{\lambda}\Delta\theta$$

超越方程 $\partial u_{P\Delta}/\partial\theta = 0$ 的根确定 PRS 对两个干扰源 $O_1$ 和 $O_2$ 的分辨角。分析该方程,得出两个干扰源的分辨角为

$$\Delta\theta_R = (0.8 \sim 0.9)\theta_{0.5}$$

式中: $\theta_{0.5}$ 为 PRS 天线的波束宽度。

可见,分辨角 $\Delta\theta_R$ 的数值与对单个辐射源定向时画的测向特性曲线最大值之间的角距离 $\Delta\theta_{max}$ 的数值是不一致的。

两个干扰源 $O_1$ 和 $O_2$ 功率的不均衡,对 PRS 天线等信号区轴的位置影响很大。下面确定天线对第一个干扰源的跟踪角误差与所接收到的两个干扰信号振幅比的关系。为此,假定函数 $F(\theta)$ 在相当于等信号方向,即 $\theta = \theta_0$ 点附近是线性的。如果干扰源 $O_1$ 和 $O_2$ 之间的角距离 $\Delta\theta$ 比 $\theta_0$ 小,那么这样的假定是可以的。考虑到

$$F(\theta_0 \pm \theta) = F(\theta_0) + |F'(\theta)|\theta$$

$$F[\theta_0 + (\theta - \Delta\theta)] = F(\theta_0) \pm |F'(\theta_0)|(\theta - \Delta\theta)$$

则式(1.38)可以写成

$$u_{P\Delta} = 4K_{P\Delta}F'(\theta_0)[\theta(1 + \beta^2) - \Delta\theta] \qquad (1.43)$$

因为 PRS 的闭环方向稳定跟踪为

$$u_{P\Delta} = 0$$

所以,由式(1.43)可得

$$\theta = \frac{\Delta\theta}{1 + \beta^2} \qquad (1.44)$$

由此可见,PRS 天线等信号方向将指向两个干扰源的功率重心。

必须指出,PRS 同时受到几个点辐射的(相干或非相干)连续信号作用时,不能利用对单个目标进行定向时画的测向特性进行分析。因此,测向特性曲线反映了 PRS 对于控制信号的处理(相对于角度而言)是非线性的,因此叠加原理已不适用。这也说明,为什么在两个干扰信号作用下画出的特性曲线会变形(图1.21)。

现在讨论两个干扰源 $O_1$ 和 $O_2$ 功率不均衡,PRS 跟踪其中一个干扰源 $O_1$ 或 $O_2$ 时,角跟踪误差的影响。下面确定对干扰源 $O_1$ 的角跟踪误差 $\theta_1$(图1.22)。为此,利用方程(1.37)确定两个干扰源有效中心的位置。

根据该方程的解,图1.23画出了干扰信号振幅比 $\beta$ 为不同数值时,角度 $\theta_1$ 与目标之间的角距离 $\Delta\theta$ 的关系。由图可以看出,随着比值 $\beta$ 的增大,对功率比较大的干扰源的角跟踪误差减小。

**2. 非相干两点源干扰的效果**

ARM 以攻击角 $\alpha$ 向两点源 $O_1$ 和 $O_2$ 进行攻击。在导引开始时,ARM 到两个目标的距离 $D$ 大大超过目标 $O_1$ 和 $O_2$ 之间的间距 $L(D \gg L)$,并且目标之间的角距离 $\Delta\theta$ 很小。当两个目标发射的功率相等时,那么 PRS 跟踪两个干扰源的几何中心 $O'$。

PRS 在随 ARM 接近目标的过程中,两个干扰源之间的角距离 $\Delta\theta$ 增加,当增加到某一角距离时,ARM 的 PRS 能够将两个干扰源分辨开,并且开始跟踪其中一个目标 $O_1$ 或 $O_2$。能够将两个干扰源分辨开的临界角 $\Delta\theta$ 称为分辨角 $\Delta\theta_R$。

假定,在两个干扰源分开之后,ARM 以最大过载向其中一个目标 $O_1$ 或 $O_2$ 引导(自动跟踪),修正初始失误。结果 ARM 将以离目标一定的距离 $a$ 通过目标 $O_1$

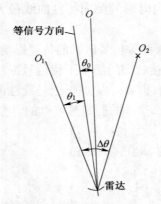

图 1.22　PRS 跟踪两个辐射源
的情况下等信号方向的位置

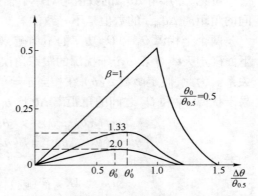

图 1.23　对两个干扰源中某一个干扰源
角跟踪误差与它们之间角距离的关系

或 $O_2$。在这种情况下,最终失误 $a$ 可用下列方法确定:

图 1.24 为 ARM 跟踪两点源示意图,由图可以看出,在目标分辨开的瞬间,该图相当于这种情况,即目标 $O_1$ 和 $O_2$ 的初始失误分别为 $\Delta_1$ 和 $\Delta_2$。如果 $O_1$ 和 $O_2$ 的辐射功率相等,则

$$\Delta_1 = \Delta_2 = \Delta_j \approx \frac{L}{2}\cos\alpha \tag{1.45}$$

式中:$L$ 为干扰源 $O_1$ 和 $O_2$ 之间的距离;$\alpha$ 为 ARM 的攻击角。

最终失误为

$$a = \Delta_j - \Delta_0 \tag{1.46}$$

$\Delta_0$ 是 ARM 分辨目标后,开始跟踪 $O_1$ 或 $O_2$,到以 $a$ 通过 $O_1$ 或 $O_2$ 时,可以修正的失误为

$$\Delta_0 = \frac{1}{2}J_{\max}\frac{D^2}{v_{\mathrm{rel}}^2} \tag{1.47}$$

而

$$D = \frac{L}{2}\cos\alpha / \tan\frac{1}{2}\Delta\theta_{\mathrm{R}} \tag{1.48}$$

将式(1.48)代入式(1.47)得到

$$\Delta_0 = \frac{1}{2}J_{\max}\frac{\left(\dfrac{L}{2}\cos\alpha / \tan\dfrac{1}{2}\Delta\theta_{\mathrm{R}}\right)^2}{v_{\mathrm{rel}}^2} = \frac{1}{2}J_{\max}\frac{\dfrac{L}{2}\cos\alpha}{\left(\tan\dfrac{1}{2}\Delta\theta_{\mathrm{R}}\right)^2 v_{\mathrm{rel}}^2} \tag{1.49}$$

从而得出最终失误的表示式为

44

$$a = \frac{L}{2}\cos\alpha - \frac{1}{2}J_{max}\frac{\frac{L}{2}\cos\alpha}{\left(\tan\frac{1}{2}\Delta\theta_R\right)^2 v_{rel}^2} \qquad (1.50)$$

图 1.25 示出了失误 $\Delta_j$ 和 $\Delta_0$ 与间距 $L$ 的关系。从图可以看出,当 $L = L_{opt}$ 时,最终失误 $a$ 达到值,即 $a = a_{max}$。

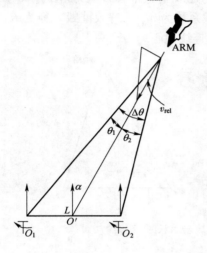

图 1.24　ARM 跟踪两点源示意图

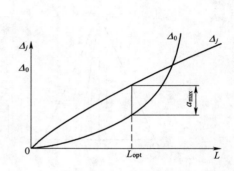

图 1.25　非相干干扰引起的失误 ($\Delta_j$) 和
寻的制导期间正的初始失误 ($\Delta_0$) 与
干扰源之间的间距 ($L$) 的关系

下面来求两个干扰源之间的最佳间距 $L_{opt}$。把式(1.50)对变量 $L$ 进行微分,并令其导数等于零,求得两个干扰源之间的最佳间距

$$L_{opt} = \frac{1}{2}\frac{\left(\tan\frac{1}{2}\Delta\theta_R\right)^2 v_{rel}^2}{J_{max}\cos\alpha} \qquad (1.51)$$

则求得最大失误

$$a_{max} = \frac{\left(\tan\frac{1}{2}\Delta\theta_R\right)^2 v_{rel}^2}{8J_{max}} \qquad (1.52)$$

从式(1.52)可以看出,失误在很大程度上取决于两个干扰源的分辨角 $\Delta\theta_R$。又知 $\Delta\theta_R \approx (0.8 \sim 0.9)\theta_{0.5}$,即取决于 ARM 的 PRS 天线的波束宽度,以及 ARM 与干扰源靠近的速度 $v_{rel}$。因此,PRS 天线的波束越宽,其失误就越大,即 ARM 抗两点源干扰的能力就越差。

正是利用 ARM 超宽频带的 PRS 的波束宽度比较宽,因而 $\Delta\theta_R$ 有比较大的缺陷,采用非相干两点源防御 ARM。

### 1.6.2  非相干两点源防御 ARM 的技术措施

**1. 设置两点源之间最佳间距 $L_{opt}$**

由式(1.51)计算 $L_{opt}$ ,或利用下面的推导公式计算 $L_{opt}$ 。

以空地反雷达导弹为例,分两种情况:

(1) ARM 的跟踪状态处于两点 $O_1$、$O_2$ 的连线垂直平分线上,如图 1.26(a) 所示,导引头的分辨角为 $\Delta\theta_R$ ,导弹的最大过载系数为 $n_{max}$ ,有效摧毁半径为 $R_d$ ,导弹飞行速度为 $v_{rel}$ ; $h$ 是导弹到两点源 $O_1$、$O_2$ 连线中心的距离为 $h$。

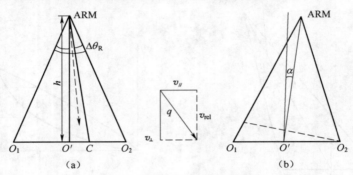

图 1.26  导弹垂直攻击示意图

由图 1.26 可知:

$$h = \frac{L}{2}\cot\frac{\Delta\theta_R}{2} \tag{1.53}$$

$$\int_0^{t_0} v_\perp(t)\,\mathrm{d}t \tag{1.54}$$

$$\begin{cases} \int_0^{t_0} v_{/\!/}(t)\,\mathrm{d}t = |CO_2| \\ v_\perp(t) = v_{rel}\cos q \\ v_{/\!/}(t) = v_{rel}\sin q \\ q = ngt/2v_{rel} \end{cases} \tag{1.55}$$

$$|CO_2| = \frac{L}{2} - \int_0^{t_0} v_{rel}\sin\left(\frac{gn}{2v_{rel}}\right)t\,\mathrm{d}t$$

$$= \frac{L}{2} - (2v_{rel}^2/ng)\left[\cos(ng/2v_{rel})t_0 - 1\right] \tag{1.56}$$

$$\frac{\partial|CO_2|}{\partial L} = \frac{1}{2} - v_{rel}\sin\left(\frac{1}{2v_{rel}}ngt_0\right)\frac{\partial t_0}{\partial L} \tag{1.57}$$

式(1.57)对 $L$ 微分,得

$$\cos\left(\frac{1}{2v_{rel}}ngt_0\right)\frac{\partial t_0}{\partial L} = \frac{1}{2v_{rel}}\cot\frac{\Delta\theta_R}{2} \tag{1.58}$$

46

$$\frac{\partial t_0}{\partial L} = \frac{\cot\dfrac{\Delta\theta_R}{2}}{2v_{rel}} / \cos\left(\frac{ng}{2v_{rel}}t_0\right) \tag{1.59}$$

将式(1.58)代入式(1.57),并令 $\dfrac{\partial|CO_2|}{\partial L} = 0$,得

$$\frac{1}{2} - \frac{1}{2}\tan\left(\frac{1}{2v_{rel}}ngt_0\right)\cot\frac{\Delta\theta_R}{2} = 0$$

于是

$$L_{opt} \geqslant 2\left[R_d + (2v_{rel}/ng)\left(1 - \cos\frac{\Delta\theta_R}{2}\right)\right] \tag{1.60}$$

由式(1.60)可以看出, $v_{rel}$ 越大,则 $L_{opt}$ 越大,即导弹飞行的速度越大,则允许两点源间距越大,所保护的雷达就越安全; $\Delta\theta_R$ 越大,则 $L_{opt}$ 越大,导弹的过载能力越低。

$$|CO_2|_{opt} = \frac{L_{opt}}{2} - v_{rel}\sin\left(\frac{1}{2v_{rel}}ngt_0\right)\,dt$$

$$= \frac{L_{opt}}{2} - (2v_{rel}^2/ng)\left(1 - \cos\left(\frac{\theta_R}{2}\right)\right) \tag{1.61}$$

非相干两点源有效的干扰 ARM 的条件为

$$|CO_2|_{opt} > R_d \tag{1.62}$$

可以求得

$$L_{opt} \geqslant 2\left[R_d + (2v_{rel}/ng)\left(1 - \cos\left(\frac{\theta_R}{2}\right)\right)\right]$$

(2) 导弹攻击方向与两点源 $O_1$、$O_2$ 连线的垂直平分线成 $\alpha$ 角,如图 1.26(b) 所示。由于空地反雷达导弹采用顶空攻击,因此 $\alpha$ 比较小。

根据正弦定理得

$$\frac{L_{opt\alpha}}{\sin\left(\dfrac{\pi}{2} - \dfrac{\Delta\theta_R}{2}\right)} = \frac{L_{opt\alpha=0}}{\sin\left(\pi - \dfrac{\Delta\theta_R}{2} - \dfrac{\pi}{2} - \alpha\right)} = \frac{L_{opt\alpha=0}}{\sin\left(\dfrac{\pi}{2} - \alpha - \dfrac{\Delta\theta_R}{2}\right)} \tag{1.63}$$

所以

$$L_{opt\alpha} = \frac{\sin\left(\dfrac{\pi}{2} - \dfrac{\Delta\theta_R}{2}\right)}{\sin\left(\dfrac{\pi}{2} - \dfrac{\Delta\theta_R}{2} - \alpha\right)} = L_{opt\alpha=0} \tag{1.64}$$

根据 $L_{opt}$ 的计算公式,只要测得或推算估计出 ARM 的 $v_{rel}$、$\Delta\theta_R$、$ng$ 和 $R_d$,就可求得 $L_{opt}$。

**2. 两点源辐射信号载频的选择**

由 ARM 的工作原理可知,PRS 有比较强的信号分选与选择能力,当然也有比较好的频率选择能力。但要求 PRS 截获捷变频雷达信号,因为实际上捷变频雷达居多。

### 1.6.3 相干两点源诱偏

相干两点源诱偏 ARM,是在被保护雷达 $O_1$ 旁边再设置一个辐射源 $O_2$,两源辐射的信号在相位上是相干的,使 PRS 的等信号方向指向两源间距之外的某一点上。

仍以和差法处理的振幅型 PRS 为例,其天线方向图如图 1.27 所示。其坐标系为笛卡儿坐标系。

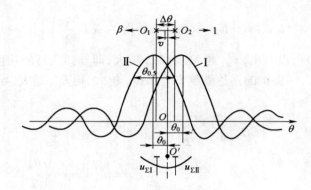

图 1.27　单脉冲振幅形 PRS 天线方向图

首先确定 PRS 在散布在空间的两个相同信源同时作用下,等信号方向在角轴上的位置。人们感兴趣的是辐射源在导引头天线孔径中的直达场。如果暂不考虑 PRS 的稳定性,那么,等信号方向相当于差支路输出端的信号等于零,即确定等信号方向在角轴上的位置的必要条件是差支路输出端的电压等于零。确定充分条件需要进一步研究导引头在这个零点附近的稳定性。

假定从 PRS 天线几何中心 $O'$ 到两个相干信号源之间的夹角为 $\Delta\theta$(图 1.27)。PRS 等信号方向与两个干扰信号源间距中点方向的夹角用 $\nu$ 表示,干扰源 $O_2$ 在 PRS 天线孔径上产生的场振幅等于 1,而干扰源 $O_1$ 产生的场振幅等于 $\beta$。求 PRS 差支路输出端的合成信号。下面分两种情况:

(1)第一种情况:两个干扰源在 PRS 天线孔径中心产生的振荡同相($\psi = 0$)。

假定,干扰源 $O_1$ 和 $O_2$ 在 PRS 天线辐射器 I 和 II 的输出端产生的信号分别为

$$u_{\Sigma\mathrm{I}} = \beta F\left(\theta_0 + \frac{\Delta\theta}{2} + \nu\right) + F\left(\theta_0 - \frac{\Delta\theta}{2} + \nu\right) \tag{1.65}$$

$$u_{\Sigma\mathrm{II}} = \beta F\left(\theta_0 - \frac{\Delta\theta}{2} - \nu\right) + F\left(\theta_0 + \frac{\Delta\theta}{2} - \nu\right) \tag{1.66}$$

式中:$F(\theta)$ 为 PRS 的天线方向函数;$\nu$ 为从最大辐射方向开始计算的角度。

如果用图解法找到了超越方程的根,并且将天线的辐射方向图 $F(\theta)$ 用函数

$$F(x) = \sin x / x \ \left(\text{边长为 } d \text{ 的矩形孔径天线}, x = \frac{\pi d}{\lambda}\sin\theta\right) \ \text{或} \ F(x) = \frac{2J_1(x)}{x}$$

$\left(\text{直径为 } d \text{ 的圆形孔径天线}, x = \dfrac{\pi d}{\lambda}\sin\theta\right)$ 表示，那么就可以精确地确定等信号方向在角轴上的位置。在此只作近似分析，可使函数在等信号区附近线性化。如果 $\Delta\theta/2$ 和 $\nu$ 与 $\theta_0$ 相比起来很小，那么这样做是可以的。在这种情况下，有

$$u_{\Sigma\mathrm{I}} = \beta\left[F(\theta_0) - |F'(\theta_0)|\left(\frac{\Delta\theta}{2}+\nu\right)\right] + F(\theta_0) + |F'(\theta_0)|\left(\frac{\Delta\theta}{2}-\nu\right) \tag{1.67}$$

$$u_{\Sigma\mathrm{II}} = \beta\left[F(\theta_0) + |F'(\theta_0)|\left(\frac{\Delta\theta}{2}+\nu\right)\right] + F(\theta_0) - |F'(\theta_0)|\left(\frac{\Delta\theta}{2}-\nu\right) \tag{1.68}$$

$$u_{\Sigma\mathrm{I}} - u_{\Sigma\mathrm{II}} = -2\beta|F'(\theta_0)|\left(\frac{\Delta\theta}{2}+\nu\right) + 2|F'(\theta_0)|\left(\frac{\Delta\theta}{2}-\nu\right) \tag{1.69}$$

$$u_{\Sigma\mathrm{I}} - u_{\Sigma\mathrm{II}} = 0 \tag{1.70}$$

由式(1.70)求得

$$\nu = \frac{\Delta\theta}{2}\cdot\frac{1-\beta}{1+\beta} \tag{1.71}$$

上式表明，在这种情况下，PRS 等信号区的轴线将指向干扰信号源之间的某一点(振幅重心)。

当 $\beta = 1$ 时，等信号区的轴线指向干扰信号源之间距的中心。

当 $\beta\to\infty$ 和 $\beta\to 0$ 时，等信号区的轴线相应地指向干扰源 $O_1$ 或 $O_2$。

(2) 第二种情况：两个相干干扰源在 PRS 天线孔径中心产生场反相 ($\psi = \pi$)。

在这种情况下，有

$$u_{\Sigma\mathrm{I}} = \beta\left[F(\theta_0) - |F'(\theta_0)|\left(\frac{\Delta\theta}{2}+\nu\right)\right] - F(\theta_0) - |F'(\theta_0)|\left(\frac{\Delta\theta}{2}-\nu\right) \tag{1.72}$$

$$u_{\Sigma\mathrm{II}} = \beta\left[F(\theta_0) + |F'(\theta_0)|\left(\frac{\Delta\theta}{2}+\nu\right)\right] - F(\theta_0) + |F'(\theta_0)|\left(\frac{\Delta\theta}{2}-\nu\right) \tag{1.73}$$

$$u_{\Sigma\mathrm{I}} - u_{\Sigma\mathrm{II}} = -2\beta|F'(\theta_0)|\left(\frac{\Delta\theta}{2}+\nu\right) - 2|F'(\theta_0)|\left(\frac{\Delta\theta}{2}-\nu\right) \tag{1.74}$$

由条件 $u_{\Sigma\mathrm{I}} - u_{\Sigma\mathrm{II}} = 0$ 求得

$$\theta = \frac{\Delta\theta}{2}\cdot\frac{1+\beta}{1-\beta} \tag{1.75}$$

如果两个干扰信号在 PRS 天线孔径中心产生的振荡的相位差等于 $\psi$，那么在这种情况下求得的等信号方向与两个干扰信号源间距 $L$ 中点方向之间的角度可表

示为

$$\theta = \frac{\Delta\theta}{2} \cdot \frac{1 - \beta^2}{1 + 2\beta\cos\psi + \beta^2} \qquad (1.76)$$

式(1.75)和式(1.71)可以分别由式(1.76)的特殊情况,即 $\psi = 0$ 和 $\psi = \pi$ 得到。

必须指出,上面推导出来的公式是近似的,因为它们是通过把描述天线方向图的函数线性化的方法得到的。

式(1.75)和式(1.76)只有当角 $\nu$ 的数值很小,并且满足 $\tan\theta \approx \theta$ 时才能应用。

当 $\beta$ 接近于 1 时,式(1.75)会得出错误结果。在这种情况下,必须通过解超越方程(1.70)来求角误差 $\nu$ 的数值。式(1.76)更准确的应用范围由不等式 $\Delta\theta/\theta_{0.5} \leq 0.02 \sim 0.04$, $\beta \leq 0.9$(或 $\beta \geq 1.1$)决定,这里 $\theta_{0.5}$ 是 PRS 的天线的波束宽度。

前面已经指出,当振幅型 PRS 同时受到两个反相相干干扰信号作用时,可以使等信号方向的角位移超越出两个干扰信号源的间距之外。当干扰信号的振幅相等时,角位移最大。

现在用图 1.27 所示的天线方向图估算角误差的近似值。显然,当反相干扰信号的幅度相等时,由于方向图 Ⅰ 和 Ⅱ 在 $-\theta_0$ 和 $+\theta_0$ 的角度范围内,斜率的符号相反,对于满足不等式 $-\theta_0 \leq \nu \leq +\theta_0$ 的任何 $\nu$ 值,$u_{\Sigma\mathrm{I}} - u_{\Sigma\mathrm{II}}$ 的差值不会变成零。式(1.71)仅仅在方向图斜率符号相同的 $\nu$ 角区域内存在。这些区域位于区间 $(-\theta_0, +\theta_0)$ 的左右两边,即方向图 Ⅰ、Ⅱ 的右边和左边的斜坡上。式(1.71)的数值解证明,等信号方向的最大角位移平均为 $0.6\theta_{0.5}$。

下面根据两个相干干扰源合成场电矢量相前精细结构的分析,说明相干干扰的作用原理。

假定有两个振幅分别等于 $\beta$ 和 1 的同相相干两点干扰源 $O_1$ 和 $O_2$,首先,研究一下在比两个相干干扰源之间的间距 $L$ 大得多的距离上,合成场电矢量的空间相位特性(弗朗赫夫绕射区)。为此,采用球坐标系统。

如果只有一个干扰辐射源,那么等相位线是一个球中心与干扰辐射源重合的球面。两个振幅相等的干扰辐射源的相位特性也是一个球面,但球中心位于两个相干干扰源间距 $L$ 的中点,即干扰辐源的电(相位)中心(按照定义,几个源的电(相位)中心,就是相位特性所构成的球面的球心)。由一个干扰辐射源产生的波的相前法线方向与该干扰辐射源的方向是一致的。

就两个振幅相等的相干干扰源来说,如果天线孔径中心两个干扰源的场同相,那么,相前的法线方向与到间距中心的方向是一致的。

下面研究两个振幅相等的同相干扰源的相位特性,假定 $L \gg \lambda$。两个干扰源合成场电矢量的振幅特性(天线辐射方向图)用函数 $u_\Sigma = \cos\frac{\pi L}{\lambda}\sin\theta$ 表示,那么相位特性是一个球面($\varphi_0$＝常数），但是从一个波瓣过渡到另一个波瓣时，相位突变 $\pi$（图 1.28）。

　　但是，如果两个干扰源的振幅不相等，那么将使振幅和相位特性相应地改变（图 1.29）。两个振幅不相等的辐射器的方向图不包含零点，而在相邻波瓣边界附近的相位特性，在有限的角度 $\Delta\theta'(\Delta\theta' \neq 0)$ 范围内是从某一数值 $\varphi$ 平滑地过渡到 $\varphi \pm \pi$ 的。在相当于相位突变或缓变 $\pm\pi$ 的 $\Delta\theta'$ 角度范围内，振幅特性曲线具有最小值。图 1.30 以笛卡儿坐标系统的形式，示出了其中一部分振幅和相位特性。相位特性曲线 $\varphi(\theta)$ 斜率最大的点对应于合成信号振幅的最小值。

　　当离干扰辐射源的距离足够大时，相位转变区的线尺寸远远超过 PRS 天线的尺寸，可以认为相位和振幅转变的波前部分是平坦的。根据 PRS 的工作原理，与等信号方向一致的天线轴线会自动地指向相位转变区波前部分的法线方向。因而，导引头将以误差 $\theta$ 跟踪两个相干干扰源的中心（图 1.29）。

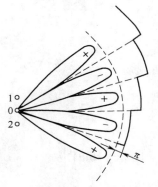

图 1.28　两个相等功率的相干
干扰源的振幅相位特性

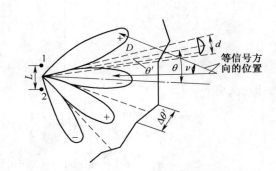

图 1.29　相干干扰源对 PRS 的作用

　　根据相前精细结构的概念估算角误差的数值。

　　显然，球形波前部分和相位转变区波前部分法线之间的夹角 $\theta$（角跟踪误差）等于这两部分表面相应的切线之间的夹角（图 1.31）。因此，拟定用下列方法解决这个问题：一是求两个干扰源合成场电矢量在两个干扰源和 PRS 天线所确定的平面上的等相位线方程；二是求半径为 $r_0$、圆心在 $O$ 点的圆上的切线与两个相干干扰源合成场等相位线之间的角度。

　　如果 PRS 天线尺寸比相位转变区的线尺寸小得多，那么，在这种情况下求得的角度 $\nu$ 值定义为 PRS 的角跟踪误差。

　　两个同相相干干扰源在 $N_0$ 点 $(r_0 \gg L)$ 合成场的基本矢量可以写成

$$E_{N_0} = E_1 + E_2 = \frac{K_0 \cdot E_{02}}{r_0}(\beta \mathrm{e}^{jkr_1} + \mathrm{e}^{jkr_2})\mathrm{e}^{j\omega t} \qquad (1.77)$$

式中：$\beta = E_{01}/E_{02}$，$k = 2\pi/\lambda$，$E_{01}$、$E_{02}$ 为干扰源在天线孔径中场的振幅；$K_0$ 为比例

系数;$r_1$、$r_2$ 为干扰源到观察点 $N_0$ 的距离;$\omega$ 为角频率。

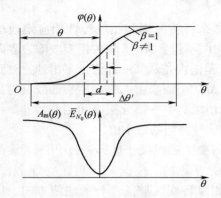 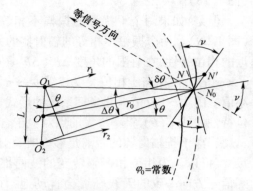

图 1.30　两个功率不等的反相相干　　图 1.31　两个振幅不等的相干干扰源的等相位线
　　　　干扰源的相位和振幅特性

因为 $r_0 \gg L$,所以下列各式具有足够的精确度:

$$\begin{cases} r_1 = r_0 - \dfrac{L}{2}\sin\theta \\[2mm] r_2 = r_0 + \dfrac{L}{2}\sin\theta \end{cases} \tag{1.78}$$

因此,有

$$E_{N_0} = \frac{K_0 \cdot E_{02}}{r_0}\left\{\beta\left[\cos\left(\frac{\pi L}{\lambda}\sin\theta\right) - \mathrm{j} \cdot \sin\left(\frac{\pi L}{\lambda}\sin\theta\right)\right] + \right.$$
$$\left. \cos\left(\frac{\pi L}{\lambda}\sin\theta\right) + \mathrm{j} \cdot \sin\left(\frac{\pi L}{\lambda}\sin\theta\right)\right\}\mathrm{e}^{\mathrm{j}\omega t} \tag{1.79}$$

或

$$E_{N_0} = \frac{K_0 \cdot E_{02}}{r_0}\left\{(1 + \beta)\cos\left(\frac{\pi L}{\lambda}\sin\theta\right) + \mathrm{j}(1 - \beta)\sin\left(\frac{\pi L}{\lambda}\sin\theta\right)\right\}\mathrm{e}^{\mathrm{j}\omega t} \tag{1.80}$$

由此可以得到合成场矢量的振幅和相位特性。

振幅特性:

$$\overline{E}_{N_0}(\theta) = \sqrt{(1 + \beta)^2\cos^2\left(\frac{\pi L}{\lambda}\sin\theta\right) + (1 - \beta)^2\sin^2\left(\frac{\pi L}{\lambda}\sin\theta\right)}$$

或

$$\overline{E}_{N_0}(\theta) = \sqrt{\beta^2 + 2\beta\cos\left(\frac{2\pi L}{\lambda}\sin\theta\right) + 1} \tag{1.81}$$

相位特性:

$$\varphi(\theta) = \arctan\left[\frac{1 - \beta}{1 + \beta}\tan\left(\frac{\pi L}{\lambda}\sin\theta\right)\right] \tag{1.82}$$

利用式(1.82)画出的相位特性如图 1.30 所示,并将角 $\theta$ 变化 $\Delta\theta$,估算出由它

引起的相移变化 $\Delta\varphi$ 。

根据相前的定义

$$\Delta\varphi = \Delta r \frac{2\pi}{\lambda}$$

式中：$\Delta r = NN'$ 。

如图 1.31 所示，从 $\triangle N_0 NN'$ 可得出

$$\tan\theta = \frac{NN'}{N_0 N} \tag{1.83}$$

准确到二阶无穷小。

式中：$NN_0 = r_0 \Delta\theta$ 。

因此

$$\tan\theta = \frac{\lambda}{2\pi r_0} \cdot \frac{\Delta\varphi}{\Delta\theta} \tag{1.84}$$

或通过取极限以后得到 $\quad \tan\theta = \frac{\lambda}{2\pi r_0} \cdot \frac{\mathrm{d}\varphi}{\mathrm{d}\theta}$

将式（1.82）对 $\theta$ 进行微分，经过变换以后，得

$$\tan\theta = \frac{L\cos\theta}{2r_0} \cdot \frac{1 - \beta^2}{\beta^2 + 2\beta\cos\psi + 1} \tag{1.85}$$

由图 1.31 可以看出，$L\cos\theta/r_0 = \Delta\theta$ ，$\Delta\theta$ 是从 PRS 天线系统中心到两个干扰源之间的角度。考虑到这个条件，就可以得到角跟踪误差的最后公式

$$\nu \approx \Delta\nu = \frac{\Delta\theta}{2} \cdot \frac{1 - \beta^2}{\beta^2 + 2\beta\cos\psi + 1} \tag{1.86}$$

式（1.85）与式（1.76）完全相同，证明了上面对产生相干干扰原理提出的解释的正确性。应再次指出，式（1.86）只有当角度 $\nu$（$\nu \approx \tan\nu$）很小时才能利用。图 1.32 画出了振幅比 $\beta$ 为不同数值时，$\nu = \nu(\Psi)$ 的关系曲线。当 $\Psi = \pi$ 和 $\beta \to 1$ 时，$\nu$ 具有很大值。

可利用干扰源产生的场矢量图说明之。

在观察点 $N_0$ 同相的干扰源电矢量 $E_1$ 和 $E_2$，几乎可以看作共线矢量，$E_1$ 和 $E_2$ 之间的角度等于 $\Delta\theta$（图 1.33（a））。合成场的乌莫夫-坡印廷矢量 $P$ 与合成场的电矢量 $E$ 是垂直的，并且位于 $N_0$ 点和两干扰源之间的某一点连线上。

根据 PRS 的工作原理，PRS 的等信号方向将自动地指向乌莫夫-波印亭矢量方向。因此，当两个干扰源在某一点（PRS 天线孔径中心）的场同相时，PRS 天线的轴将指向两个相干干扰源的振幅（功率）重心。但是，当两个干扰源在天线孔径中心的场反相时，其中一个矢量 $E_1$ 和 $E_2$ 的方向相应地变为相反的方向（图 1.33（b）中改变了矢量 $E_1$ 的方向）。而乌莫夫-坡印廷矢量指向 $N_0$ 点与两个干扰源间距之外的某一点上。PRS 的天线轴（等信号方向）也大致指向同一方向。

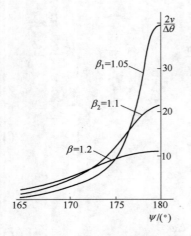

图 1.32 对两个相干干扰源几何中心
的角跟踪误差与振荡相位差的关系

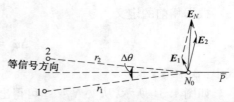

（a）干扰辐射源 $O_1$ 和 $O_2$ 在观察点 $N_0$ 的场是同相的

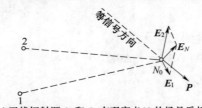

（b）干扰辐射源 $O_1$ 和 $O_2$ 在观察点 $N_0$ 的场是反相的

图 1.33 由两个相干干扰源产生的场矢量图

根据对合成场电矢量空间分布的振幅-相位结构（图 1.30）的分析，引起我们一种想法，即通过取各 $\nu$ 角相对于 PRS 天线孔径的平均值（图 1.29 和图 1.30），并考虑到对合成场电矢量的各个相应幅值（式（1.81））所确定的 $\nu$ 角加权，从而扩大式（1.86）的应用范围。选择振幅的平方作为加权函数是最方便的，在这种情况下，误差的平均值可以用下列方法确定：

$$\Delta\nu = \frac{\int_{-d/2D_j}^{d/2D_j} \nu(\theta + \theta')P(\theta_0 + \theta')\mathrm{d}\theta'}{\int_{-d/2D_j}^{d/2D_j} P(\theta_0 + \theta')\mathrm{d}\theta'}$$

式中：$P(\theta_0 + \theta') = [E_{N_0}(\theta_0 + \theta')]^2 = E_2^2(\beta^2 + 2\beta\cos\psi + 1)$。

将式（1.86）的 $\nu \approx \tan\nu$ 值代入上式以后，就可以得到更准确的两相干干扰源引起的误差公式

$$\nu = \frac{\Delta\theta}{2} \cdot \frac{1 - \beta^2}{\beta^2 + 2\beta\cos\dfrac{\sin x}{x} + 1} \tag{1.87}$$

式中：$x \approx \pi \cdot \dfrac{L\cos\theta_0}{D_j} \cdot \dfrac{d}{\lambda} \approx \pi \cdot \dfrac{\Delta\theta}{\theta_{0.5}}$。

式（1.86）的适用范围只能用它与更精确的解或试验结果相比较的方法才能确定。可与用图解法解超越方程（1.77）得到的结果进行比较，经比较证明，当比值 $\Delta\theta/\theta_{0.5} \leqslant 0.05 \sim 0.1, \beta \leqslant 1.1$ 或 $\beta \leqslant 0.9$ 时，式（1.87）是适用的。

当 $\beta$ 接近于 1 时，式（1.87）与式（1.86）一样都不适用。严格地讲，随着 $\beta$ 向 1 接近，对于所有很小的比值 $\Delta\theta/\theta_{0.5}$ 来说，式（1.87）都是适用的，但在 $\beta = 1$ 的极限情况下，该比值必须等于零。应指出，式（1.86）给出的误差，偏大于实际的误差

（偏高于实际的干扰效果），而式（1.86）确定的误差偏小于实际的干扰误差。

### 1.6.4　相干两点源中近场干扰效果分析

众所周知，PRS 随着导弹接近目标，必然由远进入近场，ARM 的跟踪特性发生变化。因此，在这里进行比较详细的论述。

**1. 空间合成场**

1）空间合成场的栅瓣特性

两个相干信号源 $O_1$、$O_2$ 分别为

$O_1$：$\cos\omega t$ 或 $e^{j\omega t}$

$O_2$：$\beta\cos(\omega t + \varphi)$ 或 $\beta e^{j(\omega t + \varphi)}$

其中：$\beta$ 为两信号源辐射信号电压之比。

在空间 $M$ 点（图 1.34）合成场为

$$\dot{E} = \left[ e^{j\left(\omega t + \frac{2\pi}{\lambda}r_1\right)} + \beta e^{j\left(\omega t + \frac{2\pi}{\lambda}r_2 + \varphi\right)} \right] \frac{K_0}{r_0}$$

$$= \frac{K_0}{r_0}\left\{ \left[ \cos kr_1 + \beta\cos(kr_2 + \varphi) \right] + j\left[ \sin kr_1 + \beta\sin(kr_2 + \varphi) \right] \right\} e^{j\omega t}$$

$$= \frac{K_0}{r_0}\dot{A}e^{j\varphi(\theta)} \tag{1.88}$$

其中

$$\dot{A} = Ae^{j\omega t} = \sqrt{1 + \beta^2 + 2\beta\cos\left[ k(r_1 - r_2) - \varphi \right]}\, e^{j\omega t} \tag{1.89}$$

$$\varphi(\theta) = \arctan\frac{\sin kr_1 + \beta\sin(kr_2 + \varphi)}{\cos kr_1 + \beta\cos(kr_2 + \varphi)} \tag{1.90}$$

从式（1.89）可看出

$$A = \sqrt{1 + \beta^2 + 2\beta\cos(kr_1 - kr_2 - \varphi)} \tag{1.91}$$

中只要满足 $kr_1 - kr_2 - \varphi = 2m\pi$（$m$ 为整数），$A$ 就达到最小值一次，于是就形成了如图 1.35 所示的栅瓣效应，即随着 $\theta$ 的不同就形成如图 1.35 所示的栅瓣。

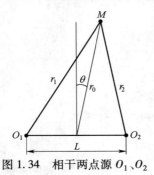

图 1.34　相干两点源 $O_1$、$O_2$

与空间 $M$ 点几何关系

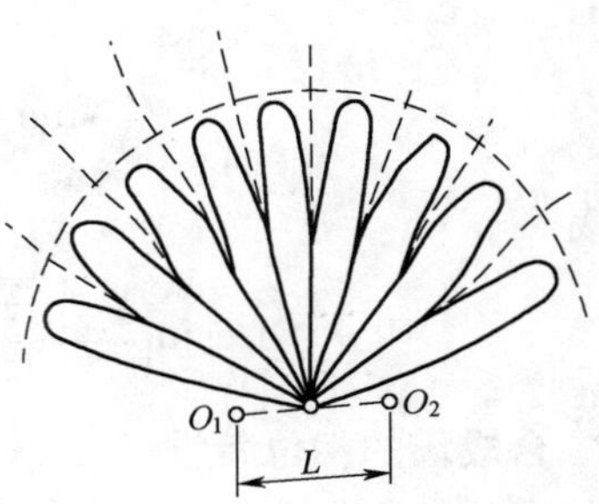

图 1.35　栅瓣图

2）栅瓣的个数

由远场的关系式 $r_1 \approx r_0 + \dfrac{L}{2}\sin\theta, r_2 \approx r_0 - \dfrac{L}{2}\sin\theta, r_1 - r_2 = L\sin\theta$

所以                $KL\sin\theta - \varphi = 2m\pi$
或

$$\sin\theta = \frac{2m\pi + \varphi}{KL} \qquad (1.92)$$

$\dfrac{2m\pi + \varphi}{KL} \leqslant 1$ 时出现一个波瓣,则

$$M = \left\lfloor \frac{KL - \varphi}{2\pi} \right\rfloor \qquad (1.93)$$

式中: $\lfloor \ \rfloor$ 为取整数。所以在空间形成 $2M$ 个小波束。

3）每个栅瓣的波束宽度

如果取 $m = n, n+1$,则 $KL\sin\theta_n = 2n\pi + \varphi, KL\sin\theta_{n+1} = 2(n+1)\pi + \varphi$

所以                $KL(\sin\theta_{n+1} - \sin\theta_n) = 2\pi$

波束宽度

$$\theta_w = \frac{\pi}{KL\cos\theta_n} \approx \frac{\pi}{KL} = \frac{\lambda}{1L} \qquad (1.94)$$

式中: $\theta_w$ 为指整个波束宽度,而不是半功率点的宽度。

由同相位空间点的轨迹方程

$$\sqrt{r^2 + L^2/4 + rL\sin\theta} = \sqrt{r^2 + L^2/4 - rL\sin\theta} = \frac{2n\pi + \varphi}{K} = x \qquad (1.95)$$

求得

$$2x\sqrt{r^2 + L^2/4 + rL\sin\theta} = 2rL\sin\theta + x^2 \qquad (1.96)$$

或

$$4x^2r^2 + x^2L^2 = x^4 + 4r^2L^2\sin\theta \qquad (1.97)$$

则

$$\sin\theta = \frac{x\sqrt{4r^2 + L^2 - x^2}}{2rL} \qquad (1.98)$$

或

$$\theta = \arcsin\left(\frac{x\sqrt{4r^2 + L^2 - x^2}}{2rL}\right) \quad KL\sin\theta_n = 2n\pi + \varphi$$

**2. 合成场的相位特性**

由上面推导出的空间各点合成场相位的表达式,利用计算机得出如图 1.36 所示的相位特性曲线。计算程序流程图如图 1.37 所示。

从图 1.36 可明显看出,不仅有畸变区,而且在非畸变区相位特性也包含有一个线性倾斜。

1) 非畸变区相位特性

由图 1.38 可得

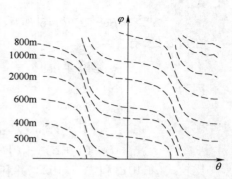

图 1.36 合成场相位分布曲线族

$$r_1 \approx r_0 + \frac{L}{2}\sin\alpha \ , \ r_2 \approx r_0 - \frac{L}{2}\sin\alpha$$

$$r_1' \approx r_0 + \frac{L}{2}\sin(\alpha + \mathrm{d}\alpha) \ ,$$

$$r_2' \approx r_0 - \frac{L}{2}\sin(\alpha + \mathrm{d}\alpha)$$

$$\mathrm{e}^{jkr_1'} + \beta\mathrm{e}^{j(kr_2' + \varphi)} = \mathrm{e}^{jkr_0}\left[\mathrm{e}^{jkL/2\sin(\alpha + \mathrm{d}\alpha)}\right] + \beta\mathrm{e}^{-jkL_2/2\sin(\alpha + \mathrm{d}\alpha)}\mathrm{e}^{j\varphi}$$
$$= \mathrm{e}^{jkr_0}\left[\mathrm{e}^{jk'\sin\alpha}\mathrm{e}^{jk'\cos\alpha\mathrm{d}\alpha} + \beta\mathrm{e}^{j\varphi}\mathrm{e}^{-jk'\sin\alpha} - \mathrm{e}^{-jk'\cos\alpha\mathrm{d}\alpha}\right]$$

$$(1.99)$$

式中,$k' = k\dfrac{L}{2}$。

在角 $\alpha$ 处,有 $\qquad kr_1 = kr_2 = 2m\pi + \varphi$

所以 $\qquad\qquad KL\sin\alpha = 2n\pi + \varphi$

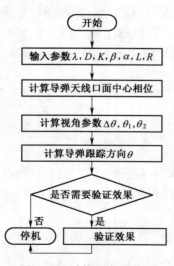

图 1.37 计算程序流程图

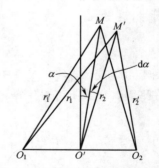

图 1.38 非畸变区相位特性

即

$$k'\sin\alpha = m\pi + \frac{\varphi}{2} \qquad\qquad (1.100)$$

把式(1.100)代入式(1.99),得

$$\mathrm{e}^{\mathrm{j}kr'_1} + \beta\mathrm{e}^{\mathrm{j}(kr'_2+\varphi)} = \mathrm{e}^{\mathrm{j}kr_0}\mathrm{e}^{\mathrm{j}\frac{\varphi}{2}}\mathrm{e}^{\mathrm{j}2m\pi}\mathrm{e}^{\mathrm{j}\varphi}\left[\mathrm{e}^{\mathrm{j}k'\cos\alpha\mathrm{d}\alpha} + \beta\mathrm{e}^{-\mathrm{j}k'\cos\alpha\mathrm{d}\alpha}\right] \tag{1.101}$$

在角 $\alpha$ 处,有

$$\mathrm{e}^{\mathrm{j}kr_1} + \beta\mathrm{e}^{\mathrm{j}(kr_2+\varphi)} = \mathrm{e}^{\mathrm{j}kr_0}\mathrm{e}^{\mathrm{j}2m\pi}\mathrm{e}^{\mathrm{j}\frac{\varphi}{2}}(1+\beta) \tag{1.102}$$

因为

$$\begin{aligned}
&\mathrm{e}^{-\mathrm{j}k'\cos\alpha\mathrm{d}\alpha} + \beta\mathrm{e}^{-\mathrm{j}k'\cos\alpha\mathrm{d}\alpha} \\
&= (1+\beta)\cos(k'\alpha\mathrm{d}\alpha) + \mathrm{j}(1-\beta)\cos(k'\alpha\mathrm{d}\alpha) \\
&\approx (1+\beta) + \mathrm{j}(1-\beta)\cos(k'\alpha\mathrm{d}\alpha)
\end{aligned} \tag{1.103}$$

比较式(1.101)和式(1.102),并利用式(1.103)可得这两点的相位差为

$$\arctan\left[\frac{(1-\beta)}{(1+\beta)}k'\cos\alpha\mathrm{d}\alpha\right] \approx \frac{(1-\beta)}{(1+\beta)}k'\cos\alpha\mathrm{d}\alpha \tag{1.104}$$

定义

$$\tan\theta_{nv} = \frac{\beta-1}{\beta+1}k'\cos\alpha \tag{1.105}$$

从式(1.104)可以看到,因一个波瓣宽度很小。可认为 $\cos\alpha$ 近似不变,所以在非畸变区确实存在一个线性变化。

如果 ARM 跟踪时处于这个非畸变点,假设导弹原来跟踪两点源的几何中心,并且认为此时幅度畸变可以不考虑,那么在天线口面存在一个线性的相位偏差对天线方向图的影响。图 1.39 是方向图变化的情况,可以看到,方向图较原方向图有一个角度偏移。偏移角度的大小等于在天线口面边缘上较天线中心的相位偏差,即取决于这种线性偏差的斜率。事实上,正是由于方向图的角度偏移,使得PRS 的输出不为零,从而使其朝平衡点运动。

为研究方便,且不失一般性,假设 $\beta > 1$。应注意,下面用的 $r$ 与前面定义的 $r$ 差一个符号,这里

$$r = \frac{\Delta\theta}{2}\frac{\beta-1}{\beta+1}$$

如图 1.40 所示,直线 1 垂直于中心线,直线 2 垂直于跟踪方向,且认为是天线口面所在平面。直线 1 可看作等 $r_0$ 线,很容易证明 $r' = r$。

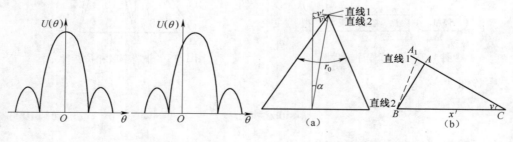

图 1.39　方向图的偏移　　　　　图 1.40　天线跟踪方向

在天线 $x'$ 处,波程差 $|AB| = x'\sin v$,$AB$ 线与中心线间角度 $\mathrm{d}\alpha = x'\cos v/r_0$,根据式(1.102)$A$ 点相位值大于 $C$ 点:

$$\frac{\beta-1}{\beta+1}K'\cos\alpha\,\frac{x'\cos v}{r_0} = \frac{\beta-1}{\beta+1}\frac{L}{2}Kx'/r_0\cos\alpha$$

而 $B$ 点的相位值小于 $A$ 点:

$$Kx'\sin v = Kx'\frac{\Delta\theta}{2}(\beta-1/\beta+1)$$

$$= \frac{\beta-1}{\beta+1}Kx'\frac{L}{2}\cos\alpha/r_0$$

其中用了近似关系

$$\Delta\theta = L\cos\alpha/r_0$$

比较两式,易见 $B$ 点与 $C$ 点同相位。这样就验证了这种情况下 PRS 将跟踪等相位面的法线方向。

2)畸变区的相位特性

事实上,在畸变区,合成场的相位特性也存在一个线性相位偏差。

由于

$$r_1 \approx r_0 + \frac{L}{2}\sin\alpha, \quad r_2 \approx r_0 - \frac{L}{2}\sin\alpha$$

$$r_1' \approx r_0 + \frac{L}{2}\sin(\alpha+\mathrm{d}\alpha), \quad r_2' \approx r_0 - \frac{L}{2}\sin(\alpha+\mathrm{d}\alpha)$$

在畸变区有方程

$$kr_1 = kr_2 + \varphi + (2m+1)\pi$$

或

$$kL\sin\alpha = \varphi + (2m+1)\pi \tag{1.106}$$

则

$$e^{jkr_1} + \beta e^{j(kr_2+\varphi)} = e^{jkr_0}e^{jk'\sin\alpha}\left[1 + \beta e^{j(-kL\sin\alpha+\varphi)}\right] = (1-\beta)e^{jkr_0}e^{j\varphi/2}e^{j\left(m+\frac{1}{2}\right)\pi} \tag{1.107}$$

$$e^{jkr'_1} + \beta e^{j(kr'_2+\varphi)} = e^{jkr_0}\left[e^{jk'\sin(\alpha+\mathrm{d}\alpha)} + \beta e^{j(-k'\sin(\alpha+\mathrm{d}\alpha)+\varphi)}\right]$$

$$= e^{jkr_0}e^{j\varphi/2}e^{j\left(m+\frac{1}{2}\right)\pi}\left[(1-\beta) + j(1+\beta)k'\cos\alpha\,\mathrm{d}\alpha\right] \tag{1.108}$$

比较式(1.107)与式(1.108),$(\alpha+\mathrm{d}\alpha)$ 角度上相位大于 $\alpha$ 角上的相位,则

$$\arctan\left(\frac{1+\beta}{1-\beta}K'\cos\alpha\,\mathrm{d}\alpha\right) \approx \frac{1+\beta}{1-\beta}K'\cos\alpha\,\mathrm{d}\alpha \tag{1.109}$$

定义

$$\tan\theta_v = \frac{\beta+1}{\beta-1}K'\cos\alpha \tag{1.110}$$

3)畸变区(角)宽度

畸变区宽度是影响 ARM 跟踪的重要因素,下而推导其计算公式。

划分畸变区与非畸变区是以合成场的相位特性进行的。畸变区的宽度定义为畸变点相位曲线切线与在相邻两个非畸变点处相位曲线切线的两个交点之间的角距离。

图 1.41 是合成场的幅度与相位;图 1.42 是计算畸变区宽 $\theta_{wq}$ 的几何关系。其中折线 $AMND$ 为相位曲线中的一段,并且 $EF \perp DN$,$GH \parallel EF$,$\theta_{wq}$ 为定义的畸变区宽度。

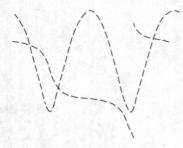

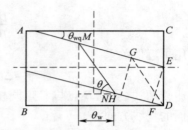

图 1.41　合成场的幅度与相位　　　　图 1.42　计算畸变区宽度的几何关系

因为 $A$、$D$ 为相邻的两个非畸变点,根据式(1.102)有

$$|AB| = |CD| = \pi$$
$$|AC| = |BD| = \frac{\pi}{kL\cos\alpha} \qquad (1.111)$$

如果忽略 $A$ 点与 $D$ 点由于 $\alpha$ 不同而产生的切线斜率不同,即 $\theta_{nva} = \theta_{nvd} = \theta_w$,有

$$|CE| = |AC| = \tan\theta_w$$
$$|ED| = \pi - |CE| = \pi - |AC|/\tan\theta_w$$
$$|GH| = |EF| = |ED|\cos\theta_w = (\pi - |AC|\tan\theta_w)\cos\theta_w$$
$$|MN| = |GD| = |GH|/\sin(\theta_v - \theta_w)$$

$$\theta_{wq} = |MN|\cos\theta_v = \left(\pi + \frac{\pi}{kL\cos\alpha}\tan\theta_w\right)\cos\theta_w\cos\theta_v/\sin(\theta_v - \theta_w)$$

$$= \frac{2\pi}{\beta + 1}\cos\theta_w\cos\theta_v/\sin(\theta_v - \theta_w) = \frac{2\pi}{\beta + 1}\frac{1}{\tan\theta_v - \tan\theta_w} = \frac{\pi}{kL\cos\alpha} \cdot \frac{\beta - 1}{\beta}$$

$$(1.112)$$

### 1.6.5　相干两点源对 ARM 干扰的分析

根据相干两点源在空间合成相干场的特性,把 ARM 的整个跟踪过程分为远距离跟踪、中距离跟踪和近距离跟踪三段。

**1. 远距离跟踪**

远距离跟踪是指 PRS 天线口面场的相位为线性分布所对应的距离。因此,满足方程:

$$\theta = \frac{\Delta\theta}{2} \cdot \frac{1-\beta^2}{1+\beta^2+2\beta\cos\varphi} \qquad (1.113)$$

有下面三种情况：

1）ARM 位于非畸变区（图 1.43）

这种情况下，$\varphi = 0$，则 $\quad \theta = \frac{\Delta\theta}{2} \cdot \frac{1-\beta}{1+\beta}$

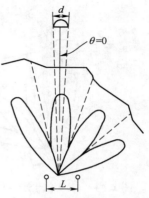

图 1.43 ARM 位于
非畸变区的跟踪示意图

ARM 位于非畸变区的跟踪示意图，如图 1.43 所示。

由上面分析可知，在非畸变区也存在相位线性倾斜，但其斜率比较小，所以必然产生向畸变区过渡，但过渡时间比较长。由式（1.113）与式（1.112）可知，当 $\beta \approx 1$ 时，非畸变区宽度比畸变区宽度大得多。因此，导弹处于非畸变区时间长，跟踪其两源的功率重心。只有当 $\beta \gg 1$ 或 $\beta \ll 1$ 时，非畸变区变得很窄，ARM 比较容易由非畸变区过渡到畸变区。

2）ARM 位于畸变区

当 $\varphi = \pi$，则 $\quad \theta = \frac{\Delta\theta}{2} \cdot \frac{1+\beta}{1-\beta}$

如图 1.44 所示，畸变区的尺寸远大于导引头天线的尺寸。在这种情况下，由上面分析可知，其相位变化呈线性的，ARM 跟踪相位转变区波前法线方向，则导弹以 $v$ 角跟踪于两点源之外的某一点上。由式（1.112）可知，当 $\beta = 1$ 时，畸变区的宽度比较窄，由于 ARM 的指向以 $\theta$ 偏离中心。所以导弹比较快地进入非畸变区。如果 $\beta \gg 1$ 或 $\beta \ll 1$，畸变区的宽度比较宽，则 ARM 跟踪于两点源之外的某一点

$v = \frac{\Delta\theta}{2} \cdot \frac{1+\beta}{1-\beta}$ 的时间比较长。

3）ARM 穿波束[26]

由上面分析可知道，当 $L \geq \lambda$，栅瓣很多，非畸变区和畸变区都比较窄，在导弹接近目标过程中必然进入这样的区域，即畸变区与非畸变区都比较窄时，必然产生非畸变区过渡到畸变区，又由畸变区过渡到非畸变区，产生穿波束现象，如图 1.45 所示。

**2. ARM 在中距离上的跟踪**

中距离是指在导弹 PRS 天线口面上的相位为非线性分布所对应的距离。

首先建立一个概念，即遇到某种形式的口面场分布时，导弹对两点源的视角是确定的，这种场分布形式的干扰使导弹偏转的角度也是确定的，即在不同的距离上不会遇到相同的场分布。

设 $n$ 为一个波束宽度在导弹处的线尺寸与导弹天线在受干扰方向的线尺寸之比，$n$ 反映了天线口面场的畸变形式。

由上面分析可知波瓣的宽度为 $\pi/KL\cos\alpha$，于是它在天线口面处的线尺寸满

61

足关系式：$\pi R/nKL\cos\alpha$，此时导弹对两点源的视角 $\Delta\theta = L\cos\alpha/R = \pi/nKD_1 = \lambda/2\pi D_1$，由此可见，$\Delta\theta$ 是一个常数。这就证明了上述的观点。

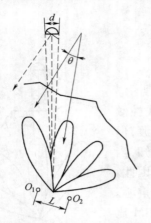
图 1.44　ARM 位于畸变区的跟踪示意图

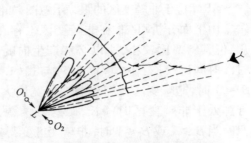
图 1.45　ARM 穿波束的示意图

在中距离上，无论导弹怎样偏转，在导弹的天线口面上由于其相位分布的非线性不可能出现等相位面。

ARM 的跟踪方向描述：由于天线口面合成场的相位、幅度分布不均匀，ARM 的 PRS 测向的结果，实际上是导引头天线口面对其口面场做了加权平滑。于是要想把导弹引到两点源之外，就必须使畸变区充分地起作用，这就要求 $\beta$ 值大。

在中距离上，由于波瓣宽度在导引头天线口面处的线尺寸变小，因而导弹的跟踪方向变化会比远距离时快些。

如果两点源间距设置得比较小，ARM 在失控前满足中距离条件，根据上述分析，ARM 的跟踪仍会出现跟踪两点源中间和两点源之外的情况。即说明，这样设置的两点源不能确切地知道能否把导弹引向两点源之外。

**3. 近距离跟踪**

近距离是指导弹天线口面尺寸与一个波瓣宽度在天线口面处的线尺寸相当时的情况。这种情况下，PRS 天线口面上合成场的相位为非线性，因而无论 ARM 如何偏转也不可能在其口面上出现等相位面，跟踪等相位面法线方向的结论显然不再适用。由于在近距离上波瓣宽度比天线口面的线尺寸小，导弹导引头天线的偏转使其口面上场的分布形式发生明显的变化，这种变化使得分析 ARM 的跟踪方向时不能只依某一种偏转时场的畸变形式，因而在中距离跟踪时所用的平均方法也不适用。但是，下面所用的分析方法适用于远距离和中距离跟踪。

首先，分析几种特殊情况：

（1）天线口面上合成场的相位特性呈线性或近似线性时，ARM 的跟踪方向是等相位面的法线方向，即在跟踪的平衡位置上，天线口面上场的相位曲线是等相位的。从天线方向图上分析，在天线口面上场的相位曲线是线性的、幅度是均匀的，这时天线的方向图函数将有一个角度的偏移;当 ARM 跟踪状态为平衡状态时,天线的方向图函数没有偏移,这时如果考虑其中幅度不均匀,对天线方向图的影响主要是使方向图的波瓣宽度变大,导引头的灵敏度降低。

(2) 在天线口面上的幅度均匀分布,相位分布如图 1.46(a)所示,经计算,天线方向图如图 1.46(b)所示。从图 1.46(d)可以明显地看出,天线的方向图并未偏移。不难验证,此时,ARM 仍跟踪两源的中间。

(3) 在天线口面上幅度均匀分布,相位分布如图 1.46(c)所示,经计算,天线方向图如图 1.46(d)所示。

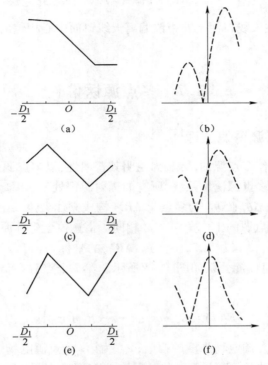

图 1.46 天线方向图相位与幅度分布

从以上的几种图形中可以看出,只有当天线口面上场相位变成如图 1.46(e)所示的形式时,天线的方向图才会是主波束的峰值在 $O$ 轴上,如图 1.46(f)所示,这时 ARM 才能是跟踪平衡时的状态。

可再从另一个方面综合分析上述三种情况的共同特征:

因为 ARMPRS 的天线无论是处于偏转状态还是平衡状态,都与口面场的形式有关,所以仍从天线口面场的形式来分析。在情况(1)中,当 ARM 的跟踪处于平衡状态时,天线口面上是等相位的,即这时,天线口面上各点的相位与天线口面中心点的相位差为零。当导弹不处于平衡状态时,天线口面上总有一个线性的相位差,即导弹跟踪处于平衡状态时相位差最小。在情况(2)中,如果口面中心在相位跳变点,则不难发现,无论导弹如何偏转都只会使各点相对于天线口面中心的相位差总值增加。当天线口面中心正好位于相位跳变点,导弹的偏转不会影响相位差的总体值。总之,情况(3)中导弹处于平衡状态时,相位差总值达到最小。

通过对上述三种情况的分析,便可以发现共同特征:ARM 跟踪处于平衡状态时,相位差总值达到最小。于是可设想,导弹跟踪的平衡位置使得在天线口面上的相位差总值最小。考虑到场幅不同,对整个方向图的贡献不同,场幅大的贡献大,场幅小的贡献小,所以可用下式来描述:

$$I = \int_{-\frac{D_1}{2}}^{\frac{D_1}{2}} |\varphi(x)| E^2(x) \, \mathrm{d}x \quad \text{最小化} \tag{1.114}$$

式中:$|\varphi(x)|$ 为在天线口面 $x$ 处相位偏离天线口面中心相位的绝对值;$E(x)$ 为 $x$ 处合成场的幅度。

# 1.7 多点源诱偏

## 1.7.1 多点源诱偏原理[27,28]

将三个诱饵看作多点源的诱偏,为说明其普遍性,以多点源进行分析。该雷达和几个诱饵源构成多点源诱偏系统,所有的辐射源都处于 ARM 的不可分辨角度的范围内,即 $\Delta\theta_{R\Omega} \geqslant \Delta\theta_{\Omega}$($\Delta\theta_{\Omega}$ 为多点与 ARM 构成立体夹角,$\Delta\theta_{R\Omega}$ 为 ARM 的立体分辨角),并且所有点源的工作角频率 $\omega$ 相同。雷达位于坐标原点 $(0,0,0)$,第 $i$ 个诱饵的坐标为 $(x_i, y_i, z_i)$($i=1,2,\cdots,n$)。ARM 的坐标为 $(x_A, y_A, z_A)$。多点源诱偏系统与 ARM 的空间位置关系如图 1.47 所示。第 $i$ 个点源在 ARM 导引头处的电场度为

$$E_i(t) = E_{mi}\cos\left(\omega t - \frac{2\pi}{\lambda}R_i + \varphi_{0i}\right) \tag{1.115}$$

式中:$E_{mi}$ 为第 $i$ 个点源电场强度的幅值;$\varphi_{0i}$ 为第 $i$ 个点源电场强度的初始相位;$\lambda$ 为所有点源的工作波长;$R_i$ 为第 $i$ 个点源与 ARM 之间的距离。

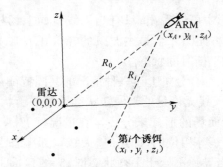

图 1.47　多点源诱偏系统与 ARM 的空间位置关系

$R_i$ 与第 $R_i$ 个点源和 ARM 坐标的关系为

$$R_i = \left[ (x_A - x_i)^2 + (y_A - y_i)^2 + (z_A - z_i)^2 \right]^{\frac{1}{2}} \tag{1.116}$$

有源诱偏系统的 $(n + 1)$ 个点源在 ARM 寻的头处合成电场强度为

$$E(t) = \sum_{i=0}^{n} E_{mi}\cos(\omega t - \varphi_i) = E_m\cos(\omega t - \varphi) = E_x\cos\omega t + E_y\sin\omega t \tag{1.117}$$

式中: $\varphi_i = \dfrac{2\pi}{\lambda}R_i - \varphi_{0i}$ ; $E_x = E_m\cos\varphi = \sum\limits_{i=0}^{n} E_{mi}\cos\varphi_i$ ; $E_y = E_m\sin\varphi = \sum\limits_{i=0}^{n} E_{mi}\sin\varphi_i$ 。

由上述关系可得到 ARM 寻的头处合成电场强度的幅值和初相分别为

$$E_m = \left[ \Big( \sum_{i=0}^{n} E_{mi}\cos\varphi_i \Big)^2 + \Big( \sum_{i=0}^{n} E_{mi}\sin\varphi_i \Big)^2 \right]^{\frac{1}{2}} \tag{1.118}$$

$$\varphi = \arctan \frac{\sum\limits_{i=0}^{n} E_{mi}\sin\varphi_i}{\sum\limits_{i=0}^{n} E_{mi}\cos\varphi_i} \tag{1.119}$$

有源诱偏系统 $(n + 1)$ 个点源在 ARM 寻的头处合成电场的相位为

$$\Phi = \omega t - \arctan \frac{\sum\limits_{i=0}^{n} E_{mi}\sin\varphi_i}{\sum\limits_{i=0}^{n} E_{mi}\cos\varphi_i} \tag{1.120}$$

ARM 寻的头的瞄准轴总是指向 ARM 寻的头处合成电场强度的等相位面的法线方向。ARM 寻的头处合成电场强度等相位面的法线方程为

$$\frac{x - x_A}{\Phi'_{x_A}} = \frac{y - y_A}{\Phi'_{y_A}} = \frac{z - z_A}{\Phi_{z_A}} \tag{1.121}$$

式中, $\Phi'_{x_A} = \dfrac{\partial \Phi}{\partial x_A}$ ; $\Phi'_{y_A} = \dfrac{\partial \Phi}{\partial y_A}$ ; $\Phi'_{z_A} = \dfrac{\partial \Phi}{\partial z_A}$ 。

因此有

$$\Phi'_{x_A} = \frac{-1}{1 + B^2} \cdot \frac{\sum\limits_{i=0}^{n}\sum\limits_{j=0}^{n} E_{mi}E_{mj}\cos(\varphi_i - \varphi_j)\dfrac{\partial \varphi}{\partial x_A}}{\sum\limits_{i=0}^{n} E_{mi}\cos\varphi_i} \tag{1.122}$$

式中: $B = \dfrac{\sum\limits_{i=0}^{n} E_{mi}\sin\varphi_i}{\sum\limits_{i=0}^{n} E_{mi}\cos\varphi_i}$ , $\dfrac{\partial \varphi}{\partial x_A} = \dfrac{2\pi(x_A - x_i)}{\lambda R_i}$ 。

同理, 可得到 $\Phi'_{y_A}$ 和 $\Phi'_{z_A}$ 的表示式。

将 $\Phi'_{x_A}$、$\Phi'_{y_A}$、$\Phi'_{z_A}$ 代入式(1.121)，并令 $z=0$，得到 ARM 寻的头瞄准轴同地面的交点坐标为

$$x = \frac{\sum\limits_{i=0}^{n}\sum\limits_{j=0}^{n}E_{mi}E_{mj}\dfrac{x_j z_A - x_A z_j}{R_j}\cos(\varphi_i - \varphi_j)}{\sum\limits_{i=0}^{n}\sum\limits_{j=0}^{n}E_{mi}E_{mj}\dfrac{z_A - z_j}{R_j}\cos(\varphi_i - \varphi_j)} \qquad (1.123)$$

$$y = \frac{\sum\limits_{i=0}^{n}\sum\limits_{j=0}^{n}E_{mi}E_{mj}\dfrac{y_j z_A - y_A z_j}{R_j}\cos(\varphi_i - \varphi_j)}{\sum\limits_{i=0}^{n}\sum\limits_{j=0}^{n}E_{mi}E_{mj}\dfrac{z_A - z_j}{R_j}\cos(\varphi_i - \varphi_j)} \qquad (1.124)$$

式(1.123)和式(1.124)是多点有源诱偏系统诱偏 ARM 的公式。由于雷达位于坐标原点，由诱偏公式求出的值就是 ARM 寻的头跟踪偏差的 $x$ 分量和 $y$ 分量。可以由诱偏公式分析多点有源诱偏系统诱偏 ARM 的效果。

### 1.7.2　仿真及结果分析

下面以某型 $S$ 波段雷达为例，分别配置 2~3 个诱饵进行计算机模拟仿真。

对诱饵的主要技术要求如下：

频段：与被保护雷达同频段。

体制：全固态、全极化与被保护雷达相同，可遥控启闭。

功率：峰值功率、平均功率、辐射功率按来袭 ARM 告警方向，可编程自动调整。

以 HARM 为诱偏对象，其典型参数：分辨角 $\Delta\theta_R = 60°$，过载系数 $J_{max} = 10$，最大俯冲速度 $v_{rel} = 1020\mathrm{m/s}(\mathit{Ma} = 3)$，杀伤半径 $R_D = 30\mathrm{m}$，诱饵安全工作半径 $R_r = 10\mathrm{m}$，攻击角 $\alpha = 0°~60°$，$D = 2~3\mathrm{km}$。配置间距的范围为 123.3~444.7m。分别取 335m、291m 作为 2 个和 3 个诱饵的配置间距，如图 1.48 和图 1.49 所示。

根据上述抗 ARM 诱偏模型，对于不同的参数、不同的目标位置和 ARM 的来袭方向，经计算机模拟仿真结果如图 1.50 和图 1.51 所示（图中黑点表示 ARM 的弹着点，箭头方向表示 ARM 的攻击方向）。

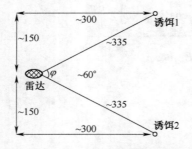
图 1.48　2 个诱饵引偏系统配置图

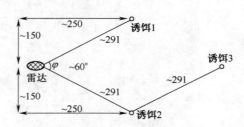
图 1.49　3 个诱饵引偏系统配置图

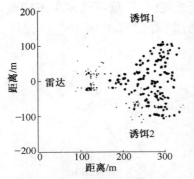
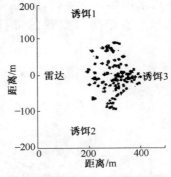

图 1.50　2 个诱饵诱偏系统模拟结果示意图　　图 1.51　3 个诱饵诱偏系统模拟结果示意图

由图 1.50 和图 1.51 可以得出如下结论：

（1）多点源诱饵诱偏系统抗 ARM 的效果不仅与诱饵的频率、功率有关，而且与诱饵和被保护雷达的配置间距有关。在上述参数一定情况下，合理选择诱饵与被保护雷达之间的间距，才能真正达到保护雷达的目的。

（2）多点源诱饵诱偏抗 ARM 的效果不仅与诱饵的摆放位置有关，还与诱饵的数量有关。3 个诱饵的诱偏效果显然比 2 个诱饵的效果好。

（3）多点源诱饵诱偏抗 ARM 系统的效果与 ARM 的来袭方向有一定的关系。

# 1.8　雷达组网诱骗

## 1.8.1　搜索雷达组网

搜索雷达网是由两部或多部雷达组成的，这些雷达互不相连，向空间做非同步扫描。但每部雷达发射的单个脉冲均经过确定时，而其频率也是锁定的，这样组网的雷达几乎以相同的射频载频同时发射脉冲。另外，各雷达发射的射频脉冲均进行了幅度和相位编码，以至于当雷达对自身的脉冲进行脉压时，可获得低距离旁瓣自相关的结果，并且各雷达的编码波形的互相关影响极小。因此，雷达同时发射可以将大范围的角度起伏变化或雷达角噪声引入 PRS，以达到破坏 ARM 跟踪的目的。

总之，这种搜索雷达网能够对付单脉冲跟踪的 PRS，即 ARM 的跟踪。组网的雷达相互同步且频率稳定，各雷达利用了不同的互不相关的幅度或相位编码。因此，它们虽同时工作却不会相互影响；相反，把单脉冲跟踪噪声引入 PRS。

**1. 两部雷达构成搜索网的组成及工作原理**

如图 1.52 所示，由两部雷达组成雷达网，两部雷达按固定的已知位置分开部署，其组成部件基本相同，只有编码选择方面的少数部件有某些小的差别。两部雷达可采用相同的编码,但在一定的使用程序控制下,就可能产生不同编码的各种选择。鉴于两部雷达的部件相同,因此,只对搜索雷达 1 进行较详细的论述。

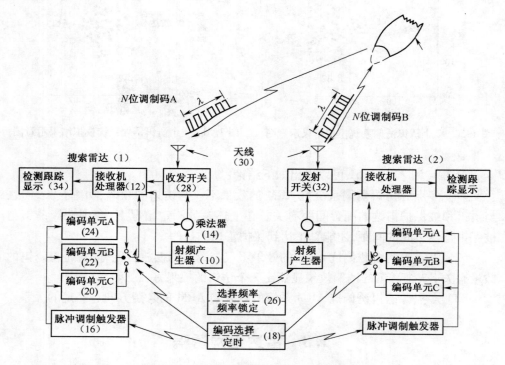

图 1.52　两部雷达组网的构成及工作原理

在雷达 1 中,射频发生器(10)给接收机/处理器(12)和乘法器(14)提供载波频率信号。脉冲调制触发器(16)经编码选择定时(18)触发之后将一个触发信号加至编码单元 C(20)、B(22)、A(24),每个编码单元提供一个独立的不同编码。然后,通过由编码选择定时单元(18)选定调整开关(26)的位置后把所需要的编码如给接收机/处理单元(12)和乘法器(14),乘法器输出通过收发开关(28)加给天线(30)。来自目标(32)的回波信号经过天线和收发开关(28)到接收机处理器单元(12),目标信号在这里得到了处理。经处理和检测的信号由检测跟踪显示单元(34)显示出来。这种工作程序既适用于图中所示两部雷达的情况,也适用于可能组网工作的任何数量雷达,只要能对参加组网的雷达研制出一整套互不相关的脉冲编码即可。

网中的雷达,除这里指出的特殊要求外,都与常规的相参搜索雷达相同。每部雷达拥有一个常规相参射频产生器,这种产生器能够在射频或某些中频上实现脉冲幅度或相位编码调制。通过收发开关或其他途径把高灵敏度的接收机和大功率发射机隔离开后,经过调制的发射信号由天线辐射出去。当接收从目标返回的射频能量时,能量通过收发开关送到雷达接收机处理器。相参接收机处理器一般包括对接收信号的幅度和相位调制进行脉压的组件;动态目标显示或脉冲多普勒处理组件;以适当的恒虚警率杂波门限进行检测显示的组件;以及必要时实施跟踪的组件。搜索雷达应具有的特性:①射频载频可以周期性地固定于一个外部信号源,并在系统范围内保持稳定。②多重幅度或相位编码可由来自外部信号源的一个信号选择。脉冲幅度或相位编码对雷达发射信号进行调制,并用于雷达接收机对雷达接收到的信号进行相关或脉冲压缩。③雷达发射的射频载频可通过外部定位选择来保证雷达在执行电子对抗任务时进行频率跳变,但一定保证两部雷达在同一选择频率上工作。④脉冲调制触发器可由外部信号源定时,这个外部信号源用同步信号控制触发器同步,规定每个调制触发器的时延时间。之所以需要时延,是为了保证受调制的雷达发射信号在最可能出现 ARM 攻击的搜索空域具有最大的重叠部分。

搜索雷达网发射的单个脉冲均经过相位或幅度编码,所以雷达发射的每个脉冲均给 ARM 的 PRS 引入方位误差,相当于给 PRS 引入白色跟踪噪声,使其跟踪能力受到严重影响以至丧失跟踪能力。

搜索雷达网抗 ARM 的效果主要取决于:

(1)白色跟踪噪声的均方根功率;

(2)由它引起的导弹圆误差概率的增加;

(3)ARM 的杀伤范围。

**2. 搜索雷达工作时应具有的参数**

(1)网中各雷达扫描不必同步。然而,如果雷达能够做到同步扫描,效果将更好。

(2)网中任一雷达相对于其他雷达而言,其射频发射脉冲的相位都可以是随机的,并可在脉冲到脉冲间变化。换句话说,不要求雷达射频信号源相位相对稳定。

(3)引入 ARM。PRS 白噪声是由各雷达在 PRS 位置处重叠的发射脉冲信号的幅度和相位不断变化产生的,如保证两个以上的脉冲相互重叠,则应采取如下的措施:①每个系统中各雷达的脉冲触发器必须同步;②发射脉冲的前沿基本一致或脉冲宽度 $T$ 足够大,以至当天线扫过有 ARM 攻击的大部分搜索空域时,在时间上有充分的脉冲重叠;③由外部信号控制精确的时间时延,调节单个脉冲的触发器以保证在搜索空域中最可能有 ARM 攻击的部分产生最大的脉冲重叠。

(4)每部雷达发射的射频脉冲频率必须同步且稳定,以确保没有偶然的相位调制引入任一发射脉冲。这些偶然的相位调制对保证各雷达发射脉冲之间的互相关最小是至关重要的因素。例如,设 $\Delta f$ 是在射频信号源连续同步工作过程中搜索雷达网内任一对雷达之间所允许的最大频率差异。那么,要保证偶然的相位调制最小应做到:

$$\Delta f \leqslant \frac{1}{T}$$

式中:$T$ 为每部雷达的发射脉冲宽度。

（5）每部雷达使用的相位或幅度编码应满足:

① 每个编码的自相关必须具有均匀的低旁瓣。其功率应尽可能等于主瓣峰值的 $1/N^2$,这里 $N$ 为每个发射脉冲的编码位数。

② 编码间的互相关必须同样低（$P = 1/N^2$）。这些码的设计可按下列步骤进行:

设雷达 1 的发射脉冲由 $N$ 个等间隔邻接子脉冲组成,每个子脉冲的相位等于 $\varphi^{1i}(i = 1, 2, \cdots, N)$。同样,雷达 2 发射的每个子脉冲等于 $\varphi^{2i}(i = 1, 2, \cdots, N)$。

雷达 1 发射的相位编码脉冲的自相关函数中的第 $k$ 个旁瓣功率为

$$R_k = \Big| \sum_{m=k}^{N} e^{j(\varphi_m^I - \varphi_{m-k+1}^I)} \Big|^2 _{k=2,3,\cdots,N-1;I=1,2} \qquad (1.125)$$

当 $k = N$ 时,相对旁瓣是相位调制选择所不能控制的。同样,互相关函数的第 $k$ 个旁瓣中的功率为

$$K_k = \Big| \sum_{m=k}^{N} e^{j(\varphi_m^1 - \varphi_{m-k+1}^2)} \Big|^2 _{k=2,3,\cdots,N-1;I=1,2} \qquad (1.126)$$

在这种情况,主瓣功率($k = 1$)就包括进去了。因为在互相关时必须使主瓣功率最小,和前面一样,$k = N$ 这一项被消除了。

现在再来看影响功率项的加权和,即

$$C = \sum_{I=1}^{2} \sum_{k=1}^{N-1} W_k^I \Big| \sum_{m=k}^{N} e^{j(\varphi_m^I - \varphi_{m-k+1}^I)} \Big|^2 + \sum_{k=1}^{N-1} V_k \Big| \sum_{m=k}^{N} e^{j(\varphi_m^1 - \varphi_{m-k+1}^2)} \Big|^2 \qquad (1.127)$$

这项技术的实质在于,通过相位编码序列 $\{\varphi_m^1\}$ 和 $\{\varphi_m^2\}$ 的选择使 $C$ 最小。在最小化过程中,必须用梯度搜索法这样一个数字迭代过程。加权序列 $\{W_k^1\}$、$\{W_k^2\}$、$\{V_k\}$ 着重用于某一距离旁瓣区域的最小化过程。加权序列必须遵循归一化原则,即

$$\sum_{I=1}^{2} \sum_{k=1}^{N-1} W_k^I + \sum_{k=1}^{N-1} V_k = 1 \qquad (1.128)$$

加权在迭代法设计步骤中特别有用。如果开始通过均匀加权使 $C$ 最小化而产生不能接受的高距离旁瓣电平,则这些电平便在下一个质量规范最小化过程中接收增量加权。

## 1.8.2　$C^3I$ 防空体系雷达组网防御 ARM

$C^3I$ 即空系统雷达组网[2]技术,在防空体系中,不同功能、不同体制、不同作用范围的各种雷达或采用同频、同体制雷达进行联网,由 $C^3I$ 系统统一指挥协调。网内各雷达交替开机、轮番机动,对 ARM 构成闪烁电磁环境,使跟踪方向、频率、波形

混淆。组网的关键在于,各雷达站严格同步、指挥中心快速处理信息和坐标归一化能力。

网内同类型雷达相距较近时,可同时开机,使 ARM 瞄准中心改变,起到互为诱饵的作用。法国汤姆逊 CSF 公司的防空指挥、协调和通信中心(AAC³)将"虎"-G 远程警戒雷达与霍克、罗兰特和响尾蛇导弹连的制导雷达以及高炮连的火控雷达联网,进行统一指挥和火力分配,能有效地对付 ARM。

又如,俄罗斯部署在莫斯科周围的"橡皮套鞋"反弹道导弹系统,是雷达联网的一个典型例子。它由 7 部"鸡笼"远程警戒雷达、6 部"狗窝"远程目标精密跟踪/识别雷达和 13 部导弹阵地雷达三个部分组成。7 部"鸡笼"雷达分别与 2~3 部"狗窝"雷达联网;6 部"狗窝"雷达又各与 4 部导弹阵地雷达联网。"鸡笼"雷达在远距离(最大作用距离 5930km)探测目标,并通过数传装置向"狗窝"雷达指示目标(距离、方位和高度信息)。一直保持寂静的"狗窝"雷达(最大作用距离 2780km)只有当目标进入导弹射击范围时才开机工作,而导弹阵地雷达只是在发射导弹时才开机工作,从而大大减少了受 ARM 攻击的概率。

# 1.9  双(多)基地雷达与分置式雷达防御 ARM

## 1.9.1  双基地雷达防御 ARM

双基地雷达是一种将发射机与接收机以很大间距分别部署的雷达,如图 1.53 所示。

**1. 双(多)基地雷达的特点**

(1)虽然单基地雷达已经达到相当高的技术水平,但由于它们的发射信号容易被敌方检测而使之比较脆弱,结果单基地雷达会遭到干扰破坏或者成为价廉的反辐射导弹的攻击目标。

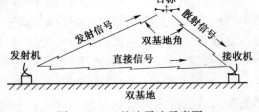

图 1.53  双基地雷达示意图

与此相反,部署适当的双基地雷达,则遭受损害的可能性大大减小。因为它可以把发射机设在距前线几百千米的后方,把无源接收机部署在距前线 10~20km 的地方。在这种情况下,双基地雷达发射机(可以用载机)离战斗地区足够远,所以对反辐射导弹的袭击就相对安全得多。加之它的接收机是无源的,实际上用一般的电磁设备无法检测到它。也就是说,用精确的定向和定位装置对发射源进行定位不可能定位到这种接收机,干扰机也干扰不了这种双基地雷达。

(2)减小角闪烁误差。对于单基地跟踪雷达而言,从两个或多个强散射体来的相位干扰使得复合目标反射回来的回波信号产生偏差,结果使相对于雷达反射视在相位中心的雷达目标方位由一点向另一点偏移。雷达反射中心的这种随机偏移会导致角度跟踪误差（称作目标闪烁）而影响跟踪。经过大量的试验发现，采用大于15°～20°双基地角工作的双基地雷达，可以大大减小角度闪烁和由此引起的误差及脱靶距离。闪烁减小的原因之一是，双基地部署的几何结构把后向散射之类的强散射体去除了。可惜的是，在该区域雷达截面积也减小5～10dB。

（3）杂波调谐。双基地雷达具有的另一个特性是，用机载雷达系统时自由度增大了。通过控制相对于目标的两架双基地飞机的相对运动可以控制地杂波频谱。这种控制杂波多普勒频率扩展的能力叫做杂波调谐，它给雷达系统的性能开辟了一个宽广的新领域。

（4）雷达截面积增大。当双基地角接近180°时，双基地雷达截面积比后向散射（单基地雷达）的雷达截面积增大很多，这是由于前向散射现象所致。当一个物体遮断入射的电磁辐射时，便在物体上产生感应电流，这个电流形成二次辐射场，直接在目标后面产生一个静区，产生静区的电流不仅有效地抵消了入射到静区里的辐射，而且同时辐射一个窄波束指向前方。波束的峰值取决于目标的投影面积和工作波长，而不取决于目标形状或材料。

对前向散射的另一种解释是，入射场与散射场之间的干涉产生一个波前，这个波前除在其中有个相当于"空穴"的静区外，几乎与入射的波前相同。其波束方向图与形状同于目标投影静区并受到均匀照射的孔径天线的辐射方向图相同。这是根据巴比奈（Babinet）光学原理推导出来的。

目标直接处于发射机与接收机之间连线上（双基地角为180°）的前向散射雷达截面积公式是众所周知的：$4\pi A^2/\lambda^2$，式中 $A$ 为目标截获发射波束的几何面积，$\lambda$ 为雷达波长。这种雷达截面积应与光区球体（周长大于波长）的后向散射雷达截面积对照来看，光区球体的雷达截面积等于球的投影面积 $A=\pi r^2$，式中，$r$ 为球体半径。例如，设一个球体的后向散射雷达截面积为 $0.25m^2$，波长为 $0.1m$（S波段），那么前向散射雷达截面积为 $78.5m^2$，相当于雷达截面积增加 25dB 左右。

前向散射雷达截面积的加强程度随着双基地角的减小而减小，图1.54给出了两个圆柱形雷达截面积情况，左侧为导弹迎向，右侧导弹侧向。当然，如果双基地角减到0，最后双基地雷达截面积就与后向散射的雷达截面积相同。不过，只要双基地角 $\theta$ 大于某个角度（如165°），雷达截面积的增加就相当可观。

由于目标前向散射回波的大小不取决于目标的材料构成，所以在前向散射区工作的双基地雷达能够检测用吸收材料防护的隐身飞行器。这种可见度极低的飞行器，对单基地雷达而言其截面积减小得很厉害，而前向散射的双基地雷达截面积仍然很大。但应用该原理有很大的难点，即增大雷达截面积所需的角度范围可能与适合雷达系统工作的角度范围不相一致。在大双基地角（接近180°）工作，雷达截面积增大许多，可是雷达系统的工作却受到很强的直接路径干扰的影响，而且还缺乏多普勒与距离分辨能力。如果双基地角小，则提高了多普勒与距离分辨力，同

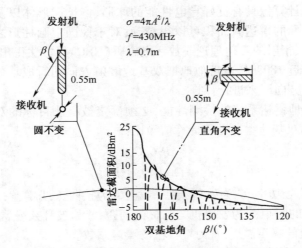

图 1.54　导弹在甚高频前向散射雷达截面积的估算

时也减小直接路径影响。可是,由于雷达截面积增加不多,前向散射的优点便不明显。

关于双基地雷达截面积还有一个特性,即当辐射信号照射到目标水平面上的入射角等于反射角时便产生镜像波瓣,即菲涅耳折射定律(双基地雷达与单基地雷达产生镜像的角度不同)。通常镜像波瓣有一窄的角度范围,而且难以检测,可以通过目标表面加吸收材料来减小这种波瓣。

如图 1.55 所示,对于任何双基地角,都可以利用单基地雷达截面积数据,通过双基地—单基地等效原理估算出双基地雷达截面积。图 1.55(a)为利用双基地—单基地等效原理和实测的或估算出的单基地雷达截面积值,即能估算双基地雷达截面积,图 1.55(b)为随着双基地角度增大,这种等效关系的准确性随之降低,在大双基地角工作时可用比例模型进行实际测量来确定双基地雷达面积。

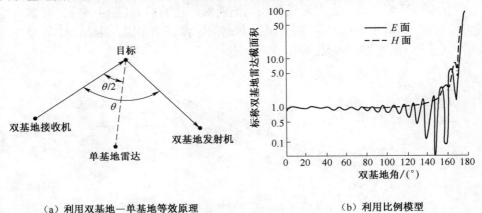

（a）利用双基地—单基地等效原理　　　　（b）利用比例模型

图 1.55　双基地雷达截面积的计算

用等效原理计算像具有良好导电性能的球形、偏长球形体以及扁圆形球体之类的简单球面目标的雷达截面积可以很精确；对于像固定圆柱形之类的较复杂目标可用物理光学、衍射的几何理论或数字电磁码（NEC）等方法得出近似值。

双基地角接近 180°时，可近似地把双基地散射方向图看成均匀照射以目标轮廓为孔径的天线方向图来进行计算。

为估算双基地雷达系统的检测性能，必须确定被检测目标的双基地雷达截面积 $\sigma_b$，然后根据双基地雷达方程计算信噪比：

$$S/N = \frac{P_t G_s G_r \lambda^2 \sigma_b}{(4\pi)^2 R^2 s^2 KTBF} \tag{1.129}$$

式中：$P_t$ 为平均信号功率；$G_s$ 为发射天线增益；$G_r$ 为接收天线增益；$\lambda$ 为波长；$R$ 为接收机与目标间的间距；$s$ 为发射机与目标的间距；$K$ 为玻耳兹曼常量；$B$ 为接收机的带宽；$T$ 为收机的噪声温度；$F$ 为接收机的噪声系数。

双基地雷达截面积等于在双基地角对分线上以一个实际工作频率有关的频率测得的单基地雷达截面积乘以 $\cos\theta/2$ 因子。其条件：①目标足够平滑；②没有遮挡；③反向反射继续存在。

上面的双基地雷达截面积模型讨论了对于任何双基地角（包括前向散射区）的双基地雷达截面积问题，此模型可用来确定双基地雷达的检测性能。

通过以上论述可见，双基地雷达不仅可以抗 ARM、反隐身而且还有其他特点，因此，它是一种有发展前途的新体制雷达。

**2. 双（多）基地雷达抗 ARM 的基本原理**

发射站和接收站分开，一个发射站能够支援数个接收站。发射站发射的大功率雷达波遇目标后向四面八方散射，接收站接收该反射波中的一个波，由装置内的计算机算出目标的位置。

ARM 的 PRS 对没有发射电磁波的接收阵地毫无反应，因此 ARM 对接收阵地，即地空导弹的发射阵地毫无破坏作用。

由于 ARM 要攻击的发射源设置在远离前沿阵地的后方（图 1.56）。在敌方的飞机没有进入 ARM 射程之前，就会被我方地空导弹完全击毁。因此，ARM 要攻击发射源（雷达）也不那么容易。

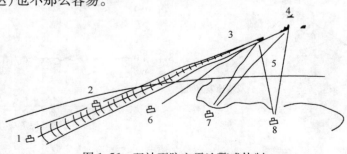

图 1.56　双站型防空雷达警戒体制

1—发射站；2—干扰电波；3—机载电子干扰机；4—轰炸机；

5—雷达回波；6~8—接收站。

### 1.9.2　分置式雷达防御 ARM

分置式雷达的发射系统和接收系统分置在数百米范围内的不同位置,发射系统所包含的 2 部或 3 部发射机以同步、同频和同功率工作,并合成一个波束向外发射信号,ARM 只能跟踪它的等效相位中心,不会对发射机造成威胁。

早在 20 世纪 80 年代,美国国防军就为"爱国者"和"霍克"等地空导弹系统研制出了分置式雷达,发射机进行三角配置,相互间相距 300m,能够有效地对抗 ARM,如图 1.57 所示。

收发分置方案的收发单元(天线)相隔不远,因此目标距离和多普勒性能的双基地效应并不明显。只要目标距离大于数千

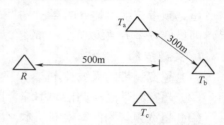

图 1.57　分置式雷达三角配置结构

米,仍呈现合置单站雷达特性。收发单元的相参同步关系可以用光纤完成,这一点与合置单站雷达加装诱饵天线相同。简单的发射单元对撤装转移也不会带来明显的困难。

其收发分置体制的优点如下:

(1)收发单元分置。为有足够的隔离比提供了保证,也为雷达波形的选择提供了更多的可能性,允许采用灵活的编码连续波作为雷达波形,这样就实现了 LPI 的特性,进一步提供了抗 ARM 的性能。

(2)在一般情况下,敌方 ARM 平台长期处于雷达主瓣的照射内,提取制导信息的可能性很小。但可以利用调整门限的方法把副瓣与诱饵忽略掉,而提取主波束扫描呈现的近似周期性的信息来实现制导。采用宽波束天线和连续波波形可以降低雷达发射天线的辐射功率密度和周期,从而降低利用雷达主瓣进行截获的概率。

(3)收发分置方案使雷达的接收单元一直处于安全状态,这就可以使接收单元充分利用时间、空间资源进行接收和信号处理,使雷达充分发挥出最佳性能。

(4)由于收发相距 200~300m,在近距离两波束不完全重合,因此地物杂波较小。经计算表明,只有与雷达天线相距 1km 以上的地物才呈现出同步照射,因此,大大削弱了各地杂波强度。

## 1.10　超宽频带被动雷达寻的器应对雷达、
## 通信的关键技术与技术措施

超宽频带被动雷达寻的器或反辐射武器导引头,必须采用先进的技术措施,以实现先进的技术性能与技术指标,归纳起来:"五超",即超宽频带、超高灵敏度、超

分辨力、超高测角精度、超强的信号分选与识别能力；"五抗"，即雷达与通信的 LPI 技术(包括抗脉向波形变换雷达)，抗雷达诱饵与雷达组网的诱偏、抗辐射源关机、抗电子干扰，抗高能激光或高能微波武器的烧毁。

### 1.10.1 超宽频带覆盖占宽瞬时带宽关键技术与技术措施

超宽频带被动雷达寻的器(导引头)超宽频带是指频带宽度达到 $2^3$ 以上(包括 $2^3$)，即最低频率 $f_L$ 乘以 $2^3$ 以上的数，如 $f_L = 2\text{GHz}$，乘以 $2^3 = 8$，$\Delta f = 16\text{GHz}$。

**1. 关键技术**

(1) 超宽频带的天线技术。

(2) 超宽频带高速调谐频率综合器技术。

(3) 超宽频带测向解模糊技术。

(4) 波移器技术。

**2. 技术措施**

(1) 实现超宽频带的天线技术措施：采用与频率无关的恒波束天线，如锥螺旋天线、平面螺旋天线、曲折臂天线等超宽频带天线。

(2) 实现超宽频带高速调谐频率综合器的技术措施：采用高速开关与高速调谐的振荡管，精心设计 DDS 与锁相的频综器。

(3) 实现超宽带测向解模糊技术措施：通过多基线或虚拟基线解宽频带，即 $2^3$ 以下的测向模糊，用立体基线测向法解决 $2^3$ 以上的测向模糊。

(4) 实现宽瞬时带的技术措施：在解决高速调谐超宽频带频综器的基础上，采用高抑制比的和矩形系数优良的滤波器。

### 1.10.2 高灵敏度的关键技术与技术措施

灵敏度是被动雷达寻的器最重要的性能与技术指标，它关系到是否攻击 LPI 雷达与通信台。

**1. 关键技术**

(1) 在噪声里提取信号的技术。

(2) 信号分选支路(宽频带)数字信道化与"信号指纹"分析、识别与提取技术。

(3) 测向支路(信道)的基于信号实时跟踪本振技术。

(4) 各信道的低噪声系数的技术。

(5) 测向信道与雷达、通信的 LPI 匹配技术。

**2. 技术措施**

(1) 压低噪声或在噪声里提取信号的技术途径：首先采用小波理论压低输入噪声或在噪声中提取信号，然后采用超低噪声放大器。

(2) 解决宽频带数字信道化的技术途径：选用高速 A/D 动态数字信道化、高效数字信道化结构和数字滤波技术。

（3）解决雷达脉内细微参数（"指纹"）分析、识别提取的技术途径：用相象系数分析脉内的调制类型。

（4）降低信道的噪声系数的技术途径。

（5）测向信道中与 LPI 匹配的技术途径：利用分选信道所测得的参数（包括"指纹"），装订测向信道的匹配滤波器，以实现与 LPI 信号的匹配

### 1.10.3 提高超宽带测角精度的关键技术与技术措施

测角精度是超宽带被动雷达寻的器和反辐射武器导引头的另一个重要指标，高测精度前提是高分辨力，只有高分辨力、高测角精度，才能分辨目标，以实现超宽频带被动雷达寻的器迅速准确地引导精确末制导；反辐射武器导引头才能实现分辨雷达、诱饵，从而导引导弹攻击雷达，精确命中目标，以实现反辐射武器抗诱饵与雷达组网的诱偏。

**1. 关键技术**

（1）测向各信道一致性与测角精度补偿技术。

（2）超分辨、高精度的测向技术。

（3）多模复合精确末制导技术。

**2. 技术措施**

（1）保证测向各信道的一致性与测角精度补偿技术措施：

① 严格挑选各路的元器件与滤波器的一致性和保证各信道的连接线长度的一致性；严格挑选各信道转接头、保证插件的幅、相一致性与注液系数的一致性。

② 实时补偿措施，即利用信号处理器在信号脉冲后沿时延 $0.2 \sim 0.5 \mu s$ 后，产生一个脉冲，打开实时补偿开关，让同一个信号进入各信道以实现各信道的幅度相位补偿。

③ 用综合列表法进行幅、相补偿。

（2）超分辨、高精度测向技术的措施：在信号分选的基础上，准确地跟踪同一个目标，采用空间谱估计测向技术。

（3）多模复合制导技术的措施：采用超宽频带被动雷达寻的器作为中远程的中制导，采用毫米波雷达成像、红外成像作为精确末制导，以实现高分辨、高测角精度的测向。

（4）实现包括超宽频带被动寻的器在内的多模复合制导的技术措施：

① 共形天线技术。超宽频带被动雷达寻的器需要超宽频天线；精确末制导也需要有天线或光学镜头，而且要求在导弹的最前端。这就产生了两大难题：第一，受导弹体积限制，其弹头的截面积有限，在同一个截面内，难以容纳下超宽频带被动雷达寻的器天线，精确末制导的天线或光学镜头。第二，导弹的头罩在如此宽的频带，即由米波到毫米波透波率很低，瞄准误差很大，也是最大的难点。因此，超宽

频被动雷达寻的器天线用与弹体共形的天线,即共形天线以克服上述难题。共型天线技术除共形天线本身的技术外,还必须解决超宽频带测向解模糊的技术,可采用上述的立体基线解超宽频带测向模糊的技术。

② 信息融合技术。多模复合制导利用信息融合中的决策融合与数据关联融合,以实现目标选择、抗干扰和精密跟踪。

# 1.11　新型反辐射武器寻的器技术

新型反辐射武器寻的器是相对于传统反辐射武器寻的器而言的。传统寻的器的灵敏度比较低,寻的器接收机的灵敏度为 $-60 \sim -75$ dBmW,超宽带(3 倍频带程以上,即 $2^3$ 以上)的只有 $-65$ dBmW;其中分辨角大(大于 $30°$),测角精度差(大于 $1.5°$)。装置这种寻的器的反辐射武器,不能攻击低截获概率(LPI 雷达,包括脉间波形变换雷达);不能有效地抗诱饵诱偏,也不能抗雷达组网干扰;不能有效抗高功率电磁波和强激光烧毁。

新型反辐射武器寻的器,必须有高灵敏度(超宽频带寻的接收机的灵敏度必须在 $-80$ dBmW 以上);高角分辨力(分辨角 $\leqslant 3° \sim 5°$);高测角精度(测角误差 $\leqslant 0.5°$);具有信号极化与"指纹"识别能力。寻的器必须具有"四高(高灵敏度、高角分辨力、高测角精度、高信号识别与分选能力)和"五抗"。

雷达技术的进步与雷达配置诱饵系统对反辐射武器提出了严峻的挑战;又由于反辐射武器寻的器(导引头)必须是超宽频带的,天线波束一定要足够宽,而且只能捕捉与跟踪雷达副瓣或背瓣辐射的信号。因此,反辐射武器的寻的技术很难,传统寻的器必须更新或转型。

## 1.11.1　新型反辐射武器寻的器体制

反辐射武器根据作战目的与攻击目标的种类,以及不同的反辐射武器采用不同的体制。根据攻击目标不同可分为远程反辐射导弹、近程反辐射导弹与反辐射无人机。远程的反辐射导弹攻击预警雷达,如美国的铺路爪雷达(AN/FPS-115)、预警机上的预警雷达 AN/APS-145 等;近程的反辐射导弹与反辐射无人机可攻击导弹制导与火控雷达,如美国的爱国者雷达 AN/MPQ-53、改进的霍克 AN/MPQ-46;近程反辐射武器,如反辐射炸弹或炮弹,主要用于攻击导弹制导雷达、火控雷达、通信台以及其他雷达;另外还包含专门攻击低频段的各种预警雷达与通信台及数据链的反辐射导弹、反辐射无人机、反辐射炸弹或炮弹;还有攻击干扰源的反辐射导弹、反辐射无人机、反辐射炸弹与炮弹;拦截主动雷达制导的导弹的反辐射导弹。下面对不同作战目的、不同用途的寻的器优选体制或测角寻的方法进行阐述。

**1. 远程反辐射导弹的优选体制**

远程反辐射导弹攻击的主要目标是远程预警雷达,包括地面远程预警雷达(含太空监视雷达),预警机上的预警雷达(含太空战中的卫星)并兼容攻击导弹制军雷达与火控雷达。这种导弹必须具有很强的抗干扰性能,必须精确命中。由于作用距离远,还必须有高灵敏度。反辐导弹的寻的器必须具有高灵敏度、高分辨力、高测角精度、较强的信号分选与识别能力。这种优选体制的寻的器就是全程被动多模复合精末制导寻的器或称导引头。

全程被动就是导引头导引导弹后,所用的寻的器利用目标辐射各种信息作为制导信息,反辐射导弹不发射任何信号,导弹弹体采用电磁波与红外隐身。

(1)寻的器作中制导。利用超宽频被动雷达寻的器获取敌方丰富的雷达辐射电磁波信息,并利用其单程接收信号高灵敏度(作用距离远的优势),还有信号分选识别能力比较强、测角精度比较高的优点和隐蔽性良好的优势将导弹导引到精确末制导的作用距离内。

(2)精确末制导。利用毫米波(3mm)被动成像或红外成像抗干扰性能强、制导精度高的优势,导引导弹精确命中目标。

超宽频带被动雷达寻的器将导弹导引到精确末制导;毫米波被动成像或红外成像寻的器的作用距离内,由于被动雷达寻的器的测角精度,在精确末制导技术与跟踪角度范围内,保证精确末制导迅速捕捉与跟踪目标。精确末制导寻的器导引导弹实现精确攻击目标。

(3)全积被动多模复合精确末制导的优势。

① 超宽频带寻的具有高灵敏度,对远程预警雷达的副瓣辐射信号的作用距离大于800km;

② 依靠全程被动寻的隐蔽性具有比较强的抗干扰性能,敌方无法探测,导致高能微波或强激光的烧毁;

③ 依靠精确末制导的高分辨力和高测角精度,实现抗诱饵和雷达组网的干扰;

④ 依靠高测角精度,实现精确命中目标。

**2. 超宽频带被动雷达寻的器是远程导弹最佳中制导**

远程导弹的作用距离在1500km以上,而精确末制导的作用距离只有几十千米,微波主动雷达最大的作用距离也只有70~80km。如果靠导弹自主控制或惯性导弹,导弹到精确末制导作用距离内时,导弹跟踪角误差已经很大,超出末制导的搜索角与跟踪角范围,精确末制导无法捕捉目标。必须采用中制导,将导弹导引到精确末制导作用距离内,保证末制导迅速捕捉与跟踪目标。

用超宽频带被动雷达寻的器作中制导是最佳的中制导之一。因为现在军事目标上都安置雷达,这就为超宽频带提供了丰富的制导信息。超宽频带被动雷达寻的器具有灵敏度高,作用距离远;信号识别分选能力比较强;测角精度比较高,能满足精确末制导搜索与跟踪角要求,能使精确末制导迅速捕捉与跟踪目标的优势;良好的隐蔽性能、很强的抗侦察性能,从而具有很强的抗干扰能力。

### 3. 旋转式相位干涉仪是比相测向的好方法

旋转式相位干涉仪只需要两个通道,这就容易保证两通道一致性比较好,实现高的测角精度。旋转式相位干涉仪,必须将相位干涉仪装在按一定旋转周期(一般10r/s)的旋转体上。用旋转式相位干涉仪,可以解超宽频带相位干涉仪测向模糊。

远程导弹的中制导,多模复合制导中的超宽频带寻的器,特别是反辐射炸弹或炮弹以及拦截主动雷达导引导弹的导弹,适合用旋转式相位干涉仪寻的或导引反辐射武器,特别适合于后两种反辐射武器。

### 4. 和差一比幅测向是跟踪宽带杂波干扰源的好方法

宽带干扰源是由噪声源调制一个载频信号产生的,其频率在干扰信号带宽内随机变化的,如果用相位干涉仪测向,则其测向误差大,甚至达到不可容忍的程度。

干扰源的功率在带宽内,相对相位变化是比较稳定的,用和—差比幅测向其测向精度比较高。

用抛物面将形成和—差的波束进一步聚焦,可以提高测角精度。注意通道中的放大环节采用线性放大,即采用线性的 AGC 扩大动态范围,还要注意克服寻的器本身的副瓣跟踪的问题。

和—差比幅测向,特别是采用抛物面天线,其测角精度比较高,提高了角分辨力和测角精度。因此,可用于攻击布放干扰诱饵系统的干扰源或干扰源诱饵。

### 5. 阵列空间谱估计测向是低频段 0.1~2GHz 或 0.38~0.5GHz(P 波段)被动雷达寻的器最好的测向方法

远程预警雷达如美国的"铺路爪"AN/FPS-115、预警机(如 E-2C-E-2T 等)上的预警雷达及 AN/APS-145 雷达都工作在 P 波段。监视雷达、各种预警雷达和通信台工作在 0.1~1GHz 或 0.38~0.5GHz。这个波段的天线体积比较大,导弹的体积有限,天线的基线比较短,给该波段寻的器采用什么样的天线,什么样的测向体制保证测角精度,如何解超宽频带测向模糊带来了很大困难。经过多年的实践,我们摸索到了一个好方法,即采用五元阵天线(可以在导弹头部截面圆周上摆成五元均匀阵,或在导弹前端弹皮的圆周上摆放五单元共形天线);用空间谱估计测向方法,保证比较高的测角精度;用立体基线测向方法,解超宽频带测向模糊。

(1)五单元阵天线的阵形。之所以采用五元阵是从利用空间谱估计测向与利于立体基线测向解超宽频带测向模糊考虑的。如果采用在导头部截面上摆放天线,则用微带马蹄形天线或平面螺旋天线,也可采用可变极化的多极化曲折臂天线,既可以是均匀摆放也可以摆成任意形状。

(2)用空间谱估计测向保证测向高精度。在信号识别与分选,选定一个跟踪目标条件下,用空间谱估计测向方法对一个目标进行测向,可实现比较高的测角精度,其测角精度可达到 $(0.5~1°)/\sigma$。

(3)立体基线测向是解超宽频测向模糊的好方法。由于天线体积比较大,而且又受弹体的限制,平面摆放的阵天线不能摆成双基线或多基线的形式;共形天线安装在弹体表面上,更不能摆成双基线或多基线的形状。因此,就不能采用多基线或虚拟基线解超宽频带测向模糊。经实际测试与仿真,用立体基线测向,可解五倍频程($2^5$)以上的测向模糊,比任何一种方法所解模糊的带宽都宽。因此,立体基线测向是解超宽频带测向模糊的好方法。

### 1.11.2 多模复合精确末制导中超宽频带被雷达寻的器用反辐射武器载体共形天线新方法

多模复合精确末制导寻的器(导引头)中的被动雷达寻的器,为了获得丰富的制导信息,必须在导弹头部安装体积比较大的超宽带天线,而且要求导弹头部的天线罩在超宽频带范围内确保比较高的透波率和比较小的瞄准误差。同样,精确末制导传感器如微波寻的器的天线、毫米波寻的器的天线、红外成像的光学系统与成像器,也必须放在导弹头部,为满足作用距离和测角精度的要求,必有一定的体积,也要求天线罩对精确末制导寻的器透波或透光,而且要求透波或透光率要高,瞄准误差要小。

要解决超宽频带被动雷达寻的器的天线与精确末制导寻的器的天线、光学系统和成像器抢占头部体积,超宽频带头罩的透波率高,小的瞄准误差的难题,雷达可以采用共形天线,将弹体头部全分给精确末制导寻的器的天线或光学系统与成像器,更充分地满足精确末制导的灵敏度与测角精度的要求。

多模复合精确末制导寻的器中的超宽频带被动雷达寻的器采用载体的共形天线必须解决以下问题:共形阵天线的超宽频带、宽波束、波束方向与反辐射武器向前视方向一致;解超宽频带测向模糊;消除反辐射武器载体扰动耦合的误差。

**1. 共形天线技术**

用于反辐射导弹弹载与反辐射无人机机载共形天线的技术要求有:

(1)超宽频带。0.1GHz～20GHz,可根据使用要求分段实现,但每个频段必须在三倍频程($2^3$)以上。

(2)共形天线。包含阵列天线波束、天线增益($\geqslant$2dB)、天线波束宽度($\geqslant$90°),天线歪头(最大位偏离弹轴方向$\leqslant$15°,装在载体后,歪头$\leqslant$25°)。

(3)天线的极化。共形天线是线性化的,安装在载体上时最好成45°的斜极化。由于反辐射武器是截获与跟踪雷达副瓣的,而雷达的副瓣是多极化,因此,天线可以任意摆放。

**2. 解共形天线测向模糊技术**

反辐射武器的被动超宽频带被动雷达寻的器的共形天线,构成两个面(水平与俯仰)的相位干涉仪测向,但不能构成解相位干涉仪测向模糊的双基线或多基线,因此不能用双基线、多基线、虚拟基线解超宽频带测向模糊。

可以用立体基线测向解超宽频带测向模糊,它可以解五倍频程($2^5$)以上的测向模糊,优于平面多基线或虚拟基线(能够解三倍频程的测向模糊)。

正是由于用立体基线测向方法可解超宽频带相位干涉仪测向模糊,才使在反辐射武器上使用超宽频带的共形天线成为可能。共形天线促进了包括超宽频带被寻的器在内的多模复合精确末制导的发展。

**3. 消除载体耦合引起的测角误差**

共形天线都是安装在反辐武器的载体上,与载体一起产生扰动,这必然引起被动雷达寻的器的附加误差。共形天线不能安装随动系统,因此可采用在共形天线上,安装在方位面与俯仰面上两陀螺,敏感载体扰动引起的测角误差信号,采用数字电路,计算出角误差,反馈到测角电路,从测角误差中减去由于载体扰动引起的附加测角误差。

### 1.11.3　反辐射武器抗诱饵诱偏(骗)新技术

利用反辐射武器天线超宽频带、宽波束、分辨角大的固有缺点,在雷达 300～500m 处,设置 2～3 个诱饵源,引偏反辐武器,致使反辐射武器命中雷达与诱饵的功率重心而失效。诱饵对反辐射武器构成了致命的威胁,因此反辐射武器必须具有抗诱饵诱偏(骗)的功能,才能发挥其威力。

**1. 反辐射导弹抗诱饵诱偏(骗)的技术措施**

雷达诱饵利用反辐射导弹超宽频带被动雷达寻的器(导引头)角分辨力低、测角精度低的缺点来诱偏(骗)反辐射导弹的。反辐射导弹依靠寻的器捕捉、跟踪雷达副瓣辐射的电磁波信号,导引导弹攻击目标雷达。现代被动雷达寻的器的天线采用一般的圆极化天线,分辨不出雷达副瓣与诱饵的信号或极化特征,只能跟踪雷达副瓣与诱饵的功率重心,跟踪失效。因此,只要提高反辐射导弹寻的器的分辨力、提高测向精度,寻的器能分辨雷达与诱饵,再通过采用多极化天线与信号指纹分析识别,就可以识别雷达与诱饵,从而导引导弹命中雷达。反辐射导弹抗诱饵的技术途径有:提高寻的器的角分辨力与测角精度,使其能分辨雷达与诱饵;寻的器采用多极化天线,识别雷达副瓣的极化特征,使寻的器天线的极化与其匹配;利用信号"指纹"分析与识别,识别雷达副瓣辐射信号与诱饵信号的不同细微特征,使寻的器与雷达副瓣辐射信号匹配。

提高寻的器角分辨力与测角精度的技术途径有以下几种:

(1) 多模复合精确末制导技术。用超宽频带被动雷达寻的器作中制导,利用分辨力高和测角精度高的毫米波主/被动雷达或红外成像或激光寻的器作为末制导,既有远作用距离,又有分高辨、高精度测向寻的,可实现精确命中目标雷达。

(2) 利用空间谱估测向方法提高寻的器的分辨力与测角精度。在远程时,不需要分辨也可能识别雷达与诱饵,它们呈现一个目标,可用相位干涉仪跟踪目标。当导弹飞行到距目标 5～10km 处时,这时寻的器接收信噪比足够高,可以满足空间谱估计测向对高信噪比雷达的测向性能。此时寻的器必须能分辨雷达与诱饵,再识别信号就能识别雷达与诱饵,寻的器接收机与雷达信号匹配,导引导弹命中雷达。

（3）利用多极化天线识别雷达副瓣极化特性实现抗诱饵。由于雷达副瓣具有各种极化，而诱饵是人为的多极化。因此，寻的器可采用可变极化的多极化天线，首先利用多极化天线，判别出雷达副瓣与诱饵不同的极化方式，然后控制寻的器的各测向可变极化的多极化天线与雷达副瓣特有的极化方式匹配，导引导弹命中目标雷达。

（4）识别雷达副瓣与诱饵辐射信号的"指纹"实现抗诱饵。在 10km 以上的远距离，寻的器用相位干涉仪测向跟踪目标。在 5～10km 时用空间谱估计测向，可得到雷达与诱饵三四个目标位置的，但这时天线所接到的目标是有雷达副瓣与诱饵同时到达信号，空间谱估计分开的三四个目标在方向上不是一一对应的，这时再将空间谱估计所测的几个方向，作为数字波形成算法的已知输入参数，形成一一对应的几个信号，再将各个信号进行"指纹"分析与提取，判别出雷达副瓣的"指纹"，使寻的器接收机与其匹配，然后导引导弹命中雷达。

### 2. 反辐射无人抗诱饵的技术措施

反辐射无人机与反辐射导弹攻击目标是相同的，其被动雷达寻的器也基本相同，原则上反辐导弹抗诱饵技术可以移植到反辐射无人机上。但是由于无人机飞行的高度只有 3000m，而且是平行飞行的，速度比较慢，在搜索目标时可绕圈飞行。因此，反辐射无人抗诱饵可采取特殊的技术。

（1）定位攻击抗诱饵的技术途径。反辐射无人机攻击的雷达是布防在一个固定位置的，在一次战役中一般不会变动位置，因此可以用定攻击的方式进行攻击。又由于无人机的飞行速度比较慢，而且在搜索目标时转圈飞行，便于使用机械单站对目标进行无源定位。

定位攻击的过程是这样的：首先利用机载超宽频带的被动雷达寻的器，对目标雷达进行单站无源定位，并跟踪目标雷达；然后在被动寻的器的导引下，再利用 INS/GPS，对目标雷达比较精确定位；最后再加上末端精确寻的器（例如红外成像寻的器）导引无人机精确攻击目标雷达。

（2）提高反辐射无人机分辨力和测角精度，实现抗诱饵的途径。与反辐射导弹一样，用空间谱估计与数字波束形成技术，实现高分辨、高精度测向。无人机可更方便地用机载共形天线，实现多模复合精确末制导，更方便地采用空间谱估计测向与数字波束形成，实现寻的器的高分辨、高精度测向。

### 3. 反辐射导弹抗多路径干扰的技术措施

反辐射武器除了抗诱饵干扰外，抗多路径干扰也非常重要。由于反辐射无人机是与地面平行飞行的（飞行时被动雷达寻的器天线，向上仰起一个小的角度，既飞行时天线仰起一个攻角），大角度俯冲攻击目标，一般无人机不受多路径干扰。

反辐射导弹必须有抗多路干扰的技术措施。反辐射导弹抗多路径干扰的技术措施有：①导弹在飞行是有向上的攻角，而命中目标，必须大于 75° 的大攻击角；

②被动雷达寻的器对信号进行脉冲前沿跟踪。

用极化识别匹配与信号"指纹"识别与匹配抗诱偏。与反辐射导弹一样,被动雷达寻的器的天线用极化可变的多极化天线,识别雷达副瓣不同于诱饵天线的极化特征,并控制寻的器测向的可变极化多极化天线,与雷达天线副瓣的特殊的极化进行匹配,导引无人机攻击目标雷达。

同样,识别出雷达副瓣辐射信号的"指纹"特征,并控制被动雷达寻的器接收机与之匹配,导引无人机攻击目标雷达。

### 1.11.4 提高反辐射武器寻的器性能、技术指标与技术措施

**1. 先进性能与技术措施**

新型反辐射武器先进的技术指标与性能可概括为"四高"和"五抗"。

1) 主要技术指标

(1) 覆盖频带:三倍频程($2^3$)以上,即 0.1~20GHz。可根据用途分频段,但每个段在三倍频以上,即 0.38~2GHz 或 4GHz 或 6GHz,2~18GHz 或 20GHz。

(2) 瞬时频率:200MHz~1GHz 甚至到 2GHz。

(3) 灵敏度:寻的器接收机的灵敏度为 $-90 \sim -85$dBmW(主动雷达的作用距离 $\geqslant$70km,红外成像的作用距离 $\geqslant$10km。

(4) 超宽频被动雷达寻的器的测角精度为 $(0.5° \sim 1.5°)/\sigma$。

(5) 精确末制导寻的器的分辨角 $\leqslant$2°。

(6) 精确末制导寻的器测角精度 $\leqslant 0.2°/\sigma$。

2) 主要性能

(1) 可捕捉与跟踪雷达各种体制与各种状况以及各种载频频段的雷达;

(2) 既可以捕捉与跟踪雷达信号,又可以捕捉与跟踪通信信号;

(3) 可以抗 LPI 雷达、抗诱饵与雷达组网的干扰;

(4) 可以抗多路径干扰;

(5) 可以抗电子干扰;

(6) 可以避勉高功率与强激光的烧毁。

**2. 技术措施**

(1) 采用超宽频带的可变极化的多极化宽波束天线,超低噪声的超宽频带的放大器;

(2) 采用低相噪、低谐波抑制、低杂波抑制、快速跳频的超宽频带频踪器;

(3) 采用超宽频带,抑制镜像频率的混频器,将超宽频带信号,压缩成具有一定瞬时带宽的信号。

(4) 采用立体基线测向解超宽频带测向模糊。

用以上的技术措施,将超宽的信号压缩成以固定的高中频和一定瞬时带宽的信号。其工作原理是:通过频踪器的频率扫瞄,与输入信号经超宽频带镜频抑制混

频器混频,产生固定载频和一定带宽的高中频信号。这样就实现了超宽频带的接收。

**3. 提高超宽带被动雷达寻的灵敏度的技术措施**

(1) 采用基于信号的实时本振,以 10MHz 的带宽接收频率捷变雷达的捷变带宽(如捷变带宽 480MHz),提高了 17dB 的灵敏度。

(2) 信号分选与识别通道(支路)采用数字信道化。如,若以 30MHz 为一个子信道,瞬时带宽为 480MHz,用数字信道化,可使灵敏度提高 12dB;若以 10MHz 为子信道的带宽,则可以提高 17dB。当然以 10MHz 带宽为子信道,其信道增加到了 3 倍,体积就大,而且也增加了技术难度。测向信道的信道化的子信道带宽取决线性调频或非线调频或编码调制的带宽。

(3) 微波前端的输入端采用超低噪声的超宽频带放大器,可提高 3dB 的灵敏度。

**4. 提高超宽频带被动雷达寻的器测角精度的技术措施**

(1) 采用阵列即空间谱估计和数字波束形成测向,测向精度可达 $0.5°/\sigma$。

(2) 测角精度补偿技术,即动态实补偿技术或列表法补偿技术。

(3) 采用多模复合精确末制导,依靠精确末制导寻的器实现高精度测向。

## 1.11.5 超宽频带被动雷达寻的器对雷达副瓣辐射信号的识别与分选技术措施

**1. 雷达天线副瓣极化特性的识别**

雷达副瓣辐射电磁波信号的极化,有水平极化、垂直极化和随机极化。而雷达诱饵的天线极化方式是人为预先设定好的。用变极化的多极化天线可测出雷达副瓣特有极化方式,包括:①分析与提取雷达副瓣及诱饵天线的极化;②利用可变极化的多极化天线提取雷达副瓣不同于诱饵的极化;③控制测向通道的可变极化的多极化天线的极化方式与雷达副瓣天线的特殊极化方式匹配。

**2. 雷达副瓣辐射信号的"指纹"分析、识别提取与匹配技术措施**

通过阵列天线对多个辐射源,用空间谱估计和数字波束形成对雷达副瓣与多个诱饵辐射信号的"指纹"进行分析、提取,找出雷达副瓣辐射信号的"指纹",使被动雷达寻的器的接收机与之匹配,包括:①利用阵列天线对雷达副瓣与诱饵辐射的信号以空间谱估计测定几个辐射源的入射方向,用所测信号的方向作为已知条件,利用数字波形成技术测得各方向上的信号;②以脉内调制特性和发射信号前沿特性,经分析提取出雷达副瓣辐射信号的"指纹";③被动雷达寻的器的接收机与提出的雷达副瓣辐射信号的"指纹"匹配。

**3. 超宽频带被动雷达寻的器信号分选新方法**

传统的寻的器的信号分选,是以雷达信号的描述字 PDW(如 PRF(PRI)、PW、AOD)对信号进行分选。这种方法不能分选像"爱国者"雷达所采用的脉间波形变换的信号,因此必须寻找新的分选方法。可采用盲源分离、聚类、多参数相关联匹配综合分选法,多参数相关匹配综合分选方法适用于被动雷达寻的器。要实现这种方法,就要实现极化识别、信号"指纹"的分析、识别与提取。多参数相关、匹配综合分选方法,再加上软件跟踪就更完善。所谓软件跟踪是指在原频率和原轨迹上,继续跟踪信号即仍然给出选择跟踪信号的宽、窄波门。

# 参 考 文 献

[1] 司锡才,赵建民. 宽频带反辐射导弹导引头技术基础[M]. 哈尔滨:哈尔滨工程大学出版社,1996:1-10.

[2] 司锡才. 反辐射导弹防御技术导论[M]. 哈尔滨:哈尔滨工程大学出版社,1997:1-15.

[3] 张兴. AGM-88C 哈姆导弹将进行试验[J]. 中国航天,1989,2:013.

[4] 哈姆(HARM),阿拉姆(ALARM). 新型机载空面反辐射导弹[J]. 郭充译. 外国海军导弹动态,1984,3:9-14.

[5] 姚青云. 反辐射导弹发展概况[J]. 系统工程与电子技术,1987,2:3-61.

[6] 张力. 美军的"默红"新型反辐射导弹[J]. 电子对抗参考资料. 1987,6:21-29.

[7] 全寿文. 世界主要国家信息作战装备参考手册[M]. 北京:解放军出版社,2008,2:824-831.

[8] 司锡才,司伟建. 信息化战争导论[M]. 哈尔滨:哈尔滨工程大学出版社,2010,5:260-282,306-314.

[9] Forest J R. Techniques for low probability of intercept. Radar[M]. MAT,1983:496-500.

[10] Sschrick G,Wiley R C. Interception of LPI Radar Signals[C]. IEEE International Radar conference,1990:108-111.

[11] 张锡熊. 低截获概率雷达的发展[J],现代雷达,2003,25(12):1-4.

[12] Schleher D C. Low probability of intercept radar[C]. Proc. IEEE International Radar Conference,1985:346-349.

[13] Liu Guosui. Gu Hong,Su Weimin,et al. The analysis and design of modern low probability of intercept radar[C]. CIE International Conference on Radar,2001:120-124.

[14] Stove A G,Hume A L,Baker,C J.Low probability of intercept radar strategies [J]. Radar,Sonar and Navigation,IEEE Proceedings,2004,151(5):249-260.

[15] Pace P E. Detecting and classifying low probability of Intercept radar[M]. Norwood,MA:Artech House,2004:80-100.

[16] [俄罗斯]库勃里亚诺夫等著. 电子战系统导论[M].X 宝英,等译. 南京:南京十四研究所,扬洲:扬洲七院二十三所,1999:492-515.

[17] [美] Richard A. Poisel. Introduction to Communication Electronic Warfare Systems. 通信电子战导论[M]. 吴汗平,等译. 北京:电子工业出版社,2003:8-17,103-117.

[18] Nicholson D L. Spread Spectrum Signal Design LPE and AJ Systems ,Rockville[M]. MD:Computer Scince Press,1988.

[19] Simon M K,et al. Spread Spectrum Hamdbook,Revised Edition,New York:McGraw-Hill. 1994.

[20] Procakis J G. Digital Communication, 3rd ed. ,new York:MeGraw-Hill,1995,735.

[21] 瓦金 C A,Д.Н. 舒斯托夫著. 无线电干扰和无线电技术侦察基础[M]. 北京:北京科学出版社,1977:152-202.

[22] 司锡才,查玉峰. 非相干两点源抗反雷达导弹技术[J]. 哈尔滨船舶工程学院学报,1989,6:377-392.

[23] 司锡才. 对付"爱国者"雷达的反辐射导弹及其被动雷达导引头技术研究[J]. 系统工程与电子技术. 1995,4:31-42.

[24] 司锡才. 雷达抗反辐射导弹技术途径及其效果分析[J]. 现代雷达,1994,6:1-10.

[25] 司锡才,查玉峰. 两点源抗反辐射导弹诱偏(骗)技术[J]. 航空学报,1989,6.288-296.

[26] 司锡才,查玉峰. 相干两点源抗反辐射导弹可能性研究[J]. 航天电子对抗,1988,1:1-16.

[27] 赵兴录,杨丽杰. 多点源诱骗抗反辐射导弹系统站间安全距离讨论[J]. 电子对抗,1998,2:8-12.

[28] 司伟建. 反辐射导弹抗多点源技术研究[D]. 哈尔滨:哈尔滨工程大学博士论文,2004,5:11-28.

[29] 司锡才,等. 实时校正信道相位幅度装置及选择方法:中国,ZL200710072485·5.[P]2010-9-8.

[30] 司锡才,等. 雷达信号时间与空间实时选择装置及选择方法. 中国,ZL200710072496·3[P].2011-3-16.

[31] 司锡才,等. 基于信号的实时跟踪本振装置. 中国,ZL200710072495·9[P]2011-3-16.

[32] 司锡才,彭巧乐. 基于快速实时空间谱估计超分辨测向装置及方法. 中国,ZL200810137464·1[P]2011-3-16.

[33] 张文旭,司锡才,张春杰. 宽带数字信道化测向器. 中国,ZL200710137315·5[P]2011-3-16.

# 第2章  超宽频带被动雷达寻的器 (导引头)测向系统

本章叙述比幅、比相、比相比幅、阵列测向体制的超宽频带被动雷达寻的器系统,给出组成结构和原理框图,论述工作原理。分析各种体制的优缺点,指出适用的场合。

## 2.1  直检式超宽频带被动雷达寻的器系统

### 2.1.1  概述

直检式超宽频带被动雷达寻的器的优点是频率宽开、截获概率100%、原理简单、容易实现、结构尺寸小、价格便宜。缺点是灵敏度低、测角精度低、没有频率选择能力、信号分选与选择能力。

这种寻的器或导引头作用距离小,适用于灵敏度、测角精度比较低的场合,例如反辐射炮弹或反辐射炸弹可以用直检或被动雷达导引头,因为这种导引头的作用距离只有十几千米,需求的灵敏度低;导引头失控距离十几米,需求的测角精度比较低。

直检式可分为低灵敏度的直接检波式和比较高灵敏度的高放直检式。其频率宽开,截获概率100%。为了使直检式的寻的器具有频率选择能力和信号分选能力,可加信号分选器和调谐滤波器,但是其技术复杂、结构复杂、成本增高,而且丢失了100%截获的概率只具有一定的截获概率。

### 2.1.2  直接检波体制

1965年在越南战场上美国使用的第一代反雷导弹的导引头就是直检式的,下面以美国"百舌鸟"反辐射导弹导引头[1]为例介绍直检式的导引头(寻的器)。

**1. 主要技术指标**

(1)覆盖频率带宽:2~18GHz,可扩展到0.4~40GHz或更宽,或根据需求限制在一定的带宽。

(2)灵敏度:$-40\sim-45\mathrm{dBmW}$。

(3)测角精度:$3°/\sigma$。

（4）动态范围：60dB，-45～+15dBmW。

（5）跟踪角：±4°。

（6）角搜索范围：±30°～±45°。

**2. 工作原理**

"百舌鸟"原理框图如图2.1所示，它由四臂平面螺旋天线、模式形成网络、相位补偿网络、波束形成网络等天线与微波组件；检波放大，相减器形成方位与俯仰测角误差电压的电路系统；四路相加产生选通波门，选通两信道经过时延信号再经过坐标变换方位与俯仰测角电压输入到舵机，控制导弹跟踪目标的电路与伺服机构；以及时间、角度、幅度选择电路保证实现截获跟踪目标和搜索、截获、状态转换等四部分组成。测向系统方框图如图2.2所示；比幅测向原理如图2.3所示。

利用相位中心在一处的四臂平面螺旋天线，形成两个互相正交的四个波束，将四个波束接收的信号经四波束形成网络后直接检波，经视频放大，用视频信号相加与相减，形成方位与俯仰差信号，并用和信号归一化（AGC控制差通道），差信号经和($\Sigma$)通道的角度选择、前沿选择，再经放大，输出方位角与俯仰角的数值，送到导弹控制系统，控制导弹跟踪目标。

1）制导信息的形成

经波束形成网络，平面四臂螺旋天线在空间形成上、下、左、右四个波束。各波束相互部分重叠，轴线之间有20°～30°的分离角，四波束是正交的，与导弹舵面成45°角，如图2.4所示。四波束接收的目标信号经隔离、检波后输出视频脉冲信号。目标偏离导弹轴线的程度不同，将有大小不等的脉冲信号输出。当目标在导弹轴线方向时，四路脉冲信号幅度相等。四路脉冲信号输入到视频放大电路，经和差处理与放大，形成方位和俯仰信号，送至控制信号放大变换电路，形成导弹舵机控制信号，制导导弹攻击目标。

2）目标选择电路

为了抑制干扰信号进入控制信号通道，目标选择电路分别完成对目标信号的时间、角度、幅度选择，实现对单一目标的跟踪。

3）时间选择

时间选择根据信号到达时间差提取真实信号。多路径散射必然引起信号的畸变，但散射信号滞后于直达信号，因此利用一窄波门选出合成信号的前沿部分（脉冲前沿跟踪）便可得到真实目标信号，其原理图如图2.5所示。用四路信号相加得到的和信号的前沿触发窄波门产生器，所产生的窄波门选通脉冲信号的前沿，从而实现脉冲前沿跟踪消除多路径散射干扰，原理框图如图2.6所示。

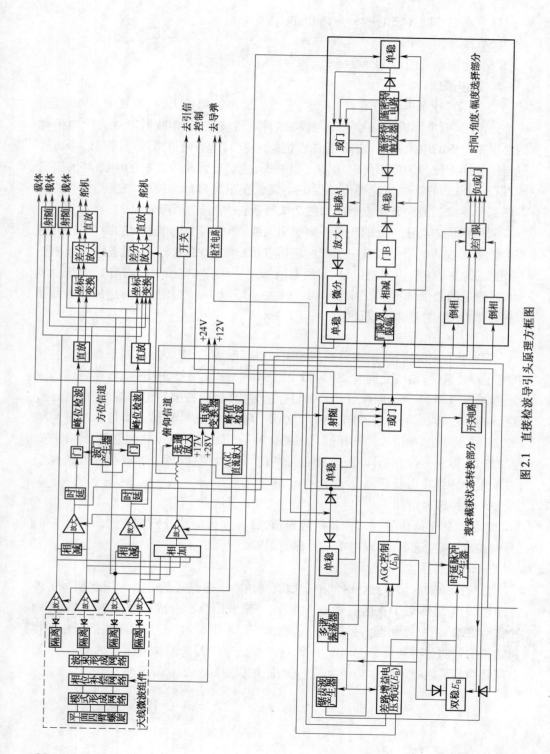

图 2.1 直接检波导引头原理方框图

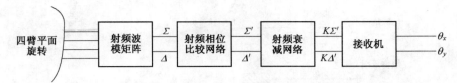

图 2.2　采用四臂螺旋天线和相位补偿技术的测向系统方框图

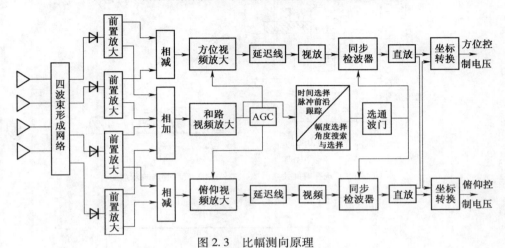

图 2.3　比幅测向原理

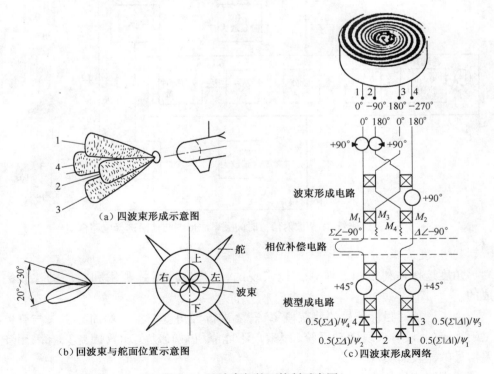

（a）四波束形成示意图

（b）回波束与舵面位置示意图

（c）四波束形成网络

图 2.4　四波束与舵面控制示意图

91

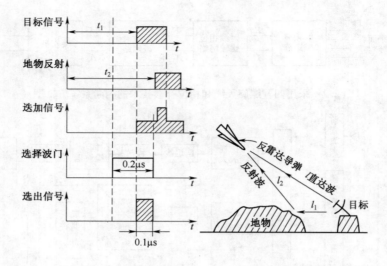

（a）"波门"选择时间关系  （b）反射物影响示意图

图 2.5 时间选择时间关系图

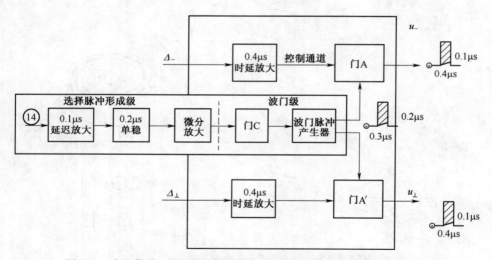

图 2.6 直达信号、多路散射信号时间关系波形图与前沿选择电路框图

4）角度选择

角度选择是利用和差波束比较实现的，而角度搜索是利用和差波的比较完成的。

为了增加对目标信号的截获概率，需要进行大角度搜索。然而导引头与弹体是硬连接的，没有天线随动系统（搜索角不能靠机械转动实现），因此只有采用和差信号的比较而实现。

差支路信号的大小反应了目标偏离导弹轴线角度的大小，因此可以用 $\Sigma/\Delta$

（和信号与差信号之比）来表示偏离角的大小，从而可以用它来控制搜索角的大小。设 $\Sigma/\Delta = k$ 时其视角为±4°，当 $\Sigma/\Delta < k$ 时，导引头处于±4°～±35°的搜索状态；当 $\Sigma/\Delta > k$ 时，导引头处于±4°以内为跟踪状态（即选通角）；$\Sigma/\Delta = k$ 为搜索与跟踪的转换点。

在系统中设置角度选择波门和状态转换电路，当 $\Sigma/\Delta > k$ 时波门开启选通信号，$\Sigma/\Delta < k$ 时波门闭塞，信号不能进入控制信号形成系统。将 $k$ 变成连续变化的值，则实现了选通角连续变化，即实现了角度搜索。一旦搜索到目标状态转换电路，由搜索状态转换到跟踪状态，停止搜索并以给定 $k$ 值的视角范围内稳定跟踪目标，这个视角以外的目标再不能进入控制信号形成系统。

5）幅度选择

幅度选择是指导弹处于跟踪状态时，有其他目标雷达以大信号幅度进入导弹导引头，影响正确跟踪，这时需要抑制这种强信号。

幅度选择电路原理比较简单，当强信号进来时，触发一个单稳电路，输出一个负脉冲加到门电路，使门关闭阻止这一强信号进入控制信号形成系统。但是若强信号连续照射，门电路始终处于关闭状态，收不到目标信号，导弹便失去了制导信息。

6）增益控制电路

增益控制电路是控制信号形成系统通道辅助电路。它是利用和信号经选通后形成增益控制电压，自动控制角信号形成系统支路的增益，使控制信号强度只与目标偏角有关，而不受目标信号强弱的影响。增益控制电路扩大了接收机的动态范围。

### 2.1.3 具有频率选择能力的高放直接检波体制雷达导引头

增加高放是为了提高导引头的灵敏度；增加瞬时测频接收和信号分选，使其具有频率选择能力；增加信号处理既实现了数字信号处理又可实现幅频补偿，提高测角精度。但这种体制比较复杂、体积较大、造价昂贵。

**1. 技术指标**

（1）覆盖带宽：2～18GHz 或 0.5～40GHz。

（2）瞬时带宽：≥1GHz。

（3）灵 敏 度：≥−60dBmW。

（4）测角精度：3°/$\sigma$。

（5）动态范围：80dB。

（6）强信号分选能力。

（7）具有自卫、随机、预编程三种攻击方式。

**2. 工作原理方框图**

具有频率选择能力的高放直检式超宽频带被动雷达导引头工作原理方框图如图2.7所示。它由天线微波分机、视频分机、瞬时测频分机、信号分选分机和波门控制分机组成。

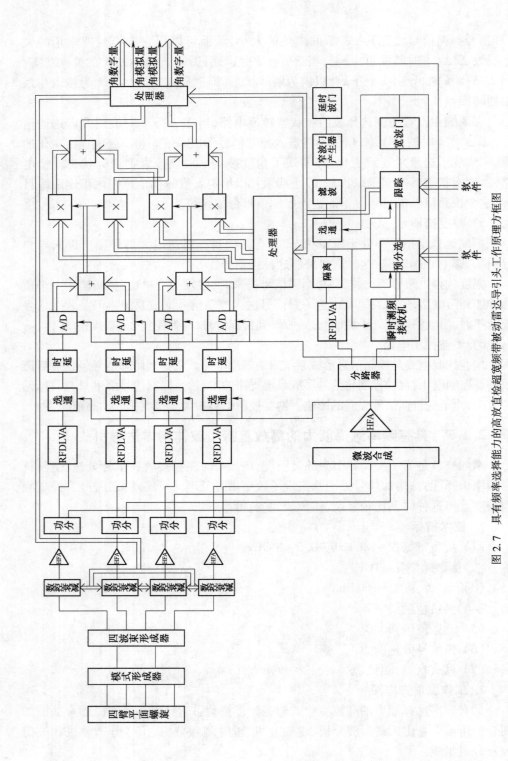

图 2.7 具有频率选择能力的高放直检超宽频带被动雷达导引头工作原理方框图

94

天线、微波与上面的直检式不同之处是没有用相位补偿网络,而是采用旋转矩阵补偿四臂平面螺旋因频率不同造成的相位差(消除相 $\varphi_A$ 的影响)。该方案的突出特点是采用了瞬时测频和信号预分选与跟踪,使导引头不仅具有频率选择能力,而且还具有信号识别能力,提高了导引头的灵敏度、信号选择能力,并保持了100%的截获概率。缺点是全频段宽开时,在整个频段范围内很难保证两路幅频特性的一致性。所以必须采用幅频特性补偿来提高测角精度,幅频补偿在信号处理器中进行。

该方案的另一个特点是系统中采用了 RFDLVA,包括超宽频带、低噪声放大器在内的对数视频放大器。可用 RFDLVA,也可采用 SDLVA,后者性能更好,但价格更高。它们具有高增益、大动态范围的特点。

这里主要简单论述这种体制的导引头的设计思想与特点。除了上述特点之外其他工作原理与直接检波体制类同。

### 2.1.4 偏置天线形成交叉波束的比幅体制测向系统

交叉波束形成:将超宽频带的两个(一个面)天线偏置一个角度(如30°),形成交叉波束,如图2.8所示。波束相交电平在−3~−1.5dB。理想的宽频带天线(如平面螺旋天线)在其频带范围内波束宽度基本不变,可以保持这个相交的电平不变。要达到这个要求,必须满足:①天线必须有一个对天线轴旋转对称的方向图;②天线是圆极化的,并且在大的轴角范围内有好的轴比。空腔衬垫的平面螺旋天线、曲折臂天线、圆锥等角螺旋天线和交叉对数周期偶极子阵能满足要求。但对于超宽带的导引头采用平面螺旋天线和曲折臂天线为好。

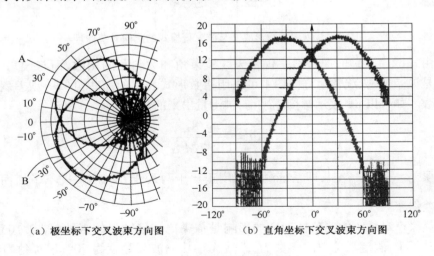

(a) 极坐标下交叉波束方向图　　　　(b) 直角坐标下交叉波束方向图

图2.8　以偏置角或倾斜角形成的交叉波束

平面螺旋天线或曲折臂天线辐射方向图可以一个指数形式表示:

$$F(\theta) = A\exp\left[ -d^2 (\theta + \alpha)^2 \right] \tag{2.1}$$

式中：$\alpha$ 为波束偏置角（或倾斜角）；$d^2 = 2.776/(\theta\beta^2)$ 为相同天线辐射方向图在半功率点之间测量的波束宽度；$\theta$ 为天线阵轴线测量的方向角；$A$ 为天线峰值功率的相对幅度。

图 2.9 为测向系统原理图，比幅单脉冲的测向角信息以一个比值的形式出现，其表示式为

$$S(\theta) = \frac{P_1(\theta)}{P_2(\theta)} = \frac{A_1\exp\left[ -d^2 (\theta - \alpha)^2 \right]}{A_2\exp\left[ -d^2 (\theta + \alpha)^2 \right]}$$

$$= \frac{A_1}{A_2}\exp(4d^2\alpha\theta) \tag{2.2}$$

或

$$S(\mathrm{dB}) = 10\lg\frac{A_1}{A_2} + 17.372d^2\alpha\theta(\mathrm{dB}) \tag{2.3}$$

误差斜率定义为 $S$ 对于 $\theta$ 的变化率；因此，将式(2.3)进行微分，得到误差斜率

$$\frac{\mathrm{d}}{\mathrm{d}\theta}\left[ S(\mathrm{dB}) \right] = 17.372d^2\alpha(\mathrm{dB}/(°)) \tag{2.4}$$

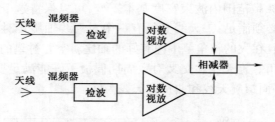

图 2.9　以偏置角形成交叉波束直检式的测向系统原理

由式(2.4)可知，误差斜率仅是天线波束角和倾斜角的函数，而与偏角无关。也就是说，对于天线辐射方向图中可以用指数形式表示的那些角（$\theta$）误差斜率都是常数。如果以 dB 表示幅度不平衡，被测量出来的角误差为

$$\Delta\theta = \frac{A_2/A_1}{17.372d^2\alpha} \tag{2.5}$$

或角误差 $= \dfrac{\text{幅度不平衡}}{\text{误差斜率}}$，即系统测角精度正比于两天线方向图幅度不平衡而反比于误差斜率。

热噪声对系统的测角精确度的影响是信噪比和偏轴角的函数（图 2.10）。在这个例子中，假定系统中的参数为：天线元半功率波束宽度为 70°，偏置角为 35°；误差斜率为 0.343dB/(°)。

以上叙述两种形式的直检体制测向系统，第一种是四臂平面螺旋天线，四个天线的相位中心基本在一个位置，利用移相网络与定向输出器形成四个交叉波束；第

二种是使天线倾斜 35°左右,形成交叉波束,用直检式测向,可以看出这种形式最简单,最容易实现,最适宜用于反辐射炮弹或反辐射炸弹。

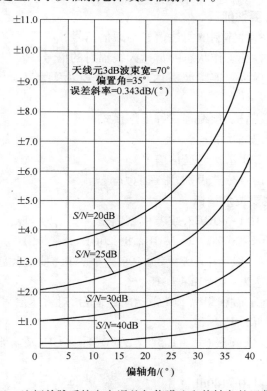

图 2.10　比幅单脉系统方向误差与信噪比和偏轴角的函数关系

## 2.2　外差比相超宽频带被动雷达寻的器

### 2.2.1　概述

　　虽然直检体制+高放可以提高灵敏度,但由于检波器的灵敏度低,还是限制了灵敏度的提高。为了提高导引头的灵敏度和测角精度,采用外差比相体制。由于混频器的灵敏度比较高,再加高放,使灵敏度更高,所以外差式导引头有更高的灵敏度。在比较窄的频带内,相频、幅频一致性比较容易保证,利用比相可以提高测向精度,但是也有一定的缺陷:技术复杂,成本高,体积比较大,而且 PIN 衰减器、限幅器、放大器、特别是混频器,随幅值和频率变化,两路相位不一致性变大。所以严格要求两路的相位一致性,而且要进行两路动态相位补偿技术。

　　外差体制又可分为比幅外差体制、比相即相位干涉仪体制、直接比幅比相体制、比相比幅与比幅——比相比幅体制。2.1 节论述的检波体制加上混频器都可以改成外差体制。这一节主要叙述超宽频带的被动雷达寻的器比相即相位干涉仪测向系统。

**1. 寻的器的主要性能**

（1）可以捕捉各种体制的雷达信号与通信信号；

（2）可以捕捉各种工作状态的雷达天线辐射的信号；

（3）既可以捕捉跟踪连续波雷达与通信信号以及噪声信号，又可以捕捉跟踪雷达脉冲信号；

（4）具有自卫、随机、预编程三种工作模式；

（5）具有信号记忆功能；

（6）可以截获 LPI 雷达与通信信号；

（7）有很强的信号分选识别、跟踪能力。

**2. 寻的器的主要技术指标**

（1）覆盖频域：0.1~40GHz，或者根据需求，可分段实现，如 0.1~1GHz，0.4~4GHz，0.8~4GHz，0.8~8GHz，2~18GHz，8~20GHz，8~40GHz。

（2）瞬时宽带：一般为中心频率的 10% 左右，即为捷变频雷达的捷变带宽，对于 S~Ku 波段的雷达为 640MHz~1GHz。

（3）灵敏度：为了截获跟踪 LPI 雷达与通信台，对雷达信号为−80dBmW 以上，对通信信号为−100dBmW 以上。

（4）测角精度：低频段（1°~1.5°）/$\sigma$（0.4~2 GHz）；高频段（0.5°~1°）/$\sigma$（2~18GHz）。

（5）动态范围：110~140dB。

（6）跟踪角：±4°~±10°，甚至±15°。

（7）搜索角：±30°~±45°。

## 2.2.2 原理框图与工作原理

**1. 原理框图**

超宽频带被动雷达比相系统单面（方位或俯仰面），此测向工作原理框图如图 2.11 所示。

该系统利用有两个相位中心成一定距离（设两天线的距离为 $L$）的天线，形成波程差，根据这个波程差对目标的入射方向 $\theta$ 角进行测试。

校准与强信号消除部分由连接天线的时延线、双态衰减器，校准开关，以及校准源与消除强信号的 DLVA 及控制器组成。

射频前端包括微波超宽频带放大器、功分器、60dB 的 PIN 衰减器（衰减器步进 1dB），单刀单掷、第一混频器、第一混频器的扫频本振源——频综器、高中频放大器、分路器。第二混频器以及基于输入信号的实时跟踪器作为第二本振信号。

窄带接收机与宽频带信道化接收机，还包括检波与 DLVA 视频对数放大、ATC

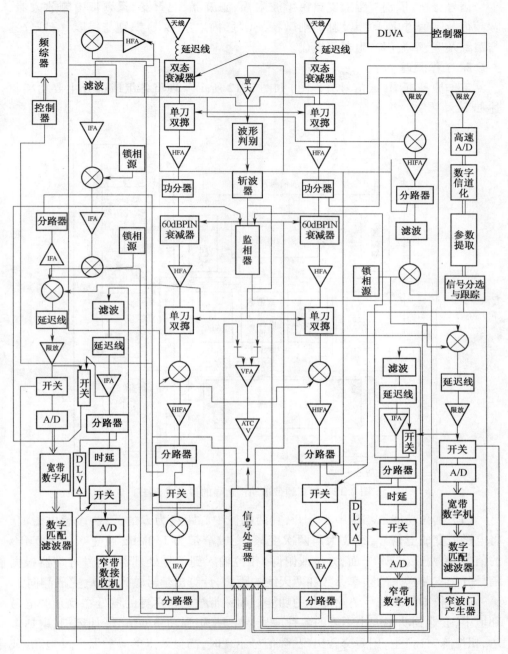

图 2.11　超宽频带被动雷达寻的器单面比相测向工作原理图

（AGC）控制电压形成电路,窄带、宽带的鉴相器与 DLVA 及时延线。

　　信号处理器由信号入射角计算器、幅度计算器、较准开关与控制、PIN 衰减器与控制以及频综器控制等组成。

信号分选、识别与跟踪支路由微波限幅、滤波器、混频器、宽频带中频放大器、宽频带数字信道化、频率及脉内细微特征("脉内""指纹")识别与提取、信号分选与跟踪及宽、窄波门产生器等组成。

**2. 工作原理**

工作原理框图(或信号流程图)如图 2.12 所示。现将各组成部分主要功能叙述如下。

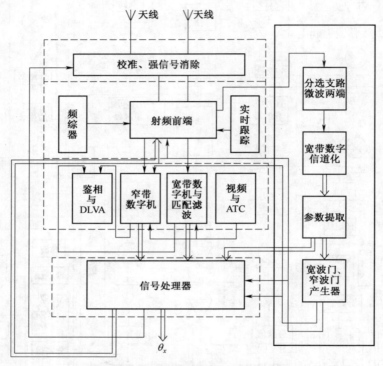

图 2.12　超宽频带被动雷达寻的器组成框图

（1）测角功能。相位中心分开,其两相位中心距离为 $L$ 的天线,敏感电磁波,将电磁波变成电信号,经放大与两次变频,变成窄带为 150MHz 或宽频带 720MHz 的信号,将两路(一个平面,方位或俯仰)相位输入到信号处理器,信号处理器根据信号分选支路送来的频率参数和两天线的距离,计算出信号输入角 $\theta$ ,完成测向。

（2）校准与强信号消除部分的功能。超宽带被动雷达寻的器处在复杂的电磁环境中,会遇到功率大小不等的各种信号,特别是很强功率的信号(如环扫、扇扫雷达、相控阵雷达)主、副瓣交替出现,强信号出现时,高灵敏度的寻的器会过饱和,破坏其正常工作,所以加双态衰减器、DLVA 及控制器以及时延线。DLVA 接到强信号后,使控制器产生一个脉冲或高电平,控制双态衰减器,将强信号衰减 50dB,之所以采用时延线,是将信号时延十几纳秒以保证电路不受强信号冲击。用频踪器与输入列第一混频的信号进行混频,使输入信号还原,用这个信号输入到两路的校

100

准开关,信号处理器在每个信号的后沿,时延 0.2~0.5μs,产生一个脉冲,打开校准开关,将同一个信号输入列两路中,以较准两路的幅相不一致性。

（3）射频前端,将信号放大,用超低噪声及两次变频压缩频带提高灵敏度。用高速扫频的宽频带频踪器,将超宽频的信号压缩到一定宽带的(如 720MHz)信号。基于输入信号的实时跟踪本振是以 10MHz 的宽带跟踪脉间捷变雷达信号,例如捷变雷达信号捷变带宽 480MHz,那么用基于输入信号的实时跟踪本振作本振源的系统,比传统的导引头以捷变带宽宽开系统的灵敏度提高了 17dB(即使被动雷达寻的器作用距离提高了近 4 倍)。射频前端设置步长为 1dB 的 60dB 衰减器的目的是为增加系统的惯性动态范围,注意这种动态范围是开环控制的,只能单向衰减。设置宽带的数字机是为与宽带的线性或非线调频匹配滤波而设置的。其带宽根据实际情况而设置。其中的 ATC(AGC)是为了提高瞬时动态范围,时延线是为实现本脉冲的瞬时增益控制而设置的,DLVA 的电平输入到信号处理器,以提供控制 PIN 衰减器数据。

（4）信号分选、识别与跟踪支路。采用限幅器是为了扩大该支路的动态范围,采用宽频带数字信道化是为了提高该支路(也就是整个系统),即超宽频带被动雷达寻的系统的灵敏度,传统的导引头用微波相关器瞬时测频,牺牲了比较大的灵敏度。信号参数特别是脉内"指纹"分析识别与提取是为测向信道的匹配滤波器提供匹配的装订参数,也是实现信号分选的新方法,以实现对脉间波形变换雷达信号的分选。宽波门是选通第一混频器后的宽频带信号,是预置的波门,而窄波门是选通第二次混频后的信号,是跟踪波门,通过时延线以跟踪信号前沿或信号靠近前沿的部分,实现消除多路径效应。与前面论述的时间选择即前沿跟踪的道理是一样的。

（5）信号处理器。根据两路输入的相位和信号分选支路输出的频率参数以两天线相位中心之间的距离 $L$ 计算出信号输入的角度即实现测向;根据 DLVA 输入的幅度译码,控制 PIN 衰减器;用雷达脉冲信号前沿延长 0.2~0.5μs 产生一个脉冲(波门)打开校准开关,以实现实时相位校准,是提高精度的好方法,它优于综合列表的方法;信号处理器还有一个重要的作用就是控制频综器的频率搜索与锁定。

比相(相位干涉仪)测向可以实现高灵敏度,测向精度又比较高,所以是远程导引变模交合制导、中远程中制导的好方法。

目前雷达多数为频率捷变体制,因此宽频带被动雷达导引头能截获跟踪频率捷变雷达;中低空导弹制导雷达使用连续波雷达,导引头还能截获跟踪连续波雷达。500MHz 左右为频率捷变雷达的捷变宽带;第二次变频将高中频降到低中频,其低中频的带宽为 5~50MHz,同样有比幅、比相、比幅比相或比相比幅体制,比幅的波束形成或比相比幅的波束形成可以在微波部分形成,也可在中、低频形成。图 2.11 只画出了高、中、低不同频段进行波束形成的各种测向系统原理框图,其测向系统的测向原理及工作过程由图一目了然。

图 2.13 为微波形成交叉波束且微波分段的高中频测向跟踪系统。微波分段增加了滤波器、微波开关,增加结构复杂性,但可以降低噪声、改善两路的平衡度、提高测角精度和灵敏度,在实际应用中,常采用这种措施。这种系统的突出特点是为了捕捉与跟踪频变雷达,增加了压缩接收机。

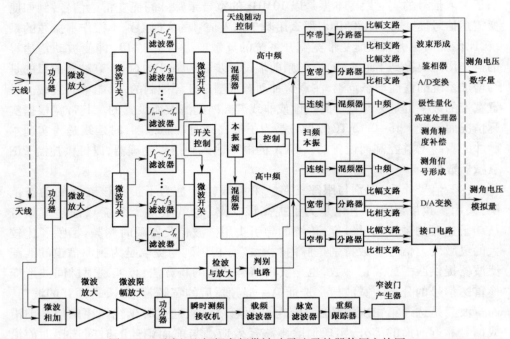

图 2.13  比幅、比相超宽频带被动雷达寻的器使用方块图

## 2.3  组合方法测向的超宽频带被动雷达寻的系统

组合方法是指比幅比相测向体制的组合改型等方法,本节只简单介绍它们的方框图、工作原理和突出特点。

### 2.3.1  比幅比相测向系统

采用两个双臂平面螺旋天线,其相位中心有一定的距离,而且天线向外倾斜35°左右,以形成交叉波束,这样就可以实现比幅比相测向。用比幅解超宽频内比相引起的测向模糊,所以用两天线构成的相位干涉仪测向,以提高测向精度。

信号分选支路采用微波相关器的瞬时测频,虽然损失了灵敏度,但截获概率达到 100%,而且实时性比较好。

测向信道中采用多组滤波器实现两路的幅相一致性,在高中频之后设置了窄带、宽带与连续波滤波器来满足跟踪多种体制雷达的需求。捕捉与跟踪捷变频雷达信号寻的器系统原理如图 2.14 所示。

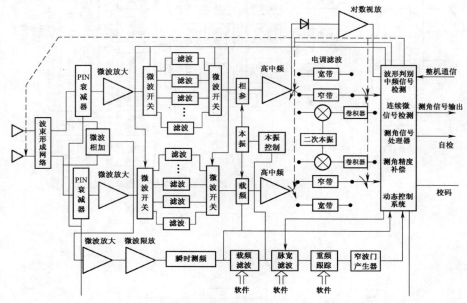

图 2.14　捕捉与跟踪捷变频雷达信号寻的器系统原理

## 2.3.2　三通道测向系统

三通道幅度比较单脉冲测向系统中,其天线采用四个天线单元的平面螺旋天线或者曲折臂天线,射频信号被四个天线接收。然后在一个具有四个 180°混合接头的射频波束形成网络中组合,产生一个和波束(和信号)与两个互相正交的差波束(差信号)。和波束的最大值在天线轴上,而差波束为一个分裂的波束,它的最小值或虚零值也在天线轴上,分裂瓣处于天线轴的两边并且是反相的。这种情况与窄带和—差比幅测向系统相同,但不同的是这里的和—差波束是排列的四个天线元阵产生的。

三通道的接收机采用超外差体制,接收机需要保持和通道与两个正交差通道之间的相位关系。这是因为差方向图相对于和方向图在天线轴的一侧是同相的,而在另一侧是反相的。方向信息正负用相位检波器确定。把和信号与差信号经混频器和中频放大以后,进行幅度比较,就可获得测角信息。三通道幅度和相位比较测向系统方框图如图 2.15 所示。

## 2.3.3　双通道双面测向系统

用两个通道实现对方位和俯仰两个面的测向,这种体制简化了结构,节省了两个通道的元器件,降低了成本,其原理方框图如图 2.16 所示。系统的特点是使用一个平的双通道代替了双面(方位、俯仰)的四通道,更容易保证两路的一致性。天

103

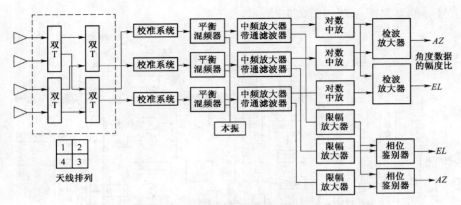

图 2.15　三通道幅度和相位比较测向系统方框图

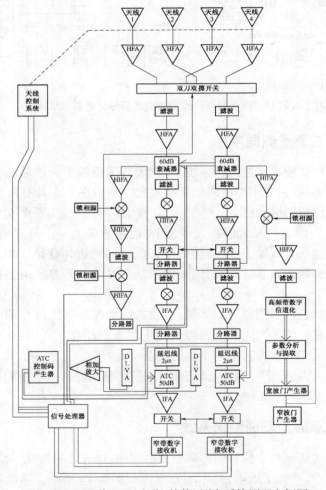

图 2.16　双通道双面(方位、俯仰)测向系统原理方框图

104

线 1、2 测量方位面，天线 3、4 测量俯仰面，通过双刀双掷开关连接双通道，由信号处理器控制开关，交替连接方位与俯仰面两天线接收信号，分别测出各通道的相位，输入到信号处理器，再由信号分选支路输入的频率码和天线相位中心距离，计算出信号输入的角度，就完成了方位面与俯仰面的双面测向。

信号分选支路的宽频带信号比与参数分析、提取可换成利用滤波相关器测频的瞬时测频接收机，虽然牺牲了灵敏度，但换来了 100% 的截获概率和实时性。

# 2.4 旋转式超宽带被动雷达寻的器相位干涉仪侧向系统

通过旋转弹体和相位（时延）跟踪系统，使角度信息转换为弹体滚动频率的交流幅度和相位，从而在角度测量上是单值的。由于采用弹体旋转，相位干涉仪只采用单平面的两个信道即可，丢失了另一个面的两个信道，而且消除了超宽频带相位干涉仪的测向模糊。

## 2.4.1 系统框图与工作原理

### 1. 系统框图

旋转式相位干涉仪测向由天线、微波前端、固定时延线、数字可变时延线、射频组合、数字 IQ 提取相差计算与 SC 形成、捕获门限、限幅积分、陀螺、数字可变时延线控制器组成，其系统框图如图 2.17 所示。

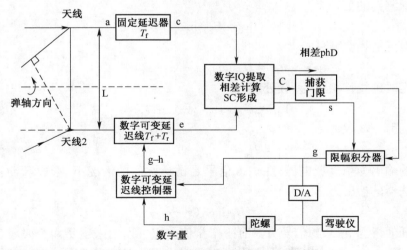

图 2.17 旋转式相位干涉仪测向系统框图

### 2. 工作原理

干涉仪系统由天线 1 和天线 2 组成。天线 1 探测到信号加至延退为 $T_f$ 的固定时延器上，天线 2 探测信号加到延退为 $T_f \pm T_r$ 的数字可变时延器上（ $T_r < T_f$ ）。时

延的信号馈给乘法器。对时延一个固定量信号先有一个 90°相位偏移。作为结果的乘积信号具有与乘法器输入端信号相位差正弦有关的量值，它被放大后在一个限幅积分器中处理。积分器的输出中，最大值相对于输入信号的相位差为 $2\pi(\text{rad})$，这些输出控制弹上陀螺仪对准接收的雷达信号方向，并使导弹驾驶仪导引导弹到目标。从导弹陀螺仪导出的一个信号也与积分器的输出在数字可变时延线控制电路中混合用于调节数字可变时延器。这样，可变相位时延由一个内部环路控制，这个内环路对导弹弹体上固定天线探测到的信号之间的相位差作出响应。数字可变时延线也由作为一个附加信号源的外环路控制，这个外环路中包含了从陀螺仪中得出传感信号。外环路的目的是对导弹的俯仰和方位运动精确测量，从而从天线观察到的目标运动中减去它，提高目标运动和方向的真实测量。

天线 1 和天线 2 相距 $L$，相对于导弹纵向轴对称地分布。若有一个辐射源位于视线上，相对于上述轴线有一个 $\beta_y$ 角，则两个天线接收同一辐射信号的时延时间为：$\tau = L\sin\beta_y/c$ , $c$ 为微波信号在介质中的传播速度。

对应的全相位差为

$$\phi = 2\pi\, L\sin\beta_y/\lambda \tag{2.6}$$

式中：$L$ 为两天线之间的距离（基线的长度）；$\lambda$ 为信号波长。

为便于分析，设空间辐射信号为 $u = U_0\sin\omega_c t$ （$U_0$ 为连续波信号幅度；$\omega_0 = 2\pi f_c$，$f_c$ 为入射信号频率），天线 1 探测到的信号为

$$u_1 = U_{10}\sin\omega_c(t - \tau) \tag{2.7}$$

天线 2 探测到的信号为

$$u_2 = U_{20}\sin\omega_c t \tag{2.8}$$

经固定时延后，$u_1$ 可写成

$$u_{1c} = U_c\sin\omega_c(t - \tau - T_f) \tag{2.9}$$

经过固定时延线移相 90°差频处理：

$$u_{1d} = U_d\cos\omega_c(t - \tau - T_f) \tag{2.10}$$

乘法器的另一输入为

$$u_e = U_e\sin\omega_c(t - T_f - T_r) \tag{2.11}$$

乘法器的输出为一直流电压；在输入信号是雷达脉冲的情况下，形成脉冲视频信号。乘法器的输出为

$$u_f = U_f\sin\omega_c(\tau - T_f) \tag{2.12}$$

在任何情况下，乘积信号将具有一个量值。它可以用来度量两个时延信号相位差的正弦。经过放大电路，馈入限幅积分器。积分器输出馈入数字时延器控制电路及导弹驾驶仪。即系统包括由干涉仪、时延器、乘法器、放大器、限幅器及时延控制电路组成的内环，和一个包括陀螺的外环。

当导弹旋转时，干涉仪天线正交于它们的中心轴线以角频率 $\omega_r$ 转动，弹体初始转动角为 $\alpha_{fw}$，则两天线之间的时延也随之变化，这里用 $\tau(t)$ 表示，即

$$\tau(t) = (L\sin\beta_y/c)\cos(\omega_r t - \alpha_{fw}) = \tau_{max}\cos(\omega_r t - \alpha_{fw}) \qquad (2.13)$$

式中：$\tau_{max} = L\sin\beta_y/c$，为入射信号方向和干涉仪天线在同一平面时的值，不同的入射角 $\beta_y$ 对应不同的 $\tau_{max}$ 值，时延转角 $\tau(t)$ 为弹体转动角频率 $\omega_r$ 的函数。数值积分输出以 $\omega_r$ 为载波的交流幅度 $u_g$，其振幅大小体现了 $\tau(t)$ 大小，相位体现方位角情况。将这个信息通知导弹飞行控制系统，动态调整弹体姿势，消除这个幅度相位，达到跟踪辐射源的目的。

**3. 信号流程**

信号流程框图如图 2.18 所示。要说明的两点：①信号分选支路的测频可选用微波相关的瞬时测频。这种测向系统用于拦截导弹，灵敏度不要求太高。②采用频综器，以实现宽频带，第二本振用锁相源作本振，可实现所需求的中频以及相应的带宽。

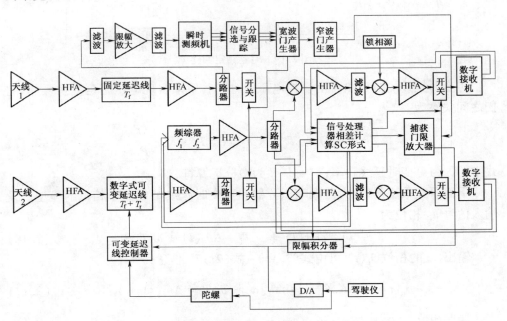

图 2.18　旋转式相位干涉仪测向系统信号流程框图

## 2.4.2　内环工作原理

乘法器、滤波放大器、积分器和可变时延线组成内环回路，如图 2.19 所示。

乘法器是相位比较装置，用来比较可变时延回路反馈信号和输入信号之间瞬时相位差，把它转化为误差电压 $u_f(t)$，设输入信号为

$$u_d = u_d\cos\omega_c(t - \tau(t) - T_f) \qquad (2.14)$$

式中：$\omega_c = 2\pi f_c$，$f_c$ 为入射信号频率；$\tau(t) = \tau_{max}\cos(\omega_r t - \alpha_{fw})$ 为相位干涉仪时差。

可变时延线输出信号为

$$u_e = u_e \cos\omega_c (t - T_r - T_f)$$

乘法器输出为

$$u_f = K_f [\sin\omega_c (\tau - T_r)] \qquad (2.15)$$

式中：$K_f$ 乘法器最大输出电压。$u_f$ 通过放大器滤除 $\omega_r$ 高次谐波和无用组合频率，则积分器输出为

$$u_g = -KK_f \int [\sin\omega_c (\tau - T_r)] dt \qquad (2.16)$$

式中：$K$ 为低通放大器增益。

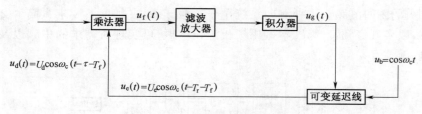

图 2.19　时延锁定回路

可变时延线的时延 $T$ 可由受控电压 $u_g$ 控制，用来实现电压时延变换操作，它们之间关系为

$$T = T_f \pm T_r = T_f \pm K_r u_g(t) = T_f \pm K_r \frac{u_f(t)}{P} \qquad (2.17)$$

式中：$K_r$ 为可变时延线斜率；$P = d/dt$ 为微分运算符。

下面研究乘法器、放大器限幅积分器和可变时延线组成关于相位的模型。设输入信号 $u_d$ 相位为

$$\theta_d(t) = \omega_c \tau(t) + \omega_c T_f = \Delta\theta_d(t) + \omega_c T_f \qquad (2.18)$$

输出 $u_e$ 的相位 $\theta_e(t)$ 可由式(2.15)~式(2.17)推得

$$\theta_e(t) = -KK_f K_r \frac{1}{P} [\sin\theta_f] \omega_c + \omega_c T_f = \Delta\theta_e(t) + \omega_c T_f \qquad (2.19)$$

误差相位为

$$\begin{aligned}
\theta_f(t) &= \theta_e(t) - \theta_d(t) \\
&= -KK_f K_r \frac{1}{P} [\sin\theta_f] \omega_c - \omega_c \tau(t) \\
&= -KK_f K_r \frac{1}{P} [\sin\theta_f] \omega_c - \Delta\theta_d(t) \\
&= K_H K_r \frac{1}{P} [\sin\theta_f] \omega_c - \Delta\theta_d(t)
\end{aligned} \qquad (2.20)$$

这里 $K_H = -KK_f$，所以可以推出下面关系：

$$P\theta_f(t) = \omega_c K_H K_r [\sin\theta_f] - P\Delta\theta_d(t) \qquad (2.21)$$

108

### 2.4.3 闭合环的跟踪

在跟踪状态下 $\beta_y$ 相位无模糊,式(2.19)中 $\theta_f(t)$ 非常小,在 $|\theta_f(t)| \leqslant \pi/6$ 时,式(2.20)可简化为

$$P\theta_f(t) = \omega_c K_H K_r [\theta_f] - P\Delta\theta_d(t) \tag{2.22}$$

式(2.20)经过拉普拉斯变换得到复数方程

$$\theta_f(t) = \frac{\omega_c K_H K_r [\theta_f]}{S} - \Delta\theta_d(t) \tag{2.23}$$

由此方程可以推出在以 $\Delta\theta_d(S)$ 为输入,$\Delta\theta_e(S)$ 为输出的开环、闭环和误差传递函数,则

$$\theta_f(S) = \Delta\theta_e(S) - \Delta\theta_d(S) \tag{2.24}$$

$$\Delta\theta_e(S) = \frac{K_H K_r \omega_c}{S}\theta_f(S)$$

可推出开环传递函数为

$$H_{01}(S) = \frac{\Delta\theta_e(S)}{\theta_f(S)} = -\frac{\omega_c K_f K_r}{S} \tag{2.25}$$

闭环传递函数为

$$H_1(S) = \frac{\Delta\theta_e(S)}{\Delta\theta_d(S)} = \frac{\omega_c K_H K_r}{\omega_c K_H K_r - S} \tag{2.26}$$

误差传递函数为

$$H_{f1}(S) = \frac{\Delta\theta_f(S)}{\Delta\theta_d(S)} = \frac{1}{-1 + H_{01}(S)} \tag{2.27}$$

同样可推出在以 $\Delta\theta_d(S)$ 为输入、$u_g(S)$ 为输出的开环、闭环和误差传递函数。

开环传递函数:

$$H_{02}(S) = \frac{u_g(S)}{\theta_f(S)} = -\frac{K_f K}{S}$$

闭环传递函数:

$$H_2(S) = \frac{u_g(S)}{\Delta\theta_d(S)} = -\frac{H_{02}}{H_{01}}$$

误差传递函数:

$$H_{f2}(S) = H_{f1}(S) = \frac{1}{-1 + H_{01}(S)}$$

由于相位干涉仪 $\omega_r$ 旋转,天线相位差为 $\tau(t) = \tau_{max}\cos(\omega_r t)$,所以由式(2.18),$\Delta\theta_d(t) = \omega_c \tau_{max}\cos(\omega_r t)$,可推出在 $\omega_r \ll \omega_c$ 条件下,有

$$\Delta\theta_e(t) = |H_1(j\omega_r)|\tau_{max}\cos\{\omega_r t + \arg[(j\omega_r)]\}$$
$$\approx \tau_{max}\cos(j\omega_r) = \Delta\theta_d(S)$$

积分器输出为

$$u_g(t) = |H_2(j\omega_r)|\omega_r\tau_{max}\cos\{\omega_r t + \arg[H_2(j\omega_r)]\}$$

$$\approx \frac{\tau_{max}}{K_r}\cos(\omega_r t)$$

而输出误差为

$$\theta_f(t) = |H_{f1}(j\omega_r)|\tau_{max}\cos\{\omega_r t + \arg[H_{f1}(j\omega_r)]\} \approx 0$$

从而实现闭环跟踪,也就是说,跟踪状态在锁定后,延退线在锁定延退附近进行微小变化,所以不会出现模糊情况。

### 2.4.4 开环测角系统

2.4.3 节叙述了采用时延线测向闭环跟踪系统。本节介绍旋转相位干涉仪开环测角系统。开环测角系统直接采用数字鉴相器输出双信道相位差的积分,从而直接获得目标到达角信息。对于双能面,只要有参考信号就可以得到偏航角和俯仰角信息。旋转相位干涉仪开环测角原理方框图如图 2.20 所示。

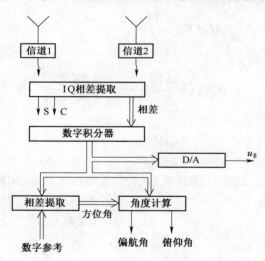

图 2.20　开环测角原理方框图

整个系统只采用两个天线,即两个接收通道,对中频接收机信号进行 A/D 采样,IQ 提取和计算两通道相位差,利用弹体旋转的数字积分来解模糊。数字积分是一个与弹体旋转角速度 $\omega_r$ 和信号与弹轴夹角 $\beta_y$ 有关的余弦函数,其周期为 $2\pi/\omega_r$,幅度正比于两天线波程差($2\pi L\sin\omega_r/\lambda$),初始相差 $\alpha_{jw}$ 可用积分结果与参考信号比相来确定,这样就得到了 $xyz$ 坐标系下方位角 $\alpha_{jw}$ 和俯仰角 $\beta_y$ 信息,从而得到偏航角和俯仰角,其重要技术就是如何通过弹体旋转解模糊。

弹体坐标系如图 2.21 所示。导弹质心为圆心 $O$,$x$ 轴方向为弹轴方向,也是天线视轴方向;$y$ 轴方向指向弹体上方,$z$ 轴与 $xy$ 轴成右手螺旋关系,$zOy$ 面相当于天

110

线盘所在的平面。设目标为 $S$，将 $\overrightarrow{OS}$ 投影到 $xOy$ 平面，$\angle yOs'$ 定义为方位角 $\alpha$，$\alpha \in [0,2\pi]$；$\overrightarrow{OS}$ 与 $zOy$ 面的夹角定义为仰角 $\beta$，$\beta \in [0,\pi/2]$；$\beta_y$ 为入射线和 $x$ 轴的夹角，它和 $\beta$ 互余；将 $\overrightarrow{OS}$ 投影到 $xOz$ 平面，$\angle xOs''$ 定义为偏航角记位 $\theta$；将 $\overrightarrow{OS}$ 投影到 $xOy$ 平面，$\angle xOs'''$ 定义为俯仰角，记为 $\varphi$。方位角 $\alpha$、仰角 $\beta$ 与偏航角 $\theta$、俯仰角 $\varphi$ 关系为

$$\tan\theta = \cot\beta \sin\alpha \qquad (2.28)$$

$$\tan\varphi = \cot\beta \cos\alpha \qquad (2.29)$$

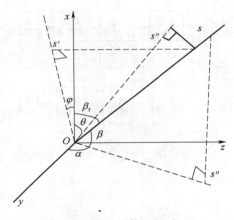

图 2.21    弹体坐标系

旋转相位干涉测向只需要两个通道，依靠弹体的旋转就可以测得跟踪角，而且依靠旋转可以清除超宽频带范围内相位干涉仪测角模糊。这种体制最适合用于拦截主动雷达制导的导弹，作为导引装置，也适合用于反辐射炮弹或反辐射炸弹的导引头。

## 2.5    超宽频带被动雷达寻的器五元任意阵列测向系统

### 2.5.1    主要技术指标

（1）覆盖频域:0.38（或更低）~4GHz（或 8GHz）；0.38~8GHz、0.38~12GHz、0.38~20GHz。

（2）瞬时频宽 100MHz~2 GHz（或 800MHz）。

（3）寻的器系统灵敏度:-85dBmW（对雷达脉冲信号），-105 dBmW（对通信信号）。

（4）测角精度:(0.5°~1°)/ $\sigma$ 。

（5）动态范围:110~140dB。

（6）跟踪角:±5°~±15°。

（7）搜索角：±30°～±45°。

（8）分辨角：≤5°。

### 2.5.2 测向系统工作原理框图

工作原理框图如图 2.22 所示。五元任意阵列，最好是均匀圆阵，即将五单元

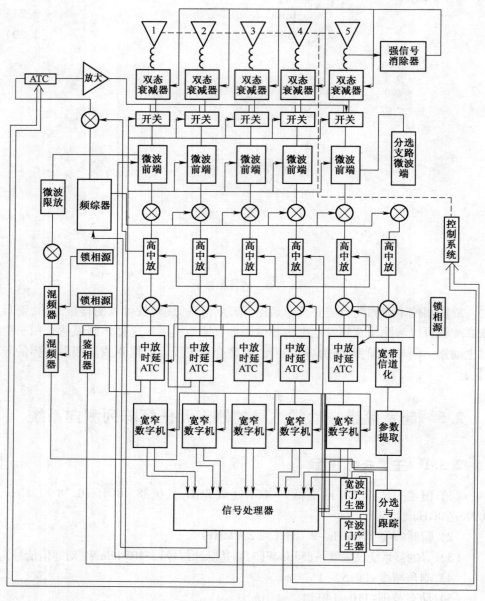

图 2.22 任意五单元阵测向系统框图

天线摆成圆阵,天线均匀分布于圆周上。五个天线敏感的电磁波信号经五通道放大变频,变频到适合于数字采样的频率上,用数字机检测信号到达各天线的相位,数字接收机五路分别将各自检测的相位数据送到信号处理器,处理器再根据信号分选支路输入的频率码和各天线的位置参数,用超分辨、高精度的空间谱估计算法[11],实现高分辨、高精度的测向(精确测出输入信号的方向)。

本系统信号分选支路与 2.2 节中外差比相宽频带寻的器系统中采用的技术措施基本相同,即在信号分选通道中,采用宽频带数字信道化技术。将宽频带(如480MHz)用 30MHz(或 10MHz)的子信道,压缩到 30MHz(或 10MHz)带宽,提高了系统的灵敏度,在测向的五个信道中,采用了基于输入信号的实时跟踪本振[3],以 10MHz 的瞬时带宽捕获与跟踪宽频带捷变信号,克服了传统的被动雷达寻的器以捷变雷达信号捷变带的宽开式捕获与跟踪信号。如果捷变带宽为 480MHz,$\Delta f(\mathrm{dB}) = 47\mathrm{dB}$ ,而 10MHz 带宽 $\Delta f(\mathrm{dB}) = 10\mathrm{dB}$ ,使系统提高了 17dB 的灵敏度。

采用五阵元的高分辨、高精度的测向算法[11],提高测角精度。特别是低频(0.38~2GHz)的情况,用比相体制测向,由于受导弹体积所限,相位干涉仪的基线长度不能太大,因此当频率比较低时(0.38~2GHz)比相测向精度受到限制。采用超分辨的空间谱估计算法,在低频段时仍然可以达到比较高的测角精度,即在0.38~2GHz 范围时,可达到$(0.5° \sim 1°)/\sigma$ 的精度。

因此,这种测向体制的超宽频带被动雷达寻的器,特别适合于远程导弹,例如攻击航空母舰及攻击预警机、拦截导弹系统中的远程预警雷达(如 AN−FPS45 和AN−FPS115 雷达的导弹)。当然运用该体制精确测向前提是,信号分选、识别与跟踪能力很强,可实现稳定跟踪一个目标。空间谱估计超分辨、高精度的算法只对一个目标进行精密测向。

随着雷达技术的发展,越来越多的雷达都采用低频段(0.38~1GHz),而且采用 LPI 技术。本系统就是针对低频段(0.38~1GHz)和 LPI 技术设计的一种高分辨、高精度测向系统,因此它有着广阔的前景。以图 2.22 为例,叙述其各部分工作原理和在系统中的作用。

本系统由强信号消除与实时校准组合、微波前端与第一混频器组合,高中频与第二、第三混频器组合,基于信号的实时跟踪本振组合,窄宽带中放、时延线、ATC组合,宽、窄带数字接收机组合,信号分选与跟踪组合,信号处理器组合组成。下面将分别叙述各组合的组成、功能及工作原理。

### 2.5.3 强信号消除与校准组合

强信号消除与校准组合由天线、延迟线、DLVA、控制器、校准信号发生器及校准开关组成。时延线用微带线,可时延 5ns,也可用光纤作时延线。强信号由天线输入到限幅放大器及 DLVA,放大后形成一个高电平,控制双态衰减器,使之衰减50dB,强信号消失后,恢复正常。校准信号产生器,由频综器从 10.92~18.54GHz

扫频,经放大后输入到一分七的分路器,其中一路经放大后输入到混频器,12.92~18.54GHz 的信号与锁相源的 18.92GHz 的信号混频,输出 0.38~8GHz 的信号,由信号处理器控制开关,输出其输入信号频率,输入到校准开关,校准开关由输入信号后沿时延 0.2~0.5μs 产生一个波门,打开开关,将校准信号输入到各通道,进行相位校准。结构组成与原理框图示于图 2.23。校准信号由频综器的 10.92~18.54GHz 与锁相源 18.92GHz 混频,输出 0.38~8GHz 的信号,正好是输入信号,经放大分路后输入到校准开关,其信号的强弱,由信号处理器通过 ATC 控制放大器来实现。五元阵列摆放如图 2.24 所示,图 2.24(a)为任意阵列,但 1、4,2、3 分别构成方位与俯仰的相位干涉仪,以备在频率高端实现相位干涉仪测向。图 2.24(b)为均匀分布的五元阵列,在低频段最好采用这种阵列流型。时延线是为了避免强信号的前沿冲击电路造成损害或过饱和而设置的。

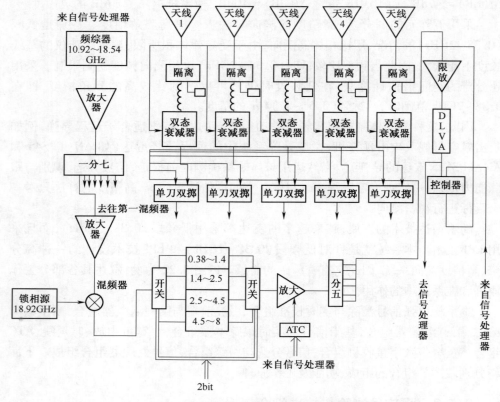

图 2.23　强信号消除与校准组合方框图

### 2.5.4　微波前端与第一混频器组合

这一组合由高频(微波 0.38~8GHz)超低噪声放大器、60dB 的 PIN 衰减器(步长 1dB)、低通滤波器、高频放大器、滤波器、第一混频器及 10.92~18.54GHz 的扫

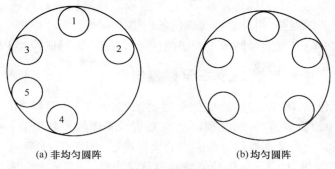

(a) 非均匀圆阵          (b) 均匀圆阵

图 2.24 五元阵列摆放示意图

频频综器、宽频带分路器及 DLVA 组成。其工作原理框图如图 2.25 所示。

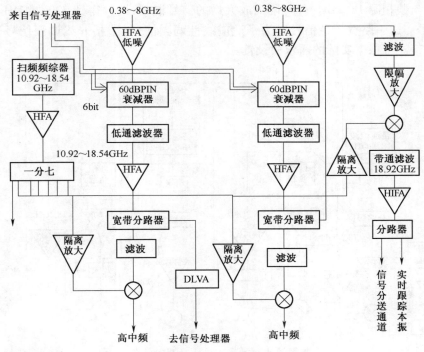

图 2.25 微波前端与第一混频器工作原理框图

其工作原理是将 0.38~8GHz 的信号经放大滤波后输入第一混频器,混频器将扫频频综器 10.92~18.54GHz 与 8~0.38GHz 信号相加,输出一个带宽为 720±24MHz 中心频率为 18.92GHz 的信号,输入到下一个组合的高中频(18.92±372MHz)放大器。

设置 60dB 的 PIN 衰减器是为了增加系统的惯性动态范围。该衰减器的步长为 1dB,步进由信号处理器用 6bit 进行控制,是单向开环控制,即只能向大衰减进程,一旦衰减了就不能返回。

频综器扫频是为了实现超宽频带,它由信号处理器控制。频综器输出信号放大是满足混频器的需要,用分路器实现使各信道的隔离。

高频端的 DLVA 将信号的幅度提供给信号处理器,以形成控制 PIN 的数码。

### 2.5.5　高中频与第二、第三混频器组合

这一组合包括 18.92±372MHz 的带通滤波器、开关、分路器,由分路器分成两路,一路由高中频放大器、第二混频以及本振信号隔离放大器组成;另一路由隔离放大器第三混频器以及本振信号的隔离放大器组成,如图 2.26 所示。其工作原理是将高频(微波)18.92GHz 的信号经滤波后分成两路,一路经放大输入到第二混频器,与基于信号的实时跟踪本振信号 18.77GHz(经隔离放大)混频得到 150MHz 带宽为 15MHz 的窄带中频信号;另一路 18.92GHz 信号,经隔离放大,输入到第三混频器,与锁相源 18.2GHz 经与隔离放大后的信号混频,混频得到 720±24MHz 的宽带信号。这一路宽频带信号是为了适应线性调频信号(包括非线调频信号)而设置,其带宽可根据实际的需求而设置。

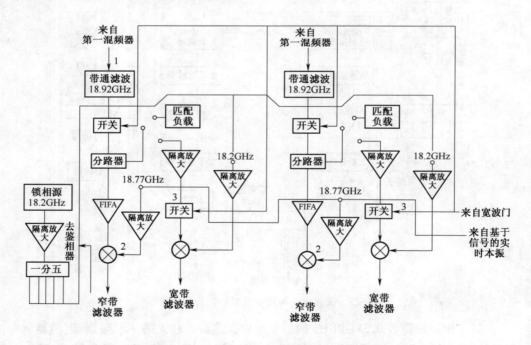

图 2.26　高中频与第二、第三混频器组合原理方框图

### 2.5.6　基于信号的实时跟踪本振组合

基于信号的实时跟踪本振组合由 18.92GHz±15MHz 带通滤波器,13.92GHz±15MHz 带通滤波器,18.77GHz ±15MHz 带通滤波器,两个混频器作为本振的两个

116

锁相源组成,如图 2.27 所示。其工作原理是:将输入 0.38~8GHz 信号,与扫频频综器混频后的 18.92GHz 信号输入到本振组合,经过 15MHz 带通滤波器,与第一个锁相源 – 5GHz 信号混频,输出 13.92GHz (18.92GHz–5GHz)的信号,将这个信号经放大、滤波后输入第二混频器,13.92GHz 的信号与第二个锁相源 4.85GHz 混频,混出 18.77GHz(13.92GHz +4.85GHz) 的信号,作为高中频与第二、第三混频组合中的第二混频器本振源,使第二混频器输出 150±7.5MHz 的窄带中频信号。以这种基于信号的实时跟踪本振实现了以 10MHz 或 15MHz 带宽,跟踪捷变宽带(100MHz~2GHz)信号,提高了系统的灵敏度。这是一个提高系统截获跟踪捷变雷达信号灵敏度的最好方法。

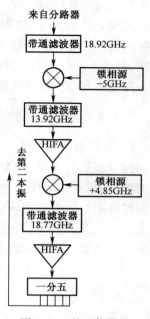

图 2.27 基于信号的实时跟踪本振

### 2.5.7 窄、宽带中放,时延线,ATC 组合

这一组合由宽带中放支路(包括带通滤波器、分路器、DLVA、宽带中频放大器、时延线、ATC 与 ATC 控制形成器)、窄带中放支路(包括带通滤波器、分路器、DLVA、窄带中频放大器、时延线、ATC 与 ATC 控制码形成器)组成,如图 2.28 所示。

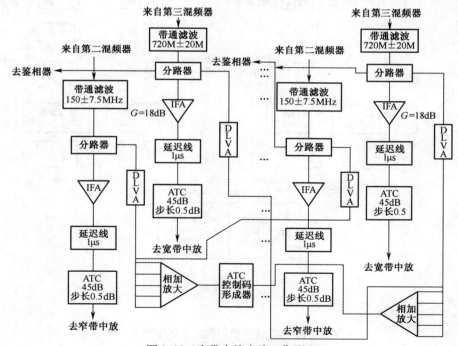

图 2.28 宽带中放支路工作原理

117

其工作原理是来自第二混频的窄带信号 150MHz，输入到窄带的（15MHz）滤波器，再输入到分路器，一路使 DLVA 输入到相加放大器放大，经控制码形成器 ATC 形成控制码；另一路输入到放大器，经 1～2μs 时延，再输入到 45dB 的 ATC。采用时延线，是为了补偿 ATC 控制码形成时延的时间，以实现本脉冲控制本脉冲的瞬时增益控制。宽带中放支路的工作原理和工作过程与窄带中放支路完全一样。

### 2.5.8　窄、宽带数字机组合

窄、宽带数字机组合由窄带数字机支路（包括窄带（150MHz±7.5 MHz）放大器、时延线、开关、中频放大器，带通滤波器、A/D、窄带数字机）、宽带数字机支路（包括宽带（720±50MHz）中频放大器、时延线、开关、高速 A/D、宽带数字机）组成。其原理框图如图 2.29 所示。其工作原理是：来自窄带 ATC 的 150±7.5MHz 信号经放大、时延、开关、放大、带通滤波器输入到采样率为 200MHz 的 A/D，然后再输入到窄带数字机。采用时延线是为加强波门产生器的时延线，以保证选取信号的前

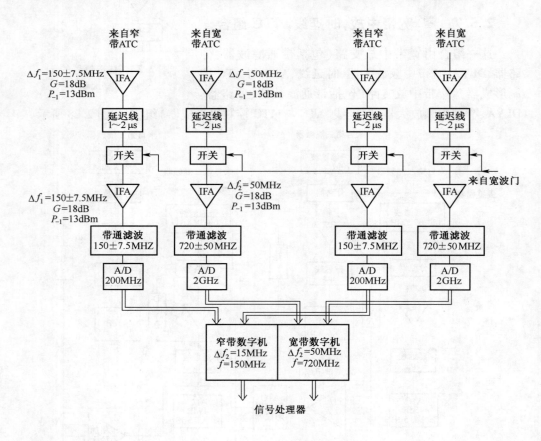

图 2.29　窄、宽带数字机组合原理框图

118

沿部分。A/D 前端的滤波器质量要好,技术指标要高。来自宽带 ATC 的 720±50MHz 的信号经放大、时延、开关、再放大后,输入到 720±50 MHz 带通滤波器,再经高速 A/D,输入到宽带数字机。所以设置宽频带数字机,是为适应线性或非线性调频或编码调制的脉压信号。宽带中放的带宽可根据实际线性调频或非线性调频信号的带宽而设置。窄、宽带数字机计算出各路的相位输入到数字信号处理器。

## 2.5.9　信号分选与跟踪组合

信号分选与跟踪组合由混频器、中放、带通滤波器、高速 A/D、宽带数字信道化子带、参数提取、信号分选与跟踪、窄波门、宽波门产生器以及窄带与宽带的鉴相器、相位比较器组成,如图 2.30 所示。其工作原理是:来自微波前端与第一混频器组合的 18.92±372.5MHz 信号与锁相源 18GHz 的信号混频后,输出 720±25MHz 信号,将此信号经放大、带通滤波后,经高速 A/D,输入到宽带数字机,以 30MHz 为子带进行信道化,然后输入到"指纹"参数、频率参数提取器,将频率参数、指纹参数输入到信号分选与跟踪器,以实现信号分选与跟踪。输入到宽波门产生器,产生的宽波门选通高中频与第二、第三混频器组合中的开关,使 18.92GHz 信号进入第二、第三混频器。窄带中放、宽带中放的信号输入到鉴相器,然后将两路的相位进行比较得出两路的相位差,与宽波门输入到窄波门产生器产生窄波门,用这一窄波门选通宽、窄带数字机中的开关,使 150±7.5MHz 与 720±25MHz 的信号经放大、滤波后进入 200MHz 的采样与 2GHz 高速采样。然后分别输入到窄带数字机与宽带数字机计算出该支路的相位值 $\varphi$。宽带数字机有脉冲压缩的滤波器,以提高系统的灵敏度。

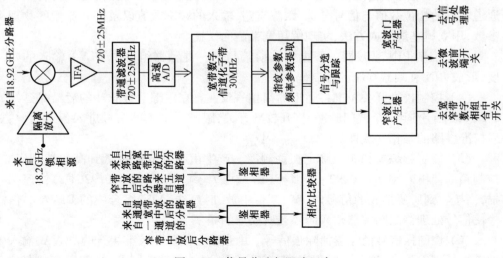

图 2.30　信号分选与跟踪组合

119

### 2.5.10 信号处理器

信号处理器由 FPGA、DSP 与相应器件组成,如图 2.31 所示,其主要功能有:

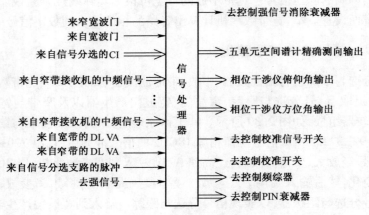

图 2.31 信号处理器

(1) 计算出输入信号的输入角 $\theta$。它将各路宽、窄带数字机输入的相位、信号分选与跟踪支路输入频率码以及五元阵列的物理参数(位置、天线间的距离、圆的半径等,利用空间谱估计计算出信号输入角度)输送给计算机,当信号频率比较高时,利用相位干涉仪测向方法,计算信号的输入角 $\theta$(方位角 $\theta_x$ 与俯仰角 $\theta_y$)。

(2) 解超宽频带测向模糊。超宽频被动雷达寻的器实现超宽频带除了采用超宽频带天线、超宽频带的扫频频综器外,还必须实现超宽频带测向解模糊,利用各通道输入的相位数值与信号分选、跟踪支路,输入的频率数值以及阵列流型的物理参数,用立体基线测向方法,实现解超宽带测向模糊。

(3) 控制 PIN 衰减器。根据微波前端与第一混频器组合中 DLVA 输入的幅度,形成 PIN 衰减器 6bit 的控制码。

(4) 控制校准开关校准各通道的幅相一致性。在跟踪信号脉冲的后沿时延线 $0.2\sim0.5\mu s$,产生一个波门脉冲,打开校准开关,跟同一个校准信号进入各通道,然后校准各路的幅相一致性。

(5) 控制频综器扫频与确定振荡频率。产生由高到低或由低到高的控制码,控制频综器由 $f_1$ 到 $f_2$($10.92\sim18.54$GHz)或由 $f_2$ 到 $f_1$($18.54\sim10.92$GHz)快速扫描,当接收到所要接收的信号时,窄、宽带中放、时延线、ATC 组合中的 DLVA 的信号使信号处理器的频综器扫频码停在所要求的频率上。

(6) 控制强信号消除器消除强信号。由强信号消除与校准组合的 DLVA,输入到信号处理的强度,达到一定程度时,产生一个信号,启动控制器,将双态衰减器控制到衰减状态,使强信号衰减 $30\sim50$dB。

120

# 参 考 文 献

[1] 司锡才,赵建民. 宽频带反辐射导弹导引头技术基础[M]. 哈尔滨:哈尔滨工程大学出版社,1996.

[2] 司锡才. 被动导弹寻的器的超宽频带与角度选择技术[J]. 制导与引信,1987,1:20-32.

[3] 司锡才,郭立民,邰丽鹏. 实时校正信息相位幅度的装置. 中国,ZL 200710072485. 5[P]2010-9-8.

[4] 司锡才,等.基于信号的实时跟踪本振装置. 中国,ZL 200810072495. 5[P]2010-10-5.

[5] 全寿文. 世界主要国家信息作战装备参考手册[M]. 北京:解放军出版社,2008.

[6] 侯印鸣. 综合电子战[M]. 北京:国防工业出版社,2000.

[7] 外国海军导弹科技状态编辑组.美军百舌鸟导弹[J].外国海军导弹科技状态,1976,9:1-53.

[8] 胡福昌. 初探雷达/红外双模复合导引头的设计思想[J]. 制导与引信,1989,4:56-66.

[9] 任志成. 旋转式相位干涉仪克服测角模糊原理分析[J]. 指导与引信,1989,4:67-75.

[10] 程伟. 被动高精度测向技术研究[D]. 硕士论文,哈尔滨:哈尔滨工程大学,2010.

[11] 司锡才,彭巧乐,等. 快速实时空间谱估计超分辨测向装置及方法. 中国,ZL 200810137464. 1[P] 2011-3-16.

[12] 马金锋,周绍磊,程继红. 导弹控制系统原理[M]. 北京:航空工业出版社,1996.

[13] 赵妍. 捷联导引头解耦系统的研制[D]. 哈尔滨:哈尔滨工程大学,2007.

[14] 陈涛,马树田,司锡才,等. 速率陀螺稳定平台式天线随动跟踪系统. 中国,ZL 200810137317. 4[P] 2010-10-20.

[15] 杨艳娟,马树田,黄得鸣. 双通道电动 ARM 导引头随动系统设计与分析[J]. 哈尔滨工程大学学报, 2000,4:85-87.

# 第3章 超宽频带被动雷达寻的器主要技术指标

反辐射武器依靠超宽频带的被动雷达寻的器,在远程时以敌方辐射源(雷达、通信台)辐射的信号为信息,跟踪辐射源,将反辐射武器引导到精确末制导的作用距离与搜索跟踪角内,由精确末制导导引反辐射武器命中目标。因此,多模复合导引头即超宽带被动雷达寻的器与精确末制导是反辐射武器的首要关键技术或关键部件。它们决定着反辐射武器的性能与先进性。它们的技术性能与技术指标就是反辐射武器主要性能与技术指标。本章只论述反辐射武器的超宽频带被动雷达寻的器的主要技术指标。

被动雷达寻的器与雷达不同,首先是覆盖频域,雷达是窄带的,其带宽为中心频率的20%以内,大部分低于10%。如果带宽为中心频率的20%以内则为宽频带雷达,如超过25%,则为超宽带雷达。而被动雷达寻的器带宽是以倍频程来衡量的,3个倍频程以下,为宽频带,3个倍频程以上为超宽频带。倍频程是指从最低频算起,以2的几次方增加为倍频程,如$2^1,2^2,2^3,\cdots,2^n$即为$1,2,3,\cdots,n$个倍频程。一般雷达都采用窄带的超外差体制,检波前有足够高的增益;而被动雷达寻的器采用宽频带的超外层或晶体视频接收机及变种接收机,一般检波前没有足够高的增益,检波器与视放的噪声特性对接收机输出噪声有一定的影响;另一个突出的特点,就是雷达所用的天线都是窄波束的,增益比较高,特别是大型雷达,天线增益很高,在35dB以上,而超宽频带的被动雷达寻的器,采用宽波束超宽带的天线,其增益低,大约为0dB。正因为与雷达有许多不同,一些参数、一些性能、一些计算公式,需要重新推演和分析。

## 3.1 超宽频带被动雷达寻的器的主要技术指标和参数的范围

### 3.1.1 覆盖频带带宽与瞬时带宽

随着现代雷达技术飞速的发展,雷达的频率不断地扩展,拦截导弹系统中的远程预警雷达和太空信息战中的监视雷达预警机机载预警雷达向低频段发展,一般在$0.4\sim0.5$GHz;海上的舰载预警雷达频率为$0.8\sim3.3$GHz;地面上的攻击武器系统中导弹制导与炮描雷达的频率为$3.8\sim10$GHz;舰载的导弹制导与炮描雷达的频率为$5\sim20$GHz;空中飞机上机载雷达的频率为$8\sim20$GHz;弹载的导弹制导雷达的频率为$8.5\sim94$GHz,即X、Ku、Ka波段。反辐射武器除了攻击雷达,还要攻击通信台、数据链,即攻击通信的辐射源,而通信的频率为 0.03~4GHz。

为了使反辐射武器的信息更为丰富、适应性更强,要求被动雷达寻的器覆盖频域越宽越好。要求覆盖频域为 0.03~94GHz。然而覆盖频域越宽,技术难度就越大,特别是导弹体积所限,根本就无法实现。一般根据不同的作战目的、攻击目标,划分不同的频段予以覆盖。一般的频段划分为 0.03~0.4GHz;0.4~2GHz,0.4~8GHz,2~8GHz,4~12GHz,2~18GHz,8~20GHz,34~94GHz(这一段只有 34GHz 与 94GHz 两个频点)。

现代雷达与通信都采用低截获概率技术,其中雷达采用频率捷变技术,其捷变带宽为雷达中心频率的 10% 左右。因此,超宽频带被动雷达寻的器的瞬时带宽必须略宽于频带捷变雷达的频率捷变带宽。

**1. 覆盖频域**

根据作战目的和攻击目标以及反辐射武器本身体积的不同,其尽可能覆盖比较宽的频域。

(1)攻击通信与数据链的反辐射武器被动雷达寻的器覆盖频域:0.03~4GHz 或 0.1~4GHz,或 0.3~4GHz,如图 3.1(a)所示。

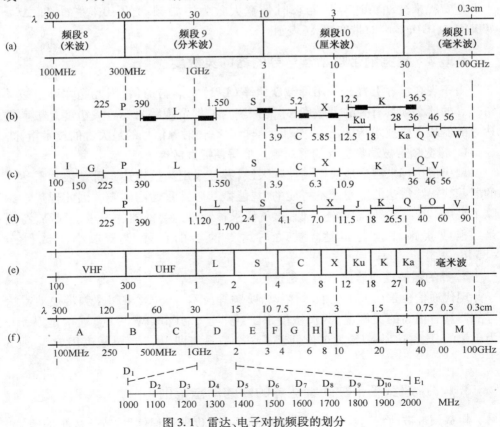

图 3.1  雷达、电子对抗频段的划分

123

（2）攻击远程预警雷达的反辐射武器被动雷达寻的器覆盖频域：0.4～4GHz（图3.1(b)）。这个频段内主要包括拦截导弹的武器系统中的远程预警雷达；太空信息战中的远程监视雷达；海上宙斯顿系统中的预警雷达，预警机的机载预警雷达。

（3）攻击地面或海上舰载的导弹制导与炮瞄雷达的被动雷达寻的器覆盖频域：3.8～20GHz，如图3.1(c)所示，包括地面上的"爱国者"雷达，改进的"霍克"雷达；海上的舰载导弹制导与炮瞄雷达。

（4）攻击空中的机载雷达的反辐射武器被动雷达寻的器覆盖频域：8～18GHz或8～40Gz（图3.1(d)）。

（5）拦截导弹中的弹载被动雷达寻的器覆盖频域：8～40GHz（图3.1(e)），即X、Ku、Ka波段，Ka波段只有34GHz与40GHz两个频段。

（6）适应性更广、更强的超宽频带被动雷达寻的器覆盖频域：大致可以分以下几个频段（图3.1(f)），即0.03～4GHz、0.4～12GHz、0.8～20GHz，覆盖频域用$\Delta f$表示。

**2. 瞬时带宽**

超宽频带被动雷达寻的器瞬时带宽大致为中心频率的10%左右，即$\Delta f \geqslant$400MHz～1GHz。瞬时带宽用$\Delta f$表示。

### 3.1.2 超宽频带被动雷达寻的器的灵敏度

由于现在世界上普遍采用低截获概率（LPI）雷达与通信，因此超宽频带被动雷达寻的器必须具有高的灵敏度，才能探测与捕捉及跟踪目标。灵敏度是被动雷达寻的器最主要技术指标之一，是能否捕捉跟踪辐射源信号的最关键的技术指标。

**1. 超宽频带被动雷达寻的器对雷达信号捕捉灵敏度**

现代雷达越来越多地采用相控阵天线，并且采用边搜索边跟踪。被动雷达寻的器截获跟踪雷达的主瓣是不可能的，只能截获跟踪雷达的副瓣。因此现代雷达除了采用LPI技术外，副瓣还很低，这就要求被动雷达寻的器的灵敏度很高，特别是远程截获跟踪预警雷达。被动雷达寻的器的灵敏度要求小于或等于$-85$dBmW。

**2. 寻的器捕捉通信信号的灵敏度**

现代通信也采用LPI技术，如拓谱、跳频等技术，同样要求超宽频带被动雷达寻的器具有很高的灵敏度，其灵敏度小于或等于$-110$dBmW。注意通信是以kHz为单位的，比雷达以MHz为单位低于了3个数量级即$10^{-3}$。灵敏度用$P_{\text{rmin}}$或$S$表示。

### 3.1.3 超宽频带被动雷达寻的器的动态范围

超宽频带被动雷达寻的器既能捕捉满足灵敏度的远程信号，或比较小的信号，又能满足捕捉近距离强信号,而且能由远及近地稳定地跟踪目标,还能适应辐射源如雷达主、副瓣的强弱巨烈变化。既有跟踪时随距离变化的信号由弱变强的惯性动态范围,又有信号强弱(如雷达由主瓣到副瓣或由副瓣到主瓣)突变的瞬时动态范围。

**1. 惯性动态范围**

称随信号强弱慢变化范围(如当导弹接近目标时,信号由小变大的变化过程)为惯性动态范围,由 $M_L$ 表示。超宽频带被动雷达寻的器惯性动态范围大于或等于 60dB。

**2. 瞬时动态范围**

超宽带被动雷达寻的器在跟踪目标过程中,经常遇到信号强弱的突然变化,如雷达主、副瓣的交替,寻的器必须具备大的瞬时动态范围,用 $M_I$ 表示。要求超宽带被动雷达寻的器的瞬时动态范围 $M_I \geqslant 50$dB。

被动雷达寻的器的动态范围用 $M_D$ 表示,它由惯性动态范围与瞬时动态范围组成,即 $M_D = M_L + M_I$ 。一般要求其动态范围 $M_D \geqslant 110$dB 。

### 3.1.4 测角精度

测角精度是超宽频带被动雷达寻的器另一个最主要的技术指标。由于采用了超宽频带,其天线的波束比较宽,测角精度就比较低,因此超宽频带被动雷达寻的器的测角精度不会高。所以它不能作为精确末制导。只能在多模和精确末制导中,作中、远程的中制导,其测角精度满足精确末制导搜索角或跟踪角要求即可。一般的超宽频带被动雷达寻的器测角精度为$(0.5° \sim 3°)/\sigma$。如果要求作为精确末制导,则要求其测角精度小于或等于 $0.5°/\sigma$ 。

### 3.1.5 信号分选能力

信号分选是超宽频被动雷达寻的器关键技术,信号分选能力是寻的器最重要的性能,它关系到寻的器能否稳定截获与跟踪反辐射武器所要攻击的目标。越来越复杂的电磁环境,特别是 LPI 雷达中的脉间波形变换信号,给被动雷达寻的器的信号分选提出了严重的挑战。被动雷达寻的器必须有很强的信号分选能力,才能实现稳定捕捉与跟踪所要攻击的目标。

**1. 分选能力**

(1)要求被动雷达寻的器能分选脉间波形变换雷达信号,包括载频频率捷变、脉冲周期参差、脉冲周期、重频、脉宽变化。

(2)在±30°~±45°的角度范围内,分选 50 万/s 脉冲数的信号。

**2. 适应的脉冲参数**

(1)重频:100Hz~330kHz。

(2)脉宽:0.2~250μs。

（3）重频抖动：周期的 15%。

（4）脉冲周期参差数：≤8。

**3. 信号参数测试能力与参数范围**

（1）测频（CF）：在超宽频带范围内，测频精度 ≤1～1.5MHz/$\sigma$（对雷达）；1～1.5kHz（对通信）。

（2）测脉宽（PW）的误差：在 0.2～250μs 范围内为 50ns～0.1μs。

（3）测到达时间误差（TOA）：0.05～0.1μs。

（4）脉内"指纹"分析与提取：要分析、提取脉内调制种类、线性调频的中心频率及其调频斜率带宽。

（5）信号非调制"指纹"分析与提取：脉冲前沿的时频特性；编码信号的突变点处的时频特性。

### 3.1.6 超宽频带被动雷达寻的器天线随动（伺服）系统的主要技术指标与参数范围

（1）方位搜索角±30°，跟踪角±45°。

（2）俯仰搜索角-45°～+15°，跟踪角-60°～+15°。

（3）跟踪的最大角速度：（60°～120°）/s。

（4）跟踪角速度线性范围：±110°/s。

（5）记忆：天线零位漂移率不大于 2°/min。

### 3.1.7 超宽频带被动雷达寻的器的主要性能

（1）既能捕捉跟踪雷达信号，又能捕捉跟踪通信信号（包括数据链的通信信号），还能捕捉连续波与杂波干扰信号。

（2）能捕捉与跟踪各种体制的雷达信号及天线各种状态的辐射信号。

（3）既能捕捉与跟踪常规雷达信号又能捕捉 LPI 雷达或通信信号。

（4）具有比较高的测角精度，能作为多模复合制导的远程中制导，保证将导弹导引到精确末制导的作用距离内，满足精确末制导的搜索角或跟踪的范围，以保证精确末制导迅速捕捉与跟踪目标。

（5）有很强的信号分选、识别与跟踪能力，既能分选、识别与跟踪常规雷达信号，又能分选识别与跟踪脉间波形变换的雷达信号。

（6）具有比较高的角分辨力，单独的被动制导体制，具有一定的抗诱饵欺骗的能力，即具有一定的抗雷达诱饵与雷达组网欺骗的能力。

## 3.2 超宽频带被动雷达寻的器的灵敏度

**1. 超宽频带被动雷达寻的器工作时所需要的灵敏度**

在给定目标发射功率时，被动寻的器所能达到的最大作用距离对应的灵敏度，就是超宽频带被动雷达寻的器所需求的灵敏度。首先分析理想状态即寻的器天线与辐射信号天线之间直接传播,不计其空气的衰减、外界的输入噪声、传播路径上的散射和折射等因素,即理想状态或简化的探测方程;然后分析大气衰减、外界噪声、传播路径上的散射和折射响应后,改进探测方程。

**2. 理想状态下(或简化的)探测灵敏度**

辐射源辐射信号的功率密度为

$$S = \frac{P_t G_t}{4\pi R_r^2} \tag{3.1}$$

设寻的器天线的接收信号的有效面积为

$$A_r = \frac{G_r \lambda^2}{4\pi}$$

所以寻的器接收的功率为

$$P_r = \frac{P_t G_t A_r}{4\pi R_r^2} \tag{3.2}$$

则简化的寻的器灵敏度公式为

$$P_{rmin} = \frac{P_t G_t G_r \lambda^2}{(4\pi)^2 R_{max}^2} \tag{3.3}$$

被动雷达导引头作用距离方程

$$R_{max} = \left[ \frac{P_t G_t G_r \lambda^2}{(4\pi)^2 P_{rmin}} \right]^{1/2} \tag{3.4}$$

# 3.3 超宽频带被动雷达寻的器需求的侦测灵敏度修正方程

## 3.3.1 电磁波标准传播的修正方程

结合上述的电磁波传播各种因素的影响,超宽频被动寻的器侦测即捕捉与跟踪所需求的灵敏度或侦测方程如下。

灵敏度公式:

$$P_{rmin} = \frac{P_t G_t G_r \lambda^2 F_r F_t}{(4\pi)^2 R_{max}^2 L F_a} \tag{3.5}$$

侦测方程:

$$R_{max} = \left[ \frac{P_t G_t G_r \lambda^2 F_r F_t}{(4\pi)^2 P_{rmin} L F_a} \right]^{1/2} \tag{3.6}$$

式中:$P_t$ 为辐射源发射的功率(W);$G_t$ 为发射电磁波的天线增益(单位为数值或 dB);$G_r$ 为被动雷达寻的器天线的增益(单位为数值或 dB);$\lambda$ 为辐射源辐射信号的波长(m);$F_r$、$F_t$ 为天线的方向因子;$R_{max}$ 为侦测或捕捉信号的最大作用距离(m);$L$ 为电磁波传播时总的损耗,包括大气吸收损耗 $L_a$、波束形状损耗 $L_b$(这项损耗可以计算在方向因子内,即方向因子 $F_r$ 与 $F_t$,包括了 $L_b$)、发射功率损耗 $L_t$、散射损耗 $L_F$(包括折射、散射、反射的损耗)、发射功率随距离增加的损耗 $L_R$、外部注入到系统的噪声 $F_a$(也可用外部信噪比 $S_i/N_i$ 描述或代替)。

以上参数的数值可由典型目标给定,也可以用图表或根据环境计算出。有一点要说明的就是要根据环境条件和寻的器的作用距离和高度等具体情况用电磁波传播理论进行分析与估算。

式(3.5)与式(3.6)是辐射源(雷达)发射天线的主瓣接收的灵敏度和侦测方程,如果接收发射天线的副瓣,则将式(3.5)与式(3.6)乘以 $\dfrac{G'_t}{G_t}$ 即可,即

$$P_{r\min} = \frac{P_t G_t G_r \lambda^2 F_r F_t}{(4\pi)^2 R_{\max}^2 L F_a} \cdot \frac{G'_t}{G_t} \tag{3.7}$$

$$R_{\max} = \left[ \frac{P_t G_t G_r \lambda^2 F_r F_t}{(4\pi)^2 P_{r\min}^2 L F_a} \cdot \frac{G'_t}{G_t} \right]^{\frac{1}{2}} \tag{3.8}$$

式中:$G'_t$ 为发射天线副瓣的增益。

根据副瓣的定义:以主瓣的最大增益为 0dB(参考),副瓣以此为参考下降的 dB 数值,即 $G''_t = -x\mathrm{dB}$,这时将公式加上这个负 dB 数即可,即

$$P_{r\min} = \frac{P_t G_t G_r \lambda^2 F_r F_t}{(4\pi)^2 R_{\max}^2 L F_a} \cdot \frac{G'_t}{G_t}(\mathrm{dB}) + G''_t(\mathrm{dB}) \tag{3.9}$$

即

$$P_t(\mathrm{dB}) + G_t(\mathrm{dB}) + G_r(\mathrm{dB}) + \lambda^2(\mathrm{dB}) + F_r F_t(\mathrm{dB}) - (4\pi)^2(\mathrm{dB}) -$$
$$R_{\max}^2(\mathrm{dB}) - L(\mathrm{dB}) - F_a(\mathrm{dB}) - |(G''_t)\mathrm{dB}| \tag{3.10}$$

### 3.3.2 电磁波非标准传播的寻的器的灵敏度变化情况

电磁波非标准传播,指的是电磁波的波导传播绕射、离子层中的传播、法拉第极化旋转等,这些非标准传播可增加寻的器的作用距离(即相当于提高了寻的器的灵敏度),有的非标准传播降低了作用距离即相当于降低了灵敏度。

**1. 波导传播增加寻的器的作用距离**

大气波导可以延伸对地面目标及低空飞行器的发现距离,这个距离大大超过了在标准大气条件下的雷达作用距离。雷达天线与目标必须在波导内或靠近波导才能延伸探测距离。虽然大气波导可以增加雷达作用距离,但大气波导传播的后果并不一定都是很好。事实上,多数情况下负面影响要大一些。

雷达远距离探测能力并不总能依靠大气波导传播,因为波导传播不容易事先预测,并且波导也不会永远存在。当波导传播条件在需要的时候不可采用时,我们当然不会寄希望于这些波导传播以扩展雷达作用距离。而且,雷达在某些方向上

增加作用距离是以其他方向探测距离缩短为代价的。如果地基波导或升高波导不存在时,某些方向上原来可以检测到的目标反而会因为"雷达盲区"的存在而发现不了。雷达盲区造成的检测损失不光影响地面及舰载雷达,还影响机载雷达。在波导正上方飞行的飞机或导弹可能直到很近的距离也不能被发现。例如,用以空中警戒的机载雷达,就有可能检测不到波导下方的目标,即使目标在雷达监测范围内。这可以通过控制携带雷达的飞机的高度来克服,但需要实时地知道当地影响雷达波传播的折射条件。

大气波导传播可能使远距离外的杂乱回波被检测到,而在正常的大气条件下是检测不到的。这将大大加重 MTI 雷达的负担,因为 MTI 雷达的设计是以一定距离以外杂波不会出现为前提的。另外,从雷达最大非模糊距离以外入射的多次杂波有可能因为多普勒处理采用脉冲周期交错参差而无法消除。

在世界范围内表面基波导可以在大部分时间内扩展雷达水平线的距离,但较强杂波回波严重地降低了设计中没有处理杂波能力的雷达性能。受这种波导有害影响的雷达应当设计有大的动态范围,以避免因大的杂波回波而出现的接收机饱和。雷达应当有额外的 MTI 或脉冲多普勒改进因子,消除这些比正常强的杂波。雷达波形及雷达处理过程应当设计为可以消除起源于远距离的多次杂波回波。后一种方法可以采用常数 prf(代替主脉冲 prfs)和采用需求数量的"填充脉冲"的处理来执行。在 MTI 处理器中对填充脉冲赋以零权(不要它们),从而消除不要的多次杂波的脉冲重复间隔。

需要再次提出的是,波导传播理论上需要雷达和目标在波导内或靠近波导。传统的表面基雷达当其波束仰角大于 0.5°时,将很少经受严重的波导的影响。

**2. 电磁波的绕射可增加寻的器的作用距离**

电磁波以绕射的方式在地平线以外传播的能力依赖于频率,频率越低绕射能力越强。在 500MHz 以下低空时,其电磁波传播比自由空间传播的能量增加 20dB(穿过地平线外衍射区内的 10m 处)。通过绕射可以增加寻的器的作用距离,也就相当于提高了灵敏度。

**3. 电离层对高频(HF)波可增大作用距离**

电离层对高频波的反射,使电磁波传播更远的距离。而高频段在电离层衰落是很严重的,可达 20~30dB 甚至更多,尽管毫米波可穿透电离层,但衰减比较大。

**4. 法拉第极化旋转使信号能量损失**

工作在 UHF 或者较低频率上的宇宙目标探测雷达也会遇到由于目标回波信号大的极化旋转而造成损失。对于这种遭受法拉第旋转效应的雷达,一个解决的办法就是发射单线性极化(例如,垂直极化)和为了避免由法拉第旋转造成的信号能量损失采用两个正交的线性极化(水平极化和垂直极化)接收。对每个极化接收信道的回波信号分别处理,然后合成。这种技术已经应用于 UHF 雷达对空间物体的探测,如 BMEWS(弹道导弹的早期预警系统),AN/FPS-85 空间监视雷达和铺路爪(Pave Paws)导弹警戒雷达。法拉第旋转也能影响星载雷达观测地面目标。

## 3.4　超宽频带被动雷达寻的器系统的灵敏度

当目标辐射源(如雷达)给定,寻的器的作用距离给定,考虑电磁波传播条件和外部噪声情况,一个寻的器所需求的灵敏度。这一节就要讨论一个什么样的系统能够实现这样的灵敏度,这就要从系统的灵敏度讨论起。系统灵敏度通用计算公式为

$$P_{rmin} = -114(dBmW) + \Delta f(dB) + F_n(dB) + D(dB)(dBmW) \quad (3.11)$$

由式(3.11)可知影响系统灵敏度的三大要素:①系统的带宽 $\Delta f$ ;②系统的噪声系数 $F_n$ ;③识别系数 $D$ 。系统的带宽在第4章中讨论,这里只作为一个重要参数考虑,本节主要讨论 $F_n$ 与 $D$ 。

### 3.4.1　噪声系数

灵敏度通用计算公式中的 $F_n$ 是由系统的热噪声和由损耗引起的噪声两部分组成。

热噪声由于导电电子热运动而产生的噪声。有效热噪声功率(W)为

$$可获得的有效噪声功率 = kTB_N \quad (3.12)$$

或

$$P_{N_i} = kTB_N \quad (3.13)$$

式中: $k$ 为玻耳兹曼常数( $k = 1.38 \times 10^{-23} J/K$ ); $T$ 为电阻 $R$ 的温度(K); $B_N$ 为接收机的噪声带宽(Hz); $P_{N_i}$ 为噪声功率(W)。

噪声带宽 $B_N$ 的定义为

$$B_N = \frac{\int_0^\infty |H(f)|^2 df}{|H(f_0)|^2} \quad (3.14)$$

式中: $H(f)$ 为中频放大器(滤波器)的频率响应函数; $f_0$ 为最大响应频率。

噪声带宽与人们熟悉的半功率或3dB带宽不同。式(3.14)说明噪声带宽等效矩形滤波器带宽,该矩形滤波器的噪声功率输出与具有频率响应函数 $H(f)$ 滤波器相同。但对于实际的接收机而言,半功率带宽是一种合理的近似。因此,通常用半功率带宽 $\Delta f$ 来近似表示噪声带宽 $B_N$ 。

### 3.4.2　系统噪声温度

对一个 $N$ 个单元级联成的系统的噪声温度由下式给出:

$$T_s = T_a + \sum_{i=1}^{N} \frac{Te(i)}{G_i}, K \quad (3.15)$$

130

式中：$T_a$ 为在天线端表示有效噪声功率的天线噪声温度；$G_i$ 为在天线端和第 $i$ 级联单元输入端之间的系统有效功率增益，$Te(i)$ 为有效输入噪声温度，代表可提供给以第 $i$ 单元本身为参考的输出噪声功率。

图 3.2 描述了一个典型的二元级联雷达接收系统的方框图。第一个单元由传输线组成，用于连接天线与接收机，而第二

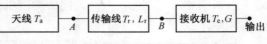

图 3.2 二元级联雷达接收系统的方框图

单元是接收机本身的预检测部分。总的系统噪声（以热力学温度 K 表示）由下式给出：

$$a = \arcsin\left[\frac{2r_e h + h^2 + R^2}{2R(r_e + h)}\right]$$

$$T_s = T_a + T_r + L_r T_e \qquad (3.16)$$

式中：$T_r$ 为传输线的噪声温度，而 $L_r$ 是它的功率损耗因子；$T_e$ 为接收机的有效输入温度。为了计算式（3.16），首先要计算 $T_a$、$T_r$ 和 $T_e$，这将在下面讨论。

图 3.3 描述的是一个无损耗天线的天线噪声温度（$T_a'$），该天线没有指向温暖地球的旁瓣[34]。图 3.3 假定：①平均的银河系噪声；②太阳的噪声温度，以旁瓣为单位增益，该温度等于从旁瓣观察到的太阳静电平的 10 倍；③冷温度区的大气；④均匀的 2.7K 宇宙黑体辐射作用。值（$T_a'$）必须能对任何损耗以及后瓣进行修正。修正公式为

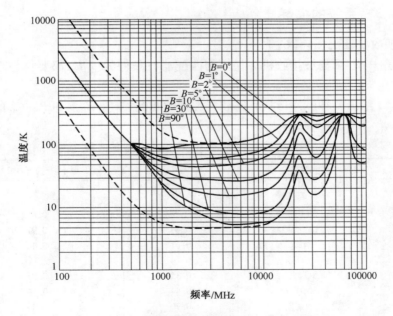

图 3.3 各种波束仰角下理想天线的噪声温度

131

$$T_a = \frac{T'_a(1 - T_g/T_{tg}) + T_g}{L_a} + T_{ta}\left(1 - \frac{1}{L_a}\right) \tag{3.17}$$

式中：$T_g$ 为有效地面温度；$T_{tg}$ 和 $T_{ta}$ 分别为地面和天线部件的热温度；$L_a$ 为天线损耗因子。布莱克[4]指出由 $-3$dB 天线旁瓣观察的地面温度值为 $T_g = 36$K，而 $T_{tg} = K_{ta} = 290$K，代入式(3.17)得

$$T_a = (0.876T'_a - 254)L_a + 290 \tag{3.18}$$

用于传输线有效输入噪声温度（$T_r$）的关系是

$$T_r = T_{tr}(L_r - 1) \tag{3.19}$$

式中：$T_{tr}$ 为传输热温度（通常等于290K）；$L_r$ 为传输线功率损耗因子。$L_r$ 定义为在天线端可获得的信号功率与在接收机输入端可获得的信号功率之比。

接收机的有效输入温度（$T_e$）由下式给出：

$$T_e = T_0(F_n - 1) \tag{3.20}$$

式中：通常取 $T_0 = 290$K；$F_n$ 为接收机噪声因子，用 dB 表示（但在方程式中必须以功率比的形式给出）。

上面的分析适用于大多数雷达接收机，用于一个射频输入频率产生一个中频输出频率。这种雷达接收机通常包括带有预选器的混频型超外差式接收机以及那些将低噪声射频放大器同预选器或镜频抑制混频器配合的接收机。对于包含二重或多重响应的接收机系统，必须根据由式(3.15)给出的基本定义推导出 $T_s$ 的表达式。

### 3.4.3 系统的损耗

**1. 接收机匹配损耗（$C_B$）**

考虑一个匹配滤波接收机。任何与匹配滤波条件的偏离，都要作为系统损耗来处理。

表 3.1 给出各种脉冲形状和滤波器类型的匹配损耗（$B_0 = 3$dB 功率的滤波器带宽）。

表 3.1　各种脉冲形状和滤波器类型的匹配损耗

| 脉冲形状 | 滤波器类型 | 最优 $B_0\tau$ | 匹配损耗/dB |
|---|---|---|---|
| 矩形 | $\dfrac{\sin x}{x}$ | 0.885 | 0 |
| 矩形 | 理想带通 | 1.5 | 0.86 |
| 矩形 | RC 滤波器 | 0.44 | 0.97 |
| 矩形 | 两级 RC | 0.61 | 0.46 |
| 高斯 | 高斯 | 0.44 | 0 |
| 高斯 | RC 滤波器 | 0.35 | 0.97 |
| 高斯 | 两级 RC | 0.44 | 0.46 |
| 矩形 | 高斯 | 0.70 | 0.46 |
| $\sin x/x$ | 矩形 | 0.50 | 0.46 |

由表 3.1 给出的匹配损耗用于自动检测雷达(采用自动电路检测,而不是人工观察)。布莱克给出了由操作员在 A 显或 PPI 显示器上视觉观察的曲线,它是由经验决定的,因而包含固有的滤波器的匹配损耗。这些曲线表明最优的 $B_\tau$ 积是1.2,它是由经验取得的。当采用其他 $B_\tau$ 积时,必须加进修正因子:

$$C_B = \frac{B_\tau}{4.8} \left( 1 + \frac{1.2}{B_\tau} \right)^2 \tag{3.21}$$

除了这个因子之外,当 $P_d = 0.5$,采用马克姆曲线时,对于包含瑞利起伏目标的情况,巴顿提出还要附加 1.5dB 的损耗。

**2. 陷落损耗($L_C$)**

当外部的噪声变量与给定的信号加噪声变量同时积累时产生陷落损耗。陷落率定义为

$$\rho = \frac{m + n}{n} \tag{3.22}$$

式中: $n$ 为所积累的信号加噪声变量的数量; $m$ 为所积累外部噪声变量的数量。

为了分析这种情况,考虑接收变量由下述两个假设给出的检测问题:

$$H_1: \quad r = \sum_{i=1}^{n} V_{s+n_i} + \sum_{i=1}^{m} n_i \tag{3.23}$$

$$H_0: \quad r = \sum_{i=1}^{m+n} n_i$$

式中: $n_i$ 只是噪声变量; $V_{s+n}$ 为信号加噪声变量。信号加噪声变量与噪声变量(假设 $H_1$)之和的特征函数可按各自特征函数的积求得:

$$M_{n+m}(P,S) = \frac{\mathrm{e}^{-ns \frac{P}{P+1}}}{(P+1)^{n+m}} \tag{3.24}$$

引入 $\rho$,式(3.24)的特征函数可以化成能直接与平稳目标特征函数比较的形式:

$$M_{n+m}(P,S) = \frac{\mathrm{e}^{(n+n) \frac{S}{P} \frac{P}{P+1}}}{(P+1)^{(m+n)}} \tag{3.25}$$

把式(3.25)的特征函数与平稳目标的等价形式进行比较,可知由式(3.23)给出的检测问题可根据如下的步骤用标准马克姆分析解决:

步骤 1 从标准的马克姆曲线求出信噪比($S'$)以便提供 $n' = n + m$ 个脉冲所需的 $P_d$ 和 $P_{fa}$。

步骤 2 利用 $S = \rho S'$ 求出实际要求的信噪比($S$),包括陷落损耗。

因此陷落损耗的定义是为得到指定性能($P_d$,$P_{fa}$)所要求的附加信噪比,即 $n + m$ 个信号—噪声加噪声变量与通常情况下所需的 $n$ 个信号加噪声变量相比。

有两类包含陷落损耗的情况必须给予考虑。第一类,对虚警的独立概率,其数量保持常量。

第二类涉及雷达的分辨状态,使邻近的噪声取样与信号—噪声取样混合。因此可减少虚警独立概率,从而门限可以比第一类的情况低。因此与第一类相比减小了陷落损耗。

陷落损耗定义为

$$L_c = 10\lg(s_2/s_1) \tag{3.26}$$

式中:$s_2$ 为具有 $m$ 个外部噪声变量所需要的信噪比;$s_1$ 为无外部噪声变量所需要的信噪比,它们都是在同样的检测概率和虚警概率条件下计算的。在图 3.4 中给出第一类情况(分辨单元维持常量)的陷落损耗。

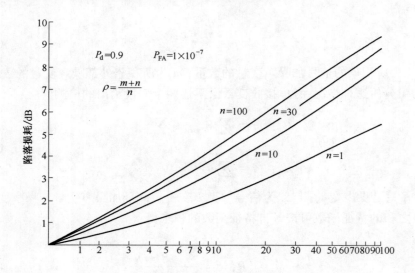

图 3.4　陷落损耗与陷落比的函数关系

### 3. 微波波导设备损耗

在将天线和发射机、接收机连接起来的传输线中始终存在着损耗。此外,在各种微波器件中,如双工器、接收机保护器、转动铰链、定向耦合器、传输线接头、传输线中的弯头和天线上的失配都会有损耗。

### 4. 传输线损耗

对于标准的波导传输线,每 100 英尺(1 英尺 = 0.3048m)以 dB 表示的理论上的单程损耗见表 3.2。挠性波导和同轴线要比常规波导有更高的损耗。在较低的雷达频率,传输线引入的损耗很小,除非其长度格外长。在较高的频率上,衰减不会总是很小,可能需要考虑。实际可行时,接收机应靠近天线放置,以保持小的传输线损耗。在传输线上每个接头或弯头处会产生附加损耗。接头损耗通常可忽略不计,如果接头做得差,则会引起可测量到的衰减。

134

表 3.2　矩形波导衰减

| 频段 | EIA 波导命名[+] | TE$_{10}$主模的频率范围/GHz | 外部尺寸和壁厚/英寸[①] | 理论衰减(最低到最高频率)/(dB/100 英尺)[②](单程) |
|------|------|------|------|------|
| UHF | WR-2100 | 0.35~0.53 | 21.25×10.75×0.125 | 0.054~0.034 |
| L 波段 | WB770 | 0.96~1.45 | 7.95×4.1×0.125 | 0.201~0.136 |
| S 波段 | WR-284 | 2.6~3.95 | 3.0×1.5×0.08 | 1.102~0.752 |
| C 波段 | WR487 | 3.95~5.85 | 2.0×1.0×0.064 | 2.08~1.44 |
| XI 皮段 | WR-90 | 8.2~12.40 | 1.0×0.5×0.05 | 6.45~4.48 |
| Ku 波段 | WR-62 | 12.4~18.0 | 0.702×0.391×0.04 | 9.51~8.31 |
| ka 波段 | WR-28 | 26.5~40.0 | 0.36×0.22×0.04 | 21.9~15.0 |

①1 英寸=25.4mm;②1 英尺=0.3048m

### 5. 双工器损耗

保护接收机免受发射机的高功率的气体双工器在发射和接收时引起的损耗通常是不同的。当然,它还与所采用的双工器类型有关。制造商目录中给出了双工器的插入损耗值和(对于气体双工器)打火条件下的电弧损耗值。还可能有一个波导管闸门,它有一定的插入损耗;当雷达关机时,该闸门会关上以便在双工器没有被激活时保护接收机免受外来的高功率信号损坏。在接收机传输线中,常常应用固态接收机保护器以及固态衰减器,以便进行灵敏度时间控制(STC)。在某些情况下,双工器和其他有关器件的双程损耗可超过 2dB。

下面进行举例说明。每部辐射源雷达都有不同的损耗,以 S 波段(3GHz)雷达为例可能具有如下双程微波波导损耗:

| | |
|------|------|
| 100 英尺 RG-113/U 铝波导 | 1.0dB |
| 双工器和有关器件 | 2.0dB |
| 旋转铰链 | 0.8dB |
| 接头和弯头(估计) | 0.3dB |
| 其他射频器件 | 0.4dB |
| 微波波导总损耗 | 4.5dB |

### 6. 天线损耗

天线增益中应该对天线损耗进行考虑。例如,对天线方向图整形以提供一个余割平方方向图,就导致一种损耗。它包括在天线增益的额外下降中,而不是作为系统损耗来考虑的。不过,监视雷达的波束形状损耗通常包括在系统损耗内。

### 7. 波束形状损耗

雷达方程中出现的天线增益是假设成一个等于最大值的常数。实际上,通过天线扫描由目标返回的脉冲串是受天线波束形状而在幅度上调制的,如图 3.5 所示。$n$ 个脉冲中只有一个脉冲具有最大天线增益 $G$,它发生在天线波束的峰值处于目标方向的时候。因此,检测概率(如本章早先给出的)的计算必须考虑调幅脉冲串而不是恒定幅度脉冲。有些发表的检测概率计算公式和雷达方程计算机程序考虑了波束形状损耗,其他的则没有考虑。当采用发表的检测概率值时,需要确定是否包括波束形状影响或是否必须单独考虑。假设有一个幅度由最大天线增益所确定的幅度恒定的脉冲串,然后将波束形状损耗加到雷达方程中的总系统损耗中。这是一种较为简单但不太精确的方法。它是基于与从幅度恒定的脉冲串收到的信号能量相比,计算出从调制脉冲串收到的总的信号能量的减少,并且与检测概率无关。

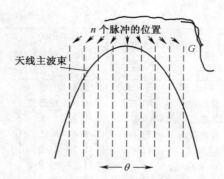

图 3.5  波束形状损耗特性

要获得波束形状损耗,可用 $\exp[-2.78\theta^2/\theta_B^2]$ 所给出的高斯形状来近似单程功率天线方向图,其中,$\theta$ 是波束中心测量的角度,$\theta_B$ 是半功率波束宽度。如果 $n_B$ 是单程半功率波束宽度 $\theta_B$ 内收到的脉冲数,而 $n$ 是积累脉冲总数($n$ 不必等于 $n_B$ ),则波束形状损耗为

$$\text{波束形状损耗} = \frac{n}{1 + 2\sum_{k=1}^{(n-1)/2} \exp[-5.55k^2(n_B-1)^2]} \tag{3.27}$$

式(3.27)适用于中间一个脉冲出现在波束最大处的奇数脉冲。例如,如果 $n=11$ 个脉冲被积累,且在 3dB 波束宽度($n=\theta_B$)间全都均匀分布,则波束形状损耗大约为 2dB。

上述公式适用于扇形波束。当目标直接通过波束中心时它也适用于笔形波束。如果目标通过笔形波束的任何其他部分,则最大信号将减小。因此,波束形状损耗就增大,增大的倍数为可以看到的(如果天线通过波束中心)最大天线增益的平方和真正看到的(当天线通过非波束最大处时)最大增益的平方之比。由于是双程雷达传播,比值是平方。

当积累大量脉冲时,对于在单坐标上扫描的扇形波束而言,Blake 算出扫描损耗为 1.6dB,而对两坐标上扫描的笔形波束为 3.2dB。Blake 的值通常用作雷达方程中的波束形状损耗,除非积累的脉冲数小。

当用笔形波束天线步进扫描(和相控阵一样)搜索空间时,必须考虑类似的损耗,因为不是所有的空域都是用相同的天线增益值照射的(在步进式扫描中,天线波束是静止的,并且停留在固定方向上,直到收集到所有 $n$ 个脉冲。然后,迅速切换并且停留在一个新方向上)。有些跟踪雷达(如圆锥扫描雷达)由于其天线波束没有用最大增益照射目标,因此也有损耗。

**8. 扫描损耗**

当相对于回波信号的往返时间而言,天线扫描足够快时,目标方向的天线增益

136

在发射和接收时可能不一样,会导致一个附加损耗,即"扫描损耗"。这对于一些远程扫描雷达(如设计用于空间监视或弹道导弹防御的雷达)而不是对大多数空中监视雷达而言,可能是重要的。

### 9. 天线罩

由天线罩引起的损耗与天线罩类型和辐射源工作频率有关。典型的地基金属空间桁架天线罩在从 L 到 X 频段上会有 1.2dB 的双程传输损耗。充气天线罩的损耗较低,而介质的空间桁架天线罩的损耗可能较高。

### 10. 信号处理损耗

复杂的信号处理在现代雷达中是很普遍的,并且对于杂波中目标的检测和从雷达回波信号中提取信息都是非常重要的。不幸的是,信号处理会引入不得不容忍的损耗。

### 11. 非匹配滤波器

实际匹配滤波器不是理想的匹配滤波器,因此会有 0.5~1.0dB 的损耗。脉冲压缩滤波器也可有类似的损耗(它是匹配滤波器的一个例子)。

### 12. 跨立损耗

当距离门不在脉冲的中心,或者由于实际原因,距离门比最佳值宽时,会产生一种"距离跨立损耗"。同样在多普勒滤波器组中,当信号频谱线不在滤波器的中心时会有滤波器跨立损耗。这些在模拟和数字处理中都会发生。

### 13. 采样损耗

当采用数字处理,匹配滤波器后面的视频信号在由 A/D 变换器进行数字化以前先进行采样会产生与跨立损耗有关的损耗。如果每个脉冲宽度只有一个采样,采样可能不在脉冲的最大幅度位置。采样值和最大脉冲幅度间的差表示采样损耗。当采样速率为每个脉冲宽度一次(适用于检测概率为 0.90,虚警概率为 $10^{-6}$)时,该损耗大约为 2dB。较大的检测概率时会产生较大的采样损耗。采样间隔的减小会使损耗迅速减少,当每个脉冲取两个采样时,损耗大约为 0.5dB,每个脉冲取三个采样时,损耗为 0.2dB 以下。

### 14. 折叠损耗

如果雷达要把附加的噪声采样和信号加噪声脉冲一起积累,则附加的噪声会导致一种性能降低,叫做"折叠损耗"。

例如,在仰角上有多个独立笔形波束"层叠"的三坐标雷达。在一个含有目标回波的给定距离分辨单元上,如果 N 个波束的输出在单个 PPI 显示器上叠加,则显示器将把 $N-1$ 个噪声采样与单个目标回波一起相加。当高分辨力雷达的输出显示在一个分辨力要比雷达中固有的分辨力低的显示器上时,也会产生折叠损耗。如果雷达接收机输出是自动处理的并且对其设置了门限,而不是依赖操作员观察显示器进行检测判决,那么,在上面的两个例子中就不会产生折叠损耗。

假定检波器是平方律的,则可按 Marcum 所提出的方法进行折叠损耗的数学推导。他已经证明，$m$ 个噪声脉冲和 $n$ 个信—噪脉冲一起的积累（每个信—噪脉冲的信—噪比为 $(S/N)_n$）等效于 $m+n$ 个信—噪脉冲的积累（每个脉冲的信-噪比为 $n(S/N)_n/(m+n)$）。因此，折叠损耗 $L_c(m,n)$ 等于 $m+n$ 个脉冲的积累损耗与 $n$ 个脉冲的积累损耗之比，即

$$L_c(m,n) = \frac{L_i(m+n)}{L_i(n)} \tag{3.28}$$

例如，假设有 10 个信号加噪声脉冲与 30 个只是噪声的脉冲一起进行积累，且 $P_d = 0.90$，$P_{fa} = 1/n_f = 10^{-8}$，则 $L_i(40) = 3.5\text{dB}$，$L_i(10) = 1.7\text{dB}$，进而根据式（3.28）得到折叠损耗为 1.8dB。

上述方法适合于平方律检波器。Trunk 已经证明，当积累脉冲数小而折叠比大时，折叠比定义为 $(m+n)/n$，线性检波器的折叠损耗要比平方律检波器的折叠损耗大得多。当脉冲数变大时，两种检波器间的差别就变小，特别对于小的折叠损耗值是这样。

## 3.5 超宽频带被动雷达寻的器系统的灵敏度通用计算公式

### 3.5.1 噪声系数

**1. 噪声系数的定义**

$$F_n = \frac{\text{接收机输入信噪比}}{\text{接收机输出信噪比}} = \frac{P_i/N_i}{P_o/N_o} \tag{3.29}$$

由于输入信噪比 $P_i/N_i$ 总是大于输出信噪比 $P_o/N_o$，故 $F_n$ 总是大于 1。只有理想的即没有内部噪声的接收机的 $F_n = 1$。

**2. 无源四端网络的噪声系数**

设无源四端网络的资用功率增益为 $G_a$。如图 3.6 所示，则其噪声系数为

$$F_n = \frac{P_{noa}}{P_{nAoa}} = \frac{kT_o\Delta f}{kT_o\Delta f \cdot G_a} = \frac{1}{G_a} \tag{3.30}$$

无源网络的资用功率增益的倒数称为资用功率的损耗，即 $L_a = \frac{1}{G_a}$，所以无源四端网络的噪声系数等于资用功率损耗，即

$$F_n = L_a \tag{3.31}$$

图 3.6 无源四端网络

**3. 级联电路的噪声系数**

用逐级推广的方法就可以求出 $n$ 级级联电路的总噪声系数：

$$F_n = F_1 + \frac{F_2-1}{G_1} + \frac{F_3-1}{G_1G_2} + \cdots + \frac{F_n-1}{G_1G_2\cdots G_{n-1}} \tag{3.32}$$

**4. 超外差接收机的噪声系数**

图 3.7 为超外差接收机的原理方框图。第一级馈线的插入损耗和失配损耗共约 3dB,还包括 3dB 天线极化损耗,故第一级总的损耗 $L_F = 6dB$。由于它是无源网络,则其噪声系数和损耗相等,即 $F_f = L_f$。预选器也是无源有耗网络,其噪声系数与插入损耗相等,即 $F_p = L_p$($F_f$、$F_p$ 都是噪声系数),变频器(包括混频器和本振)虽属于非线性网络,但仍为准线性网络,所以还可以用噪声系数的概念。检波器为非线性网络,噪声系数的概念对它是不适用的。

根据级联电路的噪声系式式(3.32)可以导出超外差接收机的噪声系数为

$$F_n = L_f\left\{F_R + \frac{1}{G_R}\left[F_m L_p - 1 + (F_i - 1)L_p L_m\right]\right\} \tag{3.33}$$

如果低噪声射频放大器的增益 $G_R$ 足够大,式(3.33)第二项可以略去,那么,接收机总的噪声系数近似值为

$$F_n \approx L_f F_R \tag{3.34}$$

如果没有低噪声射频放大器,导出的接收机总的噪声系数为

$$F_n = L_f L_p L_m (t_D + F_i - 1) \tag{3.35}$$

式中:$t_D = F_m G_n = F_m / L_m$ 为混频器的相对噪声温度,则

$$F_n(dB) = L_f(dB) + L_p(dB) + L_m(dB) + (t_D + F_i - 1)(dB) \tag{3.36}$$

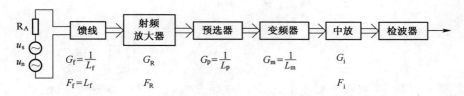

图 3.7　超外差接收机原理方框图

**5. 射频调谐式晶体视频接收机的噪声系数**

图 3.8 为射频调谐式晶体视频接收机方框图。

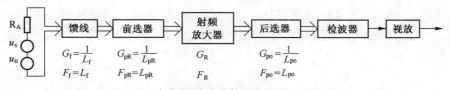

图 3.8　射频调谐式晶体视频接收机方框图

通常,射频放大器是低噪声放大器,用来减小微波检波器等后续电路的噪声对整机灵敏度的影响。前选器为带通滤波器用来抑制射频放大器外来互调干扰,使接收机的无寄生动态范围扩大。射频放大器后面的后选器用来减小射频放大器的宽频带输出噪声。前选器和后选器是同步调谐的,它们共同用来提高接收机的射频选择性,选出有用信号抑制外来干扰。由式(3.32)推导出接收机线性部分总噪

139

声系数：

$$F_n = L_f + (L_{pR} - 1)L_f + (F_R - 1)L_f L_{Rp} + \frac{(L_{P0} - 1)L_f L_{pR}}{G_R}$$

整理后得出

$$F_n = L_f L_{pR}\left(F_R + \frac{L_{P0} - 1}{G_R}\right) \tag{3.37}$$

如果 $G_R$ 足够大，使 $F_R \gg \dfrac{L_{p0} - 1}{G_R}$，则简化为

$$F_n = L_f L_{pR} F_R \tag{3.38}$$

或

$$F_n = L_s(\mathrm{dB}) + L_{pR}(\mathrm{dB}) + F_R(\mathrm{dB}) \tag{3.39}$$

### 3.5.2 接收机通用灵敏度表达式

**1. 噪声温度**

接收机中的噪声除了热噪声外，还有有源器件产生的噪声，它们都可以通过资用功率的概念等效为一个在接收机输入端具有温度 $T_n$ 的热噪声源所产生的效果。根据资用功率公式：

$$P_{nia} = KT_n \Delta f_n \tag{3.40}$$

则

$$T_n = \frac{P_{nia}}{K \Delta f_n} \tag{3.41}$$

噪声系数 $F_n$ 和噪声温度 $T_n$ 都可以表征接收机的噪声特征，它们存在一定的关系。

在接收机输入端用资用功率计算噪声系数的表示式为

$$F_n = 1 + \frac{P_{nBia}}{P_{nAia}} \tag{3.42}$$

式中：$P_{nAia}$ 为天线电阻在标准温度 $T_0$ 时送到接收机输入端的资用噪声功率，即 $P_{nAia} = KT_0 \Delta f_n$，$P_{nBia}$ 是接收机内部噪声换算到输入端的资用噪声功率，由式(3.40)，得到

$$P_{nBia} = KT_n \Delta f_n = (F_n - 1)KT_0 \Delta f_n \tag{3.43}$$

可得

$$T_n = (F_n - 1)T_0 \tag{3.44}$$

**2. 接收机通用灵敏度表达式**

接收机灵敏度是指当接收机输出信噪比 $P_{so}/P_{no}$ 为终端设备正常工作(识别信号)所必须的数值时，接收机应输入的最小信号功率 $P_{rmin}$，故也称为最小可辨功率。

接收机的灵敏度也叫做最小门限功率。它表明,如果接收机的信号功率比它低,则终端设备不能正常辨别出有用信号的存在。

当接收机检波前后带宽比 $\Delta f_R/\Delta f_V$ 和检波器工作状态确定之后,检波后的信噪比与检波前的信噪比之间就有一定的对应关系。因此,我们就可以根据特定的检波后信噪比大小,提出对检波前的信噪比要求。一旦检波前信噪比确定之后,接收机的输入端最小门限功率也就确定了。为了分析方便起见,我们首先从检波前信噪比出发,导出导引头接收机通用灵敏度表达式,然后再找出检波后信噪比与检波前信噪比之间的关系。

令检波前需要的最小信噪比为 $D$($D$ 亦称识别系数),则

$$\frac{P_{soa}}{P_{noa}} \geq D \tag{3.45}$$

由噪声系数公式

$$F_n = \frac{P_{s_i}/P_{n_i}}{P_{s_0}/P_{n_0}}$$

可得

$$D \leq \frac{1}{F_n}\frac{P_{sia}}{P_{nia}} \tag{3.46}$$

式中:$P_{nia}$ 为接收机资用输入噪声功率,其中 $\Delta f_n$ 为检波前线性电路的噪声带宽,对于多级电路近似等于检波前线性电路的半功率带宽 $\Delta f_R$,取 $P_{nai} = P_{rmin}$,取识别系数为 $D$,即检波前需要的最小信噪比为 $D$,则式(3.47)取等号,可得出接收机通用灵敏度表达式:

$$P_{rmin} = KT_0\Delta f_n F_n D \tag{3.47}$$

此式说明,接收机灵敏度与接收机检波前线性电路带宽 $\Delta f_n$($\Delta f_R$)、噪声系数 $F_n$ 及检波前需要的最小信噪比 $D$ 有关。应当注意,这种灵敏度通用表达式在标准温度 $T_0$ 和资用输出功率的条件下得出的。

式(3.48)中 $\Delta f_R$ 单位为 Hz,$F_n$、$D$ 为功率比。若如 $\Delta f_R$ 以 MHz 为单位,而 $KT_0 = 1.38 \times 10^{-23}(\text{J/K}) \times 290(\text{K}) = 4 \times 10^{-21}\text{J}$,则

$$P_{rmin} = 4 \times 10^{-15}\Delta f_R F_n D(\text{dBW}) = 4 \times 10^{-12}\Delta f_R F_n D(\text{dBmW}) \tag{3.48}$$

或

$$\begin{aligned}P_{rmin} &= -144 + \Delta f_R(\text{dB}) + F_n(\text{dB}) + D(\text{dB}) \quad (\text{dBW}) \\ &= -144 + \Delta f_R(\text{dB/MHz}) + F_R(\text{dB}) + D(\text{dB}) \quad (\text{dBmW})\end{aligned} \tag{3.49}$$

灵敏度通用计算公式(3.49)是在检波前或数字接收机 A/D 前的信噪比,即识别系数 $D$ 条件下得出的。但终端设备是在视频范围或数字接收机工作范围而工作的。因此,实际接收机灵敏度总是根据视频信号或数字接收机的信号噪声特性进行定义和测量的。我们首先研究带有视频的接收系统的灵敏度。信号和噪声同时作用于具有非线性的检波器之后,信噪比要下降,那么要得出灵敏度就需要找出检

波过程中信噪比的变化值来。

## 3.6 超宽频带被动雷达寻的器接收机的切线灵敏度

### 3.6.1 切线灵敏度的定义

若在某一输入脉冲功率电平作用下,接收机输出端脉冲顶上的噪声底部与基线噪声的顶部在一条线上(相切),则称这个输入脉冲信号为切线灵敏度,如图 3.9 所示。在图 3.9 中,$U_{SN}$ 为脉冲信号振幅,$U_n$ 为无信号处的噪声带的高度,$U_m$ 为有信号处的噪

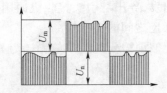

图 3.9 切线信号灵敏度波形图

声带的高度。切线灵敏度的测试是在示波器上观测输出波形,所以信号电平的测量就不可能非常精确,通常在平均值±1 ~ ±2dB 范围摆动。尽管如此,切线灵敏度仍然被广泛用来衡量各种接收机微弱信号能力的比较标准。

下面计算切线灵敏度所对应的视频输出信噪比。

噪声电压峰—峰值(噪声带的高度)和噪声电压的有效值之比为确定的常数 $K_c$(峰值系数),即

$$
\begin{cases}
U_n = K_c U_{ne} \\
U_m = K_c U_{me}
\end{cases}
\tag{3.50}
$$

式中:$U_{ne}$、$U_{me}$ 分别为 $U_n$、$U_m$ 的有效值。由于检波器的非线性作用,有信号时的一部分信号功率变成噪声功率,故 $U_m > U_n$ ,而信号电压为

$$
U_{SN} = \frac{1}{2}(U_n + U_m) = \frac{1}{2}K_c(U_{ne} + U_{me})
\tag{3.51}
$$

又因功率和电压有效值之间关系为

$$
\begin{cases}
U_{ne} = \sqrt{R_V P_n} \\
U_{me} = \sqrt{R_V P_m} \\
U_{SN} = \sqrt{R_V P_{SN}}
\end{cases}
\tag{3.52}
$$

式中:$P_n$、$P_m$ 分别为基线部分和抬高部分的噪声功率;$P_{SN}$ 为信号功率;$R_V$ 为检波器视频输出电阻。

将式(3.52)代入式(3.51)得

$$
P_{SN} = \frac{K_c^2}{4}(P_n + P_m + 2\sqrt{P_n P_m})
\tag{3.53}
$$

如果忽略 $P_n$ 与 $P_m$ 之间的差异,得出

$$\frac{P_{SN}}{P_m} = K_c^2 \tag{3.54}$$

对高斯白噪声，$K_c = 2.5$，则 $K_c^2 = 6.25 \approx 8dB$。由此可见，处于切线状态的视频输出信噪比近似为 8dB。切线灵敏度用来比较各种接收机检测脉冲信号的能力，它们的数值不能代表实际的灵敏度，这一点需要设计者注意。

### 3.6.2　切线灵敏度的分析与计算公式

导引头接收机和雷达接收机有两点明显不同。①雷达接收机的检波前滤波器、检波后滤波器和信号处理都处于准匹配状态。而对于导引头接收机来说，由于其侦收的是未知信号，检波前和检波后的滤波器都和信号处于严重失配状态，并且检波前滤波器的带宽 $\Delta f_R$ 与检波后滤波器的带宽 $\Delta f_V$ 之比不是确定的数值（雷达一律为 $\Delta f_R / \Delta f_V = 2$），除了超宽带雷达。②不同点表现在接收机体制上，雷达几乎都采用窄带超外差接收机，检波前有足够高的增益，检波器和视放的噪声特性对接收机的输出噪声影响可以忽略；而导引头的接收机采用超外差接收机、晶体视频接收机及其变种接收机都是宽频带的，而且有时检波器前没有足够高的增益，检波器和视放的噪声特性对接收机的输出噪声有一定的影响。因此，必须重新推演被动雷达导引头接收机的切线灵敏度公式。下面就以晶体视频接收机为例，进行定量分析，再将结果推广到其他接收机。

图 3.10 是晶体视频接收机原理方框图，$G_R$、$F_R$、$\Delta f_R$ 分别表示射频放大器的增益、噪声系数和 3dB 带宽；$G_V$、$F_V$、$\Delta f_V$ 分别表示视放的增益、噪声系数和 3dB 带宽。为简单起见，假设放大器的幅频特性呈矩形，且 $G_V = 1$，检波器工作在平方律区域，则肖特基二极管的检波器品质因数为

$$M = \gamma / \sqrt{R_V} \tag{3.55}$$

式中：$\gamma$ 为检波器的开路电压灵敏度；$R_V$ 为检波器视频输出电阻。

图 3.10　晶体视频接收机原理方框图

由 $M$ 和 $F_V$ 决定的时常数为

$$A = \frac{4F_V}{KT_0 M^2} \times 10^{-6} \tag{3.56}$$

我们知道，当信号和噪声同时作用于平方律检波时，其输出包含有噪声自己的差拍分量、信号和噪声的差拍分量以及信号分量。视放输出的噪声功率谱由下式给出：

$$F(f) = \begin{cases} \dfrac{\gamma^2}{4R_V}[2W_0^2(\Delta f_R - f) + 4P_{s0}W_0], & 0 < f < \Delta f_R/2 \\[3mm] \dfrac{\gamma^2}{4R_V}[2W_0^2(\Delta f_R - f)], & \Delta f_R/2 < f < \Delta f_R \end{cases}$$

式中：$P_{s0}$ 为射频放大器的输出信号功率；$W_0$ 为射频放大器的输出噪声功率谱密度。

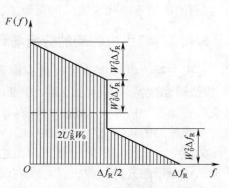

图 3.11　平方律检波器输出视频噪声谱

该视频噪声谱如图 3.11 所示。由图可以看出，在 $f = \Delta f_R/2$ 及 $f = \Delta f_R$ 点，频谱不连续，故应对 $\Delta f_V \leqslant \Delta f_R \leqslant 2\Delta f_V$ 和 $\Delta f_R \geqslant 2\Delta f_V$ 的情况分别进行讨论。

**1. $\Delta f_V \leqslant \Delta f_R \leqslant 2\Delta f_V$**

在这种情况下，$\Delta f_V$ 位于 $\Delta f_R/2$ 和 $\Delta f_R$ 之间，视放将接收由信号和噪声差拍而产生的全部噪声，但只能部分地接收噪声各分量之间差拍而产生的噪声。由

$$P_V = \int_0^{\Delta f_V} F(f)\,\mathrm{d}f = \frac{\gamma^2}{4R_V}\Big[\int_0^{\Delta f_V} 2W_0^2(\Delta f_R - f)\,\mathrm{d}f + \int_0^{\Delta f_R/2} 4P_{s0}W_0\,\mathrm{d}f\Big]$$

算得

$$P_V = \frac{\gamma}{4R_V}[2W_0^2\Delta f_R\Delta f_V - W_0^2\Delta f^2 + 2P_{s0}W_0\Delta f_V] = (P_m)_1 \tag{3.57}$$

基线噪声功率为

$$(P_n)_1 = P_V\big|_{P_{s0}=0} = \frac{\gamma^2}{4R_V}(2W_0^2\Delta f_R\Delta f_V - W_0^2\Delta f_V^2) \tag{3.58}$$

微波检波器和视放所产生的白噪声（包括热噪声和散粒噪声）功率为

$$P_V' = (F_V + t_D - 1)KT_0\Delta f_V$$

对于肖特基二极管，相对噪声温度 $t_D = 1$，代入上式得

$$P_V' = KT_0\Delta f_V F_V \tag{3.59}$$

视频输出的信号功率为

$$P_{SN} = \frac{\gamma^2}{4R_V}P_{s0}^2 \tag{3.60}$$

在计算噪声功率时，除考虑射频放大器输入到检波器的噪声外，还应考虑检波器与视放的噪声，于是，实际的基线噪声功率为

$$P_n = (P_n)_1 + P_V' = \frac{\gamma^2}{4R_V}(2W_0^2\Delta f_R\Delta f_V - W_0^2\Delta f_V^2) + KT_0\Delta f_V F_V \tag{3.61}$$

抬高的噪声为

144

$$P_{\mathrm{m}} = (P_{\mathrm{m}})_1 + P_{\mathrm{V}}' = \frac{\gamma^2}{4R_{\mathrm{V}}}(2W_0^2\Delta f_{\mathrm{R}}\Delta f_{\mathrm{V}} - W_0\Delta f_{\mathrm{V}} + 2P_{s0}W_0\Delta f_{\mathrm{R}}) + KT_0\Delta f_{\mathrm{V}}F_{\mathrm{V}}$$

$$(3.62)$$

当接收机输入端的信号功率为切线灵敏度时，$P_{\mathrm{si}} = P_{s0}/G_{\mathrm{R}} = P_{\mathrm{TSS}}$，于是 $P_{s0} = P_{\mathrm{TSS}}G_{\mathrm{R}}$。

将式(3.61)和式(3.62)代入式(3.53)得

$$\frac{\gamma^2}{4R_{\mathrm{V}}}G_{\mathrm{R}}^2P_{\mathrm{TSS}}^2 = \frac{K_c^2}{4}\left\{\frac{\gamma^2}{4R_{\mathrm{V}}}(2W_0^2\Delta f_{\mathrm{R}}\Delta f_{\mathrm{V}} - W_0^2\Delta f_{\mathrm{V}}^2) + \right.$$

$$KT_0\Delta f_{\mathrm{V}}F_{\mathrm{V}} + \frac{\gamma^2}{4R_{\mathrm{V}}}(2W_0^2\Delta f_{\mathrm{R}}\Delta f_{\mathrm{V}} - W_0^2\Delta f_{\mathrm{V}}^2 + 2G_{\mathrm{R}}P_{\mathrm{TSS}}W_0\Delta f_{\mathrm{R}}) + KT_0\Delta f_{\mathrm{V}}F_{\mathrm{V}} +$$

$$2\sqrt{\frac{\gamma^2}{4R_{\mathrm{V}}}[2W_0^2\Delta f_{\mathrm{R}}\Delta f_{\mathrm{V}} - W_0^2\Delta f_{\mathrm{V}}^2 + KT_0\Delta f_{\mathrm{V}}F_{\mathrm{V}}]\left[\frac{\gamma^2}{4R_{\mathrm{V}}}(2W_0^2\Delta f_{\mathrm{R}}\Delta f_{\mathrm{V}}\right.}$$

$$\left.\left.\overline{- W_0^2\Delta f_{\mathrm{V}}^2 + 2G_{\mathrm{R}}P_{\mathrm{TSS}}W_0\Delta f_{\mathrm{R}}) + KT_0\Delta f_{\mathrm{V}}F_{\mathrm{V}}]}\right\}\right. \qquad (3.63)$$

再将 
$$\begin{cases} W_0\Delta f_{\mathrm{R}} = KT_0F_{\mathrm{R}}G_{\mathrm{R}}\Delta f_{\mathrm{R}} \\ n = \Delta f_{\mathrm{R}}/\Delta f_{\mathrm{V}} \\ R_{\mathrm{V}} = \gamma^2 M^2 \end{cases} \qquad (3.64)$$

代入上式，并消去公因子 $\gamma^2/4R_{\mathrm{V}}$，得

$$P_{\mathrm{TSS}}^2 = \frac{K_c^2}{4}\left\{(KT_0\Delta f_{\mathrm{R}}F_{\mathrm{R}})^2\left(\frac{2}{n} - \frac{1}{n^2}\right) + \frac{4KT_0\Delta f_{\mathrm{V}}F_{\mathrm{V}}}{M^2G_{\mathrm{R}}^2} + \right.$$

$$(KT_0\Delta f_{\mathrm{R}}F_{\mathrm{R}})^2\left(\frac{2}{n} - \frac{1}{n^2} + \frac{2P_{\mathrm{TSS}}}{KT_0\Delta f_{\mathrm{R}}F_{\mathrm{R}}}\right) + \frac{4KT_0\Delta f_{\mathrm{V}}F_{\mathrm{V}}}{M^2G_{\mathrm{R}}^2} +$$

$$2\sqrt{\left[(KT_0\Delta f_{\mathrm{R}}F_{\mathrm{R}})^2\left(\frac{2}{n} - \frac{1}{n^2}\right) + \frac{4KT_0\Delta f_{\mathrm{V}}F_{\mathrm{V}}}{M^2G_{\mathrm{R}}^2}\right]}$$

$$\left.\times\overline{\left[(KT_0\Delta f_{\mathrm{R}}F_{\mathrm{R}})^2\left(\frac{2}{n} - \frac{1}{n^2} + \frac{2P_{\mathrm{TSS}}}{KT_0\Delta f_{\mathrm{R}}F_{\mathrm{R}}}\right) + \frac{4KT_0\Delta f_{\mathrm{V}}F_{\mathrm{V}}}{M^2G_{\mathrm{R}}^2}\right]}\right\}$$

$$= \frac{K_c^2}{4}\left\{\sqrt{(KT_0\Delta f_{\mathrm{R}}F_{\mathrm{R}})^2\left(\frac{2}{n} - \frac{1}{n^2}\right) + \frac{4KT_0\Delta f_{\mathrm{V}}F_{\mathrm{V}}}{M^2G_{\mathrm{R}}^2}} + \right.$$

$$\left.\sqrt{(KT_0\Delta f_{\mathrm{R}}F_{\mathrm{R}})^2\left(\frac{2}{n} - \frac{1}{n^2} + \frac{2P_{\mathrm{TSS}}}{KT_0\Delta f_{\mathrm{R}}F_{\mathrm{R}}}\right) + \frac{4KT_0\Delta f_{\mathrm{V}}F_{\mathrm{V}}}{M^2G_{\mathrm{R}}^2}}\right\}^2 \qquad (3.65)$$

将式(3.51)代入式(3.65)得

$$P_{\mathrm{TSS}}^2 = \frac{K_c^2}{4}\left\{\sqrt{(KT_0F_{\mathrm{R}}^*)^2\left[\Delta f_{\mathrm{R}}^2\left(\frac{2}{n} - \frac{1}{n^2}\right) + \frac{A\Delta f_{\mathrm{V}}}{G_{\mathrm{R}}^2F_{\mathrm{R}}^2}\right]} + \right.$$

$$\sqrt{(KT_0F_R)^2\left[\Delta f_R^2\left(\frac{2}{n}-\frac{1}{n^2}+\frac{2P_{TSS}}{KT_0\Delta f_R F_R}\right)+\frac{A\Delta f_V}{G_R^2 F_R^2}\right]}\Bigg\}^2$$

$$(3.66)$$

由于信号与噪声差拍分量较之射频放大器、检波器及视放产生的噪声之和为小,即

$$\frac{2\Delta f_R^2 P_{TSS}}{KT_0\Delta f_R F_R}<\left[\Delta f_R^2\left(\frac{2}{n}-\frac{1}{n^2}\right)+\frac{A\Delta f_V}{G_R^2 F_R^2}\right]$$

$$(3.67)$$

再利用二项式展开,并取前两项作近似计算:

$$P_{TSS}^2=K_c^2\left\{(KT_0F_R)^2\left[\Delta f_R^2\left(\frac{2}{n}-\frac{1}{n^2}\right)+\frac{A\Delta f_V}{G_R^2 F_R^2}\right]+KT_0F_R\Delta f_R P_{TSS}\right\}$$

经整理配方,最后得

$$P_{TSS}=KT_0F_R\left(\frac{1}{2}K_c^2\Delta f_R+K_c\sqrt{2\Delta f_R\Delta f_V-\Delta f_V^2+\frac{A\Delta f_V}{G_R^2 F_R^2}}\right)\times10^6(\text{W})$$

$$(3.68)$$

将高斯分布的峰值系数 $K_c=2.5$ 代入作近似计算,得

$$P_{TSS}\approx KT_0F_R\left(3.15\Delta f_R+2.5\sqrt{2\Delta f_R\Delta f_V-\Delta f_V^2+\frac{A\Delta f_V}{G_R^2 F_R^2}}\right)\times10^6(\text{W})$$

$$(3.69)$$

或

$$P_{TSS}(\text{dBmW})=-114(\text{dBmW})+F_R(\text{dB})+10\lg\Big(3.15\Delta f_R+$$

$$2.5\sqrt{2\Delta f_R\Delta f_V-\Delta f_V^2+\frac{A\Delta f_V}{G_R^2 F_R^2}}\Big)\quad(\text{dBmW})$$

$$(3.70)$$

**2. $\Delta f_R\geqslant2\Delta f_V$**

在这种情况下,由于 $\Delta f_V\leqslant\Delta f_R/2$,视频噪声只有一部分进入视放,即表示式为

$$P_V=\int_0^{\Delta f_V}F(f)\mathrm{d}f=\frac{\gamma^2}{4R_V}\int_0^{\Delta f_V}2W_0(\Delta f_R-f)\mathrm{d}f+\int_0^{\Delta f_V}4P_{s0}W_0\mathrm{d}f$$

后续的计算过程与($\Delta f_V\leqslant\Delta f_R\leqslant2\Delta f_V$)状态相同,故只给出最终结果:

$$P_{TSS}=KT_0F_R\left(6.31\Delta f_V+2.5\sqrt{2\Delta f_R\Delta f_V-\Delta f_V^2+\frac{A\Delta f_V}{G_R^2 F_R^2}}\right)\times10^6(\text{W})$$

$$(3.71)$$

或

$$P_{TSS}(\text{dBmW})=-114(\text{dBmW})+F_R(\text{dB})+10\lg\Big(6.31\Delta f_V+$$

$$2.5\sqrt{2\Delta f_R\Delta f_V-\Delta f_V^2+\frac{A\Delta f_V}{G_R^2 F_R^2}}\Big)\quad(\text{dBmW})$$

$$(3.72)$$

146

式(3.71)和式(3.72)导引头接收机的切线灵敏度计算的通用公式。试验证明:对晶体视频接收机和超外差接收机,无论是平方律检波还是线性检波,均具有相当高的精度。在实际工作中,可根据具体情况加以简化。

**3. 在射频欠增益(增益限制)下**

检波前增益不足,如不带射频放大器的晶体视频接收机,或射频放大器增益不高,以致 $A\Delta f_V / G_R^2 F_R^2 \gg (2\Delta f_R \Delta f_V - \Delta f_V^2)$,上述式(3.69)和式(3.70)可做如下简化:

当 $\Delta f_V \leqslant \Delta f_R \leqslant 2\Delta f_V$ 时

$$P_{TSS} = KT_0 F_R \left( 3.15\Delta f_R + 2.5\sqrt{\frac{A\Delta f_V}{G_R^2 F_R^2}} \right) \times 10^6 (\text{W}) \tag{3.73}$$

或

$$P_{TSS}(\text{dBmW}) = -114(\text{dBmW}) + F_R(\text{dB}) + 10\lg\left( 3.15\Delta f_R + 2.5\sqrt{\frac{A\Delta f_V}{G_R^2 F_R^2}} \right) \quad (\text{dBmW})$$

$$\tag{3.74}$$

当 $\Delta f_R \geqslant 2\Delta f_V$ 时

$$P_{TSS} = KT_0 F_R \left( 6.31\Delta f_V + 2.5\sqrt{\frac{A\Delta f_V}{G_R^2 F_R^2}} \right) \times 10^6 (\text{W}) \tag{3.75}$$

或

$$P_{TSS}(\text{dBmW}) = -114(\text{dBmW}) + F_R(\text{dB}) + 10\lg\left( 6.31\Delta f_V + 2.5\sqrt{\frac{A\Delta f_V}{G_R^2 F_R^2}} \right) \quad (\text{dBmW})$$

$$\tag{3.76}$$

**4. 在噪声限制下**

对于检波前增益很高的接收机,整机噪声则由检波前电路的噪声电平决定,应满足下列不等式:

$$\frac{A\Delta f_V}{G_R^2 F_R^2} < 0.2(2\Delta f_R \Delta f_V - \Delta f_V^2)$$

即

$$G_R^2 > \frac{2.24}{F_R}\sqrt{\frac{A}{2(\Delta f_R - \Delta f_V)}} \tag{3.77}$$

在此条件下,通用灵敏度公式可做如下简化:

当 $\Delta f_V \leqslant \Delta f_R \leqslant 2\Delta f_V$ 时,有

$$P_{TSS} = KT_0 F_R \left( 3.15\Delta F_R + 2.5\sqrt{2\Delta f_R \Delta f_V - \Delta f_V^2} \right) \times 10^6 (\text{W}) \tag{3.78}$$

或

$$P_{TSS}(\text{dBmW}) = -114(\text{dBmW}) +$$

$$F_{\mathrm{R}}(\mathrm{dB}) + 10\lg\left(3.15\Delta f_{\mathrm{R}} + 2.5\sqrt{2\Delta f_{\mathrm{R}}\Delta f_{\mathrm{V}} - \Delta f_{\mathrm{V}}^{2}}\right)(\mathrm{dBmW})$$

$$(3.79)$$

当 $\Delta f_{\mathrm{R}} \geqslant 2\Delta f_{\mathrm{V}}$ 时

$$P_{\mathrm{TSS}} = KT_0 F_{\mathrm{R}}\left(6.31\Delta f_{\mathrm{V}} + 2.5\sqrt{2\Delta f_{\mathrm{R}}\Delta f_{\mathrm{V}} - \Delta f_{\mathrm{V}}^{2}}\right) \times 10^6(\mathrm{W}) \quad (3.80)$$

或

$$P_{\mathrm{TSS}}(\mathrm{dBmW}) = -114(\mathrm{dBmW}) +$$
$$F_{\mathrm{R}}(\mathrm{dB}) + 10\lg\left(6.31\Delta f_{\mathrm{V}} + 2.5\sqrt{2\Delta f_{\mathrm{R}}\Delta f_{\mathrm{V}} - \Delta f_{\mathrm{V}}^{2}}\right)(\mathrm{dBmW})$$

$$(3.81)$$

若 $\Delta f_{\mathrm{R}} \gg \Delta f_{\mathrm{V}}$，上式还可进一步简化为

$$P_{\mathrm{TSS}} = KT_0 \Delta f_{\mathrm{e}} F_{\mathrm{R}} \times 2.5 \times 10^6(\mathrm{W}) \quad (3.82)$$

或

$$P_{\mathrm{TSS}}(\mathrm{dBmW}) = -114(\mathrm{dBmW}) + F_{\mathrm{R}}(\mathrm{dB}) + \Delta f_{\mathrm{e}}(\mathrm{dB/MHz}) + 4(\mathrm{dB})$$

$$(3.83)$$

其中

$$\Delta f_{\mathrm{e}} = \sqrt{2\Delta f_{\mathrm{R}}\Delta f_{\mathrm{V}}} \quad (3.84)$$

## 3.7 超宽频带被动雷达寻的器接收机的工作灵敏度

导引头接收机中,用 DSP 进行数字信号处理,它们要求被处理的信号必须"干净",信噪比在 16dB 以上。因此接收机的工作灵敏度可以这样定义:接收机输入端在脉冲信号作用下,它的输出端信噪比为 16dB 时,输入脉冲信号功率称为接收机的工作灵敏度,以 $P_{\mathrm{ops}}$ 表示。

利用以上推导的切线灵敏度计算公式计算出切线灵敏度,在此基础上再计算工作灵敏度。

(1)确定常数 $A$。若 $M$ 和 $F_{\mathrm{V}}$ 已知,可利用式(3.56)算得,否则则由试验方法确定,具体做法如下:首先测得微波检波器的切线灵敏度,再利用下式算出 $A$ 值。

$$P'_{\mathrm{TSS}} = 2.5KT_0\sqrt{A\Delta f_{\mathrm{V}}} \times 10^6(\mathrm{W}) \quad (3.85)$$

或

$$P_{\mathrm{TSS}}(\mathrm{dBmW}) = -110(\mathrm{dBmW}) + 10\lg\sqrt{A\Delta f_{\mathrm{V}}}(\mathrm{dBmW}) \quad (3.86)$$

(2)判别限制条件。如果满足式(3.72),说明接收机工作在噪声限制条件下,否则接收机处于增益限制条件下。

(3)确定 $\Delta f_{\mathrm{R}}$ 与 $\Delta f_{\mathrm{V}}$ 的相对大小。即判别 $\Delta f_{\mathrm{V}} \leqslant \Delta f_{\mathrm{R}} \leqslant 2\Delta f_{\mathrm{V}}$ 还是 $\Delta f_{\mathrm{R}} \geqslant 2\Delta f_{\mathrm{V}}$,以确定计算所用的公式。

若 $\Delta f_R \gg \Delta f_V$，又处于噪声限制状态，可用式(3.77)或式(3.78)计算 $P_{TSS}$。

（4）计算接收机的工作灵敏度。若检波器的输入信号噪声功率比 $S_i/N_i \ll 1$，说明检波器处于平方律状态工作，则输出信号噪声功率比 $S_o/N_o = (S_i/N_i)/2$。所以工作灵敏度为

$$P_{OPS} = P_{TSS}(dBmW) + 5(dB) \tag{3.87}$$

若 $S_i/N_i \gg 1$，说明检波器处于线性工作状态，$S_o/N_o \approx S_i/N_i$，则

$$P_{OPS} = P_{TSS}(dBmW) + 8(dB) \tag{3.88}$$

## 3.8　超宽频带被动雷达寻的器的动态范围

### 3.8.1　概述

寻的器接收机的动态范围是由 ARM 或导弹的战斗任务和所面临的复杂电子环境以及导引头接收机的体制所决定的。

要使寻的器既能捕捉远距离上的目标信号和小功率的目标信号，就得要求接收机既有高的灵敏度；还要使寻的器又能捕捉近距离上的目标信号或大功率信号，这得要求接收机有很强的过载能力，即要求接收机有大的线性动态范围。

要使寻的器接收机既能捕捉跟踪普通环扫的雷达，又能捕捉跟踪边扫描边跟踪的低截获概率雷达，就得要求接收机不仅有大的线性动态范围，还要有比较大的瞬时动态范围。

寻的器接收机中采用微波放大器和混频器等有源器件，必然产生互调制使信号产生失真，引起检测误差。因此接收机不但需要有大的线性动态范围，而且需要比较大的无虚假动态范围。

寻的器接收机中既包括有检测角误差信号的信号系统，又包括测频系统。导引头处于复杂的电磁环境中，时间上重叠的多个强信号同时进入接收机，特别是瞬时测频接收机，因为它在整个频域覆盖范围内是敞开的，其有源器件必然产生非线性失真。因此，导引头接收机必须具有大的无虚假动态范围或线性动态范围。同时可明显地看出动态范围是寻的器的重要质量技术指标。

在这里根据寻的器接收机的特点提出几种常见的动态范围：线性动态范围、无虚假动态范围和瞬时动态范围。

### 3.8.2　线性动态范围

#### 1. 定义

定义线性动态范围为接收机输入端口输入单频信号对 1dB 压缩点对应的输入功率 $P_{1dB}$ 与最小可检测灵敏度之比，记作 $M_{LDR}$。用分贝表示式可写成

$$M_{LDR} = P_{1dB}(dBmW) - P_{rmin}(dBmW) \tag{3.89}$$

线性动态范围主要用于描述导引头接收机工作在线性状态时所能处理的输入信号电平的范围。从式(3.89)可以看出，线性动态范围下限取决于接收机的灵敏度 $P_{rmin}$，而上限则取决于接收机在 1dB 增益压缩点处对应的输入功率。

$M_{LDR}$ 主要用于描述幅度测量的能力，也适用于描述频率测量的能力。

**2. 1dB 压缩点**

为防止接收机产生虚假数据，接收机部件必须工作在线性范围。换句话说，输出信号幅度必须与输入信号幅度成线性。接收机中幅度测量电路通常设计得能计算其这种影响。如果幅度以分贝为单位测量，则当输入信号增加 1dB 时，输出信号也将增加 1dB。这一结果示于图 3.12，在该图中示出的接收机增益可用分贝表示为

$$G(\text{dB}) = 10\lg(S_o/S_i) \qquad (3.90)$$

或

$$S_o(\text{dBmW}) = G(\text{dB}) + S_i(\text{dBmW}) \qquad (3.91)$$

从式(3.91)可以看出，输出与输入成线性关系。如果 $x$ 和 $y$ 两个轴有相同的标度，则直线的斜率为 1。增益可以从两个轴标度的差读出。图 3.12 中的放大增益为 30dB。

但是，在接收机中，如果输入信号强度继续增加，接收机的某种部件(如放大器和混频器)会开始饱和。结果，接收机的输出就不再随输入信号而线性增加。例如，当输入增加 1dB 时，输出增加小于 1dB，如图 3.12 所示。当接收机的输出

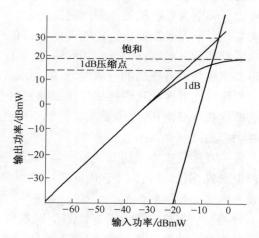

图 3.12  接收机增益的输入和输出信号关系

偏离其线性区域 1dB 时，对应的输入电平(或输出电平)就称为 1dB 压缩点。图 3.12 中 1dB 压缩点对应于输出约为 14dBmW。这个定义通常不仅用在测量信号幅度的接收机中，而且用在线性器件中。

**3. 单信号动态范围**

当一部接收机只给出输入信号的频率信息而不测量其幅度信息时，动态范围可以由其频率测量能力来确定。由于频率测量应用于导引头的瞬时测频，而且是导引头的主要性能，故动态范围通常是利用这种能力来确定的(即使接收机测量信号幅度)。在这种情况下，我们对同一接收机可以引用两种动态范围：一种是与幅度测量能力有关，另一种则与其频率测量能力有关。

动态范围的下限通常定义为最弱的信号电平，其中测量的频率误差是处在某

一预定的范围之内;动态范围的上限是最强的信号电平,其中测量的频率误差是处在相同的预定范围之内。让我们应用一部既测量输入信号的频率也测量其幅度的IFM(瞬时测频)接收机来解释动态范围。如果接收机可测量的输入信号为-65～-10dBmW,精度为±3MHz,则一般认为该接收机的动态范围为55dB,虽然幅度测量电路可能只有30dB的线性范围。为了避免上述例子的混淆,应给出两种接收机动态范围。

对于某些接收机(如晶体管视频和IFM接收机),一次只能测量一个信号的问题(即使其输入端有几个不同时到达信号)。在一些其他的接收机中,如果有同时到达输入信号,则接收机会测量所有信号。如果只有一个输入信号,则具有测量同时到达信号能力的接收机应报出一个信号。但是,当接收机中某些线性部件被激励进入非线性区域时,则接收机的输入端上可能出现一些附加(虚假)信号。例如,一个混频器可能产生互调产物,而一个放大器在饱和时可能产生二次谐波。通常,接收机的动态范围被称为单信号无虚假动态范围。在此动态范围内,如果接收机的输入端出现一个信号,则接收机不会产生虚假信号。

### 3.8.3　无虚假动态范围

**1. 定义**

无虚假动态范围是用于描述时间上重叠的多个强信号同时进入接收机,因接收机的大信号非线性效应而造成互调失真时,接收机所能处理的输入信号电平的范围。在多个强信号同时进入接收机而造成的各种互调失真中,以三阶互调(一个信号的频率的二次谐波与另一个信号的基波之差)失真对该接收机正常工作影响最为严重,因此,接收机的无虚假动态范围通常定义为:在等幅双音信号输入下,接收机产生的三阶互调失真电平等于噪声电平时对应的接收机的最大输入功率 $P_{1i}$ 与最小可检测灵敏度 $P_{rmin}$ 之比,记作 $M_{SFRD}$ ,用分贝可表示为

$$M_{SFRD} = P_{1i} - P_{rmin}(dB) \tag{3.92}$$

式(3.92)表明,无虚假动态范围的下限也取决于接收机的灵敏度,而其上限取决于三阶互调失真电平。

**2. 双音无虚假动态范围和三阶互调**

双音无虚假动态范围为当两个同时到达信号处在这个范围内时,接收机不会产生任何虚假信号。由于两个信号可以有许多不同的频率和幅度组合,故最好是用统一的输入条件以估计接收机的性能。确定输入条件的一般方法是两个幅度及其频率相同的信号处在接收机输入带宽之内。在这种条件下,多半产生的虚假信号是三阶互调谐波。因此,首先来讨论三阶互调谐波。由于二次谐波的产生类似于三阶谐波的产生,故一并讨论。

如果接收机工作在它的线性区域,输入端上的两个信号会在输出端上产生两个信号,并不会产生与谐波有关的虚假信号。当输入信号很强且把接收机中的某

些部件激励到进入非线性区域时,则接收机的输入和输出之间的关系可以写成

$$U_o = a_1 U_i + a_2 U_i + a_3 U_i + \cdots \tag{3.93}$$

式中:$U_o$ 和 $U_i$ 分别为输出和输入电压;$a_1$,$a_2$,$a_3$,$\cdots$ 为常数。

式(3.93)中的第二项会产生二次谐波,其频率为输入信号频率的两倍。通常,在带宽小于倍频程的接收机中,二次谐波不是主要的影响,因为二次谐波会落在接收机的通带之外。如果接收机带宽超过一个倍频程,则二次谐波有较大的影响。

三阶互调产物是两个不同频率的同时到达输入信号产生的。为了简化讨论起见,两个信号可表示为

$$U_i = \cos\omega_1 t + \cos\omega_2 t \tag{3.94}$$

假定两个信号有相同的幅度和相位。式(3.93)中的第三项($a_3 U_i$)产生的信号包含有

$$\cos(2\omega_1 t - \omega_2 t) \text{ 和 } \cos(2\omega_2 t + \omega_1 t)$$

式中:$\omega_1$ 和 $\omega_2$ 为两个输入信号的角频率。三阶互调谐波如图 3.13 所示。

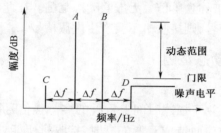

图 3.13　三阶互调谐波

三阶互调产物极为重要,因为它们是可能落在接收机通带内的最低阶互调产物。这也是三阶互调产物通常被用作双音无虚假动态范围上限的原因,在射频放大器中三阶互调也是一个非常重要的性能特性。因此,在 RF 放大器中常常明确规定这一特性。

二阶和三阶互调可用图 3.14 的一条输入对输出的关系曲线表示。基波频率的输入与输出的关系用斜率为 1 的直线表示,二阶互调产物斜率为 2:1,而三阶互调产物斜率为 3:1。它们的渐近线与基波的渐近线相交,其交点称为二阶和三阶截交点。三阶截交点通常在放大器的技术指标中给定。如已知二阶和三阶截交点以及输入电平,则可从图 3.13 计算出二阶和三阶互调产物的幅度。三阶互调产物可以通过两根直线的交点获得三阶线和一根平行于 $y$ 轴的线。斜率为 3:1 的三阶线通过点 $X = Q_3 - G$ 和 $Y = Q_3$,它可表示为

$$\frac{Y - Q_3}{X - (Q_3 - G)} = 3 \tag{3.95}$$

平行于 $y$ 轴的线为

$$X = P_i \tag{3.96}$$

由于图 3.14 中输入和输出都是用 dBmW 为单位,故式(3.95)和式(3.96)中的所

有量的单位都是 dB 或 dBmW。组合这两个方程就可得到参考输出端的三阶互调为

$$Y = IM_3 = 3(P_i + G) - 2Q_3 \quad (\text{dBmW}) \tag{3.97}$$

式中:$P_i$ 为任何一个信号的输入功率电平(由于两个信号具有相同的幅度);$G$ 为接收机线性区域内的增益;$Q_3$ 为参考输出端的三阶截交点。

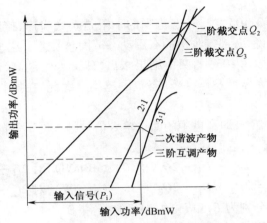

图 3.14　二阶和三阶截交点

同样,二次谐波产物(参考输出端)为

$$IM_2 = 2(P_i + G) - Q_2 \quad (\text{dBmW}) \tag{3.98}$$

式中:$Q_2$ 为参考输出端的二阶截交点。

如果输入信号和截交点是已知的,则根据式(3.97)和式(3.98)就可计算互调的幅度。然后,让我们利用二阶和三阶互调产物来确定动态范围。最合理的假定是,如果互调幅度等于接收机的噪声电平,则输入信号就处在动态范围的上限。噪声电平为

$$N_i = F_n - 114 + 10\lg\Delta f_R \quad (\text{dBmW}) \tag{3.99}$$

式中:$F_n$ 为接收机的噪声系数;$\Delta f_R$ 为射频带宽(MHz)。令三阶互调等于 $N_i$,则

$$IM_3 = N_i + G \quad (\text{dBmW}) \tag{3.100}$$

$IM_3$ 是以输出端为参考的,而接收机噪声 $N_i$ 是以输入电平为参考数。根据式(3.97)和式(3.98)就可得到

$$N_i + G = 3P_i + 3G - 2Q_3 \quad (\text{dB}) \tag{3.101}$$

相应的互调产物输入电平为

$$P_1 = P_i = \frac{1}{3}(N_i - 2G + 2Q_3) \quad (\text{dBmW}) \tag{3.102}$$

如果双音无虚假动态范围($DR$)是根据该输入功率电平与基底噪声之比来定义,则

$$DR = P_1 - N_i = \frac{2}{3}(Q_3 - G - N_i) \quad (\text{dB}) \tag{3.103}$$

153

应用类似的方法,在基底噪声上产生二次谐波的输入信号电平按式(3.97)为

$$P_1 = \frac{1}{2}(N_i + Q_2 - 2G) \quad (\text{dBmW}) \tag{3.104}$$

相应的动态范围为

$$DR = \frac{1}{2}(Q_2 - N_i - 2G) \quad (\text{dB}) \tag{3.105}$$

在式(3.103)和式(3.105)中,动态范围的下限是基底噪声,接收机的门限应高于基底噪声。换句话说,一部接收机的有用动态范围总是低于这些方程给出的值。

式(3.103)和式(3.105)的两个结果指出,截交点值越高,动态范围越大。然而,在另一方面,放大器增益越高,动态范围越小。因此,在接收机设计中,必须谨慎地兼顾灵敏度和动态范围。

对于更一般的情况,即考虑中的两个输入信号的幅度不等的情况,这时三阶互调电平可通过下列公式近似计算:

$$IM_3 = 2P_1 + P_2 - 2Q_3 + 3G \quad (\text{dBmW}),对 2f_1 - f_2 \tag{3.106}$$
$$IM_3 = 2P_2 + P_1 - 2Q_3 + 3G \quad (\text{dBmW}),对 2f_2 - f_1 \tag{3.107}$$

式中:$f_1$ 和 $f_2$ 为幅度分别为 $P_1$ 和 $P_2$ 的信号频率。举例:

一部接收机有下列技术指标:$G = 40\text{dB}$,$Q_3 = 30\text{dBmW}$,$F_n = 4\text{dB}$,$\Delta f_R = 100\text{MHz}$,则

$$N_i = 4 + (-144) + 10\lg\Delta f_R = -90(\text{dBmW})$$

从式(3.102)可得产生三阶互调产物等于基底噪声的输入功率为

$$P_1 = \frac{1}{3}(-90 - 80 + 60) = -36.7(\text{dBmW})$$

由式(3.103)得到相应的动态范围为

$$DR = -36.7 - (-90) = 53.3(\text{dB})$$

如果 $P_1 = -40\text{dBmW}$,$P_2 = -43\text{dBmW}$,则从式(3.106)和式(3.107)得到两个互调产物为

$$IM_3 = 2 \times (-40) + (-43) - 2 \times 20 + 3 \times 30 = -73(\text{dBmW}),对 2f_1 - f_2$$
$$IM_3 = 2 \times (-43) + (-40) - 2 \times 20 + 3 \times 30 = -76(\text{dBmW}),对 2f_2 - f_1$$

### 3.8.4　瞬时动态范围

**1. 针状波束与副瓣交替时引进的瞬时动态范围**

寻的器是实时跟踪器,但导弹的速度不管多大,导弹接近目标而信号变强的速率(或增长率)与系统的增益控制速度是无可比拟的。然而当雷达环扫时,特别是边扫描边跟踪笔形波束雷达,其信号强弱的变化是非常快而且脉冲与脉冲之间就有大于 30dB 的变化。这时的增益控制应是瞬时的。因导引头接收机的动态范围引进瞬时动态范围这个概念,这与双信号瞬时动态范围是不同的。

154

寻的器接收机的瞬时动态范围,一般就是低截获概率(LPI)雷达主波束增益与超低副瓣增益之比,即

$$\text{LFDR}_I / \text{LDR}_I = G_t - |G'_t| \, (\text{dB}) = 30 \sim 50 \text{dB} \tag{3.108}$$

式中:$G_t$ 为 LPI 雷达主波束增益;$G'_t$ 为 LPI 雷达的副瓣增益。

**2. 双信号瞬时动态范围**

如果接收机可以接收同时到达的信号,例如导引头的瞬时测频接收机,则同时到达输入信号通常会相互干扰。让我们假定两个信号的幅度不相同,一个强信号和一个弱信号。如果强信号驱动接收机进入非线性区域,它会压制弱信号。在这种条件下,两个信号幅度的测量都是不精确的。由于饱和效应,测得的两个信号的幅度都会小于实际值。如果抑制效应很强时,接收机会失去弱信号。

双信号瞬时动态范围的定义:接收机能够准确地测量两个同时到达信号的情况下,两个同时到达信号之间的最大幅度间隔,通常主要考虑信号的频率测量。因此,瞬时动态范围被认为是接收机能够准确测量两个同时到达信号频率的情况下两个同时到达信号之间最大幅度间隔。一般说来,接收机的瞬时动态范围是两个同时到达信号的频率间隔的函数。如果输入是脉冲信号,它们的频谱会在频域内扩展。例如,幅度为 $A$ 和宽度为 $T$ 的脉冲可以写成

$$\begin{cases} s(t) = A, & -\dfrac{T}{2} < t < \dfrac{T}{2} \\ s(t) = 0, & \text{其他} \end{cases} \tag{3.109}$$

其傅里叶变换为

$$S(f) = \int_{-\frac{T}{2}}^{+\frac{T}{2}} A \exp(-\mathrm{j}\omega t)\,\mathrm{d}t = At\,\frac{\sin \pi f T}{\pi f T} \tag{3.110}$$

式中:$f$ 为频率,$\omega = 2\pi f$。

在 $A = 1$ 的情况下以分贝为单位画出的功率谱 $S(f)$ 示于图 3.15。当输入是两个同时到达脉冲,弱信号必须不被淹没在强信号的旁瓣中,否则接收机不能检测这种弱信号,因此,在计算瞬时动态范围时,输入信号的脉宽必须足够宽,使其不出现上述条件。通常用连续波或宽脉冲信号代替脉冲信号来计算瞬时动态范围。此外,两个信号间的最小频率间隔必须大于接收机的频率分辨力,否则接收机不可能把它们区分开。

图 3.16 为瞬时动态范围的典型结果。由于在接收机中通常应用滤波器来分开频率相近的信号,故两个信号在频率上间隔越远,则动态范围就越宽。当两个信号在频率上相近时,动态范围与频率的关系曲线类似于接收机中所用的滤波器形状。当两个信号在频率上间隔远时,滤波器的影响不再显示出来,并且动态范围大体上是一个常数,它是由接收机中所用的线性有源器件决定的。

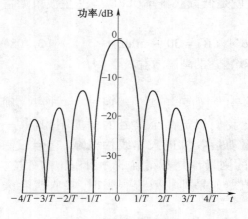

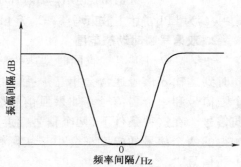

图 3.15　脉冲信号的功率谱　　　　　图 3.16　典型的双信号动态范围

### 3.8.5　级联放大器的截交点

通常在一部接收机中有多级射频放大器在检波器前按级联方式相连,以获得高的灵敏度。接收机的总增益等于每个放大器增益的简单乘积,可写成

$$G_T = G_1 G_2 G_3 \cdots G_N \tag{3.111}$$

或用分贝表示为

$$G_T(dB) = G_1(dB) + G_2(dB) + G_3(dB) + \cdots + G_N(dB) \tag{3.112}$$

式中: $G_1$ , $G_2$ ,… 为第一级、第二级……第 $N$ 级放大器的增益。

截交点可以根据非线性输入与输出关系导出,计算每个放大器的截交点值给定后的总截交点,如式(3.93)给出的那样。我们从一级放大器开始,即

$$U_o = a_1 U_i a_2 U_i^2 + a_3 U_i^3 + \cdots$$

输入包含两个角频率为 $\omega_1$ 和 $\omega_2$ 的等幅信号为

$$U_i = U\sin\omega_1 t + U\sin\omega_2 t \tag{3.113}$$

把式(3.113)代入式(3.93)就得到

$$U_o = a_1 U(\sin\omega_1 t + \sin\omega_2 t) +$$

$$a_2 U^2 \left[ -\frac{1}{2}\cos2\omega_1 t - \frac{1}{2}\cos2\omega_2 t + \sin(\omega_1 - \omega_2)t - \sin(\omega_1 + \omega_2)t + 1 \right] +$$

$$a_3 U^3 \left[ \sin^3\omega_1 t + \sin^3\omega_2 t + \frac{3}{2}\sin\omega_1 t + \frac{3}{2}\omega_2 t - \frac{3}{4}\sin(2\omega_1 + \omega_2)t \right] -$$

$$\frac{3}{4}\sin(2\omega_2 + \omega_1)t + \frac{3}{4}\sin(2\omega_2 - \omega_1)t + \frac{3}{4}\sin(2\omega_2 - \omega_1)t \tag{3.114}$$

如果放大器的输入阻抗为 $R$ ,它与信号源的阻抗相匹配,则输入功率为

$$P_i = \left(\frac{U}{2\sqrt{2}}\right)^2 / R_s = \frac{U^2}{8R_s} \tag{3.115}$$

156

在式(3.115)中,输入电压是输入阻抗和源阻抗之间等分,输出功率是根据送到负载阻抗 $R_0$ 的基频项计算得到,即

$$P_1 = GP_i = \frac{a_1^2 U^2}{8R_0} \tag{3.116}$$

假定 $R_0 = R_s$ ,则根据式(3.115)和式(3.116),增益可写成:

$$G = a_1^2 \tag{3.117}$$

相应于频率 $2\omega_1$ 或 $2\omega_2$(二次谐波)的功率输出用式(3.114)求得

$$P_2 = \frac{a_2^2 U^4}{8 \times 4R_s} = \frac{a_1^2 U^4}{64R_s^2} \frac{2a_2^2 R_s}{a_1^2} = \frac{2a_2^2 R_s}{a_1^2} GP_1^2 \tag{3.118}$$

相应于频率 $2\omega_1 - 2\omega_2$ 和 $2\omega_2 - 2\omega_1$ 的三阶互调的功率输出为

$$P_3 = \frac{9a_3^2 U^6}{8 \times 16R_s} = \frac{a_1^2 U^6}{512R_s^3} \frac{9 \times 4a_3^2 R_s^2}{a_1^2} = \frac{36a_3^2 R_s^2}{a_1^2} GP_1^3 \tag{3.119}$$

令 $Q_{2i}$ 为某一定值 $P_i$ ,以致 $P_1 = P_2$ 。于是 $Q_{2i}$ 就相应于二阶输入互调截交点。其中注脚 i 用于表示截交点是以输入端为参考的,其中上节中的各个 $Q$ 又是以接收机的输入端作为参考的。令式(3.116)和式(3.118)相等,则

$$GQ_{2i} = \frac{2a_2^2 R_s}{a_1^2} GQ_{2i}^2 \tag{3.120}$$

即

$$\frac{1}{Q_{2i}} = \frac{2a_2^2 R_s}{a_1^2} \tag{3.121}$$

令 $Q_{2i}$ 为 $P_i$ 的某一确定值,使 $P_1 = P_3$ 。于是 $Q_{3i}$ 就是三阶输入互调截交点,令式(3.116)和式(3.119)相等,则

$$GQ_{3i} = \frac{36a_3^2 R_s^2}{a_1^2} GQ_{3i}^3 \tag{3.122}$$

或

$$\frac{1}{Q_{3i}} = \frac{6a_3 R_s}{a_1} \tag{3.123}$$

在上述式中,截交点用常数 $a_1$ 、$a_2$ 和 $a_3$ 以及输入和输出阻抗表示。现在我们来讨论级联放大器的情况。和噪声系数的推导一样,图 3.17 所示的两个放大器级联起来用于推导其合成的截交点。多级放大器总的结果可以从两个放大器的结果推演出来。第一级放大器可表示为

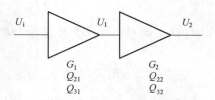

图 3.17 两级放大器级联

$$U_1 = b_1 U_i + b_2 U_i^2 + b_3 U_i^3 + \cdots \tag{3.124}$$

157

而第二级放大器可表示为

$$U_2 = c_1 U_1 + c_2 U_1^2 + c_3 U_1^3 + \cdots \tag{3.125}$$

式中：$b_i$ 和 $c_i$ 为常数；$U_i$ 和 $U_1$ 为放大器 1 的输入和输出电压；$U_2$ 为放大器 2 的输出电压。放大器 1 的输出电压也就是放大器 2 的输入电压。把式(3.124)代入式(3.125)，得

$$U_2 = c_2(b_1 U_i + b_2 U_i^2 + b_3 U_i^3) + c_2(b_1 U_i b_2 U_i^2 + b_3 U_i^3) + c_3(b_1 U_i + b_2 U_i^2 + b_3 U_i^3) \tag{3.126}$$

式(3.126)可以重新排列而写成为

$$U_2 \approx b_1 c_1 U_i + (b_2 c_1 + b_1^2 c_2) U_i^2 + (b_3 c_1 + b_1^2 c_1) U_i^3 + \cdots \tag{3.127}$$

式中：$2b_1 b_2 c_2 U_i^3$ 项属于三阶而忽略掉，因为它是由两个幅度很小的非线性项 $b_2$ 和 $c_2$ 构成。把式(3.127)和式(3.96)加以比较，级联放大器的合成常数为

$$a_1 = b_1 c_1 \tag{3.128}$$

$$a_2 = b_2 c_1 + b_1^2 c_2 \tag{3.129}$$

$$a_3 = b_3 c_1 + b_1^3 c_1 \tag{3.130}$$

和

$$a_2^2 = (b_2 c_1)^2 + (b_1^2 c_2)^2 + 2b_2 c_1 b_1^2 c_2 \tag{3.131}$$

总的二阶互调用式(3.121)、式(3.128)和式(3.131)求出：

$$\frac{1}{Q_{2iT}} = \frac{2a_2^2 R_s}{a_1^2} = \frac{2b_2^2 c_1^2 R_s}{b_1^2 c_1^2} + \frac{2b_1^4 c_2^2 R_s}{b_1^2 c_1^2} + \frac{4b_2 c_1 b_1^2 c_2 R_s}{b_1^2 c_1^2}$$

$$= \frac{2b_2^2 R_s}{b_1^2} + \frac{2b_1^2 c_2^2 R_s}{c_1^2} + 2\sqrt{\frac{2b_2^2 R_s}{b_1^2} \frac{2c_2^2 R_s b_1^2}{b_1^2}} \tag{3.132}$$

利用式(3.121)的关系，式(3.132)可写成

$$\frac{1}{Q_{2iT}} = \frac{1}{Q_{2i1}} + \frac{G_1}{Q_{2i2}} + 2\sqrt{\frac{G_1}{Q_{2i1} Q_{2i2}}} \tag{3.133}$$

还可写成

$$\sqrt{\frac{1}{Q_{2iT}}} = \sqrt{\frac{1}{Q_{2i1}}} + \sqrt{\frac{G_1}{Q_{2i2}}} \tag{3.134}$$

式中：$Q_{2i1}$ 和 $Q_{2i2}$ 分别为放大器 1 和放大器 2 的二阶截交点；而 $G_1$ 为放大器 1 的增益。

三阶截交点用式(3.123)，由式(3.128)求出：

$$\frac{1}{Q_{3iT}} = \frac{6a_3 R_s}{a_1} = \frac{6a_3 c_1 R_s}{b_1 c_1} + \frac{6b_1^3 c_1 R_s}{b_1 c_1} = \frac{1}{Q_{3i1}} + \frac{G_1}{Q_{3i2}} \tag{3.135}$$

式中：$Q_{3i1}$ 和 $Q_{3i2}$ 分别为放大器 1 和放大器 2 的三阶截交点。式(3.134)和式(3.135)可以写成下述广义的形式：

$$\sqrt{\frac{1}{Q_{2iT}}} = \sqrt{\frac{1}{Q_{2i1}}} + \sqrt{\frac{G_1}{Q_{2i2}}} + \sqrt{\frac{G_1 G_2}{Q_{2i3}}} + \cdots \quad (3.136)$$

和

$$\frac{1}{Q_{3iT}} = \frac{1}{Q_{3i1}} + \frac{G_1}{Q_{3i2}} + \frac{G_1 G_2}{Q_{3i3}} \cdots \quad (3.137)$$

式(3.135)和式(3.137)用于计算级联放大器链的截交点,单位是以瓦或毫瓦表示的功率。在以上推导过程中,截交点是以每个部件的输入作为参考。但是,一般部件的截交点通常从相对于输出电平来确定。把输出截交点减去部件的增益(dB)可得到输入截交点。

如果检波器前面的射频链中有任何一个部件是无源的,则对该部件可以给定高的截交点(100dBmW),它不会影响总的截交点,然后利用式(3.136)和式(3.137)计算总的截交点。在下节中将用一个实例说明这些式子的应用。

### 3.8.6 确定基底噪声和截交点的图解法

本节将讨论确定接收机基底噪声和三阶截交点的图解法。在某些特定条件下,用这种方法所得到的结果不是非常精确的。但是,这些结果将提供一个清晰的基底噪声和三阶截交点限制的图形。详细的讲解用一个例子来说明,图解的步骤简列如下:

步骤1　求出接收机的绝对基底噪声;

步骤2　画出每个部件对应于绝对基底噪声的本征基底噪声图;

步骤3　画出每个部件的输入三阶截交点图;

步骤4　根据最低的本征基底噪声画出相对基底噪声;

步骤5　根据相对基底噪声和输入三阶截交点,确定受每个部件限制的信号电平的上限;

步骤6　根据相对噪声到较高信号电平之间的最小范围,画出相对较高的信号极限;

步骤7　根据输入本征基底噪声和较高信号极限,确定总的输入三阶截交点。

### 3.8.7 微波放大器的动态范围

**1. 微波放大器的增益压缩机理和线性动态范围**

微波放大器是一种特定形式的功率变换器,通常可用一个两端口网络来表示,如图3.18所示。

由于在这种两端口网络中含有非线性元件,故网络的传递函数就不能用线性网络的传递函数来表征。其输出信号一

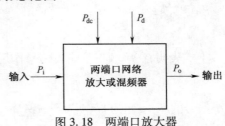

图3.18　两端口放大器

159

般应表示为输入信号的非线性函数。在大信号条件下,这个非线性函数可用无穷幂级数表示为

$$u_o(t) = k_1 u_i + k_2 u_i^2 + k_3 u_i^3 + \cdots = \sum_{n=1}^{\infty} k_n u_i^n \qquad (3.138)$$

式中:$u_o$ 为输出信号电压;$u_i$ 为输入信号电压;$k_n$ 一般为复系数,其值可通过对输出信号波形的分析予以确定。在放大器的实际应用中,一个很重要的工作区域就是既要满足小信号条件,又要允许输入信号增加到使放大器产生轻微失真的电平。这种放大器一般仍然称为线性放大器。因此,为了分析这种工作方式,在微弱失真假定条件下放大器的传输特性可用式(3.138)的头三项幂级数来表示,即

$$u_o(t) = k_1 u_i + k_2 u_i^2 + k_3 u_i^3 \qquad (3.139)$$

选用这个表达式的另一个原因,是考虑到它的三次幂项是获得有关互调失真概念所需要的一阶近似式。

一个微波放大器在放大过程中的功率增益总不能保持恒定,其原因可用放大器在放大过程中的功率(能量)关系来解释,也可用放大器非线性效应来解释。从功率关系方面来看(图3.20),假定输入功率为 $P_i$,输出功率为 $P_o$,直流输入功率 $P_{dc}$,放大器的损耗为 $P_L$,则根据能量守恒定律,要求放大器总的输入信号功率必须等于总的输出信号功率,亦即

$$P_i + P_{dc} = P_o + P_L \qquad (3.140)$$

按定义,放大器的功率增益为 $G = P_o/P_i$,代入上式后可得

$$P_L = P_{dc} - (G - 1)P_i \qquad (3.141)$$

通常,直流输入功率 $P_{dc}$ 是恒定有限的。这样,如果假定放大器是理想线性的,其功率增益 $G$ 常保持恒定且大于1,则从式(3.141)可以看出,随着输入信号功率 $P_i$ 的增加,损耗功率将随之减小,当输入信号功率 $P_i$ 增加到某一电平,有一部分 $P_i$ 将被放大器损耗掉而转换成 $P_L$,输出功率 $P_o$ 不再随着信号功率的增长而保持线性增长,因此放大器的增益不能保持恒定,而是随 $P_i$ 的不断增长而下降。

从放大器本身的非线性来看,同样会看到增益下降的现象。假定在输入放大器输入端口加上一个单频正弦信号:

$$u_i = A_1 \cos\omega_1 t \qquad (3.142)$$

把上式代入式(3.139),并利用三角函数展开,得到弱非线性条件下的输出电压为

$$u_o = \frac{1}{2}k_2 A_1^2 + \left(k_1 A_1 + \frac{3}{4}k_3 A_1^3\right)\cos\omega_1 t + \frac{1}{2}k_2 A_1^2 \cos 2\omega_1 t + \frac{1}{4}k_3 A_1^3 \cos 3\omega_1 t$$

$$(3.143)$$

上式表明,在单频正弦输入信号作用下,由于放大器的非线性效应,其输出信号中不仅出现了直流、二次谐波和三次谐波等虚假信号,而且其基波信号电压的振幅也从小信号的 $k_1 A_1$ 变为 $\left(k_1 A_1 + \frac{3}{4}k_3 A_1^3\right)$,因而对应的放大器功率增益可表示为

160

$$G = 20\lg \frac{k_1 A_1 + \frac{3}{4}k_3 A_1^3}{A_1} = 20\lg\left(k_1 + \frac{3}{4}k_3 A_1^2\right) \tag{3.144}$$

显然,在上式中若 $k_3 > 0$,则增益大于小信号增益 $k_1$,这种现象称为增益扩展。若 $k_3 < 0$,则增益将小于 $k_1$,这种现象称为增益压缩。实际上对于包括放大器、混频器在内的大多数有源器件来说,$k_3$ 的相位与 $k_1$ 的相位相差 $180°$,故 $k_3$ 的幅值一般是小于零的。由此我们得出同样的结论,即当输入信号功率处于低电平时,式(3.139)传输特性中的二次幂以上的项可以忽略,小信号增益 $k_1$(即输入—输出传输特性的斜率)可保持为常数。但当输入信号功率电平增大到一定数值后,由于式(3.139)中的非线性项不能忽略,传输特性的总斜率(增益)就开始下降。此时若继续增大输入信号功率,则因部件的非线性效应,有一部分输入信号功率被转换为谐波能量,基波输出信号率增加很小,因此增益就不再保持为一个常数,而是随着输入信号功率的增加而减小,出现了增益压缩现象。

由于放大器在大信号工作时存在着增益压缩现象,因此对任何放大器而言,要保持功率增益恒定不变,其所能处理的最大输入信号功率将受到一定的限制,从而存在一个线性处理输入信号电平的上限。这个上限通常用线性功率增益下降 1dB 点处对应的输入信号功率($P_{1dBi}$)来表示,该点称为"1dB 压缩点"。通常为了测量方便,此上限可用线性功率增益下降 1dB 点处对应的输出信号功率($P_{1dB}$)来表示,两者相差一个功率增益 $G_0$,按定义,线性功率增益 $G_0$ 定义为

$$G_0 = 20\lg \frac{u_0}{u_i} = 20\lg \frac{k_1 A_1}{A_1} = 20\lg k_1 \tag{3.145}$$

对应于 1dB 压缩点的功率增益定义为

$$G_{1dB} = G_0 - 1 \quad (dB) \tag{3.146}$$

令 $G = G_{1dB} = G_0 - 1$ 后,即可得到下列等式:

$$k_1 + \frac{3}{4}k_3 A_1^2 = 0.891 k_1$$

对上式求解后可得到对应于 1dB 压缩点处允许的输入信号振幅 $A_1$:

$$A_1^2 = 0.145 \frac{k_1}{|k_3|} \qquad (k_3 < 0) \tag{3.147}$$

假定放大器的输入和输出阻抗为 $Z_{in} = Z_{out} = R$,则 1dB 压缩点处基波信号的输入和输出的功率可表示为

$$P_{1dBi} = 10\lg\left[\frac{(A_1)^2}{\sqrt{2}} \times \frac{10^3}{R}\right] (dBmW) \tag{3.148}$$

$$P_{1dB} = 10\lg\left[\frac{\left(k_1 A_1 + \frac{3}{4}k_3 A_1^3\right)^2}{\sqrt{2}} \times \frac{10^3}{R}\right]$$

$$= G_{1dB} + P_{1dBi} = G_0 - 1 + P_{1dBi}(dBmW) \qquad (3.149)$$

把式(3.147)和式(3.148)代入式(3.149)后得出 1dB 压缩点的输出功率:

$$P_{1dB} = G_0 - 1 + 10\lg\left[\frac{0.145k_1}{2|k_3|} \times \frac{10^3}{R}\right] = 10\lg\left[\left(\frac{1}{17.33} \times \frac{k_1^2}{|k_3|}\right)\frac{10^3}{R}\right](dBmW)$$

$$(3.150)$$

推导出 1dB 压缩点的输出或输入表达式之后,就可以估算放大器所要求的线性动态范围,按定义:

$$LDR = P_{1dBi} - P_{rmin} = P_{1dB} - G - P_{rmin} \qquad (3.151)$$

式中:最小可检测灵敏度一般定义为输出信噪比等于 1 时(识别系数 $D = 1$)所对应的放大器最小输入信号功率,即

$$P_{rmin} = KT_0\Delta f_R F_n = -114(dBmW) + 10\lg\Delta f_R + F_n(dB) \qquad (3.152)$$

把上式代入式(3.151),得出线性动态范围为

$$LDR = P_{1dB} + 114(dBmW) - 10\lg\Delta f_R - F_n(dB) - G(dB) \qquad (3.153)$$

式中: $P_{1dB}$ 的单位为 dBmW; $\Delta f_R$ 的单位为 MHz。从上式可以看出,要增大放大器的线性动态范围,一方面要降低放大器的噪声系数 $F_n$,选择适当的带宽 $\Delta f_R$ 及功率增益 $G$,另一方面应尽量采用 1dB 压缩点输出功率较大的场效应晶体管(或其他器件)。此外,为了保证放大器所要求的功率增益,一个低噪声放大器通常是由多级单个放大器级联起来构成的。因此在设计多级放大器时,必须仔细考虑各级的工作点。通常要求第一级低噪声条件假定的阻抗匹配设计,第二级以后按功率增益匹配条件假定的阻抗匹配设计,这样可充分发挥各级放大器的潜力,以提高 1dB 压缩点的输出功率。在结构上应尽量采用平衡放大器的结构形式,以进一步增大放大器的动态范围。

**2. 放大器的互调失真特性**

多频信号之间的互调失真是限制放大器无虚假动态范围的一个重要因素。

互调失真是指放大器输入两个以上未调制的多频信号时,由于放大器的非线性混频效应而在其输出端产生许多与输入信号不同的互调虚假信号。分析放大器的互调失真,仍可以以放大器在弱非线性区的传输特性表达式(3.139)为基础。作为理论分析的例子,下面我们将讨论两个信号同时进入放大器时产生的互调失真。

假定放大器的输入端同时加入两个振幅和频率都不相同的正弦信号(不考虑其相位),并且这两个信号都处在放大器的通带内(这种状态通常称为双音工作状态),则输入信号电压 $u_i$ 可表示为

$$u_i = A_1\cos\omega_1 t + A_2\cos\omega_2 t \qquad (3.154)$$

把上式代入式(3.139)后得到输出信号电压为

$$u_0 = k_1A_1\cos\omega_1 t + k_1A_2\cos\omega_2 t + k_2A_1^2\cos^2\omega_1 t +$$
$$k_2A_2^2\cos^2\omega_2 t + 2k_2A_1A_2\cos\omega_1 t\cos\omega_2 t +$$
$$k_3A_1^3\cos^3\omega_1 t + k_3A_2^3\cos^3\omega_2 t + 3k_3A_1^2A_2\cos^2\omega_1 t\cos\omega_2 t +$$

162

$$3k_3A_1A_2^2\cos\omega_1 t\cos^2\omega_2 t \tag{3.155}$$

把式(3.154)展开并整理后得到

$$\begin{aligned}
u_0 = {} & \frac{1}{2}k_2A_1^2 + \frac{1}{2}k_2A_2^2 + \left(k_1A_1 + \frac{3}{4}k_3A_1^3 + \frac{3}{\sqrt{2}}k_3A_1A_2^2\right)\cos\omega_1 t + && \text{直流与 } \omega_1 \text{ 基波分量} \\
& \left(k_1A_2 + \frac{3}{4}k_3A_2^3 + \frac{3}{\sqrt{2}}k_3A_2A_1^2\right)\cos\omega_2 t + && \omega_2 \text{ 基波分量} \\
& k_2A_1A_2[\cos(\omega_1+\omega_2)t + \cos(\omega_1-\omega_2)t] + && \text{二阶互调} \\
& \frac{3}{4}k_3A_1^2A_2[\cos(2\omega_1+\omega_2)t + \cos(2\omega_1-\omega_2)t] + && \\
& && \text{三阶互调} \\
& \frac{3}{4}k_3A_2^2A_1[\cos(2\omega_2+\omega_1)t + \cos(2\omega_2-\omega_1)t] + && \\
& \frac{1}{2}k_2A_1^2\cos2\omega_1 t + \frac{1}{2}k_2A_2^2\cos2\omega_2 t + && \text{二次谐波分量} \\
& \frac{1}{4}k_3A_1^3\cos3\omega_1 t + \frac{1}{4}k_3A_2^3\cos3\omega_2 t && \text{三次谐波分量}
\end{aligned} \tag{3.156}$$

图 3.19 示出了一个放大器的输入和输出信号电压的频谱分布示意图，其中输入信号分别为 $f_1 = 2500\text{MHz}$，$f_2 = 2800\text{MHz}$，工作带宽为 2~4GHz。

用同样的方法，可以分析出三个信号同时进入放大器产生的互调失真，结果为

$$\begin{aligned}
u_0 = {} & \frac{1}{2}k_2A_1^2 + \frac{1}{2}k_2A_2^2 + \frac{1}{2}k_2A_3^2 + \\
& \left(k_1A_1 + \frac{3}{4}k_3A_1^3 + \frac{3}{\sqrt{2}}k_3A_1A_2^2 + \frac{3}{\sqrt{2}}k_3A_1A_3^2\right)\cos\omega_1 t + \\
& \left(k_1A_2 + \frac{3}{4}k_3A_2^3 + \frac{3}{\sqrt{2}}k_3A_2A_1^2 + \frac{3}{\sqrt{2}}k_3A_2A_3^2\right)\cos\omega_2 t + \\
& \left(k_1A_3 + \frac{3}{4}k_3A_3^3 + \frac{3}{\sqrt{2}}k_3A_3A_1^2 + \frac{3}{\sqrt{2}}k_3A_3A_2^2\right)\cos\omega_3 t + \\
& \frac{1}{2}k_2A_1^2\cos2\omega_1 t + \frac{1}{2}k_2A_2^2\cos2\omega_2 t + \frac{1}{2}k_2A_3^2\cos2\omega_3 t + \\
& \frac{1}{4}k_3A_1^3\cos3\omega_1 t + \frac{1}{4}k_3A_2^3\cos3\omega_2 t + \frac{1}{4}k_3A_3^3\cos3\omega_3 t + \\
& k_2A_1A_2\cos(\omega_1 \pm \omega_2)t + k_2A_1A_3\cos(\omega_1 \pm \omega_3 t) + \\
& k_2A_2A_3\cos(\omega_2 \pm \omega_3)t + \frac{3}{4}k_3A_1^2A_2\cos(2\omega_1 \pm \omega_2 t) +
\end{aligned}$$

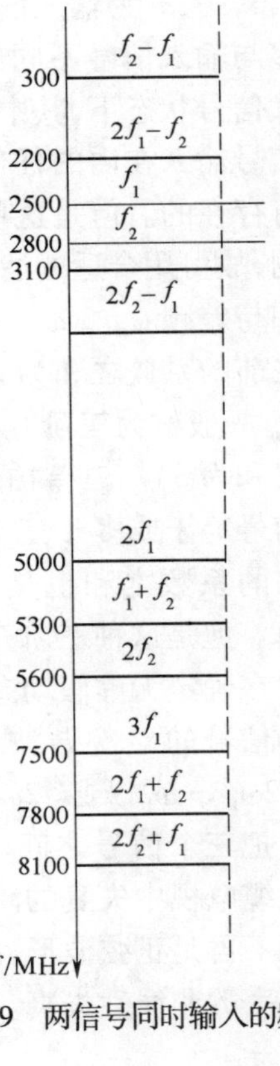

$f_2-f_1$
300
$2f_1-f_2$
2200
$f_1$
2500
$f_2$
2800
3100
$2f_2-f_1$
$2f_1$
5000
$f_1+f_2$
5300
$2f_2$
5600
$3f_1$
7500
$2f_1+f_2$
7800
$2f_2+f_1$
8100
f/MHz


图 3.19 两信号同时输入的频谱

$$\frac{3}{4}k_3A_1^2A_1\cos(2\omega_1+\omega_3)t+$$

$$\frac{3}{4}k_3A_2^2A_1\cos(2\omega_2+\omega_1)t+\frac{3}{4}k_3A_2^2A_2\cos(2\omega_2\pm\omega_3)t+$$

$$\frac{3}{4}k_3A_3^2A_1\cos(2\omega_3+\omega_1)t+\frac{3}{4}k_3A_3^2A_2\cos(2\omega_3\pm\omega_2)t+$$

$$\frac{3}{\sqrt{2}}k_3A_1A_2A_3\cos(\omega_1+\omega_2\pm\omega_3)t+\frac{3}{\sqrt{2}}k_3A_1A_2A_3\cos(\omega_1-\omega_2\pm\omega_3)t \quad (3.157)$$

图 3.20 示出三个信号同时输入时,放大器输出信号的频谱示意图。其中输入信号分别为 $f_1=2000\text{MHz}$,$f_2=2200\text{MHz}$,$f_3=3000\text{MHz}$。

从以上两个特定的例子,我们可以得出以下几点结论:

(1) 当放大器输入端同时输入多个振幅和频率都不同的正弦信号时,由于放大器固有的大信号非线性效应,其输出信号电压中除了基波分量 $\omega_n$($n=1$,$2$,$3$,$\cdots$,$m$ 为输入信号的频率号码)之外,还出现了许多与输入信号不同的虚假信号。只要放大器工作在大信号状态下,其中的直流和谐波产物对于包括单频信号输入在内的任何数目输入信号的情况下都是固有存在的。但是这些虚假产物一般是远离信号频率的,故可用合适的滤波器予以滤除。两个信号之间的和与差频 $\omega_n\pm\omega_p$ 一般称二阶互调失真(因两个频率之前的系数之和为2)。和与差频 $2\omega_n\pm\omega$ 或 $2\omega_p\pm\omega_n$ 一般称为三阶互调失真(因为两频率之前的系数之和为3)。三差拍产物($\omega_n\pm\omega\pm\omega_p$)只有当输入信号等于或多于三个时才出现。因为其三个频率之前的系数之和也是3,故通常也可称为三阶互调失真。但是这种三阶互调失真是广义的定义。我们通常在确定无虚假动态范围时所用的三阶互调,是指一个信号的二次谐波与另一个信号基波之间的差频($2\omega_n-\omega_p$)或($2\omega_p-\omega_n$)。因此,为了加以区别,常把三个信号之间的差拍称为三差拍分量(常用于电缆电视中失真的测试)。于是,由于放大器的非线性效应,放大器输出信号的波形不再是正弦波形,而是由各个输出频率分量组合的失真波形,因而出现了振幅和频率的非线性失真。

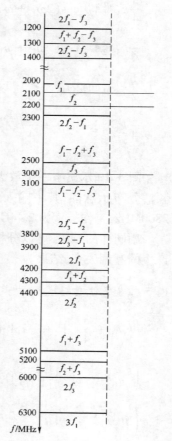

图 3.20 三个信号同时输入时放大器的频谱

（2）从图 3.21 和图 3.22 可以看出，在所有的虚假输出分量中，只有三阶互调失真（$2\omega_n - \omega_p$）和（$2\omega_p - \omega_n$）最靠近信号频率 $\omega_n$。例如当 $f_p - f_n = \varepsilon$ 时，则（$2f_n - f_p$）分量处在 $f_n - \varepsilon$ 处；（$2f_p - f_n$）处在 $f + \varepsilon$ 处，其他虚假输出一般远离信号频率 $\omega_n$ 的。因此，当放大器工作频带宽度小于一个倍频程时，只有三阶互调失真分量将落在放大器的工作通带内而造成的虚假输出，其他虚假输出分量可采用合适的滤波器加以滤除。因此，可以认为三阶互调失真是限制放大器（或接收机）无虚假动态范围的主要因素。这就是为什么确定放大器的无虚假动态范围时，通常总是选用三阶互调失真输出（或对应的输入）电平作为其上限的理由。

（3）放大器的互调失真与输入信号电平有关。当输入信号电平很小时，放大器处于小信号工作状态，此时互调失真可以忽略，故放大器的输出电压为 $k_1 A_1$，其中斜率 $k_1$ 为小信号线性电压增益。当输入信号电平较大时，放大器就要出现互调失真信号输出。互调失真中各振幅阶次之和等于传输特性中斜率和互调失真的阶次。

（4）在多频信号输入情况下，放大器输出基波信号实际振幅为

$$A_s = k_1 A_n + \frac{3}{4} k_3 A_n^3 + \frac{3}{2} k_3 A_n \sum_{p=1 \neq n}^{m} A_p^2 \qquad (3.158)$$

式中：$m$ 为信号个数；$k_1 A_n$ 为小信号线性输出电压；$\frac{3}{4} k_3 A_n^3$ 一般称为"增益自压缩"（因为对放大器而言 $k_3$ 为负值，故称为压缩），它用于描述由于多个同时输入信号中的一个信号（如 $\omega_n$）输入电压（为 $A_n$）的增加而造成该输入信号增益减小的量值；$\frac{3}{2} k_3 A_n \sum_{p=1 \neq n}^{m} A_p^2$ 称为增益交叉压缩，它描述由于多个同时输入信号中的一个信号（如 $\omega_p$）输入电压（为 $A_p$）的增加而造成另一个输入信号（如 $\omega_n$）增益减小的情况。显然，与单频信号输入的情况一样，在多个强信号输入的情况下，由于放大器的固有非线性特性的影响同样出现了增益压缩现象。对于任意输入信号 $\omega_n$ 的实际增益可表示为

$$G_n = 20 \lg \left( k_1 + \frac{3}{4} k_3 A_n^2 + \frac{3}{2} k_3 \sum_{p=1 \neq n}^{m} A_p^2 \right) \ (k_3 < 0) \qquad (3.159)$$

在 $m$ 个输入信号振幅相等的情况下，上式可简化为：

$$G_n = 20 \lg \left[ k_1 + \frac{6(m-1) + 3}{4} k_3 A_1^2 \right] \ (n = 1, 2, 3, \cdots, m) \qquad (3.160)$$

如果在多信号输入下增益压缩仍用 1dB 压缩点来表示，则根据前面的方法可得对应 1dB 压缩点允许的输入信号的振幅为

$$A_1^2 = 0.436 k_1 / |k_3| [6(m-1) + 3] \qquad (3.161)$$

故 1dB 压缩点处基波信号的输入和输出功率分别为

$$P_{1\text{dBi}} = 10\lg\left\{\frac{0.436}{2[6(m-1)+3]} \times \frac{k_1}{|k_3|} \times \frac{10^3}{R}\right\} \text{ (dBmW)} \tag{3.162}$$

$$P_{1\text{dB}} = G_0 - 1 + P_{1\text{dBi}} = 10\lg\left\{\frac{1}{5.78[6(m-1)+3]} \times \frac{k_1^3}{|k_3|} \times \frac{10^3}{R}\right\} \text{ (dBmW)}$$

$$\tag{3.163}$$

（5）必须指出，虽然三阶互调失真是由于一个信号的二次谐波和另一个信号的基波之间的混频结果造成的，但不能得出利用平衡放大器结构来消除二次谐波就可以消除三阶互调失真的错误结论。因为二次谐波的减小可以通过减小式（3.139）中二阶项的系数 $k_2$ 来实现，在实际结构上可采用平衡放大器形式，但三阶互调失真主要是由式（3.139）中的三阶项产生的，该项的系数为 $k_3$，因此如果 $k_2$ 幅度的减小不能导致 $k_3$ 的减小，则三阶互调失真的输出就不能消除掉。

根据上述两个信号和三个信号同时输入到放大器中而产生的各输出分量的规律，就可以很容易地导出 $m$ 个振幅和频率都不同的正弦信号同时输入时，放大器输出的表达式。放大器的输出等于下列各项之和：

① 传输特性式（3.139）中一阶项贡献的输出有

$$\sum_{n=1}^{m} k_1 A_n \cos\omega_n t \text{ 小信号输出}$$

这些分量实际上就是通常所谓的小信号输出，在无惯性的放大器中，斜率 $k_1$ 就是小信号功率增益。

② 输特性式（3.139）中的二阶项贡献输出有

$$\sum_{n=1}^{m} k_2 A_n^2 \cos^2\omega_n t + 2\sum_{n-1}^{m-1}\sum_{p=n+1}^{m} k_2 A_n A_p \cos\omega_n t\cos\omega t$$

展开后可得

$$\frac{1}{2}\sum_{n=1}^{m} k_2 A_n + \qquad\qquad\qquad\text{直流分量}$$

$$\frac{1}{2}\sum_{n=1}^{m} k_2 \cos2\omega_n t + \qquad\qquad\text{二次谐波}$$

$$\sum_{p=n+1}^{m}\sum_{1n=1}^{m-1} k_2 A_n A_p \cos(\omega_n+\omega_p)t + \qquad\text{二阶互调（和频）}$$

$$\sum_{n=1}^{m-1}\sum_{p=n+1}^{m} k_2 A_n A_p \cos(\omega_n-\omega_p)t \qquad\text{二阶互调（差频）}$$

③ 传输特性式（3.139）中三阶项贡献的输出有

$$\sum_{n=1}^{m} k_3 A_n^3 \cos^3\omega_n t + 3\sum_{n=1,p=1}^{m} k_3 A_n^2 A_p \cos^2\omega_n t\cos\omega t \text{ 三差拍产物}$$

展开后可得

$$\frac{3}{4}\sum_{n=1}^{m} k_3 A_n^3 \cos\omega_n t + \qquad\qquad\qquad\qquad\text{基波分量}$$

166

$$\frac{1}{4} \sum k_3 A_n^3 \cos 3\omega_n t + \qquad\qquad\qquad\qquad 三次谐波$$

$$\frac{3}{4} \sum_{n=1,p=1,p\neq n}^{m} 2k_3 A_n A_p \cos\omega_n t + \qquad\qquad 基波分量$$

$$\frac{3}{4} \sum_{n=1,p=1,p\neq n}^{m} k_3 A_n^2 A_p^2 \cos(2\omega_n t + \omega_p t) + \qquad 三阶互调分量$$

$$\frac{3}{4} \sum_{n=1,p=1,p\neq n}^{m} k_3 A_n^2 A_p^2 \cos(2\omega_n t - \omega_p t) \qquad 三差拍分量$$

把以上各阶的所有输出相加起来,并把有关频率分量合并以后,就可以得到 $m$ 个信号同时输入到放大器后的输出信号电压:

$$u_0 = \frac{1}{2} \sum_{n=1}^{m} k_1 A_n + \sum_{n=1}^{m} \left[ k_1 A_n + \frac{3}{4} k_3 A_n \left( A_n^2 + 2 \sum_{p=1}^{m} A_p^2 \right) \cos\omega_n t \right] +$$

$$\frac{1}{2} \sum_{n=1}^{m} k_2 \cos 2\omega_n t + \frac{1}{4} \sum_{n=1}^{m} k_3 A_n^3 \cos 3\omega_n t +$$

$$\sum_{n=1}^{m-1} \left[ \sum_{p=n+1}^{m} k_2 A_n A_p \cos(\omega_n + \omega_p)t \right] +$$

$$\frac{3}{4} k_3 \sum_{n=1,p=1,p\neq n}^{m} A_n^2 A_p \cos(2\omega_n \pm \omega_p)t \qquad\qquad (3.164)$$

为了简单起见,我们把与下面分析有关的项写出:

$$u_0 = \sum_{n=1}^{m} \left[ k_1 A_n + \frac{3}{4} k_3 A_n \left( A_n^2 + 2 \sum_{p=1,p\neq n}^{m} A_p^2 \right) \cos\omega_n t \right] +$$

$$\sum_{n=1}^{m} \left[ \sum_{p=n+1}^{m} k_2 A_n A_p \cos(\omega_n \pm \omega_p)t \right] +$$

$$\frac{3}{4} k_3 \sum_{n=1,p=1,p\neq n}^{m} A_n^2 A_p \cos(2\omega_n \pm \omega_p)t \right] + 其他项 \qquad (3.165)$$

### 3. 放大器的互调抑制比和互调截点值

由于放大器产生的互调失真电平与输入信号电平有关,因此单用互调失真电平来评定一个放大器的互调性能,还不足以确定放大器的实际性能,为此,常引入互调抑制比(等于互调比的倒数)的概念来表征放大器的互调性能。互调抑制比定义为线性输出信号振幅与互调失真输出信号振幅之比,用 $\gamma_{nM}$ 表示,$M$ 为互调失真的阶次。按此定义并利用式(3.165)就可以得出二阶互调和三阶互调抑制比为

$$\gamma_{n2} = \frac{k_1 A_n}{k_2 A_n A_p} = \frac{k_1}{k_2} \times \frac{1}{A_p} \qquad\qquad (3.166)$$

$$\gamma_{n3} = \frac{k_1 A_n}{\frac{3}{4} k_3 A_n^2 A_p} = \frac{4}{3} \frac{k_1}{k_3} \times \frac{1}{A_n A_p} \qquad\qquad (3.167)$$

若 $m$ 个输入信号中最大的信号振幅为 $A_1$,则其他信号振幅均可对此最大信号振幅

归一化。为此令：

$$A_n = \alpha_n A_1, A_p = \alpha_p A_1 (\alpha_n \leq 1, \alpha_p \leq 1)$$

代入式(3.166)和式(3.167)后得到二阶和三阶互调抑制比为

$$\gamma_{n2} = \frac{k_1}{k_2} \times \frac{1}{\alpha_p A_1} = \frac{k_1^2}{k_2} \times \frac{1}{\alpha_p} \times \frac{1}{k_1 A_1} = k_2' \frac{1}{\alpha_p} \frac{1}{A_s} \tag{3.168}$$

$$\gamma_{n3} = \frac{4}{3} \frac{k_1}{k_3} \times \frac{1}{\alpha_n A_1 \alpha_p A_1} = \frac{4}{3} \frac{1}{\alpha_n \alpha_p} \times \frac{k_1^3}{k_3} \times \frac{1}{(k_1 A_1)^2} = k_3' \frac{1}{\alpha_n \alpha_p} \frac{1}{A_s^2} \tag{3.169}$$

式中：$k_2'$ 和 $k_3'$ 为一个与放大器传输特性($k_1, k_2, k_3$)有关的常数；$A_s = k_1 A_1$ 为放大器的输出信号振幅。当 $\alpha_n = \alpha_p = 1$ 时，互调抑制比最小。换句话说，放大器最差的互调抑制比发生在所有输入信号振幅相等的情况，这就是我们在测量互调失真时采用等幅信号的主要原因。在下面的所有分析中，均以等幅信号为基础。在这种假定条件下二阶和三阶互调抑制比就变为

$$\gamma_{n2} = k_2' \times \frac{1}{A_s} \tag{3.170}$$

$$\gamma_{n3} = k_3' \times \frac{1}{A_s^2} \tag{3.171}$$

从上式可以看出等式右边输出信号振幅的阶次比互调抑制比的阶次 $M$ 低一阶，故互调抑制比的一般表达式可写成为

$$\gamma_{nM} = k_M' \times \frac{1}{A_s^{(m-1)}} \tag{3.172}$$

用分贝可表示为

$$\gamma_{nM} = k_M'(\text{dB}) - (M-1)P_s(\text{dBmW}) \tag{3.173}$$

式中：$\gamma_{nM}$ 为用分贝表示的互调抑制比；$k_M' = 20\lg k_M$ 是由放大器传输特性确定的常数；$P_s = 20\lg A_s$ 为输出信号的功率(dBmW)。

若以 $P_{1M}$ 表示 $M$ 阶输出互调失真功率电平，则根据互调抑制比定义可得

$$\gamma_{nM} = P_s - P_{1M} = k_M' - (M-1)P_s \tag{3.174}$$

或

$$P_{1M} = MP_s - k_M' \tag{3.175}$$

上式表明，$M$ 阶互调失真输出功率与输出信号功率 $P_s$ 成线性关系，直线的斜率就是互调失真的阶次 $M$。这样，我们把二阶和三阶互调失真输出功率以及射频输出信号功率与射频输入信号功率的函数关系同时画在双对数(dBmW/dBmW)坐标上，就得到表征信号输出—输入特性的直线，如图3.23所示。其中射频输出—输入特性斜率为1，二阶和三阶互调失真输出—输入特性的斜率分别为2和3。

衡量互调失真特性的一种有用的方法是引入"截点值"的概念。它定义为：互调失真输出—输入响应与小信号状态下信号输出—输入响应的延长线相交点的输出功率或对应的输入功率值)，用 $Q_M$ 表示。

图 3.21 中示出二阶和三阶互调失真截点值 $Q_2$、$Q_3$。从物理意义上来理解,互调截点值表示当射频输入信号电平增大到该点对应的电平时,互调失真输出功率与所希望的信号输出功率相等。当射频输入信号继续增大时,互调失真输出功率就要超过所希望的输出信号功率,从而在放大器输出中产生了虚假信号输出,破坏了放大器的正常工作。互调截点值可以利用前面所述的互调失真的有关表达式导出。假定放大器所希望的输出信号频率为 $\omega_1$,则按定义在截点处的输出互调截点值与信号输出功率相等,即

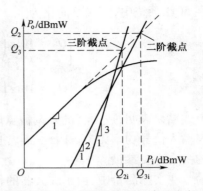

图 3.21 放大器的输出—输入响应

$$Q_M = P_{1M} = P_s \tag{3.176}$$

式中:截点值 $Q_M$ 单位为 dBmW。把上式代入式(3.175)后得到常数为

$$k'_M = Q_M(M-1) \tag{3.177}$$

把此 $k'_M$ 值代入式(3.175),就得到用互截点值表示的互调失真输出功率:

$$P_{1M} = MP_s - Q_M(M-1) \quad (\text{dBmW}) \tag{3.178}$$

由上式可得到 $M$ 阶互调截点值与信号功率和互调失真功率之间的关系:

$$Q_M = \frac{MP_s - P_{1M}}{M-1} \tag{3.179}$$

令 $M = 2$ 和 3,即可得到二阶和三阶互调截点值:

$$Q_2 = 2P_s - P_{12} \tag{3.180}$$

$$Q_3 = \frac{3}{2}P_s - \frac{1}{2}P_{13} \tag{3.181}$$

在等幅信号的假定条件下,式(3.157)中的基波信号、二阶和三阶互调失真信号的振幅分别为 $k_1A_1$、$k_2A_1^2$ 和 $\frac{3}{4}k_3A_1^3$,故对应于这些信号的输出功率可表示为

$$
\begin{cases}
P_s = 10\lg\left[\left(\dfrac{k_1A_1}{\sqrt{2}}\right)^2 \dfrac{10}{R}\right] \quad (\text{dBmW}) \\[2mm]
P_{12} = 10\lg\left[\left(\dfrac{k_1A_1^2}{\sqrt{2}}\right)^2 \dfrac{10^3}{R}\right] \quad (\text{dBmW}) \\[2mm]
P_{13} = 10\lg\left[\dfrac{3}{4}\left(\dfrac{k_3A_1^3}{\sqrt{2}}\right)^2 \dfrac{10^3}{R}\right] \quad (\text{dBmW}) \\[2mm]
Q_2 = 10\lg\left[\dfrac{1}{2}\left(\dfrac{k_1^2}{k_2}\right)^2 \dfrac{10^3}{R}\right] \quad (\text{dBmW}) \\[2mm]
Q_3 = 10\lg\left[\dfrac{2}{3}\dfrac{k_1^3}{k_3}\dfrac{10^3}{R}\right] \quad (\text{dBmW})
\end{cases}
\tag{3.182}
$$

169

在 50Ω 系统中,上式可简化为

$$\begin{cases} Q_2 = 10\lg\left(\dfrac{k_1^2}{k_2}\right)^2 + 11.5 \quad (\text{dBmW}) \\ Q_3 = 10\lg\left(\dfrac{k_1^3}{k_3}\right)^2 + 11.25 \quad (\text{dBmW}) \end{cases} \qquad (3.183)$$

上式结果表明,放大器的互调截点取值仅与放大器的传输特性($k_1$、$k_2$、$k_3$)有关,而与输入信号功率无关。因此,通常选择互调截点值作为衡量放大器互调失真特性的一个重要参量。

在实际测量中,由于放大器的传输特性参数是未知的,故为了便于测量,可以利用互调失真抑制比 $\gamma_{nM}$ 来表示互调截点值。按定义 $\gamma_{nM} = P_s - P_{1M}$。把式(3.178)代入此式得出 $M$ 阶互调截点的一般表示式:

$$\gamma_{nM} = P_s - MP_s + (M-1)Q_M = (M-1)Q_M - (M-1)P_s \qquad (3.184)$$



$$Q_M = \frac{\gamma_{nM}}{(M-1)} + P_s \qquad (3.185)$$

采用等幅双音信号测量放大器的互调失真特性情况下,二阶和三阶互调截点值可简化为

$$\begin{cases} Q_2 = \gamma_{n2} + P_s \\ Q_3 = \dfrac{1}{2}\gamma_{n3} + P_s \end{cases} \qquad (3.186)$$

其测试方框图如图 3.22 所示。

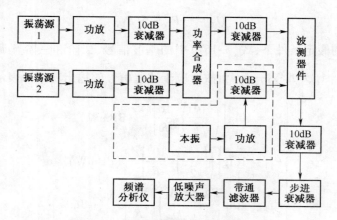

图 3.22　测量互调截点值的方框图

注:测试时图中功放和低噪声放大器不一定用,其中把振荡器+功放部分用微波信号源代替。

前面已指出放大器 1dB 压缩点是衡量放大器非线性特性的一个重要性能参量。1dB 压缩点越高,放大器的线性工作区也越大,从而互调失真抑制性能也越

好。因此,在理论上,放大器的 1dB 压缩点和互调截点值之间存在一定的关系,我们把式(3.150)和式(3.182)中的三阶互调截点值重新写成下列形式:

$$P_{1dB} = 10\lg\left[\left(\frac{1}{17.33}\frac{k_1^3}{|k_3|}\right)\frac{10^3}{R}\right] = 10\lg\left(\frac{k_1^3}{|k_3|}\times\frac{10^3}{R}\right) - 12.39 \quad (dBmW)$$

$$(3.187)$$

$$Q_3 = 10\lg\left[\left(\frac{2}{3}\frac{k_1^3}{|k_3|}\right)\frac{10^3}{R}\right] = 10\lg\left(\frac{k_1^3}{|k_3|}\times\frac{10^3}{R}\right) - 1.76 \quad (dBmW)$$

$$(3.188)$$

比较式(3.187)和式(3.188),可以得到放大器 1dB 压缩点和三阶互调截点值之间的理论上的关系:

$$Q_3 = P_{1dB} + 10.63 \quad (dBmW) \tag{3.189}$$

上式表明,在理论上放大器的三阶互调截点值比 1dB 压缩点高 10.63dB。实际经验证明,放大器的三阶互调截点值比 1dB 压缩点高 10~13dB,在频段低端截点值比 1dB 压缩点约高 13dB,在频段中间和高端约高 10dB。这样只要测出 1dB 压缩点或截点值两个参量中的一个参量,就可以估计另一个参量。

**4. 放大器无虚假动态范围**

放大器的无虚假动态范围定义:当输入信号从其最小可检测灵敏度 $P_{rmin}$ 增加到放大器输出端刚出现互调虚假信号时所对应的输入信号电平的范围。根据前面的讨论已经知道,在等幅双音信号作用下所造成的三阶互调虚假信号对放大器的影响最为严重,因此,在实际应用中,放大器无虚假动态范围定义:在等幅双音信号输入时,放大器输出端产生的三阶互调失真电平刚超过噪声电平时所对应的输入信号电平( $P_{1i}$ )与最小可检测灵敏度( $P_{rmin}$ )之比,如图 3.23 所示。用分贝表示为

$$SFDR = P_{1i} - P_{rmin} \tag{3.190}$$

式中: $P_{1i}$ 为放大器输入互调失真功率电平,其值可由式(3.178)两边各除以线性功率增益 $G$ 后得到,其一般表示式为

$$P_{1Mi} = MP_{si} - (M-1)Q_{Mi} \tag{3.191}$$

式中: $P_{si}$ 和 $Q_{Mi}$ 分别表示折算到放大器输入端上的输入信号功率和互调截点值。与此对应的互调失真抑制比可表示为

$$\gamma_{nMi} = (M-1)(Q_{Mi} - P_{si}) \tag{3.192}$$

从上式求出的输入信号功率 $P_{si}$ 为

$$P_{si} = Q_{Mi} - \frac{\gamma_{nMi}}{M-1} \tag{3.193}$$

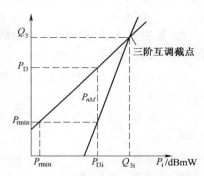

图 3.23 放大器无虚假动态
范围示意图

171

将式(3.193)代入式(3.191)后得到输入互调失真功率为

$$P_{1Mi} = M\left(Q_{Mi} - \frac{\gamma_{nMi}}{M-1}\right) - (M-1)Q_{Mi} = Q_{Mi} - \frac{M\gamma_{nMi}}{M-1} \qquad (3.194)$$

按定义并参考图3.25可知,当互调失真信号功率等于噪声功率 $P_{rmin}$ 时,互调抑制比 $\gamma_{nMi}$ 就代表放大器无虚假动态范围。为此令 $P_{1Mi} = P_{rmin}$,即

$$Q_{Mi} - \frac{M\gamma_{nMi}}{M-1} = P_{rmin} \qquad (3.195)$$

故

$$\text{SFDR} = \gamma_{nMi} = \left(\frac{M-1}{M}\right)(Q_{Mi} - P_{rmin}) = \left(1 - \frac{1}{M}\right)(Q_{Mi} - P_{rmin})$$

由于实际上采用三阶互调失真来表示放大器无虚假动态范围,故令上式中 $M = 3$,得到

$$\text{SFDR} = \frac{2}{3}(Q_{3i} - P_{rmin}) \qquad (3.196)$$

通常为了测量方便,放大器的无虚假动态范围可用相应的输出功率表示。把上式各参量除以小信号增益 $G$ 后得到

$$\text{SFDR} = \frac{2}{3}Q_{3i}(\text{dBmW}) - P_{rmin}(\text{dBmW}) - G(\text{dB}) \qquad (3.197)$$

已知 $P_{rmin} = -114(\text{dBmW}) + \Delta f_R(\text{dB}) + F(\text{dB})$,将此式代入上式,得到输出无虚假动态范围的最后表达式为

$$\text{SFDR} = \frac{2}{3}\left[Q_{3i}(\text{dBmW}) - G(\text{dB}) + 114(\text{dBmW}) - \Delta f_R(\text{dB}) - F_n(\text{dB})\right]$$

$$(3.198)$$

从上式可以看出,要扩大放大器的无虚假动态范围,除了选择大动态范围的微波晶体管之外,应尽可能地降低放大器的噪声系数 $F_n$ 和适当地控制放大器的功率增益 $G$。

### 5. 多级放大器(或放大器-混频器)级联的互调截点值

图3.24为级联放大器系统。

在下面的分析中作了如下的几个假定:

(1)级联系统对50Ω阻抗系统是理想匹配的;

(2)系统中每级产生的互调分量是同相相关的,亦即互调分量的振幅可以相加,相位抵消予以忽略(这是一种最坏情况,对于宽频带系统是正确的);

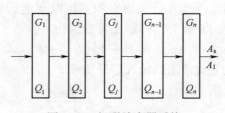

图3.24　级联放大器系统

（3）前级的互调分量在后级中产生的互调分量可以忽略。

先把式（3.185）变为以 mW 表示的形式

$$\gamma_{nM} = \left(\frac{Q_M}{P_s}\right)^{(M-1)} = (Q_M)^{(M-1)} \times P_s^{-(M-1)} \tag{3.199}$$

设输出信号功率、互调失真功率和截点值的振幅分别用 $A_s$、$A_1$ 和 $\sqrt{I_p}$ 表示，则以振幅表示的互调抑制比为

$$\gamma_{nM} = \frac{A_s}{A_{1M}} = Q_M^{\left(\frac{M-1}{2}\right)} \times A_s^{-(M-1)} \tag{3.200}$$

由上式可得出互调失真的振幅为

$$A_{1M} = Q_M^{-\left(\frac{M-1}{2}\right)} \times A_s^M \tag{3.201}$$

根据前面的假设，从图中可求出任意第 $j$ 级的输出信号的振幅为

$$(A_s)_j = A_s / (G_{j+1,n})^{1/2} \tag{3.202}$$

式中：$G_{j+1,n} = G_{j+1} \times G_{j+2} \cdots G_{n-1} \times G_n$ 为第 $j+1$ 级以后的系统总增益。

同样可求得第 $j$ 级互调失真的振幅为

$$(A_{1M})_j = (Q_M)_j^{-\left(\frac{M-1}{2}\right)} \times [A_s (G_{j+1,n})^{-1/2}]^M \tag{3.203}$$

这些互调失真的振幅通过各级放大后，其输出为

$$(A_{1M})_{j,0} = (Q_M)_j^{-\left(\frac{M-1}{2}\right)} \times [A_s (G_{j+1,n})^{-1/2}]^M (G_{j+1,n})^{1/2} \tag{3.204}$$

根据振幅可以相加的假定，级联系统总的输出互调失真振幅等于

$$(A_{1M})_{j,0} = \sum_{j=1}^{n} (A_1)_j = \sum_{j=1}^{n} \left\{ (Q_M)_j^{-\left(\frac{M-1}{2}\right)} \times [A_s (G_{j+1,n})^{-\frac{1}{2}}]^M (G_{j+1,n})^{\frac{1}{2}} \right\}$$

$$= A_s^M \sum_{j=1}^{n} [(Q_M)_j \times G_{j+1,n}]^{-\left(\frac{M-1}{2}\right)} \tag{3.205}$$

现在可以把级联放大器看作一个新的放大器，其互调截点值用 $Q_T$ 表示，则由式（3.201）可得

$$Q_T^{-\left(\frac{M-1}{2}\right)} = \frac{(A_{1M})_{T,0}}{A_s^M} \tag{3.206}$$

比较式（3.205）和式（3.206），就得到级联放大系统的总互截点值为

$$(Q_M)_T^{-\left(\frac{M-1}{2}\right)} = \sum_{j=1}^{n} [(Q_M)_j \times G_{j+1,n}]^{-\left(\frac{M-1}{2}\right)} \tag{3.207}$$

在估计放大器或接收机的互调截点时，为了简化起见，可以采用两级放大器级联为一个单元估算其总互调截点值，然后再用两个单元组成一个新的单元估算其总互调截点值，依此类推，这样我们就可以采用图解的方法来求出多级放大器级联的互调截点值。此时互调截点值可表示为

$$(Q_M)_{T,0}^{-\left(\frac{M-1}{2}\right)} = [(Q_M)_1 \times G_2]^{-\left(\frac{M-1}{2}\right)} + [(Q_M)_2]^{-\left(\frac{M-1}{2}\right)} \tag{3.208}$$

两级级联放大器的二阶和三阶互调截点值为

$$\frac{1}{(Q_2)_{T,0}} = \frac{1}{(Q_2)_1 G_2} + \frac{1}{(Q_2)_2} \tag{3.209}$$

$$\frac{1}{(Q_3)_T} = \frac{1}{(Q_3)_1 G_2} + \frac{1}{(Q_3)_2} \tag{3.210}$$

若用分贝表示则为

$$(Q_2)_T = (Q_2)_2 - 20\lg\left(1 + \frac{Q_2}{(Q_2)_1 G_2}\right) \tag{3.211}$$

$$(Q_3)_T = (Q_3)_2 - 10\lg\left(1 + \frac{(Q_3)_2}{(Q_3)_1 G_2}\right) \tag{3.212}$$

这里必须提出,实践经验表明,应用上述级联公式来预计系统的互调特性时,对三阶互调而言所得到的结果与测量的结果是相当一致的,特别是在基频和互调频率相当靠近的情况则更为精确。但是对于二阶互调特性的估计是最坏的,这有两个原因:①二阶互调分量的频率一般是远离基频;②许多部件往往采用推挽电路以减少偶次分量,同时合成互调分量中可能有反相现象,它破坏了振幅相加的假定条件。因此,在这种情况下,级联的互调性能要优于最坏情况的预计值,其实际的互调性能只能用统计的方法来预计。

下面我们以级联输出互调截点值公式估算其总互调截点值,以说明级联互调截点值的恶化情况。

【例1】 设有一个两级级联放大器,如图 3.25(a)所示,已知第二级放大器输出三阶截点值为+38dBmW,功率增益为 10dB,第一级放大器的输出三阶互调截点值为+28dBmW。把第二级放大器的互调截点值+38dBmW 减去功率增益 10dB 后得到第二级放大器的输入互调截点值为+28dBmW。显然这种情况相当于第一级放大器的输出互调截点值等于第二级放大器的输入互调截点值的情况,把互调截点值的 dBmW 变为 mW 得

$(Q_3)_1 = 28\text{dBmW} = 630.9\text{mW}$ $(Q_3)_2 = 38\text{dBmW} = 6390\text{mW}$ $G_2 = 10\text{dB} = 10$
把上式数据代入式(3.210)中得到

$$\frac{1}{(Q_3)_{T,0}} = \frac{1}{630.9 \times 10} + \frac{1}{6309}$$

则

$$(Q_3)_T = 3154\text{mW} = 35\text{dBmW}$$

与 38dBmW 相比,总级联互调截点值减小 3dB。

【例2】 两级级联放大器如图 3.25(b)所示,已知第一级放大器的输出三阶互调截点值为+30dBmW,第二级放大器的输出三阶互调截点值为+36dBmW,功率增益为 12dB。把第二级放大器输出三阶互调截点值折算到输出端后为+24dBmW。这种情况相当于第一级放大器输出互调截点值比第二级放大器输入三阶互调截点值大 6dB 的情况。

$(Q_3)_1 = 30\text{dBmW} = 1000\text{mW}$ $(Q_3)_2 = 36\text{dBmW} = 3981\text{mW}$ $G_2 = 12\text{dB} = 15.8$

代入式(3.210)得到

$$\frac{1}{(Q_3)_{T,0}} = \frac{1}{1000 \times 15.8} + \frac{1}{3981}$$

$$(Q_3)_T = 35\text{dBmW}$$

$$\Delta Q = 35 - 36 = -1\text{dBmW}$$

即总互调截点值比第二级输出互调截点值减小1dB。

【例3】 两级级联放大器如图3.25(c)所示。已知第一级放大器输出三阶互调截点值为19dBmW,第二级放大器输出三阶互调截点值+35dBmW,功率增益为10dB,这相当于第一级放大器输出三阶互调截点值比第二级放大器输入三阶互调截点值小6dB的情况。

$$(Q_3)_2 = 19\text{dBmW} = 79.4\text{mW}$$

$$(Q_3)_1 = 35\text{dBmW} = 3162\text{mW}$$

$$G_2 = 10\text{dB} = 10$$

代入式(3.210)后得到

$$\frac{1}{(Q_3)_{T,0}} = \frac{1}{79.4 \times 10} + \frac{1}{3162}$$

$$(Q_3)_T = 634.8\text{mW} = 28\text{dBmW}$$

$$\Delta Q = 28 - 35 = -7\text{dBmW}$$

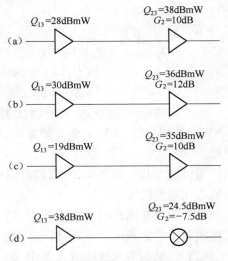

图3.25 两级级联系统的几个典型例子

即级联互调截点值比第二级放大器输出互调截点值低7dB。

当估算含有损耗元件的级联系统互调截点时,式(3.210)同样适用。

【例4】 放大器与混频器的级联电路如图3.25(d)所示。已知第一级放大器的输出三阶互调截点值折算到输入端后的输入三阶互调截点值为32dBmW。

第二级混频器的输出三阶互调截点值为+24.5dBmW,变频损耗为7.5dB。计算时把变频损耗视为负功率增益,把混频器输出三阶互调截点值折算到输入端后的输入三阶互调截点值为32dBmW。

$$(Q_3)_T = 38\text{dBmW} = 6309\text{mW} \qquad (Q_3)_2 = 24.5\text{dBmW} = 282\text{mW}$$

$$G_2 = -7.5\text{dB} = 0.18$$

代入式(3.210)后得到

$$\frac{1}{(Q_3)_{T,0}} = \frac{1}{6309\text{mW} \times 0.18} + \frac{1}{282\text{mW}} \quad (Q_3)_{T,0} = 226\text{mW} = 23.5\text{dBmW}$$

$$\Delta Q = 23.5 - 24.5 = -1\text{dBmW}$$

即总互调截点值减小1dB。

在以上的例子中,我们都是假定级联系统的阻抗是理想匹配的。但是利用以上级联公式来估计负载失配对互调性能的影响也是有效的。

**【例 5】** 假定在图 3.25(a)所示的两级级联放大器中,如果第一级放大器仅输出 90% 的功率到第二级放大器的输入端,则可推算出三阶互调截点值最坏情况的减小值。

$$(Q_3)_T = 28\text{dBmW} = 630.9\text{mW} \quad (Q_3)_2 = 38\text{dBmW} = 6309\text{mW}$$

$$G_2 = 10\text{dB} = 10 \quad \rho_{12} = 0.9$$

则

$$\frac{1}{(Q_3)_{T,0}} = \frac{1}{(Q_3)_1 G_2 \times \rho_{12}} + \frac{1}{(Q_3)_2} = \frac{1}{630.9 \times 10 \times 0.9} + \frac{1}{6309}$$

$$(Q_3)_{T,0} = 2989\text{mW} = 34.7\text{dBmW}$$

$$\Delta Q = 34.7 - 38 = -3.3\text{dBmW}$$

上式表明输入功率有 10% 的反射,使总互调截点值比例 1 估算的减小了 3.3dB。当然,阻抗失配对截点的影响,可以通过增加后几级的增益和减小损耗来降低。

通过以上几个典型例子,我们可以得出以下几条迅速估计级联系统总互调截点值恶化程度的规律:

(1) 如果在两级级联放大器中,第一级放大器的输出三阶互调截点值等于第二级放大器的输入三阶互调截点值,则级联后的互调截点值将减小 3dB(见例 1)。

(2) 如果在两级级联放大器中,第一级放大器的输出三阶互调截点值远大于(大于 6dB)第二级放大器的输入三阶互调截点值,则级联后的总互调截点值比第二级放大器的输出三级互调截点值减小 1dB 或在 1dB 以内(见例 2)。

(3) 如果在两级级联放大器中,第一级放大器的输出三阶互调截点值远小于(小于 6dB)第二级放大器的输入三阶截点值,则级联后的总互调截点值将小于第二级放大器的输出三阶互调截点值,减小的互调截点值至少等于第一级放大器输出三阶互调截点值与第二级放大器输入三阶互调截点值之差(见例 3)。

(4) 如果放大器与混频器级联(或级联系统中含有损耗元件),则级联后的总互调截点值约比混频器的输出三阶互调截点值减小 1dB 以内(见例 4)。

(5) 如果两级级联系统的阻抗不满足理想匹配的假定,则因负载失配将引起级联后的总互调截点值的减小。如在例 5 中,由于输入功率有 10% 的反射,结果使总互调截点值附加减小 0.3dB。如果反射功率达 50%,则总互调截点的附加减小量将达到 1.5dB 或更大。因此,为了不过多地损失互调截点值,级联系统应尽可能达到阻抗匹配。

### 3.8.8　混频器的互调特性和动态范围

导引头中采用的是超宽频带(2~18GHz 或 0.5~40GHz)或宽频带的(1 个倍频

程以上)混频器,而且导引头接收机随着导弹实时跟踪,而不断接近目标,必然进入强信号,因而混频器必须具有大动态范围。

混频器和放大器一样,也可以用含有非线性元件的两端口网络表示,如图 3.20 所示。其输入输出特性(变频损耗响应)的形式与放大器相类似。例如对于普通的肖特基二级管混频器而言,在忽略结电容和损耗电阻时的二级管电流 $I$ 可用下式表示:

$$i = I_s(e^{au} - 1) \tag{3.213}$$

式中:$I_s$ 为二级管的反向饱和电流,当半导体材料和温度确定时,它是一个常数;$a = q/KT$,也是一个常数,其中 $q$ 为电子电荷量,$K$ 为玻耳兹曼常数,$T$ 为热力学温度。对于高质量的肖特基二级管而言,其典型值约为 $40/V$。

把式(3.213)展开为级数形式:

$$i = I_s \sum_{n=1}^{\infty} \frac{(aU)^n}{n!} \tag{3.214}$$

在这里首先讨论一个最简单的混频器,即混频二极管也是一个理想化的平方律二极管,因此,式(3.213)就可以简化为

$$i = I_s \left[ aU + \frac{(aU)^2}{2!} \right] \tag{3.215}$$

根据二极管混频的理论,可以假定跨接在混频二极管两端上的有用电压为射频信号电压 $u_i$,本振电压 $u_p$,即加在二极管上的总电压为

$$u = u_i + u_p + u_0 = U_s\cos\omega_s t + U_p\cos\omega_p t + U_0\cos\omega_0 t \tag{3.216}$$

把此式代入式(3.215)并将三角函数展开后得到

$$
\begin{aligned}
i = &\ aI_s\left[ U_s\cos\omega_s t + U_p\cos\omega_p t + U_0\cos\omega_0 t \right] + \\
&\ \frac{1}{2}a^2 I_s\left[ U_s U_p\cos(\omega_s + \omega_p)t + U_s U_p\cos(\omega_s - \omega_p)t \right] + \\
&\ \frac{1}{2}a^2 I_s\left[ U_s U_0\cos(\omega_s + \omega_0)t + U_s U_0\cos(\omega_s - \omega_0)t \right] + \\
&\ \frac{1}{2}a^2 I_s\left[ U_p U_0\cos(\omega_p + \omega_0)t + U_p U_0\cos(\omega_p - \omega_0)t \right] + 其他项 \quad (3.217)
\end{aligned}
$$

根据假定混频二极管上有用电流分别为射频信号电流 $i_s$、本振电流 $i_p$ 和输出中频电流 $i_0$,则加在二极管上的总电流应为

$$i = i_s + i_p + i_0 = I_s\cos\omega_s t + I_p\cos\omega_p t + I_0\cos\omega_0 t \tag{3.218}$$

输出中频信号频率为 $\omega_0 = \omega_s - \omega_p$,则比较式(3.217)与式(3.218)后可得到三个有用电流值为

$$\begin{cases} i_s = aI_s(U_s + aU_0U_p) \\ i_p = aI_s\left(U_p + \dfrac{1}{2}aU_0U_s\right) \\ i_0 = aI_s\left(U_0 + \dfrac{1}{2}aU_sU_p\right) \end{cases} \tag{3.219}$$

如果以 $i_{gs}$、$i_{gp}$ 分别表示输入信号电流源和本振电流源；$G_{gs}$、$G_{gp}$、$G_L$ 分别表示输入信号电流源和本振电流源的内电导及中频输出负载电导，则利用前面的关系，可得混频器的完整等效电路，如图 3.26 所示。于是利用式(3.219)和图 3.30 就可得到下列三个方程：

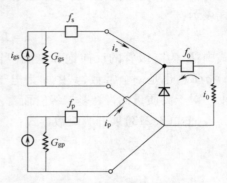

图 3.26　混频器等效电路

$$\begin{aligned} i_{gs} &= U_sG_{gs} + aI_s\left(U_s + \frac{1}{2}aU_0U_p\right) \\ &= G_{Ts}U_s + \frac{1}{2}a^2I_sU_0U_p \end{aligned} \tag{3.220}$$

$$i_{gp} = U_pG_{gp} + aI_s\left(U_p + \frac{1}{2}aU_0U_s\right) = U_pG_{Tp} + \frac{1}{2}a^2I_sU_0U_s \tag{3.221}$$

$$U_0G_{T0} = \frac{1}{2}a^2I_sU_sU_p \tag{3.222}$$

已知混频器的变频损耗(传输特性)定义为输出中频信号电压 $U_0$ 与射频输入信号电压 $U_s$ 之比，其值可由(3.222)式求出：

$$\frac{U_0}{U_s} = \frac{1}{2G_{T0}}a^2I_sU_p \tag{3.223}$$

式中，$U_p$ 可由式(3.221)与式(3.222)联立求解得出，则

$$\frac{U_0}{U_s} = \frac{a^2I_s}{2G_{T0}G_{Tp}}\left(\frac{i_{gp}}{1 + \dfrac{a^4I_s^2U_s^2}{4G_{T0}G_{Tp}}}\right) \tag{3.224}$$

令 $q_0 = \dfrac{a^2I_s}{2G_{T0}G_{Tp}}i_{gp}$，$q_1^2 = \dfrac{a^4I_s^2}{4G_{T0}G_{Tp}}$。

则式(3.224)可改写成：

$$\frac{U_0}{U_s} = \frac{q_0}{1 + (q_1U_s)^2} \tag{3.225}$$

当输入振幅很小，即 $(q_1U_s)^2 < 1$ 时，上式可展开为级数的形式：

178

$$U_0 = q_0 U_s \sum_{n=0}^{\infty} (-1)^{n+2} (q_1 U_s)^{2n} = q_0 U_s - q_0 q_1^2 U_s^3 + q_0 q_1^4 U_s^5 + \cdots$$

$$(3.226)$$

由以上的讨论与上式,可得出如下的结论:

(1) 式(3.226)是在"平方律二极管"的假定条件下导出的,即二极管两端上的电压很小,可以忽略式(3.226)级数展开式中的三阶以上的项。如果电压增加到高信号电平时,则这些高阶项就不能忽略,其结果是混频器的响应特性就不能用上述简单的形式表示。但是,这里所假定的"平方律二级管"条件是指二极管电流级数展开式中仅取到平方项为止,而不管式中的端电压是大或是小,这意味着即使在平方律假定条件下,当混频器工作在大信号状态时,仍然要产生增益压缩和互调失真。

(2) 式(3.226)表明,当 $(q_1 U_s)^2 \ll 1$ 时,混频器的输出电压与输入信号电压成线性关系,即 $U_0 \approx q_0 U_s$,其中斜率 $a_0$ 就是混频器在小信号工作状态时的线性增益。当输入信号电压增加到 $(q_1 U_s)^2 = 1$ 时,混频器的输出达到最大值,若继续增加输入信号电压,则增益就开始下降而出现了和放大器一样的增益压缩现象。这就是说,在混频器中也只有在小信号状态下才保证增益恒定,而进入大信号状态后,增益就不能保持恒定。其原因主要是由于各电路之间的失配。因为当输入信号功率增加时,信号也随之增加,因而造成本振电路和中频输出电路两者的阻抗失配,这两个电路的失配反过来又造成信号电平的失配,因此它反射了一部分入射信号功率使混频器的输出减小。这一点可以从下面的结果来看出。本振电路的输入电平利用式(3.221)和式(3.222)联立求解后得到,其结果为

$$G_{\text{minp}} = \frac{I_{\text{gp}}}{U_p} = G_{\text{Tp}} + \frac{a^4 I_s^2}{4 G_{\text{T0}}} |U_s|^2 \qquad (3.227)$$

上式表明,本振电路的输入电导是与输入信号电压的平方成比例,当输入信号电压增加时,本振电路的输入电导就偏离了 $G_{\text{Tp}}$ 而出现了失配现象,结果有部分本振输入功率被反射掉。同样,输入信号电路的输入电导可利用式(3.220)和式(3.222)联立求解后得到,即

$$G_{\text{mins}} = G_{\text{Ts}} + \frac{a^4 I_s^2}{4 G_{\text{T0}}} |U_p|^2 \qquad (3.228)$$

即输入信号电路的电导与本振电压的平方成比例。由于本振输入电导随输入信号电压的增加而发生变化导致本振电压的变化,因此信号电路的输入电导也发生了变化,结果有一部分输入信号功率被反射掉而导致输出的减小或增益的下降。

中频输出电路的失配影响与上述情况是类似的。

以上结果表明,即使在单频输入信号作用下,只要混频器工作在大信号状态,其增益就不能保持恒定而存在着增益压缩现象。

(3) 由于混频器是一个损耗器件,上述增益压缩现象一般称为变频压缩。因

此和放大器一样,要使混频器的变频损耗保持恒定,其所能处理的最大输入信号功率也是有限的,从而存在一个线性处理信号电平的上限。这个上限通常用单频输入信号作用下变频损耗增加 1dB 点处对应的输入(或输出)信号功率表示,该点也称为 1dB 压缩点,如图 3.27 所示。这里必须注意,在混频器中,由于斜率 $q_0$ 与本振信号电平有关,而且在大信号工作状态下,由于上述各电路的失配影响,使得射频输入信号电平随

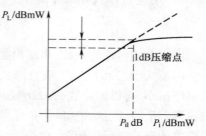

图 3.27  混频器变器损耗响应

着本振激励电平的变化而变化,因此 1dB 压缩点对应的输入射频功率电平也是随本振激励电平而变化。于是在讨论和测量 1dB 压缩点时,必须规定本振激励电平(例如在单平衡混频器中,本振功率规定为 5dBmW,在双平衡混频器中,本振功率规定为 7dBmW 或 13dBmW)。

（4）为了和放大器进行比较,式(3.226)中的输出和输入电压可用正弦信号 $u_o$ 和 $u_i$ 表示,同时令 $q_0 = k_1q_1^2 = -k_3q_0q_1^4 = k_5\cdots$,则式(3.226)可改写为

$$u_o = k_1u_i + k_3u_i^3 + k_5u_i^5 + \cdots \qquad (3.229)$$

在弱非线性假定下,上式可简化为

$$u_o = k_1u_i + k_3u_i^3 \qquad (3.230)$$

显然,除了平方律假定而消除了偶阶项以外(在放大器中也不一定有偶阶项),上述传输特性的形式与式(3.139)表示的放大器传输特性是类似的(除了斜率不同)。因此,由于式中存在三阶项,故在混频中如果几个信号同时输入,则同样要产生各种互调失真,其中以等幅双音输入时产生的三阶互调失真是靠近信号频率的,因而是影响混频器正常工作的主要因素。但是,根据上述第二个结论所指出的理由,混频器中的三阶互调失真与本振动率有关。理论分析表明,本振功率增加时,互调失真就可以减小。因此,在混频器中,为了扩大无虚假动态范围,除了降低混频器的噪声系数之外,还可以利用提高本振激励功率的方法来降低互调失真。

（5）由于混频器和放大器的 1dB 压缩点和三阶互调截点值的表示式是相同的(除了斜率参量不同之外),故在理论上,混频器的三阶互调截点值同样比 1dB 压缩点高 10.63dB。但实践证明,混频器的三阶互调截点值比 1dB 压缩点高 10～15dB。在频段低端,截点值比 1dB 压缩点高 15dB,在频段中间、高端约高 10dB。

总之,由于混频器和放大器都是一种含有非线性元件的两端口器件,两者传输特性的一般表示式是完全类似的。因此,前面对放大器动态范围的分析所得到的基本关系式,完全适用于混频器,这里不再重复。

### 3.8.9  接收机动态范围的估算

前面讨论了放大器和混频器的增益压缩、互调失真、线性动态范围和无虚假动

态范围等质量指标分析的全过程。由于接收机一般是由射频(和中频)放大器、混频器、检波器等含有非线性元件的两端口器件构成的,因此也可以把一部接收机看成是一个含有非线性元件的两端口网络。这样,前面对放大器和混频器性能特性的分析所得到的基本关系式同样可用于估算接收机的动态范围。例如,当测出接收机的整机最小可检测灵敏度 $P_{\mathrm{rmin}}$(或噪声系数 $F_{\mathrm{N}}$),1dB 压缩点的输出功率,则接收机的线性动态范围可按下式计算:

$$M_{\mathrm{LDR}} = P_{\mathrm{1dB}}(\mathrm{dB}) - G(\mathrm{dB}) + 144(\mathrm{dBmW}) - \Delta f(\mathrm{dB}) - F_{\mathrm{N}}(\mathrm{dB}) \quad (\mathrm{dB})$$

式中:功率增益 $G$ 为接收机的总增益; $F_{\mathrm{N}}$ 为接收机的总噪声系数,其值为

$$F_{\mathrm{N}} = F_1 + \frac{F_1 - 1}{G_1} + \frac{F_2 - 1}{G_1 G_2} + \cdots + \frac{F_n - 1}{G_1 G_2 \cdots G_n}$$

其中, $F_1, F_2, \cdots$ 和 $G_1, G_2, \cdots$ 等分别为接收机第一级、第二级……的噪声系数和功率增益。如果组成接收机的各级有源器件的互调截点值是已知的,则可用式(3.206)所表示的互调截点值级联公式计算出接收机总的互调截点值 $Q_{3\mathrm{T}}$,则接收机无虚假动态范围可由下式估算:

$$M_{\mathrm{SFDR}} = \frac{2}{3}\left[ Q_{3\mathrm{T}}(\mathrm{dBmW}) - G(\mathrm{dB}) + 114(\mathrm{dBmW}) - \Delta f_{\mathrm{R}}(\mathrm{dB}) - F_{\mathrm{N}}(\mathrm{dB}) \right] \quad (\mathrm{dB})$$

下面我们举例来说明估算接收机动态范围的方法。设一个接收机前端如图 3.28 所示。

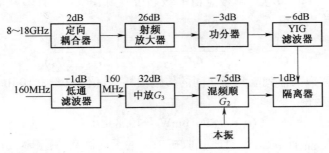

图 3.28　接收机前端方框图

接收机前端有关指标如下:

工作频率 8~18(GHz);噪声系数(最大)12(dB);线性动态范围 70(dB);无虚假动态范围 53(dB);接收机前端总增益 40.5(dB);中频频率 160(MHz);中频带宽 1(MHz);系统阻抗 50(Ω)。

接收机动态范围估算的步骤如下:

(1)根据式(3.152)计算接收机前端的最小检测灵敏度:

$$P_{\mathrm{rmin}} = -114(\mathrm{dBmW}) + \Delta f_{\mathrm{R}}(\mathrm{dB}) + F_{\mathrm{N}}(\mathrm{dB}) = -114 + 0 + 12 = -102(\mathrm{dBmW})$$

折算到射频放大器输入端的最小可检测灵敏度为

$$P_{\mathrm{rmin}} = -102 - (-2) = -100(\mathrm{dBmW})$$

(2)根据无虚假动态范围计算公式,计算出三阶互调总截点值 $Q_{3\mathrm{T}}$:

$$Q_{3T} = \frac{2}{3}\text{SFD} - |P_{\text{rmin}}| + G = 20(\text{dBmW})$$

（3）选择接收机前端各组成部件的三阶互调截点值根据前面的分析可以看出,接收机的无虚假动态范围主要取决于最后一级的动态范围,而且无虚假动态范围与三阶互调截点值成线性关系。据此可选择最后一级中频放大器的三阶互调截点值等于接收机前端总的三阶互调截点值,即中频放大器的三阶互调截点值为 $Q_{33} = 20\text{dBmW} = 100\text{mW}$ ,选择其他两者的三阶互调截点值为

$$Q_{32} = 28\text{dBmW} = 630.957\text{mW}（混频器级）$$

$$Q_{31} = 20\text{dBmW} = 100\text{mW}（射频放大器级）$$

这几个器件的参考技术指标列入表 3.3 中。

表 3.3　接收机前端主要器件参考技术指标

| 器件名称 | 频率/GHz | 增益/dB | 噪声系数/dB | 1dB 压缩点 /dBmW | 三阶互调截点值 /dBmW |
|---|---|---|---|---|---|
| 射频放大器 | 8~18 | 26 | 8 | +10 | +20 |
| 混频器 | 8~18 | -7.5 | 6 | +15 | +28 |
| 中频放大器 | 0.16 | 32 | 1.5 | +10 | +20 |

（4）利用式(3.207)互调截点值的级联公式和图 3.32,计算接收机总的三阶互调截点值(输出)：

$$\frac{1}{(Q_3)_T} = \frac{1}{(Q_3)_1 L_f G_2 G_3} + \frac{1}{(Q_3)_2 G_3} + \frac{1}{(Q_3)_3}$$

式中：$L_f$ 为射频放大器到混频器之间的传输损耗,其值为 $L_f = -10\text{dB} = 0.1$,把以上有关数据代入后得

$$(Q_3)_T = 96.6\text{mW} = 19.85\text{dBmW}$$

（5）按 $M_{\text{SFDR}}$ 计算公式,计算接收机前端的无虚假动态范围：

$$M_{\text{SFDR}} = \frac{2}{3}(19.85 - 40.5 + 100) \approx 53(\text{dB})$$

计算结果表明,根据表 3.3 所选器件的性能指标估算的无虚假动态范围,完全满足整机的技术指标要求。

（6）接收机前线性动态范围的估算：

已知接收机前端总的输出三阶截点值约为 20dBmW,按实践经验得到,接收机 1dB 压缩点约比三阶互调截点值低 10~15dB,即取 $P_{1\text{dB}} = 20 - 10 = 10(\text{dBmW})$,故按线性动态范围计算公式估算其线性动态范围为

$$\text{LDR} = 10 - 40.5 + 100 = 69.5(\text{dB}) \approx 70\text{dB}$$

上述接收机前端实测的线性动态范围和无虚假动态分别列入表 3.4 和表 3.5 中。

表 3.4　接收机前的无虚假动态范围

| $f$/GHz | $F_N$/dB | 输入信号电平<br>/dBmW | 抑制比<br>/dB | $(Q_3)_T$/dB | SFDR<br>/dB | 原指标 |
|---|---|---|---|---|---|---|
| 7.975 | 8.1 | −40 | −48 | −16 | 59.9 | 53 |
| 8.025 | 9.1 | −40 | −60 | −10 | 63.3 | 53 |
| 10 | 8.7 | −40 | −60 | −10 | 63.5 | 53 |
| 14 | 11.8 | −30 | −48 | −6 | 64.1 | 53 |
| 16 | 12 | −30 | −43 | −9 | 62 | 53 |
| 18 | 13 | −30 | −47 | −7 | 63 | 53 |

表 3.5　接收机前端线性动态范围

| $f$/GHz | $F_N$/dB | $P_{rmin}$/dBmW | 输入信号电平<br>/dBmW | LDR/dB | 原指标 |
|---|---|---|---|---|---|
| 7.975 | 8.1 | −105.9 | −24.8 | 81.1 | 70 |
| 8.025 | 9.1 | −104.9 | −15 | 89.9 | 70 |
| 10 | 8.7 | −105.3 | −15.2 | 90.1 | 70 |
| 14 | 11.8 | −102.2 | −15 | 87.2 | 70 |
| 16 | 12 | −102 | −17.9 | 84.1 | 70 |
| 18 | 13 | −101 | −19.7 | 81.3 | 70 |

说明:以上数据为以输入端参量计算的结果,中频带宽 1MHz,输入信号电平对应于 1dB 压缩点。

## 3.9　寻的器接收机实际要求的动态范围估算举例

### 3.9.1　寻的器技术性能所要求的接收机动态范围

要求导引头接收机具有高的灵敏度,以实现作用距离远。为提高命中概率,要求导引头失控距离尽可能小,即接收机过载能力很强。这就要求接收机有大动态范围。满足这一要求的动态范围为

$$M_{LDR_1} = 10 \lg \frac{P_{imax}}{P_{rmin}} \tag{3.231}$$

而

$$P_{imax} = \frac{P_t G_t G_r \lambda^2}{(4\pi)^2 R_{min}^2} \tag{3.232}$$

$$P_{rmin} = \frac{P_t G_t G_r r \lambda^2}{(4\pi)^2 R_{max}^2} \qquad (3.233)$$

式中：$P_{rmin}$ 为接收机灵敏度；$P_{imax}$ 为失控距离上对应的接收机输入功率；$R_{max}$ 为最大作用距离；$R_{min}$ 为失控距离；$G_t$ 为目标雷达发射增益；$P_t$ 为目标雷达发射机功率；$G_r$ 为导引头天线增益；$r$ 为导引头天线方向系数；$\lambda$ 为目标雷达工作波长。

将式（3.232）和式（3.233）代入式（3.231）得到

$$M_{LDR_1} = 10\lg \frac{P_t G_t G_r r \lambda^2}{(4\pi)^2 R_{min}^2} \bigg/ \frac{P_t G_t G_r r \lambda^2}{(4\pi)^2 R_{max}^2} = 20\lg \frac{R_{max}}{R_{min}}$$

除此，还要求导引头能捕捉跟踪波束环扫或边跟踪边扫描的目标雷达信号，这就要求接收机还必须具有适应目标雷达天线环扫时，由主瓣变化到副瓣或由副瓣到主瓣信号强弱突变的瞬时动态范围：

$$M_{LDR_2} = 10\lg \frac{G(0)}{G(\theta)}$$

式中：$G(0)$ 为目标雷达主瓣增益；$G(\theta)$ 为目标雷达的副瓣增益。

导引头接收机的线性动态范围为

$$M_{LDR} = M_{LDR_1} + M_{LDR_2} = 20\lg \frac{R_{max}}{R_{min}} + 10\lg \frac{G(0)}{G(\theta)} \qquad (3.234)$$

【例6】 设 $R_{max} = 40km$，$R_{min} = 0.2km$；$G(0) = 50dB$，$G(\theta) = 10dB$。

将数值代入式（3.234），得到

$$M_{LDR} = 20\lg \frac{40}{0.2} + 10\lg \frac{G(0)}{G(\theta)} = 46 + 40 = 86(dB)$$

如果 $R_{max} = 200km$，则

$$M_{LDR} = 20\lg \frac{200}{0.2} + 40 = 60 + 40 = 100(dB)$$

以上计算是对导引头接收机测角系统即信号系统而言。通过计算可知一般导引头接收机的动态范围为 $80\sim100dB$。

对于信号分选与选择系统应采用无虚假动态范围 $M_{SFDR}$。由以上分析我们知道 $M_{SFDR}$ 比 $M_{LDR}$ 小 $20dB$ 左右。因此信号分选与选择支路的动态范围应为 $100\sim120dB$。

### 3.9.2 寻的器接收机动态范围估算举例

已知有关技术指标如下：

覆盖频域（$2\sim18$）GHz；噪声系数 $F_N = 13dB$；线性动态 $M_{LDR} = 94dB$；高中频 $1.5GHz$；高中频带宽 $500MHz$；中频频率 $60MHz$；中频带宽 $5MHz$。

接收机的原理方框图如图 3.29 所示。

接收机有两种工作状态，第一种是窄带，第二种是宽带。

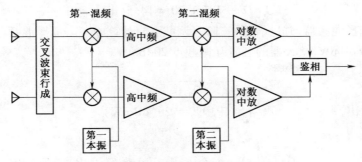

图 3.29　接收机原理方框图

**1. 窄带 $\Delta f_R = 5\text{MHz}$**

（1）计算接收机前端的最小检测灵敏度：

$$P_{rmin} = -114(\text{dBmW}) + \Delta f_R(\text{dB}) + F_N(\text{dB}) = -114 + 6.9 + 13 = -94(\text{dBmW})$$

（2）计算接收机前端总增益

$$G = 2 - 7.5 + 20 - 3 - 1 - 7.3 + 30 = 33(\text{dB})$$

（3）选择接收机前端各组成部件的三阶互调截点值，第一混频器的三阶互调截点 $Q_{31} = 28\text{dBmW}$；高中频放大器的三阶互调截点值 $Q_{32} = 20\text{dBmW}$；第二混频器的三阶互调截点值 $Q_{33} = 30\text{dBmW}$；中频放大器三阶互调截点 $Q_{34} = 20\text{dBmW}$。

由上面的分析知道接收机无虚假动态范围主要取决于最后一级的动态范围，而且无虚假动态范围与三阶互调截点值成线性关系，据此可以选择最后一级中频放大器的三阶互调截点值等于接收机前端总的三阶互调截点值即

$$Q_{3T} = 20\text{dBmW} = 100\text{mW}$$

（4）求 $M_{SFDR}$：

$$M_{SFDR} = \frac{2}{3}[Q_{3T}(\text{dB}) - G(\text{dB}) + 114(\text{dB}) - \Delta f_R(\text{dB}) - F_N(\text{dB})]$$

$$= \frac{2}{3}(20 - 33 + 114 - 6.9 - 13) = 54(\text{dB})$$

根据假定的器件性能指标估算的无虚动态范围，不满足整机的要求。

（5）求 $M_{LDR}$ 按实际经验得知接收机 1dB 压缩点约比三阶互调截点值低 $10\sim15\text{dB}$，而接收机总的三阶互调截点 $Q_{3T} = 20\text{dBmW}$，则 $P_{1dB} = 20 - 10 = 10\text{dBmW}$。

根据　　　　　　　$M_{LDR} = P_{1Bi} - P_{rmin} = P_{1dB} - G - P_{rmin}$

则　　　　　　　　　$M_{LDR} = 10 - 33 + 94 = 71(\text{dB})$

通过以上的计算可以看出同样不满足整机的要求。

**2. 宽带 $\Delta f_R = 500\text{MHz}$**

（1）计算接收机前端的最小检测灵敏度

$$P_{rmin} = -114(\text{dBmW}) + \Delta f_R(\text{dB}) + F_N(\text{dB}) = -114 + 27 + 13 = -74(\text{dBmW})$$

（2）计算接收机前端的增益

$$G = 2 - 7.5 + 20 = 14.5 (\text{dB})$$

（3）选择混频器与放大器的三阶互调截点与计算 $Q_{3T}$。选择混频器的三阶互调截点为 28dBmW,放大器的三阶互调截点 20dBmW。

则
$$\frac{1}{Q_{3T}} = \frac{1}{Q_{31} G_2} + \frac{1}{Q_{32}}$$

可计算出
$$Q_{3T} = 19.999 = 20 (\text{dBmW})$$

（4）求 $M_{\text{SFDR}}$。由公式：

$$M_{\text{SFDR}} = \frac{2}{3} \left[ (Q_{3T} (\text{dB}) - G (\text{dB}) + 114 - \Delta f_R (\text{dB}) - F_N (\text{dB}) \right]$$

得
$$M_{\text{SFDR}} = \frac{2}{3} (20 - 14.5 + 114 - 27 - 13) = 53 (\text{dB})$$

（5）求 $M_{\text{LDR}}$

由公式
$$M_{\text{LDR}} = P_{\text{1dBi}} - P_{\text{rmin}} = P_{\text{1dB}} - G - P_{\text{rmin}}$$

则
$$M_{\text{LDR}} = 10 - 14.5 + 74 = 69.5 (\text{dB})$$

通过以上的计算可以得出如下的结论：

（1）宽频带接收机比窄带接收机的动态范围要小。频带越宽,就越小。

（2）由图 3.33 所示的接收机,经过计算,$M_{\text{SFDR}}$ 和 $M_{\text{LDR}}$ 都不能满足接收机应具有的动态范围。在实际应用中必须采取数控衰减器扩大动态范围。

（3）通过上面的分析和实例计算,线性动态范围比无虚假动态范围大 15～20dB。在实际应用中,测角系统及信道采用线性范围,这里指的是采用比幅体制测角。信号分选系统对载频、重频、脉宽等主要参数分选与选择。因此,必须采用无虚假动态范围,其动态范围更大。如果信道中采用比相或相位干涉仪测向,其信道也必须采用无虚假的动态范围。

## 3.10　雷达导引头测角精度

测角精度是超宽频带被动雷达寻的器最重要的指标之一。灵敏度关系到寻的器发现辐射源的作用距离,而测角精度关系到能否准确地跟踪目标,能否将反辐射武器导引到攻击目标的命中范围内,即能否将反辐射武器导引到精确末制导的作用范围内,如果只采用单一的雷达导引,它关系到能否命中目标的问题。因此测角精度是超宽频带寻的器最重要的技术指标之一。

### 3.10.1　ARM 战术性对被动雷达导引头提出的测角误差的要求

分两种情况进行讨论：①超宽频带被动寻的器,作为反辐射武器（ARM）的单一寻的方式即被动雷达导引头；②超宽频带被动雷达寻的器作为多模复合精确末制导的中制导。

**1. 对雷达导引头的测角误差需求**

由于反辐射武器受导引头(PRS)的导引,实时跟踪目标雷达,直到反辐射武器的距离目标很近,导引头过截而失去控制能力,我们称为失控。反辐射武器失控后,靠反辐射武器的惯性命中目标。显然在失控距离处,导引头测角系统测角精度越高,则命中目标的概率就越大。

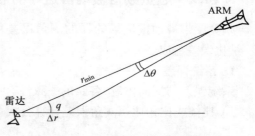

图 3.30　ARM 攻击目标的示意图

反辐射武器攻击目标雷达的示意图如图 3.30 所示。

设反辐射武器的失控距离为 $\gamma_{min}$;攻击角为 $q$;跟踪角误差为 $\sigma_{\Delta\theta}$;目标雷达的天线直径为 $d$;反辐射武器的爆炸半径为 $\Delta r$。

如果要求反辐射武器直接命中天线,则由图 3.34 应用正弦定理。

$$d/\sin\sigma_{\Delta\theta d} = \gamma_{min}/\sin(180° - q - \sigma_{\Delta\theta}) \qquad (3.235)$$

$$\sigma_{\Delta\theta} = \arcsin\frac{d}{\gamma_{min}/\sin(180° - q)} \qquad (3.236)$$

因为 $(180° - q)$ 远大于 $\sigma_{\Delta\theta}$。

如果只要求命中爆炸半径以内,则

$$\Delta t/\sin\sigma_{\Delta\theta d} = \gamma_{min}/\sin(180° - q - \sigma_{\Delta\theta}) \qquad (3.237)$$

这时角误差为

$$\sigma_{\Delta\theta\gamma} = \arcsin\frac{\Delta\gamma}{\gamma_{min}/\sin(180° - q)} \qquad (3.238)$$

估算举例:

设 $\gamma_{min} = 200m$;$d = 1.22m$;$q = 30°$,则

$$\sigma_{\Delta\theta d} = \arcsin\frac{1.22}{200/\sin(180° - 30°)} = 0.17°$$

设 ARM 的爆炸半径 $\Delta r = 15m$,则

$$\sigma_{\Delta\theta\gamma} = \arcsin\frac{15}{200/\sin(180° - 30°)} = 2.1°$$

由计算可以看出,根据战术性能要求,导引头测角的误差应在 0.2°~2°。为了提高反辐射武器的战斗威力,$\sigma_{\Delta\theta}$ 应为 1°左右。

**2. 对作为中制导的超宽带被动雷达寻的器测角误差的需求**

作为中制导的超宽频带被动雷达寻的器的任务是将反辐射武器——导弹导引到精确末制导的作用范围内,使精确末制导迅速地捕捉与跟踪目标。这就要求被动雷达寻的器将导弹引导到精确末制导作用距离内,其测角误差小于精确末制导的搜索角或跟踪角。为了使精确末制导迅速捕捉目标,一般要求被动雷达寻的测角误差小于或等于精确末制导搜索角的 1/3,如毫米波主动雷达的搜索角为 3°　~

12°,红外成像寻的器搜索角为 3°~6°,则要求超宽频带被动雷达寻的器的测角误差应为 1°~4°(对主动雷达)或 0.5°对红外成像包括随动系统的误差。

### 3.10.2 超宽频带被动雷达寻的器系统的测角误差

超宽频带被动雷达寻的器的测角误差由三种误差组成,即系统误差、随机误差、量化误差组成。

**1. 系统误差**

系统误差与测向体制、各路的一致性有关,它可以通过补偿措施进行极化。

1）比幅或比相比幅测角误差计算公式

$$\Delta\theta = \frac{\theta_{0.5}}{12\theta_s}R' \cdot \Delta\theta_{0.5} - \frac{\theta_{0.5}^2}{24} \cdot \frac{\Delta\theta_s}{\theta_s^2} \cdot R' + \frac{\theta_{0.5}^2}{24\theta_s}\Delta R' \tag{3.239}$$

式中：$\theta_{0.5}$ 为波束半功率点宽度；$\theta_s$ 为波束倾斜斜度（交叉波束,最大点距中心轴的角距）；$\Delta\theta_{0.5}$ 为波束宽度的变化量；$R'$ 为两路增益的变化量；$\Delta R'$ 为两路增益比值的变化率。

2）比相的系统测角误差

方位测角误差

$$\Delta\theta = \frac{\cos\theta\Delta\varphi_A - \sin\theta\Delta\varphi_B}{\dfrac{2\pi}{\lambda}\cos\alpha} \tag{3.240}$$

俯仰测角误差

$$\Delta\alpha = \frac{-(\sin\theta\Delta\varphi_A + \cos\theta\Delta\varphi_B)}{\dfrac{2\pi}{\lambda}\sin\alpha} \tag{3.241}$$

式中：$\varphi_A$ 为方位面的相位差；$\varphi_B$ 为俯仰面的相位差；$\theta$ 为方位的入射角；$\alpha$ 为俯仰面的入射角。

3）空间谱估计测向误差计算公式

空间谱估计测向误差理论上计算是很小的,但实际上很难达到。空间谱估计测向误差用克拉美—罗下界（CRLB）来衡量。

CRLB 的表达式为

$$\mathrm{CRB}(P) = \frac{1}{2L \times \mathrm{SNRS}\,(P)^2} \tag{3.242}$$

由式可得到 $\theta$ 和 $\phi$ 的估计误差：

$$\mathrm{CRB}_\theta(\theta) = \frac{1}{2L \times S/N\,(\pi\cos\varphi\,\|\dot{\theta}\|\,)^2} \tag{3.243}$$

$$\mathrm{CRB}_{\varphi}(\phi) = \frac{1}{2L \times S/N \, (\pi \sin\phi \parallel \dot{r} \parallel)^2} \tag{3.244}$$

式中：$\theta$ 为方位角；$\phi$ 为俯仰角；$\dot{r}(\theta) = \partial r_{\theta}(\theta)/\partial\theta$。

在实际应用中，其测向误差，以实际测试结果为准。

**2. 随机误差**

随机误差主要是由测角系统的内部噪声引起的。由于相邻通道的内部噪声是不相干的，在幅度计算时，二者不能互相抵消，这就会引起通道失衡，造成测角误差。

1）比幅或比相比幅的随机误差

$\theta_0$ 点的测角误差的均方根值：

$$\sigma_{\phi_N} = \frac{\theta_{0.5}}{\sqrt{2S/N}} \tag{3.245}$$

2）比相随机测角误差

信道相位测量误差

$$\sigma_{\phi_{N_1}}^2 = \frac{\overline{n}^2}{A^2} = \frac{1}{2S/N} \tag{3.246}$$

两个信道噪声引起的相位测量误差均方根误差：

$$\sigma_{\phi_N} = \left[\frac{S_1/N + S_2/N}{2P}\right]^{1/2} \tag{3.247}$$

式中：$S_1/N$ 为第一个信道的信噪比；$S_2/N$ 为第二个信道的信噪比；$P$ 为脉冲积累数。

注意，超宽频带被动雷达寻的器，是一个目标跟踪系统，随着对目标的跟踪，离目标越来越近，其信噪比迅速增加，其随机误差迅速减小，只有在系统灵敏度起始段，随机测角误差比较大，当信噪比增加到一定值时，随机误差就会减小，因此就不是误差的主要来源了。

随机测角误差

$$\Delta\theta_N = \frac{\sigma_{PN}\lambda}{2\pi L\cos\theta} \overset{\theta \equiv 0}{=\!=\!=} \frac{\lambda}{L} \frac{\left[\dfrac{S_1/N + S_2/N}{2P}\right]^{\frac{1}{2}}}{2\pi} \tag{3.248}$$

**3. 空间谱估计的随机误差**

空间谱估计的测向算法，必须满足比较高的信噪比时，才能实现。这时信噪比比较高，因此，随机误差不会太大，而且随着接近目标信噪比迅速增加，因此，可不考虑空间谱估计的随机误差。

**4. 量化误差**

量化误差的计算公式

$$\sigma_q^2 = \frac{1}{q} \int_{-\frac{q}{2}}^{+\frac{q}{2}} q^2 dq = \frac{q^2}{12} \tag{3.249}$$

式中：$q$ 为量化单位。如果是幅度量化单位，$q$ 值是"V"（伏）为单位的数值；如果是相位，则 $q$ 值是量化单位。则

$$\Delta\theta_q = \frac{q\lambda}{2\pi L\cos\theta} \xlongequal{\theta = 0} \frac{\lambda}{L} \frac{q}{2\pi} \tag{3.250}$$

**5. 总的测角误差**

由公式

$$\Delta\theta_T = \sqrt{\Delta\theta_c^2 + \Delta\theta_N^2 + \Delta\theta_q^2} \tag{3.251}$$

式中：$\Delta\theta_c$ 为系统测角误差；$\Delta\theta_N$ 为随机测角误差；$\Delta\theta_q$ 为量化测角误差；$\Delta\theta_T$ 为系统总的测角误差。

### 3.10.3 空间谱估计阵列测向的误差理论计算

**1. 空间谱估计测向**

超分辨阵列测向系统的测向性能包括检测能力、分辨力和 DOA 估计精度。检测能力是指 DF 系统能正确地估计出信号环境中辐射源数目的能力，阵列的分辨力是指能辨别两个空间相隔很近的辐射源的能力，而 DOA 估计精度是指辐射源的 DOA 估计误差，这通常用 Cramer-Rao Bound（CRB）来刻划，它表示任一无偏估计的估计误差所能到达的最小方差。在子空间测向算法的理论模型中，一般都是假设能精确地得到阵列输出信号的协方差矩阵，从而准确地确定了信号子空间或噪声子空间，这样就可以检测和分辨空间相隔任意近的辐射源，并能精确地估计出它们的 DOA。然而，在实际中只能得到有限的含有噪声的数据，此时的测向性能不仅与快拍数和信噪比有关，而且还与阵列的物理特性有关。根据阵列流形的微分几何可以定量地研究阵列的物理特性对检测能力、分辨力和 DOA 估计的影响，这样就能评价和比较各种阵列结构的测向性能，并能得到一种新的基于阵列流形特性的满足超分辨测向算法要求的阵列合成技术。

假设在空间有两个相隔一定间隔的辐射源，其功率分别为 $P_1$ 和 $P_2$，快拍数为 $L$，则对功率为 $P_1$ 的辐射源进行检测和分辨的 $S/N$ 阈值为

$$(S/N_1)_{DET} = \frac{1}{2L(\Delta s)^2}\left(1 + \sqrt{\frac{P_1}{P_2}}\right)^2 \tag{3.252}$$

$$(S/N_1)_{RES} = \frac{2}{L(\Delta s)^4(\hat{\kappa}_1^2 - 1/N)}\left(1 + \sqrt[4]{\frac{P_1}{P_2}}\right)^4 \tag{3.253}$$

式中：$S/N_1$ 是来自于方向 $p_1$ 的入射信号的信噪比；$\Delta s = \pi \| r \| \cdot |\cos p_2 - \cos p_1|$ 是两个辐射源在阵列流形上相隔的弧长；$\hat{\kappa}_1$ 是流形曲线的圆弧近似的半径，对于 $\phi$ 曲线 $\hat{\kappa}_1$ 的值由下式确定，即

$$\hat{\kappa}_1 = \kappa_1 \sqrt{1 - \frac{\left[\operatorname{sum}(\bar{r}_\theta^3)\right]^2}{\kappa_1^2}} \tag{3.254}$$

其中, $\bar{r}_\theta = r_\theta \big/ \parallel r_\theta \parallel$。

如果 LA 或 ELA 是对称的,圆弧近似的曲率就等于阵列流形曲线的一阶曲率。对 ULA, $\operatorname{sum}(\bar{r}) = 0$,因此 $\hat{\kappa}_1 = \kappa_1$。

由于 $\Delta s \approx \Delta p \dot{s}(p_0) = \pi \parallel r \parallel \sin p_0 \cdot \Delta p$, $p_0 = (p_1 + p_2) / 2$ 因此,弧长的变化率决定了天线阵的检测能力和分辨力。线阵的检测能力和分辨力在垂直方向最大,而在轴向方向最小。

检测能力、分辨力两个辐射源所需要的快拍数分别为

$$L_{\mathrm{DET}} = \frac{1}{2(\Delta s)^2} \left[\frac{1}{\sqrt{S/N_1}} + \frac{1}{\sqrt{S/N_2}}\right]^2 \tag{3.255}$$

$$L_{\mathrm{RES}} = \frac{2}{(\Delta s)^4 (\kappa_1^2 - 1/N)} \left[\frac{1}{\sqrt[4]{S/N_1}} + \frac{1}{\sqrt[4]{S/N_2}}\right] \tag{3.256}$$

信号参量的估计精度是衡量一个算法及阵列性能的一个重要指标,因此阵列结构对参量估计精度的影响更能体现它对阵列性能的影响。信号参量估计精度通常用 CRB 来衡量,它表示参数估计误差所能到达的最小方差,它与估计参数时所使用的估计算法无关。在阵列接收模型中,克拉美-罗下界(CRLB)是真实参数矢量 $p \in R^M$ 的任意无偏估计矢量 $\hat{p}$ 的估计误差协方差矩阵的下界。假设阵列由 $N$ 个全向传感器构成,有 $M$ 个窄带信号入射到该阵列,加性传感器噪声是功率为 $\sigma^2$ 的零均值白高斯过程,则对充分大的快拍数 $L(L$ 远大于 1),确定性 CRLB 的表达式为

$$\mathrm{CRB}[p] = \frac{\sigma^2}{2L} (\mathrm{Re}(H \odot P^{\mathrm{T}}))^{-1} \in R^{M \times M}, p \in R^M \tag{3.257}$$

式中: $H = \dot{A}^{\mathrm{H}} P_A^{\perp} \dot{A} \in C^{M \times M}, P = E\{s(t)s^{\mathrm{H}}(t)\} \in C^{M \times M}, A = [a_1, \cdots, a_M] \in C^{N \times M}$ 是阵列流形矢量矩阵, $\dot{A} = [\dot{a}_1, \cdots, \dot{a}_M] \in C^{N \times M}, P_A^{\perp} = I - A(A^{\mathrm{H}}A)^{-1}A^{\mathrm{H}}$。而随机性 CRLB 的表达式为[123]

$$\mathrm{CRB}[p] = \frac{\sigma^2}{2L} (\mathrm{Re}[H \odot G^{\mathrm{T}}])^{-1} \in R^{M \times M}, p \in R^M \tag{3.258}$$

式中: $G = P A^{\mathrm{H}} R^{-1} A P, R = E\{x(t)x^{\mathrm{H}}(t)\} = A P A^{\mathrm{H}} + \sigma^2 I, P = E\{s(t)s^{\mathrm{H}} B(t)\}$, $I$ 为单位矩阵。

利用阵列流形的微分几何参数,只考虑空间只有一个或两个辐射源的特殊情况,可以得到式(3.257)的简洁、有用的表达式。

假设在空间环境中,只有一个来自于方向 $p$ 的信号入射到天线阵上,则确定性 CRLB 的表达式为

$$\mathrm{CRB}(p) = \frac{1}{2L \times S/Nsp^2} \quad (3.259)$$

根据式(3.259)，可以由传感器的位置矩阵得到 $\theta$ 和 $\phi$ 的估计误差公式，即

$$\mathrm{CRB}_\theta(\theta) = \frac{1}{2L \times S/N \, (\pi\cos\phi \, \| \dot{\boldsymbol{r}}_\theta(\theta) \| )^2} \quad (3.260)$$

$$\mathrm{CRB}_\phi(\phi) = \frac{1}{2L \times S/N \, (\pi\sin\phi \, \| \dot{\boldsymbol{r}}_\theta(\theta) \| )^2} \quad (3.261)$$

式中：$\dot{\boldsymbol{r}}_\theta(\theta) = \partial\dot{\boldsymbol{r}}_\theta(\theta)/\partial\theta$。由式(3.260)和式(3.261)可知，$\mathrm{CRB}_\theta(\theta)$ 和 $\mathrm{CRB}_\phi(\phi)$ 随俯仰角 $\phi$ 的变化都与阵列的几何结构无关，都是单调的，并且当俯仰角 $\phi$ 接近于 0°时，方位角 $\theta$ 的估计精度提高，而俯仰角的估计精度下降。但 $\mathrm{CRB}_\theta(\theta)$ 和 $\mathrm{CRB}_\phi(\phi)$ 随方位角 $\theta$ 的变化都与阵列的几何结构有关。

特别地，对平衡对称阵列，由于 $\| \dot{\boldsymbol{r}}_\theta(\theta) \|^2 = \| \dot{\boldsymbol{r}}_\theta(\theta) \|^2 = \| \dot{\boldsymbol{r}}_x \|^2$ 与 $\theta$ 无关。因此，方位角 $\theta$ 和俯仰角 $\phi$ 的估计精度均与 $\theta$ 无关。

假设两个辐射源在空间分别位于方向 $p_1$ 和 $p_2 = p_1 + \Delta p$，则此时的确定性为

$$\mathrm{CRB}(p_1) = \frac{1}{(S/N)_1 \times L} \cdot \frac{2}{s^2(p_1)(\Delta s)^2(\hat{\kappa}_1^2 - 1/N)} \quad (3.262)$$

式中：$\Delta s = \dot{s}(p_0)\Delta p, \hat{\kappa}_1 = \sqrt{\kappa_1^2 - [\mathrm{sum}(\boldsymbol{r}_\theta^3)]^2}$，$p_0 = (p_1 + p_2)/2$。由式(3.262)可以看出，当两个辐射源的方向间隔增大时，测向误差减小，即精度提高，并可以得到：

对辐射源 $(\theta_1, \phi)$ 和 $(\theta_2, \phi)$，$\mathrm{CRB}_\theta(\theta_1) \propto \dfrac{1}{\cos^4\phi}$；

对辐射源 $(\theta, \phi_1)$ 和 $(\theta, \phi_2)$，$\mathrm{CRB}_\phi(\phi_1) \propto \dfrac{1}{\sin^2\phi_1 \sin^2\phi_0}$，其中 $\phi_0 = \dfrac{\phi_1 + \phi_2}{2}$。

因此，$\mathrm{CRB}_\theta(\theta_1)$ 和 $\mathrm{CRB}_\phi(\phi_1)$ 随俯仰角 $\phi$ 的变化都与阵列的几何结构无关，但 CRLB 随方位角 $\theta$ 的变化与阵列几何结构的关系相当复杂。

**2. 任意阵列的 CRB 下界**

这里主要介绍的是 Stoica 和 Nehorai 等人推导的有关 ULA 阵列的一般表达式和文献[101]中研究的关于任意三维空间阵列估计信号源时的 CRB 问题。

假设阵列接收数据协方差矩阵为 $\boldsymbol{C}$，快拍数为 $L$，$\boldsymbol{\Psi}$ 为需要估计的参数集，则第 $i$ 个信号的导向矢量为

$$a(\theta_i, \varphi_i) = \frac{1}{\sqrt{M}}[\, e^{-\mathrm{j}\omega\tau_1} \quad e^{-\mathrm{j}\omega\tau_2} \quad \cdots \quad e^{-\mathrm{j}\omega\tau_M} \,]^{\mathrm{T}} \quad (3.263)$$

其中，

$$\tau = \frac{1}{c}(x\cos\theta\cos\varphi + y\sin\theta\cos\varphi + z\sin\varphi) \quad (3.264)$$

另外，当快拍数趋于无穷大时，第 $i$ 个参数的 CRB 是 Fisher 矩阵逆的第 $i$ 个对角元素，这里

$$F_{ij} = L\mathrm{tr}\left\{ \boldsymbol{C}^{-1} \frac{\partial \boldsymbol{C}}{\partial \boldsymbol{\Psi}_i} \boldsymbol{C}^{-1} \frac{\partial \boldsymbol{C}}{\partial \boldsymbol{\Psi}_j} \right\} \tag{3.265}$$

所以，将导向矢量代入上式化简、求逆，可以得到方位角 $\theta$（与 $x$ 轴夹角）和俯仰角 $\varphi$（与水平面夹角）的 CRB 分别为

$$\mathrm{CRB}(\theta) = \frac{(1 + S/N)V_{zz}}{2L\,S/N^2(V_{xx}V_{zz} - V_{xz}^2)} \tag{3.266}$$

$$\mathrm{CRB}(\varphi) = \frac{(1 + S/N)V_{xx}}{2L\,S/N^2(V_{xx}V_{zz} - V_{xz}^2)} \tag{3.267}$$

其中

$$V_{xx} = \left(\frac{2\pi}{\lambda}\right)^2 \frac{1}{M}(\cos\varphi)2\sum_{i=1}^{M}(x_i\sin\theta - y_i\cos\theta)^2$$

$$V_{zz} = \left(\frac{2\pi}{\lambda}\right)^2 \sum_{i=1}^{M}(z_i\cos\varphi - x_i\cos\theta - y_i\cos\theta)^2$$

$$V_{xz} = \left(\frac{2\pi}{\lambda}\right)^2 \frac{1}{M}\cos\varphi\sum_{i=1}^{M}(x_i\sin\theta - y_i\cos\theta)(z_i\cos\varphi - x_i\cos\theta - y_i\sin\theta)$$

上式的证明见文献[102]。

很容易将式(3.267)推广到一维线阵的情形，即

$$\mathrm{CRB}(\theta) = \frac{1}{2L\left(\dfrac{2\pi}{\lambda}\sin\theta\right)^2}\left(\frac{1}{S/N} + \frac{1}{M(S/N)^2}\right)\frac{1}{MAV} \tag{3.268}$$

注意式中方位角是与 $x$ 轴的夹角，且式中

$$AV = \frac{1}{M}\sum_{i=1}^{M}(x_i)^2 \tag{3.269}$$

另外文献定义了一个线阵的拓扑增益为

$$G = MAV \tag{3.270}$$

拓扑增益是阵列估计性能的综合体现，即阵元数越多估计的信号源数越多，拓扑增益越大，则阵列的 CRB 越小。

当信号 SNR 无穷大时，式(3.268)表明一维线阵的 CRB 与快拍数、信噪比及拓扑增益成反比，且 CRB 与信号源入射角度有关（当其他因素不变且在 $\theta = 90°$ 时，CRB 最小）。对于线阵而言，一般情况下可以假设阵元的位置矢量之和为 0（即均值点为参考点），这时上式中的 AV 其实就是位置矢量的方差。

## 参 考 文 献

[1] 司锡才，赵建民．宽频带反辐射导弹导引头技术基础[M]．哈尔滨：哈尔滨工程大学出版社，1996，

104-233.

[2] 林象平. 雷达对抗原理[M]. 西安:西北电讯工程学院出版社,1986,5-9.

[3] [美]施莱赫赫 D. 柯蒂斯. 电子战导论[M]. 中国人民解放军总参谋第四部,译. 北京:解放军出版社, 1988,399-419.

[4] Blake L. A Guide to Basic Pulse-Radar Maximum Range Calculation[R]. NRL Report 6930, AD652-610, Dec. 23,1969.

[5] Bartion D. The Radar Equation[M], Dedham, MA:Artech House 1974.

[6] Atlas D, et al. Handbook of Geophysics[M]. New York,Macmillan co. , 1961.

[7] Blake L V. Prediction of RadarRange[M]. Radar Handbook, Skolnik M. New York:McGraw-Hill, 1970.

[8] Blake L. The Effective Nuber of Pulses per Beamwidth of a Scanning Radar[J] Proc IRE,1153,41(6).

[9] Hall W, Antenna Beamshape Factor in Seanning Radars[J]. IEEE Trans. , 1968,01 AES-4(3).

[10] Kerr D. Propagation of Short Radio Waves[M]. New York:McGraw Hill,1951.

[11] Gagliardi, R M. Introduction to Communications Engineering[M]. 2 nd ed. , New York: John Wiley & Sons, 1988,154-163.

[12] Schleher D C. Rader Detection in Log-Normal Clutter. Record of the IEEE 1975 International Radar Conf. , pp. 262-267. Reprinted in Automatic Detection and Radar Data Processing, D. C. Schieber(Ed. ). Dedham, MA:Artech House,1980.

[13] Ulaby F T, Dobson M C. 'HandboOK: of Radar Scaftailig Statistics for Terrailt. Norwood, MA: Artech House, 1989.

[14] Sekin M, Mao Y. Weibull Radar Clutter. London: Peter Peregrinus, 1990.

[15] Trunk G V,S F G:Jeorge. Detection of Targets in Non-GaussianSea Clutter. IEEE Trans. AES-6 (September 1970),620-628.

[16] Boothe R R. The Weibull Distribution Applied to the Ground Clutter B-ackscatter Coefficient U. S. Army Missile Command Report No. RE-TR-69-15, June. 1969; reprinted in Automatic Detection and Radar Data Processing, D. C. Schieher (Ed. ). Dedham, MA: Artech House, 1980,435-450.

[17] Sekine, et al. Weibull Distributed Ground Clutter:IEEE Trans. AES-17(July 1981). 596-598.

[18] Fay F A, Clarke J,Peters R S. Weibull Distribution Applied to Sea Clutter,Radar 77″ IEE Conf. Publ. 155; 1977, 101-104; reprinted in Advances in Radar Techniques. London: Peter Peregrinus. 1985, 236-239.

[19] Sekine M, et al. Weibull Distributed Sea Clutter. IEEE Proc. 130,1983:476.

[20] Sekine M. et al. On weibull Distributed Weather Clutter[J]. IEEE Trans. 1979:824-830.

[21] SchJleher D C Radar Detection in Weibull Clutter IEEE Trans. 1976:736-743.

[22] Baker C J. K-Distdbuted Coherent Sea Chuter. IEEE Proe. 138,1991:89-92.

[23] Pentini F A,Farina A,EZirilli. Radar Detection of Targets Located in a coherent K Distdbuted Clutter Background[J]. IEEE,Proc. 139,1992:239-245.

[24] Watts,S. Radar Detection Prediction in K-DistributedSea omer and Thermal Noise[J]. IEEE Trans. 1987, AES-23:40-45.

[25] Armstrong B C,H D Grifiths. CFAR Detection of Fluctuationg Targets in Spatially Correlated K-Distributed Clutter[J]. IEEE Proc. 138,1991:139-152.

[26] Trunk G V,S R George. Detection of Targets in Non-Gaussian Sea Clutter[J]. IEEE Trans. 1970:620-62.

[27] Trunk G V. Radar Properties of Non-Rayleigh Sea Clutter[J]. IEEE Trans. ,1972,AES-8:196-204.

[28] Tough R J A,Baker C J. Pink J M. Radar Pedor-znance in a Maritime Environment:Single Hit Detection in the Presence of Multipath Fading and Non-RaythighSea Clutter[J]. IEEE Proc. 137,1990:33-40.

[29] Oliver C J. Representation of RadarSea Clutter IEEE Proc. 135,1988:497-500.

[30] Sekine,et al. Log-Weibull Distrtbuted Sea Clutter[J]. IEEE Proc. 127,1980. 225-228.

[31] Jakeman E,Pusey P N. A model for non-Rayleigh sea echo[J]. Antennas and Propagation,IEEE Transactions on. 1976,24(6):806-814.

[32] Fmina A, et al. Theory of Radar Detection in Coherent Weibull Clutter[J]. IEEE Proc. 134,1987:174-190.

[33] Sangston K J. Coherent Detection of Radar Targets in K-Distributed, Correlated Clutter[R]. Washington D C, Naval Research laboratory:Report 9130, 1988.

[34] Barton D K. Modern Radar System Analysis Norwood[M]. MA: Artech House, 1988.

[35] Nathanson F E. Radar Design Priciples[M]. 2nd ed . New York:McGraw-Hill 1991:316.

[36] Moore R K, Soofi K A A. Purduski S M. A Radar Clutter Model: Average Scattering Cofficients of Land, Snow and Ice[J]. Aerospace and Electronic Systems, IEEE Transactions on. 1980(6):783-799.

[37] Moore R K. Ground Echo[M].//Radar Handbook, 2nd ed. , Skolnik M, New York: McGraw-Hill. 1990.

[38] Ulaby F T, Moore R K, Fung A K. Microwave Remote Sensing Active and Passive-Volume ll: Radar Remote Sensing and Surface Scattering and Enission Theory[J]. 1982.

[39] Ulaby F T, Moore R K, Fung A K. Microwave Remote Sensing, vol. lll[M]. Dedham. Artech House, 1986: 21-7.

[40] Ulaby F T, Dobson M C. Handbook of Radar Scattering Statistics for Terrain[J]. ARTECH HOUSE, 685 CANTON STREET, NORWOOD, MA 02062(USA), 1989,500,1989.

[41] Borel C C, McIntosh R E, Narayanan R M, et al. File of Nonnalized Radar Cross Sections (FINRACS)-A Computer Program for Research of the Scattering of Radar Signals by Natural Surfaces. IEEE Trans. 1986, GE-24: 1020-1022.

[42] Long M W, Radar Reflectivity of Land and Sea[M]. 2nd ed. Norwood, MA: Artech House, 1983.

[43] Billingsley J B. Ground Clutter Measurements for Surface-Sited Radar[R]. MA, Tech: MIT lincoln Laboratory, Lexington, ; Rep. 786, 1993.

[44] Schooley A H. Some Limiting Cases of RadarSea Clutter Noise[J]. Proc. IRE 44,1956:1043-1047.

[45] Bowditch, American PraGticaZ, Navigator U S. Hydrographic Office, H. O. Publication No. 9,1966, Appendi, x R.

[46] Daley, J. An Empirical SeaClqtt I'Mode1[R]. Washington, D C; Naval Research Laboratory, Memorandum Report 2668,1973.

[47] Daley J C, Ransone J T Jr. Davis W T. Radar Sea Return-JOSS Ⅱ[R]. Washington, D C: Naval Research Laboratory, Rep. 7534, 1973.

[48] Daley J C, Ransone J T Jr. Burkett J A. RadarSea Return-JOSS I [R]. Washington, D. C: Naval Research Laboratory, Report 7268, 1971.

[49] Hansen J P, Cavaleri V F. High-Resolution RadarSea Scatter, Experimental Observations and Discriminants [K]. Washinglon, D. C: Naval Research Laboratory, Rep. 8557,1982.

[50] Lewis B L, DOlin I. Experimental Study and Theoretical Model of HighResolution Radar Backscatt from the Sea [J]. Radio Science. 1980(15):815-828.

[51] Macdonald F C. Characteristics of RadarSea Clutter, Pt. I-Persistent TargetLike Echoes in Sea Clutter. Washington, D C: Naval Research Laboratory, Report 4902, 1957.

[52] Ewell G W, Tuley M T, Horne W F. Temporal and Spatial Behavior of High Resolution Sea Clutter Spikes[C]// Proceedings of 1984 IEEE National Radar Conference. 1984:13-14.

[53] Wetzel L B. Electromagnetic Scattering from the sea at low grazing angles[M]//Surface waves and fluxes. Springer Netherlands, 1990, 109-171.

[54] Helmken H, Vanderhil M J. Very low grazing angle radar backscatter from the ocean surface[C]//Redar Conference, 1990. , Record of the IEEE 1990 International. IEEE, 1990:181-188.

[55] Kerr D E. Propagation of Short Radio Waves. MIT Radiation Laboratory Series. New York: MeGraw-HiU, 1951.

[56] Goldstein H. Frequency dependence of the properties of sea echo[J]. Physical Review, 1946, 70(11-12):938.

[57] Katzin M. On the mechanisms of radar sea clutter[J]. Proceedings of the IRE, 1957, 45(1):44-54.

[58] Wright J W. A new model for sea clutter[J]. Antennas and Propagation, IEEE Transactions on, 1968, 16(2): 217-223.

195

# 第4章 超宽频带被动雷达寻的器的超宽频带技术

超宽频带被动雷达寻的器的超宽频带性能是依靠超宽频带天线,超宽频带高速扫频频综器、混频器,以及超宽频带测向模糊技术实现的。超宽频带天线,一般采用平面螺旋天线、螺旋锥天线、曲折臂天线、对数周期天线、槽天线。超宽频带扫频频综器与超宽频带的混频器是将频率范围变窄,以提高系统的灵敏度,变频之后形成一定带宽,并且中心频率固定的系统,既提高了系统的灵敏度,又为提高测角精度创造了良好的条件。超宽频带被动寻的器,常采用相位干涉仪测向,因此,超宽频带相位干涉仪测角必然存在多值模糊,必须能解模糊才能实现稳定、准确的测向,得以实现超宽频寻的器性能与技术指标。

## 4.1 超宽频带天线

### 4.1.1 概述

天线作为一种换能器,它能在空间辐射的波形和在传输线或集总电路中产生的波形之间进行电磁能量的转换。因此它是超宽带寻的器的首要部件和关键技术,并且是决定寻的器覆盖带宽度的因素之一。

天线有效地接收从自由空间辐射来的电磁波信号,并将电磁波信号转换为电信号传递给寻的器的接收机,而且要求它能提供具有适当极化特性、满足空间覆盖要求的辐射图型。寻的器天线与其他天线(如雷达和通信天线)的区别在于,它具有宽频带、宽角覆盖以及多种多样的波束和极化的要求。大多数反辐射武器寻的器采用固定的、超宽频带、宽波束天线来完成寻的器所要求的功能。

寻的器天线都采用固定波束天线,这种天线至少有 7 种不同类型的固定波束天线可供选择:①宽带偶极子;②宽带单极子;③螺旋(平面和锥型);④喇叭和隙;⑤对数周期偶极子(包括曲折臂天线);⑥柱螺旋;⑦反射型的天线。

平面螺旋和锥型螺旋除特别适用于干涉仪测向系统外,还适用单脉冲系统。这种螺旋天线因其尺寸小,恒定的波束宽度和圆极化性能使大多数宽频带的被动雷达导引头都采用这种天线。

柱螺旋天线与平面螺旋天线的应用非常相似,都有固有的圆极化特性,但柱螺旋天线的耗散性损耗较低。在 3GHz 以下的频率范围内可设计承受 125kW 功率能力的天线。

对数周期偶极子阵具有低至 20MHz 的低频覆盖能力。低频天线(如 20MHz~1GHz)的带宽比为 50∶1,而高频天线(如 1~18GHz)的带宽比为 30∶1,功率的承受能力与频率成反比,在 20MHz 时约为 1000W,在 18GHz 时降到 10W。

通常喇叭天线的带宽比较窄,不过当采用标准的双脊波导时,带宽可达 2.4∶1 或 3.6∶1,但在工作带宽内喇叭天线比其他天线功率承受能力大。

### 4.1.2　柱螺旋天线

柱螺旋天线[1,2]最基本的样式是由一个类似于松开的手表弹簧那样的螺旋辐射器组成的。当柱螺旋的圆周名义上为中心频率上的一个波长时,天线以轴模沿着柱螺旋的轴向辐射。

当圆周为 $3\lambda/4 ~ 4\lambda/3$,螺旋圈数超过三圈时,最佳轴模特性出现在上升角约为 $14°$,此时能提供恒定的波束宽度,带宽比在 1.8∶1,且当圆周约为 $0.7\lambda$ 时,出现低频截止。增益是圈数的函数,一个 6 圈的螺旋,增益为 10dB。两圈或三圈的短螺旋常常封装在圆形腔体中,提供一个齐平安装的圆极化天线。为了维持柱螺旋的低频截止特性,腔的直径应近似为柱螺旋直径的 2.4 倍。

直径恒定的典型柱螺旋,带宽比限制在大约 1.5∶1。低于这个带宽,圆极化轴比迅速增加;高于这个频段,辐射图在轴的附近出现零值。腔体支撑的螺旋的带宽比约为 3∶1。

把螺旋绕在锥体表面上,可以明显增大柱螺旋天线的带宽,尤其是匝间的间隔,随匝圈直径成对数增加时,其带宽更要增大得多。这类天线的带宽可达 10∶1,当最大匝圈直径为 $0.5\lambda$ 时才出现低频截止,波束宽度为 $70°~90°$。

在给定的口径尺寸下,柱螺旋能够提供高于平面螺旋的增益;而且柱螺旋具有相当低的耗散损耗也使其能承受比等效的平面螺旋更大的功率。但因柱弹簧天线的结构比平面螺旋大,使平面螺旋更有利于在空间受限的场合中应用。因此,平面螺旋天线能在测向系统中得到优先应用。

#### 1. 柱螺旋天线的参数

柱螺旋天线可用螺旋线的直径 $D$、相邻圈间的距离(或称螺距)$\delta$,以及圈数 $n$ 等参数来描述它的结构;而且,从图 4.1 和图 4.2 中还可以导出它们与其他几何参量之间的关系:

圈长(一圈的长度)　　　　　$L^2 = (\pi D)^2 + \delta^2$

螺距角　　　　　　　　　　$\alpha = \arctan(\delta/\pi D)$

螺旋线的长度　　　　　　　$l = n\delta$

可看出:当 $\delta = 0(\alpha = 0°)$ 时,柱螺旋天线将变成环形天线;而当 $D = 0(\alpha = 90°)$ 时,柱螺旋天线将变为直线型天线。

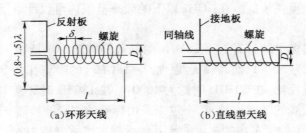

图 4.1　螺旋天线

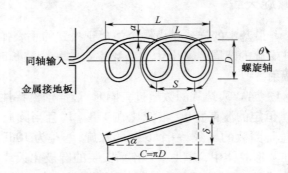

图 4.2　柱螺旋天线的几何结构及其参量

　　柱螺旋天线的辐射特性也取决于天线上的电流分布。螺旋天线是一种周期性慢波结构。螺旋的每一圈被认为是周期结构中的一个基本元;两相邻基本元的距离是一常数 $\delta$。螺旋导线上的电流有两个作用:它构成辐射单元同时又起连接基本元的传输线的作用,这里沿导线上电流的传播相速接近于光速。实际上,柱螺旋天线上的电流分布是相当复杂的。根据理论分析,该慢波结构中的电流有相速等于光速的分量,称为基模分量用 $T_0$ 表之;还有相速小于光速的各分量,称为高次型模,当高次型模中的电流相位变化一个周期的长度约为螺旋线的圈长 $L$ 时,称这种高次模为 $T_1$ 模,当高次型模中的电流相位变化一个周期的长度约为半个圈长时,称这种高次模为 $T_2$ 模。这些传输模在螺旋天线总电流中所占的比例大小与螺旋线的几何参量有关。当 $D/\lambda < 0.18$ 或 $L/\lambda < 0.5$ 时,基模 $T_0$ 占主导地位。这种模的相位是经若干圈螺线后才变化一个周期,该模在传输中的衰减也很小,当基模电流传至终端后将产生反射,因此螺旋线上的电流形成驻波分布。当 $D/\lambda = (0.25 \sim 0.46)$ 或 $L/\lambda = (0.8 \sim 1.3)$ 时,基模 $T_0$ 会很快地衰减下去,此时 $T_1$ 模占主导地位。$T_1$ 模的电流传至终端后,会产生 $T_0$ 模和 $T_1$ 模的反射波,由于 $T_0$ 模会很快地衰减下去,以及反射后的 $T_1$ 模也很弱,因此螺旋线上的电流分布接近于行波状态。当 $D/\lambda > 0.45$ 或 $L/\lambda > 1.25$ 时,$T_0$ 和 $T_1$ 模的电流都会很快地衰减下去,$T_2$ 模取代 $T_0$ 模和 $T_1$ 模的电流而占主导地位。

　　根据上述的各种不同电流分布,柱螺旋天线的辐射状态,可以分为法向、轴向和圆锥形三种辐射状态。因此,柱螺旋天线的辐射性能在很大程度上是由螺旋的直径与波长之比来确定。法向辐射状态,是指与螺旋轴线相互垂直平面内的各方向上天线都有最强的辐射。因而,在此种辐射状态下柱螺旋天线的波瓣图,类似于在较低频率范围内所采用的环形天线的波瓣图,如图 4.3(a)所示。这种工作状态称为无方向性辐射状态。法向辐射状态的柱螺旋天线可以用来作为 VHF 频段的调频制广播和电视发射的天线。轴向辐射状态是指在螺旋天线的轴向方向上天线有最强的辐射。因而,在此种辐射状态下天线的波瓣图类似于圆阵天线的波瓣图,如图 4.3(b)所示。轴向辐射状态的圆柱螺旋天线,在宽频带的定向天线中得到了广泛的应用,它在微波天线中具有更大的实际意义。

**2. 法向辐射的柱螺旋天线**

当柱螺旋天线的直径的电尺寸 $D/\lambda > 0.18$ 时,由于螺旋线的直径较工作波长甚小,螺旋线中电流的基模 $T_0$ 占主导地位,天线上的电流分布是驻波状态。因此,可近似地认为在每一圈内各点的电流幅度和相位都相同。这样,就可以把螺旋线的每一圈等效为电偶极子和小尺寸的电流环,如图 4.4 所示。

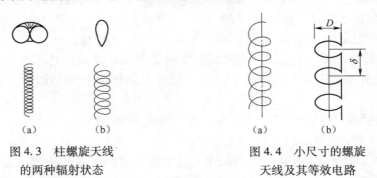

图 4.3　柱螺旋天线　　　　　图 4.4　小尺寸的螺旋
的两种辐射状态　　　　　　天线及其等效电路

可以看出,电流为 $T_0$ 模的情况下,柱螺旋天线的远区辐射场与圈数 $n$ 无关,主要取决于电偶极子和小尺寸的电流环的远区辐射场。电偶极子的远区辐射场为

$$E_d = \hat{\theta} \mathrm{j} \omega \mu I \delta \frac{1}{4\pi r} \mathrm{e}^{-\mathrm{j}kr} \sin\theta \tag{4.1}$$

式中:$I$ 为螺旋天线中的电流幅度;$\delta$ 相当于电偶极子的长度。

小尺寸电流环的远区辐射场为

$$E_l = \hat{\phi} \left[ -\mathrm{j} \frac{\omega \mu I}{4\pi r} \left( \mathrm{j} \frac{k\pi D^2}{4} \right) \right] \mathrm{e}^{-\mathrm{j}kr} \sin\theta \tag{4.2}$$

式中: $(\pi D^2)/4$ 为小圆环的面积。

因此,柱螺旋天线的一圈在远区产生的总辐射场为

$$E = E_d + E_l = \mathrm{j} \frac{\omega \mu I}{4\pi r} \mathrm{e}^{-\mathrm{j}kr} \sin\theta \left[ \hat{\theta}\delta - \mathrm{j}\hat{\phi} \frac{k\pi D^2}{4} \right] \tag{4.3}$$

从上式可以看出:①一圈螺旋天线的方向性函数为 $\sin\theta$ ;②总辐射场的两个分

量在相位上相差90°,从而形成一椭圆极化场,椭圆的轴比为

$$|AR| = |E_\theta| / |E_\phi| = (2\delta\lambda) / (\pi D)^2 \tag{4.4}$$

若使几何参量有下列关系:

$$D = \sqrt{2\delta\lambda} / \pi \tag{4.5}$$

便可获得圆极化场,除螺旋线的轴向外,其余所有方向均可获得圆极化场。当螺距角 $\alpha = 0°$ 时,柱螺旋天线将变成环形天线,此时天线只有 $\varphi$ 分量的电场,椭圆极化场变为水平线极化场;当 $\alpha = 90°$ 时,柱螺旋天线将成为线性电偶极子,此时天线只有 $\theta$ 分量的电场,椭圆极化场变为垂直线极化场。由此可见,柱螺旋天线将产生何种极化场,与绕制螺旋时的螺距角有关密切关系。

法向辐射状态的柱螺旋天线,其上的电流属于驻波分布,它如同对称振子一样,天线的阻抗带宽是较窄的。天线驻波比小于1.5的带宽约为5%。

### 3. 轴向辐射的柱螺旋天线

当螺旋天线的周长 $L$ 约为一个波长时,该天线尤如端射的行波天线一样,将在螺旋天线轴的正 $z$ 方向上有一最强的辐射。在轴的附近天线辐射的场接近于圆极化场。另外天线的主瓣宽度随圈数 $n$ 的增加而减小。实际上,当 $L$ 在 $(0.8 \sim 1.3)\lambda$ 的范围内,柱螺旋天线基本上有上述的辐射特性。这意味着,在相当于 $(0.8\sim1.3)\lambda$ 的频率范围内,柱螺旋天线的辐射特性基本保持不变或稍有变化。若 $f_u$ 为此频率范围的上限频率,$f_1$ 为其下限频率,则可得出轴向辐射的频带宽度为

$$f_u / f_1 = 1.3 / 0.8 \approx 1.63 \tag{4.6}$$

可看出,这种辐射状态的螺旋天线是一种有较宽频带的圆极化天线。

1) 单个螺旋线圈的辐射

当 $D/\lambda = (0.25 \sim 0.46)\lambda$ 时,由于柱螺旋天线中的 $T_1$ 模电流占主导地位,该电流传播相速 $v < c$,导线内传输的电流接近于行波状态。首先把单个螺旋圈认为是一个平面线圈($\alpha = 0$)。若圈长 $L$ 等于波长,沿线圈传播的是行波;线圈内的电流分布在不同的瞬间是不相同的。以下用 $t_1$ 和 $t_1+(T/4)$ 两不同瞬间时的电流分布说明螺旋天线的辐射性能。

若在某一瞬间 $t_1$ 时,线圈内的电流分布如图4.5(a)所示,左图为设想把线圈

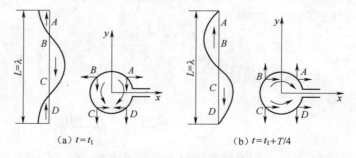

(a) $t = t_1$ 　　　　　　　　　　(b) $t = t_1 + T/4$

图4.5　平面螺旋中的电流分布

展开后的电流分布,图中的箭头表示电流方向。A、B、C、D 四点表示平面线圈中的四个点,它们分别与 $x$ 轴和 $y$ 轴相对称;在该四点上各点的电流可分解成两个电流分量 $I_x$ 与 $I_y$,从图(a)中可以看出

$$I_{xA} = -I_{xB}, I_{xC} = -I_{xD} \tag{4.7}$$

式(4.7)对任何两个对称于 $y$ 轴的点都是正确的,而各点沿 $y$ 轴的电流分量有相同的方向。因此,在此瞬间,在 $z$ 轴方向上的观测点处,由 A、B、C、D 四点上电流所产生的电磁场仅含有 $E_y$ 分量。

既然电流沿线圈传播的形式为行波状态,那么,电流沿线圈的分布将随时间的增长而沿线圈移动。在 $t = t_1 + T/4$ 的瞬间,电流沿线圈的分布如图4.5(b)所示。在此瞬间

$$I_{yA} = -I_{yB}, I_{yC} = -I_{yD} \tag{4.8}$$

式(4.8)对任何两个对称于 $x$ 轴的点都是正确的,而各点沿 $x$ 轴的电流分量又都有相同的方向,因此,在此瞬间,由 A、B、C、D 四点上的电流在 $z$ 轴方向上观测点处产生的电磁场仅含有 $E_x$ 分量。可以看出,在 $T/4$ 内,矢量 $E$ 旋转了一个 $90°$ 的角度。由于线圈内的电流不断地以行波状态向前传播,所以电场矢量 $E$ 的方向也就不断地绕 $z$ 轴旋转而形成圆极化场,矢量旋转的方向是与电流在线圈内前进的方向是一致的,它又取决线圈绕制的方向。

实际上,圆柱螺旋天线的每一圈并不是位于同一平面内,而是有一定的绕距 $\delta$;因此,从线圈上的每一点到观测点的距离是不同的,这样,即使各点上的电流相位是相同的,但由于各点到观测点的程差将使各点上电流在观测点产生的电磁场矢量出现相位差,如图4.6所示,两相邻线圈上对应点的电流,在观测点处产生的电场矢量的相位差应为

$$k\delta\cos\theta - \psi_i \tag{4.9}$$

式中:$\psi_i$ 为两对应点上的电流相位差,它取决于 $T_1$ 模电流传播相速 $v$ 和圈长 $L$,因

$$\frac{v}{c} = \frac{\omega/c}{\omega/v} = \frac{k}{\beta} \tag{4.10}$$

式中:$k = 2\pi/\lambda$;$\beta = k(c/v)T_1$ 为模电流的相移常数,将此关系代入 $\psi_i$,则得

$$\psi_i = \beta L = k(c/v)L \tag{4.11}$$

因 $c > v, L > \delta$,那么 $\psi_i > k\delta\cos\theta$,因此,式(4.9)一般写为

$$\phi = k(c/v)L - k\delta\cos\theta \tag{4.12}$$

为了使在 $z$ 轴方向上($\theta = 0$)能获得最强的圆极化辐射场,则两相邻线圈对应点的辐射元在观测点产生的电场矢量的相位差必须是 $2\pi$ 的整数倍,即

$$k(c/v)L - k\delta = m2\pi \tag{4.13}$$

一般在 $m = 1$ 的情况下,则可得

$$K_1 = \frac{v}{c} = \frac{L}{\delta + \lambda} \tag{4.14}$$

式中:$K_1$通常在 0.75~0.8 范围内。因此,只要圈长 $L$ 和绕距 $\delta$ 满足式(4.14),螺旋天线在 $z$ 轴正方向上就可获得最强的圆极化辐射场。

可用纵坐标为 $k\delta$ 及横坐标归一化轴向波数 $\beta\delta$ 的 $\omega-\beta$ 图来解释螺旋天线的一些特性。图 4.7 为典型螺旋天线的 $\omega-\beta$ 图。因 $L=\delta/\sin\alpha$ ,所以式(4.13)可写为

$$k\delta(c/v\sin\alpha) - k\delta = m2\pi \tag{4.15}$$

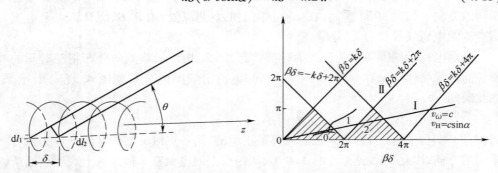

图 4.6  相邻线圈对应点上电流的辐射    图 4.7  典型螺旋天线的 $\omega-\beta$ 图

令 $\beta_n = k(c/v\sin\alpha)$ ,则上式可写为

$$\beta_n\delta = k\delta + m2\pi \tag{4.16}$$

它表示在自由空间内波相速为光速时的一组空间谐波,也就是说,当间距为 $\delta$ 给出波的相位时,空间谐波的相位可由再增加 $2\pi$ 的倍数后来确定。相当于 $m=1$ 的曲线 Ⅱ 对轴向辐射来说是特别有兴趣的。

曲线 Ⅰ 是与前面提到的传输线作用有关。它相当于相速为光速的电流波,用 $v_\omega = c$ 表示,因之,轴向速度(或螺旋速度)$v_H = c\sin\alpha$ ,结合式(4.10)得出

$$\beta\delta = k\delta/\sin\alpha \tag{4.17}$$

每当两种波型有相同的 $\beta$ 时,即图中线的交叉点,它们以相同的速度彼此间跟随着而产生相互影响。这种相互影响也称为模耦合并具有分割曲线的作用,因而,曲线 0、1、2 给出了附有波 $\beta_H\delta$ 的复合波。耦合的强度由导线的尺寸来确定。

在第一个三角形内的曲线 0 对曲线 1 仅有较小的扰动,因而可获得一个非辐射的慢波,它以光速沿导线传播。模 0 相当于 $T_0$ 模电流波并产生法向辐射。第一个模耦合发生在第一个三角形

$$\beta\delta = - k\delta + 2\pi \tag{4.18}$$

的边界处。上式表示的直线在减去 $2\pi$ 后给出 $\beta = - k$ 的反方向辐射波。当频率增加时,模 1 可以传播,它是一个具有相应辐射衰减的辐射快波。这种模对于向前辐射的螺旋天线来说是没有意义的。

在 Ⅰ 与 Ⅱ 间相互影响的结果相当于轴向辐射的模 2,它相当于 $T_1$ 模电流波。

2) $n$ 圈螺旋天线的辐射

上面指出,式(4.13)或式(4.14)是保证 $z$ 轴方向上两相邻线圈的辐射场同相叠加的条件,但并不能保证天线在 $z$ 轴方向上有最大的增益。对于 $L \gg \lambda$ 的行波天

202

线来说,若使该行波天线能有最大的增益,则它须满足这样的条件,即电波沿天线导线传播所滞后的相位与电波在自由空间向同一方向传播同一长度所滞后的相位间的相位差应为 $\pi$,这一条件称为汉森-伍德亚特条件(Hansen-Woodyard Condition)。根据这一条件,当螺旋天线中馈电端和终端的两个线圈在 $z$ 轴方向上产生的场矢量相位差还应附加 $\pi$ 时,才能获得最大增益。既然式(4.13)是保证两相邻线圈在 $z$ 轴方向上产生的场能同相叠加的条件,那么,当螺旋天线的圈数为 $n$ 时,该天线的馈电端与终端两个线圈则需是($m=1$ 时)

$$kn(c/v)L - kn\delta = 2n\pi \tag{4.19}$$

才能保证它们在 $z$ 轴方向上产生的场同相叠加。根据汉森-伍德亚特条件,式(4.19)再加上 $\pi$ 就可获得天线的最大增益,即

$$k(c/v)L - k\delta = 2\pi + \pi/n \tag{4.20}$$

$$K_1 = \frac{v}{c} = \frac{L}{(\delta + \lambda + \lambda/2n)} \tag{4.21}$$

在满足式(4.21)的情况下,在 $z$ 轴方向上也可能得不到圆极化的辐射场,而是一个椭圆极化场;只有当圈数 $n$ 很多时,式(4.14)和式(4.21)才相接近,这样才可以使 $z$ 轴方向出现近似圆极化辐射场。

为了更详细地研究模2,可将图4.7所示的 $\omega - \beta$ 图中的第二个三角形区由 $\beta\delta$ 中减去 $2\pi$,重新绘图,如图4.8所示。曲线 Ⅱ 根据式(4.17)也可以说它是轴向速度 $v_{\mathrm{H}}$ 等于光速 $c$ 的直线,直线 Ⅱ 以上的部分是 $v_{\mathrm{H}} > c$ 的区域,曲线 Ⅱ 以下的部分则是 $v_{\mathrm{H}} < c$ 的区域。可以看出轴向辐射模2的轴向速度 $v_{\mathrm{H}}$ 略小于光速 $c$,且随频率的增加波的速度逐渐减慢。这里不要混淆的是,沿导线的传播速度是随频率的增加而逐渐加大并接近于光速。曲线 Ⅲ 是当 $n=5$ 时,按式(4.21)绘出的曲线。曲线 Ⅱ 在有用的频率范围内通过曲线 Ⅲ。

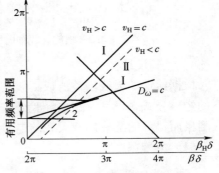

图4.8　轴向辐射模移至第一个三角形区域的放大图形

从对这种周期结构的分析中可以得出一些设计准则。直线 Ⅰ 必须在第二个三角区内与直线 Ⅱ 相交,这意味着 $\sin\alpha < k\delta/(\beta\delta) = \dfrac{\pi}{3\pi}$,或说 $\alpha < 19.5°$。这与 Kraus 推荐的 $12° < \alpha < 16°$ 基本相符的。图4.8中所示,当 $0.3\pi < k\delta < 0.6\pi$ 时可确定为有用的频率范围,那么

$$0.15 < \delta/\lambda < 0.3$$

或

$$0.71 < C/\lambda < 1.20 \tag{4.22}$$

这与 Kraus 提出的经验数据是非常接近的。

3）辐射场的计算与波瓣图

轴向辐射状态的圆柱螺旋天线辐射场的计算是比较复杂的。这是因为螺旋天线的螺距角 $\alpha \neq 0$，对单一线圈来说，沿圈上的电流 $I_x$、$I_y$ 的分量外，还有 $I_z$ 分量，且产生的电场矢量含有 $E_\theta$ 和 $E_\varphi$ 两个分量，当圈数为 $n$ 时，$E_\theta$ 和 $E_\varphi$ 在相位上相差 90°并由毕奥-萨伐尔定律给出它的计算结果。因为轴向辐射状态的圆柱螺旋天线中的电流分布属于行波状态，因此，也可用行波天线的理论来计算。这种方法计算的结果与精确计算的结果是非常接近的。图 4.9 中 $n = 6, \alpha = 14°, l = 118\mathrm{cm}, L = 78\mathrm{cm}$，反射盘直径为 $0.77L$ 的圆柱螺旋天线轴向辐射状态的波瓣图。该天线是用直径 $d$ 为 12.25mm 的铜管绕制而成的。图中的实线表示 $E_\varphi$ 分量，虚线表示 $E_\theta$ 分量。从图中可看出：在 $f = 300 \sim 500\mathrm{MHz}$ 内波瓣图的变化不大，且 $E_\varphi$ 分量的波瓣图与 $E_\theta$ 分量的波瓣图基本一致的。

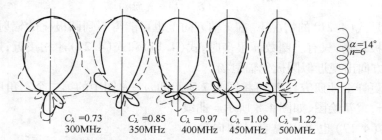

图 4.9　螺旋天线轴向辐射状态的波瓣图与频率的关系

4）经验设计公式

根据给定的天线增益值或主瓣宽度来选择螺旋天线的几何尺寸时，可应用以下的经验公式来设计。这些经验公式是采用绕距角 $\alpha = 12° \sim 16°$，圈数 $n>3$，经多次测量而得到的圆柱螺旋天线的电参量。

（1）主瓣宽度：

$$2\theta_{0.5} = \frac{52°}{(l/\lambda) \sqrt{n\delta/\lambda}} \qquad (4.23)$$

（2）增益：

$$G = 15 (L/\lambda)^2 n\delta/\lambda \qquad (4.24)$$

以上各式中的 $L$、$\delta$ 和 $n$ 值的选择应满足式（4.21）的要求；若要获得圆极化辐射场，则需满足式（4.15）的要求；$K_1$ 一般采用 0.8。

（3）输入阻抗：因为螺旋导线上传播的电流是行波，故行波天线的输入阻抗应等于它的特性阻抗，所以可以将螺旋天线的输入阻抗近似地看成是纯电阻，其经验值为

$$R_{\mathrm{in}} = 140(L/\lambda) \ \Omega \qquad (4.25)$$

在 $12°< \alpha <15°$、$0.75\lambda < C < 1.33\lambda$ 及 $n>3$ 的情况下，且上式计算的结果，其误差

在±20%以内。另外,当螺旋天线的其他参数条件不变时,可以用加粗螺旋导线的方法来降低天线的输入阻抗值。

(4) 天线的极化:上面指出,当尺寸选择满足式(4.21)以获得最佳增益要求时,螺旋天线将辐射椭圆极化波,在最大辐射的方向(天线的轴向方向)上椭圆极化波的轴比为

$$AR = (2n + 1)/2n \tag{4.26}$$

可看出,当 $n$ 为较大的值时,$AR$ 趋近于 1 且电磁波接近于圆极化波。极化方向与螺旋的绕向是一致的,例如右旋绕向螺旋产生右旋圆极化场。螺旋天线可以发射圆极化波,也可以接收圆极化波,但须注意极化的旋转方向,例如,右旋绕向的螺旋只能接收右旋圆极化波。

### 4.1.3　螺旋天线概述

螺旋天线具有固有的圆极化特性,根据几何形状可分成两大类即平面螺旋和锥螺旋。当要求宽波束方向图时,就用锥螺旋,而平面螺旋能为诸如干涉仪和比幅单脉冲或幅度、相位比较测向系统的测向应用提供需要的幅度和相位特性。

锥螺旋一般由两个或四个对数臂或单元构成,标准锥螺旋的频率覆盖范围从低至 10MHz 到高至 12.4GHz。螺旋天线既可以轴模也可以垂直模辐射。轴模大约在圆周为一个波长出现,向螺旋的轴线方向辐射。当天线尺寸小于一个波长时,则以垂直模辐射,且在垂直于螺旋轴线的方向上场最大。轴模螺旋典型的宽比为 4:1,垂直模螺旋为 10:1。两种模的增益都是 0dB。功率承受能力受到馈电网络的限制,功率范围从 10MHz 时的 500W 到 12GHz 时的 10W。

在锥底板平面上,两种模的方向图形是全向性的。频率内的峰值增益变化低于±3dB,在某些点频上低至±1dB。在俯仰面,轴模的波束宽度近似为 180°,提供半球形覆盖;而垂直模的俯仰面波束宽度为 55°。

垂直模圆锥螺旋,由于它的轴线过顶点,而提供一个全方位图形,在水平面上具有最大增益,因此很适于地基截获系统。轴模螺旋因其近似半球形方向图,而更适于用在地空或空地系统中。

把四个锥形对数螺旋用机械方法构成一个阵列,这样它们有效的相位中心间隔不随频率变化而保持恒定。这样的阵列天线能提供和差单脉冲波束而在宽频带范围内与频率无关。在实际设计中,天线单元间由角度视野、旁瓣电平和单脉冲误差斜率或斜度等因素综合权衡决定。

通常把平面螺旋设计在多倍频程频段工作,需要一个后腔体。在腔体中放置吸收材料以防增益降低,因为腔体深度为半波长的地方就会出现并联谐振。此外螺旋臂必须端接耗损材料,以防止与主信号方向相反的二次圆极化信号的辐射。与腔体不加载的非加载平面螺旋相比,这些影响要使增益大约降低 3dB。

在 500MHz~40GHz 的频率范围内,都可以用平面螺旋天线,而典型的使用频

段为 2~18GHz。在此带宽内,最新水平的天线的轴比将低至 1.5dB,且偏轴现象小到可以忽略不计。在多倍频程设计中,整个频段范围内的增益和波束宽度有较大的变化。从频率范围的低端到高端,增益从 -6dB 变到 2dB(这相对于线性各向同性而言),在 π 个倍频程内的波束宽度很明显从 110° 减小到 60°,功率承受能力的一般水平是在 10GHz 为 4W,18GHz 为 1W。

一个倍频程的非加载腔体平面螺旋天线能提供高达 4dB 的高增益,波束宽度从 60° ~ 90° 变化。目前的设计可将带宽稍微扩展到超过一个倍频程(如 8 ~ 18GHz)。

螺旋天线可以绕制成各种螺旋样式,现在常用的是阿基米德螺旋、对数螺旋和等角螺旋。螺旋本身的参量只对螺旋天线的性能有次要的影响,而等间距阿基米德螺旋因为大量的设计资料可用,故常为人们所采用。研究的一个方面是,设计能同时产生右旋或左旋圆极化的螺旋天线,以免威胁方把极化方向作为一种反对抗的措施来使用。

一个四臂腔反射平面螺旋天线,当其用一个波束来形成网络以模激励时,能同时产生单脉冲和差方向图。这些方向图是相对于天线瞄准轴旋转对称的。说明了进入接收机的相对输入功率与偏轴角的函数关系,此关系提供了两锥角测量的能力。然而,为了保证宽带工作,必须在输入中用一个标准信号以维持一个不随频率而变恒定的相位差。

在单脉冲测向系统内,腔反射的平面螺旋在要求齐平安装的场合占有优势。如无此要求,则锥螺旋在产生和差辐射方向图方面提供更大的灵活性。

## 4.1.4　锥型四臂对数螺旋天线

模 2 馈电的锥形四臂螺旋天线(以下称锥螺旋)在 360° 方位面内具有均匀的圆极化全向性辐射方向图。从基本原理看,该天线具有无限宽的频带宽度,但因实际结构限制,产生了截尾效应,加之随着工作频率的升高,电缆损耗引起效率降低,所以高频端达到 12GHz 以上是十分困难的。

### 1. 锥螺旋宽频带性能

1) 麦克斯韦方程中的电学比例原理

用 $\lambda$ 作为长度单位对 $x$、$y$、$z$ 坐标中所有长度归一化,即

$$\begin{cases} x = \lambda x' \\ y = \lambda y' \\ z = \lambda z' \end{cases} \tag{4.27}$$

可由

$$\nabla \times \boldsymbol{E} = -\mathrm{j}\omega u \boldsymbol{H} \qquad \nabla \times \boldsymbol{H} = \mathrm{j}\omega \varepsilon \boldsymbol{E}$$

导出

$$\nabla \times \boldsymbol{E} = -\mathrm{j}\frac{2\pi}{\lambda}\sqrt{u/\varepsilon}\,\boldsymbol{H} \tag{4.28}$$

$$\nabla \times \boldsymbol{H} = -\mathrm{j}\frac{2\pi}{\lambda}\sqrt{u/\varepsilon}\,\boldsymbol{E} \tag{4.29}$$

把它们扩大 $\lambda$ 倍后,可得

$$\nabla' \times E = -\mathrm{j}2\pi Z_0 H \tag{4.30}$$

$$\nabla' \times H = \mathrm{j}2\pi Z_0 E \tag{4.31}$$

式中: $Z_0 = \sqrt{\mu/\varepsilon}$ 与频率无关。这说明任何满足于 $x' = x/\lambda$, $y' = y/\lambda$, $z' = z/\lambda$ 结构的天线,其辐射场与频率无关。换言之,当天线所有尺寸增加 $n$ 倍时,只要工作波长也增加 $n$ 倍,则天线辐射性能不变。在天线研制中经常采用的缩尺模型试验证明了这点。

2) 锥螺旋矢径方程

通常,设计一个比例固定的模型,也就是几何学中的相似问题,是较为容易的,但要使众多的相似模型能在一个天线上实现,就不是任何天线都能实现的。只有两类天线可以做到。一类是双锥天线,在锥角不变的情况下,其尺寸可按任意比例变化,这通常称为第一角条件。另一类就是以锥上几条曲线的相交点为起点,当按比例放大曲线时,仅相当于原天线绕轴旋转了一个角度,即

$$kT(\varphi) = T(\varphi + \Delta) \quad (k < 1) \tag{4.32}$$

式中, $k$ 为与 $\varphi$ 无关的比例常数; $T(\varphi)$ 为原天线图形; $T(\varphi + \Delta)$ 为原天线转了角度 $\Delta$ 后的图形。比例系数 $k$ 变化仅仅相当于 $\Delta$ 的大小发生变化。这称为第二类角条件。

式(4.32)经下列变换,可导出平面螺旋参量方程,并进而导出锥螺旋参量方程[1]:

$$T(\varphi) = \frac{1}{c_1}\mathrm{e}^{a(\varphi+\varphi_0)} = A\mathrm{e}^{a(\varphi+\varphi_0)}$$

这是以 e 为底的对数周期结构。在平面结构的螺旋中,常写成

$$\rho = \rho_0 \mathrm{e}^{a\varphi} \tag{4.33}$$

可以从图 4.10 的投影关系看出,平面螺旋在锥体上的投影就得到锥体对数螺旋天线,得到锥螺旋的矢径方程为

$$r = r_0 \mathrm{e}^{a\varphi} \tag{4.34}$$

式中: $r_0$ 为对应于 $\varphi_0$ 时矢径; $a = \sin\theta_0/\tan a$ 为螺旋伸展常数。

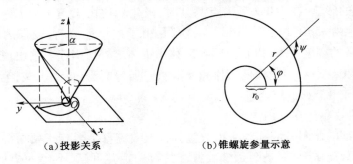

(a) 投影关系　　　　　　　　　　(b) 锥螺旋参量示意

图 4.10　平面螺旋与锥螺旋之投影关系

式(4.34)是第二类角度条件的另一种表达形式。这表明锥螺旋和平面螺旋一样,只要螺旋足够长,锥螺旋上就有许多随频率而变的相似形结构,此时锥形天线上有许多按一定规律排列的辐射区,故锥形对数螺旋是按对数周期规律排列辐射区的宽频带天线,这种固有特性是不会随辐射带数目的变化而改变的,也不会随锥螺旋的安装方式而改变。然而,事实上,锥螺旋是有一定频带限制的,这就是下一节要讨论的问题。

**2. 影响锥螺旋频宽的主要因素**

通常说的宽频带工作都是相对于一定指标而言的,这里只是在一般意义上的讨论。

锥螺旋之所以不能用到12GHz以上,这与馈电体制、馈电器性能以及辐射带的互补的近似程度有关,也由于截断效应(包括锥螺旋基部的截尾效应,也包括锥螺旋尖馈电处的截顶效应)破坏了上文所说的电学比例原理,限制了天线的工作带宽。

1)变化的辐射中心和截尾效应

锥螺旋与平面螺旋一样,相位中心和辐射中心是两回事。已有资料给出了相对于 $\cos\theta$ 辐射场相位中心。在锥螺旋天线用作馈源时,一定要考虑相位中心。在单独作天线使用时,主要考虑辐射中心。

锥螺旋的辐射中心在主辐射区内锥轴的轴线上。对全向天线而言,$kd$ 在 $0.7\pi \sim 1.7\pi$ 范围内,其中 $k = \dfrac{2\pi}{\lambda}$,$d$ 为相邻臂间的间隙距离。根据 K. K. Mei 的 $k\text{-}\beta$ 图,近似认为 $d = \lambda/2$ 时所对应的轴线上的一点,则为辐射中心,这时就可得到较好的垂模辐射。辐射中心随频率的变化而变化。频率降低时,辐射中心向锥的大端移动,反之,向锥尖移动。正是由于这种移动,才满足电学比例原理。

沿锥螺旋臂上的电流分布一般分成三个区域:输入区、过渡区和指数衰减区(有效辐射区)。在 $^4I_2$ 时,螺旋线长度 $S = 2\lambda$ 时,为工作频带的高频端辐射区开始,直到沿螺旋臂上的电流下降至$-20$dB 时,截断螺旋线后对电性能无明显影响。当电流还未衰减到$-20$dB 时辐射带被截断,此时就会出现截尾效应。在某课题中,由于截尾效应的影响,在1GHz频率点测试时,极化轴比由1.5GHz时的3dB下降到10dB,增益也由$-5$dB下降到$-17$dB。这都是由于过早地截断,较强的反射破坏了 $E_\theta$ 和 $E_\varphi$ 分量的幅度平衡,以及主辐射区移出锥体之外所引起。这也说明锥体大直径端取 $0.66\lambda_{\max}$($\lambda_{\max}$ 是最低工作频率波长)的经典值是偏小了些,笔者认为大端取大于或等于 $0.7\lambda_{\max}$ 较合适。

2)截顶效应与互补结构

对锥尖部的截断效应称为截顶效应。截顶效应直接影响高频端特性。此时并不是螺旋本身被截断,而是四条螺旋臂本身有一定宽度,又不允许相互短路,故它们均布在锥顶上时,一定起始于锥顶的某一截面上,这就不太符合自补偿结构"源

208

于一点"的条件。

众所周知,自补偿结构可使输入阻抗在宽带范围内为一恒定值,理想的自补偿结构只有电阻分量。锥螺旋的自补偿结构是由平面螺旋引伸而来。在模 2 馈电的情况下,当臂的展宽角 $\delta = 45°$ 时,金属臂只要旋转 $\pi/n$ 角($n = 2$)便与臂间间隔相重合。由于自补偿结构不真正源于一点,故有一定电抗分量存在,其大小是频率的函数。这样频率变化时输入阻抗随之变化,这使能与宽带馈电器的匹配频带宽度受到限制。另外,由于输入区、过渡区和指数衰减区都集中在锥顶部,且频率越高越向锥顶集中,所以截顶还会直接影响工作频带高端的辐射性能。

为了保证最高工作频率上的匹配性能和辐射性能,笔者认为要求锥形四臂螺旋馈电点所在截面的直径小于或等于 $0.17\lambda_{max}$($\lambda_{max}$ 为最高工作频率波长)为好。

### 3. 2~18GHz 锥螺旋天线

锥螺旋天线主要由辐射带和馈电器组成。辐射带由在锥体上四条旋转对称的镀银(或镀金)铜带构成;馈电器是专门研制的,取名为共面夹层馈电器。该馈电器由 SMA 微带座、屏蔽微带线、平衡窗口、倒相器、双芯悬置带线、共面夹层耦合带线等组成。馈电器和辐射器装配情况如图 4.11 所示。这种结构利用了模 2 馈电的四臂锥螺旋天线(记为 $^4I_2$)在选定某组参数情况下轴向辐射为零的特性。即其特征矢量为

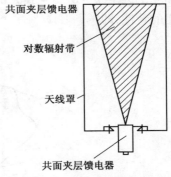

图 4.11　2~18GHz 锥螺旋天线

$$^nI_{k'} = (1, e^{j2\pi k'/n}, e^{j2\pi k'\cdot 2/n} \cdots e^{j2\pi k'(n-1)/n})$$
$$(4.35)$$

当 $n = 4$、$k' = 2$ 时,即模 2 馈电时

$$^4I_2 = (1, -1, 1, -1) \qquad (4.36)$$

由于相邻臂之间相位相反,它满足能量守恒定律,即

$$\sum_{m=1}^{n} i_m = 0$$

如果一种新型的馈电方案能满足以上条件,在四个旋转对称的单元上就同样有幅度相同、邻臂相位相反的输入电流。此时,它们在空间的辐射场可表达为[2]

$$E_\theta(\boldsymbol{r}) = -\,j\omega\mu\,\frac{\exp(-jkr)}{4\pi rQ}\int_0^L I(s')\exp\left[j\left(\frac{ks'}{Q}\right)\cos\theta\cos\theta_0\right] \times$$

$$\sum_{l=0}^{N-1}\exp(-jml\alpha)\exp\left[j\left(\frac{ks'}{Q}\right)\cdot\sin\theta\sin\theta_0\cos(\phi'-\phi+l\alpha)\right] \times$$

$$\left\{\frac{\sin\theta_0\cos\theta}{2}\left[\left(1+\frac{j}{a}\right)\exp\left[j(\phi'-\phi+l\alpha)\right]+\left(1-\frac{j}{\alpha}\right)\times\right.\right.$$

$$\left.\left.\exp\left[-j(\phi'-\phi+l\alpha)\right]\right]-\sin\theta\cos\theta_0\right\}ds' \qquad (4.37)$$

209

$$E_{\varphi}(\boldsymbol{r}) = \omega\mu \frac{\exp(-jkr)}{4\pi rQ} \int_0^L I(s') \exp\left[j\left(\frac{ks'}{Q}\right)\cos\theta\cos\theta_0\right] \times$$

$$\sum_{l=0}^{N-1} \exp(-jml\alpha) \exp\left[j\left(\frac{ks'}{Q}\right)\sin\theta\sin\theta_0\cos(\phi'-\phi+l\alpha)\right] \times$$

$$\left\{\exp[j(\phi'-\phi+l\alpha)]\left(1+\frac{j}{a}\right) - \left(1-\frac{j}{a}\right)\exp[-j(\phi'-\phi+l\alpha)]\right\}ds'$$

$$(4.38)$$

式中:$E_{\theta}(\boldsymbol{r})$ 为 $xOz$ 面方向图,$\theta$ 极化分量;$E_{\varphi}(\boldsymbol{r})$ 为 $xpz$ 面方向图,$\varphi$ 极化分量;$Q = (1+\varepsilon^2\theta_0/a^2)$ 为慢变因子;$N$ 为臂数,取 $N=4$;$m$ 为模式,取为 2,$\boldsymbol{r} = r_0 e^{a\phi}$ 为矢径方程;$K = \dfrac{2\pi}{\lambda}$ 为波数;$\alpha = 2\pi/N$;$s$、$s'$ 分别为两臂上的点。

当 $Q=1.79$、$\theta_0 = 10°$ 时,由式(4.37)和式(4.38)算得的 $yOz$ 面方向图示于图 4.12。在 $\theta=0°$、$\theta=180°$ 时,且 $m \neq 1, m \neq N-1$ 的情况下,则得到一个十分有用的特性,即

$$E_{\varphi}(r,\pi,\varphi) = 0$$
$$E_{\theta}(r,\pi,\varphi) = 0$$

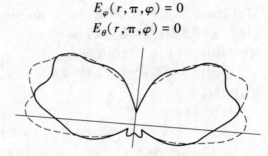

图 4.12　由式(4.37)和式(4.38)算出的 $xOz$ 面上的方向图

2~18GHz 锥螺旋就利用了 $^4I_2$ 方式工作时轴向无辐射的特性,共面夹层馈电器可以从锥体外部直接馈电(结构如图 4.11 所示)。

为了得到全面辐射性能,可选择 $\alpha = 45°$,$\theta_0 = 10°$。为了实现良好的互补,选 $\delta = 45°$。由式(4.34),一条辐射带的内、外边缘矢径分别为 $r_1$、$r_2$,即

$$r_1 = r_0 e^{a(\varphi-\delta/2)} \tag{4.39}$$

$$r_2 = r_0 e^{a(\varphi+\delta/2)} \tag{4.40}$$

由公式 $Q = [1+\sin^2\theta_0/\alpha^2]^{1/2}$ 算出慢变因子,其起始矢径为 $r_0 = 3.4555$。在以上各式中,$\theta_0$ 为圆锥顶角之半,$\alpha$ 为螺旋上升角,$\delta$ 为角臂宽度,$S$ 为螺旋自始点起的线长,$a$ 为螺旋常数,又叫螺旋伸展速率,$a = \sin\theta_0/\tan\alpha$,$Q$ 为慢变因子。

利用上述参数就可进行计算机编程算出加工参数。

共面夹层无穷平衡馈电器方框图如图 4.13 所示,这是一种专门研制的无穷平衡馈电器。它比裂缝同轴线平衡-不平衡馈电器的高频性能好,尺寸小,重量轻得多,它也比屏蔽微带线平衡器的相位和幅度更易控制。它与具有仿真电缆的无穷

平衡电缆馈电法相比,效率明显提高,使全向增益提高 6~8dB。

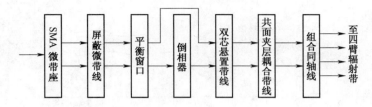

图 4.13　共面夹层馈电器方框图
（用刻红膜技术照相蚀刻在聚四氟乙烯敷铜板上）

要把 SMA 微带座的 50Ω 输入阻抗变换成幅度（用功率 $P$ 表示）、相位和阻抗值,首先将屏蔽微带线变成双路,再将每路悬置带线一分为二。将经倒相的左支路和未经倒相的右支路送入阻抗变换器,把每个微带对地的阻抗变换成 75Ω 后,四路带线同时纳入组合同轴线,并由同轴线引出四条精心选择的引线接到四条螺旋辐射带的输入端,由于倒相器的作用,加之加工精度保证,就满足了 $^4I_2$ 模式馈电的相位和幅度要求。

### 4. 2~18GHz 的锥螺旋天线实测性能

用 8350B 扫频仪测得的反射损耗如图 4.14 所示,将反射损耗换算成 VSWR,则在约 97% 的频率点上,VSWR≤2,其余小于或等于 2.32。这与式（4.41）所预测的值相接近,式（4.41）为

$$|\Gamma_{总}| = \Gamma_1 + \frac{|S_{12} \cdot S_{21} \cdot \Gamma_3|}{1 + |\Gamma_2 \Gamma_3|} \tag{4.41}$$

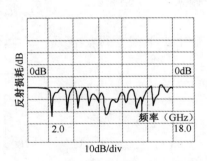

图 4.14　在 2~18GHz 测得的反射损耗

假设共面夹层馈电器共有三个反射点,把 SMA 微带座最大 VSWR 为 1.5,辐射带的最大 VSWR 为 1.5 和内部各反射点等效最大 VSWR 为 1.25,代入式（4.41）,此时算得 VSWR＝1.9。可见理论值与实测结果较为吻合。

表示全向性能的方位面幅度起伏示于图 4.16。由于天线是圆极化的,天线可接收（或发射）任意取向的线极化,图 4.16 中只给出垂直极化和水平极化分量,在

96%的测试点中,全向幅度起伏小于或等于±5dB,在18GHz时有一个分量为±5.2dB。

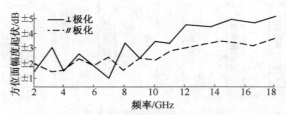

图4.15  方位面幅度起伏与频率的关系

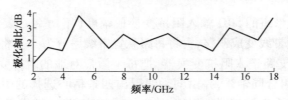

图4.16  极化轴比与频率的关系

极化轴比测试表明,90%左右的测试点上的极化轴比小于3dB,最大极化轴比小于或等于4.0dB,如图4.16所示。

### 4.1.5  双模四臂螺旋天线

双模四臂螺旋天线如图4.17所示。它包括一个四臂螺旋天线、吸收腔体、模形成网络。这种天线从理论上分析是与频率无关的天线,其频带可以做到20:1倍频程。

**1. 辐射器**

对数螺旋线为频率辐射器,其线上的点用极坐标表示为

$$r = r_0 \exp(a\varphi) \tag{4.42}$$

以波长为单位表示则有

$$r' = r/\lambda = r_0 \exp[a(\varphi - \varphi_0)]$$

$$\varphi_0 = (1/a)\ln\lambda \tag{4.43}$$

从上式可见,频率变化对应 $\varphi_0$ 变化,相当于将原天线转了一个角度 $\Delta\varphi$,即辐射器方向图转了一个同样角度 $\Delta\varphi$。

$$\Delta\varphi = (1/a)\ln(f_2/f_1) \tag{4.44}$$

方向图是在半径为 $R$ 的大球面上场的分布为

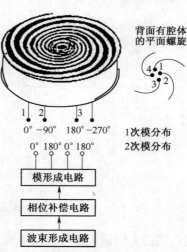

图4.17  双模四臂螺旋天线

$$E(\theta,\varphi,R) = \frac{e^{-jkr}}{R}\left[AK\hat{\boldsymbol{\theta}}P_\theta(\theta,\varphi) + \hat{\boldsymbol{\varphi}}P_\varphi(\theta,\varphi)\right] \tag{4.45}$$

式中：$\hat{\boldsymbol{\theta}}$、$\hat{\boldsymbol{\varphi}}$ 为坐标方向单位矢量。也就是说，当频率变化时，$P_\theta$、$P_\varphi$ 均满足下列关系：

$$P(\theta,\varphi,f/\tau) = P(\theta,\varphi - \Delta\varphi,f)\cdot$$

为了使与频率无关的天线得到实际应用，该天线必须满足电流截止原理，使有限尺寸天线在所要求频段内具有与无限结构一样的电气特性，其频率的高端由结构中心区尺寸决定，而其低端由结构外径决定，等角螺旋天线就属于这类天线。为达到所要求的低频覆盖，要求螺旋外径 $r_2$ 足够大，否则截尾效应产生不需要的反射，使天线圆极化和波束宽度等性能下降。为适当减小天线口径 $r_2$ 而又不引起截尾效应，可采用对数螺旋线尾端连接按反比例增长的对数螺旋线，或采用正弦调制的螺旋线，或采用电阻负载终止螺旋线。

根据辐射带理论，如果螺旋线是 3 线或者多线，则通过适当馈电就可获得 $M_1$ 模和 $M_2$ 模信息。对于 3 线或大于 3 的奇数螺旋线，由于微波结构的对称性故从未考虑。对于六臂、八臂螺旋，它们相对于四臂的主要优点是 $M_1$ 及 $M_2$ 的抗高阶失真度好，从而能改善带宽潜力。但在实践中，馈电方面的复杂性大大增加。因此比较实用的是四臂螺旋。

平面型及圆锥型螺旋线辐射器均是圆极化宽带辐射器。由于圆锥型相对来说体积大，加工复杂而且困难，尤其是它的 $M_1$ 模与 $M_2$ 模相位中心分隔，因此从未用于双信道定向系统中。

螺旋天线在宽带工作中采用中心馈电，因为外层馈电会在宽带工作中大大激励高阶辐射模。中心馈电的平面四臂螺旋，其中心有四个馈电点，有如图 4.18 所示的四种激励方式。

图 4.18 中 $A_n = (I_1,I_2,I_3,I_4)$，表示在四个输入端上馈电网络对天线激励的电流矢量符号。假定电流传播方向是电输入端向螺旋线外端流动，用姆指指向辐射场方向，四指指向螺旋臂电流方向，若在辐射空间伸出右手则为右旋螺旋天线，反之为左旋螺旋天线。

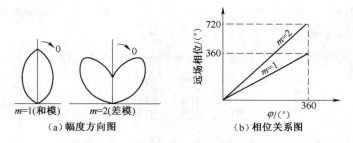

图 4.18　四臂螺旋天线的 $M_1$ 模和 $M_2$ 模幅度方向图和相位关系图

通过分析可以得知，四臂螺旋天线的 $M_1$ 模和 $M_2$ 模的典型方向图如图 4.18(a)所示。其 $M_1$ 模和 $M_2$ 模相位中心几乎是重合的，而"参考面"——$M_1$ 和

213

$M_2$ 同相的平面,随频率的变化而绕天线轴旋转。为消除"参考面"旋转,可在辐射器后端采取相位补偿技术,也可采用双曲线螺旋加上在 $M_1$ 端口插入适当长度传输线。

**2. 波束形成器**

波束形成网络包括模形成网络、相位补偿网络、四波束形成网络,如图 4.19 所示。

1) 模形成控制网络

常用的模形成网络有两种:一种是 Millican 网络(图 4.20),另一种是 Shelton 网络(图 4.21)。前者用两个移相器和六个 3dB 耦合器,适用于一种旋转的圆极化波。后者在前者的基础上增加两个移相器,可以适应左右旋圆极化波。

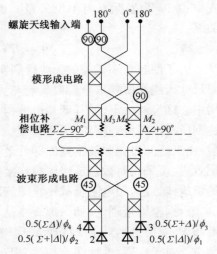

图 4.19　波束形成原理框图

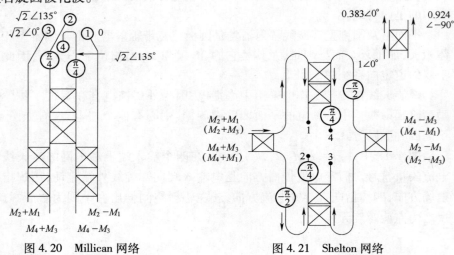

图 4.20　Millican 网络

图 4.21　Shelton 网络

2) 波束形成网络

波束形成网络为零描准误差波束形成网络如图 4.22 所示,它与模形成网络配

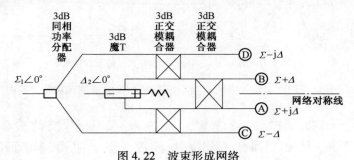

图 4.22　波束形成网络

214

合,当模形成网络输出 $\Sigma \pm \Delta$ 时使用三个完全一致的 3dB 正交耦合器组成的波束形成电路提供与原来波束正交的另一对倾斜波束,这样就得到单脉冲常用的四个斜交叉波束,即 $\Sigma + \Delta$、$\Sigma - \Delta$,$\Sigma + j\Delta$、$\Sigma - j\Delta$ 如图 4.24 所示。

平面螺旋天线辐射方向的一次模和二次模方向图如图 4.23 所示。

平面螺旋天线形成的四波束如图 4.24 所示。

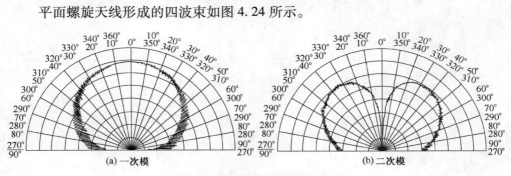

(a) 一次模       (b) 二次模

图 4.23 平面螺旋天线辐射方向图

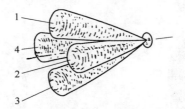

图 4.24 跟踪用的四波束

## 4.1.6 双臂平面螺旋天线

双臂平面螺旋天线主要由螺旋辐射器、反射腔及平衡器三个部分组成。这种天线在 2~18GHz 范围内可做到:波束宽度 60°~110°,增益±1dB,波束歪头要控制在±8°,两臂相位跟踪可控制在±10°,承载功率通常几瓦。

螺旋天线辐射器用阿基米德螺旋或等角螺旋形式展开而形成,如图 4.25 所示。

反射腔是为了得到单波束。腔体深度一般取作 1/4 波长。为了保持其宽频带特征,腔体内部填满吸收材料将反向辐射的能量全部吸收掉,但这会导致天线增益下降。

平衡器是一个平衡器件,需要用平衡传输线馈电。2~18GHz 平面螺旋天线一般采用 Marchand 平衡器馈电,这种平衡器的结构示意图和等效电路如图 4.26 所示。

该平衡器的一个显著特点是输出、输入阻抗具有相同值。若输入阻抗为 50Ω,输出阻抗也是 50Ω,而且具有非常好的幅相特性,带宽可做到 10:1 加补偿时频带可扩展到 13:1。

这种平衡器主要由在中心频率为 1/4 波长的并联短路和串联开路的短截线构成。根据短截线节数的多少，一般分为二阶平衡器、三阶平衡器和四阶平衡器。

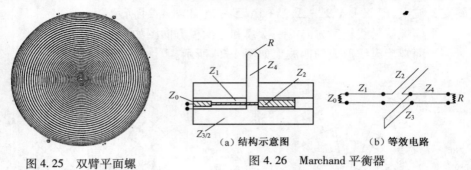

图 4.25　双臂平面螺旋天线辐射器

图 4.26　Marchand 平衡器

（a）结构示意图　　　　（b）等效电路

## 1. 平面螺旋天线的工作原理

平面螺旋天线的基本型一般有阿基米德螺旋天线（图 4.27）和等角螺旋天线（对数螺旋）（图 4.28）两种。

图 4.27　阿基米德螺旋天线

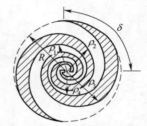

图 4.28　双臂平面等角螺旋天线

它们的极坐标系中的方程分别为

阿基米德螺线　　　　　　　　　　$\rho = a\psi + \rho_0$　　　　　　　　　　（4.46）

等角螺线　　　　　　　　　　　　$\rho = \rho_0 e^{a\psi}$　　　　　　　　　　（4.47）

式中：$\rho$ 为螺线矢径；$\psi$ 为幅角；$a$ 为螺旋率；$\rho_0$ 为初始矢径。

这些螺线的共同点是，当 $\psi$ 沿展开方向增加时，$\rho$ 可以一直增加到无穷大，因此螺旋线将向外无限延伸。此外，阿基米德螺线的特点是螺线的起始点恰是坐标的 $\rho_0$ 点；等角螺线的特点是，随着 $\psi$ 的增加（或减小），$\rho$ 以指数规律向极点逼近，整个螺线是无头无尾的曲线，且线上各点的矢径和该点的夹角 $\theta$ 为一常量 $[\theta = \arctan(1/a)]$。这也是它被称为等角螺线的原因。

当螺旋臂在中心反相馈电时，则从周长为一个波长的某一区域进行辐射。其辐射原理说明如下：假定一个双臂阿基米德螺旋（图 4.29），如果在螺旋中心反相辐射电流，则在 $A$ 和 $A_1$ 处电流仍然反相，因为沿着各臂只前进一个相同的数量。现在，如果在一个给定频率上，$A$ 至 $B$ 通路长度为半波长，那么在 $A_1$ 和 $B$ 处，此时电流为同相。于是，两臂都从周长为一个波长的环形区域辐射能量。当波长大于螺旋里圈的圆周时,相邻臂上基本上是反相电流,因而两臂的辐射抵消,如同是一个双线传输线。于是在一个波长的圆周内没被辐射的能量将沿着螺旋继续传或在末端接合适的吸收电阻,从而使末端的电流衰减到最小。

**2. 平面二次型螺旋天线**

平面螺旋天线的基本形式是阿基米德螺旋天线和等角螺旋天线。但阿基米德螺旋天线的宽度始终不变,不能满足宽度随不同频率辐射区的直径 $D(D \approx \lambda/\pi)$ 而变。而等角螺旋天线的宽度虽能随不同频率辐射区的直径而变,但只有当它的增长率小到 $0.03 \sim 0.05$ 时,其方向图才能与阿基米德螺旋的方向图相比拟,如此小的增长率,始端的几圈螺旋线是很细的,制作相当困难。如果考虑到一种螺旋线介于上述二者之间,其宽度增量随幅角按线性变化,这样就可以按设计要求,任意选择线宽变化的快慢。不仅制作简易,而且可以提高频率低端的增益。为减小螺旋线的终端反射,尾接一段反变化的螺旋线。平面二次型螺旋天线如图 4.30 所示。

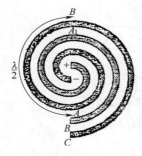

图 4.29 辐射区

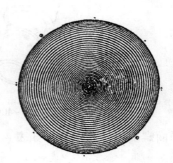

图 4.30 平面二次型
螺旋天线

$$\rho_1 = \rho_0 + a\psi + b\psi^2 \quad (0 \leqslant \psi < \psi_0) \tag{4.48}$$

$$\rho_2 = \rho_0 + a(\psi + \pi/2) + b(\psi + \pi/2)^2 \quad (0 \leqslant \psi < \phi_0) \tag{4.49}$$

$$\rho_1' = \rho_0' + a'(\phi - \psi - \pi/2) - b'(\phi - \psi + \pi/2)^2 \quad (\psi_0 \leqslant \psi \leqslant \phi) \tag{4.50}$$

$$\rho_2' = \rho_0' - a'(\varphi - \psi) - b'(\varphi - \psi)^2 \quad (\psi_0 \leqslant \psi \leqslant \phi) \tag{4.51}$$

其中

$$\varphi = \psi_0 + \psi_0'$$

给定 $b$ 及始端臂宽 $\omega_0$ 可求得

$$a = [2\omega_0 - b(\pi^2/2)]/2 \tag{4.52}$$

再由给定的 $\rho_0$ 及 $\lambda_{\max}$ ,又可求得 $\varphi_1$

$$b\psi_1^2 + a\psi_1 - [(\beta\lambda_{\max/2\pi}) - \rho_0] = 0 \tag{4.53}$$

$\beta$ 在 $1.0 \sim 1.1$ 中取值,且在 $\psi_1$ 附近选取 $\psi_0$ 值。再给定 $\rho_0'$ 及末端臂宽 $\omega_0'$ ,则可

求得

$$\psi_0' = \left[ \frac{\rho_0' - (\rho_0 + a\psi_0 + b\psi_0^2}{2(\pi/2) + b(\pi/2)^2 + b\pi\phi_0 + \omega_0'} - 1/\pi \right] \pi \qquad (4.54)$$

$$a' = \{ (4\psi_0'/\pi + 1)\omega_0' - [a(\pi/2) + b(\pi/2)^2 + b\pi\psi_0] \}/2\psi_0' \qquad (4.55)$$

$$b' = 2\omega_0'/\pi^2 - 2a'/\pi \qquad (4.56)$$

第一臂沿中心旋转180°就得到第二条臂。

### 4.1.7 2~100GHz 平面螺旋天线

18~40GHz 平面螺旋天线的结构示意图 4.31 所示,天线的直径 14mm,螺旋辐射器是刻在 Duriod 基板上,采用双脊波导馈电,天线罩是用辐射交连聚乙烯加工成型。

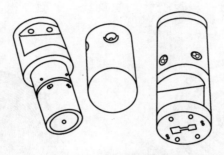

图 4.31　18~40GHz 平面螺旋天线结构示意图

平面螺旋天线技术指标如表 4.1 所列。

表 4.1　平面螺旋天线技术指标

| 指　标 | 双臂等角螺旋天线 | 双臂阿基米德螺旋天线 | | 双臂二次型螺旋天线 |
|---|---|---|---|---|
| 工作频率/GHz | 2~18 | 2~18 | 6~14 | 2~18 |
| 驻波系数 | 2.5 | 2.5 | 2.5 | 3 |
| 波束宽度/(°) | 50~90 | 60~80 | 60~80 | 60~100 |
| 副瓣电平/dB | −14 | −14 | −13 | −12 |
| 增益/dB | 2 | 0 | −1 | 0 |
| 尺寸/mm | 100×110 | 70×75 | 37×50 | 60×70 |
| 质量/g | 220 | 90 | 70 | 100 |

　　2~100GHz 组合螺旋天线是在 2~18GHz 平面螺旋天线的基础上,在不改变原天线外形尺寸的条件下,利用组合法将天线的工作频带扩展至 100GHz,这样在现有的飞机或导弹上安装 2~18GHz 平面螺旋天线的地方,不作任何结构改变就可装入 2~100GHz 组合螺旋天线,从而为系统的性能扩展到毫米波波段提供了有利

218

条件。

　　天线的外形结构如图4.32所示。该天线主要由2~18GHz变形阿基米德螺旋天线、18~40GHz平面螺旋天线和40~100GHz脊喇叭天线集成在一个辐射面绘制而成。该天线的物理尺寸和原2~18GHz平面螺旋天线一样大,这样有利于老天线更新换代。

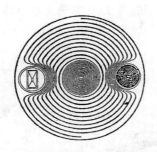

图4.32　2~100GHz组合螺旋天线

### 4.1.8　曲折臂天线

　　曲折臂天线具有平面、宽频带、全极化和单孔径特点,它是具有全部这四个特点的第一种天线。腔体反射平面螺旋天线,只有这四个特点中的三个。

　　曲折臂天线在单一口径中包含有两个正交极化的线天线。此正交极化的线天线具有极宽的频带(如2~18GHz)。它能同时接收垂直和水平极化信号,若增加合适的硬件,可接收右旋圆极化(RHCP)和左旋圆极化(LHCP)信号。因此,这种天线是全极化的。它可以构成接收任意极化,即垂直、水平、右旋或左旋极化。通常情况下,能同时接收两种极化。从外形上看,曲折臂天线类似于平面螺旋天线,在工作频带相同的条件下,其直径和平面螺旋相同,并且可以互换。

　　2~18GHz的曲折臂天线与具有腔反射的螺旋天线有相同的实体结构,但它有两个输出端口,一个用于右旋,一个用于左旋,也可同时利用。曲折臂天线方向图类似于平面螺旋天线,但可把波束宽度设计成随频率变化或不随频率变化的两种。

　　就功能而言,曲折臂天线类似于对数周期天线,它可以看成是一个平面对数周期天线,并且可被弄弯,以便合并相邻的正交偶极子单元。曲折臂天线结构如图4.33所示。它可以在很宽的工作频带内(10:1以上)具有稳定的波束宽度,并且E面和H面的波束宽度基本相等,这是平面对数周期天线无法相比的。

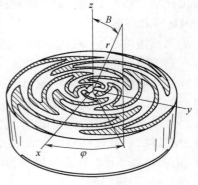

图4.33　2~18GHz曲折臂天线

### 1. 曲折臂天线的原理

曲折臂辐射元是在一个平面上用两个或四个旋转对称的导体臂制成的（图4.34(a)）。在规定的范围内,使用各臂交错隔开的一种特殊方法,使辐射元所占有的可得空间最佳化,而仍然保持与频率无关天线的特性。

各臂基本上容纳在两个相同的锯齿线的区域中。这一点可采用围绕原点顺时针和逆时针旋转单个锯齿 $\delta$ 度的方法来实现。锯齿线可以级联许多单元线构成,各单线由三个线段用极坐标来确定(图4.34(b)),在 $n$ 个单元 $AB$ 线段定义为

$$\varphi = \frac{2\alpha_n \, (-1)^n \ln\left[\dfrac{r}{R_n}\right]}{(1-k_R)\ln\tau_n} \qquad \left(R_n\tau_n\left[\dfrac{1-k_R}{2}\right] \leqslant \bar{r} \leqslant R_n\right) \qquad (4.57)$$

式中: $\tau_n = R_{n+1}/R_{nj}$ ; $n = 0,1,2,\cdots,\alpha_n$ 为第 $n$ 个单元的角展。

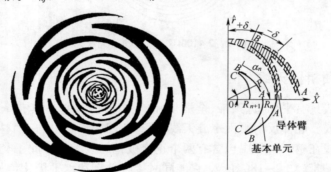

(a) 典型的曲折臂单元结构　　(b) 与单个锯齿的 $AB$ 段有关的参数

图4.34　曲折臂天线

比率 $\tau_n$ 是正值,且小于1。平直部分 $BC$ 宽度由参量 $k_R$ 控制。应当指出,各相继单元的极角 $\varphi$ 应改变它的正负号。当旋转角 $\alpha = 22.5°$ 时,四曲折臂单元是自互补结构。如果四曲折臂由同相或反相的两个信号源馈电,那么天线单元辐射一个线极化场。各臂对地的输入阻抗通常是133Ω。如果角 $\alpha < 22.5°$ ,则输入阻抗超过133Ω;反之亦然。

当锯齿的长度 $2r(\alpha_n + \delta)$ 近似为半波长时,各锯齿变得有效。因此,自互补结构有它的第一个有效区,该有效区位于一个波长的圆周上。根据有效区域的概念,低频和高频截止分别由外径和内径决定。然而,高频端的方向图和阻抗对靠近馈电点位置的周围环境非常敏感。

当单元与腔体结合使用时,能实现恒定的相位中心和单方向性方向图,频带宽度由腔体加载吸收材料而大大展宽,甚至在加载吸收材料和锯齿采用近间距情况下,仍能达到20dB的最差隔离度。波束宽度与有效区域的半径成反比,半径由 $0.25\lambda/(\alpha_n + \delta)$ 确定。

与腔体加载平面螺旋不一样,曲折臂天线的轴与上述设计参数毫无关系。这一点通过把双线性曲折臂天线看作交叉偶极子,把双圆极化曲折臂天线视为交叉

偶极子和一个90°混合电路相结合的情况,是不难理解的。轴向轴比仅由混合电路的性能确定。

### 2. 曲折臂天线的极化转换结构

当两个巴伦和四路馈线用来激励一个曲折臂单元时,这种情况就变成双线性曲折臂天线。而且,当双线性天线的输出在90°混合电路中合成时,天线则就成了双圆极化曲折臂天线。适当添加一个单刀双掷开关,用以选择两个极化输出,信号

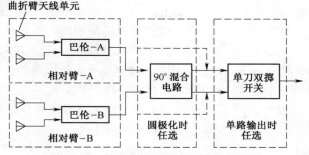

图4.35　单线性、双线性/圆极化和开关
转换结构的曲折臂天线

就可以单路输出。图4.35示出了与曲折臂天线极化转换结构有关的各种方案。

### 3. 曲折臂天线的简化设计

同平面螺旋天线一样,导体臂两边带线的初始方程分别为

$$\rho_l = ae^{b\varphi_0} \tag{4.58}$$

$$\rho_0 = ae^{b(\varphi_0+\delta)} \tag{4.59}$$

式中:$a$、$b$为常数;$\varphi_0$为相应的幅角;$\delta$为旋转角。

当$\delta = \pi/4$时,四曲折形辐射臂是自互补结构,各臂对地的输入阻抗通常在130Ω左右。类似于平面螺旋天线,曲折形天线也有它的有效辐射区。其有效区位于一个波长左右的圆周上,波束宽度与有效区的半径($\lambda/2\pi$)成反比,但可以把波束宽度设计成随频率变化或者不随频率变化两种形式。用得比较多的是后一种,通常在10:1的带宽内,控制其波束宽度在70°±10°的范围内变化。

根据有效区的概念,低频端和高频端的截止同样分别由辐射元的外径和内径决定。当采用典型的螺旋率$b = 0.11$时,馈电区的最小半径约为频带上限波长的1/4。然而,高频端的方向图和阻抗对靠近馈电点位置的周围环境相当敏感,处理不当不仅达不到工作频段的要求,而且会由此出现高次模辐射带而使方向图畸变。试验表明,在采用典型螺旋率的情况下,转动$6\pi$左右时,天线有最佳工作状态,此时的矢径应在工作频率的低频端波长的1/4左右。设计时为了获得较大的增益和避免终端反射,往往把外径取得大一些。

与平面螺旋天线最显著的区别在于曲折形天线的辐射臂矢径围绕原点顺时针和逆时针转动,并且保持一定的规律。各辐射臂互相交错,基本上是容纳在另外两个同样的"齿"之间的区域中。可以直观地把曲线形天线视为由两个不同旋向的相同平面螺旋天线辐射元叠加后,留下规定范围内的那些部分。因此在设计上就可以大为简化,只需控制辐射带线按对数螺线运行到规定角度,而后再返回并仍按此运动,直至预定长度。换句话说,也就是每段螺线只运动$\varphi$度,然后再向相反方

向运动 $\varphi$ 度。于是,带线的各段矢径如下:

$$\rho_{n+1} = (-1)^n \alpha e^{b\varphi_{n+1}} \qquad (n = 1, 2, \cdots) \qquad (4.60)$$

其中

$$\varphi_{n+1} = \varphi_n \sim \varphi_n + \varphi \qquad (4.61)$$

同理,辐射元另外一边的螺线也是如此处理。只是带线两端的位置、形状要做特殊处理:外端可以与圆弧相接,也可以接一段反变化的螺线,从而减少终端反射。

图 4.36(a)所示的图形取 $\varphi = \pi/2$。考虑到加工以及其他原因,也可把辐射元设计成如图 4.36(b)所示,此时带线的运动轨迹为沿螺旋线运动到规定角度,经延长一段矢径 $\rho'$ 后再作反向旋转。同样可得带线各段矢径如下:

$$\rho_{n+1} = (-1)^n \alpha e^{b\varphi_{n+1}} \rho'_{n+1} \qquad (n = 1, 2, \cdots) \qquad (4.62)$$

其中

$$\rho'_{n+1} = e^{b\varphi_c} \qquad (4.63)$$

或者

$$\rho_{n+1} = (-1)^n \alpha e^{b(\varphi_{n+1}+\varphi_c)} = (-1)^n \alpha e^{b\varphi'_{n+1}} \qquad (4.64)$$

其中

$$\varphi'_{n+1} = \varphi_n + \varphi_c \sim \varphi_n + \varphi_c + \varphi \qquad (4.65)$$

图 4.37(b)所示图形取 $\varphi_c = \pi/4, \varphi = 3\pi/4$。

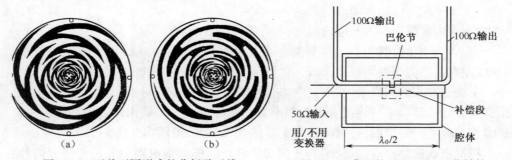

图 4.36　两种不同形式的曲折臂天线　　　　图 4.37　典型的 Marchand 巴伦结构

### 4. 巴伦设计

为了对各单元提供正确相位,要求馈线结构跨接。这里选用同轴电缆,而像平衡四线印制电路那样的,其他方法不能采用。在各巴伦中使用两个输出电缆可提供大约 200Ω(与天线元并联时)到 50Ω 的阻抗变换(接在巴伦接头的中心时),结果得到一个 4∶1 的阻抗变换器。一个宽带 Marchand 巴伦用来把不平衡的 50Ω 变换到平衡的 50Ω(图 4.37)。设计 Marchand 巴伦变换器的方法是十分简捷的,这方面的资料比较多。

### 5. 90°混合电路的设计

采用基于零点位置的一种方法,首先设计出一个宽频带−8.34dB 的直接耦合器,然后将测量结果与预测的响应作比较。根据比较得到的差别,重算且做出修正的设计。重复此过程,一直达到特定的设计目标为止。把−8.34dB 直接耦合器变换成弯曲耦合器。重复新的设计过程,直到设计目标再次满足。用串接两个-8.34dB 弯曲耦合器来获得一个-3dB 弯曲的混合电路。

### 6. 单刀双掷开关(SPDT)方案

电的或机械的开关可装在双线性或双圆极化型曲折臂天线中。先去掉两个输出连接头,为沉入型固态开关形成一个矩形区,用这种方法来装入一个电子开关。这种结构给用户提供单一输出和高速获得任一极化的方案。在 2~18GHz 频率范围,开关的 VSWR(最大值)仅有 2∶1,标称隔离度约为 30dB,最大输入功率是 1W(连续波)。控制开关让两路信号双向传到一路射频电缆上,以便为改装系统而用此天线。损耗低但速度慢一些的机械开关也可装在天线上。由于开关尺寸较大,故此方案将增加天线的总长度。

### 7. 双圆极化天线的性能

图 4.38(a)示出了 VSWR 曲线。混合电路使得从各个曲折臂单元/巴伦子电路到绝缘混合电路的平衡失配。所以,观察到的 VSWR 优于部件失配的线性组合。图 4.38(b)画出了两个输出端口间的隔离度。请注意,由于缺乏纯圆极化激励源,接收天线的隔离度实际上是很难测的。为了得到图 4.38(b)曲线,首先测到达天线两个输出端的入射的水平和垂直极化分量,隔离度就可以由这两个测得的线性分量计算得到。对这种双圆极化类型的曲折臂天线,在 2~18GHz 频段内,波束宽度可从 110°变到 60°。

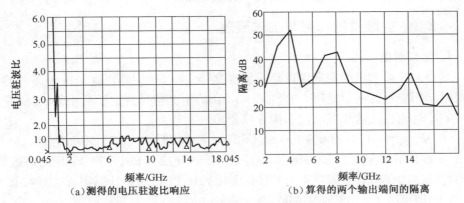

(a)测得的电压驻波比响应　　　　(b)算得的两个输出端间的隔离

图 4.38　双圆极化天线的测量结果

由以上的分析论述明显地看出,曲折臂天线比双模平面螺旋天线优越,它可以代替平面螺旋天线。

应用于超宽频带被动雷达寻的器的超宽频带天线除了上述几种天线,还有以下几种形式的天线:

(1) $N$ 臂(大于四臂)的曲折臂天线;

(2) 超宽带对数周期天线;

(3) 对数周期振子天线;

（4）超宽带对数周期贴片天线；

（5）平面对数周期天线；

（6）对数周期振子天线；

（7）细缝天线；

（8）渐变式微带细缝式天线；

（9）锥形隙缝天线；

（10）宽带圆极化平面螺旋与螺旋线天线（AS-48611）。

# 4.2  超宽频带变频技术

为了提高超频带被动雷达寻的器系统的灵敏度和将微波信号的频率降低到便于处理器处理的频率，必须用变频技术，将高频（微波）变化到中频。这就需要混频器与本振源。

混频器与本振源组成的变频器是超宽频带被动雷达寻的器主要的部件，系统的性能受变频器影响极大，而且是接收机微波前端噪声最大的一级，除了要求变频器噪声要小以外，还要不能产生镜频干扰、要有小的变频损耗，满足本振信号与输入信号的关系。要特别注意混频器固有的问题就是产生谐波。要使谐波降到最低，应精心选择混频器、滤波器、中放、本振源等部件。

## 4.2.1  变频器的作用与工作原理

### 1. 变频器的作用

超外差式接收机的突出优点是灵敏度高、频率选择性好。这是由于超外差接收机是利用变频器把超宽频带的（如 2~18GHz）射频信号变成了高中频，将频带压缩成 500MHz，由接收机灵敏度通用计算公式：

$$P_{rmin} = -114(dBmW) + \Delta f_R(dB) + F_n(dB) + D(dB)(dBmW)$$

即 $\Delta f_R$ 由 16GHz 变成了 500GHz，即 $\Delta f_R$ 由 42dB 变成 27dB，提高 15dB 的灵敏度。如再经第二次变频其中频带宽为 5MHz 或 10MHz，以 10MHz 计算则 $\Delta f_R$ 由 42dB 变到 10dB，则提高了 32dB 的灵敏度。

因此，变频器主要作用是将超宽频带的信号压缩成带宽比较窄的高中频信号或低中频的信号，起着频谱变换的作用。

变频的这一作用，可由图 4.39 来说明，图中示出了变频器输入端和输出端信号的波形及其频谱。

由图中可以看出，若变频输入信号电压为一个正弦调幅的射频信号，正弦调制信号的角频率为 $\omega_\Omega$，载波信号角频率 $\omega_s$，则输出信号电压 $u_{out}$ 将变成一个正弦调幅的中频信号。正弦调幅信号的角频率仍为 $\omega_\Omega$，而载波信号的角频率却变为 $\omega_I$。因此，输出信号与输入信号相比，信号的包络不变，只是把载波频率降低而

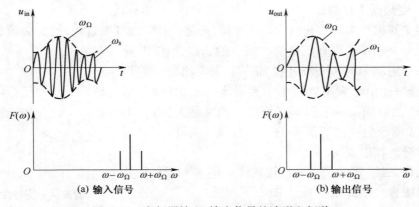

(a) 输入信号　　　　　　　　　(b) 输出信号

图 4.39　变频器输入、输出信号的波形和频谱

已。另外,由图还可以看出,当输入信号的载波频率从 $\omega_s$ 变到 $\omega_I$ 时,其频谱发生了频移,即从 $\omega_s$ 附近移到 $\omega_I$ 附近,但频谱的内部结构,即各个频谱分量之间的相对位置不变,信号变频正是利用了这种频谱变换过程。

应当指出,上述频谱变换作用是对正弦调幅的射频信号而言的,可以证明,对于常用的脉冲调幅信号来说,上述结构也是正确的,只是信号形式不同、频谱成分不同而已,如图 4.40 所示。

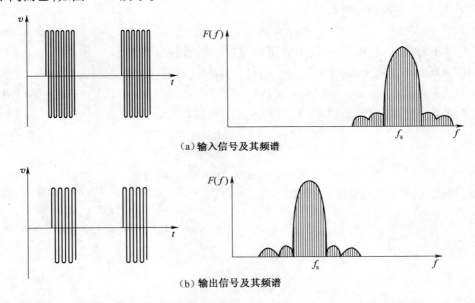

（a）输入信号及其频谱

（b）输出信号及其频谱

图 4.40　变频输入信号为脉冲调幅信号时变频器输入、输出信号的波形及其频谱

变频器的另一个重要作用就是可把信号频率降低,降到使处理器处理的中频频率,特别是数字接收机,这种作用很明显,因为 A/D 不便于也不能对微波信号采样,必须采用变频器将微波信号的频率变化到便于采样的中频率上。

## 2. 变频器工作原理

要把频谱从高频移到高中频或中频，这是一种频谱变换过程，因此必须利用非线性元件来实现。可利用微波二级管的非线性作用，除了加一个射频信号 $u_s$ 外，还要加一个幅度比信号强得多，而频率比信号频率低一个中频或高一个中频（包括高中频）的射频振荡电压 $u_L$（该电压通常称为"本振电压"），才能产生我们所需要的中频分量。为此，下面通过数学分析加以证明。

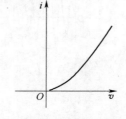

图 4.41 混频器二极管的伏—安特性

假设，二极管的伏—安特性曲线如图 4.41 所示，并且用幂级数在坐标原点展开，具有下列形式：

$$i = f(v) = a_0 + a_1 v + a_2 v^2 + \cdots + a_m v^n \quad (4.66)$$

式中：$v$ 为二极管两端的电压；$a_0, a_1, a_2, \cdots, a_n$ 为由微波晶体二极管的伏—安特性所决定的常数。

为了简单起见，假设输入射频信号电压为

$$v_s = V_{ms} \cos \omega_s t \quad (4.67)$$

本振电压 $v_L$ 为

$$v_L = V_{mL} \cos \omega_L t \quad (4.68)$$

所以，加到二极管两端得电压为

$$v = v_s + v_L = V_{ms} \cos \omega_s t + V_{mL} \cos \omega_L t \quad (4.69)$$

将式（4.69）代入式（4.66），就可以得到流过二极管的电流为

$$i = a_0 + a_1(V_{ms} \cos \omega_s t + V_{mL} \cos \omega_L t) + a_2(V_{ms} \cos \omega_s t + V_{mL} \cos \omega_L t)^2 + \cdots$$
$$+ a_m(V_{ms} \cos \omega_s t + V_{mL} \cos \omega_L t)^n \quad (4.70)$$

为了简单起见，若只取前三项，并利用下列三角函数式：

$$\cos^2 a = \frac{1}{2} + \frac{1}{2} \cos 2a$$

$$2\cos\alpha\cos\beta = \cos(\alpha + \beta) + \cos(\alpha - \beta)$$

就可将式（4.70）写成下列形式：

$$i = a_0 + \frac{a_2}{2}(V_{ms}^2 + V_{mL}^2) + a_1(V_{ms} \cos \omega_s t + V_{mL} \cos \omega_L t) +$$
$$a_2 V_{ms} V_{mL} \cos(\omega_s + \omega_L)t + a_2 V_{ms} V_{ml} \cos(\omega_s - \omega_L)t +$$
$$\frac{a_2}{2}(V_{ms}^2 \cos 2\omega_s t + V_{mL}^2 \cos 2\omega_L t) \quad (4.71)$$

为了清楚起见，将式（4.71）中的各种频谱成分列于表 4.2，并画出其频谱分布图，如图 4.42 所示。

由表 4.2 和图 4.42 可以看出，当两个不同频率的射频电压同时作用在非线性元件上时，经过非线性元件的非线性作用后，流过二极管的电流不仅包含输入信号

表 4.2　二极管中的各个电流频谱分量

| 频率成分 | 角频率 | 数值 |
|---|---|---|
| 直流成分 | 0 | $a_0 + \dfrac{1}{2}a_2 V_{\mathrm{ms}}^2 + \dfrac{1}{2}a_2 V_{\mathrm{mL}}^2$ |
| 基波成分 | $\omega_{\mathrm{s}}$ | $a_1 V_{\mathrm{ms}}\cos\omega_{\mathrm{s}}t$ |
| | $\omega_{\mathrm{L}}$ | $a_1 V_{\mathrm{mL}}\cos\omega_{\mathrm{L}}t$ |
| 谐波成分 | $2\omega_{\mathrm{s}}$ | $\dfrac{1}{2}a_2 V_{\mathrm{ms}}^2\cos2\omega_{\mathrm{s}}t$ |
| | $2\omega_{\mathrm{L}}$ | $\dfrac{1}{2}a_2 V_{\mathrm{mL}}^2\cos2\omega_{\mathrm{L}}t$ |
| 和频成分 | $\omega_{\mathrm{s}} + \omega_{\mathrm{L}}$ | $a_2 V_{\mathrm{ms}} V_{\mathrm{mL}}\cos(\omega_{\mathrm{s}} + \omega_{\mathrm{L}})t$ |
| 差额成分 | $\omega_{\mathrm{s}} - \omega_{\mathrm{L}}$ | $a_2 V_{\mathrm{ms}} V_{\mathrm{ml}}\cos(\omega_{\mathrm{s}} - \omega_{\mathrm{L}})t$ |

的频谱分量(基波分量 $\omega_{\mathrm{s}}$ 和 $\omega_{\mathrm{L}}$ ),而且包含直流分量、和频分量、差频分量、二次谐波分量等新的频谱分量,其中差频分量( $\omega_{\mathrm{s}} - \omega_{\mathrm{L}}$ )就是我们所需要的频谱分量,其振幅为 $a_2 V_{\mathrm{ms}} V_{\mathrm{mL}}$ ,与射频信号电压的振幅成正比,具有射频信号的信息。所以,只要在电路中加上具有频率选择作用的带通滤波器选出中频分量,即完成变频作用。

通过以上分析,可以得出下列结论:为了完成变频作用,变频器必须具有三个基本组成部分:①非线性元件;②产生本振电压的本机振荡器;③进行频率选择的带通滤波器。因此,变频器的组成方框图如图 4.43 所示。

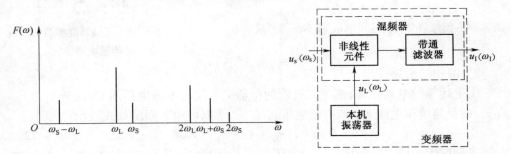

图 4.42　二极管中各个电流分量的频谱分布　　　图 4.43　变频器的组成方框图

### 3. 混频器传输特性分析

主要分析混频器的传输特性、噪声特性和寄生频道的抑制能力等,根据这些特性对超宽频带接收机混频器提出主要要求。

1) 晶体二极管混频器的等效电路

实际上混频器的工作过程要比上一节叙述的工作过程复杂得多。因为中频选择回路两端的中频信号电压 $u_{\mathrm{s}}$ 也加到二极管的两端参与了变频作用。另外,信号电压 $u_{\mathrm{s}}$ 不仅会与本振信号的基波成分混频产生中频信号,而且也会与本振的二次谐波进行混频产生镜频信号( $2\omega_{\mathrm{L}} - \omega_{\mathrm{s}} = \omega_{\mathrm{L}} + \omega_{\mathrm{I}} = \omega_{\mathrm{IM}}$ ),如图 4.44 所示。由于镜频信号离信号频率较近,因此混频器输入端对信号频率所呈现的阻抗和对镜像频率所呈现的阻抗差不多,所以,镜频电流在混频器输入端必然会产生镜频电压 $V_{IM}$,并且也加到混频器二极管的两端参与变频作用。因此,加到二极管两端参与变频的电压不但包括本振电压 $V_L$ 和信号电压 $V_s$,而且包括中频电压 $V_I$ 和镜像电压 $V_{IM}$。至于其他频率分量,由于离信号频率和中频信号的频率较远,在分析过程中可以不考虑,把它们忽略掉。另外,为了分析简单起见,再作下列几点假设:

(1)不考虑非线性电容 $C_j$ 和串联电阻 $R_s$ 的分流和分压作用;

(2)本振为恒压源,即其内阻为零;

(3)二极管的直流偏压为零。

根据上述假设,晶体二极管换频器的等效电路如图 4.45 所示。图中:设 $Z_s$ 为混频器输入端对信号频率所呈现的阻抗;$Z_{IM}$ 为混频器输入端对镜像频率所呈现的阻抗,由于在一般情况下,信号频率 $f_s$ 和镜像频率 $f_{IM}$ 相差不是太大,所以可以近似认为 $Z_s \approx Z_{IM}$;$Z_I$ 为混频器输出端对中频频率所呈现的阻抗。

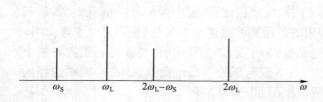

图 4.44 镜像频率和信号频率 $\omega_s$ 及本振信号频率 $\omega_L$

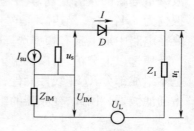

图 4.45 二极管混频器的
等效电路

2)混频的物理过程

由上述等效电路可知,流过二极管的电流 $i$ 不仅与本振电压 $v_L$ 和信号电压 $v_s$ 有关,而且与镜频电压 $v_{IM}$ 和中频电压 $v_I$ 有关,所以可用下列函数式表示:

$$i = f(v) = f(v_L + v_s + v_I + V_{IM}) \tag{4.72}$$

由于本振电压一般比信号电压 $v_s$,中频电压 $v_I$、镜频电压 $v_{IM}$ 大得多,故上式中的 $v_s$、$v_I$、$v_{IM}$ 可以看作微变量,并且式(4.72)可以在 $v = v_L$ 处展开成泰勒级数的形式,即

$$i = f(v_L) + \frac{f'(v_L)}{1!}(v_s + v_I + V_{IM}) + \frac{f'(v_L)}{2!}(v_s + v_I + V_{IM})^2 + \cdots \tag{4.73}$$

为了分析简单起见,只取级数的前两项,这时式(4.72)可以写成下列形式:

$$i = f(v_L) + \frac{f'(v_L)}{1!}(v_s + v_I + V_{IM}) \tag{4.74}$$

式中:$f(v_L)$ 为由本振电压 $v_L$ 引起的电流,其中包含直流分量、基波分量、各次谐波分量;$f'(v_L) = \left. \dfrac{\partial i}{\partial u} \right|_{v = v_L}$ 是仅存在本振电压 $v_L$ 时二极管的瞬时电导,可用 $g(v_L)$ 来

228

表示。因为 $g(v_L)$ 是 $\omega_L$ 的周期性函数,故可将 $g(v_L)$ 展开为傅里叶级数:

$$g(v_L) = g_0 + 2\sum_{n=1}^{\infty} g_n \cos n\omega_L t \tag{4.75}$$

其中

$$g_0 = \frac{1}{2\pi}\int_0^{2\pi} g(v_L)\,\mathrm{d}(\omega_L t) \tag{4.76}$$

$$g_n = \frac{1}{2\pi}\int_0^{2\pi} g(v_L)\cos(n\omega_L t)\,\mathrm{d}(\omega_L t) \tag{4.77}$$

式中:$g_0$ 为瞬时电导的直流分量;$g_n$ 为瞬时电导的 $n$ 次谐波分量。

假设信号电压 $v_s$,中频信号电压 $v_I$,镜频信号电压 $v_{IM}$ 分别为

$$\begin{cases} v_s = V_s\sin\omega_s t \\ v_I = V_I\sin(\omega_I t + \varphi_I) \\ v_{IM} = V_{IM}\sin(\omega_{IM} t + \varphi_{IM}) \end{cases} \tag{4.78}$$

那么,将式(4.75)和式(4.78)代入式(4.74),经整理后就可以得到信号频率的电流分量 $i_s$,镜像频率的电流分量 $i_{IM}$ 和中频信号的电流 $i_I$ 分别为

$$\begin{aligned}
i_s &= g_0 V_s\sin\omega_s t - g_2 V_{IM}\sin[(2\omega_L - \omega_{IM})t - \varphi_{IM}] + \\
&\quad g_1 V_I\sin[(\omega_I + \omega_L)t + \varphi_I] \\
&= g_0 V_s\sin\omega_s t - g_2 V_{IM}\sin(\omega_s t - \varphi_{IM}) + \\
&\quad g_1 V_I\sin(\omega_s t + \varphi_I) \\
i_{IM} &= -g_2 V_{IM}\sin(2\omega_L - \omega_s)t + g_0 V_{IM}\sin(\omega_{IM} + \varphi_{IM}) + \\
&\quad g_1 V_I\sin[(\omega_I - \omega_L)t - \varphi_I] \\
&= -g_2 V_s\sin\omega_{IM} t + g_0 V_{IM}\sin(\omega_{IM} t + \varphi_{IM}) - \\
&\quad g_1 V_I\sin(\omega_{IM} t - \varphi_I) \\
i_I &= g_1 V_s\sin(\omega_s - \omega_L)t - g_1 V_{IM}\sin[(\omega_L t - \omega_{IM})t - \varphi_{IM}] + \\
&\quad g_0 V_I\sin(\omega_I t + \varphi_I) \\
&= g_1 V_s\sin(\omega_s - \omega_L)t - g_1 V_{IM}\sin(\omega_I t + \varphi_{IM}) + \\
&\quad g_0 V_I\sin(\omega_I t + \varphi_I)
\end{aligned} \tag{4.79}$$

由上式可以看出,变频后得到的各个电流分量均与二极管的电导 $g_1$、$g_2$ 有关,故称 $g_1$、$g_2$ 为二极管的变频电导。

上述结果表明,混频器输出的中频信号不但可以由频率为 $\omega_L$ 的本振电压 $v_L$ 和频率为 $\omega_s$ 的信号电压 $v_s$ 进行混频产生,也可以由频率为 $\omega_L$ 的本振电压 $v_L$ 和频率为镜像 $\omega_{IM}$ 的信号电压 $v_{IM}$ 进行混频产生。故前者称为基本变频,后者称为二次变频。

上述结果还表明,在混频器的工作过程中,不但存在信号电压 $v_s$ 和本振电压 $v_L$ 产生中频信号电压 $v_I$ 的基本变频过程,而且存在着本振电压 $v_L$ 和中频信号 $v_I$ 产生信号电压的反向变频过程。故前者又称正向变频,而后者称为反向变频。

另外,在混频器的工作过程中,信号电压 $v_s$ 除了和本振的基波电压进行混频产生中频信号电压之外,信号电压 $v_s$ 还要和本振的二次谐波进行混频产生镜像频率的信号(见式(4.79))中的第一项。

### 4.2.2 混频器的变频损耗

根据混频器的原理,可以写成下列形式:

$$\begin{cases} i_s = I_s \sin\omega_s t \\ i_{IM} = -g_{IM}V_{IM} = -g_{IM}V_{IM}\sin(\omega_{IM} + \varphi_{IM}) \\ i_I = -g_IV_I = -g_IV_I\sin(\omega_I + \varphi_I) \end{cases} \tag{4.80}$$

式中: $g_{IM}$ 为混频器输入端对镜像频率所表现的电导; $g_I$ 为混频器输出端对中频所呈现的电导。

$$\begin{aligned} i_s &= g_0V_0\sin\omega_s t - g_2V_{IM}\sin[((2\omega_L - \omega_{IM})t - \varphi_{IM})] + \\ &\quad g_1V_I\sin[(\omega_I + \omega_L) + \varphi_I] \\ &= g_0V_0\sin\omega_s t - g_2V_{IM}\sin(\omega_s t - \varphi_{IM}) + g_1V_I\sin(\omega_s t + \varphi_{IM}) \\ i_{IM} &= -g_2V_s\sin(2\omega_L - \omega_s)t - g_0V_{IM}\sin[(2\omega_{IM} + \varphi_{IM})] - \\ &\quad g_1V_I\sin[(\omega_L - \omega_I) - \varphi_I] \\ &= g_2V_s\sin\omega_{IM}t + g_0V_{IM}\sin(\omega_s t + \varphi_{IM}) - g_1V_I\sin(\omega_{IM}t + \varphi_I) \end{aligned} \tag{4.81}$$

$$\begin{aligned} i_I &= g_1V_s\sin(\omega_s - \omega_L)t - g_1V_{IM}\sin[(\omega_L - \omega_{IM})t - \varphi_{IM}] + \\ &\quad g_0V_I\sin(\omega_I t + \varphi_I) \\ &= g_1V_s\sin(\omega_s - \omega_L)t - g_1V_{IM}\sin(\omega_I t + \varphi_{IM}) + \\ &\quad g_0V_I\sin(\omega_I t + \varphi_I) \end{aligned} \tag{4.82}$$

由式(4.80)和式(4.81)相应的电流量相等,可得

$$\begin{cases} i_s\sin(\omega_s t) = g_0V_s\sin\omega_s t - g_2V_{IM}\sin(\omega_s t - \varphi_{IM}) + \\ \qquad\qquad g_1V_I\sin(\omega_s + \varphi_I) \\ 0 = -g_2V_s\sin\omega_I t + (g_0 + g_{IM})V_{IM}(\omega_{IM}t + \varphi_{IM}) - \\ \qquad g_1V_I\sin(\omega_{IM} - \varphi_I) \\ 0 = -g_1V_s\sin\omega_I t - g_1V_{IM}\sin(\omega_{IM}t + \varphi_{IM}) + \\ \qquad (g_0 + g_{IM})V_I\sin(\omega_I t + \varphi_I) \end{cases} \tag{4.83}$$

上式要成立,必须满足 $\varphi_I = \varphi_{IM} = \pi$ ,这样,式(4.83)就可以写成下列形式

$$\begin{cases} i_s = g_0V_s + g_2V_{IM} - g_1V_I \\ 0 = g_2V_s - (g_0 + g_{IM})V_{IM} + g_1V_I \\ 0 = g_1V_s + g_1V_{IM} - (g_0 + g_I)V_I \end{cases} \tag{4.84}$$

式中: $g_0$ 为瞬时电导的直流分量,即

$$g_0 = \frac{1}{2\pi}\int_0^{2\pi} g(v_L)\mathrm{d}(\omega_L t) \tag{4.85}$$

$i_s$ 是信号频率的电流分量；$i_{IM}$ 镜像频率的电流分量；$i_I$ 中频信号电流分量。

由式(4.83)就可以得到混频器的电压传输系数 $K_{MV}$ 和输入电导 $g_{iM}$ 分别为

$$K_{MV} = \frac{V_I}{V_s} = \frac{g_1(g_0 + g_{IM} - g_2)}{(g_0 + g_{IM})(g_0 + g_1) - g_1^2} \tag{4.86}$$

$$g_{om} = \frac{I_s}{V_s} = \frac{g_1^2(2g_2 - 2g_0 - g_{IM}) - (g_0 + g_1)(g_2^2 - g_0^2 - g_0 g_{iM})}{(g_0 + g_{IM})(g_0 + g_1) - g_1^2} \tag{4.87}$$

变频损耗 $L_M$ 是指混频器的额定输入信号功率 $p_{ia}$ 与输出中频信号的额定功率 $p_{oa}$ 之比，而额定输入信号功率是指信号源与混频器匹配($g_s = g_{iM}$)时加到混频器的最大信号功率。当信号源的电导为 $g_s$，电流源位 $I_{su}$ 时，额定信号功率 $p_{ia}$ 为

$$p_{ia} = \frac{I_{su}^2}{4g_s}$$

下面我们再来求输出中频信号的额定功率 $p_{oa}$。

假设混频器的输出电导为 $g_{OM}$，那么混频器输出端的中频信号功率为

$$P_O = V_I^2 g_{OM} = \left(\frac{V_I}{V_s}\right)^2 V_s^2 g_{OM} = \left(\frac{V_I}{V_s}\right)^2 \frac{I_{sv}^2}{(g_s + g_{iM})^2} g_{OM}$$

$$= \left(\frac{V_I}{V_s}\right)^2 \frac{I_{sv}^2}{4g_s} \frac{g_{OM}}{g_{iM}}$$

$$= K_{MV}^2 p_{ia} \frac{g_{OM}}{g_{iM}}$$

可见，输出的中频信号功率 $P_O$ 与输出电导 $g_{OM}$ 的大小有关，当输出端匹配时，中频的输出功率最大。因此，令

$$\frac{\partial P_O}{\partial g_{OM}} = 0$$

就可以得到最佳的中频输出电导 $g_{OM} = (g_{OM})_{opt}$

$$(g_{OM})_{opt} = \sqrt{\left(g_0 - \frac{g_1^2}{g_0 + g_{IM}}\right)\left[\frac{g_1^2(2g_2 - 2g_0 - g_{IM})}{g_0^2 + g_0 g_{IM} - g_2^2} + g_0\right]} \tag{4.88}$$

相应的频定中频输出功率为

$$p_{oa} = \frac{1 - \sqrt{1 - \varepsilon}}{1 + \sqrt{1 - \varepsilon}} p_{ia} \tag{4.89}$$

式中：

$$\varepsilon = \frac{\left(\dfrac{g_1}{g_0}\right)^2 \left(1 + \dfrac{g_{IM}}{g_0} - \dfrac{g_2}{g_0}\right)^2}{\left[1 + \dfrac{g_1}{g_0} - \left(\dfrac{g_1}{g_0}\right)^2\right]\left[1 + \dfrac{g_{IM}}{g_0} - \left(\dfrac{g_2}{g_0}\right)^2\right]}$$

于是，根据定义，由式(4.89)求得变频损耗为

$$L_M = \frac{p_{ia}}{p_{oa}} = \frac{1 + \sqrt{1 - \varepsilon}}{1 - \sqrt{1 - \varepsilon}} \qquad (4.90)$$

通过上述分析可知,混频器的变频损耗 $L_M$、输入电导 $g_{iM}$、输出电导 $g_{OM}$ 均与镜像频率的端接情况有关。由式(4.88)、式(4.89)和式(4.90)可以看出,当 $g_{iM}$ 为不同值时,$g_{iM}$、$g_{OM}$ 和 $L_M$ 的数值也不同,下面分三种情况加以讨论:

**1. 镜频短路的情况,即 $g_{IM} = \infty$**

在这种情况下,由式(4.87)、式(4.88)和式(4.90)可得

$$g_{iM} = g_0 \sqrt{1 - \left(\frac{g_1}{g_0}\right)^2}$$

$$g_{OM} = g_0 \sqrt{1 - \left(\frac{g_1}{g_0}\right)^2} = g_a$$

$$L_M = \left[ \frac{1 + \sqrt{1 - \left(\frac{g_1}{g_0}\right)^2}}{\frac{g_1}{g_0}} \right]^2$$

**2. 镜频开路的情况,即 $g_{IM} = 0$**

在这种情况下,由式(4.87)、式(4.88)和式(4.90)可得

$$g_{iM} = g_0 \sqrt{\frac{\left(1 - \frac{g_2}{g_0}\right)\left[1 + \frac{g_2}{g_0} - 2\left(\frac{g_1}{g_0}\right)^2\right]}{1 - \left(\frac{g_1}{g_0}\right)^2}} \sqrt{1 - \left(\frac{g_2}{g_0}\right)^2}$$

$$g_{OM} = g_0 \sqrt{\frac{1 + \frac{g_2}{g_0} - 2\left(\frac{g_1}{g_0}\right)^2}{1 + \left(\frac{g_2}{g_0}\right)}} \sqrt{1 - \left(\frac{g_1}{g_0}\right)^2}$$

$$L_M = 1 + \sqrt{\left[ \frac{1 + \frac{g_2}{g_0} - 2\left(\frac{g_1}{g_0}\right)^2}{\left[1 - \left(\frac{g_1}{g_0}\right)^2\right]\left(1 + \frac{g_2}{g_0}\right)} \right]\left[ \frac{1 - \left(\frac{g_1}{g_0}\right)^2\left(1 + \frac{g_2}{g_0}\right)}{\left(\frac{g_1}{g_0}\right)^2\left(1 - \frac{g_2}{g_0}\right)} \right]}$$

**3. 镜频匹配的情况,即 $g_{iM} = g_s$**

在这种情况下,由式(4.87)、式(4.88)和式(4.90)可得

232

$$g_{iM} = g_0 \sqrt{\dfrac{\left(1 - \dfrac{g_2}{g_0}\right)\left[1 + \dfrac{g_2}{g_0} - 2\left(\dfrac{g_1}{g_0}\right)^2\right]}{1 - \left(\dfrac{g_1}{g_0}\right)^2}}$$

$$g_{OM} = g_0 \sqrt{\dfrac{1 + \dfrac{g_2}{g_0} - 2\left(\dfrac{g_1}{g_0}\right)^2}{1 + \dfrac{g_2}{g_0}}}$$

$$L_M = \left[1 + \sqrt{\dfrac{1 + \dfrac{g_2}{g_0} - 2\left(\dfrac{g_1}{g_0}\right)^2}{1 + \left(\dfrac{g_2}{g_0}\right)^2}}\right]\left[\dfrac{1 + \dfrac{g_2}{g_0}}{\left(\dfrac{g_1}{g_0}\right)^2}\right]$$

上述各表达式中的 $g_0$、$g_1$、$g_2$ 分别为混频二极管瞬时电导的直流分量、基波分量和二次谐波分量。由前面分析可知,它们都是本振电压 $u_L$ 的函数。图 4.46 示出了镜频电导 $g_{iM}$ 为不同值时归一化输入电导 $\dfrac{g_{iM}}{g_0}$ 和归一化输出电导 $\dfrac{g_{OM}}{g_0}$ 以及变频损耗 $L_M$ 与本振电压 $u_L$ 的关系曲线。

从上述曲线可以得出下列重要结论:

(1) 变频损耗随本振电压的增大而减小,但当本振电压增大到一定程度之后,变频损耗下降得较慢。

(2) 镜频端接不同电导,变频损耗的大小也不同。在镜频匹配的情况下(普通混频器均属此种情况)变频损耗最大,这是由于镜频所捷带的那部分信号功率被镜频匹配负载所吸引的缘故。

最后应当指出,上述这些结论是在忽略了二极管的串联电阻 $R_s$ 和非线性结电容 $C_j$ 的情况下得到的,实际上计算混频器的变频损耗时还必须考虑下列因素的影响:

① 由于串联电阻 $R_s$ 的分压作用和 $C_j$ 的分流作用引起的附加变频损耗 $L_{M1}$。假设,$P_s$ 为加到二极管两端的信号功率;$P_j$ 为经 $R_s$ 分压和 $C_j$ 分流后加到非线性结电阻 $R_j$ 上的功率(图 4.47),那么,这时附加的变频损耗 $L_{M1}$ 可用下式表示:

$$L_{M1} = \dfrac{P_s}{P_j}$$

若用分贝表示,则为

$$L_{M1} = 10\lg\dfrac{P_s}{P_j} = 10\lg\left(1 + \dfrac{R_s}{R_j} + \omega^2 C_j^2 R_s R_j\right) \quad (\text{dB}) \qquad (4.91)$$

由于 $C_j$ 和 $R_j$ 是随着本振电压的大小而变化的,故 $L_{M1}$ 实际上也是随本振电压

233

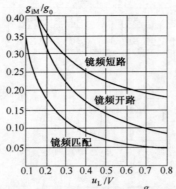

（a）镜频电导 $g_{iM}$ 为不同值时,归一化输入电导 $\dfrac{g_{iM}}{g_0}$ 与本振电压的关系

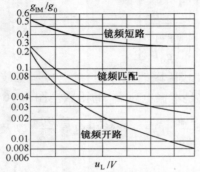

（b）镜频电导 $g_{iM}$ 为不同值时,归一化输出电导 $\dfrac{g_{iM}}{g_0}$ 与本振电压 $u_L$ 的关系

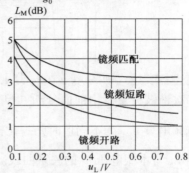

（c）镜频电导 $g_{iM}$ 为不同值时,变频损耗 $L_M$ 与本振电压 $u_L$ 的关系

图 4.46　混频器镜频电导 $g_{iM}$ 为不同值时,归一化输入电导 $g_{iM}/g_0$、

归一化输出电导 $g_{OM}/g_0$ 与本振电压 $u_L$ 的关系

大小而变化。

　　② 由于输入端和中频输出端不完全匹配所造成的失配损耗 $L'_{M2}$。若信号输入端入射功率为 $P_i$,反射功率为 $P_r$,则输入端的失配损

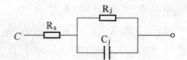

图 4.47　二极管串联电阻 $R_s$ 和结电容 $C_j$ 对变频损耗的影响

耗 $L'_{M2} = \dfrac{P_i}{P_i - P_r}$,若用分贝表示,则为

$$L'_{M2} = 10\lg \frac{P_i}{P_i - P_r} = 10\lg \frac{(\rho_1 + 1)^2}{4\rho_1} \quad （dB） \qquad (4.92)$$

式中：$\rho_1$ 为输入端的驻波比。

　　同理,若中频输出端的驻波比为 $\rho_2$,则输出端的失配损耗为

$$L''_{M2}（dB） = 10\lg \frac{(\rho_2 + 1)^2}{4\rho_2} \qquad (4.93)$$

因此,总的失配损耗为

234

$$L_{M2} = 10\lg \frac{(\rho_1 + 1)^2}{4\rho_1} + 10\lg \frac{(\rho_2 + 1)^2}{4\rho_2}$$

于是,总的变频损耗为

$$L_{M0} = L_M + L_{M1} + L_{M2} \tag{4.94}$$

通常把串联电阻 $R_s$ 和非线性结电容 $C_j$ 所引起的附加变频损耗 $L_{M1}$ 称为结损耗;把信号输入端和中频输出端失配引起的附加变频带耗 $L_{M2}$ 称为失配损耗;而把不计算结损耗 $L_{M1}$ 和失配损耗 $L_{M2}$ 时的变频损耗 $L_M$ 称为净变频损耗。

另一种方法是把混频器中的二极管看作取样开关。通常,混频器用的本振(LO)功率大于输入信号功率。通常 LO 功率必须比预期的最高输入信号功率大10dB。LO 将控制二极管并使它成为一个开关,从而取样输入信号波形。这种取样现象在图 4.48 中说明。为了简化起见,二极管的 LO 输入可加做一个方波,此方波将控制二极管的导电性。二极管的输出示于图 4.48(d)中。二极管输出的傅里叶分析将显示出两个重要的频率分量 $\omega_L - \omega_s$ 和 $\omega_L + \omega_s$。当然,在混频器输出中还存在其他频率分量。

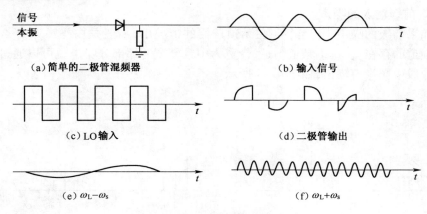

图 4.48　混频器作为取样开关

混频器的变频损耗[25]定义为中频输出功率与信号输入功率之比。此变频损耗用作度量混频器变射频能量的效率。它取决于混频器周围射频电路中的损耗,二极管和对二极管的偏置电平。

混频器的噪声系数等于或略大于(0.5dB)其变频损耗。通常把混频器后面的中频放大器看作混频器的组成部分。在这种情况下,混频器的噪声系数应包括放大器的噪声,即

$$F_N = L_e + F_{IFN} \tag{4.95}$$

式中:$L_e$ 为混频器的变频损耗(单位的 dB);$F_{IFN}$ 为中放放大器的噪声系数(单位为 dB)。由于插入损耗直接地与噪声系数有关,故应保持尽可能小。这对于混频器前面没有射频放大器的接收系统特别重要,因为插入损耗限制接收系统的噪声

系数。

混频器的另一个重要参数是隔离度。一个混频器有三个端口。隔离度是度量从一个端口向另一个端口的功率泄露的。在许多混频器中，RF（射频）—IF（中频）之间和 LO（本振）—IF 之间的隔离度是由厂商在样本上给出，因为 IF 是所要求的信号。但是，其他两个端口之间的隔离度也是重要的。RF—LO 隔离性能差可能导致 LO 通过 RF 端口辐射。

由于接收机中的混频器被看作是一个线性部件，故其动态范围类似于放大数动态范围定义的。混频器的二阶和三阶截交点一般是确定的，但是，混频器不是真正的线性器件，故除了由饱和产生的虚假信号之外，还必须考虑由混频器产生的虚假输出。

### 4.2.3　混频器噪声特性的分析

二极管变频器的噪声主要来自：①前级输入噪声；②本振产生的噪声；③混频器的内部噪声。

**1. 前级输入的噪声**

如果前级的噪声为白噪声（在无预选器的情况下，一般是白噪声），那么由于寄生频道的存在，在寄生频道附近，带宽为中频带宽的那部分噪声就可以通过混频作用形成中频噪声输出，如图 4.49 所示。

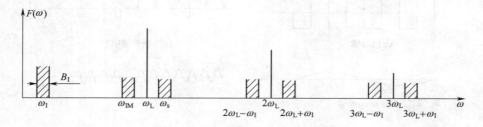

图 4.49　输入白噪声通过混频器的频谱变换

因此，为了降低前级输入噪声的影响，在混频器之前必须加带通滤波器（或预选器）。

应当指出，由于有用信号 $u_s$ 和输入噪声幅度很小，在讨论输入噪声通过混频器时，没有考虑信号与噪声、噪声与噪声之间的混频作用，只考虑了输入噪声与本振电压之间的混频作用。

**2. 本振产生的噪声**

在米波和分米波段，由于采用低噪声晶体三极管作本振，所以本振的噪声比较小，对混频噪声的影响可以忽略不计。但是在厘米波波段（无论是采用低噪声微波晶体三极管振荡器作本振，还是采用体效应二极管振荡器和反射速调管作本振），由于本振的噪声很大，故对混频器的噪声影响也很大。试验表明，在 3cm 波段，一部无高放的超外差接收机,因本振的噪声可使接收机总的噪声系数增加57dB。因此研究本振噪声的特点,减小本振噪声对混频器噪声的影响具有很重要的意义。

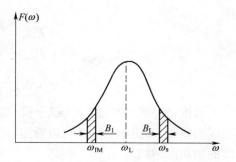

一般说来,由于本振谐振腔的作用结果,本振输出噪声的频谱具有图 4.50 所示的谐振曲线的形状。谐振曲线尖锐的程度取决于腔体 $Q$ 值的大小。显然,处于信号频率和镜像频率附近、带宽为中频带宽 $B_I$ 内的噪声都能与本振电压进行混频,产生

图 4.50　本振输出噪声的频谱及其对混频器噪声的影响

中频噪声输出。因此,减小本振噪声的影响,只要减小这些噪声的影响即可。

通常,为减小本振噪声影响可采用以下几种办法:

(1)在本振与混频器之间加一窄带滤波器,该滤波器只允许本振频率 $\omega_L$ 通过,而本振频率两侧的边带噪声滤掉。

(2)采用高 $Q$ 谐振腔,以压制边带噪声的输出,从而减小本振噪声的影响。

(3)提高中频频率以使本振 $\omega_L$ 两侧的边带噪声的影响减小。但是应用此法时应注意中频放大器本身噪声的增加,否则即使本振噪声的影响减少了,但中频放大器的噪声反而会使接收机总的噪声系数增加。

(4)采用平衡混频器消除本振产生的调幅噪声(这将在后面研究平衡混频器时讨论)。

**3. 混频器的内部噪声**

在第 4 章中曾经指出,二极管的噪声来源主要有以下几部分。

(1)串联电阻 $R_s$ 产生的热噪声:

$$V_n^2 = 4KTR_s B$$

(2)散弹噪声:

$$I_n^2 = 2eI_0 B$$

式中: $I_0$ 为流过二极管的平均电流(直流电流)。

(3)闪烁噪声。因为在雷达侦察接收机中中频 $f_I$ 一般均选得较高,故闪烁噪声影响很小,可以忽略不计。所以混频晶体二极管的噪声等效电路如图 4.51 所示。其额定输出功率为

$$P_{noa} = \frac{V_n^2}{4R_s} + \frac{I_n^2 R_s}{4} = KTB + \frac{1}{2}eI_0 R_s B \qquad (4.96)$$

若只考虑混频管的热噪声而不考虑其他内部噪声源时,则输出的额定噪声功率为

$$P'_{noa} = KTB \qquad (4.97)$$

所以,根据相对噪声温度 $t_M$ 的定义,有源网络输出的额定噪声功率 $P_{noa}$ 与无源网络的输出额定噪声功率 $P'_{noa}$ 之比,即为其相对噪声温度:

237

$$t_M = \frac{P_{noa}}{P'_{noa}} = \frac{KTB + \frac{1}{2}eI_0R_sB}{KTB}$$

$$= 1 + \frac{e}{2KT}I_0R_s = 1 + 20I_0R_s \qquad (4.98)$$

若以相对噪声温度 $t_M$ 为纵坐标,晶体二极管的直流 $I_0$ 为横坐标,那么作成的曲线如图 4.52 所示。由图可以看出,混频晶体二极管本身产生的噪声是随本振电压的增加而增加的。

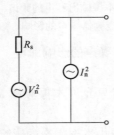

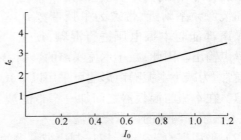

图 4.51 混频晶体二极管
噪声等效电路

图 4.52 混频晶体二极管的相对噪声温度 $t_M$
与晶体二极管电流 $I_0$ 的关系曲线

### 4.2.4 相位噪声

相位噪声和信号噪声是射频及射频网络设计最基本的问题和永恒的挑战。相位噪声不仅仅影响接收信号的抖动、信噪比(SNR)和换码率(BER),而且对邻近信道也有不良影响,因此它在无线电网络中特别是在超宽频系统中的网络是至关重要的。

**1. 相位噪声理论简介**

所有的信号都是窄带噪声。理想周期信号 $A\sin(\omega_0 t)$ 的概念可方便地用于建模和分析,但是从原理上讲是错误的。振荡器实际上是在反馈回路里面有一个谐振器的正反馈放大器,所有的振荡器起振是因为有源器件里面本身存在噪声。它们最终的频谱是噪声与谐振器传输函数的乘积。图 4.53 所示为一个增为 $G$、谐振器 $H$ 和器件噪声 KTF 的振荡器模型,其中 $F$ 是有源器件的噪声系数。

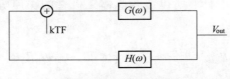

图 4.53 振荡器模型

对实际信号更为准确的描述是 $A(t)\sin(f(t))$,其中 $A(t)$ 是具有 AM 噪声的波动幅度,而 $f(t)$ 描述了相位波动噪声,具有一个称为中心频率的平均值。事实上,AM 噪声相对很低,因此,第一个近似将信号描述为 $A(t)\sin(f(t))$。可以看

238

出,实际信号能量并非集中于一个频率(冲击函数),而是具有一段噪声频谱。这个频谱越集中(尖窄),信号质量越好。

信号只能以统计的概念来描述。其相位 $\Phi(t) \approx (\omega_0 t + \theta(t))$,具有载波角频率 $(\mathrm{d}\Phi/\mathrm{d}t)$ 均值为 $\omega_0$(称为中心频率)。注意 $\omega_0$ 是一个平均值;它的瞬时值随时间变化。相位噪声是相位波动的标准偏差,并且可以用均方根角度(积分值)或用详细的信号频谱来表示。注意,该噪声(频谱)是信号本身的一部分。

要评价相位噪声,首先要建立一些基本的数学模型。"受噪声污染"的信号可描述为 $\sin(\omega_0 t + m\sin\omega_m t)$,其中,第一项代表理想的相位,而第二项表示相位波动。如果 $m$ 很小(总是假设合成器的噪声很低,$m$ 是普通 FM 信号的调制指数),那么 $m \ll 1$。这个信号是呈周期性的,所以,它的傅里叶序列(实际上是通过各阶贝塞尔函数产生的,其中中心频率值是 $J_0(m)$,一阶是 $J_1(m)$,等等)可以近似为

$$\sin(\omega_0 t) + m/2\sin(\omega_0 + \omega_m)t - m/2\sin(\omega_0 - \omega_m)t + \cdots$$

(对于 $m \ll 1$,贝塞尔系数 $J_0 = 1$、$J_1 = m/2$。其余省略)

所以,这个模型表示了一个具有两个边带的完整载波,每个边带的峰值为 $m/2$。这些边带代表模型中的噪声影响,如图 4.54 所示。

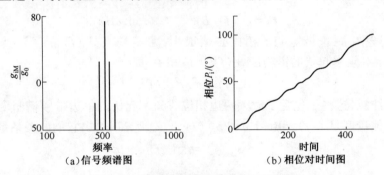

(a)信号频谱图 (b)相位对时间图

图 4.54 信号的频谱图和相位对时间图

相位偏移具有清楚的均方根功率表达式 $E[(m\sin\omega_m t)^2] = m^2/2$(弧度平方)。边带的谱能量为 $m^2/4$,总共为 $m^2/2$。可以总结为 $\mathrm{rad}^2$ 表示的相位噪声等于边带的相对能量。这个分析可以容易通过 $\sin\omega_m t$ 以噪声调制载频加以推广。可以得出结论,对于具有较好频谱纯度的实际信号($m \ll 1$),以 $\mathrm{rad}^2$ 表示的相位抖动等于噪声频谱能量。

**2. 相位噪声的定义**

1)信号模型

信号可以表示为

$$V(t) = [V_0 + \varepsilon(t)]\sin[2\pi f_0 t + \phi(t)] \tag{4.99}$$

式中:$V_0$ 为标称的峰值输出电压;$f_0$ 为标称的信号频率。

振幅的时间变化包含在 $\varepsilon(t)$ 中,而实际频率的时间变化 $V(t)$ 包含在 $\phi(t)$ 中(复杂的波形,诸如方波可以表达为式(4.99)中给出的若干 $V(t)$ 项之和)。实际

频率可以表示成

$$V(t) = f_0 + \frac{\mathrm{d}[\phi(t)]}{2\pi \mathrm{d}t} \tag{4.100}$$

相对的频率偏差被定义为

$$Y(t) = \frac{f(t) - f_0}{f_0} = \frac{\mathrm{d}[\phi(t)]}{2\pi f_0 \mathrm{d}t} \tag{4.101}$$

输出信号 $V(t)$ 的功率频谱为在载频 $f_0$ 上的功率和在 $\phi(t)$ 和 $\varepsilon(t)$ 上的功率组合,因此这不是表征 $\varepsilon(t)$ 或 $\phi(t)$ 的好方法。因为在许多精密的信号中,理解 $\phi(t)$ 或 $Y(t)$ 的变化是相当重要的。我们将把下面的讨论限于 $Y(t)$ 的频域测量,除非在 $\varepsilon(t)$ 限制了 $Y(t)$ 的测量情况下,均忽略 $\varepsilon(t)$ 。

2) 相位噪声定义

$Y(t)$ 的频谱(傅里叶)分析经常用 $S_\varphi(f)$ 来表示,它是在以偏离载频 $f_0$ 的傅里叶频率 $f$ 为中心的测量带宽内相位起伏的频密度,其单位是 $\mathrm{rad}^2/\mathrm{Hz}$ 。直观地说, $S_\varphi(f)$ 可以理解为在以偏离载频 $f_0$ 的傅里叶频率 $f$ 为中心的测量带宽内的均方相位偏差,如下式所示:

$$S_\varphi(f) = \varphi^2(f)/BW \qquad (\mathrm{rad}^2/\mathrm{Hz}) \tag{4.102}$$

在实践中,测量带宽与 $f$ 相比必须很小,尤其是当 $S_\varphi(f)$ 随 $f$ 迅速变化时。$S_\varphi(f)$ 与相对频率起伏的谱密度 $S_y(f)$ 单值相关,即

$$S_\varphi(f) = v^2/f^2 S_y(f) \tag{4.103}$$

应当注意,这些是包含了载频两边相位或频率起伏的单边带频谱密度的量度。遇到的其他量度是 $L(f)$ ,$\mathrm{dBc}/\mathrm{Hz}$ 和 $S_{\Delta y}(f)$ 。文献[27]给出它们的关系是

$$S_{\Delta y}(f) = f_0^2 S_y(f)$$

$$L(f) = \frac{1}{2} S_\varphi(f) \qquad (f_1 < |f| < \infty) \tag{4.104}$$

$$\int_{f_1}^{\infty} S_\varphi(f)\,\mathrm{d}f \ll 1 \qquad \mathrm{rad}^2$$

$$\mathrm{dBc}/\mathrm{Hz} = 10\lg L(f)$$

$L(f)$ 和 $\mathrm{dBc}/\mathrm{Hz}$ 是相位噪声的单边带量度,不是对大的相位漂移定义的,因此与测量系统有关。单边带相位噪声的一个更精确的技术指标是 $\frac{1}{2} S_\varphi(f)$ 。当使用任何理想倍频器或分频器组合使信号频率变化 $N$ 倍时,则 $S_\varphi(f)$ 变化 $N^2$ 倍。倍频或分频过程可以看作为相位的放大或衰减。因此,使频率变化 $N$ 倍,也就使相位起伏 $N$ 倍,如下式所示: $\quad S_\varphi(f,f_2) = \left(\frac{f_2}{f_1}\right)^2 S_\varphi(f,f_2) + S_\varphi^N(f)$ 倍频/分频 $\tag{4.105}$

式中: $S_\varphi(f,f_2)$ 为在载频 $f_2$ 上的信号相位噪声;而 $S_\varphi(f,f_2)$ 为在载波 $f_1$ 上的初始相位噪声。这与该信号和参考频率拍频(频率变换)相反,拍频时输出信号包含了两

240

个源的相位噪声,如下式:

$$S_\varphi(f,f_2) = N^2 S_\varphi(f,f_2) + M^2 S_\varphi(f,v_{\text{ref}}) + S_\varphi^N \text{ 变频} \tag{4.106}$$

式中: $v_2 = Nv_1 + Mv_{\text{ref}}$, $S_\varphi(f,v_{\text{ref}})$ 为参考信号的相位噪声; $S_\varphi^N(f)$ 为由综合电子线路外加的等效附加噪声。

由于频率综合过程,信号线宽可以发生很大改变。信号线宽 $2f_1$ 可以粗略地定义为

$$\langle \varphi^2 \rangle = \int_{f1}^\infty S_\varphi(f)\,\mathrm{d}f = \frac{1}{\sqrt{2}}\text{rad}^2 \tag{4.107}$$

在载波的傅里叶频率 $f_c$ 以内信号的相对功率为

$$P_c = \exp(-\varphi_{f_c}^2) \tag{4.108}$$

式(4.107)和式(4.108)的分析表明,倍频在接近由于宽带噪声(噪声基底)引起的相位调制 $1\text{rad}^2$ 以前,信号线宽相对增长一直较慢,而在这点上,对于 $N$ 较小的变化,线宽可能增加几十倍。对于分频则相反。线宽发生突变的频率有时称为临界频率(Collapse Frequency)。

### 3. 相位噪声要求的确定

本振上的相位噪声表现为低频,而此频率调制又转送至变频的信号输入。相位噪声引入到这些信号中有可能掩盖接近载波频率的任何信号信息并且干扰对相邻频率信号的检测。一般来说,接近载波频率的相位噪声要求对超宽频带寻的器应用来说是不严格的,可得的振荡器类型可以得到很好的相位噪声性能,与完成相位测量以便确定到达角或完成过程所必需的相位噪声要求相比可以提供大的裕度。

确定防止双音减敏的相位噪声电平的要求是接收机的双音动态范围。接收机的双音动态范围表示可以同时检测而信号不会受到干扰的最大和最小信号之间的差。在多数情况下,双音动态范围受到接收机三次截交点的限制。就是说,两个或多个足够强的信号的出现可能引起被接收机检测的附加虚假信号。接收机内增益的适当分配以及具有适当三次截交点的放大器的选择会使接收机的双音动态范围最大。但是如果本振相位噪声不是足够低,那么对频率间隔很近的信号来说,接收机的性能就变坏,比三次信号影响所决定的性能差。

相位噪声对信号检测的影响示于图 4.55。混频器的输入信号带宽足够宽,可以包含多个信号。在混频器以后,该接收机采用了限制带宽的某些装置,以便在有其他信号存在的情况下检测一个信号。这可以是一个可开关的滤波器组(每个滤波器具有自己的检波器的多滤波器组),或可调谐的窄带滤波器。尽管每一种方法都具有抑制它的通带外的信号能力,但是一个接近通带的受抑制的信号所引起的相位噪声可能干扰检测过程。这种现象称为双音减敏。

导出相位噪声要求的频率限制是由检测带宽导出的。首先,滤波器带通特性确定了两个同时信号在频率上的最小间隔。陡峭的滤波器边沿有可能在出现相邻

的最高电平的信号时检测一个弱信号。滤波器的抑制等于双态范围处频率失调确定了相位噪声可以通过检波器,由本振引入的相位噪声电平在失调频率上在接收机的带通特性上积累。要求的积累相位噪声电平由下式确定:

$$IPN = DR + S/N + 设计裕度 \tag{4.109}$$

式中:$DR$ 为接收机双音动态范围;$S/N$ 为检测所必需的信噪比。

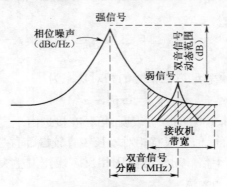

图 4.55 相位噪声减敏

增加设计裕度项的目的是要使积累的相位噪声低于热噪声电平。尽管它的数值是主观确定的,但 5dB 表示合适的最小值。

在这种计算中使用的信噪比是射频检测前信噪比。就是说,本振相位噪声以变频发生处为参考,其目的是限制相位噪声电平,使得它与本振信号引入的热(白)噪声相比是小的。检测前信噪比是接收机射频和视频噪声带宽的函数。尽管灵敏度也是接收机增益和检波器特性的函数,但是在多数接收机设计中,有足够的增益,使得两者都不是一个限制因素。

当在一个给定的接收机通路中存在多个本振时,积累的相位噪声要求需要在各个本振中分配。每个本振提供的相位噪声是非相关的并在幅度上相加。在建立初始要求时,可以假设每一个本振的影响相同。如果所有的本振有类似的相位噪声,并且在信号路径中的纯增益在每个混频器中相等,那么这个假设是正确的。例如,如果在接收机通路中有三个本振,那就给积累的相位噪声要求增加额外的 15dB。

积累相位噪声的应用容易从系统要求得到,转换到共同使用的单边带相位噪声表示对于评价本振性能是必需的。通过给相位噪声特性制定一个或多个斜率,或者在接收机带宽上把相位噪声看成是固定的就可以做到这一点。如果把接收机带宽上的相位噪声看成是恒定的,则单边带相位噪声为

$$L\{f\} = IPN - 10\lg B_{in} \tag{4.110}$$

失调频率 ($f$) 由小于中频带宽 ($B_{in}$) 一半的同时刻的信号间隔给出。

### 4.2.5 可用源的相位噪声

**1. 振荡源线路理论**

振荡信号可由下式表示:

242

$$S(t) = A(t)\cos\left[2\pi f_0 t + \Delta\varPsi(t)\right] \tag{4.111}$$

式中：$A(t)$ 为随时间变化的信号幅度；$\Delta\varPsi(t)$ 为随机相位起伏。

由于典型晶体振荡器的幅度噪声电平大大低于相位噪声电平，下面不再讨论幅度分量。

相位起伏有两种表征法：时域和频域。因为瞬时频率是相位的导数，故既可估计频率起伏，也可估计相位起伏。

为了在时域上确定频率或相位起伏，引入了长时间（大于 1s）和短时间（小于 1s）不稳定性两个术语。在频域上相位起伏的谱密度分布曲线可按对频率失谐函数的斜率人为地分为五个特性段，其分布曲线如图 4.56 所示。

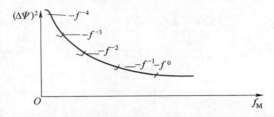

图 4.56　在频域上相位噪声谱密度的分布曲线

观测相位噪声最常用的方法是在频谱仪屏幕上检测频域的信号功率谱。由于频谱对载频对称，相位噪声的功率 $S(f_M)$ 可用偏离载频 $f_M$ 的 1Hz 频带内单边的噪声对载频功率之比求出。当正弦相位调制的偏差 $\Delta\varPsi(t) < 1$ 时，相位噪声的功率等于 $\dfrac{1}{4}\Delta\varPsi^2$。对于有偏差 $\Delta\varPsi_\sigma$ 的随机相位起伏，则调制指数等效为 $\sqrt{2}\cdot\Delta\varPsi_\sigma^2$，且

$$S(f_M) = \frac{1}{2}\varPsi_\sigma^2 \, 。$$

美国国家标准局规定了测定频率相对起伏谱密度的方法，这样可较容易比较不同载频的信号源。瞬时频率偏差 $\Delta f(t)$ 对载频 $f_0$ 归一化：

$$y(t) = \Delta f(t)/f_0 \tag{4.112}$$

瞬时频率变化的跨度由下式确定：

$$S_y(f_M) = \frac{2f_M^2}{f_0} S_1^1(f_M) \tag{4.113}$$

对于大多数振荡源，如高稳定晶体振荡器或声表面波振荡器，最好在时域上确定频率稳定度。方法是比较相对频率起伏的变化量。对依次比较的各对读数的差值取平均，得到变量 $\sigma_y^2(\tau)$，作为频率稳定度的测量标准：

$$\sigma_y^2(\tau) = \frac{2}{2(m-1)} \sum_{k=1}^{m-1} \left(\overline{Y}_{k+1} - \overline{Y}_k\right)^2 \tag{4.114}$$

式中：$\overline{Y}_k$ 为 $\tau$ 时间内第 $K$ 次测量时平均相对频差。

由频域变化到时域或进行相反的变化时，应采用图 4.56 绘出的相位噪声电平与失谐频率 $f_M$ 关系曲线的分段近似。换算公式见表 4.3。

表 4.3　换算公式

| 相位噪声分布的区段 | 斜率 $\sigma^2\tau$ | $\sigma_y(\tau)$ | $S(f_M)$ | 斜率 $S(f)$ |
|---|---|---|---|---|
| 白噪声 | $-2$ | $\dfrac{\sqrt{S(f_M)\cdot f_h}}{2.565f_0}\cdot\tau^{-1}$ | $\dfrac{[\sigma_y(\tau)\cdot\tau f_0(2.565)]^2}{f_h}\cdot f^0$ | $0$ |
| 闪烁噪声 | $-1.9$ | $\dfrac{\sqrt{S(f_M)\cdot f_M[2.184+\ln(f_h\cdot\tau)]}}{2.565f_0}\cdot\tau^{-1}$ | $\dfrac{[\sigma_y(\tau)\cdot\tau f_0(2.565)]^2}{2.184+\ln(f_h\cdot\tau)}\cdot f^{-1}$ | $-1$ |
| 调频白噪声 | $-1$ | $\dfrac{\sqrt{S(f_M)\cdot f_M^2}}{f_0}\cdot\tau^{-0.5}$ | $[\sigma_y(\tau)\cdot\tau^{0.5}\cdot f_0]^2\cdot f^{-2}$ | $-2$ |
| 调频闪烁噪声 | $0$ | $\dfrac{1.665\sqrt{S(f_M)\cdot f_M^3}}{f_0}\cdot\tau^{-0}$ | $0.365[\sigma_y(\tau)f_0]^2\cdot f^{-3}$ | $-3$ |
| 频率随机漂移 | $+1$ | $\dfrac{3.63\sqrt{S(f_M)\cdot f_M^4}}{f_0}\cdot\tau^{0.5}$ | $[0.276\cdot\sigma_y(\tau)\tau^{-0.5}f_0]\cdot f^{-4}$ | $-4$ |

注：$\tau$—测量时间；$y=\Delta f_0/f_0$；$f_0$—载频；$f_M$—边带；$f_h$—测量频带

$$S(f_M)=\frac{1}{8}\left(\frac{f_0}{f_MQ}\right)^2\frac{kTF}{P_{\max}}\left(1+\frac{f_\phi}{f_M}\right)\qquad(4.115)$$

式中：$k$ 为玻耳兹曼常数；$T$ 为热力学温度；$P_{\max}$ 为有源器件最大输出功率，$f_\phi$ 为闪烁噪声频率。

设计阶段使用式（4.115）可使振荡源的相位噪声最小。式（4.115）是对具有噪声系数 $F$ 的放大器、负载品质因数 $Q$ 的谐振腔及反馈环路型的振荡器模型进行分析后给出的。

**2. VCO 和 PLL 相位噪声**

几乎所有 VCO 噪声模型都采用 Lesson 模型，它由下式来近似：

$$L(f_m)=10\lg\left[KTF\left[1+\frac{F_c}{f_m}\right]\right]\left[1+\left[\frac{F_0}{2Qf_m}\right]^2\right]\qquad(4.116)$$

式中：$F$ 为噪声系数；$F_c$ 为 VCO 闪烁频率角；$F_0$ 为输出频率；$Q$ 为谐振器加载 $Q$ 值；$f_m$ 为距载波的频率偏置。

图 4.57 为一个典型的 VCO 噪声特性曲线，中心频率为 900MHz、$Q=50$，其中 $f_m=10\mathrm{Hz}\sim5\mathrm{MHz}$。最后，VCO 噪声下降到达一个基底（在本例中，接近 $-160\mathrm{dBc}/\mathrm{Hz}$）。可以立即看出，从 $10\mathrm{Hz}\sim5\mathrm{MHz}$ 的频率偏置上，VCO 噪声曲线跨越了一个 $130\sim140\mathrm{dB}$ 的动态范围，因此，带来测量的困难。VCO 噪声通常高度依赖 $Q$ 值和

调谐灵敏度(每改变控制电压 1V 导致的频率偏移值(MHz))。调谐/调制灵敏度越低,相位噪声越好。对于蜂窝/移动通信产品的 VCO 来说,这个调谐率通常在 4~20MHz/V 范围(标称值 12MHz/V),具体看应用场合。

在蜂窝电话中(这里 VCO 必须非常便宜),假设 VCO 的噪声基底为−155dBc。电话为全双工、发射功率大约 1W(30dBm)。这些条件导致发射机基底噪声(无滤波)为+30−155=−125dBm/Hz。用这个量级与接收机的自然噪声(−174 dBm/Hz)相比,可以看出,如果没有一个有效的滤波(蜂窝电话中通常为双工器),发射的 VCO 相位噪声将降低接收机灵敏度多达 40dB。

相位噪声和噪声基底还对相邻信道构成不利影响。近区噪声通常影响数据和 BER 质量,而具有大频率偏置的远区噪声和噪声基底则影响网络效能。

在锁相环(PLL)应用中,容易证明环路衰减了环路带宽内的 VCO 相位噪声,如图 4.58 所示,它通过软件仿真展示了晶体(参考源)、鉴相器和 VCO 噪声的贡献。在环路带宽以外(本例中,300Hz),VCO 成为噪声源的主体而环路对该参数无影响。在接近载波的地方,晶体(参考源)噪声和鉴相器的贡献占主导而 VCO 噪声大大地衰减。

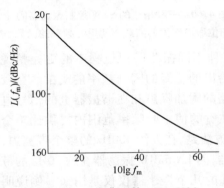

图 4.57　一个典型的 1GHz VCO
噪声特性曲线

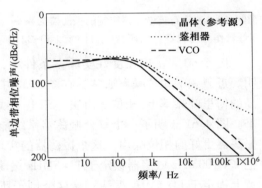

图 4.58　一个具有 300Hz 环路带宽
的 PLL 噪声源仿真

### 3. 石英晶体振荡器的相位噪声

为了估计能达到的频率综合的极限,回顾一下名义上可用的信号源的相位噪声是有益的。

用于精密频率综合的最普通的源是由石英声频器件控制的。图 4.59 表示出对这些器件在振荡频率上测得的偏离载频 1Hz 所能达到的最好标称相位噪声。这个图包括了体声波器件(BAW)和表面声波器件(SAW)。许多石英器件的测量证明:$S_\varphi(f) \sim K(Q^4 f^3)$,其中 $K$ 取决于在石英内声波的损耗,而不取决于电子电路的噪声,$Q$ 是无载品质因数。$S_\varphi(1\mathrm{Hz})$ 的值是表征这些振荡所达到的闪烁频率量的,而不是表征与频率几乎无关的宽带相位噪声的。闪烁特性对约从 0.01Hz 直到谐振器半带宽($v_0/2Q$)的傅里叶频率的其他影响通常起支配作用。在较低的傅里叶频率上,漂移和温度影响经常占主导地位。对于最好的石英谐振器,$QV_0 \sim K = 1.2 \times 10^{13}$。其结果是,最好的石英器件的近载频相位噪声换算为 $S_\varphi(f) = v_0^4/(K^3f^3)$。这与 LC 振荡器相反,LC 振荡器的相位噪声是由电子线路中的相位噪声引起的,如图 4.60 所示。

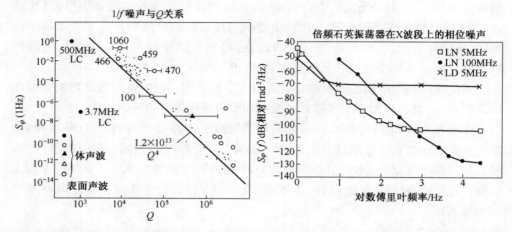

图 4.59　若干石英谐振器控制的振荡器的频率闪烁量作为无载 $Q$ 值的函数(引自文献[30-32])　　图 4.60　三种精选的 SAW 控制振荡器的相位噪声作为偏离载频傅里叶频率的函数

图 4.60 表示出在良好实验室条件下,三种不同振荡器相位噪声的更完整说明。近载频的相位噪声通常受在图 4.58 中给出的量级的闪烁频率的支配。在较高的傅里叶频率上,相位噪声决定于电子线路的附加噪声和在谐振器上的信号电平。图 4.61 表明了一个复合振荡器系统能在宽的傅里叶频率范围内提供比单个振荡器更好的相位噪声。这个振荡器的实现方法是,在大约 400Hz 的整个带宽内,把 LN 100MHz 振荡器锁定于 LN 5MHz 振荡器,而 LN 5MHz 振荡器在约 10Hz 的带宽上锁定于 LD 5MHz 振荡器。这个例子所选的几个振荡器仅仅是用来举例说明提供一个参考频率的系统方法,它不可能对所有情况都是最佳的。具体地说,几百兆赫 SAW 振荡器有非常低的相位噪声,因此可以用来进一步地降低宽带相位噪声。人们也可以考虑后置石英滤波器来降低宽带相位噪声。

在外场条件下,由于石英器件典型的振动敏感度是 $\mathrm{d}Y = 2 \times 10^{-9}/g$(加速度),所以性能经常受到几个数量级的损害。如果振动足够的剧烈,那么在载频上的功率可能降低,如文献[35]所描述的那样。微波振荡器的振动敏感度也较高,在某些情况下,它比石英振荡器更差。现今,显示性能改善达一个数量级的精选元件已经测试过了。利用补偿技术来降低对傅里叶频率(直到几百赫)的振动敏感度是可能的。对振荡器来说,这又增加了复杂性。温度变化通常影响振荡的长期频率,对于大约 0.1Hz 以上频率的相位噪声无影响。

在图 4.61 和图 4.62 中的最佳组合倍频石英振荡器与几种 X 波段振荡器相位噪声的比较。通常,在傅里叶频率低于几十千赫时,倍频石英振荡器的相位噪声最

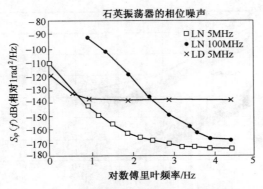

图 4.61 振荡器倍频到 10GHz 的相位噪声

低,因而常用来锁定微波源。借助于现代固态放大器,把这些源的功率电平提高到几瓦以上而不严重损害相位噪声是肯定的。图 4.63 示出几个砷化镓(CaAs)场效应管(FET)放大器相位噪声以及根据传统在大约 1GHz 以下测得的硅双极管放大器的相位噪声,它还包括了采用肖特基(Schottky)二极管的双平衡混频器的典型相位噪声。

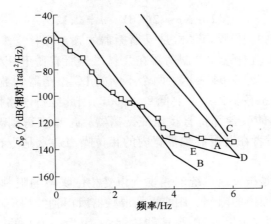

图 4.62 相位噪声的比较

曲线 A—3 倍石英控制振荡器最佳合成信号的理论相位噪声性能;曲线 B—自由振荡耿氏振荡器的相位噪声;曲线 C—被注入锁定到传输反射信号的速调管的相位噪声,腔体的无载 $Q$ 值为 50000;曲线 D—被注入锁定到传输腔体反射信号的耿氏振荡器的相位噪声,腔体的无载 $Q$ 值为 50000;曲线 E—2MHz 振荡器预期的相位噪声。

可用微波振荡器的宽带相位噪声几乎无例外地根据受维持电路附加相位噪声 $S_{\varphi}(f, A_{mp})$ 和有载频率的相对变化推导出来的。

要求的标称值是互电导的倒数,即

$$S_y = 1 / (2Q_L)^2 S_{\varphi}(f, A_{mp}) \tag{4.117}$$

247

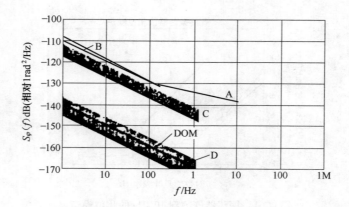

图 4. 63　砷化镓(CaAfs)场效应管(FET)放大器相位噪声以及根据传统
在大约 1GHz 以下测得的硅双极管放大器的相位噪声
曲线 A—工作于 10. 6GHz 的 MESFET(金属氧化物半导体场效应管)放大器信号的附
加相位噪声;曲线 B—工作在 1. 4GHz 的 MESFET 放大器的相位噪声;曲线 C—1GHz 以
下的具有容性旁路发射极电阻的普通硅双极放大器的相位噪声性能;曲线 D—具有某
些无旁路发射极电阻的普通硅放大器的性能。

$$\varphi = n2\pi, \Delta\varphi = 2Q_T dY \quad n = 0,1,2,\cdots \tag{4.118}$$

非常接近载频的相位噪声经常是受谐振器的频率漂移支配的。我们知道,没有数据表明优质的 LC(包括腔体)振荡器在几赫以外所有傅里叶频率上的相位噪声不受维持电路支配。图 4.64 表示了两个不同的 LC 振荡器的数据,其相位噪声比有类似 $Q$ 值的石英振荡器预期值要低 25~86dB,因此维持电路相位噪声的改善和(或)有载品质因素的改善都将直接地使振荡器相位噪声得到改善。这与晶体控制的振荡器不同,后者在谐振器半带宽内的相位噪声通常是受石英谐振器中的噪声支配的。

此处实际关键是被锁定系统的相位噪声受相位噪声的限制,这里只受双平衡混频器给出的相位噪声的限制。用双平衡混频器所得到的相位噪声大大优于采用类似 $Q$ 值的参考腔体的传统微波振荡器达到的,因为一个好的微波双平衡混频器的相位噪声比现在可用的微波放大器所达到的相位噪声一般要好 30dB。图 4.65 表示出回路带宽约为 2MHz 时的预期性能。如果由于现代高温超导技术的突破而制成高 $Q$ 的室温腔体,那么得到真正非凡的性能也许是可以期望的。

**4. 精选倍频器和分频的相位噪声**

图 4.66 中,曲线 A—图 4.63,石英振荡器最佳合成信号的理论相位噪声性能;曲线 B—曲线 A 的理论噪声基底,其参考腔 $Q$ 值为 20000,双平衡混频器 DBM1 的相位噪声 $S_\varphi(f) = 10^{-14}/f$,相位灵敏度为 0.5V/rad;曲线 C——个耿氏振荡器的一般性能;曲线 $D$—了介质稳频振荡器(DRO)的性能;曲线 E—出一个锁定于外部参考腔、工作于 10.6GHz 的振荡器所予期的相位噪声,它按图 A 的方案用一个 2MHz 带宽的回路,并且利用了计算曲线 B 的假设。

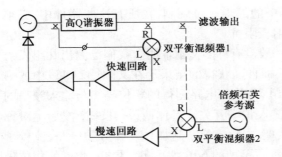

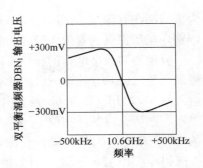

图 4.64　利用参考腔体来降低源的
宽带相位噪声的一种方法

图 4.65　借助快速回路把振荡器锁定
到外部腔体中心(频率)上,以改善相
位噪声(直到傅里叶频率达数兆赫)
的一种可能方案

由倍频产生的附加相位噪声可以是惊人得低。图 4.67 表示出一个有和没有
发射极旁路的传统丙类二倍频器,一个采用肖特基二极管的全波二倍频器,和一个
采用发射极耦合对的五倍频器测出的相位噪声。传统的偶次倍频器相位对振幅和
环境变化特别敏感,因为输出的零交叉(Zero Crossing)与输入的零交叉不直接相关
联。在奇次倍频中,诸如由 Baugh 研究的发射极耦合对,输出的零交叉与输入的零
交叉密切相关,因此这些装置对输入功率电平和电路参数表示出相对低的敏感度。

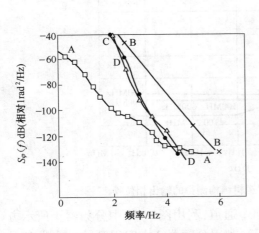

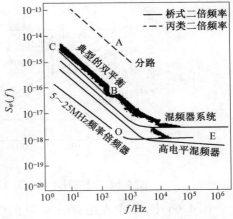

图 4.66　几种情况下相位噪声性能

图 4.67　几种情况下的相位噪声比较

曲线 A——个具有发射极电阻容性旁路的传统丙类二倍
频器的相位噪声;曲线 B—具有 34Ω 无旁路发射电阻的
相同二倍频器的相位噪声;曲线 C—采用肖特基二极管
的一个全波桥式二倍频器的相位噪声;曲线 D—采用发
射耦合对的 5~25MHz 倍频器的相位噪声。曲线 E—典
型的双平衡混频器的相位噪声。

为了抑制在有源结(Active Junction)中的闪烁相位调制,在所有这些器件中,必须特别注意所提供的有效无旁路的发射极阻抗。

分频器和数字电路的相位噪声一般没有许多文献证明。我们已测出几组发射极耦合逻辑(ECL)的噪声(图 4.68),而且已获得的结果比在文献[42-45]中的一般要好 6~20dB。图 4.68 表示出几组 20 分频电路测得的相位噪声与输入频率的关系。在所有情况下相位噪声都与输入频率有关。具体地说,在一个波形不对称的 10 分频电路中,源的噪声在测量中占主导地位。附加一个 2 分频电路,改善了被测得噪声 10~30dB,这比由分频过程所预期的 6dB 大得多。最初,测量的相位噪声对偏置电压很敏感。在附加一个 2 分频电路后,只要偏压是在厂商技术条件之内,相位噪声就与偏压无关了。我们利用一个推挽缓冲器把数字信号转换成适合于驱动双平衡混频器的形式,如图 4.69 所示。这些缓冲放大器具有很小的信号增益(大约 6dB)并且以 +13dBm 的功率驱动 50Ω 负载。为了降低连接到混频器的电缆上的驻波比,在缓冲器后再加一个 3dB 衰减器。这样,也极大地减少了由信号幅度或温度变化引起的混频器直流输出的变化。在零交叉上,典型的混频器灵敏度为 0.3~1V/rad。图 4.70 比较了引证的文献中常用的几种不同类型分频的相位噪声。我们推测,文献中的某些数据是受到了源的噪声和/或驱动混频器的输出电路的限制。图 4.70 示出了图 4.71 所表示的几种分频器的输出噪声。

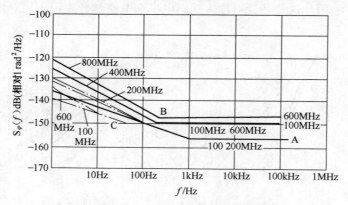

图 4.68 对三种不同的 ECL 逻辑结构测得的输出相位噪声

图 4.68 中,曲线 A 是对图 4.70 的两个通道,利用图 4.70 中分频器 1 所示方案测得到的;曲线 B 是对图 4.70 两个通道,利用分频器 2 方案得到的。曲线 C 是对图 4.70 两个通道,利用分频器 3 方案获得的;为了取得这些结果,必须调整低噪声电源的电平,采用一个极低噪声频率综合器作源,且调整分频器的计数以获得输出之间 ~90° 的相位移。还需要一个为驱动混频器、把逻辑电平交换到 +10 ~ +13dBm 的低噪声缓冲放大器。

Stone[46] 曾让我们注意一种回授式的分频器,它是自激的且应有很低的噪声,或许它仅受所用放大器的限制。在图 4.71 中所表示的一般概念类似于 20 年前用

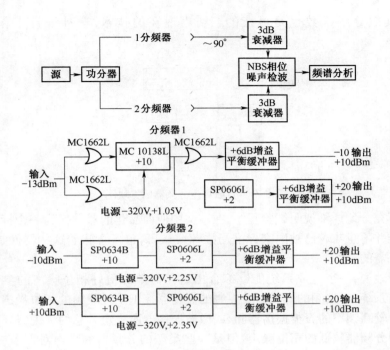

图 4.69　相位噪声测量原理框图

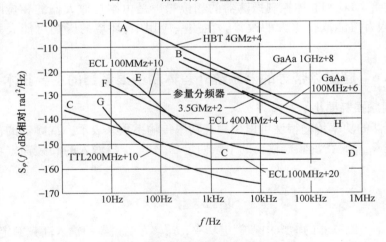

图 4.70　几种分频器的输出相位噪声

曲线 A—采用 GaAs 递变结双极晶体管构成分频器的相位噪声；曲线 B,H—输入频率为 1GHz 和 500MHz，GaAs MESFET 为基础的分频器输出相位噪声；曲线 C—图 4.70 中硅 ECL 分频器 1 的相位噪声；曲线 D—可以工作于高达 18GHz 的参量分频器的相位噪声；曲线 G—引自文献[17]的 TTL 分频器的相位噪声。

于分频电路的一般概念。这个方案借助现在可用的技术，可工作到至少 40GHz。我们没有机会测量这样电路的相位噪声，但是已经证明，当反馈回路中有适当的发射极耦合对倍频器时，它可以用于 2、4、6、8 和 10 分频。显然，在回路中采用偶次倍频的其他分频系数也是可能的。利用现在的技术,这种设计工作频率超过 40GHz。

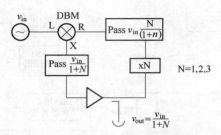

图 4.71　自激再生分频器的方块图

为了充分地详细说明试验程序,在本文中使商品化的器件作为一个标准,但这样的标准并不意味着已被国家标准局推荐或认可,也不意味着这些器件是最适于本目所必需的。

一般地说,一个合成系统能够综合出比任何单源更好相位噪声的参考信号。在这样的系统中,倍频的低频石英控制的振荡器控制了近载频的相位噪声,而宽带噪声则由较高频率的石英振荡器和/或微波振荡器所决定。总的来说,倍频器具有比现今的分频器较低的相位噪声,但是一些类型的分频器的噪声对许多应用已足够了。石英控制振荡的相位噪声是由石英中的声学损耗决定的,因此不大可能有重大的改善。LC 和腔体控制振荡器的相位噪声是由维持放大器的相位噪声引起的,因此很有可能取得重大的改善。在一些应用中,环境的影响可能大大地降低性能。

## 4.2.6　超宽频带寻的器系统外差体制中混频器的主要技术要求

### 1. 变频损耗要小

混频器的功率传输特性可以用额定功率传输系数来表示。混频器的额定功率传输系数 $G_{paM}$ 是指混频器输出的中频额定功率 $P_{oaM}$ 与输入的高频额定功率 $P_{iaM}$ 之比,即

$$G_{paM} = \frac{P_{oaM}}{P_{iaM}} \tag{4.119}$$

式中: $P_{oaM}$ 为混频器的输出中频额定功率; $P_{iaM}$ 为混频器的输入高频额定功率。

在实际工作时,常常用变频损耗 $L_M$ 来表示混频器的功率传输特性,变频损耗是功率传输系数的倒数,即

$$L_M = \frac{1}{G_{paM}}$$

若以分贝表示,则 $L_M$ 为

$$L_M = 10\lg \frac{1}{G_{paM}} \quad (\text{dB}) \tag{4.120}$$

## 2. 噪声系数要小

当雷达侦察接收机不加高放时,接收机总的噪声系数为

$$F_0 = \frac{1}{G_{paf} \cdot G_{pabf}}\left(F_M + \frac{F_I - 1}{G_{paM}}\right) \qquad (4.121)$$

式中:$G_{paf}$ 为馈线的额定功率传输系数;$G_{pabf}$ 为带通滤波器的额定功率传输系数;$G_{paM}$ 为混频器的噪声系数;$F_M$ 为混频器的噪声系数;$F_I$ 为中频放大器的噪声系数。

因此,接收机总的噪声系数主要取决于混频器的噪声系数,所以为了提高接收机的灵敏度,要求混频器的噪声系数应尽可能小。

## 3. 对寄生频道的抑制能力要强

由于接收机预选器的选择性较差,在变频器的输入端除了有用信号 $u_s$ 之外,还可能有干扰信号 $u_j$,因此干扰信号 $u_j$ 和本振信号 $u_L$ 经过变频之后也会产生各种新的频率成分(称为组合频率 $f_c$):

$$f_c = \pm nf_j \mp mf_L \qquad (4.122)$$

当 $f_c = f_I$ 时,有

$$nf_j \approx mf_L \pm f_I \qquad (4.123)$$

式中:$n$ 和 $m$ 为任意正整数;$f_L$ 为本振信号的频率;$f_j$ 为干扰信号的频率;$f_I$ 为中频频率。

显然,只要 $f_c$ 在中频放大器带宽之内,就会在接收机输出端产生干扰信号,这是由变频器的工作原理所决定的。

因此,为了有效地抑制组合干扰,应使干扰和本振信号的谐波分量尽可能小。

通常由于干扰信号的 $n$ 次谐波和本振信号的 $m$ 次谐波振幅较小,它们的影响较小,故可以不去考虑。这时,式(4.123)可以写为下列形式:

$$f_j = f_L + f_I \qquad (4.124)$$

如果规定信号频率 $f_s$ 为

$$f_s = f_L - f_I \qquad (4.125)$$

即比本振频率 $f_L$ 低一个中频 $f_I$,那么,当不存在有用信号 $u_s$ 时,接收机应无输出。但是,由于接收机选择性不好,这时若有一个干扰信号存在,且其频率 $f_j$ 满足下式:

$$f_j = f_L + f_I \qquad (4.126)$$

即比本振频率 $f_L$ 高一个中频 $f_I$,那么,这时接收机也会有信号输出,这样就会把干扰信号误认为有用信号,若对它进行测试,则会造成测频错误。这就是第 1 章所指出的镜频干扰(或镜像干扰)。

因此,在导引系统接收机中,为了抑制镜频干扰,通常采用下列几种方法:

(1)提高接收机高频部分的频率选择性,使镜频干扰信号加不到变频器输入

端。例如,采用窄带电调予选器与本振统调。

（2）采用宽带固定调谐预选器时,用提高中频频率的方法来抑制镜频干扰,如图 4.72 所示。

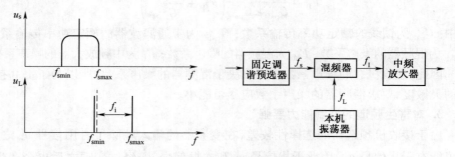

图 4.72　提高中频频率抑制镜频

（3）采用镜频抑制混频器。

# 4.3　超宽频带的混频器

## 4.3.1　双平衡混频器

应用四个混频二极管来抑制虚假响应的双平衡混频器,是在超宽频带被动雷达寻的器或电子战侦察接收机中最常用的。双平衡混频器的原理示于图 4.73 中。由单独两个混频器构成的四个二极管阵提供的对称性保证了 RF 和 LO 端口之间的完全隔离(当所有二极管为理想匹配时),所有三个端口(RF、LO 和 IF)在宽的频率范围内得到很好的隔离。对 500MHz 以下的混频器来说,典型的隔离大于 30dB。在较高的频率上隔离要变坏,因为要保持提供隔离所要求的电路对称性是很困难的。对 12GHz 左右的混频器来说,其典型的隔离大于 12dB。

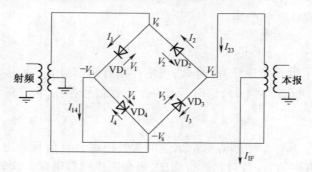

图 4.73　双平衡混频器

由于图 4.73 中的电路是对称的,故 RF 和 LO 端口是可以互换的。双平衡混频器能抑制由 RF 和 LO 频率的两次谐波引起的所有虚假响应。在双平衡混频器中的双音三阶互调产物低于单平衡混频器,因为在给定的输入功率电平情况下,在每个二极管两端之间呈现的 RF 电压较小。换句话说,双平衡混频器有更大的动态范围。

为了推导双平衡混频器的 IF 输出,假定加在四个二极管 $VD_1$、$VD_2$、$VD_3$ 和 $VD_4$ 两端上的电压为 $V_1$、$V_2$、$V_3$ 和 $V_4$。二极管电流 $I_1$、$I_2$、$I_3$ 和 $I_4$ 与电压的关系为

$$I_1 = I_s [\exp(\alpha V_1) - 1] \tag{4.127}$$

$$I_2 = I_s [\exp(\alpha V_2) - 1] \tag{4.128}$$

$$I_3 = I_s [\exp(\alpha V_3) - 1] \tag{4.129}$$

$$I_4 = I_s [\exp(\alpha V_4) - 1] \tag{4.130}$$

式中:$\alpha$ 为二极管斜率参数;$I_s$ 为饱和电流。每个二极管的微分电导可以表示为

$$g_1 = dI_1/dV_1 = \alpha I_s \exp(\alpha V_1) \tag{4.131}$$

$$g_2 = dI_2/dV_2 = \alpha I_s \exp(\alpha V_2) \tag{4.132}$$

$$g_3 = dI_3/dV_3 = \alpha I_s \exp(\alpha V_3) \tag{4.133}$$

$$g_4 = dI_4/dV_4 = \alpha I_s \exp(\alpha V_4) \tag{4.134}$$

通常,由于 LO 功率远大于 RF 功率,故假定二极管的电导只被 LO 功率调制,因此,为了计算式(4.131)~式(4.134)中的电导,这些电压可写为

$$V_1 = V_2 = V_3 + V_4 = V_L \cos\omega_L t \tag{4.135}$$

则

$$g_1 = \alpha I_s \exp(\alpha V_L \cos\omega_L t) \tag{4.136}$$

$$g_2 = \alpha I_s \exp(\alpha V_L \cos\omega_L t) \tag{4.137}$$

$$g_3 = \alpha I_s \exp(-\alpha V_L \cos\omega_L t) \tag{4.138}$$

$$g_4 = \alpha I_s \exp(-\alpha V_L \cos\omega_L t) \tag{4.139}$$

在式(4.138)和式(4.139)中,$V_L$ 为负值,因为在二极管 3 和 4 中,二极管和假定的电流的方向是反向的。二极管中的电流可近似为

$$I_1 = g_1 V_1 \tag{4.140}$$

$$I_2 = g_2 V_2 \tag{4.141}$$

$$I_3 = g_3 V_3 \tag{4.142}$$

$$I_4 = g_4 V_4 \tag{4.143}$$

为了计算二极管中的电流,电压表示式中应包括信号电压,故

$$V_1 = V_L \cos\omega_L t + V_s \cos\omega_s t \tag{4.144}$$

$$V_2 = V_L \cos\omega_L t + V_s \cos\omega_s t \tag{4.145}$$

$$V_3 = V_L\cos\omega_L t + V_s\cos\omega_s t \tag{4.146}$$

$$V_4 = V_L\cos\omega_L t + V_s\cos\omega_s t \tag{4.147}$$

把式（4.131）～式（4.134）和式（4.144）～式（4.147）代入式（4.140）～式（4.143）后我们得到

$$I_1 = \alpha I_s\exp(\alpha V_L\cos\omega_L t)(V_L\cos\omega_L t + V_s\cos\omega_s t) \tag{4.148}$$

$$I_2 = \alpha I_s\exp(\alpha V_L\cos\omega_L t)(V_L\cos\omega_L t - V_s\cos\omega_s t) \tag{4.149}$$

$$I_3 = \alpha I_s\exp(-\alpha V_L\cos\omega_L t)(V_L\cos\omega_L t + V_s\cos\omega_s t) \tag{4.150}$$

$$I_4 = \alpha I_s\exp(-\alpha V_L\cos\omega_L t)(V_L\cos\omega_L t - V_s\cos\omega_s t) \tag{4.151}$$

在图4.74中的电流 $I_{23}$ 和 $I_{14}$ 分别为

$$I_{23} = I_2 + I_3 = \alpha V_L I_s[\exp(\alpha V_L\cos\omega_L t) + \exp(-\alpha V_L\cos\omega_L t)]\cos\omega_L t -$$
$$\alpha V_L I_s[\exp(\alpha V_L\cos\omega_L t) - \exp(-\alpha V_L\cos\omega_L t)]\cos\omega_s t \tag{4.152}$$

$$I_{14} = I_1 + I_4 = \alpha V_L I_s[\exp(\alpha V_L\cos\omega_L t) + \exp(-\alpha V_L\cos\omega_L t)]\cos\omega_L t +$$
$$\alpha V_s I_s[\exp(\alpha V_L\cos\omega_L t) - \exp(-\alpha V_L\cos\omega_L t)]\cos\omega_s t \tag{4.153}$$

IF端口的电流为

$$I_{lf} = I_{14} + I_{23} = 2\alpha V_L I_s[\exp(\alpha V_L\cos\omega_L t) - \exp(-\alpha V_L\cos\omega_L t)]\cos\omega_s t =$$
$$4\alpha V_s I_s[\sinh(\alpha V_L\cos\omega_L t)]\cos\omega_s t \tag{4.154}$$

应用下列公式：

$$\sin(A\cos\theta) = 2\sum_{k=0}^{\infty} N_{2k+1}(A)\cos(2k+1)\theta \tag{4.155}$$

式中：$N(A)$ 为 $k$ 阶第一类变形贝塞尔函数（这里 $N(A)$ 是用于表示贝塞尔函数而不是表示普通的 $I_K(A)$，以避免与电流 $I$ 相混淆）。于是式（4.160）可写成为

$$I_{lf} = 4\alpha V_s I_s[2N_1(\alpha V_L)\cos\omega_L t\cos\omega_s t + 2N_3(\alpha V_L)\cos3\omega_L t\cos\omega_s t +$$
$$2N_5(\alpha V_L)\cos5\omega_L t\cos\omega_s t + \cdots]$$
$$= 4\alpha V_s I_s\{N_1(aV_L)[\cos(\omega_L - \omega_s)t + \cos(\omega_L + \omega_s)t] +$$
$$N_3(\alpha V_L)[\cos(3\omega_L - \omega_s)t + \cos(3\omega_L + \omega_s)t] +$$
$$N_5(\alpha V_L)[\cos(5\omega_L - \omega_s)t + \cos(5\omega_L + \omega_s)t] + \cdots\} \tag{4.156}$$

从式（4.156）可以看出，在IF端口上的总电流仅包括 $mf_L \pm f_s$ 个频率项，其中 $m$ 为一个奇整数，因此由偶次谐波引起的谐波被抑制掉。

为了改善双平衡混频器的动态范围，有时在图4.73中四个分支的每一个分支中用两个二极管串联连接来代替一个二极管。虽然该混频器的互调电平可以减小，但要求用更大的LO功率来驱动混频器，因为它必须用两倍的电压来控制串联的两个二极管。这是大动态范围的混频器的一个主要缺点，特别是接收机中LO功率不足的情况。

### 4.3.2　镜频抑制混频器

在给定中频频率 $\omega_I$ 和本振频率 $\omega_L$ 的情况下，有两个射频信号（$\omega_s = \omega_L \pm \omega_I$）

可以产生相同的 IF 输出,如图 4.74 所示。如果这些 RF 信号中的一个是所需求的输入信号,则另一个就称为镜像,因为它们相对于 LO 频率互为镜像。镜像频率共存在下变频器中,而在上变频器中不存在这种镜像频率。由镜像频率引起的问题是往往不能确定输入信号的频率,因为这时的信号频率可能高于 LO 频率也可能低于 LO 频率。解决这个问题的一般方法是在混频器前面装一个只通过一个频带的带通滤波器。

一个镜像抑制混频器能分离镜像频率与所需求的 RF 输入信号;这种混频器有两个 IF 输出;一个包含所要求的信号;另一个包含镜像信号。两个简单混频器组合起来可构成一个镜像抑制混频器,如图 4.75 所示。RF 信号通过一个 90°混合接头馈到混频器中,IF 也用 90°混合接头耦合出来,LO 信号通过一个同相功率分配器加到混频器中,频率高于 LO 频率的信号将从一个 IF 端口输出,而频率低于 LO 频率的信号将从另一个 IF 端口输出。虽然这种方法的设想是相当有吸引力的,但混频器的性能依赖于两个混频器之间的一致性。

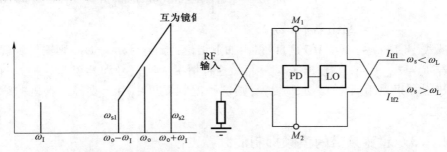

图 4.74　混频器中的镜像频率　　　图 4.75　镜像抑制混频器

为了简化分析,我们研究两个单二极管混频器的情况,不过这两个混频器通常是平衡混频器。二极管的电导为

$$g_1 = g_2 = \alpha I_s \exp(\alpha V_L \cos\omega_L t) \tag{4.157}$$

式中:$\alpha$ 为二极管斜率参数;$I_s$ 为二极管饱和电流;$V_L$ 和 $\omega_I$ 分别为 LO 信号的幅度和角斜率。在二极管两端的电压为

$$V_1 = V_L\cos\omega_L t + V_s\cos\omega_s t \tag{4.158}$$

$$V_2 = V_L\cos\omega_L t + V_s\sin\omega_s t \tag{4.159}$$

式中:$V_s$ 和 $\omega_s$ 分别为输入 RF 信号的幅度和角频率。二极管混频器输出的电流为

$$I_1 = g_1 V_1 \tag{4.160}$$

$$I_2 = g_2 V_2 \tag{4.161}$$

由于只对含有 $\omega_L - \omega_s$ 的项感兴趣,故电流 $I_1$ 和 $I_2$ 可简化为

$$I_1 = A\cos(\omega_L - \omega_s)t \tag{4.162}$$

$$I_2 = -A\sin(\omega_L - \omega_s)t \tag{4.163}$$

式中:$A$ 为一个常数。第二个 90°混合接头输出端上的电流如下:
当 $\omega_s < \omega_L$ 时,有

$$I_{\text{If1}} = I_1 + I_2\exp\left(-\frac{1}{2}\mathrm{j}\pi\right) = A\cos(\omega_{\mathrm{L}} - \omega_{\mathrm{s}})t - A\sin\left[(\omega_{\mathrm{L}} - \omega_{\mathrm{s}})t - \frac{1}{2}\pi\right]$$

$$= 2A\cos(\omega_{\mathrm{L}} - \omega_{\mathrm{s}})t$$

$$I_{\text{If2}} = I_1\exp\left(-\frac{1}{2}\mathrm{j}\pi\right) + I_2 \tag{4.164}$$

$$I_{\text{If2}} = I_1\exp\left(-\frac{1}{2}\mathrm{j}\pi\right) + I_2$$

$$= A\cos\left[(\omega_{\mathrm{L}} - \omega_{\mathrm{s}})t - \frac{1}{2}\pi\right] - A\cos(\omega_{\mathrm{L}} - \omega_{\mathrm{s}})t = 0 \tag{4.165}$$

当 $\omega_{\mathrm{s}} > \omega_{\mathrm{L}}$ 时,有

$$I_{\text{If1}} = A\cos(\omega_{\mathrm{s}} - \omega_{\mathrm{L}})t + A\sin\left[(\omega_{\mathrm{s}} - \omega_{\mathrm{L}})t - \frac{1}{2}\pi\right] = 0 \tag{4.166}$$

$$I_{\text{If2}} = A\cos\left[(\omega_{\mathrm{s}} - \omega_{\mathrm{L}})t - \frac{1}{2}\pi\right] + A\sin(\omega_{\mathrm{s}} - \omega_{\mathrm{L}})t \tag{4.167}$$

$$= 2A\sin(\omega_{\mathrm{s}} - \omega_{\mathrm{L}})t$$

从式(4.164)~式(4.167)可以得出如下结论:若 $\omega_{\mathrm{s}} = \omega_{\mathrm{L}} - \omega_{\mathrm{I}}$,则输出表现为 $I_{\text{If1}}$,若 $\omega_{\mathrm{s}} = \omega_{\mathrm{L}} + \omega_{\mathrm{I}}$,则输出表现为 $I_{\text{If2}}$,这种情况表明信号和其镜像分别为两个 IF 输出。如果采用两个 IF 处理装置,则这种混频器可以用于改善接收机的瞬时 RF 带宽。

### 4.3.3 超宽频带的镜频抑制混频器

超外差接收机中存在着镜频干扰。因此在超宽频带寻的器接收机中应采用宽频带镜频抑制混频器。

镜频抑制混频器的原理电路如图 4.76 所示。图中 A 和 B 分别代表两个平衡混频器(故镜频抑制混频器又称平衡混频器对)。由图可以看出,有用信号是等幅同相加到平衡混频器 A 和 B 上的;而本振信号是经 90°相移器后才加到混频器 B 上的;加到混频器 B 上本振信号的相位上比加到混频器 A 上的本振信号落后 90°。另外,混频器 B 输出的中频信号要经过 90°中频移相之后与混频器 A 输出的中频信号叠加。

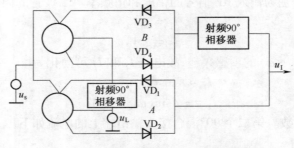

图 4.76　镜频抑制混频器的原理电路

根据混频器的理论分析已经知道,中频信号电流的相位不仅与信号电压的初始相位有关,而且与本振电压的初始相位也有关。所以,若本振电压为

$$v_L = V_L \sin(\omega_L t + \varphi_L)$$

信号电压为

$$v_s = V_s \sin(\omega_s t + \varphi_s)$$

则当 $\omega_s > \omega_L$ 时,混频器产生的中频电流为

$$i_I = [g_1 V_s \sin(\omega_s - \omega_L)t + (\varphi_s - \varphi_L)] \tag{4.168}$$

由于加到混频器 $A$ 和 $B$ 上信号电压的振幅和相位都相同,而加到混频器 $A$ 和 $B$ 上本振电压的振幅是相同的,只是加到混频器 $B$ 上本振电压的相位比加到混频器 $A$ 上本振电压的相位落后 $\frac{\pi}{2}$。因此,混频器 $A$ 和 $B$ 产生的中频电流的幅度是相同的,但是混频器 $B$ 输出中频电流的相位比混频器 $A$ 输出中频电流的相位超前 $\frac{\pi}{2}$。

显然,如果混频器 $B$ 输出的中频电流经过 90°中频相移器之后再与混频器 $A$ 的输出中频电流相加,则就可以保证混频器 $A$ 和 $B$ 输出的中频信号同相相加。故对信号而言,混频器 $A$ 和 $B$ 的中频电流是同相相加的。

若镜频干扰信号电压为

$$v_{IM} = V_{IM} \sin(\omega_{IM} + \varphi_{IM})$$

本振电压为

$$v_L = V_L \sin(\omega_L t + \varphi_L)$$

则混频后产生的中频电流为

$$i_I = [g_1 V_{IM} \sin(\omega_L - \omega_{IM})t + (\varphi_s - \varphi_{IM})] \tag{4.169}$$

在这种情况下,由式(4.169)可以看出,由于加到混频器 $B$ 上的本振电压比加到混频器 $A$ 上的本振电压相位滞后 $\frac{\pi}{2}$。所以混频器 $B$ 输出中频电流的相位要比混频器 $A$ 输出中频电流的相位滞后 $\frac{\pi}{2}$,从而混频器 $B$ 输出的中频电流再经 90°中频相移之后又将产生 $\frac{\pi}{2}$ 相移,使混频器 $B$ 和混频器 $A$ 输出的中频电流相差 $\pi$,即相位相反。同时由于中频电流幅度相同,所以叠加的结果使输出等于零,完成了对镜频的抑制作用。

### 4.3.4  镜像增强混频器

输入到混频器中的一个输入信号会在其镜像频率上产生虚假响应。设 $\omega_s = \omega_L \pm \omega_I$,则其镜像频率为 $\omega_L \mp \omega_I$。如果 $\omega_s$ 与 $\omega_L$ 的二次谐波混频,则会得到下列结果:

$$2\omega_L - \omega_s = 2\omega_L - (\omega_L \pm \omega_I) = \omega_L \mp \omega_I \tag{4.170}$$

上式表示任何与 LO 二次谐波混频的信号都会产生它自己的镜像频率。在镜频中有可利用的能量。镜频上的这种能量可以回收用以产生额外的功率,从而使变频损耗减小,这就是镜像增强混频器所依据的基本工作原理。这种混频器的插入损耗可以通过镜像增强方法减小 1~2dB。

对于有 180°混合接头的单平衡混频器来说,所产生的镜像出现在 RF 输入端口上,在 RF 输入端口上装上一个带宽只通过输入信号而把镜像能量反射回到混频器中的滤波器。通过对滤波器和混频器之间的电长度的调整,在合适的相位下,镜像可以反射回来以产生 IF 能量,使混频器的变频损耗最小,这种相位调整是极严格的,因为不正确的调谐可能造成变频损耗的增加。

上述方法只适用于窄带混频器,对于宽带混频器,特别是对于具有重叠的信号和镜像带的混频器来说,在 RF 输入端口上滤波是不切实际的。图 4.77 示出的一种用两个单平衡混频器构成的一种不同的方法可以反射镜像频率。RF 输入同相馈到两个混频器中,而 LO 输入和 IF 输出是通过 90°混合接头耦合出来,这种结构造成在 RF 输入端口上由两个平衡混频器产生的镜像信号相位相互相差 180°。由于在两个混频器上的 LO 频率相位相差 90°,故 LO 的二次谐波相位将相差 180°,这些镜像频率是由输入信号与 LO 频率的二次谐波混频而产生的,因此它们相位相差 180°。这就在输入端口上产生最大镜像电流并对于镜像电流来说等效于短路状态,这种短路会把镜像反射回到混频器中用于增强所要求的输出。这个短路状态没有带宽限制,因为两个平衡混频器的二极管之间的电长度是极短的,从而它们之间实际上是没有相位差,因此这种结构给出大的带宽。

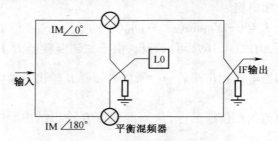

图 4.77　镜像增强混频器

### 4.3.5　谐波泵浦混频器

谐波泵浦混频意味着 IF 输出是由信号和 LO 频率的谐波混频而产生的。这些输出在普通的混频器中总是存在的。它们被认为是虚假响应且通常被抑制掉。谐波混频主要是用在毫米波频率上,在这些频率上 LO 源不是得不到就是过于昂贵。有时谐波混频被用在有宽输入带宽和有限 LO 调谐范围的超外差接收机中。在后一种应用中,当输入频率很低时应用基波混频,而当输入频率很高时用谐波混频,当采用谐波混频时,在较高频率上这类接收机的灵敏度降低了。

如果所关心的只是偶次谐波,则图 4.78 中所示的反向并联二极管对结构可以提供下列优点:

(1) 通过对基波混频产物的抑制减小了变频损耗。

(2) 通过 LO 噪声边带的抑制减低了噪声系数。

(3) 抑制直接视频检波分量。

(4) 对大的峰值反向电压击穿有自保护的作用。

反向并联二极管对的分析将利用和双平衡混频器一样的分析方法进行讨论,每个二极管的微分电导为

$$g_1 = \alpha l_s \exp(-\alpha V) \qquad (4.171)$$

$$g_2 = \alpha l_s \exp(\alpha V) \qquad (4.172)$$

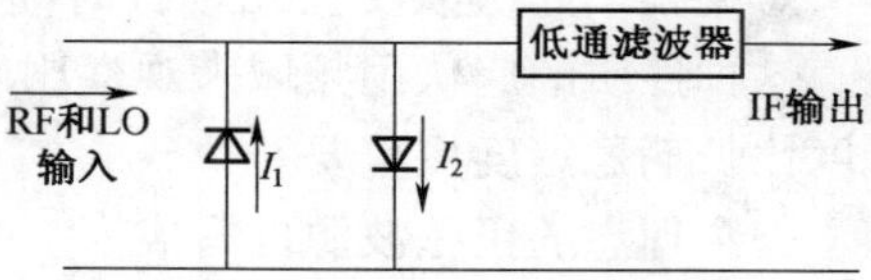

图 4.78 反向并联二极管对混频器

二极管对的总微分电导为

$$g = g_1 + g_2 = 2\alpha l_s \cosh(\alpha V) \qquad (4.173)$$

假定此电导只由 LO 输入控制,即

$$\begin{aligned} g &= 2\alpha l_s \cosh(\alpha V_L \cos\omega_L t) \\ &= 2\alpha l_s [N_0(\alpha V_L) + 2N_2(\alpha V_L)\cos 2\omega_L t + 2N_4(\alpha V_L)\cos 4\omega_L t + L] \end{aligned} \qquad (4.174)$$

式中:$\alpha$ 为二极管斜率参数;$V_L$ 和 $\omega_L$ 为 LO 电压和角频率;$N_k(\alpha V_L)$ 为第一类变型贝塞尔函数。混频器中的电流 $I$ 可写成

$$\begin{aligned} I &= gV = gV_L \cos 2\omega_L t + V_s \cos 4\omega_s t \\ &= A\cos\omega_L t + B\cos\omega_s t + C\cos 3\omega_L t + D\cos 5\omega_L t + \\ &\quad E\cos(2\omega_L + \omega_s)t + F\cos(2\omega_L - \omega_s)t + G\cos(4\omega_L + \omega_s)t + \\ &\quad H\cos(4\omega_L - \omega_s)t + L \end{aligned} \qquad (4.175)$$

从上式可以看出,总电流中只包括 $mf_L \pm nf_s$ 的频率项,其中 $m + n$ 为奇整数(即 $m + n = 1,3,5,\cdots$)。所要求的信号为包括 $2\omega_L + \omega_s$ 和 $2\omega_L - \omega_s$ 的项。在这种方法中基波产物和包括 LO 频率奇次谐波所有混频产物都被抑制掉。因此,反向并联二极管对结构只能用作偶次谐波混频。

## 4.4 超宽频带的本振源

宽频器的另一个重要部件就是本振源 LO,可做超宽频带本振振源的有 YIG 调谐振荡器、压控振荡器、锁相环、频率合成器对 LO 的一般要求是,快速调谐,精确的频率调整和好的频谱纯度。因此超外差接收机的研制中,重点放在 LO 的研制上。最重要的就是 LO 振荡器的稳定度。

### 4.4.1 振荡器的稳定度

振荡器的稳定度是非常重要的。LO 中的任何不稳定性会造成 IF 输出的不稳定并且损害要测量的信号。振荡器的稳定度可以分为长期和短期两部分。长期稳定度一般表示为每小时、每日、甚至每年频率变化为百万分之几。它表示一种可较好地预测的现象,这种现象依赖于温度变化和用在频率控制元件中器件的老化特性。在时域中长期稳定度通常是表示为频率与时间的关系。

短期频率起伏涉及在几秒钟时间内在标称频率附近引起频率变化的所有元件。这种性质的起伏用频域来观察比用时域来观察更方便。在一个 LO 中,短期稳定度比长期稳定度更重要。

一个理想的正弦波源可写成为

$$V(t) = V_0 \sin 2\pi v_0 t \tag{4.176}$$

式中:$V_0$ 为标称幅度;$v_0$ 为标称频率。这里用 $V$ 表示振荡器的频率,而 $f$ 将用于表示频率 $V$ 的起伏,即它可看作为傅里叶频率。

为了计算一个实际正弦波产生器输出端上的噪声,式(4.176)可以改写为

$$V(t) = \left[ V_0 + E(t) \right] \sin \left[ 2\pi v_0 t + \varphi(t) \right] \tag{4.177}$$

式中:$E(t)$ 为振幅起伏,$\varphi(t)$ 为相位起伏。图 4.79(a)示出一个被噪声短时扰动的正弦波。这些噪声形式可不严格地看作是频率突增(Glitches)。上述同一信号可以用频域来表示,如图 4.79(b)所示。这个图叫做功率谱。功率谱在 $V_0$ 处有一高的值,而在 $v_s$ 处有一低的值,其中 $v_0 = 1/T_0$,$v_s = 1/T_s$。这里 $T_0$ 和 $T_s$ 如图 4.79(a)所示的时间间隔。

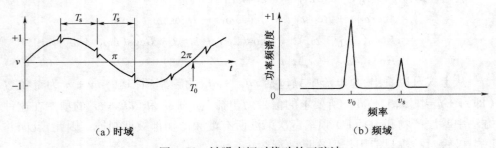

图 4.79 被噪声短时扰动的正弦波

有些噪声会以高于或低于 $v_0$ 的概率使瞬时频率在 $v_0$ 附近"跳动"。通常,"基准电平"(Pedestal)是与 $v_0$ 有关的,如图 4.80 所示,图 4.81 示出一个有边带频谱的典型的 RF 信号。边带包括基准电平以及某些固定重复的噪声。

功率谱(通带称为 RF 频谱)在许多应用中是非常有用的。RF 频谱可以分成两种独立的频谱:$E(t)$ 的谱密度和 $\varphi(t)$ 的谱密度。不幸的是,在一给定 RF 频谱中,不可能确定在不同的傅里叶频率上的功率是振幅起伏 $E(t)$ 的结果还是相位起伏 $\varphi(t)$ 的结果。一般地说,$E(t)$ 的谱密度很小而可忽略,而相位起伏的总调制也

是很小的(均方值远小于 1rad);因此 RF 频谱大致具有和相位谱密度相同的形状。相位谱密度是相位 $\varphi(t)$ 的拉普拉斯变换。在 RF 频谱和相位频谱表示上的主要区别是,RF 频谱包括基波信号(图 4.81),而相位谱密度则不包括基波信号(图 4.82)。另一个主要区别是,RF 频谱是一种功率谱密度,并且用 W/Hz 度量,而相位谱密度不包括对信号的功率测量,并且用 rad/Hz 作为单位。

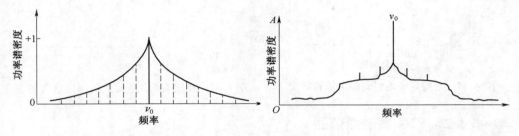

图 4.80 在 $\nu_0$ 附有跳动的频率 $\nu$ 　　　　图 4.81 有边带频谱的典型 RF 源

图 4.83 示出一个典型晶体振荡器的长期稳定度。几日或几个月内的频率渐变变化成为老化。时域稳定度一般平均确定为 1s。对某些应用来说,在进行精度计算时可能需要更短一些或更长一些的平均时间。时域中的短期频率稳定度示于图 4.84 中,在该图中,时间为 $10^{-3} \sim 10^3$ s。其谱密度示在图 4.85 中。在偏离载频 10Hz 处,边带能量与载频相比低 -120dB。

在振荡器中造成频率偏移的另一个影响通常称为频率牵引。频率牵引是由振荡器负载阻抗变化引起的。当振荡器负载变化时,频率和输出功率电平都可能发生变化。牵引系数是由从负载匹配条件变到电压驻波比为 1:5 情况时频率的偏移量来定义的。如果在某一系统中振荡器的负载在很宽范围内变化,则在振荡器的输出端通常要用一个隔离器来减小由牵引效应引起的频率偏移。当加到振荡器的电源电压变化时,输出频率也可能发生变化。这种现象称为推频效应,它用 Hz/V 表示。在一些振荡器中,内部稳定电源可以减小推频效应。

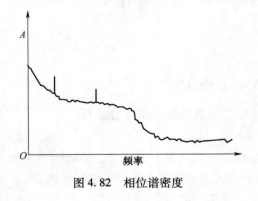

图 4.82 相位谱密度 　　　　图 4.83 从一校准点开始几日时间内
　　　　　　　　　　　　　　　　　局部频率变化的时域稳定度

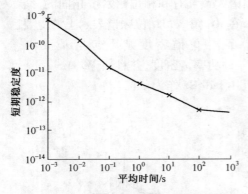

图 4.84　对特定平均时间的时域稳定度

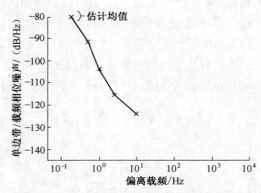

图 4.85　在偏离载频特定处的相位谱密度

### 4.4.2　YIG 调谐振荡器

超外差接收机的本振源必须能够在和接收机输入带宽相同的频率范围内调谐。YIG 振荡器是常用的振荡器之一。

当 YIG 小球装在有适当耦合的专门磁场内时，其性能就像 $Q$ 为 1000~8000 量级的可调微波腔体一样。在振荡器中，频谱纯度直接与电路 $Q$ 值有关。因此，在负阻振荡器中，当 YIG 小球用作确定频率元件时，它提供了极好的调幅（AM）和调频（FM）噪声特性。由于场效应晶体管（FET）技术的进展，在 20GHz 以大部分 YIG 调谐振荡器都是采用 FET 器件。

图 4.86 示出一种 YIG 调谐振荡器的基本电路。用作调谐元件的 YIG 小球接在 FET 的源极上。最好用电感性耦合环给振荡器提供一个感性电纳，以避免虚假振荡。这个要求使 FET 限于采用一公共引线电感（$L_g$）作为反馈元件的共栅结构。

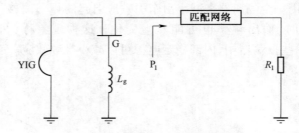

图 4.86　基本的 YIG 调谐振荡器

YIG 小球的谐振频率是按照下列表达式与偏置磁场成线性关系，即

$$f_0 = \gamma_e H_0 \tag{4.178}$$

式中：$\gamma_e$ 为旋磁比（$\gamma_e = 2.8\text{MHz}/G$，其中 $G$ 表示用高斯为单位的磁场）；$H_0$ 为偏置磁场。一般地说，YIG 调谐 FET 振荡器的调谐曲线（调谐电流与输出频率的关系）是非常线性的，其偏离理想直线为 ±0.05%。在整个调谐范围内的功率输出平坦度

保持在±1.5~±3.0dB之内。

在许多YIG调谐振荡器中,主线圈中加上一个小电感量的FM线圈。此圈放在紧靠着YIG小球处。在锁相应用中它用于微调振荡器,即给出频率调制。由于YIG振荡器的调谐是利用改变偏置电流的方法来实现的,而偏置电流又改变YIG小球附近的磁场,故调谐速度是比较慢的。一般地说,调谐一个YIG振荡器使其覆盖整个频率范围要花几毫秒的时间。

由以上分析可以看出,它的突出特点就是线性非常好,但调谐速度太慢,在超宽频带的导引头中,一般不采用。

### 4.4.3　压控振荡器

#### 1. 压控振荡器原理

在压控振荡器VCO中,通常在调谐电路中采用变容二极管作为电压控制电容器来控制振荡器的频率。VCO中用的有源器件可以是耿氏二极管、崩越二极管,也可以是具有合适偏置和反馈电路的晶体管。VCO的主要优点是调谐速度极快,可以ns度量,如600MHz,但稳定时间要50ns左右。对调谐速度的限制因素是外部电压激励电路改变变容二极管的两端间电压的能力。这个能力是调谐电路中的激励阻抗和旁通电容器控制的。

由于变容器的电容−电压特性和负阻器件的阻抗变化的原因,VCO的调谐曲线基本上是非线性的。但是,这种调谐曲线是极平滑单调的(在任一电压上的输出频率是单值的,而调谐电压连续增加时,输出频率也是连续增加的)。为了在很宽的范围内极快速地调谐VCO的频率,调谐电路中的$Q$值不能太高,通常VCO的$Q$值低于50。但FM噪声就比较高,在与YIG调谐振荡器相比,VCO的FM噪声约高20dB。

用作VCO调谐元件的变容二极管是一种在反向偏置状态下的半导体PN结器件。变容二极管的电容是外加电压的函数,它可表示为

$$C(V) = \frac{C(0)}{(1 + V/\Phi)^{\gamma}} \tag{4.179}$$

式中:$C(0)$为零偏时的结电容;$V$为外加电压;$\Phi$为接触电位;$\gamma$为常数,约等于0.5,$\gamma$值主要取决于器件的掺杂浓度。在一个LC调谐电路中,振荡频率为

$$f = \frac{1}{2\pi\sqrt{LC}} \tag{4.180}$$

把式(4.179)代入式(4.180),并应用$V \gg \Phi$和$(V + \Phi)^{\gamma} \gg C(0)\Phi^{\gamma}/C$的关系,振荡频率可近似为

$$f = \frac{V^{0.5\lambda}}{2\pi\sqrt{LC(0)\Phi^{\gamma}}} \tag{4.181}$$

当$\gamma = 1$时,谐振频率是随着$V$的平方根而变化;当$\gamma = 2$时(如超突变结变容管),

谐振频率将随着电压而线性变化。

由于 VCO 可以极快地调谐,故必须计算对调谐的频率响应。当 VCO 频率从一个值转换到另一个值时,在暂态过渡期间很难测量其频率,因而在这个期间内确定频率更为困难。因此,只有起始和最后的频率才是有用的。图 4.87(a)示出一个典型的 VCO 调谐电压与时间的函数关系,而图 4.87(b)则示出一个典型的 VCO 频率响应与时间的关系。时间 $t_1$ 可以看作是建立时间,即把频率调谐到最后数值的特定容差之内所要求的时间。调谐后漂移用 $\Delta f$ 表示,它定义为任意确定的时间 $t_1$ 和 $t_2$ 之间的频率变化。时间 $t_1$ 已确定为 $10\mu s \sim 1s$,作为短期调谐后漂移周期。长期调谐后漂移通常确定为 $1s \sim 1h$。

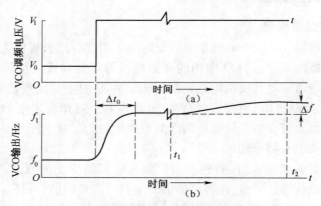

图 4.87　典型的 VCO 频率与时间响应的关系

一般压控振荡器电压与频率的关系是非线性的,大约其频率在 $8:1$ 以上,可进行线性化。

### 2. VCO 的线性化

变容管调谐串联谐振压控振荡器的等效电路如图 4.88 所示。图中变容管为 $R_v$、$L$、$C_v$ 的串联。变容管及场效应二极管的封装电容及杂散电容用总电容 $C_t$ 表示。电路的谐振频率为

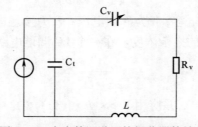

图 4.88　变容管调谐压控振荡器等效电路

$$f = \frac{1}{2\pi}\left(\frac{C_t + C_v}{LC_tC_v}\right)^{1/2} \tag{4.182}$$

266

而变容管结电容所加电压的变化关系为

$$C_v = \frac{C_0}{\left(1 + \dfrac{V}{\Phi}\right)^{\gamma}} \tag{4.183}$$

将式(4.183)代入式(4.182)得

$$f = \frac{C_0^{1/2}}{2\pi L^{\frac{1}{2}} C_t^{\frac{1}{2}} C_0^{\frac{1}{2}} \Phi^{\frac{n}{2}}} \left[\varphi^n + \frac{C_t}{C_0}(\Phi + V)^n\right]^{1/2} \tag{4.184}$$

式中：$\Phi$ 为未加偏置电压时，变容器电荷两边的势垒电压；$C_0$ 为偏压为零时的结电容；$n$ 为和 PN 结有关的指数（突变结 $n$ 为 $\frac{1}{2}$，渐变结 $n$ 为 $\frac{1}{3}$，超变结 $n$ 为 2）。

因为 $\Phi \ll U$，且 $\Phi < 1$，忽略 $\Phi$ 可得

$$f = \frac{V^{\frac{n}{2}}}{2\pi L^{1/2} C_t^{1/2} C_0^{1/2} \Phi^{\frac{n}{2}}}$$

如果令

$$A = \frac{1}{2\pi L^{1/2} C_t^{1/2} + C_0^{1/2} \Phi^{\frac{n}{2}}}$$

则式(4.184)简化为

$$f = A V^{\frac{n}{2}} \tag{4.185}$$

式(4.185)为幂函数关系式。当变容管为突变结变容管时，则式(4.191)为

$$f_0 = A V^{\frac{1}{4}} \tag{4.186}$$

由式(4.192)得：

$$f = A \mathrm{e}^{\frac{1}{4}|\ln|V||} \tag{4.187}$$

由在实际应用中，$\frac{1}{4}|\ln|V|| \ll 1$，故上式可展成级数，即

$$f_0 = A + \frac{A}{4}|\ln|V|| + \frac{A\left(\frac{1}{4}|\ln|V||\right)^2}{2!} + \cdots$$

若只取前两项，则

$$f = A + \frac{A}{4}|\ln|V|| \tag{4.188}$$

由式(4.188)可见，在一定条件下，VCO 的频率和电压的关系近似为对数关系，如果使线性变换器的传递函数

$$V_0 = Be^{V_i} \tag{4.189}$$

那么将式(4.189)代入式(4.188)并以 $V_i$ 代替式(4.194)中的 $V$ 得

$$f_0 = A + \frac{A}{4}\left|\ln\left|B_e{}^{V_i}\right|\right| = A + \frac{A}{4}\left|\ln|B|\right| + \frac{1}{4}V_i = KV_i \tag{4.190}$$

由式(4.189)可见,经传递函数为 $B_e{}^{V_i}$ 的线性变换后,$f_0$ 与输入调谐电压 $V$ 的关系完全线性化。

根据几何原理可求出线性变换的传递函数曲线如图 4.89 所示。图中,①为 VCO 原频率电压特性曲线;②为理想的线性曲线;③为曲线①相对曲线②的对称曲线。以输入电压 $V_i$ 为线性变换器传递函数的横坐标,横坐标 $V_i$ 各位对应曲线③上的各频率点,过该点做横轴的平行线与①相交,相交点所对应的横轴的电压值,即为线性变换电层 $V_4$,$V_4$ 即为线性变换器传递函数在输入电压为 $V_{11}$ 时对应的输出电压。同理,当 $V_1 = V_{12}$ 时,$V_0 = V_s$。

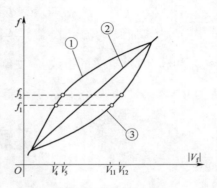

图 4.89　VCO 线性变换传递
函数曲线示意图

### 3. 数字化调谐 VCO

可根据 VCO 的电压 $V$ 与频率的特性曲线造一个 $V$-$f$ 的表,存到 ROM 中,当所需要那个频率时,这个频率码经 DSP 取自 ROM 中所对应的 $V_0$ 经 D/A 控制 VCO,产生所需的频率,如图 4.90 所示。

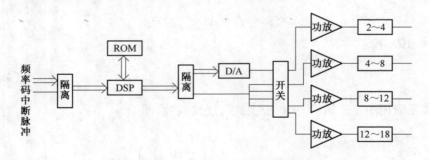

图 4.90　VCO 数字调谐工作原理

用变容二极管作为可变电容调谐的 VCO,不可能做到很宽的频带,只能分段,把 2~18GHz 分成四段,即 2~4GHz、4~8GHz、8~12GHz、12~18GHz。

VCO 突出的优点是调谐速度很快,在 $1\mu s$ 内可调谐范围为 2~18GHz,甚至更宽。而突出的缺点是稳定性差,频率随温度的漂移比较大,为了减小漂移必须加恒温槽,这样体积就比较大,耗电量也比较大,因此,现代的超宽频带被动雷达导引系统一般不采用 VCO 作为本振源,而是采用频率合成器。

## 4.5　频率合成器

频率合成器比普通信号源具有频谱纯、相位噪声低、频率切换快等优点,成为超宽频被动雷达寻的器系统的关键部件。

频率合成器的形式合成器一般分为直接式频率合成器、间接式频率合成器和直接数字式频率合成器(DDS)三大类。

### 4.5.1　直接式频率合成器

直接式频率合成器是利用大量的混频器(加、减)、倍频器(乘)和分频器(除)等基本方块组合起来,对标准频率源进行必要的算术操作再加上必要的放大器和滤波器以分离并选取需要的频率信号。

直接式频率合成器是由 $N$ 个振荡器同时工作的。这些振荡器输出被连接到一个 $N \times 1$ 维的开关矩阵上。所要求的频率是通过这个开关来选择的。选择速度主要是由开关的转换速度确定的,这种开关转换速度很快(如用门阵列)。但是这种类型的价格极昂贵,并且不适用于产生许多频率。制作一个直接频率合成器的一种实际的方法是,利用逐次混频、滤波和分频或倍频工作方式来产生频率。这种修正的方法是与基本的直接合成器设计极为类似。许多固定的频率源一直是采用这种方法得到的。输出频率是由选择正确的频率作为某些混频器输入以产生所要求的值来得到。但由于混频器会产生许多虚假频率,所以需要保证不要的频率的电平低于某一个电平。这种合成器的频率选择速度取决于 RF 转换速度和 RF 在滤波器中的传播。一般来说,直接合成的工作速度为几十到几百纳秒。

图 4.91 示出一种基本的直接式频率合成器。一个稳定的参考振荡器馈入到谐波产生器中用以产生许多与谐波有关的频率。然后用一个滤波器组把这些频率分开。这种方法只是产生许多同时频率的一种方法。当然,这些频率还可以用其他的方法产生。上述被分开的这些频率馈入到一个开关矩阵中,此开关矩阵输出频率 $f_x$ 和 $f_y$ 可以通过外部逻辑控制分开选择。$f_x$ 输出直接馈给混频器,而 $f_y$ 是通过分频器 $N$ 分频,然后馈到混频器的另一个输入端。混频器的输出可选为 $(f_x + f_y/N)$ ,它可以是 $N$ 个频率中的任何一个。由混频器产生的虚假频率若它们落在有用频率之外,则可利用输出带通滤波器滤除。但是,若这些虚假信号是落在有用频带之内,则它们就不可能被滤除。因此在这类合成器中产生的虚假频率可能很多。

直接式频率合成器要求许多个频率源,这些频率源必须一直在工作,虽然它不是一直在使用。实际上它们只在小部分时间内使用。因此,直接式频率合成器设计是极复杂的,它包括大量的放大器、混频器、倍频器、分频器和滤波器。直接式频率合成器的效率是很低的;直接式频率合成器中其输出频率是离散调谐而不是连续调谐的。

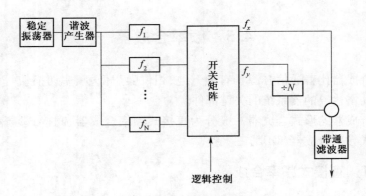

图 4.91　基本的直接式频率合成器

## 4.5.2　间接式频率合成器

间接式频率合成器是利用锁相环(PLL)或锁频环(FLL),用标准频率源来控制一个压控振荡器得到所需要的频率,所以有时也称为锁相环式频率合成器。

间接式频率合成器又可分为两大类:一类是间接模拟式;另一类是间接数字式。间接式模拟频率合成器可以获得低的相位噪声,但需要外部辅助频率捕获;间接式数字频率合成器虽然不需要外部辅助频率捕获,但带内相位噪声受到更多因素的影响,相位噪声相对较差。

图 4.92 为间接式模拟合成器的原理框图。图中由稳定振荡器 $f_0$ 经倍频后与 VCO 耦合输出的信号一同送入鉴相器,产生误差信号,经环路放大、滤波后控制 VCO 频率落到锁相环捕捉范围内。

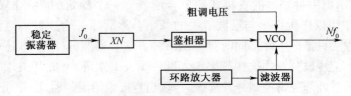

图 4.92　间接式模拟频率合成器

间接式频率合成器多采用数字式锁相环,或者模拟和数字并用,以实现某一特定场合高性能频率源的要求。图 4.93 为间接式频率合成器原理框图。图中 $f_i$ 和混频器、分频器 $N_1$ 是为了提高合成器工作频率至微波频段而选用的。输出频率 $f_0$ 经分频器 $N_1$ 或 $f_1$ 混频得到 $(f_0/N_1 - f_1)$,再经过数字分频器 $N$ 分频与 $f$ 一同送入鉴相器,产生误差信号,经环路放大、滤波后控制 VCO 输出频率,这里的数字分频器的分频比 $N$ 可用编程电控信号,使之在多位数字范围内取任意整数值,最后,合成器的输出频率为

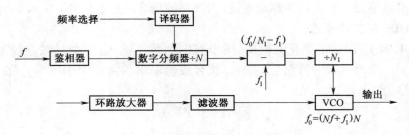

图 4.93    间接式频率合成器框图

$$f_0 = (Nf + f_1)N_1 \tag{4.191}$$

由上式可知,这一频率合成器的最小步级为 $N_1 f$,降低 $f$ 使步级间隔变小,但 $f$ 降低的同时,也使变换频率后的不稳定时间延长,即频率切换速度变慢,有可能慢至不能被系统所接受的程度,一般来说,这一类型的频率合成器最小步级选取在几十千赫。

由以上分析可见,间接式频率合成器比直接式频率合成器具有电路简单、体积小、重量轻、耗电省等特点,而且由于锁相环带宽可调,杂波抑制度一般较高,相位噪声也比较低。但是馈相环的使用同时给合成器带来了一些问题,例如切换速度较慢(几十微秒以上)、环路有失锁的可能。

### 4.5.3    直接数字式频率合成器

直接数字式频率合成器(DDS)已成为需要频率捷变特性系统的一种重要设计工具。随着数字器件速度的提高,发展更为迅速。由于 MMIC 技术的发展,DDS 技术中的关键部件如相位累加器、数模转换器、存储器等都取得了飞速发展。DDS 具有快速的频率转换、精确的频率步长、频移平滑、相位连续、输出平衡无瞬变过程的重要特点,是前两种合成技术所不可能具备的,这使得 DDS 成为频率捷变领域内一个重要的频率合成技术。它的开关速度快,一般在纳秒级、频率间隔也较合适,大多数 DDS 为 1MHz,还有,它结构简单、体积小、重量轻、成本低。虽然也有它的缺陷,如相位噪声和杂散噪声相对较高,最高输出频率也受到数字器件如数模转换器的限制。

直接数字式频率合成器具有许多优于间接式频率合成器之处,这是因为 PLL 在环路带宽、稳定时间和相位噪声之间要折中考虑,故有一些缺陷。DDS 虽也有一定的建立时间和相位噪声的限制,但具有几分之一赫的分辨力和纳秒级的转换速度。此外,能以相位连续的方式从一个频率转换到另一个频率,而 PLL 在频率转换过程中必须等待相位的瞬变过程结束之后才能稳定。DDS 的这些性能特点使之成为扩谱通信和任意波形发生技术中的一种理想工具。而且在数/模转换(D/A 或DAC)技术、存储器和数字控制方面的最新进展使 DDS 开辟了曾一度是 PLL 技术一统天下的若干应用场合,这些场合包括电子战、数据数字传输、测试信号产生器、通信卫星系统和极小孔径的终端系统,当然寻的器系统也不例外。

**1. DDS 的工作原理**

图 4.94 是 DDS 的简化方框图,图中有两个数字输入:一个是频率控制字($\Delta$相位),另一个是基准时钟信号($f_c$)。该合成器输出的是一个频率为 $f_a$ 的正弦波模拟信号,$f_c$ 与 $f_a$ 的关系是

$$f_a = (\Delta\,相位\,/2^N)f_c \qquad (4.192)$$

其中

$$N = \Delta\,相位分辨力$$

图 4.94  DDS 原理方框图

该合成器可以简单地分成三部分:相位累加器、相位正弦转换器和数/模转换器。相位累加器是一个有可编程步长的加法器,该步长就是每个时钟周期内的输出波形的相位步长。在每一个时钟周期内,相位累加器的输出就是输出正弦波的相位。该信号是一个频率等于输出正弦波的数字阶梯波。

相位正弦转换器取相位累加器输出的 $M$ 个有效值,并给出了一个幅度为($M-2$)位的正弦输出波。为了减少相位正弦转换的复杂程度,必须舍 $N-M$ 最低有效位(LSB)。

**2. DDS 的性能**

DDS 系统可以有效地提供一个频率标准,该频率标准是对时钟输入频率加以分频得到的。通过 $\Delta$ 相位输入对合成器进行数字调谐。一旦该输入数据寄存到相位累加器中,该控制电路就可用于实现系统的其他功能。

频率分辨力由 $N$ 值决定,如下式:

$$分辨力 = f_c/2^N \qquad (4.193)$$

这是优于锁相环路(PLL)的一个特点,锁相环路中基准频率直接决定了频率分辨力,该分辨力必须足够大,以避免大的倍频比率。

DDS 不但可以提供准确的频率分辨力,而且还可以有很宽的频率范围。最低输入频率是所用的时钟频率的最小分辨力或相位累加器的分辨力。奈奎斯特采样定理保持了在直到该时钟频率一半的所有频率下,数/模转换器都可以再现信号。因此,DDS 频率的上限由合成器的最大时钟频率决定,该频率由下式给出:

$$f_{max} = f_c/2 \qquad (4.194)$$

由时钟频率可见,DDS 电路的输出频率可以在超高频域内。实际上,DDS 系统的频率范围主要受数/模转换器性能的制约。这是由于在较高时钟频率下,数/模转换器实际能达到的分辨力与性能都受限制。因此,通常采用混合设计的方法使 DDS

系统的优点得以保证。

随着输出频率的增加,每一正弦周期内的幅度采样数就减小,这使得数/模转换器准确地重现输出正弦波的难度更大了。模拟正弦波的准确度常以其频谱纯度来表示。在很多实际应用的场合,直接数字式频率合成系统输出频率满足要求的频率范围仅为有效带宽$f_c/2$的一部分,实际上限制了合成器的频率范围。由经验看,为保证一定的频谱纯度,输出频率一般限制在$f_c/4$以内。

DDS 的另一个特点是其频率切换速度,如果改变 Δ 相位输入控制字,在下一个时钟周期内,相位累加器的频率将随之改变,切换速度仅仅受数字电路传输时延的限制。直接数字合成系统的频率瞬态变化也是相位连续的。通过比较看出,锁相环路的瞬态变化包括一个频率瞬态变化过程(通常是几微秒)和一个频率阶跃尖峰。

DDS 本身还具有低相位噪声和低漂移的特点,实际上,这些特点是基准时钟源本身所固有的。在大多数直接数字式频率合成系统应用中,一般由固定的晶体振荡器来产生基准频率,所以其相位噪声和漂移的特性是极为优异的。

理想条件下,合成器的输出频谱仅包括单个频率。但由于 DDS 输出信号是以数字形式逼近正弦波的,所以在理论上,从直流到$f_c/2$频率范围内,输出频谱仅包括该正弦波频率以及一个等于$q/12^{1/2}$的不变的量化噪声(其中$q$是一个最低有效位的加权值)。同许多采样系统一样,输出频率幅度响应的加权值为

$$A = \sin(\pi f_a/f_c)/(\pi f_a/f_c) \qquad (4.195)$$

式中:$A$ 为归一化输出幅度。

这种影响可以由一个逆 $\sin x/x$ 滤波器来校正,每一 $f_c$ 倍频附近出现的奈奎斯特镜像频率(直流至$f_c/2$)也由 $\sin x/x$ 函数加权。这些镜像频率通常可以通过在数/模转换器的输出端用低通滤波器来滤除。

图 4.95 是对 DDS 输出频谱的一个较为客观的描述,由图可见,该传递函数不够理想,数/模转换过程中会产生一些附加分量。该噪声分布不再是均匀分布,同时还会产生基频的谐波及其镜像频率,以及一些没有明显谐波关系的虚假信号。

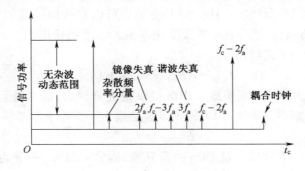

图 4.95　DDS 的实际输出频谱

由以上分析可以看出,DDS 受数/模转换器速度限制,带宽和其他性能受到限制,因此,采用混合型频率合成器。

### 4.5.4　锁相环/直接数字式频率合成器技术

把 DDS 和 PLL 组合起来的技术,以构成能满足不同性能指标要求的功能强的混合式合成器。

**1. 直接数字式频率合成器与直接模拟合成器混合合成器(DDS /DAS)**

DDS/DAS 包含一个提供固定频率输出的锁相环。这种合成器还提供带宽扩展和 DDS 输出的上变频功能,如图 4.96 所示。

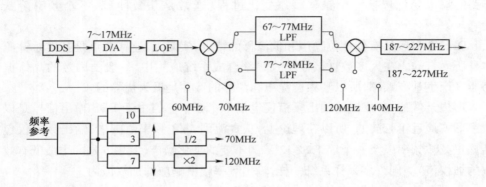

图 4.96　DDS/DAS 混合式合成器

由于 DDS 的固有高性能,故相位噪声性能特别好。因为不要求 PLL 在输出频率之间转换,所以它的噪声性能最佳化是项比较容易实现的。

**2. 具有 DDS 产生的频率失调的 PLL**

图 4.97 表示具有 DDS 产生的内部失调频率的一个锁相环。这种方法是多环合成器设计的一个典型,但在这种情况下,精确频率阶跃 PLL 已经被单个 DDS 代替。由于 DDS 有精确的频率分辨力,因此这种合成器能够提供包含许多环的一种 PLL 方法更好的频率分辨力。DDS 的基本输出可以直接加到混频器中,也可直接利用 DDS 的镜频响应,这样就不需要变频本振。当不用任用的“÷P”分频器时,合成器的输出频率由下式给出:

$$F_{\text{out}} = NF_{\text{ref}} + F_{\text{DDS}} + D_{\text{LO}} \tag{4.196}$$

PLL 提供以 $F_{\text{ref}}$ 为单位的粗阶跃。DDS 提供精确分辨力,以填补粗阶跃之间的间隙。对于连续频率覆盖来说,DDS 输出带宽必须大于或等于参考频率:

$$\Delta f_{\text{DDS}} \geqslant F_{\text{ref}} \tag{4.197}$$

这种合成器的阶跃量就是 DDS 的阶跃量,通常≪1Hz。一种可选用的方法是在合成器输出端和混频器之间包括一个固定的分频器“÷P”。在这种情况下,输出频率由下式给出:

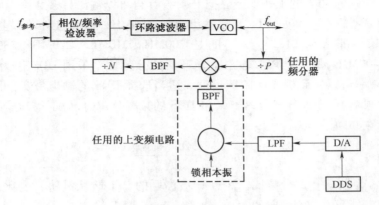

图 4.97 具有 DDS 产生的频率失调的 PLL

$$F_{\text{out}} = NPF_{\text{ref}} + P(F_{\text{DDS}} + F_{\text{LO}}) \qquad (4.198)$$

DDS 带宽必须是 $\Delta f_{\text{DDS}} \geqslant F_{\text{ref}}$。这种合成器的频率阶跃量是

$$\text{阶跃量} = \text{DDS 阶跃量} \times P \qquad (4.199)$$

这种 DDS/PLL 混合式合成器允许加到 PLL 的参考频率比较高,而仍然提供特别精确的频率阶跃。参考频率高,可以得到几个重要的好处:

(1)环路分频比 $N$ 是一个低值。由于环路带宽的输出相位噪声是参考相位噪声+$20\lg(N)$dB,故 $N$ 的值小,可把这个噪声减至最小。

(2)环路带宽的典型值小于或等于参考频率 10%。因此参考频率高,可以允许宽的环路带宽。因为 VCO 噪声在 $\omega_{3\text{dB}}$ 上开始以每倍频程 12dB 的斜率抑制,一直变到直流,所以宽的环路带宽产生低的相位噪声输出,即使用有噪声的 VCO 也是如此。

(3)这种合成器使获得宽的环路带宽成为可能,这样就能得到相应较快的建立时间。

因为这种拓扑类似于多环设计的拓扑。但 DDS 可以给出它的故有好处:精确频率阶跃、快速建立以及极好的相位噪声和虚假性能。

**3. DDS 激励的 PLL**

1)工作原理及其特性

图 4.98 给出了 DDS 激励的 PLL 的方框图。一个经过滤波和限幅的 DDS 输出用作 PLL 的参考。一个任用的分频器可以用于对 DDS 输出进行分频,以便为一种特定的滤波器技术提供一个适当的中心频率,或简单地改善它的噪声和虚假特性。

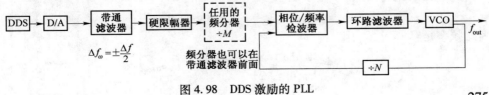

图 4.98　DDS 激励的 PLL

275

DDS 激励的 PLL 的工作如下。把 PLL 设计得可以输出许多频率,频率分辨力等于它的参考频率。例如,PLL 可以输出 200～400MHz,如果加到 PLL 上的参考频率是 10MHz,那么从 PLL 可输出的是 200MHz、210MHz、220MHz、230MHz、…、390MHz、400MHz,每一个 PLL 输出都是环路的分频比。采用 DDS 作为环路的参考,参考频率可以做到极小的阶跃尺度。适当选择 DDS 的输出带宽,可使合成器有连续的频率覆盖,其分辨力等于 N 倍 DDS 的频率分辨力,为了得到连续的覆盖,DDS 的带宽必须是:

$$\Delta f_{\text{DDS}} \geqslant \frac{\text{DDS 中心频率}}{N_{\min}} \qquad (4.200)$$

式中: $N_{\min}$ 为最小 PLL 分频比。注意 DDS 激励的 PLL 阶跃量随 N 变化,因此在整个输出频率范围内是不固定的。

为了理解 DDS 激励的 PLL 的噪声和虚假性能,必须从 DDS 的输出特性着手,并分析 PLL 对 DDS 参考的影响。DDS 有特别好的相位噪声特性,但其虚假成分比参考振荡器的大。DDS 输出具有由相位截断误差引起的调相虚假信号(主要是由幅度量化引起的调幅虚假信号,以及由 D/A 非线性和时钟耦合引起的互调产物产生的混频附加虚假信号)。

DDS 激励的 PLL 的特点:①它应用最少的硬件和直流功率,使用 Qualcomm、Q2334 双 DDS 和 Quclcomm、Q3036 单片 PLL 合成器,采用三个集成电路加上一个带通滤波器和 VCO 可以制造大于 1500MHz 的一个倍频程带宽的精确分辨力的合成器;②因为没有使用混频器,故虚假性能是特别好的,可预测的和可重复的;③频率分辨力典型值为 1Hz 或更小;④具有快速转换时间和特别好的噪声性能。

2)输入有噪声的倍频分析

对于具有调幅虚假信号的频率参考,我们考虑一个倍频器的调幅频谱输入:

$$X(t) = A[1 + m(t)]\cos\omega_1 t \qquad (4.201)$$

如果该频率倍乘以 $n = \omega_2/\omega_1$,那么倍频器的输出是

$$Y(t) = A[1 + m(t)]\cos(n\omega_1 t) \qquad (4.202)$$

调制指数不改变,倍频器输出端的调幅虚假信号并不比输入端的大。事实上,调幅虚假信号在倍频之前或之后受到限幅器的抑制。

对于具有调幅虚假信号的频率参考,我们考虑由正弦波调制的载波相位:

$$Y_1(t) = A\cos(\omega_1 t + \beta\sin\omega_m t) \qquad (4.203)$$

式中: $\beta$ 为调制指数。

$Y_1(t)$ 的相位是

$$\varphi[Y_1(t)] = \omega_1 t + \beta\sin\omega_m t \qquad (4.204)$$

因此频率是

$$f_1(t) = \frac{1}{2\pi}\frac{\mathrm{d}\varphi}{\mathrm{d}t} = \frac{1}{2\pi}(\omega_1 + \beta\omega_m\cos\omega_m t) \qquad (4.205)$$

276

将这个信号在频率上乘以 $n = \omega_2/\omega_1$ 以后,得

$$f_2(t) = nf_1(t) = \frac{1}{2\pi}(n\omega_1 + n\beta\omega_m\cos\omega_m t)$$

$$= \frac{1}{2\pi}(\omega_2 + n\beta\omega_m\cos\omega_m t) \tag{4.206}$$

将这个式子进行积分以便确定相位:

$$\varphi(Y_1(t)) = \omega_2 t + n\beta\sin\omega_m t \tag{4.207}$$

因此

$$Y_2(t) = A\cos(\omega_2 t + n\beta\sin\omega_m t) \tag{4.208}$$

调制指数现在是 $n\beta$ 而不是 $\beta$ ,但等效于调制频率的单边带失调频率 $f_m$ 没有改变。调相信号 $Y_1(t)$ 的频谱通过检查等效关系式给出:

$$Y_1(t) = A\cos(\omega_1 t + n\beta\sin\omega_m t) = A\sum_{i=-\infty}^{+\infty} j_i(\beta)\cos(\omega_1 t - i\omega_m)t \tag{4.209}$$

式中:$j_i(\beta)$ 为第一类贝塞尔函数。因此 $Y_2(t)$ 的频谱由下式决定:

$$Y_2(t) = A\sum_{i=-\infty}^{+\infty} j_i(n\beta)\cos(\omega_2 t + i\omega_m)t \tag{4.210}$$

中心在倍频器载波输入附近的调相虚假信号仅仅在幅度上增加,它们偏离载波的失调保持不变,对于正弦调制来说,频率乘以 $n$ 可以增加偏离载波的失调 $i_x f_m$ 上的调相虚假功率,增加比值为

$$虚假功率比 = \left(\frac{J_i(n\beta)}{J_i(\beta)}\right)^2 \tag{4.211}$$

现在考虑 DDS 产生的调相过程,其中调制波形是峰间幅度为 $2\pi/2^P$ 的一个锯齿波。在这种情况下,频率倍乘 $n$ 的结果是把每一个虚假信号的幅度增加 $n$ 倍,而对失调频率没有影响。因此,频率乘以 $n$ 倍把 DDS 相位截断虚假信号功率增加 $n^2$ 倍($20\lg n$(dB)),但不改变这些虚假信号偏离载波的频率失调。

对于具有调频虚假信号的频率参考,考虑调频信号

$$Z_1(t) = A\cos\left(\omega t + 2\pi f_d\int_0^t m(x)\,dx\right) \tag{4.212}$$

式中:$f_d$ 为频偏常数。对于 $m(t) = \cos\omega_m t$ ,有

$$Z_1(t) = A\cos\left(\omega_1 t + \frac{f_d}{f_m}\sin\omega_m t\right) \tag{4.213}$$

就是有正弦调制的调相情况而论,这是理想的分析。注意,在调频情况下(与调相不同),调制指数是调制频率的函数。考虑到这一点,当一个调频信号加到倍频器上时,会发生同样的情况,如同调相信号的情况一样。调制边带电压增加 $J_i(n\beta)/J_i(\beta)$ 倍,偏离载波的频率失调不会改变。

这里解决由以下离散虚假信号引起的离散虚假问题。这些虚假信号是参考频率以及这些谐波和其他信号之间的互调产物的谐波、时钟耦合、电源影响的杂散耦

合,等等。在参考频率附近的对称的一对边带可以是调幅或调相或两者的混合。如果这一对边带是调幅,则其对称相位抖动影响为零。由于每一对对称的调相边带产生的相位抖动方差为

$$\varphi_{总}^2 = \varphi_1^2 + \varphi_2^2 + \varphi_3^2 + \cdots \tag{4.214}$$

每一根单独的(不是对称对的一部分)离散线的相位抖动方差由下式给出:

$$\varphi_{总}^2 = \varphi_1^2 + \varphi_2^2 + \varphi_3^2 + \cdots \tag{4.215}$$

这是做了一个保守的假设,认为这些虚假信号原是调相的。由于离散的附加虚假信号的相位抖动在乘 $n$ 倍频器输出端增加 $n$ 倍。每一个虚假的功率增加 $n^2(20\lg n)$ dB。

很多文献中曾分析过倍频对附加单位带和双边带白热噪声的影响。我们在这里只归纳出几个结果。

附加到功率为 $C$ 的纯载波上的噪声密度为 $N_0$ 的叠加单边带白高斯噪声可以被等分为调幅分量和调相分量。在倍频 $n$ 以后,调相分量的调制指数倍增 $n$ 倍,而调幅指数不受影响。如果 $n \gg 1$,倍频将附加的单位边带噪声转化为原来的双边带相位噪声。将频率 $f_1$ 倍频 $n$ 倍给出频率 $f_2$ 就会产生如下载波噪声密度比:

附加的单边带噪声

$$\left(\frac{C}{N_0}\right)_2 = \frac{4}{n^2}\left(\frac{C}{N_0}\right)_1 \quad (n \gg 1) \tag{4.216}$$

在叠加的双边带白高斯噪声情况下,倍频 $n$ 倍以后的载波噪声密度比是:

附加的双边带噪声

$$\left(\frac{C}{N_0}\right)_2 = \frac{2}{n^2}\left(\frac{C}{N_0}\right)_1 \tag{4.217}$$

因此,倍频 $n$ 倍使相位噪声功率倍增 $n^2$ 倍,附加的双边带白高斯噪声倍增 $n^2/2$。

### 4. DDS 激励的 PLL 性能

图 4.99 所示为 DDS 激励的 PLL 的性能。该系统的特性与 DDS 特性、带通滤波器带宽和 PLL 参数有关。如果转换速度不重要,那么 PLL 环路带宽可以做得特别窄。在这种情况下,输出的相位噪声和虚假性能主要是 VCO 决定的。图 4.99 中的带通滤波器可以用低通滤波器代替,因为参考信号对输出频谱的影响最小。如果对于 VCO 信号纯、频带宽、分辨力精、虚假的相位噪声性能(VCO 的性能)良好、尺寸小、功耗低,但在输出频率之间转换速度慢的合成器来说,这种方法可能是最简单的方法。

如果转换速度快是重要的指标,那么 PLL 环路带宽必须做得相当大。在这种情况下,图 4.99 中的带通滤波器、硬限幅器和任用的分频器就变得重要了。在缺乏这三种功能的情况下,未加修改的 DDS 输出(具有抗假频滤波器)通过 PLL 的倍频 $N$ 倍。在环路带宽之内,在 DDS 输出端上的噪声处理会发生下述情况。

(1)相位截断引起的虚假信号。这些虚假信号在功率上倍增 $20\lg N$(dB),它

们偏离载波的频率失调不会改变。这些虚假信号通过 PLL 作为闭环带宽的一个低通过程得到每个倍频程 6dB 的滤波。注意 DDS 调相虚假信号的功率精确地倍增 $20\lg N(\mathrm{dB})$，而具有正弦调制的调相过程在幅度上可能以贝塞尔函数的一个比值增加。

（2）幅度量化引起的虚假信号。如上面讨论的那样，这些虚假信号是调幅虚假信号。非线性可以将这种调幅过程的一部分转换成调相。因为倍频 $N$ 倍不会影响到调幅信号的调制指数，所以非线性的 PLL 电路倾向于抑制调幅虚假信号。要采取的最好办法是对已调滤波的 DDS 输出进行硬限幅，以便抑制调幅虚假信号或噪声过程的调幅分量。限幅器位于 PLL 之前。

（3）D/A 非线性引起的虚假信号。这些是附加的离散虚假信号，因此功率上增加 $20\lg N(\mathrm{dB})$，它们偏离载波的失调不会改变。这些虚假被 PLL 低通特性以每倍频程 6dB 的斜率滤波。

（4）相位噪声。DDS 相位噪声是其参考信号改善 $20\lg(f_{瞬时}/f_{输出})\mathrm{dB}$ 的相位噪声，这种改善受到 DDS 电路噪声基底的限制。PLL 倍频器使这种 DDS 相位噪声在闭环带宽之内增加 $20\lg N(\mathrm{dB})$，而在环路带宽之外以每倍频程 6dB 的斜率滤波。

（5）附加热噪声。由 DDS 电路产生的附加噪声被 PLL 倍频 $N^2/2$ 或 $+(20\lg N-3)(\mathrm{dB})$。

注意到这样一点是重要的，PLL 增加了虚假信号的幅度而不是它们偏离参考信号的频率失调。图 4.99 中的带通滤波器保证加到 PLL 上的 DDS 产生的虚假信号和噪声将限于它的 $\pm\dfrac{\Delta f}{2}$ 带宽。在倍频 $N$ 倍以后，噪声和虚假信号将增加 $20\lg N\mathrm{dB}$，但仅仅在输出频率的 $\pm\dfrac{\Delta f}{2}$ 之内。超过这一点，虚假信号和噪声受到带通滤波器边缘的抑制。实质上，带通滤波器用作一个可调的高频跟踪滤波器，但它实质上是一个固定的、低频的。输出频谱是由噪声和虚假信号基底所围绕的纯信号，该基底带宽是 $\pm\dfrac{\Delta f}{2}$。由于带通滤波器和环路的第一阶响应，超过这一点噪声和虚假信号就快速降落。如果采用一个窄带晶体滤波器，该基底可以做得特别窄。

带通滤波器带宽和中心频率的选择在转换速度、噪声性能和对连续频率覆盖的需要之间折中考虑。好的相位噪声和抗噪设计实践要求 $N$ 小，因而要求参考频率高，小 $N$ 要求比较宽的带通滤波器，带宽提供连续频率覆盖（参见式（4.206））。某些滤波器技术在希望的参考频率上可能不能实现。还应当注意，窄带带通滤波器带宽反而影响转换速度。因此，带通滤波器中心频率和带宽的选择在这些问题之间起一个平衡作用。

当大频率范围上观察时，得到的频谱可以做得接近无虚假，但当靠近观察时有噪声基底。对于仪器一类的应用来说，这可能变得不可接受。对这些应用来说，可以采用特别窄的环路带宽来消除该基底(以降低转变速度为代价),或通过采用其他合成器拓扑。在正在发射的频谱比合成器噪声基底宽的通信应用中这种拓补可能是理想的。

如图 4.99 所示,当 DDS 激励的 PLL 用于上变一个比较宽的数据或视频频谱时,它似乎是无虚假的。如果解调电路没有解调靠近虚假信号(它们的典型值是 20~35dB)的一个信号的问题,那么这种合成器方法可能是理想的。

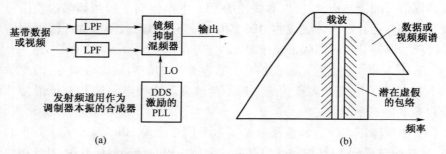

图 4.99　快速跳频的 DDS 激励的 PLL 工作框图(a)及宽带数据或视频频谱(b)

图 4.99 中的硬限幅器可以抑制来自 DDS 的调幅虚假分量。这些除了 DDS 热噪声的调幅部分之外还有调幅幅度量化过程产生的分量。因为调幅虚假信号对 PLL 输出性能有不可预料的影响,因此最好消除它们。实际上,硬限幅器可以明显地改善合成器的性能。

图 4.99 中的任用频分器完成两种功能:①它改善 DDS 的虚假和噪声性能,一般为 $20\lg N$(dB)。②在选择 PLL 的参考频率和晶体滤波器中心频率方面,它提供灵活性。这是因为 DDS 输出和 PLL 参考输入是在不同的频率上。所得的额外自由度在确定带通滤波器响应中可能有帮助。

### 4.5.5　快速锁相频率合成器

在宽频带被动寻引系统中,宽开式接收机(如瞬时测频接收机)有不少优点,但瞬时带宽越宽,接收机可能做到的极限灵敏度越低;另一方面,由接收机输出送给终端的脉冲量却会增大。如脉冲流量为 50 万个/s 脉冲,且脉冲平均宽度为 $0.5\mu s$,那么在任一长度为 $4\mu s$ 时窗口上,总可以出现一个脉冲概率将达到 86%,从而使只用到达时间来分选脉冲事实上成为不可能。正是这样,窄带瞬时带宽的扫描接收机在宽频带导引系统中仍为不可少的一种接收机。为了实现测频的准确性和调谐的智能化,频率合成器就成了这类接收机不可缺少的一部分。频率储存技术可采用较高测频精度时,所记录的频率值可以看成一种存储,而准确地根据频率值复制频率的办法之一就是使用频率合成器。

**1. 宽频带寻的器系统中的频率合成器**

在宽频带导引系统中的频率合成器,$10^{-6}$ 以上的相对频率精度已满足要求,在

280

1000MHz 以上,500kHz 的频率步长在大多数情况下已够用。即宽频带导引系统的频率合成器对频率精度和稳定度没有苛求,对源的相位噪声要求也比较低,但是调谐的快速成为关键的一个指标。举例说,一个 8~10GHz 的频率源,如果以 2MHz 为步长扫描,覆盖这样一个在寻的器中不宽的频段也要 1000 步。当要求接收机以 50ms 为周期(这同样是一个很宽松的要求)扫完该频段时,每个频率步长允许的时间为 $50\mu s$,为了使用这个频率,产生它所占的时间当然只能是 $50\mu s$ 的一小部分,比如不到 $10\mu s$。已经存在一些仪器用的频率合成器,各方面的性能指标都很好,带宽也比上述例子大,但它完成一个频率阶跃的时间可长达 50ms,其中真正消耗在频率过渡上的时间超过 1ms,而且在这段时间内,什么样的过渡频率都可能被产生。显然这样的性能不能满足电子战应用要求。在目前的市场上,可用的频率合成器的步长为几兆赫时,合成时间长达 1ms 级,据报道,最先进的合成器的跳变范围的 1GHz 之内时,最快的合成时间为 $1~2\mu s$。

使用非相关法,合成的速度可能受限于电子开关的速度,从而可能很快。但是非相干法故有的缺点是参考源太多,固有带宽小而成本高。宽频带寻的器系统应用恰恰要求带宽大而又不希望成本很高,因此不那么实用。使用直接数字生成,为了有良好的波形,一般都要让数字信号通过滤波器,数字读出的长度大体要有几十个步长所对应的周期,这样对于小步长,即使电路响应足够快,合成的时间也已经无法很快了,如果使用相关法,一般的锁相体制仍要求较长的合成时间。其主要理由可以解释如下:相干法总是用一基准参考源,通过分频、倍频、混频、滤波等手段,产生某种信号,用以控制一个振荡器产生我们需要的频率。原理上采用下列办法,可用图 4.100 所示的单环路来说明。参考源通过某种处理,形成与最小频率 $\Delta f$ 同频的参考基准,可变振荡器的输出被 $N$ 分频,二者进行比相,这个输出在经过低通滤波器后,用来反馈控制可变振荡器;从而使它的频率稳定在 $N\Delta f$ 上。这样做的结果,图中低通滤波器的通带宽度显然小于 $\Delta f$,从而使环路的响应时间至少大于几个 $1/\Delta f$。当整个合成器由几个环路组成时,合成频率的时间就更长了。这样,如果 $\Delta f = 1MHz$,一般合成法是无法在几微秒内合成一个频率的。必须寻找一种快速的方法。可采用差动频率合成器以形成快速的频率合成器。

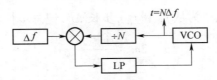

图 4.100　与步长频率 $\Delta f$ 相比的相干法频率合成原理

**2. 差动频率合成原理**

使用两个步长较大的锁相环路,它们的差比较小,合成的频率合成器可以以较小的步长合成频率。由于环路的工作的步长较大,响应较快,所以这种相干法的频率合成器频率所用时间较短。在工作实现时,当然也可以使用多个环路。下面仅以二环路体制说明其原理。

采用如图 4.101 所示的二环路,则生频率锁定后,有

$$f_1 = N_1 \Delta f_1 \tag{4.218}$$

$$|f_2 - f_1| = N_2 \Delta f_2 \tag{4.219}$$

从而输出功率为

$$f_2 = f_1 \pm N_2 \Delta f_2 = N_1 \Delta f_1 \pm N_2 \Delta f_2 \tag{4.220}$$

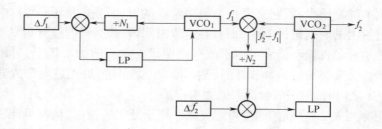

图 4.101　差动二环路频率合成原理

中用的办法是用 $f_1$ 完成大步长,$|f_2 - f_1|$ 完成小步长,即可以取 $\Delta f_2 = \Delta f, \Delta f_1 = n\Delta f$。例如,$\Delta f_1 = 10\Delta f$。由于有较低频率的 $\Delta f$ 环路存在,如前所述,它不可能响应很快。如果我们取 $\Delta f_1, \Delta f_2$ 均大于 $\Delta f$,我们就回避了低频环路,整个合成器的响应速度就可以提高。至于 $\Delta f_1$ 和 $\Delta f_2$ 本身,它们是固定的,生成它们的时间不影响每次频率变化所需的时间。一般取

$$\Delta f_1 = n\Delta f \tag{4.221}$$

$$\Delta f_2 = (n - 1)\Delta f \tag{4.222}$$

改写式(4.226)为

$$f_2 = N_1 \Delta f \pm N_2 \Delta f_2 = (N_1 \pm N_2)\Delta f_1 \mp N_2(\Delta f_2 - \Delta f_1)$$
$$= [n(N_1 \pm N_2) \mp N_2]\Delta f \tag{4.223}$$

只要 $N_2$ 的变化范围达到 $n$,$f_2$ 可以是步长为 $\Delta f$ 的各种频率,它的范围由 $N_1$ 和 $N_2$ 的变化范围确定。当然,为使 $\Delta f_1$ 和 $\Delta f_2$ 之间的关系准确,它们常常用另外一个公共基准来合成。

设我们要合成的频率为从 $f_A$ 到 $f_B$,步长 $\Delta f$,记总步长数为

$$2m = \frac{f_B - f_A}{\Delta f} \tag{4.224}$$

为使 $N_1$ 的变化范围小一点,一般将整个频段分成两段:第一段 $f_2$ 从 $f_A$ 到 $\dfrac{f_A + f_B}{2}$,第二段 $f_2$ 从 $\dfrac{f_A + f_B}{2}$ 到 $f_B$;设计 $|f_2 - f_1|$ 的变化均为 $f_a$ 到 $f_b$。于是,在第一段内,由于 $f_1 > f_2$,$f_1$ 从 $f_A + f_a$ 到 $\dfrac{f_A + f_B}{2} + f_b$,在第二段内,由于 $f_1 < f_2$,$f_1$ 从 $\dfrac{f_A + f_B}{2} - f_b$

到 $f_B - f_a$。设计两段的 $f_1$ 变化范围相同，则有

$$f_A + f_a = \frac{f_A + f_B}{2} - f_b \tag{4.225}$$

和

$$\frac{f_A + f_B}{2} + f_b = f_B - f_a \tag{4.226}$$

可以解出

$$f_a + f_b = \frac{f_B - f_A}{2} = m\Delta f \tag{4.227}$$

若引入

$$k = \frac{f_b}{f_a} \tag{4.228}$$

则

$$f_a = \frac{m}{k+1}\Delta f \tag{4.229}$$

另一方面

$$f_b - f_a = \widetilde{N}_2 \Delta f_2 \tag{4.230}$$

其中，$\widetilde{N}_2$ 为 $N_2$ 的变化范围，由前面所述，$\widetilde{N}_2 \geqslant n$。

从而

$$f_a \geqslant \frac{n(n-1)}{k-1}\Delta f \tag{4.231}$$

结合式（4.229）和式（4.231）有

$$n(n-1) \leqslant \frac{k-1}{k+1}m \tag{4.232}$$

如果要尽量大的 $n$，有

$$n = \left\lfloor \sqrt{\frac{k-1}{k+1}m + \frac{1}{4}} + \frac{1}{2} \right\rfloor \tag{4.233}$$

其中，$\lfloor x \rfloor$ 表示不大于 $x$ 的最大整数。这样，实际取

$$N_{2\min} = \left\lceil \frac{n}{k-1} \right\rceil \tag{4.234}$$

其中，$\lceil x \rceil$ 表示不小于 $x$ 的最大整数。由于 $N_2$ 的变化范围应为 $n$，则

$$N_{2\max} = N_{2\min} + n - 1 \tag{4.235}$$

这样，实际上

$$f_b = N_{2\max}(n-1)\Delta f \tag{4.236}$$

$f_1$ 的变化范围为

$$\widetilde{f}_1 = \left[\frac{f_A + f_B}{2} + f_b\right] - \left[\frac{f_A + f_B}{2} - f_b\right] = 2f_b \tag{4.237}$$

从而

$$N_{1\min} = \left\lfloor \left(\frac{f_A + f_B}{2} - f_b\right) / n\Delta f \right\rfloor \tag{4.238}$$

$$N_{1\text{man}} = \left\lceil \left(\frac{f_A + f_B}{2} + f_b\right) / n\Delta f \right\rceil \tag{4.239}$$

283

如果要作一个估算,则有

$$n = \sqrt{m} \tag{4.240}$$

$$\widetilde{N}_2 = \sqrt{m} \tag{4.241}$$

$$\widetilde{N}_1 = 2\sqrt{m} \tag{4.242}$$

为了工程实现的方便,我们往往要求 $|f_2 - f_1| < f_1$ 和 $|f_2 - f_1| < f_2$,$|f_2 - f_1|$ 最高位 $f_b$,而 $f_1 f_2$ 最低位 $f_A$,要求

$$f_b < f_A \tag{4.243}$$

由于

$$f_b = kf_a < m\Delta f = \frac{f_B - f_A}{2} = \left(\frac{f_B/f_A - 1}{2}\right)f_A \tag{4.244}$$

只要

$$f_B/f_A < 3 \tag{4.245}$$

式(4.243)就必定被满足。

设 $f_A = 8000\text{MHz}$,$f_B = 12000\text{MHz}$,$\Delta f = 1\text{MHz}$,则 $m = 4000/2 = 2000$;如果取 $k = 5$,那么应有 $n \leqslant \sqrt{\dfrac{4 \times 2000}{6} + \dfrac{1}{4}} + \dfrac{1}{2} = 37$;取 $n = 37$,则二个基准分别为 $n\Delta f = 37\text{MHz}$ 和 $(n-1)\Delta f = 36\text{MHz}$;相应地 $N_{2\min} = \left\lceil\dfrac{37}{4}\right\rceil = 10$,$N_{2\max} = 10 + 36 = 46$;于是 $f_b = 46 \times 36\text{MHz} = 1656\text{MHz}$,$N_{1\min} = \left\lfloor\dfrac{8433}{37}\right\rfloor = 225$,$N_{1\max} = \left\lceil\dfrac{11656}{37}\right\rceil = 316$。

生成频率时,如果求 $f_2 = 8000\text{MHz}$,则取 $N_1 = 260$,$N_2 = 45$,$260 \times 37 - 45 \times 36 = 8000$;若要求 $f_2 = 8005\text{MHz}$,取 $N_1 = 229$,$N_2 = 13$,$229 \times 37 - 13 \times 36 = 8005$;若要求 $f_2 = 11000\text{MHz}$,取 $N_1 = 272$,$N_2 = 26$,$272 \times 37 + 26 \times 36 = 11000$。

### 4.5.6　0.03～18GHz 的频率合成器

0.03～18GHz 的频率合成器分成高低两段,低段为 0.03～2GHz;高段为 2～18GHz。

#### 1. 低频段频率合成器

低频段包括三个波段:Ⅰ. 波段(0.03～0.5GHz)、Ⅱ. 波段(0.5～1GHz)和Ⅲ. 波段(1～2GHz)。由 Q3036PLL 为主锁相环完成粗频率分辨力,由 DDS 完成细频率分辨力,并通过适当的频率搬移覆盖频率范围。原理方框图如图 4.102 所示。其分辨力为 10MHz,在 500 MHz 的射频范围内实现频率捷变及调频功能。由锁相理论可知,锁相环的跳频时间与环路带宽成反比。因此,为缩短频率捷变时间,设计了较宽的环路带宽,但又由锁相调频原理可知,锁相调频的调制频率 $f_m$ 应大于环路带宽 $f_n$,否则将产生失真。因为本系统中调制信号频率较低(最小为 200MHz),所以为实现线性调频,应选择较小的环路带宽。在电路中设置宽环和窄环两路环路滤波器(LF),当调频时选择窄环环路滤波,以保证正常调频;当不调频

时选择宽环环路滤波器,以保证快速频率转换。另外,当确保宽频带内调频的线性性能,还采用了 FM 线性修正电路。

在波段 0.03~0.5GHz 频率合成器中,DDS 输出频率分辨力为 0.5MHz、带宽为 10MHz,通过三级混频并与基本频率合成器相结合可以实现输出频率在 0.03~0.5GHz 频率范围内以 0.5MHz 的频率分辨力连续可变。该波段的相对带宽很宽,采用下变频的方式不失为一种简单有效的拓展相对带宽的措施,同时下变频还能够改善带内谐波抑制性能。在第一混频器后引入 QPSK 调相模块完成相位调制功能。

波段 0.5~1GHz 频率合成器的原理与 I 波段相同。

波段 1~2GHz 是由 II 波段经两倍频得到的,为保证谐波抑制性能,输出端采用了开关滤波器。为保证 0.5MHz 的频率分辨力,该波段中的 DDS 频率分辨力设置为 0.25MHz。在该波段的输出端引入 QPSK 模块来完成调相功能。

合理的配置频率采用 DDS、PLL 以及倍频、分频、混频、滤波放大等措施。特别是在滤波器的运用上,根据不同的频段和技术指标的要求,可分别采用 LC、微带、悬置微带、腔体以及声表面波(SAW)等多种形式的滤波器,并采用滤波—放大—滤波以及开关滤波等多种措施提高频谱纯度。

**2. 高频段频率合成器**

高频段的频率合成器包括四个波段:IV 波段(2~4GHz)、V 波段(4~8GHz)、VI 波段(8~12GHz)和 VII 波段(12~18GHz)。利用谐波混频锁相式频率合成技术,它是一种工作频带宽、跳频速度快的比较简便的频率综合技术。其原理框图如图 4.103 所示。该方案通用性较强,便于模块化设计。各个模块具有独立的功能,既有通用模块,又有专用模块。通过更换专用模块,很容易将频率扩展到其他频段。因此,高频段的频率合成器是以此为基础的。

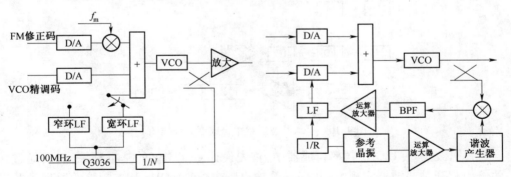

图 4.102　基本频率合成器原理框图　　图 4.103　谐波混频锁相式频率合成器原理框图

在这里仍然采用 DDS 技术来实现高分辨力,采用谐波混频锁相环来实现宽频带覆盖以及粗频率分辨力。但因 DDS 输出的带宽有限,为实现频率连续覆盖,谐波混频锁相环也应具有较高的频率分辨力(如 20MHz)。如图 4.104 所示的常规谐波混频锁相式频率合成的频率分辨力最小只能做到谐波产生器参考频率的一半，否则将易产生差错。为了提高既能覆盖较宽的输出频带，又能获得较高的频率分辨力，采取在混频的中频支路引入分频器，从而可以使频率分辨力变细；采取的另一种措施就是将谐波产生器的固定参考频率改为一组可变的参考频率。通过巧妙的结合，可以在较宽的输出频率内得到中等的频率分辨力（如 100MHz）。将以上两种措施相结合，可以在所需的输出频带内得到 20MHz 的频率分辨力，与 DDS 技术相结合，最终可以获得输出频率在宽输出频带内以较高的分辨力连续可变。

波段（2~4GHz）频率合成器的原理框图如图 4.108 所示，DDS 输出频率为 10~20MHz，鉴相频率 $f_{PD} = 20 \sim 40MHz$。六路参考源经谐波产生器输出 2~18GHz 以内的各次谐波。2~4GHz 宽频带 VCO 的任意输出频率总能与六路参考点频之一的某次波混频，并使中频输出信号落到 100~200MHz 之内，该信号经 5 分频后与 DDS 信号进行鉴相，鉴相输出电压经环路滤波后与频率粗调电压及调频信号一起来控制 VCO，完成闭环锁定，同时也可以完成调频功能。环路滤波器与低频段频率合成器类似，也没有窄环和宽环环路滤波两种，分别用来实现调频及频率捷变功能。在射频输出端选用美国 Anaren 公司的 BPSK 模块来完成调相功能。

V 波段（4~8GHz）与 Ⅳ（2~4GHz）波段相同，如图 4.104 所示。

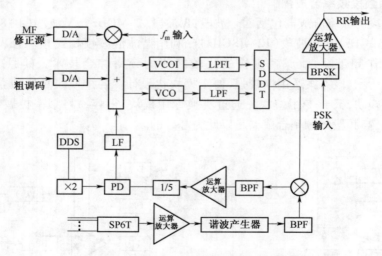

图 4.104　Ⅳ、V 波段频率合成器原理框图

在Ⅵ波段 8~12GHz 频率合成器中，首先设计 4~6GHz 的基本频综，然后通过两倍频及开关滤波器实现 8~12GHz 的输出频带。4~6GHz 基本频综的原理同 V 波段。Ⅶ波段（12~18GHz）频率合成器的设计思路与Ⅵ波段相同。

高频段频率合成器以谐波混频锁相技术和 DDS 为基础，选择一组合适的参考点频源，经过倍频、分频、滤波、放大等措施，直接实现了输出频率在宽频带内以较高的频率分辨力连续可变。

**3. 关键技术及解决的措施**

1）电磁兼容问题

为使各部分电路均能正常工作,相互不影响,应采取电磁兼容措施,一定要搞好结构设计,提高屏蔽效能;在电路设计中采取良好的接地及滤波等措施,可以减小信号相互之间的串扰;在数字控制电路与模拟电路的接口处采用光电耦合器,可以阻隔回路及控制线引入的噪声。

2）输出宽频率范围和高频率分辨力

选用分频及谐波混频 PLL 技术来覆盖较宽的输出频率范围,采用先进的 DDS 技术来实现细频率分辨力,再利用灵活的倍频、分频、混频、滤波、放大等措施。在不更改 DDS 硬件电路的基础上,通过改变 DDS 的编码可以实现小于 1Hz 的频率分辨力,从而可以实现输出频率在 0.03 ~ 18GHz 的频率范围内以小于 1Hz 的频率分辨力连续可变。

3）系统具有频率捷变特性

系统中影响跳频时间的主要因素为锁相环。因锁相环的环路带宽与跳频时间成反比,所以要选择较宽的环路带宽,并在整个输出频带内保持一个恒定值。但因 VCO 输出频带较宽(特别是在高频段),其调谐线性度很难做好。由锁相理论可知, $\omega_n^2 \propto K_v K_d$ (其中 $\omega_n$ 为环路带宽, $K_v$ 为 VCO 的调谐灵敏度, $K_d$ 为鉴相器增益),为获得较一致的环路带 $\omega_n$ ,就应保持 $K_v$ 和 $K_d$ 的乘积为一常数。因为在宽频带内 $K_v$ 值变化比较大,所以采用 $K_d$ 可变的鉴相器,通过实测的 $K_v$ 值计算出对应于每一个频率点的 $K_d$ 值,并将其数值量化后先存入到 EPROM 中。当系统工作时,调出事先存入的数据,经 D/A 后控制鉴相器产生所需的 $K_d$ ,保证 $K_v$ 、 $K_d$ 值的一致性,即保证了环路带宽的一致性,进而确保宽输出频带之内的频率捷变特性。另外,对 VCO 采取恒温措施,使其频率的精确预量成为可能,从而保证在后次频率跳变时,起始频差均能落入到环路的快捕带以内,为频率捷变性能提供保障。

4）频率调制功能

由调频理论可知: $\Delta f = V_m K_v$ (其中 $\Delta f$ 为调制频偏, $V_m$ 为调制信号电压峰位, $K_v$ 为 VCO 的调谐灵敏度)。因宽带 VCO 的 $K_v$ 值一致性较差,所以难以保证宽频带内调频的线性度。采用 FM 线性修正措施,对于不同的 $K_v$ 值设置不同的 $V_m$ ,使得 $V_m K_v$ 为一常数。事先将 $V_m$ 值量化后存入到 EPROM 中,当设置输出频率时,同步调出事先存入 EPROM 的数据,经 D/A 后产生所需要的 $V_m$ ,得到一直性较好的 $V_m K_v$ 值,即保证了调频的线性度。

5）较高的频谱纯度

选用 100MHz 高稳定度恒温晶振,其相位噪声性能很好,偏离载频 10kHz 的相噪为 $-155$dBc/Hz,为整个系统的低相噪声特性提供了保障。使混频器的交调产物尽可能落在带外,并优化选择各种滤波器形式,使得谐波的抑制度达到最佳性能,从而进一步改善频谱特性。

### 4.5.7 时钟超过 1GHz 的 DDS 混合型合成器

**1. ADS-4 型 DDS**

Sciteq 电子公司的 ADS-4 型 DDS 接受超过 1GHz 的时钟信号,产生高达 450MHz 的输出信号。在 ADS-4 中用的集成电路包括 GigaBit Logic 公司的砷化镓累加器和定制的砷化镓 4KB 只读存储器与 Tri Quint 半导体公司的 8 位 1GHz 砷化镓 A/D 转换器。

ADS-4 的输出功率是 0dBmW,平坦度为 ±1dB,基于 32 位二进制控制信号(总数为 429、496、296 个频率表示点)的频率分辨力在 1GHz 钟速时为 0.23Hz。这些控制信号在不到 40ns 的时间内转换相位连续的频率。带宽内的相位噪声在偏离 1kHz 处小于 -100dBc/Hz。由于 ADS-4 加进了一个 8 位转换器,若假设常规的噪声斜率是 6dB/bit,则理论上最好的虚假抑制性能低于所载波信号电平 48dB。但是在 ADS-4 中,D/A 转换器分辨力使信号恶化的程度小于假信号能量、互调、负载失配和定时误差等共同引起的恶化量。在钟速度大于 1GHz 情况下,典型的虚假电平大约是 -40dBc,最坏的值是 -30dBc。

ADS-4 可以在累加器之前的控制信号路径中插入一个加法器用电子控制方法产生宽频调频。累加器的 32 个数字位有几位用于产生载波调频的数字表示方式,而载波是由其余的数字代表的。

**2. 快速 DDS 抑制虚假信号**

ADS-4 这样的高速 DDS 源可以增强单脉冲接收机性能。使用数字合成器作为本振,可以对接收机编程以确定混频器和本振的虚假产物的位置并加以抑制。

DDS 的频率进行倍频,可确保输出频率超过 400MHz,故整个 2~18GHz 范围有二级倍频就足以覆盖(图 4.105)。例如一个 X10 的倍频器把 DDS 变换到 4GHz,而另一个 X5 的倍频器把这个 4GHz 的信号变换为最终的上边带值 20GHz。

对于一个 2~18GHz 的接收机系统,还需要一个时延线处理非常窄的脉冲。该时延量应等于或大于接收机的通过时间。用这种方法,每个输入脉冲能在两个中频上共得到两次扫描,以检查虚假成分。体声波时延线可提供宽频带覆盖所需的时延量。

一对 PIN 二极管单刀双掷开关在系统处理器控制下使输入信号交替进入时延支路和未时延支路。另一对单刀双掷开关选择两个由带通滤波器处理过的中频中的一个,低中频的中心频率为 1GHz(±150MHz),而高中频的中心频率定在 1.5GHz(±150MHz)。这一开关与第一对开关同步地工作,它们都受处理器控制。在任何一种情况下,每对开关中的第二个开关使空着的滤波器来的反射减到最小。

一个对数放大器提供 65dB 动态范围以把宽的信号电平范围压缩成一个窄的范围进行处理。一门限检测器由该动态范围内的输入信号在较低中频上触发。当输入信号满足这些规范时,门限检测器向处理器送出一个控制信号。然后处理器

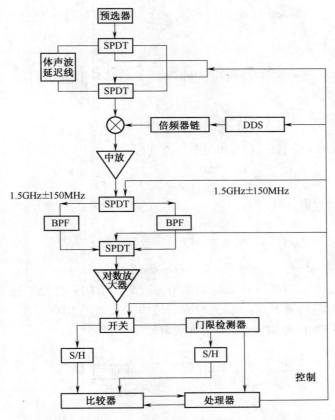

图 4.105　DDS 本振在脉冲接收机中能抑制虚假信号

SPDT—单刀双掷开关；BPF—带通滤波器；S/H—取样/保持电路。

选择另一个信号支路，同时调谐 DDS 给出较高中频。

取样和保持（S/H）放大器区分真实信号和虚假信号。当两个 S/H 电路中检测到的电平相同时，这个输入信号就是真实信号。当这两个电平有差别时，检测到的信号就是混频器或本振的虚假产物。

**3. 改善时钟 1GHz 以上的 DDS 输出频谱的方法**

1）DDS 频谱杂散的来源

DDS 在理想情况下不考虑 ROM 地址的舍位和正弦波幅度量化的近似，即 $L = W, D = \infty$，同时假定 D/A 转换器和 LPF 是完全理想的，这样 DDS 就等效为一个理想的采样保持电路，其中，NCO 相当于一个采样周期为 $T_c = \dfrac{1}{f_c}$ 的理想采样器；D/A 转换器相当于一个时宽为 $T_c$ 的理想保持电路，对采样数据实现阶梯方式重构。由图 4.106 可得

$$S(t) = S(n) * h(t)$$

$$= \left[ \sin(2\pi f_0 t) g \sum_{n=-\infty}^{+\infty} \delta(t - nT_{\mathrm{c}}) \right] * h(t) \tag{4.246}$$

其中

$$S(n) = \sin(2\pi f_0 nT_{\mathrm{c}}) = \sin\left(2\pi \frac{F_{\mathrm{r}} f_{\mathrm{c}}}{2^L} nT_{\mathrm{c}}\right) \sin\left(2\pi \frac{F_{\mathrm{r}}}{2^L} n\right) \tag{4.247}$$

$$h(t) = \begin{cases} 1, 0 \leqslant t \leqslant T_{\mathrm{c}} \\ 0, \text{其他} \end{cases} \tag{4.248}$$

式中：$F_{\mathrm{r}}$ 为频率控制字；$L$ 为相位系加器的位数。

$$f_0 = \frac{\omega}{2\pi} = \frac{\Delta\theta}{\Delta t} \cdot \frac{1}{2\pi} = F_{\mathrm{r}} \cdot f_{\mathrm{c}} / 2^L \tag{4.249}$$

对 $S(t)$ 作傅里叶变换，则有

$$S(f) = \mathrm{j}\pi S_0\left(\frac{2\pi f T_{\mathrm{c}}}{2}\right) \mathrm{e}^{-\mathrm{j}\pi f T_{\mathrm{c}}} \sum_{n=-\infty}^{\infty} \left[ \delta(2\pi f + \right.$$
$$\left. 2\pi f_0 - 2\pi n f_{\mathrm{c}} \left[ -\delta(2\pi f - 2\pi f_0 - 2\pi n f_{\mathrm{c}}) \right] \right) \tag{4.250}$$

由上式可以看出，理想的 D/A 转换器所完成阶梯重构只改变了输出频谱的幅度和相位，未增加新的频率点。$S(n)$ 的频谱结构即代表了 DDS 输出的频谱分布。据此可知，理想 DDS 的输出 $u_0(t)$ 中没有杂散分量。

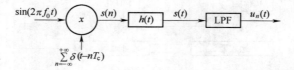

图 4.106　理想 DDS 等效电路结构

然而实际的 DDS 中，由于 ROM 容易及数据量化位数有限，分别带来了相位截断误差 $\varepsilon_{\mathrm{P}}(n)$ 和幅度量化误差 $\varepsilon_{\mathrm{M}}(n)$，同时 D/A 转换器的非理想化也常来了转换误差 $\varepsilon_{\mathrm{DA}}(n)$。正是这些误差在信号频谱中引入了杂散成分，据此可以构造出 DDS 杂散（误差）来源模型，如图 4.107 所示。

图 4.107　DDS 杂散（误差）来源模型

2）相位截断引入的杂散

理论和实际应用都表明这种相位截断是 DDS 杂散的主要来源，根据式（4.247）和图 4.112 很容易得到相位截断误差：

$$\varepsilon_P(n) = F_r \cdot n - 2^B \cdot F\left[\frac{F_r}{2^B} \cdot n\right] \tag{4.251}$$

由文献[3,4]在对 $\varepsilon_P(t)$ 进行修正后完成了傅里叶分析。结合前面分析的理想的 DDS,可得到如下结论:在 $(0, f_c/2)$ 内,$S(n)$ 的频谱由 $\Gamma = 2^{L-1}/(2^L, F_r)$ 根离散谱线组成,其中幅度不为 0 的谱线最多只有 $(2 \wedge + 1)$ 根。在 $(0, f_c/2)$ 内,$S(n)$ 的杂散频率为

$$f_{K\pm} = \langle K \cdot F_r \cdot 2^{L-B} \pm F_r \rangle 2^{L-1} \cdot \left(\frac{f_c}{2^{L-1}}\right) \quad (K = 1,2,\cdots, \wedge) \tag{4.252}$$

式中:$\langle x \rangle_y$ 表示 $x$ 对 $y$ 取模值;相应于 $f_{K\pm}$ 杂散分量的幅值为

$$\xi_{K\pm} = \frac{\pi \cdot 2^{B-L}}{2 \wedge} \cdot \cos\left(\frac{k\pi}{2 \wedge}\right) \tag{4.253}$$

式(4.259)表明 $\xi_{K\pm}$ 为 $K$ 的单调函数,这样 $K = 1$ 时可得到杂散幅度的最大值:

$$\xi_{\max} = \xi_{1\pm} = 2^{B-L} \frac{\pi(F_r 2^B/2^B)}{\sin[\pi F_r 2^B/2^B]} \tag{4.254}$$

在分析过程中。只取相位累加器输出 $L$ 位中的高 $W$ 位 ROM 寻址,即舍去 $B = L - W$ 位。其 $F[x]$ 表示对 $x$ 作不大于 $x$ 的取整运算。由此可知 $\varepsilon_P(n)$ 是以 $2^B/(2^B \cdot F_r)$ 为周期的序列,在频域上以 $f_c$ 为周期,在 $(0, f_c/2)$ 内由 $\wedge = 2^{B-1}/(2^B, f_r)$ 根离散谱线组成。从式(4.257)可以认为 $\varepsilon_P(n)$ 为 $\varepsilon_P$ 采样,$\varepsilon_P(t)$ 是幅值为 $2^B$、周期为 $2^B/F_r$ 的锯齿波。

文献[3]从数论仿射变换的角度分析得到 DDS 杂散分量的一个重要特点,即对于具有相同最大公约数 $(F_r, 2^B)$ 的所有频率控制字 $F_r$,DDS 对应的输出信号中杂散频率谱线数量及其相应的幅度也是相同的,只是这些杂散谱线的位置发生了相应的变化。

3) ROM 正弦幅值表的量化误差对频谱的影响

当 ROM 采用 $D$ 位二进制数保存正弦函数值时,量化误差为

$$\varepsilon_M(n) = \sin\left(2\pi \frac{F_r}{2^L}n\right) - \frac{1}{2^D R}\left\{2^D \sin\left[2\pi \frac{2^B}{2^L}F\left(\frac{F_r}{2^L}n\right)\right]\right\} \tag{4.255}$$

虽然,$\varepsilon_M(n)$ 与 $S(n)$ 有相同的序列周期 $2^L/(2^L, F_r)$,因此幅度量化误差在频谱中没有引入新的杂散成分,而是表现为均匀的噪声基底。通常在一个周期内,$\varepsilon_M(n)$ 被认为是在 $[-2^{-D}/2, 2^{-D}/2]$ 间均匀分布的噪声,则由量化引起的信噪比为

$$(\text{SNR})_{dB} = 20\lg\left(\frac{V_{Rms}}{\sigma_e}\right) \approx 6.02D + 1.76 \tag{4.256}$$

由式(4.262)可见,量化位数 $D$ 每增加一位,则 SNR 提高 6dB。

4) D/A 转换器转换误差对频谱的影响

在现代超大规模集成电路(VLSI)技术条件下,通过加大 ROM 容量及数据位数,DDS 由相位截断和数据量化引起的杂散噪声已经很容易做到-70dB 以下的理论值,但是工作在 1GHz 的高速 DDS 输出谱中总是存-40dB 左右的少数杂散谱线,这是由 D/A 转换器的非理想特性引起的,因此 D/A 转换器才是目前影响 DDS 频谱质量的决定因素。通常认为除了 D/A 转换器有限分辨位数之外,D/A 转换器的瞬间毛刺、D/A 转换器的非线性、数字噪声馈通以及时钟的泄漏都是导致频谱劣化的因素,它们为 DDS 输出频谱增加了背景噪声和杂散。D/A 转换器的非线性客观上起到了混频作用,产生出 $mf_0 + nf_c (m,n = 0, \pm 1, \pm 2, \cdots)$ 的杂散频率分量。而对其他因素引起的误差及其相应带来的杂散,目前还没有办法给出定量的关系。总之,D/A 转换器带来的误差 $\varepsilon_{DA}(n)$ 会导致较大的频谱杂散。

**4. 改善 DDS 输出频谱质量的方法**

1) 压缩 ROM 容量,增大有效寻址位数 $W$

从前面分析知道相位截断引起所有杂散中的最大幅度($K=1$),其中有

$$1 \leqslant \frac{\pi(F_r, 2^B)/2^B}{\sin[\pi(F_r, 2^B)/2^B]} \leqslant \frac{\pi}{2} \qquad (4.257)$$

则当式(4.263)取最大值 $\frac{\pi}{2}$ 时,最大杂散幅度:

$$\rho(dB) \approx 20\lg 2^{B-L} + 20\lg\left(\frac{\pi}{2}\right) = 6.02(B - L) + 3.922 \qquad (4.258)$$

可见,相位舍位 $B$ 每减少 1 位,杂散改善约为 6dB。减少 $B$ 便意味着增大 ROM 容量,在设法增大 ROM 绝对容量的同时,还可通过压缩存储数据来等效地增大 ROM 数据寻址位。

一种简单而直接的压缩方法就是只保存正弦波 $[0, \pi/2]$ 区间的数据,然后利用其波形的对称性来恢复其他象限的数值,这样可得到 4:1 的数据压缩比。对 1/4 周期正弦波数据的进一步压缩最早是利用三角函数的恒等变换,将一个容量的 ROM 分成几个小容量 ROM 数据并配合运算电路来实现对要求正弦数值的近似。这些运算包括正弦相差算法;由 Sunderland 提出的粗、细 ROM 结构及其修改形式,其最高压缩比为 59:1。可以根据实际参数优化计算出粗、细 ROM 的容量及数据位数,其数据压缩比可以达到 128:1。这种方法已在 DDS 器件 AD9955 中得到了应用。

2) 修正频率控制字使之与 $2^B$ 互质

式(4.254)表示出 DDS 相位截断杂散的最大幅度值。若设法满足 $(F_r, 2^B) \equiv 1$,既使 $F_r$ 与 $2^B$ 互质,又满足式(4.257)条件的下限值,从而使杂散可得到近 4dB 的改善。实际上只要强制 $F_r$ 为奇数,即能保证其与 $2^B$ 的互质。文献[2]对传统相位累加器进行了修改,通过一个 $D$ 触发器给原相位累加器的进位端提供一个 0、1

交替的进位,从而得到等效的$(2F_r + 2^{B+1}) \equiv 1$的互质条件。可以看到 4dB 的杂散改善是 Nicholas 对 DDS 杂散进行深入理论分析的直接结果。

3)抖动注入技术对杂散的抑制

由前面的分析可知,由于相位截断误差$\varepsilon_P(n)$以$2^B/(F_r,2^B)$为周期,导致在$(0,f_c/2)$内有$(2 \wedge + 1)$根可能的杂散谱线。因此设法破坏误差的周期性及其与信号的相关性,成为减少 DDS 杂散的主要研究方法。抖动注入的应用有多种方式,可以对输入的频率控制字$F_r$加抖;可以对 ROM 的寻址地址加抖,即相位抖动注入;还可以对 D/A 转换前的数据进行幅度加抖,即幅度抖动注入。这些抖动注入在 DDS 中的应用如图 4.108 所示。

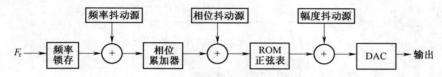

图 4.108　DDS 的抖动注入方式

非减性(Nonsubtractive)相位加抖的结果可使式(4.264)所表示的正常情况下每个 ROM 寻址拉 6dB 的杂散改善提高到每位 12dB,其代价是增加了噪声基底。非减性幅度加抖改善杂散的同时,也会抬高噪声基底,减小动态范围,但这种代价相对于杂散改善带来的整体谱质提高是完全值得的,如 Qualcomm 公司的 Q2334,即采用了幅度抖动注入技术。音频采样中广泛应用的减性(Subtractive)加抖(高通整形噪声加抖)和可调误差反馈结构在 DDS 中的应用进行了分析和仿真,结果表明,经过高通整形的抖动注入,可以成功地将抖动噪声的功率移出信号有效带宽,保证了低通后输出信号杂散性能得到改善的同时,动态范围不受损失。但是这种结构增加了电路复杂性,且理论分析显示,这种结构只适合于输出频率相对于工作时钟较低的 DDS 应用。

4)改进 DDS 的工艺和改进 D/A 转换器的结构

相位截断和数据量化引入的杂散噪声已有了相应的抑制方法。这样 D/A 转换就成了制作 DDS 制造工艺和电路结构不断努力改进的结果。混合封装技术便得到了广泛应用,因为在对 ROM 正弦表数据采用高效的压缩算法后,高速 NCO 电路很易实现,而高速优质的 D/A 转换器用同样的常规集成电路工艺则较难完成,为此可以对两部分采用不同的电路工艺,充分实现各自的优化设计,最后将两者连接混合封装在一起得到整体性能更佳的 DDS 产品,如 Stanford Telecom 公司 STEL - 2375 内部便采用了 Triquint 公司 TQ6122(1GHz、8 位)D/A 转换器内核。

工艺的完善并不能彻底解决 D/A 转换器的瞬态毛刺和非线性这些固有的缺陷,而且这些总是还会随着温度变化、电路工艺引入的数字噪声馈通等发生随机变化,它们所带来的输出信号谱质劣化很难改善。Kushner 等在对上述因素作了定性分析后,提出了一种平衡 D/A 转换器 DDS 结构,如图 4.109 所示。这种结构中两个完全相同的 D/A 转换器输出相减,将反相的信号相叠加,而将同相的干扰相抵消,很容易就获得 10dB 以上的杂散改善,这种结构同样可以在数字波形产生器中应用。另外,Kushner 还提出一种合成(Composite)DDS 结构。这种结构通过差动(Serrodyne)调制技术将高速低分辨力的相位累加器和移相器组合起来,低速电路实现对输出频率的细调。由于高速电路成分减少,功耗低,温度特性良好,对 DDS 由 D/A 转换器带来的杂散会有所改善。

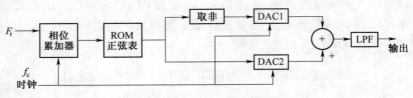

图 4.109　平衡 DAC 结构的 DDS

### 4.5.8　2~18GHz 小型频率合成器

**1. 原理**

4~8GHz 合成基带经开关后进行分频、倍频或直接输出获得 2~3GHz、3~4GHz、4~8GHz、8~10GHz、10~14GHz 输出频段,7~9GHz 合成基带经倍频获得 14~18GHz 输出频段,各输出频段经开关合成后由放大器放大输出。

**2. 性能指标**

(1) 频率范围 2~18GHz;

(2) 射频输出功率 13dBmW;

(3) 相位噪声-85~-70(DBC/Hz);

(4) 杂波抑制-60dBc;

(5) 频率分辨力 2~4GHz　　　(5MHz);

　　　　　　　　4~8GHz　　　(20MHz);

　　　　　　　　8~18GHz　　(20MHz)。

**3. 频率合成器主要部件**

1) 振荡器

频率合成器中所有振荡器可分为两大类:一类是高性能的参考源;另一类是微波振荡源(如 VCO)。

参考源都采用石英晶体振荡器,它具有稳定性能好、相位噪声低等特点。例如 5MHz 晶体振荡器在偏离载频 1kHz 处,相噪声可达-165dBc/Hz,稳定度一般为 $10^{-10}$/s 量级;100MHz 晶体在偏离载频 1kHz 处,相位噪声-145dBc/Hz,稳定度为 $10^{-11}$/s ~ $10^{-9}$s 量级。

随着声表面波器件技术的发展,SAW 振荡器和晶体振荡器一样,具有极低的相位噪声,很好的稳定度,而且 SAW 振荡器正逐渐取代晶体振荡器。SAW 振荡器的振荡频率较高,一般可达 1GHz,最高达 5.2GHz,而且 SAW 振荡器的输出功率也较大,例如 1GHz 的 SAW 振荡器偏离载频 1kHz 处,相位噪声为 $-120$dBc/Hz,短期频率稳定度达 $10^{-10\sim 11}$/s,输出功率大于 15dBmW。

另外,在系统特别需要的情况下,还可采用铷或铯射束作参考源,这时稳定高度达 $10^{-11}$/月 ~ $10^{-10}$/月。

参考源的选择是很重要的,因为它的性能将决定频率合成器的极限指标。

对于微波振荡器,目前最常用的是 VCO,一般来说,双极晶体管 VCO 相位噪声比 GaAs EFT VCO 的相噪低,但是它的工作频率通常只能在 X 波段以下,而 GaAs EFT VCO 可工作到 Ku 波段。VCO 的频率调谐也有变容管调谐和 YIG 谐振子调谐两种。变容管具有对电压的非线性,但线性问题可采用线性校正电路来解决。YIG 谐振子调谐对电压是线性的,而且相噪低、调谐频带宽,但频率调谐较慢。

通常,VCO 的稳定度为 $10^{-4}$ 左右,在偏载频 10kHz 处,相位噪声也只有 $-80$dBc/Hz(折算);在 X 波段以上,调谐带宽一般可达到 2~4GHz。

2)倍频器

倍频器是必不可少的部件之一,因为在 150MHz 以下,石英晶体振荡器的性能很好,近来发展起来的 SAW 振荡器,尽管可振荡至几千兆赫,但性能并不理想。直接的微波信号源,由于能够采用的谐振电路 $Q$ 值较低,而相噪正比于 $f_0^2/Q^2 \cdot f_0$ 的增大将导致相噪性能的恶化,而且频率精度和稳定性下降。如果用晶振后倍频获得较高频率的信号,相噪恶化 $20\lg N$,这将使高频信号性能得到显著改善。

倍频器的类型很多,如利用变容管或阶跃恢复二极管的非线性电容电路;肖特基二极管的非线性电阻电路;晶体管大信号状态的非线性构成的单端口或双推电路。模拟或数字 PLL 也可作为倍频器,其中数字 PLL 作为倍频时,可用 PLL 电路的可编程分频器来实现可变倍频比倍频器。

理论上,倍频器给源的相噪带来 $20\lg N$ 的恶化,其中 $N$ 为倍频比,杂散电平同样也将提高 $20\lg N$。实际上,理想倍频器是不可能做到的,除了理论的恶化度外,还有几分贝的附加值,对于这个附加值,一般称为剩余相位噪声。剩余相位噪声的大小是考核一个倍频器优劣的依据之一。

3)分频器

使用一个宽带高性能的高频信号源时,必须将高频振荡器的相位锁定到一个相位噪声性能优良而振荡频率却很低的振荡器的相位上。这就要将低频信号源的频率倍频至高频源的输出频率,锁相环中的相位检波器也工作在高频状态,这样就会出现以下几个缺点:

(1)很难提供一个宽带可控的可变倍频比;

(2)由于相位检波器工作在高频状态,高效率的数字相位检波器将无法使用;

(3)相位检波器必须在宽频带范围工作。

为了解决这一问题,可以考虑另一途径。将高频信号的频率分频,分频后的频率与具有优良性能的很低频率的振荡器频率一致,然后进行锁相处理。这样,锁相中的相位检波器就工作在很低频率,这种方法的优点是:分频器可采用可编程数字分频器。

分频器的实现方法也很多,一般常见的有变容管分频器、阶跃恢复二极管分频器、数字可编程分频器等。

分频器对相位噪声的影响同样适用于 $20\lg N$dB,只是分频后的相噪不是恶化而是得到改善。但是这种改善不是无限的,因为,高频信号无论是多少次分频,分频后的相噪都不可能低于很低频率振荡器(参考源)的相位噪声。

4)放大器

放大器在频率合成器中也是必不可少的部件。对放大器来说,要求相噪必须很低,以致对频率合成器的相噪足够小,而这一点对于目前成熟的放大器技术是不难做到的。但是必须注意,一般来说,放大器不能用在饱和工作状态。因为,放大器饱和时,大信号增益压缩问题随之而来,合成器的杂散将受到影响,只有在相位检波后,在特殊情况下,故意使用饱和放大器。

5)混频器

频率合成器中,信号频率的加减运算都是由混频器来实现。一个高性能的合成器,将会用到许多的混频器。

混频器分有源和无源两大类,无源混频器大多采用肖特基二极管,也有采用变容管的。无源混频器的形式有单端混频器、平衡混频器和双平衡混频器等,电路形式多种多样,电路形式很多。有源混频器一般利用三极管来设计,它的特点是不存在高频损耗问题,相反还能提供一定的变频增益。

频率合成器中混频器的使用,必须注意各信号电平的配置,使混频器工作在对系统最有利的状态,有源混频器同样必须注意功率饱和问题。

6)鉴相器

鉴相器在频率合成器中的作用就是将同频信号相位差转换成误差电压信号,实现由高性能的源来锁定高频信号源(如 VCO)相位的目的,即实现锁相控制。

平衡混频器可做鉴相器使用,这种用法在测试仪器中是很常见的。在数字频率合成技术中,常用的是鉴相/频器,因为它能够在环路失锁的情况下,自动地将频率拉入锁定范围,实现自动捕获功能。

7)开关

开关在频率合成器中,起到频率切换的作用。目前开关技术也很成熟,开关时间达到 8ns,就开关所用器件来分,有 PIN 开关和 GaAs 开关等。对于开关的选择,要根据频合器的要求,选取的频合器形式、确定开关的速度以及开关的形式。

8)交指滤波器

滤波器对频率合成器有着特别的意义。频率合成器的带内杂散、谐波抑制,主要取决于滤波器,频率合成器的频率切换速度也受滤波器带宽的影响。因此,滤波器性能的选择是非常重要的,而对滤波器的设计问题,有很多方案可供选择,例如介质滤波器、交指滤波器、圆盘腔滤波器、SAW 滤波器等,在很低频率工作的还有集总参数滤波器,所有这些滤波器的设计方法已非常成熟。

**4. 频率合成器设计要素**

频率合成器是由于各种系统对频率源的要求不断提高而发展起来的一种高性能的频率源。不同的系统对它的要求也就不相同。虽然频率合成器可分为三大类,但每类又有很多组成形式,加上混合型频率合成器,组成形式更是多种多样。一个具体的频率合成器,究竟选取哪种结构组成形式,还必须由系统对频率合成器的要求来决定。通常,系统至少可有以下一些要求:

(1)输出工作频率;

(2)最小频率步级;

(3)频率点数;

(4)频率精度和频率稳定度;

(5)相位噪声;

(6)杂散电平;

(7)功率电平及功率幅频特性、温度特性;

(8)频率切换速度;

(9)物理尺寸限制;

(10)振动环境条件;

(11)温度环境;

(12)平均无故障时间。

其中,(1)、(3)、(6)对频率合成器组成形式的选择最为关键。这里将论述频率合成器的设计考虑。

1)工作频段及频率切换速度

对于一个系统,工作频段是最关键也是最基本的要求。一般来说,甚高频(VHF)以下的频率合成器可以采用直接合成技术,运用这种技术设计的频率合成器,频率精度、稳定度都很高,频率步级可以做得很小(1Hz 以下的步级可以很方便地设计),频率切换速度也很快。但是,这种技术不能用于要求输出频率更高的系统中,而且,随着频率步级的减小,杂散越发难以控制。

如果要求一个输出工作频段为超高频(SHF)甚至更高,间接式频率合成技术是很有用的。它用一个稳定度、低相位噪声的参考源锁定高频振荡源,使高频振荡源的稳定度、相位噪声得到极大的改善。如果频率步级不是太小、频率切换速度要求不很高,这种技术设计频率合成器是非常简捷的,而且可以获得较为满意的效果。但是,很多系统要求频率切换速度很快、频率步级也很小,这时单纯的间接技术就会变得无能为力。要解决这个问题,必须考虑数字+锁相的方案或直接数字合成技术。

直接数字合成技术,可以实现快速频率切换、较小的频率步级。但是,由于器件速度等原因,输出频段还不能做得很高,所以,在高频段、高性能要求的频率合成器设计中,各种混合型频率合成技术是设计师所特别器重的。

混合频率合成技术是将两种甚至三种基本频率合成为一体,发挥各自的优势,互相弥补不足,非常灵活地设计出各种高性能的频率合成器。

2)相位噪声

微波频率合成器的相噪与所选取的电路结构、组成形式密切相关。频率合成器中的各个部件对相噪都有一定的贡献,在设计中,要认真、合理地分配各部件的性能指标,使各部件对合成器总相噪贡献最小,这是合成器及部件设计的原则。

对于频率合成器,即使部件设计再合理,假设它们对合成器相噪无贡献,合成器的相噪还是有极限,这个极限由频率合成器的形式和参考源等关键部分决定。对直接式频率合成技术,无论中间频率变换过程如何设计,相噪都不可能低于参考源的相噪$+20\lg(f_0/f_r)$ dBc/Hz。其中,$f_0$为频率合成器的输出频率,$f_r$为参考源频率。

对间接式频率合成器,相噪极限除了参考源相噪和($f_0/f_r$)的因素,VCO的相噪也起到决定性作用。在锁相环路带宽内,极限值主要由参考源的相噪和$20\lg(f_0/f_r)$决定,而在环路带宽以外,则主要由VCO的相噪决定。总的来说优于直接频率合成技术。

在具体设计时,各部件的相位噪声贡献是不可能完全没有的,只有通过全局的综合考虑,才有可能使整个频率合成器电路出现最好的相位噪声性能。

3)杂散电平

合成器的杂散电平来自各种渠道,包括:

(1)振荡器本身的杂散信号,经频率合成技术处理后,在输出端得到加强;

(2)激励相位检波器的信号以及它的各次谐波漏至输出端;

(3)倍频器的输入信号以及它产生的不需要的各次谐波;

(4)电源纹波引起的效应;

(5)输出振荡器的谐波。

因此,任何一个频率合成器的设计都不可能避免产生杂散信号。相对来说,直接式合成杂散电平输出较大,某些分量可能较大,而锁相式合成器,由于锁相环路的抑制作用,杂散电平较小,一般可达$-60$dBc。作为设计工作,重要的是如何尽可能减小带内杂散电平,使其达到系统所能接受的程度。

4)振动环境

频率合成器处于振动环境中,影响最大的是振荡器。振荡器将会在偏离频率等于振动频率处产生相位噪声边带。为了使频率合成器在振动环境中仍然保持好性能,就必须认真合理地设计谐振器的物理结构或晶体选择,并为每个振荡器装备各自的抗振装置。

5）温度环境

一个系统总是工作在一定的温度环境中,频率合成器也同样工作在这个温度环境中。对频率合成器,它的温度环境一般来说只会比系统的温度环境更坏。对于温度的变化,频率合成器内的每个部件都会受到影响,如振荡器的振荡频率和振荡功率随温度漂移;倍频器和混频器的变频效率、变频损耗、谐波分量的电平发生变化;放大器的噪声电平、功率增益和输出功率发生变化;开关的损耗和隔离度也要变化;还有其他部件的性能也会随温度变化。由于这些变化的存在,大大地影响频率合成器的输出功率平坦度,频率合成器的杂散也会受到影响。

要解决这个问题,认真考虑每个部件的温度性能是必要的,在功率稳定度要求很高的应用场合,除了对部件进行认真设计考虑,还要采取其他一些有效措施(例如加功率回控环路),使频率合成器满足系统的要求。

6）屏蔽

频率合成器的频率和相位都是高要求的,所有外界干扰都会通过各种渠道窜入合成器,合成器内部也会互相串扰,对合成器内部部件施加影响。为了防止干扰,必须将合成器的每个关键部分用适合各自所在频段的屏蔽方法屏蔽起来,外界干扰往往通过电源线引入,因此,电源线的滤波、屏蔽要认真考虑,机架也不能作电源的地回程。

7）电源

频率合成器中,对电源纹波和电源线上噪声最敏感的部件是振荡器,尤其是VCO,纹波和噪声将在 VCO 输出端产生相位抖动。因此,不能把电源直接加至调谐 VCO 的控制部分,而要通过低噪声、高纹波抑制的运放。

# 参 考 文 献

[1] 张德齐. 微波天线[M]. 北京:国防工业出版社,1987:329－353.

[2] 杨恩耀. 杜加聪. 天线[M]. 北京:电子工业出版社,1984:67－70.

[3] 司锡才,赵建民. 宽频带反辐射导弹导引头技术基础[D]. 哈尔滨:工程大学出版社,1996:57－75.

[4] 张德文. 新颖的锥形四臂对数螺旋天线[J]. 电子对抗技术,91－1.17－24.

[5] 张德文. 低成本的锥形越宽带天线[J]. 电子对抗技术文选,1995,6(48).

[6] 李明. 用于有源诱饵的小型化天线[J]. 航天电子对抗,1998:1－9.

[7] 滕秀文. 电子战用平面螺旋天线[J]. 电子对抗,1990(3):44－47.

[8] 李明. 一种新型的宽频带双极化天线[J]. 电子对抗,1991(3):40－43.

[9] 张德文. 双极化曲折臂天线(上)[J]. 电子战技术文选,1994,3(39):12－23.

[10] 张德文. 双极化曲折臂天线(下)[J]. 电子战技术文选,1994,4(40):42－43.

[11] 丁晓磊,王建,林昌禄. 对数周期偶极天线的一种新的分析方法[J]. 系统工程与电子技术,2002,24(5):16－19.

[12] 李明. 一种新型的宽频带双极化天线[J]. 电子对抗,1991(3):40－43.

[13] 李明. 宽频带双极化天线综述[J]. 航天电子对抗,1991(3):11－16.

[14] 李明. 宽带对数周期振子天线的试验与研究[J]. 航天电子对抗, 1997(3):5-12.

[15] 党祖宝. 槽线天线及其陈列[J]. 电子侦察干扰, 1988(3):75-85.

[16] Lewis L, Fassett, M, Hunt J. A broadband stripline array element[C]//Antennas and Propagation Society International Symposium, 1974, IEEE, 1974, 12:335-337.

[17] Yngvesson KSigfrid Endfire Tapered slot Autenna on Dielectric substrates[C]. IEEE T on AP-33 NO, 12 Dec, 1985.

[18] Seymonr B. Cohn Slot line on a Dielectric Substrate[C]. IEEE T on MTT-17 NO. 10 oct 1969. p. 768-778.

[19] Itoh T. Mittra R. Dispersion characteristics of slot lines][J]. Electronics letters. 1971,7(13):364-365.

[20] Garg. R, Bahl 1, Bozzi M. Microstrip lines and slotlines[M]. Artech house, 2013.

[21] Knorr J. B, Kuchler K. Analysis of coupled slots and coplanar strip on dielectric substrate[J]. Microwave Theory and Techniques, IEEE Transactions on, 1975,23(7):541-548.

[22] Stutzman W L, Thiele G A. Antenna theory and design[M]. John Wiley & Sons, 2012.

[23] Schiek B, Köhler J. An improved microstrip-to-microslot transition(letters)[J]. Microwave Theory and Techniques, IEEET Transactions on, 1976(24)(4):231-233.

[24] 王继堂. 微波系统中的混频器[J]. 电子战技术文选, 1990,5(7):49-56.

[25] Rohde V L. 无线应用射频/微波电路设计[M]. 刘光怙, 张玉兴, 译. 北京:电子工业出版社, 2004.

[26] 袁恩祥. VCO线性变换的设计[J]. 航天电子对抗, 1986(2):39-43.

[27] 顾耀平. 直接数字合成技术应用[J]. 电子战技术文选, 1990,2(14):61-64.

[28] 李金龙. 采用锁相环/直接数字合成技术的混合型频率合成器.

[29] 李凤山. 快速转换频和器跟踪捷变信号[J]. 舰用雷达与对抗, 1992,3:20-29.

[30] 顾耀平. 快速转换型锁相环合成器的设计考虑[J]. 电子战设计文选, 1992(5):28-43.

[31] 李志坚. 微波数字锁相频率合成器[J]. 航天电子对抗, 1993(1):24-28.

[32] 刁学俊. 微波频率合成器及其设计考虑[J]. 航天电子对抗, 1993(1):17-23.

[33] 李志坚. 超宽频带高分辨率频率综合器的设计[J]. 航天电子对抗, 1998:28-33.

[34] 彭成文. 快速宽带直接频率合成器[J]. 电子对抗技术, 2001,16(91):41-45.

[35] 顾耀平. 混合电路使DDS时钟超过1GHz[J]. 电子战技术文选 1991,1(19):45-48.

[36] 林象平. 雷达对抗原理[M]. 西安:西北电讯工程学院出版社, 1985:91-95.

[37] 曲志昱. 宽频带被动雷达导引头测向技术研究[D]. 哈尔滨:哈尔滨工程大学, 2008.92-95.

[38] 曲志昱, 司锡才. 基于虚拟基线的宽频带被动雷达导引头测向方法[J]. 弹箭与指导学报, 2007,27(4):92-95.

[39] 初萍. 基于宽频带系统的被动雷达测向技术[D]. 哈尔滨:哈尔滨工程大学, 2011.

[40] 司伟建, 初萍, 孙圣和. 超宽频带测向解模糊方法研究[J]. 弹箭与指导学报, 2009,29(2):45-48.

# 第5章 宽频带寻的器对辐射源测向的传统方法

被动雷达寻的器通过对辐射源的测向与跟踪达到寻的的目的,测向是其最主要的任务。适合于寻的器测向的方法有:①比幅测向;②比相(相位干涉仪)测向;③比相比幅测向;④立体基线测向;⑤阵列高分辨、高精度测向。前三种是传统的测向方法。比幅测向可用于低成本、近距离上反辐射武器的测向,如反辐射炮弹,比幅测向与比相联合,可以解宽频带,甚至超宽频带相位干涉仪测向的模糊。相位干涉仪测向是一种用途最普遍的重要测向方法,它适合于各种远距离反辐射武器的测向,特别是多模复合精确末制导导引头的中、远程寻的制导,及旋转式导弹的测向。比相比幅是利用相位干涉仪将天线波束锐化,以提高比幅的测向精度,它适用于低成本、近距离反辐射武器的测向。

本章讨论宽频带或超宽频带被动寻的器传统的测向方法,即比幅测向、相位干涉仪测向、比相比幅测向。

## 5.1 比 幅 测 向

### 5.1.1 天线偏置角形成交叉波束的比幅测向

比幅测向的基本原理是利用两天线形成的交叉波束,交叉点为寻的器的轴线,向左、右偏一个角度 $\theta$ ,两波束幅度便出现差值,这个差值大小与辐射源信号到达角 $\theta$ 成正比,如图 5.1 所示。

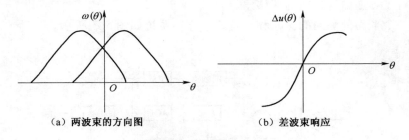

(a) 两波束的方向图　　　　(b) 差波束响应

图 5.1　比幅原理示意图

交叉波束形成有两种方式:①将两天线以轴线为中心,各向外倾斜 35° 左右,使两天线的波束相交于 0.707(半功率点);②利用移相器组成波束形成网络形成交叉波束。比幅的两天线的相位中心在一点上,特别是窄波束。宽波束还允许两天线的相位中心有一个小距离,但原则是不能影响形成的交叉波束,两波束相交必须在 0.707 附近,因为只有相交 0.707 处,斜率比较陡峭,才能获得高测角精度。

理想的宽频带天线在其宽频带范围内波束宽度基本不变,保持 1.5~3dB 的相交电平。要达到这个要求天线必须满足下列条件:①天线必须有一个相对天线轴旋转对称的方向图;②天线是圆极化的,并且在大的轴角范围内有好的轴比。空腔衬垫的平面螺旋天线、曲折臂天线、圆锥等角螺旋天线和交叉对数周期偶极子阵都能满足要求,但对于超宽带的导引头,采用平面螺旋天线和曲折臂天线为好。其测向系统见 2.1.4 节。

### 5.1.2 微波网络形成和差波束的测向

微波网络形成和差波束的条件是两天线(或四天线)的相位中心在一处,由微波网络将两个天线(一个平面即方位面或俯仰面)波形成和波束与差波束,如图 5.2 所示。典形的测向系统是和差式单脉冲测向系统。

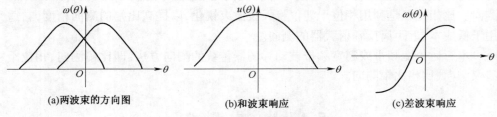

(a)两波束的方向图     (b)和波束响应     (c)差波束响应

图 5.2 和差波束示意图

在用和—差角度鉴别器的单脉冲系统中,对接收支路特性的一致性要求不太严格。在这种系统中,目标信号,从天线的输出端加到和—差变换器进行信号的相加和相减。由和—差变换器输出的高频和($\Sigma$)信号及差($\Delta$)信号又分别加到和及差接收支路,在其中被变换为中频信号,同时放大到所需的电平。差信号振幅电平就确定了角信号的大小,而和信号与差信号之间的相位差则确定角信号的符号,即目标对于等强信号方向的偏移角。

在一个平面内测向的振幅和—差式单脉冲系统如图 5.3 所示。

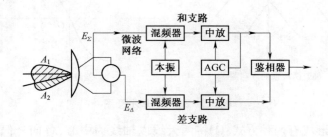

图 5.3 振幅和—差式单脉冲系统

302

偏离等强信号方向的偏移量很小时,天线第一和第二支路输出的信号分别为

$$
\begin{cases}
\dot{E}_1(t,\theta) = E_m F_1(\theta)\exp\mathrm{i}\omega t = E_m F(\theta_0 - \theta)\exp\mathrm{i}w = E_m F(\theta_0)(1 + \eta\theta)\exp\mathrm{i}\omega t \\
\dot{E}_2(t,\theta) = E_m F_2(\theta)\exp\mathrm{i}\omega t = E_m F(\theta_0 + \theta)\exp\mathrm{i}w = E_m F(\theta_0)(1 - \eta\theta)\exp\mathrm{i}\omega t
\end{cases}
$$

$$(5.1)$$

由于功率的平均分配,和差变换器输出端的和信号及差信号分别为

$$
\begin{cases}
\dot{E}_\Sigma(t,\theta) = \dfrac{1}{\sqrt{2}}[\dot{E}_1(t,\theta) + \dot{E}_2(t,\theta)] = \sqrt{2}E_m F(\theta_0)\exp\mathrm{i}\omega t \\
\dot{E}_\Delta(t,\theta) = \dfrac{1}{\sqrt{2}}[\dot{E}_1(t,\theta) - \dot{E}_2(t,\theta)] = \sqrt{2}E_m F(\theta_0)\eta\theta\exp\mathrm{i}\omega t
\end{cases}
$$

$$(5.2)$$

误差信号对信号振幅的依从关系是由自动增益控制(AGC)系统来消除的。经过变频和放大后,同时考虑到自动增益控制系统的作用,就可将鉴相器输入端的和(Σ)信号及差(Δ)信号表示为

$$
\begin{cases}
\dot{u}_\Sigma(t,\theta) = \exp\mathrm{i}(\omega_f t + \varphi_1) \\
\dot{u}_\Delta(t,\theta) = \dfrac{k_2}{k_1}\eta\theta\exp\mathrm{i}(\omega_f t + \varphi_2)
\end{cases}
$$

$$(5.3)$$

式中:$\varphi_1$ 及 $\varphi_2$ 为支路中的相移。

在鉴相输出端得到

$$
s(\theta) = k_p \frac{k_2}{k_1}\eta\theta\cos(\varphi_1 - \varphi_2)
$$

$$(5.4)$$

振幅和—差式单脉冲系统的方向图如图 5.4 所示。图上用"+"和"-"表示相位关系。由图可见,天线输出的差信号的相位随目标偏离等强信号的方向而变化,它可能与信号同相也可能和信号反相。所测得的相位电压与偏角 $\theta$ 成正比即实现了测向。

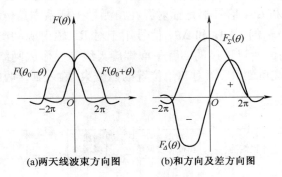

(a)两天线波束方向图　　　(b)和方向及差方向图

图 5.4　振幅和—差式单脉系统的方向图

接收时所形成的和(Σ),不仅用作基准信号归一化和(Σ)、差(Δ)支路的增益,而且可作为信号的分选。

### 5.1.3　四臂平面螺旋天线比幅测向

这种测向方法的四臂平面螺旋天线的相位中心在一处,由图 2.4(c)所示的微波网络形成如图 2.4(a)所示的四个波束。

**1. 相位射频补偿式测向系统**

图 5.5 说明四臂平面螺旋天线与辐射源 $S$ 之间的几何位置关系。天线的四个螺旋臂为 $A_1$、$A_2$、$A_3$ 和 $A_4$ 排列在天线轴 $Z$ 的周围。$X$ 和 $Y$ 坐标限定了垂直于 $Z$ 轴的测量坐标平面。角 $\theta_T$ 是辐射源相对于天线 $Z$ 的角位移。$X_A$ 和 $Y_A$ 两坐标限定了在角测量坐标平面中的测量体系,此角测量体系取决于天线接收的射频(RF)辐射的频率。$X_A$ 轴与 $X$ 轴之间的夹角 $\varphi_A$ 是天线接收射频辐射信号频率的函数。角 $\varphi_T$ 是辐射源在角度测量坐标平面中的角位移。在实际测向中应消除 $\varphi_A$ 的影响。有两种补偿措施,一种是采用相位补偿网络消除不同频率时平面螺旋天线旋转不同的角度 $\varphi_A$ 的影响;另一种采用旋转矩阵消除 $\varphi_A$ 的影响。

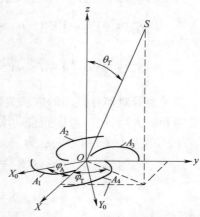

图 5.5　四臂平面螺旋天线与辐射源之间的几何位置关系

原理方框图如图 5.6 所示。这个系统由四臂平面螺旋天线、四个螺旋天线臂相耦合的射频波模矩阵(提供第一个波模和($\Sigma$)信号和第二个波模差($\Delta$)信号)、射频相位旋转补偿网络、射频衰减网络及接收机组成。射频相位补偿网络将 $\Sigma$ 和 $\Delta$ 信号进行校正为 $\Sigma'$ 和 $\Delta'$,经衰减的相位校正的第 1 个波模信号 $k\Sigma'$ 和第 2 个波模信号 $k\Delta'$ 加至接收机。接收机处理 $k\Sigma'$ 和 $k\Delta'$ 信号。分别提供输出信号 $\Delta\theta_X$ 和 $\Delta\theta_Y$。$\Delta\theta_X$ 和 $\Delta\theta_Y$ 信号都是辐射源在角测量坐标系中角位移的函数,而坐标平面是垂直于天线轴的;$\Delta\theta_X$ 和 $\Delta\theta_Y$ 信号用于对 RF 辐射源的测向与跟踪。这里的天线系统就是前面所讨论过的四臂平面螺旋天线与模形成网络、波束形成网络、相位补偿网络,形成可测 RF 辐射源角位置的四波束,输入到接收机,由接收机检测出 $\Delta\theta_X$ 和 $\Delta\theta_Y$。

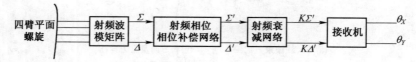

图 5.6　采用四臂平面螺旋天线和相位补偿技术的测向系统方框图

**2. 用旋转矩阵补偿相位的测向跟踪系统**

下面讨论一种改进型的接收机和测向方法,它不需要用 RF 波模矩阵和 RF 相位补偿网络,从而降低了成本和复杂性。

在四臂平面螺旋天线上每臂的信号可以与幅度方向图关联起来,而这些幅度方向图与天线波模和波模之间的相位关系有关,如下式所示:

$$k_{\text{臂信号}} = \sum_{i=1}^{\infty} |\text{模}\, i| e^{j[i(\varphi_T + \varphi_A) \pm (k-1)\pi/Z + \omega_{RF}t]} \tag{5.5}$$

式中:指数的±符号由天线的结构而定;与频率有关的角 $\varphi_A$ 由天线结构而定;$\omega_{RF}$ 为信号的辐射角频率。某一给定波模(模1)的信号大小和角位移 $\varphi_T$ 都由辐射源 $S$ 的位置而定。式(5.5)已经用辐射源 $S$ 处在天线瞄准轴上时接收到的信号幅度作了归一化。忽略比模2高的瞬时模,四个螺旋臂上的信号可写成

$$\begin{cases} \text{臂1信号} = (\Sigma + j\Delta e^{j[\varphi_T + \varphi_A]}) e^{j\omega_{RF}t} \\ \text{臂2信号} = (j\Sigma - j\Delta e^{[\varphi_T + \varphi_A]} e^{j\omega_{RF}t}) \\ \text{臂3信号} = (-\Sigma + j\Delta e^{j[\varphi_T + \varphi_A]} e^{j\omega_{RF}t}) \\ \text{臂4信号} = (-j\Sigma - j\Delta e^{j[\varphi_T + \varphi_A]} e^{j\omega_{RF}t}) \end{cases} \tag{5.6}$$

式中:"$\Sigma$"指的是 $|\text{模}1|$,"$\Delta$"指的是 $|\text{模}2|$。

通过天线臂1和臂3、臂2和臂4上的信号进行相位比较或对数幅度比较,就能获得与辐射源 $S$ 的位置成比例的信号。

对数比较:

$$\ln\frac{|3|}{|1|} = \frac{1}{2}\ln\left[\frac{\Sigma^2 + \Delta^2 + 2\Delta\Sigma\sin(\varphi_T + \varphi_A)}{\Sigma^2 + \Delta^2 - 2\Delta\Sigma\sin(\varphi_T + \varphi_A)}\right] \tag{5.7}$$

$$\ln\frac{|4|}{|2|} = \frac{1}{2}\ln\left[\frac{\Sigma^2 + \Delta^2 + 2\Delta\Sigma\cos(\varphi_T + \varphi_A)}{\Sigma^2 + \Delta^2 - 2\Delta\Sigma\cos(\varphi_T + \varphi_A)}\right] \tag{5.8}$$

相位比较:

$$\varphi_{1-3} = \arctan\left[\frac{\Delta\cos(\varphi_T + \varphi_A)}{\Sigma - \Delta\sin(\varphi_T + \varphi_A)}\right] - \arctan\left[\frac{\Delta\cos(\varphi_T + \varphi_A)}{-\Sigma - \Delta\sin(\varphi_T + \varphi_A)}\right] \tag{5.9}$$

$$\varphi_{4-2} = \arctan\left[\frac{\Delta\sin(\varphi_T + \varphi_A)}{\Sigma - \Delta\cos(\varphi_T + \varphi_A)}\right] - \arctan\left[\frac{\Delta\sin(\varphi_T + \varphi_A)}{-\Sigma - \Delta\cos(\varphi_T + \varphi_A)}\right] \tag{5.10}$$

当 $\Delta \ll \Sigma$ 时,式(5.10)~式(5.13)可简化为

对数比较:

$$\ln\frac{|3|}{|1|} \approx 2\frac{\Delta}{\Sigma}\sin(\varphi_T + \varphi_A) = \Delta U_A \tag{5.11}$$

$$\ln\frac{|4|}{|2|} \approx 2\frac{\Delta}{\Sigma}\cos(\varphi_T + \varphi_A) = \Delta U_B \tag{5.12}$$

305

相位比较：

$$\varphi_{1-3} + 180° \approx 2\frac{\Delta}{\Sigma}\cos(\varphi_{\mathrm{T}} + \varphi_A) = \Delta U_B \tag{5.13}$$

$$\varphi_{4-2} + 180° \approx 2\frac{\Delta}{\Sigma}\sin(\varphi_{\mathrm{T}} + \varphi_A) = \Delta U_A \tag{5.14}$$

为了把 $\Delta U_A$ 和 $\Delta U_B$ 用于测向与跟踪，必须处理信号 $\Delta U_A$ 和 $\Delta U_B$，以消除 $\varphi_A$ 项。在以前的系统中，与频率有关的信号分量实际上由 RF 相位旋转补偿网络来消除的。而该系统的测向方法是将信号 $\Delta U_A$ 和 $\Delta U_B$ 作比较，以消除与频率有关的分量 $\varphi_A$。

该系统包括：一个检波电路，当天线收到 RF 辐射时，它用于检测每个螺旋臂接收到的信号。第一个比较电路，用于比较第一对相对螺旋臂检测的信号，以产生如信号 $U_A$ 那样的第一个信号，它与由接收 RF 辐射的频率和测量坐标平面中辐射源的角位移构成的第一函数成比例；第二个比较电路，用于比较另一对相对螺旋臂探测的信号，以产生如同信号 $U_B$ 那样的第二个信号，该信号与由接收 RF 辐射的频率和测量坐标平面中辐射源的角位移构成的第 2 二函数成比例；最后包括一个处理电路，用于处理第一个信号和第二个信号，以产生第三个信号 $U_X$ 和第四个信号 $U_Y$。这些信号与接收到的 RF 辐射的角位移成比例，而与其频率无关。信号比较可以是对数幅度比较也可以是相位比较。

在本系统中的处理电路包括处理 $U_A$ 信号和 $U_B$ 信号的两个加法电路和四个乘法器，利用下述变换消除 $\varphi_A$。

$$\begin{bmatrix} 2\dfrac{\Delta}{\Sigma}\sin\varphi_{\mathrm{T}} \\[2mm] 2\dfrac{\Delta}{\Sigma}\cos\varphi_{\mathrm{T}} \end{bmatrix} = \begin{bmatrix} \cos\varphi_A & -\sin\varphi_A \\[2mm] \sin\varphi & \cos\varphi_A \end{bmatrix} \begin{bmatrix} 2\dfrac{\Delta}{\Sigma}\sin(\varphi_{\mathrm{T}} + \varphi_A) \\[2mm] 2\dfrac{\Delta}{\Sigma}\cos(\varphi_{\mathrm{T}} + \varphi_A) \end{bmatrix} \tag{5.15}$$

最后提供的输出信号 $U_X$ 和 $U_Y$ 分别与 $\cos\varphi_{\mathrm{T}}$ 和 $\sin\varphi_{\mathrm{T}}$ 成比例。

采用上述原理消除由于频率不同，平面螺旋天线需旋转不同的角度而引起的测角误差，其测角跟踪系统可以是直检式也可以是外差式，下面分别予以讨论。

（1）直检式。如图 5.7 所示，该系统包括：①晶体检波器构成的检波电路，用来检测每个螺旋臂接收的信号；②对数视频放大和第一、第二比较电路和加法电路，把相对应的检波器检波后的信号进行放大，加法器是把对应两信道信号的正负值相加，即对数幅度比较；③由四个乘法器和两个加法电路构成的处理电路，它们分别处理 $U_A$ 和 $U_B$ 信号；④接收从微处理器来的四个 $\varphi_A$ 角函数信号，该微处理器提供反映 $\cos\varphi_A$ 特性和 $\sin\varphi_A$ 特性的信号，以及反映 $-\sin\varphi_A$ 特性和 $\cos\varphi_A$ 特性的信号。这些信号由微处理器响应于瞬时测频所接收辐射源并已测定的频率信号而产生，即它是一个先验的信号。乘法器 $A$ 把信号 $\cos\varphi_A$ 与信号 $U_A$ 相乘，表示 $U_A\cos\varphi_A$ 特性。乘法器 $B$ 把信号 $-\sin\varphi_A$ 与信号 $U_B$ 相乘，表示 $-U_B\sin\varphi_A$ 特性。加法装置 $C$ 把 $A$、$B$ 输出的信号相加,提供一个与 $\sin\varphi_T$ 成比例的信号 $U_X$。乘法器 $A'$ 把信号 $\sin\varphi_A$ 与信号 $U_A$ 相乘,提供一个信号 $U_A\sin\varphi_A$。乘法器 $B'$ 把信号 $\cos\varphi_A$ 和信号 $U_B$ 相乘,可提供一个信号 $U_B\cos\varphi_A$。加法装置 $C'$ 把 $A'$、$B'$ 输出的信号相加,提供一个与 $\cos\varphi_T$ 成比例的信号 $U_Y$。$U_X$、$U_Y$ 分别为水平面和俯仰面的测向或测角值。

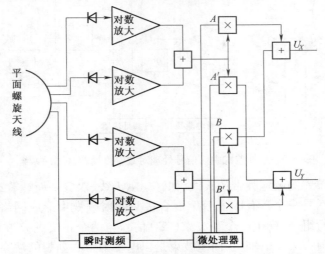

图 5.7  直检式对检测信号进行对数幅度比较法构成的测向系统

(2)单脉冲超外差式对数幅度比较法测向系统。如图 5.8 所示,与图 5.7 相比,该系统在检波器前面加混频器、本振源和线性中频放大器。本振源的振荡频率由瞬时测频所测得的频率通过微处理器控制本振源调谐在 $f_s + f_i$ 或 $f_s - f_i$ 频率上而得到。从检波后的原理与图 5.7 检波后的工作原理完全相同。

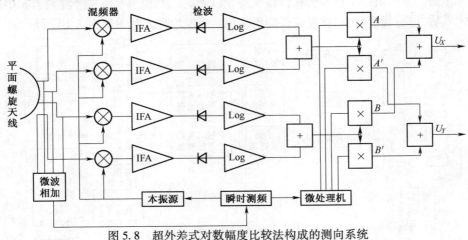

图 5.8  超外差式对数幅度比较法构成的测向系统

(3)单脉冲超外差对数中频测向系统。如图 5.9 所示,该系统没有采用检波器,而采用对中频信号进行处理的方法,其工作原理与图 5.8 基本相似。

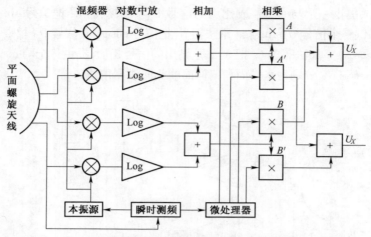

图 5.9 超外差式中频信号处理对数幅度比较法测向系统

采用四个单元的超宽频带的天线,如脊喇叭天线、双臂平面螺旋或曲折臂天线等。在天线之后是一个具有四个180°混合接头的射频波束形成网络,将四个天线接收的信号进行组合,产生一个和波束($\Sigma$)信号与两个正交的差波束($\Delta$)信号。和波束的最大值在天线电轴上,而差波束是以电轴为中心分裂的波束,它的最小值即电轴零值(也称虚零值)也在天线的电轴上。分裂的波束处于天线电轴的两边且反相。这种情况与窄带和—差比幅测向系统相同,但不同的是这里的和差波束是排列的四个天线元阵经过波束网络形成的。

三通道的接收机采用超外差体制,一定要保持和通道与两个正交差通道之间的相位关系。这是因为差方向图相对于和方向图在天线轴的一侧是同相的,而另一侧是反相的。方向信息正负要用相位检波器予以确定。把和与差信号经混频器和中频放大以后,进行幅度比较,就可获得测角信息。系统原理方框图如图5.10所示。

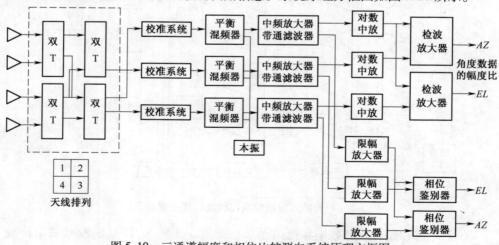

图 5.10 三通道幅度和相位比较测向系统原理方框图

### 5.1.4　超宽频带比幅测向误差

超宽频带天线一般采用平面螺旋天线或曲折臂天线,天线波束宽度随工作频率变化而变化,波束的倾斜角也会变化,这些都使测向误差增大。因此与前面分析的比幅测向误差有所不同,所以必须针对这种情况讨论其测向误差。

**1. 天线方向图用高斯函数近似**

天线方向图精确的数学描述比较复杂,为简化定量分析,可用函数逼近它。

对于宽频带或超宽频带螺旋天线用高斯函数描述它的方向图,能获得良好的近似。试验证明,螺旋天线接收信号的功率为

$$P = \exp\left[ -k\left( \frac{\varphi''}{\theta_0} \right)^2 \right] \tag{5.16}$$

式中：$\varphi''$ 为到达方向与波束轴线的夹角；$\theta_0$ 为半个波瓣宽度($0.5\theta_{0.5}$)；$k$ 为比例常数。

图 5.11 给出了倾斜角为 90° 的四波束天线系统方向图。利用式(5.16)得相邻天线接收信号功率为

$$P_A = \exp\left[ -k\left( \frac{\theta_s/2 + \theta}{\theta_0} \right)^2 \right] \tag{5.17}$$

$$P_B = \exp\left[ -k\left( \frac{\theta_s/2 - \theta}{\theta_0} \right)^2 \right] \tag{5.18}$$

对功率比取对数

$$R' = 10\lg\frac{P_B}{P_A} = \frac{10k\lg e}{\theta^2_{\,0}}2\theta\theta_s \tag{5.19}$$

解得

$$\theta = \frac{\theta_0^2 R'}{20k\theta_s \lg e} \tag{5.20}$$

从方向图可以看出,若

$$\varphi'' = \theta_{0.5}/2 = \theta_0 \tag{5.21}$$

则接收功率下降 3dB,故 $\exp(k) = \dfrac{1}{2}$,求得 $k = 0.693$,代入式(5.19),简化为

$$\theta = \frac{\theta_0^2}{6\theta_s}R' \tag{5.22}$$

或

$$\theta = \frac{\theta_{0.5}^2 R'}{48(\theta_s/2)} \tag{5.23}$$

可见,当 $\theta_{0.5}^2$ 和 $\theta_s$ 一定时,到达角 $\theta$ 与功率比值 $R'$ 成正比,这就意味着,对于具有高斯方向图的天线(如螺旋天线),它的系统误差不随方位角变化,即差波束

309

方向图的斜率(dB)在倾斜角范围内是不变化的,如图 5.12 所示。对于四天线系统,当 $\theta_{0.5} = 90°$ 时,1dB 通道失衡,对于高斯系统,将产生 3.75° 峰值误差;对于正弦系统却产生 3.2° 峰值误差。

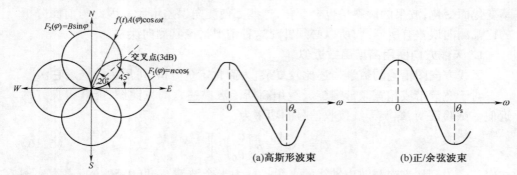

图 5.11　四波束天线系统方向图　　　　图 5.12　两种差方向图

### 2. 倾斜角与波束宽度的确定

以高斯系统为例说明如何确定倾斜角 $\theta_s$ 和波束宽度 $\theta_{0.5}$。根据式(5.20)可以求得

$$\frac{\mathrm{d}\theta}{\mathrm{d}R'} = \frac{\theta_0^2}{6\theta_s} = \frac{\theta_{0.5}^2}{24\theta_s} \tag{5.24}$$

由此式可以作出 $\mathrm{d}\theta/\mathrm{d}R - \theta_0$ 曲线如图 5.13 所示。

在工作频带内,若已知波束宽度,便可利用此曲线求得 1dB 失衡引起的峰值偏差。如在四天线系统中,在频带的中心频率上,1dB 失衡将会引起 3.75°峰值偏差;如果将这个天线(波束宽度仍为 90°)用于六天线系统,将会引起 5.6°峰值偏差。如果在六天线系统中,采用 60°波束宽度,单位失衡只会引起 2.5°峰值偏差。由此可见,波束宽度应是倾斜角相等。

相邻天线接收同一信号功率比与波束宽度平方成反比,因此,以交叉点 3dB 损失为基准,估算辐射源偏离天线轴线为 $\varphi''$ 的相邻两天线方向图函数比值的分数

$$R' = 3\left(\frac{\varphi''}{\varphi_0}\right) \mathrm{dB} \tag{5.25}$$

式中:$\varphi_0$ 为波束交叉点,即原点连线与波束轴线的夹角。

对于四天线系统,若 $\theta_{0.5} = 90°$,则 $\varphi_0 = 45°$,在该交叉点上的损失可按上式求得 $R' = 3\left(\frac{45°}{45°}\right)^2 = 3\mathrm{dB}$。当 $\varphi'' = 90°$ 时,其比值 $R'' = 3\left(\frac{90°}{45°}\right)^2 = 12\mathrm{dB}$,这就是该天线差方向图的最大深度(或称零点深度)。可以用这种关系估算给定波束宽度下不同倾斜角的交叉点损失。图 5.14 绘出了在给定倾斜角条件下的交叉点损失与波束宽度之间的关系。由图可看出,若交叉点损失为 3dB,天线波束宽度应等于倾斜角。若提高测角精度,必须压窄波束,牺牲交叉点的灵敏度。

310

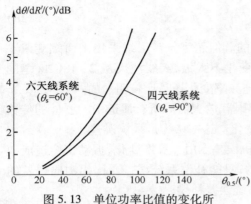

图 5.13 单位功率比值的变化所引起的峰值偏差与波束宽度的关系

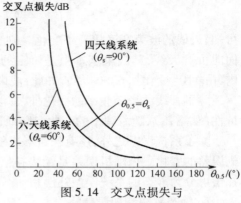

图 5.14 交叉点损失与波束宽度之间的关系

### 3. 系统误差分析与计算

系统误差峰值表达式可微分求得

$$\mathrm{d}\theta = \frac{\theta_{0.5}^2}{12\theta_s} R' \mathrm{d}\theta_{0.5} - \frac{\theta_{0.5}^2}{24} R' \left( \frac{\mathrm{d}\theta_s}{\theta_s^2} \right) + \frac{\theta_{0.5}^2}{24\theta_s} \mathrm{d}R' \qquad (5.26)$$

用微变量表示为

$$\Delta\theta = \frac{\theta_{0.5}}{12\theta_s} R' \theta_{0.5} - \frac{\theta_{0.5}}{24} R' \frac{\Delta\theta_s}{\theta_s^2} + \frac{\theta_{0.5}^2}{24\theta_s} \Delta R' \qquad (5.27)$$

由上式可以看出:波束宽度变化 $\Delta\theta_{0.5}$、倾斜角的变化 $\Delta\theta_s$ 以及幅度比值的变化 $\Delta R'$ 都可以引起系统的测角误差。

(1) 天线。在宽频带或超宽频带测角系统中,波束宽度会随着工作频率的变化而变化。如在中心频率处, $\theta_{0.5} = 90°$;在低频端 $\theta_{0.5} = 100°$;在高频端 $\theta_{0.5} = 70°$。同时,波束的倾斜角 $\theta_s$、馈源的极化及其轴比,都随工作频率变化而变化,它们都会引起通道失衡和测角误差。

(2) 电路。接收机有关电路部分也会引起通道间失衡,如微波滤波器的插损随频率、温度变化的不一致性。微波检波器的检波特性不仅与工作频率、环境温度有关,而且还与输入功率电平有关。为了提高系统灵敏度,在检波器前面要加射频低噪声放大器,但它们的增益变化趋势及细微结构变化、过载特性等却又会引起失衡。除微波电路以外,视频电路也会引起失衡,如对数放大器的增益特性也随输入电平和环境温度变化。

### 5.1.5 超宽频带比幅测向误差的补偿

由比幅测向特性知道,比幅测向在一定的频率范围、角度范围内,特性曲线才是单调变化的。

由天线的波束宽度公式

$$\theta_{0.5} = K\frac{\lambda}{D} \tag{5.28}$$

可知,天线的波束宽度随频率变化是剧烈的。但超宽频带天线采用平面螺旋或平面曲折臂天线,其波束基本上是恒定的,变化不太大,天线波束从 2~18GHz 范围内,由 110° 变化到 60°。尽管如此,波束随频率变化还是比较明显的。

除了天线波束随频率的变化外,其混频器、放大器等所有通道中的器件的传输特性(如增益),随着频率的变化,都有所变化。这些认为是系统误差。

除了系统误差之外,还有噪声形成随机误差。由于温度变化,振动都会造成随机误差的变化。但随机误差是无法补偿的,只能补偿系统误差。比幅测向误差的补偿可分为静态的系统误差补偿和动态系统误差补偿。

**1. 静态系统测向误差补偿**

测角精度补偿是对实际测得的特性曲线与理想特性曲线相比较,消除其差值,尽可能使输出特性拟合成理想的输出特性,包括对斜率和不均衡性进行一次补偿。在比幅系统中就是进行幅频补偿。因此这种补偿技术是用于补偿系统误差,对应不同的频率可以测出它的实际特性曲线,把所有频率的实际测角特性曲线测出,与理想的特性曲线比较,相差比较大的,即超差的特性曲线进行补偿。导引头中已设置瞬时测频接收机,信号的频率可准确地测出,对应频率的理想测向特性曲线是先验的,因此,可用计算机的方法进行补偿。具体的方法举例说明。

如图 5.15 所示,$u_0(\theta)$ 为理想的测向特性,$u_1(\theta)$ 是通过实际测试得到的未补偿的测角特性,对应的信号频率为 $f_1$(2 ~ 18GHz)中的任一频率。对 $u_1(\theta)$ 进行补偿,使信号频率为 $f_1$ 时,补偿后的测角特性近似为 $u_0(\theta)$。

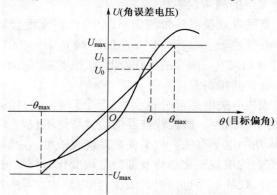

图 5.15　理想与实际测试的的性曲线

测角信号电压是单片机提供的数字数据和经过 D/A 转换提供的模拟电压。单片机选用 8031AH。单片机提供给 D/A 的数据为 8 位。

目标的信号频率为 $f_1$,当目标偏离导引头电轴的偏角为 $\theta$ 时,单片机计算出的数字量为 $D_1$,并将 $D_1$ 送给 D/A,D/A 转换后的电压为 $U_1$。对于标准的(理想的)测角特性 $u_0(\theta)$,当目标偏角为 $\theta$ 时,D/A 输出的测角电压为 $U$,对应的数字量为

$D$。我们将 $D$ 存在存储单元中,此存储单元的高 8 位地址由 $f_1$ 对应的频率码来确定,低 8 位地址为 $D_1$。在实际应用中,当目标频率为 $f_1$,目标偏离角为 $\theta$ 时单片机计算出的角信号数字量为 $D_1$,此时单片机读取瞬时测频接收机输出的频率码形成地址的高 8 位,以 $D_1$ 作为地址的低 8 位,找出此地址对应的存储单元的内容 $D$ 送给 D/A,输出角信号电压 $U$。这样便完成了补偿。我们以 15GHz 测角特性的补偿为例说明补偿数据的存储方法。

设导引头的测向特性范围为 ±4°,斜率为 3V/(°),则 $\theta_{\max} = 4°$,$U_{\max} = 12\text{V}$,测角电压由 D/A 输出。D/A 的接线图见图 5.16,采用双极性电压输出,再加一级反向放大。D/A 选用 DAC1210,它的低 4 位数据接地,高 8 位数据线与单片机的数据总线相接。数字量 $D$ 与输出电压之间的关系为

$$U = -13.3 \times \frac{D - 128}{128} = \frac{13.3}{128}(128 - D) \quad (0 \leqslant D \leqslant 255) \quad (5.29)$$

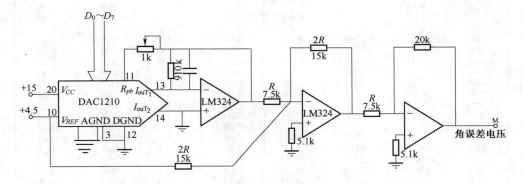

图 5.16　D/A 接线图

对于给定的理想的测角特性,数字量 $D$ 与目标偏角 $\theta$ 的对应关系为

$$\theta = \frac{U}{U_{\max}}\theta_{\max} = \frac{13.3}{3 \times 128}(128 - D) \quad (5.30)$$

具体的数据见表 5.1。如果实际测得的目标信号频率为 15GHz,其测角特性为表 5.2 所列的数据。

我们可以通过线性插值的方法计算出数字量 0～255 对应的目标偏角 $\theta$,见表 5.3。比较表 5.1 和表 5.3 可以得到理想的测角和实际测角误差的数字量,0～255 对应的补偿数据。这些补偿的数据需存放在指定的地址单元中,对于所使用的 8 位单片机 8031,其地址线是 16 位,最大寻址空间为 64KB,即从 0000H～FFFFH。考虑到单片机其他用途,其测角补偿数据的存储空间只占用 16KB,即从 8000H～BFFFH,每个频率需存放 256 个补偿数据,可对 64 个频率点进行补偿。将 2～18GHz 分成 64 等份,频率间隔 $\Delta f = 250\text{MHz}$,用 6 位数字量代表 64 个频率区间,频率 $f$ 与数字量 $D_f$ 的关系为

表 5.1　标准数字量 $D$ 与目标偏角 $\theta$ 的对应数值

| $D$ | $\theta$ | $D$ | $\theta$ | $D$ | $\theta$ | $D$ | $\theta$ |
|---|---|---|---|---|---|---|---|
| OOH | 4.44 | OIH | 4.41 | 02H | 4.38 | 03H | 4.34 |
| 04H | 4.31 | 05H | 4.27 | 06H | 4.24 | 07H | 4.20 |
| 08H | 4.17 | 09H | 4.13 | 0AH | 4.10 | 0BH | 4.06 |
| OCH | 4.03 | ODH | 3.99 | OEH | 3.96 | OFH | 3.92 |
| 10H | 3.89 | 11H | 3.85 | 12H | 3.82 | 13H | 3.78 |
| 14H | 3.75 | 15H | 3.72 | 16H | 3.68 | 17H | 3.65 |
| 18H | 3.61 | 19H | 3.58 | 1AH | 3.54 | 1BH | 3.51 |
| 1CH | 3.47 | 1DH | 3.44 | 1EH | 3.40 | 1FH | 3.37 |
| 20H | 3.33 | 2IH | 3.30 | 22H | 3.26 | 23H | 3.23 |
| 24H | 3.19 | 25H | 3.16 | 26H | 3.13 | 27H | 3.09 |
| 28H | 3.06 | 29H | 3.02 | 2AH | 2.99 | 2BH | 2.95 |
| 2CH | 2.92 | 2DH | 2.88 | 2EH | 2.85 | 2FH | 2.81 |
| 3OH | 2.78 | 31H | 2.74 | 32H | 2.71 | 33H | 2.67 |
| 34H | 2.64 | 35H | 2.60 | 36H | 2.57 | 37H | 2.53 |
| 38H | 2.50 | 39H | 2.47 | 3AH | 2.43 | 3BH | 2.40 |
| 3CH | 2.36 | 3DH | 2.33 | 3EH | 2.29 | 3FH | 2.26 |
| 40H | 2.22 | 41H | 23.19 | 42H | 2.15 | 43H | 2.12 |
| 44H | 2.08 | 45H | 2.05 | 46H | 2.01 | 47H | 1.98 |
| 48H | 1.94 | 49H | 1.91 | 4AH | 1.88 | 4BH | 1.84 |
| 4CH | 1.81 | 4DH | 1.77 | 4EH | 1.74 | 4FH | 1.70 |
| 5OH | 1.67 | 51H | 1.63 | 52H | 1.60 | 53H | 1.56 |
| 54H | 1.53 | 55H | 1.49 | 56H | 1.46 | 57H | 1.42 |
| 58H | 1.39 | 59H | 1.35 | 5AH | 1.32 | 5BH | 1.28 |
| 5CH | 1.25 | 5DH | 1.22 | 5EH | 1.18 | 5FH | 1.15 |
| 60H | 1.11 | 61H | 1.08 | 62H | 1.04 | 63H | 1.OIt |
| 64H | 0.97 | 65H | 0.94 | 66H | 0.90 | 67H | 0.87 |
| 68H | 0.83 | 69H | 0.80 | 6AH | 0.76 | 6BH | 0.73 |
| 6CH | 0.69 | 6DH | 0.66 | 6EH | 0.63 | 6FH | 0.59 |
| 7OH | 0.56 | 71H | 0.52 | 72H | 0.49 | 73H | 0.45 |
| 74H | 0.42 | 75H | 0.38 | 76H | 0.35 | 77H | 0.31 |
| 78H | 0.28 | 79H | 0.24 | 7AH | 0.21 | 7BH | 0.17 |
| 7CH | 0.14 | 7DH | 0.10 | 7EH | 0.07 | 7FH | 0.03 |
| 80H | 0.00 | 81H | −0.03 | 82H | −0.07 | 83H | −0.10 |
| 84H | −0.14 | 85If | −0.17 | 86H | −0.21 | 87H | −0.24 |
| 88H | −0.28 | 89H | −0.31 | 8AH | −0.35 | 9BH | −0.38 |
| 8CIf | −0.42 | 8DH | −0.45 | 8EH | −0.49 | 8Fff | −0.52 |
| 90H | −0.46 | 91H | −0.59 | 92H | −0.62 | 93H | −0.66 |
| 94H | −0.69 | 95H | −0.73 | 96H | −0.76 | 97H | −0.80 |
| 98H | −0.83 | 99H | −0.87 | 9AH | −0.90 | 9BH | −0.94 |
| 9CH | −0.97 | 9DIf | −1.01 | 9EH | −1.04 | 9FH | −1.08 |
| AOH | −1.11 | A1H | −1.15 | A2H | −1.18 | A3H | −1.22 |
| A4H | −1.25 | A5H | −1.28 | A6H | −1.32 | A7H | −1.35 |
| A8H | −1.39 | A9If | −1.42 | AAH | −1.46 | ABH | −1.49 |
| ACH | −1.53 | ADH | −1.56 | AEH | −1.60 | AFH | −1.63 |
| BOH | −1.67 | BIH | −1.70 | B2H | −1.74 | B3H | −1.77 |
| B4H | −1.81 | B5H | −1.84 | B6H | −1.87 | B7H | −1.91 |
| B8If | −1.94 | B9H | −1.98 | BAH | −2.01 | BBH | −2.05 |
| BCH | −2.08 | BDH | −2.12 | BEH | −2.15 | BFH | −2.19 |
| COH | −2.22 | C1H | −2.26 | C2H | −2.29 | C3If | −2.33 |
| C4It | −2.36 | C5H | −2.40 | C6H | −2.43 | C7H | −2.47 |
| C8H | −2.50 | C9H | −2.53 | CAH | −2.57 | CIiFI | −2.60 |
| CCH | −2.64 | CDH | −2.67 | CEH | −2.71 | CFH | −2.74 |
| DOH | −2.78 | D1H | −2.81 | D2H | −2.85 | D3H | −2.88 |
| D4H | −2.92 | D5H | −2.95 | D6H | −2.99 | D7H | −3.02 |
| D8H | −3.06 | D9H | −3.09 | DAH | −3.12 | DBH | −3.16 |
| DCH | −3.19 | DDH | −3.23 | DEH | −3.26 | DFH | −3.30 |
| EOH | −3.33 | E1H | −3.37 | E2H | −3.40 | E3H | −3.44 |
| E4H | −3.47 | E5H | −3.51 | E6H | −3.54 | E7H | −3.58 |
| E8H | −3.61 | E9H | −3.65 | EAH | −3.68 | EBH | −3.72 |
| ECH | −3.75 | EDH | −3.78 | EEH | −3.82 | EFH | −3.85 |
| FOH | −3.89 | FIH | −3.92 | F2H | −3.96 | F3H | −3.99 |
| F4H | −4.03 | F5H | −4.06 | F6H | −4.10 | F7H | −4.13 |
| F8H | −4.17 | F9H | −4.20 | FAH | −4.24 | FBH | −4.27 |
| FCH | −4.31 | FDH | −4.34 | FEH | −4.37 | FFH | −4.41 |

表 5.2　测角特性

| 目标偏角/(°) | −5° | −4° | −3° | −2° | −1° | 0 | 1° | 2° | 3° | 4° | 5° |
|---|---|---|---|---|---|---|---|---|---|---|---|
| 角误差电压 $U$/V | −4.5 | −0.8 | 2.0 | 4.2 | 6.7 | 9.3 | 10.8 | 12.4 | 13 | 13.3 | 13.3 |

表 5.3　未补偿数字量与角度对应数值

| $D$ | $\theta$ | $D$ | $\theta$ | $D$ | $\theta$ | $D$ | $\theta$ |
|---|---|---|---|---|---|---|---|
| 00 | 4.00 | 01 | 3.75 | 02 | 3.50 | 03 | 3.25 |
| 04 | 3.00 | 05 | 2.80 | 06 | 2.60 | 07 | 2.40 |
| 08 | 2.20 | 09 | 2.00 | 0A | 1.93 | 0B | 1.87 |
| 0C | 1.80 | 0D | 1.73 | 0E | 1.67 | 0F | 1.60 |
| 10 | 1.53 | 11 | 1.47 | 12 | 1.40 | 13 | 1.33 |
| 14 | 1.27 | 15 | 1.20 | 16 | 1.13 | 17 | 1.07 |
| 18 | 1.00 | 19 | 0.93 | 1A | 0.87 | 1B | 0.80 |
| 1C | 0.73 | 1D | 0.67 | 1E | 0.60 | 1F | 0.53 |
| 20 | 0.47 | 21 | 0.40 | 22 | 0.33 | 23 | 0.27 |
| 24 | 0.20 | 25 | 0.13 | 26 | 0.07 | 27 | 0.00 |
| 28 | −0.04 | 29 | −0.08 | 2A | −0.12 | 2B | −0.16 |
| 2C | −0.20 | 2D | −0.24 | 2E | −0.28 | 2F | −0.32 |
| 30 | −0.36 | 31 | −0.40 | 32 | −0.44 | 33 | −0.48 |
| 34 | −0.52 | 35 | −0.56 | 36 | −0.60 | 37 | −0.64 |
| 38 | −0.68 | 39 | −0.72 | 3A | −0.76 | 3B | −0.80 |
| 3C | −0.84 | 3D | −0.88 | 3E | −0.92 | 3F | −0.96 |
| 40 | −1.00 | 41 | −1.04 | 42 | −1.08 | 43 | −1.13 |
| 44 | −1.17 | 45 | −1.21 | 46 | −1.25 | 47 | −1.29 |
| 48 | −1.33 | 49 | −1.38 | 4A | −1.42 | 4B | −1.46 |
| 4C | −1.50 | 4D | −1.54 | 4E | −1.58 | 4F | −1.63 |
| 50 | −1.67 | 51 | −1.71 | 52 | −1.75 | 53 | −1.79′ |
| 54 | −1.83 | 55 | −1.88 | 56 | −1.92 | 57 | −1.96 |
| 58 | −2.00 | 59 | −2.05 | 5A | −2.10 | 5B | −2.14 |
| 5C | −2.19 | 5D | −2.24 | 5E | −2.29 | 5F | −2.33 |
| 60 | −2.38 | 61 | −2.43 | 62 | −2.48 | 63 | −2.52 |
| 64 | −2.57 | 65 | −2.62 | 66 | −2.67 | 67 | −2.71 |
| 68 | −2.76 | 69 | −2.81 | 6A | −2.86 | 6B | −2.90 |
| GC | −2.95 | GD | −3.00 | 6E | −3.04 | 6F | −3.07 |
| 70 | −3.11 | 71 | −3.15 | 72 | −3.19 | 73 | −3.22 |
| 74 | −3.26 | 6D | −3.30 | 76 | −3.33 | 77 | −3.37 |
| 78 | −3.41 | 79 | −3.44 | 7A | −3.48 | 7B | −3.52 |
| 7C | −3.56 | 7D | −3.59 | 7E | −3.63 | 7F | −3.67 |
| 80 | −3.70 | 81 | −3.74 | 82 | −3.78 | 83 | −3.81 |
| 84 | −3.85 | 85 | −3.89 | 86 | −3.93 | 87 | −3.96 |
| 88 | −4.00 | 89 | −4.03 | 8A | −4.06 | 8B | −4.09 |
| 8C | −4.11 | 8D | −4.14 | 8E | −4.17 | 8F | −4.20 |
| 90 | −4.23 | 91 | −4.26 | 92 | −4.29 | 93 | −4.31 |
| 94 | −4.34 | 95 | −4.37 | 96 | −4.40 | 97 | −4.43 |
| 98 | −4.46 | 99 | −4.49 | 9A | −4.51 | 9B | −4.54 |
| 9C | −4.57 | 9D | −4.60 | 9E | −4.63 | 9F | −4.66 |
| A0 | −4.69 | A1 | −4.71 | A2 | −4.74 | A3 | −47.7 |
| A4 | −4.80 | A5 | −4.83 | AG | −4.813 | A7 | −4.89 |
| A8 | −4.91 | A9 | −4.94 | AA | −4.97 | AB | −5.00 |

$$D_f = \left[\frac{f - f_{\min}}{\Delta f}\right] = \left[\frac{f - 200}{250}\right] \tag{5.31}$$

　　根据式(5.31)计算出 15GHz 对应的频率代码为 35H,将此代码与补偿数据存储空间的起始地址的高 8 位 80H 相加,便得到 15GHz 补偿数据的高 8 位地址为 B5H。15GHz 的补偿数据与地址关系见表 5.4。

表 5.4  15GHz 补偿数据与地址关系

| 地址 | 数据 | 地址 | 数据 | 地址 | 数据 | 地址 | 数据 | 地址 | 数据 | 地址 | 数据 |
|---|---|---|---|---|---|---|---|---|---|---|---|
| B500 | D | B501 | 14 | B502 | 1B | B503 | 22 | B504 | 29 | B505 | 2F |
| B506 | 35 | B507 | 3B | B508 | 40 | B509 | 46 | B50A | 48 | B5011 | 4A |
| B50C | 4C | B50D | 4E | f350E | 50 | i350F | 52 | B510 | 54 | B511 | 56 |
| B512 | 58 | B513 | 5A | B514 | 5B | B515 | 5D | B516 | 5F | B517 | 61 |
| B518 | 63 | B519 | 65 | B51A | 67 | B51B | 69 | B51C | 6B | B51D | 6D |
| B51E | 6F | B51F | 71 | B520 | 73 | B521 | 74 | B522 | 76 | B523 | 78 |
| B524 | 7A | B525 | 7C | B526 | 7E | B527 | 80 | B528 | 81 | B529 | 82 |
| 852A | 83 | B52B | 85 | B52C | 86 | B52D | 87 | B52E | 88 | B52F | 89 |
| B530 | 8A | B531 | 8C | B532 | 8D | B533 | 8E | B534 | 8F | B535 | 90 |
| B536 | 91 | B537 | 92 | B538 | 93 | B539 | 95 | B53A | 96 | B53B | 97 |
| B53C | 98 | B53D | 99 | B53E | 9B | B53F | 9C | B540 | 9D | B541 | 9E |
| B542 | 9F | B543 | AO | B544 | A2 | B545 | A3 | B546 | A4 | B547 | A5 |
| B548 | AG | B549 | A8 | B54A | A9 | B54B | AA | B54C | AB | B54D | AD |
| B54E | AE | B54F | AF | B550 | BO | B551 | B1 | B552 | B3 | B553 | B4 |
| B554 | B5 | B555 | B6 | B556 | B7 | B557 | B9 | B558 | BA | B559 | BB |
| B55A | Bc | B55B | BE | B55C | BF | B55D | C1 | B55E | C2 | B55F | C3 |
| B560 | C5 | B561 | C6 | B562 | C7 | B563 | C9 | B564 | CA | B565 | CC |
| B566 | CD | B567 | CE | B568 | DO | B569 | D1 | B56A | D2 | B56B | D4 |
| B56C | D5 | B56D | D7 | B56E | D8 | B56F | D9 | B570 | DA | B571 | DB |
| B572 | DC | B573 | DD | B574 | DE | B575 | DF | B576 | EO | B577 | E1 |
| B578 | E2 | B579 | E3 | B57A | E5 | B57B | E6 | B57C | E7 | B57D | E8 |
| B57E | E9 | B57F | EA | B580 | EB | B581 | EC | B582 | ED | B583 | EE |
| B584 | EIF | B585 | FO | B586 | F1 | B587 | F2 | B588 | F3 | B589 | F3 |
| B58A | F3 | B58B | F3 | B58C | F3 | B58D | F3 | B58E | F3 | B58F | F3 |
| B590 | F3 | B591 | F3 | B592 | F3 | B593 | F3 | B594 | F3 | B595 | F3 |
| B596 | F3 | B597 | F3 | B598 | F3 | B599 | F3 | B59A | F3 | B59B | F3 |
| B59C | F3 | B59D | F3 | b59E | F3 | B59F | F3 | I35AO | F3 | B5A1 | F3 |
| B5A2 | F3 | B5A3 | F3 | B5A4 | F3 | B5A5 | F3 | B5A6 | F3 | 135A7 | F3 |
| B5A8 | F3 | B5A9 | F3 | B5AA | F3 | B5AB | F3 | B5AC | F3 | B5AD | F3 |
| B5AE | F3 | B5AF | F3 | B5BO | F3 | B5B1 | F3 | B5B2 | F3 | B5B3 | F3 |
| B5B4 | F3 | B5B5 | F3 | B5BG | F3 | B5B7 | F3 | B5B8 | F3 | B5B9 | F3 |
| B5BA | F3 | B5BB | F3 | B3BC | F3 | B5BD | F3 | 115BE | F3 | B5BF | F3 |
| B5C0 | F3 | B5Cl | F3 | B5C2 | F3 | B5C3 | F3 | B5C4 | F3 | B5C5 | F3 |
| B5C6 | F3 | B5C7 | F3 | B5C8 | F3 | B5C9 | F3 | B5CA | F3 | B5CB | F3 |
| B5CC | F3 | B5CD | F3 | B5CE | F3 | B5CF | F3 | B5DO | F3 | B5D1 | F3 |
| B6D2 | F3 | B5D3 | F3 | B5D4 | F3 | B5D5 | F3 | B5D6 | F3 | B5D7 | F3 |
| B5D8 | F3 | B5D9 | F3 | B5DA | F3 | B5DB | F3 | B5DC | F3 | B5DD | F3 |
| B5DE | F3 | B5DF | F3 | B5EO | F3 | B5E1 | F3 | B5E2 | F3 | B5E3 | F3 |
| B5E4 | F3 | B5E5 | F3 | B5E6 | F3 | B5E7 | F3 | B5E8 | F3 | B5E9 | F3 |
| B5EA | F3 | B5EB | F3 | B5EC | F3 | B5ED | F3 | B5EE | F3 | B5EF | F3 |
| B5F0 | F3 | B5F1 | F3 | B5F2 | F3 | B5F3 | F3 | B5F4 | F3 | B5IF5 | F3 |
| B5F6 | F3 | B5F7 | F3 | B5F8 | F3 | B5F9 | F3 | B5FA | F3 | B5FB | F3 |
| B5FC | F3 | B5FD | F3 | B5FE | F3 | B5FF | F3 | — | — | — | — |

同理,我们在每一个频率区间取一点频,测出其实际(未补偿)的测角特性,并与理想的测向特性比较,计算出补偿数据;将计算出的这些数据存放在一片EPROM27128中。在实际应用中,单片机读入瞬时测频接收机输出的频率代码形成地址的高8位,再计算出测角差的数字量作为地址的低8位,调出此地址单元中的数据送给D/A,最后输出测角电压。这样便完成了测角角性的补偿。图5.17给出了15GHz补偿前后的测角特性曲线。

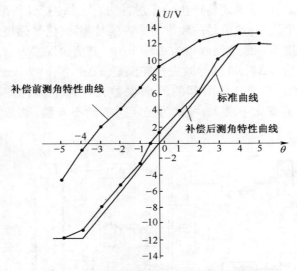

图 5.17　15GHz 补偿前后的测向特性曲线

## 2. 波束交叉点的校正

在比幅测向体制中,如果波束交叉点偏离电轴,必然引起测向误差,如图5.18所示。可利用 DSP 将波束幅值减去或加上一个固定的值,使两个波束交叉点相交于电轴即0轴上,对不同的频率减或加上不同的值,使其波束的交叉点都在0轴上,这样就可以校正各个频率的测向误差。

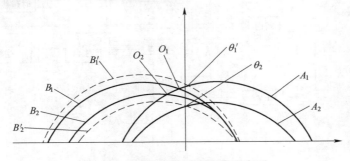

图 5.18　两波束交叉点变化示意图

静态测角误差校正方法简单且容易实现,但当随温度、信号强度变化时,微波放大器、PIN 衰减器,特别是混频的相频特性和幅频特性以及与测角大小的不同,幅度会发生变化。因此这种校正方法局限性比较大,最好的校正方法还是动态校正方法。

### 3. 测向误差动态校正

动态校正也可称为实时校准。下面介绍用于超宽频带被动雷达导引头的测向误差校正方法。

如图 5.19 所示,在天线之后,接收机的最前端,设置校准开关,当脉冲信号后沿时延 0.2~0.5μs,信号处理器产生一个脉冲,这个脉冲打开校准开关,让两个通道同时输入同一个信号,该信号的频率与输入信号相同,信号强度也与信号基本相同。如果两路幅度不一致性使测角为 $\theta = \theta \pm \Delta\theta$,其测角误差为 $\pm \Delta\theta_0$,那么校准信号的测角误差也为 $\pm \Delta\theta_0$,在信号减去校准误差 $\pm \Delta\theta$,即 $\theta = \theta \pm \Delta\theta - (\mp \Delta\theta) = \theta$,则消去了两路幅度不一致性引起的测向误差。将两个脉冲的后沿时延 0.2~0.5μs,其通道中的变化不会大,可认为是实时的动态补偿,动态实时校正原理如图 5.21 所示。

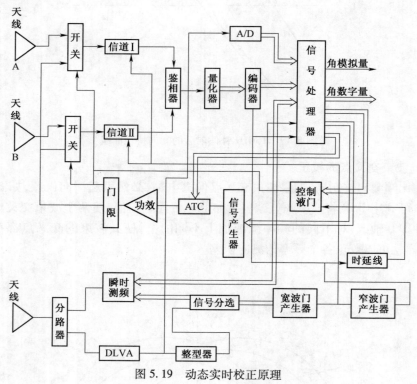

图 5.19　动态实时校正原理

## 5.2　相位干涉仪测向

相位干涉仪是用相位中心距离为 $L$ 的两天线,接收入射角为 $\theta$ 的信号波程差

318

即相位,求得入射角 $\theta$ 。

### 5.2.1 相位干涉仪工作原理

**1. 相位干涉仪基本原理**

相位干涉仪可实现单脉冲测向,故又称做相位单脉冲测向仪。单基线相位干涉仪由两个天线和两个信道组成,如图 5.20 所示。若有一射频辐射的平面波与天线视轴夹角为 $\theta$ 的方向传播而来,它到达两个天线的相位差为

$$\varphi = \frac{2\pi}{\lambda}L\sin\theta \qquad (5.32)$$

式中:$\lambda$ 为辐射信号的波长;$L$ 为两天线的距离。

如果两个信道完全平衡,那么具有相位差 $\varphi$ 的两路信号在鉴相器中,可检测出 $\varphi$ ,再经过角度变换,得到辐射源的方向角。

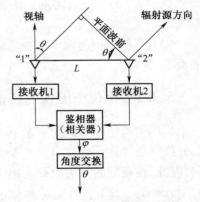

图 5.20 单基线相位干涉仪原理

**2. 测角精度分析**

为了找出测角误差来源,还得从下式入手,即

$$\mathrm{d}\varphi = \frac{\partial\varphi}{\partial\theta}\mathrm{d}\theta + \frac{\partial\varphi}{\partial\lambda}\mathrm{d}\lambda + \frac{\partial\varphi}{\partial L}\mathrm{d}L \qquad (5.33)$$

则

$$\mathrm{d}\varphi = \frac{2\pi}{\lambda}L\cos\theta\mathrm{d}\theta - \frac{2\pi}{\lambda^2}L\sin\theta\mathrm{d}\lambda + \frac{2\pi}{\lambda}\sin\theta\mathrm{d}L \qquad (5.34)$$

对于间距固定不变两天线,在测量期间,$L$ 的不稳定瞬变因素可以忽略即 $\mathrm{d}L=0$ 。则式(5.34)简化为

$$\mathrm{d}\varphi = \frac{2\pi}{\lambda}L\cos\theta\mathrm{d}\theta - \frac{2\pi}{\lambda^2}L\sin\theta\mathrm{d}\lambda \qquad (5.35)$$

将式(5.35)用增量表示,可以得到

$$\Delta\theta = \frac{\Delta\varphi}{\frac{2\pi L}{\lambda}\cos\theta} + \frac{\Delta\lambda}{\lambda}\tan\theta \qquad (5.36)$$

还可以假设 $\lambda$ 的变化也不大,可以忽略 $\Delta\lambda$ ,则

$$\Delta\theta \approx \frac{\Delta\varphi}{\frac{2\pi L}{\lambda}\cos\theta} \qquad (5.37)$$

从式(5.36)可以看出:

(1) 测角误差来源于相位测量误差 $\Delta\varphi$ ,信号频率不稳量 $\Delta\lambda$(包括辐射源工

319

作频率不稳量与接收机本振源不稳量)。

（2）误差数值与方位角 $\theta$ 大小有关,当辐射源的到达角与天线视轴一致时即 $\theta = 0$ ,则测角误差最小;当辐射源到达角与天线的基线一致时即 $\theta = 90°$ ,则测角误差非常大,无法进行测向。因此,视角不宜过大,通常 $\theta = \pm 45°$ ,最好在 $\pm 30°$ 以内。

（3）误差数值与两个天线之间的距离 $L$ 有关,要获得高的测角精度,$L$ 必须足够大。

### 5.2.2　相位干涉仪的相位模糊

相位干涉仪的相位差 $\varphi$ 是以 $2\pi$ 为周期的,如果超过 $2\pi$ ,就出现多值模糊,不能分辨辐射源真正的方向。由于干涉仪是以视轴为对称轴,在它左右两边均能测向,因此,在视轴的一边的最大相位差为 $\pi$ ,在另一边的最大相位差为 $-\pi$ ,位于视轴方向 $\theta = 0$ , $\varphi = 0$ 。当辐射源位于视轴右方的最大方位角 $\theta_{\max}$ 时, $\varphi = \pi$ ,代入式(5.32)中,得到

$$\theta_{\max} = \arcsin(\lambda/2L) \tag{5.38}$$

当辐射源位于视轴左方的最大方位角 $\theta'_{\max}$ 时, $\varphi = -\pi$ ,代入式(5.32)中,亦可得到

$$-\theta_{\max} = \arcsin(\lambda/2L) \tag{5.39}$$

所以不模糊的视角为

$$\theta_u = |\theta_{\max}| + |\theta'_{\max}| = 2\theta_{\max}$$

即

$$\theta_u = 2\arcsin(\lambda/2L) \tag{5.40}$$

可见,要扩大干涉仪的线性视角范围,必须采用小的天线间距 $L$ 。但这是和测角精度相矛盾的。对于单基线相位干涉仪来说,这个矛盾是无法解决的。由式(5.32)可得 $\varphi = 2\pi(L/\lambda)\theta$ ,在 $-\lambda/2L < \theta < \lambda/2L$ 之外才出现相位模糊。若在天线间距增大到 $4L$ ,则 $\varphi = 2\pi$ , $(\Delta L/\lambda)\theta$ ,在 $-\lambda/8L < \theta < \lambda/8L$ 之外出现相位模糊,而曲线斜率却增大到原来的 4 倍,这对提高测角精度有利。因此,采用多基线干涉仪,视角范围 $\theta$ 与测角精度之间的矛盾可以得到解决,即短间距干涉仪决定视角宽度,长间距干涉仪决定测角精度。

### 5.2.3　相位干涉仪测向误差

#### 1. 单基线相位干涉仪测向误差
由上面分析知道,单基线相位干涉仪测向误差为

$$\Delta\theta = \frac{\Delta\varphi\lambda}{2\pi L\cos\theta} + \frac{\Delta\lambda}{\lambda}\tan\theta \tag{5.41}$$

由公式明显地看出除了与 $L$ 和 $\theta$ 有关以外,与相位误差 $\Delta\varphi$ 有关。

干涉仪相位测量误差 $\Delta\varphi$ 是由系统误差即两信道的失衡 $\Delta\varphi_c$、随机误差即接收机内部噪声引起的相位测量偏差(相位噪声) $\Delta\varphi_N$,以及数字量化误差 $\Delta\varphi_q$ 与同时到达干扰引起的相位偏差 $\Delta\varphi_I$ 等共同引起的。由于它们是互相独立的,故有

$$\Delta\varphi^2 = \Delta\varphi_c^2 + \Delta\varphi_N^2 + \Delta\varphi_q^2 + \Delta\varphi_I^2 \tag{5.42}$$

(1)系统误差 $\Delta\varphi_c$。$\Delta\varphi_c$ 是由信道中各元器件相位特性所确定,如天线、极化转换器、校正网络、电缆、功率分配器、电桥等相位漂移。这是因为受到频率变化、温度升降、动态范围等条件影响。特别是信道中的微波放大器、混频器随频率的变化、信号电平的变化、本振源频率不稳定引起的相位漂移,远大于无源器件。考虑到这些元器件在频带内的相位变化都是独立的随机变量,因此,$\Delta\varphi_c$ 可用下式表示:

$$\Delta\varphi_c^2 = \sum_{i=1}^{n} \Delta\varphi_i^2 \quad (i = 1,2,3,\cdots) \tag{5.43}$$

(2)随机误差 $\Delta\varphi_N$。我们已经知道接收机的内部噪声是宽带白高斯噪声,它实际是一种幅度起伏、相位起伏——相位噪声。内部噪声电平越高,相位噪声越大。为了扩大动态范围和抑制微波检波器和视放产生的噪声,在接收机前端加进了低噪声限幅放大器。射频噪声和被测信号同时作用于混频器,检波器产生信号与噪声差拍、噪声与噪声差拍的两部分噪声,这两部分噪声将调制被测信号矢量,产生相位误差。

(3)相位量化误差 $\Delta\varphi_q$。采用相位干涉仪测向需采用数字式信号处理,进行相位量化,这就必然产生相位量化误差。相位量化误差是由最小量化率单元宽度 $\Delta\varphi$ 与最小的量化单元宽度决定,之间关系为

$$\Delta\varphi_q = \Delta\varphi / 2\sqrt{3} \tag{5.44}$$

例如,4bit 量化器,最小量化单元宽度 $\Delta\varphi = 22.5°$,$\Delta\varphi_q = 6.5°$;5bit 量化器,最小量化单元宽度 $\Delta\varphi = 11.25°$,$\Delta\varphi_q = 3.3°$;6bit 时,$\Delta\varphi = 5.6°$,$\Delta\varphi_q = 1.6°$。可见,采用 6bit 量化器,量化相位误差已远小于比鉴相器的相位误差,所以无需再提高量化器的比特数。

**2. 二维多基线测向系统的测角误差分析**

1)系统误差

单脉冲寻的器系统中相位干涉仪测向系统为二维多基线干涉仪测向系统,其二维的角信息为

$$\varphi_A = \frac{2\pi L}{\lambda}\sin\theta\cos\alpha \tag{5.45}$$

$$\varphi_B = \frac{2\pi L}{\lambda}\cos\theta\cos\alpha \tag{5.46}$$

式中:$\varphi_A$ 为方位平面的角信息;$\varphi_B$ 为俯仰面的角信息;$L$ 为两相对应的天线的距

离；$\theta$ 为辐射的方位角；$\alpha$ 为仰角；$\lambda$ 为辐射信号的波长。

对以上两式分别进行微分，得到

$$\mathrm{d}\varphi_A = \frac{2\pi}{\lambda}L[\cos\theta\cos\alpha\mathrm{d}\theta - \sin\theta\sin\alpha\mathrm{d}\alpha] \tag{5.47}$$

$$\mathrm{d}\varphi_B = \frac{2\pi}{\lambda}L[-\sin\theta\cos\alpha\mathrm{d}\theta - \cos\theta\sin\alpha\mathrm{d}\alpha] \tag{5.48}$$

求解得到

$$\mathrm{d}\theta = \frac{\cos\theta\mathrm{d}\varphi_A - \sin\theta\mathrm{d}\varphi_B}{\dfrac{2\pi}{\lambda}L\cos\alpha} \tag{5.49}$$

$$\mathrm{d}\alpha = \frac{-(\sin\theta\mathrm{d}\varphi_A + \cos\theta\mathrm{d}\varphi_B)}{\dfrac{2\pi}{\lambda}L\sin\alpha} \tag{5.50}$$

用增量 $\Delta$ 表示

$$\Delta\theta = \frac{\cos\theta\,\Delta\varphi_A - \sin\theta\,\Delta\varphi_B}{\dfrac{2\pi L}{\lambda}\cos\alpha} \tag{5.51}$$

$$\Delta\alpha = \frac{-(\sin\theta\,\Delta\varphi_A + \cos\theta\,\Delta\varphi_B)}{\dfrac{2\pi L}{\lambda}\sin\alpha} \tag{5.52}$$

2）随机误差

令 $\Delta\varphi = \cos\theta \cdot \Delta\varphi_A \pm \sin\theta \cdot \Delta\varphi_B$ 可得

$$\overline{\Delta\varphi^2} = \cos^2\theta\,\overline{\Delta\varphi^2} + \sin^2\theta\,\overline{\Delta\varphi_B^2} \pm 2\cos\theta\sin\theta\,\overline{\Delta\varphi_A\Delta\varphi_B} \tag{5.53}$$

由于干涉仪 A 与干涉仪 B 测量相位是独立进行的，且假定系统误差为零（零均值）故 $\overline{\Delta\varphi_A \times \Delta\varphi_B} = \overline{\Delta\varphi_A} \times \overline{\Delta\varphi_B}$，于是 $\overline{\Delta\varphi^2} = \cos^2\theta\,\overline{\Delta\varphi_A^2} + \sin^2\theta\,\overline{\Delta\varphi_B^2}$，若 A 干涉仪、B 干涉仪测量相位的均方值相等即 $\overline{\Delta\varphi_A^2} = \overline{\Delta\varphi_B^2}$，所以 $\overline{\varphi^2} = \overline{\Delta\varphi_A^2} = \overline{\Delta\varphi_B^2} = \sigma_\varphi^2$。

由式（5.51）和式（5.52）可得方位角测角标准差 $\sigma_\theta$ 和仰角的测角标准差 $\sigma_\alpha$

$$\sigma_\theta = \frac{\sigma_{\varphi_A}}{\dfrac{2\pi}{\lambda}L\cos\alpha} \tag{5.54}$$

$$\sigma_\alpha = \frac{\sigma_{\varphi_B}}{\dfrac{2\pi}{\lambda}L\sin\alpha} \tag{5.55}$$

可见，测角误差与测相误差成正比，当 $\alpha \to 0$，方位角误差最小，而仰角误差很

322

大( ∞ );相反 $\alpha \to 90°$ ,仰角误差最小,而方位角误差很大( ∞ )。因此,二维干涉仪的视角在仰角方向上应在45°左右为最佳。

现在,我们讨论由于系统内部噪声引起的相位测量误差。当频率不变时,相位误差 $\varphi_N$ 取决于图5.21所示的时间误差 $\Delta t$ ,即正弦信号通过零时的偏移是由噪声 $n(t)$ 引起的。 $\Delta t = n(t)$ /信号通过零值时的斜率。由于正弦信号通过零值时的斜率是 $2\pi fA$ ,所以 $\Delta t$ 的均方值为

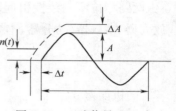

图5.21　正弦信号 $S(t)$ 与噪声 $n(t)$ 叠加

$$\overline{(\Delta t)^2} = \overline{n^2}/(2\pi fA)^2 \qquad (5.56)$$

式中: $\overline{n^2}$ 为噪声的均方值。

由于一个信道相位偏移 $\Delta \varphi_{N1}$ 与 $\Delta t$ 的关系为

$$\Delta \varphi_{N1} = 2\pi f \Delta t \qquad (5.57)$$

所以, $\overline{(\Delta \varphi_{N1})^2} = (2\pi f)^2 \overline{(\Delta t)^2} = \overline{n^2}/A^2$ 。

这样,我们得到一个信道相位测量的均方误差为

$$\sigma_{\varphi_{N1}}^2 = \frac{\overline{n^2}}{A^2} = \frac{1}{2S/N} \qquad (5.58)$$

可见,由内部噪声引起的相位测量误差的均方值与信噪比成反比。两个信道噪声引起的相位测量均方根误差为

$$\sigma_{\varphi N} = \left[ \frac{\dfrac{N}{S_1} + \dfrac{N}{S_2}}{2P} \right]^{\frac{1}{2}} \qquad (5.59)$$

式中: $N/S_1$ 、 $N/S_2$ 分别为两个信道的噪信比; $P$ 为脉冲积累数。总的相位测量误差为

$$\sigma_{\varphi}^2 = \sigma_c^2 + \sigma_q^2 + \sigma_N^2$$

式中: $\Delta \varphi_c$ 为电路引起的两个信道相位失衡 $\sigma_c$ ; $\Delta \varphi_q$ 为相位量化误差 $\sigma_q$ 。因此有

$$\sigma_\theta = k_1 \left( \sigma_c^2 + \sigma_q^2 + \frac{N/S_1 + N/S_2}{2p} \right)^{\frac{1}{2}} \qquad (5.60)$$

$$\sigma_\alpha = k_2 \left( \sigma_c^2 + \sigma_q^2 + \frac{N/S_1 + N/S_2}{2p} \right)^{\frac{1}{2}} \qquad (5.61)$$

其中

$$k_1 = \frac{57.3°}{(2\pi L/\lambda)\cos\alpha}, \quad k_2 = \frac{57.3°}{(2\pi L/\lambda)\sin\alpha}$$

### 3. 相位干涉仪测向系统总的测向误差

相位干涉仪系统总的测角误差与比相体制一样,由三部分组成,系统的测角误

差、随机误差和量化误差。

1）系统误差 $\sigma_{\theta_{\mathrm{T}}}$

由两路相位不一致性引起,由各部分特性决定,主要包括天线、馈电网络、极化、放大器、混频器、功分器、本振源等两路的相位差 $\phi_c$ 造成的。

$$\sigma_{\theta_{\mathrm{T}}} = \frac{\Delta\phi_c\lambda}{2\pi L\cos\theta} \qquad (5.62)$$

2）随机误差 $\sigma_{\theta_{\mathrm{N}}}$

上面已经分析过

$$\sigma_{\theta_{\mathrm{N}}} = \frac{\Delta\varphi_N\lambda}{2\pi L\cos\theta} = \frac{\sqrt{\dfrac{N_1/S_1 + N_2/S_2}{2p}}\lambda}{2\pi L\cos\theta} \qquad (5.63)$$

3）量化误差

主要由信号 A/D 转换位数引起的,取决于最小单元宽度 $\Delta\phi_q$,如果量化误差为均匀分布,则量化相位误差有效值 $\Delta\phi_q$ 与最小的量化宽度 $q$ 之间存在如下关系:

$$\mathrm{d}\phi_q^2 = \frac{1}{q}\int_{-\frac{q}{2}}^{\frac{q}{2}} q^2\mathrm{d}q = \frac{q^2}{12} \qquad (5.64)$$

式中:$q$ 为量化单元宽度,一般 $q$ 为 $5.625°$(不可能再小),则 $\mathrm{d}\phi_q = 1.62°$,即 $\Delta\phi_q = 1.62°$。

相位干涉仪测向系统总的测角误差为

$$\sigma_{\theta} = \frac{\sigma_{\phi}\lambda}{2\pi L\cos\theta} = \frac{\sqrt{\sigma_{\phi_c}^2 + \sigma_{\phi_N}^2 + \sigma_q^2}\lambda}{2\pi L\cos\theta}$$

$$= \frac{\lambda}{2\pi L\cos\theta}\sqrt{\sigma_{\phi_c}^2 + \sigma_{\phi_N}^2 + \sigma_q^2} \qquad (5.65)$$

上式没有计算鉴相器本身测量误差和低信噪比时的鉴相损失,一般鉴相损失在信噪比较大时(10dB 以上)可以忽略不计。鉴相器测量误差按 $\Delta\phi_j = 1°$ 考虑,则

$$\sigma_{\theta} = \frac{\lambda}{2\pi L\cos\theta}\sqrt{\sigma_{\phi_c}^2 + \sigma_{\phi_N}^2 + \sigma_{\phi q}^2 + \sigma_{\phi_j}^2} \qquad (5.66)$$

## 5.2.4　比相测向误差补偿

相位干涉仪测向误差的补偿(校正)与比幅测向误差的补偿基本相同,即补偿(校准)两路的相位一致性,同样是通过补偿,使两路的相位一致性更好。同样分为静态补偿和位补偿。静态补偿用列表查表法即通过对每个频率测试其相位特性与理想的相位特性比对作差列表写到 Flash 或 ROM 中,对系统测角时予以补偿。动态补偿的方法与比幅相同,只是补偿的是两路的相位一致性。

**1. 比相测向特性**

1）相位型测向系统的测向特性公式

$$u_{pd} = k_{pd} \frac{2\mu^2 F^2(\theta)\sin 2\phi}{[1 + 2\mu F(\theta)\cos\phi]^2} \tag{5.67}$$

图 5.22 是当角位移 $\theta_0 = \theta_{0.5}/3$ 时的测向特性。当 $\theta_0$ 为其他数值时,特性曲线有相似的形状。

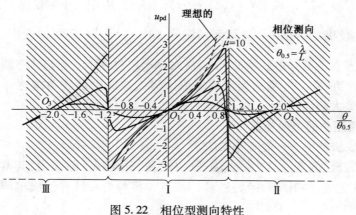

图 5.22　相位型测向特性

图解法分析图 5.22 和式(5.67),证明测向特性在很大程度上取决于所收到的信号振幅 $U(\mu = 2k_2 U)$。

当输入信号的幅度很大($\mu \to \infty$)时,测向特性变成理想的测向特性(虚线),它们的公式为

$$u_{pd} = k_{pd}\tan\left(\frac{\pi L}{\lambda}\sin\theta\right) \tag{5.68}$$

由图 5.22 可知,测向特性曲线只有当角度 $\theta$ 比较小时才是线性的。所有测向特性曲线都存在着假的等信号方向(旁瓣或称副瓣)。因此,根据角度 $\theta$ 的数值,可以把测向特性曲线分成几个稳定的目标跟踪区。区域 I 称为测向特性曲线的主区(而它的波瓣称为主瓣),区域 II 和区域 III 称为假区(而它的波瓣称为旁瓣)。

如果在任何一个稳定跟踪区内出现足够强的电磁波辐射源,那么跟踪系统则跟踪在对应于测向特性曲线主瓣(区域 I 中 $O_1$ 点)的等信号方向上,或跟踪在对应于旁瓣(区域 II、区域 III 的 $O_2$、$O_3$ 点)的等信号方向上。在后一种情况下,系统跟踪有很大的误差。

由图 5.22 可以看出,测向特性曲线零点的主瓣宽度 $\Delta\theta_0$ 与信号的强度无关,仅仅取决于测向系统中的天线方向和角度 $\theta_0$。但是,信号强度对测向特性最大值之间的距离和测向特性曲线的斜率有很大影响。图 5.24 给出了这一明显的概念,图中纵坐标表示方向图最大值之间的角距离 $\Delta\theta_{max}$ 与半功率点宽度 $\theta_{0.5}$ 的比值(在计算时,认为 $\theta_{0.5} = \lambda/L$)。实线表示振幅型测向,虚线表示相位型测向。

从原理上讲,上面讨论的各种单脉冲测向系统都适用于寻的器,换句话说,上述的测向原理就是寻的器的测向原理。但是寻的器有自己的特点,其测向方法与上述系统有不同之处。

2) 相位干涉仪的测向特性

由测向原理 $\phi = \dfrac{2\pi L}{\lambda} = \theta$ 可知,相位干涉仪测向是以 $2\pi$ 为周期的,当 $L > \lambda$ 时出现多值,即 $\varphi = 2N\pi + \varphi (N = 1, 2, \cdots, m)$。因此,用相位干涉仪测向当 $L > \lambda$ 时,必须解测向模糊。由相位干涉仪测角误差 $\Delta\theta = \dfrac{\Delta\varphi\lambda}{2\pi L\cos\theta}$ 还可以看出,用相位干涉仪测向,其入射角最好不要超过 30°,最大也不超过 45°。超过 45° 测角误差会变大,当 $\theta$ 增加到 90° 时,测角误差就变成无穷大。这也是被动雷达寻的器大角度时,测角误差大的原因之一。

**2. 比相测向的误差补偿**

1) 查表法补偿——静态补偿法

查表法补偿的条件与比幅查表法一样,在 $\pm\pi(2\pi)$ 范围内,其鉴相器鉴相特性是单调变化的。如果鉴相特性有畸变,首先将畸变特性补偿成单调变化的特性曲线。

对每个频率点作出理想的鉴相特性曲线,然后再测试实际的鉴相特性曲线。将这两个特性曲线作差就是 $\Delta\varphi$。对每个频率都作出 $\Delta\varphi$ 的表,写到 Flash 或即 ROM 中,然后用 DSP 根据给定的频率查不同的差值 $\Delta\varphi$ 的表在测得的相位 $\varphi$ 中减 $\Delta\varphi$,就完成了相位的补偿或称作相位校准。

2) 动态补偿

与比幅动态补偿[11]一样,利用图 5.19 所示的原理框图,其信号处理与波门控制器在每个脉冲的后沿时延 0.2 ~ 0.5μs 之后,产生一个脉冲,打开校准开关,让同一个信号源,其频率与信号的强度与输入的单脉信号相同。这个校准信号通过各自的信道的相位 $\Delta\varphi$,就是各信道这时的相位差。从所测的输入信号时所测的相位 $\varphi$ 中减去这个 $\Delta\varphi$,信道就得到了相位的校准。

# 5.3　比相比幅测向

5.1.1 节中叙述过的用相位中心在一起的两个超宽频带天线各向外倾斜 35° 直接形成交叉波束[1],以实现比幅测向。但有两个问题值得考虑:第一,天线的波束宽度随频率的增高而变窄,两波束的交叉点脱离开半功率点就越远,即斜率变低,测角精度变差,除非用波束恒定的平面螺旋天线;第二,比幅测向精度低,很重要的一个原因就是超宽频带的天线的波束比较宽所致。为了克服以上的两个缺陷,采用比相比幅体制,即用相位干涉仪将波束变窄,即波束锐化。注意:设计两天

326

线的距离时,在频带范围内不出现多值了,使得波束随频率变化不会过大,相对比较稳定,而且将波束变窄以提高测角精度。这就是利用相位中心间距为 $L$ 的两天线构成相位干涉仪,由相位干涉仪形成 $\varphi = \dfrac{2\pi X}{\lambda} = \theta$ 多个波束,波束宽度为 $\theta = \arcsin \dfrac{S}{4L}$,然后利用和差波束网络形成和差波束,以比幅的形式进行测向。

### 5.3.1　交叉波束的形成

天线阵实现和差波束,不可能像窄带单脉冲系统那样,其天线的相位中心在一处。可用两单元天线摆成平行或倾斜一个小角度,使两波束交叉在一起。但由于波束宽度随频率而变化,两波束的交点也发生变化,则测角灵敏度(测角互导斜率)也就产生很大的变化,这在测向跟踪系统中是不允许的。因此其交叉波束应采用定向耦合器移相的方法形成两波

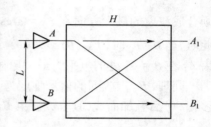

图 5.23　交叉波束形成网络

束的交叉波束,其原理如图 5.23 所示(以一个测向平面为例)。$A$ 和 $B$ 为两平行放置的天线,其间距为 $L$。由天线 $A$ 收到的信号经定向耦合器(3dB 电桥)$H$,在 $A_1$、$B_1$ 端输出功率相等,各为输入功率一半,但 $B_1$ 端信号的相位比 $A_1$ 端迟后 $90^\circ\left(\dfrac{\pi}{2}\right)$;同理,由天线 $B$ 收到的信号经定向耦合器 $H$,在 $A_1$ 和 $B_1$ 端功率也均为输入功率一半,而其电场的相位差 $90^\circ\left(\dfrac{\pi}{2}\right)$。设天线 $A$ 和 $B$ 的方向图函数均为 $F(0)$,则当接收来自 $\theta$ 方向的信号时,由于波程差使天线 $B$ 收到的信号比天线 $A$ 收到的信号超前一个相位 $\varphi = \dfrac{2\pi}{\lambda} L\sin\theta$,这样在 $A_1$ 收到的信号强度是由天线 $A$ 直接收到的信号和天线 $B$ 收到的信号经定向耦合器移相 $90^\circ$ 后叠加而成,即

$$
\begin{aligned}
F_{A1}(\theta) &= F(\theta) + F(\theta)\mathrm{e}^{\mathrm{j}\left(\varphi - \frac{\pi}{2}\right)} \\
&= F(\theta)\mathrm{e}^{\mathrm{j}\frac{1}{2}\left(\varphi - \frac{\pi}{2}\right)}\left[\mathrm{e}^{-\mathrm{j}\frac{1}{2}\left(\varphi - \frac{\pi}{2}\right)} + F(\theta)\mathrm{e}^{\mathrm{j}\frac{1}{2}\left(\varphi - \frac{\pi}{2}\right)}\right] \\
&= F(\theta) \cdot 2\cos\left[\frac{1}{2}\left(\varphi + \frac{\pi}{2}\right)\right]\mathrm{e}^{-\mathrm{j}\frac{1}{2}\left(\varphi + \frac{\pi}{2}\right)}
\end{aligned}
\tag{5.69}
$$

取其模值

$$
|F_{A1}(\theta)| = 2F(\theta)\cos\left[\frac{1}{2}\left(\frac{2\pi}{\lambda}\right)L\sin\left(\theta - \frac{\pi}{2}\right)\right]
\tag{5.70}
$$

由上式可见,如果天线 $B$ 的信号不经 3dB 定向耦合器移相 $90^\circ$,则上式就没有 $-\dfrac{\pi}{2}$,此 $A_1$ 点的合成波束的最大方向在 $\theta = 0^\circ$ 处。现在由于 $B$ 天线信号移相 $90^\circ$,

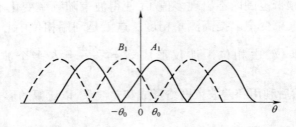

图 5.24 合成交叉波束

则合成波束的最大方向在 $\theta_0 = \arcsin(\lambda/4L)$ 。$A_1$ 点的合成波束如图 5.24 所示。此时,当 $\theta = \theta_0$ 时,$F_{A1}(\theta) = 2F(\theta)$ ,而在 $\theta = 0°$ 处,$F_{A1}(\theta) = 2F(\theta)/\sqrt{2}$ ,即合成波束 $A_1$ 在 $\theta = 0°$ 处的电平为最大场强的 0.707。

同理,$B_1$ 点收到的信号强度为天线 $B$ 直接收到的信号和天线 $A$ 收到的信号并移相 90° 后叠加而成,其合成波束 $B_1$ 如图 5.24 所示。则

$$F_{B1}(\theta) = F(\theta) + F(\theta)\mathrm{e}^{\mathrm{j}(\varphi - \frac{\pi}{2})} = F(\theta) \cdot 2\cos\left[\frac{1}{2}\left(\varphi - \frac{\pi}{2}\right)\right]\mathrm{e}^{-\mathrm{j}\frac{1}{2}(\varphi - \frac{\pi}{2})}$$

(5.71)

取其模值

$$|F_{B1}(\theta)| = 2F(\theta)\cos\left[\frac{1}{2}\left(\frac{2\pi}{\lambda}\right)L\sin\left(\theta + \frac{\pi}{2}\right)\right]$$

(5.72)

其最大值方向在二天线元阵的法线方向的左侧,与 $F_{A1}(\theta)$ 对称。而偏离角为 $\theta_0$,$\theta_0 = \arcsin(\lambda/4L)$ 。此时在 $\theta = 0°$ 处的电平为最大场强的 0.707 倍。由于 3dB 定向耦合器具有宽频带特性,因此用上述形成交叉波束 $A_1$ 和 $B_1$ 在宽频带范围内,其交叉点电平保持在电场最大值的 0.707 电平附近,不过两交叉波束最大值之间的夹角为

$$2\theta_0 = 2\arcsin(\lambda/4L)$$

(5.73)

将随着波长的减小而减小,这将使信号跟踪角度线性范围减小。

在高频端和差波束的宽度比较窄,而且出现了栅瓣。所以在这种体制中仍然有栅瓣错误跟踪的问题,应消除之。

### 5.3.2　和差波束的形成

由图 5.25(a)形成的交叉波束,再由和差波束形成网络形成如图 5.25(b)和(c)所示的和、差波束。

经过相位干涉仪和 90° 的移相之后的波束随差频率的增加而迅速变窄。由比幅测向精度分析知道,波变窄测向精度显著提高。

由图 5.25 还可以看出,这种测向方法不能用于超宽频带,只能用于一般的宽带,最好是用于窄带。该测向方法,特别适于低成本的反辐射武器的导引头。

### 5.3.3 低成本比相比幅测向系统

这种测向系统适合用于低成本作用距离比较近的反辐射武器的寻的器或导引头。

这种系统的组成:用斜率35°左右的向矩 $L'$ 比较小的两个平面天线螺旋天线,形成交叉波束,以比幅测向覆盖比较宽的频域与比较大的角度;将这两个小间距 $L'$ 的两天线用相位干涉仪进行波束锐化;再配置两个间距 $L$ 比较大的天线,并经相位干涉仪进波束锐化,以提高系统的测角精度。在四个天线后面配置 6 象 DLVA,在每条 DLAV 后面配置 A/D,将每个支路测得的幅值的数据送到信号处理器进行和差处理,计算出入射角 $\theta$,导引反辐射武器攻击目标。低成本的比相比幅测向系统,如图 5.26 所示。

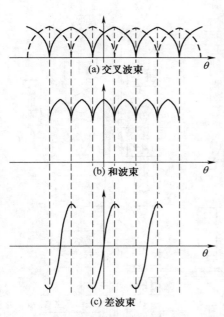

图 5.25 和差波束形成示意图

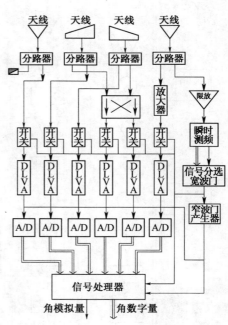

图 5.26 低成本的比相比幅测向系统

#### 1. 系统原理方框图

系统原理方框图如图 5.27 所示(以一个平面方位面或俯仰面为例)。它由相位之间不同距离的两对天线、两个交叉波束网络、双刀双掷开关、两个测向信道、频综器、基于信号的实时跟踪本振和信号分选支路组成。

两个信道完全一样,由微波放大器(HFA)、混频器、频综器(本振源)、开关、高中频放大器分选器、第二混频器、中频放大器、分路器、时延线、ATC、中频放大器、开关、滤波器和数字处理器组成。

329

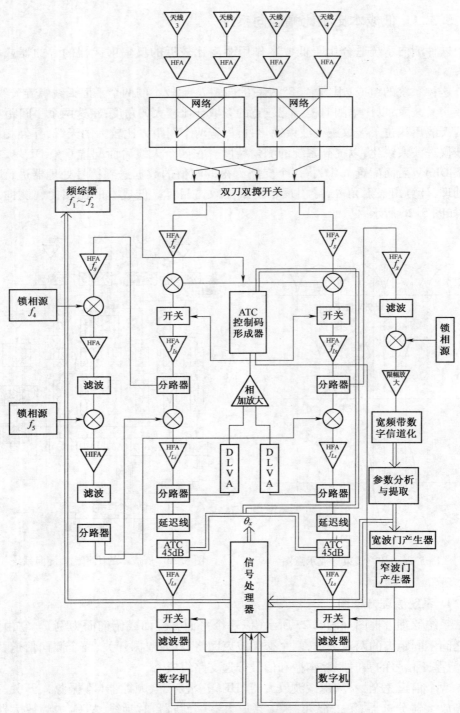

图 5.27　比相比幅测向系统原理方框图

信号分选支路,由高中频(或微波限幅放大器)、滤波器、混频器及馈相源本振、限幅放大器、宽频带数字信道化、参数分析与提取、宽波门产生器(含信号分选与跟踪)和窄波门组成。

基于信号的实时跟踪本振由高中频放大器、混频器与馈相源本振、高中频放大器、滤波器、混频器与馈相源本振、高中放、滤波器和分路器组成。

**2. 工作原理**

相位中心距离近的两天线,形成比较宽的波束,以覆盖比较宽的角度,同时可以解相位中心距离比较远的(长基线)两天线的测向模糊。长基线两天线形成比较窄的波束,以提高测角精度。两个波束形成网络分别形成宽窄波束,宽波束解宽带测向模糊,窄波束提高测角精度。

测向的两个信道,将信号放大,两次变频将频率变成 70MHz 或 150MHz,以便于采用 40MHz 或 200MHz 的采样,数字机将两路信号的相位以数字形式输入到信号处理器,信号处理器以信号分选支路输入频率与基线的数据,计算出输入信号的角度即实现了测向。

频综器可以从 $f_1$ 扫频到 $f_2$ 工作为本振信号,以实现接收宽频带信号。

第二本振是将信号的频率降低到适合采样的频率(40MHz 或 150MHz)或更高的中频频率。

基于信号的实时跟踪本振,是将信号经第一本振变成高频信号,再经两次混频变频到只差一个中频的高中频信号输入到第二混频器,混频后,使频率变成设计的或所需的中频。之所以用两次变频,是为了避开杂散信号进入混频器。基于信号实时跟踪本振是为了实现以 10MHz 带宽,捕捉跟踪宽频带的捷变雷达信号,以提高系统灵敏度。

信号分选支路可以用微波相关器瞬时测频,但这样会牺牲系统的灵敏度,采用宽频带数字信道化,将宽频带压缩到子带的窄带内,这样就提高了系统的灵敏度。

比相比幅测向系统的测角精度补偿与比幅测向误差的补偿方法相同,这里不再重复。

# 5.4  用估计理论抑制噪声引起的随机测角误差

就比幅而言,其测角系统内部噪声引起的测角随机误差,在 $\theta_0 \pm (\theta_{0.5}/2)$ 区间的均方根值为

$$\sigma_{\theta 0} = \frac{\sigma_n \theta_{0.5}}{\sqrt{2}A} = \frac{\theta_{0.5}}{\sqrt{2}\ (S/N)^{\frac{1}{2}}} \tag{5.74}$$

而相位测角随机误差为

$$\sigma_\theta = k_1 \left( \sigma_c^2 + \sigma_q^2 + \frac{N/S_1 + N/S_2}{2p} \right)^{\frac{1}{2}} \tag{5.75}$$

$$\sigma_a = k_2 \left( \sigma_c^2 + \sigma_q^2 + \frac{N/S_1 + N/S_2}{2p} \right)^{\frac{1}{2}} \tag{5.76}$$

由公式明显的看出与波束宽度有关,与信噪比有关。而在超宽频带的范围内,$\theta_{0.5}$ 变化比较大,而 $S/N$ 也比较大。这只是考虑到内部噪声,其实引起随机测角误差的因素还很多,如目标雷达发射机不稳定引起的误差、电源滤波不善引起的误差、机械振动引起的误差、发射管的噪声、调制脉冲的随机状况、信号传播误差、大气折射误差、多路传播误差、乱波干扰、异部信号干扰、转换误差、轴系误差、量化误差、极化误差、瞬时宽频带范围内频率捷变引起的闪烁误差,因此实际上的测角随机误差远比上述的公式所计算出的随机误差要大得多。当然各种误差也可以归纳到 $S/N$ 项中去。

总之超宽频带的被动雷达寻的器测角随机误差比较大。特别是当跟踪杂波干扰时随机误差就更大,除了上述误差外,其测向特性中又增加了乘性干扰。因此寻的器中的信号处理必须由平滑与滤波抑制随机的测角误差,否则超宽带的寻的器的测角误差太大,甚至将破坏跟踪。

对随机测角误差抑制平滑与滤波方法可采用最小二乘估计和卡尔曼滤波,下面予以讨论。

### 5.4.1 用最小二乘估计抑制随机测角误差

最小二乘估计是在对被估计量的任何统计特性都不了解的情况下进行,它把估计问题看做确定性最优化问题来处理。与最大似然法相比放宽了使用条件,当然估计性能降低,但在超宽带被动雷达寻的器测向系统中,具有较高的估计性能。

**1. 观察模型与估计准则**

假定被估计的参量只有一个,用 $\theta$ 表示,且获得了 $N$ 个观测数据,其观测数据与 $\theta$ 是线性关系:

$$x_k = C_k \theta + n_k \quad (k = 1, 2, \cdots, N) \tag{5.77}$$

式中:$C_k$ 为已知常数;$n_k$ 为观测噪声(观测时产生的随机误差或外加干扰噪声)。估计的准则是选择估值 $\hat{\theta}$,使各次观测值 $x_k$ 与 $C_k \hat{\theta}$ 误差的平方和达到最小,即

$$R(\hat{\theta}) = \sum_{k=1}^{N} (x_k - C_k \hat{\theta})^2 \to \min \tag{5.78}$$

$R(\hat{\theta})$ 称为性能指标。

若被估计的参量有 $M$ 个,用 $\theta_1, \theta_2, \cdots, \theta_M$ 表示,其观测模型为

$$x_k = C_{k1} \theta_1 + C_{k2} \theta_2 + \cdots + C_{kM} \theta_k + n_k \quad (k = 1, 2, \cdots, N) \tag{5.79}$$

写成矢量形式

$$X = C\theta + n \tag{5.80}$$

式中:$X$ 为 $N$ 维观测矢量,$X = [x_1 x_2 \cdots x_N]^T$;$\theta$ 为 $M$ 维参量矢量,$\theta = [\theta_1 \theta_2 \cdots \theta_N]^T$;

$n$ 为 $N$ 维噪声矢量，$n = [n_1 n_2 \cdots n_N]^{\mathrm{T}}$；$C$ 为 $N \times M$ 常系数矩阵。

$$C = \begin{bmatrix} C_{11} & C_{12} & \cdots & C_{1M} \\ C_{21} & C_{22} & \cdots & C_{2M} \\ \vdots & \vdots & & \vdots \\ C_{N1} & C_{N2} & \cdots & C_{NM} \end{bmatrix} \qquad (5.81)$$

**2. 估计值的计算**

若信号参量的值 $\hat{\theta}$ 能使性能指标 $R(\hat{\theta}) = (X - C\hat{\theta})^{\mathrm{T}}(X - C\hat{\theta})$ 达到最小，则 $\hat{\theta}$ 为 $\theta$ 的最小二乘估计值，用 $\hat{\theta}_{LS}$ 表示。

式(5.78)还可以写成

$$\left. \frac{\partial R(\hat{\theta})}{\partial \hat{\theta}} \right|_{\hat{\theta} = \hat{\theta}_{LS}} = 0$$

$$\frac{\partial [(X - C(\hat{\theta})^{\mathrm{T}}(X - C(\hat{\theta}))]}{\hat{\theta}} = -2C^{\mathrm{T}}(X - C\hat{\theta}) = 0 \qquad (5.82)$$

得到 $\hat{\theta}_{LS} = (C^{\mathrm{T}}C)^{-1}C^{\mathrm{T}}X$。

**3. 估计量的性质**

（1）估计量是观测量的线性函数。由式(5.82)可以看出，最小二乘估计量 $\hat{\theta}_{LS}$ 是 $X$ 的线性函数，但和线性最小均方估计是不同的。

（2）若随机噪声矢量的均值为零，则最小二乘估计是无偏估计。证明如下：

设 $E[n] = 0$，则

$$\begin{aligned} E[\hat{\theta}_{LS}] &= E[(C^{\mathrm{T}}C)^{-1}C^{\mathrm{T}}X] = (C^{\mathrm{T}}C)^{-1}C^{\mathrm{T}}E(X) \\ &= (C^{\mathrm{T}}C)^{-1}C^{\mathrm{T}}E[C\theta + n] = (CC) - C^{\mathrm{T}}CE(\theta) = E(\theta) \end{aligned}$$
$$(5.83)$$

（3）估计的均方误差。设 $E[n] = 0$ var$[n]$ 已知，则

$$\begin{aligned} E[(\theta - \hat{\theta}_{LS})(\theta - \hat{\theta}_{LS})^{\mathrm{T}}] &= E\{[\theta - (C^{\mathrm{T}}C)^{-1}C^{\mathrm{T}}X][\theta - (C^{\mathrm{T}}C)^{-1}C^{\mathrm{T}}X]^{\mathrm{T}}\} \\ &= E\{[\theta - (C^{\mathrm{T}}C)^{-1}C^{\mathrm{T}}(C\theta + n)] \\ &\quad [\theta - (C^{\mathrm{T}}C)^{-1}C^{\mathrm{T}}(C\theta + n)]^{\mathrm{T}}\} \\ &= E\{[-(C^{\mathrm{T}}C)^{-1}C^{\mathrm{T}}n][-(C^{\mathrm{T}}C)^{-1}C^{\mathrm{T}}n]^{\mathrm{T}}\} \\ &= (C^{\mathrm{T}}C)^{-1}C^{\mathrm{T}}E[nn^{\mathrm{T}}]C(C^{\mathrm{T}}C)^{-1} \\ &= (C^{\mathrm{T}}C)^{-1}C^{\mathrm{T}}[\mathrm{var}(n)]C(C^{\mathrm{T}}C)^{-1} \end{aligned}$$
$$(5.84)$$

式中：var$(n)$ 为观测噪声方差矩阵（$N \times N$），若噪声的均值 $E(n) = 0$，方差为 $\sigma_n^2$，各样本之间相互独立，则 $\mathrm{var}(n) = \sigma_n^2 I_N$（$I_N$ 为 $N \times N$ 单位矩阵）。

**4. 用最小二乘法抑制寻的器测角随机误差**

测向随机误差均为正态分布，即已知它的分布规律，故可采用最小二乘法作为一种最大似然方法。

设 $u$ 是变量 $X,Y,\cdots$ 的函数,含有 $m$ 个参数 $\theta_0,\theta_1,\cdots,\theta_{n-1}$,即

$$u = f(\theta_0,\theta_1,\cdots,\theta_{n-1};X,Y) \tag{5.85}$$

在对 $u$ 和 $X,Y\cdots$ 作为 $n$ 次观测得到 $(X_i,Y_i,\cdots,u_i)$ $(i=1,2,\cdots,n)$ 的情况下,应使参数 $\theta_0,\theta_1,\cdots,\theta_{n-1}$ 的值满足 $u$ 的理论值(估计值)$\hat{u}_i$ 与观测值 $u_i$ 有如下关系:

$$Q = \sum_{i=1}^{n} [u_i - \hat{u}_i]^2 = \sum_{i=1}^{n} [u_i - f(\theta_0,\theta_1,\cdots,\theta_{n-1};X_i,Y_i\cdots]^2 = \min \tag{5.86}$$

最小二乘法所处理的数据按式(5.85)可为一元线性、二元非线性、多元线性或多元非线性。自变量是到达时间(或 PRI)$X$,因变量是到达方向,则一元函数的表达式为

$$Y = f(\theta_0,\theta_1,\theta_2,\cdots,\theta_{n-1};X) \tag{5.87}$$

利用式(5.87)诸参数的最佳估值 $\hat{\theta}_0,\hat{\theta}_1,\hat{\theta}_2,\cdots,\hat{\theta}_{m-1}$,其前提条件在式(5.87)的具体形式必须已知。我们知道导引头的到达角 $A$ 随到达时间是不变的,而跟踪过程是线性的,当跟踪时间足够长时其至为二次多项式和指数数形式。从数字角度看,任何函数至少在一个比较小的邻域内可用多项式任意逼近,这就导致了多项式估计在拟合中的特殊地位。

1)误差只发生在 $Y$(到达方向时)

(1)一元零次多项式回归。用常数 $\hat{Y}_0 = \theta_0$ 来拟合,求 $\theta_0$,使

$$\sum_{i=1}^{n} (Y_i - \hat{Y})^2 = \sum_{i=1}^{n} (Y_i - \theta_0)^2 = \min \tag{5.88}$$

$$\theta_0 = \frac{1}{n} \sum_{i=1}^{n} Y_i$$

(2)一元线性回归。用 $\hat{Y} = \theta_0 + \theta_2 X$ 来拟合,求 $\theta_0$、$\theta_2$,使

$$\sum_{i=1}^{n} (Y_i - \hat{Y}_i)^2 = \sum_{i=1}^{n} [Y_i - (\theta_0 + \theta_1 X_1)]^2 = \min \tag{5.89}$$

$$\theta_1 = \frac{\sum XY - \sum X \sum Y/n}{\sum X^2 - (\sum X)^2/n}$$

$$\theta_0 = \frac{1}{n} \sum Y - \frac{\sum XY - \sum X \sum Y/n}{\sum X^2 - (\sum X)^2/n} \frac{1}{n} \sum X$$

(3)一元二次多项式回归。用抛物线 $\hat{Y} = \theta_0 + \theta_1 X + \theta_2 X^2$ 来拟合,求 $\theta_0$、$\theta_1$ 和 $\theta_2$,使

$$\sum_{i=1}^{n} (Y_i - \hat{Y})^2 = \sum_{i=1}^{n} [Y_i - (\theta_0 + \theta_1 X_i + \theta_2 X_i^2)]^2 = \min$$

$$\theta_0 = \frac{\sum Y}{n} - \theta_1 \frac{\sum X}{n} - \theta_2 \frac{\sum X^2}{n}$$

$$\theta_1 = \frac{\Sigma XY - \Sigma X \Sigma Y/n}{\Sigma X^2 - (\Sigma X)^2/n} - \theta_2 \frac{\Sigma X^4 - \Sigma X^2 \Sigma X/n}{\Sigma X^4 - (\Sigma X)^2/n} \tag{5.90}$$

$$\theta_2 = \frac{[\Sigma X^2 - (\Sigma X)^2/n](\Sigma X^2 Y - \Sigma X^2 \Sigma Y/n) - (\Sigma XY - \Sigma X \Sigma Y/n)(\Sigma X^4 - \Sigma X \Sigma X^2/n)}{[\Sigma X^2 - (\Sigma X)^2/n][\Sigma X^4 - (\Sigma X)^2/n] - (\Sigma X^4 - \Sigma X \Sigma X^2)/n)^2}$$

实际上，在上面的式子中，当 $\theta_2 = 0$ 时，为线性回归；当 $\theta_2 = 0$、$\theta_1 = 0$ 时为零次回归。

（4）指数拟合。用指数曲线 $Y = \theta_0 \exp(\theta_i X)$ 来拟合，求 $\theta_0$ 和 $\theta_1$ 使

$$\sum_{i=1}^{n} (Y_i - \hat{Y})^2 = \sum_{i=1}^{n} (Y_i - \theta_0 e^{\theta_1 X_i})^2 = \min \tag{5.91}$$

将曲线变换为直线，按直线拟合方法进行。

$$\ln Y = \ln \theta_0 + \theta_1 X \tag{5.92}$$

将式(5.92)代入式(5.91)，可得

$$\theta_1 = \frac{\Sigma X \ln Y - \Sigma XY_i - (\theta_0 + \theta_1 X_i + \theta_2 X_i^2) Y/n}{\Sigma X^2 - (\Sigma X)^2/n}$$

$$\ln \theta_0 = \frac{1}{n} \Sigma \ln Y - \theta_1 \frac{1}{n} \Sigma X$$

$$\theta_0 = e^{\frac{1}{n} \Sigma \ln Y - \theta_1 \frac{1}{n} \Sigma X}$$

2）$X$ 和 $Y$ 均存在误差

事实上，由于 PRI 存在起伏，故到达时间（$X$）也是起伏的。当 $X$ 和 $Y$ 的测量误差相差不大时，两个误差量均不可忽略。以线性回归为例。设信号源为 $Y = \theta_0 + \theta_1 X$，估值为 $\hat{Y} = \hat{\theta}_0 + \hat{\theta} \hat{X}$。根据推广的最小二乘原理

$$\sum_{i=1}^{n} [(X_i - \hat{X}_i)^2 + \lambda (Y_i - \hat{Y}_i)^2] = \min \tag{5.93}$$

代入 $\hat{Y}$ 值

$$\sum_{i=1}^{n} [(X_i - \hat{X}_i)^2 + \lambda (Y_i - \hat{\theta}_0 - \hat{\theta}_1 \hat{X})^2] = \min \tag{5.94}$$

其中，$\lambda = \dfrac{\sigma_{\hat{X}}^2}{\sigma_Y^2}$ 为权值之比。

解得

$$\hat{\theta}_1 = \frac{\lambda \Sigma Y - \Sigma X + \sqrt{(\Sigma X - \lambda \Sigma Y)^2 + 4\lambda (\Sigma XY)^2}}{2\lambda \Sigma XY}, \quad \hat{\theta}_0 = \overline{Y} - \hat{\theta}_1 \overline{X}$$

式中：$\Sigma X = n \displaystyle\sum_{i=1}^{n} (X_i - \overline{X})^2$；$\Sigma Y = n \displaystyle\sum_{i=1}^{n} (Y_i - \overline{Y})^2$；$\Sigma XY = n \displaystyle\sum_{i=1}^{n} (X_i - \overline{X})(Y_i - \overline{Y})$，

其中，$\overline{X} = \dfrac{1}{n} \displaystyle\sum_{i=1}^{n} X_i$ $\qquad$ $Y = \dfrac{1}{n} \displaystyle\sum_{i=1}^{n} Y_i$。

### 5.4.2 卡尔曼滤波方法抑制随机测角误差

卡尔曼滤波采用状态变量法,即先建立状态方程(信号模型)和观测方程,对信息的统计特性作出合乎实际的规定,应用线性最小均方估计准则,根据新观测数据不断地修正估计量。就是说,这种方法是递推的线性最小均方估计方法,它只要求存储少量的数据就可以序贯地作出估计,从而不仅解决了对矢量信号估计所存在的问题,而且可以推广应用于非平稳随机过程进行估计。

由于在实际情况中,对系统的观测和控制常常是在离散时刻上进行的,而且广泛地应用数字计算机,因此我们只讨论离散时间的卡尔曼滤波。

**1. 随机信号模型与观测模型**

这里讨论最简单的信号模型——一阶自回归过程,如图 5.28 所示。信号随时间的变化满足下面的动态方程

$$s(k) = as(k-1) + [w(k-1)] \tag{5.95}$$

式中:$a$ 为常数,在 $-1$ 与 $+1$ 之间取值;$w(k)$ 为均值为零的白噪声序列(也称为动态噪声)。

设:$E[w_k] = 0$;$E[w(k)w(j)] = \sigma_w^2 \delta_{kj}$。

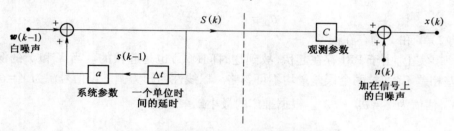

图 5.28 随机信号模型与观测模型

一阶自回归方程对应于连续系统的一阶微分方程(离散系统的一阶差分方程),这反映了许多物理现象的变化规律,这里提出的随机信号模型可以用来产生一阶马尔可夫过程,还可以推广到非平稳马尔可夫过程。

$s(k)$ 是由均值为零的白噪声 $w(k-1)$ 经一阶自回归滤波器产生的平稳随机过程,且存在着下述关系:

$$E[s(k)] = 0$$

$$E[s^2(k)] = \sigma_s^2 = \frac{\sigma_w^2}{1-a^2} \tag{5.96}$$

$$E[s(k)s(k+j)] = R_s(j) = a^{|j|}\sigma_s^2 = \frac{a^{|j|}\sigma_w^2}{(1-a^2)}$$

设观测方程是信号与噪声之和,即 $x(k) = cs(k) + n(k)$;$c$ 为观测系数;观测 $n(k)$ 是与 $s(k)$ 不相关的白噪声序列,且

$$\begin{cases} E[\boldsymbol{n}(k)] = 0 \\ E[\boldsymbol{n}(k)\boldsymbol{n}(j)] = \sigma_n^2 \delta_{kj} \end{cases} \tag{5.97}$$

设 $E[\boldsymbol{w}(k)\boldsymbol{n}(k)] = 0$ （$\boldsymbol{w}(k)$ 和 $\boldsymbol{n}(k)$ 不相关）。

**2. 标量信号的卡尔曼滤波**

根据 $k$ 时刻和 $k$ 时刻以前观测到的数据 $\boldsymbol{x}(1),\boldsymbol{x}(2),\cdots,\boldsymbol{x}(k)$ 对 $s(j)$ 作出最佳线性估计，若 $j = k$ 就是滤波问题；若 $j < k$ 称为内插；$j > k$ 称为预测，在导引头测角随机误差的抑制多用滤波的地方。因此这里只讨论滤波。

设信号 $s(k)$ 的递推估计具有下述形式：

$$\hat{s}(k) = a(k)\hat{s}(k-1) + b(k)x(k) \tag{5.98}$$

式中：$\alpha(k)$ 为对过去估值的加权；$b(k)$ 为对当前观测值的加权。

要求根据估计的均方误差 $e_k^2 = E[s^{-2}(k)] = E\{[s(k) - \hat{s}(k)]^2\} \to \min$ 来确定两个加权。为此求 $e_k^2$ 对 $\alpha(k)$ 和 $b(k)$ 的偏导数并令其等于零，得

$$\frac{\partial e_k^2}{\partial a(k)} = -2E\{[s(k) - a(k)\hat{s}(k-1) - b(k)x(k)]\hat{s}(k-1)\} = 0$$

$$\frac{\partial e_k^2}{\partial b(k)} = -2E\{[s(k) - a(k)\hat{s}(k-1) - b(k)x(k)]x(k)\} = 0 \tag{5.99}$$

即

$$E[\tilde{s}(k)\hat{s}(k-1)] = 0$$

$$E[\tilde{s}(k)x(k)] = 0 \tag{5.100}$$

由式 (5.99) 可得

$$E\{[s(k) - a(k)\hat{s}(k-1) - b(k)x(k)]\hat{s}(k-1)\} = 0 \tag{5.101}$$

即

$$\begin{aligned}
&E\{[s(k) - cb(k)x(k)]\hat{s}(k-1)\} - E[a(k)\hat{s}(k-1)\hat{s}(k-1)] \\
&= E\{[s(k) - cb(k)s(k) - b(k)n(k)]\hat{s}(k-1)\} - \\
&\quad a(k)E\{[\hat{s}(k-1) - s(k-1) + s(k-1)]\hat{s}(k-1)\} \\
&= E\{[s(k) - cb(k)s(k)]\hat{s}(k-1)\} - a(k)E[s(k-1) - \hat{s}(k-1)] \\
&= E\{[1 - cb(k)][as(k-1) + w(k-1)]\hat{s}(k-1)\} - a(k)E[s(k-1)\hat{s}(k-1)] \\
&= a[1 - cb(k)]E[s(k-1)\hat{s}(k-1) - a(k)E[s(k-1)\hat{s}(k-1]] = 0
\end{aligned} \tag{5.102}$$

可得

$$a(k) = a[1 - cb(k)] \tag{5.103}$$

将式 (5.103) 代入式 (5.98) 得

$$\hat{s}(k) = a\hat{s}(k-1) + b(k)[x(k) - ac\hat{s}(k-1)] \tag{5.104}$$

上式中第一项表示根据过去 $(k-1)$ 个观察数据对 $s(k)$ 所作的估计，第二项是修正项，由新观测值与前一次估值 $ac\hat{s}(k-1)$ 之差以及 $b(k)$ 所决定。$b(k)$ 是随

时间变化的系数,称为卡尔曼增益。

式(5.104)就是最佳线性递推估计的表达式,称为卡尔曼滤波方程。最佳线性递推估计器的结构如图 5.29 所示。

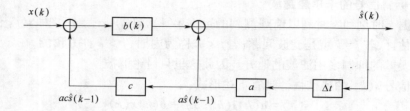

图 5.29　最佳线性递推估计器

下面求卡尔曼增益 $b(k)$。由式(5.100)得

$$E[\hat{s}(k)x(k)] = 0 \qquad (5.105)$$

即

$$E\{[s(k) - \hat{s}(k)x(k)]\}$$
$$= E\{[s(k) - a(k)\hat{s}(k-1) - b(k)x(k)[cs(k) = n(k)]]\}$$
$$= cE\{[s(k)s(k)] - ca(k)E[\hat{s}(k-1)s(k)] - b(k)E\{x(k)[cs(k) + n(k)]\} \qquad (5.106)$$

而

$$cE[s(k)s(k)] = c\sigma_s^2$$
$$E\{x(k)[cs(k)n(k)]\} = c^2\sigma_s^2 + \sigma_n^2$$
$$E[\hat{s}(k-1)s(k)] = E\{\hat{s}(k-1)[as(k-1) + w(k-1)]\}$$
$$= aE[\hat{s}(k-1)s(k-1)] + E[\hat{s}(k-1)w(k-1)] \qquad (5.107)$$

由于

$$E\left\{[\hat{s}(k) - s(k-1)] = E\hat{s}(k-1)\frac{1}{c}[x(k-1) - n(k-1)]\right\}$$
$$= E\left\{[s(k) - \hat{s}(k-1)]\frac{1}{c}x(k-1) - E[\hat{s}(k-1)\frac{1}{c}n(k-1)]\times\right.$$
$$\left.\frac{1}{c}n(k-1)\right\} = \frac{1}{c}[c\sigma_s^2 - b(k-1)\sigma_n^2] \qquad (5.108)$$

及

$$E[\hat{s}(k-1)w(k-1)] = E\{[a(k-1)\hat{s}(k-2) + b(k-1)x(k-1)]w(k-1)\} = 0 \qquad (5.109)$$

则

$$E[\hat{s}(k-1)s(k)] = \frac{a}{c}[c\sigma_s^2 - b(k-1)\sigma_n^2] \qquad (5.110)$$

故

$$E[\hat{s}(k)s(k)] = c\sigma_s^2 - a(k)ac[c\sigma_s^2 - b(k-1)\sigma_n^2] - b(k)[c^2\sigma_s^2 + \sigma_n^2]$$
$$= c\sigma_s^2 - a^2[1 - cb(k)][c\sigma_s^2 - b(k-1)\sigma_n^2] - b(k)[c^2\sigma_s^2 + \sigma_n^2] = 0$$

(5.111)

改写后,得

$$(1-a)^2\sigma_s^2 + a^2c^2\sigma_s^2 b(k)$$

(5.112)

$$= a^2[1 - cb(k)]b(k-1)\sigma_n^2 - b(k)[c^2\sigma_s^2 + \sigma_n^2] = 0$$

由于

$$(1-a^2)\sigma_s^2 + a^2c^2\sigma_s^2 b(k) - a^2[1 - cb(k)]b(k-1)\sigma_n^2 - b(k)[c^2\sigma_s^2 + \sigma_n^2] = 0$$

(5.113)

由于 $(1-a^2)\sigma_s^2 = \sigma_w^2$,故得

$$c\sigma_w^2 - b(k)[\sigma_n^2 + a^2cb(k-1)\sigma_n^2 + c^2\sigma_w^2] + a^2b(k-1)\sigma_n^2 = 0 \quad (5.114)$$

导出

$$b(k) = \frac{c\sigma_w^2 + a^2b(k-1)\sigma_n^2}{\sigma_n^2 + a^2cb(k-1)\sigma_n^2 + c^2\sigma_2^2}$$

(5.115)

这就是卡尔曼增益的递推公式。下边求估计的均方误差。

$$e_k^2 = E[\bar{s}(k)s(k)]E\{[s(k) - \hat{s}(k)]s(k)\} = \sigma_s^2 - E[\hat{s}(k)s(k)] \quad (5.116)$$

而

$$E[c][\hat{s}(k)s(k)] = E\left\{\hat{s}(k)\frac{1}{c}[x(k) - n(k)]\right\}$$

$$= E\left\{[s(k) - \tilde{s}(k)]\frac{1}{c}x(k)\right\} -$$

$$E\left\{[a(k)\hat{s}(k-1) + b(k)x(k)]\frac{1}{c}n(k)\right\}$$

$$= \frac{1}{c}[c\sigma_s^2 - b(k)\sigma_n^2] = \sigma_s^2 - b(k)\sigma_n^2/c \quad (5.117)$$

即

$$e^2(k) = \sigma_s^2 - \sigma_s^2 + b(k)\sigma_n^2/c = \frac{b(k)}{c}\sigma_n^2 \quad (5.118)$$

$$b(k) = \frac{ce^2(k)}{\sigma_n^2} \quad (5.119)$$

式(5.115)和式(5.104)是标量卡尔曼滤波——单个信号最佳线性递推估计的基本公式;当给了初始条件之后,就可以依次地求出信号波形在各个时刻的估计值及均方误差。

可以采用与参量估计相同的方法来确定初始条件。如取 $\hat{s}(0)$ 为初始值,则根据

$$e_0^2 = E\{[s(k) - \hat{s}(0)]^2\} \rightarrow \min \qquad (5.120)$$

即

$$\frac{\partial e_0^2}{\partial \hat{s}(0)} = -2E[s(k) - \hat{s}(0)] = 0 \qquad (5.121)$$

得

$$\hat{s}(0) = E[s(k)] \qquad (5.122)$$

此时

$$e_0^2 = E\{s(k) - E[s(k)]\}^2 \qquad (5.123)$$

现将标量信号的递推估计算法归纳如下：

(1) 确定初始值 $\hat{s}(0)$ 和 $e_0^2$；$k = 0$；

(2) 根据式(5.119)求出 $b(0)$，由式(5.119)求出 $b(1)$；

(3) 将观测值 $x(1)$ 和 $\hat{s}(0)$ 与 $b(1)$ 代入式(5.104)求 $\hat{s}(1)$；

(4) 根据式(5.119)和式(5.115)，求出 $e_1^2$ 和 $b(2)$；

(5) $k = k + 1$ 重复(3)、(4)的步骤。

递推估计流程如图5.30所示。

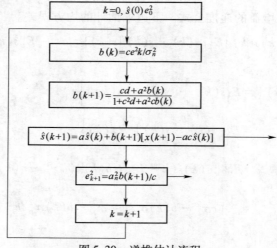

图 5.30　递推估计流程

### 3. 最佳线性递推预测

在导引头跟踪信号过程中，特别是在跟踪杂波干扰源和捷变信号时，常常需要对信号的未来值进行预测，根据预测超前的时间单位，可以有一步预测、二步预测及任意步预测。预测的步数越多，预测的误差也越大。这里只讨论一步预测的情况。

若用 $\hat{s}(k+1|k)$ 表示根据 $k$ 时刻和 $k$ 时刻以前的全部观测数据对 $(k+1)$ 时刻信号的估值，即一步预测值，那么上一节所讨论的滤波则可表示为 $\hat{s}(k|k)$，它是根据 $k$ 及 $k$ 时刻以前的观测数据对 $k$ 时刻信号的估值。

340

由上面讨论知道信号模型为

$$s(k) = as(k-1) + w(k-1) \qquad (5.124)$$

而观测模型为

$$x(k) = cs(k) + n(k) \qquad (5.125)$$

设一步递推预测的表达式为

$$\hat{s}(k+1|k) = a(k)\hat{s}(k|k-1) + \beta(k)x(k) \qquad (5.126)$$

若用 $e^2(k+1|k)$ 表示一步预测的均方误差,则使预测的均方误差达到最小的估计就是最佳线性预测,即

$$e^2(k+1|k) = E(\tilde{s}^2(k+1|k)) = E[s(k+1) - \hat{s}(k+1|k)]^2 \to \min$$
$$(5.127)$$

用上面类似的方法(见式(5.100)),可以得到

$$E[\tilde{s}(k+1|k)\hat{s}(k|k-1)] = 0 \qquad (5.128)$$

$$E[\tilde{s}(k+1|k)\hat{x}(k)] = 0 \qquad (5.129)$$

是选择 $\alpha(k)$ 和 $\beta(k)$ 必须满足的条件。

同样可以求得

$$a(k) = a - c\beta(k) \qquad (5.130)$$

故递推预测公式可以写成

$$\hat{s}(k+1|k) = a\hat{s}(k|k-1) + \beta(k)[x(k) - c\hat{s}(k|k-1)] \qquad (5.131)$$

其预测的均方误差为

$$e^2(k+1|k) = E[s(k+1) - \hat{s}(k+1|k)]^2$$
$$= E[\tilde{s}(k+1|k)s(k+1)] \qquad (5.132)$$

式(5.131)说明了 $s(k)$ 的一步预测值 $\hat{s}(k+1|k)$ 取决于前一步的预测值再加修正项。修正项包含着新的信息,若观测值 $x(k)$ 和前一步预测值之差越大,则要修正的量也越大,其预测器结构如图 5.31 所示。

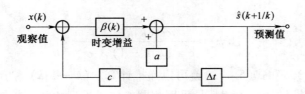

图 5.31   最佳线性递推一步预测器结构

下面推导 $e^2(k+1|k)$ 和 $\beta(k)$ 的递推公式。

$$e^2(k|k-1) = E\{[s(k) - \hat{s}(k|k-1)]s(k)\} = \sigma_x^2 - E[\hat{s}(k|k-1)s(k)]$$
$$(5.133)$$

及

$$e^2(k-1|k) = E\{[s(k+1) - \hat{s}(k+1|k)]s(k+1)\}$$
$$= \sigma_s^2 - E\{[a\hat{s}(k|k-1) + \beta(k)(x(k) - c\hat{s}(k|k-1))s(k+1)]\}$$
$$= \sigma_s^2 - E\{[a\hat{s}(k|k-1) + \beta(k)(x(k) - c\hat{s}(k|k-1))][as(k) + w(k)]\}$$
$$= \sigma_s^2 - E\{[a\hat{s}(k|k-1)s(k) + ac\beta(k)s^2(k) - ac\beta(k)\hat{s}(k|k-1)s(k)\}$$
$$= \sigma_s^2 - E\{[a^2s^2(k) - a^2s^2(k) + a^2s(k|k-1)s(k)]\} - ac\beta(k)e^2(k|k-1)$$
$$= \sigma_s^2 - a^2\sigma_s^2 + a^2e^2(k|k-1) - ac\beta(k)e^2(k|k-1) \tag{5.134}$$

利用一步递推关系

$$\sigma_w^2 = (1 - a^2)\sigma_s^2 \tag{5.135}$$

则

$$e^2(k+1|k) = a^2e^2(k|k-1) - ac\beta(k)e^2(k|k-1) + \sigma_w^2 \tag{5.136}$$

由式(5.129)可得

$$E\{[s(k+1) - \hat{s}(k+1|k)]x(k)\} = 0 \tag{5.137}$$

即

$$E\{as(k) + w(k) - [a(k)\hat{s}(k|k-1) + \beta(k)x(k)]\}x(k)) = 0 \tag{5.138}$$

改写为

$$c a \sigma_s^2 - E\{[\alpha(k)\hat{s}(k|k-1) + \beta(k)x(k)]x(k)\}$$
$$= c\alpha\sigma_s^2 - a(k)E[\hat{s}(k|k-1)s(k)c] - \beta(k)(c^2\sigma_s^2 + \sigma_n^2)$$
$$= c\alpha\sigma_s^2 - a(k)E[\hat{s}(k|k-1)s(k)] - \beta(k)(c^2\sigma_s^2 + \sigma_n^2) = 0 \tag{5.139}$$

将式(5.130)代入上式可得

$$c\alpha\sigma_s^2 - c[\alpha - c\beta(k)][\sigma_s^2 - e^2(k|k-1)] - \beta(k)[c^2\sigma_s^2 + \sigma_n^2] = 0 \tag{5.140}$$

即

$$c[\alpha - c\beta(k)]e^2(k|k-1) - \beta(k)\sigma_n^2 = 0 \tag{5.141}$$

$$\beta(k)[c^2e^2(k|k-1) + \sigma_n^2] = ace^2(k|k-1) \tag{5.142}$$

故

$$\beta(k) = \frac{ace^2(k|k-1)}{c^2e^2(k|k-1) + \sigma_n^2} \tag{5.143}$$

根据式(5.136)和式(5.143)就可以递推计算 $e^2(k+1|k)$ 和 $\beta(k+1)$。

最佳线性递推估计与预测都是采用相同的信号模型和观测数据对被估计的信号波形进行线性最小均方估计,所以它们有密切关系。

一步预测值 $\hat{s}(k+1|k)$ 是根据 $k$ 和 $k$ 以前各时刻的观测数据 $x(1),x(2),\cdots,$ $x(k)$ 对 $(k+1)$ 时刻信号值 $s(k+1)$ 所作的估计。下面我们证明,这个预测值就是已知 $x(k)$ 在 $k$ 时刻以前各观测值的条件下 $s(k+1)$ 的期望值。

定义条件期望值为

$$E[s(k+1)x(1), x(2), \cdots x(k)|] \tag{5.144}$$

根据使均方差最小必须满足的正交条件为

$$E\{[s(k+1) - \hat{s}(k+1)]x(k)\} = 0 \tag{5.145}$$

若将 $[s(k+1) - \hat{s}(k+1)]$ 和 $x(k)$ 看作两个随机变量，则求它们乘积的数学期望相当于先求 $x(k)$ 给定条件下 $[x(k+1) - \hat{s}(k+1)]$ 的数学期望，然后再对 $x(k)$ 的数学期望，即

$$E(x(k)E\{[s(k+1) - \hat{s}(k+1)]|x(1), x(2), \cdots, x(k)\}) = 0 \tag{5.146}$$

上式大括号内的数学期望是条件数学期望，要使上式左边等于零，必须使条件数学期望等于零，则

$$\hat{s}(k+1|k) = E[s(k+1|x(1), x(2), \cdots, x(k)] \tag{5.147}$$

已知信号模型为

$$s(k+1) = as(k) + w(k) \tag{5.148}$$

故

$$\hat{s}(k+1|k) = E\{[as(k) + w(k)]|x(1), x(2), \cdots, x(k)\} \tag{5.149}$$

由于动态噪声 $w(k)$ 与 $k$ 以前的观测数据是独立的，则上式右边第二项就是 $w(k)$ 的条件均值，应该等于零。又由于

$$\hat{s}(k|k) = E[s(k)|x(1), x(2), \cdots, x(k)] \tag{5.150}$$

故

$$\hat{s}(k+1|k) = \alpha E[s(k)|x(1), x(2), \cdots, x(k)] = a\hat{s}(k|k) \tag{5.151}$$

上式说明滤波与预测的关系，可见一步预测和滤波（估计）可以共用一个系统来实现，如图 5.32 所示。

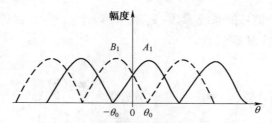

图 5.32　同时实现滤波和预测处理

下边求滤波增益与预测增益之间的关系。

由式(5.151)可知

$$\hat{s}(k|k-1) = a\hat{s}(k-1|k-1) = a\hat{s}(k-1) \tag{5.152}$$

由式(5.102)

$$\hat{s}(k) = a\hat{s}(k-1) + b(k) = [x(k) - ac\hat{s}(k-1)] \tag{5.153}$$

则

$$\hat{s}(k) = a\hat{s}(k-1) + b(k) = [x(k) - c\hat{s}(k-1)] \tag{5.154}$$

上式两边同乘以 $a$ ，可得

343

$$\hat{s}(k+1|k) = a\hat{s}(k|k-1) + ab(k)[x(k) - c\hat{s}(k|k-1)] \qquad (5.155)$$

将上式与式(5.131)比较,可以看出

$$\beta(k) = ab(k) \qquad (5.156)$$

这说明预测增益与滤波增益是不同的。

利用式(5.132),不难求出

$$
\begin{aligned}
e^2(k+1|k) &= E[s(k+1) - \hat{s}(k+1|k)]^2 \\
&= E[as(k) + w(k) - a\hat{s}(k)]^2 = a^2 e_k^2 + \sigma_w^2
\end{aligned}
$$

$$(5.157)$$

上式表明了一步预测误差与滤波误差之间的关系。

### 4. 矢量信号的卡尔曼滤波

前面讨论了标量信号(单个平稳随机过程)的最佳线性递推估计与预测问题,这里将讨论矢量信号(多个随机过程)的线性递推估计问题。

#### 1)矢量信号模型

矢量信号模型也称为状态变量方程,被估计的信号也称为状态。

前面曾用一阶自回归模型为产生随机标量信号,也可以相同的形式表示矢量信号。用多维信号矢量表示式进行矩阵运算十分简洁和方便,下面说明怎样建立矢量方程,即产生矢量信号。

假设要对 $M$ 个独立信号的波形同时进行估计,这 $M$ 个信号在时刻 $k$ 的采样值用 $s_1(k), s_2(k), \cdots, s_i(k), \cdots, s_M(k)$ 表示,其中每一个信号都是由相应的一阶自回归滤波器产生;如第 $i$ 个信号的采样值是由下述方程得到。

$$s_i(k) = \phi_i(k)s_i(k-1) + w_i(k-1) \quad k=1,2,\cdots; i=1,2,\cdots,M \quad (5.158)$$

式中: $\phi_i$ 表示第 $i$ 个信号的系统参数; $w_i$ 表示第 $i$ 个信号的动态噪声。现在将信号与动态噪声分别写成 $M$ 维矢量。

$$S(k) = \begin{bmatrix} s_1(k) \\ s_2(k) \\ \vdots \\ s_M(k) \end{bmatrix}, \quad W(k) = \begin{bmatrix} w_1(k) \\ w_2(k) \\ \vdots \\ w_m(k) \end{bmatrix} \qquad (5.159)$$

对应于矢量信号,可以将式(5.158)表示的 $M$ 个方程用一阶矢量方程表示为

$$S(k) = \boldsymbol{\Phi}(k)S(k-1) + \boldsymbol{w}(k-1) \qquad (5.160)$$

式中: $S(k)$、$S(k-1)$ 和 $\boldsymbol{w}(k-1)$ 都是 $M$ 维列矢量; $\boldsymbol{\Phi}(k)$ 是一个 $M \times M$ 阶矩阵。如果 $\boldsymbol{w}_i(k)$ 是均值为零的白噪声,且与其他信号都是相互独立的,则

$$\boldsymbol{\Phi}(k) = \begin{bmatrix} \varphi_1 & 0 & \cdots & 0 \\ 0 & \varphi_2 & \cdots & 0 \\ \vdots & \vdots & & \vdots \\ 0 & 0 & \cdots & \varphi_M \end{bmatrix} \qquad (5.161)$$

例:导引头跟踪相对运动目标的问题。

设在 $k$ 时刻导引头与目标的距离为 $R + r(k)$,经 $T$(采样间隔)秒后,即到 $k + 1$ 时刻的距离偏移量 $R + r(k + 1)$,$r(k)$ 和 $r(k + 1)$ 表示与平均距离的偏移量,假设 $R + r(k + 1)$、$r(k)$ 和 $r(k + 1)$ 都是零均值的随机误差。

由于 $\theta(k)$ 表示方位的偏移量,则 $\dot{\theta}(k)$ 表示跟踪目标的角速度,当 $T$ 不大时,用一阶近似可得到距离方程为

$$\theta(k + 1) = \theta(k) + T\dot{\theta}(k) \tag{5.162}$$

若用 $\ddot{\theta}(k)$ 表示角加速度,则

$$T\ddot{\theta}(k) = \dot{\theta}(k + 1) - \dot{\theta}(k) \tag{5.163}$$

这种加速度可以是目标推进系统的不稳定所造成的,设它是零均值平稳白噪声序列,即是由白噪声激励的差分方程规定的随机过程,则有

$$E[\ddot{\theta}(k)] = 0, E[\ddot{\theta}(k + 1)\ddot{\theta}(k)] = 0, E[\ddot{\theta}^2(k)] = \sigma_r^2 \tag{5.164}$$

若令 $w_1(k) = T\ddot{\theta}(k)$,则 $w_1(k)$ 也是一个白噪声序列。式(5.163)可写成

$$\dot{\theta}(k + 1) = \dot{\theta}(k) + w_1(k) \tag{5.165}$$

同理可以类似的方法写出

$$\theta(k + 1) = \theta(k) + T\dot{\theta}(k) \tag{5.166}$$

$$\dot{\theta}(k + 1) = \dot{\theta}(k) + w_2(k) \tag{5.167}$$

其中

$$\boldsymbol{w}_2(k) = T\ddot{\theta}(k)$$

将式(5.163)、式(5.165)~式(5.167)写成矢量方程

$$\begin{bmatrix} \theta(k + 1) \\ \dot{\theta}(k + 1) \\ r(k + 1) \\ \dot{r}(k + 1) \end{bmatrix} = \begin{bmatrix} 1 & T & 0 & 0 \\ 0 & 1 & 0 & 0 \\ 0 & 0 & 1 & T \\ 0 & 0 & 0 & 1 \end{bmatrix} \begin{bmatrix} \theta(k) \\ \dot{\theta}(k) \\ r(k) \\ \dot{r}(k) \end{bmatrix} + \begin{bmatrix} 0 \\ \boldsymbol{w}_1(k) \\ 0 \\ \boldsymbol{w}_2(k) \end{bmatrix} \tag{5.168}$$

即

$$S(k + 1) = \boldsymbol{\Phi}(k)S(k) + \boldsymbol{w}(k) \tag{5.169}$$

总结上边的讨论,对于平稳的矢量信号,可将其模型写成

$$S(k) = \boldsymbol{\Phi}(k)S(k - 1) + \boldsymbol{w}(k - 1) \tag{5.170}$$

式中:$S(k)$ 和 $S(k - 1)$ 表示矢量信号在 $k$ 和 $k - 1$ 时刻的值;$\boldsymbol{w}(k - 1)$ 表示 $k - 1$ 时刻的动态噪声矢量;$\boldsymbol{\Phi}(k)$ 称为状态转移矩阵,它是时变的。

2)矢量观测方程

设在时刻 $k$ 所观察到的波形 $x(k)$ 是信号 $S(k)$ 与 $n(k)$ 之和,且在 $k$ 时刻得到 $x(k)$ 的 $q$ 个样本,$x_1(k), x_2(k), \cdots, x_q(k)$,则观测到的数据满足下面 $q$ 个方程:

$$\begin{cases} x_1(k) = h_1 s_1(k) + n_1(k) \\ x_2(k) = h_2 s_2(k) + n_2(k) \\ \cdots \\ x_q(k) = h_q s_q(k) + n_q(k) \end{cases} \tag{5.171}$$

式中：$h_1, h_2, \cdots, h_q$ 表示测量参数。可以将含有 $q$ 个分量的观测数据写成矢量形式，即观测方程为

$$\boldsymbol{X}(k) = \boldsymbol{H}\boldsymbol{S}(k) + \boldsymbol{n}(k) \tag{5.172}$$

式中：$\boldsymbol{X}(k)$ 为 $q$ 维的观测矢量；$\boldsymbol{n}(k)$ 为 $q$ 维的观测噪声矢量；$\boldsymbol{S}(k)$ 为 $M$ 维矢量；$\boldsymbol{H}$ 为 $q \times M$ 阶观测矩阵。如 $q < M$，则

$$\boldsymbol{H} = \begin{bmatrix} h_1 & 0 & \cdots & 0 \\ 0 & h_2 & \cdots & 0 \\ \vdots & \vdots & & \vdots \\ 0 & 0 & \cdots h_q & \cdots 0 \end{bmatrix} \tag{5.173}$$

如上例中，被估计的信号是方位角和角速度，则 $\boldsymbol{S}(k)$ 是二维矢量。

$$\boldsymbol{S}(k) = \begin{bmatrix} \theta(k) \\ \dot{\theta}(k) \end{bmatrix} \tag{5.174}$$

此时 $q = 2, M = 4$，则观测矩阵

$$\boldsymbol{H} = \begin{bmatrix} 1 & 0 & 0 & 0 \\ 0 & 1 & 0 & 0 \end{bmatrix} \tag{5.175}$$

从上面的讨论可以看出，矢量信号的信号模型与观测模型和标量信号不同之处在于系统参数 $a$ 和观测参数 $c$ 都变成了矩阵 $\boldsymbol{\Phi}(k)$ 及 $\boldsymbol{H}(k)$。

3）矢量信号的最佳线性估计与预测

由上面的讨论我们将状态方程与观测方程写成下列形式：

$$\boldsymbol{S}(k+1) = \boldsymbol{\Phi}(k)\boldsymbol{S}(k) + \boldsymbol{W}(k) \tag{5.176}$$

$$\boldsymbol{X}(k) + \boldsymbol{H}(k)\boldsymbol{S}(k) + \boldsymbol{n}(k) \tag{5.177}$$

若设 $\boldsymbol{W}(k)$ 和 $\boldsymbol{n}(k)$ 都是均值为零的白噪声序列，且两者不相关，即

$$E[\boldsymbol{W}(k)] = 0, E[\boldsymbol{n}(k)] = 0, E[\boldsymbol{W}(k)\boldsymbol{n}(k)] = 0 \tag{5.178}$$

它们的方差分别为

$$E[\boldsymbol{W}(k)\boldsymbol{W}^{\mathrm{T}}(j)] = \boldsymbol{Q}_k \boldsymbol{\delta}_{kj}, \ E[\boldsymbol{n}(k)\boldsymbol{n}^{\mathrm{T}}(j)] = \boldsymbol{R}_k \boldsymbol{\delta}_{kj} \tag{5.179}$$

若动态噪声 $\boldsymbol{W}(k)$ 和观测噪声 $\boldsymbol{n}(k)$ 都是平稳随机过程（定常系统）时，$\boldsymbol{H}(k)$ 和 $\boldsymbol{\Phi}(k)$ 以及 $\boldsymbol{Q}_k$ 和 $\boldsymbol{R}_k$ 都与时间 $k$ 无关，若噪声采样不相关，则 $\boldsymbol{Q}_k$ 和 $\boldsymbol{R}_k$ 是非对角线元素为零的矩阵。

对于非平稳随机过程，各样本之间具有相关性，则上述各矩阵的元素都是时间 $k$ 的函数。这里只讨论将标量平稳随机过程的估计推广到矢量平稳随机过程的滤波与预测问题。

矢量信号的最佳线性估计是用均方误差最小的准则来同时估计各个信号,即

$$E\{[s_i(k) - \hat{s}_i(k)]^2\} \rightarrow \min(i = 1, 2, \cdots, M) \tag{5.180}$$

前面对标量信号的估计与预测作了详细的推导,这里只根据标量与矢量运算的对应关系将系统参数 $a$、观测系数 $c$、动态噪声的方差 $\sigma_w^2$ 以及观测噪声方差 $\sigma_n^2$ 分别对应于转移矩阵 $\boldsymbol{\varphi}(k)$、观测矩阵 $\boldsymbol{H}(k)$、动态噪声方差矩阵 $\boldsymbol{Q}_k$ 和观测噪声方差矩阵 $\boldsymbol{R}_k$,卡尔曼增益系数 $\boldsymbol{B}(k)$ 变为卡尔曼增益矩阵,用 $\boldsymbol{K}(k)$ 表示,其均方误差 $e^2(k)$ 变为均方误差阵,用 $\boldsymbol{P}(k)$ 表示,则

$$\boldsymbol{P}(k) = E[\boldsymbol{S}(k) - \hat{\boldsymbol{S}}(k)][\boldsymbol{S}(k) - \hat{\boldsymbol{S}}(k^{\mathrm{T}})]$$

$$= E \begin{bmatrix} [s_1(k) - \hat{s}_1(k)]^2 & \cdots & [s_1(k) - \hat{s}_1(k)][s_M(k) - \hat{s}_M(k)] \\ [s_2(k) - \hat{s}_2(k)][s_1(k) - \hat{s}_1(k)] & \cdots & [s_2(k) - \hat{s}_2(k)][s_M(k) - \hat{s}_M(k)] \\ \vdots & & \vdots \\ [s_M(k) - \hat{s}_M(k)][s_1(k) - \hat{s}_1(k)] & \cdots & [s_M(k) - \hat{s}_M(k)]^2 \end{bmatrix}$$

$$= \begin{bmatrix} P_{11} & P_{12} & \cdots & P_{1M} \\ P_{21} & P_{22} & \cdots & P_{2M} \\ \vdots & \vdots & & \vdots \\ P_{M1} & P_{M2} & \cdots & P_{MM} \end{bmatrix} \tag{5.181}$$

根据标量到矩阵的变换关系,可以直接将式(5.100)(对标量信号进行估计的递推公式)变换成矢量卡尔曼滤波的公式

$$\hat{\boldsymbol{S}}(k) = \boldsymbol{\Phi}(k)\hat{\boldsymbol{S}}(k - 1) + \boldsymbol{K}(k)[\boldsymbol{X}(k) - \boldsymbol{H}(k)\boldsymbol{\Phi}(k)\hat{\boldsymbol{S}}(k - 1)] \tag{5.182}$$

卡尔曼滤波的增益矩阵为

$$\boldsymbol{K}(k) = \boldsymbol{P}(k|k - 1)\boldsymbol{H}^{\mathrm{T}}(k)[\boldsymbol{H}(k)\boldsymbol{P}(k|k - 1)\boldsymbol{H}^{\mathrm{T}}(k) + \boldsymbol{R}_k]^{-1} \tag{5.183}$$

$$\boldsymbol{P}(k|k - 1) = \boldsymbol{\Phi}(k)\boldsymbol{P}(k - 1)\boldsymbol{\Phi}^{\mathrm{T}}(k) + \boldsymbol{Q}_{k-1} \tag{5.184}$$

其均方误差阵为

$$\boldsymbol{P}(k|k) = \boldsymbol{P}(k|k - 1) - \boldsymbol{K}(k)\boldsymbol{H}(k)\boldsymbol{P}(k|k - 1) = [1 - \boldsymbol{K}(k)\boldsymbol{H}(k)]\boldsymbol{P}(k|k - 1) \tag{5.185}$$

根据上述递推公式,可将矢量信号的最佳线性递推估计的程序归纳如下:

(1) 初始条件的确定:令 $k = 0$ 时 $\hat{\boldsymbol{S}}(0) = 0$;初始均方误差阵 $\boldsymbol{P}(0) = \mathrm{var}[\boldsymbol{S}(0)]$。

(2) $\hat{\boldsymbol{S}}(k - 1) = \hat{\boldsymbol{S}}(0)$,将 $\boldsymbol{\Phi}(k)$ 左乘 $\hat{\boldsymbol{S}}(k - 1)$,得到预测的估计值 $\boldsymbol{\Phi}(k)\hat{\boldsymbol{S}}(k - 1)$。

(3) 将 $\boldsymbol{H}(k)$ 与 $\boldsymbol{\Phi}(k)\hat{\boldsymbol{S}}(k - 1)$ 相乘得 $\boldsymbol{H}(k)\boldsymbol{\Phi}(k)\hat{\boldsymbol{S}}(k - 1)$。

(4) 由式(5.182)求得 $\hat{\boldsymbol{S}}(k)$,令 $k = k + 1$,重复进行(1)~(4)的步骤。

由上面的分析可以看出,卡尔曼滤波器的工作方式是预测和修正不断进行的过程。其滤波增益矩阵 $\boldsymbol{K}(k)$ 是时变的,当信号模型与观测模型确定之后,$\boldsymbol{K}(k)$

与观测数据无关。可以编子程序进行递推计算。

（1）给定 $P(k-1),\boldsymbol{\Phi}(k),\boldsymbol{Q}_{k-1}$。

（2）由式(5.184)求出 $P(k|k-1)$。

（3）将 $P(k|k-1)$、$H(k)$ 和 $\boldsymbol{R}_k$ 代入式(5.183)求出 $K(k)$，然后把 $K(k)$ 送入主程序。

（4）把 $P(k|k-1)$ 和 $K(k)$ 及 $H(k)$ 代入式(5.185)求出 $P(k|k)$，且保存起来，等到下一个观测数据到来时，整个计算再重复进行。

其流程图如图 5.33 所示。

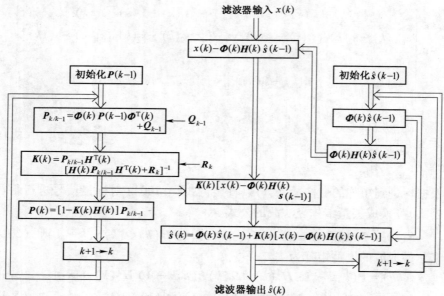

图 5.33　矢量卡尔曼滤波流程图

下面讨论矢量卡尔曼测频器。上面已经讨论了标量卡尔曼预测的算法，其计算公式如下：

$$\begin{cases} \hat{s}(k+1|k) = \alpha\hat{s}(k|k-1) + \beta(k)[x(k) - c\hat{s}(k|k-1)] \\ \beta(k) = ace^2(k|k-1)[c^2e^2(k|k-1) + \sigma_n^2]^{-1} \\ e^2(k+1|k) = \alpha^2e^2(k|k-1) - ac\beta(k)e^2(k|k-1) + \sigma_w^2 \end{cases} \quad (5.186)$$

同矢量信号滤波的方法不同，我们仍用标量与矢量的等值变换关系，且用 $G(k)$ 表示卡尔曼预测增益，相当于标量预测中的 $\beta(k)$，其他符号与前面的相同，得到矢量信号预测所对应的矢量和矩阵方程组。

信号模型为

$$S(k+1) = \boldsymbol{\Phi}(k)S(k) + W(k) \quad (5.187)$$

观测模型为

$$X(k) = H(k)S(k) + n(k) \quad (5.188)$$

348

预测方程

$$\hat{S}(k+1|k) = \boldsymbol{\Phi}(k)\hat{S}(k|k-1) + \boldsymbol{G}(k)[X(k) - H(k)\hat{S}(k|k-1)]$$

(5.189)

预测增益矩阵

$$\boldsymbol{G}(k) = \boldsymbol{\Phi}(k)P(k|k-1)\boldsymbol{H}^{\mathrm{T}}(k)[\boldsymbol{H}(k)P(k|k-1)\boldsymbol{H}^{\mathrm{T}}(k) + \boldsymbol{R}_k]^{-1}$$

(5.190)

预测的均方误差矩阵

$$P(k+1|k) = [\boldsymbol{\Phi}(k) - \boldsymbol{G}(k)H(k)] = P(k|k-1)\boldsymbol{\Phi}(k) + \boldsymbol{Q}_k \quad (5.191)$$

和标量情况相似,可以写出矢量信号预测值与估计(滤波)值之间的关系为

$$\hat{S}(k+1|k) = \boldsymbol{\Phi}(k)\hat{S}(k|k)$$

(5.192)

上式表明,如果给定了滤波后的信号 $\hat{S}(k)$,求预测值是很方便的,其预测增益和滤波增益的关系为

$$\boldsymbol{G}(k) = \boldsymbol{\Phi}(k)K(k)$$

(5.193)

这和标量信号的估计完全类似,可以共用一个系统对多维信号进行滤波进一步预测。

举例:导引头跟踪目标雷达信号。

其目标信号模型为

$$S(k+1) = \boldsymbol{\Phi}(k)S(k) + W(k)$$

(5.194)

即

$$\begin{bmatrix} S_1(k+1) \\ S_2(k+1) \end{bmatrix} = \begin{bmatrix} 1 & T & 0 & 0 \\ 0 & 1 & 0 & 0 \end{bmatrix} \begin{bmatrix} S_1(k) \\ S_2(k) \end{bmatrix}$$

(5.195)

式中:$S_1(k)$ 为测角 $\theta$;$S_2(k)$ 为跟踪角速度 $\dot{\theta}$ 偏量。

其观测方程为

$$X(k) = H(k)S(k) + n(k)$$

(5.196)

即

$$\begin{bmatrix} x_1(k) \\ x_2(k) \end{bmatrix} = \begin{bmatrix} 1 & 0 & 0 & 0 \\ 0 & 1 & 0 & 0 \end{bmatrix} \begin{bmatrix} S_1(k) \\ S_2(k) \end{bmatrix} + \begin{bmatrix} n_1(k) \\ n_2(k) \end{bmatrix}$$

(5.197)

可见 $\boldsymbol{\Phi}(k)$ 和 $H(k)$ 是已规定了的系数矩阵,还必须对 $W(k)$ 和 $n(k)$ 作出规定,观测噪声的方差矩阵为

$$\boldsymbol{R}_k = E[n(k)n^{\mathrm{T}}(k)] = \begin{bmatrix} \sigma_0^2 & 0 \\ 0 & \sigma_\theta^2 \end{bmatrix}$$

(5.198)

式中:$\sigma_0^2 = E[n_1(k)n^{\mathrm{T}}(k)]$,$\sigma_{\dot{\theta}} = E[n_2(k)n_2^{\mathrm{T}}(k)]$ 分别为导引头测角和角跟踪的噪声功率。

假设测角与角跟踪的噪声是不相关的,即 $E[n_1(k)n_2(k)] = 0$。动态噪声的

方差阵为

$$\boldsymbol{Q}_k = E[\boldsymbol{W}(k)\,\boldsymbol{W}^{\mathrm{T}}(k)] = \begin{bmatrix} 0 & 0 & 0 & 0 \\ 0 & \sigma_1^2 & 0 & 0 \\ 0 & 0 & 0 & 0 \\ 0 & 0 & 0 & \sigma_2^2 \end{bmatrix} \tag{5.199}$$

即

$$E[\boldsymbol{W}_1(k)\,\boldsymbol{W}_1(k)] = \sigma_1^2, E[\boldsymbol{W}_2(k)\,\boldsymbol{W}_2^{\mathrm{T}}(k)] = \sigma_2^2 \tag{5.200}$$

方位角的方差为 $\sigma_1^2$，计算一步预测卡尔曼增益和估计误差。

首先确定 $\boldsymbol{P}(k)$ 和 $\hat{\boldsymbol{S}}(k)$ 的初值。

若在 $k = 1,2$ 时对方位及跟踪角速度观测了两次所得的观测值为 $x(1)$ 和 $x(2)$。取观测值作为初始值 $\hat{S}(1)$ 和 $\hat{S}(2)$，即

$$\hat{\boldsymbol{S}}(2) = \begin{cases} \hat{S}_1(2) = \hat{\theta}(2) = x_1(2) \\ \hat{S}_2(2) = \hat{\dot{\theta}}(2) = \dfrac{1}{T}[x_1(2) - x_1(2)] \end{cases} \tag{5.201}$$

可见，在确定初值时观察两次是为了确定方位变化率。根据

$$\begin{cases} x_1(2) = S_1(2) + n_1(2) \\ x_2(2) = S_2(2) + n_2(2) \end{cases} \tag{5.202}$$

则得

$$\boldsymbol{S}(2) - \hat{\boldsymbol{S}}(2) = \begin{cases} -n_1(2) \\ -\dfrac{1}{T}[n_2(2) - n_2(1)] + w_2(1) \end{cases} \tag{5.203}$$

然后只要知道了 $\sigma_0^2$ 的具体数据和取样时间 $T$，就可算出。

由 $\boldsymbol{P}(2|2)$ 和公式 $\boldsymbol{P}(k+1|k) = \boldsymbol{\Phi}(k)\boldsymbol{P}(k|k)\,\boldsymbol{\Phi}^{\mathrm{T}}(k) + \boldsymbol{Q}_k$ 可算出 $\boldsymbol{P}(3|2)$，即

$$\boldsymbol{P}(3|2) = \boldsymbol{\Phi}(k)\boldsymbol{P}(2|2)\,\boldsymbol{\Phi}^{\mathrm{T}}(k) + \boldsymbol{Q}_k \tag{5.204}$$

再由

$$\boldsymbol{G}(3|3) = \boldsymbol{\Phi}(k)\boldsymbol{P}(3|2)\boldsymbol{H}^{\mathrm{T}}(k)[\boldsymbol{H}(k)\boldsymbol{P}(3|2)\boldsymbol{H}^{\mathrm{T}}(k) + \boldsymbol{R}_k]^{-1} \tag{5.205}$$

可求得滤波增益。

上述递推的运算全部可编成程序在计算机上完成。

寻的器可以只用一维的卡尔曼滤波处理到达角（测向）信号。卡尔曼滤波用于平滑、过滤和预测的主要公式如下：

动态系统模型为

$$\boldsymbol{S}(k) = \boldsymbol{\Phi}(k)\boldsymbol{S}(k-1) + \boldsymbol{W}(k-1) \tag{5.206}$$

式中：$\boldsymbol{W}(k-1)$ 为干扰引起的目标状态起伏。

观测（测量）方程为

$$\boldsymbol{X}(k) = \boldsymbol{H}(k)\boldsymbol{S}(k) + \boldsymbol{n}(k) \tag{5.207}$$

滤波估值方程为

$$\hat{S}(k) = \boldsymbol{\Phi}(k)\hat{S}(k-1) + \boldsymbol{K}(k)[\boldsymbol{X}(k) - \boldsymbol{H}(k)\hat{S}(k-1)] \quad (5.208)$$

预测估值方程为

$$\hat{S}(k+1|k) = \boldsymbol{\Phi}(k)\hat{S}(k|k-1) + \boldsymbol{G}(k+1)[\boldsymbol{X}(k) - \boldsymbol{H}\hat{S}(k|k-1)]$$

由文献[37],时变增益系数(最佳数值矩阵)为

$$\boldsymbol{K}(k) = \frac{1B + \boldsymbol{\Phi}^2\boldsymbol{K}(k-1)}{1 + B + \boldsymbol{\Phi}^2\boldsymbol{K}(k-1)} \quad (5.209)$$

式中:$B = \dfrac{\sigma_w^2}{\sigma_n^2}$,其中 $\sigma_w^2$ 为状态信号起伏部分的方差,$\sigma_n^2$ 为观察噪声方差。时变增益初始值

$$K_1 = \frac{\sigma_X^2}{\sigma_X^2 + \sigma_n^2} = \frac{1}{1 + K} \quad (5.210)$$

式中:$K = \dfrac{\sigma_n^2}{\sigma_X^2}$;$\sigma_x^2$ 为

$$\sigma_X^2 = \frac{\sigma_w^2}{1 - \boldsymbol{\Phi}^2} \quad (5.211)$$

只要参量 $\sigma_w^2$、$\sigma_n^2$ 和 $\sigma_X^2$ 一经确定,方位角信号的估值 $\hat{S}$ 便可估算出来。

$\sigma_n^2$ 是观察噪声方差,其值可取随机误差值 $\sigma^2$(如 $0.687^2$)。

$\sigma_X^2$ 是状态信号的方差,可按下式计算:

$$\sigma_X^2 = \sum_{k=1}^{N}(S_k - \overline{S})^2 \quad (5.212)$$

$\sigma_w^2$ 较 $\sigma_n^2$ 小,可在实际应用中按要求而定,当 $\sigma_n^2$、$\sigma_X^2$ 确定后,$\sigma_w^2$ 大小的变化直接影响着时变增益 $\boldsymbol{K}(k)$ 的大小,即直接影响着滤波性能的好坏。

实现上述数学模型的卡尔曼滤波程序框图示于图5.34。计算机模拟结果如图5.35(a)~(f)所示。对一次多项式处理时,$\sigma_w$ 不论取多大,过滤后的曲线均滞后曲线的变化。其原因是一维卡尔曼滤波不能满足一次多项式随机信号变化的要求,应采用二维卡尔曼滤波,这种滤波方法在上面已讨论过。

综上所述,用最小二乘法或卡尔曼滤波法

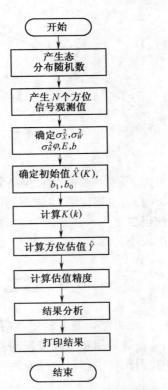

图5.34 一维卡尔曼滤波法程序框图

351

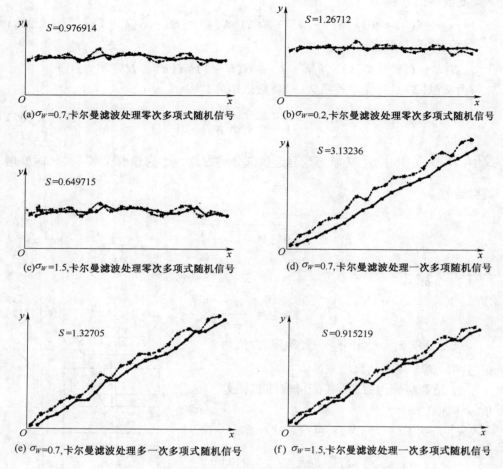

(a) $\sigma_W=0.7$,卡尔曼滤波处理零次多项式随机信号 (b) $\sigma_W=0.2$,卡尔曼滤波处理零次多项式随机信号

(c) $\sigma_W=1.5$,卡尔曼滤波处理零次多项式随机信号 (d) $\sigma_W=0.7$,卡尔曼滤波处理一次多项随机信号

(e) $\sigma_W=0.7$,卡尔曼滤波处理多一次多项式随机信号 (f) $\sigma_W=1.5$,卡尔曼滤波处理一次多项式随机信号

图 5.35　计算机模拟结果

可抑制随机测角误差,提高测角精度,特别是超宽视带的导引头,这种信号处理方法有一定的作用。但要说明是在超宽频带寻的器中,这种估计抑制随机误差的方法很少使用。这是因为被动寻的器随着接近目标,其信噪比迅速增加,其随机误差比较小。除非在远距离时,也就是信噪比较低时,要求测角精度比较高时才使用。

## 5.5　多基线解超宽频带测向模糊的技术

在超宽频带被动雷达寻的器(导引头)中,特别多模交合精确末制导导引头上,经常采用超宽频带被动雷达寻的器作为中制导,测向则常常采用相位干涉仪测向,而相位干涉仪的测向为

$$\varphi = \frac{2\pi L}{\lambda}\sin\theta \qquad (5.213)$$

这种测向方法,要实现高精度,$L$(两天线的相位中心距离)必须是放大特制超宽频带时,随着频率的增加,$L$ 的相对长度即 $\dfrac{L}{\lambda}$ 迅速增加,则

$$\theta = 2\pi \frac{L}{\lambda}\cos\theta = 2N\pi + \varphi \tag{5.214}$$

出现多值模糊。

因此,要实现超宽频带(包括宽频带)测向除上面记述的必须采用超宽频带天线,超宽频带的变频技术外,还必须有解超宽频带测向模糊的技术。

宽频带可采用多基线或虚拟基线解模糊,3 个信频程($2^3$)以上的、特别 5 个倍频程($2^5$)以上的采用立体基线解模糊。

### 5.5.1　双(多)基线解相位干涉仪测向模糊

#### 1. 相位模糊

由相位干涉仪测向公式 $\varphi = \dfrac{2\pi L}{\lambda}\sin\theta$ 知道,相位差 $\varphi$ 是以 $2\pi$ 为周期的,如果超过 $2\pi$,便出现多值模糊,不能分辨辐射源真正的方向,如图 5.36 所示。由于干涉仪是以视轴为对称轴,在它左右两边均能测向,因此,在视轴一边的最大相位差为 $\pi$,在另一边的最大相位差为 $-\pi$,位于视轴方向 $\theta = 0$,$\varphi = 0$。

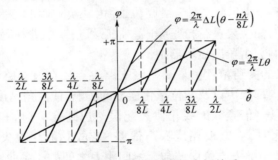

图 5.36　相位差 $\varphi$ 与视角 $\theta$ 之间关系

当辐射源位于视轴右方的最大方位角 $\theta_{\max}$ 时,$\varphi = \pi$,代入式(5.213)中,得到

$$\theta_{\max} = \arcsin(\lambda/2L) \tag{5.215}$$

当辐射源位于视轴左方的最大方位角 $\theta'_{\max}$ 时,$\varphi = -\pi$,代入式(5.213)中,亦可得到

$$-\theta_{\max} = \arcsin(\lambda/2L) \tag{5.216}$$

所以不模糊的视角 $\theta_u$ 为 $\theta_u = |\theta_{\max}| + |\theta'_{\max}| = 2\theta_{\max}$,即

$$\theta_u = 2\arcsin(\lambda/2L) \tag{5.217}$$

可见,要扩大干涉仪的视角,必须采用小的天线间距 $L$。但这是和测角精度相矛盾的。对于单基线干涉仪来说,这个矛盾是无法解决的。在小视角范围内,对于

天线间距为 $L$，由式(5.213)可得 $\varphi = 2\pi(L/\lambda)\theta$，在 $-\lambda/(2L) < \theta < \lambda/(2L)$ 之外才出现相位模糊。若在天线间距增大到 $4L$，则 $\varphi \approx 2\pi(4L/\lambda)\theta$，在 $-\lambda/(8L) < \theta < \lambda/(8L)$ 之外使出现相位模糊，而曲线斜率却增大到原来的 4 倍，这对提高测角精度有利。因此，采用多基线干涉仪，视角范围 $\theta$ 与测角精度之间的矛盾可以得到解决，即短间距干涉仪决定视角，长间距干涉仪决定测角精度。

**2. 一维多基线干涉仪测向系统**

图 5.37 示出了三基线八位一维干涉仪。"0"天线为基准天线，"1"天线与"0"天线之间距离为 $L_1$，"2"天线与"0"天线之间距离为 $L_2$，"3"天线与"0"天线之间距离为 $L_3$。这些天线均为无方向性天线。若辐射源的平面波由右方到达，自右至左，每个天线与基准天线之间相位差依次增加。它的无模糊视角为

$$\theta_u = 2\arcsin(\lambda/(2L_1))$$

如果忽略频率不稳引起的误差，那么，它的测角误差为 $\Delta\theta = \dfrac{\Delta\varphi}{2\pi(L_3/\lambda)\cos\theta}$。这样，多基线干涉仪解决了单基线干涉仪存在的问题——视角范围和测角精度的矛盾。

基准天线侦收的信号，经接收机变频放大之后，送入各鉴相器，作为相位基准。另外，"1"、"2"、"3"天线侦收的信号都分别经过各自的接收机进行变频和放大，再分别送入各自的鉴相器，与基准信号比相。每个鉴相器输出一对正交信号 $\cos\varphi$ 和 $\sin\varphi$，再进行量化编码。编码时，用长间距支路 ($L_3$) 作为最低位，由它来决定系统的分辨力；最短间距支路 ($L_1$) 作为最高位，并由它决定瞬时视野。最低位可以直接编码。在编码中，高位要进行校正编码。最后将角度二进制码送给预处理机，或经过变换为十进制码，由角度显示器指示。

多基线干涉仪的测角精度由最长基线支路决定。在该支路中，由于它与基准通道的相位失衡，内部噪声以及相位量化误差的影响，使测角精度受到限制。

在典型情况下，多倍频程天线相位失配误差达到 6°，接收机的相位失配达到 9°，在 16dB 信噪比时，均方根相位噪声偏差 9°，故总的相位失配误差约 15.7°。图 5.38 给出了典型情况下方位误差与天线间距 $L$ 之间的关系曲线。

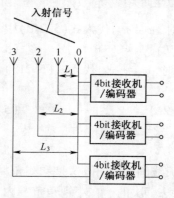

图 5.37　多基线干涉仪原理图

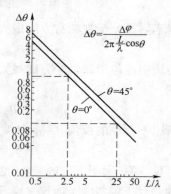

图 5.38　$\Delta\theta - L/\lambda$ 曲线 $\left(\sum\varphi = 15.7°\right)$

354

在干涉仪测向中,为了提高测角精度,减小内部噪声,均采用步进式搜索窄带超外差接收机,同时,由于干涉仪频域不敞开,可以节制输出信号流密度,减小同时到达信号数量,降低测角数据出现错误的概率。一维多基线数字式干涉仪测向系统原理示于图 5.39。

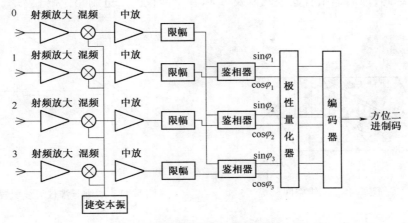

图 5.39　一维多基线数字式干涉仪测向系统原理

"0"号支路作为相位基准,分别加到各个鉴相器去。在编码过程中,以长基线"3"号支路作为最低位,以确保系统的高测角精度,为此,还需要以"3"号支路同步校正"2"号支路,"2"号支路同步校正"1"号支路。

**3. 二维多基线干涉仪测向解模糊**

一维干涉仪只能测量水平面内辐射源的方位角 $\theta$(包括低仰角的辐射源)。而反辐射导弹导引头需要二维测向(角),即需要测方位角 $\theta$ 和仰角 $\alpha$,至少要用两个方程。因此必须采用一对基线互相垂直的干涉仪产生两个方程,求得二维角信息,即

$$\varphi_A = \frac{2\pi L}{\lambda}\sin\theta\cos\alpha \tag{5.218}$$

$$\varphi_B = \frac{2\pi L}{\lambda}\cos\theta\cos\alpha \tag{5.219}$$

图 5.40 为三维空间中测量辐射源的位置,需测方位角 $\varphi$ 和仰角 $\alpha$ 的示意图。图 5.41 示出了二维干涉仪的天线配置,它由一对基线互相垂直的一维干涉仪构成的,共有五个天线元:"$O$"天线为共用参考天线, $O$、$A_1$、$A_2$ 三个天线构成一维双基线干涉仪, $O$、$B_1$、$B_2$ 三个天线构成另一个一维双基线干涉仪。基线长度比为 $OA_2/OA_1 = L_2/L_1 = 2^k(k = 1,2,\cdots)$ ; $OB_2/OB_1 = L_2/L_1 = 2^k(k = 1,2,\cdots)$ 。

二维双基线干涉仪的简化方框图如图 5.42 所示。共五个天线,其中"$O$"天线共用,分别组成正交的双基线干涉仪。每个天线有一个接收信道,共需五个信道。每个信道是一部超外差接收机。由于混频器能保持信号的相位信息,故可用简单

的中频鉴相器取代复杂的微波鉴相器。每路接收机前端均加进宽带高放,以便进一步提高信噪比,减小随机测角误差。采用镜频抑制混频器不仅可以消除镜频噪声,提高信噪比,而且还可以避免由镜频信道可能引起的同时到达信号干扰,提高测角精度。以"O"天线支路的信号为基础,在鉴相器中对各支路比相,再分别极性量化和编码,最后输出有象限码以及 A 和 B 干涉仪的二进制相位码。

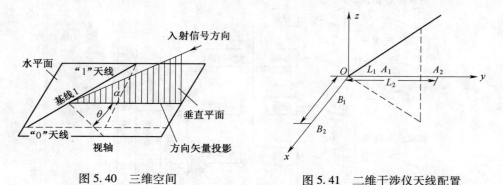

图 5.40　三维空间　　　　　　　　图 5.41　二维干涉仪天线配置

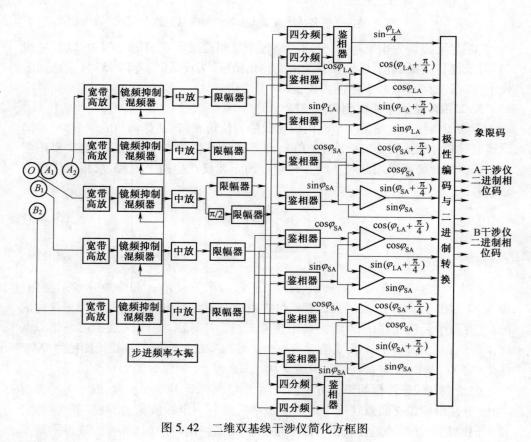

图 5.42　二维双基线干涉仪简化方框图

356

### 5.5.2 参差基线解宽带测向模糊

**1. 参差基线解模糊原理**

在多基线干涉仪中采用参差基线进行测向也是一种增大不模糊角度的方法[80]。仿照多频连续波测距雷达技术,基线长度按照一定的参差关系选择,可以增大相位干涉仪的测向带宽,提高干涉仪的测向性能。

图 5.43 所示是一维 $M$ 基线相位干涉仪,基线长度分别为 $l_i$ ($i = 1, 2, \cdots, M$),波长为 $\lambda$ 的信号由与天线视轴夹角为 $\theta$ 的方向传播而来,到达基线 $l_i$ 的相位差为 $\varphi_i = 2\pi l_i \sin\theta / \lambda$。由前面相位干涉仪的原理可知,如果能够测得 $\varphi_i$,就可以通过简单的角度变换得到信号入射角。

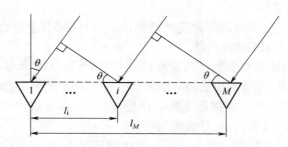

图 5.43　一维 $M$ 基线相位干涉仪

然而相位差 $\varphi_i$ 的测量值 $\varphi_i$ 是以 $2\pi$ 为周期的,在理想无噪扰情况下,基线 $l_i$ 对应的相位差测量值 $\varphi_i$ 为

$$\varphi_i = \varphi_i (\mathrm{mod}2\pi) = \frac{2\pi l_i \sin\theta}{\lambda} (\mathrm{mod}2\pi) \quad (i = 1, 2, \cdots, M) \qquad (5.220)$$

令 $k_i$ 表示用基线 $l_i$ 测向时的模糊数,将上式转换成目标方位角正弦的形式为

$$\sin\theta = k_i \lambda / l_i + \lambda \varphi_i / (2\pi l_i) \quad (i = 1, \cdots, M) \qquad (5.221)$$

仿照多频连续波测距雷达技术,现取一基本基线 $l_0$,并取 $l_i = l_0 / m_i$,代入式(5.221)并整理可得( $m_i$ 为参差比)

$$\frac{\sin\theta}{\lambda / l_0} = k_i m_i + \frac{\varphi_i}{2\pi} m_i \quad (i = 1, 2, \cdots, M) \qquad (5.222)$$

令 $\lambda / l_0 = P$, $\sin\theta / P = \rho$, $r_i = \dfrac{\varphi_i m_i}{2\pi}$ 表示归一化的相位差测量值,则式(5.222)可简化为

$$\rho = k_i m_i + r_i \quad (i = 1, 2, \cdots, M) \qquad (5.223)$$

式(5.223)为一个除数为整数的实数域内的同余方程组。如果选择 $m_i$ ($i = 1, 2, \cdots, M$) 两两互素,根据剩余定理(孙子定理),式(5.223)在由 $m = \Pi_{i=1}^{M} m_i$ 所决定

的最大无模糊范围内有唯一解。此时的最大无模糊角度为 $\arcsin(P\Pi_{i=1}^{M}m_i)$。

然而在实际噪扰条件下,相位差测量值 $\varphi_i$ 上产生了大小为 $\delta(\varphi_i)$ 的误差,令 $t_i = \dfrac{[\varphi_i + \delta(\varphi_i)]m_i}{2\pi}(\bmod m_i)$,则当存在噪扰时,式(5.223)应改写为

$$\rho = k_i m_i + t_i \quad (i = 1, 2, \cdots, M) \tag{5.224}$$

干涉仪解模糊过程实际上就是求解 $k_1, k_2, \cdots, k_M$ 的过程。给出 $k_1, k_2, \cdots, k_M$ 的求解准则为:求 $k_1, k_2, \cdots, k_M$ 使得 $W = \sum\limits_{i=1}^{M-1}\sum\limits_{j=i+1}^{M} |\rho_i - \rho_j|$ 最小。得到 $k_1, k_2, \cdots, k_M$,代入式(5.224)中,求得 $\rho_1, \rho_2, \cdots, \rho_M$,从而得到目标真实方位角估计值为:
$\hat{\theta} = \arcsin\left(\dfrac{P}{M}\sum\limits_{i=1}^{M}\rho_i\right)$。

**2. 参差基线局限性**

参差基线的布局似乎可以非常巧妙地解决天线阵列问题,然而使用剩余定理解决实际问题时存在相当多的问题。

(1)理论上,测量的剩余数是非常准确的整数,然而在实际噪扰条件下,相位差测量值中包含误差,导致剩余数中有误差,传统的 DOA 测量中,最终值中的误差仅仅影响测量的精度,但是如果用剩余数确定实际值,那么最终值(剩余数)的误差可能引起灾难性的后果,直接导致测向错误。

(2)参差基线解模糊要求基线长度的摆放满足互质,由于导引头的体积受限,为了解宽频带的模糊,互质的参差数很大,基线的位置误差会直接导致基线的长度满足不了参差关系。

(3)增加硬件固然可以改进测量结果,例如不只是使用两个天线对和它们的剩余数来得到入射角,而是增加另一个天线并使用 3 个天线对冗余度进行测量,但这种方法需要多一个天线和接收机,因此增加冗余度来减小错误结果的概率是以增加硬件开销为代价的。

### 5.5.3 虚拟基线解宽频相位干涉仪测向模糊

**1. 虚拟基线依次解模糊原理**

虚拟短基线就是利用两个基线的相位差作差获得一个相当于此相位差的短基线,这个短基线的等效尺寸可以小于平面螺旋天线的直径,即小于宽带最高频率信号的波长,因此可以扩大不模糊视角。如图 5.44 所示,利用基线 2(天线"2"与天线"3"组成)和基线 1(天线"1"与天线"2"组成)的相位差作差得到虚拟基线的相位差

$$\varphi_i = \varphi_{23} - \varphi_{12} \tag{5.225}$$

在理想无噪条件下

$$\varphi_i = \frac{2\pi d_2 \sin\theta}{\lambda} - \frac{2\pi d_1 \sin\theta}{\lambda} = \frac{2\pi(d_2 - d_1)\sin\theta}{\lambda} \tag{5.226}$$

358

由上式可以看出,利用虚拟短基线方法,获得了一个长度相当于 $d_i = d_2 - d_1$ ($d_1 <$
$d_2$)的短基线,则系统的不模糊视角为

$$\theta_u = 2\arcsin\left(\frac{\lambda}{2d_i}\right) \qquad (5.227)$$

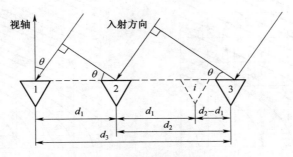

图 5.44　虚拟短基线原理图

根据这一原理,只要天线摆放位置满足虚拟基线长度的要求,就能够实现解模糊,但是实际的系统中,由于噪声、天线互耦、天线位置误差、测频误差以及相位差作差和通道,一致性等的影响,导致采用虚拟基线方法只能在一定条件下正确解模糊。

如果不考虑天线耦合,天线位置误差,以及测频不稳量引起的误差,相位干涉仪的测角误差可简化为

$$\Delta\theta = \frac{\lambda \Delta\varphi}{2\pi d\cos\theta} \qquad (5.228)$$

由于虚拟短基线的相位差是由两个基线的相位差作差得到的,所以虚拟基线的相位差 $\varphi_i$ 的均方误差是单基线均方误差的 $\sqrt{2}$ 倍,且虚拟短基线的长度 $d_i$ 又非常小,由式(5.228)可知:虚拟短基线的测角误差很大。而当最长基线远大于波长时,模糊多值之间距离很近(图 5.45),即最大不模糊视角小,所以不能用虚拟短基线直接解最长基线的模糊,需要用虚拟基线解最短基线的模糊,然后用最短基线解次长基线的模糊,直到解最长基线的模糊。

虚拟短基线依次解模糊就是利用虚拟短基线解相位干涉仪中最短基线的模糊,然后用这个最短基线去解次长基线的模糊,依次类推,直到解最长基线的模糊(对于低频率段可以不使用虚拟短基线,直接用短基线解长基线模糊),测角精度由最长的基线决定,最终实现宽带高精度测向。

**2. 虚拟基线正确解模糊条件**

在理想条件下,$\varphi$ 和 $\sin\theta$ 之间的关系是线性的,但是如果实际的数据是从天线采集到的,如图 5.46 所示,这些线就不是直线,这些线的统计特性呈条带状。

从图 5.46 可以推导出,正确解模糊的条件是:长基线的最大测向误差 $\Delta\theta_{1\max}$ 和短基线的最大测向误差 $\Delta\theta_{2\max}$ 之和应小于长基线的半个无模糊区 $\theta_{1u}$ ,即应满

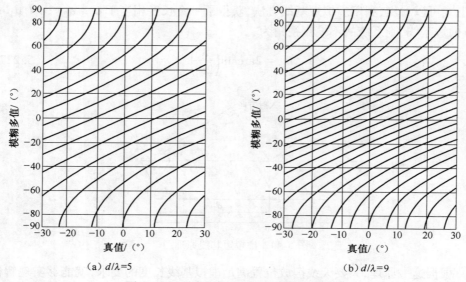

(a) $d/\lambda=5$　　　　　　　　　　(b) $d/\lambda=9$

图 5.45　不同基线长度下测角模糊多值图

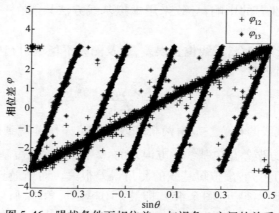

图 5.46　噪扰条件下相位差 $\varphi$ 与视角 $\theta$ 之间的关系

足表达式

$$(\Delta\theta_{1max} + \Delta\theta_{2max}) < \theta_{1u}/2 \tag{5.229}$$

　　但是实际工程面临的问题比较复杂,一个干涉仪测向系统总是在一定的工作频率带宽下,通道相位误差也不是一个固定值,因此进一步分析虚拟基线能够解模糊的信噪比和通道一致性条件,如何在导引头体积受限的情况下,采用合理的天线摆放,使解模糊概率达到最高,是一个很重要的问题。下面就针对虚拟基线正确解模糊的条件作详细的分析和讨论。

　　1) 虚拟基线正确解模糊信噪比条件

　　不考虑阵元位置误差,同时假设入射信号频率 $f$ 已知( $\lambda = c/f$ 为入射信号的波长),则 DOA 估计误差仅来自相差的误差,在一定信噪比条件下,由内部噪声引起

360

的单信道相位测量误差的均方根值为 $\dfrac{1}{\sqrt{2S/N}}$，不考虑系统相位误差和量化相位误差，两个通道相位差误差的均方根值 $\sigma_\varphi$ 为其 $\sqrt{2}$ 倍，即单个基线的相位差误差的均方根[80] 为 $\sigma_\varphi = \dfrac{1}{\sqrt{S/N}}$，由于虚拟短基线的相位差是两基线的相差相减得到的，虚拟基线的相位差测量误差的均方根 $\sigma_{\varphi_i}$ 为 $\sqrt{2}\sigma_\varphi$。

根据式(5.229)虚拟基线能够正确解模糊的条件为

$$\Delta\theta_i + \Delta\theta_1 < \frac{\theta_{1u}}{2} \tag{5.230}$$

式中：$\Delta\theta_i$、$\Delta\theta_1$ 分别为虚拟基线和最短基线的测角误差；$\theta_{1u}$ 为最短基线的最大不模糊视角。

一般情况下，相位差的测量误差 $\Delta\varphi$ 服从高斯分布，则 $\Delta\varphi$ 位于 $[-3\sigma_\varphi,3\sigma_\varphi]$ 的概率为 99.74%，为了保证尽量可靠地解模糊，最短基线和虚拟基线的相位差测量误差分别取 $\Delta\varphi_1 = 3\sigma_\varphi,\Delta\varphi_i = 3\sigma_{\varphi_i}$，虚拟基线和干涉仪中最短基线的长度分别为 $d_i$ 和 $d_1$，结合式(5.228)和式(5.230)得

$$\frac{3\lambda\sigma_{\varphi_i}}{2\pi d_i\cos\theta} + \frac{3\lambda\sigma_\varphi}{2\pi d_1\cos\theta} < \arcsin\left(\frac{\lambda}{2d_1}\right) \tag{5.231}$$

把 $\sigma_\varphi = 1/\sqrt{S/N}$ 和 $\sigma_{\varphi_i} = \sqrt{2/S/N}$ 代入式(5.231)得

$$\frac{3\lambda}{\pi d_i\cos\theta\sqrt{2S/N}} + \frac{3\lambda}{2\pi d_1\cos\theta\sqrt{S/N}} < \arcsin\left(\frac{\lambda}{2d_1}\right) \tag{5.232}$$

进一步整理得

$$\sqrt{S/N} > \frac{\dfrac{3\lambda}{d_i}\left(\dfrac{\sqrt{2}}{2} + \dfrac{d_i}{2d_1}\right)}{\pi\cos\theta\arcsin\left(\dfrac{\lambda}{2d_1}\right)} \tag{5.233}$$

为了能在 $(-30°,30°)$ 范围内正确测向解模糊，取 $d_i \leqslant \lambda$，为了使 $\Delta\theta_i$ 尽可能的小，$d_i$ 应该尽可能的大，取 $d_i = \lambda_{\min}$，式(5.233)可写为

$$\sqrt{S/N} > \frac{3 \times \dfrac{\lambda}{\lambda_{\min}}\left(\dfrac{\sqrt{2}}{2} + \dfrac{d_i}{2d_1}\right)}{\pi\cos\theta\arcsin\left(\dfrac{\lambda}{\lambda_{\min}} \cdot \dfrac{d_i}{2d_1}\right)} \tag{5.234}$$

设 $x = \dfrac{d_i}{d_1}(0 < x < 1)$，有

$$f(x) = 9 \times \left(\frac{\lambda}{\lambda_{\min}}\right)^2\left(\frac{\dfrac{\sqrt{2}}{2} + \dfrac{x}{2}}{\pi\cos\theta\arcsin\left(\dfrac{\lambda}{\lambda_{\min}} \cdot \dfrac{x}{2}\right)}\right)^2 \tag{5.235}$$

在 $S/N > f(x)$ 时能正确解模糊。根据式(5.230),信号的入射角度越大,测角误差越大,正确解模糊的概率越低,为了得到能够正确解模糊的最低信噪比要求,取 $\theta = 30°$,得到虚拟短基线在 $(-30°, 30°)$ 范围内正确解模糊所需的最低信噪比 $f(x)$ 如图 5.47 所示。其中 $\lambda$ 是入射信号波长,$\lambda_{min}$ 是系统覆盖的最高频率信号对应的波长。

从图 5.47 中可以看出,当信号以最高频率入射,且虚拟基线的长度 $d_i$ 确定之后,$d_i/d_1$ 越大,系统能正确解模糊对信噪比的要求就越低,因此,在实际应用中,综合考虑天线耦合等因素后,应尽量把两天线靠近,获得短的最短基线 $d_1$,这也是文中提出的基于虚拟短基线的多基线方法,先用虚拟短基线解最短基线模糊,再解次长基线,最后解长基线模糊的理论依据。

为了能解高频段的模糊,在相位干涉仪的设计中,总是以能解最高频率点的测向模糊为前提,来设计基线长度,但是基线长度确定以后,能否解低频段的模糊呢?图 5.48 能很好地说明这个问题。

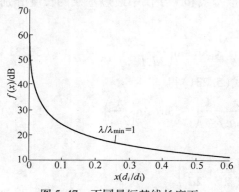

图 5.47 不同最短基线长度下
正确解模糊的信噪比要求

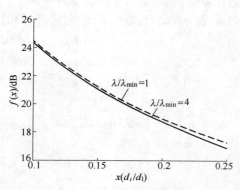

图 5.48 不同最高频率下
正确解模糊的信噪比要求

图 5.48 分别给出了 $\lambda/\lambda_{min} = 1$ 和 $\lambda/\lambda_{min} = 4$ 时能够正确解模糊所需的信噪比条件,从图中也可以看出,基线长度确定以后,不同波长下虚拟基线解模糊所需要的信噪比大小基本上一致,在高频段的信噪比要求更高,所以论证系统的信噪比要求时,可取最高频率进行分析。只要基线的摆放能够解最高频率点的测向模糊,就一定能解低频段的模糊。低频段可以不采用虚拟基线解模糊。例如取 $d_1 = 4\lambda_{min}$,当 $\lambda > 4\lambda_{min}$ 时,可以不使用虚拟基线解模糊,用最短直接解次短基线的模糊,再依次解模糊即可。

这里只用了单一时刻两阵元输出的相差,为了进一步提高相位差的估计性能,降低正确解模糊的信噪比要求,可对 $N$ 个时刻的两阵元输出相差求算术平均,则相差的估计值为

$$\varphi_N = \frac{1}{N} \sum_{i=1}^{N} \varphi_{t_i} \tag{5.236}$$

根据式(5.236)可得 $\sigma_{\varphi_N} = \dfrac{1}{\sqrt{N}}\sigma_{\varphi_{t_i}}$，当取 $\Delta\varphi_{t_i} = \sigma_{\varphi_{t_i}} = \dfrac{1}{\sqrt{S/N}}$ 时，经过推导，可得

$$\Delta\theta = \frac{\lambda\Delta\varphi_N}{2\pi d\cos\theta} = \frac{\lambda}{2\pi d\cos\theta\sqrt{N\cdot S/N}} \tag{5.237}$$

类似式(5.235)的推导，得到 $f'(x) = \dfrac{1}{N}f(x)$，当系统信噪比 $S/N$ 大于 $f'(x)$ 时，可以在 $(-30°,30°)$ 范围内以99.74%的概率正确解模糊。分别取 $N=1$ 和 $N=10$，得到不同最短基线长度下系统最低信噪比要求 $f'(x)$ 曲线如图5.49所示。

可见，随着 $N$ 的增加，正确解模糊对系统信噪比的要求大大降低，假设入射信号频率为最高频率，取 $d_1 = 4d_i = 4\lambda_{\min}$，当 $N=1$ 时，$S/N$ 大于17.29dB，可在 $(-30°,30°)$ 范围内以99.74%的概率正确解模糊，而当 $N=10$ 时，系统 $S/N$ 大于7.29dB，即可在 $(-30°,30°)$ 范围内以99.74%的概率正确解模糊。

2）虚拟基线正确解模糊的通道相位一致性条件

上面讨论的虚拟基线正确解模糊的信噪比要求是在不考虑系统相位误差和相位量化误差得到的结果，为了全面考虑系统相位误差、随机相位误差和量化误差带来的影响，推导出虚拟基线正确解模糊的通道相位一致性条件。由式(5.231)经过推导，取 $d_i = \lambda_{\min}$，可以得到虚拟短基线能够正确解模糊的通道相位一致性要求，即

$$\sigma_\varphi < \frac{\pi\cos\theta\arcsin\left(\dfrac{\lambda}{\lambda_{\min}}\cdot\dfrac{d_i}{2d_1}\right)}{3\times\dfrac{\lambda}{\lambda_{\min}}\left(\dfrac{\sqrt{2}}{2}+\dfrac{d_i}{2d_1}\right)} \tag{5.238}$$

图5.50给出了不同基线长度下的通道相位一致性要求。

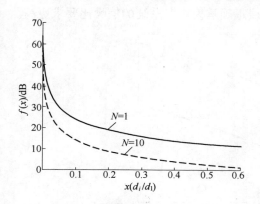

图5.49 不同最短基线长度下
正确解模糊的信噪比要求

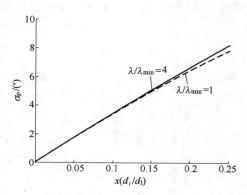

图5.50 不同最短基线长度
正确解模糊相位一致性要求

从图 5.50 中可以看出，$d_1 = 4d_i = 4\lambda_{\min}$ 时，两通道的相位不一致性在 8° 以内，即可在（- 30°, 30°）范围内以 99.74% 的概率正确解模糊。能够得到虚拟基线正确解模糊的通道一致性要求是非常必要的，因为在工程实现中，通道相位一致性条件比信噪比要求更直观且更易于测量。

3）体积受限条件下虚拟基线解模糊

假设系统能够摆放的最长基线长度为 $L$，若摆放成双基线系统，则

$$\begin{cases} d_1 + d_2 = L \\ d_2 - d_1 = d_i \end{cases} \quad (5.239)$$

由式（5.239）可得 $d_1 = \dfrac{L - d_i}{2}$，入射信号为最高频率，即 $\lambda = \lambda_{\min}$，代入式（5.234），得到

$$\sqrt{S/N} > \frac{\dfrac{3\lambda_{\min}}{d_i}\left(\dfrac{\sqrt{2}}{2} + \dfrac{d_i}{L - d_i}\right)}{\pi\cos\theta\arcsin\left(\dfrac{\lambda_{\min}}{L - d_i}\right)} \quad (5.240)$$

为了能在（- 30°, 30°）范围内正确测向解模糊，取 $d_i \leqslant \lambda$，为了使 $\Delta\theta_i$ 尽可能的小，$d_i$ 应该尽可能的大，最好取 $d_i = \lambda_{\min}$，但是考虑到系统体积限制，设 $d_i = a\lambda_{\min}$（0<a<1），$L = b\lambda_{\min}$（$b > 3$）。根据式（5.228），信号的入射角度越大，测角误差越大，正确解模糊的概率越低，为了得到系统正确解模糊信噪比要求，取 $\theta = 30°$，得到虚拟短基线在（- 30°, 30°）范围内不同 $L$，不同虚拟基线长度下正确解模糊所需的最低信噪比如图 5.55 所示。

由图 5.51 中可以看出，$L$（$d_1$ 越长）越大，$a$ 越小（$d_i$ 越短），系统能正确解模糊所需的信噪比越高。虽然构造尺寸小于 $\lambda_{\min}$ 的虚拟基线也能达到在全频带解模糊的目的，但是显然这种小尺寸的虚拟基线正确解模糊对系统的信噪比要求更高。

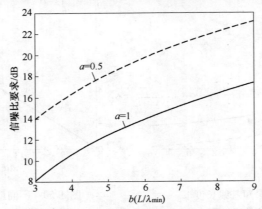

图 5.51　不同虚拟基线长度、不同最长基线下正确解模糊的信噪比要求

所以在系统体积允许的情况下,应该使 $d_i$ 尽量的大,并且使最短基线尽量的短,适当地选取 $d_1$、$d_2$ 保证系统解模糊概率达到最大。如果选取的 $d_1 + d_2$ 小于系统所允许的最大基线长度 $L$ ,则可以增加基线,用最长的基线 $L$ 来获得高的测角精度。

### 5.5.4 虚拟短基线宽带测向天线阵的设计

被动雷达导引头的天线阵的设计都是基于有限体积的,以实际导引头系统中的天线阵设计为例说明虚拟短基线宽带测向天线阵的设计过程。

根据以下要求设计天线阵:

(1) 覆盖频段:0.8~6GHz。

(2) 覆盖张角:( - 30°,30°)。

(3) 天线圆盘直径不超过 360mm。

(4) 采用平面螺旋天线,直径 $r = 70$mm。

系统最高频率 6GHz,要想在( - 30°,30°)范围内测向无模糊,要求短基线不大于 50mm,而覆盖 0.8~6GHz 频段的平面螺旋天线的直径为 70mm,可物理实现的基线长度不可能做到 50mm。所以采用虚拟基线方式,并且采用 L 形天线结构,可同时进行方位和俯仰二维测向。

又根据天线盘直径为 $R = 360$mm,L 形天线布放结构,对于方位或者俯仰一维天线可以摆放的最长基线的长度为 $\sqrt{2}(R - r/2) = 230$mm,所以实际中摆放的基线尺寸满足如下关系:

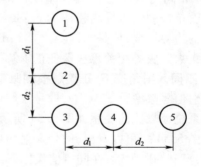

$$\begin{cases} d_1 + d_2 = 230 \\ d_2 - d_1 = 50 \end{cases} \quad (5.241)$$

解得 $d_1 = 90$mm , $d_2 = 140$mm ,得到 L 形天线阵摆放如图 5.52 所示。

图 5.52　基于虚拟基线的 0.8~6GHz 测向天线阵

基于图 5.52 所示的天线阵进行计算机仿真和实际导引头系统的天线阵列设计,下面将针对仿真和实测结果进行详细分析。

### 5.5.5 计算机仿真结果

**1. 不同频率入射信号,正确解模糊概率与信噪比的关系**

由于最短基线的长度为 90mm,在 3.3GHz 以下不存在角度模糊,所以在频率 0.8~3.3GHz,不需要采用虚拟基线解模糊,为了得到不同信噪比下虚拟基线的正确解模糊概率,只对频率大于 3.3GHz 的入射信号进行仿真。

入射信号频率 3.5GHz、4.5GHz、6GHz,在信号入射角度为 30° 时,正确解模糊概率与信噪比的关系如图 5.53 所示。

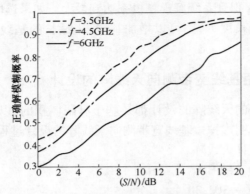

图 5.53　3.5GHz、4.5GHz、6GHz 信号正确解模糊概率与信噪比的关系

由图 5.53 中可以看出,在相同信噪比下,随着频率的升高,虚拟基线正确解模糊的概率越低。这与我们前面推导的系统正确解模糊信噪比要求的公式相符。所以我们在设计虚拟天线阵列时,只需考虑能解最高频率点的测向模糊即可。

当信号的入射角度为 30°, 相对于频率 3.5GHz 和 4.5GHz,当信号频率为 6GHz,在相同的信噪比下,虚拟基线正确解模糊的概率大大降低,这是因为天线阵的设计就是按照信号最高频率为 6GHz、最大入射角度为 30° 设计的,这是系统能解模糊的边界情况,但是当信噪比为 12dB 时,正确解模糊概率已经在 60% 以上,可以采用大数判决等相关算法保证正确解模糊。

**2. 不同入射角度下,正确解模糊概率和信噪比关系**

入射信号频率为 3.5GHz,信号入射角 $\theta$ 为 0°、20°、30°, 虚拟基线正确解模糊概率和系统信噪比的关系如图 5.54 所示。

从图 5.54 中可以看出,信号入射角度小的时候,正确解模糊所需的信噪比大致相同,只有 30° 附近,在同等信噪比下,正确解模糊概率有所降低。

**3. 实测频偏对系统正确解模糊概率的影响**

信号入射频率 3.5GHz,入射角度 $\theta = 30°$,在实测频率偏差分别为 0Hz、5MHz、−5MHz 时,对解模糊概率的影响如图 5.55 所示。

从图 5.55 可以看出不同的实测频偏下,关于不同信噪比的虚拟基线的正确解模糊概率曲线是一致的,说明无论在频率高端,还是频率低端,在 −5 ~ 5MHz 范围内的频率测量偏差,都不会对正确解模糊概率产生影响。

上面的仿真结果跟理论分析是相符的。能否正确解模糊,一方面取决于实际基线的测角误差和虚拟基线的测角误差,另一方面取决于该频率下的不模糊视角,根据测角误差公式

$$\Delta\theta = \frac{\Delta\varphi}{\frac{2\pi}{\lambda}d\cos\theta} + \frac{\Delta\lambda}{\lambda}\tan\theta \tag{5.242}$$

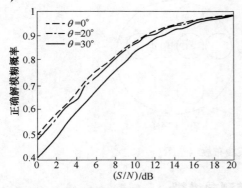

图 5.54　入射角分别为 0°、20°、30° 时，
正确解模糊概率与信噪比的关系

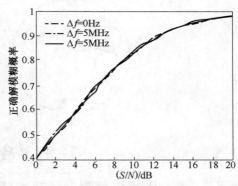

图 5.55　不同信噪比下不同
实测频偏的正确解模糊概率

可以看出测量频偏的影响在后一项

$$\frac{\Delta\lambda}{\lambda}\tan\theta = -\frac{\Delta f}{f}\tan\theta \tag{5.243}$$

对于上述条件,若实测频偏为 −5MHz,上式结果为 $8.2 \times 10^{-4}$,完全可以忽略不计,因此可以不考虑小的频率测量偏差对测角精度的影响。

对于入射波长为 $\lambda$ 的信号,如果基线长度为 $d$,不模糊视角为

$$\theta_u = 2\arcsin\left(\frac{\lambda}{2d}\right)$$

对上式两边微分得到

$$\Delta\theta_u = \frac{1}{d\sqrt{1 - \left(\frac{\lambda}{2d}\right)^2}}\Delta\lambda \tag{5.244}$$

上式中的 $\Delta\lambda$ 为 $10^{-4}$ 量级的,频率测量偏差对不模糊视角的影响可以不必考虑,因此小的频率测量偏差并不影响系统的正确解模糊概率。

### 5.5.6　多基线与虚拟基线解测向模糊的局限性

**1. 多基线的局限性限制解测向模糊带宽**

由于反辐射武器(导弹、无人机、炮弹)体积的限制,其超宽频带的天线只能摆放成双基线,不能摆放成多基线。因此,所测向模糊的带宽受到限制,一般解两个倍频程带宽的测向模糊。

**2. 虚拟基线解测向模糊带宽的局限性**

形成虚拟基线必须将天线摆放成一定的形式,如图 5.56 所示即为 L 形或十字形。这就占用口面上的面积,而且这种虚拟基线解测向模糊的带宽,只能做到三个倍频程以内,即 $2^3$ 个倍频程。

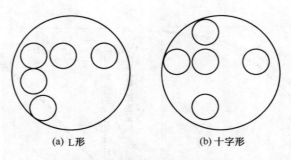

(a) L形　　　　　　　　　(b) 十字形

图 5.56　双基线天线布放示意图

### 5.5.7　比幅比相测向解超宽频带测向模糊

这种测向体制利用比相即相位干涉仪测向取得比较高的测角精度,用比幅解超宽频相位干涉仪测向模糊。

**1. 比幅测向**

比幅测向是两天线相位中心在一起或相位中心间距为 $L$,如图 5.57 所示用交叉的波束,交叉点在测向的中心轴线上,即两波束的幅值差为 0,向左右偏移,随着角度变大,其两波束的幅值差也变大。在 $\pm\theta$ 范围内是单值线性变化的,如图 5.58 所示。交叉波束形成有两种方法:一种方法如图 5.57 所示,相位中心距离为 $L$ 的两天线,各向外倾斜 35° 左右,形成交叉波束如图 5.59 所示。

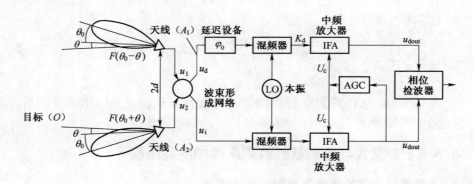

图 5.57　比幅比相式单脉冲系统方框图

1)比幅测向特性曲线

振幅型测向特性公式为

$$u_{pdA} = k_{pd} \frac{u^2 \left[ F^2(\theta - \theta) - F^2(\theta_0 + \theta) \right]}{\left[ 1 + u \left[ F(\theta_0 - \theta) + F(\theta_0 + \theta) \right] \right]^2} \tag{5.245}$$

式中:$k_{pd} = \dfrac{K_0^2 K'}{2 \partial^2 K_2^2}$。

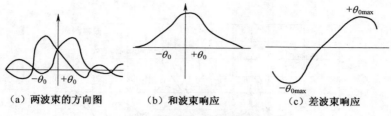

（a）两波束的方向图    （b）和波束响应    （c）差波束响应

图 5.58　比幅和差方向图

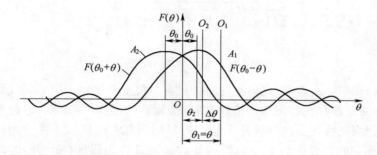

图 5.59　平行两波束的示意图

振幅型测向系统的测向特性以 $u_{pd} = u_{pd}(\theta, \mu)$ 曲线族形式分别表示在图上。

特性曲线是根据式（5.245）、不同的 $\mu$ 值（$\mu = 1, 3, 10$）画出的，而 $\mu$ 值是与输入信号强度 $U$ 成正比的。在画曲线时，天线的方向图采用下列函数近似：

$$F(\theta) = \frac{\sin\dfrac{\pi L'}{\lambda}}{\dfrac{\pi L'}{\lambda}} = \frac{\sin x}{x} \tag{5.246}$$

式中：$L'$ 在振幅型测向时，$L' = L$；在相位型测向时，$L' = \dfrac{L}{2}$。

振幅型单脉冲测向系统的测向特性曲线是根据天线方向图最大方向相对于等信号方向的角位移 $\theta_0 = \theta_{0.5/3}$ 画出的。当 $\theta_0$ 为其他数值时，特性曲线具有相似的形状。

图解法分析（图 5.60）和式（5.245）、式（5.246）证明，测向特性在很大程度上取决于所收到的信号振幅 $U(\mu = 2k_2 U)$。

当输入信号的幅度很大（$\mu \rightarrow \infty$）时，测向特性变成理想的测向特性（虚线），它们的公式为

$$u_{pdA} = k_{pd}\frac{F^2(\theta_0 - \theta) - F^2(\theta_0 + \theta)}{F(\theta_0 - \theta) + F(\theta_0 + \theta)} \tag{5.247}$$

$$u_{pdp} = k_{pd}\tan\left(\frac{\pi L}{\lambda}\sin\theta\right) \tag{5.248}$$

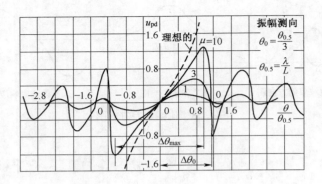

图 5.60　振幅型测向特性

由图 5.60 明显地看出,测向特性曲线只有当角度 $\theta$ 比较小时才是线性的。所有测向特性曲线都存在着假的等信号方向(旁瓣或称副瓣)。因此,根据角度 $\theta$ 的数值,可以把测向特性曲线分成几个稳定的目标跟踪区。区域 I 称为测向特性曲线的主区(而它的波瓣称为主瓣),区域 II 和区域 III 称为假区(而它的波瓣称为旁瓣),如图 5.61 所示。

如果在任何一个稳定跟踪区内出现足够强的电磁波辐射源,那么,跟踪系统则跟踪在对应于测向特性曲线主瓣(区域 I 中 $O_1$ 点)的等信号方向上,或跟踪在对应于旁瓣(区域 II、III 的 $O_2$、$O_3$ 点)的等信号方向上。在后一种情况下,系统跟踪有很大的误差。

由图 5.61 可以看出,测向特性曲线零点的主瓣宽度 $\Delta\theta_0$ 与信号的强度无关,仅仅决定于测向系统中的天线方向图和角度 $\theta_0$ 的数值。但是,信号强度对测向特性最大值之间的距离和测向特性曲线的斜率有很大影响。图 5.65 绘出了这一明显的概念,图中纵坐标轴表示方向图最大值之间的角距离 $\Delta\theta_{max}$ 与半功率点宽度 $\theta_{0.5}$ 的比值(计算时,$\theta_{0.5} = \lambda/L$)。实线表示振幅型测向,虚线表示相位型测向。

2) 比幅测向特性曲线随频率的变化

天线的波束宽度为

$$\theta_{0.5} = k\frac{\lambda}{D} \tag{5.249}$$

交叉波束的角间距为

$$\theta_u = 2\arcsin\frac{\lambda}{2L} \tag{5.250}$$

虽然通过定向耦合器两波束交叉点都相交于 0.707,但通过式(5.249)和式(5.250)明显地看出随着频率不同,波束不同,测向斜率也不同,如图 5.62 所示。

370

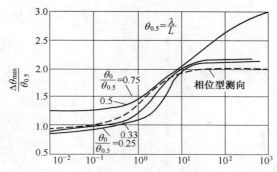

图 5.61　测向特性主区最大值之间的角距离与信号强度的关系

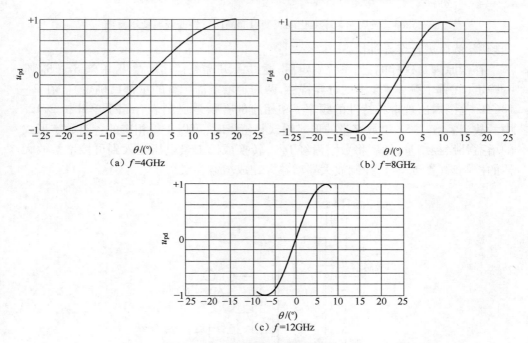

（a）$f$=4GHz

（b）$f$=8GHz

（c）$f$=12GHz

图 5.62　不同频率下的测向特性曲线

**2. 用比幅测向解超宽频带测向模糊**

这里的测向模糊指的是相位干涉仪在超宽频带范围内测向出现的多值即测向模糊。用比幅测向解这个测向模糊。

由图 5.62 可以看出在 $\pm\theta_{0\max}$ 范围内,不会出现测向模糊,因此增大 $\theta_{0\max}$ 的角度范围,即可以解超宽频带相位干涉仪测向模糊。

1）测向特性曲线畸变补偿

比幅测向特性曲线,尤其是自然倾斜角度形成的交叉波束或其他原因波束发生畸变,引起测向特性曲线的畸变,如图 5.63 所示。

这就需要根据频率、理想测性曲线、实测的特性曲线,找出奇异的特性所对应

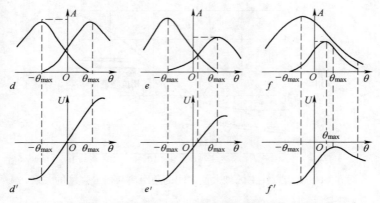

图 5.63 波束随频率变化或畸变引起测向特性曲线畸变示意图

的频率,然后进行奇异补偿。

补偿原理是这样的:当系统确定后,通过 A、B 需补偿的增益可由 $f$、$S_I$、$S_C$ 唯一确定(在哪个频率 $f$ 会出现奇异特性,两通道增益需调整的量都已确定)。在 2~18GHz 范围内出现奇异特性的频率 $f$ 和相应的补偿量已制表存储于单片机 27128 中。故当 $f$、$S_{III}$、$S_C$ 以数字量的形式输入补偿量时,可以查得相应的各路数字形式的增益补偿控制量,然后将数字量经 D/A 转换成模拟量电压输入到可控增益放大器的控制端(图 5.64),控制放大器增益即完成增益补偿。

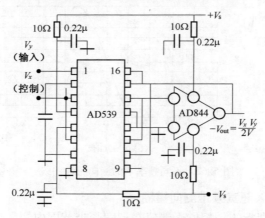

图 5.64 增益控制放大器

选用 12 位的 D/A 转换器 DAC1210。它的低 4 位接地,高 8 位与对应的 27128 的输出线相连,如图 5.65 所示。为了平滑噪声的影响在 D/A 转换后接入有源模拟滤波器。模拟滤波器如图 5.66 所示。该滤波器为电容参数相同的 12dB/oct 巴特沃斯滤波器。当 $A>1$ 时,$Q=1/(3-A)$,对于 12dB/oct 巴特沃斯滤波器,$Q=0.707$,而 $A=3-1/Q=1.585$。根据 $R_4=R_3\times(A-1)$,可知,当 $R_3=10\mathrm{k}\Omega$ 时,$R_4$ 取 5.85kΩ,用 5.1kΩ 与 750Ω 串联。

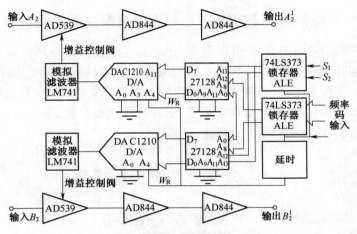

图 5.65　奇翼特性补偿原理方框图

取 $f_L = 100\text{kHz}$，当 $R_1 = R_2 = R_0 = 10\text{k}\Omega$ 时，$C_0 = 160\text{pF}$。

D/A 转换器的基准电源：由 $V_{\text{REF}} \times A \leqslant 3.2\text{V}$，其中 $V_{\text{REF}}$ 为 D/A 转换器的参考电压，$A$ 为低通滤波器增益，且有

$$V_{\text{REF}} \leqslant \frac{3.2}{A} = \frac{3.2}{1585} = 2.019(\text{V})$$

选用 +2.5V 基准电源 MC1403，通过电位器的分压作为电源基准。

信号选择系统给出的窄波门脉冲 $U_z$ 信号经过时延为 $U_z'$，$U_z'$ 经过倒相作为 DAC1210 的 $\overline{WR}$ 信号。

用查表方法，将畸变的特性曲线，补偿成如图 5.58(c) 所示的理想特性曲线或近似于理想即测向特性曲线是单调变化的。

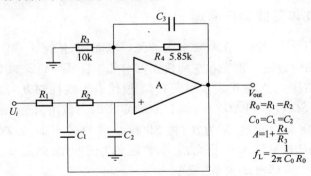

$R_0 = R_1 = R_2$
$C_0 = C_1 = C_2$
$A = 1 + \dfrac{R_4}{R_3}$
$f_L = \dfrac{1}{2\pi C_0 R_0}$

图 5.66　巴特沃斯滤波器

2）比幅测向解模糊

首先在整个频率范围内实测其测向特性曲线，找出畸变特性，然后将畸变特性补偿成理想或近似理想即单调变化的测向特性，用比幅测向单调变化的测向特性，解相位干涉仪测向的模糊。

### 5.5.8　比幅测向解超宽频带比相测向模糊的局限性

（1）由图 5.64 与图 5.66 可以看出：比幅测向解超宽频带测向解模糊受频带宽度与角度的限制即只能在一定的角度与频宽的范围内解相位干涉仪测向模糊。经实际测试，这种方法，只能解三个倍频程（$2^3$）以下带宽的相位干涉仪测向模糊。

（2）比幅的两路输出的幅度不稳定，受环境如强度变化、输入噪声、内部噪声的影响比较大。因此解模糊的可靠性、可信度差。

## 5.6　立体基线测向解模糊

前面几种解相位干涉仪测向模糊都存在局限性：（1）双（多）基线解模糊由于弹体口面的限制，天线布放成变基线成为不可能，只能布放成双基线。而且一定要成为一定的形状，既受口面的限制，不能容纳其他模式的精确末制导的传感器，而且解模糊带宽也受到限制。（2）比幅比相测向差，比幅解宽带测向模糊既受角度的限制，又受频带宽度的限制，特别是幅度的稳定性受多种因素的影响，很难保证在合适的角度范围内幅频、幅度与角度变化的单值性，使补偿措施失灵。（3）虚拟基线解模糊，同样受口面限制，又受频带宽度的限制。以上三种解测向模糊，用宽频带还可以，但超宽频带解模糊就不灵了。因此，必须寻找新的方法了，这就是立体基线测向解模糊，它不受阵列流形（天线布放形式）的限制，而且可解超宽频即 $2^5$ 以上的超宽带的相位干涉仪测向模糊。特别要提出的是，由于解超宽频带测向模糊的特性，它既可以用于共口面的多模交合制导，又可以用于弹体共形天线的超宽频带测向解模糊。

### 5.6.1　立体基线测向原理

为实现体积受限情况下在宽频带内的无模糊测向，依据干涉仪测向基本原理提出立体基线测向方法。首先在空间建立笛卡儿坐标系 $OXYZ$ 如图 5.67 所示，其中 $X$ 轴代表垂直向上，$Y$ 轴代表水平向右，$Z$ 轴代表天线视轴方向。射线 $SO$ 为目标辐射信号，将 $SO$ 投影到 $XOY$ 平面，$\angle XOS'$ 定义为方位角，记为 $\alpha$；$SO$ 与 $XOY$ 面的夹角 $\angle SOS'$，定义为仰角，记为 $\beta$；将 $SO$ 投影到 $YOZ$ 平面，$\angle ZOS''$ 定义为偏航角，记为 $\theta$；将 $SO$ 投影到 $XOZ$ 平面，$\angle ZOS'''$ 定义为俯仰角，记为 $\varphi$。方位角 $\alpha$、仰角 $\beta$ 与偏航角 $\theta$、俯仰角 $\varphi$ 关系如下：

$$\tan\theta = \cot\beta\sin\alpha \tag{5.251}$$

$$\tan\varphi = \cot\beta\cos\alpha \tag{5.252}$$

根据空间笛卡儿坐标系的定义，建立立体基线测向方法的工作模型如图 5.68 所示。$A$、$B$、$C$ 为空间三天线，其坐标如图中所标识，$S$ 为空间辐射源来波，根据干涉仪测向原理两天线间接收信号相位差与信号入射角的关系，结合集合知识推导

可得

$$\phi_{AB} = \frac{2\pi}{\lambda} \big[ (x_B - x_A) \cdot \cos\beta \cdot \cos\alpha + (y_B - y_A) \cdot \cos\beta \cdot \sin\alpha + (z_B - z_A)\sin\beta \big]$$

$$(5.253)$$

$$\phi_{AC} = \frac{2\pi}{\lambda} \big[ (x_C - x_A) \cdot \cos\beta \cdot \cos\alpha + (y_C - y_A) \cdot \cos\beta \cdot \sin\alpha + (z_C - z_A)\sin\beta \big]$$

$$(5.254)$$

$$\phi_{AC} = \frac{2\pi}{\lambda} \big[ (x_C - x_B) \cdot \cos\beta \cdot \cos\alpha + (y_C - y_B) \cdot \cos\beta \cdot \sin\alpha + (z_C - z_B)\sin\beta \big]$$

$$(5.255)$$

联立求解式(5.253)~式(5.255)三方程中任意两个即可解出空间方位角 $\alpha$ 和仰角 $\beta$。

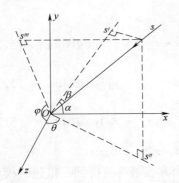
图 5.67　空间测向笛卡儿坐标系

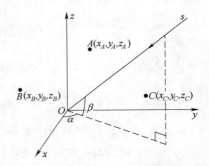
图 5.68　立体基线测向法空间坐标系示意图

## 5.6.2　立体基线超宽带解模糊

### 1. 立体基线解模糊原理

根据空间笛卡儿坐标系的定义,建立立体基线工作模型如图 5.69 所示。

设 $SO$ 为目标方向, $\alpha$、$\beta$ 分别为其方位角、仰角,原点 $O$ 为参考天线位置,点 $B_i(x_i, y_i, z_i)$ 为第 $i$ 个天线的空间位置。过 $B_i$ 点作直线 $B_iA_i$ 垂直于 $SO$ 且与 $SO$ 交于点 $A(x_A, y_A, z_A)$, $OA$ 即为 $O$、$B_i$ 两天线的波程差,通过推到可得

$$\phi_{OB_j} = \frac{2\pi}{\lambda} (x_j \cdot \cos\beta \cdot \cos\alpha + y_j \cdot \cos\beta \cdot \sin\alpha + z_j \cdot \sin\beta) \qquad (5.256)$$

如果不以某固定天线为参考天线,则到达三天线 $A$、$B$、$C$ 的相位差可表示为

$$\phi_{AB} = \frac{2\pi}{\lambda} \big[ (x_B - x_A) \cdot \cos\beta \cdot \cos\alpha + (y_B - y_A) \cdot \cos\beta \cdot \sin\alpha + (z_B - z_A) \cdot \sin\beta \big]$$

$$(5.257)$$

$$\phi_{AC} = \frac{2\pi}{\lambda} \left[ (x_C - x_A) \cdot \cos\beta \cdot \cos\alpha + (y_C - y_A) \cdot \cos\beta \cdot \sin\alpha + (z_C - z_A) \cdot \sin\beta \right]$$

$$(5.258)$$

联立求解三方程中任意两个即可解出方位角 $\alpha$ 和仰角 $\beta$，进而可以根据航向角 $\theta$、俯仰角 $\varphi$ 与方位角 $\alpha$、仰角 $\beta$ 之间的关系式求解出航向角 $\theta$、俯仰角 $\varphi$。

**2. 立体基线解超宽带测向模糊方法**

1）多值模糊及解决的方法

实际测向过程中给出两天线的相位差范围为 $(-\pi,\pi)$，而当天线间距大于辐射信号波长时，实际相位差与给出相位差之差会存在 $2\pi$ 的 $k(k=0,\pm1,\pm2,\cdots)$ 倍关系，而 $k$ 是未知量，如果保留所有可能出现的 $k$ 值进行求解就会存在解的多值模糊问题，下面对多值模糊问题进行分析。

为求解方程方便，将 $A$、$B$、$C$ 三天线摆于 $xOy$ 平面（图 5.70），即各天线 $z$ 轴方向上坐标为 0，可得方程组

$$\phi_{AB} + 2k_1\pi = \frac{2\pi}{\lambda} \left[ (x_B - x_A)\cos\beta\cos\alpha + (y_B - y_A)\cos\beta\sin\alpha \right] \quad (5.259)$$

$$\phi_{AC} + 2k_2\pi = \frac{2\pi}{\lambda} \left[ (x_C - x_A)\cos\beta\cos\alpha + (y_C - y_A)\cos\beta\sin\alpha \right] \quad (5.260)$$

$$\phi_{BC} + 2k_3\pi = \frac{2\pi}{\lambda} \left[ (x_C - x_B)\cos\beta\cos\alpha + (y_C - y_B)\cos\beta\sin\alpha \right] \quad (5.261)$$

式中：$\phi_{AB}$、$\phi_{AC}$、$\phi_{BC}$ 为测得相位差；$k_1,k_2,k_3 = 0,\ \pm1,\ \pm2,\cdots$。

联立方程(5.259)~方程(5.261)中任意两个方程求解可得到一组包含模糊多值的解 $\alpha$、$\beta$。由于相位差的测量相互独立，各组天线的模糊多值之间相差较大，而真值是每组天线共有的，且其误差应该在一定范围之内，所以这里采用的方法是用多组天线进行测向，保留由各组天线得到的模糊多值，通过比较各组天线所求多值找出在一定误差范围内各组天线都有的那一组值即为真值。

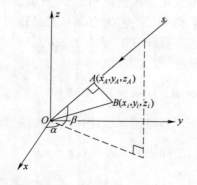

图 5.69　空间天线工作模型

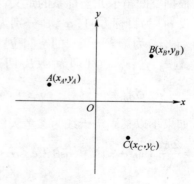

图 5.70　三天线位置示意图

2）方位角 $\alpha$ 镜像模糊问题及解决办法

由方程(5.259)~方程(5.261)进行求解时,对方程(5.259)、方程(5.260)整理可得

$$\tan\alpha = \frac{(\phi_{AB} + 2k_1\pi) \cdot (x_C - x_A) - (\phi_A + 2k_2\pi) \cdot (x_B - x_A)}{(\phi_{AC} + 2k_2\pi) \cdot (y_B - y_A) - (\phi_{AB} + 2k_1\pi) \cdot (y_C - y_A)} \quad (5.262)$$

因为方位角 $\alpha$ 范围为 $(0, 2\pi)$,第一、三象限的角正切值均为正值,第二、四象限的角正切值均为负值,所以有

$$\alpha = \arctan\left[\frac{(\phi_{AB} + 2k_1\pi) \cdot (x_C - x_A) - (\phi_{AC} + 2k_2\pi) \cdot (x_B - x_A)}{(\phi_{AC} + 2k_2\pi) \cdot (y_B - y_A) - (\phi_{AB} + 2k_1\pi) \cdot (y_C - y_A)}\right]$$

$$(5.263)$$

或

$$\alpha = \arctan\left[\frac{(\phi_{AB} + 2k_1\pi) \cdot (x_C - x_A) - (\phi_{AC} + 2k_2\pi) \cdot (x_B - x_A)}{(\phi_{AC} + 2k_2\pi) \cdot (y_B - y_A) - (\phi_{AB} + 2k_1\pi) \cdot (y_C - y_A)}\right] + \pi$$

$$(5.264)$$

即对应每个 $k_1$、$k_2$ 求解的 $\alpha$ 都存在镜像模糊问题。

观察天线位置示意图(图5.74),可以看出,通过判断求解 $\alpha$ 当次所用的 $A$、$B$ 两天线相位差($\varphi_{AB} + 2k_1\pi$)可消除 $\alpha$ 第一、三象限的镜像模糊,即若求得的 $\alpha$ 值大于0,如果($\varphi_{AB} + 2k_1\pi$)大于0则可以判断 $\alpha$ 位于第一象限,如果($\varphi_{AB} + 2k_1\pi$)小于0则可以判断 $\alpha$ 位于第三象限;同理通过判断求解 $\alpha$ 当次所用的 $A$、$C$ 两天线相位差($\varphi_{AC} + 2k_2\pi$)可消除 $\alpha$ 第二、四象限的镜像模糊。

综合上述分析可知方位角的镜像模糊可以通过判断求解它所用的天线间的相位差关系来消除,所以在求解过程中只要选取可以消除镜像关系的两组相位差联立方程进行求解就可以得到无镜像模糊的方位角 $\alpha$。

3）计算机仿真结果及分析

根据空间天线工作原理及其问题分析,建立天线盘工作模型以仿真确定天线盘上天线摆放半径 $r$(天线圆心到天线盘圆心距离)与辐射信号波长 $\lambda$ 之比($r/\lambda$)取不同值时可实现的测向范围及测向精度。为方便计算仅将天线摆放于 $XOY$ 平面,采用五单元均匀圆阵,如图5.71所示。

根据建立的空间天线模型用 Matlab 编程仿真,仿真过程分别取仰角 $\beta$ 为60°,85°;分别取信噪比 $S/N$ 为 3dB, 10dB, 20dB, 30dB;分别取 $r/\lambda$ 为1,2,4,8,16,20;各种条件下分别对相位差进行不同次数求取平均值

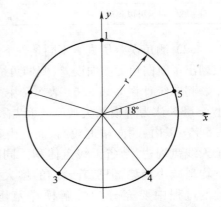

图5.71 五单元均匀圆阵

然后求解,分别取次数 $N=1,10,20,50$,各条件下分别进行 100 次测向统计。

（1）解模糊情况仿真。不同测向条件下解模糊情况统计结果见表 5.5。可以看出,测量相位差取平均次数的增加及信噪比的提高均有利于正确解模糊,也就是说在测向环境恶劣的情况下可以通过增加相位差的测量次数求取平均值的方法来保证正确解模糊；$r/\lambda$ 值越大,正确解模糊对测向环境的要求越高。

表 5.5　不同条件下解模糊情况统计表

| 可否解模糊<br>条件 | $d/\lambda$ | 1 | 2 | 4 | 8 | 12 | 16 | 20 |
|---|---|---|---|---|---|---|---|---|
| 3dB | $N=1$ | — | — | — | — | — | — | — |
| | $N=10$ | — | — | — | — | — | — | — |
| | $N=20$ | √ | — | — | — | — | — | — |
| | $N=50$ | √ | — | — | — | — | — | — |
| 10dB | $N=1$ | — | — | — | — | — | — | — |
| | $N=10$ | √ | √ | — | — | — | — | — |
| | $N=20$ | √ | √ | √ | — | — | — | — |
| | $N=50$ | √ | √ | √ | √ | — | — | — |
| 20dB | $N=1$ | √ | √ | √ | √ | — | — | — |
| | $N=10$ | √ | √ | √ | √ | √ | — | — |
| | $N=20$ | √ | √ | √ | √ | √ | √ | — |
| | $N=50$ | √ | √ | √ | √ | √ | √ | √ |
| 30dB | $N=1$ | √ | √ | √ | √ | √ | √ | √ |
| | $N=10$ | √ | √ | √ | √ | √ | √ | √ |
| | $N=20$ | √ | √ | √ | √ | √ | √ | √ |
| | $N=50$ | √ | √ | √ | √ | √ | √ | √ |

注:"√"表示可以正确解模糊;"—"表示不能正确解模糊

（2）测角误差仿真。不同条件下航向角 $\theta$ 测角误差见表 5.6~表 5.9（仿真时只列出了航向角的测向误差,俯仰角统计测向误差与之基本相同）。

测向统计误差表 5.6~表 5.7 中"—"表示不能正确解模糊（正确解模糊概率小于 68% 认为解模糊失败）。可以看出在正确解模条件下测向误差基本保证在 $1.5°/\sigma$ 以内,测向精度较高,而且由天线分布示意图 5.70 可以看出天线仅摆放于天线盘周边,节省天线盘体积。同时随 $r/\lambda$ 值的增大及仰角 $\beta$ 的增大测向误差均呈减小趋势,但随着 $r/\lambda$ 的增大,正确解模糊条件就越高,因此在天线盘设计的过程中要充分考虑解模糊范围和测角误差两方面的指标,选定合理的 $r/\lambda$ 值。

表 5.6　$N=1$ 不同条件下测向误差统计表

| $\sigma_\theta/(°)$ ＼ $S/N$ ／ $r/\lambda$ | 3dB | | 10dB | | 20dB | | 30dB | |
|---|---|---|---|---|---|---|---|---|
| | $\beta=60°$ | $\beta=85°$ | $\beta=60°$ | $\beta=85°$ | $\beta=60°$ | $\beta=85°$ | $\beta=60°$ | $\beta=85°$ |
| 1 | — | — | — | 2.93 | 0.96 | 0.83 | 0.254 | 0.197 |
| 2 | — | — | — | 1.89 | 0.31 | 0.31 | 0.112 | 0.126 |
| 4 | — | — | — | — | 0.22 | 0.18 | 0.048 | 0.061 |
| 8 | — | — | — | — | — | 0.15 | 0.052 | 0.026 |
| 12 | — | — | — | — | — | — | 0.030 | 0.024 |
| 16 | — | — | — | — | — | — | 0.017 | 0.015 |
| 20 | — | — | — | — | — | — | 0.021 | 0.016 |

表 5.7　$N=10$ 不同条件下测向误差统计表

| $\sigma_\theta/(°)$ ＼ $S/N$ ／ $r/\lambda$ | 3dB | | 10dB | | 20dB | | 30dB | |
|---|---|---|---|---|---|---|---|---|
| | $\beta=60°$ | $\beta=85°$ | $\beta=60°$ | $\beta=85°$ | $\beta=60°$ | $\beta=85°$ | $\beta=60°$ | $\beta=85°$ |
| 1 | — | 4.49 | 1.48 | 1.28 | 0.49 | 0.43 | 0.17 | 0.10 |
| 2 | — | 2.78 | 0.58 | 0.75 | 0.19 | 0.21 | 0.06 | 0.07 |
| 4 | — | — | — | 0.31 | 0.09 | 0.10 | 0.03 | 0.03 |
| 8 | — | — | — | — | 0.05 | 0.05 | 0.02 | 0.01 |
| 12 | — | — | — | — | 0.12 | 0.04 | 0.01 | 0.01 |
| 16 | — | — | — | — | — | — | 0.007 | 0.008 |
| 20 | — | — | — | — | — | — | 0.006 | 0.005 |

表 5.8　$N=20$ 不同条件下测向误差统计表

| $\sigma_\theta/(°)$ ＼ $S/N$ ／ $r/\lambda$ | 3dB | | 10dB | | 20dB | | 30dB | |
|---|---|---|---|---|---|---|---|---|
| | $\beta=60°$ | $\beta=85°$ | $\beta=60°$ | $\beta=85°$ | $\beta=60°$ | $\beta=85°$ | $\beta=60°$ | $\beta=85°$ |
| 1 | 3.14 | 2.41 | 1.24 | 0.95 | 0.36 | 0.26 | 0.087 | 0.099 |
| 2 | — | 2.02 | 0.45 | 0.54 | 0.13 | 0.16 | 0.044 | 0.049 |
| 4 | — | — | 0.33 | 0.21 | 0.07 | 0.07 | 0.021 | 0.024 |
| 8 | — | — | — | — | 0.03 | 0.04 | 0.013 | 0.011 |
| 12 | — | — | — | — | 0.04 | 0.03 | 0.008 | 0.008 |
| 16 | — | — | — | — | 0.03 | 0.03 | 0.007 | 0.006 |
| 20 | — | — | — | — | — | — | 0.005 | 0.004 |

表 5.9 $N=50$ 不同条件下测向误差统计表

| σ_θ/(°) r/λ \ S/N | 3dB | | 10dB | | 20dB | | 30dB | |
|---|---|---|---|---|---|---|---|---|
| | $\beta=60°$ | $\beta=85°$ | $\beta=60°$ | $\beta=85°$ | $\beta=60°$ | $\beta=85°$ | $\beta=60°$ | $\beta=85°$ |
| 1 | 1.26 | 1.31 | 0.87 | 0.71 | 0.24 | 0.20 | 0.07 | 0.05 |
| 2 | — | 1.09 | 0.35 | 0.41 | 0.10 | 0.09 | 0.024 | 0.027 |
| 4 | — | 0.68 | 0.20 | 0.19 | 0.05 | 0.06 | 0.013 | 0.016 |
| 8 | — | — | — | — | 0.03 | 0.001 | 0.008 | 0.007 |
| 12 | — | — | — | — | 0.02 | 0.03 | 0.006 | 0.005 |
| 16 | — | — | — | — | 0.02 | 0.01 | 0.005 | 0.003 |
| 20 | — | — | — | — | 0.01 | 0.01 | 0.004 | 0.003 |

综合仿真结果分析可以看出,空间天线可以实现一定体积条件下高精度测向,适合多模复合制导导引头应用,如果给定测向指标可以查找正确解模糊所需测向条件,根据测向精度要求对比不同测向条件下测向误差表 5.6~表 5.9 可以确定实现测向的方案。

### 5.6.3 信噪比、快拍数、通道相位不一致性对解模糊影响的仿真

#### 1. 信噪比对解模糊影响的仿真

由图 5.72 的仿真结果可以看出在各频率下,解模糊概率均随信噪比的增加而

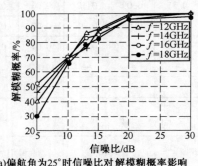

(a)偏航角为25°时信噪比对解模糊概率影响　　(b)偏航角为30°时信噪比对解模糊概率影响

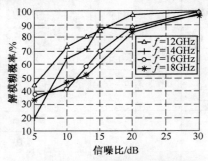

(a)偏航角为35°时信噪比对解模糊概率影响

图 5.72　信噪比对高频端解模糊概率的影响

增加。由图 5.72(b)、(c)可以看出,信噪比为 13dB,快拍数为 16 的条件下入射信号频率为 16GHz、18GHz 时,对入射偏航角分别为 35°、30°和 35°,俯仰角为 0°时解模糊概率较低,即随着信号入射角的增大,在差的测向环境下高频率端解模糊性能降低,当信噪比达到 20dB 后可以保证各个频率下的解模糊概率。

**2. 快拍数对解模糊的影响**

取信噪比为 13dB,采用实际天线盘布局,对不同快拍数,不同入射角对解模糊概率影响的仿真。

仿真过程中俯仰角均为 0°,偏航(方位)角如仿真图 5.72 中标注。所得结果为 100 次 Monte-carlo 试验统计获得的。

由仿真结果图 5.73 可以看出,随着快拍数的增加,高频端解模糊概率增加,低频端测向误差减小,同样测向条件下,频率较低时性能较差,对比图 5.77(a)、(b)可以看出,信号入射角较大时,解模糊性差,信噪比为 13dB 时快拍数达到 48 以上才基本可以保证整个工作频率及角度范围内无模糊测向。

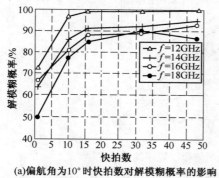
(a)偏航角为 10°时快拍数对解模糊概率的影响

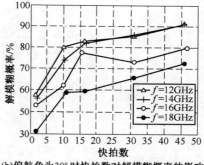
(b)偏航角为 30°时快拍数对解模糊概率的影响

图 5.73　不同入射角下快拍数对解模糊概率影响的仿真结果

**3. 通道相位不一致性对解模糊概率的影响**

取信噪比为 13dB,快拍数为 16,采用实际天线盘布局,对通道相位不一致性对测向结果的影响进行仿真,仿真所得结果图如图 5.74 所示。图 5.74 为快拍数对高频解模糊概率影响的统计结果。仿真过程中取信号入射的方位角角度为 45°,仰角角度如仿真图 5.73 中标注。仿真统计结果为 100 次 Monte-carlo 试验统计获得的。

以上仿真结果均是在其他影响条件取理想值的情况下获得的,为更接近实际测向环境,这里取信噪比为 13dB,快拍数为 16,通道间相位误差为 5°,测频误差为1%、5%两种情况,对不同入射角时的测向结果进行统计,采用实际天线盘布局,对不同信号入射角对解模糊概率的影响进行仿真分析,仿真所得结果图如图 5.75 所示,仿真过程中俯仰角取 0°,仿真图中入射角度指信号入射的偏航角度,仿真统计结果为 100 次 Monte-carlo 试验统计获得的。

由各种因素综合作用的仿真结果图 5.75 可以看出,在各影响测向因素的共同

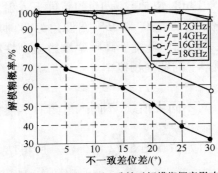

(a)仰角为90°时相位不一致性对解模糊概率影响

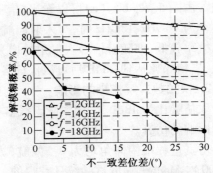

(b)仰角为60°时相位不一致性对解模糊概率影响

图 5.74　通道相位不一致性对解模糊概率影响

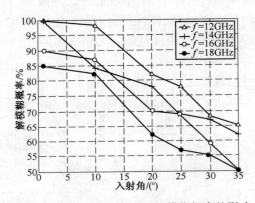

图 5.75　不同信号入射角对解模糊概率的影响

作用下,高频端解模糊概率及低频率端测向误差结果都较差,且随着信号入射角与视轴夹角的增大,性能恶化严重,由图 5.75 可以看出,在各条件综合作用下,高频率端实现不了整个频率范围内所有入射角度的正确解模糊,通道相位不一致性为5°,测频误差为 1%时,入射信号频率在入射角度内实现解模糊,频率在 14GHz 以内基本可以保证±20°入射角度内实现解模糊,入射信号频率为 18GHz 时解模糊性能较差。

由仿真结果图 5.79 可以看出,在各影响因素的共同作用下,测向性能较差,但由图 5.78 统计结果可以看出,在 100 次测试结果中仍有较大概率的正确解模糊概率,所以,这里采用大数判决的方法,以输出正确的结果,即对 100 次测向结果进行统计,输出出现概率最高的结界,认为其即测向结果,例如对图 5.79 中 16GHz 时测向每个入射角度下所得的 100 个数据进行大数判决,得出角度的输出结果分别为(1.1084,0.0151)、(10.6356,0.0168)、(21.2261,0.0110)、(26.5591,0.0542)、(37.3254,0.0348),所得输出结果均在一定误差范围内与真实入射角度值相对应。对 100 次测向结果进行大数判决,只要有大于 50%的正确解模糊概率一定可以输出正确的测向结果,可以得到正确的信号入射角度。

## 5.7　旋转相位干涉仪解超宽频带相位干涉仪测向模糊

利用分立于导弹口面上,相位中心间距为 $L$ 的两天线,以信号达到两天线的波程差 $\phi = 2\pi\dfrac{L}{\lambda}\sin\theta$,测量入射角 $\theta_0$ 如果 $L > \lambda$,出现 $\phi = 2N\pi + \phi$ 的多值模糊。通过采用滚动弹体和相位(时延)跟踪系统,使角度信号转为滚动频率的交流幅度和相位,从而在角度测量上是单值的。时延跟踪系统使相位干涉仪牢牢捕捉住一个目标,保证系统锁定在正确的波解上。

### 5.7.1　目标在三维空间的任意方向

设天线 1 和天线 2 安装在 $z$ 轴,$A$ 为目标所在的位置。其关系如图 5.76 所示。天线 1 和天线 2 接收到信号间的相位差

$$\theta_{12} = \frac{2\pi D}{\lambda}\cos\alpha \qquad (5.265)$$

或

$$\theta_{12} = \frac{2\pi D}{\lambda}\sin\beta\cos\phi \qquad (5.266)$$

若导弹弹轴($x$ 轴)方向顺时针转动,转动角频率为 $\omega_r$,则

$$\theta'_{12} = \frac{2\pi D}{\lambda}\sin\beta\cos(\omega_r t + \varphi) \qquad (5.267)$$

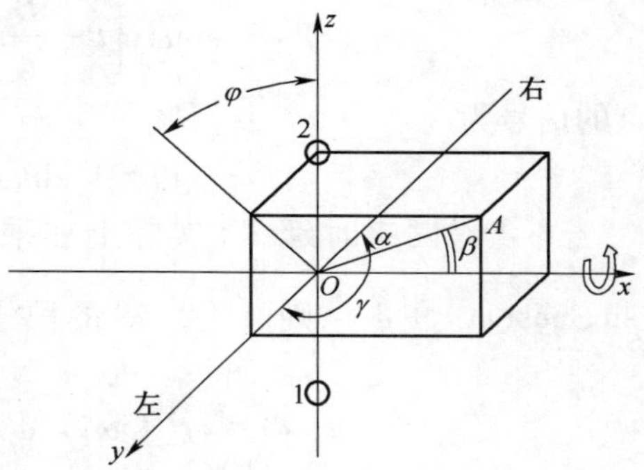

图 5.76　目标在三维空间图

其时延为

$$\frac{D}{c}\sin\beta\cos(\omega_r t + \varphi) \qquad (5.268)$$

式中:$c$ 为电波传播速度。

图 5.77 中 $a$ 点的信号为

$$u_a(t) = V_a\sin\omega_c\left[t - \frac{D}{c}\sin\beta\cos(\omega_r t + \varphi)\right] \qquad (5.269)$$

$b$ 点的信号为

$$u_b(t) = V_b\sin\omega_c t \qquad (5.270)$$

$c$ 点的信号为

$$u_c(t) = V_c\sin\omega_c\left[t - \frac{D}{c}\sin\beta\cos(\omega_r t + \varphi) - T_f\right] \qquad (5.271)$$

$d$ 点的信号为

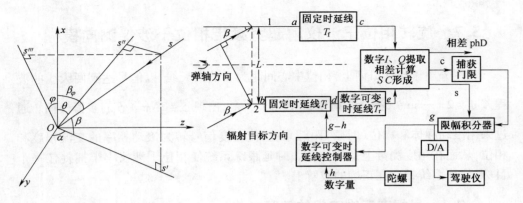

(a)弹体坐标系       (b)旋转式相位干涉仪原理框图

图 5.77 旋转式相位干涉仪原理框图

$$u_d(t) = V_d \sin\omega_c \left[ t - \frac{D}{c}\sin\beta\cos(\omega_r t + \varphi) - T_f \right] \tag{5.272}$$

$e$ 点的信号为

$$u_e(t) = V_e \sin\omega_c (t - T_r - T_f) \tag{5.273}$$

若不考虑固定时延 $T_f$(实际上在乘法器中是被对消的),输入 $\Delta\theta_d(t) = \omega_c$ $\frac{D}{c}\sin\beta\cos(\omega_r t + \phi)$,则由图 5.78 的积分器输出为

$$u_g(t) = |H_2(j\omega_r)| \omega_c \frac{D}{c}\sin\beta\cos(\omega_r t + \varphi)$$

$$\approx \frac{D}{Kc}\sin\beta\cos(\omega_r t + \varphi) \tag{5.274}$$

其中 $K = \dfrac{\omega_c}{H_2(j\omega_r)}$

从图 5.77(a)和上式看出:

(1) 若目标在弹轴的正上方,则 $\varphi = 0$;

(2) 若目标在弹轴的正下方,则 $\varphi = 180°$;

(3) 若目标在弹轴的正左方,则 $\varphi = 90°$;

(4) 若目标在弹轴的正右方,则 $\varphi = 270°$。

说明积分器输出包含了目标的全部角信息,且是不模糊的。

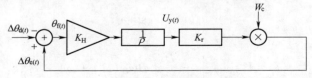

图 5.78 积分环路

384

### 5.7.2 旋转相位干涉仪解模糊的原理

由相位干涉仪理论可知,图 5.79 两天线之间的接收信号相位差为

$$\phi_{\max} = \frac{2\pi L}{\lambda}\sin\beta_y \qquad (5.275)$$

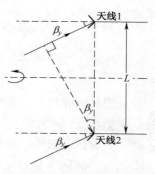

图 5.79 相位干涉仪模型

式中:$\phi_{\max}$ 为全相位;$L$ 为两个天线间的距离;$\beta_y$ 为目标与导弹视轴的夹角;$\lambda$ 为辐射源的信号波长。上式成立的条件为:入射信号方向和基线在同一个平面,方位角为零。在给定的入射信号频段(8~18GHz 及 33~36GHz)下,天线间距离 $L$ 都要远大于 $\lambda/2$,使得两个天线间的相位差 $\phi_{\max}$ 要大于 $2\pi$,而鉴相器的输出相位 $\varphi_j$ 只是在 $(-\pi,\pi)$ 这个范围内,其与全相位关系见示意图 5.80,$\phi_{\max}$ 和 $\varphi_j$ 满足

$$\phi_{\max} = 2n\pi + \varphi_j \qquad (5.276)$$

所以问题的关键在于求出实际的相位差 $\phi_{\max}$,进而求出入射角度 $\beta_y$。

而通过导弹的旋转可以解决上述问题,从而克服相位模糊问题。设导弹的旋转角速度为 $\omega_r$,入射信号的方位角为 $\alpha_{fw}$,两天线按照逆时针方向旋转,则在导弹的旋转过程中,两天线之间的相位差随之变化,该全相位差满足公式:

$$\phi(t) = (2\pi L\sin\beta_y/\lambda)\cos(-\omega_r t + \alpha_{fw}) = \varphi_{\max}\cos(-\omega_r t + \alpha_{fw}) \quad (5.277)$$

上式余弦幅度 $\phi_{\max} = 2\pi L\sin\beta_y/\lambda$,当仰角 $\beta_y$ 一定时,通过导弹的旋转对相位差进行积分,可以使实际的相位差按照余弦曲线变化,如图 5.81 所示。通过数字鉴相器相位值都被限定在了 $(-\pi,\pi)$ 这个范围内,所以通过鉴相器的输出并不能直接得到 $\phi(t)$,必须通过一定的算法计算出 $\phi_{\max}$,这里根据式(5.277)采用数字积分器把导弹旋转过程中图 5.81 所示相位变化曲线 $\phi(t)$ 恢复出来,再通过判断曲线的极大值 $X_{\max}$ 和极小值 $X_{\min}$ 点来确定 $\phi_{\max}$ 的值(图 5.81)。三者满足下式:

$$\phi_{\max} = \frac{1}{2}|X_{\max} - X_{\min}| \qquad (5.278)$$

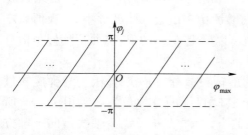

图 5.80 鉴相器输出相位与全相位对应曲线

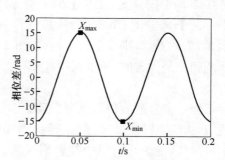

图 5.81 导弹旋转时相位变化曲线

确定了 $\phi_{\max}$ 后，就可以根据式（5.277）求出角 $\beta_y$，信号处理部分主要功能框图如图 5.82。进而通过与参考信号比相求出方位角，最终确定目标来向并调整导弹来锁定目标方向。

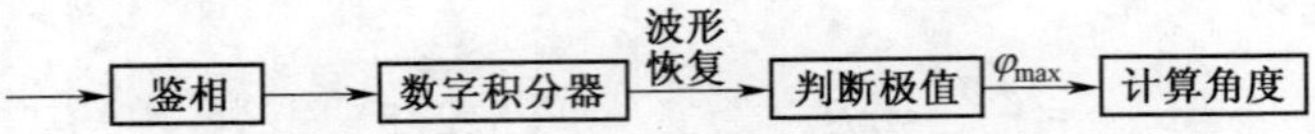

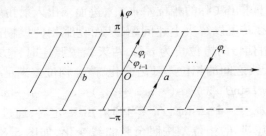

图 5.82　锁定目标信号处理部分框图

下面具体介绍一下数字积分器的原理，为简化讨论，假设选择初始相位等于 0 的点开始积分（图 5.83），根据数字鉴相器实际输出的相位值，按照下式进行累加计算。假设积分初始时刻全相位差为 $\varphi(0) = 0$，根据

$$\begin{cases} \phi(0) = 0 \\ \phi(i) = \phi(0) + \sum (m\pi + \varphi_i - \varphi_{i-1}) \quad (i \geqslant 1, m = 1 \ \text{或} \ 0) \end{cases} \quad (5.279)$$

可以还原相位差随导弹旋转时的变化曲线。这里 $\phi(i)$ 为 $i$ 时刻的全相位，$\varphi_i$ 为 $i$ 时刻数字鉴相器实际输出的相位值，$m$ 取值选择由 $\varphi_i$，$\varphi_{i-1}$ 的关系决定。

图 5.83　鉴相器输出相位变化曲线

积分初始时刻的选择不影响积分后的曲线形状，不同的起始时刻的积分曲线只是在时间轴（$x$ 轴）上和全相位轴（$y$ 轴）的平移（图 5.84）。$\phi(0) = 0$ 处所对应的起始点是实际的相位零点，即式（5.276）的相位值为 0 的点。积分后恢复出式（5.276）所对应的曲线应该是关于 $x$ 轴上、下幅度相等的余弦函数。若起始点选在图 5.87 的 $a$ 处，相当于少了部分的累加值，则积分器得出的余弦曲线幅度将不会关于 $x$ 轴上、下相等，应该是上短下长，如图 5.88（a）所示；若起始点选在图 5.87 的 $b$ 点，则是上长下短，如图 5.88（b）所示。由于余弦波形不变，极值点之间的间距是固定的，所以根据式（5.278）就可以确定 $\phi_{\max}$ 的值，从而得到仰角信息 $\beta_y$。

辐射信号的方位角也可以通过弹体的旋转和参考信号获得，因为导弹旋转过程中，天线也随之旋转，假设导弹刚开始旋转时目标的方位角为 $\alpha$，如图 5.85 所示，目标 $A$ 点为入射信号投影到天线盘上的点，天线 1 和天线 2 轴线指向 $x$ 轴方向，天线 2 以天线 1 为参考基准，以此条件来计算相位差。假设仰角 $\beta_y$ 不变情况下，导弹刚开始旋转（积分初始时刻）时目标相对于两天线有个初始相位差值

$\phi_{\max}\cos(\alpha - \alpha_{fw})$，设该值大于零，天线旋转（如图 5.84 所示逆时针旋转）相位差不断变化，数值积分的全相位成横轴上、下幅度不一致的余弦（前面论述），把全相位曲线延纵轴搬移成上、下幅度对称的曲线，然后与参考信号比相（各自相位量化相减），两曲线有固定相差，即为方位角 $\alpha_{fw}$，如图 5.86 所示的仿真情况（入射信号频率 $f = 18\mathrm{GHz}$、$\omega_r = 10\mathrm{Hz}$、$\beta_y = 10°$、$\alpha_{fw} = 45°$，步进间隔 0.5°，信噪比 20dB）。

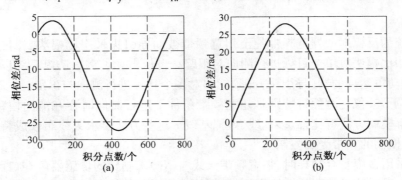

图 5.84　数值积分初始值不同时积分输出曲线比较

# 参 考 文 献

[1] 司锡才，赵建民. 宽频带反辐射导弹导引头技术基础[M]. 哈尔滨：哈尔滨工程大学出版社，1996：27 - 99，358 - 380.

[2] 林象平. 雷达对抗原理[M]. 西安：西北电讯工程学院出版社，1985：84 - 95.

[3] [苏]列昂诺夫 A N，等. 单脉冲雷达[M]. 黄虹译. 北京：国防工业出版社，1974：6 - 62.

[4] 张锡祥. 现代雷达对抗技术[M]. 国防工业出版社，1998：83 - 93.

[5] 司锡才，等. 实时校正信道相位幅度的装置：中国，ZL200710072485.5. 2010，10.

[6] 司锡才，等. 基于信号的实时跟踪本振装置：中国，ZL - 200710072495.9. 2011 - 3 - 16.

[7] 田琬逸，张效民. 信号检测与估值. 西安：西北工业大学出版社，1990：133 - 180.

[8] 杜文启. 卡尔曼滤波用于辐射源的测角和跟踪[J]. 电子对抗，1987，(1)：22 - 26.

[9] 郑昌璇，饶妮妮. AOA 误差分析平滑与滤波[J]. 电子对抗. 1985(3)：19 - 35.

[10] Baheti R S. Efficient Approximation of Kalman Filter for Target Tracking[J]. IEEE Trans. On AES，1996，AES - 22(1)：8 - 14.

[11] 司锡才. 反辐射导弹导引头技术研究[J]. 航天电子对抗. 1995(1)：12 - 22.

[12] 司锡才. 对付爱国者雷达的反辐射导弹及其导引头的技术研究[J]. 系统工程与电子技术. 1995(4)：31 - 42.

# 第6章 阵列测向技术

传统的反辐射武器宽频带甚至超宽频带被动导引头采用比幅法、相位干涉仪法或比相比幅法对单个目标进行测向与跟踪。自从出现了雷达诱饵系统以及雷达组网,被动雷达寻的器(导引头)必须能够对多个目标进行测向与识别。

相位干涉仪在宽频带特别是超宽频带条件下进行测向时存在测向模糊问题,传统的解模糊方法有比幅、多基线、虚拟基线。这些方法要求天线布放成特定的形式,且解模糊的宽带受到限制。

当采用多模复合制导时,超宽频带天线与精确末制导的传感器争夺口面面积,既影响被动雷达寻的器的性能指标,又能使精确末制导的性能与技术指标下降,更困难的是难以布放成解测向模糊的形式。

采用超宽频带被动雷达寻的器与其他精确末制导组成多模复合制导,存在三大技术瓶颈:超宽频带被动寻的器,限于摆放成解超宽频带测向模糊的形式,而且宽度受到限制;兼顾超宽频带被动雷达寻的器与精确末制导传感器弹头的透波率过低;最大的困难是兼顾超宽频带弹头头罩的瞄准误差过大。

针对以上的问题,需要采用阵列超分辨、高精度测向技术对多个目标测向,从而实现抗诱饵、雷达组网的诱偏。

本章将详细讨论空间谱估计测向。

## 6.1 阵列测向——空间谱估计高分辨、高精度测向

### 6.1.1 引言

根据具体的应用背景和天线阵列结构形式,谱估计测向处理器选择 MUSIC 算法实现对雷达和诱饵的超分辨测向,MUSIC 算法即多重信号分类(Multiple Signal Classification,MUSIC)算法是 R. O. Schmidt 等人于 1979 年提出的,这一算法的提出开创了空间谱估计算法研究的新时代,促进了特征结构类算法的兴起和发展,该算法已成为空间谱估计理论体系中的标志性算法。MUSIC 算法一经提出便引起了广大学者的研究兴趣,在国内外掀起了超分辨测向算法的研究热潮。MUSIC 算法的基本思想是将任意阵列输出数据的协方差矩阵进行特征分解,从而得到与信号分量相对应的信号子空间和与之正交的噪声子空间,然后利用这两个子空间的正交性构造尖锐的"空间谱峰",通过谱峰搜索获得入射信号到达角的估计值,MUSIC

算法具有超"瑞利限"特性,所以又被称作超分辨测向方法。MUSIC 算法不要求天线特殊的几何性能,只要知道阵元的位置及其方向图即可,这一灵活性意味着该算法可用于各种天线阵列,MUSIC 算法能对多个同时到达的信号进行测向,在各个领域得到了广泛的应用。

正是由于 MUSIC 算法具有很高的分辨力、估计精度及稳定性,从而吸引了大量的学者对其进行深入的研究和分析,并在 MUSIC 算法的基础上提出了一系列改进 MUSIC 算法,包括加权 MUSIC 算法、求根 MUSIC(Root-MUSIC)算法、波束空间的 MUSIC 算法、多维 MUSIC 算法等,这些算法都是在 MUSIC 算法的基础上发展起来的,都以经典 MUSIC 算法为基础,下面简单介绍一下 MUSIC 算法的基本原理和几种典型的阵列结构,并对本课题研究中涉及的几个基本概念进行简要介绍。

### 6.1.2 估计算法的理论基础

**1. 特征值及特征矢量**

令 $A \in C^{n \times n}$, $v \in C^n$,若标量 $\lambda$ 和非零矢量 $v$ 满足方程

$$Av = \lambda v \ (v \neq 0) \tag{6.1}$$

则称 $\lambda$ 是矩阵 $A$ 的特征值,$v$ 是与 $\lambda$ 对应的特征矢量。特征值与特征矢量总是成对出现,称 $(\lambda, v)$ 为矩阵 $A$ 的特征对。特征值可能为零,但是特征矢量一定非零。

**2. 广义特征值与广义特征矢量**

令 $A \in C^{n \times n}$, $B \in C^{n \times n}$, $v \in C^n$,若标量 $\lambda$ 和非零矢量 $v$ 满足方程

$$Av = \lambda Bv \ (v \neq 0) \tag{6.2}$$

则称 $\lambda$ 是矩阵 $A$ 相对于矩阵 $B$ 的广义特征值,$v$ 是与 $\lambda$ 对应的广义特征矢量。如果矩阵 $B$ 非满秩,那么 $\lambda$ 就有可能取任意值(包括零)。

当矩阵 $B$ 为单位阵时,式(6.2)称为普通的特征值问题,因此式(6.2)可以看作是对普通特征值问题的推广。

**3. 矩阵的奇异值分解**

对于复矩阵 $A_{m \times n}$,称 $A^H A$ 的 $n$ 个特征根 $\lambda_i$ 的算数根 $\sigma_i = \sqrt{\lambda_i}$ ($i = 1, 2, \cdots, n$) 为 $A$ 的奇异值,上标 H 表示矩阵的共轭转置。若记 $\Sigma = \text{diag}(\sigma_1, \sigma_2, \cdots, \sigma_r)$,其中 $\sigma_1, \sigma_2, \cdots, \sigma_r$ 是 $A$ 的全部非零奇异值,则称 $m \times n$ 矩阵

$$S = \begin{bmatrix} \Sigma & 0 \\ 0 & 0 \end{bmatrix} = \begin{bmatrix} \sigma_1 & & & & & & \\ & \sigma_2 & & & & & \\ & & \sigma_r & & & & \\ & & & 0 & & & \\ & & & & \ddots & & \\ & & & & & 0 \end{bmatrix} \tag{6.3}$$

为 $A$ 的奇异值矩阵。

奇异值分解定理:对于 $m \times n$ 维矩阵 $A$,存在一个 $m \times m$ 维酉矩阵 $U$ 和一个 $n \times n$ 维酉矩阵 $V$,使得

$$A = USV^{\mathrm{H}} \tag{6.4}$$

**4. Vandermonde 矩阵**

定义具有以下形式的 $m \times n$ 维矩阵:

$$V(a_1, a_2, \cdots, a_n) = \begin{bmatrix} 1 & 1 & 1 & \cdots & 1 \\ a_1 & a_2 & a_3 & \cdots & a_n \\ a_1^2 & a_2^2 & a_3^2 & \cdots & a_n^2 \\ \vdots & \vdots & \vdots & & \vdots \\ a_1^{m-1} & a_2^{m-1} & a_3^{m-1} & \cdots & a_n^{m-1} \end{bmatrix} \tag{6.5}$$

为 Vandermonde 矩阵。Vandermonde 矩阵 $V(a_1, a_2, \cdots, a_n)$ 的转置也称为 Vandermonde 矩阵。如果 $a_i \neq a_j$,则 $V(a_1, a_2, \cdots, a_n)$ 是非奇异的。

**5. Toeplitz 矩阵**

定义一个有 $2n - 1$ 个元素的 $n$ 阶矩阵:

$$A = \begin{bmatrix} a_0 & a_{-1} & a_{-2} & \cdots & a_{-n+1} \\ a_1 & a_0 & a_{-1} & \cdots & a_{-n+2} \\ a_2 & a_1 & a_0 & \cdots & a_{-n+3} \\ \vdots & \vdots & \vdots & & \vdots \\ a_{n-1} & a_{n-2} & a_{n-3} & \cdots & a_0 \end{bmatrix} \tag{6.6}$$

为 Toeplitz 矩阵,简称 $T$ 矩阵。

$T$ 矩阵也可简记为

$$A = (a_{-j+i})^n \quad i, j \neq 0 \tag{6.7}$$

其中 $T$ 矩阵完全由第 1 行和第 1 列的 $2n - 1$ 个元素确定。

可见,Toeplitz 矩阵中位于任意一条平行于主对角线的直线上的元素全都是相等的,且关于副对角线对称。Toeplitz 矩阵是斜对称矩阵,一般不是对称矩阵。

**6. Hankel 矩阵**

定义具有以下形式的 $n + 1$ 阶矩阵:

$$H = \begin{bmatrix} a_0 & a_1 & a_2 & \cdots & a_n \\ a_1 & a_2 & a_3 & \cdots & a_{n+1} \\ a_2 & a_3 & a_4 & \cdots & a_{n+2} \\ \vdots & \vdots & \vdots & & \vdots \\ a_n & a_{n+1} & a_{n+2} & \cdots & a_{2n} \end{bmatrix} \tag{6.8}$$

为 Hankel 矩阵或正交对称矩阵(Ortho Symmetric Matrix)。

可见 Hankel 矩阵完全由其第 1 行和第 $n$ 列的 $2n + 1$ 个元素确定。其中沿着所

有垂直于主对角线的直线上的元素相同。

### 7. M-P 广义逆

对于任意矩阵 $A \in C^{m \times n}$，如果存在矩阵 $G \in C^{m \times n}$ 满足

$$\begin{cases} AGA = A \\ GAG = G \end{cases} \tag{6.9}$$

$$\begin{cases} (AG)^H = AG \\ (GA)^H = GA \end{cases} \tag{6.10}$$

则称 $G$ 为 $A$ 的 M-P 广义逆，记为 $A^+$。同时满足式(6.9)~式(6.10)中四个方程的广义可逆矩阵具有唯一性。部分满足上述四个方程的矩阵 $G$ 不唯一，每一种广义逆矩阵都包含着一类矩阵。

推论:若 $A \in C_n^{m \times n}$，则 $A^+ = (A^H A)^{-1} A^H$；若 $A \in C_m^{m \times n}$，则

$$A^+ = A^H (A^H A)^{-1} \tag{6.11}$$

式中: $C_r^{m \times n}$ 为秩是 $r$ 的复 $m \times n$ 矩阵的集合。

### 8. Kronecker 积

将 $p \times q$ 矩阵 $A = [a_{i,j}]$ 和 $m \times n$ 矩阵 $B = [b_{l,k}]$ 的 Kronecker 积记作 $A \otimes B$，它是一个 $pm \times qn$ 矩阵。矩阵 $A$ 和矩阵 $B$ 的 Kronecker 积可以定义为

$$A \otimes B = \begin{bmatrix} a_{11}B & a_{12}B & \cdots & a_{1q}B \\ a_{21}B & a_{22}B & \cdots & a_{2q}B \\ \vdots & \vdots & & \vdots \\ a_{p1}B & a_{p2}B & \cdots & a_{pq}B \end{bmatrix} \tag{6.12}$$

### 9. Hadamard 积

将 $m \times n$ 矩阵 $A = [a_{i,j}]$ 和 $m \times n$ 矩阵 $B = [b_{l,k}]$ 的 Hadamard 积记作 $A \odot B$，它仍然是一个 $m \times n$ 矩阵，则定义矩阵 $A$ 和矩阵 $B$ 的 Hadamard 积为

$$A \odot B = [a_{i,j} \cdot b_{i,j}] \tag{6.13}$$

通常 Hadamard 积也称 Schur 积。

## 6.1.3 MUSIC 算法基本原理

### 1. 信号模型

MUSIC 算法是针对多元天线阵列测向问题提出的，用含 $M$ 个阵元的阵列对 $K(K < M)$ 个目标信号进行测向，以均匀线阵为例，假设天线阵元在观测平面内是各向同性的，阵元的位置示意图如图 6.1 所示。

来自各远场信号源的辐射信号到达天线阵列时均可以看作是平面波，以第一个阵元为参考，相邻阵元间的距离为 $d$，若由第 $k$ 个辐射元辐射的信号到达阵元 1 的波前信号为 $S_k(t)$，则第 $i$ 个阵元接收的信号为

$$a_k S_k(t) \exp(-j\omega_0 (i-1) d\sin\theta_k / c) \tag{6.14}$$

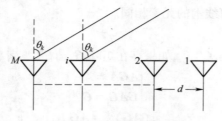

图 6.1 均匀线阵示意图

式中：$a_k$ 为阵元 $i$ 对第 $k$ 个信号源信号的响应，这里可取 $a_k = 1$，因为已假定各阵元在观察平面内是无方向性的；$\omega_0$ 为信号的中心频率；$c$ 为波的传播速度；$\theta_k$ 表示第 $k$ 个信号源的入射角度，是入射信号方向与天线法线的夹角。计及测量噪声（包括来自自由空间和接收机内部的）和所有信号源的来波信号，则第 $i$ 个阵元的输出信号为

$$x_i(t) = \sum_{k=1}^{K} a_k S_k(t) \exp(-\mathrm{j}\omega_0(i-1)d\sin\theta_k/c) + n_i(t) \tag{6.15}$$

式中：$n_i(t)$ 为噪声；$i$ 为该变量属于第 $i$ 个阵元；$k$ 为第 $k$ 个信号源。假定各阵元的噪声是均值为零的平稳白噪声过程，方差为 $\sigma^2$，并且噪声之间不相关，且与信号不相关。将式(6.15)写成矢量形式，则有

$$\boldsymbol{X}(t) = \boldsymbol{A}\boldsymbol{S}(t) + \boldsymbol{N}(t) \tag{6.16}$$

式中：$\boldsymbol{X}(t) = [x_1(t), x_2(t), \cdots, x_M(t)]^{\mathrm{T}}$ 为 $M$ 维的接收数据矢量；$\boldsymbol{S}(t) = [S_1(t), S_2(t), \cdots, S_K(t)]^{\mathrm{T}}$ 为 $K$ 维信号矢量；$\boldsymbol{A} = [\boldsymbol{a}(\theta_1), \boldsymbol{a}(\theta_2), \cdots, \boldsymbol{a}(\theta_K)]$ 为 $M \times K$ 维的阵列流形矩阵；$\boldsymbol{a}(\theta_k) = [1, \mathrm{e}^{-\mathrm{j}\omega_0\tau_k}, \mathrm{e}^{-\mathrm{j}\omega_0}, \cdots, \mathrm{e}^{-\mathrm{j}\omega_0(M-1)\tau_k}]^{\mathrm{T}}$ 为 $M$ 维的方向矢量，$\tau_k = d\sin\theta_k/c$；$\boldsymbol{N}(t) = [n_1(t), n_2(t), \cdots, n_M(t)]^{\mathrm{T}}$ 为 $M$ 维的噪声矢量。

**2. 算法原理**

由于各阵元的噪声互不相关，且也与信号不相关，因此接收数据 $\boldsymbol{X}(t)$ 的协方差矩阵为

$$\boldsymbol{R} = E\{\boldsymbol{X}(t)\boldsymbol{X}^{\mathrm{H}}(t)\} \tag{6.17}$$

其中，上标 H 表示共轭转置，即

$$\boldsymbol{R} = \boldsymbol{A}\boldsymbol{P}\boldsymbol{A}^{\mathrm{H}} + \sigma^2\boldsymbol{I} \tag{6.18}$$

$\boldsymbol{P}$ 为空间信号的协方差矩阵，即

$$\boldsymbol{P} = E\{\boldsymbol{S}(t)\boldsymbol{S}^{\mathrm{H}}(t)\} \tag{6.19}$$

由于假设空间各信号源不相干，并设阵元间隔小于信号的半波长 $\dfrac{\lambda}{2}$，即 $d \leqslant \lambda/2$，$\lambda = 2\pi c/\omega_0$，则矩阵 $\boldsymbol{A}$ 有如下形式：

$$\boldsymbol{A} = \begin{bmatrix} 1 & 1 & \cdots & 1 \\ \mathrm{e}^{-\mathrm{j}\frac{2\pi d}{\lambda}\sin\theta_1} & \mathrm{e}^{-\mathrm{j}\frac{2\pi d}{\lambda}\sin\theta_2} & \cdots & \mathrm{e}^{-\mathrm{j}\frac{2\pi d}{\lambda}\sin\theta_D} \\ \vdots & \vdots & \vdots & \vdots \\ \mathrm{e}^{-\mathrm{j}\frac{2\pi d}{\lambda}(M-1)\sin\theta_1} & \mathrm{e}^{-\mathrm{j}\frac{2\pi d}{\lambda}(M-1)\sin\theta_2} & \cdots & \mathrm{e}^{-\mathrm{j}\frac{2\pi d}{\lambda}(M-1)\sin\theta_D} \end{bmatrix}$$

$$\tag{6.20}$$

矩阵 $A$ 是范德蒙阵,只要 $\theta_i \neq \theta_j (i \neq j)$,它的列就相互独立。这样若 $P$ 为非奇异阵,则有

$$\text{rank}(APA^H) = K \tag{6.21}$$

由于 $P$ 是正定的,因此矩阵 $APA^H$ 的特征值为正,即共有 $K$ 个正的特征值。

在式(6.18)中 $\sigma^2 > 0$,而 $APA^H$ 的特征值为正,$R$ 为满秩阵,因此 $R$ 有 $M$ 个正特征值,按降序排列为 $\lambda_1 \geq \lambda_2 \geq \lambda_3 \geq \cdots \geq \lambda_M$,它们所对应的特征矢量为 $v_1$,$v_2, \cdots, v_M$,且各特征矢量是相互正交的,这些特征矢量构成 $M \times M$ 维空间的一组正交基。与信号有关的特征值有 $K$ 个,且 $K < M$,它们分别等于 $APA^H$ 的各特征值与 $\sigma^2$ 之和,而矩阵的其余 $M - K$ 个特征值为 $\sigma^2$,也就是说 $\sigma^2$ 为 $R$ 的最小特征值,它是 $M - K$ 重的。因此只要将天线各阵元输出数据的协方差矩阵进行特征值分解,找出最小特征值的个数 $n_E$,据此就可以求出信号源的个数 $K$,即有

$$K = M - n_E \tag{6.22}$$

同时求得的最小特征值就是噪声功率 $\sigma^2$,设已求得 $R$ 的最小特征值为 $\lambda_{\min}$,它是 $n_E$ 重的,对应着 $n_E$ 个相互正交的最小特征矢量,设为 $v_i (i = K + 1, K + 2, \cdots, M)$,则有

$$R v_i = \lambda_{\min} v_i \quad (i = K + 1, K + 2, \cdots, M) \tag{6.23}$$

代入式(6.18)得

$$APA^H v_i + (\sigma^2 - \lambda_{\min}) v_i = 0 \quad (i = K + 1, K + 2, \cdots, M) \tag{6.24}$$

由于 $\lambda_{\min} = \sigma^2$,所以

$$APA^H v_i = 0 \quad (i = K + 1, K + 2, \cdots, M) \tag{6.25}$$

由于矩阵 $A$ 是范德蒙阵,矩阵 $P$ 是正定阵,因此

$$A^H v_i = 0 \quad (i = K + 1, K + 2, \cdots, M) \tag{6.26}$$

式(6.26)表明 $R$ 的诸最小特征矢量与矩阵 $A$ 的各列正交。

由于 $R$ 的最小特征矢量仅与噪声有关,因此由这 $n_E$ 个特征矢量所张成的子空间称为噪声子空间,而与它正交的子空间,即由信号的方向矢量张成的子空间则是信号子空间。将矩阵 $R$ 所在的 $M \times M$ 维空间分解成两个完备的正交子空间,信号子空间和噪声子空间,形式上可以写成

$$\text{span}\{v_{K+1}, v_{K+2}, \cdots, v_M\} \perp \text{span}\{a(\theta_1), a(\theta_2), \cdots, a(\theta_K)\}$$

为了求出入射信号的方向,可以利用两个子空间的正交性,将诸最小特征矢量构造一个 $M \times (M - K)$ 维噪声特征矢量矩阵 $E_N$,即

$$E_N = [v_{K+1}, v_{K+2}, \cdots, v_M] \tag{6.27}$$

则在信号所在的方向 $\theta_k$ 上,显然有

$$E_N^H a(\theta_k) = 0 \tag{6.28}$$

式中:$0$ 为零矢量。

由于协方差矩阵 $R$ 是根据有限次观测数据估计得到的,对其进行特征分解时,最小特征值和重数 $n_E$ 的确定以及最小特征矢量的估计都是有误差的,当 $E_N$ 存在

偏差时,式(6.28)右边不是零矢量。这时,可取使得 $E_N^H a(\theta_k)$ 的 2-范数为最小值的 $\hat{\theta}_k$ 作第 $k$ 个信号源方向的估计值。连续改变 $\theta$ 值,进行谱峰搜索,由此得到 $K$ 个最小值所对应的 $\theta$ 就是 $K$ 个信号源的位置角度。通常做法是利用噪声子空间与信号子空间的正交性,构造如下空间谱函数:

$$P_{\text{MUSIC}}(\theta) = \frac{1}{a^H(\theta) \, E_N \, E_N^H a(\theta)} \tag{6.29}$$

谱函数最大值所对应的 $\theta$ 就是信号源方向的估计值。

为了更清楚起见,现把 MUSIC 算法计算步骤总结如下:

(1) 根据天线阵列中各阵元接收的数据 $x_i(n)$ 估计协方差矩阵 $\hat{R}$。

由阵列输出信号的采样值求协方差矩阵 $R$ 的估计 $\hat{R}$,设阵列输出信号矢量表示为 $X(n) = [x_1(n), x_2(n), \cdots, x_M(n)]^T$,每次采样叫做一个快拍,设一次估计所用的快拍数为 $L$,则共有 $L$ 个数据矢量 $X(n)$ $(n = 1, 2, \cdots, L)$,于是

$$\hat{R} = \frac{1}{L} \sum_{n=1}^{L} X(n) \, X^H(n) \tag{6.30}$$

(2) 对 $\hat{R}$ 进行特征值分解,获得特征值 $\lambda_i$ 和特征矢量 $v_i$ $(i = 1, 2, \cdots, M)$。

(3) 按照某种准则确定矩阵 $\hat{R}$ 最小特征值的数目 $n_E$,设这 $n_E$ 个最小特征值分别为 $\lambda_{K+1}, \lambda_{K+2}, \cdots, \lambda_M$,则

$$\sigma^2 = \frac{1}{n_E}(\lambda_{K+1} + \lambda_{K+2} + \cdots + \lambda_M) \tag{6.31}$$

与之对应的特征矢量为 $v_{K+1}, v_{K+2}, \cdots, v_M$,利用这些特征矢量构造噪声特征矢量矩阵 $E_N = [v_{K+1}, v_{K+2}, \cdots, v_M]$。

(4) 按照式(6.32)计算空间谱 $P_{\text{MUSIC}}(\theta)$,进行谱峰搜索,它的 $D$ 个极大值所对应的 $\theta$ 就是信号源的方向。

$$P_{\text{MUSIC}}(\theta) = \frac{1}{a^H(\theta) \, E_N \, E_N^H a(\theta)} \tag{6.32}$$

上述是经典 MUSIC 算法的基本原理,许多限制是可以放宽或取消的。首先,关于均匀线阵的限制不是必须的,实际中可采用几乎是任意形状的阵列形式,只要满足在 $D$ 个独立信号源的条件下,矩阵 $A$ 具有 $D$ 个线性无关的列向量就可以了。其次,天线阵元在观测平面内无方向性这一点也不是必要的,而且还可以考虑三维空间的 DOA 估计问题,即不仅估计信号的方位角,还可估计其俯仰角,当然 MUSIC 算法还可用于频率、方位和俯仰的联合估计。

### 6.1.4 典型阵列形式及阵列流形矩阵

实际工程中常用的阵列形式有均匀线阵、均匀圆阵、L 形阵和任意平面阵、立体阵,不同的阵列有各自的特点,不同阵列形式对应的计算量也略有差别,实际中要根据需要进行合理选择,均匀线阵在 MUSIC 算法基本原理中已做了介绍,下面

将主要介绍一下其他几种阵列形式和其阵列流形矩阵,其中均匀圆阵、L 形阵列和任意平面阵都可以看做任意立体阵的特殊形式,因此首先介绍任意立体阵的阵列流形矩阵。

**1. 任意立体阵及其阵列流形**

假设空间任意两阵元如图 6.2 所示,在以参考阵元为坐标原点的笛卡尔坐标系中,另一阵元 $C$ 的坐标为 $(x,y,z)$,$SO$ 为入射信号方向,入射方位角与俯仰角分别为 $\theta$、$\phi$,方位角表示入射信号的投影与 $x$ 轴的夹角,俯仰角表示入射信号与 $xOy$ 平面的夹角,设 $C$ 点在 $xOy$ 平面上的投影为 $B$,在 $B$ 点引入一个虚拟阵元,显然 $O$、$C$ 两阵元处的波程差等于 $O$、$B$ 两阵元处的波程差加上 $B$、$C$ 两阵元处的波程差。

经过简单的数学推导可得 $O$、$C$ 两阵元的波程差为

$$(x\cos\theta + y\sin\theta)\cos\phi + z\sin\phi \tag{6.33}$$

由 $O$、$C$ 两阵元处的波程差引入的传输时延为

$$\tau = \frac{1}{c}\big[(x\cos\theta + y\sin\theta)\cos\phi + z\sin\phi\big] \tag{6.34}$$

式中:$c$ 为光速,式(6.34)就是空间任意两阵元的传输时延。

设 $M$ 个全向阵元排列成空间任意形状,相互独立的远场空间信源 $S_j$($j = 1,2,\cdots,D$)以角度 $(\theta_j,\phi_j)$ 入射到阵列,以第一个阵元为参考,并以该参考阵元为原点建立坐标系,设其他阵元的坐标为 $(x_i,y_i,z_i)$($i = 2,3,\cdots,M$),则阵列流形矩阵可表示为

$$A(\boldsymbol{\theta},\boldsymbol{\phi}) = \big[\boldsymbol{a}(\theta_1,\phi_1),\boldsymbol{a}(\theta_2,\phi_2),\cdots,\boldsymbol{a}(\theta_D,\phi_D)\big] \tag{6.35}$$

$$\boldsymbol{a}(\theta_j,\phi_j) = \big[1,a_2(\theta_j,\phi_j),a_3(\theta_j,\phi_j),\cdots,a_M(\theta_j,\phi_j)\big]^T \tag{6.36}$$

式中:$a_i(\theta_j,\phi_j) = \mathrm{e}^{\mathrm{j}\omega\tau_{ij}(\theta_j,\phi_j)}$,$\tau_{ij}(\theta_j,\phi_j) = \dfrac{1}{c}\big[(x_i\cos\theta_j + y_i\sin\theta_j)\cos\phi_j + z_i\sin\phi_j\big]$ ($i = 1,2,\cdots,M;j = 1,2,\cdots,D$)。

**2. 均匀圆阵及其阵列流形**

如图 6.3 所示的 $M$ 元均匀圆阵,假设各个阵元均匀分布在半径为 $r$ 的圆周上,以均匀圆阵的圆心为坐标原点,以阵元 1 与圆心所在的直线为 $x$ 轴建立笛卡尔坐标系,以圆心为参考点,则第 $i$ 个阵元的坐标为

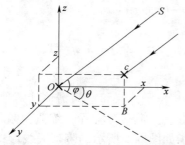

图 6.2　空间任意两阵元的位置示意图

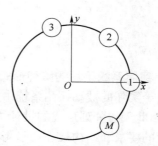

图 6.3　均匀圆阵示意图

$$x_i = r\cos(2\pi(i-1)/M)\ ,\ y_i = r\sin(2\pi(i-1)/M)\ ,\ z_i = 0 \qquad (6.37)$$

则第 $j$ 个信号源辐射的信号在参考点与第 $i$ 个阵元之间产生的波程差为

$$\tau_{ij} = \frac{1}{c}\big[\,(x_i\cos\theta_j + y_i\sin\theta_j)\cos\varphi_j + z\sin\varphi_j\,\big]$$

$$= \frac{1}{c}\big[\,(r\cos(2\pi(i-1)/M)\cos\theta_j + r\sin(2\pi(i-1)/M)\sin\theta_j)\cos\varphi_j\,\big] \qquad (6.38)$$

$$= \frac{r}{c}\cos(2\pi(i-1)/M - \theta_j)\cos\varphi_j$$

因此,阵列流形矩阵可表示为

$$A(\boldsymbol{\theta},\boldsymbol{\varphi}) = \big[\,a(\theta_1,\varphi_1),a(\theta_2,\varphi_2),\cdots,a(\theta_D,\varphi_D)\,\big] \qquad (6.39)$$

$$a(\theta_j,\varphi_j) = \big[\,a_1(\theta_j,\varphi_j),a_2(\theta_j,\varphi_j),\cdots,a_M(\theta_j,\varphi_j)\,\big]^{\mathrm{T}} \qquad (6.40)$$

式中: $a_i(\theta_j,\varphi_j) = \mathrm{e}^{\mathrm{j}\omega\tau_{ij}(\theta_j,\varphi_j)}$ , $\tau_{ij} = \dfrac{r}{c}\cos\left(\dfrac{2\pi(i-1)}{M} - \theta_j\right)\cos\varphi_j$ ( $i = 1,2,\cdots,M$ ; $j = 1,2,\cdots,D$ )。

### 3. L 形阵及其阵列流形

图 6.4 所示为 L 形天线阵列, $x$ 轴方向和 $y$ 轴方向上各有 $M$ 个阵元,选择第一个阵元作为参考,则 $x$ 轴和 $y$ 轴上第 $i$ 个阵元的坐标分别为 $(x_i,0,0)$、$(0,y_i,0)$,它们与阵元 1 的波程差分别为

$$\tau_{ij} = \frac{1}{c}(x_i\cos\theta_j\cos\varphi_j) \qquad (6.41)$$

$$\tau_{ij}' = \frac{1}{c}(y_i\sin\theta_j\cos\varphi_j) \qquad (6.42)$$

因此,将接收数据按照先 $x$ 轴上阵元接收的数据后 $y$ 轴上阵元接收的数据排列时,阵列流形矩阵 $A$ 可表示为

$$A(\boldsymbol{\theta},\boldsymbol{\varphi}) = \big[\,a(\theta_1,\varphi_1),a(\theta_2,\varphi_2),\cdots,a(\theta_D,\varphi_D)\,\big] \qquad (6.43)$$

$$a(\theta_j,\varphi_j) = \big[\,a_1(\theta_j,\varphi_j),a_2(\theta_j,\varphi_j),\cdots,a_M(\theta_j,\varphi_j),a_1'(\theta_j,\varphi_j),a_2'(\theta_j,\varphi_j),\cdots,a_M'(\theta_j,\varphi_j)\,\big]^{\mathrm{T}}$$

$$(6.44)$$

其中

$$a_i(\theta_j,\varphi_j) = \mathrm{e}^{\mathrm{j}\omega\tau_{ij}(\theta_j,\varphi_j)}\ ,\ \tau_{ij} = \frac{1}{c}(x_i\cos\theta_j\cos\varphi_j)$$

$$a_i'(\theta_j,\varphi_j) = \mathrm{e}^{\mathrm{j}\omega\tau_{ij}'(\theta_j,\varphi_j)}\ ,\ \tau_{ij}' = \frac{1}{c}(y_i\sin\theta_j\cos\varphi_j)\ (i = 1,2,\cdots,M;j = 1,2,\cdots,D)$$

### 4. 实际系统采用的阵列形式及阵列流形

由于实际的被动探测系统中采用了传统的相位干涉仪和空间谱估计两种测向方法,因此天线阵列形式的设计要兼顾这两种方法。根据对实际系统覆盖频段、测角范围的要求和结构尺寸的限制,系统中选用了如图 6.5 所示的阵列天线形式。

图 6.5 是阵元位置的平面示意图,阵元 2 与其他阵元不在同一个平面上,它高

出其他阵元 10mm，各个阵元坐标分别为(-10,50,0)、(-10,10,10)、(-10,-50，0)、(-50,10,0)、(-50,10,0)、(38,-35,0)，坐标单位为 mm。由于该天线阵列形状不规则，不具有圆对称性，因此其阵列流形矩阵形式与式(6.35)和式(6.36)表示的形式一致，仅需将各阵元坐标代入式(6.34)即可求出实际系统的阵列流形矩阵。

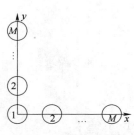

图 6.4　L形阵示意图

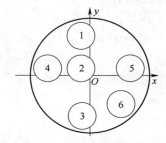

图 6.5　实际系统采用的阵列形式

### 6.1.5　与本章相关的几个概念

由于 MUSIC 算法的应用领域十分广泛，因此有必要对本课题的研究对象进行一下说明，本书主要研究的信号形式为远场、窄带、非相干两点源或多点源。

**1. 远场区**

一般情况下，电磁辐射场根据感应场和辐射场的不同区分为近场区和远场区，关于远场区和近场区的划分，许多文献给出了不同的定义，首先给出定义：

$$r_{\min} = \frac{D^2}{\lambda} \tag{6.45}$$

式中：$D$ 为辐射天线的口径；$\lambda$ 为辐射信号的波长。

文献[22,23]指出远场区的范围一般取 $r > 2r_{\min}$ 到无穷远处，也有文献指出远场区的范围一般为 $r > r_{\min}$ 的辐射场区，还有文献指出距离大于 3 倍或者 5 倍信号波长的区域即可看做远场区，这些定义形式各自不同，但是都应满足在远场区天线接收的辐射信号为相互平行的平面波。本书所有的测试均满足远场区定义的这个条件，且接收天线与辐射天线的距离大于 10 倍的信号波长。

**2. 窄带信号**

关于宽带信号和窄带信号，目前还没有文献给出准确的定义，宽带信号和窄带信号是相对而言的。一般而言，窄带信号是指信号中心频率远大于信号带宽的信号，若信号所占的带宽为 $B$，信号的中心频率为 $f_0$，则满足式(6.46)的信号记为窄带信号：

$$f_0 \gg B \tag{6.46}$$

一般取 $\frac{f_0}{B} > 10$。

**3. 非相干信号**

对于两个平稳信号 $s_i(t)$ 和 $s_j(t)$,定义这两个信号之间的相关系数为[103]

$$\rho_{ij} = \frac{E[s_i(t)s_j^*(t)]}{\sqrt{E[|s_i(t)|^2]E[|s_j(t)|^2]}} \tag{6.47}$$

两个信号之间的相关性定义如下:

(1) 如果 $\rho_{ij} = 0$,则信号 $s_i(t)$ 和 $s_j(t)$ 相互独立;

(2) 如果 $0 < |\rho_{ij}| < 1$,则信号 $s_i(t)$ 和 $s_j(t)$ 相关;

(3) 如果 $|\rho_{ij}| = 1$,则信号 $s_i(t)$ 和 $s_j(t)$ 相干。

本书所进行的所有测试对应的辐射信号如不作特别说明,都是指非相干的、远场、窄带信号。

# 6.2　二维 DOA 估计的快速算法

如前所述,为了将空间谱估计超分辨测向算法应用于被动探测系统中,需要解决的一个关键问题就是如何提高谱估计测向的速度,从而满足系统实时性要求。一方面可以从测向算法的每一步骤入手,简化算法来减小计算量,从而减少计算时间;另一方面可以采用高性能的数字信号处理芯片和多片并行的方法提高运算速度。本章主要研究第一种提高运算速度的方法,即研究算法的简化和优化,后一种方法将在下一章介绍。MUSIC 算法计算步骤中的协方差矩阵特征分解和谱峰搜索占用大量的运算时间,因此为了提高运算速度,主要围绕这两个步骤进行简化算法。

为了降低估计子空间的误差,往往要求样本数据足够多。显然,如果在小样本或快时变的信号环境中,由特征分解类方法获得的信号子空间和噪声子空间是不准确的。另一方面,样本协方差矩阵的特征值分解所需要的计算复杂度较高,尤其在阵元数较大的情况下,其计算量十分庞大,因此在一些实时性要求较高的应用场合,这种子空间分解类方法是不适用的。

为了快速准确地估计信号子空间和噪声子空间,将多级维纳滤波器技术应用到二维 DOA 估计中,通过多级维纳滤波器的前向递推获得信号子空间和噪声子空间的估计,从而有效降低常规算法特征分解的运算量,关于快速子空间估计的背景和现状已在绪论部分进行了详细的阐述,这里不再重复。由于实际系统中采用的六元天线阵列是排列不规则的立体阵,不具备对称性,并且需要估计辐射源的方位和俯仰二维角,因此无法利用均匀圆阵方向矢量共轭对称的特点简化计算的方法,也不能利用偶数个阵元的均匀圆阵经过预处理将复数方向矢量转化为实数方向矢量减小计算量的方法。本节将结合实际应用研究优化谱峰搜索的方法,来减小谱峰搜索的计算量,提高角度估计的速度,提出了精粗搜索相结合的适用于任意阵列形式的谱峰搜索简化算法,在保证算法性能的基础上大大降低了运算时间,提高了

DOA 估计的速度。

### 6.2.1 多级维纳滤波器原理

**1. 维纳滤波器**

维纳滤波器是最小均方误差准则下从观测数据中获得期望信号的最佳滤波器,其典型结构如图 6.6 所示。

对于 $M$ 维的观测矢量 $\boldsymbol{X}_0(k)$ 和一维的参考信号 $d_0(k)$,维纳滤波器的目的是使得从观测数据得到的估计值 $\hat{d}_0(k)$ 与参考信号 $d_0(k)$ 之间的均方误差最小,从图 6.6 可以看出,参考信号的估计误差为

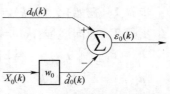

图 6.6 典型维纳滤波器结构

$$\varepsilon_0(k) = d_0(k) - \hat{d}_0(k) = d_0(k) - \boldsymbol{w}_0^{\mathrm{H}} \boldsymbol{X}_0(k) \tag{6.48}$$

因此,估计的均方误差为

$$\mathrm{MSE}_0 = E\{|\varepsilon_0(k)|^2\} = \sigma_{d_0}^2 - \boldsymbol{w}_0^{\mathrm{H}} \boldsymbol{r}_{x_0 d_0} - \boldsymbol{r}_{x_0 d_0}^{\mathrm{H}} \boldsymbol{w}_0 + \boldsymbol{w}_0^{\mathrm{H}} \boldsymbol{R}_{x_0} \boldsymbol{w}_0 \tag{6.49}$$

式中:$\boldsymbol{R}_{x_0} = E[\boldsymbol{X}_0(k)\boldsymbol{X}_0^{\mathrm{H}}(k)]$ 为观测数据的协方差矩阵;$\boldsymbol{r}_{x_0 d_0} = E[\boldsymbol{X}_0(k)d_0^*(k)]$ 为观测数据与参考信号的互相关矢量;$\sigma_{d_0}^2 = E[|d_0(k)|^2]$。对式(6.49)求 $\boldsymbol{w}_0$ 的偏导并令其等于零,可得维纳滤波器为

$$\boldsymbol{w}_0 = \boldsymbol{R}_{x_0}^{-1} \boldsymbol{r}_{x_0 d_0} \tag{6.50}$$

**2. 多级维纳滤波器**

可以看出,如果想从式(6.50)直接求得维纳滤波器的滤波系数 $\boldsymbol{w}_0$,需要求观测数据协方差 $\boldsymbol{R}_{x_0}$ 的逆,它的运算量与观测数据的维数有关。因此,如果能把观测数据变换成比较低维的数据进行处理,并且不影响滤波器的性能,则可以提高算法的处理速度,实际上这就是多级维纳滤波器降维处理的基本原理。

多级维纳滤波器的主要思想是:对观测信号进行多次正交投影分解,每次分解得到两个子空间,一个子空间平行于参考信号与上一次观测信号的互相关矢量,另一个正交于这个子空间,然后对垂直于互相关矢量的子空间用同样的方法再次进行分解。图 6.7 给出的是一个 $M=4$ 的多级维纳滤波器正交分解的结构示意图。

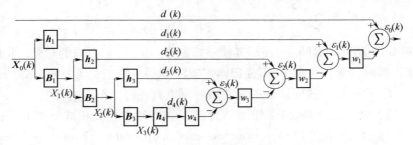

图 6.7 $M=4$ 的多级维纳滤波器结构

图 6.7 中，$X_0(k)$ 为 $M$ 维观测数据矢量，$d_0(k)$ 为参考信号，也称为期望信号，$h_i(i = 1,2,3,4)$ 为 $M$ 维的矢量维纳滤波器，$B_i(i = 1,2,3)$ 为阻塞矩阵。多级维纳滤波器具有运算量小、收敛速度快等突出优点。级数为 $M$ 的满秩多级维纳滤波器算法的递推公式如下：

步骤 1　初始化：$d_0(k) = x_1(k)$ 和 $X_0(k) = X(k)$。

步骤 2　前向递推：For $i = 1,2,\cdots,M$

$$h_i = r_{X_i d_i} / \parallel r_{X_i d_i} \parallel_2 = E[d_{i-1}^*(k) X_{i-1}(k)] / \parallel E[d_{i-1}^*(k) X_{i-1}(k)] \parallel_2$$

$$d_i(k) = h_i^H X_{i-1}(k)$$

$$B_i = \text{null}\{h_i\}$$

$$X_i(k) = B_i^H X_{i-1}(k)$$

步骤 3　后向递推：$\varepsilon_M(k) = d_M(k)$，For $i = M, M-1, \cdots, 1$

$$w_i = E[d_{i-1}^*(k) \varepsilon_i(k)] / E[|\varepsilon_i(k)|^2]$$

$$\varepsilon_{i-1}(k) = d_{i-1}(k) - w_i^* \varepsilon_i(k)$$

其中，$d_0(k)$ 是期望信号的波形或训练信号，在通信信号处理中，$d_0(k)$ 通常选择为某一已知用户的信号或者训练信号，而在雷达信号处理中选取 $d_0(k)$ 为

$$d_0(k) = \frac{1}{M} \sum_{i=1}^{M} x_i(k) \tag{6.51}$$

或

$$d_0(k) = x_1(k) \tag{6.52}$$

式中：$x_i(k)$（$i = 1,2,\cdots,M$）表示第 $i$ 个阵元的接收数据。

选择不同的参考信号 $d_0(k)$，对估计结果的性能有一定的影响，这是因为对观测数据信息利用的多少不同，比较式（6.51）和式（6.52），显然式（6.51）利用的观测数据的信息更多，因此其估计性能更好。

多级维纳滤波器可以分解为两个滤波器组：分解滤波器组与合成滤波器组。每一级的匹配滤波器均是前一级期望信号和观测数据的互相关函数的归一化矢量，即

$$h_i = \frac{r_{X_{i-1}d_{i-1}}}{\sqrt{r_{X_{i-1}d_{i-1}}^H r_{X_{i-1}d_{i-1}}}} = \frac{E[d_{i-1}^*(k) X_{i-1}(k)]}{\parallel E[d_{i-1}^*(k) X_{i-1}(k)] \parallel_2} \tag{6.53}$$

选择阻塞矩阵 $B_i = \text{null}\{h_i\}$，使得其能够抑制来自 $r_{X_{i-1}d_{i-1}}$ 方向的信号，即 $B_i h_i = 0$。阻塞矩阵的选择方法很多，但使得匹配滤波器是单位正交的阻塞矩阵的最佳选择为 $B_i = I_M - h_i h_i^H$，这样选择的阻塞矩阵可以有效降低前向递推的计算量，具有更好的降秩性能，由此构造的多级维纳滤波器称为基于相关相减结构的多级维纳滤波器，简称 CSA – MSWF(Correlation Subtraction Algorithm – Multistage Wiener Filter)，其实现框图如图 6.8 所示。

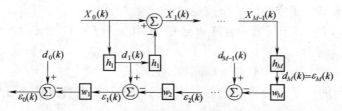

图 6.8　基于相关相减算法的多级维纳滤波器实现框图

### 3. 利用多级维纳滤波器估计特征子空间

为了减小特征分解类方法估计噪声子空间和信号子空间的运算量,可以采用多级维纳滤波器的多级分解从接收数据中快速估计出信号子空间和噪声子空间,文献[49]已经证明按照式(6.52)选取的参考信号 $d_0(k)$,有如下的定理成立。

**定理 6.2.1**　若阵列天线接收到 $D$ 个窄带信号,并令多级维纳滤波器的参考信号为

$$d_0(k) = x_1(k) = \boldsymbol{e}_1^{\mathrm{T}} \boldsymbol{X}(k) \tag{6.54}$$

其中 $\boldsymbol{e}_1 = [1, 0, \cdots, 0]^{\mathrm{T}}$,则信号子空间和噪声子空间可以分别估计如下:

$$S^{(D)} = \mathrm{span}\{\boldsymbol{h}_1, \boldsymbol{h}_2, \cdots, \boldsymbol{h}_D\} \tag{6.55}$$

$$N^{(M-D)} = \mathrm{span}\{\boldsymbol{h}_{D+1}, \boldsymbol{h}_{D+2}, \cdots, \boldsymbol{h}_M\} \tag{6.56}$$

式中: $S^{(D)}$ 和 $N^{(M-D)}$ 分别表示 $D$ 维的信号子空间和 $(M-D)$ 维的噪声子空间, $D$ 是信源数; $\boldsymbol{h}_1, \boldsymbol{h}_2, \boldsymbol{h}_D, \boldsymbol{h}_{D+1}, \boldsymbol{h}_{D+2}, \cdots, \boldsymbol{h}_M$ 是多级维纳滤波器前向递推的匹配滤波器。

由定理 6.2.1 可知,选择合适的参考信号,利用多级维纳滤波器的 $M$ 级前向递推,就可以获得观测数据协方差矩阵的信号子空间和噪声子空间。因此,定理 6.2.1 给出了一种替代特征值分解获得特征子空间的方法。当按照式(6.51)选择参考信号时,同样有类似的结论成立,下面给出该定理的内容,并给出具体的证明过程。

**定理 6.2.2**　若阵列天线接收到 $D$ 个窄带信号,并令多级维纳滤波器的参考信号为

$$d_0(k) = \frac{1}{M} \sum_{i=1}^{M} x_i(k) \tag{6.57}$$

则信号子空间和噪声子空间可以分别估计如下:

$$S^{(D)} = \mathrm{span}\{\boldsymbol{h}_1, \boldsymbol{h}_2, \cdots, \boldsymbol{h}_D\} \tag{6.58}$$

$$N^{(M-D)} = \mathrm{span}\{\boldsymbol{h}_{D+1}, \boldsymbol{h}_{D+2}, \cdots, \boldsymbol{h}_M\} \tag{6.59}$$

式中: $S^{(D)}$ 和 $N^{(M-D)}$ 分别表示 $D$ 维的信号子空间和 $(M-D)$ 维的噪声子空间, $D$ 是信源数; $\boldsymbol{h}_1, \boldsymbol{h}_2, \boldsymbol{h}_D, \boldsymbol{h}_{D+1}, \boldsymbol{h}_{D+2}, \cdots, \boldsymbol{h}_M$ 是多级维纳滤波器前向递推的匹配滤波器。

在给出定理 6.2.2 的证明前,先介绍一下证明过程中将要用到的 Krylov 子空

间的定义和 Krylov 子空间的一个重要性质。

**定义 6.2.1** 对于任意的方阵 $\boldsymbol{A} \in \mathbf{C}^{N \times N}$ 和矢量 $\boldsymbol{f} \in \mathbf{C}^{N \times 1}$,由 $\boldsymbol{A}$ 和 $\boldsymbol{f}$ 确定的 $m$ 维 Krylov 子空间为

$$\boldsymbol{k}^m(\boldsymbol{A},\boldsymbol{f}) = \mathrm{span}\{\boldsymbol{f},\boldsymbol{A}\boldsymbol{f},\boldsymbol{A}^2\boldsymbol{f},\cdots,\boldsymbol{A}^{m-1}\boldsymbol{f}\} \tag{6.60}$$

Krylov 子空间的一个十分重要的性质是移不变性[9],即对于任意标量 $\rho$,有下式成立:

$$\boldsymbol{k}^m(\boldsymbol{A},\boldsymbol{f}) = \boldsymbol{k}^m(\boldsymbol{A} - \rho\boldsymbol{I}_N,\boldsymbol{f}) \tag{6.61}$$

式中:$\boldsymbol{I}_N$ 为 $N \times N$ 阶的单位阵。

**证明:**由多级维纳滤波器的递推公式:

$$\boldsymbol{h}_1 = E[\boldsymbol{X}_0(k)d_0^*(k)]/E[\boldsymbol{X}_0(k)d_0^*(k)] = \boldsymbol{X}_0 d_0^* / \parallel \boldsymbol{X}_0 d_0^* \parallel_2 \tag{6.62}$$

$$\boldsymbol{h}_{i+1} = \frac{\boldsymbol{B}_i \boldsymbol{R}_{i-1} \boldsymbol{h}_i}{\parallel \boldsymbol{B}_i \boldsymbol{R}_{i-1} \boldsymbol{h}_i \parallel_2} = \frac{(\boldsymbol{I}_M - \boldsymbol{h}_i \boldsymbol{h}_i^{\mathrm{H}}) \boldsymbol{R}_{i-1} \boldsymbol{h}_i}{\parallel (\boldsymbol{I}_M - \boldsymbol{h}_i \boldsymbol{h}_i^{\mathrm{H}}) \boldsymbol{R}_{i-1} \boldsymbol{h}_i \parallel_2} \tag{6.63}$$

显然有下式成立:

$$\boldsymbol{h}_i^{\mathrm{H}} \boldsymbol{h}_{i+1} = \frac{\boldsymbol{h}_i^{\mathrm{H}}(\boldsymbol{I}_M - \boldsymbol{h}_i \boldsymbol{h}_i^{\mathrm{H}}) \boldsymbol{R}_{i-1} \boldsymbol{h}_i}{\parallel (\boldsymbol{I}_M - \boldsymbol{h}_i \boldsymbol{h}_i^{\mathrm{H}}) \boldsymbol{R}_{i-1} \boldsymbol{h}_i \parallel_2} = \frac{\boldsymbol{h}_i^{\mathrm{H}} \boldsymbol{R}_{i-1} \boldsymbol{h}_i - \boldsymbol{h}_i^{\mathrm{H}} \boldsymbol{h}_i \boldsymbol{h}_i^{\mathrm{H}} \boldsymbol{R}_{i-1} \boldsymbol{h}_i}{\parallel (\boldsymbol{I}_M - \boldsymbol{h}_i \boldsymbol{h}_i^{\mathrm{H}}) \boldsymbol{R}_{i-1} \boldsymbol{h}_i \parallel_2} = 0$$
$$\tag{6.64}$$

上式的化简过程中利用了 $\boldsymbol{h}_i$ 为单位矢量这一特点,即

$$\boldsymbol{h}_i^{\mathrm{H}} \boldsymbol{h}_i = 1 \tag{6.65}$$

式(6.64)说明相邻两级的匹配滤波器是相互正交的,容易证明所有的匹配滤波器 $\boldsymbol{h}_1,\boldsymbol{h}_2,\boldsymbol{h}_D,\boldsymbol{h}_{D+1},\boldsymbol{h}_{D+2},\cdots,\boldsymbol{h}_M$ 均是相互正交的,且级数为 $D$ 的降维多级维纳滤波器相当于 Wiener – Hopf 方程在由 $\boldsymbol{R}_{X_0}$ 和 $\boldsymbol{r}_{X_0 d_0}$ 确定的 $D$ 维 Krylov 子空间的解,因此有如下的公式成立:

$$\mathrm{span}\{\boldsymbol{h}_1,\boldsymbol{h}_2,\cdots,\boldsymbol{h}_D\} = \mathrm{span}\{\boldsymbol{r}_{X_0 d_0},\boldsymbol{R}_{X_0},\boldsymbol{r}_{X_0 d_0},\cdots,\boldsymbol{R}_{X_0}^{D-1} \boldsymbol{r}_{X_0 d_0}\} \tag{6.66}$$

根据 Krylov 子空间的移不变性可得

$$\boldsymbol{k}^D(\boldsymbol{R}_{X_0},\boldsymbol{r}_{X_0 d_0}) = \boldsymbol{k}^D(\boldsymbol{R}_{X_0} - \sigma^2 \boldsymbol{I}_N, \boldsymbol{r}_{X_0 d_0}) = \boldsymbol{k}^D(\boldsymbol{R}_0,\boldsymbol{r}_{X_0 d_0}) \tag{6.67}$$

式中:$\boldsymbol{R}_0 = \boldsymbol{R}_{X_0} - \sigma^2 \boldsymbol{I} = \boldsymbol{A}(\theta) \boldsymbol{R}_S \boldsymbol{A}^{\mathrm{H}}(\theta)$ 是无噪声条件下的阵列协方差矩阵。因此由式(6.67)可得

$$\mathrm{span}\{\boldsymbol{h}_1,\boldsymbol{h}_2,\cdots,\boldsymbol{h}_D\} = \mathrm{span}\{\boldsymbol{r}_{X_0 d_0},\boldsymbol{R}_0 \boldsymbol{r}_{X_0 d_0},\boldsymbol{R}_0^2 \boldsymbol{r}_{x_0 d_0},\cdots,\boldsymbol{R}_0^{D-1} \boldsymbol{r}_{X_0 d_0}\} \tag{6.68}$$

所以,必然存在一个可逆矩阵 $\boldsymbol{T} \in \mathbf{C}^{D \times D}$,使得

$$[\boldsymbol{h}_1,\boldsymbol{h}_2,\cdots,\boldsymbol{h}_D] = [\boldsymbol{r}_{X_0 d_0},\boldsymbol{R}_0 \boldsymbol{r}_{X_0 d_0},\boldsymbol{R}_0^2 \boldsymbol{r}_{x_0 d_0},\cdots, \boldsymbol{R}_0^{D-1} \boldsymbol{r}_{X_0 d_0}]\boldsymbol{T} \tag{6.69}$$

将级数为 $M$ 的满秩多级维纳滤波器中的匹配滤波器 $\boldsymbol{h}_1,\boldsymbol{h}_2,\cdots,\boldsymbol{h}_M$ 分成两组,分别记为 $\boldsymbol{H}_S = [\boldsymbol{h}_1,\boldsymbol{h}_2,\cdots,\boldsymbol{h}_D]$ 和 $\boldsymbol{H}_N = [\boldsymbol{h}_{D+1},\boldsymbol{h}_{D+2},\cdots,\boldsymbol{h}_M]$,其中 $D$ 为信源个数,$M$ 为阵列中阵元个数。同时,把接收数据 $\boldsymbol{X}_0(k)$ 的协方差矩阵 $\boldsymbol{R}_{X_0}$ 特征分解后得到的特征值和特征矢量也分成两组,分别记为 $\boldsymbol{\Lambda}_S$、$\boldsymbol{\Lambda}_N$ 和 $\boldsymbol{U}_S$、$\boldsymbol{U}_N$,其中 $\boldsymbol{\Lambda}_S = \mathrm{diag}[\lambda_1,\lambda_2,\cdots,\lambda_D]$,$\boldsymbol{\Lambda}_N = \mathrm{diag}[\lambda_{D+1},\lambda_{D+2},\cdots,\lambda_M] = \sigma^2 \boldsymbol{I}_{M-D}$,$\boldsymbol{U}_S = [\boldsymbol{u}_1,$

$u_2, \cdots, u_D]$，$U_N = [u_{D+1}, u_{D+2}, \cdots, u_M]$，则

$$R_0 = R_{X_0} - \sigma^2 I = U_S \Lambda_S U_S^H - \sigma^2 U_S U_S^H = U_S \hat{\Lambda}_S U_S^H \tag{6.70}$$

式中：$\hat{\Lambda}_S = \Lambda_S - \sigma^2 I_D$。根据式(6.70)可得

$$R_0^k = U_S \hat{\Lambda}_S^k U_S^H \quad (k = 1, 2, \cdots, D-1) \tag{6.71}$$

把式(6.71)代入式(6.69)得

$$\begin{aligned}
[h_1, h_2, \cdots, h_D] &= [r_{X_0 d_0}, R_0 r_{X_0 d_0}, R_0^2 r_{X_0 d_0}, \cdots, R_0^{D-1} r_{X_0 d_0}] T \\
&= [U_S U_S^H r_{X_0 d_0}, U_S \hat{\Lambda}_S U_S^H r_{X_0 d_0}, U_S \hat{\Lambda}_S^2 U_S^H r_{X_0 d_0}, \cdots, U_S \hat{\Lambda}_S^{D-1} U_S^H r_{X_0 d_0}] T \\
&= U_S [U_S^H r_{X_0 d_0}, \hat{\Lambda}_S U_S^H r_{X_0 d_0}, U_S \hat{\Lambda}_S^2 U_S^H r_{X_0 d_0}, \cdots, \hat{\Lambda}_S^{D-1} U_S^H r_{X_0 d_0}] T \\
&= U_S Q T \tag{6.72}
\end{aligned}$$

式中：$Q = [U_S^H r_{X_0 d_0}, \hat{\Lambda}_S U_S^H r_{X_0 d_0}, U_S \hat{\Lambda}_S^2 U_S^H r_{X_0 d_0}, \cdots, \hat{\Lambda}_S^{D-1} U_S^H r_{X_0 d_0}]$。由于按照式(6.57)选择 $d_0(k)$，因此

$$\begin{aligned}
r_{X_0 d_0} &= E[d_0^*(k) X_0(k)] \\
&= E\left[\sum_{i=1}^M x_i^*(k) X_0(k)/M\right] \\
&= \frac{1}{M} \sum_{i=1}^M X_0 x_i^* \\
&= \frac{1}{M} R_{X_0} \mathbf{1} \tag{6.73}
\end{aligned}$$

其中矢量 $\mathbf{1}$ 为 $M$ 维全 1 列矢量，即

$$\mathbf{1} = [1, 1, \cdots, 1]^T \tag{6.74}$$

对于任意的信号特征矢量 $u_i$（$i = 1, 2, \cdots, D$），有

$$\begin{aligned}
u_i^H r_{X_0 d_0} &= \frac{1}{M} u_i^H (U_S \Lambda_S U_S^H + U_N \Lambda_N U_N^H) \mathbf{1} \\
&= \frac{1}{M} \lambda_i u_i^H \mathbf{1} \neq 0 \tag{6.75}
\end{aligned}$$

因此所有的信号特征矢量与 $r_{X_0 d_0}$ 都不正交，则矢量 $U_S^H r_{X_0 d_0}$ 中没有零元素，$\hat{\Lambda}_S$ 为对角阵，从而不难证明矢量 $U_S^H r_{X_0 d_0}$，$\hat{\Lambda}_S U_S^H r_{X_0 d_0}$，$\hat{\Lambda}_S^2 U_S^H r_{x_0 d_0}$，$\cdots$，$\hat{\Lambda}_S^{D-1} U_S^H r_{X_0 d_0}$ 之间是线性无关的，所以矩阵 $Q$ 是满秩的。而矩阵 $T$ 也是满秩矩阵，所以由式(6.72)可得

$$\mathrm{span}\{h_1, h_2, \cdots, h_D\} = \mathrm{span}\{u_1, u_2, \cdots, u_D\} \tag{6.76}$$

匹配滤波器 $h_1, h_2, \cdots, h_M$ 均是相互正交的，前 $D$ 个匹配滤波器 $[h_1, h_2, \cdots, h_D]$ 张成信号子空间，因此 $[h_{D+1}, h_{D+2}, \cdots, h_M]$ 张成信号子空间的补空间，所以有

$$\mathrm{span}\{u_{D+1}, u_{D+2}, \cdots, u_M\} = \mathrm{span}\{h_{D+1}, h_{D+2}, \cdots, h_M\} \tag{6.77}$$

到此，定理 6.2.2 的证明完毕。

由于每级的匹配滤波器 $h_i$，最大化相邻级期望信号的相关性，而阻塞矩阵

$B_i = I_M - h_i h_i^H$ 使得相隔各级的期望信号不相关,所以经过预滤波的阵列协方差矩阵是三对角矩阵,可表示为如下形式:

$$E[d(k) d^H(k)] = \begin{bmatrix} \sigma_{d_1}^2 & \delta_2^* & & & \\ \delta_2 & \sigma_{d_2}^2 & \delta_3^* & & \\ & \delta_3 & \sigma_{d_3}^2 & \ddots & \\ & & \ddots & \ddots & \delta_M^* \\ & & & \delta_M & \sigma_{d_M}^2 \end{bmatrix} = \hat{B}_{M \times M} \quad (6.78)$$

式中: $\sigma_{d_i}^2 = E[|d_i|^2](i = 1, 2, \cdots, M)$ 和 $\delta_{i+1} = E[d_{i+1}(k)d_i^*(k)]$ 分别是各级期望信号的方差和相邻级期望信号的协方差。

在没有估计到阵列协方差矩阵及其特征值的条件下,估计信源个数的 AIC 和 MDL 准则的似然函数由下式给出:

$$L(\hat{\sigma}_{d_{D+1}}^2, \hat{\sigma}_{d_{D+2}}^2, \cdots, \hat{\sigma}_{d_M}^2) = \frac{1}{M-D} \sum_{i=D+1}^{M} \hat{\sigma}_{d_i}^2 / \left( \prod_{i=D+1}^{M} \hat{\sigma}_{d_i}^2 \right)^{\frac{1}{M-D}} \quad (6.79)$$

而且下面的极限当 $N \to \infty$ 时依概率 1 成立:

$$L(\hat{\sigma}_{d_{D+1}}^2, \hat{\sigma}_{d_{D+2}}^2, \cdots, \hat{\sigma}_{d_M}^2) \to L(\lambda_{D+1}, \lambda_{D+2}, \cdots, \lambda_M)$$

式中: $\hat{\sigma}_{d_i}^2(i = D + 1, D + 2, \cdots, M)$ 是矩阵 $\hat{B}_{M \times M}$ 的第 $i$ 个主对角线元素; $\hat{B}_{M \times M}$ 是 $B_{M \times M}$ 的估计; $\lambda_i(i = D + 1, D + 2, \cdots, M)$ 是阵列接收数据协方差矩阵的特征值[49]。因此,也可以根据 $\sigma_{d_i}^2$ 利用第 3 章提出的基于对角加载技术的信息论准则估计色噪声背景下的信源数,此时仅需要对式(6.79)中的 $\sigma_{d_i}^2$ ( $i = D + 1, D + 2, \cdots,$ $M$ )进行对角加载。显然,如果精确地估计出信源数之后,则噪声功率由下式容易求得:

$$\hat{\sigma}_n^2 = \frac{1}{M-D} \sum_{i=D+1}^{M} \hat{\lambda}_i = \frac{1}{M-D} \sum_{i=D+1}^{M} \hat{\sigma}_{d_i}^2 \quad (6.80)$$

式(6.80)表明,多级维纳滤波器第 $D$ 级以后各级期望信号的方差和接收数据协方差矩阵的小特征值一样,都分布在噪声方差 $\sigma_n^2$ 附近。

**4. 基于多级维纳滤波器的 MUSIC 算法**

根据前面的分析可知,利用多级维纳滤波器前向递推获得的匹配滤波器,可以代替常规 MUSIC 算法中的特征分解获得信号子空间和噪声子空间,并且有效地降低算法的运算量,因此多级维纳滤波器可以代替所有子空间类方法中的特征分解从接收数据中获得特征子空间,这里将基于多级维纳滤波器的 MUSIC 算法(以方位角和仰角二维角估计为例)的计算步骤总结如下:

(1) 利用接收数据选择参考信号 $d_0(k) = \sum_{i=1}^{M} x_i(k)/M$ ;

(2) 根据多级维纳滤波器的递推公式计算前向匹配滤波器 $h_1, h_2, \cdots, h_M$ 和阻

404

塞矩阵 $B_1, B_2, \cdots, B_M$，计算各级期望信号 $d_1(k), d_2(k), \cdots, d_M(k)$；

（3）计算各级期望信号的方差 $\sigma_{d_i}^2 = E[|d_i|^2]$ $(i = D+1, D+2, \cdots, M)$，利用 $\sigma_{d_i}^2$ 根据加载后的方差值利用信息论准则估计信源个数 $D$；

（4）利用估计的噪声子空间 $H_N = [h_{D+1}, h_{D+2}, \cdots, h_M]$，构造空间谱函数 $P_{\text{MUSIC}}(\theta, \varphi)$，设定搜索步长进行谱峰搜索，得到信号的二维到达角

$$P_{\text{MUSIC}}(\theta, \varphi) = \frac{1}{a^{\text{H}}(\theta, \varphi) H_N H_N{}^{\text{H}} a(\theta, \varphi)} \tag{6.81}$$

将这种基于多级维纳滤波器子空间快速分解与 MUSIC 相结合的测向方法称为 MSWF - MUSIC 算法。

## 6.2.2　运算量比较

综上可以看出，对于含有 $M$ 个阵元的阵列接收数据，利用多级维纳滤波器的 $M$ 步前向递推就可以实现信号子空间的估计、噪声子空间的估计、信源数的确定以及噪声方差的估计。当选择的阻塞矩阵满足 $B_i = I_M - h_i h_i^{\text{H}}$ 时，则可以构造基于相关相减结构的格形多级维纳滤波器，这样可以避开阻塞矩阵的求解，从而进一步减小算法的运算量，而且涉及的所有运算均是复矢量相乘运算，因而在单个快拍的情况下，每一级匹配滤波器所需要的运算量是 $O(M)$，所以完成 MSWF 的前向递推所需的运算量是 $O(M^2 D)$。这仅仅等效于计算样本协方差矩阵所需的计算复杂度。而常规 MUSIC 算法采用的特征分解方法需要估计维数为 $M$ 的样本协方差矩阵并对其进行特征值分解，所要求的运算量为 $O(M^2 D) + O(M^3)$。当在阵元数较多的情况下，该方法的运算量比常规子空间分解方法要小得多。上述仅仅是从运算量的角度分析了基于多级维纳滤波器估计特征子空间的优越性，而实际硬件系统中由 DSP 实现协方差矩阵的特征分解是经过迭代将非对角线元素零化的过程，因此算法的运算时间还与设定的精度、接收数据以及所用 DSP 的寄存器数量等有关，当接收数据受到干扰时，由于算法无法达到设定的精度，甚至可以导致程序陷入死循环。

## 6.3　MUSIC 算法谱峰搜索的快速实现方法

对于经典 MUSIC 算法而言，接收数据协方差矩阵的估计及其特征分解具有较大的运算量，占用较多的运算时间，除此之外谱峰搜索的运算量十分庞大，占用大量的运算时间，尤其对于需要对方位角度和俯仰角度同时估计的二维 DOA 估计而言，谱峰搜索的计算量是十分庞大的，其占用的运算时间也是十分惊人的，这是因为对于一般的一维 DOA 估计，仅需要在方位覆盖的 $0° \sim 180°$ 范围内计算谱空间函数值并进行搜索峰值，且搜索的时候仅需要与相邻的两个值进行比较；而对于二维

DOA 估计而言,需要在方位角 0°~360°和仰角 0°~90°的范围内计算谱函数值,因此在搜索步长一致的情况下仅计算谱函数值的运算量就是一维 DOA 估计时的 180 倍,而且谱峰搜索时某一谱函数值要与其相邻的四个值进行比较,因此运算量又增加 2 倍;由于这两方面的原因,二维 DOA 估计时谱峰搜索占据了全部运算时间的 90%以上。因此要想满足算法的实时性要求,提高二维 DOA 估计的运算速度,必须缩短谱峰搜索的运算时间,由于阵列结构形式的不规则性,利用阵列的对称结构减小计算量的方法是不可行的,因此必须寻找其他方法来缩短运算时间,保证算法的实时性。

### 6.3.1 采用大、小步长实现角度精粗搜索

MUSIC 算法中空间谱峰搜索的角度步长对测向结果有较大影响,步长设置的太大保证不了测角精度和分辨力,因此从测角性能方面考虑步长设置的越小越好;但另一方面,角度搜索步长的大小与算法的运算时间成反比例关系,步长成倍降低时运算时间也以相应的倍数增加,因此从算法的实时性考虑步长设置得越大越好。这说明估计性能和算法实时性对步长设置来说是一对矛盾,如何合理设置步长既能达到测角性能要求又可以满足实时性需要是一个十分关键的问题。

为了解决估计性能和算法实时性对步长设置的矛盾,满足两方面的要求,可以采用设置大、小两个步长进行两次搜索的方法完成角度的精粗搜索。以二维 DOA 估计为例将该方法的具体实现过程描述如下:首先设置方位角和仰角粗搜索步长,由于方位上需要在 0°~360°范围内搜索,俯仰上只需在 0°~90°范围内搜索,因此可以将方位角搜索步长比俯仰角搜索步长设置得稍大一些,一般方位角搜索步长可以设为 10°或者更大一点,俯仰角搜索步长可以设置为 4°,设置完搜索步长后就可以进行大步长的角度粗搜索,得到各个信号到达角的粗略估计值;然后设置精搜索的步长和范围,精搜索时角度步长可以设置得小一些,方位和俯仰精搜索步长可以分别设置为 1°和 0.5°,而精搜索的方位和俯仰角度范围可以根据实际情况进行合理设置,但是搜索范围要合理设置,否则会出现漏掉真实的谱峰,而搜到一个虚假的峰值,在低仰角的情况下方位角度和仰角范围应该至少是粗搜索步长的 2 倍,在高仰角的情况下方位角搜索范围最好选择 0°~360°,因为高仰角的时候方位角变化范围很大;最后以小步长在小范围内对信号到达角进行精搜索,得到信号到达角的精确估计值。

### 6.3.2 运算量比较

采用大、小两个步长进行两次搜索获得 DOA 精确估计值的方法可以有效地降低算法的运算量,从而提高 DOA 估计的速度。下面从运算量方面将该方法与常规方法进行比较。设方位角和俯仰角搜索范围分别为 0°~360°和 0°~90°,常规搜索方法的方位角和俯仰角步长分别为 1°和 0.5°,而本书方法中粗搜索时方位角和俯

仰角步长分别为20°和4°,精搜索时方位角和俯仰角分别为50°和10°,搜索步长分别为1°和0.5°,以空间仅存在单个辐射源为例,常规方法需要计算的空间谱函数值个数为

$$360 \times 90 \times 2 = 64800 \tag{6.82}$$

本书方法两次搜索一共需要计算的空间谱函数值的个数为

$$\left(\frac{360}{20}\right) \times \left(\frac{90}{4}\right) + 50 \times 10 \times 2 = 1405 \tag{6.83}$$

比较两式可以看出常规算法的运算量将是本书方法运算量的46倍,即便是在高仰角情况下,精搜索时方位角范围设置为0°~360°,其计算量也仅为7605,常规方法的计算量仍为其计算量的8倍之多。当空间存在多个辐射源时,常规方法的运算量不变,而本书方法的运算量将相应的有所增加,但是其运算量也远远小于常规方法。

## 6.4 计算机仿真试验及实测数据试验

### 6.4.1 MSWF - MUSIC 算法的计算机仿真试验

为了证明 MSWF - MUSIC 算法的有效性并与常规 MUSIC 算法性能进行比较,首先在计算机上用 MATLAB 进行仿真验证两者的性能,阵列形式与实际系统的阵列形式一致,为一个6元不规则排列的立体阵,各个阵元的坐标分别为(-10,50,0)、(-10,10,10)、(-10,-50,0)、(-50,10,0)、(-50,10,0)、(38,-35,0),坐标单位为 mm。

**试验1** MSWF - MUSIC 算法有效性验证。空间入射信号个数 $D = 4$,入射角度分别为(50°,320°)、(10°,120°)、(30°,70°)、(70°,220°),信号频率为4GHz,信噪比为20dB,快拍数为200,做100次 Monte - Carlo 试验,搜索步长为0.5°,测量结果的平均值为(50.22°,320°)、(10.04°,119.63°)、(30.0°,70.05°)、(69.95°,219.95°),对四个信源所估计角度最大误差的均方根为0.372°。图6.9和图6.10分别为 MSWF - MUSIC 算法和常规 MUSIC 算法单次仿真的谱函数图,从图中可以看出两者的谱峰都十分尖锐,都能准确地估计信号的 DOA。

**试验2** MSWF - MUSIC 算法与常规 MUSIC 算法性能比较。为了评价基于多级维纳滤波器快速估计特征子空间算法的性能,定义两个子空间之间的距离如下:假设 $S_1$ 和 $S_2$ 是 $C^n$ 的两个子空间,并且 $S_1$ 和 $S_2$ 的维数相等,则这两个子空间之间的距离定义为

$$\text{dist}(S_1, S_2) = \| P_{S_1} - P_{S_2} \|_F \tag{6.84}$$

式中: $P_{S_i}$ 为到子空间 $S_i$($i = 1,2$)的正交投影算子。按照上述定义,可以计算由 MSWF 前向递推估计的信号子空间与真实信号子空间的距离,其中真实的信号子空

间由阵列流形张成,同样可以计算由 MSWF 前向递推估计的噪声子空间与真实噪声子空间的距离,其中真实噪声子空间由阵列流形所张子空间的正交补空间代替。

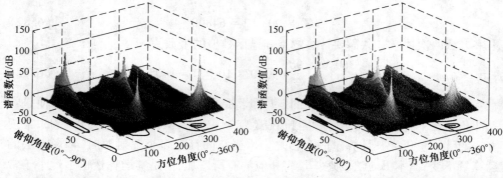

图 6.9　MSWF－MUSIC 算法的空间谱图　　　图 6.10　常规 MUSIC 算法的空间谱图

采用试验 1 的天线阵列结构,信噪比为 25dB,快拍数从 10 以步长 10 变化到 500,在每个快拍数下做 500 次 Monte-Carlo 试验,分别采用特征分解和多级维纳滤波器技术估计特征子空间,然后分别计算两种算法估计的子空间与真实子空间的距离,取 500 次试验结果的平均值作为最终结果。由于对信号子空间的估计性能和对噪声子空间的估计性能是等价的,所以只给出两种方法估计的信号子空间估计与真实信号子空间距离的仿真性能图,如图 6.11 所示。图 6.12 显示的是估计的信号子空间与真实信号子空间的距离随信噪比的变化关系曲线,采样快拍数为 100,信噪比从 0dB 以步长 1dB 变化到 40dB,在每个信噪比下进行 500 次 Monte-Carlo 试验。

从图 6.11 可以看出,利用多级维纳滤波器估计的信号子空间在小快拍数下与特征分解类方法得到的信号子空间十分接近,随着快拍数的增加,两种方法的估计精度都明显提高,但是特征分解类算法的性能提高得快;从图 6.12 可知,在信噪比

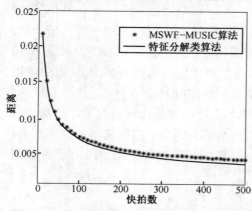

图 6.11　估计信号子空间与真实子空间距离
随快拍数变化关系

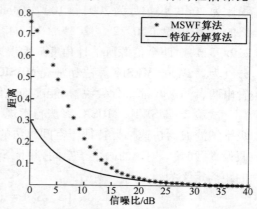

图 6.12　估计信号子空间与真实子空间距离
随信噪比变化关系

较低时多级维纳滤波器估计信号子空间的精度低于特征分解类算法的估计精度，在信噪比大于15dB时两者性能已经十分接近了。从图6.11和图6.12可以看出，利用多级维纳滤波器估计特征子空间特别适用于在小快拍数和较大信噪比的情况下，此时其估计精度与特征分解类算法的性能十分接近，但是运算量却大大减少。

### 6.4.2 实测数据测试及结果分析

**试验3** MSWF－MUSIC算法实测数据验证。将基于多级维纳滤波器的快速子空间分解算法在实际的二维DOA估计系统中进行验证，对信号频率为5.6GHz下的单个信号源和两个非相干信号源分别进行测试，验证基于多级维纳滤波器的快速子空间分解算法的有效性。

单个信号源信号入射时，在方位角度搜索步长为1°、俯仰角度搜索步长为0.5°的条件下，采用常规MUSIC算法和基于多级维纳滤波器的MSWF－MUSIC算法进行DOA估计，两种算法的估计结果均为(258°,75°)，两种算法的空间谱图如图6.13和图6.14所示；当空间存在两个目标时，用常规MUSIC算法估计的两个信号的入射角度分别为(258°,73.5°)和(102°,77.5°)，用基于多级维纳滤波器的MSWF－MUSIC算法的估计结果分别为(258°,74.0°)和(103°,77.5°)，两种算法的空间谱图如图6.15和图6.16所示；因此，单个目标和两个目标下，常规MUSIC算法和MSWF－MUSIC算法的性能十分接近，两者的估计结果几乎一致，从而证明了基于多级维纳滤波器的MSWF－MUSIC算法的估计性能基本达到了常规MUSIC算法的性能，并且实测数据的试验结论与仿真结果相吻合。

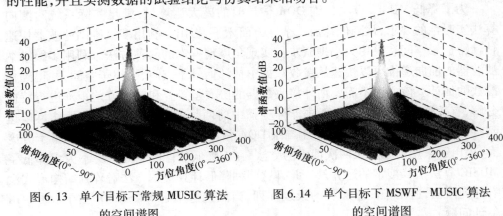

图6.13 单个目标下常规MUSIC算法　　　图6.14 单个目标下MSWF－MUSIC算法
　　　　 的空间谱图　　　　　　　　　　　　　 的空间谱图

**试验4** MSWF－MUSIC算法与常规MUSIC算法运算量比较。对两个目标下MSWF－MUSIC算法与常规MUSIC算法估计特征子空间的运算量进行统计比较，对10组采样数据在ADSPTS101S里运行，两种算法估计特征子空间所用的机器周期数统计见表6.1。从表6.1可以看出，MSWF估计特征子空间所需要的机器周期数要远小于特征分解需要的周期数，并且特征分解算法需要的机器周期数有较大波动，而MSWF运算时间相对稳定。

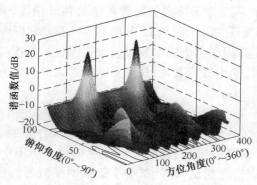
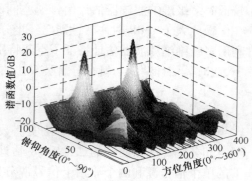

图 6.15　两个目标下常规 MUSIC 算法　　　图 6.16　两个目标下 MSWF – MUSIC
　　　　的空间谱图　　　　　　　　　　　　　　　算法的空间谱图

表 6.1　两种算法估计特征子空间需要的机器周期数(单位:个)

| 序号 ＼ 算法 | 特征分解算法 | MSWF 算法 | 序号 ＼ 算法 | 特征分解算法 | MSWF 算法 |
|---|---|---|---|---|---|
| 第 1 组数据 | 1526999 | 217595 | 第 6 组数据 | 1796895 | 217586 |
| 第 2 组数据 | 1875453 | 217583 | 第 7 组数据 | 1936524 | 217589 |
| 第 3 组数据 | 1523168 | 217592 | 第 8 组数据 | 1926874 | 217594 |
| 第 4 组数据 | 2014785 | 217594 | 第 9 组数据 | 2115691 | 217595 |
| 第 5 组数据 | 1946532 | 217595 | 第 10 组数据 | 2096548 | 217591 |

　　为了降低 MUSIC 算法二维 DOA 估计时的庞大运算量,满足实际系统对测向算法实时性的要求,从降低算法复杂度方面入手,提出了利用多级维纳滤波器快速估计特征子空间和采用大小搜索步长实现角度精搜索的两种方法。利用多级维纳滤波器的前向递推可以快速从接收数据中估计信号子空间、噪声子空间,并得到信源数的估计。该方法不需要估计接收数据的协方差矩阵和对协方差矩阵进行特征分解,有效地降低了 MUSIC 算法计算步骤中前两步的运算量,而估计性能可以达到常规 MUSIC 算法的性能。由于二维 DOA 估计时空间谱峰搜索的计算量十分庞大,提出了采用大小步长两次搜索的方法,在不降低估计性能的情况下大大降低了MUSIC 算法谱峰搜索的运算量。并且这两种降低计算量的方法对阵列结构形式没有任何限制,适用于任意形状的天线阵列,当然也适用于 MUSIC 算法的一维 DOA估计问题。

# 参 考 文 献

[1] 司伟建. 一种新的解模糊方法研究[J]. 制导与引信,2007,28(1):44 – 47.

[2] 司伟建,初萍,孙圣和. 超宽频带测向解模糊方法研究[J]. 弹箭与制导学报, 2009, 29(2): 45 – 48.

[3] Schmidt R O. A signal subspace approach to multiple emitter location and spectrum estimation [D]. Stanford,

CA:Stanford University:1981.

[4] M Kaveh, A Bassias. Threshold extension based on an ewparadigm for MUSIC – type estimation [J].International Conference on A coustics Speech and Signal Processing, vol. 5, 1990, pp:2535 – 2538.

[5] Liu Cong feng,Liu Gui sheng.Fast algorithm for Root – MUSIC with Real – Valued egendecomposition [J].International Conference on Radar 2006. CIE'06,2000,10:1 – 4.

[6] Pesavento M,Gershman A B, Haardt, M . Unitary root – MUSIC with a real – valued eigendecomposition:a theoretical and experimental performance study [J]. Transaction on Signal Processing,2000,5(48):1306 – 1314.

[7] Salameh A,Tayem N , Kwon H M. Improved 2 – D root MUSIC for non – circular signals [J]. IEEE Workshop Sensor Array and Multichannel Signal Processing,2006:151 – 156.

[8] Withers L Jr. Piecewise Root – MUSIC [J]. International Conference on ASSP, April, 1991, 5:3305 – 3308.

[9] Ren Q S, Willis A J. Fast root – MUSIC algorithm [J]. IEEE electronics Letters, 1997, 33(6): 450 – 451.

[10] Charge P,Yide Wang. A Root – MUSIC – like direction finding method for cyclostationary signals [J]. IEEE International Conference on ASSP, May, 2004,2:225 – 228.

[11] Bienvenu G, Kopp L. Decreasing higher solution technique sensitivity by conventional beam former preprocessing [J]. Proc IEEE ICASSP,1984,33(2):1 – 4.

[12] Zoltowski M D, Kautz G M, Silverstein, S D. Beamspace root – MUSIC[J]. IEEE Trans. On Signal Processing, 1993,41(1):344 – 364.

[13] Lee H, Wengrovitz M. Resolution threshold of beamspace MUSIC for two closely spaced emitter [J] . IEEE Trans. On Acoustics Speech and Signal Processing, 1990, 38(9): 1545 – 1559

[14] Li F, Liu H. Statistical Analysis of beam – space estimation for direction – of – arrivals [J]. IEEE Trans. On Signal Processing,1994,42(3):604 – 610.

[15] Xu X L, Buckley K M. Ansnalysis of beam – space source localization [J]. IEEE Trans. On Signal Processing, 1993,41(1):501 – 504.

[16] Xu X L, Buckley K M. Reduced – dimension beam space broad band. Source localization: Preprocessor design and evaluation [J]. InProc. IEEE ASSP 4th Workshop Spectrum Estimation Modeling,1988,8:22 – 27.

[17] Xu X L, Buckley K M. Statistical performance comparison of MUSIC in. elenlentspace and beam – space [C]. In Proceeding of ICASSP,1989:2124 – 2127.

[18] Xu X L, Buckley K M. A comparison of element and beam space spatial – spectrum estimation for multiple source clusters[C]. Proceeding of ICASSP,1990,5:2643 – 2646.

[19] Godara, L. Beamforming in the presence of correlated arrival susing structured correlation matrix [J]. IEEE Trans. On Acoustics Speech and Signal Processing,1990,38(1):1 – 15.

[20] Lian X H, Zhou J J. 2 – D DOA estimation for uniform circular arrays with PM [J]. 7th International Symposiumon Antennas, Propagation & EM Theory,Oct,2006:1 – 4.

[21] 刁鸣,王艳温. 基于任意平面阵列的二维测向技术研究[J]. 哈尔滨工程大学学报, 2006, 27(4): 593 –596.

[22] 苏力, 施家添. 圆口径天线的近场分析[J]. 云南大学学报(自然科学版), 2005, 27(5A): 140 – 142.

[23] 文光华,张祖荫,郭伟,等. 微波辐射特性测试场的设计[J]. 华中理工大学学报, 1995, 23(8): 117 –120.

[24] 王永良,陈辉,彭应宁,等. 空间谱估计理论与算法[M]. 北京:清华大学出版社,2004:19 – 26.

[25] Zhao L C, Krishnaiah P R, Bai Z D. On detection of numbers of signals in IEEE Trans. On Acoust Speech and Signal Processing,1985,33(2):387 – 392.

[26] Wu H T, Yang J F, Chen F K. Source numbers timatorusing Gerschgorin Disks [J]. Proc. ICASSP, A delaide, Australia,1994:261 – 264.

［27］ Wu H T, Yang J F, Chen F K. Source number estimation using transformed Gerschgorin Radii［J］. IEEE Trans. on Signal Processing, 1995, 43(6):1325 − 1333.

［28］ Di A. Multiple sources location − amatrix decomposition. Approach［J］. IEEE Trans. on Acoustics Speech and Signal Processing, 1985, 35(4):1086 − 1091.

［29］ 唐建江. 被动雷达导引头高精度超分辨测向技术研究［D］. 哈尔滨:哈尔滨工程大学. 2009:75 − 95.

［30］ Chen W, Reilly J P. Wong K M. Detection of the number of signals in noise with banded covariance matrices ［J］. IEE Proceeding − Radar, sonar and Navigation, 1996, 143(5):289 − 294.

［31］ Wong K M, Wu Q, Stoica P. Generalized correlation decomposition applied to array processing in unknown noise environments ［C］//Advances in spectrum analysis and array processing(vol. lll). Prentice − Hall, Inc., 1995:219 − 323.

［32］ Akaike H. A new look at statistical model identification ［J］. Automatic Control, IEEE Transactions on, 1974, 19 (6):716 − 723.

［33］ Rissanen J. Modeling by shortest data description ［J］. Automatica, 1978, 14:465 − 471.

［34］ Schwartz G. Estimation the dimension of a model ［J］. Ann. Stat, 1978, 6:461 − 464.

［35］ Zhao L C, Krishnaiah P R, Bai Z D. On detection of numbers of signals when the noise covariance matrix is arbitrary ［J］. Multivariate Anal, 1986, 20:26 − 49.

［36］ Wax M, Kailath T. Detection of signals by information the oretic criteria［J］. IEEE Trans. on Acoust Speech and Signal Processing, 1985, 33(2):387 − 392.

［37］ Anderson T W. Asymptotic theory for principle component analysis ［J］. Ann. Math. Statist. 1963, 34(4): 122 −148.

［38］ Wax M, Kailath T. Determining the number of signals by information theoretic criteria ［J］. ICASSP, San. Diego, 1984:631 − 634.

［39］ Zhang Q T, Wong K M, Yip P C, et al. Statistical analysis of the performance of information theoretic criteria in the detection of the number of signals in array processing ［J］. Acoustics, Speech and Signal Processing, IEEE Transactions on, 1989, 37(10):1557 − 1567.

［40］ Wax M, Ziskind I. Detection of the number of coherent signals by the MDL principle ［J］. Acoustics, Speech and Signal Processing, IEEE Transactions on, 1989, 37(8):1190 − 1196.

［41］ Wu Y, Tam K W. On determination of the number of signals inspatially correlated noise［J］. IEEE Trans. on Signal Processing, 1998, 46(11):3023 − 3029.

［42］ Wu Y, Tam K W, LiF. Determination of number of sources with multiple arrays in correlated noise fields ［J］. IEEE Trans. on Signal Processing, 2002, 50(6):1257 − 1260.

［43］ 张杰, 廖桂生, 王珏. 对角加载对信号源数目估计性能的改善［J］. 电子学报, 2004, 12(33): 2094 −2097.

［44］ 刘君. 色噪声背景中信源数检测方法研究［D］. 西安:西安电子科技大学, 2004:33 − 35.

［45］ Calson B D. Covariance matrix estimation errors and diagonal loading in adaptive arrays ［J］. IEEE Trans. on Aerospace and Electronics Systems, 1988, 24(7):397 − 401.

［46］ Ning Ma, Joo Thiam Goh. Efficient method to determined diagonal loading value ［J］. Proc. ICASSP, 2003, 15 (4):341 − 344.

［47］ 高勇, 刘皓, 肖先赐, 魏平, 等. MUSIC 算法在高速 DSP 上的并行实现［J］. 通信学报, 2000, 21(4): 84 −88.

［48］ 吴仁彪. 一种通用的高分辨率波达方向估计预处理新方法［J］. 电子科学学刊, 1993, 15(3): 305 −309.

［49］ 黄磊. 快速子空间估计方法研究及其在阵列信号处理中的应用［D］. 西安:西安电子科技大学博士学

位论文,2005:51-73.

[50] Godara L C, Cantoni A. Uniqueness and linea in dependence of steering vectors in array space [J]. J. Acoust. Soc. Amer. ,1970(2):467-475.

[51] HLo J T, Marple S L. Observability conditions for multiple signal direction finding and array sensor localization [J]. IEEE Trans. Signal Prosessing,1992,40(11):2641-2650.

[52] Tan K C, Goh S S, Tan E C. A study of the rank-ambiguity issues in direction-of-arrival estimation [J]. IEEE Trans. Signal Prosessing,1996,44(4):880-887.

[53] Tan K C,Oh G. L. A study of the uniqueness of steering vectors in array processing [J]. IEEE Trans,SP,1993, 34(3):245-256.

[54] Tan K C, Goh Z. A detailed derivation of arrays free of higher rank ambiguities [J]. IEEE Trans. SP,1996,44 (2):351-359.

[55] A Manikas, C Proukakis. Modeling and estimation of ambiguities in linear arrays [J]. IEEE Trans. SP,1998,46 (8):2166-2179.

[56] A Manikas, C Proukakis, V Lefkaditis. Investigative study of planar array ambiguities based on hyperhelical parameterization [J]. IEEE Trans. SP,1999,47(6):1532-1541.

[57] 司伟建,孙圣和,唐建红. 基于阵列扩展解模糊方法研究. 弹箭与制导学报,2008,28(4):62-64.

[58] 司伟建. MUSIC算法多值模糊问题研究[J]. 系统工程与电子技术,2004,26(7):960-962.

[59] Stoica P, Nehorai A. MUSIC, maximumlikelihood, and Cramer-Rao bound [J]. IEEE Trans. Signal Prosessing,1989,37(5):720-741.

[60] Manikas A, Karimi, H R Dacos I.Study of the direction and resolution capabilities of aome-dimensional array of sensors by using differential geometry [J]. IEE Proc. Radar, sonar Navig. 1994,141(2):83-92.

[61] Karimi H R, Manikas A. Manifold of a planar array an dits effects on the accuracy of direction-finding systems [J]. IEE Proc. Radar,sonar Navig. 1996,143(6):349-357.

[62] Manikas A, Alexiou A, Karimi H R. Comparison of the ultimate direction-finding capabilities of a number of planar array geometries [J]. IEEProc. Radar,sonar Navig. 1997, 144(6):321-329.

[63] Lang S W, G. L. worth MeClellan J H. Array design for MEM and MLM array Proeessing [J]. IEEE ICASSP Proe. ,1981,145-148.

[64] Y. T. Lo, S. W. Le. A periodic Arrays, in Antenna Hanb dook, Theory Applications and Design [M]. New-York:Vna Nostrnad,1988.

[65] Hunag X, Reilly J P, Wong M. Optimal design of linear array of sensors [J]. IEEE ICASSPProc. , May1991, 1405-1408.

[66] Godara L C, Cantoni A. Uniqueness and linear in dependence of steering vectors in array space [J]. J. Acoust. Soc. Amer. ,1970(2):467-475.

[67] HLo J T, Marple S L,Observability conditions for multiple signal direction finding and array sensor localization [J]. IEEE Trans. Signal Prosessing,1992,40(11):2641-2650.

[68] Tan K C,Goh SS, Tan E C. A study of the rank-ambiguity issues in direction-of-arrival estimation [J]. IEEE Trans. Signal Prosessing,1996,44(4):880-887.

[69] Gavish M, Weiss A J. Array geometry for ambiguity resolution in direction finding [J]. IEEE Transon AP, 1996,44(6):889-895.

[70] Miljko E, Aleksa Z, Milorad O. Ambiguity characterization of arbitrary antenna array typeI ambiguity [J]. IEEE,1998:399-404.

[71] Miljko E, Aleksa Z, Milorad O. Ambiguity characterization of arbitrary antenna array typeII ambiguity [J]. IEEE,1998:955-959.

［72］ Dowlut N. An extended ambiguity criterion for array design［J］. IEEE,2002,3:189－193.

［73］ 彭巧乐. 陈列信号二维到达角估计算法理论及其应用研究［D］. 哈尔滨:哈尔工程大学,2009:11－14, 77－95.

［74］ Dacos I, Mnaikas A. Estimating the manifold parameters of one dimensional arrays of sensors［J］. Journal of the Franklin Institute, Engineering and Applied Mathematies, 1995, 332B(3): 307－332.

［75］ Dowlut N, Manikas A. Apoly nomial rooting approach to super－resolution array design［J］. IEEE Trans. Signal Prosessing,2000,48(6):1559－1569.

［76］ Stoica P, Nehorai A. Performance study of conditional and unconditional direction－of－arrival estimation［J］. IEEE Trans. Signal Prosessing,1990,38(10):1783－1795.

［77］ 谢纪岭. 二维超分辨测向算法理论及应用研究［D］. 哈尔滨:哈尔并工程大学,2008:12－20,23－49, 53－75,77－95.

［78］ 苏为民,顾红,倪晋麟,等. 通道幅相误差条件下 MUSIC 空域谱的统计性能［J］.电子学报,2000,28(6): 105－107.

［79］ 于斌,宋铮,丁刚. 通道失配对测向性能的影响与分析［J］. 舰船电子工程, 2005, 25(1): 108－111.

［80］ 苏为民,顾红,倪晋麟,等. 多通道幅相误差对空域谱及分辨性能影响的分析［J］. 自然科学进展,2001, 11(5):557－560.

［81］ 司锡才,谢纪岭. 陈列天线通道不一致性校正的辅加阵元法. 系统工程与电子技术,2007,29(7): 1045－1048.

［82］ 谢纪岭,司锡才,唐建红. 基于多级维纳滤波器的二维测向算法及 DSP 实现. 宇航学报,2008,29(1): 315－319.

［83］ 谢纪岭,司锡才. 基于协方差矩阵对角加载的信源数估计方法［J］. 系统工程与电子技术,2008,30(1): 46－49.

［84］ 谢纪岭,司锡才,唐建红. 任意阵列二维测向的快速子空间算法. 弹箭与制导学报, 2007, 27(5): 305－308.

［85］ Zhang Ming, Zhu Zhaoda. A method for direction finding under sensor gain and phase uncertainties［J］. IEEE Trans. on Antennas and Propagation,1995,43(8):880－883.

［86］ Pierae J Kaveh M. Experimental Performance of calibration and Direction－Finding Algorithms. Proc, IEEEI CASSP［C］,Toronto,Canada,1991,1365－1368.

［87］ Jaffer A G. Sparse mutual coupling matrix and sensor gain/phase estimation for array auto－calibration［J］. Proceedings of IEEE Rader Conference,2002:294－297.

［88］ 俄广西,蒋谷峰. 阵列天线通道误差的盲校正［J］. 系统工程与电子技术, 2005, 27(3):410－412.

［89］ 于斌,宋铮. 阵元位置误差对测向性能的影响与分析［J］. 航天电子对抗,2005,21(1):19－22.

［90］ 李相平,唐志凯,刘隆和,等. 阵元位置误差有源估计方法研究［J］. 海军航空工程学院学报,2005,20 (2):251－253.

［91］ 于斌,黄赪东. 一种新的阵元位置误差校正方法［J］. 探测与控制学报,2006,28(5):46－50.

［92］ 王小平,曹立明. 遗传算法—理论、应用与软件实现［M］. 西安:西安交通大学出版社,2002:1－50.

［93］ 张文修,梁怡. 遗传算法的数学基础［M］. 西安:西安交通大学出版社,2001:1－15.

［94］ 金鸿章,王科俊,何琳. 遗传算法理论及其在船舶横摇运动控制中的应用［M］. 哈尔滨:哈尔滨工程大学出版社,2006:1－30.

# 第7章 超宽频带被动雷达寻的器 对辐射源的频率测量

## 7.1 概　述

### 7.1.1 辐射源信号频率测量的重要性

在现代电磁环境下,超宽频带被动雷达寻的器接收系统的输入一般是多部辐射源信号交叠在一起的信号流。该信号流通常由下式表示:

$$x(t) = \sum_{i=1}^{N} s_i(t, \boldsymbol{\Theta}_i) + n(t) \tag{7.1}$$

式中:$n(t)$ 为噪声;$t$ 为时间;$\boldsymbol{\Theta}_i$ 为第 $i$ 个辐射源信号的参数集,它表示信号的频率、幅度等特征参数。

在辐射源的各参数中,频率参数是最重要的参数,它包括载波频率、频谱和多普勒频率等。其中主要是载波频率,因此,本节只讨论对辐射源信号载波频率的测量。接收机要探测辐射源信号,必须同时满足 3 个条件:信号有足够的功率电平;方向和频率瞄准;极化匹配一致。为了进行有效的电子攻击和防御必须首先进行信号分选和威胁识别,辐射源信号频率信息是信号分选和威胁识别的重要参数。根据信号分选与威胁识别,选定攻击信号,以实现对目标的攻击。由此可见,测量辐射源信号载频频率是非常必要的。

### 7.1.2 对测频系统的基本要求

由于现代电磁环境是密集的、复杂的和捷变的信号环境,因而测频接收机必须满足下列基本要求。

**1. 要实时处理**

对于测频技术来说,实时处理就是指瞬时测频。对于脉冲雷达信号来说,应在脉冲持续时间内完成测频任务。测频接收机要截获频率捷变信号、宽脉冲线性调频信号等扩谱雷达信号,必须进行频域的实时处理。也就是说,测频接收机应该是实时频谱分析器,应实现瞬时测频。为了实现这个目标:首先必须有宽的瞬时频带,如几倍频程以上;其次要有高的处理速度,故应采用模拟处理或快速数字信号处理。

对信号处理的实时性直接影响到系统的截获概率和截获时间。测频接收系统的截获概率是指在给定时间内正确地发现和识别给定信号的概率。截获概率既与辐射源的特性有关,也与接收系统的性能有关。如果接收空间与信号空间完全匹配,并能实时处理,就能获得全概率,即截获概率为1,丢失概率为0。全概率接收机是理想的测频接收机。实际的测频接收机,其丢失概率均大于0,而截获概率则均小于1。

频域的截获概率,即通常所说的频率搜索概率。对于脉冲雷达信号来说,根据给定时间的不同,可定义为单个脉冲搜索概率、脉冲群的搜索概率以及在某一给定的搜索时间内的搜索概率。单个脉冲的频率搜索概率为

$$P_{\text{If}_1} = \frac{\Delta f_r}{f_2 - f_1} \tag{7.2}$$

式中:$\Delta f_r$ 为测频接收机的瞬时带宽;$f_2 - f_1$ 为测频范围。

例如 $\Delta f_r = 5\text{MHz}$,$f_2 - f_1 = 1\text{GHz}$,则 $P_{\text{If}_1} = 5 \times 10^{-3}$,可见频率截获概率是很低的。若能在测频范围内实现测频,即 $\Delta f_r = f_2 - f_1$,于是 $P_{\text{If}_1} = 1$。

截获时间是指达到给定截获概率所需要的时间。它也与辐射源特性及测频接收系统的性能有关。对于脉冲雷达信号来说,若采用非搜索的瞬时测频,单个脉冲的截获时间为

$$t_{\text{If}_1} = T_r + t_{\text{Ih}} \tag{7.3}$$

式中:$T_r$ 为脉冲重复周期;$t_{\text{Ih}}$ 为测频接收系统的通过时间,即信号从接收天线进入到终端设备输出所需要的时间。

**2. 要有足够高的频率分辨力和测频精度**

频率分辨力是指测频系统所能分开的两个同向的同时到达信号的最小频率差。

对于传统的晶体视频接收机和窄带超外差接收机来说,其频率分辨力等于瞬时带宽。宽开式晶体视频接收机的瞬时频带与测频范围相等,因此对单个脉冲的频率截获概率虽为1,可是频率分辨力却很低。而窄带扫频超外差接收机,瞬时频带很窄,对单个脉冲截获概率虽很低,然而频率分辨力却比较高。可见,传统的测频接收机在频率截获概率和频率分辨力之间存在着矛盾。

在目前信号环境中的信号日益密集,不仅在超外差接收机的频带内,有可能同时出现几个信号,而且信号频率可能捷变。故传统的测频系统无法完成测频任务,这就迫切要求新型的测频接收机,使之即在频域上是宽开的,频率截获概率高,又要保持频率分辨力高。这样,虽然由于频域敞开,信号流密度很大,处理机负担过重,难以实时处理,但是由于频率分辨力高,用信号的频率信息进行预分选,便可以稀释信号流。

测频误差是指测量得到的信号频率值与信号频率的真值之差。测频误差越小,其测频精度就越高。

对于传统的测频接收机,最大测频误差主要由瞬时频带 $\Delta f_r$ 决定,即

$$\delta f_{\max} = \pm \frac{1}{2} \Delta f_r \tag{7.4}$$

可见,瞬时频带越宽,测频精度越低。对于超外差接收来说,它的测频误差还与本振频率的稳定度、调谐特性的线性度以调谐频率的滞后量等因素有关。

按起因,可将测频误差分为两大类:系统误差和随机误差。系统误差是由测频系统元器件局限性引起的,通过校正可以减小;随机误差是随机因素引起的,可以通过多次测量取平均值的方法减小它。

**3. 要具有检测和处理多种形式信号的能力**

由于辐射源信号种类很多,大抵可以分为两类:脉冲信号和连续波信号。在脉冲信号中,有常规的低工作比的脉冲信号、高工作比的脉冲多普勒信号、重频抖动信号、各种编码信号以及各种扩谱信号,其频谱的旁瓣往往遮盖弱信号,并引起频率模糊问题,使频率分辨力降低。对于扩谱信号,特别是宽脉冲线性调频信号的频率测量和频谱分析,不仅传统测频接收机无能为力,而且有些新型的测频接收机也有困难。

连续波信号有非调频和调频两种。它们的共同特点是峰值功率低,比普通的脉冲信号要低三个数量级,这就对接收机的灵敏度提出了苛刻的要求。

**4. 对同时到达信号应具有良好的分离能力**

对于脉冲信号来说,两个以上的脉冲前沿严格对准的概率是很小的,因而理想的同时到达信号是没有实际意义的。这里所说的同时到达信号是指两个脉冲前沿时差 $\Delta t < 10\text{ns}$ 或 $10\text{ns} < \Delta t < 120\text{ns}$,称前者为第一类同时到达信号,后者为第二类同时到达信号。由于环境中的信号日益密集,两个以上信号在时域上重叠概率日益增大,则测频接收机对同时到达信号应能分别精确地测定它们的频率,而且不得丢失其中的弱信号。

**5. 要有足够高的灵敏度和足够大的动态范围**

灵敏度是测频接收机检测弱信号能力的象征。正确的发现信号是测量信号频率的前提。要精确地测频,特别是数字式精确测频,被测信号必须比较"干净",即有足够高的信噪比。如果接收机检波前的增益足够高,则灵敏度由接收机前端器件的噪声电平确定的,通常称为噪声限制灵敏度。如果检波前的增益不够高,检波器和视放的噪声对接收机输出信噪比也有影响,这时接收机的灵敏度称增益限制灵敏度。

测频接收机的动态范围是在保证精确测频前提下输入信号功率的变化范围。在测频接收机中,被测信号的功率电平变化,会影响测频精度,信号过强会使测频精度下降,过弱则信噪比低,也会使测频精度降低。我们把这种强信号输入功率和弱信号输入功率之比称为噪声限制动态范围。如果在强信号的作用下,测频接收机内部产生的寄生信号遮盖了同时到达的弱信号,这就会妨碍对弱信号的测频。

强信号输出功率与寄生信号的输出功率之比称为瞬时动态范围。它的数值大小，也是测频接收机处理同时到达信号能力的一种量度。

**6. 允许的最小脉冲宽度 $\tau_{\min}$ 要尽量窄**

被测信号的脉冲宽度上限通常对测频性能影响不大，而脉冲宽度的下限却往往限制测频性能。譬如脉冲宽度越窄，频谱越宽，频率模糊问题越严重。脉冲宽度过窄，还会引起截获概率下降或输出信噪比下降等。

在实际工作中，上述各项要求可能彼此矛盾，必须根据战术要求统筹解决。在被动雷达寻的器测频接收机中，着重强调测频的实时性以及截获概率和频率分辨力；而情报系统则强调测频精度、测频范围以及对多种信号的处理能力。

### 7.1.3 测频技术分类

由于信号频率的测量是在测频接收机前端进行的，被测信号与不需要的干扰（噪声等）混杂着，故测频是一种信号的预处理。雷达接收系统采用匹配滤波器对回波信号进行预处理，把有用信号和干扰分开。而在超宽频带被动雷达寻的器测频系统中，侦收的是各种辐射源信号，彼此差别很大，对它们的先验知识比雷达更少，难以采用匹配滤波。尽管如此，超宽频带被动雷达寻的器测频接收系统为了从频域上把各个辐射源信号从干扰中分离出来，也必须用滤波手段。因此测频接收机虽然千差万别，但归根结蒂，它们都是宽频域滤波器。若能把各种模拟信号处理技术与传统的测频接收机融成一体，就能研制出各种新型的测频接收机。测频技术分类如图 7.1 所示。

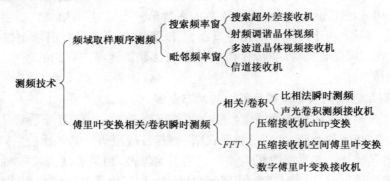

图 7.1　测频技术分类

由图 7.1 可以看出，一类测频技术是直接在频域进行的，称为频域取样法，其中包括搜索频率窗（搜索法测频）和毗邻频率窗（信道化测频）。搜索法测频是通过接收机的频带扫描，连续对频域进行取样，是一种顺序测频。其主要优点是：原理简单，技术成熟，设备紧凑。其严重缺点是频率截获概率和频率分辨力的矛盾难以解决。除此以外，其他各种测频方法均为非搜索法测频。由于它们能对频率覆盖范围内同时到达信号进行测频，故又称为瞬时测频，或单脉冲测频。

第二类测频技术不是直接从频域上进行的,其中包括快速傅里叶变换和相关/卷积。这些后起之秀的共同特点是:既能获得宽瞬时频带,实现高截获概率,又能获得高频率分辨力,较好地解决了截获概率和频率分辨力之间的矛盾。由于对信号的载波频率测量是在包络检波器之前进行的,这就对器件的工作频率和运算速度提出了苛刻的要求。用模拟式快速傅里叶变换处理机构成测频接收机,其中有:用 Chirp 变换处理机构成的压缩接收机;用建立在声光互作用原理上的空间傅里叶变换处理机构成的声光接收机。它们不仅解决了截获概率和频率分辨力之间的矛盾,而且对同时到达信号的分离的能力很强。随着超高集成电路的进展,由数字式快速傅里叶变换处理机构成的高性能测频接收机,不仅能解决截获概率和频率分辨力之间的矛盾,对同时到达信号的滤波性能很强,而且测频精度将会更高,使用更加灵活,对频域的信息资源的进一步开发将是一个有力的推动。

在时域利用相关器或卷积器也可以构成测频接收机。其中利用微波相关器构成的瞬时测频接收机,成功解决了截获概率和频率分辨力之间的矛盾。实现了单脉冲测频,故称为瞬时测频接收机。

从载频上鉴别信号是超宽频带被动雷达寻的器选择信号的重要方法之一。测量雷达载频的方法基本可分为两类:第一类测频技术是在频域上进行称为频域取样法,典型的毗邻频率窗技术如信道化接收机;第二类测频技术不是直接从频域进行,而是利用了傅里叶变换和相关卷积,例如在时域利用相关器或卷积器可以构成测频接收机,其中利用微波相关构成的瞬时测频接收机(IFM)成功地解决了截获概率和分辨力之间的矛盾,由于它实现了单脉冲测频,故称为瞬时测频接收机。

每一种测频技术从实现的方法上又分为模拟式和数字式,如用示波器显示的瞬时测频接收机称为模拟式瞬时测频接收机,利用数字编码技术提供每个脉冲载频码数字的称为数字式瞬时测频技术(DIFM)。

上述的测频方法已经成熟,而且已用于超宽频带的被动雷达寻的器上,这里讨论的重点仍是放在从频率上如何选择信号这一基点上。

超宽频带被动雷达寻的器或寻的器中,采用的测频方法是比相法瞬时测频、信道化测频,信道化可采用模拟信道化、数字信道化。下面就比相法瞬时测频、模拟信道化、宽频带数字信道化,进行比较详细的论述。

## 7.2　瞬时测频接收机

搜索接收机体制不能从根本上解决频率截获概率和频率分辨力、测频精度之间的矛盾。瞬时测频接收机就是为了解决这个矛盾而研制出来的接收机,它不仅广泛地用于雷达侦察机和干扰机,也可以用在雷达领域,作为干扰跳频(测量雷达环境中有哪些干扰频率,并调谐雷达避开这些频率)和捷变频雷达的动态跟踪精度的一种测量仪器,它还可以用在被动自动导引雷达中作为从雷达分选和选择信号的一种手段。

瞬时测频接收机建立在相位干涉原理之上,它所采用的自相关技术是波的干涉原理在电路中的具体应用,为此,我们首先来讨论微波鉴相器,也称为相关器。

### 7.2.1 微波鉴相器(相关器)

图 7.2 示出了一个最简单的微波鉴相器。它由功率分配器、时延线、加法器以及平方律检波器构成。其作用是实现信号的自相关算法,得到信号的自相关函数。具体过程如下:

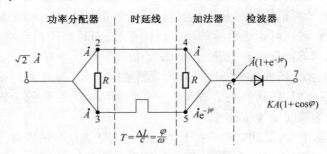

图 7.2 简单微波鉴相器

假设输入信号为指数函数

$$u_i = \sqrt{2}\dot{A} = \sqrt{2}Ae^{j\omega t} \tag{7.5}$$

功率分配器将输入信号功率等量分配,在 2 点和 3 点的电压均为

$$u_2 = u_3 = \dot{A} = Ae^{j\omega t} \tag{7.6}$$

2-4 为基准路线。假设相移为 0,而 3-5 路线较之 2-4 路线时延时间为 $T = \Delta L/c$,于是 $u_4 = u_2$,而 5 点电压相对 3 点电压有一个时延,即

$$u_5 = u_3 e^{-j\varphi} = Ae^{j(\omega t - \varphi)} \tag{7.7}$$

式中:$\varphi = \omega T = \omega \Delta L/c$,$\Delta L$ 为时延线长度,$c$ 为光速。经过相加器械,6 点电压为

$$u_6 = u_4 + u_5 = Ae^{j\omega t} + Ae^{j(\omega t - \varphi)} = Ae^{j\omega t}(1 + e^{-j\varphi}) = Ae^{j\omega t}(1 + \cos\varphi - j\sin\varphi) \tag{7.8}$$

$u_6$ 的振幅为

$$|u_6| = A\left[(1 + \cos\varphi)^2 + \sin^2\varphi\right]^{\frac{1}{2}} = \sqrt{2}A(1 + \cos\varphi)^{\frac{1}{2}}$$

再经过平方律检波器,取其包络,并进行平方运算,输出视频电压为

$$u_7 = 2KA^2(1 + \cos\varphi) = 2KA^2(1 + \cos\omega T) \tag{7.9}$$

式中:$K$ 为检波效率,即开路电压灵敏度 $\gamma$,在平方律区域它是一个常数。由式(7.9) 可见,检波器输出具有一个不变的直流分量 $2KA^2$,并在其上叠加一个随着输入信号载频 $f$ 成余弦变化的交流分量,当 $\dfrac{2\pi f\Delta L}{C} = \dfrac{2K+1}{2}\pi$ 时 $K = 0,1,2,$ $3,\cdots$,交流分量为零,因此可以得到如图 7.3 所示的输出。这就说明了上述电路实

现了自相关运算。

综上所述,不难看出,要实现自相关运算,必须满足下列不等式:

$$T < \tau - \Delta \tag{7.10}$$

式中:$\tau$ 为脉冲宽度;$\Delta$ 为检波后视放的最小允许脉冲宽度,$\Delta = 1/f_v$,$f_v$ 为视放带宽。这也就是说时延时间 $T$ 必须比信号的脉冲小一个 $\Delta$,否则不能实现相干。这就限制了时延时间 $T$ 的上限。

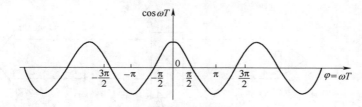

图 7.3   简单鉴相器的输出

(1)经过时延线,把信号的频率信息变为相位信息,在后续的乘法运算(由式(7.8)也可以看成为乘法运算)中,再将相位信息变为振幅信息,因此,信号自相关函数的振幅是信号频率的函数,测得自相关函数振幅,便得到信号、频率的信息。从加法器以后的一部分电路可以测量两个信号的相位差,因此也称这部分电路为鉴相器。

(2)由于余弦信号的相关函数 $\cos\varphi$ 为周期性函数,因此,只有在 $0 \leqslant \varphi \leqslant 2\pi$ 区间,$\cos\varphi$ 及其正交函数 $\sin\varphi$($\cos\varphi$ 经 90°相移)才可以共同单值地确定接收机的频率覆盖范围。在选定 $\Delta L$ 后,相移与频率之间为线性关系,即

$$\varphi = 2\pi Tf \tag{7.11}$$

于是

$$\varphi_1 = 2\pi Tf_1 \, , \quad \varphi_2 = 2\pi Tf_2$$

那么,在接收机的瞬时频带 $f_1 \sim f_2$ 范围内最大相位差为

$$\Delta\varphi = \varphi_2 - \varphi_1 = 2\pi T(f_2 - f_1) = 2\pi$$

所以

$$f_2 - f_1 = \frac{1}{T} \tag{7.12}$$

这就说明时延线的长度限制了接收机的测频范围,要扩大测频范围只得采用短时延线。

(3)自相关函数的振幅与输入信号的功率($A^2$)成正比。当使用正/余弦幅度余量化求频率时,就必须保持正/余弦函数不发生歧变,因此在微波鉴相器之前必须对信号进行限幅放大,保持输入信号在允许的幅度变化范围之内。但当使用极性量化处理方法时,对幅度变化范围可以大大放宽,只要输入信号经相关器前部分到检波器后,仍使检波器处在平方律动态范围之内,就会得到所要求的自相关函数。尽管如此,在有条件的场合下仍然使用限幅射频放大器。

（4）输出信号不仅有交流分量——自相关函数部分，还有一直流分量，如果能设法消除这个直流分量，就能简化后续处理。

从上述分析中可以看出，这种简单的微波鉴相器虽然能够实现将信号的频率信息变为相位信息，然后完成鉴相任务，从而确定频率，但性能不完善，必须改进，才有实用价值。经过改进的实用微波鉴相器如图7.4所示，它由功率分配器、时延线、90°电桥、平方律检波器和差分放大器五部分组成。

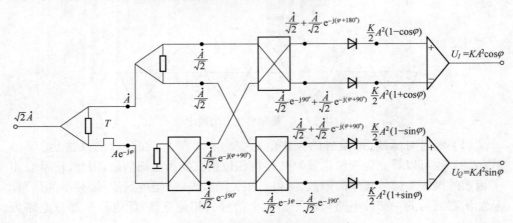

图 7.4　一种常用的微波鉴相器

设微波鉴相器的输入信号为

$$u_1 = \sqrt{2}\dot{A} \tag{7.13}$$

则参考支路为

$$u_2 = \frac{\sqrt{2}\dot{A}}{\sqrt{2}} = \dot{A} \tag{7.14}$$

设时延线相位差为 $\varphi$，则时延支路为

$$u_3 = \frac{\sqrt{2}\dot{A}}{\sqrt{2}}\mathrm{e}^{-\mathrm{j}\varphi} = \dot{A}\mathrm{e}^{-\mathrm{j}\varphi} \tag{7.15}$$

参考支路又分为两路，它们的表达式均为

$$u_4 = \frac{1}{\sqrt{2}}\dot{A} \tag{7.16}$$

时延支路经90°电桥，上端为臂，其输出为

$$u_5 = \frac{\dot{A}}{\sqrt{2}}\mathrm{e}^{-\mathrm{j}(\varphi+90°)} \tag{7.17}$$

下端为耦合臂，输出为

$$u_6 = \frac{\dot{A}}{\sqrt{2}}\mathrm{e}^{-\mathrm{j}\varphi} \tag{7.18}$$

422

上述 4 个信号( $u_3$ 、 $u_4$ 、 $u_5$ 、 $u_6$ )分别在后面的 90°电桥中相加得到 $A$ 、 $B$ 点信号分别为

$$u_A = \frac{\dot{A}}{2} + \frac{\dot{A}}{2}\mathrm{e}^{-\mathrm{j}(\varphi+180°)} = \frac{A}{2}\mathrm{e}^{\mathrm{j}\omega t}\left[1 + \mathrm{e}^{-\mathrm{j}(\varphi+180°)}\right] \qquad (7.19)$$

经平均解检波得到 $A'$ 点信号为

$$u_A' = \frac{K}{2}A^2(1 - \cos\varphi) \qquad (7.20)$$

$$u_B = \frac{\dot{A}}{2}\mathrm{e}^{-\mathrm{j}90°} + \frac{A}{2}\mathrm{e}^{-\mathrm{j}(\varphi+90°)} = \frac{\dot{A}}{2}\mathrm{e}^{-\mathrm{j}90°}(1 + \mathrm{e}^{-\mathrm{j}\varphi})$$

$$= \frac{A}{2}\mathrm{e}^{-\mathrm{j}(\omega t+90°)}(1 + \mathrm{e}^{-\mathrm{j}\varphi}) \qquad (7.21)$$

经平方律检波,得到 $B'$ 点信号为

$$u_B' = \frac{K}{2}A^2(1 + \cos\varphi) \qquad (7.22)$$

由此得差分放大器的输出

$$u_{01} = \dot{u}_B - \dot{u}_A = KA^2\cos\varphi \qquad (7.23)$$

同理可得下面差分放大器的输出为

$$u_{02} = \dot{u}_D - \dot{u}_C = KA^2\sin\varphi \qquad (7.24)$$

由上述证明可知,这种实用的微波鉴相器的两个输出为一对正交函数

$$\begin{cases} U_{01} = KA^2\cos\varphi \\ U_{02} = KA^2\sin\varphi \end{cases} \qquad (7.25)$$

消除了妨碍微波鉴相器正常工作的直流分量,同时, $U_{01}$ 与 $U_{02}$ 的合成矢量为一极坐标表示的旋转矢量,其模为

$$|\dot{U}_\Sigma| = |U_{01}^2 + U_{02}^2| = KA^2 \qquad (7.26)$$

其相位角为

$$\varphi = \frac{2\pi}{\lambda_g}\Delta L = \frac{2\pi}{\lambda_g/c}\frac{\Delta L}{C} = 2\pi fT \qquad (7.27)$$

式中: $\lambda_g$ 为时延线的波导波长; $c$ 为光速; $\Delta L$ 为时延线长度; $T$ 为时延线的时延; $f$ 为输入信号的载波频率。

由以上分析可见:正交函数合成矢量的相位角 $\varphi$ 与载波频率 $f$ 成正比,实现了频/相变换;正交函数合成矢量的幅度与信号幅度平方成正比。正交函数的合成矢量如图 7.5 所示。

相位角 $\varphi$ 在 360°以外会出现相位模糊,因此,要保持频/相单位变换,必须对相位角加以限制,使 $0 \leqslant \varphi \leqslant 2\pi$ ,于是相位角变化为 $\Delta\varphi = 2\pi$ 。

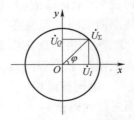

图 7.5　正交函数的合成矢量

423

将式(7.27)用增量表示($T$ 保持不变)为

$$\Delta F = \Delta\varphi / 2\pi T \qquad (7.28)$$

式中：$\Delta F = f_2 - f_1$ 为侦察接收机的测频范围。将 $\Delta\varphi = 2\pi$ 代入上式可得

$$\Delta F = \frac{1}{T} \qquad (7.29)$$

这也就是说当 $T$ 确定之后，也就确定了无频率模糊的侦察频域范围，或者当给定 $\Delta F$ 时，必须确定适当的 $T$ 值，方能保证无频率模糊。

如果将 $U_{01}$ 和 $U_{02}$ 分别加到静电示波器的水平偏转板和垂直偏转板上，并且当信号以脉冲形式出现，则荧光屏上就出现一个亮线，亮线与 $x$ 轴的夹角即为 $\varphi$ 角，如将显示器以频率刻度（显示器外转度），就可以从亮线所指处读出信号的频率值，从而实现了测频。同时，由于光点到原点之间的距离与被测信号功率（$A^2$）成正比，因此，可用它指示信号的相对幅度，粗略估计出侦察机与雷达之间的距离。上述说明的这种方法，就是模拟式瞬时测频。

这种模拟式比相法瞬时测频接收机的优点有：电路简单、体积小、重量轻、运算速度快，能实时地显示被测信号频率及粗略距离。可是，它也存在严重的缺点：测频范围小、测频精度低，同时两者之间的矛盾也难以统一；灵活性差，无法与计算机连用。因此，必须用数字式比相法瞬时测频接收机取代它。在数字式比相法瞬时测频接收机中，首先要解决的问题是相位量化问题。

## 7.2.2　极性量化器的基本工作原理

如前所述，鉴相器输出的被测信号自相关函数振幅包含了信号频率信息，要把这两个正/余弦的模拟量转换成数字量，必须进行模/数转换。由于在瞬时测频接收机中的量化器要求在最小的脉冲宽度内完成模/数转换，所以一般不采用串行比较的量化方法，而必须采用高速并行比较方法。在并行比较的量化方法中，有并行幅度比较量化器和并行极性量化器，幅度比较量化器受输入信号幅度的影响较大，而极性量化器比较简单，所以用得最多。下面我们就来介绍一下有关极性量化器的基本工作原理。

如果将正弦电压分别加到两个电压比较器上，输出正极性为逻辑"1"，输出负极性为逻辑"0"，这样的极性量化可将相位量化到 90°，把 360°范围分成 4 个区域，从而构成 90°量化器或称 2bit 量化器。如图 7.6 所示。

从上面编码过程得到一个启示：鉴相器直接输出的正弦电压和余弦电压其相位差 90°，采用极性量化将 360°（对应测频范围 $\Delta F$）分成四个区间，那么，如果将以上两正弦电压和余弦电压进行组合，再产生两个电压 $\cos(\varphi - 45°)$ 和 $\sin(\varphi + 45°)$，4 个电压彼此相位差为 45°，于是，可以把 360°分成 8 个区间，原理上说 8 个区间用三位代码就能表示，但现在却是用 4 位代码，因此可以用这 4 位代码经过一定的逻辑运算组成 3 位代码，例如所有 4 位代码异或取反作为 $bit_0$，$\sin$ 和 $\cos$ 异或

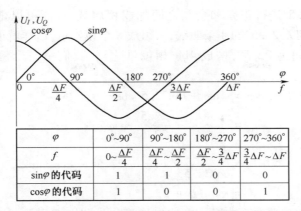

| $\varphi$ | $0°\sim90°$ | $90°\sim180°$ | $180°\sim270°$ | $270°\sim360°$ |
|---|---|---|---|---|
| $f$ | $0\sim\dfrac{\Delta F}{4}$ | $\dfrac{\Delta F}{4}\sim\dfrac{\Delta F}{2}$ | $\dfrac{\Delta F}{2}\sim\dfrac{3}{4}\Delta F$ | $\dfrac{3}{4}\Delta F\sim\Delta F$ |
| $\sin\varphi$ 的代码 | 1 | 1 | 0 | 0 |
| $\cos\varphi$ 的代码 | 1 | 0 | 0 | 1 |

图 7.6　鉴相器输出的正/余弦视频电压及其量化器输出的代码表

作为 $\mathrm{bit}_1$,sin 取反作为 $\mathrm{bit}_2$,就形成了 3 位代码,这种组码方式如图 7.7 所示。

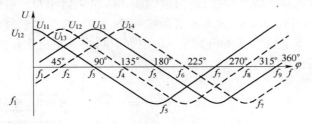

| $\varphi$ | $0\sim45°$ | $45°\sim90°$ | $90°\sim135°$ | $135°\sim180°$ | $180°\sim225°$ | $225°\sim270°$ | $270°\sim315°$ | $315°\sim360°$ |
|---|---|---|---|---|---|---|---|---|
| $f$ | $f_1\sim f_2$ | $f_2\sim f_3$ | $f_3\sim f_4$ | $f_4\sim f_5$ | $f_5\sim f_6$ | $f_6\sim f_7$ | $f_7\sim f_8$ | $f_8\sim f_9$ |
| $U_{11}$ | 1 | 1 | 1 | 1 | 0 | 0 | 0 | 0 |
| $U_{12}$ | 1 | 1 | 0 | 0 | 0 | 0 | 1 | 1 |
| $U_{13}$ | 1 | 1 | 1 | 0 | 0 | 0 | 0 | 1 |
| $U_{14}$ | 0 | 1 | 1 | 1 | 1 | 0 | 0 | 0 |

图 7.7　4 个函数组码示意图

由图 7.7 可见,当 4 位代码变成 3 位代码时,也同时完成了自然二进制代码的转换。图 7.7 所示 4 个函数的表达式如下:

$$\begin{cases} S = A\sin 2\pi Tf \\ C = A\cos 2\pi Tf \end{cases} \tag{7.30}$$

$$\begin{cases} S' = A\sin 2\pi Tf + A\cos 2\pi Tf = \sqrt{2}A\sin(2\pi Tf + 45°) \\ C' = A\sin 2\pi Tf - A\cos 2\pi Tf = \sqrt{2}A\cos(2\pi Tf - 45°) \end{cases} \tag{7.31}$$

其中, $C'$ 和 $S'$ 的振幅与 $C$ 和 $S$ 不同,并不影响极性量化,这就是采用极性化器的优越性之处。

在微波鉴相器的相位误差允许的条件下。可以进一步提高量化精度,具体做法是:利用 tan22.5°进行正弦和余弦之间加权相加减,从而可以得到和上面相差 45°的 4 条曲线相差 22.5°的 4 条曲线,共组成 8 个模拟量,这样就可把 360°分割成 16 个区间,每区间为 22.5°,构成 4bit 相位量化器,我们举一个例子来说明这种方法:

$$\sin\varphi + a\cos\varphi = \sin\varphi + \tan22.5°\cos\varphi$$

$$= \sin\varphi + \frac{\sin22.5°}{\cos22.5°}\cos\varphi$$

$$= \frac{1}{\cos22.5°}(\sin\varphi\cos22.5° + \cos\varphi\sin22.5°)$$

$$= K\sin(\varphi + 22.5°)$$

前面已指出,函数前面的系数 $K$ 不影响极性量化。利用相同的方法可以获得其他函数表达式。系数 $a$ 可利用电阻分压获得。这样给出的有 8 个相差 22.5°的函数的鉴相器如图 7.8 所示。以此类推,还可以构成 5bit 量化器和 6bit 量化器,其相位量化宽位分别为 11.25°、5.25°,这不仅对微波部件的相位差提出了苛刻的要求,同时,由于 5bit 需要 16 个模拟量,6bit 需要 32 个模拟量,也将使量化器的电路变得十分复杂。因此通常使用 4bit 量化器。

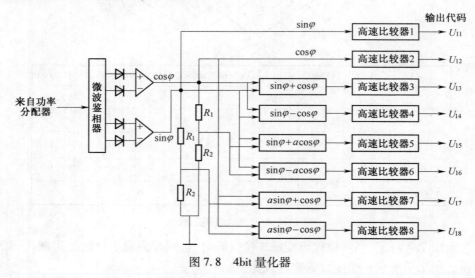

图 7.8  4bit 量化器

下面我们来讨论一下单通道微波鉴相器的测频误差,由公式

$$f = \frac{\varphi}{2\pi T}$$

可见,影响测频误差的因素有两项:相位误差 $\Delta\varphi$ 和时延线时延误差 $\Delta T$。先考虑相位的影响,即在 $T$ 不变时对 $\varphi$ 求导,得

$$\Delta f = \frac{1}{2\pi T}\Delta\varphi \tag{7.32}$$

426

再考虑 $T$ 的影响,即在 $\varphi$ 为常数的情况下:

$$\frac{\mathrm{d}f}{\mathrm{d}t} = -\frac{\varphi}{2\pi T^2} = -\frac{\varphi}{2\pi T}\frac{1}{T} = -\frac{f}{T} \tag{7.33}$$

写成增量形式

$$\Delta f = -\frac{f}{T}\Delta T \tag{7.34}$$

综合以上两个因素有

$$\Delta f = \frac{1}{2\pi T}\Delta\varphi - \frac{f}{T}\Delta T \tag{7.35}$$

或

$$\Delta fT = \frac{\Delta\varphi}{2\pi} - f\Delta T$$

$$\frac{\Delta f}{\Delta F} = \frac{\Delta\varphi}{2\pi} - f\Delta T \tag{7.36}$$

式中: $\Delta F = f_2 - f_1 = \frac{1}{T}$。应当指出,上述两个因素中,时延线引起的时延误差一般可以由精密调整时延线的长度而做得很小,因此

$$\delta f = \frac{\Delta\varphi}{2\pi}\Delta F \tag{7.37}$$

举个例子来说,若假设 $\Delta F = 2\mathrm{GHz}$,$\Delta\varphi = 11.35°$(这对宽带网络来说,设计要求已经相当苛刻了),由式(7.37)计算出的测频误差为 6.25MHz,可见单通道鉴频器不能同时解决测频范围和测频误差之间的矛盾。

前面已经指出,鉴频器输出的自相关函数是周期函数,它的移相函数也是周期函数,在 $T$ 选定的情况下,$\Delta F$ 增加将造成模糊。又由式(7.37),$\Delta F$ 选得小时,$\Delta f$ 也就线性减少(在 $\Delta\varphi$ 不变的条件下)。如果在减小 $\Delta F$ 后,再用一个覆盖较大 $\Delta F$ 的鉴频器来消除小 $\Delta F$ 鉴频器的模糊,就可以解决频率覆盖和测频精度之间的矛盾,这就是多通道瞬时测频接收机的概念,即由短时延线($\Delta F = \frac{1}{T}$,大 $\Delta F$)确定频率覆盖范围,且分辨模糊,而由长时延线(小 $\Delta F$)确定测频精度。

### 7.2.3 多通道瞬时测频接收机

在实际工作中,对一个数字式瞬时测频接收机既提出频率覆盖范围 $\Delta F$ 的要求,又提出频率分辨力 $\Delta f$ 的要求,于是便可确定量化单元数 $n = \Delta F/\Delta f$。

极性量化器的作用是将它覆盖的频率范围化成若干个单元,这里所说的每个"单元"的宽度就是所要求的频率分辨力。例如 3bit 量化器,将 360° 分成 8 个单元,4bit 量化器,将 360° 分成 16 个单元。其余以此类推。

首先讨论两路鉴相器并行运用的情况,如图 7.9 所示。两路量化分别为 3bit

和 2bit(图中所示为 3bit),而第二路时延线长度为第一路的 4 倍($T_1 = T, T_2 = 4T$)。短时延线支路为高位,必须单值测量,其不模糊带宽为 $\Delta F = 1/T$。长时延线支路为低位,由于长时延线长度为短时延线的 4 倍,故在整个大 $\Delta F$ 上,有 4 个波长(或 4 个周期),每个周期量化成 8 个单元,那么,总共量化成 32 个单元,每个单元宽度即分辨力为

$$\Delta f = \frac{\Delta F}{2^j} \tag{7.38}$$

式中:$2^j = 32 = 2^3 \times 4 (j = 5)$。因此,对 $k$ 路鉴相器并行运行分辨力公式可改写为

$$\Delta f = \frac{\Delta F}{2^m \times n^{k-1}} = \frac{1}{2^m \times n^{k-1}T} \tag{7.39}$$

式中:$m$ 为低位鉴相器支路的量化比特数;$n$ 为相邻支路鉴相器时延时间比;$k$ 为并行运用支路数。

对上例 $m = 3$、$n = 4$、$k = 2$。

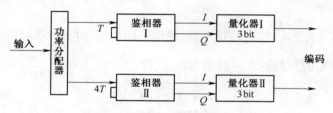

图 7.9　两路鉴相器的并行运用

上述两支路的搭配可用图 7.10 来说明,鉴相器和量化器 I 将整个范围分为 4 个区间,而鉴相器量化器 II 又将每个区间再次分为 8 个小区间,这就是分辨力宽度。换句话来说,鉴相器 II 在整个区间上产生的模糊由粗路鉴相器 I 来分辨。

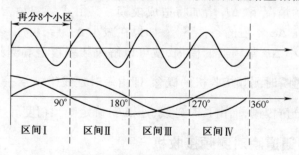

图 7.10　分区组码原理

目前瞬时测频接收机上的实用鉴相器的规格已规范化了,最常用的 $m$ 为 4~6,$k = 4$,$n = 4$ 的多通道组合方式,并且除了最低路产生 4~6 位代码以外,其他支路一般只产生 2 位代码,由此组成 1~12 位数字输出的瞬时测频接收机。但是也应当指出,$n$ 值的增加,将给鉴相器微波部件的设计提出更苛刻的要求,这也就是通常所说的采用何种组合方式或何种处理方式能使微波部件允许的容差最大的问题。因

428

此除了 $n=4$ 组合方式以外,还有 $n=2$(相邻时延比为 2)的多通道瞬时测频接收机,这种接收机的微波部件要求虽然降低了,但为获得足够的频率分辨力,却通常需要更多的路数,即更大的 $k$ 值,这将使瞬时测频接收机复杂化。参考资料用评价各种瞬时测频接收机方案性能的设计公式对几种瞬时测频接收机做了比较,比较结果示于表 7.1 。这些方案的射频带宽均为 2000MHz,视频带宽 10MHz,前置射频放大器的噪声系数为 10dB。

表 7.1 几种瞬时测频接收机方案比较

| 鉴相器数量 | 1 | 2 | 3 | 4 | 8 |
|---|---|---|---|---|---|
| 时延线比值 | — | 10 | 8 | 4 | 2 |
| 数字量化位数 | 10 | 8 | 5 | 4 | 4 |
| 典型相位容限/(°) | — | 12 | 11 | 22 | 64 |
| 高电平精度/MHz | 11.1 | 1.1 | 0.3 | 0.7 | 0.4 |
| 门限处噪声误差/MHz | 11.1 | 2.2 | 0.5 | 0.8 | 0.7 |
| 灵敏度/dB | −68 | −71 | −70 | −73 | −76 |
| 最坏情况下干扰容限/dB | −10.5 | −7.3 | −7.8 | −4.5 | −1.6 |

在数字式瞬时测频接收机中,各路量化器输出的是几组不相制约的频率代码。由于鉴相器中各个具体电路特性与理想特性的偏离、输入信号幅度起伏以及接收机的内部噪声等因素可能引起极性量化的错位,尤其是高位正弦电压和余弦电压过零点时的不陡直,更加剧了这种效应。为了将这些分散的频率代码变成二进制频率代码,并且量化单元宽度是由最长时延线支路确定的,因此,必须采用适当的编码和校正技术,最后还要将区间码(或循环码)转换成便于后续处理的二进制码。有关这些问题的详细讨论已超出了本书的范围,有兴趣的读者可参考文献[3]。

瞬时测频接收机最主要的弱点是不能准确测量同时到达信号的载频。瞬时测频接收机是基于参考信号和时延信号之间的干涉原理,因此,当干扰与信号同时存在时,就会出现测量错误。应当指出:这种干涉是不同信号的矢量合成,因此,当干扰信号电平与所测信号电平相差较大时,矢量合成的结果几乎不发生可感知的变化。表 7.1 最末一行最坏情况时的干扰容限就是指干扰信号小到什么程度时,才对最终测量结果无大影响,对 $m=n=k=4$ 的情况,有用信号比干扰信号大 4.5dB 可正确测量。和信号电平可比拟的干扰信号使测量结果出错,最终导致在频率选择时出现漏脉冲,过多的漏脉冲会影响信号跟踪系统对信号的捕捉和跟踪。典型瞬时测频接收机的性能见表 7.2。

表 7.2 所列的不模糊带宽,就是最短时延线支路的覆盖带宽,即 $\Delta F = \dfrac{1}{T}$ ,它比工作带宽略宽。表 7.2 中的通过时间定义为在瞬时测频接收机加上射频脉冲信号

给出数字载频码所需的时间,是时延线时延时间和后续的量化、组码、校正时间的总和。

表 7.2　瞬时测频接收机性能

| 工作频率/GHz | 2~4 | 8~16 |
|---|---|---|
| 不模糊带宽/MHz | 2440 | 8400 |
| 分辨力/bit | 11 | 12 |
| 灵敏度/dBm | −60 | −50 |
| 动态范围/dB | 60 | 60 |
| 最小工作脉宽 | 0.1 | 0.1 |
| 通过时间/μs | 0.3 | 0.3 |

## 7.2.4　校码和编码技术

在数字式瞬时测频接收机中,各路量化器分别输出的是几组不相制约的频率代码。由于鉴相器中各个具体电路特性与理想特性的偏离、输入信号幅度起伏以及接收机的内部噪声引起极性量化的错位,尤其是正弦电压和余弦电压通过零点时的不陡直,更加剧了这种效应。为了将这些分散的频率代码变成二进制频率码,并且量化单元宽度是由最长时延线支路确定的,因此,在编码过程中,必须低位校正高位。现在,首先看看相位误差是怎样引起量化错误的。

图 7.11(a)示出了三根正弦函数曲线。其中曲线 1 表示理想情况,没有相位误差($\Delta\phi = 0$),量化器输出的“0”和“1”的位置如图 7.11(b)所示。如果由于相位误差使函数提前一个 $\Delta\phi$(曲线 2),则量化器输出的“0”和“1”的位置如图 7.11(c)所示。同理,如果由于相位误差使函数滞后一个 $\Delta\phi$(曲线 3),则“0”和“1”的位置如图 7.11(d)所示。因此,在($-\Delta\phi$, $+\Delta\phi$)区间呈现不确定状态,可能引起量化错误。这种现象在高位相关器中特别严重,因为高位的正弦/余弦函数过零点时斜率小,灵敏度较低;相反,低位的正弦/余弦函数过零点的斜率较大,灵敏度高,如果用低位校高位就能保证测频精度。

要想校码,必须要有多余的信息量。现举一个三路鉴相器的例子来说明,如图 7.12 所示,这里只采用了正弦函数 $\sin pf$ 的信息,将总频率范围分成 8 个小区间。按 $U_1U_2U_3$ 顺序,正信号用“1”表示,负信号用“0”表示,对应 8 个小区间的码字如图 7.12(b)所示。$U_1U_2U_3$ 给出了 8 种组合,全部用于 8 个小区间,无多余信息量。如第 4 区的码字 $A_4 = V_1\overline{V_2}\,\overline{V_3}$(即 100),但 $V_1$ 处于正、负交界处,由于系统的相位误差会产生错误,使其错译成 000,它对应于第 8 区的码字 $A_8 = 000$,这样就会带来很大的测频错误;或者由于灵敏度不够而漏失 $U_1$ 码字,即 $A_4 = 00$,于是就无法判别信号在哪一区间。可见,为了能够校码,必须要有多余的信息量。产生多余信息量的最简单的方法是每一路本身可分的区数超过两位,如同时使用 $\cos pf$ 和 $\sin pf$

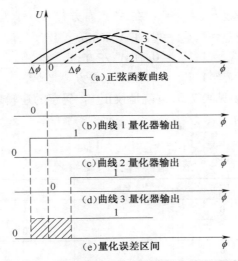

图 7.11　鉴相器的相位误差引起频率代码的误差

的信息,便可以实现。这时一路鉴相器有两个模拟量,可使一路分成 4 个区,但不用四进制,而仍然用二进制。现以两路鉴相器为例说明多余信息的产生方法,如图 7.13 所示。采用 4 个模拟量 $V_{1c}(=\cos p_1 f)$、$V_{1s}(=\sin p_1 f)$、$V_{2c}(=\cos p_2 f)$ 和 $V_{2s}(=\sin p_2 f)$,每个分区号所对应的码字,示于图 7.13(b)。其编码顺序按 $V_{1c}V_{1s}V_{2c}V_{2s}$ 排列。这里码字有 4 位,按二进制原则,本来允许指示 $2^4=16$ 个区间,但只用于 8 个区间,这就表明信息量有富裕,可以用来校正码字。

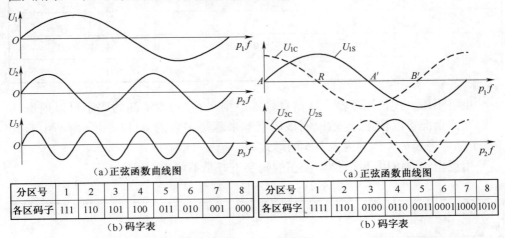

| 分区号 | 1 | 2 | 3 | 4 | 5 | 6 | 7 | 8 |
|---|---|---|---|---|---|---|---|---|
| 各区码子 | 111 | 110 | 101 | 100 | 011 | 010 | 001 | 000 |

(b)码字表

| 分区号 | 1 | 2 | 3 | 4 | 5 | 6 | 7 | 8 |
|---|---|---|---|---|---|---|---|---|
| 各区码字 | 1111 | 1101 | 0100 | 0110 | 0011 | 0001 | 1000 | 1010 |

(b)码字表

图 7.12　3bit 二近制编码器原理　　　　图 7.13　多余信息量的产生方法

　　校正码字的一般做法是:当一位码字经过零点时,可利用其他码字来加以纠正。例如第 4 区的码字 $A_4=0110$,其中高位码 $V_{1s}$,在"0"、"1"边界,有可能错漏,若由"1"错成"0",则码字变为 0010,由于图 7.13(b)中的 8 个区间无此码,因此,可判断它错了。同时,还可以看出,$V_{1s}$ 在 0、1 边界为 0 的条件是:

如果 $V_{1c} = 0$,则 $V_{2c} = 1, V_{2s} = 1$,在 $A'$ 点右方;

如果 $V_{1c} = 1$,则 $V_{2c} = 1, V_{2s} = 0$,在 $A$ 点左方;

如果 $V_{1c} = 0$,则 $V_{2c} = 1, V_{2s} = 0$,在 $A'$ 左方;

如果 $V_{1c} = 1$,则 $V_{2c} = 1, V_{2s} = 1$,在 $A$ 点右方。

于是可列出真值表见表 7.3,也就是校正 $V_{1s}$ 码字的逻辑表。在 $V_{2c} = 1$ 时,校正 $V_{1s}$ 的数学表达为

$$V_{1s} = V_{1c} g V_{2s} + \overline{V}_{1c} g \overline{V}_{2s} \tag{7.40}$$

表 7.3　$V_{1s}$ 校码逻辑表

| $V_{1s}$ | $V_{1c}$ | $V_{2c}$ | $V_{2s}$ | 过零位置 |
|----------|----------|----------|----------|----------|
| 0 | 0 | 1 | 1 | $A'$ |
| 0 | 1 | 1 | 0 | $A$ |
| 1 | 0 | 1 | 0 | $A'$ |
| 1 | 1 | 1 | 1 | $A$ |

同理可以写出 $V_{1c}$ 的校码逻辑表,见表 7.4。当 $V_{2c} = 0$ 时,其数学表达式为

$$V_{1c} = V_{2s} g V_{2s} + \overline{V}_{1s} g \overline{V}_{2s} \tag{7.41}$$

表 7.4　$V_{1c}$ 的校码逻辑表

| $V_{1c}$ | $V_{1s}$ | $V_{2c}$ | $V_{2s}$ | 过零位置 |
|----------|----------|----------|----------|----------|
| 0 | 0 | 0 | 1 | $B'$ |
| 0 | 1 | 0 | 0 | $B$ |
| 1 | 0 | 0 | 0 | $B'$ |
| 1 | 1 | 0 | 1 | $B$ |

也可不用上述校码逻辑。从信息量的原则来看,既然错漏的码字可以根据其他码字的情况予以校正,这就说明该码字本来就是多余的,可以不用,而不影响分区,于是可将表 7.4 改画为表 7.5 的形式。

用逻辑代数可以证明,能够校正的码字正好是不可用的码字。

表 7.5　一种 8 个区间可靠逻辑码

| 码字 \ 区号 | 1 | 2 | 3 | 4 | 5 | 6 | 7 | 8 |
|------------|---|---|---|---|---|---|---|---|
| $V_{1c}$ | 1 | × | × | 0 | 0 | × | × | 1 |
| $V_{1s}$ | × | 1 | 1 | × | × | 0 | 0 | × |
| $V_{2c}$ | 0 | 0 | 0 | 1 | 1 | 0 | 0 | 1 |
| $V_{2s}$ | 1 | 1 | 0 | 0 | 1 | 1 | 0 | 0 |
| 注:"×"表示该位码字在零点附近(不用) | | | | | | | | |

432

对于最低鉴相器支路,可以直接编码,即将该支路的量化器输出代码转换成二进制码。其他支路不能直接编码,而采用校正编码,即依次由相邻的低位支路校正相邻高位支路,或者依次在各相邻的支路中,去掉高位过零点的码字,用那些高位不过零点的码字描述所分的区间,从而形成无错漏的统一的二进制频率码字。

### 7.2.5 对同时到达信号的分析与检测

为了简化讨论,在这里只考虑两类导致接收机产生错误频率数据的同时到达信号。第一类同时到达信号的条件是:两个信号前沿一致(一般是指在 10ns 以内)。第二类同时到达信号条件是:两个信号虽然在时间上不一致,但是在第一个信号完成编码之前第二个信号到达。下面分别加以分析。

**1. 第一类同时到达信号**

首先讨论单路鉴相器,再讨论多路鉴相器并行运用。为了便于定量分析,我们假定系统处于线性状态。两个前沿一致的信号分别为 $\dot{A}_1 = A_1\cos2\pi f_1 T = A_1\cos\varphi_1$,$\dot{A}_2 = A_2\cos2\pi f_2 T = A_2\cos\varphi_2$,前者为被测信号,后者为干扰信号。二者合成矢量为 $\dot{A} = A\cos\varphi$,如图 7.14 所示。若要求出干扰信号引起被测信号的测频误差,就必须首先求出 $\dot{A}_1$ 与 $\dot{A}$ 的相位差 $\Delta\varphi = \varphi_1 - \varphi$。

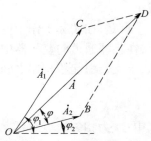

图 7.14　两个同时到达信号的合成矢量图

因

$$A_1\sin\varphi_1 + A_2\sin\varphi_2 = A\sin\varphi$$
$$A_1\cos\varphi_1 + A_2\cos\varphi_2 = A\cos\varphi$$

现令 $\varphi_d = \varphi_1 - \varphi_2$,则 $\varphi_2 = \varphi_1 - \varphi_d$,并令 $a = A_1/A_2$
得

$$\tan\varphi = \frac{a\sin\varphi_1 + \sin(\varphi_1 - \varphi_d)}{a\cos\varphi_1 + \cos(\varphi_1 - \varphi_d)} = \frac{\tan\varphi_1 + \sin\varphi_d/(a + \cos\varphi_d)}{1 - \tan\varphi_1 \cdot \sin\varphi_d/(a + \cos\varphi_d)}$$

$$= \tan\left(\varphi_1 + \arctan\frac{\sin\varphi_d}{a + \cos\varphi_d}\right)$$

所以

$$\varphi = \varphi_1 + \arctan\frac{\sin\varphi_d}{a + \cos\varphi_d} \tag{7.42}$$

再将 $\varphi_d = \varphi_1 - \varphi_2 = 2\pi(f_1 - f_2)T$ 代入上式,可得

$$\varphi = 2\pi f_1 T + \arctan\frac{\sin2\pi(f_1 - f_2)T}{a + \cos2\pi(f_1 - f_2)T}$$

干扰信号 $\dot{A}_2$ 所引起的相位误差为

$$\Delta\varphi = \varphi - \varphi_1 = \arctan\frac{\sin 2\pi(f_1 - f_2)T}{a + \cos 2\pi(f_1 - f_2)T} \tag{7.43}$$

将上式对 $a$ 求导,且令其为零,可得

$$\Delta\varphi_{\max} = \arcsin\frac{1}{a} \tag{7.44}$$

当 $a = 0\text{dB}$ 时,则 $\Delta\varphi_{\max} = 90°$;

当 $a = 3\text{dB}$ 时,则 $\Delta\varphi_{\max} = 30°$;

当 $a = 4\text{dB}$ 时,则 $\Delta\varphi_{\max} = 23.4°$;

当 $a = 6\text{dB}$ 时,则 $\Delta\varphi_{\max} = 14.5°$。

可见,随着干扰信号与被测信号幅度之差增大,干扰信号所引起的相位差 $\Delta\varphi$ 减小。

可是,在实际工作中,由于干扰信号的存在,被测信号相位不能保持一定,因此,在相邻通道的鉴相器中,各自测得信号与干扰矢量和的相位与时延不成比例关系,于是便引起鉴相器之间的跟踪误差:

$$\Delta\varphi_t = \Delta\varphi_{(1)} - \frac{1}{n}\Delta\varphi_{(n)} \tag{7.45}$$

式中:$n$ 为相邻通道时延比例($n = T_{i+1}/T_i$);$\Delta\varphi_{(1)}$ 为在相邻通道中,短时延通道由干扰信号引起的相位差;$\Delta\varphi_{(n)}$ 为在相邻通道中,长时延通道由干扰信号引起的相位差。

将式(7.43)代入上式得

$$\Delta\varphi_t = \frac{n-1}{n}\arctan\frac{\sin\varphi_d}{a + \cos\varphi_d}$$

若 $\varphi_d = 2p\pi/(n+1)$($p$ 为整数),并考虑相邻通道的最坏影响,可得 $\varphi_t$ 的极大值:

$$\Delta\varphi_{t\max} = \frac{n+1}{n}\arctan\frac{\sin\dfrac{2p\pi}{n+1}}{a + \cos\dfrac{2p\pi}{n+1}} \tag{7.46}$$

不难证明:当 $a = 1$,且 $\varphi_d = 180°$时,$\Delta\varphi_{t\max}$ 值最大。

要保证接收机在最坏情况下对强信号精确测频,干扰信号所引起的跟踪误差必须小于或等于鉴相器最大的相位误差,即

$$\Delta\varphi_{t\max} \leqslant \frac{\pi}{n} - \Delta\varphi_c\left(1 + \frac{1}{n}\right) \tag{7.47}$$

式中:$\Delta\varphi_c$ 为鉴相器的相位误差。

以鉴相器的相位误差 $\Delta\varphi_c$ 为参变量,可以绘出 $a-n$ 曲线,如图 7.15 所示。由图可见,当 $\Delta\varphi_c$ 一定时,$n$ 减小,$a$ 的容许值可以低些;若 $n$ 一定,$\Delta\varphi_c$ 减小,$a$ 的容许值也可以低些,不过,这样会使鉴相器的制造成本提高。

最后,还应指出,在上述分析中,没有考虑限幅放大器的非线性作用——强信

号压制弱信号。因此,实测的捕获比应较由图 7.15 查得的数值低一些。捕获比是指在干扰信号存在的条件下,对于需要精确测量频率的信号,要求它的幅度应比干扰信号的幅度高的倍数($a$ 值)。通常 $a>6dB$ 时,接收机出现错误数据的概率可以忽略。即使对于 $a = 0dB$,而到达时间一致的两个信号,出现错误频率数据概率仍小于25%。可见,第一类同时到达信号的影响并不十分严重,因为两个幅度相等、到达时间一致的信号甚少。

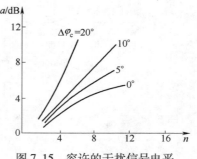

图 7.15　容许的干扰信号电平

### 2. 第二类同时到达信号

对于任何特定的频率,其编码所用的时间与最长时延线及频率检测电路有关。2~4GHz 接收机典型编码时间为 100~125ns。在此编码期间,接收机的频率编码电路对噪声或外加脉冲信号很敏感。在对一个频率成功地编码之后,存在一段与接收机有关的寂静时间,在此期间,不能处理新的信号。在无输入能量条件下,这段寂静时间将迅速结束。在临界的编码期间,第二个脉冲信号到达,如果它的幅度比第一个脉冲幅度弱得多,则引起错误测频的概率很小;反之,如果第二个脉冲幅度比第一个脉冲幅度强,那么,频率数据的错误概率就会很高,可达 80%。我们称在第一个脉冲临界编码期间第二个脉冲到达的条件为第二类同时到达信号的条件。第二类同时到达信号之所以引起这样高的错误数据概率,是由于第一个脉冲触发了频率测量电路,而第二个脉冲会使输出正余弦信号比较器的输出有一个瞬变过程。在瞬变过程中,测频电路进行一次取样,同时,必然会产生高的错误数据概率。大量试验证明:在第二类同时到达信号条件下所记录下来的频率码字,也许是第一个脉冲的频率,也许可能是第二个脉冲的频率,或者也可能是与两个输入信号频率无关的码字。在脉冲重叠情况下,哪种条件占优势,取决于脉冲的相对幅度、脉冲前沿的时间关系、频率以及脉冲绝对幅度,其关系十分复杂,难以定量分析,只有通过试验测量。

### 3. 同时到达信号的检测

如前如述,由于同时到达信号降低测频精度,引起弱信号丢失,特别是造成测频错误,因此接收机必须能够检测出有无同时到达信号的存在。

一种最常用的同时到达信号的检测电路如图 7.16 所示,由混频器、带通滤波器、幅度检波器以及比较器所组成。如果只有一个信号加入混频器,则全部谐波都是由单个输入信号产生的,它们都处于带通滤波器通带之外,于是,检波器和比较器无输出。当有两个以上信号到达混频器时,将会产生输入信号差频的谐波。这些谐波通过带通滤波器,后再经检波,便在比较器上有输出。一旦超出门限电平,就会产生一个逻辑电平输出,作为同时到达信号的标志,使接收机测得的频率数据不予输出。这样做,尽管可能丢失短暂信号,但不会出现测频错误。

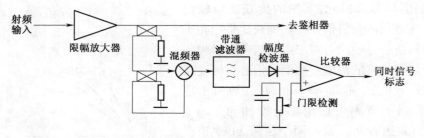

图 7.16  同时到达信号的检测电路

这种检测电路对幅度相当的同时到达信号特别灵敏,但当输入信号幅度相差较大(在 6dB 以上)时,输入信号差频的谐波幅度就会很低。因此,这种检测电路只适用于第一类同时到达信号,而对第二类同时到达信号相当不灵敏。

### 7.2.6  测频误差分析

如前所述,测频误差来源有两个:相位误差 $\Delta\varphi$ 和时延误差 $\Delta T$。我们只讨论相位误差。

相位误差主要来源有:鉴相器元件性能与理想值偏离所引起的相位误差 $\Delta\varphi_c$;有限的相位量化率造成了相位量化误差 $\Delta\varphi_q$;系统的内部噪声所引起的相位噪声 $\Delta\varphi_N$;同时到达信号干扰造成信号矢量相位的偏离 $\Delta\varphi_i$。现分别简述如下:

**1. 鉴相器的相位误差 $\Delta\varphi_c$**

在鉴相器工作原理讨论中,假定各个元件具有理想的特性。譬如,功率分配器具有理想的 3dB 分配特性;电桥具有等功率分配(3dB),信号经过耦合臂有 90° 相移,经过直通臂不产生相移;微波检波器具有严格的平方律特性,且 4 只检波器检波效率完全一样;差分放大器的一对通路增益严格一样,且两只差分放大器 4 个通路增益完全一致;等等。但在实际工作中,由于信号频率的不同(宽频带工作),脉冲幅度和宽度的变化、环境温度的升降等原因,元件的实际特性与理想特性偏离,从而引起了相位误差,产生测量模糊现象。通常,宽频带鉴相器相位误差为 10° ~ 15°,高质量的宽频带鉴相器的相位误差可达 5°。

解决测量模糊问题可以这样理解:把两个相邻鉴相器的输出看作两个矢量,其幅角(相位)绝对值 $\varphi_1$ 和 $\varphi'_n$,可用时延时间比 $n$ 把它们关联起来,即

$$\varphi'_n = n\varphi_1 \qquad (7.48)$$

通常,较长时延线的总相位 $\varphi'_n$ 等于 $2\pi$ 的 $I$ 整数倍($I<n$)及不确定的余项 $\varphi_n$ 之和,即

$$\varphi'_n = 2\pi I + \varphi_n \qquad (7.49)$$

将以上两式联立可得整数 $I$ 为

$$I = \frac{1}{2\pi}(n\varphi_1 - \varphi_n) \qquad (7.50)$$

在实际工作中，$\varphi_1$ 和 $\varphi_n$ 的测量总是存在相位误差 $\Delta\varphi_1$ 和 $\Delta\varphi_n$。但只要上式右边偏离给定的数值在 $-\dfrac{1}{2} \sim +\dfrac{1}{2}$，则算得的 $I$ 值不变，即

$$\frac{1}{2\pi}(\Delta\varphi_1 - \Delta\varphi_n) \leqslant \frac{1}{2}$$

并考虑最坏情况，即 $\Delta\varphi_1$ 和 $\Delta\varphi_n$ 变化方向相同，于是

$$\Delta\varphi_1 + \Delta\varphi_n \leqslant \frac{\pi}{n} \tag{7.51}$$

若只考虑鉴相器的相位误差，且假定相邻的二相关器的相位误差相等，则

$$\left(1 + \frac{1}{n}\right)\Delta\varphi_c \leqslant \frac{\pi}{n} \tag{7.52}$$

若 $n=4:1$，则 $\Delta\varphi_c \leqslant 36°$，显然，普通相关器是能满足要求的。

**2. 相位量化误差 $\Delta\varphi_q$**

相位量化误差是由最小量化单元宽度 $\Delta\varphi$ 决定的。我们知道，如果量化误差为均匀分布，可以导出量化相位误差有效值 $\Delta\varphi_q$ 与最小的量化单元宽度 $\Delta\varphi$ 之间关系为

$$\Delta\varphi_q = \Delta\varphi/2\sqrt{3} \tag{7.53}$$

例如：4bit 量化器，最小量化单元宽度 $\Delta\varphi = 22.5°$，$\Delta\varphi_q = 6.5°$；5bit 量化器，最小量化单元宽度 $\Delta\varphi = 11.25°$，$\Delta\varphi_q = 3.3°$；6bit 时，$\Delta\varphi = 5.6°$，$\Delta\varphi_q = 1.6°$。可见，采用 6bit 量化器，量化相位误差已比鉴相器的相位误差小得多，再提高量化器的比特数就没有实际意义了。

**3. 系统内部噪声引起的相位误差 $\Delta\varphi_N$**

我们已经知道，接收机的内部噪声是宽带高斯白噪声，它实际是一种幅度起伏、相位随机的同时到达的干扰信号，必然会引起被测信号矢量相位起伏——相位噪声。内部噪声电平越高，相位噪声越大。为了抑制微波检波器和视放产生的噪声，在接收机前端加进了低噪声限幅放大器。射频噪声和被测信号同时作用于检波器产生信号与噪声差拍、噪声与噪声差拍的两部分噪声，这两部分噪声将调制被测信号矢量，产生相位误差。

### 7.2.7 比相法瞬时测频接收机的组成及主要技术参数

比相法瞬时测频接收机的组成如图 7.17 所示，包括限幅放大器、时延线鉴相器

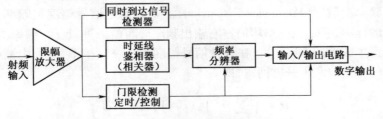

图 7.17　比相法瞬时测频接收机的组成

（相关器）、频率分辨器、输入/输出电路、信号门限检测定时控制电路以及同时到达信号检测器。

雷达射频信号加到低噪声射频放大器的输入端,它的作用是:①提高接收机的灵敏度;②对强信号限幅,使加到时延鉴相器上的信号幅度保持在一定的范围内,减小因信号幅度变化对测频精度的影响。同时,借助限幅放大器的非线性作用,实现强信号压制弱信号,减小同时到达信号的干扰作用。

经过限幅放大器的射频信号,通过功率分路器送到时延线鉴相器。它通常由时延比 $n=4$ 的四路鉴相器并行运用,或 $n=8$ 的三路鉴相器并行运用,实现频率—相位变换。时延线鉴相器输出一对正交正弦/余弦视频电压,各路分别送给后续的频率分辨器。频率分辨器由极性量化器和编码器组成,它们的作用是完成 A/D 转换和校码,再将这个统一的二进制数码送给输入/输出电路。输入/输出电路再对频率信息进行预处理,并送给预处理机,同时还要进行二进制—十进制变换,送给数码显示器。

门限检测、定时/控制支路的作用如下:

(1) 降低虚警率;

(2) 经过门限判别之后,产生选通门,降低由于噪声激励而引起的测频误差;

(3) 在测频期间产生一闭锁信号,保证在一段时间内,只测量一个信号,减小同时到达信号对测频误差的影响;

(4) 演算完毕后产生一消除信号,使存储器复原。

同时到达信号检测器用来检测同时到达信号(如边扫描边跟踪雷达、多波束雷达以及频率分集雷达),给那些因同时到达信号存在而引起的错误测频做上标记,以示频率数据不可靠。

比相法瞬时测频接收机的主要技术参数如下:

(1) 不模糊带宽 $\Delta F$。即测频范围或瞬时频带,它是由最短时延线的时延 $T_{\min}$ 确定的。通常可达一个标准波导频段或 1 个倍频程,在 E~F 波段,已达到 1.5 倍频程。

(2) 频率分辨单元 $\Delta f$。亦称平均频率分辨力,即频率最小量化单元宽度,可达 1MHz。

(3) 频率精度。输出频率码能代表实际输入信号频率所要求的精度。频率精度必须用统计量来描述它:均方根值,或者误差分布,或者给出全部工作条件下的最大频率误差,它可达 1~2MHz。

(4) 频率离散度(Frequency Dispersion)。是在给定信号幅度和频率下的一个有代表性的样本,它是在频率均值左右输出频率分布的一种量度。频率离差,就是由样本所产生的标准差( $\sigma$ )。在各种信号幅度和任一频率下,它可由测得的频率数据分布的方差取和再开方而得,即

$$\sigma = \left( \sum_{i=1}^{N} \sigma_i^2 \right)^{\frac{1}{2}} (i = 1, 2, \cdots, N) \qquad (7.54)$$

438

式中:$\sigma_i$ 为第 $i$ 根测试曲线的频率标准差。

（5）频率截获概率和截获时间。当脉冲宽度 $\tau$ 大于最长时延线的时延时间 $T_{max}$ 时,对单个脉冲频率搜索概率 $P_{If_1} \rightarrow 1$。原则上讲,频率截获时间为一个脉冲重复周期。

（6）灵敏度和动态范围。由于测频误差要求的信噪比较之虚警概率所要求的信噪比要高,故应按前者确定接收机的灵敏度。该灵敏度数值为 $-40 \sim -50dBm$。动态范围典型值为 $50 \sim 60dB$。

（7）对同时到达信号的处理能力。对于第一类同时到达信号,其捕获比 $a \leqslant 6dB$；对于第二类同时到达信号,通常用频率数据错误概率（条件概率）表示。

（8）通过时间或通过速度。通过时间是指数字式瞬时测频接收机完成一次测频所需要的时间,即从信号进入接收机输入端到输出端完成一个精确的频率码之间的时间差。或定义为输入脉冲前沿到 $n$ 位信息输出前沿之间的时间差。通过时间由最长时延时间和编码电路等决定。通过时间越长,丢失信号概率越大。通过时间典型值为 $100 \sim 300ns$。

（9）遮蔽时间（亦称寂静时间）。遮蔽时间（Shadow Time）是指:接收机能精确测量相邻两个脉冲频率所需要的最少时间间隔。它与脉冲展宽时间、脉冲稳定时间、脉冲恢复时间以及脉冲尖峰等因素有关。通常为 $50 \sim 70ns$。

# 7.3 信道化接收机

信道化接收机是一种高性能被动雷达寻的器截获接收机,既能用于雷达信号的截获,也能用于其他电磁辐射源信号的截获。它截获概率高,灵敏度高,瞬时频带宽,动态范围大,具有处理同时到达信号的能力,既适合于截获常规信号,也适合于截获新型复杂型特殊信号。信道化接收机的主要缺点是设备量大,生产成本昂贵,当侦察频率范围增大时尤其如此。

为了加宽接收机的射频覆盖范围,最简单的办法就是采用许多频率邻接的并行窄带接收机。输入信号将根据其频率通过某一滤波器,测量该滤波器的输出就可确定输入信号的频率。尽管这一设想是简单的,但由于需要大量的滤波器,故体积大且制作昂贵。随着微波集成电路（MIC）和声表面波（SAW）滤波器的进展,信道化接收机的实现已成为切实可行的。既可以用外差式接收机作为信道,也可以用声光接收机或压缩接收机作为信道。

## 7.3.1 基本工作原理

信道化接收机是毗邻频率窗测频技术的具体实施。由于它对同时到达信号具有潜在的分离能力,故一直为人们所关注。为了说明信道化接收机的工作原理,还得先从多波道接收机谈起。

假设测频范围为 $2 \sim 4GHz$,$m = n = 10$,$k = 5$,则 $\delta f_{max} = \pm 2MHz$ ,这样的测频精度

可以用来对干扰机实现频率引导。

这种纯信道化接收机的优点是：频率截获概率为 1，并获得最高灵敏度。但是由于它共采用了一个波段分路器、$m$ 个分波段分路器和 $mn$ 个信道分路器，即总个数为

$$L = 1 + m + mn \tag{7.55}$$

对于上例，共用 111 个分频器，还要加上 10 路第一变频器、第一中放、检波、视放，再加 100 路第二变频器、第二中放、检波、视放以及其他附属电路。不言而喻，它的缺点是：体积、重量和消耗功率都变得很大，同时造价很高。

### 7.3.2　纯信道化接收机

纯信道化接收机的简化方框图如图 7.18 所示。首先用波段分路器将系统的频率覆盖范围分成 $m$ 路，从各个波段分路器输出的信号分别经过第一变频器，将射频信号变成第一中频信号，各个本振频率不等，保持中频频率、带宽相等，各路中频电路一致。各路中放输出，经过检波和视放，送入门限检测器，进行门限判别，再

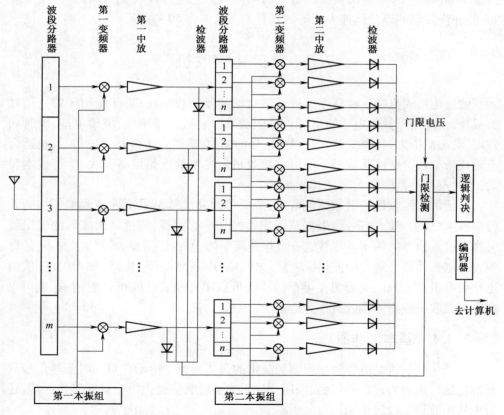

图 7.18　纯信道化接收机简化方框图

440

输出给逻辑判决电路,确定信号的频谱质心,即中心频率,最后送进编码器,编出信号频率的波段码字。与此同时,将各个波段的第一中频信号分别送往各自的分波段分路器去,再把每个波段分成 $n$ 个等分。每个分波段的信号经过第二变频器、第二中放、检波和视放,送往门限检测器、逻辑判决电路和编码器,编出信号频率的分波段码字。显而易见,若已知某一被测雷达信号频率的波段码字和分波段码字,其频率便可确知了。经过两次频率分路之后,接收机的频率分辨力为

$$\Delta f = \frac{f_2 - f_1}{mn} \tag{7.56}$$

如果测频精度仍不满足要求,还可以在各个分波段第二中放之后再加入 $k$ 路信道分路器,这时,接收机的频率分辨力可以得到进一步提高,其表示式变为

$$\Delta f = \frac{f_2 - f_1}{mnk} \tag{7.57}$$

频带折叠信道化接收机仅采用 $n \times k$ 个信道,覆盖了与纯信道接收机相同的瞬时带宽,省去 $(m-1)nk$ 个信道。可是,同时由于 $m$ 个波段的噪声也被折叠到一个共同波段中去了,故而使接收机的灵敏度变差。

### 7.3.3 频带折叠信道化接收机

频带折叠信道化接收机的工作原理如图 7.19 所示。当输入信号经波段分路器分成 $m$ 路之后,将每路信号分别变频放大(第一级变频放大,各路中频频率、带宽均相等),再一分为二,其中:一路经过检波,送到门限检测电路去,用以识别信号所在的波段;另一路送入取和(折叠),经过折叠之后,变为一路输出,送入分波段分路器再分成 $n$ 路。其后,每路信号再经过第二级变频放大后,又一分为二,一路经检波后送入门限检波器,用以识别信号所在的分波器,另一路送入信道分路器,将每个分波段分成 $k$ 路。每个信道再经第三级变频放大和检波,送入门限检测器,用以识别信号所在信道。门限检测器输出到逻辑判决电路,确定频谱质心,再经过编码,最后送入计算机进行信息处理和数据处理。

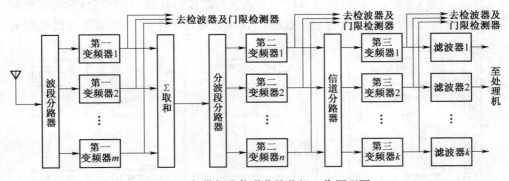

图 7.19 频带折叠信道化接收机工作原理图

多波道接收机是信道化接收机的先驱。它的工作原理很简单(可参看图7.20(a)多波道接收机方框图):天线侦收的雷达信号,首先经过频率分路器,从频域将各个不同频率的信号分开,再把已分开的信号分别加到各路射频放大器上,最后由微波检波器取下包络,送入处理机。频率分路器的衰减特性如图7.20(b)所示。它实质是一个微波梳状滤波器。

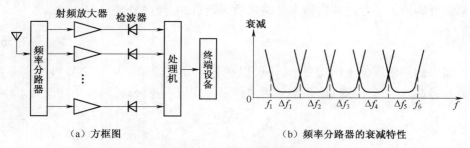

（a）方框图　　　　　　　　　（b）频率分路器的衰减特性

图7.20　多波道接收机原理图

不难看出,多波道接收机是多路晶体视频接收机的并行运用。如果频率分路器的路数越多,则分频段越窄,频率分辨力和测频精度就越高。在实际工作中,一则由于频率分路器的路数不能任意增多;再则,在微波领域无法获得频带极窄的信道。例如:测频范围2~4GHz,分波段数为20,频率分辨力为100MHz,最大测频误差为±50MHz,不能满足精确测频要求。如果在超外差接收机上进行多次频率分路,由于降低了频率,使分路容易实现。

从结构上考虑,信道化接收机有三种常用形式:纯信道化接收机;频带折叠信道化接收机;时分制信道化接收机。现将它们的工作原理分述如下。

### 7.3.4　时分制信道化接收机

时分制信道化接收机的原理图如图7.21所示。它的结构与频带折叠信道化接收机基本相同,只是用"访问开关"取代了"取和电路"。在一个时刻,访问开关只与一个波段接通,将该波段接收的信号送入分波段分路器和信道分路器,其他所有波段均断开,避免了因折叠而引起的接收机灵敏度的下降。访问开关的控制有三种方式:

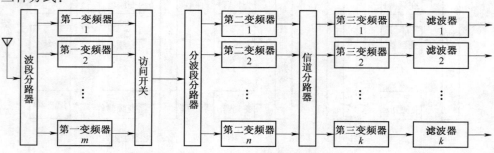

图7.21　时分制信道化接收机原理图

（1）内部信号控制。输入信号经第一变频器和中放之后,在波段检波器中检波,用被检波的脉冲前沿将访问开关与该波段接通,于是信号便送入分波段分路器。由于只能处理一个波段的脉冲,降低了截获概率。虽然可以通过降低访问开关门限的方法获得所需要的发现概率,以提高系统的截获概率来弥补上述缺陷,但是又引起了虚警概率提高的副作用。虚警信号立即控制信道分路器使之接入无信号的波段,而置有信号的波段不管。同时,不能重点照顾威胁等级高的波段。

（2）外部指令控制。作用于访问开关的外部指令可以是预编的程序或由操纵人员插入。在指向波段,接收机的频率截获概率高,而其他波段频率截获概率为零。为了获得一定的频率截获概率,控制指令可使接收机依次通过感兴趣的波段。一个波段的单个脉冲频率截获概率为

$$P_{\text{If}_1} = \frac{t_{\text{dw}_1}}{t_{\text{dw}_\Sigma}} \tag{7.58}$$

式中:$t_{\text{dw}_1}$为在某一段访问开关的停留时间;$t_{\text{dw}_\Sigma}$为所有波段停留时间之和。

（3）内部控制与外部控制相结合。通常采用内部控制,根据事先掌握的敌情,当突防飞机在某些区域可能遭到来自某些特定波段地空导弹制导雷达或截击雷达的照射时,便可采用外部指令控制,保证优先截获这些威胁等级高的雷达。

### 7.3.5 信道化接收机频率折叠技术

频段折叠式的典型框图如图7.22所示,该图为三级信道化,其中第二级为折叠级。

**1. 频段折叠技术分析**

频段折叠可以显著减少纯信道化的设备量,但同时带来两个问题。其一,$N$个频段折叠在一起,使公共中频频段的噪声功率增至原来的$N$倍,信噪比降至原来的$1/N$,从而接收机灵敏度降至$1/N$,理论测频精度也要相应地下降。

理论测频精度,即频率估计的克拉美—罗下限,由均方根频率误差$\Delta f_{\text{rms}}$表示。对于理想矩形射频脉冲信号,其$\Delta f_{\text{rms}}$由下式给出:

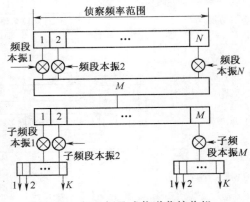

图 7.22 频段折叠式信道化接收机

$$\Delta f_{\text{rms}} = \frac{\sqrt{3}}{\pi \tau (2E/N_0)^{\frac{1}{2}}} \tag{7.59}$$

式中:$\tau$为脉宽;$E$为脉冲信号能量,若信号功率为$P_{\text{S}}$,则$E = P_{\text{S}} \cdot \tau$;$N_0$为单位带宽的噪声功率,若总噪声功率为$P_{\text{n}}$,系统带宽为$B$,则$N_0 = P_{\text{n}}/B$。

由式(7.59)可见,要提高理论测频精度,必须增加信噪比（$2E/N_0$）和信号的脉宽。如果信噪比降至原来的$1/N$,则理论测频精度降至原来的$1/\sqrt{N}$。但是,实

际的测频精度通常取决于信道滤波器带宽,并且远未达到测频精度的理论极限,因而可以认为折叠引起的信噪比下降对实际测频精度没有明显的影响。

由于折叠引起的接收机灵敏度下降是一个需要考虑的实际问题。在折叠之前采取一些措施,可以使这个问题得到一定程度的补偿。例如:①采用低噪声技术,尽量降低所有频段变频器的噪声;②在频段变频器之前增加高频放大器,这些放大器应当是低噪声的,并且具有适当的增益和带宽。

频段折叠带来的第二个问题,也是更主要的问题,是当接收机存在同时到达信号时,可能给频率的分辨造成困难,这就是频率模糊问题。参考图7.22,如果接收机仅有一个输入信号,则分辨频率是没有困难的,不会产生任何模糊。如果接收机存在同时到达信号,且所有信号都处于同一频段,这时分辨频率也不会产生任何模糊。但是,如果接收机存在同时到达信号,且信号占据不同的频段,在这种情况下,要分辨信号来自哪一个频段将发生困难,即测频会产生模糊。因此,为了使频段折叠式信道化接收机具有实用价值,必须采取措施来消除这种频率模糊。

**2. 消除频率模糊的方法**

在仅存在一个折叠级的情况下(例如图7.22所示),消除频率模糊的实质就是消除频段模糊,即设法弄清输入信号是从哪一个频段进入某一确定子频段的。到目前为止,在国外有关文献资料上还未见到对这个问题的公开报道。我们认为,只有将折叠级的输入和输出信号相互关联并进行比较才可能消除这种模糊。可供关联的信号参量有幅度、频率和相位。消除频率模糊关联器的连接方式如图7.23所示。

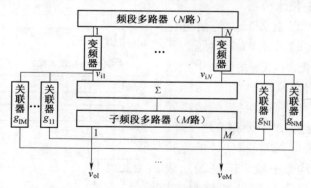

图 7.23　关联器连接方式

由图7.23可见,如果频段数为 $N$,子频段数为 $M$,则一共需要 $N \times M$ 个关联器。即使如此,只要关联器电路比较简单,频率折叠式信道化与纯信道化相比,其设备量仍大大减少。为了清楚地看出这一点,我们把两者的基本设备量(以滤波器的多少来衡量)作一比较,示于表7.6中。举一个数值的例子如下:设某通信侦察信道化接收机频率范围为 29~89MHz,要求频率分辨力即信道滤波器带宽为 25kHz。为了满足这一要求,对于纯信道化,可选择 $N=10, M=12, K=20$,即需要频段滤波器 10 个,子频段滤波器 120 个,信道滤波器 2400 个。而对于频率折叠式信道化,仅需频段滤波器 10 个,子频段滤波器 12 个,信道滤波器 240 个,加上关联器 120 个,总设备量仍比前者少得多。

表 7.6　频率折叠式与纯信道化设备量比较

| 工作原理＼信道化设备 | 频段滤波器数 | 子频段滤波器数 | 信道滤波器数 | 关联器数 |
|---|---|---|---|---|
| 纯信道化 | $N$ | $N \times M$ | $N \times M \times K$ | — |
| 频率折叠式信道化 | $N$ | $M$ | $M \times K$ | $N \times M$ |

设计关联器电路的基本原则是:①能有效地消除频率模糊;②结构简单,可集成,易于实现。可以用三种方法构成关联器电路,它们是比幅法、相关法和混频法,下面分别予以讨论。

1)比幅法

基本原理是比较关联器两输入信号的幅度,若相同判为同一信号,否则判为不同信号。原理框图如图 7.24(a)所示。振幅检波器分别检出两信号幅度,送减法器完成减法运算,最后将幅度差信号送窗口比较器。窗口比较器特性如图 7.24(b)所示,若幅度差信号落在两门限电平 $U_L$ 和 $U_H$ 之间,即判为同一信号,否则判为不同信号。图 7.24(a)中衰减器的作用,是用来平衡求和器和子频段滤波器引入的损耗。硬件试验证实了比幅法的上述功能。

图 7.24　比幅法原理图及窗口比较器特性

当关联器两输入端均无信号时,电路也误判为同一信号,不过这可在各频段加信号检测器来进行识别。

比幅法的缺点是:其一,两个同幅度的不同信号被判为同一信号;其二,只能把两个信号进行比幅,当输入信号多于两个时,电路将不能正常工作。

2)相关法

相关法原理框图如图 7.25 所示,图中乘法器和积分器组成一个相关器,完成相关运算。为了说明其工作原理,首先考虑只有两个输入信号的简单情况。设 $V_i(t) = A_i\cos(\omega_i t + \theta_i)$,$u_0(t) = A_0\cos(\omega_0 t + \theta_0)$,又设本机噪声很小,可以忽略。经乘法器后,输出为

$$V_i(t) \cdot u_0(t) = A_i \cdot A_0\cos(\omega_i t + \theta_i) \cdot \cos(\omega_0 t + \theta_0)$$

$$= \frac{1}{2}A_i \cdot A_0\{\cos[(\omega_i + \omega_0)t + (\theta_i + \theta_0)] + \cos[(\omega_i - \omega_0)t + (\theta_i - \theta_0)]\}$$

当 $A_i = A_0 = A$,$\omega_i = \omega_0$,$\theta_i = \theta_0$,即 $V_i(t)$ 和 $u_0(t)$ 为同一信号时,积分器输出为

$$\int_0^T V_i(t) \cdot u_0(t)\,\mathrm{d}t \approx \frac{1}{2}A^2 T \tag{7.60}$$

式中:$T$ 为积分时间。若为不同信号,则积分器输出接近于零。据此可用门限比较器作出是否为同一信号的判决。硬件试验证实了相关法的上述功能。

如果考虑相加器和子频段滤波器的损耗及相移,则式(7.60)中的积分值略有下降。设损耗 $k < 1$,相移为 $\Delta\theta$,则式(7.60)变为

$$\int_0^T V_1(t) \cdot u_0(t)\,\mathrm{d}t \approx \frac{1}{2}A^2 T \cdot k\cos\Delta\theta \tag{7.61}$$

式(7.61)可用于指导相加器和子频段滤波器的设计。例如,若允许式(7.61)的积分值下降为式(7.60)的 90%,则在整个公共中频频段内,相加器和子频段滤波器的损耗和相移必须满足 $k\cos\Delta\theta = 0.9$。

在实际电路中,积分运算可用低通滤波器实现。若接收机频率分辨力为 25kHz,则频差小于 25kHz 的信号被视为同一信号,因而低通滤波器带宽可选为 25kHz。

当信号环境密集而复杂时,接收机可能存在多个同时到达信号并且占据不同的频段。在这种情况下,相关器输入信号不止两个,信号形式也可能有多种。考虑到这些情况,我们对相关法进一步进行计算机模拟。相关模拟的原理是:将相关器中乘法器的输入信号做快速傅里叶变换(FFT),再取其模求平方,求出乘积信号的功率谱,最后做低通滤波(带宽 25kHz)。根据低通滤波器是否有输出产生,即可判断相关器两输入端是否含有相同的信号,从而消除频率模糊。我们主要对通信信号进行模拟,模拟中对各种信号采样的点数均为 8192 点,选取的信号形式有模拟调幅信号(AM)、键控开关信号(OOK)、键控移相信号(DPSK)及跳频信号(FH)。对于各种信号的不同组成方式进行相关模拟,结果如下:

(1)两个相同信号(类型及所有信号参数均相同)相关。均产生一个小于 25kHz 的功率谱峰值。

(2)类型相同但载频不同的两个信号相关。对于大量的信号组合方式进行模拟,在小于 25kHz 频率范围内,均未发现可对判别结果产生影响的功率谱成分。

(3)类型不同的两个或三个信号相关。对于大量的信号组合方式,无论载频相同或不相同,在小于 25kHz 频率范围内,均未发现可对判别结果产生影响的功率谱成分。

上述计算机模拟结果表明:本书提出的用相关法消除由频段折叠而造成的频率模糊问题,是可行的和有效的。

3)混频法

混频法在原理上与相关法类似,仅实现方法不同。一个混频器,如果本振和输入信号的频率相同,则其输出中差频成分的频率为零(直流),经低通滤波器和门限比较器检测出此直流成分,即可判断混频器两输入信号是否为同一信号。混频法的原理框图如图 7.26 所示。硬件试验证实了混频法的上述功能。

图 7.25　相关法原理框图　　　　　　　图 7.26　混频法原理框图

综上所述,利用频段折叠技术可显著减少信道化接收机的设备量,但同时带来频率模糊问题,因此消除频率模糊是信道化接收机走向实用的关键技术之一。本书提出了三种消除模糊的方法,进行了硬件试验,并对相关法进行了计算机模拟。比幅法电路较为复杂,且输入信号多于两个时,电路不能正常工作。相关法和混频法利用了信号的频率、相位、幅度等所有信息来消除模糊,电路简单,易于实现;当输入信号多于两个时,电路仍能正常工作,是两种有效且实用的方法。

# 7.4　信道化接收机几个主要指标的计算

## 7.4.1　信道化接收机的灵敏度

图 7.27 所示的微波直接分路信道化接收机,对于某一信道来说,可看作是直放式接收机,其灵敏度的理论值可用直放式接收机灵敏度的计算方法计算;对图 7.28 所示的微波分路一中频细分路信道化接收机,可采用外差式接收机灵敏度的计算方法来计算。

下面,分别讨论图 7.27 及图 7.28 两种类型信道化接收机的灵敏度。

**1. 微波直接分路信道化接收机的灵敏度**

图 7.27 所示的信道化接收机,其灵敏度的计算公式如下:

$$P_{\min} = KTB_1F_1X \tag{7.62}$$

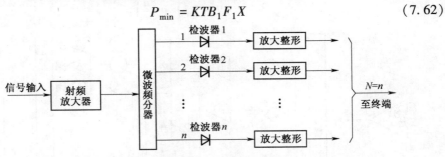

图 7.27　微波直接分路信道化接收机

式中:$K = 1.38 \times 10^{-23} \text{J/K}$ 为波耳兹曼常数;$T = 290\text{K}$ 为用热力学温度表示的室温;$KT = -144\text{dBW/MHz}$;$B_1$ 为射频带宽(MHz);$F_1$ 为射频放大器噪声系数;$X$ 为

$$X = \frac{k}{n}\left(1 + \sqrt{\frac{2n}{k}\left[\left(1 - \frac{1}{2n}\right) + \frac{n}{2}D\right]}\right) \tag{7.63}$$

其中:$k$ 为视频信噪比;$n = \dfrac{B_1}{B_2}$,$B_2$ 为视频带宽;$D$ 为

447

$$D = \left(\frac{2}{F_2 G_1 n}\right)^2 \frac{1}{KTB_2} \left(\frac{\sqrt{F_2 + t - 1}}{\beta\sqrt{R}}\right)^2$$

其中：$\beta$ 为检波晶体的短路电流灵敏度；$R$ 为检波晶体的视频电阻；$\beta\sqrt{R}$ 为检波晶体的品质因数；$F_2$ 为视放的噪声系数；$t$ 为检波晶体的噪声温度比。

对于肖特基二极管 $t = 1$，其他二极管由厂家给出。

当高放增益足够时（通常设计要满足此条件，式（7.63）中的 $D \to 0$。故式（7.63）简化为

$$X = \frac{k}{n}\left(1 + \sqrt{\frac{2n - 1}{k}}\right) \tag{7.64}$$

以 2～4GHz 的信道化接收机 XD － 20 为例，计算其灵敏度。各参数取值为

$B_1 = 100\text{MHz}$（微波分路带宽），$B_2 = 10\text{MHz}$，$F_1 = 6\text{dB}$（包括电缆、接头损耗在内），$n = \dfrac{B_1}{B_2} = \dfrac{100}{10} = 10$，$k = 18\text{dB}$ 或 $k = 63\text{dB}$，$X = \dfrac{63}{10}\left(1 + \dfrac{20 - 1}{63}\right) \approx 9.76(\text{dB})$ 或 $X = 9.89\text{dB}$。

将上述有关值代入式（7.62），算出灵敏度为

$$P_{\min} = - 144 + 20 + 6 + 9.89 = - 109.01(\text{dBW})$$

**2. 微波粗分路——中频细分路信道化接收机的灵敏度**

图 7.28 所示的信道化接收机灵敏度可以用外差式接收机灵敏度的计算方法计算。测量载频的射频带宽由中频细分路的带宽确定，若中频分路每路带宽为 20MHz，则 $B_1 = 20\text{MHz}$；此外，式（7.64）的形式变为

$$X = \frac{k}{2n}\left(1 + \sqrt{1 + \frac{8n}{k}}\right) \tag{7.65}$$

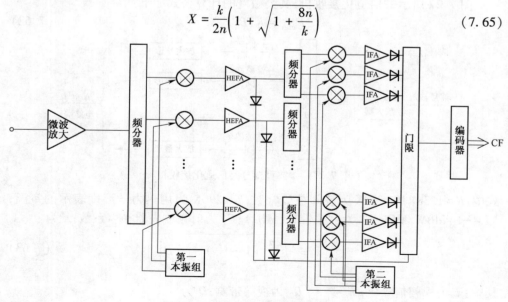

图 7.28　中频细分路信道化接收机

代入上述参数值,可算得 $X = \dfrac{63}{2 \times 2}\left(1 + \sqrt{1 + \dfrac{8 \times 2}{63}}\,\right) = 17.64(\text{dB})$,或 $X = 12.5\text{dB}$。

由式(7.62)可得灵敏度为

$$P_{\min} = -144 + 13 + 6 + 12.5 = -112.5(\text{dBW})$$

这是信道化部分,即测频接收支路的灵敏度。为了测量脉冲参数,需要从全频支路输出信号。全频支路是一个典型的直放式接收支路,它的射频带宽 $B_1 = 2000\text{MHz}$,$X$ 值由式(7.64)确定,此时 $n = \dfrac{2000}{10} = 200$,则有 $X = \dfrac{63}{200}\left(1 + \sqrt{\dfrac{2 \times 200 - 1}{63}}\,\right) = 1.1(\text{dB})$ 或 $X = 0.44(\text{dB})$。

由式(7.62),可得灵敏度为

$$P_{\min} = -144 + 33 + 6 + 0.44 = -104.56(\text{dBW})$$

### 7.4.2 信道化接收机的三次截交点

截交点是衡量系统在多信号情况下互调性能的一个重要指标。单个强信号的幅度和相位非线性传输,将产生交调(Cross Modulation),两个以上强信号的非线性传输将产生互调(Intermodulation)。交调是互调的一种特例。互调产物抑制不良会形成接收机的虚假响应,这在信道化接收机中特别敏感。

在研究接收机的互调特性时,人们最关心的是三次互调产物,因为三次互调产物落在信号通带之内,无法用滤波器将其滤除。

接收系统的传输特性,可用下式表示:

$$u_{\text{out}} = \sum_{n=1}^{\infty} k_n u_{in}^n = k_1 u_{in} + k_2 u_{in}^2 + \cdots \qquad (7.66)$$

式中:$k_n$ 为复数,实数部分影响振幅调制,虚数部分影响相位调制。

如果输入信号 $u_{in}$ 由两个信号组成,幅度分别为 $A_1$ 和 $A_2$,频率分别为 $\omega_1$ 和 $\omega_2$,则式(7.66)中的三次项为

$$u_{\text{out3}} = k_3 (A_1 \cos(\omega_1 t) + A_2 \cos(\omega_2 t))^3$$

$$= k_3 \left\{ \frac{1}{4} A_1^3 \left[ \cos(3\omega_1 t) + 3\cos(\omega_1 t) \right] + \frac{1}{4} A_2^3 \left[ \cos(3\omega_2 t) + 3\cos(\omega_2 t) \right] + \right.$$

$$\frac{3}{4} A_1^2 A_2 \left[ 2\cos(\omega_2 t) + \cos((2\omega_1 + \omega_2)t) + \cos((2\omega_1 - \omega_2)t) \right] +$$

$$\left. \frac{3}{4} A_1 A_2^2 \left[ 2\cos(\omega_1 t) + \cos((2\omega_2 + \omega_1)t) + \cos((2\omega_2 - \omega_1)t) \right] \right\}$$

$$(7.67)$$

可以看出,式中 $2\omega_1 - \omega_2$ 和 $2\omega_2 - \omega_1$ 与 $\omega_1$ 或 $\omega_2$ 最接近。这就是双频三次互调产物,其量级用三次截交点来表征。

接收机中产生互调的部件有射频放大器和混频器、频率分路器等无源部件。多个部件级联的系统其截交点由下式计算:

$$(Q_M)^{-\frac{(n-1)}{2}} = \sum_{i=1}^{x} \left[ Q_{M_i} G_{i+1,x} \right]^{-\frac{(n-1)}{2}} \quad (i = 1, 2, \cdots, x) \tag{7.68}$$

式中:$Q_M$ 为级联系统 $n$ 次互调总输出截交点;$Q_{M_i}$ 为第 $i$ 个部件互调输出截交点;$G_{i+1,x}$ 为第 $i$ 级以后部件的总增益;$n$ 为互调产物的次数;$x$ 为级联部件的个数。

对于图 7.27 所示的微波直接分路信道化接收机,产生互调的部件只有射频放大器,因此,这种接收机的三次截交点就是射频放大器的截交点。所使用的射频放大器为 WGF-2040-3C,其三次截交点的典型值为 20dBm。

对于图 7.28 所示的微波粗分路——中频细分路信道化接收机,可以简化为三个部件级联的系统,如图 7.29 所示。

图 7.29 信道化接收机产生互调部分的简化方框图

对于图 7.29 的系统,考虑三次截交点,式(7.68)简化为如下形式:

$$\frac{1}{Q_{M3T}} = \frac{1}{Q_{M31} \cdot G_2 \cdot G_3} + \frac{1}{Q_{M32} \cdot G_3} + \frac{1}{Q_{M33}} \tag{7.69}$$

其中,$Q_{M31} = 20\text{dBm} = 100\text{mW}$;$Q_{M32} = Q_{M31} + G_2 = 20\text{dBm} - 8\text{dBm} = 12\text{dBm} = 15.8\text{mW}$;$Q_{M33} = 30\text{dBm} = 1000\text{mW}$;$G_1 = 65\text{dB} = 3.16 \times 10^6$;$G_2 = -8\text{dB} = 0.16$;$G_3 = -10\text{dB} = 0.1$。

将上述参数代入式(7.69),得

$$\frac{1}{Q_{M3T}} = \frac{1}{100 \times 0.1 \times 0.16} + \frac{1}{15.8 \times 0.1} + \frac{1}{1000} = 1.26$$

$$Q_{M3T} = 0.794\text{mW} = -1\text{dBm}$$

即变频式信道接收机的三次截交点为 -1dBm。

### 7.4.3 信道化接收机的动态范围

接收机的动态范围分为单频无虚假动态范围和双频无虚假动态范围,前者主要取决于射频放大器的性能。好的射频放大器在输入信号变化 80dB 的动态范围内,不出现由于交调或其他原因产生的虚假信号。WGF-2040-3 固态微波放大器已经做到了这一点,因此,信道化接收机单频无虚假动态范围可以做到 80dB。

现在考虑信道化接收机双频无虚假输出的动态范围,截点与互调抑制之间的一般关系式为

$$OIP_n = \frac{R_n}{n-1} + P_0 \tag{7.70}$$

式中:$n$ 为互调次数;$R_n$ 为互调抑制比,单位是 dB;$P_0$ 为信号功率(dBm)。对于双频二次互调,$n=3$,式(7.70)具体化为

$$OIP_{3T} = \frac{R_3}{2} + P_0 \tag{7.71}$$

式中,$R_3 = P_0 - P_{03}$,代入式(7.71),得三次互调产物 $P_{03}$(dBm)表示式为

$$P_{03} = 3P_0 - 2OIP_{3T} \tag{7.72}$$

用信号输入功率表示 $P_0$,则有 $P_0 = P_{in} + G_T$。且当 $P_{03}$ 达到系统门限电平 $P_t$ 时,$P_{in} \rightarrow P_{inmax}$。将 $P_{inmax}$ 和 $P_{03} = P_t$ 代入式(7.72)得

$$P_{inmax} = \frac{1}{3}P_t + \frac{2}{3}OIP_{3T} - G_T \tag{7.73}$$

系统的门限电平 $P_t$ 为系统灵敏度乘以系统总增益(dB),则有 $P_t = P_{inmin} + G_T$,或 $G_T = P_t - P_{inmin}$;将 $G_T$ 代入式(7.73),得

$$P_{inmax} = \frac{2}{3}OIP_{3T} - \frac{2}{3}P_t + P_{inmin}$$

用字母 $D$(dB)表示系统无虚假动态范围,则

$$D(dB) = P_{inmax} - P_{inmin} = \frac{2}{3}(OIP_{3T} - P_t) \tag{7.74}$$

XD-100 在信道化接收机中,混频器后的门限电平为 $P_t = -50dBm$,前面计算出 $OIP_{3T} = -1dBm$,代入式(7.74),得

$$D(dB) = 32.7dB$$

在 XD-20 中,产生互调的部件只有射频放大器,其三次截交点电平为 $OIP_{3T} = 20dBm$,放大器后的门限电平为 $P_t = -20dBm$,可算出无虚假的动态范围为 26.7dB。

算出的无虚假动态范围看来不算大,但同时到达两个强脉冲信号的可能性很小,故在实际使用中是够用了。要进一步提高此动态范围:一方面要提高系统的三次截交点,这主要取决于低噪声微波晶体管的输出功率;另一方面是降低系统的门限电平 $P_t$,这可使 $G_T$ 减小,因而增大了系统的动态范围。

### 7.4.4 设计中的几个实际问题

前面的计算中,未考虑测频精度,因为它是个方法问题,此外,除了互调产生的虚假响应外,信道之间互相叠接以及非相邻信道之间隔离不良,也会产生虚假响应,这也是一个设计和调试中要解决的实际问题。下面讨论信道化接收机要解决的几个实际问题。

**1. 测频精度和 $2^N-1$ 分路方法**

信道化接收机的测频精度主要由输出信道的带宽所决定,亦即由输出信道数的多少而定。设输入频带为 $f_1 \sim f_2$,信道总数目为 $N$,则输出信道的带宽为 $\Delta f = f_2 - f_1/N$。对于微波直接分路式信道化接收机来说,若微波频分器的分路数为 $m$,中频细分路数为 $n$,则 $N = m \times n$。

为了提高测频精度同时又不致使信道数目太多,信道滤波器通常做成互相交叠的形式,如图 7.30 所示。

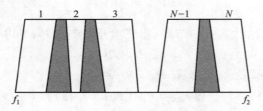

图 7.30　信道滤波器的交叠情况

图 7.30 中共有 $N$ 个输出信道,网点区是相邻滤波器互相交叠的部分。这样,虽然只有 $N$ 个输出信道,但通过滤波器的互相交叠,可以构成 $2^N - 1$ 个频区,每个频区的带宽为 $\Delta f = (f_2 - f_1)/(2^N - 1)$。最大测频误差为输出带宽的 $1/2$,即 $\delta f_{\max} = \dfrac{1}{2} \cdot (f_2 - f_1)/(2^N - 1)$。假设信号落在输出带宽各频率的概率相同,即信号频率是均匀分布的,则均方根测频误差为

$$\delta f_{\mathrm{rms}} = \frac{1}{2\sqrt{3}} \cdot \frac{f_2 - f_1}{2^N - 1} = \frac{\sqrt{3}(f_2 - f_1)}{6(2^N - 1)} \tag{7.75}$$

若 $f_2 - f_1 = 2000\mathrm{MHz}$,$N = 100$,则 $\delta f_{\mathrm{rms}} \approx 2.9\mathrm{MHz}$。

研制的 $2 \sim 4\mathrm{GHz}$,100 路信道化接收机,实际测试的均方根测频误差为 $2.6\mathrm{MHz}$,与上述计算值接近,可见信道化接收机的测频精度可做得相当高。

**2. 虚假抑制问题**

信道化接收机的输入和输出口都是敞开的,在信号传输过程中产生的任何虚假信号和由于信道之间隔离不够产生的信号互串等,都会形成测频错误、混乱和虚警,这是信道化接收机设计中的一个非常重要和较难解决的问题。

1）固态微波放大器产生的虚假信号

信道化接收机对固态微波放大器的要求很严。不仅要求放大器具有高增益低噪声及输出的硬特性,而且要求放大器在大的输入动态范围内不能产生任何虚假信号。后一点在信道化接收机中特别敏感,因为任何虚假信号都会在不同输出口子与真信号同时输出,结果是一个输入信号表现为几个输出信号,形成严重的虚警。对于单口输出的接收机来说,即使有虚假信号,也可能在输出口子上发现不了。因为虚假信号通常比真信号幅度要小,单口输出的接收机(这里主要是指比相

452

法瞬时测频接收机)首先输出幅度大的信号,较小的虚假信号一般被自然略去或抑制,故信道化接收机要求固态微波放大器在大动态内不能产生任何虚假。

2) 信道之间隔离不够产生的虚假

输出信道滤波器的陡度取决于滤波器的级数,级数越多陡度越高。但是,随着滤波器级数的增多,不但插入损耗增大,而且调试越来越困难。特别是微波频分器做不陡,而且还有频率旁瓣。因此,当信号增大时,某一信道的信号可在若干频道有响应,这就形成虚假响应,图 7.31 说明这种情况。

图 7.31 中,信号频率为 $f_s$,当信号较小时,它只在第三个信道滤波器输出端有响应。当信号增大时,它可依次在第四个、第二个、第五个、第一个信道滤波器输出端有响应。这样,本来是第三频道带内的单一信号,结果形成五个(甚至更多的)信道输出的多频同时信号。

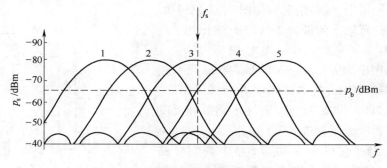

图 7.31 信道之间隔离不够产生的虚假

解决此问题的方法有两种:一种是比较的方法;另一种是限制信道滤波器输入信号动态的方法。

比较的方法如图 7.32 所示。固态微波放大器输出端接一个 $-10$dB 的定向耦合器,耦合器的接通臂输出到微波频分器,其 $-10$dB 耦合臂输出经检波视放后在比较电路中与信道信号进行比较。耦合臂输出信号电平相当于图 7.31 中的 $P_b$ 电平线,视放后的信号用 $B$ 表示,信道信号视放输出用 $A_1, A_2, \cdots, A_n$ 表示。

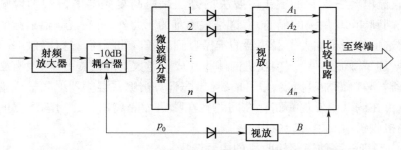

图 7.32 用比较方法去除信道隔离不够产生的虚假

当 $A_i > B$ 时,比较电路有输出;当 $A_i \leqslant B$ 时,比较电路无输出。这样就保证了单一信号最多出现在相邻两个信道中,不会有两个以上信道输出单频信号。这种方法的优点是适应多信号的动态范围大一些,缺点是设备量大,因为每个信道都需一个比较电路,$B$ 信号也要分配到每个比较电路上。

第二种方法是频分器输入信号的动态范围限制到约 10dB 的范围之内,使信道输出信号的最大值不超过图 7.31 中的 $P_b$ 电平。这样,单一信号也不会在两个以上信道中产生输出。实现的方法是使频分器输入信号饱和或限幅,因而使信号电平限制在所期望的范围内。此法设备量小,但缺点是多频信号的动态范围小一些。

上述两种方法都可适用于中频细分路信道化接收机中。

3) 中频细分路信道化接收机中的本振隔离问题

在中频细分路信道化接收机中,要使用多个本振和相应的混频器,这样,某一路的本振通过混频器反串到微波频分器,然后从频分器的另一路作为信号输入到该路的混频器上,这种情况可用图 7.33 来说明。

设频分器输入频带为 2 ~ 4GHz,输出第 $i$ 路的频带为 2.4 ~ 2.6GHz,其本振频率 $f_{L^i}$ = 2.8GHz,则中频为 400 ~ 200MHz。第 $m$ 路的频带为 2.8 ~ 3.0GHz,其本振频率 $f_{L^m}$ = 2.6GHz,则中频为 200 ~ 400MHz。$f_{L^m}$ 通过 $m$ 路混频器反串到微波粗频分器再进入第 $i$ 路,因为 $f_{L^i} - f_{L^m}$ = 200MHz,因此它可出现在第 $i$ 路中频细分路中。设 $f_{L^m}$ 的功率为 5dBm,混频器的本振口到射频口之间的隔离约为 25dB(好的混频器隔离

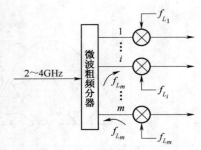

图 7.33 本振互串情况

可达 30dB 以上,一般水平的混频器为 20 ~ 25dB),微波粗频分器的反向隔离较小,一般为 10dB 左右,因而 $f_{L^m}$ 到达第 $i$ 路混频器输入端的电平为 5 - 25 - 10 = - 30 (dBm),而从混频器输入端看进去的灵敏度一般为 - 50 ~ - 40dBm,因此,它可以产生输出响应。

因为本振是连续波,两个连续波信号混频产生的中频信号也是连续波,可用视放中隔直流电容去除它的输出。解决的办法是提高混频器本振端到射频器的隔离,如提高到 40dB 量级的隔离,但这是很困难的。此外,可在混频器射频输入端加隔离器,这也相当于加大了混频器的本振口到射频口的隔离。这比较容易做到,缺点是又增加了微波器件,使接收机的体积和成本增大。顺便提一下,没有必要在每个混频器射频口都加隔离器,设计时,可事先计算出哪些混频器射频输入端需加隔离器,也可在调试中发现哪路存在问题就在哪路加隔离器。因为隔离器的成本较高,故在接收机中要尽可能少用。

**3. 中频细分路信道化接收机的中频选择**

中频选择受两个主要因素的制约。第一个制约因素是要避开混频器和中放饱和时产生的谐波响应,这就要求中频选得尽可能高些,但是中频选得越高,中频细

454

分路滤波器就越难制作。因此,第二个制约因素是中频细分路滤波器要在现有的工艺水平下制作出来,无论是用声表面波器件还是用分立元件制作,都存在频率高了难于制作的问题。

从减少混频器和本振的数量来说,中频带宽希望选得尽可能宽一些,但为了避开谐波响应,中频带宽不能超过倍频程。假定选取中频为 120～220MHz,这样 120MHz 的二次谐波为 240MHz,已在 220MHz 的上限中频之外了,故避开了二次以上谐波;而且在这样的中频上,细分路频分器也易制作,但中频带宽只有 100MHz,要覆盖 2～4GHz 带宽,就需要 20 路混频器和相应的本振,设备量过大了。若取 220～420MHz,同时避开了二次以上谐波,而中频带宽已达 200MHz,只需 10 路混频器和本振。220～420MHz 的中频,制作中频细频分器有一定难度,但是目前工艺水平还是可以制作出来的。当然,中频选得再高些,还可增加中频带宽,但中频细频分器的制作就更加困难了。因此,从目前条件看,选 220～420MHz 中频比较适宜。

**4. 信道化接收机脉冲参数的输出**

信道化接收机输出信道的序列号就代表了输入频带内某个小频带的具体频率值,即某个输出信道有信号时,根据该输出频道的序号就可知道输入信号的载频值。如果要测量该信号的脉冲参数,如脉冲宽度、脉冲重复周期,就需把该信号的视频脉冲不失真地送到终端测量器。这有两个问题:

(1)不可能每个信道都配一个脉冲参数测量器。要么是根据载频码(频道序号)来接通共用的脉冲参数测量器,这就需要换接时间,因而可能漏掉信号;要么是把所有输出信道的视频输出合起来,共用一部脉冲参数测量器,这可能要造成波形失真,而且电路也较多。

(2)信道输出的脉冲波形本身就严重失真,因而测量脉冲宽度的误差很大。因为脉冲信号占据一定的频谱宽度,脉冲越窄信号占据的频谱就越宽。当信号频率落在相邻信道的交界处时,脉冲信号的频谱被分隔在两个信道中,每个信道中的脉冲都失去一部分频谱,因而两个信道中的脉冲波形都有较大的失真,情况如图 7.34 所示,信道数越多,信道带宽越窄,信道交接处就越多,波形失真的概率也就越大,且输入脉冲宽度越窄,占据频谱宽度越大,失真的概率就更大。

解决正确测量脉冲参数的方法如图 7.35 所示。

固态微波放大器后用 3dB 定向耦合器(也可用功率分路器)将信号分为两路:一路送至信道化部分,以载频码(频道序号)的形式送至终端;另一路经检波视放后送出脉冲参数至终端,这一路称为全频信号路。它没有信道频谱分隔而使波形失真问题,故它可完好地把脉冲信号送至终端,而信道化部分虽有波形失真,但并不影响载频码的正确测量,因为载频码只由信号的有无形成,不管波形的好坏。脉冲参数测量也从图 7.32 中的 $B$ 信号引出,但 $B$ 信号灵敏度低,在灵敏度有余量的情况下可用此信号。为获得尽可能高的灵敏度,还是要另外分路构成脉冲参数测量的信号。

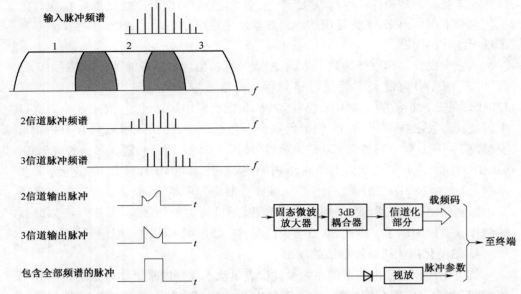

图 7.34  输入脉冲频谱被两个信道分隔的情况    图 7.35  信道化接收机脉冲参数的输出

**5. 信道化接收机中应用声表面波器件是比较好的方法**

声表面波滤波器组的最大优点是体积小,便于大量生产。它的缺点是插入损耗大,一般要 20dB 左右,这样就要加中放来补偿它的损耗,而且输出还需加匹配电路。另外,声表面波还存在三次渡越信号,要解决三次渡越信号,还需再加辅助电路,这样,它本身的体积虽小,但加上这些附加电路,体积能比分立元件频分器小多少,还有待实际证明。

声表面波滤波器组除插损大外,频率做高也有一定困难。我国有几个单位正在研制声表面波滤波器组,近两年内可能提供样品或产品。若能有 220~420MHz 分为 20 路,每路带宽为 10MHz(声表面波滤波器组信道之间是相接的,不作重叠部分,故不能用 $2^N - 1$ 分路法)的声表面波滤波器组提供使用。

# 7.5  声光接收机

声光接收机把两种模拟信号处理技术——声学和光学技术巧妙地结合起来,形成一种新的模拟信号处理技术,较好地实现与现代电磁环境相匹配,对特殊信号具有很强的处理能力,它可以作为信道化接收机的子信道接收机。

## 7.5.1  声光接收机的基本工作原理

声光接收机的工作原理如图 7.36 所示它由三部分组成:接收机前端、频谱分析部分(光学部分)和信号处理部分。接收机前端为超外差接收机。天线收到的辐射源信号经过射频低噪声放大器送往混频器;随之在混频器射频信号的频率又被变换到声光偏转器的频率范围。

在测频过程中,压控振荡器采用步进式扫描,每次跳跃一个偏转器带宽,这样就可以构成搜索式声光接收机,如果用它构造信道化接收机则前端超外差接收机的带宽为一个子信道的带宽,而只是把射频变换成声光偏转器的带宽范围。经过变频的中频信号,通过中放做电压放大,再送往功放进行功率很大,以便经编转器的换能器提供足够的激励功率。

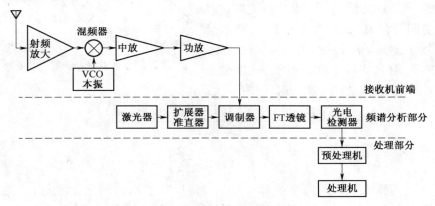

图 7.36　声光接收机的原理图

光学系统有两种基本形式:体光学系统和集成光学系统。体光学系统采用立体元件,譬如采用气体激光器调制器和普通的透镜系统每个元件都必须独立安装,整个系统必须准直并固定在有足够刚度的平台上,以保持它处于准直状态。由于采用气体激光器,故增加了系统的重量和体积。

集成光学系统采用平面元件。所利用的光束受内部全反射制约,使它在薄波导中传播,而薄波导是用生长的透明层形成的。透明层内部的折射系数比外面高。来自激光源的光束耦合进入光波导,通过光波导再送往光电检测器。

体声波声光调制器虽然频带宽,可是需要的激励功率大,且系统的稳定性差。

集成光学系统的固有特点是体积小、重量轻,即使采用混合组件,也适用于恶劣的环境。

声光接收机也称为布喇格盒接收机即光学处理器,它是该接收机的关键。

布喇格盒接收机是光学处理器的一种类型,实质上,它是对输入信号进行傅里叶变换,从而得到频率信息,本节的讨论将限于布喇格盒接收机的工作原理和性能。

布喇格盒接收机原理将与所用的各种检测方案一起讨论。最后,要讨论一种改善布喇格盒接收机动态范围的干涉仪方法。

### 7.5.2 光学空域傅里叶变换

包括布喇格盒接收机在内的许多类型的光学信号处理器,都是通过用输入信号对光束进行相位或幅度的空间调制来完成它们的功能,如图7.37的输入平面所示。光学傅里叶变换是对光束进行空间调制,把信号处理成光的空间分布以显示信号的频域特性。为了说明这种现象,研究一下图7.37所描述的情况。一束平行光穿过具有幅度调制盘 $t(x,y)$ 的输入平面,然后穿过一个位于输入平面后面距离为 $d$ 的透镜。透镜焦平面(傅里叶平面)内的光幅度分布表示 $t(x,y)$ 的傅里叶变换。这种关系可表示为

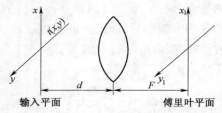

图7.37　基本的光学傅里叶变换

$$V(x_f, y_f) = \frac{A\exp\left[\,j(k/2F)(1 - d/F)(x_f^2 + y_f^2)\,\right]}{j\lambda F} \times$$

$$\iint_{-\infty}^{\infty} t(x,y)\exp\left[-j\frac{2\pi}{\lambda F}(xx_f + yy_f)\right]dxdy \tag{7.76}$$

式中:$x$、$y$ 为输入平面的两个坐标;$x_f$、$y_f$ 为傅里叶平面内的两个坐标;$k$ 为波数($k = 2\pi/\lambda$),$\lambda$ 为入射光的波长;$d$ 为物体平面与透镜之间的距离;$F$ 为透镜与其焦平面之间的距离;$A$ 为输入光的幅度;$t(x,y)$ 为输入平面的调制;而 $V(x_f, y_f)$ 为傅里叶平面中的复光波的幅度。

在式(7.76)中,由于积分前面的相位因子使此变换不同于真正的傅里叶变换。但是当 $F = d$ 时,相位因子就消失了,因而式(7.76)就表示准确的傅里叶变换。在任何情况下,光强分布 $I(x_f, y_f) = VV^*$ 表示调制 $t(x,y)$ 的功率谱,即

$$I(x_f, y_f) = VV^* = \frac{A^2}{\lambda^2 F^2}\left|\iint_{-\infty}^{\infty} t(x,y)\exp\left[-j\frac{2\pi}{\lambda F}(xx_f + yy_f)\right]dxdy\right|^2 \tag{7.77}$$

式中:$V^*$ 为 $V$ 的共轭复数。如果把通常的平方律光敏检测器用在傅里叶平面中,则检测到的是功率谱,而不是傅里叶变换。

在一部基本的布喇格盒接收机中,布喇格盒通常是一个一维装置。假定功率谱的幅度为1,则从式(7.76)可得出一维系统的傅里叶平面上的输出为

$$V(x_f) = \int_{-\infty}^{\infty} t(x)\exp(-j2\pi f_x x)dx \tag{7.78}$$

式中:$f_x = X_f/(\lambda F)$。

对长度为 $l$ 的正弦幅度光栅来说,其 $t(x)$ 可表示为

$$t(x) = \left(\frac{1}{2} + \frac{m}{2}\cos 2\pi f x\right)\text{rect}\frac{x}{l} \tag{7.79}$$

式中:$m$ 为调制深度;$f$ 为光栅的空间频率(等于光栅间隔周期的倒数);rect 为矩形

458

函数,它定义为

$$\text{rect}\,\frac{x}{l} = \begin{cases} 1 & |x| < \dfrac{1}{2} \\ 0 & \text{其他} \end{cases} \tag{7.80}$$

幅度栅 $t(x)$ 表示输入信号。把 $t(x)$ 代入式(7.78)中就得到

$$V(f_x) = \int_{-\infty}^{\infty} \left( \frac{1}{2} + \frac{m}{2}\cos 2\pi f x \right) \text{rect}\,\frac{x}{l} \exp(-\text{j}2\pi f_x x)\,\text{d}x \tag{7.81}$$

式(7.81)可以方便地利用傅里叶变换卷积定理算出,此卷积定理说明乘积 $ab$ 的傅里叶变换等于 $a$ 和 $b$ 傅里叶变换的卷积。定义 $F(Z)$ 为 $Z$ 的傅里叶变换,则有

$$F(ab) = F(a) * F(b) \tag{7.82}$$

其中,$*$ 表示卷积。

它可明确地表示如下:

$$F(a) = F\left( \frac{1}{2} + \frac{1}{2}m\cos 2\pi f x \right) = \frac{1}{2}\delta(f_x) + \frac{1}{4}m\delta(f_x - f) + \frac{1}{4}m\delta(f_x + f) \tag{7.83}$$

其中,$\delta(f_x)$ 为狄拉克 $\delta$ 函数,定义为

$$\delta(x - x_0) = 0 \ (x \neq x_0)$$

$$\int_{-x}^{x} g(x)\delta(x - x_0)\,\text{d}x = g(x_0) \tag{7.84}$$

令

$$F(b) = F\left( \text{rect}\,\frac{x}{l} \right) = l\,\text{sinc}(lf_x) \tag{7.85}$$

式中

$$\text{sinc}(lf_x) = \frac{\sin(lf_x)}{lf_x} \tag{7.86}$$

则 $F(a)$ 和 $F(b)$ 的卷积为

$$F(a) * F(b) = \frac{1}{2}\left[ \text{sinc}(lf_x) + \frac{1}{2}m\,\text{sinc}l(f_x - f) + \frac{1}{2}m\,\text{sinc}l(f_x + f) \right] \tag{7.87}$$

因此,在傅里叶平面上的输出可写成为

$$V(x_f) = K\left[ \text{sinc}\,\frac{lx_f}{\lambda F} + \frac{m}{2}\text{sinc}l\left( \frac{x_f}{\lambda F} - f \right) + \frac{m}{2}\text{sinc}l\left( \frac{x_f}{\lambda F} + f \right) \right] \tag{7.88}$$

式中:$K$ 为一个常数。

输出光波幅度包括 3 个辛格(sinc)函数,如图 7.38 所示。检测器上的光强正比于 $U(x_f)$ 的平方,即

$$I(x_f) = |U(x_f)|^2 \tag{7.89}$$

从式(7.88)显然可以看出,零阶输出是位于傅里叶平面的中心,而一阶输出则位于下列位置上:

$$x_f = \pm f \lambda F \tag{7.90}$$

当 $\lambda$ 和 $F$ 固定时,从零阶输出到一阶输出的位移与光栅的频率成正比。通过测量光点的位置,就可得到光栅频率 $f$。光点强度为辛格函数的平方,此函数是输入窗口的傅里叶变换。

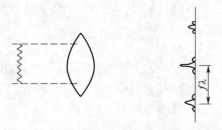

图 7.38  有正弦光栅的矩形窗口的傅里叶变换

### 7.5.3  声光接收机的主要部件

功率布剌格盒接收机这里使用功率布喇格盒接收机的名称,是因为检测器输出电流与输入 RF 功率成比例中的关键部件是激光器、布喇格盒、光检测器和把光检测器输出变换为数字信息的数字化电路。图 7.39 示出一种简单的布喇格盒接收机的结构。除了布喇格盒之外,光学装置包含光束展宽器、准直器和傅里叶变换透镜。

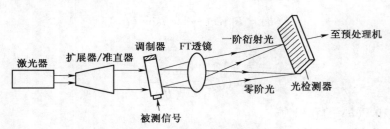

图 7.39  基本的布喇格盒接收机

#### 1. 声光调制器(布喇格盒——小室)

图 7.40 为体声波光调制器的示意图。电声换能器的声口径为 $W$,末端敷以吸

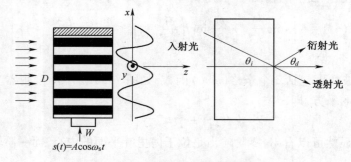

图 7.40  体声波光调制器示意图

460

声材料,保证声通道工作在行波状态。激光束以场强 $E_m \exp(-j\omega_0 t)$ 均匀照射在 $x-y$ 平面上,其光口径为 $D$。

当被测信号 $s(t) = A\cos\omega_s t$ 加入换能器时,便在介质中激励起余弦声波,引起介质的折射率周期性变动,形成相位光栅,实现声波对光束调相,产生调相衍射光。如果输入信号为 $s(t) = A\cos(\omega_s t + \varphi_i)$,则光波的相位调制函数为

$$\varphi(x) = \varphi_0 + \varphi_m \cos\left(2\pi f_s \frac{x}{v_s} + \varphi_i\right) \tag{7.91}$$

其中

$$\varphi_0 = \frac{2\pi\eta_0 W}{\lambda_0}$$

$$\varphi_m = \frac{2\pi\eta_m W}{\lambda_0}$$

式中:$\eta_0$、$\eta_m$ 分别为折射率的平均值和峰值;$v_s$ 为声波在介质中的传播速度;$\lambda_0$ 为光波波长。若调整光束与 $z$ 轴的夹角 $\theta_i$,使衍射光最强,此时,入射光与 $z$ 轴的夹角为布喇格角;若衍射光与 $z$ 轴夹角为 $\theta_d$,便有下列关系:

$$\theta_i + \theta_d = 2\arcsin\frac{\lambda_0 f_s}{2v_s} \tag{7.92}$$

若 $\theta_i + \theta_d \leqslant 0.1\text{rad}$,则上式可以简化为

$$\theta_i + \theta_d = \frac{\lambda_0 f_s}{v_s} \tag{7.93}$$

### 2. 激光源

在布喇格盒接收机中采用了两种普通的激光源:He-Ne 气体激光器和 GaAlAs 半导体激光器。气体激光器利用光激发气体中离散能级间发生的电子跃迁产生相干光。He-Ne 激光器的波长为 $0.6328\mu m$,其输出非常稳定。激光束的发散很小。一个有合适尺寸的 He-Ne 激光源将产生 $2\sim 5\text{mW}$ 光功率。He-Ne 激光器的优点之一是光频处在可见光光谱范围内,故光学装置的调整较容易。由于 He-Ne 激光器比较大,故一般最常用在试验型布喇格盒接收机中。

半导体激光器由 PN 结二极管制成;量子跃迁由激光材料的能带结构确定。激光作用是由简单地使正向电流通过二极管本身产生的。这种激光的尺寸很小,典型的长度约为 $0.1\text{mm}$。因此激光束的发散一般比 He-Ne 激光器大。结果,用于构成来自激光器的光束的透镜必须与激光器本身彼此靠近。这种激光器的输出波长约为 $0.8300\mu m$,此波长处在红外光谱范围内。输出功率为 $10\sim 20\text{mW}$。高输出激光器可以改善布喇格盒接收机的灵敏度。大功率和小尺寸结合在一起,使得半导体激光器在布喇格盒接收机中的应用非常引人注目。半导体激光器一个次要的缺点是,输出波长对温度变化很敏感。波长的漂移将表现为频率误差。因此,一般需要温度补偿电路。

### 3. 光检测器

**1）光检测器的一般特性**

在布喇格盒接收机的光学领域要讨论的最后一个部件是光检测器。光检测器是置于傅里叶平面上以检测与输入信号频率有关的光点位置。在光检测器的输出端上，光信号被变回为电信号，在这里需要进一步处理，又把电信号变换为数字信息。在本节中将集中讨论光检测器的一般特性。在下节中要讨论各种形式的光检测器。

光检测器按照它们对光的响应可分为两种：一种是功率检测器，其输出是与检测器的输入光功率成比例的电压或电流；另一种是能量检测器，其输出与在一特定时间间隔内积累的总能量成比例。这些检测器的基底噪声的定义有所不同。

功率检测器与微波接收机中的平方律检波器相类似。其输出电流与输入光功率成比例。光检测器的动态范围通常定义为从噪声电平延伸到饱和之间的范围。基底噪声是利用噪声等效功率（NEP）确定的，此噪声等效功率定义为使输出均方根（rms）信号电流（或电压）等于均方根噪声电流（或电压）时所要求的均方根入射光功率。如果光检测器的响应度 $R$ 定义为

$$R = \frac{输出电流（或电压）}{输入光功率} \tag{7.94}$$

则 NEP 可写成为

$$NEP = N/R \tag{7.95}$$

式中：$N$ 为均方根噪声。对于硅光检测器而言，$R$ 大约为 0.4A/W。

根据上述定义，NEP 单位为 W。NEP 用于描述在特定工作条件下的特殊检测器。通常，NEP 是检测器偏置电流，照射光波长和视频（电的）带宽的函数，因为噪声和响应度与这些参数有关。NEP 一般是在带宽为 1Hz 的某些低频（例如 1kHz）频率上和在峰值响应波长上确定的。通常 NEP 在大约 1kHz 到某个频率上限（典型的为 10~100MHz）这一范围内与频率无关。

另一个经常遇到的噪声等效功率的定义为

$$NEP' = N/\sqrt{B_V}\,R \tag{7.96}$$

式中：$B_V$ 为视频带宽。在这种定义中，NEP 的单位为 $W/\sqrt{Hz}$。如果在 NEP′ 定义中的视频带宽为 1Hz，则在数值上 NEP′ 等于 NEP。

当 NEP 在特定的检测器工作条件下给出时，为了确定检测器中的电子基底噪声，采用式（7.95）比较简单。但是，如果 NEP 是在 1Hz 带宽上确定的或且是给出 NEP′ 时，则必须做一个假定，即噪声谱密度（每单位带宽的均方噪声）与频率无关。在这种情况下，电子基底噪声由式（7.96）计算。

在采用电荷转移技术读出的积分式光检测器中，一般不用 NEP 作为品质因数，因为主要的噪声源是不同的，并且输出正比于能量而不是功率。在这种器件

中,入射的辐射流量产生电荷载流子,这些载流子在积分周期期间内储存在电容中。在积分周期之后,储存的载流子由时钟驱动输出。时钟驱动输出的一种方法是采用电荷耦合器件(CCD)移位寄存器。图7.41示出这种检测器阵的等效电路。噪声一般是借助光检测器读出过程中产生的噪声电子来描述。表征基底噪声的一种方法是计算与给定的检测单元有关的噪声电子数 $N$。和 NEP 等效,基底噪声可定义为在整个积分周期内入射到单元上的平均光功率,这个光功率产生 $N$ 个电子的储存电荷。假定光子到电荷载流子的转换因子(量子效率)为 $\eta$,则 $P_0$ 等效于NEP,它可写成为

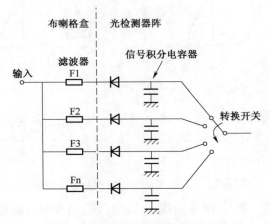

图 7.41　光检测器的电气等效电路

$$P_0 = \frac{N_e h f}{\eta \tau} (\text{W}) \tag{7.97}$$

式中:$h$ 为普朗克常数($6.625 \times 10^{-34}$ J/s);$f$ 为入射光的频率;$\tau$ 为积分时间(s)。

如果给定噪声电子数 $N_e$,则 $P_0$ 值可计算出来用于系统性能计算。例如,当 $N_e = 1000$,$f = 4.74 \times 10^{14}$ Hz($\lambda = 633$nm),积分时间为 1ms,$\eta = 0.5$,则

$$P_0 = \frac{1000 \times 6.625 \times 10^{-34} \times 4.74 \times 10^{14}}{0.5 \times 10^{-3}}$$

$$= 6.28 \times 10^{-13}(\text{W}) = 6.28 \times 10^{-10} \text{mW} = -93 \text{dBm}$$

根据这个结果,人们可以得出一个结论,即能量光检测器的基底噪声比功率检测器低。实际上这是不正确的,因为基底噪声与积分时间有关。解释这种现象的一种更好的方法是:如果在光检测器上有一个输入信号,则积分时间越长,基底噪声就越低,换句话说,能量光检测器在检测宽脉冲或 CW 信号时能给出更高的灵敏度。因此,它们适用于通信接收机。如果输入信号是一个窄脉冲,而积分时间为 1μs,则 NEP 为 -63dBm,它比上述值(-93dBm)高 30dB。虽然基底噪声可能比功率光检测器略低一些,但如果考虑到其他特性,亦即响应时间,则功率光检测器在某些应用中可能会比能量光检测器更优越些。

尽管功率光检测器会像普通的微波视频检波器那样产生响应，但一个能量光检测器的灵敏度却与输入脉冲宽度（$P_W$）有关。假定积分时间为 $T_s$，布喇格盒窗口为 $\tau$，且 $T_s$ 大于 $\tau$，则三种输入信号分别为

$$P_W > T_s, \qquad\qquad \tau < P_W < T_s, \qquad\qquad P_W < \tau$$

对于具有相同 PA 的信号来说，检测器上的功率与时间的函数关系示于图 7.42 中。

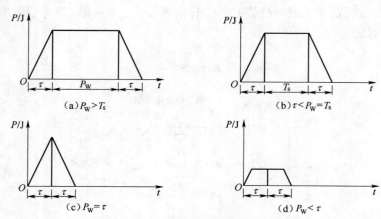

图 7.42　不同信号脉宽下的检测器上的能量

当总的接收能量（图 7.42 中曲线下面的区域）减少时，接收机的灵敏度也降低了。用 dB 表示的灵敏度大致可表示为

$$\text{全灵敏度 } S \qquad (P_W > T_s) \tag{7.98}$$
$$S + 10\lg(T_s/P_W) \qquad (\tau < P_W < T_s) \tag{7.99}$$
$$S + 10\lg(T_s/\tau) + 20\lg(\tau/P_W) \qquad (P_W < \tau) \tag{7.100}$$

式（7.100）中的系数 20 是由于能量随着频谱的扩展而减少引起的。此结果示于图 7.43 中。

像信道化接收机那样，需要在光检测器前面加上放大以提高接收机的灵敏度。布喇格盒接收机中所采用的放大器必须放大光信号而不是电信号。光放大器通常包括两个功能：光发射和光放大。在真空中，通过光电二极管进行光发射，由于其暗电流噪声低，故已成为检测低光功率

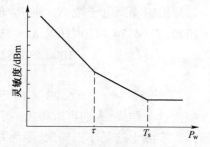

图 7.43　布喇格盒接收机的灵敏度与输入脉宽的关系

的一种理想的方法。光放大最好的方法是二次辐射，如在光电倍增管中的情况那样。所需要的光放大器必须有许多并行信道和小的尺寸，以便使它能安装在傅里叶平面上。光放大器的进一步发展将提高布喇格盒接收机的灵敏度。

464

2) 光检测器的类型

按照光检测器的工作原理,它们有许多不同的类型,例如光电导型和光压型。在布喇格盒接收机中,最常用的是光压型光检测器。通常应用的三种辅助型检测器是:PIN(P 材料—本征层—N 材料)光电二极管,雪崩光电二极管(APD)和电荷耦合器件(CCD)。前两种形式为功率检测器,后一种为能量检测器。

光电二极管是一种 PN 结器件,通常为反向偏置。偏压将形成一层有高电场的耗尽层区。但是,这个电场还不足以产生雪崩效应。当光子入射到光电二极管上时,就产生了电子-空穴对。这些电子-空穴对被在耗尽层区的电场隔开。为了高速工作,耗尽层区必须保持很薄以减小渡越时间。另一方面,耗尽层又必须足够厚,以便使大多数入射光子被吸收,从而给出高的量子效率。因此,在光检测器中,响应时间和量子效率必须适当地兼顾。在 P 和 N 材料之间应用一层本征半导体层的 PIN 二极管是最常用的一种光检测器,因为可以用控制这种二极管的耗尽层区的厚度(也就是本征层的厚度)来提供所需要的频率响应和量子效率。这种光检测器有应用于布喇格盒接收机中的潜力。

APD 工作在高反向偏压上,使其能发生雪崩倍增效应。这种倍增效应给出电流增益,从而改善二极管的灵敏度。因而,APD 的 NEP 低于 PIN 光电二极管。目前,在布喇格盒接收机中应用 APD 有两个要考虑的问题。首先,APD 要求的外加偏压在几百伏范围内。虽然这一点不会对接收机的性能有不利的影响,但很不方便。其次,APD 输出电流对环境温度很敏感。这种影响会损害接收机的性能。在APD 可以普遍地应用在布喇格盒接收机中之前,必须解决温度敏感性问题。

CCD 阵由许多间隔很近的金属—氧化物半导体(MOS)二极管组成。这种CCD 阵可以是一维或二维结构。二极管工作在耗尽模上。当光子入射到 CCD 上时,它们就产生电子-空穴对,并且其电荷将存储在半导体表面上的电荷团中。在读出时,这些电荷团通过加到输入栅的合适的时钟电压转移到 MOS 二极管链中,如图 7.44 所示。图 7.44(a)示出二极管的基本结构,而图 7.44(b)示出电荷从一个二极管转移到相邻二极管的情况。由于光检测器可以密集地安装在 CCD 阵中,故这种检测系统可以直接放在布喇格盒接收机的傅里叶平面上。

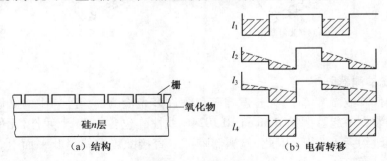

(a) 结构        (b) 电荷转移

图 7.44　电荷耦合器件

3) 分立的光检测器和光纤

光检测器还可以根据它们是做成分立组件还是做成阵列形式而分为两种。虽然这两种都可用在布喇格盒接收机中,但它们的性能是极不相同的。本节将讨论分立光检测器及其在布喇格盒接收机中的应用。

常用的分立光检测器有硅平面 PIN 光电二极管和雪崩二极管。分立光电二极管通常具有大的动态范围和快的响应时间。但是,由于安装问题,很难把二极管直接安装在傅里叶平面上。在布喇格盒接收机中应用分立二极管的一种方法是,通过光纤把光从傅里叶平面传送到二极管中。光纤是一种抛光的长玻璃圆柱,如果在超过临界角的某个角度上出现全表面反射,则光纤传导光时就没有因圆柱壁泄漏而产生的损耗。应用光纤有两种方法:一种方法是采用尺寸与光点尺寸相似的光纤,把它们排列成一个单阵列,如图 7.45(a)所示;另一种方法是应用比光点小得多的光纤,这些光纤被排列成紧密的光纤组,如图 7.45(b)所示,在这种结构中,一个二极管由许多根光纤馈电。在第一种方法中,如果一根光纤断了,则会使相应的信道全部失效。这种方法的另一个缺点是当光束落在两条光纤之间时会失去部分光束。如果可得到矩形光纤,就会减少信道之间的这种灵敏度损失。在第二种结构中,如果一根光纤断裂,则二极管只会损失部分光束。合成的亮度误差可能被随后的处理电路误判断而造成错误的信息。由于大量的细光纤其断裂的概率较高,故图 7.45(a)所示的单光纤结构目前是常用的。

应用光纤的主要缺点是光纤和检测器需要大的体积;检测系统可能比光学装置大好几倍。图 7.45 所示接收机体积大,就是由于采用光纤所致的。

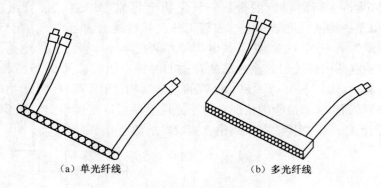

(a) 单光纤线　　　　　　　(b) 多光纤线

图 7.45　光纤结构

4) 光检测器阵

在线性阵或二维阵中,光检测器阵包含许多光检测器。阵列中的光敏元件可以紧密安装在一起。例如 Reticon RL1024C 线性阵包含 1024 个元件,元件中心到中心的间距约为 1mil[①]。因此,检测器阵可以直接配置在傅里叶平面上。因此有

① 　1mil＝25.4μm。

理由认为在布喇格盒接收机中将采用光检测器阵。线性阵有许多不同的类型,下面将按照它们把信息耦合出来的方式加以分类。

（1）并联阵。光检测器的输出是单个地连接到外电路中的。这种阵列形式与分立光检测器是相似的,而且它们都是功率检测器。为了得到大的接收机动态范围,相邻元件间的隔离必须大。如果并联阵的技术取得进展,则由于它们有坚固的安装优点,故肯定可在布喇格盒接收机中取代分立的光检测器。

（2）串联阵。串联光检测器阵通常包括许多个光检测器但只有一个输出。阵中的检测器通常是能量光检测器而不是功率检测器。每个检测器的输出是按顺序转接的,如图 7.46 所示。如果阵中有 1024 个检测器,并且转换时间为 $1\mu s$,则整个阵列的读出要花 1.024ms。当一个检测器没连接到输出电路时,它就在积累到达的光功率。在布喇格盒接收机中应用串联阵有两个缺点:①它给出的时间分辨力很差。对脉冲信号不能正确地测出其到达时间(TOA)和脉宽(PW)。在上述例子中,TOA 和 PW 分辨力约为 1ms,此值是极不适用的。②串联阵不适用于检测窄脉冲。当窄脉冲到达检测器中时,检测器将在脉冲期间或布喇格盒的窗口时间内作出响应,这两个时间都是比较长的。当信号消失时,检测器会积累噪声。因此,检测窄脉冲的灵敏度很低。串联阵光检测器在通信接收机中比较适用,因为通信信号有长的持续时间。

（3）串—并联阵。串—并联阵可看作是把许多单个串联阵并联起来。例如,一个串—并联阵可以有 160 个检测器和 16 个并联输出。每个输出将依次转接到 10 个检测器上。因此,实际上,10 个检测器就构成了一个串联阵,如图 7.47 所示。如果转接时间为 $1\mu s$,则可得到 $10\mu s$ 的时间分辨力。由于有 16 个并联输出,故输出电路只要处理 16 个输出。因此输出电路的设计比并联方式更简单。

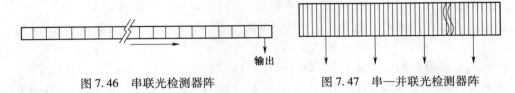

图 7.46　串联光检测器阵　　　　图 7.47　串—并联光检测器阵

（4）随机存取阵。在随机存取阵中,输出的数目很少,只有一个或两个。阵列的输出顺序可编成程序。例如,一个包含 512 个元件的阵列可能只有两个输出,一个连接到所有偶数检测器上,而另一个连接到所有奇数的检测器上,如图 7.48 所示。两个输出可以单独编程序。例如,一个输出被编成程序用于按顺序扫描 2～10 的偶数检测器,而另一个则用于反复地观察单个检测器。被观察的检测器数目越少,再访问的时间就越短。如果转接时间为 $1\mu s$,则在上述结构中对第一个输出的时间周期约为 $10\mu s$,而对第二个输出则约为 $2\mu s$。这种检测器阵对 ELINT 布喇格盒接收机可能是很有用的。如果可得到先验信息,则对此阵列可编程序用以输出所要求的信号。

467

（5）二维阵（图 7.49）。二维光检测器阵包含几行（或几列）检测器。有些电视摄像机采用这种二维光检测阵。在布喇格盒接收机中应用二维阵的一种方法是，利用其中的一维来表示频率，而另一维用于表示时间。在某一确定的时间间隔内，例如 1μs，整个行的信息将向下移动，而新的数据将从最上面的一行开始收集。

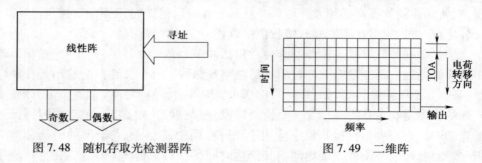

图 7.48　随机存取光检测器阵　　　　　　　图 7.49　二维阵

# 7.6　压缩（微扫）接收机

压缩接收机的名称是因为它们应用色散时延线（DDL）把输入射频（RF）信号压缩成窄脉冲而命名的；又由于这种接收机使用快速扫描本振（LO）把输入信号换为调频（FM）信号，故通常亦称为微扫接收机。变应用 DDL 测量频率的设想早在 1960 年就已提出。声表面（SAW）技术和高速逻辑电路目前取得进展，重新唤起人们对压缩接收机的兴趣。

压缩接收机是一种具有精细频率分辨力的宽带接收机，它具有处理同时到达信号的能力。由信道化接收机所检测的输出是并行的，而由压缩接收机所检测的输出是在时域上以串行形式到达的窄脉冲，通过测量这些压缩脉冲的位置就可以确定输入信号的频率。由于所探测的脉冲非常窄，而且在时间上紧靠在一起，故需用高速逻辑电路对它们进行处理。

压缩接收机的关键技术是 DDL、扫描 LO 和数字化电路。DDL 和扫描 LO 一直在研究改善中，但接收机的主要不足之处是在数字化电路方面。此数字电路用所检测的视频输出作为输入并产生表示输入 RF 信号的各种参数数字。

## 7.6.1　脉冲压缩的工作原理

在讨论压缩接收机之前，首先说明一下调频信号压缩为脉冲的作用原理，在后面的章节将推导详细的数学表达式。假定某一 FM 信号在时间间隔 $t_0$ 到 $t_1$ 期间，其频率变化线性地从 $f_0$ 变到 $f_1$，以频率作为时间的函数，斜率为 $m$，如图 7.50 所示。假定这个信号以函数 $f(t)$，斜率 $m$ 进入 DDL，如图 7.50（b）所示，在时间 $t_0 + t_1$ 时 DDL 的输出端将有能量输出。这一现象可以解释如下：具有频率 $f_0$ 的信号的前沿在 $t_0$ 进入 DDL 时被时延 $t_1$，而且有频率 $f_1$ 的信号的，后沿在 $t_1$ 进入 DDL 时时延 $t_0$。因此 DDL

的前沿和后沿发生在 $t_0 + t_1$ 时间。这样整个 FM 脉冲从 $t_0$ 到 $t_1$ 就被压缩了,并出现在时间 $t_0 + t_1$ 时,频率范围 $f_1 \sim f_0$ 是 DDL 的带宽,时间差 $t_1 - t_0$ 则是 DDL 的色散时延时间,压缩接收机就是使用这一基本原理将输入信号压缩为窄脉冲的。

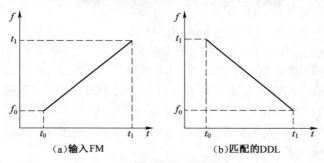

图 7.50　频率—时间函数

　　一种简单的压缩接收机示于图 7.51。压缩接收机的第一个部件是混频器,LO 送给混频器的是调频信号,混频器之后采用加权滤波器修正来自混频器的信号。加权滤波器的输出再通过 DDL 时延线并被压缩为窄的 RF 脉冲,视频检波器则将 RF 脉冲变成视频脉冲输出的位置来测量输入信号的频率。

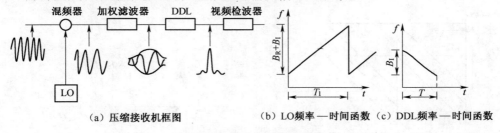

图 7.51　简单的压缩接收机

　　假定接收机的输入带宽为 $B_R$,DDL 的带宽为 $B_I$,接收机的中频(IF)带宽也是 $B_I$,扫描 LO 的信号 $f(t)$ 斜率与 DDL 的斜率相匹配,则 LO 将扫描等于 $B_R$ 和 $B_I$ 之和的整个频率范围。假如输入信号为连续波(CW),则混频器的输出将为 FM 信号,其斜率与 DDL 斜率相适应。加权滤波器的作用是控制混频器的输出波形,为了抑制旁瓣,它依次控制来自 DDL 的压缩脉冲的形状。注意,加权滤波器和 DDL 均属线性器件,因此它们在接收机中的位置在不影响输出脉冲的情况下可以互换。在某些设计中加权函数建立在 DDL 中并将两个部件合为一个,DDL 将调制的 FM 脉冲压缩为窄脉冲,然后由视频检波器进行检测。

　　为了说明压缩接收机如何读出频率,图 7.52 示出三个 CW 信号,其频率分别为 $f_a$、$f_b$、和 $f_c$。现在讨论图中粗线部分可以不管。频率为 $f_a$ 和 $f_c$ 的信号在接收机波段的上下边沿,频率为 $f_b$ 的信号在波段的中间。在这种特殊情况下,假定 $B_R = B_I$。一般情况下,$B_R$ 未必等于 $B_I$。还假定回扫时间为零,例如图 7.52(b)所示。假如 LO 频率为 $f_0$,则输入信号 $f_a$ 被变换为 $f_0 + f_a$,$f_c$ 被变换为 $f_0 + f_c$,如图 7.52(c)

469

所示。在图 7.52(c)中,波段 $B_I$ 中的信号部分被接收机接收且将被 DDL 压缩。而在 $B_I$ 以外的部分则不被接收机接收。为了在 $B_I$ 接收 $f_0+f_a$ 和 $f_b+f_c$ 且充满整个带宽 $B_I$,LO 必须扫描 $B_R+B_I$ 带宽。

让我们研究信号在 DDL 中更靠近一些的情况,为了避免混乱,LO 的扫描周期以 $T_1$ 表示,DDL 的色散时延时间为 $T$,由图 7.52(c)可见,频率 $f_0-f_s$ 首先进入时延线,随后为 $f_0+f_s$ 和 $f_0+f_s$,这种时间差异依赖于频率。而由 $B_I$ 截取的三个信号的频率范围是相同的。因此假如三个信号具有相同的幅度,那么,由 DDL 压缩输出也将是相同的。然而由于频率 $f_0+f_s$ 首先进行 DDL,相应的压缩脉冲将首先离开 DDL,随后的脉冲相应于频率 $f_0-f_b$ 和 $f_0+f_c$,如图 7.52(d)所示。必须强调指出,脉冲的次序仅仅取决于输入频率 $f_a$、$f_b$ 和 $f_c$,因此通过测量脉冲的位置,输入信号的频率可以被确定。

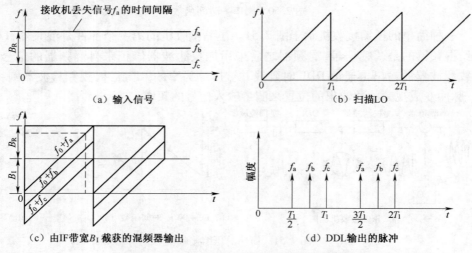

（a）输入信号  （b）扫描LO
（c）由IF带宽$B_I$截获的混频器输出  （d）DDL输出的脉冲

图 7.52　$B_R=B_I$ 的压缩接收机的时间—频率关系

下面讨论图 7.52 中的某些重要因素。首先 DDL 的输出仅仅出现 $1/2T_1$ 到 $T_1$ 和 $3/2T_1$ 到 $2T_1$ 的时间,等等。在 $0\sim1/2T_1$ 和 $0\sim3/2T_1$ 的时间期间则没有输出。在 $B_R\neq B_I$ 时,这种情况将略有不同。其次压缩接收机不具有 100% 的截获概率（POI）例如,假如 $f_a$ 信号脉冲的到达是在 $1/2T_1\sim T_1$ 范围（如图 7.52(a)中的粗线所示）,则混频器的输出在中频波段 $B_I$ 之外,且接收机将丢失该信号。类似地,对于在 $3/4T_1\sim5/4T_1$ 范围的 $f_b$ 和在 $T_1\sim3/2T_1$ 范围的 $f_c$,上述结论亦是正确的。通常,$PW<T_1/2$ 的具有接收机输入波段中某一频率的脉冲信号,假定它在某一时间周期到达,常被接收机丢失。假如输入信号 $PW>T_1/2$,则接收机将总是截获部分脉冲。然而,假如输入信号未进入 DDL,此信号将由灵敏度较低的接收机处理。压缩接收机的截获概率将在后面进行讨论。

假如 LO 扫描小于所需带宽如图 7.52(c)虚线所示,则接收机将丢失部分输入信号。从虚线所框范围看出,信号 $f_0+f_c$ 未全部落在 $B_I$ 波段,在这种条件下接收

470

机将以降低了的灵敏度截获 $f_c$。当 LO 未扫满足够带宽时,则接收机将以降低了的灵敏度截获临近输入波段边沿的信号。换句说话,压缩接收机可以以较低的灵敏度和较低的 POI 接收其带宽以外的信号。

在压缩接收机中,IF 带宽和 RF 带宽不需要相等,它们可以有任意的关系。图 7.53 示出 $B_R = 2B_I$ 和 LO 扫描周期 $T_1 = 3T$ 时的压缩接收机的时间—频率关系。如果采用相同的 DDL,则在这种结构中接收机的输入带宽要比图 7.52 的结构宽,但其 POI 降低了。这种结构常常用于改善压缩接收机的输入带宽,特别是在通信接收机中,因为在那里大部分输入信号时 CW。

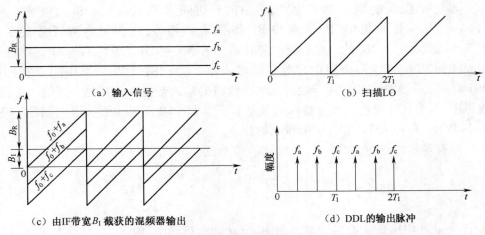

图 7.53  $B_R = 2B_I$ 的压缩接收机的时间—频率关系

图 7.54 示出 $B_R = 12B_I$ 和 LO 扫描周期 $T_1 = 3/2T$ 时的压缩接收机的时间—频

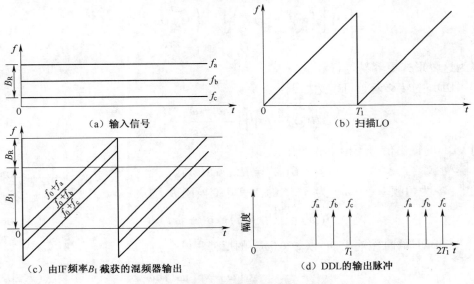

图 7.54  $B_R = 1/2B_I$ 的压缩接收机的时间—频率关系

率关系。这一方案可以改善 POI。然而在这种结构中,IF 带宽是很大的,而接收机输入带宽则相对地窄。并且 POI 仍不是 100%,因此这一方法很少直接用于改善接收机的 POI。然而稍作修改,这一方法就可达到 100% 的 POI。

### 7.6.2 数学分析

在上述讨论中,似乎 DDL 输出是一个零宽度的脉冲。然而,这是不实际的。压缩的脉冲具有一定的宽度和形状。本节的数学分析将用于进一步阐述信号通过 DDL 并且预测输出脉冲的形状,同时给出加权函数对输出脉冲形状的影响。

如上所述,假定 DDL 带宽为 $B_I$,色散时延时间为 $T$,让我们分析混频器的输出。一个压缩接收机中,IF 带宽和 RF 带宽未必相等,它们可具有任意关系。图 7.53 示出 $B_R = 2B_I$ 的压缩接收机的时间—频率关系。LO 周期 $T_1 = 3T$,假如使用同样的 DDL,在这一方案中接收机的输入带宽要比图 7.52 方案中的更宽,但 POI 降低了。这种结构常用于改善压缩接收机的输入带宽。尤其是在通信压缩接收机中,因为在那里绝大部分输入信号是 CW,而且 POI 不是主要关心的问题。在 $0 \sim 1/3T_1$ 和 $T_1 \sim 4/3T_1$ 期间,DDL 没有输出。

具有等幅的脉冲 FM 信号,可用数学式子表达如下:

$$S(t) = \begin{cases} \cos\left(\omega_0 t + \frac{1}{2}\mu t^2\right) & \left(-\frac{1}{2}T < t < \frac{1}{2}T\right) \\ 0 & \text{(其他)} \end{cases} \quad (7.101)$$

式中:$\omega_0$ 为 DDL 的中心角频率;$t$ 为时间;$\mu$ 为扫描速率,即

$$\mu = 2\pi B_I / T \quad (7.102)$$

式(7.101)可用指数形式表示如下:

$$S(t) = \begin{cases} \exp\left[j\left(\omega_0 t + \frac{1}{2}\mu t^2\right)\right] & \left(-\frac{1}{2}T < t < \frac{1}{2}T\right) \\ 0 & \text{(其他)} \end{cases} \quad (7.103)$$

因为这种形式更容易进行数学处理。

DDL 的转移函数可表达如下:

$$H(\omega) = \exp\left[j\frac{(\omega - \omega_0)^2}{2\mu}\right] \quad (7.104)$$

则 DDL 的输出信号可由下式给出:

$$G(\omega) = H(\omega)S(\omega) \quad (7.105)$$

式中:$\omega$ 为角频率;$S(\omega)$ 为 $S(t)$ 的傅里叶变换函数,且

$$S(\omega) = \int_{-T/2}^{T/2} S(t)\exp(-j\omega t)\,dt \quad (7.106)$$

求 DDL 的时域输出,必须做 $G(\omega)$ 的反傅里叶变换:

$$g(t) = \frac{1}{2\pi}\int_{-x}^{x} G(\omega)\exp(j\omega t)\,d\omega \quad (7.107)$$

将式(7.103)~式(7.106)代入式(7.107),得到

$$g(t) = \frac{1}{2\pi} \int_{-\infty}^{\infty} H(\omega) \left\{ \int_{-T/2}^{T/2} \omega(\tau) \exp\left[ j\left( \omega_0\tau + \frac{1}{2}\mu\tau^2 \right) \right] \exp(-j\omega\tau) d\tau \right\}$$

(7.108)

式中:$\omega(\tau)$ 为加权滤波器的影响。严格地说,加权滤波器是频率的函数,然而加权滤波器可以写成时间的函数,因为在混频器之后 CW 输入信号变成线性 FM 信号,其频率线性地比例于时间。式(7.108)的积分次序可重新安排如下:

$$g(t) = \frac{1}{2\pi} \int_{-T/2}^{T/2} \omega(\tau) \exp\left[ j\left( \omega_0\tau + \frac{1}{2}\mu\tau^2 \right) \right] \left\{ \int_{-\infty}^{\infty} H(\omega) \exp[j\omega(t-\tau)] d\omega \right\} d\tau$$

(7.109)

式(7.109)大括号中的积分用式(7.104)的 $H(\omega)$ 代入可以写成

$$\int_{-\infty}^{\infty} H(\omega) \exp[j\omega(t-\tau)] d\omega = \int_{-\infty}^{\infty} \exp\left[ \frac{(\omega-\omega_0)^2}{2\mu} \right] \exp[j\omega(t-\tau)] d\omega$$

$$= \int_{-\infty}^{\infty} \exp\left\{ j\left[ \frac{\omega^2}{2\mu} + \left( -\frac{\omega_0}{\mu} + t - \tau \right)\omega + \frac{\omega_0^2}{2\mu} \right] \right\} d\omega$$

(7.110)

求积分,假定

$$a^2 = \frac{1}{2\mu}$$

$$2ab = \frac{-\omega_0 + \mu(t-\tau)}{\mu}$$

(7.111)

$$b = \frac{-\omega_0 + \mu(t-\tau)}{2a\mu} = \frac{-\omega_0 + \mu(t-\tau)}{\sqrt{2\mu}}$$

(7.112)

和

$$c = \frac{\omega_0^2}{2\mu}$$

(7.113)

接着将式(7.111)~式(7.113)代入式(7.110)并完成幂计算,式(7.110)可写成

$$\int_{-\infty}^{\infty} \exp\{ j[(a\omega+b)^2 + c - b^2] \} d\omega = \exp[-j(b^2-c)] \int_{-\infty}^{\infty} \exp[j(a\omega+b)^2] d\omega$$

(7.114)

利用关系式

$$\exp(jx) = \cos x + j\sin x$$

(7.115)

和

$$\int_0^x \sin(a^2x^2) dx = \int_0^x \cos(a^2x^2) dx = \frac{\sqrt{\pi}}{2a\sqrt{2}}$$

(7.116)

可以求出式(7.114)中的积分值,其结果为

$$\int_0^\infty H(\omega)\exp[\mathrm{j}\omega(t-\tau)\mathrm{d}\omega] = \sqrt{2\pi\mu}\exp\left\{\mathrm{j}\left[\omega_0(t-\tau) - \frac{1}{2}\mu(t-\tau)^2 + \frac{1}{4}\pi\right]\right\} \tag{7.117}$$

接着将式(7.117)代入式(7.109),得到

$$g(t) = \sqrt{\frac{\mu}{2\pi}}\exp\left[\mathrm{j}\left(\omega_0 t - \frac{\mu t^2}{2} + \frac{\pi}{4}\right)\right]\int_{-T/2}^{T/2}\omega(\tau)\exp(\mathrm{j}\mu\tau t)\mathrm{d}\tau \tag{7.118}$$

式中:$\tau$ 为虚变量。

$\exp[\mathrm{j}(\omega_0 t - 1/2\mu t^2 + 1/4\pi)]$ 项表示输出脉冲的频率,来自 DDL 的输出脉冲的中心频率是 $\omega_0$,它也是 DDL 的中心频率,但其相位移动了 $\pi/4$,输出信号的幅度可由积分函数得到:

$$R(t) = \int_{-T/2}^{T/2}\omega(\tau)\exp(\mathrm{j}\mu\tau t)\mathrm{d}\tau \tag{7.119}$$

讨论中常数 $\sqrt{\mu 2\pi}$ 被忽略,式(7.119)说明 DDL 输出脉冲的幅度是加权函数的傅里叶变换,对于未加权信号,$\omega(\tau)=1$,并且 $R(t)$ 的积分得出

$$R(t) = \frac{\sin\left(\frac{1}{2}\mu Tt\right)T}{\frac{1}{2}\mu Tt} \tag{7.120}$$

假如这一输出由对数视频检波器检波,其输出具有许多旁瓣。第一旁瓣大约比主瓣低 13dB。第一旁瓣可求出如下:

$$\frac{\sin x}{x} = 1, \quad \text{当 } x = 0, \qquad \text{为主瓣;}$$

$$\frac{\sin x}{x} = \frac{-2}{3\pi}, \quad \text{当 } x = \frac{3\pi}{2}, \qquad \text{为第一旁瓣。}$$

$$10\lg\left(\left[\frac{\sin x}{x}\right]^2_{x=3\pi/2}\Big/\left[\frac{\sin x}{x}\right]^2_{x=0}\right) = -13.5\mathrm{dB} \tag{7.121}$$

其余旁瓣单调地减少。因此,对于某一输入信号,压缩接收机将产生一串脉冲,一个脉冲在时域上有许多旁瓣,而不是单个脉冲。测量输入信号的频率必须测量主瓣的位置。输出脉冲的旁瓣将限制双信号动态范围。因为它们会屏蔽那些幅度小于另一信号旁瓣的信号。对于非加权 DDL,最大旁瓣大约低于主瓣 13dB,因此,限制动态范围为 13dB。

改善压缩接收机动态范围的常用方法,是通过在 DDL 之前(或之后)增加加权滤波器抑制旁瓣。加权函数可在 DDL 中建立,即在 SAW DDL 中建立,一种常用的加权函数是在基准电平上的余弦平方函数,它可表示如下:

$$w(t) = K + (1-K)\cos^2(\pi t/T) \tag{7.122}$$

式中:$K$ 为 0~1 的常数。代入式(7.119)并进行积分得到

474

$$R(t) = \frac{T\sin\left(\frac{1}{2}\mu Tt\right)}{2} \left( \frac{1+K}{\frac{1}{2}\mu Tt} + \frac{(1-K)\frac{1}{2}\mu Tt}{\pi^2 - \left(\frac{1}{2}\mu Tt\right)^2} \right) \tag{7.123}$$

当 $K=0.08$ 时,这个加权函数被称为汉明加权函数,它将降低旁瓣电平到低于主瓣 42.8dB,汉明加权函数的功率频谱输出示于图 7.55。

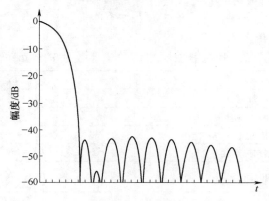

图 7.55　汉明加权滤波器的输出

接收机的频率分辨力由压缩脉冲的主瓣宽度确定。由式(7.120)和式(7.123)中 $\sin(1/2\mu Tt)$ 项可求出主瓣的脉冲宽度,它比例于 $1/T_0$ 换句话说,时延时间 $T$ 越长,主瓣宽度越窄,接收机可达到的频率分辨力就更细。频率分辨力 $\Delta f$ 可简单地表示为

$$\Delta f = k/T \tag{7.124}$$

式中:$k$ 为比例常数,$k$ 的值通常为 1~2,并取决于加权函数和频率检测方法。

由 DDL 输出的最大脉冲数等于整个 RE 带宽 $B_R$ 除以频率分辨力,即

$$N = B_R/\Delta f = B_R T/k \tag{7.125}$$

它与 DDL 的时间带宽之积成正比。

从图 7.51~图 7.53 和 7.6.2 节的讨论中已知,DDL 产生的压缩脉冲只占扫描时间 $T_1$ 的一部分,假如 $T_0$ 为时延线具有输出的时间周期,则

$$T_0 = \frac{B_R}{B_I}T \tag{7.126}$$

由图 7.51~图 7.53 来看,这一关系是显然的,由 DDL 输出的脉冲宽度等于时间周期 $T_0$ 除以整个脉冲数 $N$,它可表示如下:

$$P = T_0/N \tag{7.127}$$

将式(7.125)、式(7.126)代入式(7.127),得到

$$P = k/B_I \tag{7.128}$$

上述关系也可由式(7.120)得出,当 $\mu Tt/2 = \pi$ 或 $t = 2\pi/(\mu T)$ , $\sin(\mu T/2) =$

475

0,式(7.120)在时域上标出输出脉冲的第一个零点,其脉冲宽度可近似表示为

$$P = \frac{2\pi}{\mu T}k \tag{7.129}$$

将式(7.124)代入式(7.129)得到

$$P = k/B_{\mathrm{I}} \tag{7.130}$$

脉冲离开 DDL 的速率为

$$R = N/T_0 = B_{\mathrm{I}}/k \tag{7.131}$$

上述关系均列在表 7.7 中。

表 7.7　压缩接收机中的关键参数及其相互关系

| | |
|---|---|
| RF 带宽 | $B_{\mathrm{R}}$ |
| DDL 带宽 | $B_{\mathrm{I}}$ |
| 色散时延时间 | $T$ |
| 扫描速度 | $S = B_{\mathrm{V}}T$ |
| 振荡器扫描宽度 | $B_{\mathrm{T}} = B_{\mathrm{R}} + B_{\mathrm{I}}$ |
| 扫描整个带宽的时间(无回扫时间) | $T_1 = \dfrac{B_{\mathrm{R}} + B_{\mathrm{I}}}{B_{\mathrm{I}}}T$ |
| 扫描整个带宽的时间(有回扫时间 T) | $T_1 = \dfrac{B_{\mathrm{R}} + B_{\mathrm{I}}}{B_{\mathrm{I}}}T + T_{\mathrm{R}}$ |
| 频率分辨力($K>1$) | $\Delta f = k/T$ |
| 每扫描一次 DDL 的最大脉冲数 | $N = B_{\mathrm{R}}/\Delta f = B_{\mathrm{R}}T/k$ |
| 每扫描一次 DDL 的输出时间 | $T_0 = B_{\mathrm{R}}T/B_{\mathrm{I}}$ |
| 来自 DDL 的输出脉冲宽度 | $P = k/B_{\mathrm{I}}$ |
| 输出脉冲率 | $R = B_{\mathrm{I}}/k$ |

### 7.6.3　压缩接收机的工作原理

压缩接收机的工作原理如图 7.56 所示。第一混频器把信号频率降到第一中频,再由扫描信号调频,输出到前置中放进行放大,以抵消后续的压缩线(PCL)的插损;通过 PCL 进行卷积运算后的输出为输入信号频谱的模,其后再经过放大、检波和视放;最后将输出信号谱送入 A/D 转换器进行取样和编码,并通过寄存器、存储器,送进处理机。

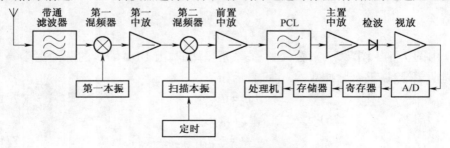

图 7.56　压缩接收机原理图

扫描信号产生原理图如图 7.57 所示。由定时器输出触发脉冲,分两路触发窄脉冲产生器,以产生极窄的脉冲。因为 $T_E = 2T_c$,$\Delta f_E = 2\Delta f_c$,故采用两路并行工作,每一路的展宽线(PEL)时频特性与 PCL 相同,或参数数值相等、斜率相反。当然,也可采用一路工作。在 PEL 输入端和输出端均加入匹配网络,随后经过整形放大,由选通门进行时分控制,使两路线性调频信号相隔 $T_c$ 时间加入频率差为 $\Delta f_c$ 的两个上变频器;再将两路信号相加送入功放,放大到足够的功率电平;最后送入第一混频器作调制信号。

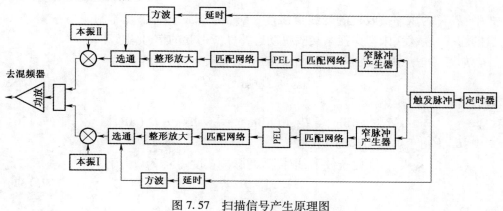

图 7.57　扫描信号产生原理图

### 7.6.4　压缩接收机的参数

**1. 频率分辨力**

从前面分析可以看出,压缩线的带宽 $\Delta f_c$ 等于接收机的瞬时带宽 $\Delta f_r$,它代表接收机的瞬时覆盖范围。目前 SAW 压缩线的频宽可达 500MHz,甚至到 1000MHz。输出脉宽 $\tau' = 1/\Delta f_c$。这就说明取样后的输入信号频宽越宽,则输出脉冲就越窄。从前面分析还可以看到,对于线性调频信号,在斜率 $\mu$ 一定的条件下,时延时间 $T_c$ 与频偏 $\Delta f_c$ 成正比。

因此,$T_c$ 代表着瞬时频率覆盖范围,而输出脉冲宽度 $\tau'$ 代表着一个频域分辨单元宽度,所以,接收机总的分辨单元数为

$$n = \frac{T_c}{\tau'} = \frac{T_c}{1/\Delta f_c} = T_c \Delta f_c = D_c \tag{7.132}$$

于是,频率分辨力为

$$\Delta f = \frac{\Delta f_c}{n} = \frac{\Delta f_c}{\Delta f_c T_c} = \frac{1}{T_c} \tag{7.133}$$

由此可见,压缩接收机巧妙地解决了频率瞬时覆盖范围与频率分辨力之间的矛盾:用增加压缩线带宽的方法,扩大瞬时覆盖,提高频域截获概率;用增大压缩线时宽的方法,提高频率分辨力,从而解决了频率截获概率与频率分辨力之间的

矛盾。

**2. 压缩接收机的灵敏度**

分两种情况来讨论：

（1）输入信号为连续波或 $\tau_i \geqslant T_c$。在此条件下，压缩线的取样脉冲宽度 $\tau = T_c$，经过压缩，输出脉冲宽度 $\tau' = \tau/T_c\Delta f_c = \tau/D_c$。因此，输出信号的峰值功率提高为取样时的 $D_c$ 倍，于是，压缩接收机的灵敏度提高为普通接收机的 $D_c$ 倍，即

$$P_{TSSc} = P_{TSS0}/D_c \tag{7.134}$$

式中：$P_{TSSc}$ 为压缩接收机的切线灵敏度；$P_{TSS0}$ 为不加压缩滤波器的普通搜索接收机的切线灵敏度（未考虑搜索接收机动态特性所引起的信号幅度下降）。

如若考虑压缩滤波器失配所引起的信噪比损失 $L_c$，上式变为

$$P_{TSSc} = P_{TSS0} \cdot L_c/D_c \tag{7.135}$$

以分贝表示为

$$P_{TSSc}(dBm) = P_{TSSc}(dBm) + L_c(dB) - D_c(dB) \tag{7.136}$$

式中：$L_c$ 为由于加权引起的失配损失。

（2）$\tau_i < T_c$。在此条件下，取样后的脉冲宽度 $\tau < T_c$，由于

$$\tau/\tau' = P'/P_i \tag{7.137}$$

即

$$\tau = \frac{P' \cdot \tau'}{P_i} = \frac{P'}{P_i} \cdot \frac{1}{\Delta f_c}$$

$$\tau/T_c = \frac{P'}{P_i} \cdot T_c \frac{1}{\Delta f_c}$$

式中：$P'$ 为压缩滤波器输出脉冲峰值功率；$P_i$ 为取样后压缩滤波器输入脉冲峰值功率。所以压缩功率增益 $G = P'/P_i$ 为

$$G = T_c\Delta f_c \cdot \tau/T_c = D_c \cdot \frac{\tau}{T_c} \tag{7.138}$$

若接收机输入脉冲宽度 $\tau_i \geqslant T_c$，则取样后脉冲宽度 $\tau = T_c$，$G = T_c\Delta f_c = D_c$；如果 $\tau_i < T_c$，则 $G < D_c$。可以导出压缩接收机的切线灵敏度变为

$$P_{TSSc} = (P_{TSS0}/D_c)T_c/\tau_i \tag{7.139}$$

实际上，由于脉冲越窄其频谱越宽，引起压缩线不能对输入信号有效压缩。因此，压缩接收机的实际灵敏度比式（7.139）计算出的值低，它可由下列经验公式求得：

$$P_{TSSc} = (P_{TSS0}/D_c)(T_c/\tau_i)^2 \tag{7.140}$$

**3. 动态范围**

压缩接收机的动态范围是指接收机能够正常工作的输入信号所允许变动的范围。它主要受接收机的前端电路及表面声波压缩线性能的限制。动态范围有两种，现分述如下：

（1）瞬时动态范围。当两个频率接近而幅度不等的同时到达信号加入压缩接收机时，其压缩后的弱信号的主瓣电平和强信号的副瓣电平相等时的两个信号输

入功率比,称为压缩接收机瞬时动态范围,即

$$D_{sN} = P_{is}/P_{iw} \qquad (7.141)$$

或

$$D_{sN}(dB) = P_{is}(dBm) - P_{iw}(dBm) \qquad (7.142)$$

式中:$P_{is}$ 为加到压缩接收机输入端强信号功率;$P_{iw}$ 为加到压缩接收机输入端弱信号功率。

压缩接收机瞬时动态范围典型值为 35~45dB。它主要受压缩线副瓣电平的限制,故亦称为"副瓣限制动态范围"。其用来量度压缩接收机对重叠在强信号上不同频率的弱信号的侦收能力。

(2) 转换(饱和)动态范围。当压缩线处于最大承受功率时,接收机输入端的信号功率 $P_{imax}$ 和接收机的工作灵敏度 $P_{ops}$ 之比,称为压缩接收机的转换动态范围。其表达式为

$$D_{sw} = P_{imax}/P_{ops} \qquad (7.143)$$

或

$$D_{sw} = P_{imax}(dBm) - P_{ops}(dBm) \qquad (7.144)$$

压缩接收机的转换动态范围主要受到接收机内部噪声限制,故又叫做"噪声限制动态范围"。其典型值为 60~80dB。

**4. 虚假信号电平**

虚假信号亦称寄生信号,有下面几种:

(1) 直通信号(直达信号)。在叉指阵列中,此信号是由收发换能器之间的电感效应引起的。对于反射阵列,收发换能器在同一端面且位置靠近,有一些近场能量被反射至接收换能器。从时域上看,直通信号接近或等于激励信号的时间,其名故由此而得。

(2) 基片端面和侧面反射的杂波。不同频率的杂波经端面和侧面反射有不同的时延。其中刚好落在展宽信号时宽内的杂波,对展宽信号进行调幅,便造成假信号。

(3) 三次行程杂波。由于压电再生效应和指条边缘反射效应造成换能器总体对声波的反射,而引起的三次行程回声,即称为三次行程杂波。其形成过程如下:输入换能器激发出声波,为输出换能器接收,与此同时,由于压电再生效应和指条边缘反射效应,将一部分声波能量反射回输入换能器,再由于输入换能器的压电再生效应和指条边缘反射效应,又将一部分声波能量反射回输出换能器,在输出换能器上变为电能而输出。

**5. 取样时间 $t_{sA}$、频率截获时间 $t_{If}$ 及频率截获概率 $P_{If}$**

(1) 取样时间 $t_{sA}$。即压缩线对侦收信号的截取时宽,可以通过门控改变它的大小,它的最大值等于压缩线的时宽 $T_c$。

由于压缩线对侦收的连续波和宽脉冲信号进行取样,提高了信号的时域分

辨力。

（2）频率截获时间 $t_{If}$。即本振扫描周期，通常 $t_{If} = 2t_{sA}$，$t_{Ifmax} = 2T_c = T_E$。

（3）频率截获概率 $P_{If}$。其中

$$P_{If} = 50\% \qquad \tau_i < t_{sA} \leqslant T_c$$

$$P_{If} = 100\% \qquad \tau_i > t_{sA} \leqslant T_c$$

为了保证 100% 频率截获概率，取样时间应满足：$t_{sA} \leqslant \tau_{imin}$（最窄的信号脉宽）。

（4）到达时间分辨力 $\Delta t_{TOA}$。由于在一次扫描中，对两个信号在时域无法分辨，故 $\Delta t_{TOA} = 2t_{sA}$。

综上所述，压缩接收机具有多方面优良性能：它巧妙地将 chirp 变换与高灵敏度超外差接收机融成一体，第一次将匹配滤波器概念引用到宽频带电子侦察接收机中，提高了对微弱信号的发现概率，使传统的扫描超外差接收机的信号处理能力大为增强，瞬时频带大为拓宽。因此，压缩接收机的截获概率高；频域分辨能力强（能分离同时到达信号）；既能处理常规雷达信号，又能处理特殊的雷达信号；灵敏度特别高，饱和动态范围大以及结构简单，成本低。其主要缺点是输出脉冲很窄，使视频处理复杂化。不过高速数字集成电路可以克服这个缺点。所以，压缩接收机适用于密集的、复杂的和捷变的信号环境，成为电子侦察接收机的后起之秀。

## 7.7  宽频带数字信道化测频

### 7.7.1  宽频带数字接收机概述

现代超宽带的被动雷达寻的器必须具有大带宽、高灵敏度、大动态范围、实时性、灵活性等特点，具备处理同时到达信号、完整保存目标信息和强大的信号分析能力。数字接收机，能够很好地满足以上要求。模拟信号经过数字化后，可以长期存储，信息损失少，可以在截获后进行高精度的分析，使用较为复杂的算法进行脉内调制参数测量。因此宽带数字接收机是电子战接收机的必然趋势[7-9]。

数字接收机中要求对天线下来的信号经过射频放大和滤波后直接进行模/数转换，信号的解调、滤波等处理在高速数字信号处理器中完成。被动雷达寻的器接收机要求具有非常宽的带宽，雷达信号覆盖的带宽通常在数十吉赫，因此直接采样结构对 ADC 和数字信号处理芯片的速度提出了相当高的要求，目前的器件还难以达到。折中的方法是在微波波段采用一级或两级模拟混频，将射频信号降至几吉赫或几百吉赫的中频信号后再进行采样，如图 7.58 所示。射频信号处理模块主要由低噪声放大器、带通滤波器、模拟混频器、自动增益控制组成。经过调理后的中频信号经超高速 A/D 转换器转换成高速数据流，通常在吉赫量级。尽管数字信号处理器如 FPGA 或 DSP 的发展十分迅猛，但其工作速率与 A/D 转换器始终相差一

到两个数量级以上,这种现象又被称为数字接收机的"瓶颈",该现象将长期存在。因此宽带数字接收机面临大输入带宽与实时信号处理之间的矛盾。在宽带数字接收机中需要数据率转换系统,将 A/D 转换器输出的超高速数据流降低到数字信号处理器可以实时处理的程度。数据率转换过程通常伴随着信道化和下变频过程,是宽带数字接收机的关键技术之一。

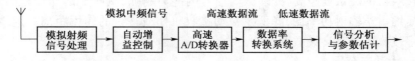

图 7.58　宽带数字接收机基本功能模块

　　动态范围是宽带数字接收机的一个重要指标,也是接收机的主要挑战之一,而动态范围与灵敏度之间需要折中,一定动态范围下,灵敏度越高,放大倍数越大,接收机能接收的最强信号的功率越低,反之亦然。另外,A/D 转换器速率越高,其自身动态范围越小,形成了宽带数字接收机的动态范围和灵敏度的"瓶颈",为了进一步提高动态范围需要使用自动增益控制技术(AGC)。

　　合理的设计宽带数字接收机的微波前端,适当采用自动增益控制技术,选取合适的 D/A 转换器件,灵活选择适应宽带时变的非合作信号侦察场合的数据率转换和信道化方法,可以保证对目标信号的全概率接收、存储,其目的是为了对信号进行全面分析,对信号特别是 LPI 雷达脉冲压缩信号的调制参数进行高精度及实时的测量。因此宽带数字接收机要采用现代信号处理技术,对侦收信号进行分析测量。

## 7.7.2　现代电磁环境对宽带数字接收机的要求

　　脉冲压缩雷达等低截获概率雷达的出现,使得现代电磁环境更加复杂多变。其特点如下:信号覆盖的频段不断增加,现代雷达的射频范围为 0.2～100GHz,最为常用的频率范围集中在 2～100GHz[2]。另外信号的密度不断增加,一般认为全频段电子战接收机面临的脉冲流为 30～100 万个/s[2]。常规雷达辐射简单的射频脉冲信号,脉冲持续时间在数十纳秒到数百微秒之间,脉冲重复频率(PRF)范围为几十赫到几百千赫。一些雷达采用参差、抖动、捷变或随机 PRF 技术。LPI 雷达为了躲避侦察,采用超低副瓣、辐射功率控制、捷变频、脉冲压缩等技术。脉冲压缩雷达信号往往采用调制连续波信号或大占空比的准连续波信号,其脉冲宽度从几微秒到几百毫秒[8]。脉冲压缩信号的形式复杂多变,多采用伪随机相位编码信号、频率调制信号、频率编码信号等,脉冲内部包含丰富的调制信息。对付这些脉冲压缩雷达信号的首要任务是信号检测,一旦检测到信号就可以对其进行识别,从而构造雷达信号的精确波形,获得匹配滤波增益。现代电磁环境的变化,特别是具有 LPI 特性的脉冲压缩雷达的出现,对宽带数字接收机的发展提出了新要求:

### 1. 大瞬时带宽

输入信号频率范围经常被划分为许多子频段。这些子频段被变换成统一的中频(IF)输出,电子战接收机可以对这些子频段进行并行处理或分时处理。为了能以较快的速度处理完整的频段,IF 带宽必须足够宽。这就意味着电子战接收机必须具有大的瞬时带宽。宽带输入还可以增大信号的截获概率,提高对脉冲压缩信号(如扩频信号、相位编码信号、频率编码信号、调频信号等)的接收能力。

**2. 高灵敏度**

接收机的灵敏度越高,处理微弱信号的能力越强,接收机的作用距离就越远。脉冲压缩雷达辐射功率低,降低了被动接收机作战平台的作用距离。这就要求宽带数字接收机具有高灵敏度。

**3. 大动态范围**

接收机动态范围越大,相同灵敏度下,接收强信号的能力越好,可以避免大功率干扰信号对接收机的影响。对反辐射导引头而言,大动态范围意味着更远的作用距离和更小的过载失效距离,意味着反辐射导弹既可以跟踪高强度的雷达主瓣,也可以跟踪低强度的雷达副瓣。

**4. 频率选择性**

频率选择性是指接收机选择所需要的信号而抑制邻近信道干扰的能力,选择性与接收机内部的频率合成器(如本振频率)以及滤波器性能有关。数字信道化接收机中,还与数字滤波器的特性有关。

**5. 实时性**

为了实现对信号的全概率截获,宽带数字接收机的 A/D 转换器必须连续工作,将产生高速数据流,数字信号处理器必须能对高速数据流进行实时处理,给出脉冲参数测量值,形成信号信息序列,要防止产生数据帧丢失,或者数据拥堵现象。

**6. 灵活性、自适应性、在线可配置**

A/D 转换器的位置越接近天线,接收机的灵活性越高。现实中一般采用中频数字接收机,其灵活性主要体现在接收机对不同信号的适应能力。侦察信号带宽、中心频率都是未知的,不同辐射源信号的带宽和频率是不同的,而且信号的载频可能是捷变的。因此接收机必须是在线可配置的,要能根据不同辐射源的中心频率和带宽实时的改变数字滤波器特性。例如,目前宽带雷达信号的带宽达到500MHz,而常规雷达信号的带宽在 10MHz 左右,因此宽带数字接收机既要能处理简单单载频脉冲信号,又要能处理大时宽—带宽积的脉冲压缩雷达信号。

**7. 处理同时到达信号能力**

在电子战接收机中,要求监视的瞬时带宽达到 1GHz 以上,同时到达的脉冲不止一个,如果一个以上的脉冲在相同的时段到达接收机,那么接收机应该获得所有这些脉冲的信息。接收机需处理的最大同时到达信号的脉冲数一般为 4 个。数字信道化接收机具有处理同时到达信号的能力,可以解决宽带监视窄带接收和多信号接收等问题。

### 8. 信号分析能力

脉冲压缩雷达信号多为线性调频信号、非线性调频信号、二相编码信号、四相或多相编码信号。现有体制的电子战接收机一般设计检测脉冲信号、连续波信号、脉冲多普勒信号,因此与脉压信号是失配的。电子战接收机为了正确地识别雷达,必须具有脉压信号分析能力,能够在低信噪比条件下对信号的脉内调制参数进行高精度的估计。

## 7.7.3 宽带数字接收机体制的选择

影响宽带数字接收机发展的硬件因素主要是高速或超高速 A/D 转换器的性能和高速数字信号处理的性能。A/D 转换器是宽带数字接收机的重要组成。A/D 转换器最重要的技术指标是采样率和分辨力,采样率越高则转换时间越短,而高分辨力则要求较长的转换时间。目前超过 1GHz 的 A/D 转换器芯片分辨力最高的只能达到 10 位,而 20 位以上的芯片速率一般不超过 1MSPS。采样率和分辨力之间的矛盾限制了 A/D 转换器技术的发展。在宽带数字接收机中,A/D 转换器的最大采样率直接影响接收机的带宽,A/D 转换器的分辨力对接收机的动态范围起着决定性作用。

另外高速 A/D 转换器与低速数字信号处理芯片之间的"瓶颈"也将长期存在。Xilinx 公司和 Altera 公司拥有最先进的 FPGA 技术,Xilinx 公司的 Virtex-4 系列和 Virtex-5 系列,最大规模可达 800 万门以上,内部时钟可以工作到 550MHz,支持 1.25Gb/s 的差分 I/O 信号或 800Mb/s 的单端 I/O 信号,数字信号处理能力达到 256GMACs。Altera 公司的同期产品也基本能达到类似的性能。当电路规模较大时,由于传输时延等因素影响,FPGA 的实际工作时钟一般为 100MHz 左右。与 ADC 数 GSPS 的采样率相比相差了一个量级。

为了克服上述两个"瓶颈"对宽带数字接收机发展的限制,人们对接收机的体制进行了广泛的研究,总结起来主要有如下几种:

### 1. 多通道并行欠采样数字接收机

宽带数字接收机的瞬时带宽大,雷达信号相对瞬时带宽而言是频谱较窄的带通信号。因此可以采用欠采样技术来降低 A/D 转换器的采样速率。然而直接对 RF 信号进行欠采样会导致输出信噪比降低、信号混叠导致频率模糊等问题。为了解决频率模糊的问题,往往需要增加欠采样通道解频率模糊。这就是多通道并行欠采样数字接收机的思想。这种体制接收机的优点是采用多片低速 A/D 转换器并行采集的方式代替单片高速 A/D 转换器芯片数据采集,提高了采样数据的精度。A/D 转换器并行采集技术主要有两大类:一类是时间交替并行采集技术;另一类是基于滤波器组的并行采集技术。基于滤波器组的 A/D 转换器并行采集技术由于实现困难,目前仍处于研究试验阶段,而时间交替采集技术是并行采集技术的主流,并且已有商业产品出现。

多通道并行方法由于多个 A/D 转换器芯片制造工艺不一致、多路模拟时延模块、电路板布线等因素影响,导致各通道不均衡,需要引入复杂的通道一致性校正算法。

**2. 测频引导式数字接收机体制**

测频引导式数字接收机利用短数据测频技术获得目标信号的频率信息,并利用该信息引导接收机完成接收。为了完整接收信号还需要获得信号的带宽信息。由于数字接收机的输入为数字形式,可以利用缓存将信息进行时延,待获取目标的载频和带宽信息后,利用引导信息完成数据接收。数据接收时采用高效数字下变频结构可以将高速数据转化成低速的基带信号。但是这种方法对缓存的容量、速度,以及引导参数的测量速度和精度要求都很高,并且很难做到全概率接收。

**3. 频域信道化数字接收机体制**

长期研究电子战接收机的 James Tsui 在 *Digital Techniques for Wideband Receivers* 一书中指出,用现代技术实现宽带数字化电子战接收机的唯一实用方法是通过信道化技术。数字信道化接收机技术也是近年来国内外学者研究的热点。信道化接收机的基本原理是用多个带通滤波器接收信号,各滤波器通带分别同时接收监测带内信号分量,该方法不需要引导信息,具有并行处理能力,可以实现全概率信号截获。结合多速率数字信号处理技术,许多学者提出了一些利于 FPGA 实现的高效的信道化结构。但是这些结构都是建立在瞬时带宽均匀划分的基础上,与实际的侦察环境是不匹配的。因此真正将信道化接收机应用到宽带数字接收机中还需要对信道化的高效结构做进一步的改进。

### 7.7.4　宽带数字接收机的国内外发展现状和趋势

自 20 世纪 80 年代以来,数字信号处理器件和数字信号处理理论的迅猛发展推动了宽带数字接收机的发展。目前,美军已经装备了瞬时带达 500MHz 的宽带中频数字接收机,例如康多系统公司生产的 CS-6700 高级电子情报/电子支援侦察系统,该系统的频率范围为 0.5~18GHz(可扩展到 40GHz),系统灵敏度达到-90dBm,系统核心是宽带信号处理器和宽带超外差调谐器。ACES 电子情报/电子支援系统也是由康多系统公司生产,该系统瞬时带宽高达 500MHz,能够自动实现雷达辐射源特性分析、参数识别,系统包含 10000 多种模式可编程雷达辐射源数据库和用于雷达信号调制特征识别的人工分析显示器。ES5000 信号情报系统具有 500MHz 的瞬时带宽,能够提供信号的脉内调制信息,该接收机由 TRW 系统和技术公司生产。

目前美军在研制带宽达 1GHz、采样率 2.5GHz 的宽带数字接收机。美国空军科技局、LSI 逻辑公司、德州仪器联合研制了一种单比特宽带数字接收机。接收机采用一款 2bit、2.5GSPS 的 A/D 转换器,采样信号直接在 ASIC 芯片中进行 FFT 变换确定信号个数和频率。由于 FFT 运算核也量化成 2bit,直接用加法运算代替乘法运算,明显提高了运算速度。该系统可以处理 2 个同时到达信号,双信号动态范围 4dB,单音动态范围达到 75dB,测频精度为 6MHz,时间分辨率 100ns,最短脉冲 200ns。在此基础上研制了基于 4bit、2.5GHz 的 A/D 转换器的单比特接收,FFT 运算核量化成 12 个单元,并综合采用凯赛窗函数降低信号 FFT 变换旁瓣、超分辨测频(频谱补偿技术)将双音动态范围提高至 24dB。HYPRES 为美国空军研制的多波段多通道数字射频信道化接收机,联合采用低温模拟电子技术、超导模数混合信号电子技术、半导体电子技术,A/D 转换器采样率高达 40GHz,为真正实践了软件无线电的概念铺平了道路。

近年来国内单位开始关注和开展宽带数字接收机的研制工作,如电子科技大学、北京理工大学、北京航空航天大学、哈尔滨工程大学等,并研制了一些试验系统。研制的热点集中在数字信道化接收机、FPGA 实现、高速数据采集等。目前还处于理论探讨和试验验证阶段,没有成型号系统的报道。

综合看来,国外宽带数字接收机理论研究更加深入,设计思想先进,器件工艺水平较高。数字接收机设计朝着模块化、集成化、小型化、标准化、大带宽(1GHz 以上)、直接射频采样、片上接收机(ROC)的方向发展。功能上,电子战宽带数字接收机系统广泛采用现代信号处理技术,可以对复杂信号进行脉内指纹分析、参数识别。国内宽带数字接收机的研制处于起步阶段,受到半导体器件工艺等因素的限制,与国外的差距不小,急需加大投入,奋起直追。

# 7.8　高效数字均匀信道化接收机

## 7.8.1　传统数字信道化接收机结构

传统数字信道化接收机工作原理如框图 7.59 所示。

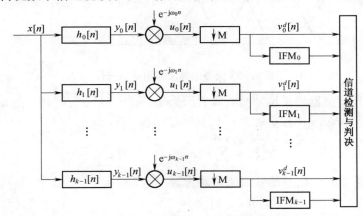

图 7.59　传统数字信道化接收机原理框图

该结构框图原理:首先,将带限信号(频带范围 $[f_L, f_H]$) $x(t)$ 经高速 A/D 转换器得到离散序列 $x[n]$,将该序列输入到 $K$ 个带通滤波器 $h_0[n] \cdots h_{K-1}[n]$。其中, $h_k[n](k = 0, 1, \cdots, K - 1)$ 都是由同一个原型滤波器通过复调制得到的,每个滤波器都覆盖相同的通带带宽( $2\pi/K$ )。再将 $K$ 个带通滤波器输出的信号 $y_k[n]$ 分别进行正交下变频变换,将各子带信号调制到基带,得到基带信号分量 $u_k[n]$。最后对子带的抽取信号进行信道化的后续处理,主要完成信道检测与判决。

构造滤波器组主要是实现输入一个带限信号,输出若干子带的功能。如果子带是均匀划分的,则称为均匀滤波器组。为实现此功能可首先构造一个原型滤波器,其他滤波器都是通过复数调制原型滤波器生成的。由于信道的划分需要采用高效数字滤波器,而 FIR 滤波器具有系统稳定、可以实现线性相位等优点,允许设计多通道滤波器,因此,采用 FIR 型数字滤波器。

滤波器组的结构有两种:
(1) 子带间无交叠滤波器组;
(2) 子带间有交叠滤波器组。

子带间无交叠的滤波器组虽然在子带间不会引起信号的混叠模糊,但由于滤波器的过渡带无法做到绝对的尖锐,当信号落在两个子带通带中间时是无法做出正确的信道判决的。也就是滤波器组无法覆盖整个监视带宽而引起检测信号的漏警。因此信道化过程往往选择子带间有交叠的滤波器组。从硬件实现的计算量角度考虑,原型滤波器的过渡带越窄,所需的阶数越大,计算量也就越大。为了减小计算量,且实现监视带宽内全概率接收信号,采用子带间 50% 交叠的滤波器组结构,此时滤波器组的幅频特性如图 7.60 所示。

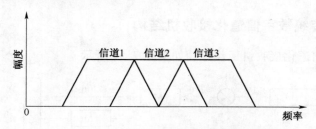

图 7.60 子带间 50% 交叠的滤波器组幅频特性

假设原型 FIR 滤波器的单位冲激响应表示为 $h_0[n] = \{h[0], h[1], \cdots, h[N - 1]\}$,滤波器长度为 $N$,即 $0 \leqslant n \leqslant N - 1$,其 Z 变换为

$$H(z) = \sum_{n=0}^{N-1} h(n) Z^{-n} \tag{7.145}$$

通过复调制的第 $k$ 个信道的带通滤波器为

$$h_k[n] = h_0[n] e^{j\omega_k n} \tag{7.146}$$

其中, $\omega_k = 2\pi k/K$ ( $k = 0, 1, \cdots, K - 1$ ),相应的频域响应为

$$H_k[e^{j\omega}] = H_0[e^{j(\omega - \omega_k)}] \tag{7.147}$$

486

原型滤波器的设计主要考虑以下几个指标:采样频率$f_s$、通带波纹$r_p$、阻带衰减$r_s$以及过渡带宽。课题要求处理的雷达信号带宽$B = 480\text{MHz}$,中心频率$f_0 = 720\text{MHz}$,因此,可取$f_s = 960\text{MHz}$,这里取$r_p = 0.1\text{dB}$,$r_s = 85\text{dB}$,过渡带起始频率$15\text{MHz}$,截止频率$30\text{MHz}$。

利用 MATLAB 软件的 FDATOOL 工具,通过设置一定的参数,可较容易地设计出合适的滤波器。例如设置采样率为$960\text{MHz}$,通带截止频率$15\text{MHz}$,阻带频点为$30\text{MHz}$,得到滤波器阶数为 256 的等波纹滤波器,为了构建高效滤波器结构,对滤波器系数量化处理后,可以装入 FPGA,实现 FIR 滤波器。原型滤波器的幅频特性如图 7.61 所示。

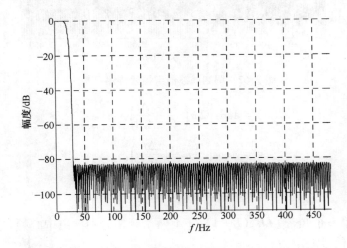

图 7.61　原型滤波器的幅频特性

原型滤波器经复调制后得到的滤波器组幅频特性如图 7.62 所示。

## 7.8.2　信道号判决

本书数字信道化过程应用带通采样形式,假设位于基带$(0, B)$上两个频率分别偏离中心频率$f_0' = B/2$为$\pm\Delta f$的信号为

$$s_1^0(t) = A\cos[2\pi(f_0' - \Delta f)t] \tag{7.148}$$

$$s_2^0(t) = A\cos[2\pi(f_0' + \Delta f)t] \tag{7.149}$$

以$f_s = 2B$为采样频率得到的离散信号为

$$s_1^0(n) = A\cos\left[2\pi\left(\frac{B}{2} - \Delta f\right) \cdot \frac{n}{f_s}\right] \tag{7.150}$$

$$s_2^0(n) = A\cos\left[2\pi\left(\frac{B}{2} + \Delta f\right) \cdot \frac{n}{f_s}\right] \tag{7.151}$$

进一步处理得到

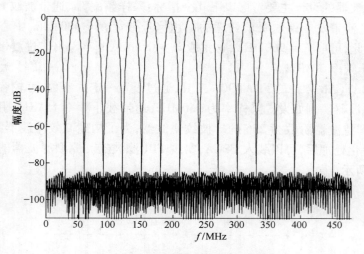

图 7.62 调制滤波器组幅频特性

$$s_1^0(n) = A\cos\left[2\pi\left(\frac{1}{4} - \frac{\Delta f}{2B}\right)\cdot n\right]$$

$$\tag{7.152}$$

$$= A\cos\left(\frac{\pi}{2}n - \frac{\pi\Delta f}{B}n\right)$$

$$s_1^0(n) = A\cos\left(\frac{\pi}{2}n + \frac{\pi\Delta f}{B}n\right) \tag{7.153}$$

假设位于第 $L$ 个频带 $[LB, (L+1)B]$ 上两个频率分别偏离中心频率 $f'_{0L} = B/2$ 分别为 $\pm\Delta f$ 的信号表示为

$$s_1^L(t) = A\cos\left[2\pi(f'_{0L} - \Delta f)t\right] \tag{7.154}$$

$$s_2^L(t) = A\cos\left[2\pi(f'_{0L} + \Delta f)t\right] \tag{7.155}$$

将 $f'_{0L} = (2L+1)B/2$ 代入式(7.154)和式(7.155)得到采样信号

$$s_1^L(n) = A\cos\left[2\pi\left(\frac{2L+1}{2}B - \Delta f\right)\cdot\frac{n}{f_s}\right] \tag{7.156}$$

$$s_2^L(n) = A\cos\left[2\pi\left(\frac{2L+1}{2}B + \Delta f\right)\cdot\frac{n}{f_s}\right] \tag{7.157}$$

进一步处理得到

$$s_1^L(n) = A\cos\left[\frac{2L+1}{2}\pi n - \frac{\pi\Delta f}{B}\cdot n\right]$$

$$\tag{7.158}$$

$$= A\cos\left[(L\pi)n + \frac{\pi}{2}n - \frac{\pi\Delta f}{B}n\right]$$

$$s_2^L(n) = A\cos\left[(L\pi)n + \frac{\pi}{2}n + \frac{\pi\Delta f}{B}n\right] \tag{7.159}$$

当 $L$ 为偶数,式(7.158)与式(7.159)可分别用如下表达式表示:

488

$$s_1^L(n) = A\cos\left(\frac{\pi}{2}n - \frac{\pi\Delta f}{B}n\right) \qquad (7.160)$$

$$s_2^L(n) = A\cos\left(\frac{\pi}{2}n + \frac{\pi\Delta f}{B}n\right) \qquad (7.161)$$

此处，$s_1^L(n) = s_1^0(n)$，并且 $s_2^L(n) = s_2^0(n)$。

如果 $L$ 为奇数，式(7.158)与式(7.159)分别表示为

$$s_1^L(n) = A\cos\left(\frac{3\pi}{2}n - \frac{\pi\Delta f}{B}n\right) \qquad (7.162)$$

$$s_2^L(n) = A\cos\left(\frac{3\pi}{2}n + \frac{\pi\Delta f}{B}n\right) \qquad (7.163)$$

由三角函数关系转化以上表达式，得到

$$s_1^L(n) = A\cos\left(\frac{\pi}{2}n + \frac{\pi\Delta f}{B}n\right) \qquad (7.164)$$

$$s_2^L(n) = A\cos\left(\frac{\pi}{2}n - \frac{\pi\Delta f}{B}n\right) \qquad (7.165)$$

即：$s_1^L(n) = s_2^0(n)$，并且 $s_2^L(n) = s_1^0(n)$。

综上所述：信号经带通采样后得到的频谱可用基带信号频谱表示，然而，奇数频带与基带信号频谱呈反折关系，偶数频带是基带频谱的直接映射(图7.63)。

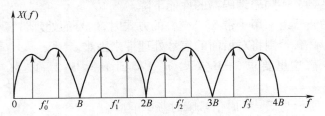

图 7.63  带通采样下信号频谱

那么，当以 $f_s = 960\text{MHz}$ 为采样频率时，基带 0~480MHz 内的信号划分 16 个子带时，信道号呈现顺序排列。本书中，$f_L = 480\text{MHz}$，$f_H = 960\text{MHz}$，该带限信号位于图 7.63 中的第一个信道，因此，频谱与基带频谱是反折的关系。那么，信道化后子带序号呈逆序排列。假如将该带通信号划分 15 个独立的且输出为复数分量的子带，那么中心频率为 $f_0 = 960\text{MHz}$ 时对应的子带序号为 0，但该信道输出为实信号，第一个子信道对应的中心频率为 930MHz；中心频率为 $f_0 = 510\text{MHz}$ 时对应的子带序号为 15，输出为复信号。

### 7.8.3  子带划分个数与抽取倍数的选择

设 $K$ 表示均匀划分的滤波器组子带个数，$M$ 表示抽取倍数，令 $F = K/M$ 为抽取因子。对信号进行 $M$ 倍抽取等效于将原信号的频谱尺度扩展为原来的 $M$ 倍，而幅度衰减为原来的 $1/M$，抽取后每个子信道输出被带限在 $-2\pi M/K \leqslant \omega' \leqslant$

$2\pi M/K$。这里，$\omega'$ 是抽取后的数字频率。

下面讨论 $F$ 的取值情况：

首先，令 $F = 1$，根据滤波器组抽取原理，此时可以获得最大的抽取率，使输出的数据率降到了最低，易于后端 FPGA 及 DSP 等器件的信号处理，这种情况下信号的瞬时频率响应如图 7.64 所示。

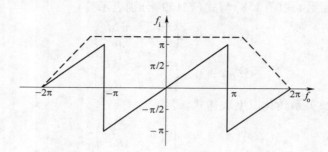

图 7.64　$F = 1$ 时信号瞬时频率响应

当 $F = 1$ 时，对于一个窄带信号除了会在真实信道产生响应之外，还会将信号混叠到其他信道，这时就必须在频率编码器的设计中对交叠信道进行幅度比较。特殊情况下，如果信号恰恰处于两个子带的交界处，由于噪声的影响，将很难判决出信号的真实信道，使频率编码器的性能下降。

因此，当滤波器组采用子带 50% 交叠的方式时，信号的处理带宽必须大于或等于信道带宽的两倍，否则将对后面的信号处理带来困难。

为防止混叠，这里要求 $2\pi M/K \leqslant \pi$。得到 $M \leqslant K/2$。取 $M = K/2$，即 $F = K/M = 2$。

如图 7.65 所示为 $F = 2$ 时信号瞬时频率响应。

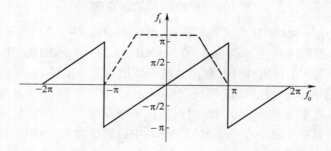

图 7.65　$F = 2$ 时信号瞬时频率响应

子带下变频到基带抽取后信号的频响控制在 $[-\pi, \pi]$，信号的真实信道内瞬时频率限制在 $[-\pi/2, \pi/2]$，因此可以通过求取信号的瞬时相位差法计算瞬时频率，考察频率的范围即可判断出真实信道。

### 7.8.4 基于多相滤波器组的信道化高效结构

多相结构在信号的多抽样率处理中发挥着重要作用,采用该结构可以大大减小计算量,常用于工程实现。给定原型滤波器时域序列 $h(n)$、滤波器阶数 $N = 256$,多相因子 $K = 32$,那么

$$e_l(m) = h(Km + l) \qquad (7.166)$$

即

$$e_l(m) = h(Km + l) \qquad (7.167)$$

式中:$P$ 取比 $N/K$ 大的下一个整数。

令

$$e_l(m) = h(Km + l) \qquad (7.168)$$

为原型滤波器 $h(n)$ 的多相分量,那么

$$H(z) = \sum_{l=0}^{K-1} Z^{-1} E_l(Z^K) \qquad (7.169)$$

此时

$$
\begin{aligned}
H_k[e^{j\omega}] &= h_k(n) e^{-j\omega n} \\
&= \sum_{l=0}^{K-1} \sum_{m=0}^{P-1} h_0(mK+l) e^{-j(mK+l)(\omega-2\pi k/K)} \\
&= \sum_{l=0}^{K-1} [Z \cdot e^{-j2\pi k/K}]^{-l} \sum_{m=0}^{P-1} h_0(mK+l) Z^{-mK} \\
&= \sum_{l=0}^{K-1} Z^{-1} E_l(Z^K) e^{j2\pi kl/K}
\end{aligned}
\qquad (7.170)
$$

上式是一个离散傅里叶反变换(IDFT)过程,因此,图 7.59 可转换为图 7.66 的滤波器多相结构形式。

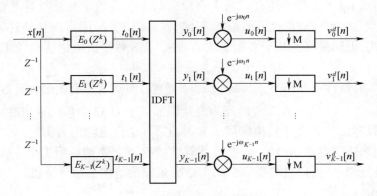

图 7.66 多相滤波器组结构

该结构只需设计原型滤波器即可,另外,计算量由原来设计的 32 个、每个 256

阶的带通滤波器转变为设计一个 256 阶低通滤波器和一个 32 点 IFFT 的计算量总和。设计的复杂度大大降低。然而,该结构的抽取过程仍然在处理的末端。前端处理仍然在较高频率上,这对于 FPGA 来说是不能承受的。

经抽取后各子信道输出为

$$v_k^d[n] = y_k[Mn]\exp(-j\omega_k Mn)$$

$$= \sum_{l=0}^{K-1} t_l[Mn]\exp(j2\pi kl/K)\exp(-j\omega_k Mn) \tag{7.171}$$

把 $M$ 倍抽取器移到 IDFT 之前,令抽取后的多相滤波器的输出

$$R_l(z) = \frac{1}{M}\sum_{m=0}^{M-1} T_l(z^{1/M}e^{-j2\pi m/M}) \tag{7.172}$$

上式的 $Z$ 变换为

$$R_l(z) = \frac{1}{M}\sum_{m=0}^{M-1} T_l(Z^{1/M}e^{-j2\pi m/M})$$

$$= \frac{1}{M}\sum_{m=0}^{M-1} E_l(Z^{K/M}e^{-j2\pi Km/M})X(Z^{1/M}e^{-j2\pi m/M})(Z^{1/M}e^{-j2\pi m/M})^{-1} \tag{7.173}$$

由于 $K/M = F$ 是一个整数,那么,$e^{-j2\pi mK/M} = 1$,所以

$$R_l(z) = E_l(Z^F)\frac{1}{M}\sum_{m=0}^{M-1} X(Z^{1/M}e^{-j2\pi m/M})(Z^{1/M}e^{-j2\pi m/M})^{-1} \tag{7.174}$$

因此,可以用 $E_l(Z^F)$ 代替 $E_l(Z^K)$,并且 $M$ 倍抽取作用到了整个结构的最前端。这样,整个信道化过程是在 $1/M$ 的采样率下进行的。中间变量时域表达式为

$$r_l^d[n] = \sum_{p=0}^{P-1} h_0[l+pK]x[Mn-l-pK] \tag{7.175}$$

$$y_k[n] = \sum_{l=0}^{K-1} r_l^d[n]e^{j2\pi kl/K} \tag{7.176}$$

频域表达式 $E_l(Z^2)$ 相当于在时域上将原来每个支路的多相滤波器各值之间插入一个 0。将 $\omega_k = 2\pi k/K$ 代入结构图 7.66,并且 IDFT 采用高效且硬件容易实现的 IFFT 形式,得到最终的基于多相滤波的高速、高效数字信道化结构,如图 7.67 所示。

由于 IFFT 的特性可知:$v_0^d[n]$ 和 $v_M^d[n]$ 为实数,而其他信道输出为复数,并且 $v_l^d[n]$ 与 $v_{K-l}^d[n]$（$1 \leqslant l \leqslant K/2-1$)互为复共轭形式。即 32 个信道输出有一半是独立的,那么只考虑前 $K/2$ 个信道即可。又因为第 0 个信道输出为实数,这组数据序列是不能用来进行参数估计的,需要对其单独进行正交处理。第 1 个~第 15 个信道输出的是复信号,可以直接提取它的 I、Q 分量输出给参数估计分机。

### 7.8.5 基于 CORDIC 算法的瞬时测频

CORDIC 算法最早由 J. Volder 等人于 1959 年提出的。该算法是一种用于计算

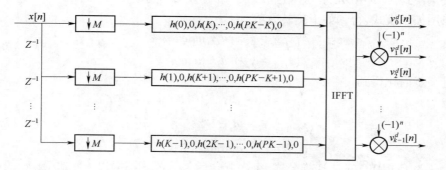

图 7.67　高效数字信道化接收机结构

一些常用的基本运算函数以及算术操作的循环迭代算法,包括矢量和旋转两种基本模式,可以进行求矢量的模、求三角函数、反三角函数以及矢量旋转等运算。基本思想是:若要求平面矢量进行 $\theta$ 角度的旋转,则将此角度 $\theta$ 进行分解,用一组预先规定的基本角度的线性组合逼近,即进行多次大小为基本角度集内的对应角度值的旋转。该算法的巧妙之处在于基本角度的选取恰好使每次矢量以基本角度旋转后,可以将基本三角函数的非线性运算简化为一系列简单的加减和移位操作的线性逼近,充分发挥了硬件优势。

　　CORDIC 算法基本原理如图 7.68 所示,初始矢量 $V_i$ 旋转 $\theta$ 角后得到 $V_{i+1}$。得到如下关系式:

$$\begin{cases} x_{i+1} = x_i \cdot \cos\theta - y_i \cdot \sin\theta \\ y_{i+1} = y_i \cdot \cos\theta + x_i \cdot \sin\theta \end{cases} \tag{7.177}$$

　　考虑到简化硬件实现,做如下规定:每次旋转角度 $\alpha_i$ 的正切值为 2 的倍数,即 $\alpha_i = \arctan 2^{-i}$ ,令 $z$ 值表示要旋转的角度 $\phi = \sum_{i=1}^{n} d_i \cdot \alpha_i$ ,其中, $d_i \in \{-1, 1\}$ , $d_i$ 的选择原则是使 $z_{i+1}$ 减小。在旋转模式下, $d_i = \mathrm{sign}(z_i)$ 。 矢量模式如下, $d_i = -\mathrm{sign}(y_i)$ 。

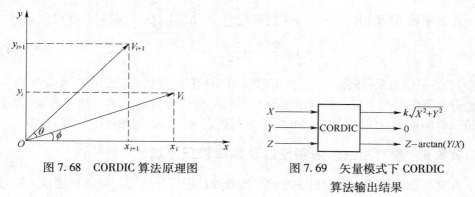

图 7.68　CORDIC 算法原理图　　　　图 7.69　矢量模式下 CORDIC
　　　　　　　　　　　　　　　　　　　　　　算法输出结果

矢量模式下 CORDIC 算法输出收敛于如图 7.69 所示结果。

采用矢量模式,得到如下旋转方程:

$$\begin{cases} x_{i+1} = x_i - d_i y_i \tan\alpha_i \\ y_{i+1} = y_i + d_i x_i \tan\alpha_i \end{cases} \tag{7.178}$$

进一步简化得到

$$\begin{cases} x_{i+1} = x_i - d_i y_i 2^{-i} \\ y_{i+1} = y_i + d_i x_i 2^{-i} \\ z_{i+1} = z_i + d_i \arctan(2^{-i}) \end{cases} \tag{7.179}$$

上式为 CORDIC 算法递推公式,每次旋转后矢量范数都乘以 $k_i$,其中,$k_i$ 的取值为

$$k_i = (\cos\alpha_i)^{-1} = \sqrt{1 + 2^{-2i}} \tag{7.180}$$

当确定了 $\alpha_i$ 和旋转次数 $n$,就可以得到总的补偿因子

$$k = \prod_{i=0}^{n-1} k_i = \prod_{i=0}^{n-1} \sqrt{1 + 2^{-2i}} \tag{7.181}$$

当 $i$ 趋于无穷大时,CORDIC 算法收敛于图 7.69 中的结果。即 $X \rightarrow k\sqrt{X^2 + Y^2}$。由此可以得到信号的相对幅度,也就是各个信道的能量信息。通过设置一定的门限,比较各信道的能量大小来判断信号所在信道,最终提取该信道的 I、Q 分量。

要计算信号的频率,首先得到初始矢量 $L = [X_1, Y_1]$ 所对应的相位。当 $Y_i < 0$ 时,$d_i = 1$。此时 $Y_i$ 加上一个正的分量,否则,$Y_i$ 加上一个负的分量,最终 $|Y| \rightarrow 0$。相位值 $\phi$ 可通过 $n$ 次递推得到,假设 $Z_{i+1}$ 是经 $i$ 次旋转后得到的角度值,且 $Z_1 = 0$,那么,可以得到递推式 $Z_{i+1} = Z_i - d_i a_i$,最终

$$Z_\infty \rightarrow \varphi = \arctan(Y_1/X_1) \tag{7.182}$$

从而完成了矢量 $L = [X_1, Y_1]$ 对应的瞬时相位的提取。由于在模拟信号中,信号的瞬时频率 $f(t)$ 与瞬时相位 $\varphi(t)$ 的关系为

$$f(t) = \frac{\mathrm{d}\varphi(t)}{\mathrm{d}t} \tag{7.183}$$

在数字域,如果相位 $[-\pi, \pi]$ 被量化为 $[-L, L]$,那么,瞬时频率可表示为

$$f(n) = \frac{\varphi(n) - \varphi(n-1)}{2\pi LT} \tag{7.184}$$

式中:$T$ 为子信道采样间隔。这样,可以利用 CORDIC 算法得出的瞬时相位进行一阶差分计算瞬时频率值。测频精度与相位归一化值位数以及采样频率有关,如子信道采样频率为 60MHz,相位用 9 位二进制数表示,那么,测频精度约为 1MHz。

### 7.8.6 瞬时相位差法测频以及频率校正原理

在宽带数字信道化接收机中对频率的处理过程可分为粗测频和精测频。经过

494

信道化后判断出信号的真实信道即可估计出信号的大致频率范围,估计精度为子带带宽的一半,此过程称为粗测频,主要通过 IFFT 变换和幅度检测法实现。精测频是指在粗测频的基础上再次对信号进行频率测量,该步骤是利用差分鉴频法完成的。

瞬时频率的测量参照式(7.188),相位定义为 $-\pi \leqslant \varphi_k(n) \leqslant \pi$ 并且周期重复。在正瞬时相位情况下如果 $\varphi_k(n) > \varphi_k(n-1)$,可直接用瞬时测频算法。当相位不连续时需要对瞬时测频算法进行改进。不连续发生在 $\varphi_k(n) < \varphi_k(n-1)$ 情况,如果该式成立,那么相位越过了 $2\pi$ 无模糊区间,可以通过在后向差分运算前对相位进行解卷绕以去除相位的不连续性。

解卷绕算法是在原相位的基础上,根据相位后向差分,在瞬时相位 $\varphi_k(n)$ 加上一个修正因子 $z[n]$,设定初值:$z[n] = 0$。

$$z[n] = \begin{cases} z[n-1] + 2\pi & (\varphi_k[n] - \varphi_k[n-1] \leqslant -\pi) \\ z[n-1] - 2\pi & (\varphi_k[n] - \varphi_k[n-1] \geqslant \pi) \\ z[n-1] & (\text{其他}) \end{cases} \qquad (7.185)$$

### 7.8.7 信号所在真实信道的判决

本课题所设计的 FIR 复调制滤波器组相邻信道的频响有 50% 交叠,这样会由于输入信号同时落在两个相邻的信道上而产生虚假信号。这里采用 CORDIC 算法提取信道输出的幅度特性;同时用该算法计算信号的瞬时相位信息,采用瞬时测频算法进一步判断信号所处的真实信道。

**1. 幅度检测法**

图 7.70 所示为各信道输出幅频特性。

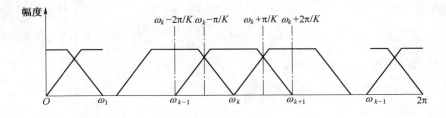

图 7.70　子信道幅频特性

可知,若 $\omega_k - \omega_p \leqslant \omega_0' \leqslant \omega_k + \omega_p$,其中 $\omega_p = \pi/K$,那么可以判定信号落在第 $k$ 个信道。反之,如果 $\omega_k - \omega_p > \omega'_0$ 或者 $\omega'_0 > \omega_k + \omega_p$,那么判定信号中在第 $k$ 个信道之外。

正常情况下,信号大部分能量落在信号实际信道和该信道相邻的信道,如果一个信号落在第 $k$ 个信道且在 $\omega_k$ 左侧,那么信道响应发生在第 $k$ 个和第 $k-1$ 个信道中,如果信号落在第 $k$ 个信道且在 $\omega_k$ 的右侧,那么滤波器组的响应只发生在第 $k$ 个和第 $k+1$ 个信道中。

为了判断信号所在信道,必须对每个信道输出进行检测。信道输出为复数形式,因此只需对输出信号进行求模,即

$$A(m) = \sqrt{I^2(m) + Q^2(m)} \qquad (7.186)$$

将输出幅度超过门限的子带信号输出给瞬时测频模块。

**2. 瞬时频率检测法**

由于滤波器过渡带的存在,特别是受到噪声的影响,使得信号可能在两个信道出现,即可能有两个信道(如第 $k$ 个、第 $k+1$ 个信道)输出的幅值超过门限,为了判断信号的真实位置可对超过门限的信道进一步应用瞬时频率测量(IFM)方法。

模拟信道化接收机中的瞬时频率测量的功能是给出精确的、可靠的频率测量或者估计脉冲调制正弦波的载波频率。在数字接收机中,瞬时测频法仍然完成这项任务,还可用来判决和确定信号所在信道。抽取后的正弦波相位可写作

$$\begin{aligned}\varphi_k[n] &= (\omega_0 - \omega_k)M_n + \gamma + \eta_k[n] \\ &= \omega_k^j[M_n] + \gamma + \eta_k[n]\end{aligned} \qquad (7.187)$$

式中:$\varphi_k[n]$ 为第 $k$ 个信道的第 $M_n$ 时刻的瞬时相位;$\omega_k^j$ 为基带输出的瞬时数字频率;$\gamma$ 为滤波器引入的相位 $\angle H(e^{j\omega_0})$ 与正弦信号的初始相位 $\theta$ 之和;$\eta_k[n]$ 为相位噪声。在连续时间下,瞬时频率定义为

$$\omega^j(t) = \frac{d\varphi(t)}{dt} \qquad (7.188)$$

对于离散数据,上式可以近似为后相差分运算,IFM 频率估计为

$$\omega_k^j = \frac{\varphi_k[n] - \varphi_k[n-1]}{M} = \frac{\Delta\varphi_k[n]}{M} \qquad (7.189)$$

在信道化接收机中采用子信道输出的 $I(m)$、$Q(m)$ 分量进行瞬时相位计算

$$\varphi(m) = \arctan\frac{Q(m)}{I(m)} \qquad (7.190)$$

设抽取因子为 $M$,利用相位差分原理,得到瞬时频率

$$\omega = \frac{\varphi(m) - \varphi(m-1)}{M} \qquad (7.191)$$

在检测第 $k$ 个信道时,若 $-\pi/2 \leqslant \omega \leqslant \pi/2$,判断信号属于第 $k$ 个信道,否则,信号判断为在第 $k$ 个信道之外。信号瞬时相位量化规则为 $(-\pi, \pi] \rightarrow (-512, 512]$。那么,信号经 CORDIC 算法变换后,如果某个子信道输出信号瞬时相位量化值在 $[-256, 256]$,则该信道为真实信道。

### 7.8.8 基于 Hilbert 变换 0 信道复数化处理

综合 7.8.1 节和 7.8.2 节分析,处理 480~960MHz 带宽内信号时,信道号从

0~15变化时,相应信道的中心频率为960MHz,930MHz,…,510MHz,并且,中心频率为960MHz的第0个信道输出信号为实数形式,这样就无法应用CORDIC算法进行相位和幅度信息的提取。这使得处理信号范围缩短为495~945MHz,为了不丢弃945~960MHz内的信号,这里提出基于Hilbert变换的0信道复数化处理方法。

假设输入的是一个模拟实信号$x(t)$,它的Hilbert变换表达式为

$$\hat{x}(t) = x(t) * h(t) = x(t) * \frac{1}{\pi t} = \frac{1}{\pi} \int_{-\infty}^{+\infty} \frac{x(\tau)}{t - \tau} \mathrm{d}\tau \tag{7.192}$$

输入信号的Hilbert变换可以看做是该信号通过一个幅度为1的全通滤波器的输出。变换过程如图7.71所示。

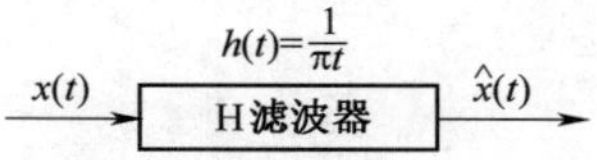

图7.71 Hilbert变换示意图

输入信号负频率做+90°相移,而正频率做-90°相移,H滤波器是一个不可实现的全通型90°相移网络。其中,$h(t) = 1/(\pi t)$。

$$X(\omega) = \begin{cases} R(\omega) + jI(\omega) & (\omega > 0) \\ R(\omega) - jI(\omega) & (\omega < 0) \end{cases} \tag{7.193}$$

Hilbert变换后得到

$$\hat{X}(\omega) = \begin{cases} -jR(\omega) - I(\omega) & (\omega > 0) \\ jR(\omega) + I(\omega) & (\omega < 0) \end{cases} \tag{7.194}$$

令$\tilde{x}(t)$为信号$x(t)$的解析表达式,那么

$$\tilde{x}(t) = x(t) + j\hat{x}(t) \tag{7.195}$$

$$\tilde{X}(\omega) = \begin{cases} R(\omega) + jI(\omega) + R(\omega) + jI(\omega) \\ R(\omega) - jI(\omega) - R(\omega) + jI(\omega) \end{cases}$$

$$= \begin{cases} 2[R(\omega) + jI(\omega)] & (\omega > 0) \\ 0 & (\omega < 0) \end{cases} \tag{7.196}$$

也就是,实信号经过Hilbert变换后输出频谱只有正频率部分。

对算法进行仿真,输入一个频率为959MHz的正弦信号,图7.72给出的是未经Hilbert变换处理的第0信道输出的幅频和相频特性。

图7.73给出了经Hilbert变换后的幅频、相频特性。

由图7.72和图7.73可知,0信道输出实信号经Hilbert变换后可以像处理其他信道信号一样应用CORDIC算法进行瞬时幅度以及瞬时相位的提取。由于实信号包含正、负两个频率分量,信道化结构中IFFT处理之后第0个信道的正、负频率都保留了下来,所以经过Hilbert变换之后的信号瞬时幅度仍为1,经过CORDIC迭代算法之后提取瞬时幅度为1.6245。

### 7.8.9 信道化功能仿真

现取四种常见的LPI雷达信号,信号类型分别为线性调频(LFM)雷达信号、非

497

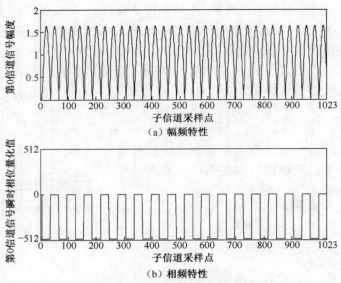

（a）幅频特性

（b）相频特性

图 7.72　Hilbert 处理前 0 信道输出幅频、相频特性

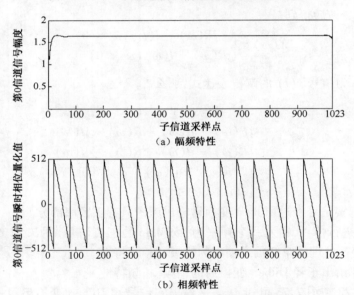

（a）幅频特性

（b）相频特性

图 7.73　Hilbert 处理后 0 信道输出幅频、相频特性

线性调频（NLFM）雷达信号、四相编码（QPSK）信号以及二相编码（BPSK）信号。

参数设置如下。

LFM 雷达信号时域表达式：$s_{\text{lfm}}(t) = \cos\left[2\pi\left(f_{01}t + \dfrac{1}{2}kt^2\right)\right]$。其中，载频 $f_{01} =$ 868MHz，调频斜率 $k = 0.23\text{MHz}/\mu\text{s}$。

NLFM 雷达信号时域表达式：$s_{\text{nlfm}}(t) = \cos\left[2\pi\left(a_1t + a_2t^2 + a_3t^3\right)\right]$。其中，

$a_1 = 778\mathrm{MHz}$，$a_2 = 5 \times 10^{10}$，$a_3 = 6 \times 10^{15}$。

QPSK 雷达信号时域表达式：$s_{\mathrm{qpsk}} = \cos\left[2\pi f_{03} t + \varphi_1(t)\right]$。其中，载频 $f_{03} =$ 690.5MHz，子码时域宽度 1.1μs，采用 16 位弗兰克码，编码规律 [11,10,00,11,00,01,10,01,00,11,01,11,10,10,01,00]。当码字分别取 00、01、10 以及 11 时，相位函数 $\varphi_1(t)$ 分别取 0、$\pi/2$、$\pi$ 以及 $3\pi/2$。

BPSK 雷达信号时域表达式：$s_{\mathrm{bpsk}} = \cos\left[2\pi f_{04} t + \varphi_2(t)\right]$。其中，载频 $f_{04} =$ 540.5MHz，子码时域宽度 2.44μs，采用 7 位 bark 码，编码规律 [1,1,1,0,0,1,0]。当码字取 1 时，相位函数 $\varphi_2(t) = \pi$，否则为 0。

信号幅度统一取 1，数据长度统一取 16384 点，对应于每个子信道的数据长度为 1024 点。为了直观观测波形变化，选择信号载频较低。图 7.74 所示为各子信道输出信号时域波形图。

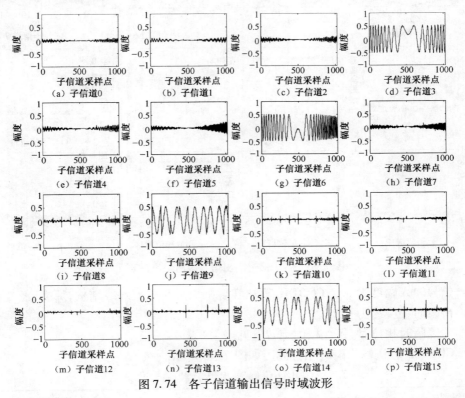

图 7.74　各子信道输出信号时域波形

从图 7.14 中可以看出子信道 3、6、9 以及 14 有信号输出，输出信号类型分别为 LFM、NLFM、QPSK 以及 BPSK 雷达信号，对应信道的中心频率分别为 870MHz、780MHz、690MHz 以及 540MHz，与设定的试验参数相吻合。由于实信号经信道化 IFFT 结构变换之后输出包含正、负频率分量，而实际应用中只提取信号的正频率分量即可，因此，信号所在真实信道输出信号幅度为 0.5，其他信道输出信号的幅度基本为零。

应用 CORDIC 算法进行子信道幅度和相位提取,瞬时幅度输出结果如图 7.75 所示。

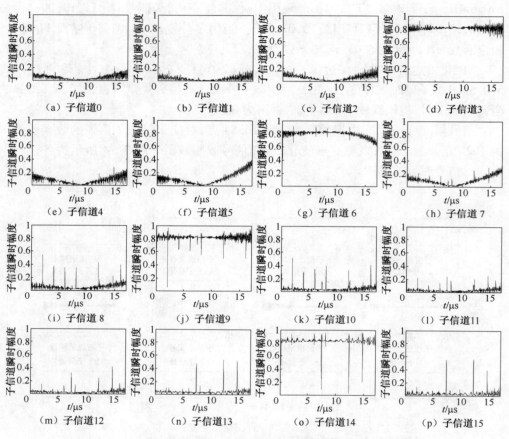

图 7.75　各子信道输出信号瞬时幅度波形

信号输入幅度为 0.5,CORDIC 算法实现采用了 9 级流水线结构,那么,经变换后输出瞬时幅度约为 0.81。

计算瞬时相位时,每级相位旋转量见表 7.8。

CORDIC 算法输出瞬时相位波形如图 7.76 所示。

表 7.8　CORDIC 算法相位旋转量量化列表

| 级别 | 第 1 级 | 第 2 级 | 第 3 级 |
|---|---|---|---|
| 相位旋转量 | $2^8$ | $2^7$ | $2^6 + 2^3 + 2^2$ |
| 级别 | 第 4 级 | 第 5 级 | 第 6 级 |
| 相位旋转量 | $2^5 + 2^3$ | $2^4 + 2^2$ | $2^3 + 2^1$ |
| 级别 | 第 7 级 | 第 8 级 | 第 9 级 |
| 相位旋转量 | $2^2 + 2^0$ | $2^1 + 2^0$ | $2^0$ |

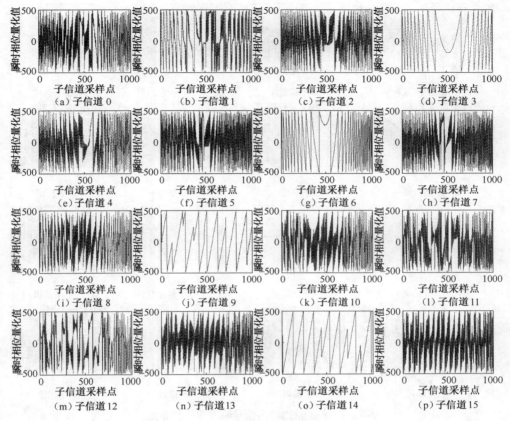

图 7.76　各子信道输出信号瞬时相位波形

从图 7.76 中可以看出,子信道 3、6 相位变化为非线性,对应 FM 信号,但从时域波形无法区分 FM 信号类型。子信道 9、14 输出的频率都呈线性变化,从波形上可以看出相位有跳变,说明这两种信号为相位编码信号,而且跳变规律符合设定的试验参数。

应用相位后向差分法测频,对子信道输出相位进行一阶差分,得到如图 7.77 所示的瞬时相位差分波形图。子信道 3 一阶相位差分值呈线性变化,具有一定的斜率;子信道 6 一阶相位差呈近似线性曲线变化;子信道 9 和 14 一阶相位差分值整体上为一根直线,但存在若干跳变点。

幅度和相位联合检测法信道判决,取载频为 614MHz 的普通雷达信号,采用瞬时幅度检测法可知子信道 11、12 幅度超过了门限,两个子信道输出的瞬时幅度特性如图 7.78 所示。

此时应用瞬时相位差分法对这两个子信道进行检测,检测结果如图 7.79 所示。

得到子信道 11 的相位差分量化值小于-256,子信道 12 相位差分量化值在 [ -

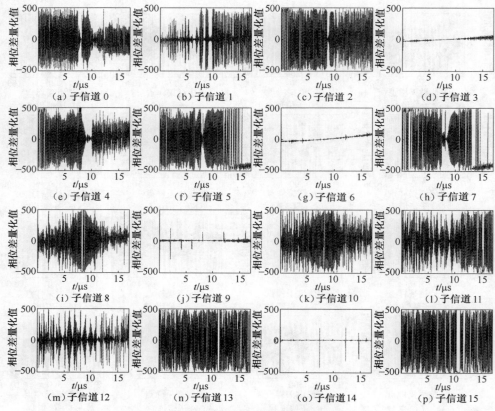

图 7.77　各子信道输出信号瞬时相位差分波形

$[-256,256]$ 范围内,因此,该信号所在真实信道为中心频率为 600MHz 的第 12 个子信道。

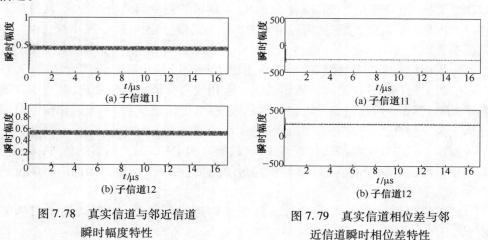

图 7.78　真实信道与邻近信道
瞬时幅度特性

图 7.79　真实信道相位差与邻
近信道瞬时相位差特性

## 7.9 高效动态数字信道化接收机

### 7.9.1 基于 DFT 滤波器组的动态信道化接收机

本节重点研究基于信号重建理论的动态非均匀信道化滤波器组的实现方法。针对宽带数字接收信号中存在多个非均匀分布且动态变化的信道的情况,提出了一种高效动态数字信道化方法。该方法基于信号重构理论,将接收信号均匀划分成多个子带,根据能量检测环节将属于同一信道的相邻子带输入到相应的综合滤波器组,输出即为该信道的基带信号。信道覆盖子带个数变化时,只需根据能量检测结果改变综合滤波器组的系数,因而具有一定的自适应特点。

#### 1. 子带划分与近似精确重建条件

首先将宽频带均匀划分成 $N_S$ 个子带。子带带宽的确定可以根据实际系统的要求。不同系统可以采用不同的划分标准。如在通信系统中,信道保护间隔已知,可以根据最小保护间隔划分信道。在电子战系统中,可以根据接收信号的最小带宽确定子带宽度。利用低通原型滤波器 $h(n)$ 和复指数调制 $W_{N_S}^{kn}$ 将宽频带划分成 $N_S$ 个半交叠的相同子带。其中 $h(n)$ 为低通 FIR 滤波器,对应第 0 个子带。旋转因子 $W_{N_S} = \exp(j2\pi/N_S)$ ,其中 $k = 0,1,\cdots,N_S - 1$ 为子带序号。低通带限滤波器 $h(n)$ 将信号的频带限制在了 $[-\pi/N_D, \pi/N_D]$ 内,因此其输出信号可以进行 $N_D$ 倍抽取,而不会出现子带间的混叠。因此前面的信道化可以采用 PFFT 的高效结构。

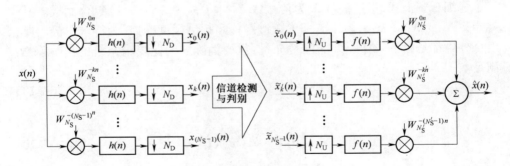

图 7.80　子带分解与综合原理图

图 7.80 给出了这一结构的原理框图。为了防止抽取后的子带混叠,要求分析原型滤波器 $h(n)$ 满足

$$H(\omega) \approx 0, \omega \notin [-\pi/N_D, \pi/N_D] \tag{7.197}$$

并且一般取 $N_S \geqslant 2N_D$ , $H(\omega)$ 为 $h(n)$ 傅里叶变换。由图 7.80,很容易得到抽取后序号为 $k$ 的子带输出为

$$X_k(z) = \sum_{l=0}^{N_D-1} X(z^{\frac{1}{N_D}} W_{N_D}^{-l} W_{N_S}^{k}) \, H(z^{\frac{1}{N_D}} W_{N_D}^{-l}) \tag{7.198}$$

假定序号从 $k_L$ 到 $k_P$ 的 $N_S'$ 个子带属于待处理信道的子带。为了恢复出该信道,对这 $N_S'$ 个子带进行综合。当 $N_S' \geqslant 2$ 时,综合后的信道带宽大于子带带宽,因此需要进行 $N_U$ 倍的上采样。为了保证准确的信道综合,这里要求

$$N_S/N_D = N_S'/N_U = F \tag{7.199}$$

图 7.80 中 $\tilde{x}_k'(n) = x_{k_L+k'}(n)$。经过滤波器和频谱搬移后,$k'$ 支路输出为

$$V_k'(z) = \sum_{l=0}^{N_D-1} X(z^{N_U/N_D} W_{N_D}^{-l} W_{N_S}^{k}) \times H(z^{N_U/N_D} W_{N_S}^{-k'} W_{N_D}^{-l}) F(z W_{N_S}^{-k'}) \tag{7.200}$$

将 $N_S'$ 个支路相加,可以得到综合后的信号

$$\hat{X}(\omega) = \sum_{k'=0}^{N_S'-1}\sum_{l=0}^{N_D-1} X\left(\frac{N_U}{N_D}\omega + \omega_L - \frac{2\pi}{N_D}l\right) \times H\left(\frac{N_U}{N_D}\omega - \frac{2\pi k'}{N_S} - \frac{2\pi l}{N_D}\right) F\left(\omega - \frac{2\pi k'}{N_S'}\right) \tag{7.201}$$

其中,$\omega_L = 2k_L\pi/N_S$。

令 $\quad X_l = X(N_U\omega/N_D + \omega_L - 2\pi l/N_D)$,$F_k' = F(\omega - 2\pi k'/N_S')$

$$H_{k',l} = H(N_U\omega/N_D - 2\pi k'/N_S - 2\pi l/N_D)$$

将式(7.201)表示成矩阵形式

$$\hat{X} = \begin{bmatrix} F_0 \\ \vdots \\ F_{N_S'-1} \end{bmatrix}^{\mathrm{T}} \begin{bmatrix} H_{0,0} & \cdots & H_{0,N_D-1} \\ \vdots & \ddots & \vdots \\ H_{N_S'-1,0} & \cdots & H_{N_S'-1,N_D-1} \end{bmatrix} \begin{bmatrix} X_0 \\ \vdots \\ X_{N_D-1} \end{bmatrix} = \boldsymbol{F}^{\mathrm{T}}\boldsymbol{H}\boldsymbol{X} \tag{7.202}$$

仔细观察上式,重建信号 $\hat{X}$ 为信号 $X_l$($l = 0,1,\cdots,N_D-1$)组合而成。其中 $X_0 = X(N_U\omega/N_D + \omega_L)$ 为原信号 $X$ 频谱搬移和频谱尺度变换,为待求信号。其余组合分量都是由下采样引入的混叠分量,需要消除。为此要求系统的传输函数 $T$ 满足[41]

$$\boldsymbol{T} = \boldsymbol{F}^{\mathrm{T}}\boldsymbol{H} = \begin{bmatrix} 1(\omega) & 0 & \cdots & 0 \end{bmatrix} \tag{7.203}$$

即

$$\sum_{k'=0}^{N_S'-1} F_k' H_{k',l} \approx 1(\omega) \, (l = 0) \tag{7.204}$$

$$\sum_{k'=0}^{N_S'-1} F_k' H_{k',l} \approx 0 \, (l \neq 0) \tag{7.205}$$

如果令

$$H'(\omega) = H(N_U\omega/N_D) \tag{7.206}$$

则式(7.205)可表示为

$$\sum_{k'=0}^{N_S'-1} F\left(\omega - \frac{2\pi k'}{N_S'}\right) H'\left(\omega - \frac{2\pi k'}{N_S'}\right) \approx 1(\omega) \tag{7.207}$$

504

$$\sum_{k'=0}^{N_S'-1} F\left(\omega - \frac{2\pi k'}{N_S'}\right) H'\left(\omega - \frac{2\pi k'}{N_S'} - \frac{2\pi l}{N_U}\right) \approx 0 (l \neq 0) \tag{7.208}$$

仔细观察式(7.208),不难发现,式(7.208)要求信道重建滤波器为全通的,具有小的幅度失真和线性相位特性。式(7.209)为混叠对消条件,可以通过如下更为严格的约束得到满足,即当 $l \neq 0$ 时,有

$$F\left(\omega - \frac{2\pi k'}{N_S'}\right) H'\left(\omega - \frac{2\pi k'}{N_S'} - \frac{2\pi l}{N_U}\right) \approx 0 \tag{7.209}$$

这就要求低通滤波器 $h'(n)$ 和 $f(n)$ 的阻带截止频率小于 $\pi/N_U$,并且阻带衰减足够大。

因此,近似精确重建的问题就转化成了寻找满足约束条件的对偶滤波器 $h'(n)$ 和 $f(n)$,即构造近似精确重建 DFT 滤波器组。得到滤波器 $h'(n)$ 后,通过重采样,得到满足关系式(7.207)的分析原型滤波器 $h(n)$。由文献[38]可知,优化对偶滤波器 $h'(n)$ 和 $f(n)$ 的难度远远小于优化分析原型滤波器 $h(n)$ 的难度。将原型滤波器 $h(n)$ 和 $f(n)$ 代入图7.80中,那么输出 $\hat{x}(n)$ 就是输入 $x(n)$ 的近似精确重建。

当接收宽频带内存在多个非均匀分布,不同带宽的子信道、信道个数、覆盖带宽和中心频率均未知且具有时变性情况下,我们希望设计的动态滤波器组能满足以下要求:

(1) 动态滤波器组能感知宽频带内的信道动态变化,实现信道判决;

(2) 信道动态时变时,分析滤波器组参数无须改变;

(3) 综合滤波器组能根据信道动态变化调整参数,近似精确重建每个动态信道。

下面,我们将推导出满足上面三个条件的动态信道化滤波器组的构造方法。

**2. 动态非均匀信道化接收机构造方法**

由上面的推导可以知道,当子带序号从 $k_L$ 到 $k_P$ 的 $N_S'$ 个子带属于待处理信道的子带时,由条件式(7.208)得到的分析和综合原型低通滤波器可以实现信号的近似精确重建。假定 $N_S'$ 为宽频带内覆盖最多子带的最宽信道所对应的子带个数,下面我们将证明,通过对低通滤波器 $h'(n)$ 和 $f(n)$ 进行抽取可以得到对应覆盖不同子带个数 $N_S^D (N_S^D < N_S')$ 的信道的对偶滤波器 $h_D(n)$ 和 $f_D(n)$。

**推论1** 如果低通滤波器 $h'(n)$ 和 $f(n)$ 满足约束式(7.208),那么分别对 $h'(n)$ 和 $f(n)$ 按因子 $M$ 抽取后,得到的低通滤波器 $h_D(n)$ 和 $f_D(n)$ 同样满足约束式(7.208),其中 $M = N_S'/N_S^D$ 为一有理数。

**证明:**

由下采样定理,抽取后,有

$$F_D(\omega) = \frac{1}{M} \sum_{k=0}^{M-1} F((\omega - 2\pi k)/M)$$

$$H_D(\omega) = \frac{1}{M} \sum_{k=0}^{M-1} H'((\omega - 2\pi k)/M)$$

因此有

$$\Gamma(\omega) = \sum_{k_1=0}^{N_S^D-1} F_D(\omega - 2\pi k_1/N_S^D) H_D(\omega - 2\pi k_1/N_S^D)$$

$$= \frac{1}{M^2} \sum_{k_1=0}^{N_S^D-1} \sum_{k_2=0}^{M-1} F((\omega - 2\pi k_1/N_S^D - 2\pi k_2)/M)$$

$$\times \sum_{k_3=0}^{M-1} H'((\omega - 2\pi k_1/N_S^D - 2\pi k_3)/M)$$

容易证明，$\Gamma(\omega)$ 是周期为 $2\pi$ 的周期函数。因此，可以将观测区间限制在 $\omega \in [-\pi, \pi)$ 上。那么，$F_D(\omega) = F(\omega/M)/M, \omega \in [-\pi, \pi)$，$H_D(\omega) = H'(\omega/M)/M$，$\omega \in [-\pi, \pi)$。因此，有

$$\Gamma(\omega) = \frac{1}{M^2} \sum_{k_1=0}^{N_S^D-1} F((\omega - 2\pi k_1/N_S^D)/M) \times H'((\omega - 2\pi k_1/N_S^D)/M)$$

$$\approx 1(\omega)/M^2, \omega \in [-\pi, \pi) \tag{7.210}$$

因此抽取之后，仍然满足全通条件，只是幅度衰减了 $1/M^2$，调整输出增益即可。这里忽略了 $h'(n)$ 和 $f(n)$ 的阻带混叠，如果其阻带衰减足够大，可以认为是理想低通滤波器。

**推论 2**  如果低通滤波器 $h'(n)$ 和 $f(n)$ 满足约束式(7.210)，那么分别对 $h'(n)$ 和 $f(n)$ 按因子 $M$ 抽取后，得到的低通滤波器 $h_D(n)$ 和 $f_D(n)$ 同样满足约束式(7.210)，其中 $M = N_S'/N_S^D$ 为一有理数。

**证明：**

$$\Delta(\omega) = F_D(\omega - 2\pi k_1/N_S^D) \times H_D(\omega - 2\pi k_1/N_S^D - 2\pi l/N_U^D)$$

$$= \frac{1}{M^2} \sum_{k_2=0}^{M-1} F((\omega - 2\pi k_1/N_S^D - 2\pi k_2)/M) \times \sum_{k_3=0}^{M-1} H'((\omega - 2\pi k_1/N_S^D - 2\pi k_3)/M)$$

同样可以证明，$\Delta(\omega)$ 是周期为 $2\pi$ 的周期函数，观察 $[-\pi, \pi)$ 区间，有

$$\Delta(\omega) = \frac{1}{M^2} F((\omega - 2\pi k_1/N_S^D)/M) \times H'((\omega - 2\pi k_1/N_S^D - 2\pi l/N_U^D)/M)$$

$$\approx 0 \qquad (\omega \in [-\pi, \pi)) \tag{7.211}$$

其中，$N_U^D/N_S^D = N_U/N_S'$。

由推论 1 和推论 2 可以知道，只要对低通滤波器 $h'(n)$ 和 $f(n)$ 进行抽取，就可以得到对应覆盖不同子带信道的低通滤波器 $h_D(n)$ 和 $f_D(n)$。

根据以上两个推论可以得到动态信道化滤波器组构建方法。

（1）确定分析滤波器组子带划分个数 $N_S$ 和下采样因子 $N_D$，确定最宽信道覆盖子带数目 $N_S'$，由关系式(7.200)可以得到上采样因子 $N_U$。

（2）根据约束条件式(7.208)，采用半无限最优化方法设计 DFT 滤波器组 $h'(n)$ 和 $f(n)$。

（3）根据式(7.207)，对滤波器 $h'(n)$ 按因子 $N_S/N_S'$ 进行上采样，得到分析滤波器组原型滤波器 $h(n)$。

（4）对 $f(n)$ 进行 $N_S'/N_S^D$ 倍抽取，得到对应覆盖 $N_S^D$ 个子带的综合滤波器 $f_D(n)$。

### 7.9.2　高效结构与信道化失真分析

#### 1. 基于多相分解和 FFT 的高效结构

由多相 FFT 算法可以知道，当分析子带个数 $N_S$ 为 2 的正整数次幂时，分析滤波器组可以采用如图 7.81 所示的高效结构实现。另外假定最宽信道覆盖的子带个数也为 2 的 $M_B$ 次幂（$2^{M_B} \ll N_S$），且综合对偶滤波器抽头数目为 $2^{M_B}Q$，$Q$ 为一正整数。若第 $i$ 个信道包含从 $Q_i^l$ 到 $Q_i^u$ 共 $N_{Si}'(\leqslant 2^{M_B})$ 个子带，令长度为 $M_i = 2^{\lceil \log_2 N_{si}' \rceil}$ 的序列 $[\hat{X}_{Q_i^l}(z), \hat{X}_{Q_i^l+1}(z), \cdots, \hat{X}_{Q_i^u}(z), 0, \cdots, 0]^T$ 作为综合滤波器组的输入，故综合滤波器组系数由 $f(n)$ 经 $N_S'/M_i$ 倍抽取得到，且由以上的分析可以知道，综合滤波器组的输出 $\hat{X}_i(z)$ 为分布在 $Q_i^l$ 到 $Q_i^u$ 子带信号的重建。因为综合滤波器满足多相 FFT 条件，同样可以采用如图 7.81 所示的高效结构。其中序列补零相当于对信号进行了插值，提高了信号采样率。这种方法在数字调制信号解调时很有用处，例如对相位编码信号解调时，通常要求采样率为 2 倍或 4 倍以上码元速率，这样通过序列补零的方法可以实时的进行内插，以获得满意的采样率。

图 7.81 中，分析滤波器多相成分由 $h(n)$ 分解得到

$$e_l(n) = \begin{cases} h(N_D n + l) & (n = N_{Sp}/N_D, p \text{ 为整数}) \\ 0 & (\text{其他}) \end{cases} \quad (7.212)$$

其中，$N_S/N_D = 2$，$E_l(z)$ 为 $e_l(n)$ 的 $Z$ 变换。覆盖 $M_i$ 个子带的综合滤波器多相分支通过下面的方法得到。首先对 $f(n)$ 进行 $M = N_S'/M_i$ 倍重采样，得到滤波器 $f_D(n)$，然后对 $f_D(n)$ 进行多相分解，得

$$r_l^{M_i}(n) = \begin{cases} f_D(Fn + F - 1 - l) & (n = Fp, p \text{ 为整数}) \\ 0 & (\text{其他}) \end{cases} \quad (7.213)$$

其中，$F = M_i/N_{Ui}$，$f_D(n) = f(Mn)$。

#### 2. 信道化失真分析

输出重建信号 $\hat{x}(n)$ 的失真主要包括三个方面。第一种混叠失真主要是由于分析滤波器中 $N_D$ 倍的下采样引起的。因为分析原型滤波器阻带衰减特性不理想，所以下采样后

$$\varepsilon_A = \frac{1}{N_D} \sum_{k'}^{N_S'} \sum_{l=1}^{N_D-1} H'(\omega - 2\pi k'/N_S' - 2\pi l/N_U) \times F(\omega - 2\pi k'/N')$$

$$(7.214)$$

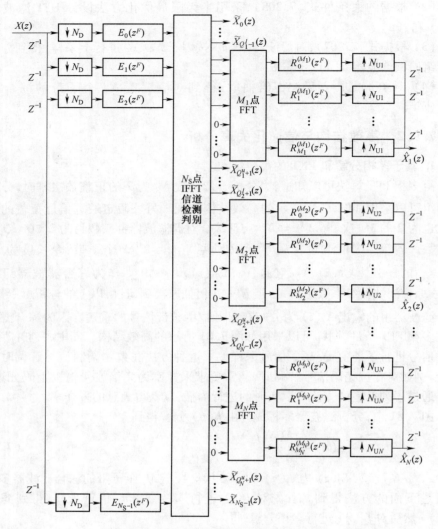

图 7.81　NPR 动态信道化高效多相实现结构

假定滤波器 $h'(n)$ 的阻带衰减为 $A_{S1}$，混叠失真幅度约为 $(A_{S1}+3)\mathrm{dB}$。

利用步骤 4 得到 $f_D(n)$ 时，同样会引入第二种混叠误差，导致抽取后 $h_D(n)$ 和 $f_D(n)$ 组合的全通特性出现了一定程度的损失，不难看出，损失程度与 $h'(n)$ 和 $f(n)$ 的阻带衰减 $A_{S1}$ 和 $A_{S2}$ 密切相关，衰减特性越理想，损失越小。因此滤波器 $h'(n)$ 和 $f(n)$ 的抽头数目要足够大。另外优化迭代算法搜索步长和终止条件也会影响全通特性和幅度纹波失真，经验表明适当选取步长和终止条件，可以将系统等效幅度响应纹波控制在 $0.02\mathrm{dB}$ 之内。如图 7.82 所示，给出了 $N_S=8$ 时滤波器组幅频响应的曲线，纹波 小于 $0.008\mathrm{dB}$。

可见由于以上失真的存在，输出信号不是输入信号的精确重建，而是一种近似

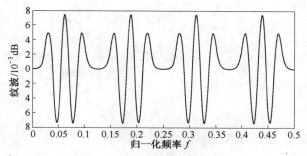

图 7.82　等效幅频响应纹波

精确重建,但通过控制滤波器的阻带衰减特性,采用合理的优化迭代算法可以将信号失真控制在较低的水平。

## 7.10　基于短时离散傅里叶变换的动态信道化接收机

加权叠加(Weighted Overlap-Add, WOLA)结构是一种高效、低功耗且设计灵活的滤波器组,该结构基于短时离散傅里叶变换,近年来在子带编码、OFDM 和语音信号处理等领域得到了广泛的应用。本书将在基于短时傅里叶变换信号分析与综合的基础上,构造一种动态信道化接收机结构。分析表明该结构与基于 DFT 滤波器组的结构是相似的。

### 7.10.1　基于短时离散傅里叶变换的均匀子带划分

序列 $x(n)$ 的短时离散傅里叶变换可以表示为

$$X_k(n) = \sum_{m=-\infty}^{\infty} h(n-m) x(m) W_M^{-mk} \tag{7.215}$$

式中: $h(n)$ 为窗函数; $W_M = e^{j2\pi/M}$ 为旋转因子。

当频率采样点的个数 $M$ 为 2 的正整数次幂时,可以采用快速傅里叶变换计算式(7.216)。式(7.216)的积分区间为无穷,实际当中窗函数 $h(n)$ 的长度是有限的,因此积分区间是有限长的,由窗函数的长度决定,而 DFT 变换的区间长度固定为 $M$,需要将信号在时域进行混叠。令 $r = m - n$,利用旋转因子 $W_M$ 的周期性,有

$$X_k(n) = \sum_{r=-\infty}^{\infty} h(-r) x(r+n) W_M^{-(r+n)k} = W_M^{-nk} \widetilde{X}_k(n) \tag{7.216}$$

其中, $\widetilde{X}_k(n)$ 可以表示为

$$\widetilde{X}_k(n) = \sum_{m=0}^{M-1} \widetilde{x}_m(n) W_M^{-mk} \tag{7.217}$$

其中, $\widetilde{x}_m(n)(m = 0, 1, \cdots, M-1)$ ,为时域混叠序列,即

$$\widetilde{x}_m(n) = \sum_{p=-\infty}^{\infty} x(n+pM+m)h(-pM-m) \qquad (7.218)$$

此时可以通过 FFT 计算 $\widetilde{X}_k(n)$，当频率采样点 $M$ 较大时，可以节省大量的计算量。

另外对序列 $\widetilde{x}_m(n)$ 循环移位，有

$$x_m(n) = \widetilde{x}_{((m-n))_M}(n) \qquad (7.219)$$

其中，$((m-n))_M$ 对 $M$ 取模运算。可以直接计算 $x_m(n)$ 的 FFT 得到

$$X_k(n) = \sum_{m=0}^{M-1} x_m(n) W_M^{-mk} \qquad (7.220)$$

从而省略了式(7.217)中的等号最右边的乘法运算，进一步节省了计算量。

短时傅里叶变换将带宽 $0 \sim f_s$ 均匀划分为 $M$ 个子带，每个子带的带宽为 $f_s/M$，子带的中心频率为 $W_M^k(k=0,1,\cdots,M-1)$。因此可以对输出序列 $X_k(n)$ 进行 $R$ 倍的时域抽取，即

$$X_k(sR) = \sum_{m=-\infty}^{\infty} h(sR-m)x(m)W_M^{-mk} \qquad (7.221)$$

上式表明信道化输出数据率为 $f_s/R$，短时傅里叶变换的运算速率将为式(7.216)对应速率的 $1/R$，降低了系统运算速率，实现了数据率转换。为了防止混叠，要求 $R < M$。

### 7.10.2　信号精确重建条件

由信号分析与综合理论可以知道，当抽取因子 $R$ 和短时傅里叶变换点数 $M$，分析窗函数 $h(n)$ 和综合窗函数 $f(n)$ 满足一定约束关系时，可以由 $X_k(sR)$ 精确重建时域输入序列 $x(n)$，令重建序列为，

$$\hat{x}(n) = \frac{1}{M} \sum_{k=0}^{M-1} \sum_{s=-\infty}^{\infty} f(n-sR)X_k(sR)W_M^{kn} \qquad (7.222)$$

这个过程可以用图 7.83 来表示。

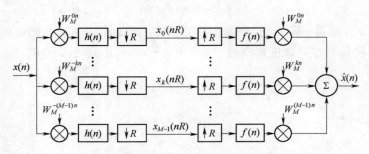

图 7.83　$M$ 子带重建滤波器组表示 STFT 分析/综合

将式(7.222)代入式(7.223)有

$$\hat{x}(n) = \frac{1}{M} \sum_{k=0}^{M-1} \sum_{s=-\infty}^{\infty} f(n - sR) \sum_{m=-\infty}^{\infty} h(sR - m) x(m) W_M^{-mk} W_M^{kn}$$

$$= \sum_{m=-\infty}^{\infty} \sum_{s=-\infty}^{\infty} f(n - sR) h(sR - m) x(m) \frac{1}{M} \sum_{k=0}^{M-1} W_M^{(n-m)k}$$

$$= \sum_{s=-\infty}^{\infty} f(n - sR) h(sR - n + pM) x(n - pM) \qquad (7.223)$$

因此精确重建条件为 $x(n) = \hat{x}(n)$ ,即 [45]

$$w(n, m) = \sum_{s=-\infty}^{\infty} f(n - sR) h(sR - n + pM) = \delta(p) \qquad (7.224)$$

式中:$w(n, m)$ 为重建系统的输入 $\delta(n - m)$ 在 $n$ 时刻的响应。$w(n, m)$ 与分析窗函数 $h(n)$ 和综合窗函数 $f(n)$ 的关系可以用图 7.84 表示。

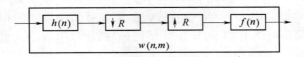

图 7.84　重建系统

另外,从式(7.223)可以看出,重建过程实际分为两个部分,首先是对抽取后的信号进行内插,恢复抽取前信号,由里层的求和运算完成,即

$$X_k(n) = \sum_{s=-\infty}^{\infty} f(n - sR) X_k(sR) \qquad (7.225)$$

$X_k(n)$ 为 $n$ 时刻长度为 $M$ 的频率序列,对其做离散傅里叶反变换(IDFT),由外层的求和运算完成,即

$$\hat{x}_n(m) = \frac{1}{M} \sum_{k=0}^{M-1} X_k(n) W_M^{km} \qquad (7.226)$$

$\hat{x}_n(m)$ 表示 $n$ 时刻长度为 $M$ 的时间序列。因为短时傅里叶变换(STFT)是冗余的,所以在 $n$ 时刻只需要从序列 $\hat{x}_n(m)$ 中选择一个元素来表示重建序列即可,例如

$$\begin{cases} \hat{x}(0) = \hat{x}_0(0) (n = 0) \\ \hat{x}(1) = \hat{x}_1(1) (n = 1) \\ \cdots \\ \hat{x}(M - 1) = \hat{x}_{M-1}(M - 1) (n = M - 1) \\ \hat{x}(m) = \hat{x}_M(0) (n = M) \\ \hat{x}(M + 1) = \hat{x}_{M+1}(1) (n = M + 1) \\ \cdots \end{cases} \qquad (7.227)$$

注意:因为式(7.227)中 $\hat{x}_n(m)$ 是以 $M$ 为周期的,所以重建序列 $\hat{x}(n)$ 和 $\hat{x}_n(m)$ 之间的关系为

$$\hat{x}(n) = \hat{x}_n(n \bmod M) \qquad (7.228)$$

因此以上的重建过程可以表述为，先对 $R$ 倍时间抽取 STFT 序列 $X_k(sR)$ 进行内插，得到未抽取的 STFT 序列 $X_k(n)$，然后对 $X_k(n)$ 做 IFFT 运算得到一个 $M$ 倍冗余的时间序列，按照式(7.228)从冗余序列中挑选出重建序列 $\hat{x}(n)$。当分析窗函数 $h(n)$ 和综合窗函数 $f(n)$ 满足式(7.225)时，重建序列 $\hat{x}(n)$ 即为原序列 $x(n)$。显然重建过程舍弃了大量样本，计算效率很低。

如果交换式(7.223)两次求和运算的顺序，即

$$\hat{x}(n) = \sum_{s=-\infty}^{\infty} f(n-sR) \frac{1}{M} \sum_{k=0}^{M-1} X_k(sR) W_M^{kn}$$

$$= \sum_{s=-\infty}^{\infty} f(n-sR) \hat{x}_n(sR) \tag{7.229}$$

上式表明，可以首先对 $X_k(sR)$ 做 IDFT，得到时域信号 $h(sR-m)x(m)$，然后对该信号进行 $R$ 倍内插，并且当内插窗函数 $f(n)$ 和抽取窗函数 $h(n)$ 满足关系式(7.225)时，系统的输出为原信号的精确重建。与交换顺序前相比，内插运算的运算量不变，但交换前的 IFFT 运算在 $R$ 倍内插后，所以节省了大量的计算。

### 7.10.3  动态非均匀信道化接收机的构造方法

假定序号从 $k_l$ 到 $k_h$ 的 $M_i$ 个子带属于待处理信道的子带，其中 $i$ 表示信道序号。该信道的均匀子带输出 $X_{i;k}(sR)$ 可以表示为

$$X_{i;k}(sR) = \begin{cases} X_k(sR) & (k=k_l, k_2, \cdots, k_h) \\ 0 & (\text{其他}) \end{cases} \tag{7.230}$$

此时信道带宽小于接收机带宽，因此可以对输出进行抽取，抽取倍数取决于信道带宽。令

$$\hat{M}_i = 2^{\lceil \log_2 M_i \rceil - 1} \tag{7.231}$$

信道抽取倍数可以确定为

$$D_i = M/\hat{M}_i \tag{7.232}$$

抽取后将不会引起混叠。由下采样定理可知，为了确保抽取后信号不发生混叠，抽取前需要对重建信号 $\hat{x}(n)$ 进行频谱搬移(这里假设输入信号与重建信号为复信号)，即

$$\hat{x}_T(n) = \hat{x}(n) W_M^{-k_l n} \tag{7.233}$$

抽取后 $y_i(n) = \hat{x}_T(D_i n)$ 可以表示为

$$y_i(n) = W_M^{-k_l D_i n} \frac{1}{M} \sum_{k=0}^{M-1} \sum_{s=-\infty}^{\infty} f(D_i n - sR) X_{i;k}(sR) W_M^{kD_i n}$$

$$= W_{\hat{M}_i}^{-k_l n} \sum_{s=-\infty}^{\infty} f(D_i n - sR) \frac{1}{M} \sum_{k=0}^{M-1} X_{i;k}(sR) W_M^{kD_i n}$$

$$= W_{\hat{M}_i}^{-k_l n} \sum_{s=-\infty}^{\infty} f(D_i n - sR) \frac{1}{M} \sum_{k=k_l}^{k_h} X_{i;k}(sR) W_{M/D_i}^{kn}$$

$$= \frac{\hat{M_i}}{M} W_{\hat{M_i}}^{-k_l n} W_{\hat{M_i}}^{k_l n} \sum_{s=-\infty}^{\infty} f(D_i n - sR) \frac{1}{\hat{M_i}} \sum_{k=0}^{\hat{M_i}-1} X_{i;k+k_l}(sR) W_{\hat{M_i}}^{kn}$$

$$= \frac{\hat{M_i}}{M} \sum_{s=-\infty}^{\infty} f(D_i n - sR) \frac{1}{\hat{M_i}} \sum_{k=0}^{\hat{M_i}-1} X_{i;k+k_l}(sR) W_{\hat{M_i}}^{kn} \qquad (7.234)$$

式(7.235)中第二个求和号表示一个 $\hat{M_i}$ 点的 IFFT,其输出经过内插后即可以得到信道输出 $y_i(n)$。因为交换了求和运算顺序,并采用了 IFFT 运算,提高了计算效率。

如果令

$$\hat{x}_{i;n}(sR) = \frac{1}{\hat{M_i}} \sum_{k=0}^{\hat{M_i}-1} X_{i;k+k_l}(sR) W_{\hat{M_i}}^{kn} (n = 0, 1, \cdots, \hat{M_i} - 1) \qquad (7.235)$$

表示 $s$ 时刻第 $i$ 信道的 IFFT 输出矢量,那么

$$y_i(n) = \frac{\hat{M_i}}{M} \sum_{s=-\infty}^{\infty} f(D_i n - sR) \hat{x}_{i;n}(sR) \qquad (7.236)$$

即第 $i$ 信道的输出为时域内插后加权的结果。

如果令 $f_{D_i}(n) = f(D_i n)$,$R' = R/D_i$,那么式(7.237)可以写作

$$y_i(n) = \frac{\hat{M_i}}{M} \sum_{s=-\infty}^{\infty} f_{D_i}(n - sR') \hat{x}_{i;n}(sR) \qquad (7.237)$$

显然式(7.238)可以采用多相形式实现。如果内插窗函数 $f(n)$ 的长度为 $2QR+1$,并且是关于原点对称的,经过 $D_i$ 抽取后的内插窗函数的 $f_{D_i}(n)$ 长度为 $2QR'+1$,那么

$$y_i(n) = \frac{\hat{M_i}}{M} \sum_{s=L_-}^{L_+} f_{D_i}(n - sR') \hat{x}_{i;n}(sR) \qquad (7.238)$$

其中,$L_+ = \lfloor \frac{n}{R} \rfloor + Q$,$L_- = \lfloor \frac{n}{R} \rfloor - Q + 1$。

符号 $\lfloor \cdot \rfloor$ 表示向下取整。注意到,$R' = R/D_i$,并且 $D_i = M/\hat{M_i}$,因此

$$\frac{M}{R} = \frac{D_i \hat{M_i}}{R' D_i} = \frac{\hat{M_i}}{R'} \qquad (7.239)$$

当接收宽频带内存在多个非均匀分布,不同带宽的子信道 $y_i(n)(i = 0, 1, \cdots, N-1)$,信道个数、覆盖带宽和中心频率均未知且具有时变性的情况下,可以采用上述方法进行信道化。

在卫星数据通信中,可以根据用户需要确定信道覆盖的子带个数 $M_i$,抽取倍

数 $D_i$。在电子对抗数字截获接收机中,可以根据对子带信号的能量检测,根据一定的原则,将相邻的子带归到同一个信道,确定信道覆盖的子带个数 $M_i$,抽取倍数 $D_i$。然后构造对应的综合模块,包括确定综合窗函数的系数,可配置 IFFT 的点数,从而实现动态非均匀信道化。值得注意的是,尽管分析窗函数 $h(n)$ 和综合窗函数 $f(n)$ 满足式(7.225)的精确重建条件,但式(7.235)给出的信道输出相对于该信道的实际输入信号是存在误差的,这主要是由于抽取操作引入的混叠失真,如果分析窗函数与综合窗函数的带外衰减足够大,该失真可以忽略。

### 7.10.4  实现非均匀动态数字信道化接收机的高效结构

本节给出实现均匀子带划分的 WOLA 结构,和实现信道综合的高效结构,两种结构均基于短时快速傅里叶变换,具有高效、实时的特点。

**1. 实现均匀子带划分的 WOLA 高效结构**

式(7.221)表示的带抽取的均匀子带划分可以采用一种加权重叠相加(Weighted Overlap-Add,WOLA)结构实现,如图 7.85 所示。图中,$L$ 为分析窗函数的长度,也是输入数据移位寄存器的长度。这种运算结构主要包括以下几个步骤:

(1)输入序列 $x(n)$,由式(7.224)可知,每次输入 $R$ 个新样本。

(2)加权(Weight):用分析窗函数 $h(n)$ 对输入序列加权。

(3)时域重叠、相加(Overlpa-Add):将加权后的序列分成若干组,每组长度为 $M$,然后将各组中序号相同的样本累加,如图 7.85 所示。

(4)对累加序列做 FFT 运算。

(5)对变换后的序列乘以相位校正 $W_M^{-sRk}$,得到输出 $X_k(sR)$。

从图 7.85 中可以看出,采用 WOLA 高效结构具有如下优点:

(1)输入数据移位寄存器数据更新速率为 $f_s/R$,后续电路运算速率也为 $f_s/R$,故实现了数据率的转换;

(2)采用一组加窗函数,相对于传统的数字下变频方法效率提高了 $M$ 倍,且窗函数用于加权,计算量比卷积小;

(3)采用 FFT 计算,运算速度快;

(4)参数选择灵活,抽取因子 $R$ 和子带个数 $M$ 之间没有约束关系,当二者满足式(7.240)时,该结构与基于 PFFT 结构完全等价。

**2. 实现非均匀信道化的高效结构**

假定第 $i$ 信道包含序号从 $k_l$ 到 $k_h$ 的 $M_i$ 个子带,那个根据式(7.232)确定 IFFT 点数 $M_i$,根据式(7.233)确定抽取倍数 $D_i$。对综合窗函数进行 $D_i$ 倍抽取,得到加权函数 $f_{D_i}(n)$。当 $M/R = M_i/R' \geqslant 2$ 且为一整数时,可以得到如图 7.86 结构,其中,$e(n)$ 由 $f_{D_i}(n)$ 多相分解得到

$$e(n) = f_{D_i}(nR' - m\bmod R') \tag{7.240}$$

514

这是一个多速率电路,多相分支之后时钟速率增加为 $R'$ 倍。

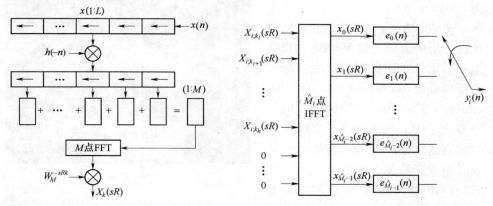

图 7.85　均匀子带划分 WOLA 高效结构　　图 7.86　第 $i$ 信道综合输出高效结构

# 7.11　高效动态信道化接收机的 FPGA 实现方法

7.9 节给出的基于 DFT 滤波器组的高效动态信道化接收机和 7.10 节给出的基于短时快速 FFT 的接收机结构,具有多级流水、全局并行的特点,对高速 ADC 数据可以进行实时处理,适合在电子战接收机中应用。DSP 芯片和 FPGA 芯片是实现数字信道化接收机的重要器件,FPGA 芯片更适合高速并行实时处理,因此本节将给出基于 DFT 滤波器组的高效动态信道化接收机中关键电路的 FPGA 实现方法。其中的一些电路也可以直接用于基于短时快速傅里叶变换的动态信道化接收机中。两者实现过程类似,后者本书将不作详细讨论。

由图 7.83 可以看出,高效动态信道化接收机包括分析滤波器组、信道检测与判决模块、综合滤波器组三个部分。分析滤波器组将输入监视带宽均匀划分成 $N_S$ 个子带,信道检测与判决模块根据子带输出判断出信道主瓣和带宽,加载综合滤波器多相分支的系数,并将对应子带分支输入到综合滤波器中,即得到该信道的信道化结果。

其中分析滤波器组又包括数据率转换模块,分析多相滤波器,$N_S$ 点 IFFT 模块。综合滤波器组包括 $M_i$( $i=1,2,\cdots,N$ 为信道序号)点 FFT 模块,综合多相滤波器分支。由于信号处理实时性要求,这些模块采用流水并行结构,可以在 FPGA 中编程实现。

基于 Xilinx 公司的 FPGA 芯片 XC4VSX55 和国家半导体公司的超高速 A/D 转换器 ADC081000,作者设计了宽带数字接收机信号处理板,实物如图 7.87 所示。ADC081000 采样时钟设定为 960MHz,最大覆盖瞬时带宽 480MHz。信号中频为 720MHz。Xilinx 公司生产的 FPGA 芯片 XC4VSX55 是目前业界最高端的专用信号处理芯片。其最高工作时钟可以达到 500MHz，IO 接口资源丰富，用户接口多达 640 个（320 个差分对），因此适合于多信道的情况。IO 接口还集成了用于高速数据采集的高级可选接口资源（Advanced Select IO Resources）ISERDES，全称为 Input Serial-to-Parallel Logic。该模块可以将高达 1.25GHz 的串行数据转化成低速并行数据。该芯片还集成了 512 个 18bit 乘法器，可以实现高性

图 7.87　宽带数字接收机实物

能的滤波器多信道划分。内部 DCM 模块可实现时钟倍频、分频、移相、片内同步、片外同步，非常适合于多速率信号处理场合。

### 7.11.1　数据率转换模块

Altera 公司高速 FPGA 如 EP2S60F672C4 带有专门的数据率转换 LVDS 模块，因此设计方便。Xilinx 公司高速 FPGA 没有专门的模块可供使用，用户根据需要采用 ISERDES 自行设计数据率转换模块，因此更加灵活。ISERDES 是专用的串并转换器，内部带有专门的时钟和逻辑资源以简化高速源同步设计。ISERES 有两种工作模式，单倍数据率模式（SDR）和双倍数据率模式（DDR）。在 SDR 模式下，串并转换器可以将 1bit 的串行数据流转化成 2、3、4、5、6、7、8bit 的并行数据。在 DDR 模式下，可以产生宽度为 4、6、8、10 并行数据。另外 ISERDES 模块还集成了数控时延单元 IDELAY。IDELAY 有 64 个时延抽头，每个时延抽头的时间时延为 74ps，可调时延范围为 $(0 \sim 64) \times 74ps$，最大时延 4736ps，IDELAY 单元可以补偿由于印制板数据线等带来的时延误差。

数据率转换模块采用源同步设计方法，源时钟 CLK 由 A/D 转换器的数据同步输出时钟 DCLK 提供，串并转换时钟 DLKDIV 由 CLK 分频得到，分频器采用 FPGA 内部专用的局部时钟资源 CLKR，CLKR 可以将输入时钟信号进行 1、2、3、4、5、6、7、8 倍分频。在 SDR 模式下，分频倍数与并行数据位数相等，在 DDR 模式下，分频倍数是数据宽度的一半。ISERDES 的其他控制信号如复位、启动信号等可以由 FPGA 内部逻辑资源产生。图 7.88 给出了 SDR 模式下，转换率为 8：1 的 ISERDES 模块工作时序图。其中 DATA 为 1 位 A/D 转换器数据，$Q1 \sim Q8$ 为转换后的并行数据。

当 ADC 数据位 8bit（DATA1 ～ DATA8）时，需要同时采用 8 个时序与图 7.88 相同的 ISERDES 模块，产生 8 路标号为 $Q1 \sim Q8$ 的并行数据。将 DATA1 ～ DATA8 中相同标号如 $Q1$ 的 8bit 数据按顺序组合后得到 8 路完整的 8bit 数据，这

516

样就完成了对一路 8bit 的 A/D 转换器数据的 8 倍抽取降速。8 倍抽取后,数据率降低为原来的 1/8 倍,例如 A/D 转换器采样时钟为 1GHz,数据率为 125MHz,利用 FPGA 内部的可配置逻辑块(CLB)可以进行处理了。当 $N_S > 8$ 时只需增加少量的时序逻辑就可以进一步将 8 路并行数据转换成 $N_S$ 路数据,数据率进一步降低为原来的 $1/N_S$ 倍。

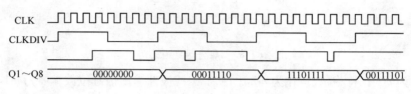

图 7.88　8∶1 SDR ISERDES 时序图

### 7.11.2　分析多相滤波分支

多相滤波分支是计算密集型的模块,需要大量的乘法器和累加器模块。多相滤波分支个数与子带数目 $N_S$ 相等。为了获得良好的近似精确重建特性,要求多相滤波分支抽头数目为 8 ~11 个。因此当子带个数为 64 时,分析原型滤波器的长度为 512,需要 512 个乘法器。如果分析滤波器组采用半交叠结构,那么最大抽取率为 32,此时多相滤波分支工作在 30MHz,没有充分发挥 FPGA 的速度潜能。为了减少乘法器消耗数目并发挥 FPGA 的速度优势,可以采用图 7.89 所示的乘法器复用结构。

图 7.89 中多相分支抽头数目为 5,采用 4 倍复用结构,完成 4 个多相滤波分支的运算,电路工作时钟速率提高了 4 倍。采用 5 个并列的深度为 4 的双端口 RAM 阵列作为抽头寄存器。RAM 阵列中每一行对应同一个多相滤波分支的抽头寄存器,由地址发生器统一驱动。第一个 RAM 的输入端口与输入数据相连,相邻的前一个 RAM 的输出端口与后一个 RAM 的输入端口相连,构成移位寄存器。采用双端口 RAM 阵列结构避免了使用慢速的多路复用器选择抽头寄存器,提高电路运行速度。多相滤波分支的系数存储在查找表或者 ROM 中,每一行存储一组多相滤波分支的系数,每一个时钟周期,地址发生器选择输出一组系数。抽头寄存器的数据与滤波分支系数在乘法单元完成运算并累加后输出,完成一个多相滤波分支的运算。地址发生器采用模为 4 的计数器,其输出同时指示多相滤波分支序号。

采用乘法器复用结构后,只需增加少量的控制电路,将消耗乘法器数目减小为原来的 1/4,同时发挥了 FPGA 高速处理能力。多相滤波分支个数为 64 时,可以采用 16 个图 7.89 所示的乘法器复用结构。如果每个多相滤波分支的抽头数为 8 个,那么总共需要乘法器 128 个。

MAC 运算存在一个位扩展问题。两个数相乘后,乘积为两个数据的位数和,两个数据做加减运算,为了防止溢出要扩展一位最高位。对一个 $N$ 抽头滤波器,输

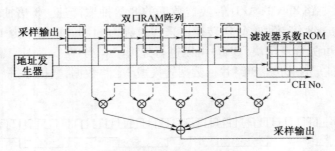

图 7.89　乘法器复用结构

入信号为 $m1$ 比特,系数量化为 $m2$ 比特,那么滤波器输出信号位数扩展为 $m1 + m2 + 2\lceil \log_2 N \rceil$ 比特,其中符号 $\lceil \cdot \rceil$ 表示向上取整。上面的经验公式没有考虑到具体的滤波器系数对符号扩展的影响。为了更精确的保留有效位,去除无用的扩展符号位,实际中往往采用下面的方法进行输出信号有效位的截取,首先采用下面的公式计算出输出最大信号 $s_{\text{omax}}$ :

$$s_{\text{omax}} = s_{\text{imax}} \times \sum_{n=0}^{L-1} |h(n)| \tag{7.241}$$

式中: $s_{\text{imax}}$ 为最大输入信号,那么输出信号的可以采用 $2\lceil \log_2 s_{\text{omax}} \rceil$ 比特表示即可。

### 7.11.3　可变点数并行流水 FFT

信道检测与判别模块根据子带输出判别出信道的带宽,将属于同一信道的子带输入到综合滤波器组。根据信道占用子带的个数构造不同的综合滤波器组。因此综合滤波器组必须是在线可配置的。

动态信道化接收机能够实时处理的最宽信道受到 FPGA 或者 ASIC 芯片运行速度的限制。我们假定最宽信道为 240MHz,子带划分为 7.5MHz,对应综合多相滤波分支的数目为 32 个,因此综合滤波器由 32 点 FFT、32 个多相滤波分支、32 倍升频器组成。由于预先不能获知信道带宽,因此只能根据最宽信道来预先设计可配置综合滤波器组,并由信道检测与判别模块得到的实际信道带宽,对可配置综合滤波器进行配置,完成信道化。综合滤波器组 FFT 运算点数与信道包含子带个数相关,并行流水 FFT 必须是可编程的;综合多项滤波分支的系数预先存储在片上 ROM 中,主机根据信道检测与判别的结果,并根据式(7.217)读取 ROM 中对应的系数,加载到 FPGA 中预制的可配置 FIR 滤波器中; $N_U$ 倍内插可以通过对 $M$ 个综合多相滤波分支以 $N_U$ 倍时钟循环采样得到,同样该内插时钟也是可配置的,可以通过对 ADC 随路时钟进行编程分频得到。因此综合多相滤波器组的关键是可配置的并行流水 FFT 运算单元。信道覆盖子带个数可能为 1 ~ 32 个,因此需要设计一种可配置成 2、4、8、16、32 点的并行流水 FFT 运算单元。

#### 1. 可配置 FFT 算法原理

$N$ 个样本点的离散傅里叶变换(DFT)的表达式为

$$X(k) = \sum_{n=0}^{N-1} x(n) W_N^{nk} (k = 0,1,\cdots,N-1) \qquad (7.242)$$

若 $N = r_1 r_2$ 的组合数,则 $x(n)$ 和 $X(k)$ 可以分别表示为

$$x(n) = x(n_1 r_2 + n_0) = x(n_1, n_0)$$
$$X(k) = X(k_1 r_1 + k_0) = X(k_1, k_0)$$

其中, $n_1 = 0,1,\cdots,r_1 - 1$; $n_0 = 0,1,\cdots,r_2 - 1$; $k_1 = 0,1,\cdots,r_2 - 1$; $k_0 = 0,1,\cdots,$ $r_1 - 1$。

因此式(7.242)可以表示为

$$X(k_1, k_0) = \sum_{n_0=0}^{r_2-1} \left\{ \left[ \sum_{n_1=0}^{r_1-1} x(n_1, n_0) W_{r_1}^{n_1 k_0} \right] W_N^{n_0 k_0} \right\} W_{r_2}^{n_0 k_1} \qquad (7.243)$$

因此计算组合数 $N = r_1 r_2$ 点 DFT 等价于先求出 $r_2$ 组 $r_1$ 点 DFT,其结果乘以旋转因子 $W_N^{n_0 k_0}$ 后,再计算 $r_1$ 组 $r_2$ 点的 DFT。实际应用中,DFT 采用快速算法 FFT 实现,因而式(7.244)中的 $r_1$ 点 DFT 和 $r_2$ 点 DFT 分别采用 $r_1$ 点 FFT 和 $r_2$ 点 FFT 实现。

**2. 可配置 FFT 的 FPGA 实现**

图 7.90 给出了实现点数可配置 FFT 的 FPGA 实现原理框图。处理器根据信道所覆盖子带的个数对控制单元进行配置,确定参加运算的流水级和控制逻辑。通过 2 点、4 点和 8 点 FFT 模块组合实现 2、4、8、16、32 点的并行流水 FFT 运算单元。

图 7.90  可配置 FFT 的 FPGA 实现结构

# 7.12  信道化计算机仿真分析

系统采样率为 960MHz,分成 $N_S = 64$ 个子带,滤波器采用半交叠型,因此抽取倍数取 $N_D = 32$。假定最宽信道覆盖 $N_S' = 16$ 个子带,对应上采样因子 $N_U = 8$。经验表明采用 128 抽头的滤波器 $h'(n)$ 和 $f(n)$,可以得到阻带衰减小于 110dB。 $h'(n)$ 按因子 4 上采样后得到分析原型滤波器 $h(n)$,512 抽头,阻带衰减不小于 110dB,图 7.91 给出了分析综合滤波器组的频率响应。$f(n)$ 抽取后得到的 $f_D(n)$ 阻带衰减均满足阻带衰减大于 105dB。

输入宽带线性调频脉冲信号作为测试信号,信号 1 的起始频率 40MHz,脉宽 10μs,调频斜率为 $22 \times 10^{12}$ Hz/s,因此调制带宽为 220MHz,覆盖子带范围 2 ~ 17,共 16 个子带。信号 2 的起始频率为 290MHz,脉冲宽度为 10μs,调频斜率为

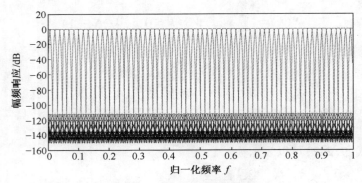

图 7.91 分析滤波器组响应

$6.2 \times 10^{12} \mathrm{Hz/s}$ ,调制带宽为 62MHz ,覆盖子带范围 19 ~ 24,共 6 个子带。根据子带输出能量进行信道检测和判别。

图 7.92 和图 7.93 给出了动态信道化滤波结果。首先将时域完全重合的测试信号 1 和测试信号 2 输入到分析滤波器组,通过子带能量检测环节,将属于同一信道的子带 2 ~ 17 输入到对应的综合滤波器组,其综合滤波器为 $f(n)$ ,综合滤波器输出即为信号 1,只是进行了下变频和频谱扩展。输入信号为实信号,因此只给出了第一奈奎斯特区的频谱。滤波器输出信号为复信号,并且此时采样率与信号带宽相等,其结果是其傅里叶变换不存在镜像,且瞬时频率大于采样率一半时,出现了卷绕。由于滤波器时延,输出信号瞬时频率曲线较输入信号延后,如图 7.92 所示,其中"频率/5550/480MHz"表示频率轴终点 5550 处代表的实际频率为 480MHz,下同。图 7.92 还给出了信号 2 动态信道化滤波结果。根据能量检测,将序号为 20 ~ 24 子带与两个全零序列输入到综合滤波器组 $f'(n)$ ,$f'(n)$ 为 $f(n)$ 的 2 倍抽取。从图中可以清楚地看到,动态信道化不仅完成了滤波功能,同时将信号 2 搬移到了基带,即进行了数字下变频。与常规的 DDC 不同,动态信道化的 DDC 不需要预先知道信道位置,因此具有自适应能力。另外,与图 7.91 相比,输出信号谱没有充满第一奈奎斯特区。这是因为信号 2 只覆盖了 6 个子带,为了能够适用高效结构,需要 8 个子带,因此将第 7、8 个子带用零输入代替。由于进行了序列补零,提高了输出信号的采样率,等效于在时域对信号进行了内插。

当输入序列形式为 $[\hat{X}_{Q_i^l}(z),\hat{X}_{Q_i^l+1}(z),\cdots,\hat{X}_{Q_i^u}(z),0,\cdots,0]^{\mathrm{T}}$ 时,即得到图 7.93的综合结果。图中输出信号频谱并不位于频率窗口中心位置。实际当中,很多信号,例如 PSK 信号、LFM 信号具有对称的频谱,因此接收这些信号时,最好能将信号的主峰调谐到接收频率窗口的中心。为了达到这个目的,我们改变零序列的位置,将输入序列变成 $[0,\cdots,0,\hat{X}_{Q_i^l}(z),\hat{X}_{Q_i^l+1}(z),\cdots,\hat{X}_{Q_i^u}(z),0,\cdots,0]^{\mathrm{T}}$ ,即在信号序列的两边补上数目相等或近似相等的零序列,以保证信号的谱峰近似位于接收频率窗口的中心位置。因此通过改变零序列的位置,可以在一定程度上实现频谱位置的自动调谐,调谐的步长为分析滤波器子带带宽,以近似将信号谱峰调谐

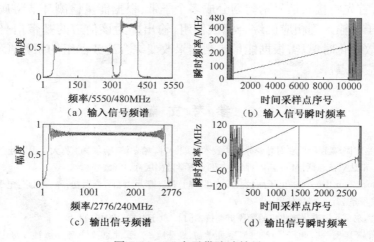

（a）输入信号频谱      （b）输入信号瞬时频率

（c）输出信号频谱      （d）输出信号瞬时频率

图 7.92    16 个子带滤波结果

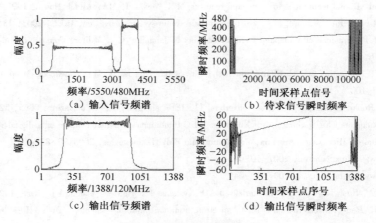

（a）输入信号频谱      （b）待求信号瞬时频率

（c）输出信号频谱      （d）输出信号瞬时频率

图 7.93    6 个子带滤波结果

在接收频率窗口的中心位置。图 7.94 给出了调谐后的信号 2 动态信道化输出信号的频谱,可见此时信号近似位于接收频率窗口中心。

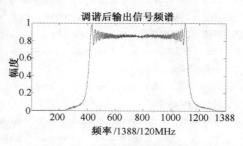

图 7.94    调谐后输出信号频谱

以上讨论了基于信号重建理论的动态非均匀信道化方法。针对宽带数字接收信号中存在多个非均匀分布且动态变化的信道的情况,提出了高效动态数字信道化方法,给出了两种实现结构,基于 DFT 滤波器组的高效结构和基于短时快速傅里叶变换的高效结构,两种结构在原理上是等价的,只是在实现方法上略有不同。这两种结构都是基于信号重构理论,首先将接收信号均匀划分成多个子带,根据能量检测环节将属于同一信道的相邻子带输入到相应的综合滤波器组,输出即为该信道的基带信号。信道覆盖子带个数变化时,只需根据能量检测结果改变综合滤波器组的系数,因而具有一定的自适应特点。

# 参 考 文 献

[1] 司锡才,赵建民.宽频带反辐射导弹导引头技术基础[M].哈尔滨:哈尔滨工程大学出版社,1996.

[2] 林象平.雷达对抗原话[M].西安:西北电讯工程学院出版社,1985.

[3] [美].James.Tsui Bao-yen.电子战微波接收机[M].龚金楦,顾耀平,李振初,译.北京:电子工业部第二十九所情报室.

[4] 毛自灿,郭东军.信道化接收机的频段折叠技术[J].电子对抗,1994(4)1-8

[5] [美]施荣赫 D 柯蒂斯.电子战导论[M].谢学初,袁分地,等.译.北京:解放军出版社,1988:79-94.

[6] Butler M Surface Acoustic Wave Devices[J]. Electronic Engineering. June 1980,July 1980,and Feb. 1981.

[7] James Tsui. Digital techniques for wideband receiver[M]. Norwood, MA: Artech House, 1995:5-10.

[8] Schroer R. Electronic warfare[J]. Aerospace and electronic systems magazine, IEEE, 2003, 18(7):49-54.

[9] Block F J,Performance of Wideband Digital Receivers in Jamming[C]. Military Communications Conference, 2006:1-7.

[10] Pace P E. Detecting and classifying low probability of intercept radar[M]. Norwood, MA: Artech House, 2004:80-100.

[11] Walden Robert H. Analog-to-digital converters[J]. IEEE signal processing magazine, 2005, 22(12):69-77

[12] Zheng Shenghua, Xu Dazhuang, Jin Xueming. ADC limitations on dynamic range of a digital receiver. IEEE symposium on Microwave, Antenna, Propagation and EMC Technologies, 2005:79-83.

[13] http//www. xilinx. com. cn, 2007-10-04.

[14] http//www. altera. com. cn, 2007-10-04.

[15] Montijo A, Rush K. Accuracy in interleaved ADC systems[J]. Hewlett- Packard J. , Oct. 1993:36-42.

[16] Jenq Y C. Perfect reconstruction of digital spectrum from non-uniformly sampled signals, IEEE Instrumentation and Measurement Technology Conference, 1997, 46 (3):649-650.

[17] Mark Looney, Advanced digital post-processing techniques enhance performance in time-interleaved ADC systems[J]. Analog Dialogue, August 2003, 37(8):1-5.

[18] 何伟.新型宽带数字接收机[D].成都:电子科技大学博士论文.2004:14-15.

[19] Lillington J. Comparison of wideband channelization architectures[C]. International signal processing conference, Dallas, 2003:1-6.

[20] Fields T W, Sharpin D L, Tsui J B. Digital channelized IFM receiver[J]. IEEE MTT-S International, 1994, 3(1):667-670.

[21] Zahirniak D R, Sharpin D L, Fields T W. A hardware-efficient, multirate, digital channelized receiver architecture[J]. IEEE Transactions on aerospace and electronic systems, 1998, 34(1):137-147.

[22] 董晖,顾善秋.电子战接收机的发展历程及其面临的挑战[J].电子对抗,2006(5):43-47.

[23] Grajal J, Lopez R,Sanz G,et al.Analysis and characterization of a monobit receiver for electronic warfare[C]. Aerospace and Electronic Systems, IEEE Transactions on, 2003, 39(1):244-258.

[24] George K, Chen C-I H, Tsui J B Y[C].Extension of Two-Signal Spurious-Free Dynamic Range of Wideband Digital Receivers Using Kaiser Window and Compensation Method, Microwave Theory and Techniques, IEEE

Transactions on, 2007,55(4):788-794.

[25] Gupta Deepnarayan, Filippov Timur V. , Digital Channelizing Radio Frequency Receiver[J]. IEEE Trans. on applied superconductivity, 2007, 17 (2):430-437.

[26] Kirichenko A, Sarwana S, Gupta D, et al, Superconductor digital receiver components[J], IEEE Trans. Appl. Supercond. , June 2005, (15):249 – 254.

[27] http//www. lnxcorp. com, 2007-12-06.

[28] http//www. transtech. com, 2007-12-06.

[29] http//www. ref. com, 2007-12-16.

[30] 杨小牛. 软件无线电原理与应用[M]. 北京:电子工业出版社,2001.

[31] 张嵘. 宽带高灵敏度数字接收机[D]. 西安:电子科技大学博士论文,2002.

[32] 陈永其,黄爱苹,严文忠. 一种宽带中频数字信道化侦察接收机方案[J]. 电子对抗技术,2003,33(8):34-35.

[33] 吕幼新,郑立岗,王丽华. 基于多相滤波的宽带接收机技术[J]. 电子科技大学学报,2003,32(2):113-139.

[34] volder J E. The CORDIC Trigonometrie ComPuting Teehninque[J]. IRE Transactions on Computers,1959,8:330-334.

[35] 李全,李晓欢,陈石平. 基于 CORDIC 算法的高精度浮点超越函数的 FPGA 实现[J]. 电子技术应用,2009,5:166-170.

[36] Sung Y. Y, Hsin H C. Design and simulation of reusable IP CORDIC core for special-purpose processors[J]. Computers&Digital Techniques, IET. 2007,1(5):581-589.

[37] 宋云朝,万群,毛祺,等. 一种稳健的基于解卷叠的相位差分瞬时测频方法[J]. 电子信息对抗技术,2008,23(4):12-15.

[38] Abu-Al-Saud W A, Studer G L. Efficient wideband channelizer for software radio systems using modulated pr filterbanks[J]. IEEE Trans Signal Processing, 2004, 52(10):2807-2820.

[39] 李冰,郑瑾,葛临东. 基于 NPR 调制滤波器组的动态信道化滤波[J]. 电子学报. 2007, 35(6):1178-1182.

[40] Rabinkin D, Pulsone N. Subband-domain signal processing for radar array systems[C]. Proc. SPIE, Denver, Colorado, 1999: 174-187.

[41] Rabinkin Daniel, Nguyen Truong. Optimum subband filterbank design for radar array signal processing with pulse compression[C]. Sensor Array and Multichannel Signal Processing Workshop Proceedings, Cambridge, USA, Mar. 16-17, 2000:315-321.

[42] Crochiere R E, Rabiner L R. Multirate digital signal processing[M]. [S. l. ]: Prentice-Hall Inc, 1983.

[43] Brennan R, schneider T. An ultra-low-power DSP system with a flexible filterbank[C]. The Thirty-Fifth Asilomar Conference on Signals, Systems and Computers, Pacific Grove, CA: IEEE, 2001: 809-813.

[44] Brennan R, schneider T. A flexible filterbank structure for extensive signal manipulations in digital hearing aids [C]. Proc. of International Symposium on Circuits and Systems, Monterey, CA: IEEE, 1998: 569-572.

[45] Portnoff, M. Time-frequency representation of digital signals and systems based on short-time Fourier analysis, IEEE Transactions on Acoustics, Speech, and Signal Processing, 1998,28(1): 55-69.

[46] 王洪,吕幼新,汪学刚. WOLA 滤波器组信道化接收机技术[J]. 电子科技大学学报. 2008, 37(1):43-46.

[47] George Kiran, Chien-In, Chen Henry. Configurable and Expandable FFT Processor for Wideband Communication. Instrumentation and Measurement Technology Conference-IMTC 2007:1-6.

# 第8章 雷达信号细微特征("指纹")分析、识别与提取

目前世界上的雷达几乎都采用低截获概率(LPI)技术,而且在雷达附近设置雷达诱饵。这些对超宽频带被动雷达寻的器(或导引头)提出了严峻的挑战。要发挥反辐射武器的威力,就必须使被动雷达寻的器有很强的信号识别能力,以实现与LPI匹配,识别雷达与诱饵。

传统的信号识别方法,靠信号的参数集PDW(载频、脉宽、重频、到达时间)来识别信号,显然既不能实现与LPI匹配,也不能识别雷达与诱饵。

因此,必须研究雷达信号的有意、无意调制的细微特征("指纹")以达到对信号的个体识别,实现与LPI匹配及识别雷达与诱饵。

从个体识别的意义上讲,最理想的"指纹"特征应具有以下的几个性质:①独立性,即"指纹"特征与发射信号的形式无关,当发射波形改变时,该特征仍然不变;②稳定性,即"指纹"特征本身稳定,不因温度、振动等环境变化而发生显著变化;③可测性:即该特征是可测量得到的,其测量精度能达到个体识别与分类的要求。

本章首先从雷达脉内调制特征研究入手,然后研究无意调制的细微特征。

## 8.1 脉压雷达信号脉内特征研究状况

### 8.1.1 脉压雷达信号脉内调制方式识别研究状况

脉压雷达调制方式识别是雷达对抗信号处理中关键的信号处理过程。早期主要采用特征参数匹配法,这种方法所采用的参数均为外部特征参数,没有考虑到信号的脉内调制特征,随着复杂体制雷达的迅速增加并逐渐占据主导地位,这种方法已不再常用,逐渐被常规参数与人工智能相结合的方法所取代,且取得了大大优于传统识别方法的成果。人工智能技术的引入使得调制方式的识别技术又向前迈出了一大步,但是采用的仍然是信号的外部特征参数,并没有根据雷达信号本身的特点进行特征提取和分类识别,仍然没有解决复杂体制雷达信号的识别问题。由于新型复杂体制雷达信号的识别是当前及今后急需解决的问题,研究人员开始探索雷达信号脉内细微特征,使得雷达信号调制方式识别进入脉内特征分析阶段。

目前信号调制方式识别多集中在通信信号调制识别方面,对于脉压雷达等LPI雷达脉内调制识别的文献相对比较有限,在已发表的有关调制识别的文献中,所采用的调制识别方法概括起来可分为如下两大类:

(1)决策理论方法。它基于假设检验理论,利用概率论去推导一个合适的分类规则,可以最小化平均风险函数。决策理论方法是将调制识别问题看成一个多假设测试问题,最常见的方法就是最大似然法。然而,判决理论方法下最优分类器的数学表达式非常复杂,而且需要在一定先验信息下构建一个正确的假设,从而判断一个合适的门限。因此先验信息下的假设准确性决定了该方法的识别准确率,而这在实际中又较为难于实现。其中,文献[11]将调制识别的决策理论方法用于CW、MPSK 和 MFSK 信号的分类;文献[12]和文献[13]运用最大似然准则实现了多项码雷达信号的调制方式识别。

(2)统计模式识别的方法。该方法不需要一定的假设条件,可以实现信号的盲识别,比较适合于截获信号的处理,因此在实际的调制识别中,大多采用这种方法。该方法一般由分类特征的选择与提取,即从接收到的信号中抽取区别于其他信号的特征参数,以及分类规则的选择与训练,即根据提取的特征参数确定信号的调制方式。信号的调制信息包含在信号的包络、相位和频率的变化之中,利用这三个参数的统计特征,理论上就可以识别信号的调制方式,Azzouz 等人利用 Hilbert变换来提取中频信号的瞬时包络、相位和频率信息,Ho 等人通过小波变换来提取FSK 和 PSK 信号的小波变换瞬时系数幅度,Mazet 等人采用循坏平稳模型来估计基带信号的码元速率。目前所用到的分类特征可分为如下几种:①直方图特征,如基于信号过零点的时间间隔以及相位差直方图的调制识别方法;②统计矩特征,如文献[22]中采用瞬时频率、相位和幅度的均值、2 阶、3 阶和 4 阶矩来识别 FSK、QAM 和 MPSK 信号;③变换域特征,如傅里叶变换域特征、小波域特征等。纵观上述的各种分类特征,很难找到一个用于调制分类的通用的特征和方法,通常对每种分类问题都需要单独考虑,依据所需分类的调制类型的不同来选取不同的分类方法和特征。调制识别过程中根据判别规则定义的不同,存在有多种多样的分类规则,常用的分类器有基于距离的分类、统计分类和其他方法的分类器等,具体包括线性分类器、基于假设的贝叶斯分类器、神经网络分类器、AR 模型分类器和其它类型的分类器等。

### 8.1.2　脉压雷达信号调制参数分析研究状况

雷达侦察设备可以截获、分析、识别和定位作战区内雷达的电磁辐射信号,通过分析可以了解战场上的电磁态势和敌方作战序列,为作战指挥提供直接情报支援和决策依据。但由于侦察接收机设备面临的是未知信号环境,特别是专门设计以避免被截获的 LPI 雷达信号具有良好的抗干扰性和隐蔽性,传统的截获接收机难以发现信号,无法进行检测、识别、定位与跟踪。常用的截获接收系统,如雷达告警系统、电子支援系统、反辐射导弹等威胁性大为降低。国内外研究人员针对 LPI 雷达信号的截获展开了广泛深入的研究，已提出了一系列的方法，并开发出了一些具有实用价值的系统。

目前，国内外提出的 LPI 雷达信号分析方法，主要体现在以下几个方面：

**1. 能量检测法**

能量检测法是比较传统的 LPI 信号检测手段，属于非线性检测器，最普通的是采用辐射计。其基本思想是假定在高斯白噪声环境下，信号加噪声的能量大于噪声的能量，只要选择合适的门限就能够解决信号的检测问题。因为辐射计未利用信号的结构信息，所以，它比雷达接收机受失配的影响要小。在没有任何先验知识且噪声是高斯白噪声的情况下，能量检测法是 LPI 雷达信号的最佳检测方法]。文献[31]提出了一种基于主能量分析的短时能量检测算法，对不同信噪比下的不同调制类型的突发信号进行检测。另一方面，能量检测法对功率变化噪声和强干扰十分敏感，尤其当信号完全被噪声所掩盖时，能量检测器将无能为力。

**2. 短时傅里叶变换**

传统的平稳分析方法只能描述信号的全局特征，不适合分析具有局部变化特征的非平稳信号。描述信号局部特点的早期方法是短时傅里叶变换（STFT），它将加窗后的信号近似为平稳信号，然后利用傅里叶变换进行分析。这种方法属于线性变换，对低信噪比下多分量信号具有良好的处理性能，但根据时频测不准原理，其时频分辨力较低，一般仅用作迭代时频分析的初始估计。近年来，人们针对 STFT 的改进与应用进行了一系列的研究。如文献[32]采用分数阶傅里叶变换来优化 STFT 的窗函数，并估计非线性调频信号的瞬时频率；文献[33]中提出了采用短时线性调频窗函数的 STFT 对信号的瞬时频率进行估计；文献[34]提出了基于 Radon-STFT 变换的多分量 LFM 信号检测和参数估计算法。

**3. WVD 变换及其演变算法**

针对短时傅里叶变换时频分辨力低的缺点，J. Ville 等将在量子力学领域提出的 Wigner 分布重新作了解释，形成了 Wigner-Vllle 分布（WVD）。WVD 变换利用中心差分变换，可将线性调频信号变换为复指数信号，其频率变化规律反映了信号的瞬时频率，然后利用傅里叶变换，将复指数信号转变为沿信号瞬时频率轨迹的冲激函数。由于采用了双线性变换，WVD 具有较高的时频聚集性，在众多信号处理领域得到广泛应用，但多分量信号的 WVD 交叉项非常严重。

在抑制交叉项方面，一个重要的工作是 Choi 及 Williams 提出的 Choi-Williams 分布。许多学者也先后提出了 WVD 变换不同类型的改进。为描述各种改进时频分布之间的联系和差别，需要有统一的理论框架，L. Cohen 于 1989 年将各种改进的 WVD 变换统一在双线性时频分布之下。在这种统一时频分布下，选用不同的核函数，就可以得到不同的时频分布，核函数的性质决定了时频分布的性质。因此，根据特定的任务和所需性质,设计合适的核函数,就能够获得期望的时频分析效果。这一类时频分布统称为 Cohen 类时频分布。

Cohen 类双线性时频分布适合于具有线性频率特性的信号,如正弦信号、线性、调频信号,对于高次多项式相位信号,单分量信号也会产生严重的干扰项,因而出现了几种高阶时频分布。其中,多项式 WVD(PWVD)利用高阶差分方法,将多项式相位信号同样变换为复指数信号,其频率变化规律反映了信号的瞬时频率,然后利用傅里叶变换,将复指数信号转变为沿信号瞬时频率轨迹的冲激函数。对于线性调频信号,PWVD 则退化为 WVD。

**4. 小波变换**

Morlet 于 20 世纪 80 年代初提出了小波变换(WT),其基本思想是将频率域的表征改为另一个域(如尺度域),而用联合的时间和尺度平面来描述信号。小波变换在 LPI 信号的检测中有很多优点,如:小波变换适用于非平稳信号分解;小波具有变尺度特性;小波变换是线性变换,故不会产生模糊交叉项;小波基仅在有限的时间间隔内为非零,可设计成满足不同要求的滤波器。小波变换在 LPI 信号分析、检测、去噪、信号复原等领域有着广阔的应用前景。文献[53]利用相位稳定原理近似展开小波变换,得到信号的小波脊和小波曲线来实现 Chirp 信号的参数估计;文献[54]讨论了小波变换应用于雷达领域的前景;文献[55]利用小波变换实现信号的滤波和去噪。

**5. 分数阶傅里叶变换**

分数阶傅里叶变换(FRFT)是基于坐标轴旋转的思想提出的。借用时频平面的概念,以时间和频率分别为横轴和纵轴,则普通的傅里叶变换可看作是时间信号 $s(t)$ 逆时针旋转 $\pi/2$ 的线性变换,以 $\pi/2$ 的非整数倍旋转 $s(t)$ 的傅里叶变换就称为 $s(t)$ 的 FRFT。FRFT 在本质上是一对一维线性变换,不能直接表征信号的局部特性,但是,如果用分数阶变换轴 $u,v$ 构成平面 $(u,v)$ 来表征信号,也可以用 FRFT 对信号进行时频分析,并且由于它是线性变换,有效地去除了 WVD 等二次变换中的交叉项。文献[56]提出了基于 FRFT 的线性调频多径信号分离算法;文献[32]提出了短时 FRFT 的思想;文献[57]提出了 FRFT 的快速算法。

**6. 谱相关分析方法**

由于 LPI 信号采用了各种处理技术,如采样、调制、编码等,使信号具有周期平稳的性质,故谱相关理论适用于 LPI 信号的检测与分析。谱相关分析还有诸多优点:具有好的分辨力,能从强噪声与干扰中识别多个 LPI 信号。Gardner 对循环平稳基础理论的建立与应用做了大量的研究,对谱相关函数的计算可靠性、时域分辨力、频域分辨力、循环频率分辨力之间的相互关系以及循环谱泄漏问题做了深入的研究,建立了基于循环平稳信号谱相关理论的检测弱信号的统一框架,并指出了几种检测方法之间的联系。文献[61]研究了谱相关的计算方法及其快速实现。

**7. 多项式相位变换**

针对多项式相位信号的参数估计,S. Peleg 提出了多项式相位变换。多项式相位变换(PPT)方法首先利用高阶非线性变换将信号转换为复指数信号,其频率由最高次项系数确定,接着通过傅里叶变换来估计最高阶系数,然后采用类似解线调的方法来降低信号相位次数,如此反复,直到估计出所有参数。在高信噪比时,参数估计精度能接近 CRB。作为一种顺序估计,PPT 方法将联合估计的多维搜索转化为顺序执行的多个一维搜索,其最大优点是快速。但顺序估计的本质同时也决定了该方法存在误差传播效应,即高次相位参数的估计误差会影响低次参数的估计精度。PPT 方法后来又被称为高阶模糊函数(High-order Ambiguity Function, HAF),在一定程度上,它可实现多分量多项式相位信号的检测与估计。但各分量间若有相同相位参数,则存在伪峰,造成了识别问题。另外,多分量之间的交叉项也影响检测与参数估计性能,难以解决相位多项式高次项系数相同的多分量信号的识别问题。

针对高阶模糊函数带来的交叉项或伪峰,S. Barbarossa 等提出了多时延高阶模糊函数(mulit-lag High-order Ambiguity Function, ml-HAF)、乘积性高阶模糊函数(Produtct High-order Ambiguity Function, PHAF)、归一化综合模糊函数(Integrated Generalized Ambiguity Function, IGAF)等方法。值得注意的是,这些基于高阶模糊函数的分析方法都运用了高阶非线性变换,非线性变换的阶数随多项式相位信号次数增加而增加。非线性变换次数越高,检测与参数估计的信噪比门限越高。

**8. 三次相位函数法(CPF)**

P. O'Shea 提出了利用三次和高次相位函数来实现单分量多项式相位信号的参数估计[69,70]。相比 PPT 方法采用的四阶非线性变换,三次相位函数只需要双线性变换就能够完成三次多项式相位信号的检测与参数估计,所以该方法的信噪比门限更低,在低信噪比条件下的估计性能比 PPT 方法更优。但是,三次相位函数在多分量信号分析中仍存在伪峰,因而也造成了多分量信号的识别问题。

此外,还有基于高阶统计量的方法、混沌信号处理、神经网络信号处理、Chirplet 变换等方法,这些方法尚处于发展、完善阶段,尚待更深入的研究。

# 8.2  脉压信号的脉内调制类型粗识别

本章以脉冲压缩雷达中常见的相位编码(PSK)信号中的二相编码信号(BPSK)和四相编码(QPSK)信号、调频信号中的线性调频(LFM)信号和非线性调频(NLFM)信号为主要研究对象:分析了脉压雷达信号的脉内调制特征,提出了一种从粗到细的调制类型识别方法,它首先根据信号的频谱带宽特征将信号粗分为相位编码信号和调频信号两类,然后再使用类内细分的方法实现了细分类;提出了一种基于自适应相像系数的脉压雷达信号全分类方法,通过构造联合特征分布和建立判决准则,实现了脉压雷达信号的调制类型识别。这些方法都为后续根据调制类型识别结果选取有针对性、高效率的调制参数估计方法提供了必要的前提。

## 8.2.1 相位编码信号调制特征分析

相位编码信号是脉冲压缩体制雷达所经常采用的一种信号,由于其截获概率低、技术简单且工程实现方便而被广泛采用。相位编码信号是通过相位调制获得大时宽—带宽积的脉冲压缩信号,使雷达峰值发射功率显著降低,从而降低其被截获的概率[77]。

相位编码信号的一般表达式为

$$s(t) = A\exp(j(2\pi f_0 t + \phi(t) + \phi_0)) \tag{8.1}$$

式中:$A$ 为常数;$f_0$ 为信号载频;$\phi(t)$ 为相位调制函数;$\phi_0$ 为初相。若 $\phi(t)$ 只取 $0$ 和 $\pi$ 值,则信号为二相编码信号,若 $\phi(t)$ 取值 $\left[0, \dfrac{\pi}{2}, \pi, \dfrac{3\pi}{2}\right]$,则信号为四相编码信号。所以,相位编码信号的特点是信号载频为单一频率,不同码元间相位发生跳变,这也是分析相位编码信号的基础。若定义 $T$ 为 PSK 信号子脉冲宽度,$P$ 为码长,$\tau = PT$ 为信号的持续周期,那么相位编码信号的带宽 $B$ 与子脉冲的带宽相近,并且可得 PSK 信号的脉冲压缩比,即时宽—带宽积 $D$ 可表示为

$$D = B\tau = \frac{P}{\tau} \cdot \tau = P \tag{8.2}$$

常用于 BPSK 信号的二元伪随机序列有巴克序列、互补序列、M 序列、霍尔序列(H-Sequence)等;常用于四相编码信号的多元序列有弗兰克多相码(FH 序列)、霍夫曼序列等。多相编码雷达较 BPSK 雷达在码字选择上具有更大的灵活性,易于找到相关性能良好的码字,但多相编码雷达在实现上较 BPSK 雷达复杂程度大大增加。

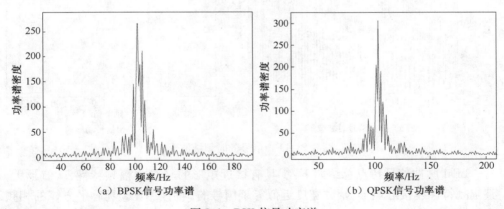

（a）BPSK信号功率谱  （b）QPSK信号功率谱

图 8.1　PSK 信号功率谱

图 8.1(a)为 13 位巴克码 BPSK 信号功率谱,码字为[1 1 1 1 1 0 0 1 1 0 1 0 1],图 8.1(b)为 16 位弗兰克码 QPSK 信号功率谱,码字为[0 0 0 0 0 1 2 3 0 2 0 2 0

3 2 1]。可见,BPSK信号与QPSK信号有大致相同的功率谱波形特征。

PSK雷达信号通过采用长的多元序列,可以得到大时宽—带宽积的编码脉冲压缩信号,具有很高的多普勒分辨能力,不存在测量的多值性,易于实现波形捷变和其调制波形的"伪噪声"性质,对提高雷达的抗截获能力非常有利;BPSK是最早研究的PSK信号,尽管多相码比二相码有更高的主副瓣比(RMS),有的甚至不需加权处理来抑制旁瓣,但多相编码雷达在实现复杂程度上较BPSK雷达大大增加。

### 8.2.2 线性调频信号调制特征分析

线性调频(LFM)信号是现代脉压雷达体制中广泛应用的信号形式。它具有峰值功率小、调制形式简单和较大时宽—带宽积的特点,可以提高雷达的距离分辨力和径向速度分辨力以及抗干扰性能。LFM矩形脉冲信号的解析表达式可写成

$$s(t) = \mathrm{Arect}(t/T)\,\mathrm{e}^{\mathrm{j}2\pi(f_0 t + kt^2/2)} \tag{8.3}$$

式中:$\mathrm{Arect}(t/T)$为信号包络;$T$为脉冲宽度;$f_0$为初始频率;$k$为调频斜率。由于瞬时频率可以表示为瞬时相位的导数,故LFM信号的瞬时频率可表示为

$$f_i = \frac{\mathrm{d}}{\mathrm{d}t}[f_0 t + kt^2/2] = f_0 + kt \tag{8.4}$$

式中:$k = B/T$为频率变化斜率,$B$为频率变化范围,简称频偏。LFM信号的脉冲压缩比,即时宽—带宽积可表示为$D = BT$。LFM信号的时域波形和功率谱密度波形分别如图8.2所示。

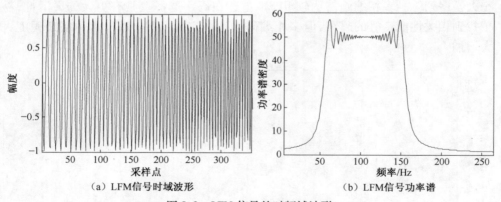

（a）LFM信号时域波形　　　　　　（b）LFM信号功率谱

图8.2　LFM信号的时频域波形

LFM脉冲信号特点总结如下:①具有接近矩形的马鞍状幅频特性,$D$值越大,其幅频特性越接近矩形,幅频宽度近似等于信号的调制频偏;②具有平方律的相频特性,$D$值越大,其相位频谱中的相位残余值越接近恒定值$\pi/4$;③具有较大的时宽—带宽积$D$,目前线性调频脉冲压缩雷达的时宽带宽积可以达到几百、几千甚至几万;④LFM信号广泛应用于通信、雷达、声纳和地震勘探等各种信息系统,例如雷

达探测系统的目标多普勒频率与目标速度近似成正比,当目标做加速度运动时,雷达回波即为线性调频信号,因此针对 LFM 信号的研究具有十分重要的现实意义。

### 8.2.3　非线性调频信号调制特征分析

随着脉压雷达体制的发展,非线性调频(NLFM)信号在雷达通信等领域也开始有了广泛的应用前景。各种非线性调频信号虽然调制形式各异,但均具有相同的本质,即都是通过改变传统线性调频信号不同时刻的调频率,来实现对信号功率谱的加权,从而达到改善脉压性能和抑制旁瓣的效果。本书主要研究在通信、雷达中广泛存在的具有多项式相位(Polynomial Phase Signal, PPS)形式的 NLFM 信号,具体以三阶 PPS 下的 NLFM 信号为例展开讨论。非线性调频矩形脉冲信号的解析表达式为

$$s(t) = A\mathrm{rect}\left(\frac{t}{T}\right) \mathrm{e}^{\mathrm{j}\phi(t)} \tag{8.5}$$

式中: $A\mathrm{rect}(t/T)$ 为信号的包络; $T$ 为脉冲宽度, $0 \leqslant t \leqslant T$ 。

非线性调频特征主要体现在非线性调频相位函数 $\phi(t)$ 上,即

$$\phi(t) = a_0 + a_1 t + a_2 t^2 + \cdots + a_N t^N \tag{8.6}$$

$N > 2$ 为非线性调频雷达信号的调频阶数。本书以 $N=3$ 的 NLFM 信号为主要研究对象,并且可以将 LFM 信号看作 NFLM 信号 $N=2$ 时的特例。NLFM 信号的时域波形及功率谱密度如图 8.3 所示。

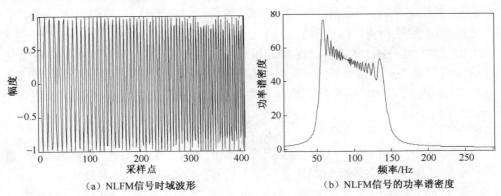

| (a) NLFM信号时域波形 | (b) NLFM信号的功率谱密度 |

图 8.3　NLFM 信号的时频域波形

NLFM 雷达信号的特点总结如下:①NLFM 雷达信号较 LFM 具有固有旁瓣低、无需加权处理的优点,可避免加权引起的失配损失,获得更好的脉冲压缩效果,然而其调制形式复杂、工程设计难度大,一定程度限制了 NLFM 的应用;②NLFM 频谱特征与 LFM 相比,等效于在 LFM 频谱基础上加入了非线性频率变化成分,因此 NLFM 具有与 LFM 相似的频谱特征,具体为由其初始频率、非线性调频斜率共同决定的"类似马鞍"幅频特性;③NLFM 频谱特征与 LFM 不同的是,在 NLFM"类似马

鞍"频谱内部中,不同频率成分下功率谱密度之间具有较大的差别,其原因主要是由于 NLFM 信号在非线性调频步径下,频率成分非均匀分布即频谱能量非均匀分布造成的;④雷达接收机可以通过分析接收 NLFM 信号中相位的高次项,以此反映目标相对于雷达的运动特性(速度和加速度等);⑤对于调幅—调频(AM-FM)信号等其他多种调制信号,均可以通过式(8.6)所示的有限阶多项式相位信号(PPS)来近似逼近,因此估计 NLFM 信号的高次相位参数在雷达和声纳技术中有着重要的作用。

# 8.3 一种由粗到细的调制方式识别方法

以上分析了 PSK 信号、LFM 信号和 NLFM 信号的调制特征,本节从这些信号的时频域调制特征入手,提出了一种从粗到细的调制方式识别方法。由粗到细是指首先对信号进行粗类型识别,即先将信号分成 PSK 信号和调频信号两大类,PSK 信号包括 BPSK 信号、QPSK 和普通雷达信号(PSK 信号相位无跳变的特例),调频信号包括 LFM 信号和 NLFM 信号,然后进行类内细分。

## 8.3.1 由粗到细调制分类原理

从上述信号的频谱特征可以看出,PSK 信号的功率谱呈现出冲激型的三角形外形特征,带宽较窄,而调频信号的功率谱呈现出类似矩形的外形特征,具有一定的带宽,利用这个特点,通过测信号的带宽,然后设定一个阈值,可以很容易地将信号分成 PSK 信号和调频信号两类。

由于 PSK 信号的频谱包含连续谱和离散谱两部分,加之噪声的影响,直接估计信号的带宽并不容易。在此,采用了首先对频谱进行多点平滑,然后估算信号 3dB 带宽的方法来估计信号的带宽。下式为信号功率谱全序列频域平滑公式:

$$R_s(k) = \frac{1}{L} \sum_{l=k}^{k+L-1} |R(l)|^2 \tag{8.7}$$

式中:$R(l)$ 为接收信号 $r(t)$ 的频谱;$L$ 为平滑窗宽度。通过对接收信号的功率谱进行平滑处理,可以在较低信噪比条件下对信号的中心频率进行有效估计。

设 $R_s(k)$ 最大的幅度值为 $R_s(k_0)$,搜索 $R_s(k)$ 中大于 $0.5R_s(k_0)$ 的所有谱线,这些谱线所占的带宽即为信号的 3dB 带宽。由信号的 3dB 带宽,根据事先设定的阈值,可以很容易实现粗分类。同时,对 PSK 信号,可以计算 3dB 带宽内频谱的重心:

$$K = \frac{\sum k R_s(k)}{\sum R_s(k)} \tag{8.8}$$

式中:$k$ 为所有满足 $R_s(k)$ 中大于 $0.5R_s(k_0)$ 的谱线序号。则利用平滑后的功率谱重心得到载频的粗估计值为

$$f_0' = \frac{K}{mT} \qquad (8.9)$$

式中:$m$ 为 FFT 点数;$T$ 为采样间隔。

此处,已经实现了信号的粗分类,下面对信号进行细分类。对两类信号进行细分类,均采用了瞬时自相关的方法,通过观察瞬时自相关后 PSK 信号的时域波形和调频信号瞬时自相关后的功率谱,就可以实现两类信号的类内细分类。首先分析 PSK 信号的类内细分:

设下面的 PSK 信号:

$$s(t) = A\exp(j(2\pi f_0 t + \phi(t))) \qquad (8.10)$$

式中:$A$ 为常数;$f_0$ 为信号载频;$\phi(t)$ 为相位调制函数。对信号时延 $\tau$,有

$$s(t + \tau) = A\exp(j(2\pi f_0(t + \tau) + \phi(t + \tau))) \qquad (8.11)$$

式(8.11)与式(8.10)的共轭相乘得

$$\begin{aligned} x(t) &= s(t + \tau) \cdot s^*(t) \\ &= A^2\exp(j(2\pi f_0\tau + \pi(\phi(t + \tau) - \phi(t)))) \end{aligned} \qquad (8.12)$$

上式称为信号的瞬时自相关。为了消除相位偏移量 $2\pi f_0\tau$ 的影响,需要首先估计信号的载频。而信号的载频估计已经由上面给出为 $f_0'$,$\Delta f_0 = f_0' - f_0$ 为载频估计误差。然后抵消掉相位偏移量,如下式:

$$\begin{aligned} y(t) &= x(t) \cdot \exp(-j2\pi f_0'\tau) \\ &= A^2\exp(j(2\pi\Delta f_0\tau + \pi(\phi(t + \tau) - \phi(t)))) \end{aligned} \qquad (8.13)$$

在载频估计足够准确的情况下,估计误差近似为 0,不考虑幅值,上式可以近似等于

$$y_2(t) = \exp(j(\pi(\phi(t + \tau) - \phi(t)))) \qquad (8.14)$$

对于 BPSK 信号,当不存在相位跳变时,上式的取值为 +1,当存在相位跳变时,上式取值为 −1。对于 QPSK 信号,跳变处的幅值会增加一个 0 跳变值,通过观察式(8.14)的时域波形跳变点的幅度,可以实现 PSK 信号的类内细分。

由于相位的变化对噪声比较敏感,所以式(8.14)的抗噪能力不强。为了改善上述方法的低信噪比性能,采用了时域累加瞬时自相关的方法。假设信号 $s(t)$ 到信号 $s(t + \tau)$ 发生相位突变,那么依次增大 $\tau$($\tau < T$(码元周期)),分别取不同的 $\tau$ 值,多次运算,然后时域叠加,由于相位突变点从同一时刻开始,因此相互叠加而增强,提高了抗噪性能。时间时延此处取等间隔 $\tau$,上述过程离散形式可表示为

$$f(n) = \sum_{k=1}^{L} \exp(j(\pi(\phi(n + k\tau) - \phi(n)))) \qquad (8.15)$$

式中:$k$ 为自然数;$L$ 为叠加次数。

其次分析调频信号的类内细分:

对于三阶 PPS,即本书讨论的 NLFM 信号,可以表示为

$$s(t) = Ae^{j2\pi(a_1t + a_2t^2 + a_3t^3)} \qquad (8.16)$$

对信号做瞬时自相关得

$$x(t) = s(t + \tau) \cdot s^*(t)$$
$$= A^2 \exp(j2\pi(a_1\tau + a_2\tau^2 + a_3\tau^3 + (2a_2\tau + 3a_3\tau^2)t + 3a_3\tau t^2))$$

(8.17)

由于 $\tau$ 为固定值,上式退化为一个 LFM 信号,其功率谱密度将呈现近似矩形的外形特征。如果信号 $s(t)$ 为 LFM 信号,此时 $a_3 = 0$,上式将退化为一个单载频信号,其功率谱密度在频域表现为一根冲激谱线,因此,通过观察调频信号在瞬时自相关后的功率谱,可以实现 LFM 和 NLFM 的调制类型细分类。

综上所述,本书提出的由粗到细的脉压雷达信号调制方式识别算法识别过程总结如下:

(1) 对信号做 FFT 计算信号的功率谱;

(2) 对功率谱进行多点平滑,计算 3dB 带宽和功率谱重心;

(3) 设定阈值,根据 3dB 带宽将信号粗分为 PSK 信号和调频信号两类,并根据功率谱重心计算 PSK 信号的载频;

(4) 使用载频估计值抵消 PSK 信号的相位偏移,然后计算时域累加瞬时自相关,根据时域波形的跳变幅值可以实现普通雷达信号、BPSK 信号和 QPSK 信号的细分类;

(5) 计算调频信号的瞬时自相关,然后做 FFT 计算功率谱密度,如果是近似矩形的功率谱外形则为 NLFM 信号;如果是冲激谱线则为 LFM 信号。

### 8.3.2　仿真试验与分析

选取 5 种典型参数脉压雷达信号进行仿真试验,参数如下:

采样频率 100MHz。普通雷达信号:载频 20MHz。BPSK 信号:码字 [1 0 1 0 0 1 0],载频 20MHz。QPSK 信号:码字 [0 2 1 3 0 2 0],载频 20MHz。LFM 信号:$a_0 = 0$, $a_1 = 2 \times 10^7$, $a_2 = 1.0 \times 10^{12}$。NLFM 信号:$a_0 = 0$, $a_1 = 1.0 \times 10^7$, $a_2 = 0.8 \times 10^{12}$, $a_3 = 0.8 \times 10^{17}$。采样点数均为 512 点,信噪比为 6dB。计算结果如图 8.4 ~ 图 8.6 所示,图 8.4 和图 8.5 中 (a)、(b)、(c)、(d) 分别为 LFM、NLFM、BPSK 和 QPSK 所对应的波形。由于普通雷达信号在自相关以后时域波形无幅度突变,很容易被识别出来,故本书没有画出普通雷达信号的波形。

通过观察平滑后的脉压雷达信号功率谱可以发现,调频信号的带宽要明显大于 PSK 信号的带宽,通过这一点可以很容易地实现信号的粗类型识别。图 8.6 中 (a)、(b) 分别为 BPSK 和 QPSK 信号 10 次累加瞬时自相关的结果,时延时间从 2 个采样点到 20 个采样点,步长为 2,共 10 次,此时要注意最大时延要小于码元周期。通过观察时域波形可得,BPSK 的相关结果的幅值只有 10、-10 两种,QPSK 的相关结果幅值有 10、0、-10 三种,而普通雷达信号的相关结果幅值只有 10 一种,通过这一点可以实现 PSK 信号的细分类。

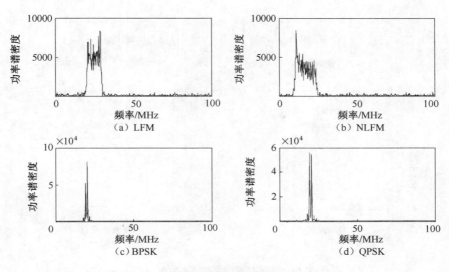

图 8.4　脉压雷达信号的功率谱($S/N=6\text{dB}$)

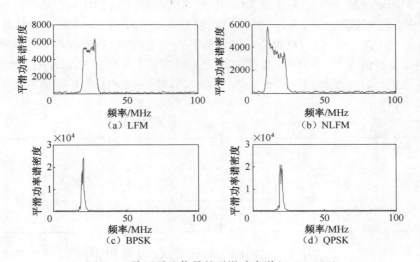

图 8.5　脉压雷达信号的平滑功率谱($S/N=6\text{dB}$)

图 8.6(c)、(d)分别为 LFM 和 NLFM 信号一次瞬时自相关后的功率谱波形。LFM 信号瞬时自相关后将变成单载频信号,其功率谱会在 $2a_2\tau$ 处呈现冲激波形,而 NLFM 信号一次瞬时自相关后将变成 LFM 信号,其功率谱将呈现类似矩形的外形特征,如图 8.6 所示,通过这一点,LFM 信号和 NLFM 信号被区分开来。此时要注意时延 $\tau$ 的取值,取值过小会使 NLFM 自相关后得到的 LFM 信号带宽过小,导致信号不容易区分,而取值过大,会使可用的采样点数变少,导致 FFT 后的频谱不够准确,此处综合考虑选取的 $\tau$ 值为 128 个采样点。

表 8.1 列出了采用平滑后测功率谱重心的方法测上述码字的 PSK 信号载频时

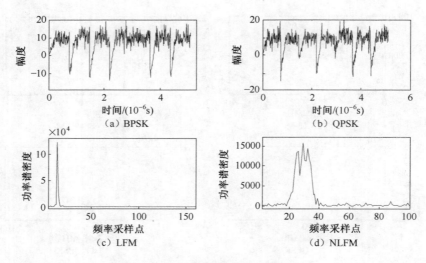

图 8.6 调制方式识别结果($S/N=6$dB)

测频误差随信噪比的变化关系,此时 PSK 信号的载频均取 5MHz,其中 FFT 点数为512。可见,在较高信噪比下,此时的测频误差主要由 FFT 的频率分辨误差造成。测频误差会引起 PSK 信号自相关后时域波形跳变点幅度变小,这时可以对时域波形按照幅度极值进行归一化。通过试验发现,在测频误差小于 400kHz 的情况下,可以得到满足识别规律的跳变点幅值,所以本书的测频方法完全满足 PSK 信号类型识别的要求。

表 8.1 不同信噪比下的测频误差

| 信噪比/dB | -6 | -3 | 0 | 3 | 6 | 9 |
|---|---|---|---|---|---|---|
| BPSK/(%) | 3.9 | 3.7 | 2.2 | 0.78 | 0.78 | 0.78 |
| QPSK/(%) | 5.6 | 4.7 | 3.12 | 2.7 | 2.34 | 0.78 |

图 8.7 为识别成功率与信噪比的关系曲线,包括粗类型识别成功率与信噪比的关系、PSK 类内识别成功率与信噪比的关系(10 次累加瞬时自相关时)和调频信号类内识别成功率与信噪比的关系。信噪比从 -6dB 到 6dB,步长2dB,每条曲线仿真试验次数 100 次。从曲线图中可以看出,粗类型识别的性能最好,FM 识别次之,PSK 识别算法的抗噪声能力最差。这是因为前面两者都使用了 FFT 算法,而 FFT 算法具有良好的抗噪声性能,而 PSK 识别时域算法的突变点很容易被噪声干扰,虽然采用了时域累积的方法在一定程度上增强了抗噪性能,但是效果有限,并没有获得根本性的性能改善,这种方法虽然有缺陷,但是它计算简单,方便有效,在 6dB 时可以达到将近 100% 的识别成功率,具有很高的工程应用价值。

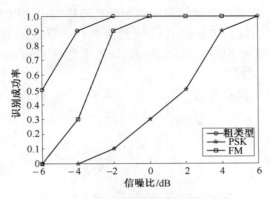

图 8.7 识别成功率与信噪比的关系

# 8.4 基于自适应相像系数的脉压雷达信号调制类型识别

本节将讨论一种基于统计模式识别的调制类型识别方法,该方法包括"特征提取"和"调制方式识别"两个部分。文献[81]根据信号频谱形状的不同,提出使用相像系数特征来对雷达辐射源信号进行特征提取。该方法在处理中需要首先对信号能量进行归一化,然后计算信号的中心频率和有效带宽,从而对带宽进行归一化处理。考虑到在信号调制类型未知的情况下,仅通过 FFT 变换很难得到信号较为准确的中心频率和有效带宽。针对这一问题,本书通过首先对频谱幅度进行归一化,然后根据幅度归一化后的信号能量和谱峰动态自适应地构造参考信号序列,并计算其联合特征分布,同时根据提出的 3 倍协方差判别准则,实现了脉压雷达信号的调制类型识别。

## 8.4.1 自适应相像系数特征提取算法

设有两个一维连续正值的实函数 $f(x)$ 和 $g(x)$,由柯西-施瓦茨不等式,有

$$0 \leqslant \int f(x)g(x)\mathrm{d}x \leqslant \sqrt{\int f^2(x)\mathrm{d}x} \cdot \sqrt{\int g^2(x)\mathrm{d}x} \tag{8.18}$$

进一步得

$$0 \leqslant \frac{\int f(x)g(x)\mathrm{d}x}{\sqrt{\int f^2(x)\mathrm{d}x} \cdot \sqrt{\int g^2(x)\mathrm{d}x}} \leqslant 1 \tag{8.19}$$

由此,定义 $\rho_{xy} = \dfrac{\int f(x)g(x)\mathrm{d}x}{\sqrt{\int f^2(x)\mathrm{d}x} \cdot \sqrt{\int g^2(x)\mathrm{d}x}}$ 为正值实函数 $f(x)$ 和 $g(x)$ 的相像

系数。

537

相像系数，顾名思义就是能够表征两个函数趋势的相像程度。在上式中，相像系数 $\rho_{xy}$ 相当于函数 $f(x)$ 在函数 $g(x)$ 上投影的归一化处理，如果将 $f(x)$ 投影到不同的函数上便会得到不同的相像系数值，以此来衡量 $f(x)$ 与不同函数波形的相像程度。

对于两个离散正值信号序列 $\{S_1(i), i=1,2,\cdots,N\}$ 和 $\{S_2(j), j=1,2,\cdots, N\}$，其相像系数可表示为

$$\rho = \frac{\sum S_1(i)S_2(j)}{\sqrt{\sum S_1{}^2(i)} \cdot \sqrt{\sum S_2{}^2(j)}} \tag{8.20}$$

具有不同脉内调制规律的脉压雷达信号的频谱形状存在较大的差异，而相像系数可以对这些频谱形状进行有效的刻画，因此可以作为区分不同脉压信号调制类型的有效特征。

从图 8.4 可以看出，PSK 信号的频谱与三角形近似，而调频信号的频谱与矩形近似。文献[82]根据这样的频谱特点，选取宽度和中心固定的矩形和三角形信号序列分别计算信号的相像系数，以此作为区分调制类型的特征。其信号预处理的过程为先将信号由时域变换到频域，对信号能量进行归一化处理，然后求出信号频谱的中心频率和有效带宽并对带宽进行归一化处理。而本书认为在信号调制类型未知的情况下，只是通过 FFT 变换很难得到频谱计算信号的中心频率和有效带宽（尤其在信噪比较低的情况下）。因此，本书对信号的预处理过程进行了改进，提出了使用宽度和中心随信号自适应变化的矩形和三角形信号序列来计算信号的相像系数。

新的预处理过程为信号变换到频域后，首先对频谱进行模平方运算，然后根据频谱的最大值对平方后的频谱幅度归一化，而不是能量归一化，之后计算幅度归一后频谱的能量，以频谱最大值点为中心，构造能量等同的等腰三角形和两倍能量的矩形信号序列，然后分别计算相像系数。

对信号做 $N$ 点 FFT，设谱峰出现在 $M$ 点处，根据能量等同计算的三角形底宽为 $2L$，则构造的矩形信号序列如下：

$$U(n) = \begin{cases} 1 & M-L \leqslant n \leqslant M+L \\ 0 & \text{其他} \end{cases} \tag{8.21}$$

构造的三角形信号序列为

$$T(n) = \begin{cases} \dfrac{n}{L} + \dfrac{L-M}{L} & M-L \leqslant n \leqslant M \\ \dfrac{M+L}{L} - \dfrac{n}{L} & M < n \leqslant M+L \\ 0 & \text{其他} \end{cases} \tag{8.22}$$

图 8.8 为信噪比 8dB 时，自适应矩形和三角形序列随信号构造的结果。

538

图 8.8(a)为信号的幅度归一化频谱,图 8.8(b)为信号频谱构造的矩形信号序列,图 8.8(c)为信号频谱构造的三角形信号序列。

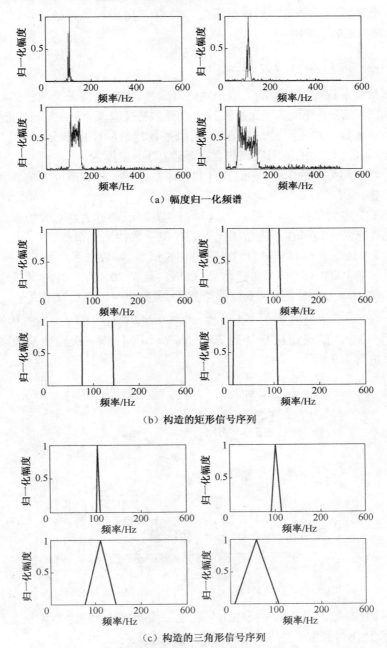

（a）幅度归一化频谱

（b）构造的矩形信号序列

（c）构造的三角形信号序列

图 8.8　信号频谱及由此构造的自适应矩形和三角形

综上所述,对脉压雷达信号提取相像系数特征的算法如下:

（1）对信号做 FFT,得到信号频谱,对频谱平方,然后进行幅度归一化;

（2）计算归一化频谱的能量和峰值位置,构造自适应矩形和三角形序列;

（3）分别计算信号的矩形相像系数 $CR1$ 和三角形相像系数 $CR2$,构造联合特征矢量 $\boldsymbol{CR} = [CR1, CR2]$。

## 8.4.2  仿真试验与分析

验证相像系数特征对调制类型识别的有效性,需要具备三个条件:

（1）同一信号在不同信噪比条件下,相像系数特征应该分布在某一固定的范围内;

（2）对参数不同的同种类型信号,相像系数特征同样应该分布在某一固定的范围内,而条件(1)中的范围应该包含在条件(2)的范围内;

（3）对不同类型的信号,它们各自的相像系数特征分布范围不应该重叠,或者很少有重叠。

满足了上述的条件,本书就认为这种调制类型识别方法是有效的。

首先计算同一信号在不同信噪比下的相像系数特征分布。

**试验1**  选取 5 种典型参数信号进行仿真试验,参数如下:

采样频率 100MHz。普通雷达信号(CON):载频 20MHz。BPSK 信号:7 位巴克码,载频 20MHz。QPSK 信号:16 位弗兰克码,载频 20MHz。LFM 信号: $a_0 = 0$, $a_1 = 2 \times 10^7$, $a_2 = 0.5 \times 10^{12}$。NLFM 信号: $a_0 = 0$, $a_1 = 1.0 \times 10^7$, $a_2 = 0.8 \times 10^{12}$, $a_3 = 0.2 \times 10^{17}$。信噪比从 0dB 到 20dB,每隔 1dB 计算一次相像系数联合特征。计算结果如图 8.9 所示。

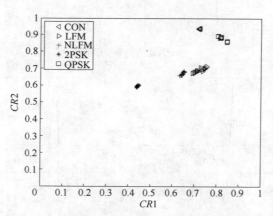

图 8.9  同一信号在不同信噪比下的相像系数特征分布

然后计算参数不同的同种类型信号在某一信噪比的相像系数特征。

**试验2**  仍然选取上述 5 种信号进行仿真试验,参数如下:

采样频率 100MHz。普通雷达信号(CON):载频 20~40MHz。BPSK 信号:7 位巴克码,载频 20~40MHz。QPSK 信号:16 位弗兰克码,载频 20~40MHz。LFM 信号:

$a_0 = 0$, $a_1 = 2 \times 10^7$, $a_2$ 为 $0.1 \times 10^{12} \sim 1.0 \times 10^{12}$ 。NLFM 信号：$a_0 = 0$, $a_1$ 为 $1.0 \times 10^7$, $a_2$ 为 $0.5 \times 10^{12} \sim 1.0 \times 10^{12}$ , $a_3$ 为 $0.2 \times 10^{17} \sim 0.5 \times 10^{17}$ 。参数分 10 次均匀递增。每个参数下独立计算 100 次相像系数，然后进行统计平均作为最后的计算结果。选取典型信噪比 10dB 和 5dB 分别试验。试验结果如图 8.10 和图 8.11 所示。

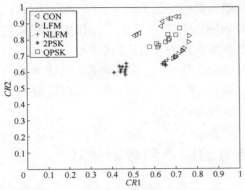 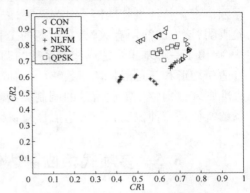

图 8.10　不同参数的同类信号在固定信噪比 10dB 下的相像特征分布

图 8.11　不同参数的同类信号在固定信噪比 5dB 下的相像特征分布

由试验 1 可以看出，同一信号在不同信噪比下各类信号的相像系数特征分布聚集性良好，相互之间没有交叉重叠；在试验 2 中，信号参数出现较大差异，特征分布聚集性变差，但是仍然满足条件(2)和(3)的要求。

通过试验 1 和试验 2 可以看出，相像系数特征分别满足了调制类型识别的三个条件。那么剩下的问题便是为每一种信号类型划分一个识别范围，当有特征分布落入这个范围时，便认为此种信号的调制类型得到了有效的识别。

下面来为这种方法建立一个判定准则。由于相像系数的联合特征分布是二维的，协方差可以作为评价识别是否成功的一个标准。由于试验 1 的情况聚集性较好，而试验 2 的结果比较发散，此处以试验 2 在 5dB 下的结果作为先验知识，计算其协方差，然后以 3 倍协方差作为评价门限，当某一信号的相像系数联合分布得到后，计算它们与先验均值的协方差，如果小于 3 倍协方差则认为识别有效，大于则认为无效，如果同时落入多个 3 倍协方差范围内，也视为识别失败。表 8.2 为试验 2 中 5dB 条件下，依上述准则判决的识别结果统计。表中数据包括每类信号各自的 3 倍协方差，以及在这个 3 倍协方差准则下，同类信号(10 种)被正确识别的概率 $P_x$，以及其他类外信号(40 种)被错误识别的概率 $P_y$。

表 8.2　3 倍协方差判别准则的统计评估

| 项 目 | CON | LFM | NLFM | BPSK | QPSK |
|---|---|---|---|---|---|
| 3 倍协方差 | 0.0034 | 0.0012 | 0.0004 | 0.0025 | 0.0029 |
| $P_x$/(%) | 100 | 90 | 90 | 90 | 90 |
| $P_y$/(%) | 17.5 | 7.5 | 0 | 0 | 27.5 |

从表 8.2 中的统计结果可以看出,3 倍协方差判决准则不失为一种有效的判决准则,可以作为后续信号类型判别的标准。但是,3 倍协方差判决准则并不是最优准则,寻找更有效的判决准则将是下一步研究需要完善的重点。

从调制特征出发首先提出了一种由粗到细的调制方式识别方法,该方法先根据频谱带宽特征将脉压信号分为两类,之后根据类内特征进行了类内细分,仿真试验表明,该方法简便有效,具有很高的工程应用价值;然后基于统计模式识别的方法,提出了一种基于自适应相像系数的调制类型识别方法,该方法通过计算信号的自适应矩形和三角形相像系数特征,构造联合特征分布,之后制定了 3 倍协方差判决准则来识别脉压雷达信号的调制类型。通过大量的仿真试验证实,自适应相像系数特征是一种识别脉压雷达信号调制类型的有效特征。

## 8.5 多项式相位雷达信号的检测和参数估计

### 8.5.1 引言

多项式相位信号(Polynomial Phase Signal,PPS)是一种有着广泛应用的信号形式。如 PPS 是一种脉压雷达信号,具有良好的低截获特性,在各种体制的雷达中广泛使用;在雷达使用 LFM 信号而目标具有恒定的加速度时,目标回波信号将是三阶 PPS;在雷达成像领域也广泛使用 PPS。同时,根据 Weierstrass 原理,闭区间上的任何连续函数可以由一个多项式函数一致逼近,因而研究 PPS 信号对于分析一般的相位信号也具有重要的意义。本章讨论 PPS 的检测和参数估计问题,包括 LFM 信号和 NLFM 信号的检测和参数估计问题。

基于时频分析的方法是一类行之有效的 PPS 检测方法。如:Wigner 变换因其对 LFM 信号理想的频率聚集性而被广泛应用,但是由于其非线性变换的交叉项而不适合分析多分量 LFM 信号;文献[84]采用 Radon-Wigner 变换(RWT)实现了多分量 LFM 信号的检测和时频滤波,并提出了由 FFT 计算 RWT;文献[85]提出了一种 Radon-Ambiguity 方法(RAT),把模糊函数和 Radon 变换相结合,RAT 是一种通过模糊平面原点的线积分,是一种有效的检测方法。此外还有减少相干项分布的核函数优化设计法,基于互 WVD 变换[88]的检测方法等。对 NLFM 信号的检测,通常可以利用多项式相位变换、高阶模糊度函数、多项式 Wigner(PWVD)分布、LWVD 分布等方法,这些方法同时存在对噪声比较敏感、对多分量信号交叉项严重的问题;而线性时频分布,如短时傅里叶变换、Gabor 变换、小波变换等对噪声不敏感,没有交叉项,但是时频分辨力较低。

PPS 信号的参数估计问题是近年来人们普遍感兴趣的一个问题。现有的 PPS 参数估计方法可归为以下两类:①基于时频分析技术的方法,是一类非参数化的方法;②参数化方法。该类方法利用信号时变相位的多项式结构估计相位参数。参数化方法中最直接的方法当属最大似然估计法。该方法要考虑多维非线性优化问题,当维数较高时,计算量很大,易受局部极值的困扰,所以通常情况下总是先由其他方法获得参数的粗估计,然后再使用该方法获得参数的精估计。P. O'Shea 提出利用三次和高次相位函数来实现单分量多项式相位信号的参数估计,只需要二阶非线性变换在参数空间形成峰值来估计信号参数,具有很高的低信噪比能力。但是其多分量处理能力不足,需要进一步改进三次相位函数估计对多分量多项式相位信号的处理能力。

对于多项式相位信号的检测问题,本章首先提出了一种基于重排小波-Radon 变换的多分量 LFM 信号检测算法。该方法先将小波尺度图转为时频分布图,为提高聚集性引入了时频重排,再将重排图进行 Radon 变换以提高检测性能。针对 WVD 变换在检测多分量信号和 NLFM 信号时的不足,讨论了基于 PWVD 和 LWVD 的 NLFM 信号检测算法,最后提出了一种基于乘积性谱图—— WVD(PSWVD)变换的多分量 PPS 信号的检测方法。该方法综合了谱图和 WVD 变换的优势,在去除 WVD 变换交叉项的同时保持了良好的频率聚集性和优良的低信噪比性能。为了抑制噪声和交叉项,设置了自适应门限,大大减少了后续 Radon 变换的计算量。针于 PPS 的参数估计,本章重点讨论了基于三次相位函数的 PPS 信号参数估计算法,提出了一种基于改进三次相位函数的多分量 LFM 信号参数估计算法及其快速实现算法。在多分量的情况下,讨论了信号自项和交叉项与时间的关系,发现自项和交叉项对时间有不同的依赖性。为了克服交叉项的影响,提出了加权平均的方法来改进算法。然后推导了三次相位函数的 FFT 快速算法,进一步采用了舍入最近采样点的方法改进算法,使其可以应用于实际的离散采样系统。

### 8.5.2 线性调频信号检测

#### 1. 时频聚集性和 CRLB

由于时频分布是用来描述非平稳信号的时变或局部的时频特性的,所以我们很自然希望它具有很好的时频局域性,即要求它在时频平面上是高度聚集的,这一性能称为时频分布的时频聚集性。

一个公认的观点是:任何一种时频分布如果对线性调频(LFM)信号不能提供好的时频聚集性,那么它就不适合用做非平稳信号时频分析工具。对于单分量 LFM 信号 $z(t) = e^{j(\omega_0 t + 0.5mt^2)}$,其 WVD 分布为

$$W_{\text{LFM}}(t,\omega) = \int_{-\infty}^{+\infty} z(t + 0.5\tau) z^*(t - 0.5\tau) e^{-j2\pi\tau f} d\tau = \delta[\omega - (\omega_0 + mt)]$$

(8.23)

从式(8.23)可以看出,单分量 LFM 信号的 WVD 分布为沿直线 $\omega = \omega_0 + mt$ 分布的冲激线谱,即时频分布的幅值集中出现在表示信号的瞬时频率变化率的直线上。因此,从最佳展现 LFM 信号的频率调制律这一意义上讲,WVD 分布具有理想

的时频聚集性。

在多分量的情况下,直观地讲,时频聚集性越好,分辨力越高,交叉项越小,该时频分布的性能就越好。文献[89,90]基于此认识提出了一种定量评价时频聚集性性能的准则。

图 8.12 为某单分量 LFM 信号的时频分布 $\rho_z(t,f)$ 在任意时刻 $t = t_0$ 的切片,其中, $A_M(t_0)$、$A_S(t_0)$、$f_I(t_0)$、$V_I(t_0)$ 分别为信号的主、旁瓣幅度、瞬时频率和瞬时带宽。

图 8.13 为某两分量 LFM 信号的时频分布 $\rho_z(t,f)$ 在任意时刻 $t = t_0$ 的切片,其中,幅度、瞬时带宽分别为 $A_{M1}(t_0)$、$A_{M2}(t_0)$、$V_{I1}(t_0)$ 和 $V_{I2}(t_0)$ 的两个主要峰值点分别对应于其中的两个信号分量。$f_{I1}(t_0)$ 和 $f_{I2}(t_0)$ 分别为这两个信号分量的瞬时频率。中间的峰值点对应于两信号分量的交叉项,其幅度为 $A_X(t_0)$。两主峰值点外侧幅度分别为 $A_{S1}(t_0)$、$A_{S2}(t_0)$ 的两个较小的峰值点分别对应于两信号分量的旁瓣。

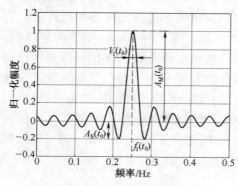

图 8.12　某单分量 LFM 信号的时频
分布 $\rho_z(t,f)$ 在 $t = t_0$ 的切片

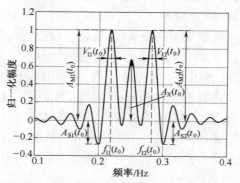

图 8.13　某双分量 LFM 信号的时频
分布 $\rho_z(t,f)$ 在 $t = t_0$ 的切片

该评价准则首先就任意时刻 $t$ 给出一个度量标准 $p(t)$ ( $0 < p(t) < 1$ ),即

$$\begin{cases} p(t) = 1 - \dfrac{1}{3}\left[\dfrac{A_S(t)}{A_M(t)} + \dfrac{1}{2}\dfrac{A_X(t)}{A_M(t)} + (1 - D(t))\right] \\[3mm] D(t) = \dfrac{(f_{I2}(t) - V_{I2}(t)/2) - (f_{I1}(t) + V_{I1}(t)/2)}{f_{I2}(t) - f_{I1}(t)} \\[3mm] A_M(t) = [A_{M1}(t) + A_{M2}(t)]/2 \\[2mm] A_S(t) = [A_{S1}(t) + A_{S2}(t)]/2 \end{cases} \tag{8.24}$$

然后取多个不同时刻的平均值,即

$$P = \frac{1}{M}\sum_{m=1}^{M} p(t_m) \tag{8.25}$$

$P$ 值越小,时频分布(TFD)的时频聚集性越好,表 8.3 对两个空间相近的 LFM

信号,频率 $f_1$ 为 0.15 ~ 0.25Hz, $f_2$ 为 0.2 ~ 0.3Hz,其时频分布的时间片选取信号序列的中点,给出了一些时频分布的时频聚集性测量参数。

表 8.3　一些时频分布的聚集性测量参数

| TFD | $A_M$ | $A_S$ | $A_X$ | $V$/Hz | $D$ | $P$ |
|---|---|---|---|---|---|---|
| B 分布(BD) $\beta = 0.01$ | 0.9890 | 0.0796 | 0.0810 | 0.0197 | 0.6337 | $1.04 \times 10^{-2}$ |
| Born-Jordan 分布(BJD) | 0.9320 | 00.1227 | 0.3798 | 0.0236 | 0.5164 | $1.04 \times 10^{-1}$ |
| Choi-Williams 分布,$\sigma = 2$ | 0.9335 | 0.0211 | 0.4415 | 0.0258 | 0.4756 | $2.25 \times 10^{-2}$ |
| 谱图 (Hanning 窗) | 0.9119 | 0.0493 | 0.5527 | 0.0323 | 0.3557 | $9.21 \times 10^{-2}$ |
| Wigner-Ville 分布 | 0.9153 | 0.4134 | 1 | 0.0140 | 0.7558 | $6.53 \times 10^{-1}$ |

文献[91]给出了具有恒定幅度的 PPS 信号在加性高斯白噪声条件下多项式系数无偏估计的 CRLB(Cramer-Rao Lower Bound)为

$$\text{Var}\{\hat{a}_m\} \geq \frac{1}{2N(T)^{2m}S/N}\left[\frac{1}{2m+1} + \frac{(M+1)^2}{2N(m+1)^2} - \frac{1}{2N} + O(N^{-2})\right] \times$$

$$\left[(M+m+1)\binom{M+m}{m}\binom{M}{m}\right]^2 \tag{8.26}$$

式中:$N$、$m$、$M$ 分别为信号的长度、待估多项式系数的特定阶数和待估多项式系数的最高阶数;$S/N$ 为输入信号的信噪比;$T$ 为整个观察时间。

从上式可以看出 $m$ 阶多项式系数估计方差的下界近似与输入 $S/N$、观察数据的点数 $N$、整个观察时间 $T$ 的 $2m$ 次幂成反比。而且,CRLB 与相位参数 $\{a_m\}$ 无关。因此,对采样率为 1Hz,长度为 $N$ 的三阶多项式相位信号,其多项式系数估计的 CRLB 根据上式有

$$\text{var}\{\hat{a}_3\} = \frac{9800}{N^7 \cdot S/N}\left[\frac{1}{7} + O(N^{-2})\right] \tag{8.27}$$

$$\text{var}\{\hat{a}_2\} = \frac{16400}{N^5 \cdot S/N}\left[\frac{1}{5} + \frac{7}{18N} + O(N^{-2})\right] \tag{8.28}$$

$$\text{var}\{\hat{a}_1\} = \frac{1800}{N^3 \cdot S/N}\left[\frac{1}{3} + \frac{3}{2N} + O(N^{-2})\right] \tag{8.29}$$

$$\text{var}\{\hat{a}_0\} = \frac{8}{N \cdot S/N}\left[1 + \frac{15}{2N} + O(N^{-2})\right] \tag{8.30}$$

**2. 基于重排小波-Radon 变换的多分量 LFM 信号检测**

Wigner 分布对单分量线性调频信号具有理想的时频聚集性。由于 Wigner 分布是双线性变换,对多分量信号会引入交叉项而不适合估计多分量 LFM 信号,为

了克服噪声和交叉项,人们又引入了沿直线积分谱峰搜索的 Radon 变换法,可以更有效地检测低信噪比信号,但是不仅计算量大大增加,而且有时交叉项形成的伪峰会造成错误的检测结果。

小波变换是线性变换,对多分量的情况不会引入交叉项。这里将小波变换应用到 LFM 信号的检测中,首先将小波尺度图转变为时频分布图,为了改善变换后的时频聚集性引入了时频重排的方法,再将重排图进行 Radon 变换。仿真结果表明,该方法有效提高了时频分布图的聚集性,同时也起到了抑制噪声干扰的作用,辨识效果明显提高。

1) 小波-Radon 变换及时频重排原理

线性调频信号的模型为

$$f(t) = A\mathrm{e}^{\mathrm{j}(\omega_0 t + Kt^2/2)} \tag{8.31}$$

式中: $\omega_0$ 为起始频率; $K$ 为调频斜率。

根据小波变换的定义,信号 $s(t) \in L^2(R)$ 的连续小波变换为

$$W_s(a,b) = \int_{-\infty}^{+\infty} s(t)\psi^*_{a,b}(t)\mathrm{d}t = \int_{-\infty}^{+\infty} s(t)(1/\sqrt{a})\psi^*((t-b)/a)\mathrm{d}t \tag{8.32}$$

式中: $a$ 为尺度因子( $a > 0$ ); $b$ 为位移参数;函数 $\psi(t)$ 为基本小波。

函数族 $\psi_{a,b}(t)$ 是基本小波 $\psi(t)$ 的伸缩和平移。小波是特殊的短时傅里叶变换,尺度因子 $a$ 的作用是将基本小波 $\psi(t)$ 做伸缩, $b$ 是将函数平移。 $a$ 越大,时间分辨力越低,频率分辨力越高。

本书选用 Morlet 复小波,Morlet 复小波是最常用的复值小波,其表达式为

$$\psi(t) = \sqrt{2\pi}\,\mathrm{e}^{\mathrm{j}2\pi f_0 t}\mathrm{e}^{-\frac{1}{2}t^2} \tag{8.33}$$

LFM 信号的时间尺度图呈曲线状,且随频率增大而发散,如图 8.14(a)所示,而其时间频率图呈直线状,如图 8.14(b)所示。由于尺度为正数,无法正确表示正负频率,而时频平面就不存在这个问题,因此本书通过下面的尺度和频率的映射关系将时间尺度图转化为时间频率图。

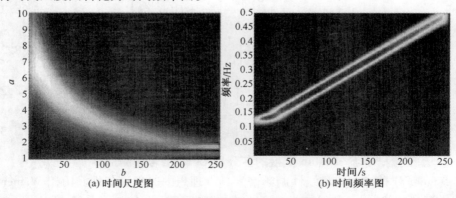

(a) 时间尺度图　　　　(b) 时间频率图

图 8.14　LFM 信号的小波尺度—频率变换

$$\begin{cases} f = f_c/a & f > 0 \\ f = f_c = 0 & f = 0 \\ f = -f_c/a & f < 0 \end{cases} \qquad (8.34)$$

LFM 信号的时频图呈直线状,将直线的检测转化为沿线积分的峰值搜索问题,无疑会大大提高检测信噪比,Radon 变换便满足了这一要求。Radon 变换是一种直线积分的投影变换。LFM 信号的小波变换 $P_{\mathrm{Wf}}(u,\omega)$ 为时频平面上的二维函数,其 Radon 变换为

$$R(\theta,\rho) = \int_{-\infty}^{+\infty} \int_{-\infty}^{+\infty} P_{\mathrm{Wf}}(u,\omega)\delta(u\sin\theta + w\cos\theta - \rho)\mathrm{d}u\mathrm{d}\omega \qquad (8.35)$$

Radon 变换就是将平面 $(u,\omega)$ 上的任意一条直线映射到 $(\theta,\rho)$ 平面上的一点,而平面 $(\theta,\rho)$ 上每一点 $(\theta_0,\rho_0)$ 唯一确定平面 $(u,\omega)$ 上的一条直线。因而,可以首先计算 LFM 信号的小波谱 $P_{\mathrm{Wf}}(u,\omega)$ 在 $\theta \in [0,2\pi]$ 的范围内各个角度的 Radon 变换,然后对 Radon 变换谱 $R(\theta,\rho)$ 进行二维搜索获取它的极大值点,令极大值点对应的坐标为 $(\theta_0,\rho_0)$,则 LFM 信号的参数可估计为[93,94]

$$\begin{cases} \omega_0 = \rho_0/\sin(\theta_0) \\ K = 1/\tan(\theta_0) \end{cases} \qquad (8.36)$$

信号 $x(t)$ 的谱图可由信号短时傅里叶变换(STFT)表示为

$$\mathrm{SPEC}_x(t,f;h) = |\mathrm{STFT}_x(t,f;h)|^2 \qquad (8.37)$$

式中:$h$ 为所用窗函数。该谱图可进一步由 Wigner 分布表示为信号 $x(t)$ 的 WVD 和分析窗的 WVD 的二维卷积形式

$$\mathrm{SPEC}_x(t,f;h) = \int_{-\infty}^{+\infty} \int_{-\infty}^{+\infty} \mathrm{WVD}_x(s,\xi) \cdot \mathrm{WVD}_h(t-s,f-\xi)\mathrm{d}s\mathrm{d}\xi \qquad (8.38)$$

该分布能够衰减信号的 WVD 产生的相干项,但却是以降低时频分辨力、以边缘性质和一阶矩有偏作为代价的。上式表明,$\mathrm{WVD}_h(t-s,f-\xi)$ 在点 $(t,f)$ 附近画定了一个领域来分配信号 WVD 的加权平均值。谱图重排[132,133]就是改变这个平均点的归属,重新分配它到时频分布能量的中心,即将任意一点 $(t,f)$ 处计算得到的谱图值移动到另外一点 $(t',f')$,而该点就是信号能量的重心,由下式所示:

$$t'(t,f;x) = t - \frac{\int_{-\infty}^{+\infty} \int_{-\infty}^{+\infty} s\mathrm{WVD}_h(t-s,f-\xi)\mathrm{WVD}_x(s,\xi)\mathrm{d}s\mathrm{d}\xi}{\int_{-\infty}^{+\infty} \int_{-\infty}^{+\infty} \mathrm{WVD}_h(t-s,f-\xi)\mathrm{WVD}_x(s,\xi)\mathrm{d}s\mathrm{d}\xi} \qquad (8.39)$$

$$f'(t,f;x) = f - \frac{\int_{-\infty}^{+\infty} \int_{-\infty}^{+\infty} \xi\mathrm{WVD}_h(t-s,f-\xi)\mathrm{WVD}_x(s,\xi)\mathrm{d}s\mathrm{d}\xi}{\int_{-\infty}^{+\infty} \int_{-\infty}^{+\infty} \mathrm{WVD}_h(t-s,f-\xi)\mathrm{WVD}_x(s,\xi)\mathrm{d}s\mathrm{d}\xi} \qquad (8.40)$$

重排后的谱图在任意一点 $(\hat{t},\hat{f})$ 处的值是所有重排到这一点谱图值的和,新谱图表示如下:

$$\text{MSPEC}_x(\hat{t},\hat{f};x) = \int_{-\infty}^{+\infty}\int_{-\infty}^{+\infty}\text{SPEC}_x(t,f;x)\cdot\delta(\hat{t}-t'(t,f;x))\delta(\hat{f}-f'(t,f,x))\,\mathrm{d}t\mathrm{d}f$$

$$(8.41)$$

采用快速傅里叶算法可以有效而快速地计算时频分布的重排且当某一点的时频分布为零时,不必对该点进行重排,可进一步提高重排计算速度。

2)信号检测算法及仿真分析

为了提高 LFM 信号时频图的聚集性,同时也可起到抑制噪声干扰的作用,本书提出了基于重排的小波-Radon 变换法,算法步骤如下:

(1)对 LFM 信号进行小波变换,并得到时间尺度图;

(2)将时间尺度图按照映射关系转化为时间频率图;

(3)对时间频率图进行重排;

(4)对重排图进行 Radon 变换;

(5)设定域值,得到峰值点坐标,求取参数。

**仿真参数 1** 单分量 LFM 信号,初始频率 0.1,终止频率 0.5,采样 256 点,不含噪声时。仿真结果如图 8.15 和图 8.16 所示。

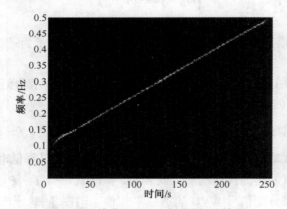

图 8.15 单分量 LFM 时频图的重排图

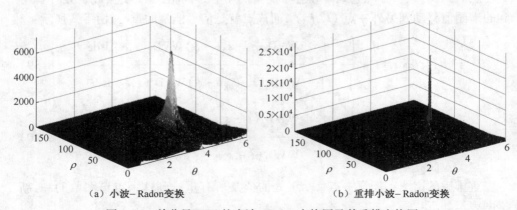

(a)小波-Radon 变换　　　　　　　　（b）重排小波-Radon 变换

图 8.16 单分量 LFM 的小波-Radon 变换图及其重排变换图

**仿真参数 2** 双分量线性调频信号:信号 1,初始频率 0.1Hz,终止频率 0.5Hz;信号 2,初始频率 0.5Hz,终止频率 0.1Hz。采样 256 点,信噪比-3dB。仿真结果如图 8.17 和图 8.18 所示。

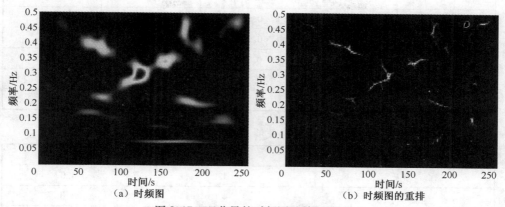

（a）时频图 　　　　　　　　　　　　　　　　（b）时频图的重排

图 8.17　双分量的时频图及其重排图

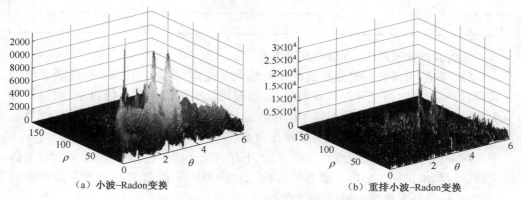

（a）小波-Radon变换 　　　　　　　　　　　　（b）重排小波-Radon变换

图 8.18　双分量的小波-Radon 变换图及其重排变换图

这里将 Radon 变换和重排后的 Radon 变换计算时间做了比较,并计算了重排 Radon 变换比原算法节省时间的百分比,还比较了重排对峰值幅度的影响,比较结果见表 8.4~表 8.6。

表 8.4　算法时间单分量时比较

| 信噪比/dB | Radon 变换时间/s | 重排后 Radon 变换时间/s | 重排所需时间/s | 节省时间百分比/% |
| --- | --- | --- | --- | --- |
| 无噪 | 0.941 | 0.090 | 0.090 | 81 |
| 6 | 1.102 | 0.120 | 0.120 | 78 |
| 0 | 2.003 | 0.130 | 0.120 | 88 |
| -3 | 2.524 | 0.240 | 0.110 | 86 |
| -6 | 2.604 | 0.280 | 0.100 | 85 |

表 8.5　算法时间双分量时比较

| 信噪比/dB | Radon<br>变换时间/s | 重排后 Radon<br>变换时间/s | 重排所需时间<br>/s | 节省时间百分比<br>/% |
|---|---|---|---|---|
| 无噪 | 1.292 | 0.160 | 0.100 | 80 |
| 6 | 1.312 | 0.200 | 0.110 | 76 |
| 3 | 1.672 | 0.250 | 0.110 | 78 |
| 0 | 2.574 | 0.361 | 0.110 | 82 |
| −3 | 2.644 | 0.250 | 0.110 | 86 |

表 8.6　重排使峰值幅度提高的倍数

| 信噪比/dB | 单分量 | 双分量 |
|---|---|---|
| 无噪 | 4.2 | 4.0 |
| 6 | 4.0 | 3.0 |
| 3 | 3.1 | 2.5 |
| 0 | 2.5 | 2.2 |
| −3 | 2.3 | 2.1 |

从仿真的比较结果,可以得到以下几点:

(1) 时频重排使得时频平面的聚集性大大提高,提高了 Radon 变换后尖峰的幅度,信噪比高时幅值可提高 4 倍左右,信噪比低时幅值也在 2 倍以上,而且使得尖峰更加向中心聚集,从而提高了信号的检测门限,检测信噪比比没有重排的算法均有 3dB 左右的提高,而且提高了检测精度。

(2) 由于小波变换是线性变换,因此不存在交叉项干扰,避免了交叉项形成伪尖峰。时频重排同时削弱了噪声的影响,如图 8.18 所示,原算法出现了噪声形成的伪峰,而时频重排后伪峰被完全消去。

(3) 计算量大是 Radon 变换的缺点,重排后,由于聚集性大大提高,Radon 变换搜索的时间大为减少,最高可节省 88% 的运算时间。

(4) 虽然在低信噪比下,时频重排可能会导致信号被截断而不连续,但是 Radon 变换沿直线积分仍会得到正确的谱峰。

### 8.5.3　三次相位函数估计 LFM 参数

**1. 信号自项分析**

对于信号 $s(t)$,其三次相位函数(CPF)定义为

$$\text{CPF}(t,k) = \int_0^{+\infty} s(t+\tau)s(t-\tau)\mathrm{e}^{-\mathrm{j}k\tau^2}\mathrm{d}\tau \tag{8.42}$$

式中: $k$ 为信号的调频斜率。

故单分量线性调频信号 $s(t) = A\mathrm{e}^{\mathrm{j}(a_1 t + a_2 t^2)}$ 的三次相位函数为

$$\mathrm{CPF}(t,k) = A^2 \xi(t) \int_0^{+\infty} \mathrm{e}^{\mathrm{j}(2a_2-k)\tau^2} \mathrm{d}\tau$$

$$= \begin{cases} A^2 \xi(t) \sqrt{\dfrac{\pi}{8|2a_2-k|}}(1+\mathrm{j}) & 2a_2 > k \\[4mm] A^2 \xi(t) \sqrt{\dfrac{\pi}{8|2a_2-k|}}(1-\mathrm{j}) & 2a_2 < k \end{cases} \tag{8.43}$$

式中: $\xi(t) = \mathrm{e}^{\mathrm{j}2(a_1 t + a_2 t^2)}$。可见,三次相位函数必将沿着调频斜率形成最大值。

离散情况下,设信号采样点数为 $N$,$N$ 为奇数,信号的三次相位函数表示为

$$\mathrm{CPF}(n,k) = \sum_{m=0}^{(N-1)/2} s(n+m)s(n-m)\mathrm{e}^{-\mathrm{j}km^2} \tag{8.44}$$

式中: $-(N-1)/2 \leqslant n \leqslant (N-1)/2$。

这样,$m$ 的取值可以保证所有的 $N$ 个采样点均能参与运算。

**2. 多分量信号交叉项分析**

首先考虑双分量线性调频信号 $x(n) = A_1 \mathrm{e}^{\mathrm{j}(a_{11}n + a_{12}n^2)} + A_2 \mathrm{e}^{\mathrm{j}(a_{21}n + a_{22}n^2)}$,将其代入三次相位函数[139],得

$$\begin{aligned} \mathrm{CPF}(n,k) = &\ A_1^2 \mathrm{e}^{\mathrm{j}2(a_{11}n + a_{12}n^2)} \int_0^{+\infty} \mathrm{e}^{\mathrm{j}(2a_{12}-k)\tau^2} \mathrm{d}\tau + \\ &\ A_2^2 \mathrm{e}^{\mathrm{j}2(a_{21}n + a_{22}n^2)} \int_0^{+\infty} \mathrm{e}^{\mathrm{j}(2a_{22}-k)\tau^2} \mathrm{d}\tau + \\ &\ A_1 A_2 \xi(n) \int_0^{+\infty} \mathrm{e}^{\mathrm{j}(a_{12}+a_{22}-k)\tau^2} \mathrm{e}^{\mathrm{j}((a_{11}-a_{21})+2(a_{12}-a_{22})n)\tau} \mathrm{d}\tau + \\ &\ A_1 A_2 \xi(n) \int_0^{+\infty} \mathrm{e}^{\mathrm{j}(a_{12}+a_{22}-k)\tau^2} \mathrm{e}^{\mathrm{j}((a_{21}-a_{11})+2(a_{22}-a_{12})n)\tau} \mathrm{d}\tau \end{aligned} \tag{8.45}$$

其中,$\xi(n) = \mathrm{e}^{\mathrm{j}((a_{11}+a_{21})n + (a_{12}+a_{22})n^2)}$。从上式可以看出:等式右边第一项和第二项分别对应两个信号分量的自项,其峰值分别出现在 $2a_{12}$ 和 $2a_{22}$;等式右边第三项和第四项则对应信号间的交叉项,因其积分项与时间成线性关系,所以其位置随时间的变化而移动。

若信号分量的相位系数满足如下关系:

$$(a_{21}-a_{11}) + 2(a_{22}-a_{12})n = 0 \tag{8.46}$$

两个交叉项将形成伪峰,其中 $n$ 是伪峰的时间位置。三次相位函数将在 $k = a_{12} + a_{22}$ 出现峰值。

将上述讨论推广到更多分量的情况(信号数量 $M>2$),得到如下结论:

(1)分量越多,交叉项越多,且交叉项的个数为 $M^2 - M$;

(2)当任意两个分量满足上式类似的时间关系时,交叉项将形成伪峰。

**3. 加权平均三次相位函数估计算法**

由于多分量情况下,交叉项需要满足一定的条件才会形成伪峰,而信号自项的峰值与时间无关,均出现在调频斜率 $k$ 对应的位置。因此,可以在时间—调频斜率

平面上搜索谱峰，谱峰对应的位置即信号的调频斜率。为了消除三次相位函数交叉项和伪峰的干扰，本书利用自项和交叉项对时间的不同依赖性，提出了加权平均三次相位函数，来估计多分量线性调频信号的参数。

对整个采样信号取 $N$ 个不同的时间点，分别计算各个不同时间点信号对应的三次相位函数，然后加权平均为

$$\text{MCPF} = \frac{1}{N} \sum_{1}^{N} \text{CPF}(n, k) \tag{8.47}$$

在加权平均三次相位函数中，$N$ 个不同时间点的选择是为了错开交叉项及伪峰，而自项形成的峰值与时间无关，因此自项形成的峰值得以相加增强，而交叉项被分散削弱。可以看出，$N$ 值越大，交叉项的抑制越好，效果越明显，但会增加计算量。为了在保证参数识别性能的前提下，不过大增加计算量，通常选择 $N$ 值在 5 左右。

针对多分量信号，这里先假定信号幅度相等或近似相等，参数估计步骤如下：

（1）选取时间点，分别计算各个不同时间点信号对应的三次相位函数，然后加权平均，选择阈值，滤除干扰和伪峰，得到峰值点对应的瞬时频率值，即为各分量信号的调频斜率。

（2）采用解线调的方法：$x(n) = x(n)\mathrm{e}^{jkn^2}$，将信号转变成正弦信号和线性调频信号的和。

（3）对信号做傅里叶变换，由于线性调频信号的功率谱是近似矩形而正弦信号的频谱是冲激谱线，因此可以很容易求得正弦分量的频率值，即可估计出此线性调频信号分量的初始频率，另外根据谱峰值可以得到该信号的幅度。

（4）重复（2）、（3），直至估计出所有信号的参数。

对于强弱信号的多分量参数估计方法，首先使用上述方法估计最强分量的参数，然后根据"CLEAN"的思想，将此强分量从信号中去除，然后估计次强分量，将其去除，以此类推。如果不知道确切的信号数目，可以根据剩余信号的能量，决定是否继续。这种方法可以大大提高信号的谱分辨力，但是参数估计的误差会传播给后续的参数估计，影响后续估计的精度。

**4. 三次相位函数的快速实现算法**

根据三次相位函数的表达式，其 FFT 快速实现算法推导如下：

$$\text{CPF}(t, k) = \int_0^{+\infty} s(t+\tau)s(t-\tau)\mathrm{e}^{-jk\tau^2}\mathrm{d}\tau = \int_0^{+\infty} \frac{1}{2\tau} s(t+\tau)s(t-\tau)\mathrm{e}^{-jk\tau^2}\mathrm{d}\tau^2$$

令 $m = \tau^2$，则 $\tau = \sqrt{m} > 0$，上式变为

$$\text{CPF}(t, k) = \int_0^{+\infty} \frac{1}{2\sqrt{m}} s(t+\sqrt{m})s(t-\sqrt{m})\mathrm{e}^{-jkm}\mathrm{d}m = \int_0^{\infty} f(m)\mathrm{e}^{-jkm}\mathrm{d}m$$

$$\tag{8.48}$$

其中，$f(m) = \frac{1}{2\sqrt{m}} s(t+\sqrt{m})s(t-\sqrt{m})$，由此便得到了 CPF 的 FFT 快速算法。

然而,式(8.48)并不能直接应用于实际的离散采样系统,这是因为上述FFT算法应该在均匀采样系统中进行,即 $m$ 应为均匀采样间隔或其整数倍,而 $\sqrt{m}$ 却很难对应采样间隔的整数倍,导致计算式中无法取到实际的采样点,为了克服这个缺点,本书采用了对 $\sqrt{m}$ 四舍五入取整的方法,使其能取到最近的采样点,此处称其为舍入快速算法。

然而,式(8.48)有一个约束条件,即 $\sqrt{m} < m$ ,否则会超出采样时间,而得到无效的采样点,这就要求 $m \geqslant 1$ ,即要求采样时间要大于1s,因此这种方法不适用于持续时间不足1s的信号,这一点也限制了此法的应用。

**5. 仿真试验**

**试验1** 舍入快速算法与理论算法的运算结果比较。

仿真参数:LFM信号,初始频率10MHz,调频斜率100,采样率100,采样点数512点。时间中心取 $t = 2.57\text{s}$ ,为整个采样时间的中心。图8.19(a)为理论FFT算法的仿真结果,图(b)为舍入FFT算法的仿真结果。

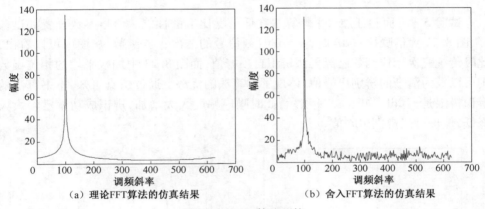

（a）理论FFT算法的仿真结果　　　　（b）舍入FFT算法的仿真结果

图8.19　FFT算法比较

通过仿真可以看出,舍入误差使整体的性能有所下降,但是在调频斜率处的峰值精度和幅度并没有明显的降低,可见舍入算法仍然具有良好的估计性能。

由式(8.42)直接计算信号三次相位函数的运算量是 $O(N^2)$ 。类似离散傅里叶变换运用子带分解技术而得到FFT大大节省运算量一样,三次相位函数的FFT快速算法可以将计算量减少到 $O(N\lg N)$ ,运算量大大减少。

**试验2** 首先验证加权平均三次相位函数算法的有效性。在无噪条件下,假设线性调频信号参数如下:

$$s(n) = \mathrm{e}^{\mathrm{j}(0.2n + 0.5 * 0.003n^2)} + \mathrm{e}^{\mathrm{j}(0.2n - 0.5 * 0.006n^2)} \tag{8.49}$$

采样513点,根据伪峰出现的条件: $(a_{21} - a_{11}) + 2(a_{22} - a_{12})n = 0$ ,由于 $a_{11} = a_{21}$ ,所以当 $n = 0$ 时,上式成立,伪峰将出现在 $a_{12} + a_{22} = -0.0015$ 处。为了进一步体现算法的有效性,本书将伪峰出现时刻的时间点0选入,选取5个时间点,本试验中

选择 $N = -100, -50, 0, 50, 100$。图 8.20 为 $n = 0$ 时信号的三次相位函数,自项峰值及伪峰均在正确的位置出现,且伪峰幅值为自项峰值幅度的两倍。图 8.21 为 5 次加权平均的三次相位函数,此时自项峰值幅度为伪峰幅度的 2.5 倍,选取合适的阈值即可滤除伪峰,提取两个信号的调频斜率。

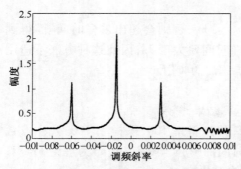

图 8.20　$n = 0$ 时信号的三次相位函数

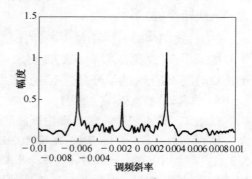

图 8.21　信号的 5 次加权平均三次相位函数

**试验 3**　下面验证加权平均算法在低信噪比下的性能。信号参数设置如试验 2。图 8.22 为信噪比 −6dB 时,$n = 0$ 时刻信号的三次相位函数,从图中可以看出,此时传统三次相位函数已经无法辨识自项峰值,而图 8.23 中加权平均的相位函数则可以较为清晰的辨别出峰值,体现了本算法的优势。通过仿真可知,本书算法的辨识极限是 −10dB,如图 8.24 所示,此时噪声幅度大大增加,辨识成功率已经大大降低,但仍可以辨别出峰值。

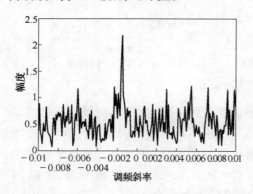

图 8.22　$n = 0$ 时信号的三次相位函数
　　　　　($S/N = -6\text{dB}$)

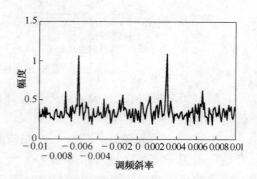

图 8.23　信号的 5 次加权平均三次相位函数
　　　　　($S/N = -6\text{dB}$)

## 8.5.4　基于积分包络法 LFM 信号参数估计

### 1. 积分包络法 LFM 信号参数估计原理

对于 LFM 雷达信号的参数估计,$N$ 的取值需要多重考虑。LFM 信号的积分包

络时域波形呈如图 8.25 所示的 $|\sin(t)|$ 函数变化。

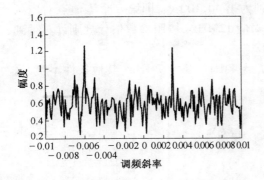

图 8.24　信号的 5 次加权平均
三次相位函数($S/N=-10\text{dB}$)

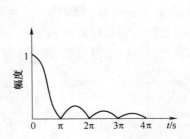

图 8.25　LFM 信号积分包
络变化曲线

第一个零点出现在 $t = \pi$ 处,对应到离散域,此时的累加长度 $N$ 恰好是某一载频信号一个周期内的采样点数。因此,可以调整 $N$ ,当搜索到积分包络的零点时,可判断出 LFM 信号一定包含某个频率 $f = f_s/N$ 。此时,要继续调整 $N$ (令 $N$ 值自增),直到搜索到两个以上的零值点: $H_1, H_2, \cdots$ 。

假设零值点 $H_1$ 、 $H_2$ 对应的信号频率分别为 $f_1$ 、 $f_2$ (且有 $f_1 = f_s/N$ , $f_2 = 2f_1$ ),对应到积分包络时域图的点分别为 $N_1$ 、 $N_2$ ,则信号调频斜率为

$$k = \frac{(f_2 - f_1) \cdot f_s}{(N_2 - N_1) \cdot L} \tag{8.50}$$

初始频率 $f_c$ 的计算如下:

$$f_c = f_1 - k \cdot \frac{N_1 \cdot L}{f_s} \tag{8.51}$$

终止频率 $f_z$ 可由 $f_c$ 、 $k$ 以及脉冲宽度计算得到,即

$$f_z = f_c + k \cdot W_{\text{PW}} \tag{8.52}$$

式中: $W_{\text{PW}}$ 为脉冲宽度变量。

基于以上分析,得到处理 LFM 信号的算法步骤:

**步骤 1**　对信号进行 Hilbert 变换,求出信号的同相分量(I)和正交分量(Q);

**步骤 2**　初始化 $N$ 、 $L$ ,要根据检测到的积分包络的零点个数而随时调整 $N$ 、 $L$ ;

**步骤 3**　设定门限,检测积分包络时域波形中超过门限的峰值,对于 LFM 信号是向下搜索零点;

**步骤 4**　按照参数计算规则对信号进行参数估计。

**2. LFM 信号参数估计试验**

试验参数:初始频率 $f_c = 2\text{MHz}$ ,带宽 $B = 12\text{MHz}$ ,脉冲宽度 $W_{\text{PW}} = 10\mu\text{s}$ ,载频 $f_s =$

60MHz。按照 $N = 10$、$L = 5$ 求信号积分包络，如图 8.26 所示。

通过检测得到积分包络的零值点分别为第 40、100 点，即第一个零值点对应频率 $f_1 = f_s / N = 6\mathrm{MHz}$，第二个零值点分别对应 12MHz，按照参数估计规则计算得到 $k = 1.2\mathrm{MHz}/\mu\mathrm{s}$，$f_c = 2\mathrm{MHz}$，$f_z = 14\mathrm{MHz}$。

改变信号的起始频率和带宽分别为 $f_c = 4\mathrm{MHz}$，$B = 7\mathrm{MHz}$，其他条件不变，这时只能搜索到一个零值点，如图 8.27 所示。

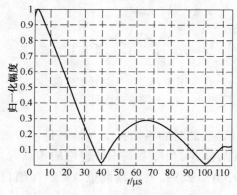
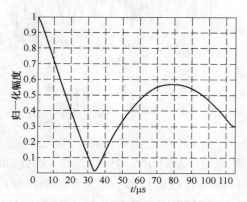

图 8.26　LFM 信号积分包络图　　　　图 8.27　$N$、$L$ 调整前信号积分包络

此时，要调整 $N$ 和 $L$ 的取值（对 $N$ 做增值处理），直到有超过两个零值点为止，当 $N = 12$、$L = 6$ 时即可检测到两个零值点，如图 8.28 所示。

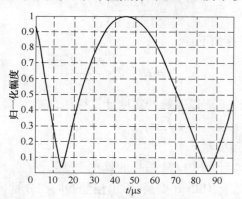

图 8.28　$N$、$L$ 调整后 LFM 信号积分包络

### 8.5.5　分数阶傅里叶算法估计 LFM 信号参数

现有的 PPS 参数估计方法常可归为两类：①基于时频分析技术的方法，它是一类非参数化方法，这种方法首先采用时频分析技术，比如 Cohen 类时频分布等，估计出信号的瞬时频率，然后再进行相位参数的估计。该方法通常不适于分析高阶 PPS，且易受交叉项困扰。②参数化方法[100]，该类方法利用信号时变相位的多项

式结构估计相位参数。该方法要考虑多维非线性优化问题,当维数较高时,计算量很大,且易受局部极值的困扰,所以通常情况下人们总是先由其他方法获得参数的粗估计,然后再使用该方法获得参数的精确估计。

目前较受欢迎的高阶 PPS 参数估计方法是基于高阶模糊度函数(HAF)及高阶模糊度函数积(PHAF)的方法,由于它们所需要的计算量相对较小,而日渐成为一种主要的估计 PPS 参数的次优方法。但是这两种方法有以下几个局限性:①它们均需要首先对信号进行相位差分后再做相应的变换。从文献[101]的分析可知,由于相位差分是非线性变换,经过一次相位差分变换,信号的信噪比至少下降 3dB,两次相位差分后信噪比至少损失 7dB,而且随着信噪比的降低,信噪比损失会远大于 7dB。②使用这两种方法对各低阶参数的估计都是建立在利用高阶参数估计值对 PPS 解调频基础上的,根据以前的分析可知,若对高阶参数估计不准确,则会导致误差累计,造成低阶参数估计误差的放大。③它们在对多个信号进行参数估计时,可能会出现漏检及错检现象。

针对以上现象,本章首先分析了现有的基于 HAF 和 PHAF 估计多分量多项式相位信号(Multicomponent Polynomial Phase Signal,mc-PPS)参数方法的局限性,然后在 FRFT 的基础上,讨论了某些步骤在信号检测及参数估计中的冗余,引入了一种简化的分数阶傅里叶算法(Reduced Fractional Fourier Transform, RFRFT),详细讨论了它的几种重要性质。并在此基础上,提出了一种新的估计 mc-PPS 的方法,列出了影响其参数估计性能的因素。这种方法能有效防止漏检及错检现象,为mc-PPS的检测及参数估计提供了新的思路。

**1. HAF 和 PHAF 算法的原理与性能分析**

1)算法原理

对于给定时延值 $\tau(\tau \neq 0)$,定义信号的一、二阶瞬时矩分别为

$$y_1(t) = y(t) \tag{8.53}$$

$$y_2(t,\tau) = y_1(t + \tau)y_1^*(t - \tau) \tag{8.54}$$

则更高阶的瞬时矩可递归地定义为

$$y_M(t,\tau) = y_{M-1}(t + \tau,\tau)y_{M-1}^*(t - \tau,\tau) \tag{8.55}$$

$$y(t) = A\exp\left[j\sum_{m=0}^{M}\frac{1}{m}a_m t^m\right] \tag{8.56}$$

$$y_M(t,\tau) = A^{2^{M-1}}\exp[j(\widetilde{\omega}_M \cdot t + \widetilde{\phi}_M)] \tag{8.57}$$

其中

$$\widetilde{\omega}_M = M!\ \tau^{M-1}a_M \tag{8.58}$$

$$\widetilde{\phi}_M = (M - 1)!\ \tau^{M-1}a_{M-1} - 0.5M!\ (M - 1)\tau^M a_M \tag{8.59}$$

即单分量 $M$ 阶 PPS 的 $M$ 阶瞬时高阶矩为正弦信号,它的频率与最高次多项式相位系数及时延的乘积成正比。因此多项式相位信号的最高次相位系数可以通过搜索

其 $M$ 阶瞬时高阶矩傅里叶变换的最大值得到。定义瞬时高阶矩的傅里叶变换为 HAF。其表达式为

$$Y_M(f,\tau) = \int_{-\infty}^{+\infty} y_M(t,\tau)\exp(-\mathrm{j}2\pi f t)\mathrm{d}t \tag{8.60}$$

若各次相关运算的时延 $\tau$ 取不同值,则称为多时延瞬时高阶模糊函数(ml-HAF)。可见,HAF 为 ml-HAF 的一个特例。由文献[102]可知,当 $\tau = N/m$ ( $N$ 表示信号长度)时估计效果最佳。得到最高阶次相位系数后,对信号进行解调频处理,即可估计出第 $M-1$ 阶相位系数。如此类推,可得到各次相位系数。

但当信号为 mc-PPS 时,计算时由于瞬时高阶矩的非线性运算将引入交叉项,从而降低信噪比,尤其当信号分量间包含相同的高阶系数时,交叉项也为一正弦信号,从而会出现假峰。其 $M$ 阶瞬时矩表达式如下:

$$y_M(t,\tau) = \sum_{k_1,k_2,\cdots,k_{2M-1}}^{K} A_{k_1}A_{k_2}\cdots A_{k_{2M-1}}\exp\left[\mathrm{j}\sum_{m=0}^{M}a_{k_1,k_2,\cdots,k_{2M-1},m}^{(M)}t^m\right] \tag{8.61}$$

式中:系数 $a_{k_1,k_2,\cdots,k_{2M-1},m}^{(M)}$ 可按下面的递归准则计算:

$$a_{k_1,m}^{(1)} = a_{k_1,m} \tag{8.62}$$

$$a_{k_1,k_2,m}^{(2)} = \sum_{l=0}^{M-m}\binom{m+l}{m}[a_{k_1,m+l}^{(l)} - (-1)^l a_{k_2,m+l}^{(l)}]\tau^l \tag{8.63}$$

$$\vdots$$

$$a_{k_1,k_2,\cdots,k_{2M-1},m}^{(M)} = \sum_{l=0}^{M-m}\binom{m+l}{m}[a_{k_1,k_2,\cdots,k_{2M-2},m+l}^{(M-1)}a_{k_1,m+l}^{(l)} - (-1)^l a_{k_{2M-2},\cdots,k_{2M-1},m+l}^{(M-1)}]\tau^l$$
$$\tag{8.64}$$

当 $k_1 = k_2 = \cdots = k_{2M-1}$ 时,式(8.61)中的相应信号分量称为自项,其他信号分量称为交叉项。

为此,S. Barbarossa 等提出了一种改进的高阶模糊度函数,称为 PHAF,用来估计 mc-PPS 的相位系数。给定 $L$ 个时延集 $\boldsymbol{\tau}_{M-1}^{(l)} = (\tau_1^{(l)},\tau_2^{(l)},\cdots,\tau_{M-1}^{(l)})$ ( $l = 1,2,\cdots,L$ ),则 PHAF 定义为 $L$ 个尺度变换后的多时延高阶模糊度函数的乘积,即

$$Y_M^L(f,\boldsymbol{T}_{p-l}^L) = \prod_{l=1}^{L}Y_M\left[\frac{\prod_{k=1}^{M-1}\tau_k^{(l)}}{\prod_{k=1}^{M-1}\tau_k^{(1)}}f,\tau_{M-1}^{(l)}\right] \tag{8.65}$$

其中, $\boldsymbol{T}_{p-l}^L$ 为包含所有时延集的矩阵。前面提到 $M$ 阶 PPS 的 $M$ 阶瞬时高阶矩为正弦信号,正弦信号的频率与时延的乘积成正比。而对于交叉项引起的假峰,其频率不符合这一规律。经尺度变换后可使信号自身项引起的峰值位置保持不变,而使交叉项(或假峰)的位置移动。因此,各高阶模糊度函数相乘后,得到的乘积型高阶模糊度函数在大大增强有用峰值的同时抑制了交叉项。当多分量信号的多项式相位最高为 $M$ 阶时,各 $M$ 阶系数可由 $M$ 阶乘积型模糊度函数的峰值估计得到。

2）性能分析

（1）累积误差分析。基于 HAF 和 PHAF 的估计方法对各低阶参数的估计都是建立在利用高阶参数估计值对 PPS 解调频基础上的。然而，由于傅里叶变换的分辨率以及信噪比的关系，对参数的估计会出现无法避免的误差。而若对高阶参数估计不准确，则会导致误差累积，造成低阶参数估计误差的放大。

这里首先给出了信号 $y(t)$ 经估计值 $\hat{a}_M$ 解调频后得到的新信号 $y'(t)$ 的表达式，并推到了 $y'(t)$ 的 $M-1$ 阶瞬时高阶矩，再以三阶 PPS 为例，阐述了累积误差的放大原理。对于更高阶的情况，可以根据其高阶矩表达式同理推得。

令第 $M$ 阶系数估计误差 $\varepsilon = |a_M - \hat{a}_M|$，根据估计值 $\hat{a}_M$ 对信号解调频有

$$
\begin{aligned}
y'(t) &= A\exp\Big\{j\Big(\sum_{m=0}^{M-1} a_m t^m + (a_M - \hat{a}_M)t^M\Big)\Big\} \\
&= A\exp\Big(j\sum_{m=0}^{M-1} a_m t^m\Big) \cdot \exp(j\varepsilon t^M) \\
&= A \cdot f(t) \cdot g(t)
\end{aligned}
\tag{8.66}
$$

由式（8.58）可知，对 $f(t)$ 再做 $M-2$ 次相位差分，有

$$
f_{M-1}(t,\tau) = \exp[j(t(M-1)!\,a_{M-1}\tau^{M-2} + c_1)]
\tag{8.67}
$$

继续对 $g(t)$ 做相位差分，其二阶瞬时矩为

$$
\begin{aligned}
g_2(t,\tau) &= \exp\{j\varepsilon[t^M - (t-\tau)^M]\} = \exp\Big[j\varepsilon\Big(t^M - \sum_{i=0}^{M} C_M^i t^i \tau^{M-i}\Big)\Big] \\
&= \exp\Big[j\varepsilon\Big(Mt^{M-1}\tau - C_M^{M-2}t^{M-2}\tau^2 - \sum_{i=0}^{M-3} C_M^i t^i \tau^{M-i}\Big)\Big]
\end{aligned}
\tag{8.68}
$$

上式中第三项的 $M-3$ 阶瞬时高阶矩为与 $t$ 不相关的常数，第二项的 $M-3$ 阶瞬时高阶矩为 $-\varepsilon\dfrac{M!}{2}\tau^{M-1}t$，故继续求第一项 $\exp(j\varepsilon Mt^{M-1}\tau)$ 的高阶矩有

$$
\begin{aligned}
&\exp\{j\varepsilon\tau M[t^{M-1} - (t-\tau)^{M-1}]\} = \exp\Big[j\varepsilon\Big(t^M - \sum_{i=0}^{M} C_M^i t^i \tau^{M-i}\Big)\Big] \\
&= \exp\Big[j\varepsilon\Big(\tau^2 M(M-1)t^{M-2} - MC_{M-1}^2 t^{M-3}\tau^3 - \sum_{i=0}^{M-4} C_M^i t^i \tau^{M-i}\Big)\Big]
\end{aligned}
\tag{8.69}
$$

同理，式（8.69）中第三项的 $M-4$ 阶瞬时高阶矩为与 $t$ 不相关的常数，第二项的 $M-4$ 阶瞬时高阶矩为 $-\varepsilon\dfrac{M!}{2}\tau^{M-1}t$，故只需继续对第一项做差分。以此类推有

$$
g_{M-1}(t,\tau) = \exp\Big\{j\varepsilon\Big[\frac{M!}{2}\tau^{M-2}t^2 - \frac{M!\,(M-2)}{2}\tau^{M-1}t + c_2\Big]\Big\}
\tag{8.70}
$$

则

$$
y'^{(M-1)}(t) = A\exp[j(t(M-1)!\,a_{M-1}\tau^{M-2} + c_1)] \times
$$

$$\exp\left\{j\varepsilon\left[\frac{M!}{2}\tau^{M-2}t^2 - \frac{M!(M-2)}{2}\tau^{M-1}t + c_2\right]\right\} \tag{8.71}$$

式中：$c_1$、$c_2$ 为常数。所以 $y'(t)$ 的 $M-1$ 阶瞬时高阶矩是一个初始频率为 $(M-1)!\,a_{M-1}\tau^{M-2} - \dfrac{\varepsilon M!(M-2)}{2}\tau^{M-1}$，调频斜率为 $\varepsilon M!\,\tau^{M-2}$ 的线性调频信号。

以长度为 $N$ 的三阶 PPS 为例，设 $a_3$ 的估计误差 $\varepsilon_3 = |a_3 - \hat{a}_3|$，若取 $\tau = N/3$，并以相关后得到的线性调频信号的中心频率作为 $\omega_2$ 的估计峰值，则有 $\hat{\omega}_2 = 2a_2\dfrac{N}{3} - 3\varepsilon_3\left(\dfrac{N}{3}\right)^2 + 3\varepsilon_3\dfrac{N^2}{3} = 2_2\dfrac{N}{3}$，即此时 $\varepsilon_2 = N\varepsilon_3$，误差被累积放大。

（2）信噪比分析。HAF 方法和 PHAF 方法都是通过首先对信号进行 $M-1$ 次相位差分将信号降阶为正弦信号后，再对其做傅里叶变换来估计参数的。由于相位差分是非线性变换，所以经过相位差分，接收序列的信噪比将有所下降。定义信号输入信噪比为

$$\mathrm{SNR}_{\mathrm{in}} = \frac{A^2}{\sigma^2} \tag{8.72}$$

对序列 $\{x_n\}$ 做一次相位差分，得到序列 $\{x_n'\}$

$$x_n' = x_{n+l}x_n^* = s_n' + \omega_n' \quad 0 \leqslant n \leqslant (N-l-1) \tag{8.73}$$

其中

$$s_n' = A^2\exp\{j[\varphi(n+l)\Delta t - \varphi(n\Delta t)]\} \tag{8.74}$$

$$\omega_n' = s_{n+l}\omega_n^* + s_n^*\omega_{n+l} + \omega_{n+l}\omega_n^* \tag{8.75}$$

故此时序列 $\{x_n'\}$ 的信噪比为

$$\mathrm{SNR}_1 = \frac{A^2}{E|\omega_n'|^2} = \frac{A^2}{2A^2\sigma^2 + \sigma^4} \tag{8.76}$$

可见，经过一次相位差分，信号的信噪比至少下降 3dB。

现对 $\{x_n'\}$ 再做一次相位差分得到序列 $\{x_n''\}$，即：

$$x_n'' = x_{n+l}'x_n'^* = s_n'' + \omega_n'' \quad 0 \leqslant n \leqslant (N-2l-1) \tag{8.77}$$

其中

$$s'' = A^4\exp\{j[\varphi(n+2l)\Delta t - 2\varphi((n+l)\Delta t) + \varphi(n\Delta t)]\} \tag{8.78}$$

$$\omega_n'' = s_{n+l}'\omega_n'^* + s_n'^*\omega_{n+l}' + \omega_{n+l}'\omega_n'^* \tag{8.79}$$

由于一次相关后噪声项 $\omega_n'$ 不再是白噪声，从文献[101]的分析可知，此时得到 $\{x_n''\}$ 的信噪比为

$$\mathrm{SNR}_2 = \frac{A^8}{E|\omega_n''|^2} = \frac{A^8}{6A^6\sigma^2 + 10A^4\sigma^4 + 4A^2\sigma^6 + \sigma^4} \tag{8.80}$$

由式（8.80）可以看到，信号两次相位差分后，信噪比至少损失 7dB，而且随着

信噪比的降低,信噪比损失还会继续增大,远大于 7dB。可见,随着相位差分次数的增加,信噪比损失非常严重。

### 8.5.6 简化的分数阶傅里叶变换

**1. 简化算法的定义**

FRFT 是傅里叶变换的广义形式,它在统一的时频域上进行信号处理,因此它相对于传统的傅里叶变换灵活性更强,适于进行非平稳信号的处理。FRFT 的许多性质在理论探讨上都有很大的意义。其表达式如下式所示:

$$X(\alpha,u) = F^p[x(t)](u) = \int_{-\infty}^{+\infty} x(t) K_\alpha(u,t) \mathrm{d}t \tag{8.81}$$

式中:$\alpha$ 为旋转角;$p$ 为 FRFT 的变换阶数,满足 $\alpha = \dfrac{p\pi}{2}$;$K_\alpha(u,t)$ 为变换核,其值为

$$K_\alpha(u,t) = \begin{cases} \sqrt{\dfrac{1-\mathrm{j}\cot\alpha}{2\pi}}\,\mathrm{e}^{\mathrm{j}\frac{(t^2+u^2)}{2}\cot\alpha - \mathrm{j}ut\csc\alpha} & \alpha \neq n\pi \\ \delta(t-u) & \alpha = 2n\pi \\ \delta(t+u) & \alpha = 2n\pi \pm \pi \end{cases} \tag{8.82}$$

当 $\alpha \neq n\pi/2$ 时,FRFT 的计算过程可以拆解为以下 4 个步骤:

(1)原信号与一线性调频函数相乘

$$g(t) = x(t)\mathrm{e}^{\mathrm{j}\pi t^2 \cot\alpha} \tag{8.83}$$

(2)对相乘的结果做傅里叶变换(其变元乘以尺度系数 $\csc\alpha$)

$$g'(\alpha,u) = \int_{-\infty}^{+\infty} g(t)\mathrm{e}^{-\mathrm{j}2\pi ut\csc\alpha}\mathrm{d}t \tag{8.84}$$

(3)再将其与一线性调频函数相乘

$$X'(\alpha,u) = g'(\alpha,u)\mathrm{e}^{\mathrm{j}\pi u^2 \cot\alpha} \tag{8.85}$$

(4)最后乘以一复幅度因子

$$X(\alpha,u) = \sqrt{\frac{1-\mathrm{j}\cot\alpha}{2\pi}}\,X'(\alpha,u) \tag{8.86}$$

在 FRFT 的计算过程中,(3)和(4)分别是用来保证 FRFT 的旋转叠加性和保范数不变性的,虽然它们在解微分方程以及光学研究中有着重要的应用,但在信号检测与参数估计中,这两个性质却是无关紧要的。因为模最大值搜索和二维谱峰搜索都没有利用这两个性质,这里的(3)不会对 FRFT 变换的模值产生影响,而(4)虽然对计算变换的模值有影响,但它也只是将模值整体调大或调小,不会影响模最大值的分布位置,所以也不会影响参数值的估计。因此,如果省略了后两步的计算,可以减小计算量,这种新变换就是简化的分数阶傅里叶变换。其定义如下式所示:

$$Y(\alpha,u) = \int_{-\infty}^{+\infty} x(t) K'_\alpha(u,t)\mathrm{d}t \quad \alpha \neq n\pi \tag{8.87}$$

其中

$$K'_\alpha(u,t) = \begin{cases} e^{j\left(\frac{t^2\cot\alpha}{2} - ut\csc\alpha\right)} & \alpha \neq n\pi \\ \delta(t-u) & \alpha = 2n\pi \\ \delta(t+u) & \alpha = (2n+1)\pi \end{cases}$$

它同时也可由线性完整变换推导得到。线性完整变换又叫广义菲涅尔变换，其定义如下[105]：

$$F_{(a,b,c,d)}(u) = L_{(a,b,c,d)}(x(t))$$

$$= \begin{cases} \sqrt{\dfrac{1}{j2\pi b}} \cdot e^{\frac{jd}{2b}u^2} \displaystyle\int_{-\infty}^{+\infty} e^{-\frac{j}{b}ut} e^{\frac{ja}{2b}t^2} x(t)\mathrm{d}t & b \neq 0, ad - bc = 1 \\ \sqrt{d} \cdot e^{\frac{jcd}{2}} x(\mathrm{d}u) & b = 0 \end{cases}$$

(8.88)

它满足以下两条性质：

（1）叠加性：

$$L_{(a_2,b_2,c_2,d_2)}\left[ L_{(a_1,b_1,c_1,d_1)}(x(t)) \right] = L_{(e,f,g,h)}(x(t)) \tag{8.89}$$

其中

$$\begin{bmatrix} e & f \\ g & h \end{bmatrix} = \begin{bmatrix} a_1 & b_1 \\ c_1 & d_1 \end{bmatrix} \begin{bmatrix} a_2 & b_2 \\ c_2 & d_2 \end{bmatrix}$$

（2）可逆性：

$$L_{(d,-b,-c,a)}\left[ L_{(a,b,c,d)}(x(t)) \right] = x(t) \tag{8.90}$$

若令式(8.88)中的 $(a,b,c,d) = (\cos\alpha, \sin\alpha, -\csc\alpha, 0)$，则有

$$F(u) = L_{(\cos\alpha,\sin\alpha,-\csc\alpha,0)}(f(t)) = \sqrt{\frac{1}{j2\pi\sin\alpha}} \int_{-\infty}^{+\infty} x(t) e^{\frac{jt^2\cot\alpha}{2} - jut\csc\alpha} \mathrm{d}t$$

$$= \sqrt{\frac{1}{j2\pi\sin\alpha}} \cdot Y(\alpha,u) \quad \alpha \neq k\pi \tag{8.91}$$

从它可以看出，式(8.87)也可以等价于一种特殊的线性完整变换乘以一个幅度因子。

**2. 简化算法的性质**

1）线性特性

$$Y_\alpha\left[ \sum_n c_n x_n(t) \right] = \sum_n c_n \left[ Y_\alpha x_n(t) \right] \tag{8.92}$$

证明：根据线性完整变换的线性特性可得到该性质，即

$$Y_\alpha\left[ \sum_n c_n x_n(t) \right] = \sqrt{j2\pi\sin\alpha} \cdot L_{(\cos\alpha,\sin\alpha,-\csc\alpha,0)}\left( \left[ \sum_n c_n x_n(t) \right] \right)$$

$$= \sum_n c_n \left[ \sqrt{j2\pi\sin\alpha} \cdot L_{(\cos\alpha,\sin\alpha,-\csc\alpha,0)}(x_n(t)) \right] \tag{8.93}$$

2）可逆性

$$x(t) = \frac{1}{2\pi\sin\alpha} e^{-j\frac{t^2\cot\alpha}{2}} \int_{-\infty}^{+\infty} Y_\alpha(u) e^{jut\csc\alpha} \mathrm{d}u \quad \alpha \neq k\pi \tag{8.94}$$

证明:根据线性完整变换的可逆性有

$$x(t) = L_{(0,-\sin\alpha,-\csc\alpha,\cos\alpha)}\left[L_{(\cos\alpha,\sin\alpha,-\csc\alpha,0)}(x(t))\right] \tag{8.95}$$

将式(8.91)代入式(8.95)有

$$x(t) = L_{(0,-\sin\alpha,-\csc\alpha,\cos\alpha)}\left[\sqrt{\frac{1}{j2\pi\sin\alpha}} \cdot Y_\alpha(u)\right]$$

$$= \sqrt{\frac{1}{j2\pi\sin\alpha}}L_{(0,-\sin\alpha,-\csc\alpha,\cos\alpha)}\left[Y_\alpha(u)\right]$$

$$= \frac{1}{j2\pi\sin\alpha}e^{-j\frac{t^2\cot\alpha}{2}}\int_{-\infty}^{+\infty}Y_\alpha(u)e^{jut\csc\alpha}du \tag{8.96}$$

3) 时移特性

$$Y_\alpha[x(t-\tau)] = e^{j\pi\tau^2\cot\alpha}e^{-j2\pi\tau u\csc\alpha} \cdot Y_\alpha(u-\tau\cos\alpha) \tag{8.97}$$

4) 频移特性

$$Y_\alpha[e^{j2\pi kt} \cdot x(t)] = Y_\alpha(u-k\sin\alpha) \tag{8.98}$$

5) 微分性

$$Y_\alpha[x'(t)] = \left(\cos\alpha\frac{d}{du} + ju\csc\alpha\right)Y_\alpha(u) \tag{8.99}$$

证明:由式(8.94)有

$$x'(t) = \frac{1}{2\pi\sin\alpha}\left[e^{-j\frac{t^2}{2}\cot\alpha} \cdot (-jt\cot\alpha)\int_{-\infty}^{+\infty}Y_\alpha(u)e^{jut\csc\alpha}du + \right.$$

$$\left. e^{-j\frac{t^2}{2}\cot\alpha}\int_{-\infty}^{+\infty}Y_\alpha(u) \cdot ju\csc\alpha \cdot e^{jut\csc\alpha}du\right] \tag{8.100}$$

将上式拆分为两个部分,即

$$x_1(t) = \frac{1}{2\pi\sin\alpha}e^{-j\frac{t^2}{2}\cot\alpha} \cdot (-jt\cot\alpha)\int_{-\infty}^{+\infty}Y_\alpha(u)e^{jut\csc\alpha}du \tag{8.101}$$

$$x_2(t) = \frac{1}{2\pi\sin\alpha}e^{-j\frac{t^2}{2}\cot\alpha}\int_{-\infty}^{+\infty}[Y_\alpha(u) \cdot ju\csc\alpha] \cdot e^{jut\csc\alpha}du \tag{8.102}$$

由式(8.94)和式(8.101)有

$$\frac{x_1(t)}{-jt\cot\alpha} = \frac{1}{2\pi\sin\alpha}e^{-j\frac{t^2}{2}\cot\alpha} \cdot \int_{-\infty}^{+\infty}Y_\alpha(u)e^{jut\csc\alpha}du \tag{8.103}$$

故

$$Y_\alpha\left[\frac{x_1(t)}{-jt\cot\alpha}\right] = Y_\alpha(u) = Y_\alpha[x(t)] \tag{8.104}$$

则

$$x_1(t) = -j\cot\alpha \cdot tx(t) \tag{8.105}$$

由于

$$Y_\alpha[t \cdot x(t)] = j\sin\alpha \cdot \left[\frac{d}{du}Y_\alpha(u)\right] \tag{8.106}$$

故

$$Y_\alpha[x_1(t)] = \cos\alpha \cdot \left[\frac{\mathrm{d}}{\mathrm{d}u}Y_\alpha(u)\right] \tag{8.107}$$

同时由式(8.102)可知

$$Y_\alpha[x_2(t)] = \mathrm{j}u\csc\alpha \cdot Y_\alpha(u) \tag{8.108}$$

则

$$Y_\alpha[f'(t)] = Y_\alpha[x_1(t) + x_2(t)] = \left(\cos\alpha\frac{\mathrm{d}}{\mathrm{d}u} + \mathrm{j}u\csc\alpha\right)Y_\alpha(u) \tag{8.109}$$

6) 能量守恒

它不满足能量守恒,即

$$\int_{-\infty}^{+\infty}|x(t)|^2\mathrm{d}t \neq \frac{1}{2\pi}\int_{-\infty}^{+\infty}|Y_\alpha(u)|^2\mathrm{d}u \tag{8.110}$$

但满足

$$\int_{-\infty}^{+\infty}|x(t)|^2\mathrm{d}t = \frac{1}{2\pi\sin\alpha}\int_{-\infty}^{+\infty}|Y_\alpha(u)|^2\mathrm{d}u \tag{8.111}$$

此式说明信号经过变换后不具备保范数不变性,能量被压缩,从而使得变换两边范数(能量)不守恒。但这个压缩因子可使变换在对大调频斜率的 LFM 信号时,即在旋转角度较小时(靠近时域轴附近),压缩在旋转角度为零附近的那些幅度对所求峰值的影响,因此能很好地抑制时域轴附近信号的振荡干扰,从而能有效地检测和估计出具有大调频斜率的 LFM 信号的参数值。

7) 旋转相加性

它不满足旋转相加性,即

$$Y^{\alpha+\beta}(u) \neq Y^{\beta+\alpha}(u) \neq Y^\alpha[Y^\beta(u)] \tag{8.112}$$

### 8.5.7　LFM 信号的简化分数阶傅里叶变换

不失一般性,仅考虑 $0 < \alpha < \pi/2$ 的情况,LFM 信号的 RFRFT 如下所示:

$$Y_s(\alpha,u) = A\int_{-t_0/2}^{t_0/2} \mathrm{e}^{\mathrm{j}\frac{\cot\alpha+k}{2}t^2 + \mathrm{j}(f_0 - u\csc\alpha)t}\mathrm{d}t \tag{8.113}$$

则其模平方 $|Y_s(\alpha,u)|^2$ 也可以分为以下几种情况进行讨论:

(1) 当 $k + \cot\alpha = 0$ 且 $f_0 - u\csc\alpha = 0$ 时,有

$$|Y_s(\alpha,u)|^2 = A^2 t_0^2 \tag{8.114}$$

(2) 当 $k + \cot\alpha = 0$ 且 $f_0 - u\csc\alpha \neq 0$ 时,有

$$|Y_s(\alpha,u)|^2 = A^2 t_0^2 \left(\frac{\sin[(u\csc\alpha - f_0)t_0/2]}{(u\csc\alpha - f_0)t_0/2}\right)^2 \tag{8.115}$$

(3) 当 $k + \cot\alpha \neq 0$ 且 $f_0 - u\csc\alpha = 0$ 时,有

$$|Y_s(\alpha,u)|^2 = A^2 t_0^2 \frac{\left[\int_0^\eta \cos\frac{\pi}{2}t^2\mathrm{d}t\right]^2 + \left[\int_0^\eta \sin\frac{\pi}{2}t^2\mathrm{d}t\right]^2}{\eta^2} \tag{8.116}$$

其中，$\eta = \dfrac{t_0}{2}\sqrt{\dfrac{|k + \cot\alpha|}{\pi}}$。

（4）当 $k + \cot\alpha \neq 0$ 且 $f_0 - u\csc\alpha \neq 0$ 时，有

$$|Y_s(\alpha, u)|^2 = A^2 t_0{}^2 \frac{\left[\int_0^m \cos\frac{\pi}{2}t^2\mathrm{d}t - \int_0^n \cos\frac{\pi}{2}t^2\mathrm{d}t\right]^2 + \left[\int_0^m \sin\frac{\pi}{2}t^2\mathrm{d}t - \int_0^n \sin\frac{\pi}{2}t^2\mathrm{d}t\right]^2}{4\eta^2}$$

(8.117)

其中，$m = \eta\left(\dfrac{2}{t_0} \cdot \dfrac{f_0 - u\csc\alpha}{k + \cot\alpha} + 1\right)$，$n = \eta\left(\dfrac{2}{t_0} \cdot \dfrac{f_0 - u\csc\alpha}{k + \cot\alpha} - 1\right)$。

从以上分析可知，当且仅当 $k + \cot\alpha = 0$ 且 $f_0 - u\csc\alpha = 0$ 时，$|Y_\alpha(u)|^2$ 达到峰峰值，从而可得到 LFM 的调频斜率 $\hat{k}$ 和初始频率 $\hat{f}_0$ 的表达式如下：

$$\begin{cases} \hat{k} = -\cot\hat{\alpha} \\ \hat{f}_0 = \hat{u}_0\csc\hat{\alpha} \end{cases}$$

(8.118)

可以看出，RFRFT 同 FRFT 一样，揭示了信号从时域变化到频域的演变过程。LFM 信号在 RFRFT 域也是一个 LFM 信号，当 RFRFT 的旋转角度与 LFM 信号的调频斜率满足一定关系时，LFM 信号在该 RFRFT 域将变成一个冲激信号，这一性质也可以从 RFRFT 定义的基函数是线性调频信号得到解释，即 RFRFT 将分解信号到调频斜率可变的线性调频信号所构成的基函数空间，如同傅里叶变换分析单频信号时，在对应的频率处呈现冲激函数一样，当 RFRFT 的基函数的调频斜率与 LFM 信号的调频斜率一致时，在该 RFRFT 域 LFM 信号呈现冲激函数特征。

图 8.29 给出了 LFM 信号在几个不同旋转角下的 RFRFT 图形。由此可见，LFM 信号在时域、频域和不匹配的 RFRFT 域的特征都不明显，只有当 RFRFT 的角度与该信号的调频斜率一致时，LFM 信号在此 RFRFT 域才呈现明显的冲激函数特征，根据这一特性，即可对 LFM 信号进行检测和参数估计。

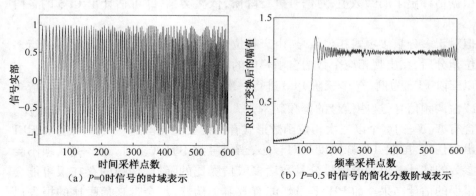

（a）$P=0$ 时信号的时域表示　　　　　（b）$P=0.5$ 时信号的简化分数阶域表示

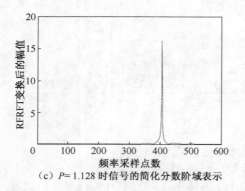
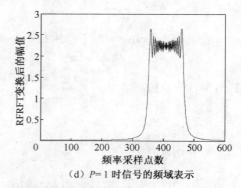

（c）$P=1.128$ 时信号的简化分数阶域表示　　　　（d）$P=1$ 时信号的频域表示

图 8.29　单分量 LFM 信号的时域、RFRFT 域、频域的表示

# 8.6　基于乘积 RFRFT 的参数估计算法

## 8.6.1　算法原理

对单分量 $M$ 阶多项式相位信号进行 $M-2$ 次相位差分将其降为线性调频信号后，其调频斜率和初始频率满足

$$\hat{k}_l = (M-1)!\ 2^{M-3}a_{M,l}\prod_{i=1}^{M-2}\tau_i \tag{8.119}$$

$$\tilde{\omega}_{0l} = \begin{cases} 2a_{2,l}\tau & M=3 \\ (M-2)!\ 2^{M-3}a_{M-1,l}\prod_{i=1}^{M-2}\tau_i & M>3 \end{cases} \tag{8.120}$$

可见，根据此时线性调频信号的调频斜率和初始频率就可以唯一确定 PPS 的最高阶和次高阶系数，而且这两个参数值互不影响，可以有效地降低累积误差。然后再根据估计出来的参数值，对信号进行降阶，依次类推，即可估计出 PPS 的各阶系数。

但对于多分量多项式相位信号，由于相位差分是非线性运算，因此对其进行多次相位差分后，在出现相应个数的自项峰值的同时，还会出现若干个交叉项。

以三阶 PPS 为例，$N$ 个三阶 PPS 进行一次相位差分后得到的信号含有对应个数的线性调频信号，这些信号的调频斜率为 $\hat{k}_l = 2a_{3,l}\tau$，初始频率为 $\tilde{\omega}_{0l} = 2a_{2,l}\tau$，同时含有 $N(N-1)$ 个以三次相位函数形式存在的交叉相。这些交叉项经 RFRFT 后会出现伪峰，虽然其伪峰幅度相对较小，当信号数不是太多时，这些交叉项不会影响参数的估计。但随着信号分量数增多或信噪比的降低，伪峰的存在很可能会导致错误的估计结果。而 PHAF 虽然能有效避免伪峰，却会带来信噪比的损失以及误差的累积，同时还有可能出现漏检现象。

针对以上现象,本节结合相位差分法提出了一种基于乘积型 RFRFT(Product Reduced Fractional Fourier Transform,PRFRFT)的参数估计算法。它首先对信号进行相位差分将其降至线性调频信号,再根据信号自项的调频斜率以及初始频率均与时延 $\tau_l$ 成正比,而交叉项信号则与 $\tau_l$ 没有此依赖关系这一特征,实现交叉项的抑制,以达到估计参数的目的。

由于 RFRFT 是一种匹配变换,对噪声的影响不敏感,所以它的抗噪性能较传统方法好,且这种方法相对于基于 HAF 和 PHAF 的方法可以节省一次相位差分,故它不仅减小了累积误差和计算量,也使得算法能适用于更低信噪比的情况。同时,它每次都可以同时估计出精度互不影响的最高阶和次高阶相位系数,进一步降低了累积误差的影响。

与 PHAF 一样,经过 RFRFT 后得到的峰值点也为多个矢量的和。由于各个矢量的相角不同,其和的模值可能很小,甚至为零,因此单纯的将每次 RFRFT 变换后的结果对应相乘可能会由于某一个时延的选取不当而出现漏检现象。当然,直观地讲,若待分析数据中存在最高相位阶次为 $M$ ,则它在经过 RFRFT 后,绝大多数会在相应位置出现局部极值,除非给定的时延刚好满足变换后矢量和为零的条件。本书认为,通常情况下这种极端情况不会出现。因此,若假设有 $L$ 组不同的时延,那么可以采取每次在这 $L$ 组时延中任意抽取 $P( P \leqslant L)$ 组时延,并计算其对应的 RFRFT 后,将其结果相乘,然后从剩余的 $L - P$ 个时延矢量中任选 $Q( Q \leqslant L - P)$ 个时延矢量计算其对应的 RFRFT 后,将其结果相乘,直到剩余时延矢量个数为 0,最后将这些结果相加作为最终输出即可有效地避免漏检现象。

同时,有别于传统的首先估计阶次较高的信号参数,并根据估计值对信号进行降阶处理,如此反复,直至估计出所有信号参数的方法,这里在估计参数时,总是先估计阶次较低的信号分量的参量,即每计算一次 PRFRFT,均只估计当时极大值点所对应的相位参数;当估计出一个信号分量的所有参量后,将该信号分量从待分析信号中剔除,然后再从剔除了已知信号分量的残差信号中估计其他信号分量的参数。这样做有如下优点:每剔除一个信号分量,信号数目减少 1,那么再计算高阶瞬时矩时,交叉项将大大减少。因而可有效降低由交叉项所引起的确定性噪声水平,从而有利于较弱信号分量的检测。

以估计三阶 PPS 参数为例,其具体步骤如下:

(1)每次任意抽取 2 组时延,做一次相位差分至线性调频信号,并计算其对应的 RFRFT,将其结果相乘;

(2)从剩余的 $L - 2$ 个时延矢量中任选 2 个时延矢量并重复(1),直到剩余时延矢量个数为 0;

(3)将这些结果相加作为最终输出,结合式(8.118)并根据此时对应的峰值点,即可估计出参数 $a_{3,m}$ 和 $a_{2,m}$ ;

(4)根据 $a_{3,m}$ 和 $a_{2,m}$ 的值对信号解调频后估计出 $a_{1,m}$ 。

经 PRFRFT 变换后的信号具有如下特点：①由于通过不同时延后信号的自项经坐标变换后处于相同的位置，所以自项将在 PRFRFT 中增强；②交叉项和噪声经坐标变换后对其进行 RFRFT 位于不同的位置，所以交叉项和噪声将在 PRFRFT 中减弱；③当乘积次数 $L = 1$ 时，PRFRFT 退化为 RFRFT，$L$ 越大，交叉项和噪声抑制的效果也越好，但计算量越大。

这里需要注意如下几个问题：

1）坐标变换问题

线性调频信号斜率满足 $\hat{k}_m = 2a_{3,m}\tau_l = -\cot\alpha_{m,l}$，一旦时延时间 $\tau_l$ 发生变化，则信号斜率也随之改变，即对应的 RFRFT 的最大值位置也会发生变化。若对每个横坐标都进行 $u = -\cot\alpha_{m,l}/(2\tau_l)$ 的变换，则每个自项的最大值都将位于 $u = a_{3,m}$ 处。对初始频率 $f_{0m}$ 的处理方法与之类似，这里就不再重复。

2）接收信号序列与实际三阶 PPS 序列起点不一致的问题

在实际接收到的信号序列中，三阶 PPS 并不一定与实际接收信号序列的起始点一致，由此造成了 $\tau_l$ 并不是三阶 PPS 相位差分运算的真实时延时间，这将直接导致参数估计误差的恶化，甚至失效。为了避免这一现象，可以采取对信号前后均补 $\tau_l$ 个零，再将补零信号进行相位差分运算的方法实现，此时的 $\tau_l$ 即为真实时延时间。

3）图中搜索得到的峰值位置与实际参数值不对应的问题

书中将信号降阶为 LFM 信号后，在对运算数据快速 RFRFT 时，利用的是与文献[100]中提出的快速算法原理一致的基于 FRFT 表达式分解的算法，这种算法的计算速度几乎与 FFT 相当，被公认为目前为止计算速度最快的一种 FRFT 数值计算方法。但这种快速算法的运算机理决定了在对其进行数值计算之前必须先对原始信号进行量纲归一化处理。其原理如下：对于一组实际的经采样后得到的离散观测数据，其观测时间 $t_0$ 和采样率 $f_s$ 均是已知的。虽然此时信号确切的带宽值并不知道，但根据采样定理可知，信号的采样频率一定要大于其最高频率的 2 倍，所以这里可以直接假设信号带宽值等于采样频率，这样选取的带宽虽然不一定是真实带宽，但它肯定包含了信号的全部能量，所以直接在这个带宽内对信号进行处理是合理的。此时，信号的时域表示限定在区间 $[-t_0/2, t_0/2]$ 内，而其频域表示限定在区间 $[-f_s/2, f_s/2]$ 内，信号的时宽带宽积为 $N = t_0 f_s$。

由于时域和频域具有不同的量纲，所以为了 RFRFT 计算处理方便，应将时域和频域分别转换成量纲为 1 的域。现在引入一个具有时间量纲的尺度因子 $s$，并定义新的尺度化坐标为

$$\begin{cases} x = t/s \\ v = f \cdot s \end{cases} \tag{8.121}$$

这里为了使两个区间的长度相等，选择 $s = \sqrt{t_0/f_s}$，则两个区间长度都为 $x =$

568

$\sqrt{t_0 \cdot f_s}$，新的坐标系 $(x,v)$ 实现了无量纲化。此时，数据的采样率由原来的 $f_s$ 变为 $f_s' = \sqrt{t_0 \cdot f_s}$，而时域区间也由原来的 $[-t_0/2, t_0/2]$ 变为 $[-\sqrt{t_0 f_s}/2, \sqrt{t_0 f_s}/2]$，而信号的时宽带宽积仍为 $N = t_0 f_s$，从而实现了量纲的归一化。

由于在对数据做 RFRFT 数值计算前必须要做量纲归一化处理，所以直接对离散数据做 RFRFT 数值计算相当于对原始数据进行了尺度伸缩归一化，它的参数值必然发生变化，用 RFRFT 方法所估计得出的数据值应该是归一化后的参数值，而不是实际参数值。因此，在得到归一化后的 LFM 信号调频斜率和初始频率后，还要根据归一化前后参数之间的关系计算其真实的调频斜率和初始频率。

设归一化前信号的调频斜率为 $k$，初始频率为 $f_0$，归一化后的信号参数分别为 $k'$、$f_0'$，则有

$$\begin{cases} k' = \dfrac{v}{x} = \dfrac{f_s}{t/s} = ks^2 = kt_0/f_s \\ f_0' = f_0 s = f\sqrt{t_0/f_s} \end{cases} \tag{8.122}$$

即归一化前后信号调频斜率和初始频率存在如下关系式：

$$\begin{cases} k = k' f_s/t_0 \\ f = f_0' \sqrt{f_s/t_0} \end{cases} \tag{8.123}$$

### 8.6.2 分辨力的提高

由于本章提出的算法原理是通过对信号进行相位差分，将其降阶为 LFM 信号后，再利用 RFRFT 对其进行参数估计，所以要提高算法的分辨力，只须提高 RFRFT 的分辨力即可。

考虑到 RFRFT 与 FRFT 一样，是一种线性变换，对于多分量 LFM 信号，其 RFRFT 在与其调频斜率一致的分数阶域会呈现脉冲函数特征，通过对多分量 LFM 信号进行连续角度的简化分数阶傅里叶变换，并对其搜索局部极大值，就可以检测 LFM 信号，相应的 RFRFT 的角度对应着 LFM 信号的调频斜率。但是，当两个信号调频斜率差别不大时，由于 RFRFT 的分辨力有限，可能会出现将它们误判为一个信号的现象。为了保证 RFRFT 的分辨力，可以采取在某一区间内减小旋转角 $\alpha$ 的搜索间距 $\Delta p$ 的办法。但无限地减小 $\Delta p$ 并不能使分辨力提高，反而会使计算量大大增大。因此，仅通过减小旋转角的搜索间隔来提高其分辨力是不可行的。

对同一个 LFM 信号采样一段数据，然后对其进行内插或抽取后得到另一组数据，计算两者的 RFRFT 达到最佳匹配时，两者的旋转角是不一样的。设之前采样的原始数据长度为 $\tau$，与之匹配的旋转角为 $\alpha$，阶数为 $p_1$，变换后数据的长度为 $M\tau$，与之匹配的旋转角为 $\beta$，阶数为 $p_2$。计算两者的 RFRFT，由于经过无量纲化后，虽然两者搜索数据的时域长度不变，但其变换后数据的旋转域将被拉伸（$M>1$）

或压缩($M<1$)$M$倍,如图8.30所示。因此达到最佳匹配时,两者的旋转角$\alpha$、$\beta$存在如下关系:

$$\tan\beta = M\tan\alpha \tag{8.124}$$

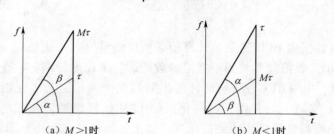

（a）$M>1$时 （b）$M<1$时

图8.30 角度变换示意图

经过这样的角度变换后,LFM信号调频斜率的绝对值与旋转角变化的关系曲线如图8.31所示。这里$y_1$表示变换前斜率与角度的关系曲线;$y_2$表示变换后斜率与角度的关系曲线。

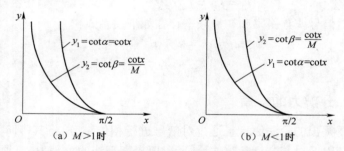

（a）$M>1$时 （b）$M<1$时

图8.31 信号斜率的绝对值与旋转角变化的关系曲线

提高分辨力,主要是要将不同信号参数值对应在旋转角$\alpha$轴上的差距拉大以区分信号。首先考虑一种极限情况:假设存在两个归一化调频斜率很大且比较相近的LFM信号,其调频斜率分别为$k_1$和$k_2$,则此时它们对应的旋转角$\alpha_1$和$\alpha_2$接近于0或$\pi$,$\alpha_1$和$\alpha_2$值的微小变化就可能就会导致调频斜率$k_1 = -\cot\alpha_1$和$k_2 = -\cot\alpha_2$的剧烈变化,所以当$k_1$和$k_2$本身差别很小时,反应在$\alpha_1$和$\alpha_2$上的变化可能就看不出来了,不利于区分信号。故对信号进行内插,即选择大于1的$M$值,使得变换后数据的旋转域被拉伸$M$倍,从图8.31(a)可以看出,当$M>1$时,$k_{y_1}>k_{y_2}$,所以$\cot\beta_1$和$\cot\beta_2$随$\beta_1$、$\beta_2$值的变化而变化的速度恒小于$\cot\alpha_1$和$\cot\alpha_2$随$\alpha_1$、$\alpha_2$值的变化速度,通过这样的处理,完成了将小角度区间内两个调频斜率差别不大的LFM信号变成大角度区间调频斜率差别大的LFM信号的过程,更有利于区分这两个信号。

图8.32给出了脉宽为400s、采样率为10Hz、起始频率均为0Hz、调频斜率分别为0.01Hz/s和0.0103Hz/s的两个调频斜率比较相近的LFM信号的峰值检测曲

线。其归一化调频斜率分别为 0.4 和 0.403。图 8.32(a)为 $\Delta p = 0.005$、$M = 1$ 时的波形,从图中可以看出,当两个信号参数比较接近时,它无法分辨两个信号;图 8.32(b)为 $\Delta p = 0.001$、$M = 1$ 时的波形,此时仍无法分辨这两个信号,这表示单纯减小 $\Delta p$ 不能达到分离两个信号的效果,反而会大大增大计算量;图 8.32(c)为 $\Delta p = 0.005$、$M = 3$ 时的波形,从它可以看出,此时信号被拉开,可以正确分辨两个信号。

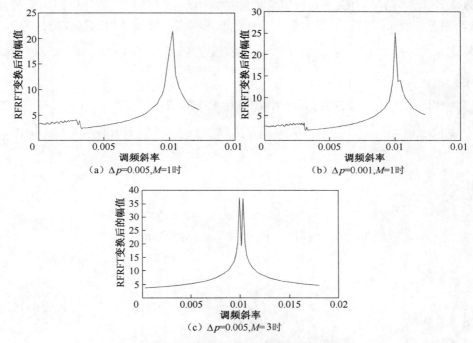

图 8.32　信号在不同的 $\Delta p$、$M$ 作用下的峰值检测

　　但是随着信号调频斜率的逐渐减小,特别是当归一化调频斜率值 $k_1$ 和 $k_2$ 接近于零时,$\alpha_1$ 和 $\alpha_2$ 值将接近 $\pi/2$,此时由于曲线 $\cot\alpha$ 底部形态过于平缓,有可能出现调频斜率变化 $\Delta k$ 还未接近零变化时,$\Delta \alpha$ 变化已经为零。调频斜率 $k_1 = -\cot\alpha_1$ 和 $k_2 = -\cot\alpha_2$ 的值随 $\alpha_1$ 和 $\alpha_2$ 的变化过于缓慢,无法区分信号。因此,此时应选择小于 1 的 $M$ 值,使得变换后数据的旋转域被压缩 $M$ 倍,从图 8.31(b)可以看出,当 $M < 1$ 时,$k_{y_2} > k_{y_1}$,即 $\cot\beta_1$ 和 $\cot\beta_2$ 随 $\beta_1$、$\beta_2$ 值的变化而变化的速度要快于 $\cot\alpha_1$ 和 $\cot\alpha_2$ 随 $\alpha_1$、$\alpha_2$ 值的变化速度,从而更好地体现出调频信号斜率接近零时,两个信号调频斜率之间的差别。

　　可见,应选择适当的 $M$ 值,使调频信号斜率随旋转角变化的速度适中,以更好地区分信号。仿真结果表明,当归一化调频斜率 $k < 0.3$ 时,一般取 $M < 1$,否则应取 $M > 1$。考虑到本章的主要研究对象低截获雷达信号的采样频率的数量级一般为 $10^9$,持续时间为的数量级为 $10^{-6}$,调频斜率的数量级为 $10^{13}$,所以其归一化频率通常很小,故应选取 $M < 1$,即对信号进行抽取以提高其分辨力。这里值得说明

的是,当 $M$ 取值小于 1 时,由于对信号进行了抽取,所以每次处理的数据量会减少,从而降低了运算的复杂度,所以这种方法特别适用于 $M < 1$ 的情况。

### 8.6.3 参数估计性能的影响因素分析

若信号含有噪声,由于噪声的影响,会导致 RFRFT 的参数估计精度降低。这里以 $N$ 个 LFM 信号为例,通过计算它们的初始频率和调频斜率估计误差的均值和方差,来分析经 RFRFT 后,影响参数估计性能的因素。设待处理的接收信号为

$$r(t) = s(t) + w(t) = \sum_{n=0}^{N} A_n \mathrm{e}^{\mathrm{j}(f_0 t + \frac{1}{2} k_n t^2)} + w(t) \quad |t| \leqslant \frac{T}{2} \quad (8.125)$$

式中:$s(t)$ 为信号;$w(t)$ 为噪声。

将其代入式(8.86),可得其经 RFRFT 后每个峰值点的模平方如下:

$$|Y_r(\alpha_n, u_n)|^2 = \int_{-t_0/2}^{t_0/2} \int_{-t_0/2}^{t_0/2} K'_{\alpha_n}(u_n, t_1) [K'_{\alpha_n}(u_n, t_2)^*] r(t_1) r^*(t_2) \mathrm{d}t_1 \mathrm{d}t_2$$

$$(8.126)$$

其中

$$K'_{\alpha_n}(u_n, t) = \begin{cases} \mathrm{e}^{\mathrm{j}\left(\frac{t^2 \cot\alpha_n}{2} - u_n t \csc\alpha_n\right)} & \alpha_n \neq n\pi \\ \delta(t - u_n) & \alpha_n = 2n\pi \\ \delta(t + u_n) & \alpha_n = (2n+1)\pi \end{cases}$$

假设峰值点函数 $F_r(\hat{f}_{0n}, \hat{k}_n) = |Y_r(\alpha_n, u_n)|^2$,有

$$F_r(\hat{f}_{0n}, \hat{k}_n) = F_s(\hat{f}_{0n}, \hat{k}_n) + F_w(\hat{f}_{0n}, \hat{k}_n) \quad (8.127)$$

其中

$$F_s(\hat{f}_{0n}, \hat{k}_n) = \int_{-t_0/2}^{t_0/2} \int_{-t_0/2}^{t_0/2} K(\hat{f}_{0n}, \hat{k}_n) s(t_1) s^*(t_2) \mathrm{d}t_1 \mathrm{d}t_2 \quad (8.128)$$

$$F_w(\hat{f}_{0n}, \hat{k}_n) = \int_{-t_0/2}^{t_0/2} \int_{-t_0/2}^{t_0/2} K(\hat{f}_{0n}, \hat{k}_n)$$

$$[s(t_1) w^*(t_2) + w(t_1) s^*(t_2) + w(t_1) w^*(t_2)] \mathrm{d}t_1 \mathrm{d}t_2 \quad (8.129)$$

$$K(\hat{f}_{0n}, \hat{k}_n) = K'_{\alpha_n}(y_n, t) \cdot [K'_{\alpha_n}(y_n, t)]^* = \mathrm{e}^{-\mathrm{j}[\hat{k}_n(t_1^2 - t_2^2)/2 + \hat{f}_{0n}(t_1 - t_2)]} \quad (8.130)$$

在有噪声干扰的情况下,$F_r(\hat{f}_{0n}, \hat{k}_n)$ 在点 $(\hat{f}_{0nx}, \hat{k}_{nx})$ 处的一阶偏导数可以等价于

$$\begin{cases} \dfrac{\partial F_r(\hat{f}_{0n}, \hat{k}_n)}{\partial \hat{f}_{0n}} \bigg|_{\substack{\hat{f}_{0n} = \hat{f}_{0nx} \\ \hat{k}_n = \hat{k}_{nx}}} = \dfrac{\partial F_{ws}(\hat{f}_{0n}, \hat{k}_n)}{\partial \hat{f}_{0n}} \bigg|_{\substack{\hat{f}_{0n} = \hat{f}_{0nx} \\ \hat{k}_n = \hat{k}_{nx}}} + \dfrac{\partial F_w(\hat{f}_{0n}, \hat{k}_n)}{\partial \hat{f}_{0n}} \bigg|_{\substack{\hat{f}_{0n} = \hat{f}_{0nx} \\ \hat{k}_n = \hat{k}_{nx}}} \\[4mm] \dfrac{\partial F_r(\hat{f}_{0n}, \hat{k}_n)}{\partial \hat{k}_n} \bigg|_{\substack{\hat{f}_{0n} = \hat{f}_{0nx} \\ \hat{k}_n = \hat{k}_{nx}}} = \dfrac{\partial F_{ws}(\hat{f}_{0n}, \hat{k}_n)}{\partial \hat{k}_n} \bigg|_{\substack{\hat{f}_{0n} = \hat{f}_{0nx} \\ \hat{k}_n = \hat{k}_{nx}}} + \dfrac{\partial F_w(\hat{f}_{0n}, \hat{k}_n)}{\partial \hat{k}_n} \bigg|_{\substack{\hat{f}_{0n} = \hat{f}_{0nx} \\ \hat{k}_n = \hat{k}_{nx}}} \end{cases}$$

$$(8.131)$$

且其零点所在位置满足

$$\frac{\partial F_{\mathrm{r}}(\hat{f}_{0n},\hat{k}_n)}{\partial \hat{f}_{0n}}\Bigg|_{\substack{\hat{f}_{0n}=f_{0n}\\ \hat{k}_n=\hat{k}_n}}=0,\quad \frac{\partial F_{\mathrm{r}}(\hat{f}_{0n},\hat{k}_n)}{\partial \hat{k}_n}\Bigg|_{\substack{\hat{f}_{0n}=\hat{f}_{0n}\\ \hat{k}_n=\hat{k}_n}}=0 \qquad (8.132)$$

由于噪声的影响,估计值 $(\hat{f}_{0nx},\hat{k}_{nx})$ 一般不再与真值 $(f_{0n},k_n)$ 吻合,而是在共真值附近漂移,产生估计误差。故式(8.131)右端两项也是关于估计值 $(\hat{f}_{0nx},\hat{k}_{nx})$ 的二维函数。这里令

$$\begin{cases} F_1(\hat{f}_{0nx},\hat{k}_{nx})=\dfrac{\partial F_{\mathrm{s}}(\hat{f}_{0n},\hat{k}_n)}{\partial \hat{f}_{0n}}\Bigg|_{\substack{\hat{f}_{0n}=\hat{f}_{0nx}\\ \hat{k}_n=\hat{k}_{nx}}},\quad F_2(\hat{f}_{0nx},\hat{k}_{nx})=\dfrac{\partial F_{\mathrm{w}}(\hat{f}_{0n},\hat{k}_n)}{\partial \hat{f}_{0n}}\Bigg|_{\substack{\hat{f}_{0n}=\hat{f}_{0nx}\\ \hat{k}_n=\hat{k}_{nx}}} \\[4mm] F_3(\hat{f}_{0nx},\hat{k}_{nx})=\dfrac{\partial F_{\mathrm{s}}(\hat{f}_{0n},\hat{k}_n)}{\partial \hat{k}_n}\Bigg|_{\substack{\hat{f}_{0n}=\hat{f}_{0nx}\\ \hat{k}_n=\hat{k}_{nx}}},\quad F_4(\hat{f}_{0nx},\hat{k}_{nx})=\dfrac{\partial F_{\mathrm{w}}(\hat{f}_{0n},\hat{k}_n)}{\partial \hat{k}_n}\Bigg|_{\substack{\hat{f}_{0n}=\hat{f}_{0nx}\\ \hat{k}_n=\hat{k}_{nx}}} \end{cases}$$

在信噪比不是很低的情况下, $\hat{f}_{0nx}$ 偏离 $f_{0n}$ , $\hat{k}_{nx}$ 偏离 $k_n$ 肯定不远。这里可将式(8.131)右端两项在 $\hat{f}_{0nx}=f_{0n}$ , $\hat{k}_{nx}=k_n$ 处分别做泰勒[108]展开,其中,右端第一项保留一次项,右端第二项保留零次项即等于原值,故有

$$\begin{cases} F_1(\hat{f}_{0nx},\hat{k}_{nx})=F_1(\hat{f}_{0nx},\hat{k}_{nx})\,\big|_{\substack{\hat{f}_{0n}=f_{0n}\\ \hat{k}_n=\hat{k}_{nx}}}+\dfrac{\partial F_1(\hat{f}_{0nx},\hat{k}_{nx})}{\partial \hat{f}_{0nx}}(\hat{f}_{0nx},f_{0n})+\dfrac{\partial F_1(\hat{f}_{0nx},\hat{k}_{nx})}{\partial \hat{k}_{nx}}\Bigg|_{\substack{\hat{f}_{0n}=\hat{f}_{0nx}\\ \hat{k}_n=\hat{k}_{nx}}} \\[4mm] F_2(\hat{f}_{0nx},\hat{k}_{nx})=F_2(\hat{f}_{0nx},\hat{k}_{nx})\,\big|_{\substack{\hat{f}_{0n}=\hat{f}_{0nx}\\ \hat{k}_n=\hat{k}_{nx}}} \end{cases}$$

$$\qquad (8.133)$$

$$\begin{cases} F_3(\hat{f}_{0nx},\hat{k}_{nx})=F_3(\hat{f}_{0nx},\hat{k}_{nx})\,\big|_{\substack{\hat{f}_{0n}=\hat{f}_{0nx}\\ \hat{k}_n=\hat{k}_{nx}}}+\dfrac{\partial F_3(\hat{f}_{0nx},\hat{k}_{nx})}{\partial \hat{k}_{nx}}\Bigg|_{\substack{\hat{f}_{0n}=\hat{f}_{0nx}\\ \hat{k}_n=\hat{k}_{nx}}}\hat{k}_n=k_n+\dfrac{\partial F_3(\hat{f}_{0nx},\hat{k}_{nx})}{\partial \hat{k}_{0nx}}\Bigg|_{\substack{\hat{f}_{0n}=\hat{f}_{0n}\\ \hat{k}_n=\hat{k}_{nx}}}(\hat{f}_{0nx}=f_{0n}) \\[4mm] F_2(\hat{f}_{0nx},\hat{k}_{nx})=F_4(\hat{f}_{0nx},\hat{k}_{nx})=F_4(\hat{f}_{0nx},\hat{k}_{nx})\,\big|_{\substack{\hat{f}_{0n}=\hat{f}_{0nx}\\ \hat{k}_n=\hat{k}_{nx}}} \end{cases}$$

$$\qquad (8.134)$$

令

$$\chi_n=\frac{\partial F_1(\hat{f}_{0nx},\hat{k}_{nx})}{\partial \hat{f}_{0nx}}\Bigg|_{\substack{\hat{f}_{0nx}=f_{0n}\\ \hat{k}_{nx}=\hat{k}_n}},\quad \gamma_n=\frac{\partial F_1(\hat{f}_{0nx},\hat{k}_{nx})}{\partial \hat{k}_{nx}}\Bigg|_{\substack{\hat{f}_{0nx}=f_{0n}\\ \hat{k}_{nx}=\hat{k}_n}}=\frac{\partial F_3(\hat{f}_{0nx},\hat{k}_{nx})}{\partial \hat{f}_{0nx}}\Bigg|_{\substack{\hat{f}_{0nx}=f_{0n}\\ \hat{k}_{nx}=\hat{k}_n}}$$

$$\varepsilon_n=\frac{\partial F_3(\hat{f}_{0nx},\hat{k}_{nx})}{\partial \hat{k}_{nx}}\Bigg|_{\substack{\hat{f}_{0nx}=f_{0n}\\ \hat{k}_{nx}=\hat{k}_n}},\quad \xi_n=-F_2(\hat{f}_{0nx},\hat{k}_{nx})\,\big|_{\substack{\hat{f}_{0nx}=f_{0n}\\ \hat{k}_{nx}=\hat{k}_n}},\quad \lambda_n=-F_4(\hat{f}_{0nx},\hat{k}_{nx})\,\big|_{\substack{\hat{f}_{0nx}=f_{0n}\\ \hat{k}_{nx}=\hat{k}_n}}$$

且考虑到在没有噪声干扰时,估计值 $(\hat{f}_{0nx},\hat{k}_{nx})$ 与真值 $(f_{0n},k_n)$ 吻合,此时满足

$$
\begin{cases}
F_1(\hat{f}_{0nx}, \hat{k}_{nx}) \mid_{\substack{\hat{f}_{0nx}=\hat{f}_{0n} \\ \hat{k}_{nx}=\hat{k}_n}} = 0 \\[2mm]
F_3(\hat{f}_{0nx}, \hat{k}_{nx}) \mid_{\substack{\hat{f}_{0nx}=\hat{f}_{0n} \\ \hat{k}_{nx}=\hat{k}_n}} = 0
\end{cases}
\tag{8.135}
$$

$$
\begin{cases}
\chi_n(\hat{f}_{0nx} - f_{0n}) + \gamma_n(\hat{k}_{nx} = k_n) = \xi_n \\[2mm]
\gamma_n(\hat{f}_{0nx} - f_{0n}) + \varepsilon_n(\hat{k}_{nx} = k_n) = \lambda_n
\end{cases}
\tag{8.136}
$$

计算式(8.136)可知,当 $\gamma_n = 0$ 时,则式(8.136)变为

$$
\begin{cases}
\hat{f}_{0nx} - f_{0n} = \dfrac{\xi_n}{\chi_n} \\[4mm]
\hat{k}_{nx} - k_n = \dfrac{\lambda_n}{\varepsilon_n}
\end{cases}
\tag{8.137}
$$

从式(8.137)可以看出,对信号频率的估计误差与对斜率的估计误差之间没有关联,即联合估计频率和调频斜率与单独估计频率和调频斜率的误差是相同的。故在搜索 RFRFT 峰值时,将二维搜索转化为两个一维搜索,可以在不影响峰值的估计精度的同时,降低搜索的计算量。

通过对式(8.136)的计算易得

$$
\begin{cases}
\chi_n = \dfrac{\partial^2 F_s(\hat{f}_{0n}, \hat{k}_n)}{\partial \hat{f}_{0n}^2} \Bigg|_{\substack{\hat{f}_{0n}=\hat{f}_{0n} \\ \hat{k}_n=\hat{k}_n}} = -A_n^2 \int_{-t_0/2}^{t_0/2} \int_{-t_0/2}^{t_0/2} (t_1 - t_2)\,\mathrm{d}t_1\,\mathrm{d}t_2 = -\dfrac{A_n^2 t_0^4}{6} \\[6mm]
\varepsilon_n = \dfrac{\partial^2 F_s(\hat{f}_{0n}, \hat{k}_n)}{\partial \hat{k}_n^2} \Bigg|_{\substack{\hat{f}_{0n}=\hat{f}_{0n} \\ \hat{k}_n=\hat{k}_n}} = -A_n^2 \int_{-t_0/2}^{t_0/2} \int_{-t_0/2}^{t_0/2} \dfrac{(t_1^2 - t_2^2)}{4}\,\mathrm{d}t_1\,\mathrm{d}t_2 = -\dfrac{A_n^2 t6}{360}
\end{cases}
\tag{8.138}
$$

由于 $\xi_n$ 和 $\lambda_n$ 是随机变量,所以可以分别求其均值和均方值。由式(8.136)可以得到

$$
E(\xi_n) = 0, \quad E(\lambda_n) = 0
\tag{8.139}
$$

故

$$
E(\hat{f}_{0nx} - f_{0n}) = E\left(\frac{\xi_n}{\chi_n}\right) = 0, \quad E(\hat{k}_{nx} - k_n) = E\left(\frac{\lambda_n}{\varepsilon_n}\right) = 0
\tag{8.140}
$$

即

$$
E(\hat{f}_{0nx}) = f_{0n}, \quad E(\hat{k}_{nx}) - k_n
\tag{8.141}
$$

因此,信号频率的估计误差与斜率的估计误差的均值都为零,也就是说,基于 RFRFT 的频率和调频斜率的估计均为无偏估计。

由于 $E(w(t_1) \cdot w(t_2)) = 0$, $E(w(t_1^*) \cdot w(t_2^*)) = 0$, $E(w(t_1^*) \cdot w(t_2^*) w(t_3)) = 0$,则

574

$$E(\xi_n \xi_n^*) = E\left\{ \int_{-t_0/2}^{t_0/2} \int_{-t_0/2}^{t_0/2} -j(t_1 - t_2) e^{-j[\hat{k}(t_1^2 - t_2^2)/2 + \hat{f}_0(t_1 - t_2)]} \right.$$

$$[s(t_1)w^*(t_2) + w(t_1)s^*(t_2) + w(t_1)w^*(t_2)] dt_1 dt_2 \times$$

$$\int_{-t_0/2}^{t_0/2} \int_{-t_0/2}^{t_0/2} j(t_3 - t_4) e^{j[\hat{k}(t_3^2 - t_4^2)/2 + \hat{f}_0(t_3 - t_4)]}$$

$$\left. [s^*(t_3)w(t_4) + w^*(t_3)s(t_4) + w^*(t_3)w(t_4)] dt_3 dt_4 \right\}$$

$$= E\left\{ \int_{-t_0/2}^{t_0/2} \int_{-t_0/2}^{t_0/2} \int_{-t_0/2}^{t_0/2} \int_{-t_0/2}^{t_0/2} -j(t_1 - t_2) e^{-j[\hat{k}(t_1^2 - t_2^2)/2 + \hat{f}_0(t_1 - t_2)]} j(t_3 - \right.$$

$$t_4) e^{j[\hat{k}(t_3^2 - t_4^2)/2 + \hat{f}_0(t_3 - t_4)]} \times [s(t_1)s^*(t_3) + w^*(t_2)w(t_4) +$$

$$w(t_1)s^*(t_2)w^*(t_3)s(t_4) + w(t_1)w^*(t_2)w^*(t_3)w(t_4)]$$

$$\left. dt_1 dt_2 dt_3 dt_4 \right\}$$

$$= E\left\{ \int_{-t_0/2}^{t_0/2} \int_{-t_0/2}^{t_0/2} \int_{-t_0/2}^{t_0/2} (t_1 - t_2)(t_3 - t_2) \right.$$

$$e^{-j[\hat{k}(t_1^2 - t_2^2)/2 + \hat{f}_0(t_1 - t_2)]} e^{j[\hat{k}(t_3^2 - t_2^2)/2 + \hat{f}_0(t_3 - t_2)]} s(t_1)s^*(t_3)w^*(t_2)w(t_2)$$

$$dt_1 dt_2 dt_3 + \int_{-t_0/2}^{t_0/2} \int_{-t_0/2}^{t_0/2} \int_{-t_0/2}^{t_0/2} (t_1 - t_2)(t_1 - t_4) e^{-j[\hat{k}(t_1^2 - t_2^2)/2 + \hat{f}_0(t_1 - t_2)]}$$

$$\left. e^{j[\hat{k}(t_1^2 - t_4^2)/2 + \hat{f}_0(t_1 - t_4)]} s^*(t_2)s(t_4)w^*(t_1)w(t_1) dt_1 dt_2 dt_4 \right\} +$$

$$E \int_{-t_0/2}^{t_0/2} \int_{-t_0/2}^{t_0/2} \int_{-t_0/2}^{t_0/2} \int_{-t_0/2}^{t_0/2} (t_1 - t_2)(t_3 - t_4)$$

$$w(t_1)w^*(t_2)w^*(t_3)w(t_4) dt_1 dt_2 dt_3 dt_4$$

$$= A_n^2 \sigma_n^2 \left\{ \int_{-t_0/2}^{t_0/2} \int_{-t_0/2}^{t_0/2} \int_{-t_0/2}^{t_0/2} (t_1 - t_2)(t_3 - t_2) dt_1 dt_2 dt_3 + \right.$$

$$\left. \int_{-t_0/2}^{t_0/2} \int_{-t_0/2}^{t_0/2} \int_{-t_0/2}^{t_0/2} (t_1 - t_2)(t_1 - t_4) dt_1 dt_2 dt_3 \right\} + \frac{t_0^4 \sigma_n^4}{6}$$

$$= \frac{t_0^4 \sigma_n^4}{6} (A_n^2 t_0 + \sigma_n^2) \tag{8.142}$$

同理可得

$$E(\lambda_n \lambda_n^*) = \frac{t_0^6 \sigma_n^2}{360} (A_n^2 t_0 + \sigma_n^2) \tag{8.143}$$

故 LFM 信号初始频率和调频斜率的均方差分别为

$$\sigma_{f_{0n}}^2 = E[(\hat{f}_{0nx} - f_{0n})(\hat{f}_{0nx} - f_{0n})^*] = \frac{E[\xi_n \xi_n^*]}{\chi_n^2} = \frac{6\sigma_n^2}{t_0^4 A_n^4} (A_n^2 t_0 + \sigma_n^2)$$

$$\tag{8.144}$$

$$\sigma_{k_n}^2 = E[(\hat{k}_{nx} - k_n)(\hat{k}_{nx} - k_n)^*] = \frac{E[\lambda_n \lambda_n^*]}{\varepsilon_n^2} = \frac{360\sigma_n^2}{t_0^6 A_n^4} (A_n^2 t_0 + \sigma_n^2)$$

$$\tag{8.145}$$

由于 RFRFT 具有在二维 RFRFT 域聚集信号而分散噪声的性质,传统的信噪比(平均信号功率与平均噪声功率之比)已不再适合 RFRFT。这里将二维变换域上的信号峰值平方作为信号频率,而该处的噪声方差作为噪声功率的信噪比定义

方法,则每一个峰值点对应的输出信噪比为[109]

$$S/N = \frac{|F_s(\hat{f}_{0nx}, \hat{k}_{nx})|^2}{\text{var}\{F_w(\hat{f}_{0nx} - \hat{k}_{nx})\}} \quad\quad (8.146)$$

而由式(8.129)可知,噪声项 $F_w(\hat{f}_{0nx}, \hat{k}_{nx})$ 的均值为

$$E\{F_w(\hat{f}_{0nx}, \hat{k}_{nx})\} = t_0 \sigma_n^2 \quad\quad (8.147)$$

通过与计算式(8.142)类似的方法有

$$E\{|F_w(\hat{f}_{0nx}, \hat{k}_{nx})|^2\} = E\{F_w(\hat{f}_{0nx}, \hat{k}_{nx}) \cdot F_w^*(\hat{f}_{0nx}, \hat{k}_{nx})\}$$
$$= 2F_s(\hat{f}_{0nx}, \hat{k}_{nx}) \cdot t_0 \sigma_n^2 + t_0^2 \sigma_n^4 = 2A_n^2 t_0^3 \sigma_n^2 + t_0^2 \sigma_n^4 \quad\quad (8.148)$$

则噪声 $F_w(\hat{f}_0, \hat{k})$ 的方差为

$$\text{var}\{F_w(\hat{f}_{0nx}, \hat{k}_{nx})\} = 2A_n^2 t_0^3 \sigma_n^2 \quad\quad (8.149)$$

联合式(8.114)可知

$$S/N = \frac{A_n^2 t_0}{2\sigma_n^2} \quad\quad (8.150)$$

将式(8.150)代入式(8.144)和式(8.145)有

$$\sigma_{f_{0n}}^2 = \frac{3 \cdot (2 \cdot S/N + 1)}{2 \cdot t_0^2 \cdot (S/N)^2} \quad\quad (8.151)$$

$$\sigma_{k_n}^2 = \frac{90 \cdot (2 \cdot S/N + 1)}{t_0^2 \cdot (S/N)^2} \quad\quad (8.152)$$

从式(8.150)可以看出,每一个峰值点对应的信噪比与它们各自对应幅度的平方成正比,因此,幅度越大,信号越容易被检测出来。且从式(8.151)和式(8.152)可以看出,频率估计误差的方差反比于信号的时长,调频斜率估计误差的方差反比于信号时长的平方,且它们都与信噪比成反比的关系。

### 8.6.4 仿真分析

仿真采用 3 阶 mc-PPS 为例,持续时间 $4 \times 10^{-6}$ s,其参数见表 8.7。

图 8.33 为信噪比为 $-7\text{dB}$,第 2、3 两个信号在不同 $\Delta p$、$M$ 作用下,进行 PRFRFT 后的检测效果放大图。首先对信号初定位后知 $M$ 应选小于 1 的值,即对信号进行压缩处理。

表 8.7　仿真中所用的 7 个分量的相位系数

| $a_{i,m}$ | 1 | 2 | 3 | 4 | 5 | 6 | 7 |
|---|---|---|---|---|---|---|---|
| 1 阶相位系数<br>($10^6\text{Hz}$) | 30 | 40 | 60 | 10 | 10 | 20 | 80 |
| 2 阶相位系数<br>($10^{12}\text{Hz/s}$) | 10 | 15 | 9 | 6 | 8 | 6 | 0 |
| 3 阶相位系数<br>($10^{18}\text{Hz/s}^2$) | 1 | 4.5 | 5 | 7 | 10 | 12 | 15 |

图 8.33(a)为 $\Delta p = 0.005, M = 1$ 时的波形,从它可以看出,当两个信号参数比较接近时,无法分辨两个信号;图 4.5(b)为 $\Delta p = 0.001$、$M = 1$ 时的波形,此时也不能达到分离两个信号的效果,反而会大大增加计算量;图 8.33(c)为 $\Delta p = 0.005$、$M = 1/4$ 时的波形,从它可以看出,此时能正确区分两个信号。图 8.33(d)为 $\Delta p = 0.005$、$M = 1/5$ 时的波形,从它可知,此时由于处理的数据过少,不能达到很好的抑制噪声的效果,检测效果变差。因此,后续试验均是在 $\Delta p = 0.005$、$M = 1/4$ 的条件下进行的。

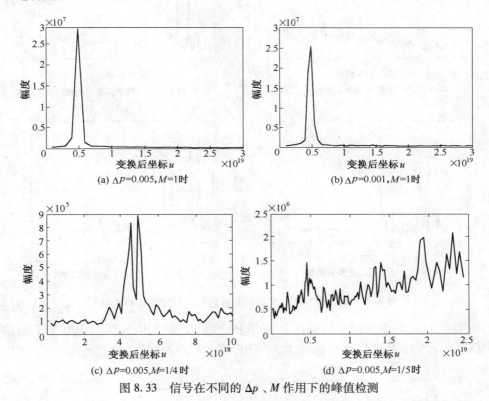

(a) $\Delta p = 0.005, M = 1$ 时    (b) $\Delta p = 0.001, M = 1$ 时

(c) $\Delta P = 0.005, M = 1/4$ 时    (d) $\Delta p = 0.005, M = 1/5$ 时

图 8.33　信号在不同的 $\Delta p$、$M$ 作用下的峰值检测

表 8.8 列出了 $\Delta p = 0.005$、$M = 1/4$,时延时间不同时,系统所能分离的信号个数以及对应能达到的最低信噪比(做 200 次独立仿真)。从表中可以看出,当选择时延 $\tau = 0.3N$ 时,能识别的信号数最多,这与文献[109]中的理论分析一致。因此,后续试验的时延时间均取 $\tau = 0.3N$。

表 8.8　不同时延时间下系统性能分析

| 项目 | 0.1 N | 0.2 N | 0.3 N | 0.4 N | 0.5 N | 0.6 N | 0.7 N | 0.8 N |
|---|---|---|---|---|---|---|---|---|
| 数量 | 3 | 4 | 5 | 3 | 2 | 1 | 1 | — |
| SNR | -3dB | 5dB | 8dB | -3dB | -4dB | -8dB | -5dB | — |
| 注:"-"表示此时参与运算的有效点数太少,算法失效 | | | | | | | | |

图 8.34 给出了含 1、2、3、5 个分量的 PPS 在它们所能达到的最低信噪比条件下,经一次相位差分后的 PRFRFT 识别效果图。

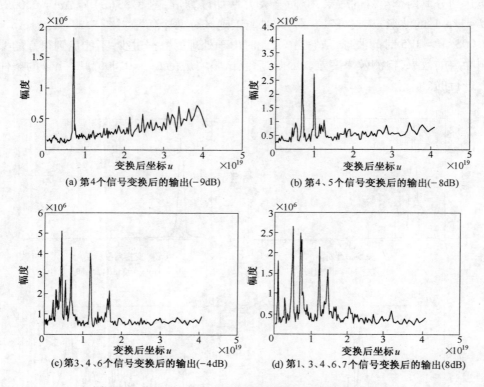

(a) 第4个信号变换后的输出(−9dB)

(b) 第4、5个信号变换后的输出(−8dB)

(c) 第3、4、6个信号变换后的输出(−4dB)

(d) 第1、3、4、6、7个信号变换后的输出(8dB)

图 8.34    mc-PPS 经一次相位差分后的 PRFRFT 模极大值

图 8.35 给出了对两个信噪比为−7dB 的 PPS 时延后,RFRFT 与 PRFRFT 的识别性能对比图。从图中可以看出,此时 PRFRFT 抑制噪声的性能明显优于 RFRFT。

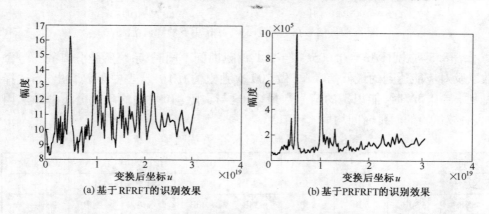

(a) 基于RFRFT的识别效果

(b) 基于PRFRFT的识别效果

图 8.35    信噪比相同时 RFRFT 与 PRFRFT 的检测效果对比

图 8.36(a)给出了同时存在 4 个 PPS 时,RFRFT 在无噪环境下的识别效果图。可以看出,此时采用 RFRFT 方法已经无法区分各个信号参数。图 8.36(b)为信噪比取 0dB 时,对 4 个 PPS 采用 PRFRFT 方法的识别效果图。从图可见,此时采用 PRFRFT 方法仍能很好地识别信号。

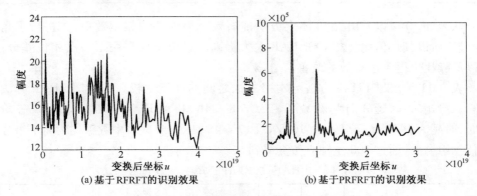

(a)基于 RFRFT 的识别效果　　　　(b)基于 PRFRFT 的识别效果

图 8.36　分量数相同时 RFRFT 与 PRFRFT 的检测效果对比

表 8.9 给出了对含有不同分量个数的信号分别采用 RFRFT 和 PRFRFT 方法识别时,所能达到的最低信噪比对比。表中数据均为将 7 个分量任意组合后通过 200 次独立仿真得到。

表 8.9　RFRFT 与 PRFRFT 的识别效果对比

| 信号数 | 1 | 2 | 3 | 4 | 5 | 6 |
|---|---|---|---|---|---|---|
| PRFRFT | −9dB | −8dB | −4dB | 0dB | 8dB | — |
| RFRFT | −9dB | −6dB | 3dB | — | — | — |
| 注:"−"表示在该信号数条件下无法检测,方法失效 |||||||

从表 8.9 中可以看出,当信号分量数较少时,两种方法性能较为类似。但随着信号分量数的增加,RFRFT 方法的性能下降严重,此时,PRFRFT 法明显优于 RFRFT。当信号分量数增加到 4 个后,RFRFT 失效,而 PRFRFT 仍能正确识别。值得一提的是,由于 RFRFT 无需乘积运算,计算量小,因此,在实际应用中也应予以适当考虑,即当信号数小于 2 个时,作者建议采用 RFRFT 方法进行识别。

表 8.10 给出了单分量情况下,HAF 方法与本书方法之间的性能比较。表中数据均为 200 次独立仿真得到。表中给出了两种方法正确识别参数时,所能达到的最低信噪比,以及在各自所能达到的最低信噪比的条件下,它们估计参数时的误差均方根,这里定义均方根计算公式如下式所示:

$$\sigma = \sqrt{\sum_{i=1}^{N} \left[ a(i) - \hat{a}(i) \right]^2 / N} \tag{8.153}$$

表 8.10　HAF 与 PRFRFT 算法性能比较

| 方法 | $\sigma_{a_{m2}}$ | $\sigma_{a_{m3}}$ | 最低信噪比 |
|---|---|---|---|
| HAF 方法 | 0.029744 | 0.008332 | −4dB |
| 本书方法 | 0.001523 | 0.001674 | −9dB |

从表 8.10 可以看出,由于本书方法能有效克服误差的累积效应,并进行了角度变换,所以其估值精度相对于 HAF 大大提高。且由于仅采用了一次相位差分,所以信噪比也得到了有效的改善。

表 8.11 给出了 PHAF 方法与本书方法之间的性能比较。在使用 PHAF 方法计算二阶矩时,时延分别为 $22N/48$、$23N/48$、$24N/48$、$25N/48$、$26N/48$;计算三阶矩时,时延为 $14N/48$、$15N/48$、$16N/48$、$17N/48$、$18N/48$。表中数据均为将 7 个分量任意组合后,通过 200 次独立仿真得到。

表 8.11　PHAF 与 PFRFT 算法性能比较

| 分量数 | | 1 | 2 | 3 | 4 | 5 | $\sigma_{a_{m2}}$<br>(SNR = −6dB) | $\sigma_{a_{m3}}$<br>(SNR = −6dB) |
|---|---|---|---|---|---|---|---|---|
| PHAF 方法 | 漏检率 /% | 0 | 8 | 15 | 26 | — | 0.022801 | 0.007606 |
| | 错检率 /% | 0 | 7 | 18 | 33 | — | | |
| | 最低信噪 /dB | −6 | 3 | 8 | 11 | — | | |
| 本书方法 | 漏检率 /% | 0 | 0 | 0 | 0 | 0 | 0.001523 | 0.001674 |
| | 错检率 /% | 0 | 0 | 0 | 0 | 0 | | |
| | 最低信噪 /dB | −9 | −8 | −4 | 0 | 8 | | |

表 8.11 中给出了两种方法在它们所能达到的最低信噪比条件下的漏检率(本应出现峰值的位置的值没有大于给定阈值)及错检率(虽出现了峰值,但峰值位置明显偏离真实值或者出现错误峰值)。从它可以看出,本书方法不会出现漏检及错检情况,而基于 PHAF 的方法除了单信号检测外,均会不同程度地出现漏检及错检,且信号数越多,其漏检率及错检率越大,这是由不恰当的时延选取以及噪声和交叉项的共同作用引起的。同时表 8.11 还以信噪比为 −6dB 为例,给出了两种方法对单分量 PPS 参数估计时的误差均方根对比。从表 8.11 中可以看出,本书方法不仅能有效克服误差的累积效应,而且估值的精确度也相对 PHAF 法有所提高。

仿真中还发现,时延组的选择对 PHAF 性能的影响很大。若时延值选取不恰当,则会造成 PHAF 方法的估计性能严重下降甚至可能会使得方法完全失效,而本书方法对时间点的依赖性相对较小。

本章分析了现有的基于 HAF 和 PHAF 方法估计 mc-PPS 相位参数方法的局限性,给出了 RFRFT 算法的定义,并借助角度变换提高了其分辨力,然后根据 mc-PPS 自项与交叉项在进行 RFRFT 变换时的不同特点,实现了兆级以上频率的 mc-PPS 的参数估计,有效地避免了错检和漏检现象。值得一提的是,由于 RFRFT 无需乘积运算计算量小,因此,在实际应用中也应予以适当考虑,即当信号数小于 3 个时,作者建议采用 RFRFT 方法进行识别。

## 8.7  基于 WVD 的 NLFM 信号检测

### 8.7.1  基于多项式 WVD 的单分量 NLFM 信号检测

对于 LFM 信号,WVD 可以展现其最佳的时频聚集性。而对于 NLFM 信号来说,由于 WVD 对其瞬时频率的估计是有偏的,这样会导致大量的交叉项的产生,影响对信号自项的检测。文献[110]对多项式 WVD(PWVD)的系数优化设计进行了讨论,对于任意阶次的多项式相位信号而言,其相应的 PWVD 具有最佳的时频聚集性,即对信号瞬时频率的估计是无偏的,但是 PWVD 仍是针对单分量 NLFM 信号的情况。

PWVD 的定义式为

$$W_z^{(q)}(t,f) = \int_{\tau=-\infty}^{+\infty} \left[ \prod_{l=1}^{q/2} z(t+d_l\tau) z^*(t-d_l\tau) \right] \cdot e^{-j2\pi f\tau} d\tau \qquad (8.154)$$

PWVD 展现信号频率调制规律的原理实质就是双线性核将 PPS 转化为正弦波,分析 PPS 具有很高的精度。当 $q = 2, d_l = 0.5$ 时,PWVD 退化为 WVD。系数 $d_l$ 决定了算法的运算效率。2 阶 PWVD 即 WVD 被用来分析 LFM 信号,4 阶 PWVD 不存在,6 阶 PWVD 可以用来分析 4 阶或者 5 阶 PPS。PWVD 阶数为 6 时,$d_l$ 满足如下方程:

$$\begin{cases} d_1 + d_2 + d_3 = 0.5 \\ d_1^3 + d_2^3 + d_3^3 = 0 \end{cases} \qquad (8.155)$$

满足系数约束的任何一组系数都可以作为 PWVD 算法的一种。对于 6 阶的 PWVD 分布,文献[46]给出的系数组合为 $d_1 = d_2 = 0.675, d_3 = -0.85$,本书称为组合 1,文献[110]给出的系数组合为 $d_1 = 0.62, d_2 = 0.75, d_3 = -0.87$,称为组合 2,文献[111]给出的系数组合为 $d_1 = 0.8, d_2 = 0.6, d_3 = -0.9$,称为组合 3。对于上述参数组合,在运算时显然插值的阶数较小就可以准确计算分布图,而前两组系数在插值较大的情况下,仍然只能用近似的系数进行计算,其结果的时频聚集程度必然要比理想情况下要差。文献[112]认为对系数组合 2 只需要进行 4 倍内插,实质上是在内插以后做了近似,$4d_1 = 2.48 \approx 2.5, 4d_3 = -3.48 \approx -3.5$,这样必将影响分析的精度。对于组合 2、3 代入式(8.155)分别得 $d_1^3 + d_2^3 + d_3^3 = 0.0017, d_1^3 + d_2^3 + d_3^3 = -0.0010,$

可见组合 3 比组合 2 更准确。从系数组合 3 可以看出,将采样率提高 10 倍或进行 10 倍内插,运算都可以在整数点上进行。如图 8.37 分别为一 NLFM 信号的 WVD 变换和采用系数组合 3 的 6 阶 PWVD 变换以及两个 NLFM 信号的 PWVD 变换。

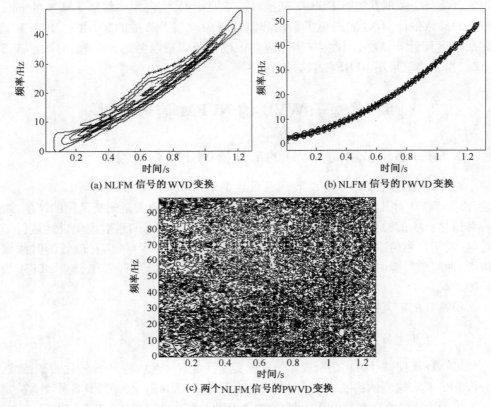

(a) NLFM 信号的 WVD 变换         (b) NLFM 信号的 PWVD 变换

(c) 两个 NLFM 信号的 PWVD 变换

图 8.37   NLFM 信号的 WVD 和 PWVD 变换

这验证了上面的分析,WVD 变换对 NLFM 信号瞬时频率的估计是有偏的,导致大量的交叉项的产生,影响对信号自项的检测,而 PWVD 变换对单分量的 NLFM 信号展现了最佳的时频聚集性,但是这样的优势却完全不能应用于多分量的情况,在多分量的情况下,PWVD 的变换结果变得极其混乱而模糊。

## 8.7.2   基于 LWVD 的多分量 PPS 信号检测

实际中,信号往往包含多个分量,此时,对于 WVD 来说,其双线性特性导致不同信号分量之间相互作用,产生很强的交叉项,而 PWVD 由于其多线性的结构,导致交叉项远比 WVD 复杂,这对自项的检测是极为不利的。因此,针对如何抑制信号间的交叉项,人们做了大量工作。一类方法是通过设计核函数[113],在信号的模糊域进行低通滤波,但这种方法都是以牺牲时频聚集性为代价的,而且对于比较复杂的信号,有时显得无能为力;另一类比较有效的方法是文献[48]提出的 L 类时

582

频分布,以 LWVD 为例,是通过对短时傅里叶变换(STFT)的迭代来实现的。由于 STFT 是一种线性变换,对多分量信号不存在交叉项影响,这样,LWVD 在很大程度上抑制了信号分量之间的交叉项,同时具有较高的时频聚集性。信号的 LWVD 可由下式表示:

$$\text{LWVD}_{k_i}(t,f) = \int_{-\infty}^{+\infty} \left[ z\left(t + \frac{\tau}{2k_i}\right) z^*\left(t - \frac{\tau}{2k_i}\right) \right]^{k_i} e^{-j2\pi f\tau} d\tau \qquad (8.156)$$

式中:$k_i$ 为整数。文献[67]推导出了 WVD 与 LWVD 基于 STFT 迭代实现的运算公式:

$$\text{WVD}(n,k) = \text{LWVD}_1(n,k) = |\text{STFT}(n,k)|^2 +$$
$$2\sum_{i=1}^{N_p} \text{Re}\left[\text{STFT}(n,k+i)\text{STFT}^*(n,k-i)\right] \qquad (8.157)$$
$$\text{LWVD}_{2L}(n,k) = \text{LWVD}_L^2(n,k) +$$
$$2\sum_{i=1}^{N_p} \text{LWVD}_L(n,k+i)\text{LWVD}_L(n,k-i) \qquad (8.158)$$

其中,$2N_p + 1$ 是 STFT 加窗的窗宽。信号的 LWVD 运算的迭代框图如图 8.38 所示。

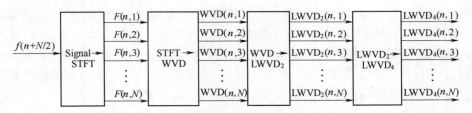

图 8.38　LWVD 的 STFT 实现

试验参数 1:如图 8.39 所示,双分量 NLFM 信号,信号相交,相位系数分别为 $a_{11} = 5, a_{12} = 5, a_{13} = 5, a_{21} = 40, a_{22} = -5, a_{23} = -5$。$N_p = 3$。

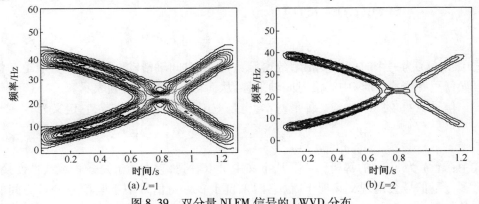

(a) $L=1$　　　　　　　　　(b) $L=2$

图 8.39　双分量 NLFM 信号的 LWVD 分布

583

试验参数 2：如图 8.40 所示，双分量 NLFM 信号，信号平行，相位系数分别为 $a_{11} = 5$，$a_{12} = 5$，$a_{13} = 5$，$a_{21} = 15$，$a_{22} = 5$，$a_{23} = 5$。$N_p = 3$。

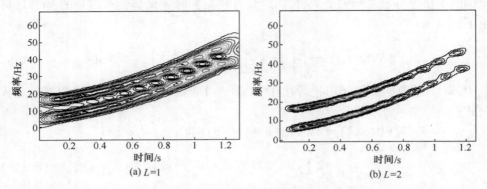

(a) $L=1$      (b) $L=2$

图 8.40　双分量 NLFM 信号的 LWVD 分布

### 8.7.3　一种综合时频分布在 PPS 信号检测中的应用

虽然 WVD 对单分量 LFM 信号具有理想的频率聚集性，但是对单分量的 NLFM 信号仍然存在交叉项干扰。而线性时频分布，如短时傅里叶变换（STFT）、Gabor 变换和小波变换等对噪声不敏感，没有交叉项问题，但是时频分辨力较差。本书综合了谱图和 WVD 两种时频分布算法，通过对多分量多项式相位信号（mc-PPS）变换后的结果进行截断和抽取获得时频域上的一致性，然后进行对应点相乘，处理的结果既去除了多分量信号双线性变换的交叉项，又保留了 WVD 变换良好的频率聚集性。为了在较低信噪比下提高对多分量 LFM 信号的检测性能，又引入了 Radon 变换。在变换前，分别对谱图和 WVD 变换的结果设置自适应门限，在抑制噪声和交叉项同时，大大减少了 Radon 变换的运算量。

**1. 信号的谱图和 WVD 变换**

信号 $s(t)$ 的谱图定义为信号短时傅里叶变换模的平方：

$$\begin{aligned}
\mathrm{SPEC}(t,f) &= |\mathrm{STFT}(t,f)|^2 \\
&= \left| \int_{-\infty}^{+\infty} [s(u) g^*(u-t)] \, \mathrm{e}^{-\mathrm{j}2\pi fu} \mathrm{d}u \right|^2
\end{aligned} \tag{8.159}$$

式中：$g(t)$ 为一个时间宽度很短的窗函数，它沿时间轴滑动。STFT 本质上是对信号做傅里叶变换，时窗中心沿时间轴平移，从而得到信号的时频表示。

信号 $s(t)$ 的 WVD 是一种最基本，也是应用最多的一种分布，它定义为

$$W_z(t,f) = \int_{-\infty}^{+\infty} z\left(t+\frac{\tau}{2}\right) z^*\left(t-\frac{\tau}{2}\right) \mathrm{e}^{-\mathrm{j}2\pi f\tau} \mathrm{d}\tau \tag{8.160}$$

式中：$z(t)$ 为 $s(t)$ 的解析信号。从定义中可以看到，它本质上是一种双线性变换，对多分量信号会出现交叉项干扰，它们来自于多分量信号中不同信号分量之间的交叉作用。对多分量非平稳信号，各种时频分布交叉的干扰要复杂得多，它们或者

584

会严重干扰对各信号自项分量的正确判断,或者会使我们做出伪信号分量的错误判断,因此,抑制交叉项就成为二次型或双线性时频分布极其重要的问题。但是从核函数的优化设计上入手,交叉项的减少与信号项的维持是矛盾的,因为交叉项的减少必然会降低信号自项的聚集性。

文献[100]认为,在多分量的情况下,只有 LFM 信号的自项和交叉项才表现为窄带谱,从而具有良好的频率聚集性,对更高阶的 mc-PPS 而言,无论是信号自项还是交叉项,通常情况下将表现为宽频带谱,这是 WVD 在分析高阶 PPS 信号时,分辨能力或频率聚集性变差的根源。

**2. 基于谱图和 WVD 变换的时频综合算法**

WVD 变换是双线性变换,对单分量的 LFM 信号具有理想的频率聚集性,但是对多分量 PPS 信号交叉项严重。信号的谱图是线性变换,对多分量的情况不会引入交叉项,而且具有对噪声不敏感的优良特性,但是由于它的频率聚集性较差,而没有引起足够的重视。本书综合了谱图和 WVD 两种变换的优势,结合这两种变换提出了乘积性谱图—— WVD(Product Spectrogram-WVD)变换,在此简称 PSWVD。

设信号 $s(t)$ 经谱图和 WVD 变换后的结果分别为 $P_1(t,f)$ 和 $P_2(t,f)$。如果变换后的结果在时频点上不一致,首先需要对变换结果进行时频点一致性处理,以保证两种变换的结果在时频点上精确对应。在此通常用到的方法是截断、抽取和内插等。设变换结果经过一致性处理以后的结果为 $P_{11}(t,f)$ 和 $P_{21}(t,f)$。为了抑制噪声和交叉项,同时可以大大减少后续 LFM 信号检测时 Radon 变换的运算量,在此设置一个自适应门限 $\eta$,幅值小于此门限的点被置零,大于此门限的保持不变,$\eta$ 可由下式表示:

$$\eta = k \sum_{i,j} P(t_i, f_j) / ij \qquad (8.161)$$

式中:$i$、$j$ 分别为时间点数和频率点数;$k$ 为比例系数,通常取 1~3。可见 $\eta$ 是随变换结果变化而变化的一个自适应门限,由于信号自项的幅度往往要远大于交叉项和噪声,经过这样的门限处理后,大部分的噪声被滤除,交叉项也受到了一定程度的抑制。设经过门限处理后的变换结果分别为 $P_{12}(t,f)$ 和 $P_{22}(t,f)$,则乘积性谱图—— WVD 变换为

$$P_{\text{PSWVD}} = P_{12}(t,f) \cdot P_{22}(t,f) \qquad (8.162)$$

上式是按照时间和频率的精确对应关系而进行的点对点相乘。由于谱图在自项以外的区域值很小,基本为 0,而这些区域对应 WVD 变换的交叉项,经过相乘处理后,交叉项被大大削弱。而它们的自项对应位置相同,相乘以后反而得到增强,保持了 WVD 变换的频率聚集性。因此,PSWVD 变换在克服谱图和 WVD 变换二者缺点的同时,保持了二者的优势,特别适合于检测多分量 PPS 信号。

**3. 仿真试验与分析**

**试验 1** 三分量 LFM 信号,$s(t) = \mathrm{e}^{\mathrm{j}2\pi(10t+16t^2)} + \mathrm{e}^{\mathrm{j}2\pi(65t-16t^2)} + \mathrm{e}^{\mathrm{j}2\pi(35t-16t^2)}$。采样率 200,点数 256 点。分别在无噪和 -3dB 下的变换结果如图 8.41 和图 8.42 所示。

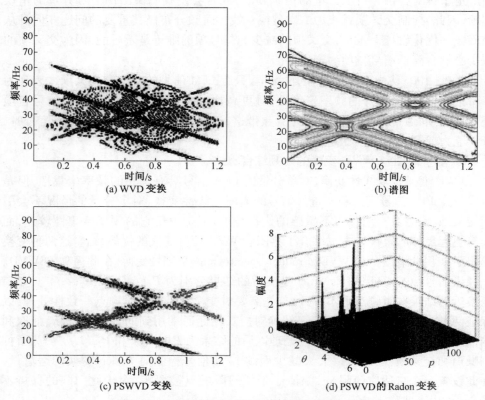

(a) WVD 变换

(b) 谱图

(c) PSWVD 变换

(d) PSWVD 的 Radon 变换

图 8.41   无噪时三分量 LFM 信号的 PSWVD 变换

本试验包含了三分量的 LFM 信号,其中包含一对频率分布平行的信号。由图 8.41(a)可以看出,WVD 变换后,在变换平面上,除了通常意义上的交叉项,还形成了一个与上述两信号频率分布平行的强度比自项更大的交叉项,此交叉项在 Radon 变换后必然会形成伪峰,造成错误的检测结果。而图 8.41(b)中的谱图则完全不存在交叉项,但是频率聚集性较差。图 8.41(c)为本书提出的 PSWVD 变换结果,可见交叉项已被成功消去,且保持了良好的频率聚集性。图 8.41(d)为对 PSWVD 变换的结果进行 Radon 变换的结果,形成了三个明显的峰值,得到了正确的检测结果。在低信噪比下,如图 8.42(a)、(b)均已变得模糊不清,而图 8.42(c)仍然清晰体现了信号的频率变化趋势,图 8.42(d)中的变换结果性能与图 8.41(d)相较并没有明显降低,体现了 Radon 变换优越的低信噪比性能。

**试验 2**   双分量 NLFM 信号,$s(t) = \mathrm{e}^{\mathrm{j}2\pi(80t - 10t^2 - 10t^3)} + \mathrm{e}^{\mathrm{j}2\pi(10t + 10t^2 + 10t^3)}$。分别为无噪和 $-3\mathrm{dB}$ 的情况下,其余参数同试验 1。

本试验选取两个 NLFM 信号。从图 8.43(a)的结果可以看出 NLFM 信号 WVD 变换后的交叉项远比 LFM 复杂得多。图 8.43(c)为 PSWVD 变换的结果,其中绝大部分的交叉项被去除,信号的频率变换趋势得到了很好的体现,而且频率聚集性

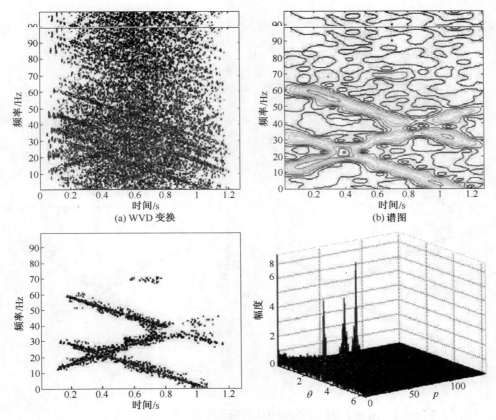

（a）WVD 变换 （b）谱图

图 8.42 −3dB 时三分量 LFM 信号的 PSWVD 变换

保持良好。图 8.43（b）、（d）为−3dB 下的处理结果，体现了 PSWVD 变换良好的低信噪比性能。由于 NLFM 信号的频率分布是曲线形的，Radon 变换不再适合于 NLFM 信号的检测，除非积分路径也是曲线的。

**试验 3** 双分量强弱 PPS 混合信号。包含一个 LFM 信号和一个 NLFM 信号，$s(t) = e^{j2\pi(80t-10t^2-10t^3)} + 0.5e^{j2\pi(10t+20t^2)}$，其中 LFM 信号幅度为 NLFM 信号幅度的一半。信噪比 3dB。其余参数同试验 1。

本试验包含一个 2 阶 PPS 信号和一个 3 阶 PPS 信号，其中 2 阶 PPS 信号功率仅为 3 阶 PPS 功率的 0.25 倍。由于 PSWVD 变换采用了乘积性的处理方法，必然导致强分量被增强，弱分量被减弱，如图 8.44（c）所示，强分量被显现出来，弱分量只剩下部分残余。在这里可以使用逐次消去技术，每一次处理只需要估计最强分量的参数，然后将最强分量抵消掉，即使此时的参数估计并不准确，但是抵消后，原最强信号的残余已经很少，能量大大降低，在下次处理中，乘积性的处理方法将其进一步削弱，次强分量很容易显现出来，如此处理下去，直至变换结果的强度小于设定的某一门限，可认为不再有有用信号存在。

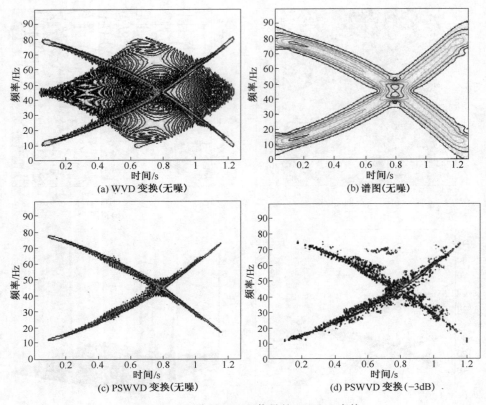

(a) WVD 变换(无噪)　　(b) 谱图(无噪)

(c) PSWVD 变换(无噪)　　(d) PSWVD 变换(−3dB)

图 8.43　两分量 NLFM 信号的 PSWVD 变换

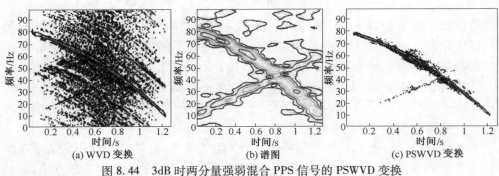

(a) WVD 变换　　(b) 谱图　　(c) PSWVD 变换

图 8.44　3dB 时两分量强弱混合 PPS 信号的 PSWVD 变换

# 8.8　CPF 估计 NLFM 信号参数原理

单分量三阶 PPS$s(t) = A\mathrm{e}^{\mathrm{j}(a_1 t + a_2 t^2 + a_3 t^3)}$ 的三次相位函数为

$$\mathrm{CPF}(t, k) = A^2 \xi(t) \int_0^{+\infty} \mathrm{e}^{\mathrm{j}[(2a_2 + 6a_3 n) - k]\tau^2} \mathrm{d}\tau$$

$$
= \begin{cases} A^2 \xi(t) \sqrt{\dfrac{\pi}{8|2a_2 + 6a_3 t - k|}}(1 + j) & (2a_2 + 6a_3 t) > k \\ A^2 \xi(t) \sqrt{\dfrac{\pi}{8|2a_2 + 6a_3 t - k|}}(1 - j) & (2a_2 + 6a_3 t) < k \end{cases}
$$

$$(8.163)$$

其中，$\xi(t) = \mathrm{e}^{\mathrm{j}2(a_1 t + a_2 t^2 + a_3 t^3)}$。可见，三次相位函数必将沿着瞬时频率率 $k = 2a_2 + 6a_3 t$ 形成最大值。

考虑两分量 NLFM 信号，$x(t) = A_1 \mathrm{e}^{\mathrm{j}(a_{11}t + a_{12}t^2 + a_{13}t^3)} + A_2 \mathrm{e}^{\mathrm{j}(a_{21}t + a_{22}t^2 + a_{23}t^3)}$，将其代入三次相位函数，信号自项对应于

$$
A_i \mathrm{e}^{\mathrm{j}2(a_{i1}t + a_{i2}t^2 + a_{i3}t^3)} \int \mathrm{e}^{\mathrm{j}(2a_{i2} + 6a_{i3}t - \Omega)\tau^2} \mathrm{d}\tau \qquad i = 1, 2 \qquad (8.164)
$$

可见，每个自项都在各自瞬时频率率 $\Omega = 2a_{i2} + 6a_{i3}t$ 上形成峰值。交叉项为

$$
A_1 A_2 z(t) \int \mathrm{e}^{\mathrm{j}\{[(a_{11}-a_{21})+2(a_{12}-a_{22})t+3(a_{13}-a_{23})t^2]\tau+[(a_{12}+a_{22})+3(a_{13}+a_{23})t-\Omega]\tau^2+(a_{13}-a_{23})\tau^3\}} \mathrm{d}\tau
$$

$$(8.165)$$

其中，$z(t) = \mathrm{e}^{\mathrm{j}((a_{11}+a_{21})t + (a_{12}+a_{22})t^2 + (a_{13}+a_{23})t^3)}$。当

$$
\begin{cases} (a_{11} - a_{12}) + 2(a_{12} - a_{22})t = 0 \\ a_{13} - a_{23} = 0 \end{cases} \qquad (8.166)
$$

时，合并为一伪峰，即

$$
A_1 A_2 z(t) \mathrm{e}^{\mathrm{j}\{[(a_{12}+a_{22})+3(a_{13}+a_{23})t]\tau^2\}} \qquad (8.167)
$$

伪峰的位置满足如下关系：

$$
\Omega = (a_{12} + a_{22}) + 3(a_{13} + a_{23})t \qquad (8.168)
$$

更为一般的是，当

$$
(a_{11} - a_{21}) + 2(a_{12} - a_{22})t + 3(a_{13} - a_{23})t^2 = 0 \qquad (8.169)
$$

交叉项将退化为

$$
\begin{cases} A_1 A_2 z(t) \mathrm{e}^{\mathrm{j}\{[(a_{12}+a_{22})+3(a_{13}+a_{23})t]\tau^2+(a_{13}-a_{23})\tau^3\}} \\ A_1 A_2 z(t) \mathrm{e}^{\mathrm{j}\{[(a_{12}+a_{22})+3(a_{13}+a_{23})t]\tau^2-(a_{13}-a_{23})\tau^3\}} \end{cases} \qquad (8.170)
$$

同时注意到，为了防止参数估计的模糊，要求

$$
|a_1| \leqslant \pi, \quad |a_2| \leqslant \pi/N, \quad |a_3| \leqslant 3\pi/2N^2 \qquad (8.171)
$$

所以，$(a_{23} - a_{13})\tau^3$ 相对 $[(a_{12} + a_{22}) + 3(a_{13} + a_{23})t]\tau^2$ 为主要部分，因此，式(8.170)可近似等效于

$$
A_1 A_2 z(t) \mathrm{e}^{\mathrm{j}\{[(a_{12}+a_{22})+3(a_{13}+a_{23})t]\tau^2\}} \qquad (8.172)
$$

由于采用了相位近似方法，所以该伪峰往往是扩散在一定时间范围之内，而非一个时间点上。

由于 NLFM 的三次相位函数沿着瞬时频率率 $k = 2a_2 + 6a_3 t$ 形成最大值，是与时间有关的函数，因此对于多分量 LFM 信号参数估计的方法不能直接应用于 NLFM

信号的参数估计。对于单分量 NLFM 信号,可以选取两个不同的时间点来分别计算三次相位函数,由此可以估计出 $a_2$ 和 $a_3$。然后使用这两个估计值对信号解线调,将信号转化成正弦信号,然后对所得信号做 FFT 就可估计 $a_1$。

因此,对单分量的 PPS,其参数估计算法步骤如下:

(1)选取两个不同的时间中点 $n_1$ 和 $n_2$,计算信号的三次相位函数,得到 $k$ 轴峰值点对应值 $k_1$ 和 $k_2$,则如下关系成立:

$$k_1 = 2a_2 + 6a_3n_1, \quad k_2 = 2a_2 + 6a_3n_2$$

(2)解上述方程,即可求得 $a_2$ 和 $a_3$ 的估计值,采用解线调的方法:$x(n) = x(n)e^{-j(a_2t^2 + a_3t^3)}$,将信号转变成正弦信号。

(3)对信号做傅里叶变换,得到 $a_1$ 的估计值。

# 8.9 相位编码信号的参数估计

## 8.9.1 引言

相位编码(PSK)信号作为一种常见的脉冲压缩雷达信号,已在现代雷达体制中得到了广泛的应用,其中二相编码(BPSK)雷达信号、四相编码(QPSK)雷达信号是最为常见的两种编码形式。本章将主要针对以上两种常见 PSK 雷达信号的脉内调制参数估计展开讨论分析,以此为反辐射导弹导引头(ARM)中的 PSK 脉压雷达信号分选、截获和匹配滤波等提供参数。

由于相位跳变可以展宽信号的带宽,因而相位编码信号广泛应用于脉冲压缩雷达中 PSK 信号按相移取值数目分类。若限取 0、π 两个相移,则称为二相编码或倒相编码(BPSK)信号;若限取 0、π/2、π、3π/2 四个相移,则称为四相编码(QPSK)信号。一般来说,只要存在两个以上的相移,均可统称为多相编码信号。其中,常见用于 BPSK 的二元伪随机序列有巴克序列、互补序列、M 序列和霍尔序列等;常见用于 QPSK 信号的多元序列有弗兰克多相码、霍夫曼序列等。多相编码雷达较 BPSK 雷达在码字的选择上具有更大的灵活性,易于找到相关性能良好的码字,但多相编码雷达在实现上较 BPSK 雷达复杂程度大大增加,故在实践中多采用 BPSK 雷达。由于 PSK 信号频谱较宽,应用于雷达系统时峰值发射功率较低,对这类信号的截获、识别和参数估计存在一定的困难。而在反辐射导弹中,对 PSK 信号的识别和参数估计是必须解决的问题。本章主要以 PSK 雷达信号中常见的 BPSK 信号和 QPSK 信号作为主要研究对象。

关于相位编码信号参数估计的问题,前人提出了许多方法。文献[114]提出了一种相位编码信号编码序列估计方法。文献[115]则研究了 PSK 信号的截频及码率估计,这两种方法的共同缺陷是它们都要求相当高的信噪比。文献[116]提出了一种提取信号特征的小波脊线法。文献[117]对其进行了改进,在信噪比较高时,它可以实现信号脉内特征的准确提取,但在信噪比小于 6dB 时,提取出的脊线就无法准确反映信号调制信息。文献[118]所提的方法首先通过小波去噪来提高接收信号的信噪比,从而得到相对准确的小波脊线,但由于其在信号特征提取前进行了门限处理,在一定程度上破坏了信号细节,不利于其他细微特征的进一步提取。文献[119]从信号的奇异性检测出发,利用小波变换良好的时频局部性能,检测单脉冲 BPSK 信号的相位跳变点。文献[120]利用小波变换的相位尺度和载波尺度的模极大值特征辩识信号的相位调制规律,因而在无须计算全部小波系数的情况下,可快速地获得信号的数学模型,为算法在实际中的应用提供了良好的条件。文献[121]针对信号和噪声小波变换的模极大值在不同尺度上表现出截然不同的推论,提出一种利用粗细定位相结合的思想对二相编码信号奇异点实现精确定位的方法。文献[116-121]中的方法都存在小波基函数选取困难的问题,如果它们的小波基函数选择不合理,就很有可能导致算法的性能大大降低,甚至失效。而且尽管它们其中一些方法如文献[120,121]中采取了一定的办法来降低计算量,但由于小波变换本身需要较多的计算资源,所以其实用性能仍较差。文献[122,123]应用 Haar 小波提出了相位编码信号的码率估计算法。该算法联合多个尺度下信号的小波变换系数,经 DFT 和低通滤波后实现了单信号码率估计,但该算法不能同时直接获得信号载频估计和序列恢复。文献[124,125]均利用了循环相关理论来估计信号参数。其中,文献[124]利用 2 倍载频循环频率两侧的循环谱峰特征估计码元速率。文献[125]利用 2 倍载频循环频率两侧和单倍码元速率循环频率处循环谱峰特征估计码元速率。由于这两种方法无需先验信息,所以受到广泛关注,但它们在较低信噪比时,对码元速率参数的估计效果不理想,且由于要对信号的循环频率进行搜索,使得其计算复杂度较高,同时要求的数据存储空间也较大,所以不适于实际应用。

对于 PSK 信号的参数估计而言,目前常见的几种代表性的方法有:基于最大似然估计的 PSK 信号参数估计方法,该方法需要多维搜索,计算量较大;基于循环谱的载频和码速率估计算法,该方法需要较大的采样数据量,实时性差;基于小波变换的突变点和码速率估计算法,该方法对小波母函数和最优尺度的选择方法尚需完善;基于希尔伯特变换相位差分的瞬时频率估计当属最易于工程实现的传统方法之一,但是该方法抗噪性能差,信噪比门限高,因此也一定程度上限制了它的应用。

本章首先运用小波理论,针对含载频的信号,根据信号和噪声小波变换的模极大值在不同尺度上表现出的截然不同的性质,提出一种双尺度的小波变换法,即利用粗细定位相结合的思想对二相编码信号奇异点实现精确定位的方法。该方法采用大尺度上的模极值点进行粗略定位奇异点出现的范围,并据此去除小尺度上的伪极值点,用小尺度上的模极值点精确定位奇异点出现的时刻,该方法存在尺度不易选取且低信噪比性能不佳的缺点;进一步针对去载频的信号,提出了一种基于乘积性多尺度小波变换的 MPSK 信号码速率估计算法,该方法首先要去除信号载频,然后利用信号和噪声在不同尺度下的不同变换结果,将多尺度下的变换结果相乘,可以在较低信噪比下提取突变点,采用 FFT 算法来估计码速率,使低信噪比性能进一步提高,且该方法尺度的选取变得简便和有章可循。最后承接 8.3 节的方法,进一步提出了基于时域累加瞬时自相关的 PSK 信号参数估计算法,对时域累加瞬时自相关的结果做 FFT,取第一个峰值点对应的频率作为码速率的估计结果。该算法简单实用,具有很高的工程应用价值,同时也具有很优越的估计性能,在后续的硬件平台中得到了应用。

本章提出了两种 PSK 信号的参数估计方法:基于积分包络 PSK 信号参数估计,循环自相关及改进循环自相关函数的参数估计算法和一种快速的 PSK 信号参数估计算法。其中,改进循环自相关函数的参数估计算法是利用循环平稳信号的时域函数和频域函数所体现出的循环特征取决于信号的频率参数,而 PSK 信号是一类典型的循环平稳信号,并且其载频和码速率两个参数完全确定了其循环自相关函数的循环频率这一特点,首先定义两个循环自相关函数,并分别建立它们的基于循环自相关函数的统计量,并以此统计量的循环频率特征实现 PSK 信号的盲参数估计。书中分别给出了对 BPSK 信号和 QPSK 信号进行参数估计的具体步骤,并详细分析影响其参数估计性能的因素。而快速的 PSK 信号参数估计算法利用的是下变频后的基带信号的虚部和实部累加输出波形的幅度互补,且其拐点位置恰是与相位跳变点相对应的特性估计 PSK 信号的参数。

### 8.9.2 基于双尺度连续小波变换的二相编码信号奇异点提取

小波分析是一种能同时在时间域和频率域内进行局部分析的信号分析技术。分辨力可随频率变化而变化,在高频上具有较高的时间分辨力,低频上具有较高的频率分辨力。利用小波变换所具有的这种数学显微镜特点和频域带通特性,可以把所需的信号分离出来。小波变换具有检测信号奇异性和突变结构的优势,因此能更准确地得到信号上特定点的奇异信息。因为信号和噪声在小波变换上表现出截然不同的性质,所以小波分析能用在信噪分离上。二相编码信号相位的突变点发生了幅值突变,属于奇异点。因此小波分析很适合于应用到低信噪比下二相编码信号的识别上。

本书根据在选取的两个不同尺度下二相编码信号的模值表现出截然不同的特性,结合彼此的分析优势,辨识二相编码信号的参数特性,得到了良好的辨识效果。

**1. 基本原理**

1) 信号小波变换的极值点

根据小波变换的定义,信号 $s(t) \in L^2(R)$ 的连续小波变换为

$$W_s(a,b) = \int_{-\infty}^{+\infty} s(t)\varphi_{a,b}^*(t)\mathrm{d}t = \int_{-\infty}^{+\infty} s(t)(1/\sqrt{a})\,\varphi^*((t-b)/a)\mathrm{d}t \quad (8.173)$$

式中:$a$ 为尺度因子($a > 0$);$b$ 为位移参数;函数 $\varphi(t)$ 为基本小波。

从某种意义上讲,小波变换就是求两个函数相似的运算,这种意义上的小波变换 $W_s(a,b)$ 可以看成是信号 $s(t)$ 通过冲激响应为 $\varphi(t)$ 的系统后的输出。设 $W_s(a,b)$ 是函数 $s(t)$ 的卷积型小波变换,在尺度 $a_0$ 下,称点( $a_0$ , $b_0$ )为局部极值点,若 $\dfrac{\partial W_s(a,b)}{\partial a}$ 在 $a_0$ 有一过零点,称( $a_0$ , $b_0$ )为小波变换的模极大值点。对于属于 $a_0$ 的某一邻域的任意点 $b_0$ ,都有 $|W_s(a,b)| \leqslant W_s(a_0,b_0)$ 。

2) 信号的奇异性与小波母函数选取

本书选用 dbN 小波系,dbN 小波除了 db1 外,其他小波没有明确的表达式,但具有明确的转换函数平方模。为了有效地检测出信号的奇异点,必须选取合适的小波消失矩[113],即 N 值的选取。

如果小波 $\varphi(t)$ 具有 $n$ 阶消失矩,则对于一切正整数 $k < n$ ,有

$$\int_{-\infty}^{+\infty} x^k \varphi(x) \mathrm{d}x = 0 \tag{8.174}$$

通常用 Lipschitz 指数 $\alpha$ 来描述信号的局部奇异性[112],因此 $\alpha$ 也称为奇异指数。

常用信号的奇异指数是大于零的,其小波变换模极大值随尺度的增加而增加,在较小的尺度上,模极值的个数基本相同。而噪声的奇异指数往往是小于零的,由文献[119]知白噪声的均匀 Lipschitz 指数为 $-1/2-\varepsilon(\varepsilon > 0)$ ,其小波变换的模极大值随尺度的增加而减小。小波奇异点检测和模极大值消噪就是基于这种原理。

小波基的消失矩必须具有足够的阶数,消失矩阶数与指数 $\alpha$ 密切相关。如果小波函数有 $N$ 阶消失矩,若 $\alpha > N$ ,小波的衰减性就不能给出信号的 Lipschitz 的正则性的任何信息,就无法有效检测奇异点。然而消失矩的阶数越大,相应的变换方程也越复杂,计算速度也越慢,所以小波消失矩阶数的选取要适当。由于求取 Lipschitz 指数的计算量比较大,文献[121]中提出采用相对简化的即兴(Adhoc)算法,本书根据此算法选取 $N=3$ ,当 $N>3$ 时,不但计算量加大,而且识别效果并没有明显改善。为此,本书提出一种采用粗定位与细定位相结合的思想,通过对信号的奇异点进行精确定位,从而进行二相编码信号识别。

### 8.9.3 算法模型

小波函数 $\varphi_{a,b}(t)$ 可以被描述为一个带通滤波器的脉冲响应,随着 $a$、$b$ 的变化,这样的一组滤波器在时间轴上滑动,信号的不同频率成分将有可能进入其通带。当有信号进入时,对小波变换系数的模起到主要作用。当信号的某个频率不但进入其通带而且其频率恰好等于滤波器组的中心频率时,将使得小波变换在此区域取得一个极大值。二相编码信号在码元内部频率固定,在相位变化点频率发生变化。当滤波器窗落在码元内部时,此时码元内信号的小波系数模值出现极大值,明显大于突变点的模值;当滤波器窗落在突变点上时,此时的模值要远远大于

码元内信号变换的模值。本书便是利用这个特性来辨识二相编码信号。

滤波器窗在频率轴的位置主要由 $a$ 值决定,由于比较大的 $a$ 值对应比较小的频率,而较小的 $a$ 值对应较大的频率,突变点的频率值要大于码元内的频率值,假设在突变点选取尺度 $a_1$,在码元内部选取尺度 $a_2$,则有 $a_1 < a_2$。

为了达到最大限度辨识低信噪比信号的目的,关键是最佳 $a$ 值的选取。最佳 $a$ 值就是使两个模值差距最悬殊时的值。最佳 $a$ 值可以由仿真试验得到,并可由下面的经验公式粗略估计:$a = kf_s/f_0$ [115]。其中:$k$ 为比例系数;$f_0$ 为信号频率,可以通过对信号平方然后做 FFT 测频的方法测得;$f_s$ 为采样频率。当 $f_s/f_0 = 10$ 时,$a_1$ 在 $k = 0.1$ 附近,$a_2$ 在 $k = 0.8$ 附近。

假设一组不含噪的二相编码信号[1,0,1],载频 10Hz,码宽 1s,采样率 100Hz,最佳 $a_1$ 和 $a_2$ 通过以下步骤获得:

(1)首先由经验公式估计 $a$ 值的范围,本例中选取 $0.1 < a < 12$,如图 8.45 所示;

(2)尺度从 0.1 到 12,对信号做 cwt 变换,观察图 8.45,在 $1 < a < 2$ 时,信号内的 cwt 系数很小而在突变点的系数较大,$7 < a < 10$ 时,信号内的 cwt 系数较大而突变点的系数较小;

(3)依据(2)中的尺度范围,选取几个单一尺度,得到其模值图,分别计算码元内的模值和突变点模值的比值,当两模值差距最悬殊时选定最佳尺度,如图 8.46 和图 8.47 所示,本例中选定 $a_1 = 8$,$a_2 = 1.5$。

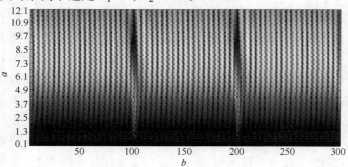

图 8.45 $0.1 < a < 12$ 的信号 cwt 变换图

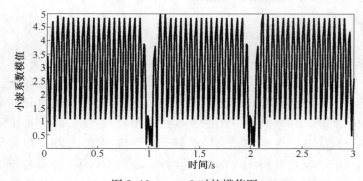

图 8.46 $a = 8$ 时的模值图

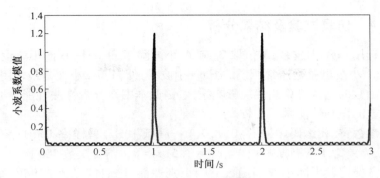

图 8.47 $a = 1.5$ 时的模值图

上述只是说明最佳 $a$ 值的选取过程,由于需要计算多尺度下的 cwt 变换,此种算法的计算量过大。为了简化运算,实际中,在 $f_s/f_0$ 确定后,只需根据经验 $k$ 值,确定两个尺度的范围,然后在这两个小范围内,均匀地找出几个单一尺度进行 cwt 变换,从中选取较优尺度就可以了。

对于混有白噪声的低信噪比二相编码信号,在辨识前先对其进行阈值法消噪处理。对于白噪声,随着小波尺度加大,它的极值点会显著减小,而信号的奇异点的模极大值却随着变大。从理论上讲,尺度越小,小波系数模极大值点与突变点位置的对应关系就越准确。但是,小尺度下小波系数受到噪声的影响非常大,产生许多伪极值点,往往只凭一个尺度不能定位突变点的位置。相反,在大尺度下,对噪声进行了一定的平滑,极值点相对稳定,但由于平滑作用使其定位又产生了偏差。同时,只有在适当的尺度下各突变点引起的小波变换才能避免交迭干扰。因此,在用小波变换模极大值法判定信号的奇异点时,需要把多尺度结合起来综合观察。

基于上面的讨论,本书选取了一大一小两个尺度,在大尺度下,对应图 8.46,信号内的模值大于突变点的模值,而大尺度抗噪性能要好于小尺度,但是对突变点的定位比较粗糙,可是却可以识别更低信噪比下信号的突变点。在小尺度下,对应图 8.47,信号内的模值远小于突变点的模值,但是抗噪性能较差,可能会产生伪极值点,但是对突变点的定位却比较准确。由此得到这样的算法思想:结合两种尺度,用大尺度粗略找到突变点,并据此去除小尺度上的伪极值点,用小尺度上的极值点精确定位突变点。

将本书的算法总结如下:

(1) 对信号进行平方 FFT 测频,得到信号载频的估计值;

(2) 由上述算法找到最佳尺度值 $a_1$、$a_2$;

(3) 对信号进行阈值法消噪;

(4) 在尺度 $a_1$、$a_2$ 下对信号进行 cwt 变换,得到模值图;

(5) 由大尺度下的模值图去除小尺度下模值图的伪极值点,由小尺度下的极值点定位突变点,得到相位突变点的位置和码宽。

### 8.9.4 仿真试验及结果分析

本书选用 db$N$ 小波系，$N$ 值取 3，db$N$ 小波除了 db1 外，其他小波没有明确的表达式，db1 小波也就是通常所说的 Haar 小波，另外 Morlet 小波是最常用的小波基函数。基函数的选择对算法性能影响很大，因此本书在分析算法性能的同时，也对上述基函数的识别性能做了比较。

模型参数：二相编码序列 $[1,0,1,0,1]$，载频 10Hz，采样率 100Hz，码宽 1s，叠加零均值，方差为 1 的高斯白噪声，$a_1 = 1.5$，$a_2 = 8$。仿真次数 500 次。

为了方便比较不同小波基函数下的识别性能，选取信噪比为 9dB，图 8.48 和图 8.49 中仿真结果从上到下依次为 db3 小波、Haar 小波和 Morlet 小波。比较结果如图 8.48 和图 8.49 所示。

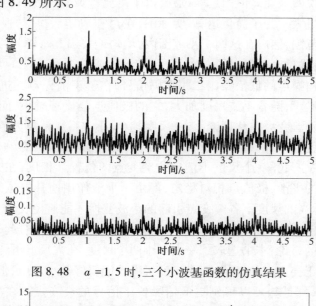

图 8.48  $a = 1.5$ 时，三个小波基函数的仿真结果

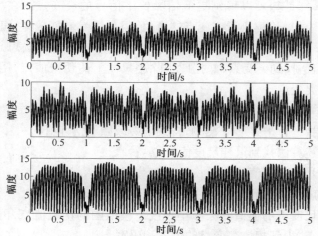

图 8.49  $a = 8$ 时，三个小波基函数的仿真结果

从比较结果可以看出：

（1）在小尺度时，db3 小波与 Haar 小波由于同属于 dbN 小波系，其识别的突变点的峰值高度差别不大，但是 Haar 小波的抗噪能力要远弱于 db3 小波，随着信噪比的降低，Haar 小波识别的突变点很快被淹没，识别性能较差。Morlet 小波的抗噪能力与 db3 小波相当，但 db3 小波识别的突变点峰值幅度是 Morlet 小波的 10 倍以上，从这一点上，db3 小波要好于 Morlet 小波。

（2）在大尺度时，同样 db3 小波比 Haar 小波表现出较好的抗噪能力，而 Morlet 小波的定位误差要明显比其他两种小波大。

综合以上几点，db3 小波表现出了最优良的识别性能。因此，本书选用了 db3 小波。

本书使用 db3 小波进一步做更低信噪比下的仿真试验，图 8.50 所示为 3dB 时的两尺度辨识图。

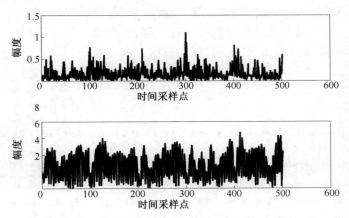

图 8.50　两尺度辨识图（$S/N = 3$dB）

从仿真结果可以看出，当信噪比较大时辨识结果非常明显，当信噪比降到 3dB 时，大尺度下的辨识结果还是可以接受的，小尺度下出现了许多伪极值点，但是利用大尺度图去除伪极值点后，仍然可以准确定位突变点。这说明了算法的有效性。

在不同的基函数下，本书比较了双尺度和单尺度算法的最低可检测信噪比 Min(SNR) 和 9dB 时定位误差，结果见表 8.12。

从仿真试验的比较结果，总结以下几点：

（1）Haar 小波的抗噪能力不如 db3 小波，Morlet 小波的检测性能与 db3 小波相当，但峰值幅度比 db3 小波小得多，因此，db3 小波是较理想的选择。

（2）双尺度的检测信噪比取决于大尺度的检测信噪比，定位误差取决于小尺度的定位误差，小尺度的定位精度要远高于大尺度的定位精度，这一点是本书算法的突出优势，故双尺度算法结合了两个单尺度的优点。

表 8.12 检测信噪比与定位误差性能比较

| 基函数 | 比较内容 | 单一小尺度 | 单一大尺度 | 双尺度 |
|---|---|---|---|---|
| db3 | Min($S/N$)/dB | 6 | 3 | 3 |
| | 定位误差/(%) | ±1 | −8~12 | ±1 |
| Haar | Min($S/N$)/dB | 9 | 6 | 6 |
| | 定位误差/(%) | ±1 | −8~12 | ±1 |
| Morlet | Min($S/N$)/dB | 6 | 3 | 3 |
| | 定位误差/(%) | ±1 | −10~14 | ±1 |

（3）随着信噪比的下降，小尺度出现较多的伪极值点，检测性能下降，但是正确的突变点仍然可以检测出来。大尺度仍可粗略估计突变点，但精度下降，而且检测性能也开始下降，但是由于突变点的极值必然在两幅图上同时出现，通过互相去除伪极值点，双尺度的检测性能得以提升，此时体现了双尺度结合的优势。

本节的方法是对含载频信号直接进行处理，缺乏很好的尺度选择方法，且低信噪比性能有限，需要进一步研究更有效的算法。

# 参 考 文 献

[1] Davies C L, Hollands H. Automatic processing for ESM[J]. IEE Proceedings, Paft F：Radar&Signal Process, 1982, 129(3)：146−171.

[2] 余农,潘联安. 雷达告警系统的信号识别[J]. 航天电子对抗,1991(2):22−26.

[3] Roe J. A review application ofartiftcal intelligence techniques to navel ESM signal processing[C]. Proceedings of lEE Colloquium on the Applications of artifical intelligence techniques to Signal Processing, 1989,(5):1−5.

[4] Roe A L. Artificial neural networks for ESM emitter identification−an initial study[C]. Proceedings of lEE Colloquium on Neural Networks for Systems：Principles arid Applications, 1991, (4):1−3.

[5] Roe 1. Pudner A. The real−titne implementation of emitter identification for ,ESM[C]. Proceedings of IEE Colloquium on Signal Processing in Electronic Warfare, 1994,(7):1−16.

[6] Perdriau B. Modulation domain offers a new view of radar performance[J].MSN 1990(5)：27−43.

[7] 阎向东,张庆荣,林向平. 脉压信号的脉内调制特征提取[J]. 电子对抗,1991(4):23−31.

[8] 李杨,李国通,杨根庆. 通信信号数字调制方式自动识别算法研究[J]. 电子与信息学报,2005,27(2):197−201.

[9] Azzouz E, Nandia. Algorithms of automatic modulation recognition of conununication signals[J]. IEEE Trans. Comm. 1998, 46(4):431−436.

[10] Hsue Z S, Soliman S S. Automatic modulation classification using zero crossing[J]. Radar and Signal Processing, IEE Proceedings F, 1990,137(6):459−464.

[11] Chugg K M, Chu−Sieng, Polydoros A. Combined likelihood power estimation and multiple hypothesis modulation classification[G]. Signals, Systems and Computers, Conference, Record of the Twenty−NinthAsilomar. 1996,1. 2:1137−1141.

[12] 邓振淼,刘渝,杨姗姗. 多相码雷达信号调制方式识别[J]. 数据采集与处理,2008,23(3):265−269.

[13] Zhao J, Tao L. A MPSK modulation classification method besed on the maximum likelihood criterion[C]. ICSP'

04 Proceedings, 2004:1805-1808.

[14] Azzouz E E, Nandi A K. Automatic identification. of digital modulation types[J]. Signal Processing, 1995, 47(1): 55-59.

[15] Chan Y T, Gadbois L G. Identification of the modulation type of a signal[J]. Signal Processing. 1989, 16(2): 149-154.

[16] Mammone R H, Rothaker R J, Podilchuk C I. Estimation of carrier frequency, modulation type and bit rate . of an unknown modulted signal[J]. ICC Seattle, WA, 1987: 1006-1012.

[17] Ho K C, Prokopiw W, Chan Y T. Modulation identification by the wavelet transfonn[J]. MILCOM, San Diego, CA, 1995, 2: 886-890.

[18] Ho K C, Prokopiw´ W, Chan Y T. Modulation identification of digital signals by the wavelet transform[J]. IEE Proceeding-Radar, Sonar, Navigation, 2000,147(4): 169-176.

[19] Gini F, Giannakis G B. Frequency . offset and symbol timing, recovery in flatfading channels: a cyclostationary approach[J]. IEEE Trans. On Communications, 1998, 46(3): 400-410.

[20] Mazet L, Loubaten Ph. Cycle cerrelation based symbol rate estimation[C]. The 33rd Asilomar Cenference on Signals, System & Computers, 1999: 1008-1012.

[21] Hsue S Z, Seliman SSe Autematic medulatien classificatien using zere cressing[J]. IEE Preceedings F, Radar and Signal Precessing, 1990, 137(6): 459-464.

[22] Louis C, Schier P. Automatic modulation recognition with a hierarchical neural network[C], MILCOM, Long Branch, NJ, 1994, 3: 713-717.

[23] 胡建伟. 小波在电子侦察中的应用[D]. 西安电子科技大学博士学位论文,2005.

[24] 骆聘,等. 自组织神经网络实现无限数字信号识别[J]. 无线通信技术,2000:9-13.

[25] 戴威,王有政,王京. 基于AR模型的调制盲识别方法[J]. 电子学报. ,2001,29(12):1890-1892.

[26] Donoho D L, Huo XiaolIling. Large-sample modulation classification using Hellinger representation[C]. IEEE Signal Processing Workshop on Signal Processing Advances in Wireless Communications, 1997: 133-136.

[27] Nandi A K, Azzouz E E. Modulation recognition using artificial neural neural networks[J]. Signal Processing, 1997,56(2):165-175.

[28] Hill P C J, Orzeszko G R. Performance comparison of neur l network and statistical discriminant processing techniques for automati modulation recognition[J]. SPIE, 1991, 1469: 329-340.

[29] Park K Y. Performance evaluation of energy detectors[J]. IEEE Trans. AES, 1978, 14(2): 237-241.

[30] Chung C D, Polydoros A. Detection and hop-rate estimation of random FH signals via autocorrelation technique [C]. IEEE MILCOM'91, 1991, 1: 345-349.

[31] 隋丹,葛临东,屈丹. 一种新的基于能量检测的突发信号存在性检测算法[J]. 信号处理,2008,24(4): 614-617.

[32] 尉宇,孙德宝,郑继刚. 基于FrFT优化窗的STFT及非线性调频信号瞬时频率估计[J]. 宇航学院, 2005,26(2):217-222.

[33] Kwok H K, Jones D L. Improved instantaneous frequency estimation using an adaptive short-time Fourier transform[J]. IEEE Trans. Signal Processing, 2000, 48(10): 2964-2972.

[34] 章步云,刘爱芳,朱晓华,等. 基于Radon-STFT的多分量线性调频信号检测和参数估计[J]. 探测与控制学报,2003,25(3):30-33.

[35] Bastiaans M J. Application of the Wigl1er distribution function to partially coherent light[J]. J. Opt. Soc. Am, 1986,3: 1277-1238.

[36] Boashash B, Whitehouse H J. Seismic applications of the Wigner- Ville distribution[C]. Proc. IEEE Int. Conf. System and Circuits, 1986: 34-37.

[37] Kay S, Boudreaux-B. artels G F. On the optimality of the Wiguer-ViUe distribution for detection(C). Proc. ICASSP'85, 1985: 1017-1020.

[38] Franz 1-1. Interference terms in the Wigner distribution[C]. ICASSP' 84, 1984: 363-367P.

[39] Flandrin P. Some features of time- frequency representation of multi-component signals [C]. Proc. IEEE IC-ASSP'84, 1984: 41-44.

[40] Choi H and Williams J. Improved time-frequency representation of multi component signals using exponential kemels[J]. IEEE Tralls. ASSP. , 1989, 37(6).

[41] 王宏禹. 非平稳随机信号分析与处理[M]. 北京:国防工业出版社,1999.

[42] 张贤达, 保铮. 非平稳信号分析与处理[M]. 北京:国防工业出版社,1998.

[43] Cohen L. Time-frequency distributions-Areview[J]. Proc. of the IEEE, 1989, 77: 941-981.

[44] Cohen L. Generalized phase-space distribution functions[J]. Math. Phys, 1966,7: 781-786.

[45] Stankovic L. A method for time-frequency analysis[J]. IEEE Trans. SF, 1994, 42(1): 225-229.

[46] Boashash B, O'shea P. Polynomial wigner-ville distributions . and their relationship to time-varying higher order spectra[J]. IEEE trans. Signal Processing, 1994, 42: 216-220.

[47] Stankovi L. A multitime definition of the Wiger higher orqer distriblilion: L-Wigner distributions[C]. IEEE Signal Processing Letters, 1994, 1 (7):106-109.

[48] Stankovic L. A method for improved distribution concentration in the tin1e-frequency analysis of multi component signals using the L-wigner distributions[J]. IEEE Trans. SF, 1995,43(5): 1262-1268.

[49] Ristic B, Boualem. Relationship between the polynomial and the higher Wigner-Ville distribution[C]. IEEE Signal Processing Letters, 1995, 2(12): 227-229.

[50] Stankovic L. L-class of time-frequency distributions[C]. IEEE Sisnal Processing Letters, 1996, 3(1): 22-25.

[51] Stankovic L. A time-frequency distribution concentrated along the instantaneous frequency[C]. IEEE Signal Processing Letters, 1996, 3(3): 89-92.

[52] Stankovic L. S-class time-frequency distribution[J]. IEEE Proc. Vision. Image and Signal Processing, 1997, 114(2): 57-64.

[53] Nathalie D, Bernard E, Phillippe G, etc. Asymptotic wavelet and Gabor analysis: extraction of instantaneous frequencies[J]. IEEE Trans. on Infonnation Theory, 1992, 38(2): 644-664.

[54] 唐向宏,龚腰寰. 小波变换在雷达信号处理中的应用[J]. 电子科技大学学报,1995,24(8):192-198.

[55] 张磊,潘泉,张洪才,等. 一种子波域滤波算法的实现[J]. 电子学报,1999,27(2):19-21.

[56] 金燕,黄振,陆建华. 基于 FRFT 的线性调频信号多径信号分离算法[J]. 清华大学学报,2008,48(10): 1617-1620.

[57] Ozaktas H M, Arikan O, Kurtay M A, etc. Digital computation of the frctional Fourier transform[J]. IEEE, Trans. Signal Processing, 1996, 44(9): 2141-2149.

[58] Gadner W A. Measurement of spectral correlation[J]. IEEE Trans. ASSP, 1986, 34(5): 1111-1123.

[59] Gardner W A. Signal interception: A unifying theQretiGal framework for feather detection[J]. IEEE Trans. Communications, 1988, 36(8): 897-906.

[60] Gardner W A, Spooner C M. Signal interception: Performance advantages of cycle-feature detectors[J]. IEEE Trans. Communications, 1992, 40(1):149-159.

[61] Ueung G K, Gardner W A. Search-efficient methods of detection of cyclostationary signals[J]. IEEE Trans. Signal Processing, 1996, 44(5):1214-1223.

[62] Peleg S, Porat B. Linear FM signal parameter estimation from discrete-time observation[J]. IEEE transaction on AES, 1991,24(4): 607-614.

[63] Peleg S, Porat B. Estimation and classification of polynomial phase signals[J]. IEEE Transaction on Information Theory, 1991,37(3):422-430.

[64] Peleg S, Friedlander B. The discrete polynotnjal"pha e transform[J]. IEEE Transaction on Signal Processing, 1995,43(8): 1901-1914.

[65] Peleg S, Friedlander B. Multicomponent signal analysis using polynomial-phase transform[J]. IEEE Trans. , AES, 1996,32(1).

[66] Barbarossa S, Scaglione A, Giannakis G B. Product High order ambiguity function for multicomponent polynomial phase sigtlal modeling[J]. IEEE Trans. on Signal Processing, 1998,46: 691-708.

[67] Barbarossa S, Porchia A, Scaglione A. Multiplicative multilag higher-order ambiguity function[C]. Proc. Int. Conf. Acoust. , speech, signal processing, Atlanta, GA, 1996, 5: 3022-3206.

[68] Barbarossa S, Petrone V. Analysis of polynomial-phase signals by an integrated generalized ambiguity function [J]. IEEE Trans. Signal Processing; 1997,44: 316-327.

[69] O'shea P. A new technique for instantaneous frequency rate estimation[C]. IEEE Signal Processing Letters, 2002, 9(8): 251-252.

[70] O'shea P. A fast algorithm for estimating the parameters of a quadratic FM signal[J]. IEEE Transaction on Signal Proc. essing, 2004, 52(2): 385-393.

[71] 王民胜. 时频分析在信号处理中的应用[D]. 西安:西安电子科技大学,1994.

[72] Yang Shaoquan, Chen Weidong. Classification of MPSK signals using cumulant invariants[J]. Journal of Electronics, 2002, 19(1): 100-103.

[73] 张家树. 混沌信号的非线性自适应预测技术及其应用研究[D]. 成都:电子科技大学,2001.

[74] 张洪涛. 基于神经网络和滤波理论的信息融合算法研究[D]. 哈尔滨:哈尔滨工业大学,2007.

[75] 邱剑锋,谢娟,汪继文,等. Chirplet 变换及其推广[J]. 合肥工业大学学报,2007,30(12):1575-1579.

[76] 朱明,金炜东,普运伟,等. 基于 Chirplet 原子的雷达辐射源信号特征提取[J]. 红外与毫米波学报, 2007,26(4):302-306.

[77] 蒋润良. 相位编码雷达信号处理及其应用研究[D]. 南京:南京理工大学,2003.

[78] 张群逸. 雷达中的相位编码信号与处理[J]. 火控雷达技术,2005,34(12):30-32.

[79] 张华. 低信噪比下线性调频信号的检测与参量估计研究[D]. 成都:电子科技大学,2004.

[80] 刘庆云. 确定性时变信号的分析与处理方法研究[D]. 西安:西北工业大学,2004.

[81] Zhang G X, Hu L Z, Jin W D. Resemblance coefficient based intrapulse featureextraction approach for radar emitter signals[J]. Chinese Journal of Electronics, 2005,14(2):337-341.

[82] 李利,司锡才,柴娟芳,等. 基于重排—小波 Radon 变换的 LFM 信号参数估计. 系统工程与电子技术, 2009,31(1):74-77.

[83] 李利,司锡才,柴娟芳,等. 线性调频雷达信号参数估计算法的多片 ADSP 实现. 哈尔滨工程大学学报, 2009,30(3):318-322.

[84] chrick G S, Wiley R G. Interception of LPI radar signals[C]. IEEE International Radar Conference, 1990: 108-111.

[85] Wang M S, Chan A K, Chui C K. Linear frequency-modulated signal detection using radon-ambiguity transform[J]. IEEE Trans. Signal Processing, 1998,46(3): 571-586.

[86] 徐春光,谢维信. 自适应线性核时频信号分析[J]. 系统工程与电子技术,2000,22(6):22-24.

[87] Ozdemir A K, Arikan O. A high resolution time frequency representation with significantly reduced cross-terms [C]. Proc. IEEE ICASSP, 2000, 2: 693-696.

[88] 孙泓波,顾红,苏卫民,等. 基于互 Wigner-Ville 分布的 SAR 运动目标检测[J]. 电子学报,2002,30(3): 347-350.

[89] Boashash B, Sucic V. Resolution measure criteria for thti objective assessment of the performance of quadratic time-frequency distributions[J]. IEEE Trans. on Signal Processing, 2003, 51(5): 1253-1263.

[90] Boashash B, Sucic V. A resolution . performance measure for quadratic time-frequency distributions[C]. Proc. 10th IEEE Workshop Statist. Signal Array Process., Pocono Manor, FA, 2000: 584-588.

[91] Peleg S, Porat B. The Cramer-Rao lower bound for signals with constant amplitude and polynomial phase[J]. IEEE Transactions on Signal Processing, 1991, 39(3):749- 752.

[92] 李英祥. 低截获概率信号非平稳处理技术研究[D]. 成都:电子科技大学,2002.

[93] 张华. 低信噪比下线性调频信号的检测与参量估计研究[D]. 成都:电子科技大学,2004.

[94] 李强,王其申. 小波谱及其在线性调频信号检测中的作用[J]. 量子电子学报,2005,5(22):685-689.

[95] 邹红. 多分量线性调频信号的时频分析[D]. 西安:电子科技大学,2000.

[96] 张贤达. 现代信号处理[M]. 北京:清华大学出版社,2002.

[97] 尉宇,孙德宝,郑继刚. 基于 FrFT 优化窗的 STFT 及非线性调频信号瞬时频率估计[J]. 宇航学报,2005,3:217-222.

[98] 李利,司锡才,柴娟芳. 一种改进的小波域 LFM 雷达信号参数估计算法[J]. 海军工程大学学报,2008,2:84-88.

[99] 郑生华,徐大专. 基于小波脊线-Hough 变换的 LFM 信号检测[J]. 量子电子学报,2008,2:145-150.

[100] 冯小平,李晨阳. 线性调频信号参数快速估计[J]. 系统工程与电子技术,2005,237-239.

[101] 靖晟,刘渝,席轶敏. 非线性调频信号参数估计算法[J]. 南京航空航天大学学报,2001,5(33): 441-444.

[102] Barbarossa S, Scaglione A, Giannakis G. B. ProductH gh Order Ambiguity Function for Multicomponent Polynomial-Phase Signal MOdeing[J]. IEEE Transactions on Signal Processing, 1998, 46(3): 691-708.

[103] Barbarossa S, et al. Product high-order ambiguity function. for mulicomponent polynomiak-phase signal modeling[1]. IEEE ,Trans Signal Processing, 1998,46: 691-708.

[104] 齐林,陶然. 基于分数阶 Fourier 变换的多分量 LFM 信号的检测和参数估计[J]. 中国科学 E 辑,2003, 33(8):749-759.

[105] 张希会. 线性调频波简化与估计的理论探讨[D]. 成都:电子科技大学,2007:19-23.

[106] 赵兴浩,邓兵,陶然. 分数阶傅里叶变换数值计算中的量纲归一化[J]. 北京理工大学学报,2005,25 (4):360-364.

[107] 刘建成,王雪松,刘忠,等. 基于分数阶 Fourier 变换的 LFM 信号参数估计精度分析[J]. 信号处理, 2008,24(2):187-200.

[108] 杨辉,冉红. 正定性与二次函数的最值及二元函数的极值[J]. 长春师范学院学报(自然科学版), 2005,24(1):13-15.

[109a] 刘建成,刘忠,王雪松,等. 高斯白噪声背景下的 LFM 信号的分数阶 Fourier 域信噪比分析[J]. 电子与信息学报,2007,29(10):2337-2339.

[109b] Ozaktas H M, Zalevsky Z. Kutay M. A. The fractinal Fourier transform with application in opties and signal processing [M]. JOHN WILEY&SONS, LTD, Baffins lane, Chineseter, west Sussex Polg IUD, England, 2001.

[110] Barkat B, Boashash B. Design of higher order polynomial Wigner-Ville distributions[J]. IEEE Transactions on Signal Processing, 1999, 47(9):2608-2611.

[111] 张晓冬,吴乐南. 多项式 Wigner-Ville 分布(PWVD)的系数设计[J]. 电路与系统学报,2003,8(4): 119-122.

[112] 郭汉伟,王岩,梁甸农. 检测多项式相位信号的时频综合算法[J]. 系统工程与电子技术,2004,26(4): 482-484.

602

[113] Bataniuk R G, Jones D L. A signal-dependent time-frequency representation: optimal kernel design[J]. IEEE Trans. on SF, 1993,41(4): 1589-1602.

[114] 邓振森,刘渝. 基于多尺度 Haar 小波变换的 MPSK 信号码速率盲估计[J]. 系统工程与电子技术, 2008,30(1):36-40.

[115] Xu Jun, Wang Fu-ping, Wang Zan-ji. The improvement of symbol rate estimation by the wavelet transform [C]. 2005 International Conference on Communications, Circuits and Systems, Piscataway: IEEE, 2005, 1 (1):100-103.

[116] 张春杰,郜丽鹏,司锡才. 瞬时相位法线性调频信号瞬时频率提取技术研究[J]. 弹箭与制导学报, 2006,26(3):290-292.

[117] KAY S. A Fast ndaccurate single frequ ncy estimation[J]. IEEE Trans Acoustics, Speech, and Signal Processing, 1989, 37(12): 1987-1990.

[118] Mallat S. A Wavelet Tour of Signal Processil1g[M]. 北京:机械工业出版社,2003,9.

[119] 杨福生. 小波变换的工程分析与应用[M]. 北京:科学出版社,2001.

[120] 简涛,何友,苏峰,曲长文,等. 奇异信号消器中小波消失矩的选取[J]. 雷达科学与技术,2006:31-35.

[121] 陈逢时. 子波变换理论及其在信号处理中的应用[M]. 北京:国防工业出版社,1998.

[122] 张华娣,赵国庆. 低信噪比的相位编码信号细微特征检测方法[J]. 现代雷达,2005:40-47.

[123] Donoho D L. De-Noising by Soft Thresholding[J]. IEEE Transactions on Information Theory, 1995 ,41: 613-627.

[124] I. M. Johnstone, B. W. Silverman. Wavelet threshold estiInators for data w. itb correlated noise[J]. Journal of Royal Statistical Society Series B, 1997, 59(2): 319-351.

[125] Chan Y T, Flews J W, Ho K C. Symbol rateestimati@ n by the wavelet transform[C]. Proc IEEE International Symp on Circuits and Systems. New York: IEEE, 1997, Part 1: 177-180.

[126] Rezeanu S C, Ziemer R E, Wicker M A. Joint maximum-likelihood parameter estimation for burst DS spread-spectrum transmission[J]. IEEE trans. Com,1997,45(2):227-238.

[127] 金艳,姬红兵,罗军辉. 一种基于循环统计量的直扩信号检测与参数估计方法[J]. 电子孙这报,2006, 34(4):634-637.

[128] 张炜,杨虎,张尔扬. 多进制相移键控信号的谱相关特性分析[J]. 电子与信息学报,2008,30(2): 392-396.

[129] 孙梅,韩力. 基于小波变换的移相键控信号符号速率估计[J]. 北京理工大学学报,2003,23(3): 378-385.

[130] 纪勇,徐佩霞. 基于小波变换的数字信号符号率估计[J]. 电路与系统学报,2003,8(1):12-15.

[131] Gardner W A, Spooner C M. Signal Interception: Performance Advances of Cyclic-feature Detectors [J]. IEEE Trans on Com, 1992,40(1):149-159.

[132] Gardner W A, Spooner C M. Signal Interception: Performance Advances of Cyclic-feature Detectors[J]. IEEE Trans on Com, 1992,40(1):149-159.

[133] 黄知涛,周一宇,姜文利. 基于信号一阶循环平稳特性的源信号方向估计方法[J]. 信号处理,2001,17 (5):412-417.

[134] 金艳,姬红兵. 基于循环自相关的 PSK 信号盲参数估计新方法[J]. 西安电子科技大学学报(自然科学版),2006,33(6):892-895,901.

[135] 赵宏钟,付强. 基于循环平稳的复调频信号检测性能研究[J]. 电子学报,2004,32(6):942-945.

[136] 于宏毅,保铮. 平稳过程循环相关处理的有限数据消失特性[J]. 西安电子科技大学学报,1992,26 (2):133-136.

[137] 金艳,姬红兵. 基于循环自相关的 PSK 信号码速率估计的噪声影响分析[J]. 电子与信秘学报,2008,

30(2):505-508.

[138] 王宏禹. 非平稳信号处理[M]. 北京:国防工业出版社,1999.

[139] 刘旭波,司锡才,陆满君. 基于积分包络的 LPI 雷达信号快速参数估计[J]. 系统工程与电子技术, 2010,32(10):2031-2035.

[140] 张国柱,黄可生,姜文利,等. 基于信号包络的辐射源细微特征提取方法[J]. 系统工程与电子技术, 2006,28(6):795-797.

[141] Langley L E; Spebific emitter identification and classical parameter fusion technology [J]. Litton applied technology, 2006:377-381.

[142] Adam Kawalec, Robert Owczarek. Specific emitteridentify cation using intrapulse data [C].// European Radar Confer ence 2004:Amsterdam:[s. n.],2004:249-252.

[143] 宋小梅,吴涛,倪国新. 基于机载火控雷达电子侦察的信号分选方法[J]. 现代雷达. 2010,32(6): 43-46.

[144] 余志斌,陈春霞,金炜东. 基于融合熵特征的辐射源信号识别[J]. 现代雷达,2010,32(1):34-38.

[145] 王宏伟,赵国庆,王玉军. 基于脉冲包络前沿波形的雷达辐射源个体识别[J]. 航天电子对抗,2009 (2):35-38.

[146] 王宏伟,赵国庆,王国军. 基于脉冲包络前沿高阶矩特征分析识别与提取[J]. 现代雷达,2010,10 (32):42-49.

[147] 刘旭波. 基于数字信道化接收机 LPI 雷达信号参数估计与分选[D]. 哈尔滨. 哈尔滨工程大学,2011 (1).

[148] 张雯雯. LPI 雷达信号的消噪与参数估计研究[D]. 哈尔滨:哈尔滨工程大学,2009.

[149] 李利. 脉压雷达信号的识别和估计算法研究及其实现[D]. 哈尔滨:哈尔滨工程大学,2009.

[150] 李利,司锡才,柴娟芳. 基于双尺度连续小波变换的二相编码信号的识别[J]. 系统工程与电子技术. 2007,29(9):1432-1435.

[151] 李利,司锡才,彭巧乐. 一种综合时频分布在 mc-pps 信号检测中的应用[J]. 大连海事大学学报, 2009,35(1):39-42.

[152] 李利,司锡才,柴娟芳,张雯雯. PSK 信号的码速率估计及其多片 DSP 实现[J]. 解放军理工大学学报, 2010,1(11):14-18.

[153] 李利,司锡才,柴娟芳,张雯雯. 一种改进的多分量 LFM 信号参数估计算法及其快速实现[J]. 系统工程与电子技术,2009,11(31):2560-2562.

[154] 张雯雯,等. 一种新的 mc-PPS 瞬时频率变化率的估计[J]. 电子与信息学报,2008,30(12): 2881-2885.

[155] 张雯雯,等. 基于小波-循环谱的新型识别技术[J]. 电子器件,2008,31(2):672-675.

# 第9章 复杂电磁环境下的信号分选与跟踪

## 9.1 引 言

超宽频带被动雷达寻的器作为反辐射导弹的"眼睛",主要完成对辐射源信号的捕捉和跟踪,上报雷达信号的角度信息,保证导弹实时跟踪目标直至命中。在雷达部署密度越来越大、雷达性能越来越先进、信号环境越来越复杂的条件下,反辐射导弹能否保证对选定目标的跟踪与攻击的能力,取决于被动雷达寻的器能否正确选择与跟踪敌方目标雷达信号。所以说,信号分选识别与跟踪技术已成为被动雷达寻的器的一个关键技术,或者说是其一项重要的研究内容。

雷达信号分选作为被动雷达寻的器的关键环节,直接影响着其性能的发挥,并关系到战争的后续作战决策。长期以来,人们主要依靠到达时间(Time Of Arrival, TOA)、载波频率(Carrier Frequency, CF)、脉冲宽度(Pulse Width, PW)、脉冲幅度(Pulse Amplitude, PA)、到达方向(Direction Of Arrival, DOA)或到达角(Angle Of Arrival, AOA)五个经典参数实现脉冲列的去交错处理。随着现代电子战的激烈对抗,各种电子对抗设备数目的急剧增加,电磁威胁环境的信号密度已高达百万量级,信号环境高度密集;国内外军用雷达采用的信号形式日益复杂化,如采用类噪声的扩谱信号等,尽量破坏信号分选所利用的信号规律性;此外,低截获概率 LPI 技术的采用更增加了信号分类和去交错处理的难度,使被动雷达导引头跟踪成功概率受到极大影响。这一切导致构建在上述五参数基础上的传统分选方法性能急剧下降甚至完全失效。可以看出,在如此密集复杂多变的信号环境下,被动雷达导引头信号处理的复杂性和运算量主要集中在信号分选处理上。因此,深入研究能够适应现代高密度复杂信号环境下的脉冲去交错技术,探索研制新一代被动雷达导引头的信号分选处理器结构有着迫切的需求。

传统的信号分选是对视频信号的处理过程,人们很自然地首先选用时域参数作为分选参数,而且首先发展起来的是单参数分选技术,后来才研究多参数分选技术。根据所采用的分选参数和分选功能,通常有下列的一些分选技术:

### 1. 重频分选

脉冲重频(Pulse Repetition Frequency, PRF)是用单个参数进行辐射源识别时最具有特征的参数,也是最早采用的信号分选参数。利用脉冲重复周期(Pulse Repetition Interval, PRI)的相关性可以比较容易地从交叠信号中分离出各雷达的脉冲列。

**2. 脉宽和脉冲重复周期两个参数的分选**

这属于时域多参数分选,它比单依靠 PRF 一个参数的分选功能强。在密集信号条件下,只用重频一个参数分选,其分选时间很长,特别存在多个 PRI 抖动、跳变或周期调制情况下,甚至无法实现信号分选。加上脉宽参数的分选,就可以大大缩短按重频分选的时间,且有利于对宽脉冲、窄脉冲等特殊雷达信号的分选和对重复周期变化信号的分选。

**3. 时域、频域多参数分选**

为了对捷变频和频率分集雷达信号进行分选和识别,要求接收系统必须对每个脉冲信号进行准确测频,并且在分选过程中首先对每个脉冲的射频、到达时间、脉宽、脉幅等相关处理,然后进行载频、脉宽、重复周期的多参数信号分选。

**4. 空域、频域、时域多参数分选**

当密集信号流中包含多个频域上变化和时域上变化的脉冲列时,若只用频域、时域信号参数进行分选就很难完成分选任务,这就需要空域到达方向这一信号参数进行综合分选。这时要求接收系统能对每个到来的脉冲进行准确地测向、测频,并且对每个脉冲进行到达方向、载频、到达时间、脉宽、脉幅等相关处理,然后进行综合参数分选。准确的到达方向是最有力的分选参数,因为目标的空间位置在短时间内是不会突变的(如 1s 内),因此信号的到达方向也是不会突变。用精确的到达方向作为密集、复杂信号流的预分选,是解决各类频域捷变、时域捷变信号分选而不产生虚警和错误的可靠途径。

综上所述,信号分选可具有以下几种模式:①PRI 时域单参数分选;②PRI 加 PW 时域多参数分选;③PRI、PW、加 CF 多参数综合分选;④PRI、PW 加 AOA 多参数综合分选;⑤PRI、PW 加 CF、AOA 多参数综合分选。从以上各分选方法也可以看出,利用的参数越多,分选就越有利,而 PRI 分选是各种分选最终都需要的分选手段。

## 9.1.1 基于 PRI 的信号分选

在各种信号分选模式中,PRI 分选是各种分选方法中都需要的分选程序。因此,其他各参数的分选都可看做预分选,PRI 分选是最终的分选,是各种信号分选模式的基础。基于 PRI 的分选法一直是信号分选中研究最多且成果最为丰富的方法之一。动态扩展关联法、PRI 直方图、PRI 变换法、平面变换都是这类方法的典型代表。目前,这类方法是现役的 ESM 系统或被动雷达导引头系统中最为常用的方法,它可以通过纯软件方式实现,也可通过软硬件结合处理甚至采用专用分选器件来实现。

**1. 动态扩展关联法**

动态扩展关联法,就是俗称的"套"脉冲法,又称为序列搜索法、PRI 搜索法、PRI 试探法,它是一种经典的信号分选提取方法。其工作原理是在一个脉冲群内,首先选择一个脉冲作为基准脉冲,并假设它与下一个脉冲成对,用这两个脉冲形成的间隔在时间上向前或向后进行扩展试探。若此间隔能连续"套"到若干个脉冲(达到确定一列信号的门限值),则认为已确定出一列信号,然后把与此信号相关联的脉冲从脉冲群中删去,对剩余脉冲流再重复此过程。动态扩展关联法比较关键的问题包括 PRI 容差的选择、参差鉴别及脉冲丢失概率等。此方法特别适用于已知可能出现的 PRI 或工作在数据库方式,故将此方法与后面提到的 SDIF 算法综合使用,分选速度快,成功率高,可获得较好的分选效果。

## 2. PRI 直方图法

PRI 直方图法包括差直方图法、积累差直方图(CDIF)法(又称积累差值直方图算法)以及序列差直方图(SDIF)法(又称序列差直方图算法)。差直方图法的基本原理是对两两脉冲的间隔进行计数,从中提取出可能的 PRI。它不是用某一对脉冲形成的间隔去"套"下一个脉冲,而是计算脉冲群内任意两个脉冲的到达时间差(DTOA)。对介于辐射源可能的最大 PRI 与最小 PRI 之间的 DTOA,分别统计每个 DTOA 对应脉冲数,并作出脉冲数与 DTOA 的直方图,即 TOA 差直方图。然后再根据一定的分选准则对 TOA 差直方图进行分析,找出可能的 PRI,达到分选的目的。

差直方图法主要缺点:鉴于 PRI 的倍数、和数、差数的统计值较大,故确定门限比较困难;当脉冲数较多时,分选容易出错,有时甚至不可能分选;只适合固定 PRI,且所需计算的差值数较多且谐波问题严重等。

此后,Mardia 等人对 PRI 分选进行了深入研究,在传统直方图分析方法的基础上结合序列搜索算法,提出了 CDIF 法和一种自适应 ESM 接收机分选算法结构。Milojevic 等人又对 CDIF 法进行改进,提出了 SDIF 法,这种算法在运算速度和防止虚假目标方面做了较大改进,是复杂信号分选处理器较常采用的算法。

CDIF 法是基于周期信号脉冲时间相关原理的一种去交错算法,它是将 TOA 差值直方图法和序列搜索法相结合起来的一种方法。CDIF 法步骤是:首先计算一级差直方图,即计算所有相邻两个脉冲的 DTOA,并作 DTOA 直方图,再对最小的 PRI 和 2PRI 进行检测,如果均超过预设门限,则以该 PRI 进行序列搜索和提取,并对剩余脉冲序列重复上面的步骤,直到缓冲器中没有足够的脉冲形成脉冲序列。如果此时序列搜索失败,则以本级直方图中下一个符合条件的 PRI 进行序列搜索。假如本级直方图中均没有符合条件的 PRI,则计算下一级的差值直方图,并与前一级差直方图进行累加,然后重复以上步骤找出可能的 PRI,以此类推,直到所有的脉冲序列被分选出来或直方图阶数达到预先给定的值为止。CDIF 法较传统的差直方图方法在计算量和抑制谐波方面做了很大的改进,并且由于积累的效果,使得 CDIF 还具有对干扰脉冲和脉冲丢失不敏感的特点。

SDIF 是一种基于 CDIF 的改进算法。SDIF 与 CDIF 的主要区别是:SDIF 对不同阶的到达时间差直方图的统计结果不进行累积,其相应的检测门限也与 CDIF 不同。SDIF 的优点在于相对 CDIF 减少了计算量,但由于不进行级间积累,使其性能有所下降。

CDIF 和 SDIF 法一经提出后,便受到工程界的普遍关注。国内外许多学者也对其进行了广泛而深入的研究,并结合实际情况提出了一些具体的改进措施。PRI 直方图法最大的优点在于简单、直观、算法易于工程实现,但直方图在脉冲较多时运算量将急剧增加,且脉冲列较多、漏失脉冲较多时分选效果不是很理想。另外,直方图法主要适合于 PRI 固定或抖动量较小的雷达信号。

### 3. 基于 PRI 变换的分选算法

直方图法提取 PRI 实际上都是在计算脉冲序列的自相关函数,由于周期信号的相关函数仍然是周期函数,所以在进行检测时,很容易出现信号的脉冲重复间隔及其子谐波同时出现的情况。针对这个问题,国外学者 Nishiguchi 提出一种叫 PRI 变换法的算法,这种方法能够很好地抑制子谐波问题,并对这种算法做了两点改进,采用可移动的起始时间点和交叠 PRI 小盒方法,使修正的 PRI 变换法对于脉冲重复间隔固定、抖动和滑变的雷达脉冲信号都有很好的检测效果,但是对重频参差的脉冲序列却仍然不适用。

在这之后,国内有很多学者在修正的 PRI 变换法基础上提出很多改进的方法,主要有:王兴颖研究了该算法对固定重频、参差重频、抖动重频、滑变重频的适用性;陈国海对该算法进行了计算机仿真和分析;杨文华将 PRI 变换和 SDIF 法进行组合用于分选参差脉冲列或相同 PRI 的多部雷达脉冲列;姜勤波提出一种新的称为方正弦波插值算法,其核心是把不等间隔的到达时间序列变换成连续信号,然后利用 FFT 算法提取重复周期并用滤波技术和过零检测形成波门提取周期序列;李杨寰提出一种新的基于频谱分析的脉冲重复频率估计方法,该算法先对信号的TOA 序列插值,然后采样进行 FFT 计算得到频谱,最后对其频谱进行加权等处理得到 PRF 估计值;安振进行了 PRI 变换对脉冲雷达信号 PRI 检测的性能分析。

这些研究基本是进行计算机的仿真,都没有在工程上提出具体的硬件实现的方法。直到 2008 年,司锡才、马晓东等在修正的 PRI 变换法基础上提出了一种基于 PRI 谱的雷达信号分选算法,同时构建了一种预分选、主分选结合的新型分选平台。这是国内初步用硬件实现该算法,验证了该方法从根本上解决了二次谐波抑制的问题,用来检测由多个具有恒定 PRI 脉冲组成的脉冲串的 PRI 很有效。但是,它的运算量极大,不仅要基于每一对 TOA 之差进行运算,还要对相应的每个 TOA 进行复指数计算,所以实时性做得还是不够理想。

基于 PRI 的信号分选算法一直都是研究的重点,上述各种基于 PRI 的分选方法的共同特点是,只利用信号的 TOA 信息。这些算法各有自己的优缺点,如:动态扩展关联法简单但是主要适用于 PRI 固定的雷达信号;直方图在一定程度上对漏失脉冲的敏感性降低但是在脉冲数增加时运算量相对较大;PRI 变换在抑制谐波方面性能显著但计算复杂实时性不好;而平面变换可适合复杂 PRI 调制信号但所需要脉冲数较多且自动分选较难。

### 9.1.2　多参数匹配法

早期的电磁环境相对简单,辐射源数量少,信号形式单一且参数相对固定,针对装订辐射源的分选方法便可取得好的效果,这种方法便是人们常说的模板匹配法。该方法事先装订好一些已知雷达的主要参数和特性,然后通过逐一匹配比较实现辐射源信号的分选识别。

多参数匹配法就是起源于模板匹配法,发展到现在大都称为多参数匹配法或多参数关联比较器,可近似将其看作模板匹配法的硬件实现。它是预分选的具体实现方法之一,基本实现原理为:首先将多个待分选辐射源有关参数(通常为 DOA,CF,PW)的上下限值预设在关联比较器中,然后对每个接收脉冲的 PDW 进行并行关联比较、分组、存储,从而达到去交错的目的。

多参数关联比较器的实现离不开内容可寻址存储器(CAM)和关联比较器(AC),这种思想首先是由 Kohonen 和 Hanna 等人提出的。CAM 和 AC 可同时将输入于所有存储单元中的内容进行比较,并给出匹配单元的地址。1987 年,IBM 公司研制出第一套使用 AC 芯片的 ESM 系统,使雷达信号的分选能力显著提高。1991 年,CR 公司研制出基于 CAM 的关联处理器,极大地提高了处理的并行性。之后 Altera 和 Xilinx 公司又推出可实现 CAM 的现场可编程门阵列器件(FPGA),为相关研究提供了非常有利的条件。

基于硬件的关联比较实际上只是多参数匹配算法的一种具体实现形式,在人们大力研究基于 PRI 分选算法的同时,许多学者就提出了多参数分选的思想。Wikinson 和 Watson 使用 DOA、CF、PW 参数来研究密集环境中的雷达信号分选问题。Mardia 提出一种基于 CAM 的自适应的多维聚类方案。Hassan 提出了一种基于自适应开窗的联合分选识别方法。在国内,才军、高纪明、赵建民讨论了基于 FPGA 和 CPLD 的三参数关联比较器的硬件实现。徐欣研究了雷达截获系统实时信号分选处理技术,还研究了基于 CAM 的多参数关联比较方法,并指出硬件实现在实时去交错中的重要性。王石记、司锡才则提出一种软硬件结合的基于概率统计和流分析相关提取的分选方法,具有较快的预分选速度。徐海源等也对该领域做了一些研究工作。

在一些专门针对个体或少数辐射源的分选情况下,多参数匹配法能够做到简单快速。因此在某些特定场合,该方法是一种不错的选择,特别是在已知一些先验知识的条件下,如分选有先验知识的脉间波形变换雷达信号就非常有效。

### 9.1.3　基于脉内调制特征的信号分选

对分选来说,重要的不是一个模式的完整描述,而是导致区别不同类别模式的那些"选择性"信息的提取。也就是说,特征提取主要目的是尽可能集中表征显著类别差异的模式信息,另一个目的则是尽可能缩小数据集,以提高识别效率,减少计算量。脉内调制特征作为分选参数是近年来人们的一种普遍共识,也是极有可能提高当前辐射源信号分选能力的一种途径和思路。

雷达信号脉内调制可以分为脉内有意调制和脉内无意调制。脉内有意调制又称功能性调制,是指雷达为提高其检测性能、对抗侦察和干扰措施而采取的特定调制样式,如线性调频、非线性调频、频率编码、相位编码等。现代雷达广泛采用的脉内有意调制技术可以分为相位调制、频率调制、幅度调制或三种调制组合的混合调制。对脉内有意调制方式的识别提取,从调制方式的变化上为雷达信号的进一步识别提供了一种与常规方法不同的全新手段。通过对信号脉内信息的详细记录和分析,保留了有关信号更加完备的信息特征,为脉间参数变化(如频率捷变、频率分集、脉冲多普勒、重频参差抖动等)的新体制雷达信号的分选与识别提供了一个更强有力的手段。

国外:Delpart 提出脉内瞬时频率特征提取的小波渐近方法;Moraitakis 通过时频分析的方法提取线性和双曲线调制 Chirp 信号的特征参数;Gustavo 提出了一种基于时频分析的具有脉内特征分析能力的数字信道化接收机方案。国内:穆世强、巫胜洪先后对常见的脉内特征提取方法进行了综述,这些方法包括时域自相关法、调制域分析法、时域倒频谱法、数字中频法等;黄知涛、魏跃敏等提出了自动脉内调制特性分析的相对无模糊相位重构方法;毕大平提出易于工程实现的脉内瞬时频率提取技术;张葛祥等先后提取了雷达辐射源信号的小波包特征、相像系数特征、复杂度特征、分形盒维数和信息维数以及熵特征并结合神经网络和支持矢量机等方法对辐射源信号进行识别。

脉内无意调制(Unmeant Modulation Of Pulse,UMOP)也称脉内附带调制,也称为雷达信号的个体特征、雷达信号的"指纹"。它是因雷达采用某种形式的调制器而附加在雷达信号上的固有特性,难以完全消除,如幅度起伏、频率漂移等。其调制量的大小和形式取决于雷达体制、发射机类型、发射管、调制器、高压电源等多种综合因素,在发射端主要表现为频推效应、频牵效应、上升时延、下降时延和其他效应(如老化和温漂),即使是设计相同的一批雷达中的每部雷达,总有不同的无意调制分布,因为类同的部件在性能上仍有细微的差异。在侦收信号的调制特性上表现为无意调频、无意调相和无意调幅。简单来说,它一般是由于大功率雷达发射机的发射管、调制器和高压电源等器件或电路产生的所不希望的各种寄生调制。

对于无意调制特征的提取,国外 Kawalec 指出,个体辐射源识别(Specific Emitter Identification,SEI)的关键是提取信号的无意调制,文献进一步给出了提取时频域特征及信号选择和分类方面的一些观点,并用上升/下降时间、上升/下降角度、倾斜时间等新参数对 9 个同类辐射源进行分选识别;张国柱采用小波变换对脉冲信号包络进行了特征提取,柳征采用小波包对原始信号进行了特征提取。

无意调制本身在雷达信号中是存在的,又能体现每部雷达的个体差异。正是由于每一部雷达无意调制特征的唯一性和特殊性,所以个体特征又称"雷达指纹"。因此,对雷达信号无意调制的分析可以为每一部雷达建立相应的"指纹"档案,与其他参数一起可以唯一识别出某一部特定的雷达,从而准确提供有关敌方雷达配置、调动等重要的军事情报。特别是现代雷达具有多种工作方式和复杂的调制波形,能在脉间改变其脉内有意调制特征,使雷达信号的分选和识别变得非常困难。因此,脉内无意调制特征拥有在密集复杂的信号环境中对雷达进行识别、分析和告警的巨大潜力。换句话说,传统的辐射源信息,如载频、重频、脉宽和有意调制特征等参数仅能实现辐射源类型识别,而个体特征识别研究立足于从侦测的辐射源信号中提取更加细微且稳健的特征信息,这些特征信息仅由特定辐射源个体唯一决定,即辐射源"指纹",从而实现对特定辐射源的个体识别。相信不久的将来,个体特征识别将作为对抗脉间波形变换雷达信号(脉宽、载频、脉冲重复周期、脉内有意调制方式均有变化的雷达脉冲信号)的最好方式之一。

### 9.1.4　基于盲信号处理的信号分选算法

随着现代电子战的激烈对抗,各种电子对抗设备数目急剧增加,电磁威胁环境的信号密度已高达百万量级,信号环境高度密集,空间信号的混叠程度越来越严重,同时到达信号越来越多;此外,低截获概率雷达信号的广泛应用使得空间出现大脉宽覆盖小脉宽的现象越来越多。而传统的分选模型是一种串行规则的单脉冲检测系统,无法处理同时到达信号及大脉宽覆盖小脉宽的信号,也就无法胜任当前环境下的雷达辐射源信号分选。因此,空间未知混叠雷达信号的分离是摆在信号分选面前最为严峻的问题。近年兴起的盲源分离技术可以较好地解决复杂环境背景下信号分离的问题,它无需学习样本的选取,只需根据接收设备所获取的各辐射源信号进行处理,就可以恢复源信号。特别地,对于同时到达信号和连续波信号的处理优势显得更加突出。

在盲信源分离中,首先是 Herault 和 Jutten 等人引入了独立分量分析(Independent Component Analysis,ICA)的一般框架,Comon 对这种框架进行了详细的叙述。ICA 可以看做是主分量分析(Principal Component Analysis,PCA)和因子分析方法的进一步发展。Bell 致力于 ICA 信息最大化方法的研究,并首次得到了基于矩阵求逆运算,从而大大加快了算法的收敛。与此同时,Cardoso 也进行了类似的研究,并得到了适用于实际问题的 ICA 信息最大化算法,但最初的这种算法只适用于超高斯分布的信息混合时的盲分离。Te-Won Lee 意识到将信息最大化算法推广到任意非高斯信号源的关键是估计信号源的高矩阵,然后对算法进行适当的变换,提出一种适用于普通非高斯信号的 ICA 信息最大化算法。Amari 等人提出了自然梯度算法,并从黎曼几何的角度阐明了这类算法的有效工作原理,自然梯度算法由于消除了矩阵求逆所带来的问题,因而使得许多算法对实际信号处理成为可能。在盲信源分离中,还有几种其他方法,比如最大似然法、基于累积量的 Bussgang 法、投影追踪法和负熵方法等,所有这些方法都与信息最大化的框架有关。许多不同领域的专家在信息最大化原则下,从不同的观点研究 ICA,最终得到易于理解的 ICA 算法。

在国内也有一些学者从事盲信源分离特别是独立分量分析理论和应用技术的研究。冯大政等人通过对系统阶段化提出在色噪声背景下的多阶段盲分离算法;刘琚和何振业、张贤达教授和保铮院士从不同的方面对盲分离技术以及发展方向进行了综述,张贤达教授和保铮院士在其著作《通信信号处理》中对盲分离进行了更为详尽的介绍。随着分离算法的深入研究,近年来盲源分离算法也陆续出现在雷达信号分选应用领域。

### 9.1.5 聚类分选算法

用聚类分析来实现脉冲列去交错一直是雷达信号分选的重要方法,例如"鸽子窝"就是聚类,它是一种无监督的学习方法,通过将数据集中的样本按一定的相似性度量和评价准则进行归并分类,聚类方法可发现数据集的内在组织结构,以便于人们更好地理解数据。对于电子侦察而言,对截获的脉冲流一般缺少必要的先验信息,也无法确切知道截获信号的类别数目,因此本质上属于典型无监督分类问题。从聚类的观点来看信号分选问题,每个辐射源相当于一个信号类,每个脉冲相当于相应辐射源的一次观测样本,每个脉冲的 PDW 的参数个数相当于特征维数。只要所选择的特征具有较好的类内聚集性和类间分离性,理论上可实现较好的分选效果。在这个方面,1992 年 Chandra 考虑了一种两阶段的适用于频率捷变频信号的分选方法,该方法首先通过 DOA 和 CF 参数聚类,且容差开始时固定,随着数据点增加后逐渐减少,之后用 PRI、PW 参数对聚类后的平均值进行再处理;Eric 提出一种在线分类的模糊模式重排方法,用于实际收集的脉冲信号集并取得了较好的分类效果。国内的学者在聚类分选方法上也做了不少研究,许丹探讨了在单站无源定位条件下,当测角精度不高时的信号分选问题,提出一种二次聚类方法;张万军使用 K-means 聚类对参数相近、相互交叠的非常规雷达信号的交错脉冲流进行分选;祝正威研究了具有脉内调制特征的多部相控阵雷达信号交错脉冲流的聚类分选;国强研究了基于 SVC&K-Means 的聚类分选方法与基于"类型熵"的识别技术相结合的多参数聚类分选器,与传统信号分选体制相比,SVC 聚类分选方法突破了传统分选中对设定容差的限制,能够根据数据集分布特征形成更复杂更紧的聚类边界并具有良好的泛化和推广能力,但这种方法只适用于 ESM 而不适用反辐射寻的器或导引头中,因为实时性比较差。

### 9.1.6 基于神经网络和人工智能技术的信号分选

在高密度信号环境下,由于传统的信号分选算法对处于边界的脉冲信号不能很好地归类,或者与多种类别相吻合而可能造成模糊或错判,James 等人在 TI 公司的支持下完成了利用人工神经网络进行信号分类的研究。他提出了一种自适应网络传感器处理机(ANSP)的构想,这种处理机是一种由特征提取、信号去交错、脉冲模式提取、跟踪器和分类器构成的完善的雷达信号分选处理器原型。1994 年,邓楠译文中提出了一种将反向传播多层感知器用于雷达信号分类的人工神经网络模型,这种模型在进行信号去交错的同时能够识别出辐射源的类型。国内一些单位也进行了人工神经网络用于复杂信号分选的研究,但由于识别性能较好的人工神经网络大多需要事先经过大量样本进行多次迭代训练,在未知辐射源环境下很难做到实时处理,因此在实际应用中并不经常采用。人工智能和专家系统也是有希望取得重大改进的一个研究领域之一,Cussons 等人研究了基于知识的信号去交错、合并和识别处理过程,在他们研究的基础上,英国海军研究中心研制了一种基于知识的辐射源识别处理机,这种处理机能够反演已被证实是错误的假设,并由此建立新的假设。研究表明,实现基于知识的实时信号去交错和归类处理器的可能途径是采用传输式计算机,这种计算机将基于多数据多指令(MIMD)结构。

基于神经网络模型的人工智能系统在模式分类识别方面的应用取得了很多卓越成就,与传统相关技术比较,它具有解决复杂分类问题的能力、具有通过训练或自学的自适应性以及对噪声和不完整数据输入的不敏感性等优点,因此选择神经网络来解决信号分选识别的问题是一个新的研究方向。虽然基于神经网络模型的人工智能系统识别性能较好,但事先需要经过大量样本进行迭代训练,在未知辐射源的情况下很难做到实时处理,限制它在实际中的使用。

### 9.1.7 主要功能和技术指标

分选跟踪器主要功能:

(1) 独立方式下完成对信号的分析识别并对威胁信号提供跟踪波门;

(2) 引导方式下直接设置脉宽、载频滤波器并进行 PRI 跟踪;

(3) 实时监视跟踪信号的变化,并引导跟踪器跟踪;

(4) 分选跟踪脉间波形变换雷达信号,以"爱国者"雷达为典型目标。

分选跟踪器主要技术指标:

(1) 脉冲参数:PRF 为 100Hz~300kHz(330kHz),PRI 为 200Hz~300kHz;PW 为 0.3~250μs。

(2) 信号密度:30~50 万脉冲/s。

(3) 分选时间:≤500ms。

(4) 可以分选的雷达信号类型包括常规脉冲、频率捷变、重频参差(参差数≤8)、重频抖动(≤15%)、脉间波形变换雷达等。

## 9.2  传统的信号分选

信号分选的目的就是从大量随机交叠的脉冲信号流中分离出各个雷达脉冲串,并选出有用信号的过程,其实质就是脉冲信号去交叠、去交错的过程。分选过程是利用同一部雷达信号参数的相关性和不同雷达信号参数的差异性来实现的,这些参数包括到达角度(DOA)、脉冲到达时间(TOA)、脉冲重复周期(PRI)、载频(CF)、脉冲幅度(PA)、脉冲宽度(PW)等,统称为脉冲描述字(PDW)。在进行分选之前先测出这些参数,以形成雷达描述字的记录,这个过程为信号分选的预处理。从预处理输出的 PDW 中进一步分选出每一部雷达不同的 PDW 参数,估计和测量其详细的信号参数特征,识别和判断其雷达类型、功能、当前的工作方式和威胁程度等,这个过程称为信号分选的主处理。

主处理又分为对已知雷达的主处理和对未知雷达的主处理。对已知雷达的分选和检测就是利用已知雷达的参数库,从 PDW 中进一步分选出满足该参数特征的信号,然后根据特征的符合程度,判断该雷达信号是否存在,并给出该判断相应的可信度,对已知雷达分选时通常采用滤波器实现。对未知雷达信号进行分选与检测主要采用软件算法实现,通过算法找出具有强相关性的同一类信号,统计值超过门限的即认为是存在该信号。

### 9.2.1  雷达脉冲信号环境

信号分选与跟踪脉冲信号环境是指接收机所能够收到的各种辐射源的信号总体。

**1. 脉冲描述字**

一个典型的辐射源脉冲波形如图 9.1 所示。常用的雷达脉冲参数见表 9.1。

信号分选系统将脉冲参数组合成一个数字化的描述字,称为脉冲描述字(PDW),PDW={TOA,CF,PW,DOA}。

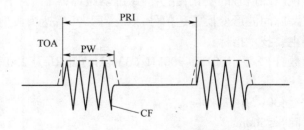

图 9.1  雷达脉冲波形

表 9.1　脉冲描述字

| 脉冲列参数 | | 缩略符号 |
|---|---|---|
| 脉冲参数<br>（PDW） | 脉冲到达时间 | TOA |
| | 脉冲载频 | CF |
| | 脉冲宽度 | PW |
| | 脉冲到达角 | DOA |
| 脉间参数 | 脉冲重复周期或重复频率 | PRI 或 PRF |
| | PRI 变化形式 | {PRI1，PRI2，⋯} |
| | 载频变化形式 | {RF1，RF2，⋯} |

### 2. 脉冲信号环境模型

电子战信号分选和跟踪器面临的信号环境为各个辐射源所辐射的脉冲列以及脉冲多路径效应的叠加。信号环境模型总体上可以由下式描述：

$$X = \bigcup_{i=1}^{N} x_i(t) \tag{9.1}$$

式中：$N$ 为信号分选与跟踪器面临的信号环境中的辐射源数目（包括反射、散射等多路径效应残生的虚假辐射源）；$x_i(t)$ 为第 $i$ 个辐射源信号。

信号密度是信号分选和跟踪器信号环境的一个重要指标，也是信号分选跟踪处理器设计的重要依据，信号分选和跟踪器所处环境的信号密度可由下式估算：

$$\lambda = \sum_{i=0}^{N-1} P_i \cdot \mathrm{PRF}_i \tag{9.2}$$

式中：$\lambda$ 为 $\Delta$ 范围内信号密度；$\mathrm{PRF}_i$ 为第 $i$ 个辐射源的平均脉冲重复频率；$P_i$ 为第 $i$ 个辐射源的脉冲检测概率，$P_i$ 和截获接收机的接收灵敏度、天线扫描方式与波束参数、$i$ 辐射源的天线扫描方式与波束参数、其他外界影响等因素有关。当 $\Delta$ 范围内辐射源数目 $N \to \infty$ 时，由于各个信号序列的到达时间是相互独立的，在一定时间内近似满足统计平稳和无后效性，根据随机过程理论，脉冲密度近似于泊松分布，这种假设对雷达分选与跟踪器所面临的日益复杂的信号环境而言是合理的。在这种前提下，在时间 $\tau$ 内到达 $k$ 个脉冲的概率为

$$P_k(\tau) = \frac{(\lambda\tau)^k}{k!} \mathrm{e}^{-\lambda\tau} \qquad \tau \geqslant 0, k = 0, 1, \cdots \tag{9.3}$$

式中：$\lambda$ 为式（9.2）所描述的单位时间（$\tau = 1\mathrm{s}$）内达到脉冲数目的平均值，即信号密度。

脉冲密度作为表征信号环境的首要指标，对系统的技术参数有决定性的影响。对信号分选与跟踪器而言，主要包括 FIFO（先进先出存储器）和 SDRAM（静态随机存储器）等存储器的深度、软硬件计算资源的分配、信号处理器结构等。对于接收机而言，脉冲密度直接导致同时到达脉冲、辐射源参数空间重叠等效应，为了尽量减少同时到达脉冲概率，接收机必须采取措施将脉冲从频域上分离开来（如信道化接收机等），而为使辐射源在参数空间上可分，接收机必须提高参数测量精度，并提

取尽可能多的特征参数。

### 3. 信号跟踪的原理分析

参差雷达信号是指雷达有多个 PRI,各 PRI 循环交替,设有 $n$ 种 PRI,分别为 PRI1、PRI2、PRI3、…、PRI$n$,这 $n$ 个 PRI 构成一个大的循环,如图 9.2 所示。

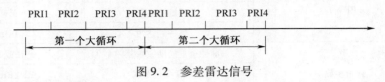

图 9.2　参差雷达信号

其中 $n$ 等于几就为几参差,当 $n = 1$ 时就是固定重频雷达。现在常见的雷达通常不大于 8 参差,故我们系统可跟踪的雷达信号顶多是 8 参差。本系统中跟踪器全部在 FPGA 芯片 EP20K200E 中用硬件实现,把参差雷达和固定重频雷达的跟踪统一起来,用同样的方式进行跟踪。考虑到信号最多为 8 参差,所以做了 8 个 PRI 寄存器,在实行跟踪时由 CPU 将目标信号的参差数写入 PRI 控制寄存器,如果是固定重频信号,也就是只有一个 PRI,则在装订参数时 CPU 会指定参差数为 1,则 PRI 控制寄存器的控制信号会仅使第一个 PRI 寄存器有效,PRI 计数器的初始值由该 PRI 寄存器指定。如果要跟踪的目标雷达为 3 参差,则 CPU 指定参差数为 3,PRI 控制寄存器使前 3 个 PRI 寄存器有效,3 个 PRI 寄存器依次循环装订 PRI 计数器的初始值,从而产生一个 3 参差的计数溢出信号,该信号用来触发半波门和波门产生电路,从而产生 3 参差的波门信号。电路如图 9.3 所示。

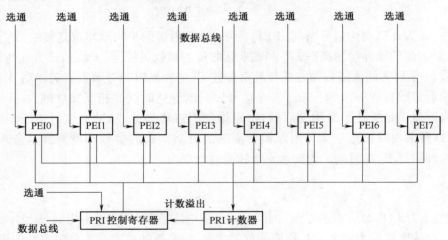

图 9.3　PRI 跟踪器电路

### 4. 输出波门的确定

在分选过程中,首先遇到的问题就是究竟有几个连续脉冲被检测到,才能确定一个脉冲序列的确以某种置信度存在,对这个问题的分析也适用于后面跟踪器波门输出的确定。实际上,由于存在着噪声干扰和脉冲丢失,如果脉冲的数目取得过

616

少,会造成虚警概率的增加;若过多,则不但会造成时间的浪费,还容易引起漏警概率的增加,因此必须选取一个最佳的取样个数。

由中心极限定理可知,对于同一部常规雷达的每一个子样 PRI 来说,可以认为它服从一个均值为 $PRI_0$、方差为 $\sigma$ 的正态分布,即 $PRI \sim (PRI_0, \sigma)$,设检测到 $n$ 个脉冲便可以认为存在该雷达,这 $n$ 个样本分别为 $\xi_1, \xi_2, \cdots, \xi_n$,由于 $\xi_i \sim (PRI_0, \sigma)$,所以

$$\bar{\xi} = \frac{1}{n} \sum_{i=1}^{n} \xi_i \sim \left( PRI_0, \frac{\sigma}{\sqrt{n}} \right) \tag{9.4}$$

这些随机变量呈正态分布,随机分量的方差 $\sigma$ 未知,于是这一问题就成为方差未知的单个正态总体的均值检验问题。设原假设 $H_0: PRI = PRI_0$,对立假设 $H_1: PRI \neq PRI_0$,然后用统计方法判断假设否定与不否定。选检验统计量

$$T = \sqrt{n-1}\, \frac{\bar{\xi} - PRI_0}{S} \quad . \tag{9.5}$$

其中,均值 $\bar{\xi} = \frac{1}{n} \sum_{i=1}^{n} \xi_i$,方差 $S^2 = \frac{1}{n} \sum_{i=1}^{n} (\xi_i - \bar{\xi})^2$。

在原假设 $H_0$ 成立条件下,统计量 $T$ 遵从具有 $n-1$ 个自由度的 $t$ 分布,也即

$$T = \sqrt{n-1}\, \frac{\bar{\xi} - PRI_0}{S} \sim t_{(n-1)} \tag{9.6}$$

其中 $t_{(n-1)}$ 为自由度为 $n-1$ 的 $t$ 分布。

选择临界值 $t_{(n-1)}(\alpha)$,使得

$$p\left\{ \left| \sqrt{n-1}\, \frac{\bar{\xi} - PRI_0}{S} \right| \geqslant t_{(n-1)}(\alpha) \right\} = \alpha \tag{9.7}$$

对于给定水平 $\alpha$,由上式条件算出否定域 $R_a$,由具体样本 $(\xi_1, \xi_2, \cdots, \xi_n)$ 算出 $\hat{T}$,若 $\hat{T} > t_{(n-1)}(\alpha)$,$\hat{T} \in R_a$,则不否定 $H_0$,反之则否定 $H_0$。在信号分选的具体过程中,给定 $\alpha$,判断 $PRI = PRI_0$ 的序列是否存在。可见这一判断的置信度和子样个数的选取有关。这里关心的是原假设成立,对于给定水平 $\alpha$,如何确定最小 $n$ 值,又能达到规定的置信度。原假设在 $1-\alpha$ 的置信水平成立,就是有 $n$ 个脉冲落入在给定的容差 $2\Delta$ 之中,它刚好为 $1-\alpha$ 的区间估计

$$\left( \bar{\xi} - \frac{S}{\sqrt{n-1}} \cdot t_{(n-1)}(\alpha), \bar{\xi} + \frac{S}{\sqrt{n-1}} \cdot t_{(n-1)}(\alpha) \right) \tag{9.8}$$

即容差 $\Delta = \frac{S}{\sqrt{n-1}} \cdot t_{(n-1)}(\alpha)$。

因此在临界条件下 $T = t_{(n-1)}(\alpha)$ 时有

$$n = 1 + \frac{S^2}{\Delta^2} t_{(n-1)}^2(\alpha) \tag{9.9}$$

由上式可知 $n$ 值并不是任意的,它与分选所要求的容差有关,还与子样的方差、临界值 $t_{(n-1)}(\alpha)$ 及虚警概率有关。其中 $S^2$ 可由以往的经验确定,$\Delta$ 可根据对分选提出的精度要求确定,而临界值 $t_{(n-1)}(\alpha)$ 在给定虚警概率 $\alpha$ 的条件下,就可以由 $t$ 分布查出 $t^2_{(n-1)}(\alpha)$ 的值,从而确定该虚警概率条件下一个脉冲序列存在所需的最小 $n$ 值。在 $n > 3$ 的条件下,$t_{(n-1)}(0.1) \approx 2$,这样

$$n = 1 + \frac{4S^2}{\Delta^2} \tag{9.10}$$

为了使虚警概率和漏警概率均很小,分选时必须慎重地选择容差,根据经验,可取 $S \approx \Delta$,得 $n = 5$,即在置信度为 0.9 时,需要连续检测到 6 个脉冲,5 个脉冲保持相等的间隔出现,就可以断定它们来自同一个辐射源,可以将它们从交迭的脉冲流分选出来。这一准则既适用于对威胁信号分选时判断辐射源的存在,也适用于跟踪器判出有 5 个连续脉冲就可送出跟踪波门。

有了确定一个脉冲列所需的最小脉冲数,再加上系统所要求的脉冲重复周期范围,就可以确定采样时间。考虑为了对低重频信号在一定的虚警概率下仍能够获取足够的样本个数,采样时间在此基础上可以适当加大。

### 9.2.2 信号分选采样数学模型

在信号分选预处理器的系统中,在输入测量设备之后,相关联比较器之前设置 $k$ 级 FIFO,在排队论中,相当于 M/M/1/K 系统。为研究的一般性,先研究 M/M/m/K 系统。状态转换图如图 9.4 所示。

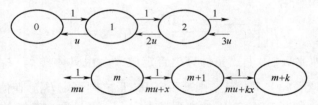

图 9.4 状态转换图

为简化起见,此过程可以简化为

$$l_j = \begin{cases} l & j < m + k \\ 0 & j \geq m + k \end{cases} \tag{9.11}$$

$$u_j = \begin{cases} ju & j < m \\ mu + ix & i = 1, 2, \cdots, k \end{cases} \tag{9.12}$$

由排队论知识可推导出:多服务台、有限等待、先来先服务系统的稳态方程分别是

$$P_i = \frac{1}{i!}\left(\frac{1}{u}\right)^i P_0 \qquad 1 \leqslant i \leqslant m \tag{9.13}$$

$$P_{m+k} = \frac{l^{m+k}}{m!\ u^m \prod_{j=1}^{k} (mu + jx)} \qquad k = 1, 2, \cdots \tag{9.14}$$

$$P_0 = \left[ \sum_{l=0}^{m} \frac{1}{i!} \left( \frac{l}{u} \right)^i + \sum_{k=1}^{\infty} \frac{l^{m+k}}{m!\ u^m \prod_{j=1}^{k} (mu + jx)} \right]^{-1} \tag{9.15}$$

式中：$P_i$ 为 $t$ 时刻系统有 $i$ 个服务台服务，且有 $m - i$ 个服务台空闲的概率；$P_{m+k}$ 为 $t$ 时刻有 $m$ 个服务台正在服务，且有 $k$ 个信号处于等待服务状态的概率；$P_0$ 为空闲概率。

对于上式，令 $a = \dfrac{1}{u}, b = \dfrac{x}{u}$，则

$$P_i = \frac{a^i}{i!} P_0 \qquad 1 \leqslant i \leqslant m \tag{9.16}$$

$$P_{m+k} = \frac{a^m}{m!} \frac{a^k}{\prod_{j=1}^{k} (m + jb)} P_0 \qquad k = 1, 2, \cdots \tag{9.17}$$

$$P_0 = \left[ \sum_{i=0}^{m} \frac{a^i}{i!} + \frac{a^m}{m!} \sum_{k=1}^{\infty} \frac{a^k}{\prod_{j=1}^{k} (m + jb)} \right]^{-1} \tag{9.18}$$

在统计平稳下，处于等待队伍中的信号的数学期望为

$$\overline{m_k} = \sum_{k=1}^{\infty} K P_{m+k} = \sum_{k=1}^{\infty} K \frac{a^m}{m!} \frac{a^k}{\prod_{j=1}^{k} (m + jb)} P_0 \tag{9.19}$$

输入到系统中的信号可能被截获处理，也可能离开排队等待而漏失，令 $P_r$ 表示漏失概率，则

$$P_r = \frac{离队信号平均数（单位时间）}{到达系统信号的平均数（单位时间）} \tag{9.20}$$

即

$$P_r = \frac{\overline{m_k}/\overline{t_w}}{l} = \overline{m_k} \frac{x}{l} \tag{9.21}$$

$$P_r = \frac{b}{a} \frac{\dfrac{a^m}{m!} \dfrac{ka^k}{\prod_{j=1}^{k} (m + jb)}}{\displaystyle\sum_{i=0}^{m} \frac{a^i}{i!} + \frac{a^m}{m!} \sum_{k=1}^{\infty} \frac{a^k}{\prod_{j=1}^{k} (m + jb)}} \tag{9.22}$$

对于本信号预处理器，后续相关联比较器相当于单服务台，这样漏失概率为

$$P_r = \frac{b}{a} \cdot \frac{a \displaystyle\sum_{k=1}^{\infty} \frac{ka^k}{\prod_{j=1}^{k}(1+jb)}}{1 + a + a \displaystyle\sum_{k=1}^{\infty} \frac{ka^k}{\prod_{j=1}^{k}(1+jb)}} \qquad (9.23)$$

经过计算机模拟给出了不同 $a$ 情况下，$P_r - b$ 的关系曲线，如图 9.5 所示。在本信号分选系统中，$l = 20 \times 10^4$ 脉冲/s，现假定 $u = 30 \times 10^4$ 脉冲/s，故

$$\alpha = \frac{l}{u} = 0.67 \qquad (9.24)$$

如果系统要求漏失概率在 1% 以下，由图 9.5 可以看出 $b$ 值近似为 0.016。

$$\chi = u \cdot b = 3.0 \times 0^5 \times 0.016 = 4.8 \times 10^3 \qquad (9.25)$$

$$\bar{t}_w = \frac{1}{x} = 2.1 \times 10^{-4} \text{s} \qquad (9.26)$$

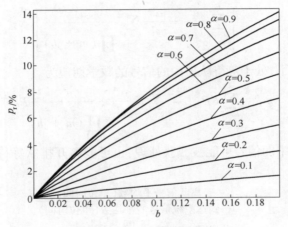

图 9.5　$P_r - b$ 的关系曲线

这样在平均等待时间到达的脉冲个数为 $\bar{n} = l \cdot \bar{t}_w \approx 100$。该数据是基于假设理想条件下得到的，而到实际应用中分选器不仅需要处理数据，还需要响应其他处理，诸如中断或响应整机控制命令或查询固定端口状态等；此外，目前有文献指出脉冲流密度已高达 100 万脉冲/s。鉴于上述情况，并结合当前 FPGA 的大容量特性，将 FIFO 构造在 FPGA 里（随着 FPGA 的飞速发展，目前很多 FPGA 里可构造多达 4096 级每级 64 位的 FIFO），所以选择 FIFO 级数为 1024 级，这样即使脉冲流的到达在一段时间内出现特别密集情况，也不会出现丢失脉冲，从而实现对信号的最精确处理。

### 9.2.3　分选参数及算法的选择

信号分选是利用信号参数的相关性来实现的。当密集信号流中包含多个频域变化和时域变化的脉冲列时,准确的到达方向是最有力的分选参数,因为目标的空间位置在短时间内不会突变(如 50ms 内),因此信号的到达方向也不会突变。之前由于角度处理器处理速度比较慢不能及时提供每个脉冲的到达角。现在可利用比相信道化接收机提取每个脉冲的相差 XW,所以这里可利用的参数有 AOA、PW、CF、PRI,其中 AOA 是根据 XW、CF 查表得到,PRI 是根据脉冲流 TOA 前后相减得到,故最初利用到的参数有 PW、CF、XW、TOA,利用上述参数形成脉冲描述字后就可以进行多参数分选。

分选算法主要是完成从大量交叠的密集脉冲中检测目标辐射源的 PRI 序列是否存在,进而将已识别的目标辐射源从采样数据中检索出来的过程。信号分选器工作在复杂多变密集的电磁环境中,在无任何先验数据的情况下,可通过 SDIF 算法分析雷达参数,再通过动态扩展关联法验证信号的存在性:探测某些复杂特殊的雷达信号时,必然需要一定先验知识进行匹配分选才能确定分选出的雷达是否是目标雷达。因此,采用 SDIF 算法与动态扩展关联法的联合检测法结合多参数匹配法可以实现信号的准确、快速分选。

### 9.2.4　序列搜索法

也就是俗称的"套"脉冲的方法。其工作原理是:首先在脉冲流内选择一个脉冲作为基准脉冲(通常为第一个脉冲),再选择另一个脉冲作为参考脉冲(通常为下一个脉冲)。当这两个脉冲的到达时间差(DTOA)介于雷达可能的最大 PRI 与最小 PRI 之间时,则以此 DTOA 作为准 PRI;然后根据脉冲的抖动、TOA 测量误差等因素,确定 PRI 容差。以准 PRI 在时间上向前(或向后)进行扩展关联,若此 PRI 能连续套到若干个脉冲(大于等于成功分选所需要的脉冲数),则认为成功分选出一个脉冲列,并继续分选出该脉冲列的全部脉冲。如果以准 PRI 动态扩展得不到脉冲列,则另选一个参考脉冲,回复到第一步。若分选成功,则把成功分选出来的脉冲列从脉冲群中提取出来。作为一个准雷达脉冲列,以备后续处理(如信号跟踪),对剩余的脉冲流,再按上述步骤继续进行分选,直到剩余脉冲数小于一定的个数(比如 4 个),或再也不能构成新的脉冲序列,认为分选结束。

序列搜索法在实际应用中也存在较多问题。分选过程中,实际脉冲列总存在随机抖动。窗口选得过窄,就会漏掉脉冲;窗口选得过宽,在密集信号环境中,会同时选中多个脉冲,造成错选,进而影响 PRI 的测量。同时,所得到的 PRI 值是不精确的,为求得准确的 PRI,必须进一步处理,如对分选成功序列进行最小均方拟合。它常和别的方法配合使用得到更好的分选效果。

### 9.2.5　相关函数法

相关函数法重频鉴别技术是最基本同时也是最重要的重频分选算法,现有的重频分选算法大多都是基于该算法的原理,在此算法上加以改进。算法原理介绍如下:

$$R(\tau) = \sum_{i=1}^{N} S(iT_r)S(iT_r + \tau) \tag{9.27}$$

式中:$\tau$ 为时延时间;$T_r$ 为脉冲重复周期。由于脉冲列在时间轴上的离散性,只有当 $m\tau = mT_r \pm \tau_p/2$ 时($\tau_p$ 为雷达的脉宽),相关函数存在,不满足此条件时,相关函数为零。因此,对单个脉冲列,常取 $\tau = mT_r(m = 1,2,\cdots,N)$。

上述自相关函数 $R(\tau)$ 的表达式说明,自相关函数就是脉冲序列时延后与原脉冲序列相乘再求和,由于 PRI 具有周期性,通过自相关函数计算之后就能得到关于 PRI 的峰值。但是由于周期函数的相关函数具有周期性,因而存在着很多个 PRI 的谐波分量,而且实际脉冲列并非理想脉冲列,存在着脉冲丢失和 PRI 抖动等情况,这都可能造成分选错误。

自相关法能够获得脉冲序列 PRI 域信息的全貌,因此分选能力较强。除常规 PRI 信号外,对 PRI 抖动信号也具有一定的分析能力。但自相关法的谐波压缩对群脉冲和参差信号有较大影响,在压缩谐波的同时,基波分量也被大幅压缩,以致无法检测这两种信号。在信号数目较多时,自相关函数的噪声基底电平较大,使得各信号的基波分量都淹没在噪声之下,无法提取 PRI 值。因此,自相关法难以适应密集信号环境。另外,自相关法对 PRI 的鉴别能力取决于量化位数。位数越多,分析能力越强,但计算量也越大,因此不适于实时处理。基于这样的现象,现有的实用分选算法都会对该算法进行改进,然后运用。

### 9.2.6　差直方图法

对于信号分选,常常只需要估算 PRI 的值。PRI 只与脉冲间隔有关,所以无须计算所有的量化间隔。这样可大大减少计算量。这种脉间间隔的统计可用直方图来完成。

差直方图法的基本原理是对两两脉冲的间隔进行计数。从中提取出可能的 PRI。它不是用某一对脉冲形成的间隔去"套"下一个脉冲,而是计算脉冲群内任意两个脉冲的到达时间差(DTOA),对介于辐射源可能的最大 PRI 与最小 PRI 之间的 DTOA,分别统计每个 DTOA 对应的脉冲数,并作出(脉冲数/DTOA)直方图。即 TOA 差直方图。然后再根据一定的分选准则对 TOA 差直方图进行分析,找出可能的 PRI,达到分选的目的。

差直方图具有如下特点:

(1) 处理速度较快。通过直方图,可一次分选出多个脉冲列,而且 TOA 差直方图法进行基于减法的运算,故其处理速度较快。

(2)这种算法中确定门限是比较关键的问题。鉴于 PRI 的倍数、和数、差数的统计值较大,故确定门限比较困难。

(3)在 PRI 随机变化时,分选容易出错,有时甚至不可能分选。

实际上,差直方图法很少被直接采用。而在其基础上改进的累积差直方图法(CDIF)和序列差直方图算法(SDIF),由于性能大大提高,则是常用的方法。

### 9.2.7 累积差直方图法

累计差直方图法(CDIF)是基于周期信号脉冲时间相关原理的一种去交错算法。它是将 TOA 差值直方图法和序列搜索法相结合起来的一种方法。首先通过累积各级差值直方图来估计原始脉冲序列中可能存在的 PRI,然后以此 PRI 来进行序列搜索。包括直方图估计和序列搜索两个步骤,其基本原理如下。

如图 9.6 所示,首先计算第一级 TOA 差值,即计算所有相邻两个脉冲(脉冲 1 和脉冲 2,脉冲 2 和脉冲 3,……,脉冲 $n-1$ 和脉冲 $n$)的 DTOA,并作 DTOA 一级直方图,提取出可能的 PRI,如果有直方图值超过门限,则继续计算二级直方图的值,当一级直方图值和二级直方图值都大于门限时,则该间隔为可能的 PRI;然后按这些可能的 PRI 进行搜索。若搜索成功,则将该 PRI 序列从全脉冲中分选出来,并且

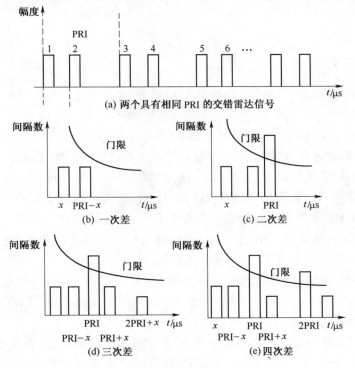

图 9.6　CDIF 直方图

对剩余脉冲列,从第一级差值直方图起形成新的 CDIF 直方图。这个过程一直重复下去,直到没有足够的脉冲形成脉冲序列;如果搜索不成功,则继续计算第二级 TOA 差值,即计算脉冲 1 和脉冲 3,脉冲 2 和脉冲 4,脉冲 3 和脉冲 5,……,脉冲 $n-2$ 和脉冲 $n$ 之间间隔的直方图,并与上一级直方图累积,并找出可能的 PRI,以此类推。

CDIF 法的门限取反比例函数。这是基于这样的假设:当辐射源的 PRI 为 $T_0$ 时,这个辐射源的脉冲数是 $T/T_0$($T$ 为脉冲列长度,即观测时间),考虑到脉冲丢失,则脉冲数为 $\alpha T/T_0$($\alpha \in (0,1]$)。所以,CDIF 的最优门限为

$$D_{\text{CDIF}} = \alpha T/\tau \tag{9.28}$$

式中:$\tau$ 为直方图的横轴变量,即可能的 PRI。

CDIF 法具有如下特点:

(1) CDIF 法只需统计很少的几级间隔的直方图就能提取出 PRI,全部各级的间隔统计完,大大减少了运算量。

(2) CDIF 法对脉冲干扰和脉冲丢失不敏感。

(3) CDIF 对 PRI 的提取是按照间隔值从小到大依次进行的,这样就要首先提取基波成分。在基波超过门限的情况下,CDIF 就能防止提取谐波。但是在许多情况下,基波不一定大于门限,而相反,谐波却大于门限。出现这样的现象很大原因是 CDIF 法的门限采用反比例函数形式。因为这种函数对于小的 PRI,函数值很大。

### 9.2.8 序列差直方图算法

序列差直方图法(SDIF)是一种基于 CDIF 的改进算法。SDIF 与 CDIF 的主要区别是:SDIF 对不同阶的到达时间差直方图的统计结果不进行累积,其相应的检测门限也与 CDIF 不同。其基本思想如下:

首先计算相邻两脉冲的 TOA 差构成第一级差直方图。如果只有一个 SDIF 值超过门限,则把该值当做可能的 PRI 进行序列检索;如果有几个超过门限的 PRI 值,则首先进行子谐波检验,再从超过门限的峰值所对应的最小脉冲间隔起进行序列检索。如果能成功地分离出相应的序列,那么从采样脉冲列中扣除,并对剩余脉冲列从第一级形成新的 SDIF 直方图;若序列检索不能成功地分离出相应的序列,则计算下一级的 SDIF 直方图,重复上述过程。

图 9.7 是具有相同 PRI 的两个交错雷达信号的 SDIF 直方图,此直方图中只有现时的差存在,为了提取真实 PRI,只需算出两次差并将直方图与门限比较即可。

应用 SDIF 算法时,要注意以下几点:

(1) 在计算一次差时,若仅有一个直方图值超过门限,该值就是可能的 PRI,并据此完成序列检索。然而若有许多干扰源,则一次差直方图将由几个值超过门限,但没有一个对应于正确的 PRI 值,此时必须计算二次差。

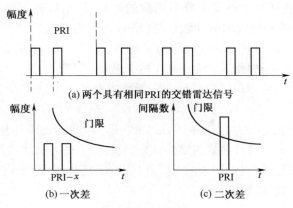

(a) 两个具有相同PRI的交错雷达信号

(b) 一次差          (c) 二次差

图 9.7　SDIF 直方图

（2）实际情况下,PRI 值常有随机的抖动,因此,在 SDIF 直方图中 PRI 真值附近有多个类似的 PRI 值可能超过门限。若 PRI 值的范围不超过允许的容差,则对 PRI 抖动的中间值完成序列检索。

（3）对于大量脉冲丢失的情况,基本 PRI 谐波在 SDIF 直方图上产生有影响的分量,其数值可能会超过门限值,如果此时对应于 PRI 真值的直方图值也超过门限,就不会有问题,因为 PRI 分析和序列检索是从直方图值超过门限的最低 PRI 开始的。

但是,若 PRI 的真值没有超过门限(脉冲丢失太多所致),则在序列检索时就可能将二次谐波,而不是正确的 PRI 提取出来。为避免虚假检索,必须采用分谐波校验,求出直方图的最大值(最大刻度 PRI)并假设它不超过门限,校验第一个(最低的)超过门限的值,若对应的 PRI 表示出 PRI 的某种谐波,并对应于直方图的最大值(最大刻度 PRI),则它就是可能的 PRI,并据此完成序列检索。

若直方图最大 PRI 值不是超过门限的最低 PRI 倍数,则应对所有超过门限的 PRI 值完成序列检索并从最低的开始。

（4）使用 SDIF 算法时,门限选择是至关重要的。最佳门限检测函数推导如下:

在观察的脉冲总数足够大,且同时有多部干扰辐射源时,则可认为相邻两脉冲的间隔是随机事件,脉冲是随机的泊松流。若把一定的观察时间 $T$ 分成若干个子间隔,则在时间间隔 $\tau = t_2 - t_1$ 内有 $k$ 个子间隔出现的概率为

$$P_k(\tau) = (\lambda\tau)k \cdot \mathrm{e} - \lambda\tau/k! \tag{9.29}$$

式中:$\lambda = n/T, n$ 为间隔总数,$\lambda$ 为泊松流的参数,表示事件在某个时间间隔的平均出现个数,也即事件强度。

泊松流在时间间隔 $\tau$ 内出现的概率与两相邻两脉冲值间隔 $\tau$ 出现的概率成正比,即第一级差直方图出现概率为

$$P_0(\tau) = \mathrm{e}^{-\lambda} \tag{9.30}$$

625

因为直方图是随机事件概率分布函数的近似值,所以较高级直方图也呈指数分布形式。第 $m$ 级差构成的脉冲数量是 $(E-m)$,因而最大的直方图峰值随着级数 $m$ 的增加而减少。因为观测时间间隔与采样数量(直方图内单元总数)成正比,所以泊松过程的参数 $\lambda = 1/kT$,$k$ 为小于 1 的正数。

由此可以看出,检测门限的最佳门限函数应有如下的形式:

$$TH(\tau) = x(E - m)e - \tau/(kN) \tag{9.31}$$

式中:$E$ 为脉冲总数;$N$ 为直方图内单元总数,即直方图上脉冲间隔的总刻度值;$m$ 是差级数;常数 $x$ 和 $k$ 的最佳值由试验确定,$x$ 取决于丢失脉冲的最大百分比。

由于检测门限的设置不同于 CDIF,并且 SDIF 还做了子谐波检验,因此这种方法很好地解决了谐波误提取问题。

### 9.2.9　PRI 变换法及其改进算法

#### 1. PRI 变换法原理

上述算法基本都是以计算接收脉冲序列的自相关函数为基础。自相关函数在脉冲序列的 PRI 值的相应位置会产生峰值,这样可估计出脉冲序列的脉冲重复间隔。但同时很多伪峰值会在 PRI 真实值整数倍的地方产生,这些伪峰值所带来的错误 PRI 值被称为子谐波。特别是在有脉冲丢失的情况下,这种现象十分严重。为了抑制子谐波提出了复值自相关积分算法,利用这种算法可以把脉冲序列的 TOA 差值变换到一个谱上,由谱峰位置即可估计脉冲序列所对应的 PRI 值。这种算法被称为 PRI 变换,这种谱称为 PRI 谱。下面对该算法作简要的介绍。

令 $t_n(n = 0,1,\cdots,N-1)$ 为预分选后得到脉冲序列的到达时间,其中 $N$ 为采样脉冲序列中脉冲的个数。根据单位冲激函数理论,每一个到达时间可以用单位冲激函数来表示,这样脉冲序列可以表示为

$$g(t) = \sum_{n=0}^{N-1} \delta(t - t_n) \tag{9.32}$$

式(9.32)中 $\delta(t)$ 为单位冲击函数。根据信号与系统的理论,$g(t)$ 的 PRI 变换可表示为

$$D(\tau) = \int_{-\infty}^{+\infty} g(t)g(t + \tau)\exp(j2\pi t/\tau)\,\mathrm{d}t \tag{9.33}$$

该 PRI 变换类似于自相关函数:

$$C(\tau) = \int_{-\infty}^{+\infty} g(t)g(t + \tau)\,\mathrm{d}t \tag{9.34}$$

将式(9.32)分别代入式(9.33)和式(9.34),得

$$D(\tau) = \sum_{n=1}^{N-1}\sum_{m=0}^{n-1} \delta(\tau - t_n + t_m)\exp[j2\pi t_n/(t_n - t_m)]\,\mathrm{d}t \tag{9.35}$$

$$C(\tau) = \sum_{n=1}^{N-1}\sum_{m=0}^{n-1} \delta(\tau - t_n + t_m) \tag{9.36}$$

PRI 变换和自相关函数之间的差别在于 PRI 变换有相位因子 $\exp[j2\pi t_n/(t_n - t_m)]$，这个因子对于出现在自相关函数中的二次谐波的抑制起到了重要作用。

现分析相位因子的作用。首先，定义脉冲串的相位。考虑单一脉冲串的到达时间可以写为

$$t_n = (n + \eta)p \qquad n = 0, 1, 2, \cdots \tag{9.37}$$

式中：$p$ 为 PRI；$n$ 为一个常数。定义脉冲串的相位为

$$\theta = 2\pi\eta \bmod 2\pi \tag{9.38}$$

两个相位 $\theta_1$、$\theta_2$，若满足 $\theta_1 = \theta_2 \bmod 2\pi$，或 $\exp(j\theta_1) = \exp(j\theta_2)$，则称两相位是等效的。一部固定重频雷达脉冲信号（重频间隔为 $p$）的相位也可以由下式得到

$$\theta = 2\pi t_n/p = 2\pi t_n/(t_n - t_{n-1}) \tag{9.39}$$

下面只考虑包含一部重频稳定的雷达信号（具有固定 PRI）的自相关函数。将式(9.37)代入式(9.36)得

$$C(\tau) = \sum_{l=1}^{N-1} (N - 1)\delta(\tau - lp) \tag{9.40}$$

由式(9.40)可看出，在 $\tau = lp(l = 2, 3, \cdots)$ 处出现的尖峰代表 PRI $= p$ 的子谐波。但从另外一个角度看，一列 PRI $= p$ 的脉冲串可以认为是 PRI 为 $lp$ 的 $l$ 列脉冲交叠在一起。事实上，到达时间如式(9.37)所示的单脉冲序列可以分解为 PRI 为 $lp$ 的 $l$ 列脉冲串，由定义，这些 $l$ 列的脉冲串相位变为 $\theta_1 = \theta/l, \theta_2 = (\theta + 2\pi)/l, \cdots$，$\theta_l = (\theta + (l-1)2\pi)/l$，这里 $\theta = 2\pi\eta, 0 \leqslant \theta \leqslant 2\pi$。如果把它们表征为单位矢量，显然这些点的矢量和为 0（除 $l = 1$ 的情况）。这表明由于 PRI 变换中引入了相位因子，使得出现在自相关函数中的子谐波得到了抑制，图 9.8 和图 9.9 表明了上述过程。

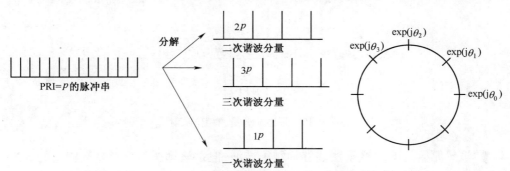

图 9.8　固定 PRI 为 $p$ 的脉冲子谐波分量　　　图 9.9　子谐波分量的相位映射

为了便于用直方图分析，采用 PRI 变换的离散形式。令 $[\tau_{\min}, \tau_{\max}]$ 是要研究的 PRI 的范围，将这个范围分成 $K$ 个小区间，称为 PRI 箱。第 $k$ 个 PRI 箱的中心：

$$\tau_k = \frac{k - 1/2}{K}(\tau_{\max} - \tau_{\min}) + \tau_{\min} \qquad k = 1, 2, \cdots, K \tag{9.41}$$

若这 $K$ 个 PRI 箱的宽度相等，则 PRI 箱的宽度 $b$ 等于 $(\tau_{\max} - \tau_{\min})/K$。

定义了 PRI 的研究范围以及 PRI 箱的中心和宽度之后，离散的 PRI 变换可表

示为

$$D_k = \int_{\tau_k - b/2}^{\tau_k + b/2} D(\tau) d\tau = \sum_{\tau_k - b/2 < t_n - t_m < \tau_k + b/2} \exp\left[2\pi i t_n / (t_n - t_m)\right] \qquad (9.42)$$

如果 $b \to 0$，则 $D_k \to D(\tau)$。PRI 的谱用 $|D_k|$ 来表示，在谱图上，代表真 PRI 的位置将出现峰值，若峰值超过门限，便可估计出接收到的交叠脉冲串可能包括的雷达信号的 PRI 值。

图 9.10 是 PRI 变换法和普通相关运算的算法仿真比较图，从图中可以看到，加了相位因子之后，可以很好地抑制谐波，具有比较高的估计精度。

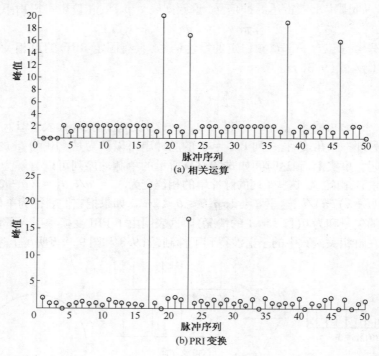

图 9.10　子谐波分量的相位映射

虽然原始的 PRI 变换法能够抑制子谐波，但是该算法仅仅对重频固定的脉冲序列有效。如果我们仍然按照上面所说的平均划分 $k$ 个宽度相等的 PRI 箱来对 PRI 进行检测，则当 PRI 抖动较大时，并没有出现预期的谱峰，几乎被噪声淹没，如图 9.11 所示，为三列脉冲信号，其中一列 PRI 值为 20μs，无抖动；另两列的 PRI 值分别为 11μs 和 17μs，10% 的抖动，从仿真结果可以看到，原始的 PRI 变换法对 PRI 固定的序列仍有比较好的检测效果，但是对 PRI 抖动的序列效果不佳。

分析其原因有两点：①如果 PRI 的抖动范围大于 $b$，则原本应该集中在一个 PRI 箱中的脉冲间隔会分布到附近几个箱中去；②当脉冲个数越大时，随着 TOA 远离起点，PRI 变换式中相位因子的相位误差也越大。这两点导致了 PRI 变换算法

628

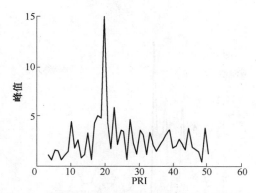

图 9.11 用原始的 PRI 变换法估计有抖动的脉冲序列

不适合于抖动的 PRI 脉冲序列,针对这两个缺点,参考文献[5]提出一种修正的 PRI 变换算法,主要是两个方面的改进:①用重叠的 PRI 箱来增加 PRI 箱的宽度;②利用可变的时间起点来改善 PRI 变换中相位因子的累积相位差。具体方法如下:

(1) 交叠的 PRI 箱。为了克服由于等分 PRI 箱而导致的脉冲分散,PRI 箱的宽度必须大于 PRI 抖动的宽度,但是这样以后又会导致 PRI 的估计精度降低,给随后的分选带来困难。解决这个矛盾的方法是采用交叠的 PRI 箱,令 $\varepsilon$ 是雷达脉冲抖动范围的最大相对值,则 PRI 箱的宽度变成

$$b_k = 2\varepsilon\tau_k \tag{9.43}$$

式中: $\varepsilon$ 为决定 PRI 箱宽度的容差参数。如果 $b_k < b$ ,则令 $b_k = b$ ,保证搜索范围覆盖整个范围, $\varepsilon$ 的可调性使得 PRI 变换能适应抖动范围较大的脉冲。

(2) 可变的时间起点。为了解决由于 PRI 序列时间起点引起的相位误差问题,可以在计算各个脉冲间隔的 PRI 谱值时,不断更新时间起点,改变时间起点的方法如下:

首先计算初相

$$\eta_0 t = (t_n - O_k)/\tau_k \tag{9.44}$$

式中: $O_k$ 为第 $k$ 个 PRI 箱的起始时间。用 $\tau_k$ 来代替 $t_n - t_m$ 来缓和 PRI 抖动产生的影响,接着可以把相位分解为

$$\eta_0 = v(1 + \zeta) \tag{9.45}$$

式中: $v$ 为一个整数; $\zeta$ 为一个实数,且 $-1/2<\zeta<1/2$ 。最后可以根据以下的条件来决定是否更新时间起点:①当 $v=0$ ,不改变时间起点;②当 $v=1$ ,如果 $t_m = O_k$ ,则 $t_n$ 成为新的时间起点;③当 $v \geqslant 2$ ,如果 $|\zeta| \leqslant \zeta_0$ ,则 $t_n$ 成为新的时间起点, $\zeta_0$ 是一个正常数,可以根据需要自己调节来决定时间起点的选择。

通过这两项改进,PRI 变换法对重频抖动的雷达脉冲序列具有很好的估计效果,如图 9.12 所示,为用修正的 PRI 变换法进行对图 9.11 相同条件下的脉冲序列的估计,从仿真结果可以看到,经过修正的 PRI 变换法对于 PRI 抖动的序列也有很

好的估计效果。

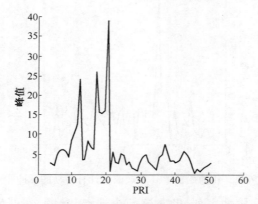

图 9.12　用修正的 PRI 变换法估计有抖动的脉冲序列

**2. 门限设定**

下面给出了 PRI 变换的检测门限设定方法,它可以根据三个原则来确定:观察时间的原则,消除子谐波的原则和消除噪声的原则。

1) 观察时间的原则

假如一列 PRI 为 $\tau_k$ 的脉冲串出现在整个观察时间 $T$ 内,则脉冲的个数为 $T/\tau_k$。另一方面 $|D_k|$ 是指 PRI 为 $\tau_k$ 的脉冲串的脉冲个数,因此理想情况下, $|D_k| = T/\tau_k$。实际情况下,每列脉冲都不会在观察时间内一直出现,总有脉冲丢失的现象发生,我们以下式为界限来判断该脉冲串是否存在:

$$|D_k| \geqslant \alpha \frac{T}{\tau_k} \qquad (9.46)$$

式中:$\alpha$ 为可调参数。

2) 消除子谐波的原则

假如 $\tau_k$ 是一列脉冲串的 PRI 值,则理想情况下, $|D_k|$ 约等于该列脉冲串的脉冲个数 $C_k$。否则,假如 $\tau_k$ 是一列脉冲串的 PRI 的子谐波,则 $|D_k| < C_k$。

因此,可以用下式来判断 $\tau_k$ 是真 PRI 值还是它的子谐波:

$$|D_k| \geqslant \beta C_k \qquad (9.47)$$

式中:$\beta$ 为可调参数。这条原则对于抖动脉冲串同样适用。

3) 消除噪声的原则

为了从 PRI 变换的结果中检测出真 PRI,与真 PRI 对应的 PRI 箱内的累计值必须大于噪声。然而,由于修正的 PRI 变换法利用可变的时间起点,我们很难估计噪声级。由此,我们设计了一个利用传统 PRI 变换估计噪声级的准则,下式就是该原则:

$$|D_k| \geqslant \gamma \sqrt{T\rho^2 b_k} \qquad (9.48)$$

式中:$\gamma$ 为可调参数,根据"$3\sigma$ 原则", $\gamma \geqslant 3$;$\rho$ 为脉冲密度;$b_k$ 为第 $k$ 个 PRI 箱的

630

宽度。

考虑到以上三个原则，可以设置如下门限：

$$A_k = \max\left\{\alpha\frac{T}{\tau_k}, \beta C_k, \gamma\sqrt{T\rho^2 b_k}\right\} \quad (9.49)$$

式中：$\alpha$、$\beta$、$\gamma$ 为三个可调参数，在不同情况下仿真，通过调节这三个参数来增加检测概率，减小虚警概率。

### 3. 改进的 PRI 变换法及分析

虽然修正的 PRI 变换法能够较好地应用于重频固定与抖动的脉冲序列，但是对于重频参差信号而言，该算法的效果并不好，如图 9.13 所示，雷达脉冲流中含有两列信号：一列 PRI 抖动的序列，RRI 值为 $19\mu s$，抖动量为 $10\%$；另一列为重频参差信号，子周期分别为 $7\mu s$、$11\mu s$ 和 $15\mu s$。

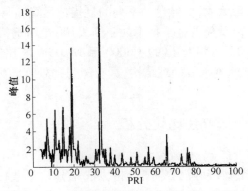

图 9.13　用修正的 PRI 变换法估计含抖动和参差的脉冲序列

从仿真图 9.13 中可以看到，对于非参差的雷达脉冲信号，PRI 变换法有不错的效果。但是对参差脉冲信号运用 PRI 变换后，不仅在参差序列的各个子周期也出现峰值，而且在骨架周期处也有一个峰值，并且重频参差信号的子周期脉冲个数要少于重频固定和抖动的雷达脉冲信号(具体个数与参差数和采样时间有关)，这反映在仿真图上就是得到的各子周期的检测峰值较小。我们还可以看到，由于参差信号各子周期的重复相加计算，使得参差信号的骨架周期的峰值明显高于其他雷达信号的峰值。检测的结果是，通过门限设置，可以将抖动 PRI 的信号检测出来，但是不能得到参差信号的特征。

虽然利用修正的 PRI 变换法不能直接得到参差雷达脉冲信号的各 PRI 值，但是根据以上的特点，利用 PRI 变换法和序列检索相结合的方法，还是可以把参差雷达信号检测出来的。综合前文所述，可以得到这个基于 PRI 变换的改进算法如下。

首先用改进的 PRI 变换法对待检测脉冲序列进行处理，可以很容易得到重频固定、抖动脉冲序列的脉冲重复间隔(PRI)值和参差信号的骨架周期；接着可以比较这些得到的脉冲重复周期的峰值，在同样的采样时间内，如果某个脉冲重复周期的检测峰值比其他的峰值高，而本身脉冲重复周期值还比其他的大，就表明这个信号肯定是存在于这个序列中的参差信号;然后对重频固定和抖动的信号进行脉冲抽取,使序列中仅剩下参差信号;由于通过第一步的 PRI 变换,已经记录下参差信号各个小周期的脉冲重复周期的值,最后,我们可以利用这些已获得的值,通过序列搜索的方法,通过搜索验证得到参差信号的各个子周期在脉冲序列中的排列方式。这样,通过修正的 PRI 变换法和序列搜索相结合的方法,就可以实现对重频固定、抖动和参差雷达脉冲信号的检测。而且序列搜索发生在 PRI 变换法和脉冲抽取完之后,利用仅有的几个 PRI 值对剩下的脉冲序列进行搜索和比较检验,增加的计算量很小。

计算机仿真的结果表明上述分选思路是可行的。经过 PRI 变换法之后,可以得到 PRI 域信息的全貌,还能够抑制谐波,一次计算就可以得到全部的 PRI 值,而且经过修正和完善以后,对 PRI 抖动和参差的信号也同样具有分析能力。但是这个算法的缺陷是计算量太大,要经过一系列的复指数运算和乘加运算,影响了它在实际过程中的使用。但是随着电子技术的不断发展,专用于信号处理的 DSP 器件的性能也不断提高,TI 公司推出的 C6000 系列 DSP 内核时钟速度可以达到 1000MHz,再加上特殊的流水线处理结构,具有超强的处理能力。这使得算法的硬件实现成为可能。

### 9.2.10　常用分选算法比较分析

现将前面介绍的算法做一比较。

(1) CDIF 法。用脉冲间隔直方图分析方法来分选复杂雷达信号,准确性高,可靠性好,可有效克服脉冲重频、分频、倍频的问题。但是,有很多缺陷,主要是:算法的运算量很大,即使对于最简单的情况,所需差级也很大;其检测门限不是最佳检测门限;大量脉冲丢失时,会检测出谐波,而不是 PRI 的真值;不能对 PRI 随机变化的信号进行分选。

(2) SDIF 法。它比 CDIF 法更快、更清晰,因为它只有当前差,并与门限比较,无须用 2 倍 PRI 值与门限比较。该算法具有最佳检测门限,在大量脉冲丢失时,它采用次谐波校验防止虚假检测,适于常规、捷变频和重频参差雷达信号分选。但是,这种算法比较复杂,对于信号密度不太高的信号环境也不太适用。

(3) 动态扩展关联法。该方法更适用于已知可能的 PRI 或工作在数据库方式,将此方法与 SDIF 法综合使用可获得较好的分选效果。

(4) PRI 变换法。该方法由于采用了复值自相关积分,从根本上解决了二次谐波抑制的问题,用来检测由多个具有恒定 PRI 脉冲组成的脉冲串的 PRI 很有效。并且,由于采用了通过时间而移动的叠加 PRI 直方图单元方法,可以有效获得跳变脉冲串的 PRI。但是,它的运算量极大,因为它不仅要基于每一对 TOA 之差进行运算,还要对相应的每个 TOA 进行复指数计算,并且在前面运算的基础上,还要对每个时间间隔计算的值进行叠加。对于以前的硬件条件来讲,这显然很难满足实时性要求,它的性能可能只是在实验室的仿真中才能体现出来。但是,随着制造工艺的迅速发展,一些性能极高的专用数字信号处理器件已经推出并广泛使用,如 TI 公司推出的 TMS320C6416T 的内核频率可以达到 1000MHz,这使得算法的硬件实现成为可能,本书在硬件实现中将采用该 DSP 进行信号分选系统的搭建。

## 9.3 基于盲源分离的信号分选算法

### 9.3.1 引言

当前超宽频带被动雷达寻的器(导引头)工作的信号环境高度密集,时域同时到达信号越来越多。低截获概率雷达信号的广泛使用使得被动雷达寻的器接收机接收到的信号出现宽脉冲覆盖窄脉冲的情况越来越严重。而被动雷达导引头的传统分选模型无法处理同时到达信号,也无法处理宽脉冲覆盖窄脉冲的复杂信号,也即无法胜任当前信号环境下的雷达信号分选。而在这种信号环境下,空间未知线性混叠信号的分离是摆在信号分选面前最为严峻的问题。盲源分离技术可以较好地解决复杂环境背景下信号分离的问题,它无需学习样本的选取,只需根据接收信号进行处理就可以恢复源信号,特别地,它对同时到达信号的处理优势更加明显。

基于上述考虑,本章尝试将盲源分离技术引入到雷达信号分选领域用于分离时域线性混叠信号。首先,将 Fast ICA 算法用于雷达信号分选,为后续进一步深入研究基于盲源分离的雷达信号分选做探索性研究。其次,结合全局最优盲源分离算法,提出了基于伪信噪比最大化的盲源分离算法,该算法建立基于源信号和噪声信号协方差矩阵的伪信噪比目标函数,优化目标函数通过广义特征值求解实现,它是一种全局优化算法,信源独立就可以保证算法有解,求解分离矩阵比较有保障,并且具有较低的计算复杂度。然后,针对盲源分离开关算法无法有效分离多源信号的缺陷,提出一种盲源分离拟开关算法,它用峭度作为判断函数来自适应选择加权相应的激活函数。该算法能够更加有效地分离空间未知多源线性混叠信号。

由于国内外有关盲源分离算法的研究大多是针对简单的通信信号、语言信号和图像信号进行分离,本章的盲源分离算法研究始于雷达信号分选领域,对通信信号和复杂雷达信号的分离进行了尝试性研究,并取得较好的分离效果,对复杂信号环境下的信号分离具有重要的现实意义和应用价值。

### 9.3.2 盲信号处理概念

盲信号处理(Blind Signal Processing,BSP)是对源信号和传输通道几乎没有可利用信息的情况下,仅从观测到的混合信号中提取恢复源信号或进行系统辨识的一种新信号处理方法。它是信号处理中一个传统而又极具挑战性的问题。这里的"盲"有两重含义:源信号是不可观测的;混合系统特性事先未知。这个问题一诞生,很快就引起了信号处理学界和神经网络学界的广泛兴趣。特别是近 10 年来,理论研究和实际应用两方面都获得了长足的发展。

**1. 盲处理的原理及处理方法**

盲信号处理的原理如图 9.14 所示, $s = (s_1, s_2, \cdots, s_n)^T$ 是未知源信号矢量, $x = (x_1, x_2, \cdots, x_n)^T$ 是混合信号矢量(或观测信号、传感器检测信号), $n = (n_1, n_2, \cdots, n_n)^T$ 是噪声信号矢量(这里仅考虑加性噪声),输出 $y = (y_1, y_2, \cdots, y_n)^T$ 是待求的分离信号矢量(或源信号 $s$ 的估计), $H = (h_{ij})_{n \times n}$ 是未知混合矩阵(或源信号传输通道混合特性矩阵), $W = (w_{ij})_{n \times n}$ 是待求的分离矩阵。在图 9.14 中,源信号个数、有用源信号分量和无用源信号分量、源信号特性、源信号传输特性、源信号传输混合通道特性、噪声特性等都是未知的,观测信号 $x$ 是传感器检测信号,被认为是已知量。 $x$ 中含有未知(或盲的)源信号和未知混合系统的特性。处理具有盲特性的信号 $x$ ,以估计出源信号(或分离出源信号或恢复源信号)或辨识出混合系统特性(估计出混合矩阵)就是盲信号处理的任务。由于各个领域实际检测信号都可以视为混合信号 $x$ ,大量的信号处理任务是寻求源信号的最佳估计,因此,盲处理应用范围很宽,几乎涉及各个领域。由于盲处理仅利用观测信号和很少的先验知识,可采用各种方法,因此其理论方法较复杂,涉及的基础知识较广。由于源信号特性差异、混合方式不同、混合系统特性时变、噪声特性不同、源信号个数动态变化、实际检测信号特性不同等原因,已有的各种盲处理方法都有一定的适用范围。

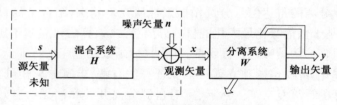

图 9.14　盲信号处理的原理

由上面的简述可知,盲信号处理的实质及主要任务就是对于未知混合系统在其输入信号完全未知或仅有少量先验知识的情况下,仅由系统的输出信号(混合信号)来重构输入信号或进行系统辨识。如果盲处理中,用到了源信号和传输通道等先验知识,实际并不全盲,也称为"半盲处理"。实际中,对于工程问题,应用一些先验知识往往可简化盲处理方法或提高处理效率和效果,因此充分利用先验知识也应受到重视。

按照盲信号处理目的可以将其分为盲辨识和盲源分离(Blind Signal Separation, BSS)两大类。盲辨识的目的是求得传输通道混合矩阵。盲源分离的目的是求源信号的最佳估计。BSS 指的是在源信号、传输通道特性未知的情况下,仅由观测信号和源信号的一些先验知识(如概率密度)估计出源信号各个分量的过程。当盲源分离的各分量相互独立时,就称为独立分量分析(Independent

Component Analysis, ICA)，它是针对独立源信号混合的各分量分离问题提出的，即 ICA 是 BSS 的一种特殊情况。当盲源分离是逐个分离并紧缩实现时称为盲抽取（Blind Signal Extraction, BSE)，它是指从观测信号矢量中逐个地分离出感兴趣的源信号分量。

**2. 独立分量分析**

可以用数学语言来描述 ICA 问题，设 $x = (x_1, x_2, \cdots, x_m)^{\mathrm{T}}$ 为 $m$ 维零均值随机观测信号矢量，它是由 $n$ 个未知的零均值独立源信号 $s = (s_1, s_2, \cdots, s_n)^{\mathrm{T}}$ 线性混合而成的，这种线性混合模型可表示为：$x = Hs$。其中，$H = [h_1, \cdots, h_n]$ 为 $m \times n$ 阶满秩源信号混合矩阵，$h_j (j = 1, 2, \cdots, n)$ 为混合矩阵的 $n$ 维列矢量。每个混合信号 $x_i(t)(i = 1, 2, \cdots, m)$ 都可以是一个随机信号，其每个观测值 $x_i(t)$ 是在 $t$ 时刻对随机信号 $x_i$ 的一次抽样。可以看出，$t$ 时刻的各观测数据 $x_i(t)$ 是由 $t$ 时刻各独立源信号 $s_j(t)$ 的值经不同 $h_{ij}$ 线性加权得到的。

上述就是 ICA 的信号混合模型，由于独立分量 $s_j$ 不能直接观测到，具有隐藏特性，因此也称为"隐藏变量"。由于混合矩阵也是未知矩阵，ICA 问题唯一可利用的信息只有观测到的传感器检测信号矢量 $x$。若无任何其他可利用信息，仅要由 $x$ 估计出 $s$ 和 $H$，ICA 问题的解必为多解。为使 ICA 问题有确定的解，就必须有一些符合工程应用的假设和约束条件或称为先验知识。求解 ICA 问题的假设条件如下：

（1）各源信号都是零均值实随机信号，且在任意时刻均相互统计独立。

（2）源信号数目 $n$ 与观测信号数目 $m$ 相等（$m = n$），混合矩阵 $H$ 是一个实际可实现的 $n \times n$ 阶未知的方矩阵，$H$ 满秩且逆矩阵 $H^{-1}$ 存在。

（3）只允许一个源信号 $s_j$ 的 PDF 是高斯函数。这是由于两个统计独立的白色高斯信号混合后还是白色高斯信号，而高斯分布信号的统计特性用唯一的方差参数就可确定，不涉及高阶统计函数，它们的独立性等同于互不相关。可以证明，有任意变换 $y = Wx$（$W$ 为分离变换矩阵，即 $WW^{\mathrm{T}} = I$）分离得到的结果都不会改变高斯矢量的二阶不相关性，即总是符合统计独立要求的。显然，这种结果与源信号不可能总是一致的。因此，若服从高斯分布的源信号超过一个，则 ICA 问题的各源信号不可分。

（4）各传感器引入的噪声很小，可忽略不计。这是由于信息最大化方法中，输出端的互信息量只有在低噪声条件下才可能被最小化。对于噪声较大的情况，可将噪声本身也看做一个源信号，对它与其他"真正的"源信号的混合信号进行盲分离处理，从而使算法具有更广泛的适用范围和更强的稳健性。

（5）求解 ICA 问题，需对各个源信号的 PDF 有一些先验知识。例如，自然界的语音和某些音乐信号具有超高斯特性，如拉普拉斯分布；图像信号大多具有亚高斯特性，如均匀分布；许多噪声则具有高斯特性。另外，当 $s_j$ 为很多随机信号之和时，其概率密度函数 $p_j(s_j)$ 也趋近于高斯分布函数，数理统计理论的中心极限定理就说明这个特性。

为了在混合矩阵 $\boldsymbol{H}$ 和源信号 $\boldsymbol{s}$ 均未知的情况下,仅利用传感器检测到的信号 $\boldsymbol{x}$(简称传感器信号或混合信号)和 ICA 各个假设条件,尽可能真实地分离出源信号 $\boldsymbol{s}$,可构建一个分离矩阵(或称解混矩阵)$\boldsymbol{W} = (w_{ij})_{n \times n}$,那么 $\boldsymbol{x}$ 经过分离矩阵 $\boldsymbol{W}$ 变换后,得到 $n$ 维输出列矢量 $\boldsymbol{y} = (y_1, y_2, \cdots, y_n)^{\mathrm{T}}$。这样,ICA 问题的求解(或解混模型)就可表示为:$\boldsymbol{y}(t) = \boldsymbol{W}\boldsymbol{x}(t) = \boldsymbol{W}\boldsymbol{H}\boldsymbol{s}(t) = \boldsymbol{G}\boldsymbol{s}(t)$。其中,$\boldsymbol{G}$ 为全局传输矩阵(或全局系统矩阵)。若通过学习使 $\boldsymbol{G} = \boldsymbol{I}$($\boldsymbol{I}$ 为 $n \times n$ 阶单位矩阵),则 $\boldsymbol{y}(t) = \boldsymbol{s}(t)$,从而达到分离(恢复或估计)出源信号的目的。

### 3. 预处理及算法性能评价准则

在对混合信号进行盲分离以前,通常都要先进行一些预处理。最常用的预处理过程有两个,一个是去均值,一个是白化处理。

在大多数盲分离算法中,都假设信号源的各个分量是均值为零的随机变量,因此为了使实际的盲分离问题能够符合所提出的数学模型,必须在分离之前预先去除信号的均值。

随机矢量 $\boldsymbol{x}$ 的白化,就是通过一定的线性变换 $\boldsymbol{T}: \tilde{\boldsymbol{x}} = \boldsymbol{T}\boldsymbol{x}$,使得变换后的随机矢量 $\tilde{\boldsymbol{x}}$ 的相关矩阵满足 $\boldsymbol{R}_{\tilde{x}} = E[\tilde{\boldsymbol{x}}\tilde{\boldsymbol{x}}^{\mathrm{H}}] = \boldsymbol{I}$,使得 $\tilde{\boldsymbol{x}}$ 各个分量满足 $E[\tilde{x}_i \tilde{x}_j] = \delta_{ij}$,$\delta_{ij}$ 为克罗内克 $\delta$ 函数。对混合信号的预白化实际上是去除信号各个分量之间的相关性,使得白化后信号分量之间二阶统计独立,$\boldsymbol{T}$ 也叫白化矩阵。白化虽然不能保证实现信号源的盲分离,但能够简化或改善盲分离算法的性能。

白化的方法基本上有两类,一类是利用混合信号相关矩阵的特征值分解实现的,另一类则是通过迭代算法对混合信号进行线性变换实现的。由于矩阵奇异值分解的数值算法比特征值分解数值算法具有更好的稳定性,所以本章用混合信号相关矩阵的奇异值分解来求白化矩阵。

通过预处理,可以消除各个原始通道信号间的二阶相关性,使预处理后的混合信号的各个分量间二阶统计独立。此外,它还能够简化盲信源分离算法以改善算法的性能,是盲信源分离不可或缺的部分。

为了评估每种算法的性能,通常需用相应的性能指标,这里给出较精确检验解混算法性能的相似系数、性能指数两种性能指标的定义。

(1) 相似系数:相似系数是描述估计信号与源信号相似性的参数,定义为

$$\xi_{ij} = \xi(y_i, s_i) = \left| \sum_{t=1}^{M} y_i(t)s_j(t) \right| \bigg/ \sqrt{\sum_{t=1}^{M} y_i^2(t) \sum_{t=1}^{M} s_j^2(t)} \tag{9.50}$$

当 $y_i = cs_j$($c$ 为常数)时,$\xi_{ij} = 1$;当 $y_i$ 与 $s_j$ 相互独立时,$\xi_{ij} = 0$。由式(9.50)可知相似系数抵消了盲源分离结果在幅值尺度上存在的差异,从而避免了幅度尺度不确定性的影响。当由相似系数构成的相似系数矩阵每行每列都有且仅有一个元素接近于 1,其他元素都接近于 0,则认为分离算法效果比较理想。

(2) 性能指数(Performance Index, PI)定义为

$$\mathrm{PI} = \frac{1}{n(n-1)} \sum_{i=1}^{n} \left[ \left( \sum_{k=1}^{n} \frac{|g_{ik}|}{\max_j |g_{ij}|} - 1 \right) + \left( \sum_{k=1}^{n} \frac{|g_{ki}|}{\max_j |g_{ji}|} - 1 \right) \right] \tag{9.51}$$

式中：$g_{ij}$ 为全局传输矩阵 $\boldsymbol{G}$ 的元素；$\max_j |g_{ij}|$ 为 $\boldsymbol{G}$ 的第 $i$ 行元素绝对值中的最大值；$\max_j |g_{ji}|$ 为第 $i$ 列元素绝对值中的最大值。

分离出的信号 $\boldsymbol{y}(t)$ 与源信号 $\boldsymbol{s}(t)$ 波形完全相同时 $\mathrm{PI} = 0$。实际应用中，当 PI 达到 $10^{-2}$ 时就说明该算法具有极佳的分离性能。

### 9.3.3　基于 Fast ICA 的雷达信号分选算法研究

本节将 Fast ICA 算法应用到雷达信号分选中，提出基于 Fast ICA 的雷达信号分选算法，同时讨论了采样时间与迭代次数和相似系数的关系。仿真试验结果表明该算法可以很好地分离各种不同调制脉冲雷达信号及连续波雷达信号，对传统分选方法难以应付的 PRI 随机雷达信号也十分有效。

**1. 盲信号抽取分选算法**

1）盲信号抽取方法及其特点

盲信号抽取方法（BSE）是一种依据无约束优化准则，从线性混合信号中抽取单源信号的学习算法。当不断重复抽取时，就能逐个抽取所有的源信号。为了避免已被抽取的源信号在下一个抽取过程中被再次抽取，利用一种无约束优化准则可导出从混合信号中提出已经抽取信号的学习算法。若 $m$ 个混合信号 $x_j(t)$ 是 $n$ 个未知、零均值、统计独立源信号 $s_i(t)$ 的线性组合，即

$$x_j(t) = \sum_{i=1}^{n} h_{ji} s_i(t) \qquad i = 1, 2, \cdots, n \tag{9.52}$$

其矩阵形式为

$$\boldsymbol{x}(t) = \boldsymbol{H} \boldsymbol{s}(t) \tag{9.53}$$

式中：$\boldsymbol{x}(t)$ 为天线阵元检测到的信号矢量；$\boldsymbol{s}(t)$ 为零均值、统计独立的未知源信号矢量；$\boldsymbol{H}$ 为列满秩的 $m \times n$ 阶未知混合矩阵。

求解上式的源信号主要有两种方法：第一种方法是同时分离出所有源信号；第二种方法是逐个序贯地抽取出各个信号。

BSE 分两步进行：第一步，用一个处理单元抽取具有特定随机特性的一个独立信号；第二步，用紧缩技术从混合信号中剔除已抽取的源信号，以便有效实施再次盲抽取。为提高这两个步骤的学习效率，主要是收敛速度，一般在抽取之前先进行白化处理，消除混合信号的二阶相关性。

2）雷达信号分选的 Fast ICA 算法

"快速 ICA 算法"（Fast ICA）由于比批处理甚至自适应处理具有更快的收敛速度，因此而得名。这里将这一算法用于雷达信号分选中，深入研究它在具体应用中的问题，为进一步研究基于盲源分离的信号分选算法作铺垫。

混合-解混过程简图如图 9.15 所示。一般采用两步法进行解混：第一步"球

化"是使输出 $z(t)$ 的各分量 $z_i(t)$ 的方差为1,而且互不相关;第二步"正交变换",一方面使输出 $y_i$ 的方差保持为1,同时使各 $y_i$ 尽可能互相独立,由于 $z_i(t)$ 已经满足独立性对二阶统计量的要求,因此进行第二步时只要考虑三阶以上的统计量(通常为三阶和四阶),使得算法得以简化。输出 $y(t)$ 只是 $s(t)$ 的近似,而且在排列次序和幅度上都允许不同。

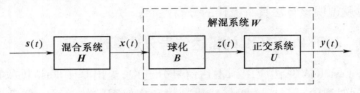

图 9.15　混合-解混过程简图

采用负熵最大化的 ICA 算法步骤如下:

(1) 将观测矢量 $x$ 去均值,变成零均值矢量。然后再加以球化(白化)得 $z$,即将去均值后的观测矢量进行线性变换后,得到 $z$,$z$ 中的各分量 $z_i$ 互不相关,且具有单位方差。

(2) 任意选择 $u_i$ 的初值 $u_i(0)$,要求 $\| u_i(0) \|_2 = 1$。

(3) 令 $u_i(k+1) = E\{ zf[u_i^T(k)z] \} - E\{ f'[u_i^T(k)z]u_i(k) \}$。其中 $f$ 是作为判据的非多项式函数,常见函数有 $\tanh a_1 y$、$ye^{-\frac{y^2}{2}}$、$y^3$。总集均值可用时间均值代替。

(4) 归一化: $\dfrac{u_i(k+1)}{\| u_i(k+1) \|_2} \to u_i(k+1)$。

(5) 如未收敛,回到(3)。

由于雷达信号分选面对的是多个信源之间的分离与选择,多个独立分量逐次提取的算法采用负熵固定点算法的逐步剥皮:

(1) 同基于负熵最大化的 ICA 算法(1)。

(2) 设 $m$ 为待提取独立分量的数目,令 $p=1$。

(3) 同基于负熵最大化的 ICA 算法(2)。

(4) 迭代: $u_p(k+1) = E\{ zf[u_p^T(k)z] \} - E\{ f'[u_p^T(k)z]u_p(k) \}$。

(5) 正交化: $u_p(k+1) - \displaystyle\sum_{j=1}^{p-1} \langle u_p(k+1), u_j \rangle u_j \to u_p(k+1)$。

(6) 归一化:公式同基于负熵最大化的 ICA 算法(4)。

(7) 如 $u_p$ 未收敛,回到(4)。

(8) 令 $p$ 加1,如 $p \leqslant m$,则回到(3);否则工作完成。

上述 $\langle \cdot, \cdot \rangle$ 表示内积, $\| \cdot \|_2$ 表示求二维范数。

**2. 仿真试验及其结果分析**

现代雷达信号复杂多变,以下主要讨论几种特殊雷达、普通雷达信号及白噪声混合后的分离情况。仿真试验分两种情况,试验1侧重于不同的调制方式下的雷达信号的分离,试验 2 侧重于不同的 PRI 或随机的 PRI 和不同 PW 的雷达信号的分离。

1) 不同调制方式下的捷变频雷达信号分离

**试验 1**  选取 4 个不同调制方式的捷变频雷达信号,分别是非线性调频脉冲信号(NLFM)、线性调频脉冲信号(LFM)、二相编码脉冲信号(BPSK)、捷变频雷达脉冲信号,其中每种方式下的脉宽 PW、重复周期 PRI 是固定的,而脉冲的频率是捷变频的,捷变频范围为 255~720MHz,相邻频点相距 15MHz,共 32 个频点。采样率 2GHz(防止频谱混叠,采样频率选取大于最大频率的 2 倍),采样点数为 320000 点,噪声选取高斯白噪声,信噪比为 -5dB。混合矩阵 **H** 是由 matlab 的 rand( · )函数产生的一个 5 × 5 均匀分布的随机方阵。图 9.16 所示的从上到下的 5 个信号源参数设置如下:

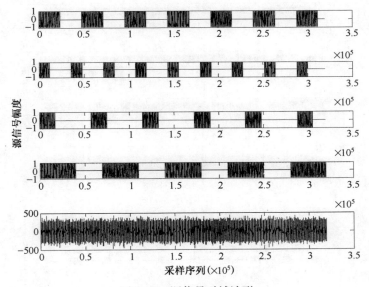

图 9.16  源信号时域波形

(1) LFM:$PW = 12\mu s$,$PRI = 24\mu s$,脉内信号为 $\cos(2\pi(f_0 t + a_1 t^2/2))$,其中 $f_0$ 为捷变频,$a_1 = 1.25 \times 10^{12} Hz/s$。

(2) 捷变频:$PW = 6\mu s$,$PRI = 18\mu s$。

(3) BPSK:选取 11 位巴克码的编码方式,也即 $\{1,1,1,0,0,0,1,0,0,1,0\}$,$PW = 8.8\mu s$,$PRI = 20.8\mu s$,每个码元持续 $0.8\mu s$,脉内信号为 $\cos(2\pi(f_0 t + \varphi))$,码元 1 时 $\varphi$ 取 0,码元 0 时 $\varphi$ 取 $\pi$。

(4) NLFM:$PW = 20\mu s$,$PRI = 35\mu s$,脉内信号为 $\cos(2\pi(f_0 t + a_1 t^2/2 + a_2 t^3/3))$,其中 $f_0$ 为频率,$a_1 = 0.5 \times 10^{12} Hz/s$,$a_2 = 0.01 \times 10^{18} Hz/s^2$。

(5) 高斯白噪声。

本次样本试验中,混合矩阵为

$$\boldsymbol{H} = \begin{bmatrix} 0.4245 & 0.9139 & 0.4361 & 0.2862 & 0.9620 \\ 0.4159 & 0.8360 & 0.2243 & 0.2841 & 0.3065 \\ 0.3882 & 0.8681 & 0.0132 & 0.3271 & 0.7789 \\ 0.8555 & 0.7756 & 0.3760 & 0.4762 & 0.8953 \\ 0.8230 & 0.4319 & 0.8386 & 0.2260 & 0.2537 \end{bmatrix}$$

接收的五通道的中频混合信号时域波形如图 9.17 所示,抽取出的五通道的分离信号时域波形如图 9.18 所示。从图 9.17 混合信号时域波形中可以看出,信噪

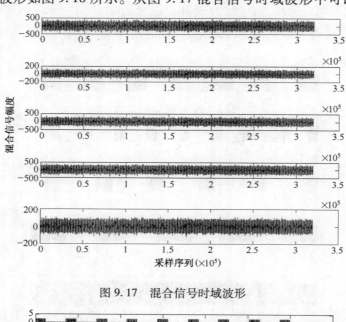

图 9.17 混合信号时域波形

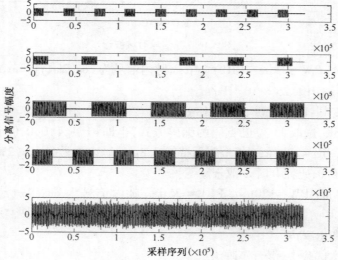

图 9.18 分离信号时域波形

比为 -5dB 时,信号几乎全部淹没在白噪声中,得到的各通道包络几乎是相同的,也就是说中频信号经检波整形后得到的视频信号几乎是相同的,如果利用盲信号抽取在视频段进行盲分离是无法实现的。而各个通道中频信号的细节信息不同,盲信号抽取技术可以根据各信源的独立性实现各信号的分离。

从图 9.16 和图 9.18 可以定性看出,分离信号和源信号非常相近,只是恢复出的信号与源信号的排列顺序不一致,而且某些信号的幅度与其对应的源信号也有所不同。通常把分离信号幅值及顺序的不确定性称为盲源分离问题的不确定性,这些不确定性对很多实际问题来说通常并不重要,因为分离出来的源信号很容易依据工程背景和先验知识确定。虽然存在不确定,但得到以波形携带信息的源信号,对分析实际工程问题是很关键的一步,这是盲处理的魅力所在。

本次样本试验中得到的分离矩阵为

$$W = \begin{bmatrix} 1.812 & -0.090 & -8.843 & 6.871 & -3.860 \\ 7.624 & 6.119 & -16.103 & 5.047 & -4.675 \\ -10.122 & -19.838 & 40.411 & -23.260 & 20.363 \\ -8.810 & -9.527 & 20.393 & -7.955 & 10.380 \\ 0.074 & 0.082 & -0.165 & 0.046 & -0.079 \end{bmatrix}$$

本次样本试验中源信号与分离信号之间的相似系数矩阵为

$$\xi = \begin{bmatrix} 0 & 0.0017 & 0 & 0.9999 & 0.0118 \\ 1 & 0 & 0.0001 & 0 & 0.0001 \\ 0 & 1 & 0.0001 & 0.0002 & 0.0006 \\ 0 & 0 & 1 & 0.0001 & 0.0030 \\ 0.0017 & 0 & 0.0028 & 0.0120 & 0.9999 \end{bmatrix}$$

相似系数矩阵每行每列只有一个数为 1 或接近于 1,其他都为 0 或接近于 0,相似系数矩阵的第一行第四列为 0.9999,说明图 9.16 中源信号中的第一个通道信号经分离后得到的估计信号在第四个通道,如图 9.16 和图 9.18 所示,依此类推。可见,分离得到的信号几乎完整地保持了源信号的所有信息。

从图 9.18 分离得到的高斯白噪声与源高斯白噪声的相似系数为 0.9999 可以看出,如果把高斯白噪声看做连续波雷达信号,那么可以认为该分离算法也适用于连续波雷达信号的分离。换个角度可以说该方法能够有效地提取高斯白噪声,这样不仅提高信噪比,还保留了噪声信息。因为算法是根据信源的独立性来收敛的,噪声对于真正的信源来说也是一个独立源。传统抑制噪声的方法都是将噪声滤除,提高信噪比的同时也丢失了噪声信息,然而有时噪声中也包含了一些有用信息,因此该算法更加有实际意义。

雷达信号的识别一直是雷达对抗的研究热点,但是如图 9.17 所示,信噪比比较小时,接收信号几乎完全淹没在背景噪声中,即使进入信号识别模块进行识别,识别效果也不好。而混合信号如果经盲信号抽取分离后,各通道得到的分离信号比较理想,可以直接进入识别模块进行识别。

2）随机 PRI 的捷变频雷达信号分离

**试验 2**　选取三个捷变频雷达信号源,分别是 PW、PRI 都固定的捷变频雷达信号;帧周期固定,帧内 PW、PRI 随机排列的参差雷达信号;PW 固定、PRI 随机设定的雷达信号。捷变频规律和试验 1 一致。采样率 2GHz,采样点数为 400000 点。噪声选取高斯白噪声,信号幅度为 1V,噪声幅度为 100V。源信号参数设置如下:

（1）PW = $10\mu s$,PRI = $30\mu s$;

（2）PW = $\{6,8,20,10,15\}\mu s$,PRI = $\{8.4,9.7,11.8,12.7,14.2\}\mu s$,5 个子 PW 及其低电平间隔在每帧出现顺序随机,但每帧都有这五个值;

（3）PW = $12\mu s$,PRI = $\{47,66,44,50,54,59,62\}\mu s$;

（4）高斯白噪声。

图 9.19~图 9.21 所示为其中一次样本试验的试验仿真图,在本次样本试验中,得到的分离矩阵为

$$W = \begin{bmatrix} -2.8815 & -10.2711 & 5.9806 & 6.2092 \\ 6.4125 & -0.3398 & -8.5098 & 2.8948 \\ -4.5191 & -4.8370 & 4.1767 & 5.1737 \\ 0.1209 & 0.1097 & -0.1454 & -0.0927 \end{bmatrix}$$

源信号与分离信号之间的相似系数矩阵为

$$\xi = \begin{bmatrix} 0.9980 & 0.0001 & 0 & 0.0010 \\ 0.0448 & 0 & 0.9988 & 0.0207 \\ 0.0001 & 0.9980 & 0 & 0.0012 \\ 0.0008 & 0.0035 & 0.0202 & 0.9998 \end{bmatrix}$$

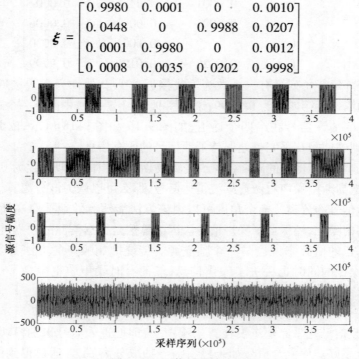

图 9.19　源信号时域波形

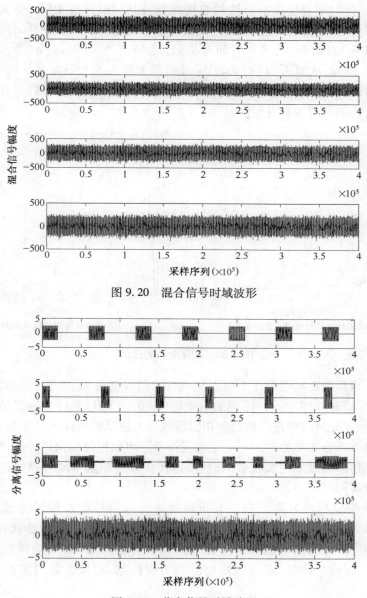

图 9.20　混合信号时域波形

图 9.21　分离信号时域波形

与试验 1 类似，试验 2 中得到的相似系数矩阵的每行每列只有一个数为 1 或接近 1，其他都为 0 或接近 0，说明该算法对 PRI 随机排列的脉冲雷达信号具有很好的分离效果。这一点是一般的基于盲源分离的信号分选算法区别于传统分选算法最明显优势，也是普遍优势。

3）采样时间的选取及微弱信号分离验证

工程实际中，采样时间的选取是分选工作的一个重要参数。在大量的仿真试

643

验中,发现采样时间直接影响算法的迭代次数及其相似系数矩阵。下面以试验1为例研究采样时间如何合理选取的问题。在信噪比为−5dB时,采样时间与迭代次数关系如图9.22(a)所示,采样时间与相似系数关系如图9.22(b)所示。试验中最大PRI是35μs,从图9.22(a)来看,采样时间大于或等于最大PRI的5倍时,迭代次数相对比较稳定,相似系数均值接近1,分离效果最好。从它们三者的关系也证明了该方法的有效性和可行性。

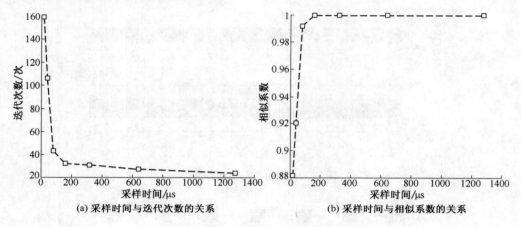

(a) 采样时间与迭代次数的关系　　　　(b) 采样时间与相似系数的关系

图9.22　采样时间的选取

为验证该算法在低信噪比下可以实现各个信号的分离,本节在相同的混合矩阵、相同的采样时间(175μs)、不同的信噪比(−60~−5dB)条件下做了信号分离的仿真试验,发现分离时的迭代次数和相似系数在上述试验条件下几乎是相等的,这就说明Fast ICA分离信号在满足一定假设条件下可以把微弱信号分离出来。因为算法是根据信源的独立性来收敛的,只要迭代次数足够基本就可以保证有解。这也是盲源分离算法一亮点。

仿真试验成功地分离了多种不同调制的雷达信号以及传统分选最难以分选的PRI随机变化的雷达信号;同时本节还研究了采样时间与迭代次数、相似系数之间的关系,证明了该方法的有效性和可行性。也即,当采样时间大于或等于最大PRI的5倍时,迭代次数相对就比较稳定,相似系数均值接近1,分离效果最好。

仿真试验同时也表明,在强高斯白噪声背景下该方法能有效地从观测信号中提取感兴趣的信号,且在一定程度上克服了常规分选方法对噪声敏感的缺陷,能实现对微弱信号的提取。这得益于该盲源分离算法将噪声源作为一个独立源信号分析的思路,只要各信源之间保持独立性就可以保证算法有解。需要特别再强调的是,将噪声源当做独立信号源的思路是本章其他盲源算法的一个共性。

### 9.3.4 基于伪信噪比最大化的盲源分离算法

目前已提出的盲分离算法中,例如信息最大化(Informax)算法、互信息最小(MMI)算法、最大似然(ML)算法等,这些方法都是建立在优化规则目标函数的极值基础上,在优化过程中需要进行大量地迭代,计算复杂度比较高。文献[96]提出了一种基于时域预测的盲分离算法,该算法目标函数的优化过程最后演变为求解广义特征值,算法不需要迭代算法,计算复杂度低。但是,实际模拟发现这种时域预测不一定总是正确的。文献[96]在文献[95]的基础上给出了一种全局最优的盲分离算法。为了充分利用广义特征值,文献[97]给出了盲源分离通用的学习框架,并给出盲源分离通用代价函数的数学表达式。文献[98]结合文献[97]提出了一种基于新代价函数的病态混叠盲源分离算法[100]。

受上述文献的启发,本节提出了一种基于伪信噪比最大化的盲分离算法,它从独立信号完全分离时信噪比最大出发,用单位对称滑动加权矢量平滑估计信号以此作为源信号,建立伪信噪比目标函数,同样把求优过程转换为广义特征值求解,最后由广义特征值构成的特征矢量矩阵就是分离矩阵。该算法也是一种全局最优的盲分离算法,具有较低的计算复杂度。试验仿真结果证明,该算法能够有效地分离线性混叠的各类雷达脉冲信号及连续波信号。

**1. 建立目标函数及分离算法推导**

设 $s(n)$ 为 $N$ 维源信号矢量,$x(n)$ 为 $N$ 维混合信号矢量,$H$ 为 $N \times N$ 阶瞬时线性混合矩阵。信号的混合模型可表示为 $x(n) = Hs(n)$。盲源分离就是利用观测信号和源信号的概率分布知识来恢复出 $s(n)$,即寻找一个 $N \times N$ 阶分离矩阵 $W$,使得输出 $y(n) = Wx(n) = WHs(n) = Gs(n)$ 为 $s(n)$ 的一个估计,称 $y(n)$ 为估计信号或分离信号,$G$ 为全局变换矩阵。

通常将源信号 $s$ 与其分离得到的估计信号 $y$ 的误差 $e = s - y$ 作为噪声信号,则信噪比函数 $F_1(s, y)$ 可以表示如下:

$$F_1(s, y) = 10\lg\frac{s \cdot s^{\mathrm{T}}}{e \cdot e^{\mathrm{T}}} = 10\lg\frac{s \cdot s^{\mathrm{T}}}{(s - y)(s - y)^{\mathrm{T}}} \tag{9.54}$$

但是,对于盲源分离而言,源信号 $s$ 是未知的。直观地,考虑用估计信号 $y$ 来代替,但是估计信号 $y$ 含有噪声,而且如果直接将 $y$ 带入上式会出现分母没有意义的情况。因此,采用什么样的信号来替代源信号 $s$ 是本算法中至关重要的一步。本节引入单位对称加权滑动矢量 $q$,用它来加权分离信号 $y$ 得到 $\tilde{y}$ 作为源信号 $s$,如下式所示,$q$ 的长度 $L$ 可以根据信号的特性调节选取。

$$\tilde{y}(n) = \sum_{l=0}^{l=L-1} y(n-l)q(l) \tag{9.55}$$

式中:$l = 0, 1, 2, \cdots, L-1; n = 0, 1, 2, \cdots, N-1$。

$q$ 须满足以下几个条件：

(1) $\sum\limits_{l=0}^{l=L-1} q(l) = 1$。

(2) $q(0) = q(L-1),q(1) = q(L-2),\cdots$

(3) 若 $L$ 为偶数，$q(L/2) = q(L/2+1)$ 最大；若 $L$ 为奇数，$q((L+1)/2)$ 最大。

(4) $q(0):q(1):q(2):\cdots:q(L-3):q(L-2):q(L-1) = 1:2:4:\cdots:4:2:1$。

单位对称滑动加权矢量 $q$ 选取从平滑滤波器理念出发的，简单的平滑滤波器每个系数是相等的，而该矢量在继承原平滑滤波思想的同时，将各系数的设置由前后相邻点对当前采样点的影响程度而定，一般认为当前采样点对当前采样点影响最大，其权重最大，而其他相邻采样点的权重视其与当前采样点的距离而定，距离当前采样点越远权重越小，距离当前采样点越近权重越大。这里采用从中心点系数往两边系数逐级指数递减的形式来描述权重与距离的关系。

将平滑处理得到估计信号 $\tilde{y}$ 的作为源信号 $s$ 代入式(9.54)，此时信噪比函数就变为一个新函数，设为 $F_2(\tilde{y},y)$，这里定义该新函数为伪信噪比函数，由于利用上述方法得到的信噪比并非真实的信噪比而得名。伪信噪比函数在一定程度上可以代替信噪比函数表征一定的物理意义，可以用于衡量该分离系统的分离效果。只要伪信噪比最大化，也就可以近似认为信噪比最大化，此时

$$F_2(\tilde{y},y) = 10\lg \frac{\tilde{y} \cdot \tilde{y}^{\mathrm{T}}}{(\tilde{y} - y)(\tilde{y} - y)^{\mathrm{T}}} \tag{9.56}$$

式中：$y = Wx,\tilde{y} = W\tilde{x},W$ 为分离矩阵，$x$ 为观测到的混合信号，$\tilde{x}$ 为混合信号经过单位对称加权滑动处理后的信号。所以，式(9.56)变为

$$F_2(\tilde{y},y) = 10\lg \frac{\tilde{y} \cdot \tilde{y}^{\mathrm{T}}}{(\tilde{y} - y)(\tilde{y} - y)^{\mathrm{T}}} = 10\lg \frac{W\widetilde{xx}^{\mathrm{T}}W^{\mathrm{T}}}{W(\tilde{x} - x)(\tilde{x} - x)^{\mathrm{T}}W^{\mathrm{T}}}$$

$$= 10\lg \frac{WC_1W^{\mathrm{T}}}{WC_2W^{\mathrm{T}}} = F_3(W,x) \tag{9.57}$$

式中：$C_1 = \widetilde{xx}^{\mathrm{T}},C_2 = (\tilde{x} - x)(\tilde{x} - x)^{\mathrm{T}}$ 为相关矩阵。

从建立目标函数的整个过程中及式(9.57)中目标函数的具体数学表达式可以看出，基于伪信噪比的目标函数 $F_3(W,x)$ 是文献[97]给出的通用代价函数的一种特殊形式。本算法的对比函数(目标函数)就是伪信噪比函数，相对于文献[97]通用代价函数而言，本节的目标函数被赋予了信噪比的物理意义。因此，该目标函数的优化过程最后也可以归结到求解广义特征值的问题上来。此外，由于盲源分离之前进行了去均值和白化预处理，所以上述相关矩阵就是协方差矩阵。在实际计

算中,上述的相关矩阵只能通过相应的信号矢量的样本值来进行估计。

由式(9.57)对分离矩阵 $W$ 求偏导得

$$\frac{\partial F_3}{\partial W} = \frac{2W}{WC_1W^{\mathrm{T}}}C_1 - \frac{2W}{WC_2W^{\mathrm{T}}}C_2 \tag{9.58}$$

由于目标函数 $F_3(W,x)$ 的极值点为式(9.58)的零点,因此得到 $WC_2W^{\mathrm{T}}$ $WC_1 = WC_1W^{\mathrm{T}}WC_2$,也即

$$C_1^{-1}C_2 = (W^{\mathrm{T}}W)C_2C_1^{-1}(W^{\mathrm{T}}W)^{-1} \tag{9.59}$$

可见,分离矩阵 $\hat{W}$ 为矩阵 $C_2C_1^{-1}$ 的特征矢量,只要求得 $C_2C_1^{-1}$ 的特征矢量就可以得到分离矩阵 $\hat{W}$。分离的源信号矢量为 $y = \hat{W}x$,其中 $y$ 的每一行代表一个分离信号,即 $y$ 是源信号 $s$ 的估计。

同时也证明,只要分离矩阵得到的信号及其导数不相关,算法就是可解的。由于空间各个辐射源是统计独立的,所以通过分离矩阵得到的信号也是统计独立的,这样就可以保证算法有解。

**2. 仿真试验及其结果分析**

1)不同调制方式下的雷达脉冲信号分离

**试验 1** 仿真以二相编码雷达单脉冲信号、线性调频雷达单脉冲信号、非线性调频雷达单脉冲信号及幅度调制信号 4 种不同调制方式的独立信号源为例,其采样率 100MHz,采样点数为 800 点,噪声选取高斯白噪声,信号幅度为 1V,噪声幅度为 100V。此外,经大量仿真试验发现 $q$ 的长度 $L$ 取 5,滤波效果较好。试验参数具体设置如下。

(1)BPSK:采用 11 位巴克码,脉宽 6.6μs,每个码元持续时间 0.6μs,脉内信号为 $\cos(2\pi(f_0t + \varphi))$,$f_0$ 为 8MHz,码元 1 时 $\varphi$ 取 0,码元 0 时 $\varphi$ 取 $\pi$。

(2)LFM:脉宽为 5μs,带宽为 20MHz,起始频率为 6MHz。

(3)NLFM:脉宽为 7μs,脉内信号为 $\cos(2\pi(f_0t + a_1t^2/2 + a_2t^3/3))$,其中起始频率 $f_0$ 为 10MHz,$a_1 = 0.5 \times 10^{12} \mathrm{Hz/s}$,$a_2 = 0.01 \times 10^{18} \mathrm{Hz/s^2}$。

(4)AM:信号为 $1 + 8\cos(2\pi f_1t)\sin(2\pi f_0t)$,$f_0 = 10\mathrm{MHz}$,$f_1 = 0.2\mathrm{MHz}$。

(5)高斯白噪声。

图 9.23~图 9.25 分别为源信号、混合信号和分离信号的时域波形。其中图 9.25的分离信号从上到下 5 个子信号分别是 NLFM、AM、高斯白噪声、LFM 和 BPSK。

从图 9.25 可以定性地看出,虽然各个通道波形的顺序和幅度存在不确定性,但分离效果较好,特别值得一提的是,对于二相编码信号的码元突变点准确地恢复出来了。

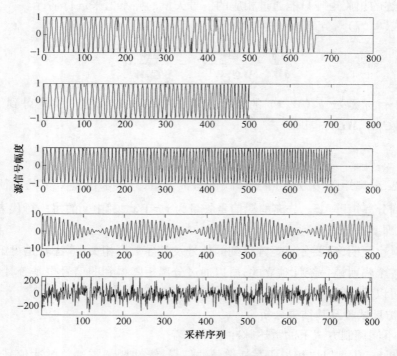

图 9.23　源信号时域波形

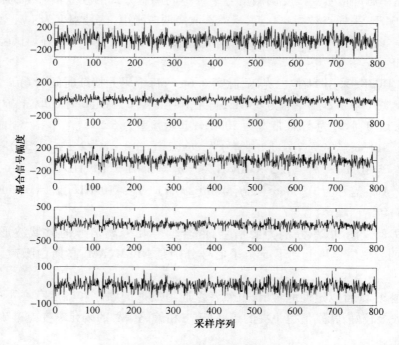

图 9.24　混合信号时域波形

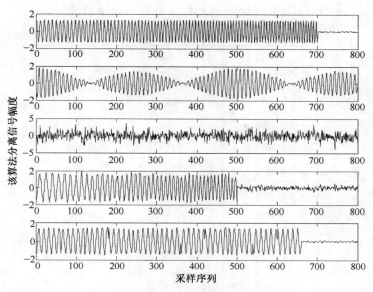

图 9.25    分离信号时域波形

本次样本试验中,其相似系数矩阵为

$$\boldsymbol{\xi} = \begin{bmatrix} 0.0114 & 0.0370 & 0.0157 & 0.0367 & 0.9981 \\ 0.0153 & 0.0758 & 0.1196 & 0.9793 & 0.0134 \\ 0.9998 & 0.0141 & 0.0093 & 0.0006 & 0.0010 \\ 0.0080 & 0.9982 & 0.0387 & 0.0011 & 0.0074 \\ 0.0398 & 0.0566 & 0.9871 & 0.1890 & 0.0920 \end{bmatrix}$$

容易发现,该矩阵的每行每列只有一个数接近 1,其他都接近 0,仔细观察相似系数矩阵可以发现其中的规律,如第一行第五列为 1,这说明图 9.23 中源信号中的第一个通道信号经分离后得到的估计信号在第五个通道,如图 9.23、图 9.25 所示,依此类推。相似系数矩阵定量说明,分离得到的信号几乎完整地保持了源信号的所有信息,分离效果比较理想。

2) 与 Fast ICA 法比较

**试验 2**    为了进一步定量地测试该算法的性能,选取了经典盲分离算法 Fast ICA 法与本算法进行比较,仿真试验比较了两种算法的仿真平均运算时间及平均相似系数。

平均相似系数为相似系数矩阵中所有接近为 1 的数据平均值。每组对比参数都分别取 100 次 Monte Carlo 试验的平均值。试验参数设置如下:选取 PW 均为 7.7μs、PRI 均为 11.7μs 及 CF(或起始频率)均为 8MHz 的复杂雷达脉冲信号(调制方式为 BPSK、LFM)和常规雷达脉冲信号,幅度调制信号和高斯噪声设置和试验 1 一致。采样时间选取由 PW 和 PRI 来确定,如采样时间取 4PRI+PW 代表采样时间取 5 个雷达脉冲时间,依次类推。仿真结果见表 9.2。

表 9.2　两种算法平均相似系数和平均运算时间比较

| 采样时间 /μs | 平均相似系数 | | 仿真平均时间/s | |
|---|---|---|---|---|
| | 本算法 | FastICA | 本算法 | FastICA |
| PW | 0.9930 | 0.9962 | 0.062 | 0.328 |
| PRI | 0.9860 | 0.8058 | 0.062 | 0.434 |
| PRI+PW | 0.9908 | 0.9986 | 0.062 | 0.253 |
| 2PRI | 0.9872 | 0.8188 | 0.063 | 0.460 |
| 2PRI+PW | 0.9892 | — | 0.063 | — |
| 3PRI | 0.9868 | 0.8141 | 0.078 | 0.445 |
| 3PRI+PW | 0.9873 | — | 0.078 | — |
| 4PRI | 0.9870 | 0.8290 | 0.079 | 0.428 |
| 4PRI+PW | 0.9872 | — | 0.078 | — |
| 5PRI | 0.9870 | 0.8332 | 0.078 | 0.453 |
| 6PRI | 0.9872 | 0.8277 | 0.078 | 0.480 |
| 7PRI | 0.9851 | 0.8317 | 0.125 | 0.481 |
| 8PRI | 0.9872 | 0.8298 | 0.110 | 0.469 |
| 9PRI | 0.9874 | 0.8309 | 0.110 | 0.519 |
| 10PRI | 0.9874 | 0.8323 | 0.125 | 0.531 |
| 注："—"表示抽取迭代次数超过 6000 次 | | | | |

观察表 9.2 可以发现，Fast ICA 法会出现迭代不一定收敛的情况，它的收敛情况与采样时间选取有很大的关系。当采样时间取 PW 和 PW+PRI 时，Fast ICA 法分离得到的平均相似系数接近 1，分离效果理想；当采样时间取 PW+ $n$PRI（ $n \geqslant 2$ ）时，Fast ICA 法迭代次数超过 6000 次，认为迭代失败；当采样时间取 $n$PRI（ $n \geqslant 1$ ）时，Fast ICA 法迭代时间比较长，所得到的平均相似系数在 0.83 左右，不是很理想。主要原因是 Fast ICA 法是一种自适应抽取技术，它的目标函数优化不是全局最优，当分离雷达脉冲信号时，由于前后脉冲间的不连续性及分离的不确定性，使得各通道的前后脉冲并不一定来自同一个辐射源。而本算法没有出现分离失败情况，而且不同采样时间下得到的平均相似系数也比较稳定，基本稳定在 0.987 左右，分离效果明显比经典算法理想。这主要是因为该算法是一种全局最优化算法，对脉宽、重复周期和载频都没有 Fast ICA 那么敏感。此外，本算法的求解过程没有迭代运算，所以运算时间比较快，从数据上看它比 Fast ICA 法快 5 倍左右。综上所述，对于雷达脉冲信号和通信信号都存在的复杂混叠信号环境，本算法分离效果比 Fast ICA 法更佳。

### 9.3.5　基于峭度的盲源分离拟开关算法[102]

早期 Comon 系统分析了瞬时混叠信号盲信源分离问题,提出独立分量分析的概念与基本假设以及基于累积量目标函数的盲信源分离算法。为了拓宽应用范围,研究者们开始研究自适应处理算法,其中比较著名的有 Bell 等人提出的随机梯度下降的信息最大化算法 Infomax ICA 以及 Lee 等人提出的扩展的 Infomax 算法。在扩展的 Infomax 算法基础上提出了盲分离开关算法,它针对利用 ICA 算法进行 BSS 时信号的 PDF 与激活函数难以确定的困难(尤其当混叠信号中既含超高斯信号,又含有亚高斯信号时),根据 PDF 的一种重要测度(峭度)自适应地学习算法中的激活函数,而无需预先对源信号的 PDF 做假设,但其衡量参数对于某些分布不是一个稳健测度,对某些界外点较为敏感。

本节在原盲信源分离开关算法的基础上做了几点改进,提出了基于峭度的盲信源分离拟开关算法,它在强噪声背景影响下,可以有效地实现空间多源线性混叠信号的分离。首先,算法引入单位对称加权滑动矢量加权分离信号来近似计算源信号的峭度;其次,由于开关算法用峭度符号位作为判断函数(只有 1,0,-1,3 种系数)来选择激活函数,无法准确地表示每次迭代分离后各通道信号的 PDF,本算法直接用峭度(包括了 1,0,-1 等多种系数)作为判断函数来选择加权激活函数,进而更加准确地表示每次迭代分离后各通道信号的 PDF;此外,原盲信源分离开关算法并没有对迭代何时结束提出相应的评判方法,本节针对信号分选不一定需要完整的脉内信息的具体应用,给出了相应的迭代结束评判方法,减少了迭代时间,提高了分离速度。最后通过计算机仿真表明在强噪声背景影响下,本算法可以有效实现空间多源线性混叠信号的分离,且分离效果、稳定性、计算速度和抗噪性能上都比原算法有了较大的改进。

**1. 源信号概率密度函数、激活函数与峭度**

估计的源信号概率密度函数常见的形式有双曲线正割函数的平方、修正的双曲正割函数的平方、混合高斯函数(Mixture of Gaussian,MOG)、混合双曲正割的平方等非线性函数。

修正的双曲正割函数的平方的 $\hat{p}_i(s_i)$(超高斯)以及激活函数 $\varphi_i(s_i)$ 如下:

$$\hat{p}_i(s_i) = \frac{1}{\sqrt{2\pi}} \exp\left(-\frac{s_i^2}{2}\right) \operatorname{sech}^2(s_i) \tag{9.60}$$

$$\varphi_i(s_i) = -\frac{\mathrm{dlg}\hat{p}_i(s_i)}{\mathrm{d}s_i} = -\frac{\hat{p}_i'(s_i)}{\hat{p}_i(s_i)} = s_i + \tanh(s_i) \tag{9.61}$$

MOG 的 $\hat{p}_i(s_i)$(亚高斯)以及激活函数 $\varphi_i(s_i)$ 如下:

$$\hat{p}_i(s_i) = \frac{1-a}{\sigma_1\sqrt{2\pi}}\exp\left[\frac{-(s_i-\mu_1)^2}{2\sigma_1^2}\right] + \frac{a}{\sigma_2\sqrt{2\pi}}\exp\left[\frac{-(s_i+\mu_2)^2}{2\sigma_2^2}\right] \qquad (9.62)$$

$$\varphi_i(s_i) = -\frac{\hat{p}_i'(s_i)}{\hat{p}_i(s_i)} = s_i - \tanh(s_i) \qquad (9.63)$$

峭度是信号 PDF 一个判断参数，其归一化定义为

$$k(s_i) = \frac{m_4(s_i)}{m_2^2(s_i)} - 3 \qquad (9.64)$$

式中：$m_2(s_i)$ 和 $m_4(s_i)$ 分别为信号 $s_i$ 的二阶矩和四阶矩。当信号的 $p_i(s_i)$ 为高斯函数时，$k(s_i) = 0$；当信号的 $p_i(s_i)$ 为超高斯函数时，$k(s_i) > 0$；当信号的 $p_i(s_i)$ 为亚高斯函数时，$k(s_i) < 0$。

### 2. 盲信源分离拟开关算法

基于随机梯度离线批处理 ICA 学习算法为

$$\Delta\boldsymbol{W}(k) = \alpha(k)\left[\boldsymbol{I} - \frac{1}{M}\sum_{t=1}^{M}\varphi(\boldsymbol{y}(t,k))\boldsymbol{y}^{\mathrm{T}}(t,k)\right]\boldsymbol{W}(k) \qquad (9.65)$$

式中：$t = 1,2,\cdots,M$；$k = 0,1,2,\cdots$；$\varphi(\boldsymbol{y}) = [\varphi_1(y_1),\varphi_2(y_2),\cdots,\varphi_n(y_n)]^{\mathrm{T}}$ 为非线性激活函数；$\alpha(k)$ 为学习速率。基于 Amari 和 Cardoso 的证明，引入估计函数

$$\boldsymbol{F}(\boldsymbol{y},\boldsymbol{W}) = \boldsymbol{I} - \varphi(\boldsymbol{y})\boldsymbol{y}^{\mathrm{T}}\big|_{\boldsymbol{y}=\boldsymbol{WX}} \qquad (9.66)$$

则大部分在线 ICA 算法有如下统一形式，即

$$\boldsymbol{W}(k+1) = \boldsymbol{W}(k) + \alpha(k)\boldsymbol{F}(\boldsymbol{y}(k),\boldsymbol{W}(k))\boldsymbol{W}(k) \qquad (9.67)$$

其离线批处理形式为

$$\boldsymbol{W}(k+1) = \boldsymbol{W}(k) + \alpha(k)\hat{\boldsymbol{E}}[\boldsymbol{F}(\boldsymbol{y}(t,k),\boldsymbol{W}(k))]\boldsymbol{W}(k) \qquad (9.68)$$

$$\hat{\boldsymbol{E}}[\boldsymbol{F}(\boldsymbol{y}(t,k),\boldsymbol{W}(k))] = 1/M\sum_{t=1}^{M}\boldsymbol{F}(\boldsymbol{y}(t,k),\boldsymbol{W}(k)) \qquad (9.69)$$

该算法的关键是寻找估计函数 $\boldsymbol{F}(\boldsymbol{y},\boldsymbol{W})$ 中的激活函数 $\varphi$。当混叠信号的 PDF 既包含超高斯又包含亚高斯时，各 $\varphi_i(i=1,2,\cdots,n)$ 必须通过学习确定。容易得到，当信源信号包含这两种统计特性的信号时，激活函数统一形式为 $\varphi_i(s_i) = s_i + J_i\tanh(s_i)$，即

$$\Delta\boldsymbol{W}(k) = \alpha(k)\hat{\boldsymbol{E}}[\boldsymbol{I} - \boldsymbol{y}(t,k)\boldsymbol{y}^{\mathrm{T}}(t,k) - \boldsymbol{J}\tanh(\boldsymbol{y}(t,k))\boldsymbol{y}^{\mathrm{T}}(t,k)]\boldsymbol{W}(k)$$
$$(9.70)$$

式中：未知源信号 $\boldsymbol{s}$ 由估计信号 $\boldsymbol{y}$ 近似代替；$\boldsymbol{J} = \mathrm{diag}[J_1,J_2,\cdots,J_n]$。

若第 $i$ 个源信号为超高斯信号，则 $J_i = 1$；若第 $i$ 个源信号为亚高斯信号，则 $J_i = -1$；若源信号中还存在一个高斯信号，则 $J_i = 0$。利用 $J_i = 0$，$J_i = 1$，$J_i = -1$ 的特性，就可以作为判断函数，即构成开关算法。

考虑到开关算法仅用峭度的符号位作为判断函数选择激活函数，也即 $J_i =$

$sign(k_i)$，它的判断函数只有 1、0、-1 这三种系数，用这三个系数作为判断标准会丢失一些信号的细节信息，特别是峭度值处于这三个系数中间模糊地带时，这种现象更加严重，导致最后无法准确地表示每次迭代分离后各通道信号的 PDF，最终导致判断失误，特别是当信号峭度偏离上述三种系数较多时更为严重。因此，本节提出直接用峭度来代替原来的判断函数，也即 $J_i = k_i$，它包含了 1、0、-1 等多种系数，这样可以更精确地表示每次迭代使用的激活函数，进而更加准确地表示每次迭代分离后各通道信号的 PDF，这就是盲源分离拟开关算法。

同时，由于空间信源信号未知，原算法的峭度可直接由分离信号 $y_i$ 迭代计算得到，迭代算法为

$$k_i^{(k)}(y_i) = m_{4i}^{(k)} / (m_{2i}^{(k)})^2 - 3 \tag{9.71}$$

为了提高算法的抗噪能力，这里同样引入 9.3.4 节提到的单位对称加权滑动矢量来加权分离信号 $y_i$，得到近似分离信号 $\widetilde{y}_i$，以此计算源信号的峭度。

为改善算法对某些非平稳或异常尺度源信号的数值稳定性和收敛性，放宽白化约束条件，即选用适当的正定对角矩阵 $\Lambda$ 代替单位矩阵 $I$，使式(9.70)等号右边数学期望项的对角元素变为 0，即

$$\Delta W(k) = \alpha(k)\hat{E}[\Lambda - y(t,k)y^T(t,k) - J\tanh(y(t,k))y^T(t,k)]W(k)$$
$$= \alpha(k)\hat{E}[\Lambda - D(t,k)]W(k) \tag{9.72}$$
$$D(t,k) = y(t,k)y(t,k)^T + J\tanh(y(t,k))y^T(t,k) \tag{9.73}$$

式中：$\Lambda = \mathrm{diag}[\mathrm{diag}(D)]$，是以矩阵 $D$ 的对角元素为元素的对角矩阵。

### 3. 仿真试验及其结果分析

1）强噪声背景下的多源混叠信号分离

**试验 1**  仿真以二相编码雷达单脉冲信号、线性调频雷达单脉冲信号、普通雷达单脉冲信号以及幅度调制通信信号四种不同调制方式的统计独立信号源为例，其采样率 100MHz，采样点数为 770 点，噪声选取高斯白噪声。其中各信号幅度 1V，高斯白噪声幅度 100V。各信号参数具体设置如下：

（1）BPSK 信号：采用二元伪随机序列编码方式，选取 11 位巴克码，脉宽为 7.7μs，每个码元持续时间为 0.7μs，脉内信号为 $\cos(2\pi(f_0 t + \varphi))$，$f_0$ 为 10MHz，其中码元 1 时 $\varphi$ 取 0，码元 0 时 $\varphi$ 取 π。

（2）LFM 信号：脉宽为 7.7μs，带宽为 20MHz，起始频率为 8MHz。

（3）常规雷达信号：脉宽为 7.7μs，$f_0$ 为 4MHz。

（4）AM：$f_0 = 10$MHz，$f_1 = 0.2$MHz，形式为 $1 + 8\cos(2\pi f_1 t)\sin(2\pi f_0 t)$。

（5）高斯白噪声。

图 9.26~图 9.29 分别为源信号、混合信号、原算法及本算法分离信号的时域波形。可以看出，原算法对空间多源混叠信号的分离效果相对于两源分离时急剧下降，所得分离信号与源信号差别较大。

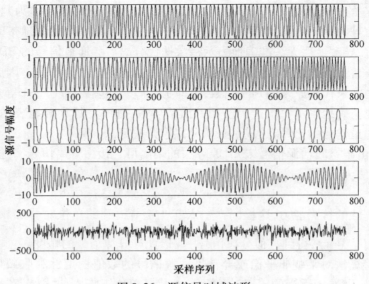

图 9.26　源信号时域波形

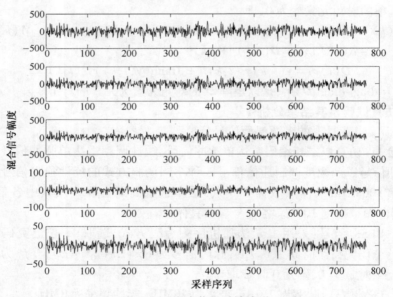

图 9.27　混合信号时域波形

本次样本试验中,原开关算法得到的相似系数矩阵为

$$\boldsymbol{\xi} = \begin{bmatrix} 0.7288 & 0.2627 & 0.4849 & 0.0433 & 0.4507 \\ 0.3752 & 0.2757 & 0.6154 & 0.5350 & 0.1591 \\ 0.2326 & 0.0949 & 0.5340 & 0.8399 & 0.1712 \\ 0.4240 & 0.7506 & 0.0758 & 0.0157 & 0.5086 \\ 0.1426 & 0.6302 & 0.1248 & 0.0957 & 0.7251 \end{bmatrix}$$

654

它每行每列最大数据只有 0.8399，与源信号的相似度较低。这也说明，分离得到的信号失去了源信号中信息量较大的脉内信息，无法正确识别。

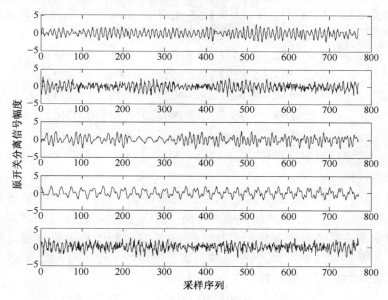

图 9.28　原算法分离信号时域波形

图 9.29 的分离信号从上到下 5 个子信号分别是 BPSK、AM、LFM、高斯白噪声和普通雷达信号。

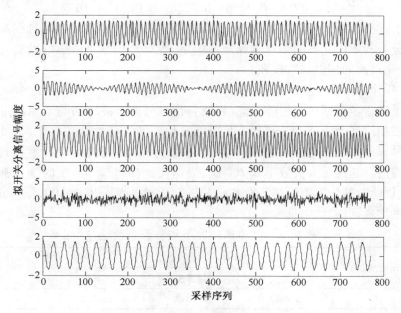

图 9.29　本算法分离信号时域波形

从图 9.29 可以定性地看出,虽然各个通道波形的顺序和幅度存在不确定性,但各个信号地分离达到较好的效果,特别值得注意的是,对于二相编码信号的码元突变点也能很准确地恢复出来。本次样本试验中,拟开关算法得到的相似系数矩阵为

$$\xi = \begin{bmatrix} 0.9962 & 0.0632 & 0.0814 & 0.0080 & 0.0493 \\ 0.1593 & 0.0592 & 0.9952 & 0.0004 & 0.0239 \\ 0.0474 & 0.0111 & 0.0632 & 0.0515 & 0.9973 \\ 0.0860 & 0.9837 & 0.0196 & 0.1578 & 0.0096 \\ 0.0687 & 0.1969 & 0.0389 & 0.9768 & 0.0310 \end{bmatrix}$$

相似系数矩阵定量说明,分离得到的信号几乎完整地保持了源信号的所有信息,分离效果比较理想。

**试验 2**　在实际采集信号数据时,除了高斯白噪声外,信道中一般还会混有其他噪声,这里选取均匀分布的随机噪声为例。为满足解混条件,可以增加天线阵元的方法获取多一路的混叠信号。为方便起见,仿真过程中直接将普通雷达信源改成幅度为 50V 的随机噪声源,其他条件与试验 1 保持一致。限于篇幅,本书仅给出某次样本试验的相似系数矩阵

$$\xi = \begin{bmatrix} 0.0084 & 0.0608 & 0.0693 & 0.1127 & 0.9884 \\ 0.9751 & 0.0980 & 0.0646 & 0.1840 & 0.0663 \\ 0.1650 & 0.1328 & 0.0051 & 0.9714 & 0.1332 \\ 0.1138 & 0.9594 & 0.1675 & 0.1788 & 0.0603 \\ 0.0923 & 0.1156 & 0.9886 & 0.0275 & 0.0124 \end{bmatrix}$$

从上述相似系数矩阵以及大量仿真试验可见,空间多源混叠信号在高斯噪声和均匀分布的随机噪声的强背景噪声影响下,本算法仍然可以很好地实现盲信源分离,分离得到的相似系数较高。

2)两种算法的定量比较

为了进一步测试该算法的性能,将原盲信源分离开关算法与本算法进行定量比较。在相同混合矩阵、相同初始 $W$ 矩阵及相同的迭代次数条件下,仿真试验比较了两种算法的平均相似系数。平均相似系数为相似系数矩阵中所有接近为 1 的数据平均值。迭代最大次数都取 200 次,当迭代次数超过 200 次时迭代都强制结束,直接用此时的分离矩阵进行分离信号。对比参数都分别取 100 次 Monte Carlo 试验的平均值,试验结果见表 9.3。

表 9.3　两种算法的平均相似系数比较

| 平均相似系数 | 试验 1 | | 试验 2 | |
|---|---|---|---|---|
| | 本算法 | 原算法 | 本算法 | 原算法 |
| $\bar{\xi}$ | 0.9910 | 0.7518 | 0.9905 | 0.7623 |

从表9.3数据可以发现：在强背景噪声影响下，原算法对空间多源混叠信号的分离基本上失去了原来两源分离的优势，所得相似系数平均值为0.7518～0.7623，脉内细节信息基本消失，而本算法可以有效实现多源混叠信号的分离，它的相似系数平均值为0.9905～0.9910。

对于信号分选而言，每个信号的脉内信息并不一定需要完全的恢复，所以为了将迭代次数降到最低以提高分离速度，本节还研究了迭代次数与相似系数之间的关系，寻求最佳迭代次数以提高运算速度。这里用试验1的相关参数在相同混合矩阵下，研究了拟开关算法与原开关算法两种算法在不同迭代次数下所对应的平均相似系数，对比图如图9.30所示。由此可见，拟开关算法的迭代次数越多（迭代时间越长），平均相似系数越高。这一现象在迭代次数小于100次范围内最为明显，之后趋于平坦，而且在迭代次数超过70次时，平均相似系数已经达到0.95以上，而此时各通道恢复出来的信号脉内信息基本可以用于后续处理。因此，可以选择迭代次数70～100次作为迭代结束的判断准则。而原开关算法显然没有这一规律，平均相似系数随迭代次数的增加起伏不大，大部分集中在0.75左右，这也进一步说明了原开关算法失去原来两源分离的优势，分离效果不如新算法；此外，原算法在进行多源分离时，迭代次数的多少对分离效果影响不明显。

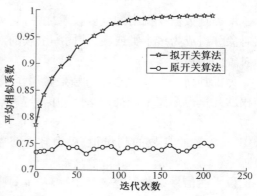

图9.30　两种算法在不同迭代次数下对应的平均相似系数

本节首先简要介绍了盲信号处理的相关知识，将Fast ICA算法应用于雷达信号分选，该分选算法可以很好地分离各种不同调制方式下的脉冲雷达信号及连续波雷达信号，对传统分选方法难以应付的PRI随机变化雷达信号也十分有效；再结合全局最优盲源分离算法，提出了基于伪信噪比最大化的盲源分离算法，其目标函数优化通过广义特征值求解实现，它是一种全局优化算法，相对于经典算法Fast ICA而言，信源独立就可以保证算法有解，求解分离矩阵比较有保障；最后在原盲源分离开关算法基础上提出基于峭度的盲信源分离拟开关算法，它可以很好地实现空间多源线性混叠信号（包括通信信号和雷达信号）的分离。

其中，基于伪信噪比最大化的盲源分离算法是一个全局最优算法，不需要任何迭代，求解分离矩阵只需要特征分解，计算速度较快，所以该算法的硬件实现推广前景比较可观。

这些新的处理方法不需要选取学习样本，只根据接收设备所获取的雷达信号进行处理，就可以恢复原始信号的形式。同时，作为一种新的思路和方法，仍具有很多亟待解决的问题和广阔的研究空间。

# 9.4　雷达脉冲信号聚类分选方法

聚类是数据挖掘中的重要技术之一,它可以根据数据对象之间的相似性,将数据对象分组成为多个类或簇,使同一个簇的对象之间具有较高的相似度,而不同簇的对象差别较大。

为了判断一个雷达脉冲信号是否属于某一个辐射源,用脉冲信号多个参数的加权欧几里得距离来表征雷达脉冲信号参数之间的几何距离,即

$$r = \left[ (x - u)^{\mathrm{T}} W (x - u) \right] \tag{9.74}$$

式中:$x$ 为脉冲参数的测量值;$u$ 为脉冲参数的中心值,是雷达信号参数的加权矩阵。

设雷达信号参数误差矢量 $\Delta = x - u$,则有:

$$r = \left[ \Delta^{\mathrm{T}} W \Delta \right]^{1/2} \tag{9.75}$$

几何距离越小表示脉冲信号参数之间的相似程度越高,如果几何距离小于某一门限值,则该脉冲参数属于同一辐射源。如果几何距离大于某一门限值,则该脉冲参数属于一个新的辐射源。

文献[110]提出一种基于广度优先搜索邻居的聚类算法(Broad First Search Neighbors,BFSN),减少了一定的计算量,使聚类的方法可以用于信号分选方法[111]。但是该算法仍然会有较多的矩阵运算;对于参数的提取,比如 PRI 的获取仍然需要利用直方图重新计算来得到,没办法减少实际过程中的计算量。

所以说当脉冲参数的个数少的时候,体现不出来聚类的优势,反而会使误差变很大,当脉冲参数增加的时候,误差矢量 $\Delta$ 变成矩阵形式,计算复杂,不利于硬件编程算法的实现和实时性的要求,并且从现有的参考文章来看,该算法适合于对具有脉内调制特征的多部相控阵雷达信号交错的脉冲流进行聚类分选,适当调整各参数的容差范围和加权系数,可以达到很高的分选准确度。但对于没有脉内调制的普通脉冲,就只有基于频率和脉宽两个参数(最好使用多个参数)进行聚类分选,此时聚类的准确性要受到一定影响。

## 9.4.1　基于纯相位矢量和极化信息的预分选算法

**1. C-均值算法**

该算法的基础是误差平方和准则。若 $N_i$ 是第 $i$ 聚类 $\Gamma_i$ 中的样本数目,$m_i$ 是这些样本的均值,即

$$m_i = \frac{1}{N_i} \sum_{y \in \Gamma_i} y \tag{9.76}$$

把 $\Gamma_i$ 中的各样本 $y$ 与均值 $m_i$ 间的误差平方和对所有类相加后为

$$J_e = \sum_{i=1}^{C} \sum_{y \in \Gamma_i} \| y - m_i \|^2 \qquad (9.77)$$

式中：$J_e$ 为误差平方和，它是样本集和类别集的函数。$J_e$ 度量了用 $C$ 个聚类中心 $m_1, m_2, \cdots, m_c$ 代表了 $C$ 个样本子集 $\Gamma_1, \Gamma_2, \cdots, \Gamma_c$ 时产生的总的误差平方。对于不同的聚类，$J_e$ 的值是不同的，使 $J_e$ 极小的聚类是误差平方和准则下的最优结果。这种类型的聚类通常称为最小方差划分。

为了得到最优结果，首先要对样本集进行初始划分，一般的做法是先选择一些代表点作为聚类的核心，然后把其余的点按某种方法分到各类中去。

**2. 纯相位矢量和纯方向角矢量**

假设天线系统有 $N$ 个接收天线（天线一般采用双臂平面螺旋天线，覆盖宽频带和大的角度测量范围），其中 $M$ 个（$M < N$）接收信道被数字接收机接收。微波信号经混频等相应处理后进入数字接收机时为中频信号。数字接收机对中频信号进行 A/D 采样，并对采样数据进行处理，可得到任意两天线间的相位差。这样信号分选处理器可以得到 $(M-1)M/2$ 个相位差，其中 $(M-1)$ 个是独立的，其余是相关的。

定义：完全由上述 $(M-1)M/2$ 个相关相位差构成的矢量为纯相位矢量 $X$，$X = (x_{12}, x_{13}, \cdots, x_{1M}, x_{23}, x_{24}, \cdots, x_{2M}, \cdots, x_{(M-1)M})$。考虑到后续处理采用的是动态聚类方法，所以用具有相关性的 $(M-1)M/2$ 个相位差构造纯相位矢量。实际上，分选处理器得到的纯相位矢量是受噪声源及其他因素影响的相位差信息，也即 $X(t) = S(t) + N(t)$，$S(t)$ 为某辐射源由多元阵列任意两阵元间相位差构成的纯相位矢量，$N(t)$ 为由噪声源及其他因素带来的干扰信号。由此可见，纯相位矢量包含了来波信号任意两天线间的相位差信息。

对于同一个非捷变频辐射源而言，它到达每两个天线的相位差理论上是固定不变的，所以可以用纯相位差矢量对空间各辐射源进行分类。之前的分选器一直都采用单一的相位差，受噪声影响很大，而这里提出采用纯相位矢量进行预分选在一定程度上提高了分选的可靠性和准确性。

对于同一个捷变频辐射源而言，同一辐射源的信号相位差不一定相等；此外，不同辐射源之间也可能存在相等的纯相位矢量。由 $\phi = \dfrac{2\pi L}{\lambda}\sin\theta$ 可知，只要两辐射源的方向角 $\theta$ 与载频 $f$ 满足 $\sin\theta_1 f_1 = \sin\theta_2 f_2$ 这一条件，它们的相位差就相等。针对这些情况，推广纯相位矢量的概念，得到纯方向角矢量。与纯相位矢量的定义类似，纯方向角矢量指的是完全由多个方向角构成的矢量。根据 $\phi = \dfrac{2\pi L}{\lambda}\sin\theta$ 得，计算方向角需要载频和基线距离，其中载频可以利用瞬时测频接收机或宽带数字信道化接收机测量，基线距离由天线阵元的摆放位置获得，此时由此计算出的完全由方向角构成的纯方向角矢量可作为预分选参量。

值得注意的是,在多基线接收系统中,从多个通道中得到的相位差基本都存在多值模糊的问题,解算出来的方向角也同样存在多值模糊的问题。对于测向来说,就需要解模糊处理,而对于分选而言,值得欣慰的是:同一个天线系统接收来自同一辐射源雷达信号的相位差要是存在相位模糊现象,那么来自该辐射源的每个脉冲的相位差都存在同样的模糊程度,或者说基于某两个天线接收同一辐射源得到的每个脉冲的相位差都具有相同的模糊度。临界条件下,由于噪声影响,也可能模糊或不模糊。这样,可以不计较每个相位差的模糊度是多少,也不去计较如何解模糊的问题,而是将每一个相位差界定在 $-\pi \sim +\pi$ 范围之内。通过这一处理,来自同一非捷变频辐射源雷达的每一个脉冲信号,其纯相位矢量理论上还是相等的,而对于捷变频辐射源雷达信号,以此纯相位矢量计算得到的纯方向角矢量理论上也是相等的。所以从这角度看来,相位差或方向角存在多值模糊的问题并不会直接影响基于纯相位矢量预分选的结果。当然,多值模糊问题在测向测角中还是需要相关的解模糊处理的。

### 3. 准 C-均值动态聚类预分选算法

从工程可实现角度出发,这里采用类似于 C-均值聚类的简单算法进行预分选。这里把它定义为准 C-均值动态聚类,并结合序列搜索法来完成对空间辐射源的预分选。聚类对象就是上述的纯相位矢量(或者纯方向角矢量),包含 $(M-1)M/2$ 个相关相位差(或者方向角),为方便起见,以纯相位矢量为例说明该算法流程,具体流程如下:

(1)采样及预处理。先确定采样时间,一般采样时间应该为最大脉冲重复周期的 5 倍以上,也就是要保证采样时间内至少有 6 个的脉冲。将数字接收机处理得到的空间辐射源的每个脉冲的相位差存储下来。

(2)确定第 $j$ 类相位差矢量的基准相位差矢量 $\boldsymbol{m}_j$ 并进行第 $j$ 类的提取。

① 从相位差矢量流中选择一个脉冲的相位差矢量,作为第 $j$ 类的准基准相位差矢量初值(通常第一类的准基准矢量初值是采集到相位差矢量流的第一个相位差矢量)。再选择下一个脉冲相位差矢量作为参考脉冲(通常就是下一个脉冲),计算这两个相位差矢量的误差平方均值为

$$e_i = \frac{\| \boldsymbol{X}_i - \boldsymbol{m}_j \|^2}{\text{length}(\boldsymbol{X}_i)} \qquad i = 1,2,\cdots,K; j = 1,2,\cdots \tag{9.78}$$

式中:$K$ 为总采样脉冲数目;$\boldsymbol{X}_i$ 为未分类的一个纯相位矢量;$e_i$ 为 $\boldsymbol{X}_i$ 与第 $j$ 类的准基准相位矢量 $\boldsymbol{m}_j$ 之间的误差平方均值;$\text{length}(\cdot)$ 为取矢量长度。第一轮提取时类别数目 $C$ 是未知的。

② 如果该误差平方均值 $e_i$ 大于给定容限 $T$,再提取下一个脉冲的相位差矢量回到①处,直到最后一个脉冲。

如果该误差平方均值 $e_i$ 小于给定容限 $T$,则认为这两个脉冲属于同一类雷达信号提取出该脉冲,并取其相位差矢量的均值作为该类新的准基准相位差矢量,同

时将该参考脉冲相位差矢量每个元素都清零。

$$\begin{cases} \boldsymbol{m}_j = (\boldsymbol{m}_j \times \text{num} + \boldsymbol{X}_i)/(\text{num} + 1) \\ \text{num} = \text{num} + 1 \end{cases} \tag{9.79}$$

式中:num 为第 $j$ 类聚类到此为止的矢量个数。得到新的基准相位差矢量后,再提取后面不为零矢量的参考脉冲相位差矢量回到①处,直到最后一个脉冲。

这里需要指出的是,虽然相位差的取值范围为 $-\pi \sim +\pi$,相位差为 0 的情况存在,但是一般来说,在噪声影响下,纯相位矢量的每个元素都取 0 的情况基本不存在,所以这里对参考脉冲相位差矢量直接做清零处理。此外,这里的准基准相位差矢量是动态调整的,它在找到每一个同类脉冲时都对所提取出来的同类相位差矢量取均值,并以此作为新的准基准相位差矢量。

(3)第 $j$ 类提取结束后,在剩余的脉冲中找第一个非零相位差矢量作为第 $j+1$ 类的准基准相位差矢量初值,重复(2)进行第 $j+1$ 类提取,直到剩余脉冲数小于一定的数目,无法满足后续处理。

(4)第一轮提取结束后,就可以初步得到类别数目 $C$、每一类的脉冲数目及每类的基准相位差矢量,此时可以以第一轮提取得到的结果作为先验知识进行第二轮、第三轮的提取。一般地,考虑运算量及多轮提取分类基本稳定的现象,实际仿真中只进行两轮的提取。

(5)查看剩余未提取的脉冲数目是否超过总脉冲数的 10%。如果剩余脉冲超过,就对漏分脉冲进行二次提取,并与一次提取结果进行相似性判断以便进行合理的合并处理。最后就可以得到类别数目和每类脉冲数目。

给定容限 $T$ 是根据式(9.76)来选择的,在基线间距和来波载频一定的条件下,容限就取决于方向角的误差。根据实际经验,考虑噪声误差及测量误差等因素,一般取方向角误差为 $3° \sim 5°$。第一轮提取时的容限在原则基础上取得相对小一些,以保证基准相位差矢量的准确度。第二轮的容限可以取得大一些,以保证满足条件的脉冲都能选取出来。当然实际中容限的选择还需要根据信号环境进行一些相应的调整。

**4. 仿真试验及其结果分析**

由于本书重在研究基于纯相位矢量的预分选方法,所以在仿真试验中,暂时不考虑脉宽、脉冲重复周期等参数,只考虑载频、到达角、相位差这三个参数。这样在构造分选器输入信号时,就只构造含噪的相位差矢量流以及载频流,而没有视频流。为了简单说明该算法的有效性,仿真试验采用线性均匀五阵元接收天线阵,阵元间距离为 220mm。这样每个脉冲就有十个相关的相位差可以利用,构成纯相位矢量或纯方向角矢量。

仿真试验中构造了 10 个辐射源,具体参数设置如表 9.4 所列。其中:试验 1 与试验 2 的所有信号源的载频都固定不变的,均为 1.5GHz,动态聚类对象是纯相位矢量;试验 4 的各信号源的到达角 AOA 和中心频率 CF 与试验 3 对应的各部信号源相同,试验 4 序号 1~5 的信号设置完全与试验 3 的信号设置一致,序号 6~10 的信号源是捷变频的,捷变点都为 10 点,相邻跳变点分别相差 20MHz、22MHz、8MHz、10MHz、9MHz;试验 3 和试验 4 的动态聚类对象是纯方向角矢量。每个试验的每部雷达信号都取了 50 个脉冲参与聚类分选。不同信噪比下进行了 100 次的蒙特卡罗试验。试验对比图如图 9.31、图 9.32 所示,这里定义,正确分选概率=正确分选的总脉冲数目/参与分选的总脉冲数×100%,其中不同信噪比下的分选正确率是取 100 次蒙特卡罗试验的均值。

表 9.4　试验设置的雷达信号具体参数

| 序号 | 试验 1 | 试验 2 | 试验 3 | | 试验 4 | |
|---|---|---|---|---|---|---|
| | AOA/(°) | AOA/(°) | AOA/(°) | CF/GHz | 频率点数 | 带宽/MHz |
| 1 | −45 | −20 | −20 | 1.5 | 1 | 窄带 |
| 2 | −35 | −15 | −15 | 1.6 | 1 | 窄带 |
| 3 | −25 | −10 | −10 | 1.7 | 1 | 窄带 |
| 4 | −15 | −5 | −5 | 1.8 | 1 | 窄带 |
| 5 | −5 | 0 | 0 | 1.9 | 1 | 窄带 |
| 6 | 5 | 5 | 5 | 2.0 | 10 | 200 |
| 7 | 15 | 10 | 10 | 2.1 | 10 | 220 |
| 8 | 25 | 15 | 15 | 2.2 | 10 | 80 |
| 9 | 35 | 20 | 20 | 2.3 | 10 | 100 |
| 10 | 45 | 25 | 25 | 2.4 | 10 | 90 |

从图 9.31 可以明显发现,相对于单一相位差的预分选算法,本节提出的基于纯相位矢量的预分选算法的性能较好。它在信噪比降到 3dB 左右时还可以达到 70% 以上的分选正确率,而基于单一相位差的预分选算法在信噪比降到 20dB 之后分选性能急剧下降,试验 1、2 均在 18dB 时已经完全失效了。相较之下,本节的方法有比较好的抗噪能力。

当空间辐射源中含有捷变频雷达信号或者存在方向角 $\theta$ 与载频 $f$ 满足 $\sin\theta_1 f_1 = \sin\theta_2 f_2$ 条件时,纯相位矢量预分选法已经无法正确分类。而根据前文所提到的纯相位矢量的推广形式——纯方向角矢量,从图 9.32 可以看出,仍然可以完成对空间辐射源的正确分类。此外,当信噪比 8dB 时,试验 3 基于纯方向角矢量的预分选成功率和基于单一方向角的预分选成功率分别为 78.4%、60.2%,试验 4 分别为 72.8%、49.4%。可见,采用纯方向角矢量来完成对空间辐射源的分类效果比单一方向角更好。

本节针对单一的相位差极易受噪声污染及接收机系统中天线多元化、立体化的现象,首次提出纯相位矢量的概念,并以此提出了一种基于纯相位矢量的动态聚类预分选算法。它利用前端宽带数字接收机得到的各通道的相位差信息构造纯相

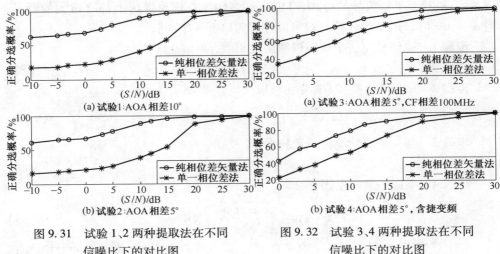

图 9.31　试验 1、2 两种提取法在不同　　　图 9.32　试验 3、4 两种提取法在不同
信噪比下的对比图　　　　　　　　　　　信噪比下的对比图

位矢量,并以此为聚类对象,采用准 C-均值动态聚类和序列搜索相结合的方法完成对空间各辐射源信号的预分选。通过大量的试验仿真表明,与用单一相位差预分选相比,基于纯相位矢量的动态聚类预分选算法能更好地实现较低信噪比下的预分选。

### 9.4.2　基于 FRFT$\alpha$ 域包络曲线的特征提取与聚类分选

**1. 分数阶傅里叶变换**

分数阶傅里叶变换(FRFT)是近年来出现的一种新的时频工具,它是经典傅里叶变换的一种广义形式。信号的 FRFT 是信号在时频平面内坐标轴绕原点逆时针旋转任意角后的表示方法,而当这个旋转角为 π/2 时,则为传统的傅里叶变换。信号 $x(t)$ 的 FRFT 定义如下:

$$X_p(u) = F_p[x(t)](u) = \int_{-\infty}^{+\infty} x(t) K_p(u,t) \, dt \tag{9.80}$$

式中:$p$ 为分数阶傅里叶变换的阶次;$F_P[\cdot]$ 为分数阶傅里叶变换算子;$K_p(u,t)$ 为变换核,其定义为

$$K_p(u,t) = \begin{cases} \sqrt{\dfrac{1 - \mathrm{j}\cot\alpha}{2\pi}} \exp\left(\mathrm{j}\left(\dfrac{t^2 + u^2}{2}\right)\cot\alpha - \mathrm{j}ut\csc\alpha\right) & \alpha \neq n\pi \\ \delta(t - u) & \alpha = 2n\pi \\ \delta(t + u) & \alpha = 2n\pi \pm \pi \end{cases} \tag{9.81}$$

式中:$\alpha$ 为旋转角,也即分数阶傅里叶域与时域的夹角,旋转角 $\alpha = p\pi/2$;$n$ 为整数;$\delta(\cdot)$ 为冲激函数。

FRFT 在统一的时频域上进行信号处理,因此相对传统的傅里叶变换灵活性更

强,适于进行非平稳信号的处理。FRFT 许多性质在理论探讨上都有很大的意义,当 $\alpha \neq n\pi$ 时,FRFT 的计算过程可以拆解为以下 4 个步骤:

**步骤1** 原信号与一个线性调频函数相乘,即

$$g(t) = x(t)\mathrm{e}^{\mathrm{j}\pi t^2 \cot\alpha} \tag{9.82}$$

**步骤2** 做傅里叶变换(其变元乘以尺度系数 $\csc\alpha$ ),即

$$g'_\alpha(u) = \int_{-\infty}^{+\infty} g(t)\mathrm{e}^{-\mathrm{j}2\pi ut\csc\alpha}\mathrm{d}t \tag{9.83}$$

**步骤3** 与一个线性调频函数相乘,即

$$X'_p(u) = g'_\alpha(u)\mathrm{e}^{\mathrm{j}\pi u^2 \cot\alpha} \tag{9.84}$$

**步骤4** 乘以一复幅度因子,即

$$X_p(u) = \sqrt{\frac{1 - \mathrm{j}\cot\alpha}{2\pi}} X'_p(u) \tag{9.85}$$

在上述定义中,尽管 $p$ 可以取任意实数,但 FRFT 却是以 4 为周期的变换,也即 $F^{4k\pm p} = F^{\pm p}$ 。因此通常只需考虑 $p$ 在 $[0,4]$ 即可。当 $p = 1$ 时,FRFT 退化为经典 FT,而 $p = 3$ 时为 FT 倒逆变换。此外,FRFT 还具有很多的优良特性,如阶数可加性 $F^{p1}F^{p2} = F^{p1+p2}$,逆变换统一性 $(F^p)^{-1} = F^{-p}$,这都是转动算子所特有的性质,因此,FRFT 可看做时频平面上的旋转算子。其中 $F^1$ 相当于将时间域表示的信号逆时针旋转 $\pi/2$ 到达频率域,$X_1(u)$ 即为信号在频域中的表示;而 $F^p$ 实现对信号任意角度 $\alpha$ 的旋转,将信号从时域变换到 $p$ 阶分数傅里叶域。可见,FRFT 是 FT 的广义形式,"时间域 $t$" 和 "频率域 $u$",在 FRFT 看来都只是众分数域 $u$ 中的两种特例。一般来说,可以用 $X_p(u_p)$ 表示信号在 $p$ 阶分数域 $u_p$ 中的表达,在这些一般的 $u_p$ 域中,信号的表示既包含时域信息又包含频域信息。因此,通过 FRFT 可以在多个变换域中对信号进行分析处理,大大拓宽了信号的表达方式和分析角度。

此外,进一步的研究表明,FRFT 与 Wigner – Ville 分布、模糊函数、Radon – Wigner 变化等常用时频分析方法之间存在着非常紧密的联系,可将其看做统一的时频表示方法,其实质是角度为 $\alpha$ 的时频面旋转。随着变换角度从 0 变换到 $\pi$,也就是阶数从 0 增长到 1,FRFT 展示出信号从时域逐步变化到频域的所有特征。因此 FRFT 可以看做信号在介于时域和频域之间的任一分数域上的表示。

**2. 新特征矢量的提取与聚类分选**

1)新特征矢量的提取

既然 FRFT 可以看做信号在介于时域和频域之间的任一分数域上的表示,那么它就能较好地体现信号的脉内特征。要是在分数域能够提取出信号的一些关键脉内特征,就可以将其作为分选的新型特征补充传统五参数。

从 FRFT 原理及其试验仿真中可以发现,不同调制类型的信号在整个分数域产生的分布图是不相同的。我们从旋转角 $\alpha$ 域观测分析不同调制类型雷达信号分数域的包络分布曲线特点,并从中提取其相应特征作为分选参数的补充。如

图 9.33 所示是常见的几种典型雷达单脉冲信号在信噪比为 20dB 下的 $\alpha$ 域包络曲线图。从图 9.33 可见,不同类型的包络曲线的出现峰值的 $p$ 值不同,包络曲线的尖锐程度也不相同。此外,在没有归一化以前,各信号幅度相同的条件下,它们的峰值大小也是不同的。

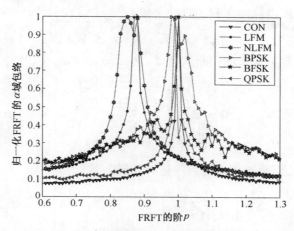

图 9.33 典型雷达信号的归一化 $\alpha$ 域包络曲线(20dB)

在概率与统计学中,峰度是用来反映分布曲线顶端尖峭或扁平程度的指标。有时两组数据的算术平均数、标准差和偏态系数都相同,但它们分布曲线的高耸程度却不同。统计上是用四阶中心矩来测定峰度的。这里就采用峰度来度量 $\alpha$ 域包络曲线的高耸程度。

峰度的归一化定义为

$$k(s) = \frac{m_4(s)}{m_2^2(s)} - 3 \tag{9.86}$$

式中:$m_2(s)$ 和 $m_4(s)$ 分别为信号 $s$ 的二阶矩和四阶矩。

特征提取的步骤如下:

**步骤 1** 以采样频率 $f_s$ 对信号 $s(t)$ 进行采样,得到时域离散信号 $s(n)$。

**步骤 2** 预处理,先去均值再白化处理。

**步骤 3** 对信号进行 $p$ 在 $[0,4]$ 范围内的快速分数阶傅里叶变换。

**步骤 4** 在分数域提取 $\alpha$ 域包络曲线 $y$:$y = \max(\mathrm{abs}(X_p(u)))$。

**步骤 5** 检测峰值 $pv$ 以及所对应旋转角的 $p$ 值。

**步骤 6** 对 $\alpha$ 域包络曲线 $y$ 对峰值作归一化处理并计算其峰度 $k$。

**步骤 7** 构造 $\alpha$ 域包络曲线的特征矢量 $\boldsymbol{V} = [p, p_v, k]$。

2)基于新特征矢量的聚类分选

为判断一个雷达脉冲信号是否属于某一个辐射源,可以用脉冲信号多个参数的加权欧几里得距离来表征雷达脉冲信号参数之间的几何距离[68],即

$$r = \left[ (\boldsymbol{x} - \boldsymbol{\omega})^{\mathrm{T}} \boldsymbol{W} (\boldsymbol{x} - \boldsymbol{\omega}) \right]^{\frac{1}{2}} \tag{9.87}$$

665

式中:$x$ 为脉冲信号参数的测量值矢量;$W$ 为雷达信号参数的加权矩阵;$\omega$ 为脉冲信号参数的中心值矢量,是已聚类脉冲参数测量值矢量的算术平均值,即

$$\omega = \frac{1}{m} \sum_{i=1}^{m} x_i \qquad (9.88)$$

其中:$m$ 为已聚类脉冲序列的脉冲个数。

设雷达信号参数误差矢量 $\Delta = x - \omega$,则 $r = \left[ \Delta^{\mathrm{T}} W \Delta \right]^{\frac{1}{2}}$。当一个脉冲由 $N$ 个不同参数来描述时,脉冲参数的误差矢量 $\Delta^{\mathrm{T}} = \left[ \Delta_1 \Delta_2, \cdots, \Delta_N \right]$,脉冲参数的加权矩阵

$$W = \begin{bmatrix} W_1 & 0 & \cdots & 0 \\ 0 & W_2 & \cdots & 0 \\ \vdots & \vdots & & \vdots \\ 0 & 0 & \cdots & W_N \end{bmatrix} \qquad (9.89)$$

则脉冲参数之间几何距离表示为归一化的几何距离

$$S = \left[ \frac{1}{N} \sum_{i=1}^{N} \Delta_i^2 W_i \right]^{\frac{1}{2}} \qquad i = 1, 2, \cdots, N \qquad (9.90)$$

式中:$N$ 为参与计算相似性度量值的脉冲参数个数;$W_i$ 为反映各参数重要程度的权系数。几何距离越小表示脉冲信号参数之间的相似程度越高,如果几何距离小于某一门限值,则该脉冲参数属于同一辐射源。如果几何距离大于某一门限值,则该脉冲参数属于一个新的辐射源。

参与计算几何距离的参数可以有到达角、脉宽、载频等,由于本节重在研究所提取的新特征矢量对传统参数的补充是否有效,所以试验中所设置的各种类型信号都具有相同的到达角、脉宽和载频,只针对所提取的新特征矢量 $V = [p, p_v, k]$ 进行聚类分析。实际中应用时,一般都是将到达角作为先决条件首先进行方位分选,选出相同方位的脉冲序列再进行其他参数的聚类分析。

具体步骤如下:取一个脉冲 $\alpha$ 域包络曲线的特征矢量 $V$,如果有已聚类的脉冲序列,取出其参数中心值 $x_{0i}$ 和容差范围 $\Delta x_{0i}$。计算该脉冲的每一个参数同已聚类脉冲参数的误差 $\Delta_i = x_i - x_{0i}$,只要 $\{\Delta_i\}$ 中任意一个值大于容差范围,该脉冲就不属于已聚类的脉冲序列,只有 $\{\Delta_i\} \leqslant \{\Delta x_{mi}\}$,才能按照式(9.90)计算脉冲参数之间的几何距离 $S$。如果 $S < S_T$ 则表示聚类成功,如果某个脉冲的参数与多个脉冲序列的参数之间的几何距离小于门限,则应当取距离 $S$ 值最小的脉冲系列作为聚类结果。按下式计算聚类结果脉冲参数中心值:

$$x_{0i} = \frac{x_{0i} \times m + x_i}{m + 1} \qquad (9.91)$$

式中:$m$ 为已聚类脉冲序列的脉冲个数,表示已聚类脉冲个数越多,在计算脉冲参数的中心值时权重就越大。如果该脉冲不属于所有已聚类的脉冲序列,则该脉冲作为一个新的聚类脉冲序列。其脉冲参数中心值 $x_{0i} = x_i$,容差范围 $\Delta x_{mi}$ 可以根据

需要先设为某一个定值,比如 $\Delta x_{mi} = x_{0i} \times 10\%$ 。

**3. 仿真试验及其结果分析**

为了检验 $\alpha$ 域包络曲线的特征矢量的分类能力,采用前文所述的动态聚类方法来测试。仿真选取 6 种典型雷达单脉冲信号进行试验,分别为前文所述的 CON、LFM、NLFM、BPSK、BFSK 及 QPSK,所有信号的 PW 均为 $8.8\mu s$ ,采样率 100MHz,各信号幅度均取 1V,噪声选取高斯白噪声。具体设置如下:

(1) CON 信号载频 $f_0$ 为 8MHz 。

(2) LFM 和 NLFM 都采用 PPS 形式,起始频率 $f_0$ 均为 8MHz,带宽均为 20MHz。所以两者从起始频率和带宽上无法区分它们。

LFM 信号形式为 $s(t) = \cos[2\pi(a_0 + a_1 t + a_2 t^2/2)]$,其中,$a_0 = 0$,$a_1 = 8 \times 10^6 Hz$,$a_2 = 2.273 \times 10^{12} Hz/s$ 。

(3) NLFM 信号形式为 $s(t) = \cos[2\pi(a_0 + a_1 t + a_2 t^2/2 + a_3 t^3/3)]$,其中 $a_0 = 0$,$a_1 = 8 \times 10^6 Hz$,$a_2 = 1.4 \times 10^{12} Hz/s$,$a_3 = 0.1 \times 10^{18} Hz/s$ 。

(4) BPSK 码元采用 11 位 Barker 编码方式,$C_d(n) = [1,1,1,0,0,0,1,0,0,1,0]$,载频 $f_0$ 为 8MHz 。

(5) QPSK 码元采用 16 位 Frank 码,$C_d(n) = [0,0,0,0,0,0.5,1,1.5,0,1,0,1,0,1.5,1,0.5]$,载频 $f_0$ 为 8MHz 。

(6) BFSK 码元可以采用 11 位 Barker 编码方式,也即 BFSK 的脉内两个频率编码方式为 $[f_1,f_1,f_1,f_2,f_2,f_2,f_1,f_2,f_2,f_1,f_2]$,$f_1 = 8MHz$,$f_2 = 20MHz$ 。

**试验 1** 提取不同信噪比下各类雷达单脉冲信号的 $\alpha$ 域包络曲线的特征矢量 $V = [p, p_v, k]$,信噪比从 0dB 开始每隔 3dB 变化到 30dB。表 9.5 给出了 6 种雷达单脉冲信号不同 SNR 下 FRFT $\alpha$ 域包络曲线的特征矢量在 100 次蒙特卡罗试验下的平均结果。

表 9.5 不同信噪比下 $\alpha$ 域包络曲线的特征矢量均值

| $V$ | 0dB | 3dB | 6dB | 9dB | 12dB | 15dB | 18dB | 21dB | 24dB | 27dB | 30dB |
|---|---|---|---|---|---|---|---|---|---|---|---|
| $V_{CON}$ | 1.00 | 1.00 | 1.00 | 1.00 | 1.00 | 1.00 | 1.00 | 1.00 | 1.00 | 1.00 | 1.00 |
| | 15.98 | 18.26 | 20.10 | 21.13 | 21.82 | 22.11 | 22.28 | 22.36 | 22.39 | 22.44 | 22.43 |
| | 70.10 | 68.82 | 67.05 | 65.30 | 64.40 | 63.19 | 62.48 | 61.79 | 61.87 | 61.74 | 61.70 |
| $V_{BFSK}$ | 1.00 | 1.00 | 1.00 | 1.00 | 1.00 | 1.00 | 1.00 | 1.00 | 1.00 | 1.00 | 1.00 |
| | 11.29 | 13.03 | 14.57 | 15.17 | 15.68 | 15.90 | 16.01 | 16.06 | 16.11 | 16.11 | 16.12 |
| | 28.11 | 26.33 | 25.05 | 22.56 | 21.83 | 21.08 | 20.61 | 20.31 | 20.20 | 20.03 | 19.94 |
| $V_{BPSK}$ | 0.98 | 0.98 | 0.98 | 0.98 | 0.98 | 0.98 | 0.98 | 0.98 | 0.98 | 0.980 | 0.98 |
| | 8.32 | 9.00 | 10.07 | 10.52 | 10.81 | 11.06 | 11.16 | 11.20 | 11.21 | 11.21 | 11.22 |
| | 11.00 | 10.96 | 10.47 | 9.72 | 9.22 | 9.15 | 8.91 | 8.79 | 8.65 | 8.60 | 8.57 |
| $V_{QPSK}$ | 0.98 | 0.98 | 0.98 | 0.98 | 0.98 | 0.98 | 0.98 | 0.98 | 0.98 | 0.98 | 0.98 |
| | 7.12 | 7.81 | 8.59 | 9.05 | 9.23 | 9.33 | 9.38 | 9.41 | 9.42 | 9.45 | 9.46 |
| | 10.74 | 9.84 | 9.39 | 8.95 | 8.36 | 8.14 | 7.94 | 7.81 | 7.75 | 7.69 | 7.65 |

| $V$ | 0dB | 3dB | 6dB | 9dB | 12dB | 15dB | 18dB | 21dB | 24dB | 27dB | 30dB |
|---|---|---|---|---|---|---|---|---|---|---|---|
| $V_{LFM}$ | 0.88 | 0.88 | 0.88 | 0.88 | 0.88 | 0.88 | 0.88 | 0.88 | 0.88 | 0.88 | 0.88 |
| | 9.12 | 10.41 | 11.31 | 11.90 | 12.21 | 12.37 | 12.42 | 12.49 | 12.52 | 12.51 | 12.53 |
| | 32.75 | 31.52 | 30.69 | 29.83 | 28.71 | 28.30 | 27.28 | 27.19 | 26.96 | 26.89 | 26.96 |
| $V_{NLFM}$ | 0.86 | 0.87 | 0.86 | 0.87 | 0.88 | 0.88 | 0.88 | 0.88 | 0.88 | 0.88 | 0.88 |
| | 9.64 | 11.09 | 12.15 | 12.69 | 13.09 | 13.26 | 13.38 | 13.38 | 13.44 | 13.43 | 13.43 |
| | 15.84 | 15.39 | 14.82 | 13.99 | 13.42 | 13.32 | 13.14 | 12.98 | 12.91 | 12.92 | 12.87 |

由表 9.5 可知,在 0~30dB 范围内,所有信号的脉内特征矢量均值都在一个小范围内变化,其中 $p$ 特征除了 NLFM 在小于 6dB 范围内波动 0.02 外(这和旋转角 $\alpha$ 的离散步进有关),其他信号均保持固定值,显示出了最好的稳健性。但是仅靠这一特征是无法满足区分所有的信号,试验数据表明,LFM 和 NLFM 的 $p$ 特征为 0.86~0.88,CON 和 BFSK 都为 1,BPSK 和 QPSK 都为 0.98,那么直观上,就可以根据 $p$ 特征将空间信号分成三大类。对于 $p$ 特征都为 1 的 CON 和 BFSK 而言,两者的峰值大小和曲线峰度都相差较多,容限值比较好设置;对于 $p$ 特征为 0.86~0.88 的 LFM 和 NLFM,峰值相差不多,但是曲线峰度相差明显,LFM 的峰度较大体现了 LFM 具有的较陡峭的 $\alpha$ 域包络曲线,这与 FRFT 对 chirp 类信号敏感是统一的,而 NLFM 的 $\alpha$ 域包络曲线就稍微平坦一些,两者的曲线峰度相差在 15 左右;对于 $p$ 特征都为 0.98 的 BPSK 和 QPSK 而言,两者的峰值大小分布区间为 8.32~11.22 和 7.12~9.46,曲线峰度分布区间 11.00~8.57 和 10.74~7.65,参数都比较接近,有部分混叠现象,分类容限设置比较困难。

在信噪比较低时,BPSK 和 QPSK 信号的新特征矢量会有比较严重的混叠,这与两种信号本身特性有很大关系。由设置的信号参数可知,它们的基本参数都是相同的,唯一的不同是编码方式,低信噪比会把该特性模糊化,使得 BPSK 和 QPSK 信号在分数阶的时频特性也近似相同,此时基于 FRFT$\alpha$ 域包络曲线的新特征矢量无法凸显这两类信号编码方式不一致的特性,所以无法正确分类,要减少 BPSK 与 QPSK 在低信噪比下的交叠程度,只能在此基础上寻找能在低信噪比下凸显编码方式不一致特性的新特征参数。

**试验 2** 为了进一步测试所提取的特征在 SNR 变化时的性能,在试验 1 的基础上,从每种 SNR 下的 100 个样本中随机抽取 10 个组成 SNR 变化的样本集合,每种信号共有 110 个样本。采用动态聚类方法对上述信号进行分类。图 9.34 给出了该条件下各类典型信号的新特征矢量的三维特征分布图,表 9.6 给出了聚类分选结果。

表 9.6 试验 2 聚类分选结果

| 类型 | CON | BFSK | BPSK | QPSK | LFM | NLFM |
|---|---|---|---|---|---|---|
| 正确数 | 110 | 110 | 101 | 101 | 110 | 110 |
| 准确率/% | 100 | 100 | 92 | 92 | 100 | 100 |

由图 9.34 直观定性来看,基于 FRFTα 域包络曲线的新特征矢量 **V** 在不同信噪比下具有较好的类内聚敛性和类间分离性,三维特征分布图除两类 PSK 信号存在一部分交叠外,其他各类信号基本都没有交叠,CON、LFM、NLFM、BFSK 及 PSK 各类信号能正确分类,容限也比较好设置。

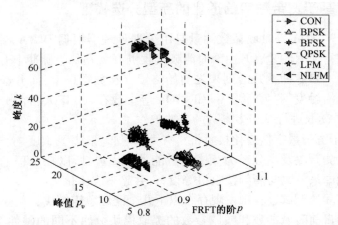

图 9.34　试验 2 信噪比在 0~30dB 之间的三维特征分布图(步进 3dB)

从表 9.6 给出的聚类分选结果也可以定量得到,本节提出的新特征矢量 **V** = $[p, p_v, k]$ 能在较大的动态信噪比环境下将 CON、LFM、NLFM、BFSK 及 PSK 各类信号准确地区分开来,聚类分选结果证实了所提取特征对于信噪比变化的稳健性。但正如试验 1 分析的一样,由于 BPSK 和 QPSK 属于相位编码方式的,它们在分数阶域的时频特性近似,同时这与 FRFT 对非 chirp 信号不敏感也有很大关系,所以在信噪比较低时两者会有比较严重的混叠,表 9.7 中它们的聚类分选正确率已经下降到 92%。这也说明本书提出的特征矢量存在一定的局限,它在低信噪比下(特别是 0dB 下)对两类 PSK 信号的聚类结果不完全正确,要在 0dB 或更低信噪比下减少这两种信号的交错性,只能在此基础上进一步分析同频 PSK 信号的类内细节特征,寻找能凸显编码方式不一致特性的新参数。

此外,可以发现,与采用常规参数分类相比,在该仿真试验条件下(各种典型雷达信号的脉宽、起始频率都相同,仅仅依靠常规参数分选十分困难),用常规参数再结合本书所提出的三个新特征参数可以实现不同信号较低信噪比下(0dB 以上)的正确分选。该算法的思路基于 FRFT,它从分数域较为完整描述一种信号的时频特性出发,所能寻求的新特征参数相对而言更多更容易,对信号的聚集性也使得其在低信噪比的分类效果相对也要好一些。当然计算量是要比常规分选的计算量大很多。这就相当于牺牲计算量换取分类效果。

总体而言,本书所提出的基于 FRFTα 域包络曲线的特征矢量在不同信噪比下对 CON、LFM、NLFM、BFSK 及 PSK 各类信号都具有较好的类内聚敛性和类间分离性,可以作为传统参数的一个有效补充。

## 9.5 基于宽带数字信道化的新型分选模型及新分选方法

### 9.5.1 基于宽带数字信道化的新型分选模型

传统的 PW、TOA 等时域参数测量是由分选处理器根据 DLVA 检波整形后的视频脉冲流进行实时测量,CF 由瞬时测频接收机 IFM 在每个脉冲上升沿触发后进行测量并在下一个脉冲上升沿到来之前始终锁存在数据口上,而分选处理器则在每个脉冲下降沿触发下一并将 PW、CF、TOA 等参数存入 FIFO,再由分选处理器的主处理器 DSP 读取进行基于多参数的分选工作。

目前,由于宽带数字信道化接收机具有大瞬时带宽、高灵敏度、大动态范围、同时到达信号检测判决及高分辨力频率测量能力等优势,所以在工程上越来越倾向于用它来替代原来的瞬时测频接收机等设备,并趋于实用化。

然而在实际的调试过程中发现存在以下几个问题急需解决:

(1)由于目前时域参数和频域参数的提取模块分属不同的硬件部分,频域参数在数字信道化接收机的 FIFO 里,需要分选处理器单独去读取,这样同一个脉冲的匹配是个难题。

简单来说,假设有三个不同频率的同时到达信号,数字信道化接收机可以完成对这三个同时到达信号(准同时到达信号)的正确测频,并能将这三个频率按照时间先后顺序正确存储入其 FIFO,但是分选处理器是根据微波前端多个 DLVA 的合成视频脉冲流进行测量时域参数的,这三个同时到达信号的时域参数很难全部测量正确的,有时候视频脉冲流甚至有截断现象或大脉冲覆盖小脉冲的现象,如图 9.35 所示。

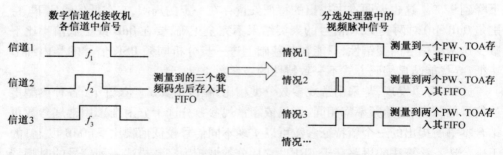

图 9.35 数字信道化接收机各信道中的信号与分选处理器中视频脉冲信号

这就会造成分选处理器主处理器读取时域参数和读取频域参数(如载频)在时间上失配错位,得到的时域参数和频域参数不属于同一个脉冲信号,且基于 FIFO 的存储读取结构一般只要一个脉冲失配错位就将造成所有脉冲参数的失配错位。

(2)目前数字信道化接收机测频原理,是基于普通的后向(前向)相位差分法,速度虽然较快,但抗噪性能差。

670

（3）目前数字信道化接收机测频只是截取前沿到来的一段数据进行相位差分后作平均处理,不管脉内瞬时频率如何变化只提取瞬时频率的均值,这样就不能很好地抓住瞬时频率变化特点。

为了解决上述问题,结合前面几节所述给出一个比较可行的解决方案,其流程图及方框图如图9.36所示。其中,图9.36（a）、（b）都是基于数字信道化的新型分选方案的流程图,区别在于图9.36（b）中求瞬时频率是采用改进的瞬时自相关算法来实现的,而图9.36（a）中求瞬时频率是直接经CORDIC算法得到瞬时相位后再经相位差分法来实现的,图9.36（c）对应图9.36（a）中并行CORDIC模块后

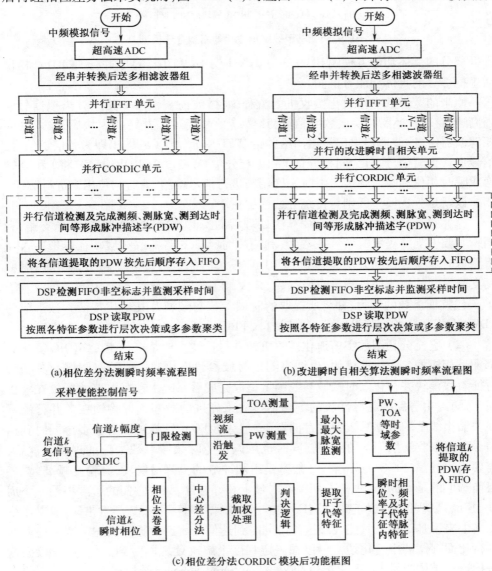

(a)相位差分法测瞬时频率流程图　　(b)改进瞬时自相关算法测瞬时频率流程图

(c)相位差分法CORDIC模块后功能框图

671

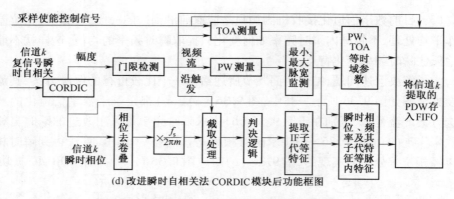

(d) 改进瞬时自相关法 CORDIC 模块后功能框图

图 9.36　基于数字信道化的新型分选模型

虚框部分的具体功能方框图,图 9.36(d)对应于图 9.36(b)中并行 CORDIC 模块后虚框部分的具体功能方框图。

原来的宽带数字信道化接收机的流程为:微波前端输入一路中频模拟信号经超高速 A/D 转换器转换成数字信号,该数字信号经过串并转换模块后,输入到多相滤波器组,滤波器输出信号输出给并行 IFFT 单元,IFFT 的输出即为各信道信号。信号形式为复信号,分为同相分量 I 和正交分量 Q,经过 CORDIC 算法,将 I 和 Q 转换成瞬时相位和瞬时幅度。瞬时幅度用来进行信号检测,瞬时相位用来进行测频。

该新型分选模型区别与传统分选模型在于:

(1)它充分利用经 CORDIC 算法处理后的瞬时幅度和瞬时相位两个支路,利用瞬时幅度支路提取时域特征参数,利用瞬时频率支路提取频域特征参数。首先将测量时域参数这部分功能移到 CORDIC 模块后的瞬时幅度支路上,利用瞬时幅度支路得到的视频信号测量时域参数;其次,在瞬时频率这一支路中增加提取基于 IF 子代特征参数的能力,并将所提取的时域参数与频域及其子代特征参数形成的 PDW,在视频脉冲下降沿触发下同时打入 FIFO。

(2)它充分利用数字信道化接收机的并行特性。给每个信道 CORDIC 算法后都配备相应的参数提取模块,也即将测量时域参数模块和提取瞬时频域及其子代特征参数模块并行化。时频域参数测量提取完成后一起由锁存电路并行锁在输出线上,再经由各路视频脉冲流的下降沿按先来先进的顺序选择将锁在各并行测量模块输出线上的数据写入数据存储器(一般为 FIFO),这样可以解决多个同时到达信号(准同时到达信号)的问题,同时也可以避免时频域参数失配的现象。这里,需要指出的是,FIFO 的写信号一般都是由脉冲流的下降沿触发,其精度越高越好。目前选取的是 60MHz,理论上两个在时域上相邻脉冲,只要它们的后沿相差一个周期(17ns),就可以完成正确写 FIFO 的操作,也即写时序上不会产生错误,所以严格意义上来说是该模型只能处理这类准同时到达信号。这种脉冲描述字测量提取的并行化而存储的串行化结构可以在一定程度上解决处理同时到达信号的难题,这里把这一结构叫做 PESS(Parallel Extraction Serial Storage)结构。

672

（3）由于工程实现上对实时性的要求，所以，这里针对抗噪只引入比较成熟的算法，也即采用改进的瞬时自相关算法提取瞬时频率其子代特征。由宽带数字信道化接收机结构可知，它在并行 IFFT 单元模块后就完成信道化，而 CORDIC 算法处理的是对复信号的瞬时频率和瞬时幅度的提取，所以在这两个功能模块中间可以加一级改进的瞬时自相关算法模块降低对信噪比的要求。

（4）随着高速 AD 的迅猛发展，目前出现了双通道甚至多通道的高速 AD，这样在原来基于宽带数字信道化分选模型基础上，增加一个天线单元并将单通道高速 AD 换成双通道 AD，构造双通道宽带信道化分选模型，在完成对辐射源信号测频的同时完成相位差的提取。在工程实现中，使用数字信道化技术提取载频时都是先得到瞬时相位，双通道信道化就可以直接得到相位差信息，所以采用两个天线阵元并增加一个相同的数字信道化通道就可以完成对两路信道的相位差提取。当然，因为多增加一路通道的信道化处理，所以对应的 ADC 和 FPGA 硬件资源也要相应增加，最好 ADC 采用双通道的，FPGA 采用一个两倍于原来资源的。利用双通道宽带信道化的分选模型可以完成对辐射源信号的到达角预分选。

### 9.5.2 基于脉间脉内参数完备特征矢量的综合分选法

雷达脉冲信号从最开始的常规雷达脉冲信号，发展到后来的重频参差雷达信号、捷变频雷达信号、变脉宽雷达信号，再到重频随机变化的雷达信号，这里将后面几种雷达信号统一叫做脉间波形变换雷达信号。脉间波形变化雷达信号，就是指脉宽、载频、脉冲重复周期乃至脉内调制方式都可能改变的雷达信号。故捷变频信号、变脉宽信号、参差信号等多种复杂信号均属于此范畴。从信号分选方法的分析看来，对于具有一定先验知识的脉间波形变换雷达信号，如爱国者雷达信号，可以采用脉宽、载频、重复周期等多参数模板匹配法来实现分选；而对于没有任何先验知识的脉间波形变换雷达信号，一种可行的方法构造双通道宽带数字信道化新型分选模型，结合脉内特征提取、个体特征识别、聚类分析、参数匹配法的思想构造一种新的基于脉间脉内参数的完备特征矢量综合分选算法进行分选。

该算法利用双通道宽带数字信道化新型分选模型，提取脉冲信号的脉宽、到达时间、载频及相位差等传统参数，同时提取脉内有意调制特征，如调制类型（线性调频、非线性调频、相位编码等）、带宽、基于 IF 的子代特征等新特征参数，所选择的特征要具有较好的类内聚集性和类间分离性，以补充传统参数，形成更加完备的特征矢量。此外，从个体特征（一般也叫脉内无意调制特征）识别角度来说，利用指纹参数的唯一性对抗无先验知识的脉间波形变换雷达信号是最好的方法之一，所以可以结合宽带数字信道化分选模型提取辐射源信号的无意调制，如信号上升/下降时间、上升/下降角度、倾斜时间等指纹参数。但是由于实际硬件实现方面的约束，目前国内还不能提取出符合唯一性要求的雷达辐射源指纹参数，只能提取一些比较粗糙的指纹参数。这些指纹参数可作为新的分选参数，并结合脉内调制类型等参数组成新的分选特征矢量补充或代替传统参数。

获得新的分选特征矢量后,先进行到达角的预分选,再进行多维特征参数的匹配处理,这一般是对有先验知识的雷达信号进行的,与此同时进行除 PRI 外的多参数层次决策或动态聚类以寻求最优分类效果,最后再进行 PRI 主分选,以实现对信号的准确快速分选。图 9.37 为多参数综合分选法方框图,其中虚线部分目前正在逐步深入研究以期待在硬件工程中使用,图中的多参数动态聚类可以替代常用的多参数层次决策的功能。

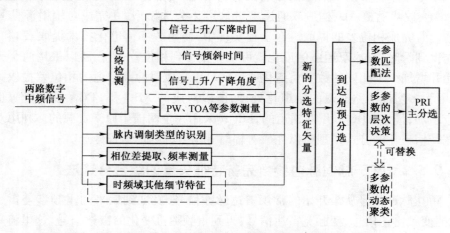

图 9.37　基于脉间脉内完备特征参数的综合分选法方框图

总的来说,这里提出的是一种新的基于脉间脉内参数的完备特征矢量的综合分选算法,它利用宽带数字信道化技术,提取雷达信号的 PW、CF、TOA 等常规参数构造传统的 PDW,同时提取辐射源脉内有意调制参数和无意调制指纹参数补充传统 PDW,以构成更加完备的参数特征矢量,再结合多参数分选和聚类分析的思想来进行综合分选。

# 9.6　雷达信号分选与跟踪器

## 9.6.1　分选参数与算法的选择

信号分选是利用信号参数的相关性来实现的。当密集信号流中包含多个频域变化和时域变化的脉冲列时,准确的到达方向是最有力的分选参数,因为目标的空间位置在短时间内不会突变(如 50ms 内),因此信号的到达方向也不会突变。之前由于角度处理器处理速度比较慢不能及时提供每个脉冲的到达角。现在可利用比相信道化接收机提取每个脉冲的相差 XW,所以这里可利用的参数有 AOA、PW、CF、PRI,其中 AOA 是根据 XW、CF 查表得到,PRI 是根据脉冲流 TOA 前后相减得到,故最初利用到的参数有 PW、CF、XW、TOA,利用上述参数形成脉冲描述字后就可以进行多参数分选。

分选算法主要是完成从大量交叠的密集脉冲中检测目标辐射源的 PRI 序列是否存在,进而将已识别的目标辐射源从采样数据中检索出来的过程。信号分选器工作在复杂多变密集的电磁环境中,在无任何先验数据的情况下,可通过 SDIF 算法分析雷达参数,再通过动态扩展关联法验证信号的存在性;探测某些复杂特殊的雷达信号时,必然需要一定先验知识进行匹配分选才能确定分选出的雷达是否是目标雷达。因此,采用 SDIF 算法与动态扩展关联法的联合检测法结合多参数匹配法可以实现信号的准确、快速分选。

### 9.6.2 信号分选系统

分选跟踪处理器的硬件总体框图如图9.38所示。整个系统以DSP芯片

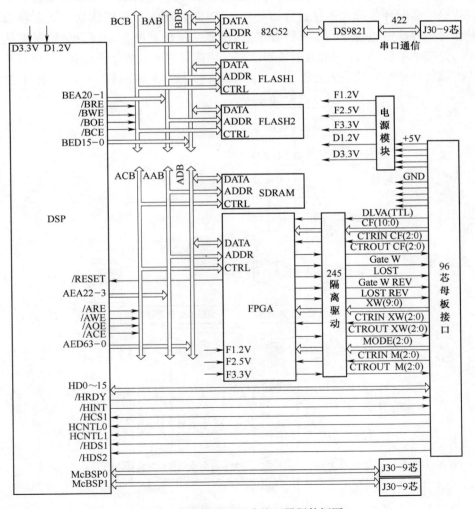

图 9.38　信号分选跟踪处理器硬件框图

TMS320C6416T 和 FPGA 芯片 V4LX25 作为核心处理器。图中,DSP 主要负责与整机控制分机的通信,信号采样,主分选算法,装订跟踪电路等;FPGA 主要负责译码、参数测量、缓冲存储读取,根据 DSP 装订的参数装订滤波器进行采样和分选、跟踪并输出跟踪波门;SDRAM 采用 ISSI 公司的 32 位字宽高速 IS42S32200B-7T,用于存储原始脉冲参数,弥补 DSP 存储空间不足的问题;FLASH 芯片用 AMD 公司的 AM29LV040B 和 AM29LV160B,用于存储上电给 DSP 加载的程序代码及 DOA 数据表格。

分选跟踪处理器的工作总过程如图 9.39 所示。信号分选跟踪器上电复位后处于等待命令状态,控制命令一般由整机控制系统给出。当接到开始工作命令后,信号分选跟踪器开始进入分选流程,首先采样空间信号并进行参数测量形成脉冲描述字,再用多参数匹配法对爱国者雷达信号进行匹配分选,如果没有敏感参数出现就退出匹配环节进入多参数分选环节,经过对爱国者特殊雷达信号的多参数匹配和对非特殊雷达信号的多参数分选后,按照一定的威胁判断将分选所得参数入库。分选结束后,有特殊雷达信号的就装载特殊雷达的参数给跟踪器,没有特殊雷达的就装载威胁系数最大的雷达参数给跟踪器,然后开跟踪器,跟踪成功后,给出

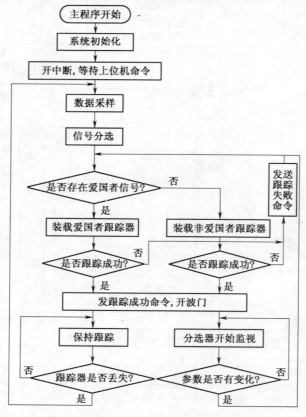

图 9.39 信号分选跟踪处理器工作总过程

676

波门信号。同时分选器将跟踪状态转发给整机控制系统,并开始监视空间信号参数的变化情况,参数有变化就重新加载跟踪器重新跟踪。如果跟踪器丢失目标,可以重新开启分选器重新分选重新跟踪,这部分流程一般都应具体应用场合适当做改动。

### 9.6.3　分选硬件设计

分选硬件系统,具体电路如图 9.40 所示。它主要包括译码电路,脉冲参数测量锁存模块,FIFO 暂存模块及数据上传模块。译码电路主要是通过对地址译码,产生一些开关信号和控制信号;脉冲参数测量锁存模块主要作用是对输入的视频信号流进行处理,得到每个脉冲的 PW 和 TOA,然后将其和载频码、相位码等参数同时锁存;FIFO 暂存模块是根据先入先出的逻辑,当在时序上先进入的数据还没有处理完时,后来的数据就排在其后面,即不会丢失,也不会冲掉先进的数据;数据上传模块是为调节脉冲描述字宽度与 DSP 数据线宽度的不匹配而存在的。

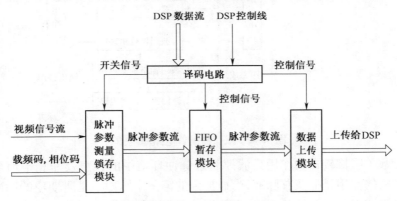

图 9.40　分选硬件电路原理图

跟踪器主要是根据分选器得到的信号的 PRI 变化规律,在确定首脉冲以后,根据 PRI 变化规律在下一脉冲所在窗口给出预置波门。因此影响跟踪器跟踪效果的关键参数是 PRI。对于常规雷达信号来说,PRI 是固定不变的,很容易根据该 PRI 确定下一个脉冲所在。至于参差信号,则只要确定一帧参差信号的首脉冲,就可以根据各参差子 PRI 顺序依次在下一个脉冲所在窗口处给出预置波门。现在常见的雷达通常不大于 8 参差,所以本系统可跟踪的雷达信号最多是 8 参差,在 FPGA 中直接设计 8 级自适应缓冲器,将所有的参差数及参差子 PRI 按顺序全部装订在寄存器中,有几参差则使用几级缓冲器而不用向 CPU 申请重新装订,节省了 CPU 的处理时间,真正实现了全硬件的跟踪。对于 PRI 抖动信号,只要加宽 PRI 容限即可。对于 PRI 随机变化的雷达信号,顾名思义,它的 PRI 是随机变化的,这是硬件跟踪器的难点所在。对于完全没有任何先验条件的 PRI 随机变化雷达信号,硬件跟踪器由于不能确定装订哪一个 PRI 将完全失效。但是,对于有一定先验知识的

PRI 随机变化雷达信号而言,经过一定的改进还是可以做到的,如已知 PRI 捷变点及各捷变值。

跟踪器是在 FPGA 内部完成的,内部硬件电路比较复杂,主要包括首脉冲捕获电路、波门产生电路、半波门产生电路、PRI 计数电路、PRI 调整电路及波门丢失控制电路等。其结构框图如图 9.41 所示。

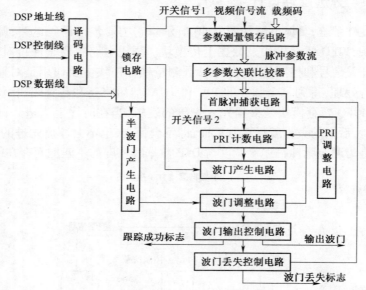

图 9.41　跟踪器硬件电路原理图

多参数关联比较器的作用是滤掉复杂脉冲环境中的噪声及非相干信号;首脉冲捕获电路的作用是捕获首脉冲,当捕捉到的第一个脉冲不是所期望的脉冲时,使电路恢复到捕捉脉冲前的状态,这个特性使得跟踪器具有很强的抗干扰能力,能自动去除第一个干扰脉冲;波门产生电路是用于产生原始波门信号的,它由 PRI 计数器触发;半波门产生电路主要作用是调节周期 PRI 的变化,消除周期漂移的影响;PRI 调整电路的作用是控制选择下一次波门产生的 PRI 值;波门输出控制电路的作用是在未连续捕捉到 5 个脉冲就将首脉冲捕获电路复位,但若已连续产生 5 个或 5 个以上的波门,则允许出现有限个丢失;波门丢失控制电路的作用主要是当跟踪出现丢失时给出丢失标志,以便妥善处理。

### 9.6.4　分选器的电路设计

分选方法与算法固然重要,但要实现分选其电路设计也是很重要的。因此本节要介绍系统的电路设计。

**1. 主处理器选型**

1) FPGA 的选择

本设计采用 Xilinx 公司带有 PowerPC 嵌入式内核的 FPGA-Virtex4 系列

XCV4FX60。它是一款适合嵌入式平台开发的高性能,它具有如下的特点:

（1）具有数字时钟管理器(DCM)块,可以进行灵活的分频、倍频时钟管理,还具有附加的相位匹配时钟分频器（PMCD）;

（2）XtremeDSP Slice,每个 Slice 是一个 18×18bit 带补数功能的有符号乘法器,可以自己构建流水线,完成数字信号处理运算;

（3）片内 395KB 大容量的分布式 RAM 资源,可以方便构造双口 RAM,在构造 FIFO 逻辑时可以将 RAM 信号自动再映射为 FIFO 信号;

（4）SelectIO 技术,通过设置,可以支持 1.5~3.3V 的 I/O 工作电压,1.2V 的核电压可以大大降低功耗;

（5）RocketIO,622Mb/s~6.5Gb/s 千兆位级收发器,可以与高速外设进行接口通信;

（6）丰富、灵活的逻辑资源,多达 56880 个逻辑单元,可以设计复杂的逻辑模块;

（7）IBM PowerPC RISC 处理器核,可以支持基于嵌入式内核的开发。

这些特性使得该器件不仅能够满足逻辑测量和存储的功能,而且具有对测量数据预处理的功能,DSP 可以由 FPGA 预处理完的数据直接进行分选,提高了分选的实时性。

2）PowerPC405 硬核处理器简介

对数据的预处理和打包主要由 FPGA 内部的嵌入式内核 PowerPC 来完成,PowerPC 是 Performance Optimization With Enhanced RISC Performance Computing 的缩写,是 1991 年由 IBM、Motorola、Apple 组成 AIM 联盟,合作开发出来的产品。V4FX60 FPGA 的嵌入式硬核为 PowerPC405,PowerPC405 处理器硬核的主要特点有:

（1）高性能 RISC 结构,运行速度可达 450MHz;

（2）低功耗设计,0.9mW/MHz;

（3）支持三级 powerPC 管理（UISA、VEA、OEA）;

（4）5 级流水线结构,大多数指令为单周期指令;

（5）提供 32 个 32bit 通用寄存器;

（6）16KB 高速指令和数据缓存;

（7）支持 IBM CoreConnect 总线结构;

（8）支持专用片上存储器接口;

（9）丰富的定时控制功能,多种调试方式和 2 级中断;

（10）提供硬件累加器、乘法器和除法器。

用户在设计时,可以通过 PLB 和 OPB 总线将各种外设和控制器与 PowerPC 连接起来,构建自己的片上系统。在开发过程中,Xilinx 公司针对 PowerPC405 处理器推出了专用的嵌入式开发工具包,使开发过程变得方便而易于实现,加快了开发周期。

3）DSP 选择

根据前面章节的介绍，由于选用的信号分选算法的复杂性需要，选择 DSP 为 TI 公司的 C6000 系列 TMS320C6416T 作为信号处理算法主处理器，它是 TI 公司最新推出的高性能定点 DSP，主要性能如下：

（1）内核采用超长指令字（VLIW）体系结构，有 8 个功能单元、64 个 32bit 通用寄存器，其时钟频率可达 1000MHz，每个时钟周期最多可以执行 8 条指令，最高处理能力为 8000MIPS。两个乘法累加单元一个时钟周期可同时执行 4 组 16×16bit 乘法或 8 组 8×8bit 乘法，每个功能单元在硬件上都增加了附加功能，增强了指令集的正交性。数据总线支持 8bit、16bit、32bit、64bit 的数据类型，提高了存储的灵活性。

（2）缓存采用两级缓存结构，一级缓存（L1）由 128kbit 的程序缓存和 128kbit 的数据缓存组成，二级缓存（L2）为 8Mbit，提高了数据访问和存储的效率。

（3）存储器接口（EMIF）有 EMIFA 和 EMIFB，其中 EMIFA 接口有 64bit 宽的数据总线，可连接 64bit、32bit、16bit、8bit 的器件；EMIFB 接口有 16bit 宽的数据总线，可连接 16/8bit 的器件。TMS320C6416 的存储器接口可以与异步（SRAM、EPROM）/同步存储器（SDRAM、SBSRAM、ZBTSRAM、FIFO）无缝连接，最大可寻址范围为 1280MB。

（4）扩展的直接存储器访问控制器（EDMA），可以提供 64 条独立的 DMA 通道，每个通道的优先级都可编程设置，每个通道都对应一个专用同步触发事件，使得 EDMA 可以被外设来的中断、外部硬件中断、其他 EDMA 传输完成的中断等事件触发，开始进行数据的搬移。EDMA 完成一个完整的数据搬移后，可从通道传输参数记录指定的链接地址处重新加载该通道传输参数。EDMA 传输完成后，EDMA 控制器可以产生一个到 DSP 内核的中断，也可以产生一个中断触发另一个 EDMA 通道开始传输。

（5）主机接口（HPI）是一个 16bit、32bit 宽的异步并行接口，支持 16bit 宽的数据总线和 32bit 宽的数据总线两种模式，可由用户配置（32/16bit），两者均工作在异步从方式。外部主机通过它可直接访问 DSP 的地址空间，也可向 DSP 加载程序。

（6）具有 3 个多通道串口（McBSP），每个 McBSP 最多可支持 256 个通道，能直接与 T1/E1、MVIP、SCSA 接口，并且与 Motorola 的 SPI 接口兼容。

（7）具有一个 16 针的通用 I/O 接口（GPIO）。

（8）具有 32bit/33MHz，3.3V 的 PCI 主/从接口，该接口符合 PCI 标准 2.2 版。

（9）具有 Viterbi 译码协处理器（VCP）和 Turbo 译码协处理器（TCP）。

（10）一个 UTOPIA 接口，它支持 UTOPIA Ⅱ规范，发送数据总线和接收数据总线均为 8bit 宽，工作频率最高可达 50MHz。

（11）采用了新型芯片制造工艺，I/O 电压为 3.3V，内核电压仅为 1.2V。当时钟频率为 600MHz 时，DSP 的最大功耗小于 1.6W。

（12）软件与 C62X 完成兼容，方便代码的移植，缩短开发周期。

本系统设计选用 C6416 芯片作为主处理器。首先是因为它有超强的处理能力，它的最大处理能力为 C6201 的 6 倍；其次是丰富的片内集成外设（EDMA、EMIF 等），使得它可以方便地与多种外设之间完成高速接口和数据通路。设计时外接 50MHz 时钟，在内部倍频 20 倍乘的情况下，可以达到 1000MHz 的时钟频率，可以用来完成计算量复杂的分选算法。

**2. FPGA 内部逻辑电路设计**

下面介绍的主要是信号分选所用的逻辑电路。

1）脉冲测量电路的设计

脉冲参数的测量是信号分选器的最前端，其测量精度直接影响到后端的分选可靠性，FPGA 外接晶振为 20MHz。图 9.42 为脉冲参数测量原理图。

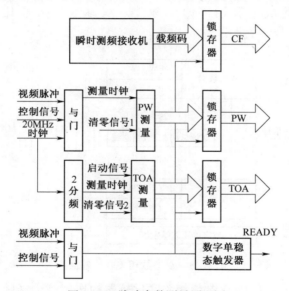

图 9.42 脉冲参数测量原理图

本系统要脉宽的测量范围为 0.33~125μs，分辨力为 50ns，从脉宽的测量范围和分辨力来看，20MHz 时钟可以满足系统的要求。脉宽的测量时钟由 20MHz 时钟、控制信号、脉冲信号相与得到，其中控制信号来自 DSP，当分选器接收到融合通信开始分选命令后，DSP 需要启动脉宽测量电路，如果直接使用一根控制线实现控制就很方便。因此利用 DSP 的外部存储的空间，对外部地址进行读写，以此作为启动或停止脉宽测量电路的控制信号，允许或禁止脉冲信号和载频码输入。脉宽测量时钟直接驱动一个计数器，这样，就实现了在脉冲信号为高电平时计数。当脉冲信号的下降沿到达时，利用下降沿锁存已测量的脉宽值同时将计数器清零，并由

681

该下降沿触发一个数字单稳态,产生一个 ready 脉冲信号用于后续电路中 FIFO 的写时钟。按照测量时钟 20MHz,脉宽计数器选为 16 位,可计脉宽最大能达 3276μs,远远满足系统要求。

到达时间(TOA)的测量原理与脉宽的测量原理基本相似。到达时间并不是脉冲信号的实际到达时间,而是相对时间,它是相对系统打开时刻的时间差值。本系统要求可测量的脉冲重复周期的范围是 100μs~5ms,分辨力为 100ns,因此采用 10MHz 的测量时钟,可满足分辨力的要求;系统的采样时间是 60ms,这样可保证在脉冲重复周期为 5ms 时,能够采样到 12 个(多余 5 个)脉冲,从而完成对信号的准确分选。

2)双参数相关联比较器电路的设计

双参数相关联比较器也称为相关联存储器,通常是一个多位多级存储器和比较器组构成的一个专用功能电路,有两种工作形式:顺序比较型和同时比较型。此外,也可用存储器和译码器构成特殊形式的相关联比较器。本课题的处理器的处理速度很高,因此决定利用同时比较型。双参数相关联比较器的原理如图 9.43 所示。

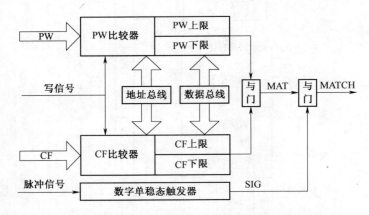

图 9.43　双参数相关联比较器

在信号预分选系统中,双参数相关联比较器的作用是稀释脉冲流。在本系统中,双参数相关联比较器仅用在引导和监视方式。相关联比较器包括脉宽比较器和载频比较器,脉宽和载频码由测量电路提供,脉宽和载频码的上下限由引导或监视时上位机加载的参数决定。若脉宽值落入脉宽的下限和上限之间,则脉宽比较器输出为高电平,否则为低电平;载频比较器和脉宽比较器相同。脉宽比较成功信号和载频比较成功信号相与,也就是说,只有当载频和脉宽值分别落入脉宽上下限和载频上下限,即匹配时,双参数相关联比较器才给出比较成功信号,此比较成功信号一直为高电平,直到下一个不匹配脉冲到来。

通常,脉冲描述字(PDW)一直保持到后一个脉冲描述字的到来,即两个 PDW 之间无停顿连接。假设到来 5 个 PDW,其中第 2、3 个与 PDW 上下限匹配,其余不

682

匹配,则单从 MAT 上,无法分辨出是哪一个 PDW 匹配,如图 9.44 所示。在这种情况下,如果将 MAT 作为下一级 FIFO 的写入信号,就会造成后一个 PDW 丢失,不利于分选。

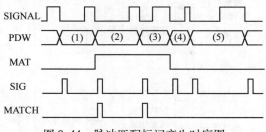

图 9.44　脉冲匹配标记产生时序图

所以,在应用中,通过脉冲信号的下降沿触发的脉冲 SIG 和比较成功信号相与,输出匹配信号。在引导和监视方式下,匹配信号作为下一级电路 FIFO 的写入信号,若匹配,将匹配的脉宽、载频和到达时间写入 FIFO 中,若不匹配,丢弃此 PDW。

3）脉宽测量

系统要求脉宽的测量范围为 $1\sim500\mu s$,选择脉宽的测量时钟为 10MHz,测量精度可达 100ns,从脉宽的测量范围来看,10MHz 时钟可以满足系统的要求。脉宽的测量时钟由 10MHz 时钟、控制信号、脉冲信号相与得到,其中控制信号由 FPGA 内部控制 D 触发器实现的。当接收到开始分选命令后,DSP 通知 FPGA 将 D 触发器输出置高,脉冲信号输入。脉宽测量时钟直接驱动一个 16 位的计数器,在上升沿时进行计数,当脉冲信号的下降沿到达时,利用下降沿锁存已测量的脉宽值,50ns后用一个清零信号将计数器清零,该清零信号由脉冲的下降沿触发一个数字单稳态电路产生,等同于锁存信号,如图 9.45 所示。

4）到达时间测量

系统要求可测量的脉冲重复周期的范围是 $33\sim10ms$,10MHz 的测量时钟同样满足要求。到达时间计数器是一个 30 位计数器,按照测量时钟为 10MHz,可测量的最大值是 0x3FFFFFFF,约 107s。根据信号分选的理论,应该满足一次采样脉冲个数大于 5 个,才能正常分选,如果按照 PRI 最大为 10ms,系统的采样时间至少为60ms,这样可保证在信号稀疏的情况下,也可采样到 6 个脉冲,使分选能够正常进行,30 位的计数器能满足设计要求。在实现上,到达时间的测量和脉宽的测量稍有不同,当有第一个脉冲的上升沿到达时,启动 TOA 计数器,允许到达时间计数器计数,当下一个脉冲信号的上升沿到达时,将当前计数值锁存,以后每个脉冲的上升沿时锁存计数器值。只有当采样时间结束时,到达时间计数器才清零。图 9.46为脉宽和到达时间测量模块的仿真波形,设置脉宽为 4 个 clk 周期宽度,到达时间之间的重复间隔为 15 个 clk 周期。

从图 9.46 可以看出,测量模块可以准确测量脉宽和到达时间的值,wrclk 为参数

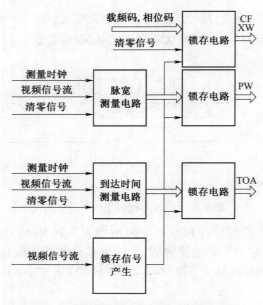

图 9.45 脉冲参数测量锁存模块原理图

锁存脉冲,它在脉冲的下降沿之后产生,用来锁存脉宽和到达时间信号,图 9.47 为放大后的图形,同时可以看到,脉宽覆盖了 4 个 clk 周期,测量模块满足的设计要求。

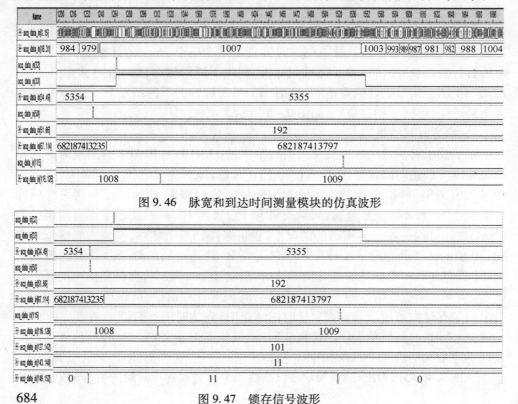

图 9.46 脉宽和到达时间测量模块的仿真波形

图 9.47 锁存信号波形

5）载频和相位码的锁存

载频码为 9 位自然码,表示信号的瞬时频率,其频率分辨力为 5MHz。相位为 9 位自然码,表示两路信道的相位差。它们都由数字接收机测得并以数字量的形式给出,这两个参数也利用 wrclk 锁存。这样,在脉冲测量中,所有的参数都利用一个锁存信号,能够保证脉宽、载频、到达时间和相位的同步,即它们来源于同一个脉冲。

**3. FPGA 及其外围电路设计**

1）FPGA 的配置

FPGA 正常工作时,它的配置数据储存在 SRAM 之中。由于 SRAM 的易失性,所以每次加电期间,数据都要重新配置,这是 FPGA 使用的一个特点。

Virtex4 系列 FPGA 的配置途径有很多种,常用的有:直接 JTAG 边界扫描加载;通过外部的 PROM 加载;通过外部一个处理器(比如 CPLD)读取 flash 中的数据加载。前两种方式为比较常用的方式,后一种方式可以加载比较大的数据镜像文件,比如要在 FPGA 上执行嵌入式操作系统时,可以将比较大的库文件作为镜像文件预先烧写到 flash 中,然后通过 CPLD 从中读取,加载 FPGA。本系统采用 JTAG 边界扫描配置和 PROM 配置两种设计。配置芯片采用 Xilinx 专用 flash 配置芯片 XCF32P,选择原则是 XC4VFX60 资源为 21002880bit,需要一个大于 21Mbit 的配置芯片加载,XCF32P 为 1.8V 供电,32Mbit 容量,满足需要。

XCF32P 芯片配置时本身有四种模式进行选择,其中从模式主要用于多片 FPGA 级联时,本设计采用主模式。串行和并行的配置可以通过拨码开关选择,其原理图分别如图 9.48 和图 9.49 所示。

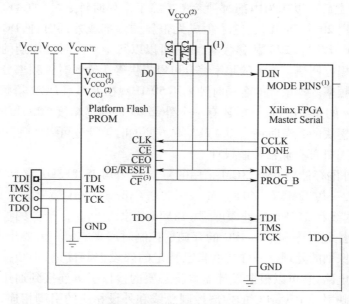

图 9.48　FPGA 的串行配置

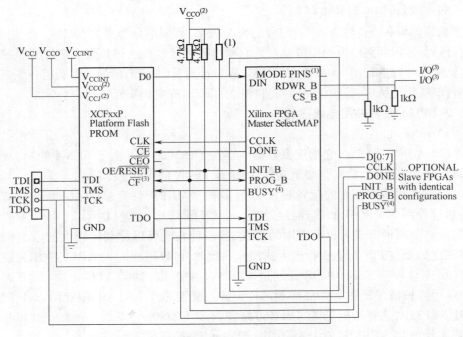

图 9.49 FPGA 的并行配置

2) FPGA 时钟管理

XC4VFX60 需要一个时钟输入作为系统时钟参考,这个时钟经过时钟管理器(DCM)处理之后可以作为内部时钟参考。除了全局时钟之外,XC4VFX60 还拥有最多可以使用 20 个 DCM 块,除了生成无歪斜的内部或外部时钟,DCM 还提供输出时钟的 90°、180°和 270°相移版本,相移可以以几分之一时钟周期的增量提供更高分辨力的相位调整。灵活的频率综合可以提供等于输入时钟频率分数或整数倍的时钟输出频率。本系统的全局时钟采用 50MHz,在内部用 DCM 倍频之后为 PPC提供 100MHz 的系统时钟,同时还有一个外部 IO 口的高精度 10MHz 时钟输入,作为硬件测量模块的参考时钟。XC4VFX60 方便的时钟管理可以实现这个设计。

3) FPGA 外部存储器控制设计

FPGA 外围存储器 flash ROM 采用的是 Intel 公司 JS28F320,它具有 16bit,2MB的地址深度,一共 32Mbit。ZBTRAM 采用的是 Cypress 公司 CY7C1370D 芯片,它具有 32bit 数据线和 512KB 地址深度,共 18Mbit 数据空间。存储器的控制设计根据器件本身的控制时序和 PowerPC 的存储器控制时序来完成。需要指出的是,在这里 FPGA 不像别的处理器一样具有自己特定的外设控制接口,必须按照典型的解决方案连接电路,它可以根据设计需要将必要的接口引脚连接到通用 IO 口上,内部通过管脚映射使 PowerPC 的内部控制总线和外设相应的引脚相连,电路设计相对灵活。

### 4. FIFO 电路的设计

先进先出(First-In-First-Out,FIFO)电路是系统中一个重要的逻辑电路,也是一个理想的解决设备接收数据速度快于其处理速度的办法。数据以到达 FIFO 输入端口的先后顺序依次存储在存储器中,并以相同的顺序从发 FIFO 的输出端口送出,所以 FIFO 内数据的写入和读取只受读/写控制信号的控制。根据先入先出的逻辑,当在时序上先进入的数据还没有处理完时,后来的数据就排在其后面,即不会丢失,也不会冲掉先进入的数据。考虑现代密集的信号环境,雷达脉冲的到达是随机的、密集的,采用 FIFO 电路是减少脉冲丢失的必要措施。正如方案论证所证明,只需 40 级 FIFO 即可,但考虑到一些异常情况的出现,如系统处于通信状态,这样一段时间时延后,40 级 FIFO 已满,此外,希望分选器在分选结束后,继续捕捉脉冲流,实现对信号的连续监测。20K200E 中含有大量的 EAB 块,可构造多达 2048 级(每级 56bit)FIFO,因此本系统采用 46bit 1024 级 FIFO 电路,其中载频码占 10 位,脉宽占 16bit,到达时间占 20bit。

图 9.50 是 FIFO 电路的原理图,其中 FIFO 电路是基于 FPGA 的高速双口 RAM 设计的。写脉冲 WCLK 和写使能 WEN 加到写控制器上,对输入存储器和写指针进行控制,写指针实际上是一个计数器,构成高速双口 RAM 的写地址。读脉冲 RCLK 和读使能 REN 加到读控制器上,对三态输出存储器和读指针进行控制,读指针产生器由一计数器形成读高速双口 RAM 的读地址。满逻辑和空逻辑电路形成 FIFO 中 RAM 的满标志、空标志。写时钟由前端的逻辑电路产生,当工作在独立方式时,为 READY 信号,即脉冲的下降沿触发的脉冲作为写脉冲,当处于引导或监视方式时,为双参数相关联比较器提供的匹配信号,写时钟为下降沿写入;读时钟由 DSP 的译码逻辑产生,考虑到 FIFO 的每一个字含有三个参数(脉宽、载频和到达时间),所以,读出时采取同时读出,即每一次将三个参数同时从 FIFO 中读出,由后端电路再将每一个参数分别读入到 DSP 的内存区,读脉冲也为下降沿读出。

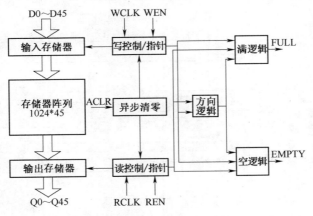

图 9.50  FIFO 电路工作原理图

**5. DSP 的复位电路的设计**

DSP 复位管脚 RESET 为低时,芯片进入复位初始化状态,此后,所有的三态输出管脚被置高阻,其他输出管脚恢复为默认状态。RESET 信号的上升沿将触发芯片开始执行自加载过程(根据预先设置的自举模式)。DSP 的复位是和 FPGA 紧密相关的,因为 DSP 要在 FPGA 配置完成后,与 DSP 的地址线和数据线相连的 IO 管脚处于高阻态时,DSP 才能实现正常的 bootloader,所以必须等待 FPGA 配置完后,才能让 DSP 复位。当 INIT_DONE 变高以后,FPGA 才进入用户模式,为了复位的稳定性,CONF_DONE 信号也引进 DSP 的复位电路。分选与跟踪器 DSP 的硬复位还受来自融合通信的复位信号控制,具体原因已经在前面讲述过。另外在调试过程中,为了防止 DSP 死机等,还需要手动复位。DSP 复位电路如图 9.51 所示;FPGA 配置时序如图 9.52 所示。

1) DSP 复位电路和电源监视

复位对于处理器设计来说是一个很重要的设计。DSP 复位管脚 RESET 为低时,芯片进入复位初始化状态,此后,所有的三态输出管脚被置高阻,其他输出管脚恢复为默认状态。正常加载过程中,DSP 的复位引脚需要有一段持续为低电平的时间,一般为十几个时钟周期,然后复位引脚恢复成高电平,这个过程在示波器上显示为一个 RESET 信号的上升沿,在这个上升沿之后将触发 DSP 开始执行自加载过程(根据预先设置的自举模式)。一个上升沿的产生可以用 FPGA 内部的时延来实现(图 9.52),也可以通过一个电阻和一个电容构成充电回路来实现。本系统采用 TI 公司 TPS3106K33 作为复位和电源监视,如图 9.53 所示。

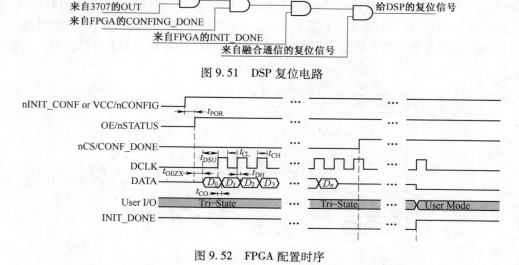

图 9.51　DSP 复位电路

图 9.52　FPGA 配置时序

监视核电压时,当电源电压($V_{DD}$)高于 0.4 V 时给出复位信号,复位信号由内部定时器使非有效状态的输出反馈时延给出,保证 DSP 具有正确的系统复位。此

688

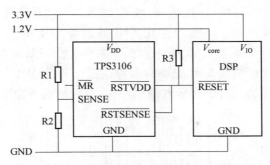

图 9.53 TPS3106 设计 DSP 复位和电源监视框图

后只要 $V_{DD}$ 低于门限电压 $V_{IT}$,电路监控器就保持 RESET 输出有效;$V_{DD}$ 高于门限电压 $V_{IT}$ 后时延启动,DSP 正常工作;当 $V_{DD}$ 低于门限电压 $V_{IT}$ 时,输出再次有效,达到电源监视的功能。监视 IO 电压和核电压类似,比较门限为 0.55V,由 SENCE 引脚输入,需要设计一个电阻分压网络将 $V_{IO}$ 分压之后输入到 SENCE 引脚的值约为 0.6V,这样就能监视 $V_{IO}$ 电压的稳定性,为了降低温度的影响,分压电阻采用精密电阻。TPS3106 还提供一个手动复位输入端 MR,当该引脚为低电平时,芯片输出低电压,使 DSP 复位,这个管脚一般接一个按键手动复位,方便调试。

2）DSP 的时钟和 PLL

任何一个处理器设计,除了复位之外,时钟的设计也是至关重要的。C6416T 的最高工作频率为 1GHz,在本系统中 DSP 片外的时钟为 50MHz,采用有源晶振,贴片封装,接在 CLKIN 管脚,如图 9.54 所示。CLKMODE[1:0] 设置为 11,使 PLL 工作在 ×20 模式,即将时钟 20 倍频至 1GHz。

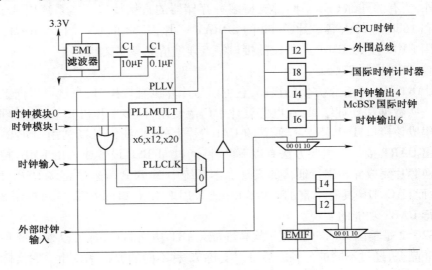

图 9.54 DSP 内部锁相环路倍频电路和 EMI 滤波电路

C6416T 时钟锁相环（PLL）需要一个 EMI 滤波器与之配套工作，以防止 PLL 的电源干扰，如图 9.54 所示。本设计选用 EMI 滤波器为 TDK 公司的 ACF451832-153-T，它相当于一个带通滤波器，插入损耗—频率特性如图 9.55 所示。从图中可以看到晶振的频率刚好落在 EMI 滤波器阻带范围（11～70MHz）内，这样 PLL 外部的相同频率谐波就不会通过电源串入锁相环，晶振频率也不会串扰影响外部电路。

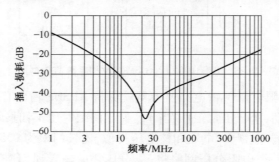

图 9.55　EMI 滤波器插入损耗—频率曲线

3）DSP 外部存储器接口控制

DSP 芯片访问片外存储器时由外部存储器接口（External Memory Interface，EMIF）完成。C6000 系列 DSPs 的 EMIF 具有很强的接口能力，不仅具有很高的数据吞吐率，而且可以与目前几乎所有类型的存储器（SBSRAM、SDRAM、异步 SRAM、ROM、flash 等）直接接口。在 C6416 系统中，提供了 A、B 两套共 8 个彼此独立的外存接口（CEX），其中 EMIFA 最高可以支持 64bit 的数据总线，EMIFB 支持 16bit 的数据总线。除 EMIFB 的 CEl 空间只支持异步接口，用来进行 DSP 上电的 boot 外，所有的外部 CEx 空间都支持多种存储器的直接接口。本系统用到了 8bit 位宽和 16bit 的 flash 各一片，32bit 的 SDRAM 一片，32bit 的双口同步 SRAM 一片，均采用 EMIF 控制，EMIF 与外设的接口特点详细情况参照文献。

4）DSP 控制 82C52

UART 是一个非常方便的接口，它可以与计算机直接接口，直接可以向上位机传递一些数据和处理结果，在电路设计中广泛使用，许多单片机和 ARM 处理器都直接集成该接口，DSP 不具有独立的 UART 片上外设，我们可以利用 DSP 的资源设计出 UART 接口。主要方法有以下两种：通过 McBSP 设置或者由 EMIF 控制串并转换芯片完成异步串行通信的实现。本系统中 McBSP 用来进行多 DSP 直接的通信，而且 C6416 具有丰富的 EMIF 口，故采用 EMIFB 口的 CE2 空间控制 82C52 来进行 UART 功能的实现。

82C52 是美国 Intersil 公司一款高性能 UART 功能芯片，它可以外接 3 种不同的标准晶振，经过不同的分频之后可以支持 72 种不同的波特率发生。它实际上就是将并行输入的数据变成 UART 格式串行输出。控制 82C52 时，EMIF 把它当做一个存储器外设进行控制。根据 82C52 的读写控制时序，结合 DSP 的时钟周期，计算出 DSP 进行外设控制的建立、选通和保持时间,通过设置 EMIFB 的 CE2 空间对应的寄存器来实现功能,82C52 读写控制时序如图 9.56 所示;EMIF 操作异步外设的读时序、写时序分别如图 9.57 和图 9.58 所示。

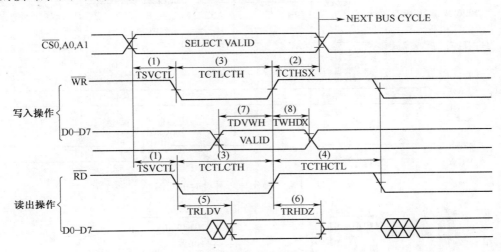

图 9.56　82C52 读写控制时序

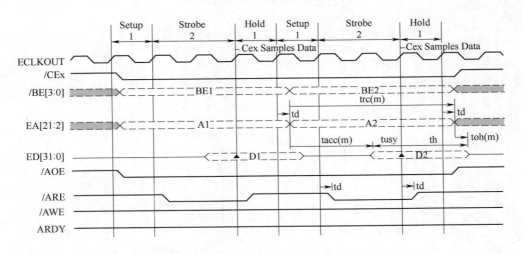

图 9.57　EMIF 操作异步外设时的读时序

5) 与主机的 HPI 接口

C6416 支持 16bit 或者 32bit 的 HPI 口,DSP 通过复位时的自举和器件配置引脚选择 16bit 还是 32bit 的 HPI 通信。本系统采用 HPI 口和主机 DSP 进行通信。主机可通过 HPI 口直接访问从机的存储空间和存储映射的外围设备。图 9.59 给出了以一片 C6416 作为主机,两片 C6416 作为从机,组成多 DSP 并行处理系统的硬件连接电路。

691

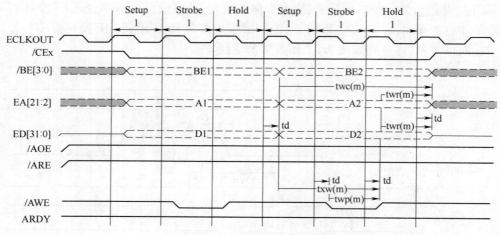

图 9.58　EMIF 操作异步外设时的写时序

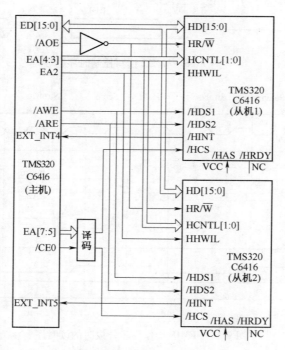

图 9.59　与主机的 HPI 接口

## 9.6.5　跟踪器的组成及各部分电路

本系统的跟踪器是用 EP20K200E 完成的。跟踪器的内部硬件电路比较复杂，主要由脉宽载频滤波电路和 PRI 跟踪器电路。前者主要包括脉宽测量电路、脉宽滤波电路、载频滤波电路。脉宽载频滤波电路主要是产生脉宽为 $1\mu s$ 的标志性窄脉冲。后者主要包括首脉冲捕获电路、波门产生电路、半波门产生电路、PRI 计数器、波门协调电路等,如图 9.60 所示。

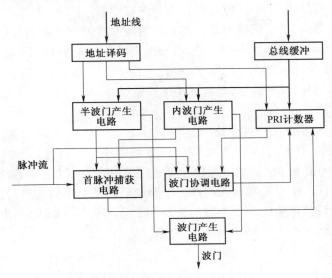

图 9.60　PRI 跟踪器电路

下面详细介绍各部分的原理及相关控制电路。

**1. 首脉冲捕获电路**

这部分电路的主要作用是当我们捕获到的第一个脉冲不是所需要的脉冲时,使电路恢复捕获到脉冲前的状态,这个特性使得本系统具有很强的抗干扰能力,能自动去除第一个干扰脉冲,其工作原理如图 9.61 所示。

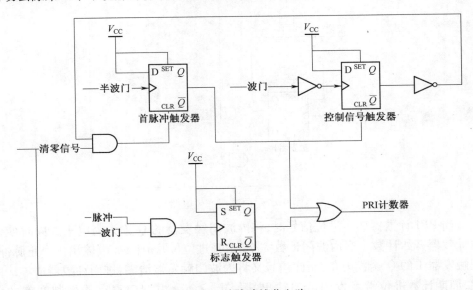

图 9.61　首脉冲捕获电路

693

当第一个脉冲到来时,首先触发一个波门,使得首脉冲触发器的 Q 端变高,允许周期计数器计数。当一个正常 PRI 计数结束时,波门产生电路输出一个正脉冲波门。如果在波门内有脉冲到达,即在波门内有半波门产生,则捕获成功标志触发器的输出被置为高,否则保持为低。在波门的后沿将触发控制信号触发器,使其 Q 端为高,从而使得首脉冲触发器复位。因此,若波门内有脉冲,即第一个脉冲是正确的,则捕获成功标志被置为高电平,一直允许 PRI 计数器正常工作,这时进入正常的跟踪;若波门内没有脉冲,即首脉冲捕获错误,整个电路回到捕捉以前的状态,继续捕获首脉冲。

**2. 内波门和半波门产生电路**

跟踪电路的目的在信号脉冲出现的位置给出一个波门,因此波门产生电路是必不可少的。本系统利用产生的内波门来触发输出的波门,这样输出波门的灵活性较强。半波门产生电路和内波门产生电路的原理基本相同,工作过程也类似,在此主要介绍内波门产生电路。半波门的作用是调节周期 PRI 的变化,消除周期漂移的影响。内波门产生电路如图 9.62 所示。

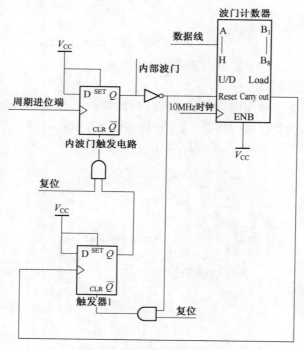

图 9.62 内波门产生电路

当 PRI 计数器产生进位信号时,将内波门触发器的 Q 置为高电平。同时使内波计数器开始计数。当内波门计数完毕时,其进位位 Carry out 端输出一个正脉冲,把触发器 1 的 Q 端置为高,而此信号又将内波门触发器清零,进而计数器清零。由此,周期计数进位端触发内波门输出端给出一个由内波门寄存器控制宽度的内

694

波门。

### 3. 内波门、半波门协调电路

在跟踪过程中,信号脉冲可能发生丢失、抖动等情况,PRI 计数器的初值是在内波门或半波门期间进行装载的,如果单独只用内波门或半波门来装载 PRI 计数器的初值,都将会产生误差;若只用内波门来装载初始值,那么当雷达信号的重频稍有偏移时,则非常容易产生积累误差,使得在波门内捕捉不到雷达信号脉冲,从而降低了跟踪器的适应能力;若只用半波门装载 PRI 计数器的初值,则由于半波门是由脉冲信号直接产生的。所以,当信号脉冲发生丢失时,计数器将无法正常工作。我们设计该电路就是为了解决这个问题。从而实现有半波门时,用半波门装数,没有半波门时,用内波门装载。其原理如图 9.63 所示。

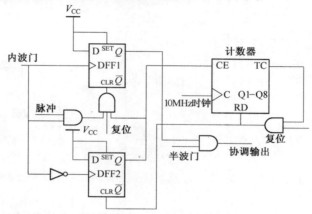

图 9.63 内波门、半波门协调电路

时钟输入 10MHz,其仿真波形如图 9.64 所示。

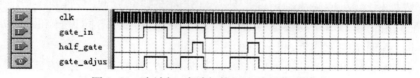

图 9.64 内波门、半波门协调电路的仿真波形

### 4. PRI 计数器

对于常规雷达,PRI 计数器只要给出一个固定重复周期的脉冲即可,但是对于参差雷达信号则给出的脉冲间隔就有所变化。参差雷达,脉冲的重复周期由几个子 PRI 构成,所以本系统在 PRI 计数器加入了 RAM 来存放不同的子 PRI,用波门协调信号来打入下一个 PRI 的数值,如图 9.65 所示。

参差数和子 PRI 事先写入锁存器和 RAM 中。通过波门协调输出自来取出不同的子 PRI,并将其锁存。时钟计数可以根据锁存的子 PRI 给出相应的进位。

### 5. 基于内容比较的关联比较器

关联比较器通过预先存储参数的最大值和最小值,以此来界定该参数的范围,

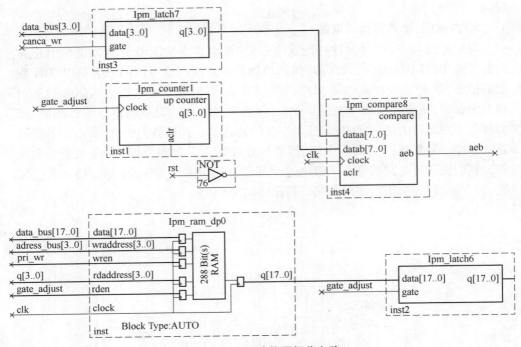

图 9.65　PRI 计数器部分电路

这种实现方法适于信号分选的引导方式。关联比较器也可以基于内容可寻址存储器来实现。

内容可寻址(Content Addressable Memory,CAM)是一种专门为快速查找匹配数据地址而设计的存储器,又称为内容可寻址存储器。CAM 通过把输入数据与其内所存数据相比较,能快速确定输入是否与其内部某个数据(单匹配)或几个数据(多匹配)相匹配。CAM 的数据寻址方式和访问速度可因不同设计和不同应用要求而不同,最理想的方式下,仅需一个时钟周期。

与 RAM 一样,CAM 也是采取阵列式数据存储,其数据的写入方式与 RAM 是差不多的,但 CAM 的数据读取方式却不同于 RAM。在 RAM 中,输入的是数据地址,输出的是数据,而在 CAM 中输入的是所要查询的数据,而输出则是匹配数据的存储地址和匹配标志。图 9.66 为 RAM 与 CAM 读取模式的比较。

图 9.66　RAM 与 CAM 读取模式的比较

以前的 CAM 都是专用器件,且规模较小,使用灵活性较低。随着 FPGA 器件门数的增加和结构的改进,以及 IP 库的不断丰富,基于 FPGA 的 CAM 实现已成为可能。尤其是 EP20K200E 系列芯片利用 MEMORY 部分来实现 CAM,而传统的关联比较器在芯片中利用逻辑阵列块实现,而其资源占用很多,因此利用 CAM 实现的关联比较器为系统节省很多的硬件逻辑资源。

CAM 是一种精确匹配的快速搜索器件,对于脉宽的匹配就很不利,脉宽一般会在比较大的范围内连续变化,这样需要非常大容量的 CAM。但是对捷变频的比较有利。捷变频雷达在单个频点变化很小,可以看做孤立的几个点,这样用 CAM 来实现关联比较就比较方便。CAM 的取值范围可以定为 29、30、31、39、40、41、49、50、51,如图 9.67 所示。

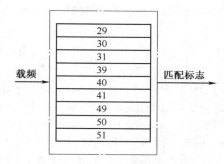

图 9.67　基于 CAM 的载频关联比较器

### 6. 丢失控制

接收机给出的脉冲序列很难达到与理想的多辐射源交错脉冲列完全相同。影响接收机脉冲列测量、分析脉冲的因素主要来自外部环境和接收机本身性能两个方面。

(1) 脉冲重叠。脉冲重叠是由于多个独立辐射源的脉冲在接收机端产生时域重叠而造成的,也称同时到达信号。发生重叠的条件是脉冲到达时间间隔小于首先到达脉冲的宽度。除非采用信道化机手机或特殊的多脉冲检测和分离电路,否则将只能检测到首先到达的脉冲。

(2) 脉冲丢失。脉冲丢失是由于发射机漏发射,这是某些发射机的固有特征,对于这类型的发射机而言,其脉冲漏发概率为 0.25%,个别脉冲漏发射对辐射源本身影响较小,但对于跟踪系统则影响较大。

(3) 间歇脉冲列由于辐射源或接收机天线扫描造成的,其现象是接收机在观测时间内,间断地收到一系列属于同一辐射源的脉冲列。这种情况的辐射一般为搜索和空间扫描跟踪雷达。脉冲列的持续时间与天线波瓣宽度有关,持续周期远小于脉冲列出现周期。

(4) 脉冲参数漂移是辐射源器件和发射系统的稳定性造成的,一般表现为载频(本振)和脉冲重复间隔(晶体)的缓慢漂移,脉冲参数漂移对于长时间的辐射源跟踪和分选处理而言,则需要进行相应的参数修正。

由此可见,丢失一个或有限个雷达信号是系统常见的现象。所以要求跟踪器在丢失一个或有限个雷达信号的情况下,系统仍然可以继续进行跟踪。而且对于环扫雷达,当主瓣信号再次被侦收到时,系统应立即对信号进行跟踪。

系统根据自身特点,应用软硬件结合的方法来达到目的。在输出波门内有半波门时,计数器清零。如果没有半波门计数器加 1,当连续加到 8 以后,则认为雷达信号丢失,硬件跟踪器给出中断给 DSP。DSP 再次对跟踪器进行加载,DSP 时延一定时间以后对硬件跟踪器进行检测,若跟踪器再次跟踪上信号以后,DSP 执行其它操作,否则再次加载数据。若 3 次加载以后仍然没有跟踪上雷达信号,系统认为空间中这部雷达信号已不存在,系统将加载其它信号。

# 参 考 文 献

[1] 司锡才,赵建民. 宽频带反辐射导弹技术基础[M]. 哈尔滨:哈尔滨工程大学出版社. 1996:385-516.

[2] 林象平. 雷达对抗原理[M]. 西安:西北电讯工程学院出版社,1985. 132-179.

[3] 柴娟芳. 复杂环境下雷达信号的分选识别技术研究[D]. 哈尔滨. 哈尔滨工程大学,2009:4-15.

[4] 王杰贵,靳学明. 现代雷达信号分选技术综述[J]. 雷达科学与技术,2006,4(2):104-108,120.

[5] 上官晋太,杨邵全,王大林,等. 高密度信号重频分选的若干问题研究[J]. 山西师范大学学报(自然科学版),2001,15(2):23-27.

[6] 王国玉,等. 雷达电子战系统数学仿真与评估[M]. 北京:国防工业出版社,2004,6:15-25.

[7] 王杰贵,靳学明. 现代雷达信号分选技术综述[J]. 雷达科学与技术,2006,4(2):104-108,120.

[8] 何川. 雷达信号重频分选算法概述[J]. 电光系统,2006,1:4-6,10.

[9] Mardia H K. New Techniques for the Deinterleaving of Repetitive Sequences [J]. IEE Proceedings,Part F:Radar and Signal Processing,1989,136(4):149-154.

[10] 李圣衍. 一种实用的雷达信号分选电路及软件实现[J]. 电子工程师,2005,31(1):8-10.

[11] 王石记,司锡才. 雷达信号分选新算法研究[J]. 系统工程与电子技术 2003,25(9):1079-1083.

[12] 龚剑扬,詹磊,司锡才. 一种改进的雷达脉冲分选算法[J]. 应用科技,2001,28(8):14-15,18.

[13] 赵长虹,赵国庆,刘东霞. 对参差脉冲重复间隔脉冲列的重频分选[J]. 西安电子科技大学学报(自然科学版),2003,30(3):381-385.

[14] Nishiguchi K. A new method for estimation of pulse repetition intervals [J]. National Convention Record of IECE of Japan, Information and Systems Section, Sept. 1983, 1-3.

[15] Nishiguchi K., Kobayashi M. Improved algorithm for estimating pulse repetition intervals [J]. Aerospace and Electronic Systems, IEEE Transactions, April 2000, 36(2): 407-421.

[16] 王兴颖,杨绍全. 基于脉冲重复间隔变换的脉冲重复间隔估计[J]. 西安电子科技大学学报,2002,29(3):355-359.

[17] 陈国海. 基于脉冲序列间隔变换的重复周期分选方法[J]. 雷达与对抗,2006,1:52-54.

[18] 杨文华,高梅国. 基于PRI的雷达脉冲序列分选方法[J]. 现代雷达,2005,27(3):50-53.

[19] 姜勤波,马红光,杨利峰. 脉冲重复间隔估计与去交织的方正弦波插值算法[J]. 电子与信息学报,2007,29(2):350-354.

[20] 李杨寰,初翠强,徐辉,等. 一种新的脉冲重复频率估计方法[J]. 电子信息对抗技术,2007,22(2):18-22.

[21] 安振,李运祯. PRI变换对脉冲雷达信号PRI检测的性能分析[J]. 现代雷达,2007,29(2):35-37.

[22] 马晓东. 雷达信号分选算法研究及硬件设计实现[D]. 哈尔滨:哈尔滨工程大学,2008.

[23] 赵仁健,熊平,陈元亨,等. 信号平面变换中伪特征曲线的产生原理及解决途径[J]. 电子学报,1997,25(4):28-32.

[24] 樊甫华,张万军,谭营. 基于累积变换的周期性对称调制模式的快速自动搜索算法[J]. 电子学报,2005,33(7):1266-1270.

[25] Kohonen T. Content Addressable Momories [M]. Springer-Verlag Berlin Heidelberg, 1980.

[26] Hanna C A. The associative comparator:Adds new capabilities to ESM signal processing [J]. Defence elec-

tronics, 1984.

[27] Stormon C D. The coherent processor, an associative processor architecture and application[R]. East Syracuses NY, USA. Coherent research Inc. , 1991.

[28] Altera Corporation. Implementing High-speed search application with APEX CAM[R]. Application notes 119, 1999, ver1. 01.

[29] Mardia H K. Adaptive multi-dimensional clustering for ESM[C]. IEE Electronics division colloquium on signal processing for ESM system, 1998, 1-4.

[30] Wikinson D R and Watson A. Use of metric techniques in ESM data processing [J]. IEE Proceedings, Part F: Radar andsignalprocessing, 1985, 132(7):121-125.

[31] Mardia H K. Adaptive Multi-dimensional clustering for ESM[C]. IEE Electronics division colloquium on signal processing for ESM system, 1998, 1-4.

[32] 才军, 高纪明, 赵建民. FPGA 和 CPLD 在雷达信号分选预处理器中的应用[J]. 系统工程与电子技术, 2001, 23(10):22-24, 102.

[33] 徐欣. 雷达截获系统实时脉冲列去交错技术研究[D]. 长沙: 国防科技大学, 2001.

[34] 徐欣, 周一宇, 卢启中. 雷达截获系统实时信号分选处理技术研究[J]. 系统工程与电子技术, 2001, 23(3):12-15.

[35] 徐海源, 周一宇. 基于 FPGA 的雷达信号实时预分选方法[J]. 电子对抗技术, 2004, 1:14-17.

[36] 魏东升, 等, 雷达信号脉内细微特征的研究[J]. 舰船科学技术, 1994(3), 23-30.

[37] 穆世强, 雷达信号细微特征分析[J]. 电子对抗, 1991(5), 28-37.

[38] 曲长文, 乔治国. 雷达信号脉内特征的小波分析[J]. 上海航天, 1996(5):15-19.

[39] Delpart N. Asymptotic wavelet and Gabor analysis: extraction of instantaneous frequencies [J]. IEEE Trans. Information Theory, 1992, 38(3):644-664.

[40] Moraitakis I, Fargues M P. Feature extraction of intrapulse modulated signals using time-frequency analysis [C]. Proceedings of 21st century military communications conference, 2000, 737-741.

[41] Gustavo L R, Jesus G, Alvora S O. Digital channelized receiver based on time-frequency analysis for signal interception [J]. IEEE Trans. Aerospace and Electronic Systems, 2005, 41(3):879-898.

[42] 巫胜洪. 雷达脉内特征提取方法研究[J]. 舰船电子对抗, 2002, 25(1):25-28.

[43] 黄知涛, 周一宇, 姜文利. 基于相对无模糊相位重构的自动脉内调制特性分析[J]. 通信学报, 2003, 24(4):153-160.

[44] 魏跃敏, 黄知涛, 王丰华, 等. 基于单脉冲相关积累的 PSK 信号相位编码调制规律分析[J]. 信号处理, 2006, 22(2):281-284.

[45] 毕大平, 董晖, 姜秋喜. 基于瞬时频率的脉内调制识别技术[J]. 电子对抗技术, 2005, 20(2):6-9.

[46] 张葛祥. 雷达辐射源信号智能识别方法研究[D]. 成都: 西南交通大学, 2005:3.

[47] 张国柱. 辐射源识别技术研究[D]. 国防科技大学工学博士学位论文, 2005.

[48] 张国柱, 黄可生, 姜文利, 等. 基于信号包络的辐射源细微特征提取方法[J]. 系统工程与电子技术, 2006, 28(6), 795-797, 936.

[49] Jutten C. and Herault J. Blind separation of sources-Part I: An adaptive algorithm based on neuromimetic architecture [J]. Signal Processing. 1991, (24), 1:1-20.

[50] 孙洪, 安黄彬. 一种基于盲源分离的雷达信号分选方法[J]. 信号与数据处理, 2006, 28(3):47-50.

[51] Cardoso J. -F. Statistical principle of source separation [J]. Proceedings of the SYSID'97. 11th IFAC Symposium on System Identification. 1997:1837-1840.

[52] Lee T W, Bell A J and Lambert R Blind Separation of delayed and convolved sources [J]. In advances in Neural Information Processing System 9, MIT Press, Cambridge, 1995.

[53] Yang H H and Amari S. Adaptive on-line learning algorithm for blind separation: Maximum entropy and minimum mutual information [J]. Neural Computation, 1997, 9(5): 1457-1482.

[54] Amari S, Cichocki. A. Adaptive blind signal processing-neural network approaches [J]. Proceedings of the IEEE1998, 86: (10).

[55] 刘琚, 何振亚. 盲源分离和盲反卷积[J]. 电子学报, 2002, 30(4): 570-576.

[56] 冯大政, 保铮, 张贤达. 信号盲分离的多阶段分解算法[J]. 自然科学进展, 2002, 32(5): 324-328.

[57] 张贤达, 保铮. 盲信号分离[J]. 电子学报, 2001, 29(12A): 1766-1771.

[58] 张贤达, 保铮. 通信信号处理[M]. 国防工业出版社, 2000.

[59] Sergios T, Konstantinos K. 模式识别[M]. 第2版. 李晶皎, 朱志良, 王爱侠, 等, 译. 北京: 电子工业出版社, 2004.

[60] Xu R, Wunsch II D C. Survey of Clustering Algorithms [J]. IEEE Trans. on NN, 2005, 16(3): 645-678.

[61] Jain A K, Murty M N, Flynn P J. Data Clustering: A Review [J]. ACM Computing Surveys, 1999, 31(3): 264-323.

[62] Yu J. General C-Means Clustering Model [J]. IEEE Trans. Pattern Analysis and Machine Intelligence, 2005, 27(8): 1197-1211.

[63] Baraldi A, Blonda P. A Survey of Fuzzy Clustering Algorithms for Pattern Precognition-Part I and Part II [J]. IEEE Trans. Systems, Man and Cybernetics, Part B, 1999, 29(6): 778-801.

[64] Chandra V, Bajpai R C. ESM Data Processing Parametric Deinterleaving Approach [C]. Technology Enabling Tomorrow: Computers, Communi -cations and Automation towards the 21 st Century[C]. 1992 IEEE Region 10 International Conference (TENCON'92), 11-13 Nov. 1992, (1), 26-30.

[65] Eric G, Yvon S, Pierre L. A Pattern Reordering Approach Based on Ambiguity Detection for Online Category Learning [J]. IEEE Trans. Pattern Analysis and Machine Intelligence, 2003, 25(4): 524-528.

[66] 许丹, 姜文利, 周一宇. 辐射源脉冲分选的二次聚类方法[J]. 航天电子对抗, 2004, 3: 26-29.

[67] 张万军, 樊甫华, 谭营. 聚类方法在雷达信号分选中的应用[J]. 雷达科学与技术, 2004, 2(4): 219-223.

[68] 祝正威. 雷达信号的聚类分选方法[J]. 电子对抗, 2005, 6: 6-10.

[69] Qiang Guo, Xingzhou Zhang, Zheng Li. SVC&K-means and type-entropy based de-interleaving/recognition system of radar pulses [J]. Proceedings of IEEE International Conference on Information acquisition. 2006, 1: 742-747.

[70] Anderson James A. Gately Michael T, Penz P Anderew, et al. Radar Signal Categorization Using a Network [J]. Proceedings of the IEEE, 1990, 78(16).

[71] 邓楠. 采用神经网络识别雷达类型[J], 电子战技术文选, 1994. 23-33.

[72] 赵国庆. 雷达侦察信号的预处理[J]. 电子对抗, 1996(1). 23-33.

[73] Cussons S, Roe J, Feltham A. Knowledge Based Signal Processing for Radar ESM System. ESM Division [J], Admiralty Research Establishment, Portsdown, Cosham, Hants.

[74] Self A G, Stittsville. A New Ada-Based ESM Processor [J]. Journal of Electronic Defense, 1991, 14(2): 40-51.

[75] 柴娟芳, 司锡才, 张雯雯, 等. 基于仿信噪比最大化的盲源分离算法[J]. 系统工程与电子技术. 2008, 30(12): 2385-2388.

[76] 柴娟芳, 司锡才, 马晓东. 基于PRI谱的双门限雷达信号分选算法及其硬件平台设计. 数据采集与处理, 2009, 24(1): 38-43.

[77] 柴娟芳, 司锡才, 张雯雯, 等. 基于相位匹配的低截获雷达信号的提取[J]. 弹箭与制导学报, 2008, 28(1): 206-210.

[78] 司锡才, 柴娟芳, 张雯雯, 等. 基于峭度的盲源分离拟开关算法. 哈尔滨工程大学学报, 2009, 30(6): 110-114.

[79] 司锡才, 柴娟芳. 基于FRFT的 $\alpha$ 域包络曲线的雷达信号特征提取及自动分类. 电子与信息学报, 2009, 8: 1892-1897.

700

[80] 蒋伊琳. 复杂信号环境下信号分选与PRF跟踪研究[D]. 哈尔滨:哈尔滨工程大学,2005.

[81] 马晓东. 雷达信号分选算法研究及硬件设计实现[D]. 哈尔滨:哈尔滨工程大学,2008.

[82] 沈军. 脉间波形变换信号跟踪器的设计与实现[D]. 哈尔滨:哈尔滨工程大学,2007.

[83] 马建仓,牛奕龙. 盲信号处理[M]. 北京:国防工业出版社,2006.

[84] 李小军,朱孝龙,张贤达. 盲信号分离研究分类与展望[J]. 西安电子科技大学学报,2004,31(3):399-404.

[85] 孙洪,安黄彬. 一种基于盲源分离的雷达信号分选方法[J]. 现代雷达,2006,28(3):47-50.

[86] 王晓燕,韩俊宁,楼顺天. 基于盲信源分离技术的雷达信号分选研究[J]. 电子对抗,2005,5:6-10.

[87] 李广彪. 基于盲解卷的雷达信号分选[J]. 航天电子对抗,2005,21(6):32-35.

[88] 张发启,等. 盲信号处理及应用[M]. 西安:西安电子科技大学出版社,2006.

[89] Hyvarinen A. et al. Independent component analysis[J]. John Wiley and Sons, 2001.

[90] Hyvarinen A. et al. A fast fixed-point algorithm for independent compondent analysis [J]. Neural Computation, 1997, 9(7), 1483-1492.

[91] Hyvarinen A. Fast and robust fixed-point algorithm for independent component analysis [J]. IEEE Trans. on Neural Network, 1999, 10(3), 626-634.

[92] 柴娟芳,司锡才,马晓东. 基于PRI谱的双门限雷达信号分选算法及其硬件平台设计[J]. 数据采集与处理,2009,30(5):824-827.

[93] 杨福生,洪波著. 独立分量分析的原理与应用[M]. 北京:清华大学出版社,2006.

[94] 张明友,汪学刚. 雷达系统(第二版)[M]. 北京:电子工业出版社,2006.

[95] Stone J V. Blind Source Separation Using Temporal Predictability [J]. Neural Computation, 2001, 7:150-165.

[96] Cheung Y M, Liu H L. A new approach to blind source separation with global optimal property [C]. Proceedings of the IASTED International Conference of Neural Networks and Computational Intelligence. Grindelwald, Switzerland, 2004:137-141.

[97] Liu H L, Cheung Y M. A Learning Framework for Blind Source Separation Using Generalized Eigenvalues [C]. Advances in neural networks-ISNN 2005, PT 2, Proceedings lecture notes in computer science 3497: 472-477.

[98] 刘海林. 基于广义特征值的病态混叠盲源分离算法[J]. 电子学报,2006,11:2072-2075.

[99] 柴娟芳,司锡才,张雯雯,等. 基于伪信噪比最大化的盲源分离算法[J]. 系统工程与电子技术,2008,30(12):2385-2388.

[100] Borga M. Learning multidimensional signal processing. [M]. Unpublished doctoral dissertation Linkoping University, Linkoping, Sweden. 1998.

[101] 司锡才,柴娟芳,张雯雯,等. 一种新的盲源分离拟开关算法[J]. 哈尔滨工程大学学报,2009(6):703-707.

[102] Comon P. Independent component analysis [J]. Anew concept Signal Processing, 1994, 36(3):287-314.

[103] Bell A J, Sejnowski T J. An information maximization approach to blind separation and blind deconvolution [J]. Neural Computation, 1995, 7(6):1004-1159.

[104] Lee T W. Independent component analysis using an extended infomax algorithm for mixed sub-Gaussian and super-Gaussian sources [J]. Neural Computation, 1999, 11(2):409-433.

[105] 牛龙,等. 一种新的基于峰度的盲源分离开关算法[J]. 系统仿真学报,2005,17(1):85-188.

[106] Amri S, Cichocki A. Adaptive blind signal processing-neural network approaches[J]. Proceedings of the IEEE,1998, 86(10):2026-2046.

[107] 杨行峻,郑君里. 人工神经网络与盲信号处理[M]. 清华大学出版社,2003.

[108] Han Jiawei, Kamber Micheline. 数据挖掘概念与技术[M]. 范明,孟小峰泽. 北京:机械工业出版社,2001.